회전기계의 진동

해석, 평가, 설계 및 대책

양보석 저

단순 회전체의 회돌림 진동

위험속도의 근사 해법

유한요소법

전달행렬법

진동평가, 설계 및 대책

도서출판 GS인터비전

머리말

산업현장에는 펌프, 송풍기, 압축기, 전동기, 발전기, 증기 및 가스터빈 등의 다양한 회전기계가 중요 설비로서 사용되고 있다. 이들 회전기계는 산업의 발달과 함께 최근 고성능화(소형화, 고속화, 고압화)되고 있고, 이를 위한 개발단계나 상업운전 시에 지금까지의 지식이나 경험으로는 고려될 수 없었던 사고나 고장이 발생하고 있다.

통상 회전기계의 성능 향상과 진동·소음의 발생은 일반적으로 서로 상반된 관계를 가지고 있다. 즉, 기계의 에너지 효율을 향상시키기 위해서는 소형화, 경량화, 고속화, 고압화 및 고온화를 통하여 유량과 압력을 최대화하고, 에너지 손실을 최소화하여야 하며, 이는 기계 구조의 강도 개선뿐만 아니라 진동 및 소음을 발생시키는 요인으로 작용하는 경우가 많다. 따라서 성공적으로 신뢰할 수 있는 기계의 개발이나 설계를 위해서는 성능의 향상과 진동·소음 문제 사이의 절충과 협조가 필요하고, 발생할 수 있는 진동을 예측하여 진동을 억제하기 위한 방진대책(저진동, 저소음화)을 수립하기 위한 기술이 필요하게 된다.

이에 따라 회전기계의 설계단계에서 진동예측 및 시뮬레이션을 통한 진동해석 및 평가기술, 이에 따른 설계변경과 진동품질을 검토하는 진동설계기술이 필요하고, 제작·설치 후에는 효율적인 운전과 보수유지를 위한 상태감시 및 진단기술, 정비기술과 발생하는 문제들에 대한 트러블대책기술이 중요성을 점점 더하여 가고 있다.

최근 컴퓨터의 발전에 따라 회전기계의 진동예측은 상당히 높은 정도로 이루어지도록 되었고, 진동해석기술과 해석 소프트웨어도 다양한 주변 기술과 결합하여 일반 관계자도 관련 전문지식이 없어도 비교적 사용하기 쉽고 편리하도록 개발되어 성능 및 진동품질을 충분히 만족하도록 설계·제작하도록 되고 있다. 설계시의 진동예측은 실기 상당모델을 대상으로 진동해석 소프트웨어를 이용하여 고유진동수와 모드해석, 안정성해석, 응답해석 등이 이루어지고, 이 때 실기 회전체 모델링에는 유한요소법이나 전달행렬법이 널리 이용되고 있다.

본서는 회전기계의 진동에 관한 최신의 학문적 성과를 체계적으로 정리하기보다는 실제 회전기계에서 발생할 수 있는 각종 진동문제의 실용적인 해결방법을 제시하는데 기여하는 것을 목적으로 작성된 회전기계의 진동해석법에 관한 입문서로서, 학부 고학년 및 대학원 석·박사과정 학생, 산업계의 설계·제작, 운전 및 보수유지에 관련된 기술자들을 위한 기초 교재로서 작성되었다.

본서의 내용은 총 5편, 20장으로 구성되어 있으며, 제 1편에서는 단순 회전체의 휘돌림 진동 특성에 대한 기초적인 개요를 설명하고 있고, 제 2편에서는 오래 전부터 널리 사용되어 온 위험속도 계산을 위한 근사 해법들을 소개하고 다양한 예제를 통하여 이를 학습할 수 있도록 하였다. 그리고 제 3편과 4편에서는 최근 널리 이용되는 유한요소법과 전달행렬법에 대해 초급자라도 쉽게 이해할 수 있도록 많은 지면을 할애하여 가능한 평이하게 설명하고, 저자가 경험한 실제 산업계에서 사용되고 있는 각종 회전기계들에 대한 계산 예를 통하여 얻어진 결과로부터 진동특성을 분석·검토하는 능력을 스스로 습득할 수 있도록 노력하였다. 또한 제 5편에서는 계산 또는 계측된 진동 값의 평가를 위한 각종 관련 진동평가규격을 폭넓게 조사하여 정리하였으며, 진동설계 및 방진대책에 대해 개괄적으로 언급하였다. 각 편은 독립적으로 구성되어 있으므로, 독자들의 관심에 따라 필요한 부분을 선택하여 학습할 수 있을 것이다. 아울러 독자의 편의를 위해 부록으로 SI 단위와 주요 공식 및 진동관련 용어의 정의를 함께 수록하였다.

끝으로 저자는 개인적으로 이 분야에 입문한지 금년으로 25년이 되지만, 천학비재하여 부족한 부분이 많을 것으로 생각됩니다. 독자 여러분들의 많은 격려와 지도편달을 바랍니다. 아울러 이 분야의 국내 기술발전에 조금이라도 기여될 수 있다면 더 이상의 보람이 없으며, 본서의 작성에 있어서 기본 자료로 이용할 수 있도록 많은 연구를 수행하여준 졸업생들, 원고의 정리와 입력에 수고한 부경대 기계공학부 지능역학연구실 대학원생들과 진동해석 소프트웨어 EZ-Rotor의 작성에 수고한 박사과정의 김용한 군 및 졸고의 출판을 위해 수고하신 GS인터비젼의 송기수 사장님을 비롯한 관계자 여러분들께 진심으로 감사의 뜻을 전합니다.

부산항이 내려다보이는 부경대 용당캠퍼스에서

저자

차례

1 편 단순 회전체의 휘돌림 진동 1

4 편 전달행렬법 391

1편

단순 회전체의 휘돌림 진동

회전체(rotor, rotating body)가 어느 한 단면의 중심이 고정 축에 대해 순수 회전운동(자전, spin motion)을 하지 않고 시간이 지남에 따라 단면의 중심이 궤적(orbit)을 그리며 회전운동(공전 또는 선회)을 할 때, 회전체는 휘돌림운동(whirling motion)을 하고 있다고 한다. 즉, 회전축이 양단에서 단순 지지되어 있고 축을 변형이 없는 강체(rigid body)로 고려하여 자중에 의한 축의 처짐을 무시할 수 있다고 하면, 두 지지점을 연결한 선인 베어링 중심선과 축 중심선은 일치하게 되고 이 상태로 회전운동을 할 경우는 축 중심선을 고정축으로 하는 순수 회전운동을 하게 된다. 그러나 축의 자중에 의한 정적 처짐을 무시할 수 없을 때는 축 중심선은 처짐 곡선(deflection curve)의 형상으로 되어, 베어링 중심선과 일치하지 않고 이 상태에서 회전운동을 하게 되면 축 중심선은 처짐 곡선의 형태로 휘돌림 운동을 하게 된다.

이러한 휘돌림 운동은 축의 탄성변형을 무시할 수 있는 강성회전체(rigid rotor)의 경우도 지지부가 탄성지지(flexible support)되어 있다면, 축의 변형이 없이 지지부의 탄성변형에 의한 강체 휘돌림 운동을 하게 될 것이다. 또한 실제 회전축은 강체가 아니고 어느 정도 축의 탄성변형(elastic deformation)이 발생할 수 있고, 불평형력 등의 외력이 축에 작용하게 되면 축은 탄성변형을 일으키게 된다.

실제 회전기계에서는 저널베어링 또는 구름요소베어링으로 지지되며, 이들 베어링은 단순지지 조건과는 달리 어느 정도의 탄성변형을 가지고 있다. 또한 회전축의 경우도 최근 경량화의 경향에 따라 축의 탄성변형이 발생하기 쉬운 형상으로 되고, 아울러 고속화 및 고출력화에 의해 변형을 일으키는 외력이 증대되고 있어 실제 지지조건 및 외력을 고려한 휘돌림 진동응답을 해석하고, 이를 제 5편에서 설명하는 ISO, API 규격 등의 진동 허용기준과 비교하여 진동이 낮고 안정한 회전기계를 설계할 필요가 있다.

제 1편에서는 단순회전체(simple rotor)를 대상으로 휘돌림 진동의 일반적인 특성을 설명하고, 탄성지지, 이방성지지, 자이로스코픽 모멘트 그리고 기초가진이 진동에 미치는 영향 등을 평이하게 설명한다.

1

단순 회전체의 휘돌림 진동

1.1 단순지지된 강성회전체

회전체의 동역학적인 거동을 고찰하기 위한 첫 단계로 가장 단순한 형태인 회전축의 양단이 단순지지(simply supported)된 강성회전체(또는 강체회전체, rigid rotor)에 대해 검토한다. 여기서 단순지지조건이란 지지 위치에서 축의 반경방향 변위(x, y)가 구속되고, 각변위(ψ_x, ψ_y)가 자유인 강 지지(rigid supports) 조건을 의미한다. 즉, 정역학적으로는 정적 처짐이 0이고 처짐각이 0이 아닌 조건이다. 이 때 변위를 0으로 구속하기 위한 구속력으로 베어링 반력(reaction force) R_x, R_y가 고려되고, 각변위는 구속을 받지 않으므로 구속모멘트 M_x, M_y는 0이 된다. 이를 좌단($z=0$)과 우단($z=L$)에서의 경계조건으로 나타내면, 다음과 같다.

$$z = 0, L : x = y = 0 \ ; \ R_x \neq 0, \ R_y \neq 0$$
$$\psi_x \neq 0, \ \psi_y \neq 0; \ M_x = M_y = 0$$

또한 강성회전체는 외력에 의한 축의 탄성변형(elastic deformation)을 무시한 것을 의미한다. 즉, 축의 강성이 무한대에 가까운 조건($k \rightarrow \infty$)이 된다. 이러한 회전축계의 모델로는 구름요소베어링으로 지지되고, 비교적 축 직경이 크며 베어링 사이의 거리(span)가 짧은 펌프나 소형 전동기(motor)의 회전축계가 단순모델로서 적용될 수 있다. 여기서 구동토크에는 충분한 여유가 있고, 토크의 변동은 전혀 없거나 매우 미소하다고 하면, 축의 회전각속도 Ω는 일정한 것으로 고려될 수 있다.

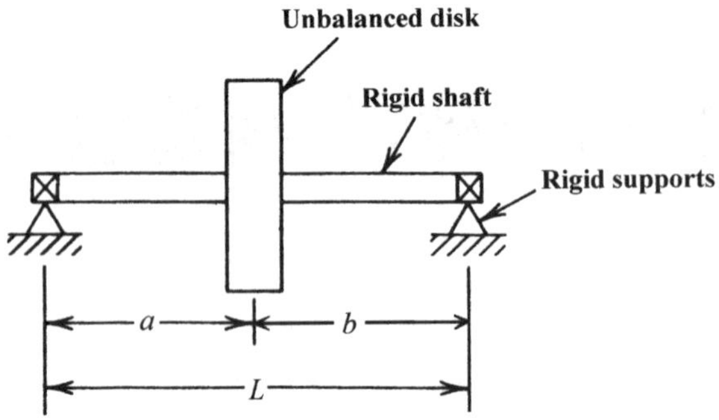

그림 1.1 / 단순지지된 강성회전체

외력으로 회전에 의해 발생하는 **원심력**(centrifugal force) F와, 이것과 반대방향을 향하는 원심력 $-F$가 있다면, 이들 힘은 서로 상쇄되어 평형($\Sigma F = F + (-F) = 0$)을 이루지만, 실제 회전기계에서는 제작오차 등을 피할 수 없고, 따라서 회전체의 질량분포는 완전하게 회전 대칭이라 할 수 없다. 이 때문에 회전체의 무게중심 G는 회전축으로부터 e만큼 편심(eccentricity)되어 있고, 크기가 $F_u = me\Omega^2$인 불평형 원심력을 발생하며, 이 힘에 의해 좌, 우측 베어링에 각각 반력 F_l과 F_r을 일으킨다. 그림 1.1과 같이 베어링 사이의 거리를 L, 무게중심으로부터 좌, 우측 베어링까지의 거리를 각각 a, $b(L = a + b)$라 하면, 이들 반력은 재료역학의 기초 공식으로부터 다음과 같이 구해진다.

$$F_l = F_u \frac{b}{a+b}, \quad F_r = F_u \frac{a}{a+b} \tag{1.1}$$

그리고 다음과 같이 원심력 F_u와 이들 베어링 반력의 합이 평형(equilibrium)을 이루게 된다.

$$F_u = F_l + F_r \tag{1.2}$$

원심력은 회전각속도 Ω의 제곱에 비례하고, 따라서 고속으로 회전할수록 이 힘은 매우 크게 되며, 이 힘을 받아내는 베어링 반력 또한 증가하게 되어 베어링의 소음과 진동의 원인이 된다. 이 힘을 줄이기 위해서는 제 5편에서 설명하듯이 회전체내의 임의 2개 면에 적당한 평형중량(balance weight)을 부가하면 소거할 수 있고, 이 작업을 **평형잡기**(또는 **균형잡기**, **balancing**)라 한다.

1.2 단순지지된 비감쇠 탄성회전체

여기에서는 Jeffcott에 의해 1919년 최초로 해석된 단순회전체(simple rotor)를 모델로 이용하여 위험속도영역에서의 진동특성을 설명한다. 이 회전체는 그림 1.2와 같이 탄성축 중앙(midspan)에 원판의 질량 m이 집중질량으로 부가되고 양단이 단순지지되어 있으며, 외부 감쇠의 효과가 무시된 모델이다.

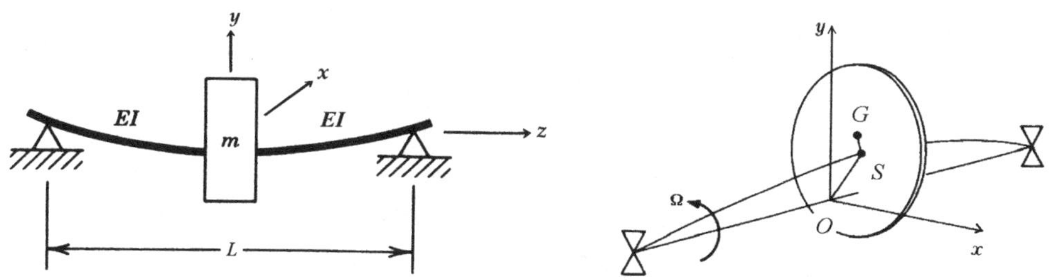

그림 1.2 / 단순지지 탄성회전체(Jeffcott rotor)

공간에 고정된 직교(직각) 좌표계 xyz를 고려한다. z축은 회전체의 축 중심선 방향과 일치하고, 좌표계는 원판의 중앙 단면을 통과하는 것으로 한다(그림 1.2). 좌표계의 원점 O는 축의 휨이 없을 때의 원판의 도심인 축 중심점 S와 일치한다. 원판의 자중에 의한 정적 처짐이 없다면, 축 중심점 S는 좌우 두 베어링의 중심을 연결하는 직선인 베어링 중심선 상에 있다. 원판과 축의 교점 S의 좌표를 x 및 y라 한다. 축이 휘지 않으면 점 S는 좌표계의 원점 O에 일치한다.

좌표 x_G와 y_G로 표시되는 원판의 무게중심 G는 축 중심점 S로부터 어느 일정한 거리 e만큼 떨어져 있다. 무게중심과 축 중심선을 잇는 선분 $e=\overline{SG}$를 **편중심**(eccentricity) 또는 **질량 편심**(mass eccentricity)이라 하고, 통상은 간단히 편심이라 한다. 편심은 원판의 질량 불균일(불평형), 축에 대한 원판의 부착 편심, 블레이드의 질량 불균일 등에 의해 발생한다. 편심이나 축의 변위는 원판의 치수에 비해서 일반적으로 매우 작다. 그러나 그림 1.2에서는 이를 알기 쉽도록 일부러 크게 나타내었다. 편심 e와 원판질량 m의 곱인 $U=me$는 **불평형**(또는 **불균형**, unbalance)이라 부르고, 이에 의해 **불평형 원심력** $F_u=me\Omega^2$이 발생한다. 이 모델의 경우, 한 평면 내에서 평면운동을 하는 원판은 3개의 자유도(degree of freedom)를 갖는다. 즉, 이는 중심 G 또는 축 중심 S의 x와 y방향의 변위와 각변위 ψ이다. 여기에서 ψ는 원판 상에 적당하게 정해진 각도 기준(여기에서는 편심 e의 방향으로 한다.)이 x축과 이루는 각도이고, 시계방향과 반대방향을 양(+)으로 한다. 그림 1.3과 같이 원판상의 축 중심점 S에는 축의 탄성적인 복원력(스프링력)이 좌표의 원점방향으로 작용하고, 불평형력은 외측으로 향하는 원심력으로 작용한다. 이 복원력의 x 및 y축 방향의 성분은 각각 $-kx$ 및 $-ky$이다. 따라서 이 계에서는 질량이 m인 원판의 질량력(관성력)은 축의 탄성 복원력과 평형이 되어야 한다.

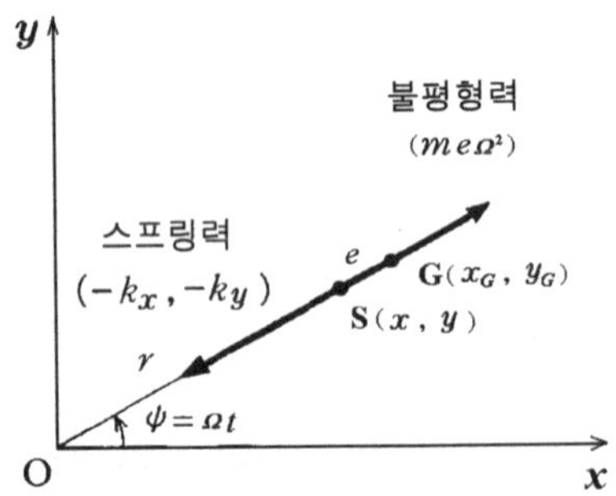

그림 1.3 / 단순 회전체에 작용하는 힘

따라서 x 및 y방향의 병진운동(translation)에 대한 미분방정식은 다음 식과 같이 얻어진다.

$$
\begin{aligned}
m\ddot{x}_G &= -kx \\
m\ddot{y}_G &= -ky
\end{aligned}
\tag{1.3}
$$

여기서 k는 축의 반경방향의 **강성계수**(stiffness coefficient) (N/m)이다. 좌표계는 회전하지 않고 고정되어 있으므로, 그림 1.3의 무게중심 G는 x축으로부터 각도 Ωt에 위치한다. 이 순간의 무게중심 $G(x_G, y_G)$와 축 중심 $S(x, y)$의 좌표사이에는 다음과 같은 관계가 있다.

$$x_G = x + e\cos\Omega t, \quad y_G = y + e\sin\Omega t \tag{1.4}$$

실제 측정할 수 있는 상태량은 축의 변위(x, y)이고, 일반적으로 편심 e는 알 수가 없다. 또한 베어링 하중은 축의 변위에 관계되므로 식(1.4)를 이용하여 x_G와 y_G를 소거하여, x와 y로 나타내는 것이 편리하다. 축의 회전각속도 Ω (rad/s)는 시간에 따라 변하지 않고 일정(일정속도 회전)하다고 가정하고, 식(1.4)를 식(1.3)에 대입하면

$$\begin{aligned} m\ddot{x} + kx &= me\Omega^2\cos\Omega t \\ m\ddot{y} + ky &= me\Omega^2\sin\Omega t \end{aligned} \tag{1.5}$$

식(1.5)는 x, y좌표계에 관해 대칭이라고 가정되어있다. 즉, 일반적으로 축은 원형 단면을 가지므로, 축의 강성계수 k는 x, y방향에서 같은 값을 갖는다고 고려된다.

식(1.5)를 풀기 위한 방법 중 가장 간단한 방법은 미분방정식의 해를 가정하고 이를 운동방정식 (1.5)에 대입하는 것이다. 이에 대해서는 Jeffcott이 1919년에 과도해(일반해)와 정상상태 해(특해)에 대해 최초로 계산하였다. 이 모델에서는 불안정원이 없고, 감쇠를 무시하였으나, 일반적으로는 감쇠가 작용하므로 과도해인 **자유진동응답**은 시간이 경과함에 따라 0에 수렴하게 되고, 관심을 가지게되는 것은 정상상태 해인 **강제진동응답**이므로 여기에서는 강제진동응답만을 다룬다. 식(1.5)의 강제진동응답을 다음과 같이 가정한다.

$$x = A\cos\Omega t, \; y = A\sin\Omega t \tag{1.6}$$

여기서 A는 선분 OS의 길이로 휘돌림 반경의 크기이다. 식(1.6)의 휘돌림 반경을 복소 변위 $r = x + iy$ $(i = \sqrt{-1})$를 이용하여 식(1.5)를 나타내면

$$m\ddot{r} + kr = me\Omega^2 e^{i\Omega t} \tag{1.7}$$

식(1.7)의 우변은 편심 원판이 축 중심선 주위를 회전함으로서 생기는 원심력이며, 축의 휘돌림 반경 r을 외력과 같은 형태인

$$r = Ae^{i\Omega t} \tag{1.8}$$

로 놓는다. 식(1.8)과 이의 도함수를 식(1.7)에 대입하면, 원판의 휘돌림 진폭 A는 다음과 같이 주어진다.

$$A = \frac{me\Omega^2}{k - m\Omega^2} = \frac{e\eta^2}{1-\eta^2} \tag{1.9}$$

여기서 $\eta\,(=\Omega/\omega_n)$는 무차원 진동수비, $\omega_n\,(=\sqrt{k/m})$은 계의 비감쇠 고유진동수이다. 따라서 x, y축 방향의 강제진동응답은 식(1.9)를 식(1.6)에 대입하면

$$x = \frac{e\eta^2}{1-\eta^2}\cos\Omega t, \quad y = \frac{e\eta^2}{1-\eta^2}\sin\Omega t \tag{1.10}$$

일반적으로 식(1.5)의 일반해는 식(1.10)의 강제진동응답과 자유진동응답을 합한 것으로 되지만, 자유진동응답은 계의 감쇠특성으로 인해 시간이 경과함에 따라 소멸되어 가므로, 강제진동응답 만을 고찰한다. 식(1.10)으로부터 축 중심 S는 x와 y축 방향으로 같은 진동수 Ω와 진폭 A를 가지고 **조화진동**(harmonic vibration)을 하지만, 서로 90°의 위상차(phase difference)를 가진다. 이 때의 진동수는 축의 회전주파수와 같으며, 이를 동기진동(synchronous vibration)이라 한다. 진동진폭은 편심 e에 비례하며, 회전각속도 Ω의 함수이다. 진동수비 η가 $\eta \to 1$, 즉 Ω가 ω_n과 일치($\Omega = \omega_n$)하여 **공진**(resonance)상태가 되면, 강제진동응답(변위)은 무한대로 성장하게 된다. 회전기계에서 이러한 운전상태는 매우 위험하기 때문에, 이를 회전축계의 **굽힘 위험속도**(또는 **임계속도**, critical speed)라 부른다. 식(1.10)의 최대진폭, 즉 식(1.9)의 절대치는

$$|A| = \frac{e\eta^2}{|1-\eta^2|} \tag{1.11}$$

로 표현되고, 식(1.11)의 **휘돌림 반경**(whirling radius)을 가지고 원운동을 하는 것을 알 수 있다. 즉, 축 중심 S는 반경 $|A|$의 원 궤도 위를 각속도 Ω로 이동한다.

한편, 원판의 무게중심 $G(x_G,\ y_G)$의 강제진동응답은 식(1.10)을 식(1.4)에 대입하면

$$x_G = \frac{e}{1-\eta^2}\cos\Omega t, \qquad y_G = \frac{e}{1-\eta^2}\sin\Omega t \tag{1.12}$$

로 표현되고, 축 중심과 동일한 회전각속도 Ω로 회전반경

$$|A_G| = \frac{e}{|1-\eta^2|} \tag{1.13}$$

인 원의 궤도 위를 이동한다. 그림 1.4는 진동수비 η에 따른 축 중심점 S(실선)와 무게중심 G(점선)의 변화를 나타낸다. 축 중심점의 휘돌림 반경은 정지 시($\eta=0$)에 0이 되고, 저속에서는 축 중심 S를 중심으로 선회한다. 진동수의 증가, 즉 회전속도가 증가할수록 회전속도의 제곱에 비례하여 증가하고 위험속도($\eta = 1$)에서 무한대로 된다.

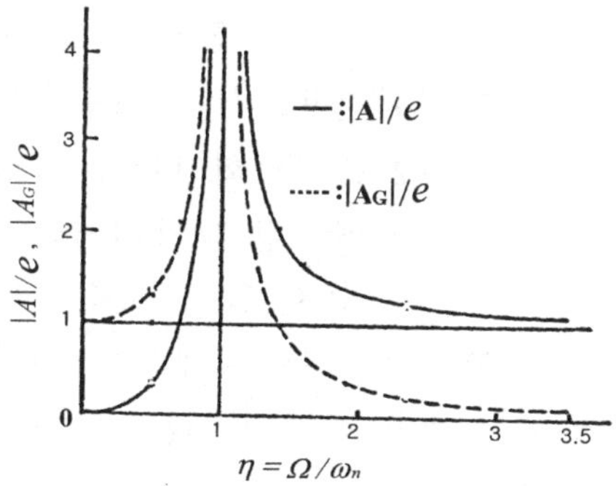

그림 1.4 / 축 중심과 무게중심의 강제진동응답

불평형에 의한 원심력 $me\Omega^2$을 축의 복원력 kr로 유지한다고 고려하면,

$$r = me\Omega^2/k = e\eta^2 \tag{1.14}$$

로 되어 공진($\eta = 1$)에서도 $|r| = e$밖에 변형이 없지만, 실제로는 공진에 의해 $|A|$는 $\eta = 0.707$에서 e로 되고 $\eta\to1$일 때, $|A|\to\infty$로 된다. 축의 변형은 강도 계산으로부터 R_a(mm)까지 허용한다고 하면,

$$\frac{e\eta^2}{|1-\eta^2|} < R_a \tag{1.15}$$

로부터 다음의 운전속도 범위에서는 운전을 회피하지 않으면 안 된다.

$$\sqrt{\frac{R_a}{R_a+e}} \le \eta \le \sqrt{\frac{R_a}{R_a-e}} \tag{1.16}$$

식(1.16)에서 $e\to 0$로 하면, 이 운전회피영역이 좁아지게 되고 편심이 없으면 없어지게 된다. 따라서 편심 e를 평형잡기(balancing)를 통하여 가능한 작게 하는 것이 중요하다. 위험속도를 통과한 뒤 영역 $\eta>1$에서는 자전에 의한 불평형력의 방향에 대해 위상이 180도 어긋나고, $\eta\gg 1$에서는 편심 e에 접근하여 가는 것을 알 수 있다.

일반적으로 감쇠가 매우 작은 볼 또는 롤러베어링과 같은 구름요소베어링으로 지지되고, 회전 정밀도가 요구되는 회전체에서는 $\eta\le 0.5$가 되도록 위험속도를 설정하여야 한다. 또한 불평형 me의 크기는 베어링을 통하여 장치에 미치는 가진력이 허용되는 범위 내로 억제하여야 한다. 고속 회전체에서는 위험속도를 통과시켜 $\eta\gg 1$의 영역에서 사용하여야만 한다. 다행히 $\eta>2$에서는 회전체는 거의 무게중심 주위를 휘돌고, 휘돌림 반경은 편심 e보다 약간 크고, 베어링에 가해지는 힘은 항상 ke정도로 된다. 회전중심의 위치 정밀도가 그다지 중요하지 않고 고속 회전이 본질적으로 중요한 원심분리기에서는 강성계수 k를 작게 되도록 설계하여 고유진동수를 낮추고, 운전 중의 베어링 반력 ke를 작게 하는 설계가 이루어진다.

한편, 무게중심 G의 휘돌림 반경은 정지 시에 편심 e와 같고, $\eta<1$의 저속영역에서는 항상 축 중심 S의 휘돌림 반경보다 e만큼 크고, $\eta>1$에서는 e만큼 작다. 위험속도에서 무한대가 된 후에 위험속도를 통과한 후 0에 접근하여 간다. 축 중심점 S와 무게중심 G 사이의 차는 그림 1.4로부터 알 수 있듯이 편심 e이므로, 이 두 곡선사이의 간격은 진동수비 η의 변화와 관계없이 항상 일정하다. 식(1.10)과 (1.12)로부터

$$\frac{y}{x} = \frac{y_G}{x_G} = \tan\Omega t \tag{1.17}$$

의 관계가 얻어진다. 이는 그림 1.5에서 보이듯이 좌표 원점 O, 축 중심점 S 및 무게중심 G가 동일 직선상에 위치하는 것을 의미한다.

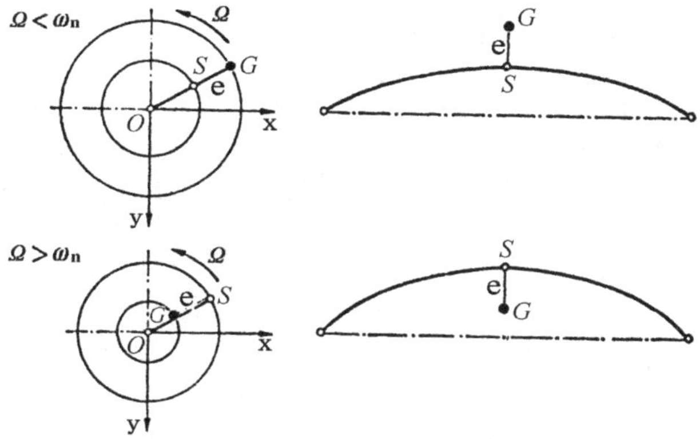

그림 1.5 / 축 중심과 무게중심의 상대 위치

즉, 축은 정적으로 처진 **정적 처짐**(static deflection) 상태로 원형 궤도를 휘도는 것을 나타내고, 따라서 축에 발생하는 응력(stress)은 정적 응력이 되어 불평형력이 반복적인 힘으로 축에 작용하는 것이 아닌 것을 나타낸다.

그림 1.5는 2개의 진동수비 영역, 즉 위험속도 이하와 위험속도 이상의 영역에 대해 축 중심점 S와 무게중심 G의 위치를 도식적으로 나타낸 것이다. 위험속도 이하에서는 원심력의 작용에 의해 무게중심은 축 중심보다 외측에 위치하게 된다. 즉, 외력인 불평형 원심력과 진동 변위는 **동위상**(in-phase)이 된다. 그러나 위험속도를 넘어선 영역에서는 이 위치관계가 서로 역의 관계인 **역위상**(out-of-phase)으로 된다. 즉, 무게중심이 축 중심보다 내측으로 이동하게 되고 불평형 원심력은 회전축의 복원력과 같은 향(sense)으로 작용하여 진동 변위를 줄이는 역할을 한다. 매우 높은 회전속도($\Omega \gg \omega_n$)에서는 무게중심은 베어링 중심선에 근접하게 되고, 따라서 축의 변형, 즉 축 중심의 변위는 그림 1.4와 같이 편심 e에 접근하게 된다. 이 현상을 **자동조심작용**(self-aligning action)이라 한다. 그림 1.6은 이를 보다 자세히 나타낸 것이다. 따라서 회전체의 진동은 위험속도 부근에서보다 매우 작게되고 조용한 회전을 하게 된다. 이 때에는 무게중심이 베어링 중심선과 일치함으로 불평형 원심력은 작용하지 않고, 따라서 회전축의 복원력 ke만이 작용하고, 이 힘이 베어링 반력의 합과 평형을 이루게 된다.

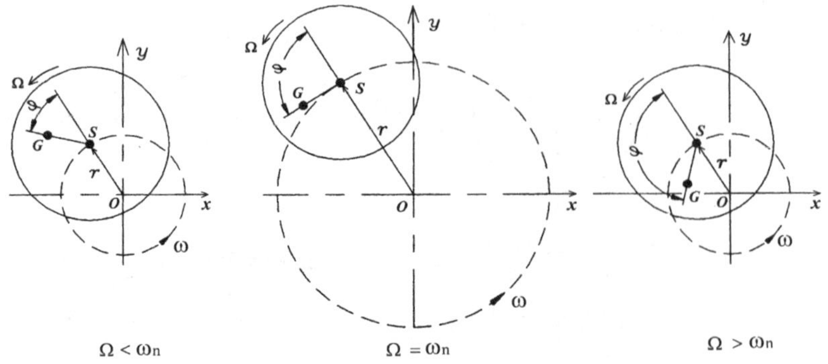

그림 1.6 / 회전속도에 따른 휘돌림 궤도

일반적으로 회전축계의 설계 시에는 과도한 진동이 발생하는 위험속도 주위에 정격 운전속도가 위치하지 않도록 공진 영역을 회피하도록 하고 있다. 이를 **공진회피설계**라 한다. 또한 API 등의 각종 규격에서도 이 영역에서 운전하지 않도록 위험속도와 운전속도사이의 분리여유(separation margin)를 제시하고 있다.

예제 1.1

단순지지 비감쇠 탄성회전체의 고유진동수 및 휘돌림 진폭 계산

축의 직경 50mm, 길이 1.6m이고, 질량 200kg의 원판이 축의 중앙에 부착되어 있다. 회전체는 양단에 단순지지되어 있다고 가정하고, 회전속도는 1,800rpm이다. 편심은 축 중심으로부터 20μm에 위치한다. 회전축계의 고유진동수와 휘돌림 진폭을 구하시오. 단, 축 재료의 Young 계수는 E = 210GPa이다.

양단 단순지지의 경우, 축의 굽힘 강성(bending stiffness) k는

$$k=\frac{48EI}{L^3}=\frac{48\times2.1\times10^{11}\times\pi\times0.05^4}{64\times1.6^3}=7.55\times10^5\ \text{N/m} \tag{1}$$

단순지지조건에서의 계의 고유진동수 ω_n은

$$\omega_n=\sqrt{\frac{k}{m}}=\sqrt{\frac{7.55\times10^5}{200}}=61.44\ \text{rad/s} \tag{2}$$

운전속도가 1,800rpm이므로, 회전각속도 Ω는

$$\Omega = 2\pi\times\frac{1,800}{60} = 188.5 \text{ rad/s} \tag{3}$$

진동수비 η는

$$\eta = \frac{\Omega}{\omega_n} = \frac{188.5}{61.44} = 3.07 \tag{4}$$

따라서 휘돌림 진폭 A는 식(1.9)로부터

$$A = \frac{e\eta^2}{1-\eta^2} = \frac{20\times10^{-6}\times3.07^2}{1-3.07^2} = 22.41\times10^{-6} \text{ m} = 22.41 \ \mu\text{m} \tag{5}$$

예제 1.2

미소 불평형 질량에 의한 휘돌림 진폭 계산

예제 1.1의 축에 축 중심으로부터 반경 $u=$ 200mm의 위치에 작은 불평형 질량 (unbalanced mass) $m_u=$ 100g을 가지는 원판의 불평형 원심력에 의한 휘돌림 진폭을 구하시오.

불평형 질량에 의한 원심력은 $F_u = m_u u\Omega^2$로 표현되고, 이 힘이 축계의 외력으로 작용한다. 따라서 식(1.7)은 다음과 같이 된다.

$$m\ddot{r} + kr = m_u u\Omega^2 e^{i\Omega t} \tag{1}$$

식(1)의 해를 식(1.8)과 같이

$$r = Ae^{i\Omega t} \tag{2}$$

로 놓고, 이를 식(1)에 대입하면, 원판의 휘돌림 진폭 A는

$$A = \frac{m_u u}{m} \frac{\eta^2}{1-\eta^2} \tag{3}$$

로 된다. 식(3)에 구체적인 수치를 대입하면, 휘돌림 진폭 A는

$$A = \frac{0.1\times0.2}{200} \frac{3.07^2}{1-3.07^2} = -1.12\times10^{-4} \text{ m} = -112 \text{ μm} \tag{4}$$

1.3 단순지지된 감쇠 탄성회전체

1.2절과 동일한 단순지지된 단순 회전체 모델에 감쇠특성을 고려한 경우의 휘돌림 운동을 검토한다. 그림 1.7과 같이 원판상의 축 중심점 S에서는 축의 탄성 복원력(스프링력)과 점성 감쇠력이 각각 좌표의 원점방향과 그 직각방향으로 작용한다. 이 힘들의 x, y축 방향의 성분은 각각 $-kx$, $-ky$ 및 $-c\dot{x}$, $-c\dot{y}$이다. 또한 불평형 외력이 외측방향의 원심력으로 작용한다.

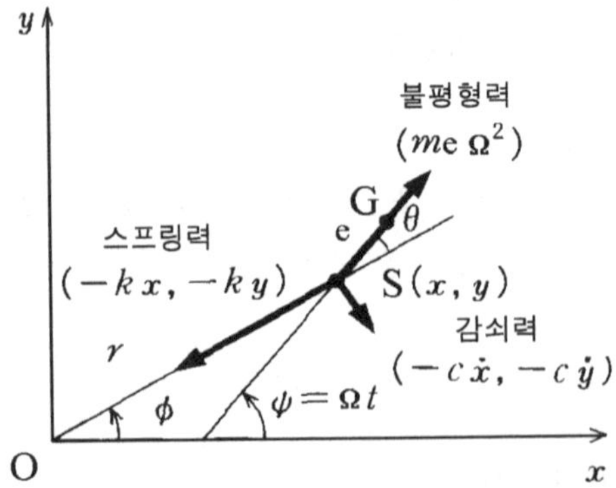

그림 1.7 / 단순 회전체에 작용하는 힘

따라서 이 계에서는 질량 m인 원판의 관성력은 축의 탄성 복원력, 감쇠력 및 불평형력과 평형이 되어야 한다. x 및 y방향의 병진운동에 대한 미분방정식은 다음과 같이 얻어진다.

$$\begin{aligned} m\ddot{x} + c\dot{x} + kx &= me\Omega^2\cos\Omega t \\ m\ddot{y} + c\dot{y} + ky &= me\Omega^2\sin\Omega t \end{aligned} \tag{1.18}$$

식(1.18)의 휘돌림 반경을 복소변위 $r = x + iy$ $(i = \sqrt{-1})$를 이용하여 나타내면

$$m\ddot{r} + c\dot{r} + kr = me\Omega^2 e^{i\Omega t} \tag{1.19}$$

축의 휘돌림 반경 r을

$$r = Ae^{i(\Omega t - \beta)} \tag{1.20}$$

로 놓으면, 여기서 A는 휘돌림 반경의 크기이다. 식(1.20)과 이의 도함수를 식(1.19)에 대입하면, 원판의 휘돌림 진폭 A 및 불평형력과 휘돌림 반경사이의 위상각 β는 각각 다음과 같이 주어진다.

$$A = \frac{me\Omega^2}{k - m\Omega^2 + ic\Omega} = \frac{me\Omega^2}{\sqrt{(k - m\Omega^2)^2 + c^2\Omega^2}} = \frac{e\eta^2}{\sqrt{(1-\eta^2)^2 + (2\zeta\eta)^2}} \tag{1.21}$$

$$\beta = \tan^{-1}\left(\frac{c\Omega}{k - m\Omega^2}\right) = \tan^{-1}\left(\frac{2\zeta\eta}{1-\eta^2}\right) \tag{1.22}$$

단, $0 \le \beta \le \pi$이다. 여기서 $\eta(=\Omega/\omega_n)$는 무차원 진동수비, ζ와 ω_n은 각각 다음과 같이 정의되는 감쇠비(damping ratio) 및 비감쇠 고유진동수이다.

$$\zeta = c/2\sqrt{km} = c/2m\omega_n, \quad \omega_n = \sqrt{k/m} \tag{1.23}$$

작은 감쇠($\zeta < 0.25$)의 경우, 위험속도($\eta = 1$)에서의 최대 휘돌림 진폭비는 근사적으로 다음 식과 같이 나타낼 수 있고, 이 값을 Q 계수(Quality factor)라 부른다.

$$Q = A/e \fallingdotseq 1/(2\zeta) \tag{1.24}$$

일반적으로 감쇠비 ζ가 0.01 이하인 회전기계에서 공진 영역에서의 운전이 예상되는 경우에는 위험속도에서의 진폭을 억제하기 위해 충분한 감쇠가 주어지도록 설계하거나 위험속도를 운전속도로부터 충분한 분리여유(separation margin)를 가지도록 공진회피설계가 이루어져야 한다. 이에 대해서는 제 5편에서 상세히 설명한다.

그림 1.8에 무차원 진동수비 n의 변화에 대한 무차원 휘돌림 진폭비 A/e와 위상각 β를 감쇠비 ζ를 파라미터로 나타내었다. 감쇠가 작을 때의 곡선은 비감쇠의 경우와 매우 유사하고, 공진점 부근에서 약간 다른 값을 가진다. 감쇠계에서는 식(1.21)과 같이 최대응답은 감쇠비에 의해 결정되는 유한 값을 가진다. 감쇠가 크게 되면, 최대응답이 발생하는 진동수비는 약간 우측으로 이동한다. 불평형력의 작용방향과 휘돌림 반경사이의 위상각 β는 그림 (b)에서 알 수 있듯이 감쇠가 없는 경우($\zeta = 0$)는 $n = 1$에서 0°로부터 180°까지 불연속적으로 도약(jump)하여 고유진동수 이후에서 역위상으로 된다. 감쇠가 있는 경우는 연속적인 곡선으로 되고, 감쇠비의 증가에 따라 위상각의 변화가 작고 완만하게 된다.

회전체에서 진폭 A의 값이 최대가 되는 회전속도 ω_c가 중요하다. 식(1.21)의 A를 Ω에 대해 미분하고, 그 도함수가 0이 되도록 하면, 즉

$$dA / d\Omega = 0 \tag{1.25}$$

식(1.25)로부터 ω_c는 다음 식과 같이 유도되고, 2항 급수(binomial series)를 적용하면

$$\omega_c = \frac{2k}{\sqrt{4mk - 2c^2}} = \frac{\omega_n}{\sqrt{1 - 2\zeta^2}} \fallingdotseq \left(1 + \zeta^2 + \frac{3}{2}\zeta^4 + \cdots\right)\omega_n \tag{1.26}$$

로 구할 수 있다. 식(1.26)과 그림 1.8로부터 감쇠비가 증가할수록 ω_c가 약간 증가하는 것을 알 수 있다. 그러나 일반적인 구조물의 감쇠비의 범위 $\zeta = 0.005 \sim 0.010$에서는 표 1.1과 같이 감쇠가 위험속도에 미치는 영향은 매우 작다.

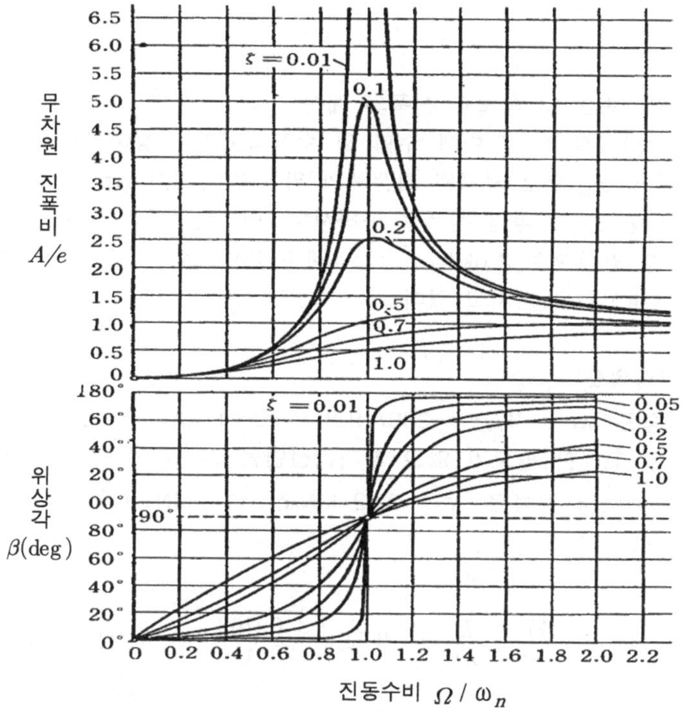

그림 1.8 / 단순회전체의 휘돌림 진폭과 위상곡선

표 1.1 / 감쇠비에 따른 위험속도의 변화

감쇠비 ζ	진동수비 ω_c / ω_n	증가율(%)
0.01	1.0001	0.010
0.05	1.0025	0.251
0.10	1.0102	1.015
0.20	1.0426	4.257

예제 1.3

강성회전체의 위험속도 및 휘돌림 진폭의 계산

원통형 강성회전체의 좌, 우단에 수평 및 수직방향의 특성이 동일한 2개의 등방성 베어링(isotropic bearing)으로 지지된 회전체의 위험속도, 3,000rpm에서의 휘돌림 진폭 및 위험속도에서의 불평형 휘돌림 진폭을 구하시오. 단, 회전체의 무게는 200N, 수평 및 수직방향의 베어링 강성계수 2.0MN/m, 감쇠계수 2.5kN·s/m이고, 회전체 중앙(midspan)에 800g·mm의 불평형을 가지고 있다.

1) 회전체의 위험속도:

회전체의 질량은 $m = W/g = 200/\ 9.8 = 20.41$ kg이다. 강성회전체로 가정하였으므로, 축 강성은 고려할 필요가 없고 지지강성만을 고려하면, 좌, 우단의 2개의 베어링으로 지지되어 베어링 강성은 k = 2×2 MN/m = 4 MN/m가 된다. 따라서, 회전체의 비감쇠 위험속도는

$$N_c = \frac{60}{2\pi}\sqrt{\frac{k}{m}} = 9.55\sqrt{\frac{4.0\times10^6}{20.41}} = 4,228 \text{ rpm} \tag{1}$$

$$\omega_n = 2\pi N_c/60 = 442.73 \text{ rad/s} \tag{2}$$

2) N = 3,000rpm에서의 휘돌림 진폭:

불평형은 $U = me = 0.8\times10^{-3}$ kg · m이므로, 편심 e는

$$e = U/m = 0.8\times10^{-3}/20.41 = 0.039\times10^{-3} \text{ m} = 39\,\mu\text{m} \tag{3}$$

회전각속도 Ω는

$$\Omega = 2\pi N/60 = 314.16 \text{ rad/s} \tag{4}$$

따라서, 진동수비 Ω/ω_n은

$$\Omega/\omega_n = 314.16/442.73 = 0.71 \tag{5}$$

식(1.21)로부터 간단히 하기 위해 감쇠항을 무시하면, 휘돌림 진폭은

$$A = \frac{e\,(\Omega/\omega_n)^2}{1-\Omega^2/\omega_n^2} = \frac{0.039\times 0.71^2}{1-0.71^2} = 0.0396\ \text{mm} = 39.6\,\mu\text{m} \qquad (6)$$

3) 위험속도에서의 휘돌림 진폭:

식(1.21)로부터 위험속도($\Omega/\omega_n = 1$)에서는 단지 감쇠비 ζ에 의해 휘돌림 진폭이 결정된다. 즉,

$$\begin{aligned} A &= e/2\zeta = e\frac{\sqrt{km}}{c} = 0.039\times10^{-3}\frac{\sqrt{4.0\times10^6\times20.41}}{2.5\times10^3} \\ &= 0.14\times10^{-3}\,\text{m} = 140\,\mu\text{m} \end{aligned} \qquad (7)$$

공진배율(Q factor) Q와 감쇠비 ζ는

$$\begin{aligned} Q &= A/e = 0.14\times10^{-3}/0.039\times10^{-3} = 3.59 \\ \zeta &= e/2A = 0.039\times10^{-3}/(2\times0.14\times10^{-3}) = 0.139 = 13.9\% \end{aligned} \qquad (8)$$

감쇠고유진동수 ω_d는

$$\omega_d = \omega_n\sqrt{1-\zeta^2} = 442.73\sqrt{1-0.139^2} = 438.43\ \text{rad/s} = 4,186.7\ \text{rpm}$$

1.4 탄성지지된 강성회전체

앞 절에서는 회전축의 지지조건을 강 지지로 가정하였으나, 일반적인 회전기계에서는 지지부분을 구성하는 재료의 탄성을 무시할 수 없고 보다 정확히 모델링하기 위해서는 지지부분의 탄성을 고려하여야 한다. 지지부분은 베어링과 베어링의 하우징 또는 지지구조물들로 이루어져 있고, 통상 베어링 지지(bearing support)는 이들을 포함한 것을 의미한다. 진동설계의 측면에서는 지지부가 회전체보다 더욱 유연하게 설계되어야 한다. 이는

1) 낮은 지지 강성은 베어링을 통해 비회전 구조물에 전달되는 동적 하중(dynamic load)을 감소시킨다. 따라서 베어링의 수명을 연장시키고, 지지구조물의 진동을 최소화할 수 있다.
2) 낮은 지지 강성은 저널베어링이나 감쇠기의 감쇠가 더욱 효과적으로 작용하도록 한다. 따라서 위험속도에서의 회전체의 휘돌림 진폭을 감소시킬 수 있다.

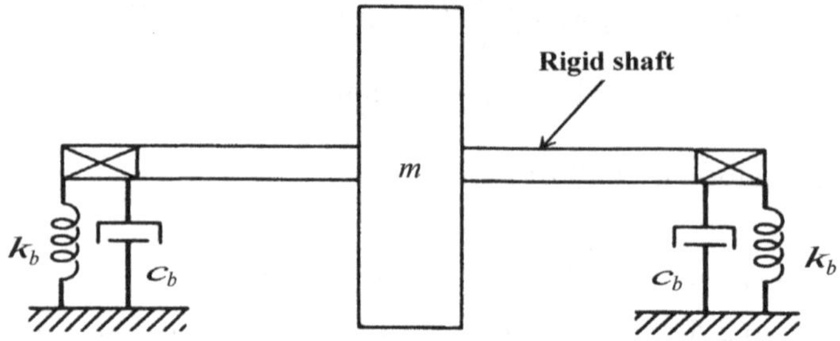

그림 1.9 / 감쇠기 및 스프링으로 탄성지지된 강성회전체

1) 항의 이유는 그림 1.9와 같이 회전체의 양단에 설치된 지지부가 좌우 대칭인 감쇠기와 스프링으로 탄성지지된 길이가 짧은 강성회전체의 해석을 통하여 설명될 수 있다.

지지부의 강성계수를 k_b, 감쇠계수를 c_b라 하면, 감쇠가 고려된 강성회전체에서 반경 r의 원형 궤도를 따라 휘돌림 운동을 하는 경우, 회전축의 진동에 의해 각 베어링을 통하여 기계구조물에 전달되는 힘, 즉 전달력(transmitted force) F_{tr}은

$$F_{tr} = kr + c\dot{r} = (k + ic\Omega)r \tag{1.27}$$

이 되고, 앞의 유도과정으로부터

$$r = \frac{me\Omega^2}{k - m\Omega^2 + ic\Omega}\, e^{i\Omega t} \tag{1.28}$$

따라서 전달력 F_{tr}는

$$F_{tr} = \frac{me\Omega^2(k + ic\Omega)}{k - m\Omega^2 + ic\Omega}\, e^{i\Omega t} \tag{1.29}$$

2개의 베어링에 작용하는 전달력의 최대값은

$$F_{max} = me\Omega^2\sqrt{\frac{1+(2\zeta\eta)^2}{(1-\eta^2)^2+(2\zeta\eta)^2}} \tag{1.30}$$

로 된다. 이 힘이 베어링을 통하여 지지구조에 전달되는 동적 베어링 하중이 되고, 축 회전속도와 진동계의 파라미터의 함수가 된다. 만약 강 지지되었다고 가정하면, 베어링 하중은 불평형력과 같고, 각각의 베어링은 이 힘을 1/2씩 분담하게 된다. 따라서 베어링 하중의 최대값은

$$(F_{max})_\infty = F_u = me\Omega^2$$

로 된다. 가진력인 불평형력과 전달력의 비 또는 강 지지시의 베어링하중과 탄성지지시의 베어링하중의 비를 **전달률**(transmissibility) TR이라 한다.

$$TR = \frac{F_{max}}{me\Omega^2} = \sqrt{\frac{1+(2\zeta\eta)^2}{(1-\eta^2)^2+(2\zeta\eta)^2}} \tag{1.31}$$

또한 불평형력과 전달력 사이의 위상각 γ는

$$\gamma = \beta - \tan^{-1}\left(\frac{c\Omega}{k}\right) = \tan^{-1}\left[\frac{2\zeta\eta^2}{(1-\eta^2)^2+(2\zeta\eta)^2}\right] \tag{1.32}$$

로 된다. 그림 1.10에 진동수비 η의 변화에 따른 전달률과 위상각을 나타낸다. 진동수비 $\eta = \sqrt{2}$를 경계로 전달률의 특성이 역전하고 있다. 즉, $\sqrt{2}$ 이하의 진동수비 영역에서는 감쇠를 증가할수록 전달률이 감소하지만, 전체적으로 전달률이 1보다 크고, 가진력인 불평형 외력이 증폭되어 기초에 전달되는 힘이 증폭(amplification)되는 구간이 되어 **진동절연**(vibration isolation)의 입장에서는 바람직하지 않은 영역이다. 따라서 고유진동수를 변경하여 진동수비가 $\sqrt{2}$(= 1.414)보다 크게되도록 하여야 한다. 진동수비가 $\sqrt{2}$ 이상의 구간에서는 역으로 감쇠가 증가할수록 전달률이 증가하게 된다. 감쇠가 없는 경우($\zeta = 0$)의 전달률은 $\sqrt{2}$ 이하의 영역에서는 과대하게 증폭되지만, $\sqrt{2}$ 이상의 영역에서는 1보다 작게되고, 진동수비가 3에서 전달률은 약 0.1로 된다.

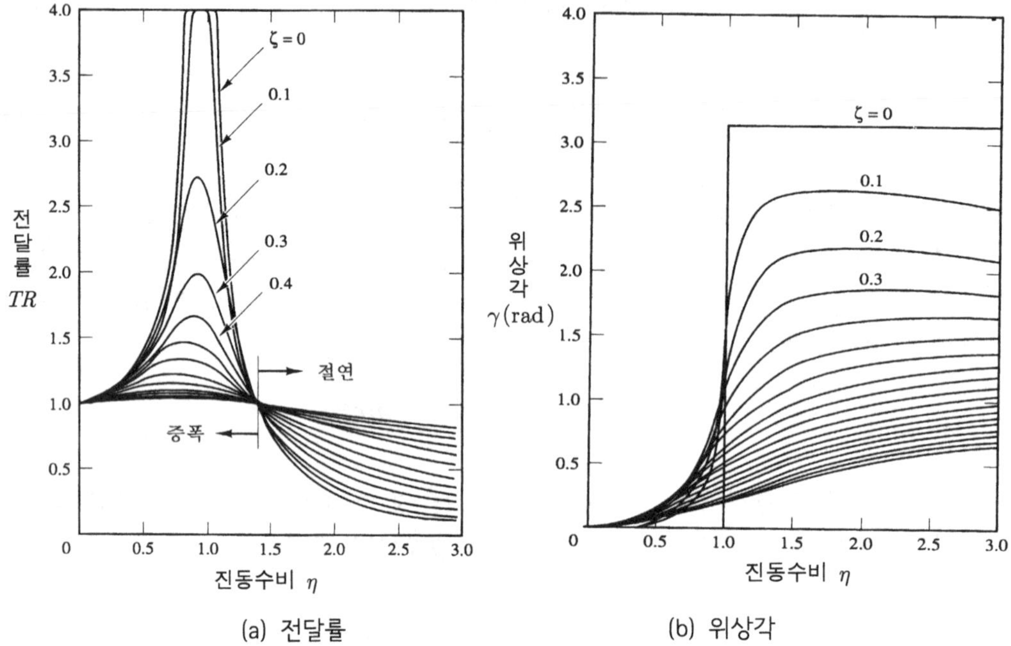

그림 1.10 / 전달률과 위상각 곡선

이는 가진력이 기초에 전달되는 비율이 약 10%정도가 되는 것을 의미한다. 그러므로 효과적인 진동의 절연을 위해서는 진동수비가 $\eta > \sqrt{2}$,

즉 운전속도가 고유진동수의 $\sqrt{2}$배 이상이 되어야 한다. 통상의 기초 설계(foundation design)에서는 진동수비 $\eta = 3$을 기준으로 설계하고 있고, 감쇠가 매우 낮은 진동 절연에서는 $\Omega \gg \omega_n$ ($\eta \gg 1$)의 영역에서 강제 스프링(steel spring)이 종종 이용되고 있다.

이상의 내용을 요약하면,

1) 비감쇠 위험속도 ω_n을 운전속도의 70% 이하가 되도록, 즉 진동수비 η가 1.414 이상이 되도록 지지부를 유연하게 만들면, 베어링을 통해 전달되는 동적 하중을 크게 줄일 수 있다.
2) 베어링 지지의 감쇠는 지지부의 탄성이 효과적으로 작용하는 높은 회전속도 ($\eta > \sqrt{2}$)에서 베어링을 통하여 전달되는 동적 하중을 증가시킨다.
3) 베어링 지지의 감쇠는 회전체가 위험속도를 통과해야할 경우, 허용한계 이하로 전달력을 유지하기 위해 필요할 수 있다.

4) 지지강성을 낮추는 것이 무조건 좋은 것은 아니다. 지지강성을 적절하게 선택하지 않으면, 강 지지에서의 전달력을 초과하는 큰 동적 하중을 일으킬 수 있다.
5) 전달력과 휘돌림 진폭에 대한 감쇠의 효과는 서로 다르다. 감쇠는 전 회전속도의 구간에 걸쳐 축의 휘돌림 진폭을 감소시키지만, 전달력은 낮은 속도구간($\eta < \sqrt{2}$)에서만 전달력을 감소시킨다. 따라서 최적 지지감쇠의 결정이 필요하다.

그림 1.11은 회전축의 강성 k에 대한 지지강성 k_b의 비인 강성비(stiffness ratio) $K = k_b/k$의 함수로 휘돌림 진폭을 최소로 하기 위한 최적지지 감쇠비의 결과를 나타내고 있다. 지지감쇠의 최적치는 강성비가 증가할수록 크게 된다. 즉, 유연 지지에 비해 강 지지에 가까울수록 휘돌림 진폭을 감소하기 위해서는 보다 많은 감쇠가 필요함을 나타낸다.

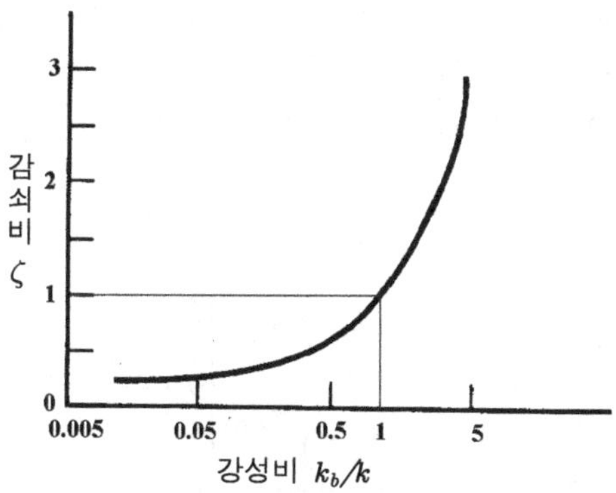

그림 1.11 / 최적 지지감쇠(Barrett 등)

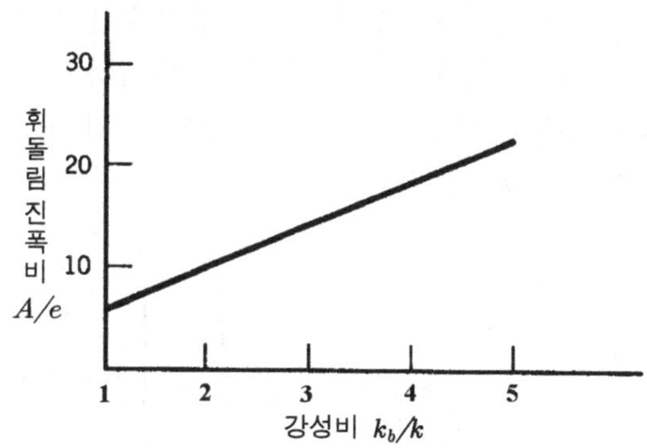

그림 1.12 / 위험속도에서의 휘돌림 진폭

또한 그림에서 강성비가 1 이하($k_b/k < 1$), 즉 지지강성이 축 강성보다 작을 때는 감쇠비는 1보다 작게 된다($\zeta < 1$). 이는 최적지지 감쇠계수가 임계감쇠계수 c_c보다 작은 부족감쇠(under-damping)($c_b < c_c$)가 되어야 하는 것을 나타낸다. 최적 값보다 너무 큰 감쇠는 지지부를 고정(locks-up)하여 감쇠를 가지지 않는 것과 같이 되고 스프링만이 있는 계로 된다.

그림 1.12는 최적감쇠조건에서 위험속도에서의 동기 휘돌림 진폭비를 나타낸다. 지지강성의 증가에 따라 휘돌림 진폭비가 선형적으로 증가하는 것을 나타낸다. 이는 지지강성의 증가가 지지부의 운동을 억제하여 구속하기 때문이며, 따라서 감쇠가 효과적으로 작용하는 것을 허용하지 않는다.

1.5 탄성지지된 비감쇠 탄성회전체

앞 절에서는 회전축의 지지조건으로서 강한(rigid) 베어링으로 지지되는 것으로 하여 단순지지로 가정한 탄성회전체를 고려하였다. 여기서는 스프링에 의해 탄성지지된 비감쇠 탄성회전체의 휘돌림 운동에 대해 검토한다. 따라서 그림 1.13에서 지지부의 감쇠는 $c_b = 0$로 가정한다. 또한 회전축에도 감쇠가 없는 것으로 한다.

일반적으로 축의 굽힘 강성 k와 지지강성 k_b의 비인 강성비 $K = k_b / k$가 10 이상인 경우에는 강 지지(rigid support)로 고려하여도 좋다. 그러나 축의 지지강성이 이처럼 강하지 않을 때는 베어링의 탄성, 즉 베어링 강성을 고려하여야만 한다. 일반적으로 베어링의 탄성은 축계의 고유진동수를 크게 저하시키는 역할을 한다. 여기에서는 베어링의 지지특성으로 감쇠특성을 무시하고 강성만을 고려하여, 앞에서와 동일한 단순 탄성회전체를 다룬다. 지지 특성은 그림 1.13에 나타내듯이 수직 및 수평방향의 강성을 각각 k_v, k_h라 한다.

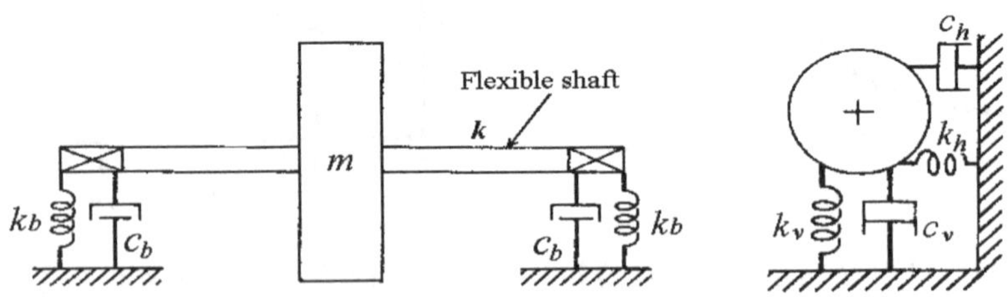

그림 1.13 / 이방성 지지특성을 가지는 단순 탄성회전체

일반적인 회전기계에서는 구조상 수직방향의 강성이 수평방향보다 크게 되고 ($k_v > k_h$), 이방성(異方性, anisotropic)의 지지특성을 가지게 된다. 축의 중앙에 부착된 원판의 경우 축의 강성은 좌우 대칭이 되고, 지지강성은 축의 강성과 직렬로 연결되어 있기 때문에

$$\frac{1}{K_x} = \frac{1}{k} + \frac{1}{2k_h}, \quad \frac{1}{K_y} = \frac{1}{k} + \frac{1}{2k_v}$$

따라서 수평(x축) 및 수직(y축) 방향에 대한 전체 등가강성은

$$k_x = \frac{2k_h k}{2k_h + k}, \quad k_y = \frac{2k_v k}{2k_v + k} \tag{1.33}$$

로 표현되고, 강성이 이방성으로 지지된 x 및 y방향의 병진운동에 대한 미분방정식은 앞 절의 방법을 이용하여 중간 유도과정을 생략하면, 다음과 같이 얻어진다.

$$\begin{aligned} m\ddot{x} + k_x x &= me\Omega^2 \cos \Omega t \\ m\ddot{y} + k_y y &= me\Omega^2 \sin \Omega t \end{aligned} \tag{1.34}$$

식(1.34)는 서로 독립이므로, 강제진동응답은 다음 식과 같이 쉽게 구해진다.

$$\begin{aligned} x &= \frac{e\Omega^2}{\omega_x^2 - \Omega^2} \cos\Omega t = X \cos\Omega t \\ y &= \frac{e\Omega^2}{\omega_y^2 - \Omega^2} \sin\Omega t = Y \sin\Omega t \end{aligned} \tag{1.35}$$

여기서 ω_x, ω_y는 다음 식으로 정의되는 x, y축 방향의 고유진동수이다.

$$\omega_x = \sqrt{k_x / m}, \quad \omega_y = \sqrt{k_y / m} \tag{1.36}$$

위 식에서 알 수 있듯이, 지지강성의 방향 차에 의해 수평과 수직방향의 고유진동수가 다르고, 따라서 2개의 고유진동수가 존재하게 된다. 만일 지지강성이 $k_h = k_v$가 되면, 등방성(isotropic) 지지상태($k_x = k_y$)가 되고, 1개의 위험속도로 줄어든다.

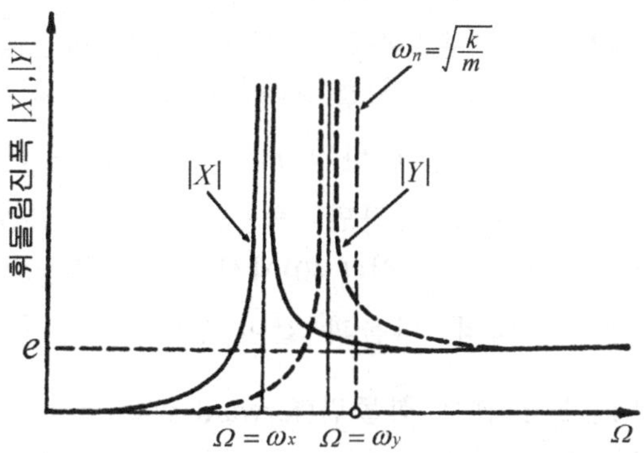

그림 1.14 / 휘돌림 진폭

그림 1.14는 회전각속도 Ω의 변화에 대한 식(1.35)의 변위 진폭 X, Y의 절대치를 나타낸다. 그림에서 알 수 있듯이 각 방향의 축 변위는 서로 일치하지 않고 다르며, 회전각속도를 증가시키면 수평방향의 위험속도 ω_x를 통과한 후 이어서 수직방향의 위험속도 ω_y를 통과하여 편심 e에 접근하여 간다. 그림에서 수직점선은 강지지 경우의 위험속도 ω_n이다. 각 방향의 탄성지지의 이방성으로 인해 2개의 위험속도가 발생하고, 이들 위험속도는 강 지지의 경우에 비해 낮아지는 것을 알 수 있다.

식(1.35)의 양변을 제곱하여 더하면, 다음과 같은 타원의 식

$$(x/X)^2 + (y/Y)^2 = 1 \tag{1.37}$$

이 얻어지고, 타원의 장축방향의 휘돌림 반경은 식(1.35)를 각 방향의 진동수비 $\eta_x = \Omega/\omega_x$, $\eta_y = \Omega/\omega_y$로 나타내면 다음과 같다.

$$X = \frac{e\eta_x^2}{1-\eta_x^2}\ ,\quad Y = \frac{e\eta_y^2}{1-\eta_y^2} \tag{1.38}$$

시간에 따른 휘돌림의 운동을 자세히 고찰하기 위해 복소변위 $r = x + iy$를 이용하여 식(1.35)를 나타내면,

$$r = x + iy = X\cos\Omega t + iY\sin\Omega t \tag{1.39}$$

로 되고, 이를 Euler 공식으로 나타내면

$$r = r_+ e^{i\Omega t} + r_- e^{-i\Omega t} \tag{1.40}$$

여기서 $r_+ = (X+Y)/2$, $r_- = (X-Y)/2$.

식(1.40)을 살펴보면, 우변 첫 항은 **휘돌림각속도** ω**가 회전각속도** Ω와 같은 방향으로 휘돌림 반경 r_+의 원운동을 하고, 이를 **전향 휘돌림성분**이라 한다. 둘째 항은 회전각속도 Ω와 반대방향($-\Omega$)으로 휘돌림 반경 r_-의 원운동을 하며, 이를 **후향 휘돌림성분**이라 한다. 따라서 이 두 성분을 더하면, 축 중심 S는 휘돌림 반경 r의 타원궤도(elliptic orbit)를 따라 이동하게 된다. 식(1.40)에서 전향 휘돌림 반경 r_+와 후향 휘돌림 반경 r_-의 절대치 크기에 따라, 다음과 같이 전향 또는 후향 휘돌림이 결정된다.

$$\begin{aligned} &|r_+| > |r_-| : \text{전향 휘돌림(forward whirling)} \\ &|r_+| < |r_-| : \text{후향 휘돌림(backward whirling)} \\ &|r_+| = |r_-| : \text{직선진동(rectilinear vibration)} \end{aligned} \tag{1.41}$$

여기서 직선진동은 타원궤도의 휘돌림 운동이 퇴화(退化, degeneration) 또는 축퇴(縮退)된 것이다. 그림 1.15는 회전각속도의 변화에 따른 축의 휘돌림 궤도가 어떻게 변화하는 가를 나타낸 것이다. 계산에서는 $\eta_x = 0.85$, $\eta_y = 0.95$를 이용하였다. 그림(a)의 x축 방향의 위험속도 η_x 이하의 영역(under-critical speed region)에서는 진동수비 η가 증가하여 η_x에 접근할수록 x축의 공진 영역에 접근하여 x축 방향의 진폭 X가 크게 되고 휘돌림 방향은 축의 회전방향과 같으며, x축은 타원궤도의 장축방향이 된다. 그림(b)의 $\eta = 0.87$은 위험속도 η_x를 넘어선 상태로서 진폭 X는 역위상으로 바뀌어 후향 휘돌림 상태로 된다. 그림 1.14에서 알 수 있듯이 진폭 X가 전향성분의 Y보다 크기 때문에 전체적으로는 후향 휘돌림이 된다. $\eta = \sqrt{(\eta_x^2 + \eta_y^2)/2} = 0.895$에서는 진폭이 $X = Y$가 되는 속도로서 원 휘돌림(circular whirling)이 되고, y축 방향의 위험속도 η_y에 접근할수록 y축 방향의 진폭 Y가 증가하는 타원궤도의 후향 휘돌림이 되고 있다. η_y를 통과하면 진폭 Y는 역위상으로 되어 다시 전향 휘돌림으로 바뀌고 진폭의 크기는 감소하여 그림 1.15(c)와 같이 편심 e에 접근하여 간다.

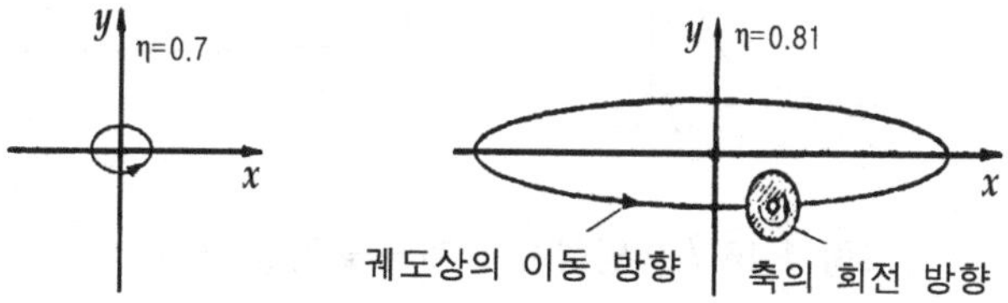

(a) 전향 휘돌림영역 ($0 < \eta < \eta_x$)

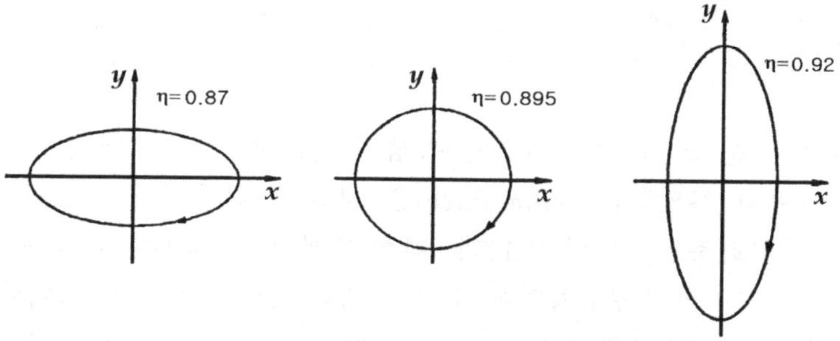

(b) 후향 휘돌림영역 ($\eta_x < \eta < \eta_y$)

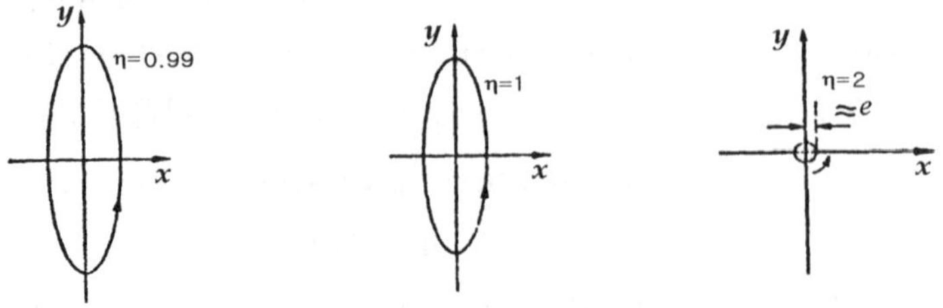

(c) 전향 휘돌림영역 ($\eta_y < \eta < \infty$)

그림 1.15 / 진동수비에 따른 전향 및 후향 휘돌림영역(Gasch & Pfuzner)

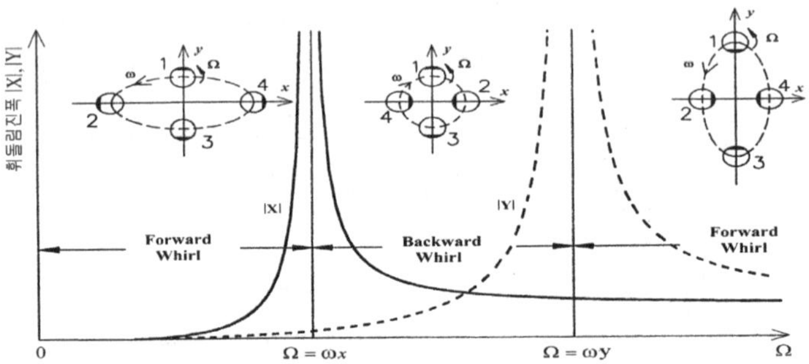

그림 1.16 / 이방성지지 계의 불평형 응답

1.6 저널베어링 지지된 감쇠 탄성회전체

1.5절에서 취급한 단순 회전체의 양끝에 특성이 동일한 저널베어링으로 지지된 계를 고려한다. 저널베어링의 유막력(oil film force)은 저널의 평형위치 부근에서 미소진동을 한다고 가정하여 선형화하면, 그림 1.17과 같이 4개의 강성계수와 4개의 감쇠계수로 모델링할 수 있다. 고속 회전속도영역에서 사용되는 일부 특수한 베어링을 제외하면, 통상의 저널베어링에서는 관성효과를 나타내는 가속도의 비례상수인 부가질량계수(add mass coefficient)는 무시할 수 있다.

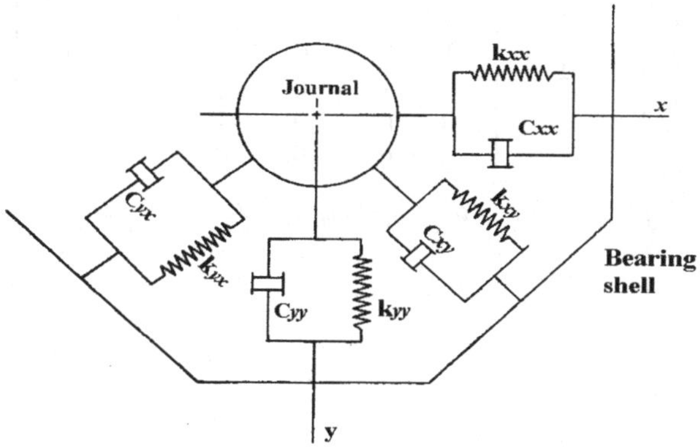

그림 1.17 / 저널베어링의 감쇠 및 강성계수의 표현

회전축계의 좌표는 회전체의 원판 중심 S의 좌표를 x, y 저널 중심의 좌표를 x_b, y_b라 한다. 그리고 베어링 유막력의 x, y성분을 각각 P_x, P_y라 하면, 계의 운동 방정식은

$$m\ddot{x} + k(x - x_b) = me\Omega^2 \cos \Omega t + mg \tag{1.42a}$$

$$m\ddot{y} + k(y - y_b) = me\Omega^2 \sin \Omega t \tag{1.42b}$$

$$k(x - x_b) = P_x \tag{1.42c}$$

$$k(y - y_b) = P_y \tag{1.42d}$$

로 표현되고, 베어링의 유막력은

$$P_x = k_{xx} x_b + k_{xy} y_b + c_{xx} \dot{x}_b + c_{xy} \dot{y}_b \tag{1.43a}$$

$$P_y = k_{yx} x_b + k_{yy} y_b + c_{yx} \dot{x}_b + c_{yy} \dot{y}_b \tag{1.43b}$$

로 된다. 식(1.42)와 (1.43)을 행렬형식으로 나타내면

$$\boldsymbol{A}\dot{\boldsymbol{q}} + \boldsymbol{B}\boldsymbol{q} = \boldsymbol{F}(t) \tag{1.44}$$

여기서

$$q=\begin{bmatrix}\dot{x}\\x\\x_b\\\dot{y}\\y\\y_b\end{bmatrix},\quad A=\begin{bmatrix}0&0&c_{xx}&0&0&c_{xy}\\0&0&c_{yx}&0&0&c_{yy}\\1&0&0&0&0&0\\0&1&0&0&0&0\\0&0&0&1&0&0\\0&0&0&0&1&0\end{bmatrix},$$

$$B=\begin{bmatrix}0&-k&k_{xx}+k&0&0&k_{xy}\\0&0&k_{yx}&0&-k&k_{yy}+k\\0&k/m&-k/m&0&0&0\\-1&0&0&0&0&0\\0&0&0&0&k/m&-k/m\\0&0&0&-1&0&0\end{bmatrix}$$

식(1.44)의 우변 외력 F로 불평형에 의한 원심력을 고려하면

$$F(t)=\begin{bmatrix}0\\0\\e\Omega^2\cos\Omega t\\0\\e\Omega^2\sin\Omega t\\0\end{bmatrix}=\begin{bmatrix}0\\0\\e\Omega^2\\0\\0\\0\end{bmatrix}\cos\Omega t+\begin{bmatrix}0\\0\\0\\0\\e\Omega^2\\0\end{bmatrix}\sin\Omega t$$
$$=F_c\cos\Omega t+F_s\sin\Omega t \tag{1.45}$$

로 표현된다. 따라서 식(1.44)의 특해(강제진동 응답)을 구한다. 특해를

$$\begin{aligned}q&=\{q_{c1}\ q_{c2}\ \cdots\ q_{c6}\}^T\cos\Omega t+\{q_{s1}\ q_{s2}\ \cdots\ q_{s6}\}^T\sin\Omega t\\&=q_c\cos\Omega t+q_s\sin\Omega t\end{aligned} \tag{1.46}$$

로 놓고, 이를 식(1.44)에 대입한 결과를 행렬형식으로 나타내면

$$\begin{bmatrix}B&\Omega A\\-\Omega A&B\end{bmatrix}\begin{bmatrix}q_c\\q_s\end{bmatrix}=\begin{bmatrix}F_c\\F_s\end{bmatrix} \tag{1.47}$$

로 되고, 이로부터

$$\begin{bmatrix}q_c\\q_s\end{bmatrix}=\begin{bmatrix}B&\Omega A\\-\Omega A&B\end{bmatrix}^{-1}\begin{bmatrix}F_c\\F_s\end{bmatrix} \tag{1.48}$$

원판 요소의 불평형 응답은

$$\begin{bmatrix} x \\ y \end{bmatrix} = \begin{bmatrix} q_{c2}\cos\Omega t + q_{s2}\sin\Omega t \\ q_{c5}\cos\Omega t + q_{s5}\sin\Omega t \end{bmatrix} \tag{1.49}$$

또는

$$x(t) = \sqrt{q_{c2}^2 + q_{s2}^2}\sin(\Omega t + \Theta_x), \quad \Theta_x = \tan^{-1}(q_{c2}/q_{s2})$$
$$y(t) = \sqrt{q_{c5}^2 + q_{s5}^2}\sin(\Omega t + \Theta_y), \quad \Theta_y = \tan^{-1}(q_{c5}/q_{s5})$$

베어링 부분의 불평형 응답은

$$\begin{bmatrix} x_b \\ y_b \end{bmatrix} = \begin{bmatrix} q_{c3}\cos\Omega t + q_{s3}\sin\Omega t \\ q_{c6}\cos\Omega t + q_{s6}\sin\Omega t \end{bmatrix} \tag{1.50}$$

또는

$$x_b(t) = \sqrt{q_{c3}^2 + q_{s3}^2}\sin(\Omega t + \Theta_{bx}), \quad \Theta_{bx} = \tan^{-1}(q_{c3}/q_{s3})$$
$$y_b(t) = \sqrt{q_{c6}^2 + q_{s6}^2}\sin(\Omega t + \Theta_{by}), \quad \Theta_{by} = \tan^{-1}(q_{c6}/q_{s6})$$

로 구하여 진다. 이 계산에서 베어링의 유막계수, 즉 베어링의 강성 및 감쇠계수는 회전각속도 Ω의 함수이므로, 회전수마다 유막계수를 바꾸어 계산하여야 한다.

식(1.49) 또는 (1.50)을 x, y방향으로 합성하여 복소변위로 나타내면 휘돌림 궤도를 나타낼 수 있다. 저널베어링으로 지지되는 회전체에서는 일반적으로 타원궤도를 그리게 된다. 복소변위는

$$r(t) = x(t) + y(t) = q_{c2}\cos\Omega t + q_{s2}\sin\Omega t + i(q_{c5}\cos\Omega t + q_{s5}\sin\Omega t) \tag{1.51}$$

위 식에 Euler 공식을 적용하면, 휘돌림 반경(휘돌림 진폭)은

$$\begin{aligned} r(t) &= \frac{1}{2}\sqrt{(q_{c2} + q_{s5})^2 + (q_{c5} - q_{s2})^2}\, e^{i\Omega t} \\ &+ \frac{1}{2}\sqrt{(q_{c2} - q_{s5})^2 + (q_{c5} + q_{s2})^2}\, e^{-i\Omega t} \\ &\equiv r_+ e^{i\Omega t} + r_- e^{-i\Omega t} \end{aligned} \tag{1.52}$$

로 표현된다. 이 식은 축의 회전과 같은 방향($+\Omega$) 및 반대방향($-\Omega$)으로 휘도는 축의 복소변위 진폭을 나타내고 있다. 타원 휘돌림 궤도의 장축반경을 A, 단축반경을 B라 하면, 다음과 같이 정의된다.

$$A = r_+ + r_-, \quad B = r_+ - r_- \tag{1.53}$$

휘돌림의 방향은 r_+와 r_-의 크기에 의해, 식(1.41)과 같이 정의된다. 특히 회전축의 불평형 진동은 진동진폭의 최대치를 취하는 것이 설계 상 필요하므로, 통상 장축반경 A를 이용하여 평가한다.

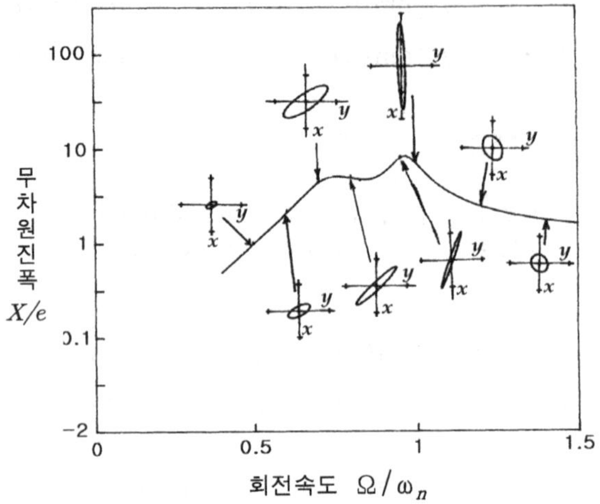

그림 1.18 / 불평형 응답곡선 및 휘돌림 궤도(Iwatsubo)

그림 1.18은 진원베어링으로 지지된 단순회전체의 불평형 응답과 휘돌림 궤도를 나타낸다. 계산에 이용된 값은 m = 70kg, 축의 굽힘 강성 k= 13.994MN/m, 베어링 폭경비 L/D = 0.5이다. 베어링 강성 및 감쇠계수는 제 3편의 예제 10.1과 같이 저널베어링 데이터북 등의 자료를 이용한다. 불평형 응답은 장축반경 A를 편심 e로 나눈 값으로 나타낸다. 이 계의 1차 및 2차 고유진동수는 각각 ω_1= 0.707 ω_n, ω_2= 0.966 ω_n으로 응답곡선은 이들 고유진동수 부근에서 피크를 나타낸다. 1차 모드의 감쇠비가 2차 모드의 감쇠비보다 크기 때문에 피크치는 1차가 2차보다 작게 되고 있다.

1.7 자이로스코픽 작용의 영향

그림 1.19와 같이 팽이의 운동을 고려하고, 좌표계를 그림 1.20과 같이 설정하면, 극관성모멘트가 I_p인 원판에 작용하는 자이로스코픽 모멘트(gyroscopic moment)는

$$M_g = I_p \Omega \omega \theta \tag{1.54}$$

로 표현되고,

$$\begin{aligned} \phi &= 90^\circ: h\omega\theta = -d\delta_x/dt = -h d\theta_x/dt \\ \phi &= 180^\circ: h\omega\theta = -d\delta_y/dt = -h d\theta_y/dt \end{aligned}$$

가 되므로, ωΘ는 각각

$$\begin{aligned} \phi &= 90^\circ: \omega\theta = -d\theta_x/dt = -\dot{\theta}_x \\ \phi &= 180^\circ: \omega\theta = -d\theta_y/dt = -\dot{\theta}_y \end{aligned} \tag{1.55}$$

로 되므로, 자이로스코픽 모멘트는 다음과 같이 표현된다.

$$M_{gx} = I_p \Omega \dot{\theta}_x,\ M_{gy} = I_p \Omega \dot{\theta}_y \tag{1.56}$$

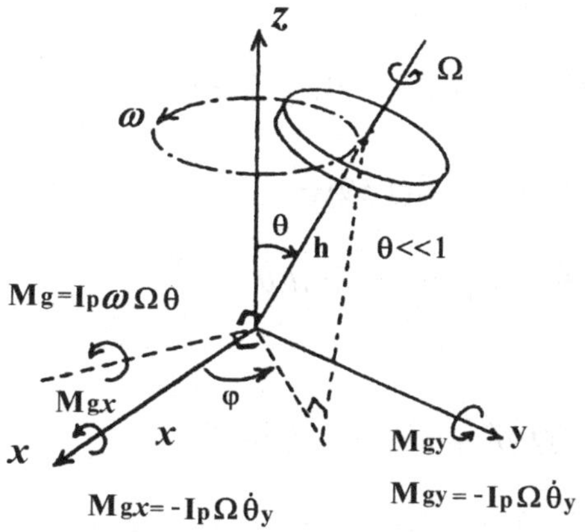

그림 1.19 / 팽이의 운동

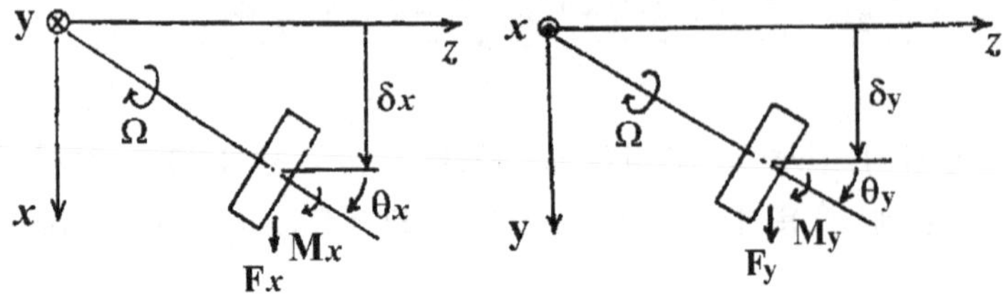

(a) *xz* 평면 (b) *yz* 평면

그림 1.20 / 좌표계의 정의

그리고 x, y방향으로 작용하는 중력은

$$W_x = mgh\Theta_x,\quad W_y = mgh\Theta_y \tag{1.57}$$

원판의 운동방정식은 좌표 원점에 대한 **질량관성모멘트를** $I = I_d + mh^2$로 놓으면, 다음 식과 같이 된다.

$$I\ddot{\theta}_x = M_{gy} + W_x\ ,\quad I\ddot{\theta}_y = M_{gx} + W_y \tag{1.58}$$

이 식에 식(1.56)과 (1.57)을 대입하면

$$I\ddot{\theta}_x - I_p\Omega\dot{\theta}_y = mgh\theta_x\ ,\ I\ddot{\theta}_y - I_p\Omega\dot{\theta}_x = mgh\theta_y \tag{1.59}$$

복소 각변위 $\Theta = \Theta_x + \Theta_y$로 놓으면, 식(1.59)는

$$I\ddot{\theta} - iI_p\Omega\dot{\theta} = mgh\theta \tag{1.60}$$

기본적인 운동방정식은

$$\ddot{r} - i\Omega\gamma\dot{r} + \omega_n^2 r = e\Omega^2 e^{i\Omega t} \tag{1.61}$$

여기서 $\gamma(= I_p/I_d)$는 자이로스코픽 계수로 일반적으로는 $0 \le \gamma < 2$이다. **횡관성모멘트** I_d 및 **극관성모멘트** I_p는 그림 1.21과 같은 원주(cylinder) 형상의 회전체의 경우, 다음과 같이 정의된다.

$$I_d = \frac{m}{12}(3R^2 + H^2),\ \ I_p = \frac{m}{2}R^2$$

여기서 $m(=\rho\pi R^2 H)$은 원주 형상의 질량이다.

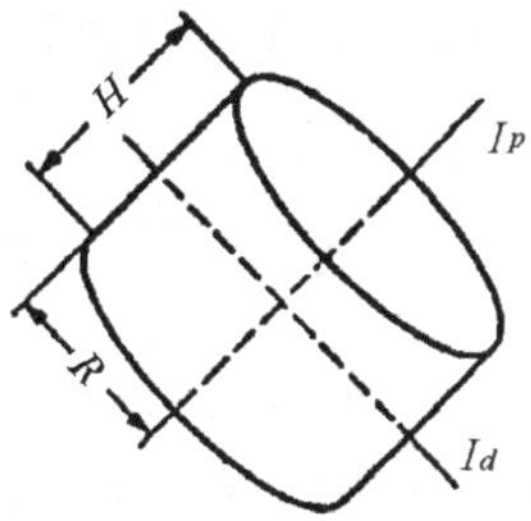

그림 1.21 / 원주 형상의 회전체

1.7.1 자유진동

식(1.61)의 우변 불평형 외력을 0으로 하였을 때의 휘돌림 고유진동의 해를

$$r = A_0 e^{i\omega t} \tag{1.62}$$

로 놓으면, 진동수방정식은

$$\omega^2 - \omega_n^2 = \gamma\Omega\omega \tag{1.63}$$

로 얻어진다. 여기서 ω_n은 정지 시($\Omega = 0$)의 고유진동수이다. 식(1.63)을 풀면 그림 1.22와 같이 2개의 근이 얻어진다.

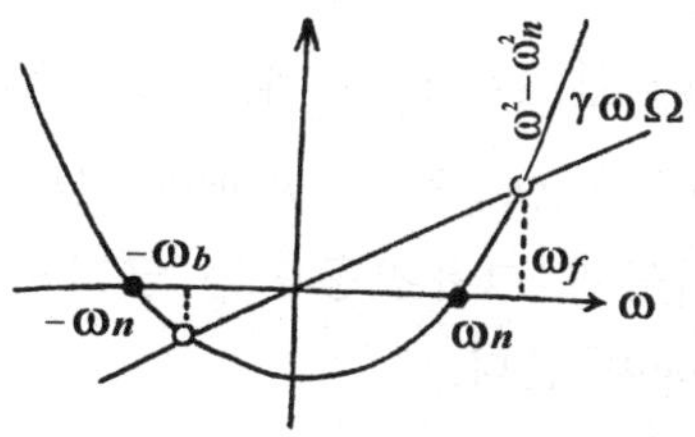

그림 1.22 / 진동수방정식의 해

이들을

$$\omega_1 = +\omega_f > 0: \text{ 전향 휘돌림 고유진동수}$$
$$\omega_2 = -\omega_b > 0: \text{ 후향 휘돌림 고유진동수}$$

로 놓으면, 무차원 전향 및 후향 휘돌림 고유진동수는 각각 다음과 같이 된다.

$$\frac{\omega_f}{\omega_n} = \sqrt{1 + \left(\frac{\gamma}{2}\eta\right)^2} + \frac{\gamma}{2}\eta, \quad \frac{\omega_b}{\omega_n} = \sqrt{1 + \left(\frac{\gamma}{2}\eta\right)^2} - \frac{\gamma}{2}\eta \tag{1.64}$$

여기서 $\eta(=\Omega/\omega_n)$는 고유진동수 ω_n과 회전각속도 Ω의 비인 진동수비이다. 그림 1.23은 정지 시($\Omega = 0$) 및 회전 시($\Omega > 0$)의 휘돌림 진동을 도식적으로 나타낸 것이다.

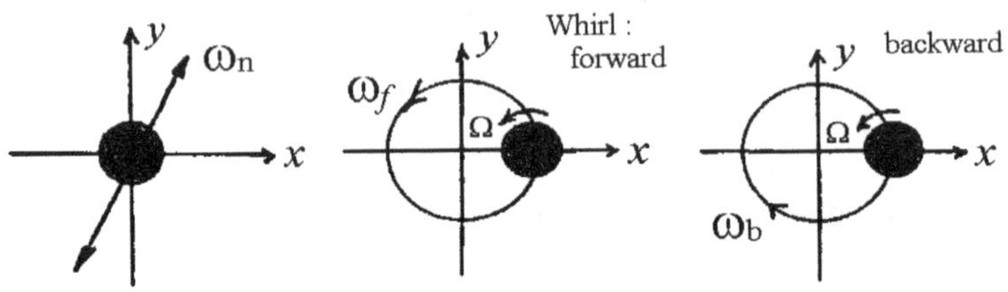

(a) 정지 시(Ω =0) (b) 전향 휘돌림 (c) 후향 휘돌림

그림 1.23 / 회전체의 휘돌림 진동 형태

그림 1.24는 진동수비에 대한 전향 및 후향 휘돌림 고유진동수를 $\gamma = 0$, 0.5, 1 및 2에 대해 나타낸 것이다. 이 선도를 통상 고유진동수선도(natural frequency map)라 부른다. 그림 1.24를 상세히 검토하면, 다음과 같은 특징이 있다.

1) $\gamma = 0(I_p = 0)$에서는 자이로스코픽 효과가 작용하지 않으므로, 회전속도에 따른 변화는 없고, $\omega_f = \omega_n$, $\omega_b = -\omega_n$로 일정하게 된다.
2) γ가 증가할수록 전향 휘돌림 고유진동수는 급격히 크기가 증가하고, 후향 휘돌림 고유진동수는 0에 접근하여 간다.
3) 얇은 원판($\gamma \fallingdotseq 2$)의 경우, 비교적 낮은 회전속도($\eta \fallingdotseq 0$)에서는 $\omega_f, \omega_b \fallingdotseq \omega_n \pm \Omega$로 되고, 회전속도의 상승 부분만큼 회전체의 고유진동수는 상하로 변화한다.

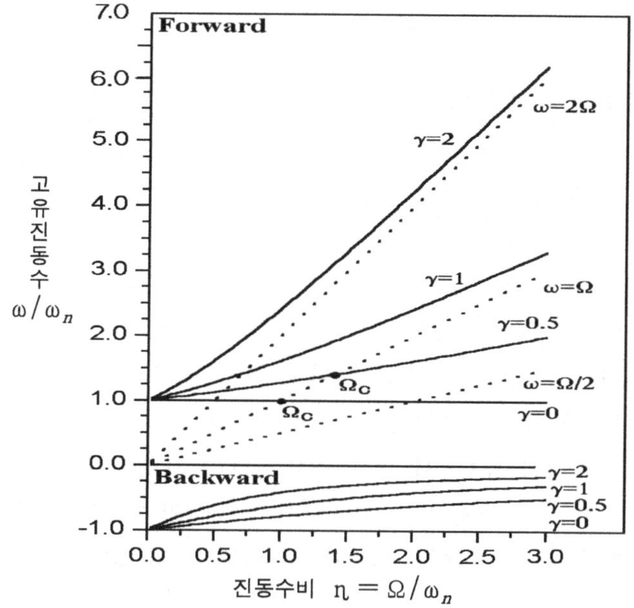

그림 1.24 / 고유진동수선도

4) 전향 휘돌림 고유진동수 ω_f는 높은 회전수영역에서는 $\omega_f \rightarrow \gamma\Omega$, 즉 $\gamma=1$의 경우는 $\omega=\Omega$, $\gamma=2$에서는 $\omega=2\Omega$에 접근하여 가고, 후향 휘돌림 고유진동수 ω_b는 0에 접근한다.

5) 불평형 진동의 공진은 식(1.58)의 우변 항에서 알 수 있듯이 전향 휘돌림을 가진하므로, 전향 휘돌림 고유진동수가 회전각속도 Ω와 일치할 때(그림 1.24의 ●부분), 발생하게 된다. 따라서 이 회전속도를 특히 비감쇠 위험속도 Ω_c라 부른다.

1.7.2 불평형 강제진동응답

식(1.61)에 점성감쇠 항을 함께 고려하면, 운동방정식은

$$\ddot{r} - i\Omega\gamma\dot{r} + 2\zeta\omega_n\dot{r} + \omega_n^2 r = e\Omega^2 e^{i\Omega t} \tag{1.65}$$

로 표현된다. 식(1.65)의 우변 불평형 원심력은 회전각속도 Ω와 같은 방향으로 회전각속도의 가진진동수로 가진하는 것을 알 수 있다. 불평형력에 의해 발생하는 축의 휘돌

림 반경을 외력과 같은 형태인

$$r = Ae^{i\Omega t} \tag{1.66}$$

로 가정하여 이를 운동방정식에 대입하면, 휘돌림 진폭 A는

$$A = \frac{e\eta^2}{\sqrt{\{1+(\gamma-1)\eta^2\}^2 + (2\zeta\eta)^2}} \tag{1.67}$$

로 얻어진다. 식(1.67)에서 $\gamma = 0$으로 놓으면, 식(1.18)과 일치한다. 그림 1.25는 자이로스코픽 계수 γ를 파라미터로 하여 진동수비의 변화에 대한 무차원 휘돌림 진폭을 감쇠가 없는 경우($\zeta = 0$)와 $\zeta = 0.05$의 경우에 대해 나타낸 것이다. 이 그림을 그림 1.24의 고유진동수선도와 비교하여 검토하면, $\omega = \Omega$인 직선과 교차하는 점이 위험속도 Ω_c가 되고, 이 그림에서 $\gamma = 0$과 0.5에서 교차하고 있다. 따라서 이 위험속도에서 공진피크를 발생하고 있다. $\gamma = 1$과 2에서는 교차하는 점이 없으므로 공진은 발생하지 않고, 단순 증가하는 형태가 된다. 자이로스코픽 효과는 계의 고유진동수를 상승시키는 효과를 가진다.

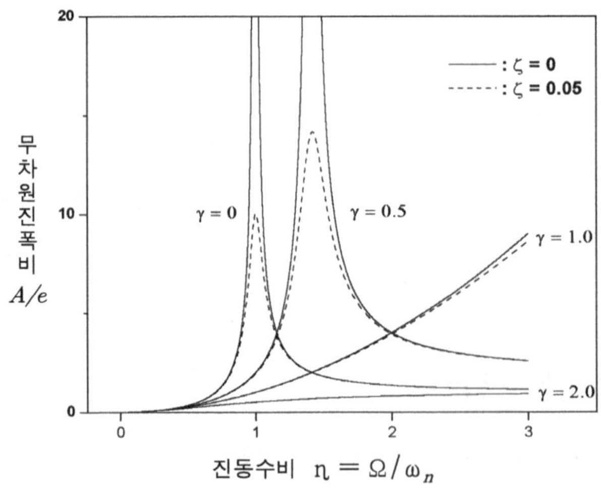

그림 1.25 / 휘돌림 진폭

2

기초 가진의 영향

회전기계의 회전체 · 베어링계의 진동에는 그림 2.1에 보이듯이 그 외력이 불평형력, 유체력 등과 같이 회전체 자체에 작용하여 진동을 발생하는 경우와, 기초에의 힘이나 진동이 베어링 유막 반력으로서 회전체에 작용하는 기초 가진(base excitation)에 의한 것으로 분류할 수 있다.

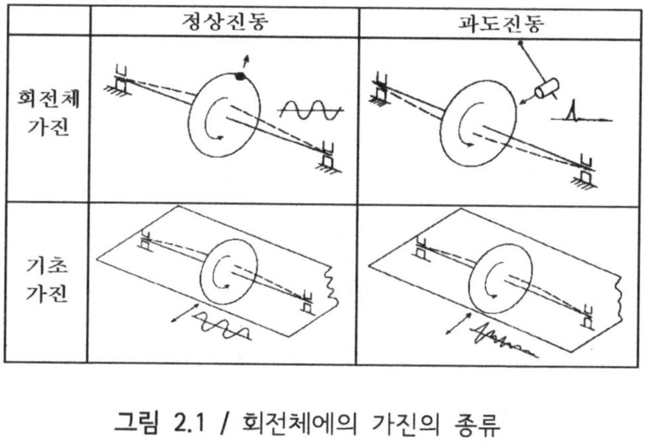

그림 2.1 / 회전체에의 가진의 종류

기초 가진을 일으키는 가장 일반적인 외력으로는 지진(earthquake)이 있다. 특히 고유진동수가 낮은 터보기계에서는 지진파에 의한 기초 가진의 영향을 고려한 내진설계(aseismatic design)를 검토할 필요가 있다. 또한 특수한 충격력을 받는 선박용 회전기계, 육상용으로는 차량 탑재용이나 건설현장 등에 사용되는 회전기계에서는 고유진동수가 그다지 낮지 않아도 외력 주파수특성에 따라 회전체의 동적 거동을 예측하고, 기계의 신뢰성 및 안전성을 확인하는 것이 요구되고 있다.

일반적으로 회전기계는 기계가 설치되는 기초(foundation)와 탄성 지지되어 있고, 기계의 외부로부터 지진 또는 주위에 설치된 다른 기계의 진동 등으로부터 진동 전달의 영향을 받기 쉽다.

그림 2.2와 같이 기초가 가속도 a의 운동을 할 때, 기초에 설치된 회전체의 복소변위 및 기초의 변위를 각각 r_0, y, 지지부의 감쇠 및 강성계수를 각각 c, k라 하면, 운동방정식은

$$m\ddot{r}_0 = -k(r_0 - y) - c(\dot{r}_0 - \dot{y}) + iI_p\Omega(\dot{r}_0 - \dot{y}) \tag{2.1}$$

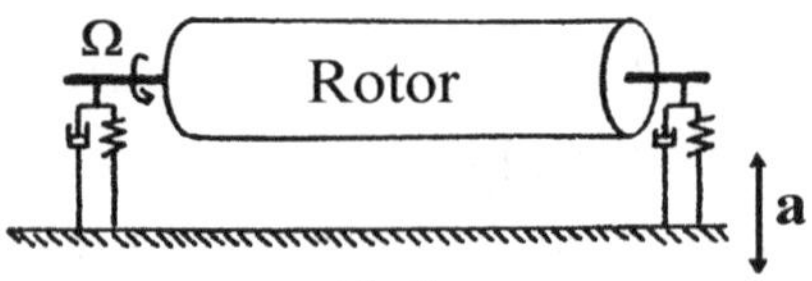

그림 2.2 / 기초 가진을 받는 회전체

회전체와 기초사이의 상대변위를 r이라 하면 $r = r_0 - y$로 되고, 이를 운동방정식에 대입하면

$$m\ddot{r} - iI_p\Omega\dot{r} + c\dot{r} + kr = -m\ddot{y} = -ma_0\cos\omega t \tag{2.2}$$

로 되고, 여기서 a_0는 기초에 가해지는 최대가속도, ω는 가진진동수이다.

기초 가진의 가속도는 Euler 공식을 이용하면,

$$a = a_0\cos\omega t = 1/2a_0(e^{i\omega t} + e^{-i\omega t}) \tag{2.3}$$

로 표현할 수 있으므로, 전향 가진($+\omega$)의 성분과 후향 가진($-\omega$)의 성분을 가지게 된다. 식(2.2)를 식(1.65)와 같은 형태로 변경하면, 운동방정식은

$$\ddot{r} - i\Omega\gamma\dot{r} + 2\zeta\omega_n\dot{r} + \omega_n^2 r = -1/2a_0(e^{i\omega t} + e^{-i\omega t}) \tag{2.4}$$

로 되고, 외력을 0으로 한 자유진동에 대한 진동수방정식은 1.7.1 절에서와 같고, 따라서 전향 고유진동수 ω_f 및 후향 고유진동수 ω_b는 식(1.64)와 동일하게 구해진다.

전향 가진과 후향 가진에 의한 공진 조건으로는

$$\text{전향 가진: } \omega = \omega_f, \quad \text{후향 가진: } \omega = \omega_b$$

이 된다

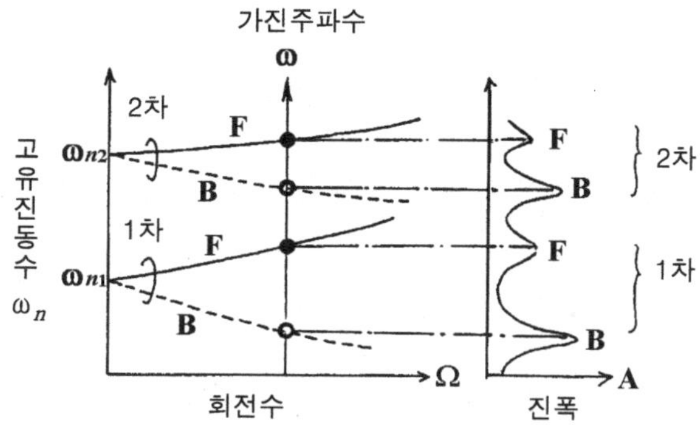

그림 2.3 / 고유진동수선도 및 진폭곡선

그림 2.3은 **고유진동수선도**와 진폭곡선을 개략적으로 나타낸다. 그림에서는 1차 및 2차 고유진동수를 고려하고, 전향성분을 F, 후향성분을 B로 나타낸다. 가진진동수 ω가 일정할 때, 가진진동수와 고유진동수곡선이 교차하는 점에서 **전향공진(●)**과 **후향공진(○)**을 일으키고, 이 때 진동진폭이 크게 되는 것을 오른쪽의 진폭곡선으로부터 알 수 있다.

3

고정좌표계와 회전좌표계의 비교

회전체의 진동특성은 일반적으로 고정(정지) 직교좌표계 *xyz* 를 이용하여 유도하고 있고, 따라서 고유진동수나 공진은 정지좌표계에서 바라본 것이다. 진동측정의 경우, 비접촉 변위계(proximity probe)로 측정된 변위는 변위계를 고정된 기초에 설치하여 측정하므로 **고정좌표계**에 해당하고, 축에 직접 부착한 스트레인 게이지로부터 진동을 측정한 경우는 **회전좌표계**에 해당한다. 회전체 내부에 작용하는 마찰력, 내부 감쇠력이나 비대칭 회전축은 각속도 Ω로 회전체와 함께 회전하는 회전좌표계로 운동을 나타내면 일정한 상수로 취급이 가능하므로 진동해석에 편리하다.

그림 3.1은 고정좌표계와 회전좌표계를 함께 나타내고 있다. 회전좌표계는 어느 임의 시간 t일 때, 공간에 고정된 좌표계에 대해 각도 Ωt 만큼 회전하게 된다. 그림에서 고정좌표계 및 회전좌표계에서 축 중심 S의 좌표를 각각 x, y 및 x_r, y_r이라 한다. 선분 $\overline{OS}$의 길이를 A라 하면, 복소변위는 각각 다음과 같이 표현된다.

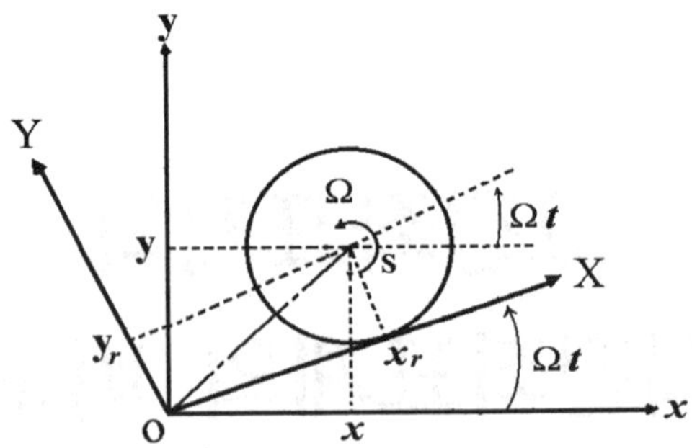

그림 3.1 / 고정좌표계와 회전좌표계

$$\begin{aligned} r &= x + iy = A e^{i\Omega t} \\ r_r &= x_r + iy_r = A \end{aligned} \tag{3.1}$$

따라서 두 좌표계 사이에는 다음과 같은 관계

$$r = r_r e^{i\Omega t}, \quad r_r = r e^{-i\Omega t} \tag{3.2}$$

가 얻어진다. 예로 원형 휘돌림 궤도를 가지는 불평형 진동 $r = A e^{i\Omega t}$의 경우,

$$r_r = r e^{-i\Omega t} = A e^{i\Omega t} e^{-i\Omega t} = A \tag{3.3}$$

로 일정한 상수(DC 성분)로 표현된다. 또한 다음과 같이 표현되는 타원 휘돌림 궤도

$$r = A_f e^{i\Omega t} + A_b e^{-i\Omega t} \tag{3.4}$$

는 회전좌표계에서는 다음과 같이 변환된다.

$$r_r = r e^{-i\Omega t} = (A_f e^{i\Omega t} + A_b e^{-i\Omega t}) e^{-i\Omega t} = A_f + A_b e^{-i2\Omega t} \tag{3.5}$$

즉, 전향 휘돌림 진폭은 상수(DC 성분)로, 후향 휘돌림 진폭은 2Ω의 진동수를 가지는 후향 휘돌림 성분으로 변환된다.

자중 W에 의한 정적 처짐과 같이 고정좌표계에서 일정한 상수로 취급되는 양 $r = r_g$는 회전좌표계에서는 $r_r = r_g e^{-i\Omega t}$의 회전각속도 Ω로 회전방향과 반대로 휘도는 후향 성분으로 표현된다.

고정좌표계로 표현된 단순회전체의 운동방정식은 식(1.7)로부터

$$\ddot{r} + \omega_n^2 r = e\Omega^2 e^{i\Omega t} \tag{3.6}$$

로 되고, 식(3.1)을 대입하여 운동방정식을 회전좌표계로 나타내면

$$\ddot{r}_r + i2\Omega\dot{r}_r + (\omega_n^2 - \Omega^2)r = e\Omega^2 \tag{3.7}$$

식(3.7)의 자유진동 해를 $r_{r0} = \bar{r}_0 e^{i\omega_r t}$로 가정하고, 이를 식(3.7)에 대입하면, 진동수방정식은

$$\omega_r^2 + i2\Omega\omega_r + (\omega_n^2 - \Omega^2) = 0 \tag{3.8}$$

로 되고, 이를 풀면 고유진동수는

$$\omega_r = \pm\omega_n - \Omega \tag{3.9}$$

로 얻어진다. 즉, 고정좌표계에서의 고유진동수인 $\pm\omega_n$에서 회전각속도 Ω를 뺀 것으로 표현된다. 또한 불평형력에 대한 강제진동응답은 고정좌표계에 대해서는 식(1.9)와 같이 다음과 같다.

$$r = A e^{i\Omega t} = \frac{e\eta^2}{1-\eta^2} e^{i\Omega t} \tag{3.10}$$

식(3.2)의 관계를 위 식에 대입하여

$$r_r = A e^{+i\Omega t} e^{-i\Omega t} = A = \frac{e\eta^2}{1-\eta^2} \tag{3.11}$$

과 같이 회전좌표계로 표시하면 축 중심 S는 시간에 따라 운동하지 않고, 원점으로부터 거리 A인 위치에 고정되어 있다. 즉, 축 중심은 회전좌표계 내에 고정된 상태로 좌표계와 함께 회전하는 원운동을 하게 된다.

일예로 1.7절의 자이로스코픽 모멘트를 고려한 단순회전체의 고유진동수는 식(1.64)와 같고, 이를 회전좌표계로 나타내면 식(3.12)와 같이 변환된다.

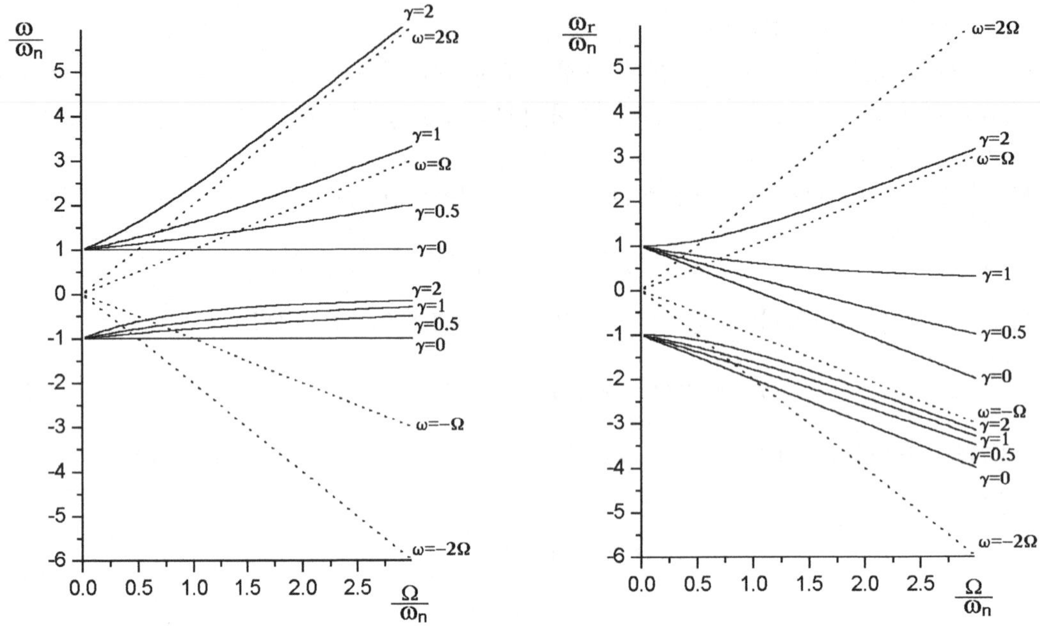

a) 고정좌표계 (b) 회전좌표계

그림 3.2 / 고유진동수선도의 비교

$$\frac{\omega_f}{\omega_n} = \sqrt{1+\left(\frac{\gamma}{2}\eta\right)^2} + \left(\frac{\gamma}{2}-1\right)\eta$$

$$\frac{\omega_b}{\omega_n} = \sqrt{1+\left(\frac{\gamma}{2}\eta\right)^2} - \left(\frac{\gamma}{2}-1\right)\eta \qquad (3.12)$$

여기서 $\gamma(=I_p/I_d)$는 자이로스코픽 계수$(0 \le \gamma \le 2)$이다. 그림 3.2는 식(1.64)의 고정좌표계에서 계산된 고유진동수와 식(3.12)의 회전좌표계에서의 고유진동수를 이용하여 고유진동수선도(natural frequency plot)를 비교하여 나타낸 것이다.

4

위험속도 통과시의 비정상 휘돌림 진동

최근 고속화에 따라 운전속도가 1차 굽힘 위험속도보다 높은 회전속도에서 운전되는 탄성회전체가 증가하고 있다. 이러한 기계들은 기동 및 정지 시에 위험속도(critical speed)를 통과하여야 한다. 통상 어느 일정 회전속도에서의 회전체의 휘돌림 진폭과 위상은 불평형에 의한 정상진동(steady-state vibration)의 해로서 계산되고, 그 특성은 그림 1.8과 같다. 그러나 실제 회전기계가 전동기(electric motor) 등의 구동력에 의해 가속 또는 감속되면서 위험속도를 통과하는 경우는 그림 1.8의 응답곡선과 매우 다른 과도진동(transient vibration), 즉 비정상진동의 특성을 나타낸다.

19세기 말에서 20세기 초에 걸쳐 일부 기술자와 연구자들은 회전체의 가속이 빠를수록 위험속도 통과시의 최대진폭은 작게 되고, 그 회전속도는 고속 측으로 이동한다는 것을 경험적으로 알고 있었다.

4.1 일정 각가속도의 경우

이러한 위험속도 통과시의 비정상진동에 대한 이론해석은 F. M. Lewis에 의해 1932년에 처음으로 이루어졌다. 그는 해석을 단순화하기 위해 다음과 같은 식

$$m\ddot{x} + c\dot{x} + kx = F\cos\psi,\ \psi = \alpha t^2/2 \tag{4.1}$$

을 이용하였다. 정상진동에서는

$$\psi = \Omega t, \dot{\psi} = \Omega = \text{일정} \tag{4.2}$$

으로 하여도 좋다. Lewis는 가진력의 진동수가 시간에 비례하여 증가(각가속도 α = 일정)하는 것으로 비정상 특성을 매우 간단하게 가정하였다. 즉,

$$\dot{\psi} = \alpha t\ (\ddot{\psi} = \alpha = \text{일정}) \tag{4.3}$$

이 가정은 부하토크에 비해 구동토크에 충분한 여유가 있을 경우에는 실현 가능하다. 시간 t_1에서 식(4.1)의 해는 초기조건 $t = 0;\ x = \dot{x} = 0$을 이용하여 Duhamel적분을 하면, 다음과 같이 얻어진다.

$$x = \frac{F}{m\omega_d}\int_0^{t_1} e^{-\zeta\omega_n(t_1 - t)}\sin\omega_d(t_1 - t)\sin\frac{1}{2}\alpha t^2 dt \tag{4.4}$$

여기서 ω_d는 감쇠 고유진동수로서 $\omega_d = \omega_n\sqrt{1-\zeta^2}$이다.

식(4.4)는 어떤 형태로 변형하여도 근사화 하지 않으면 초등함수로 나타낼 수 없다. 따라서 Lewis는 도식적인 적분법을 고안하여 결과를 구하였다. 감쇠가 없는 경우(ζ= 0)의 비정상응답을 그림 4.1에 나타낸다. 그림에서 수평축의 1인 점이 위험속도이고, 정상응답(α=1)에서는 진폭이 무한대로 된다.

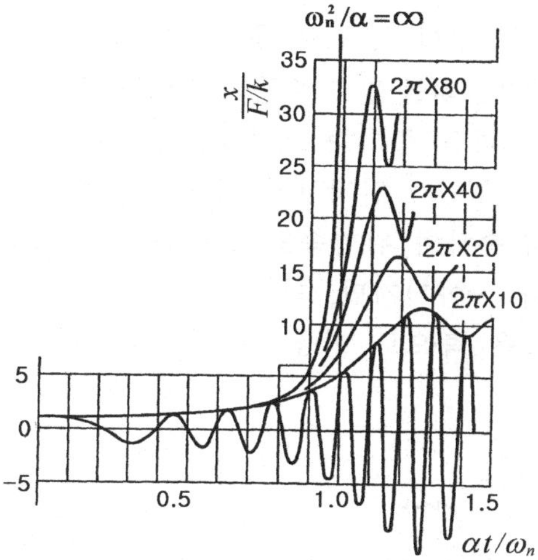

그림 4.1 / 위험속도 통과시의 비정상응답(ζ = 0, Lewis)

각가속도 α가 증가하면, 최대진폭은 감소하게 되고, 최대진폭이 발생하는 속도는 위험속도 이상으로 이동한다. 즉, 가속이 빠를수록 정상응답과의 차이가 크게되는 것을 알 수 있다. 과도진동의 파형은 정상진동과 달리 진폭은 최대치에 도달한 후, 울림(beat)을 일으키고, 그 주기 및 진폭은 점차 작게되어 간다. 일반적으로 이 울림현상은 불평형에 의한 강제진동과 위험속도 통과 시에 발생한 감쇠 자유진동의 중첩으로 설명될 수 있다.

또한 회전체의 운동을 나타내는 휘돌림 진폭 $\rho(=x/e)$, 위상차 Θ, 휘돌림 각속도 $\dot{\phi}$ 및 회전각속도 $\dot{\psi}$가 어떻게 변화하는가를 이하에 설명한다. 그림 4.2는 Yanabe의 실험 결과로서 증속 시에 일정 각가속도 조건에서 가속시작부터의 시간을 수평축에, 이들 4개의 값의 변화를 수직축에 나타내고 있다. 그림에서 경사 직선은 회전속도를 나타내고, 이 직선이 41.9rps의 수평선과 교차하는 점이 위험속도이다. 정상진동에서는 이 점에서 최대진폭이 되지만, 증속하여 위험속도를 통과하는 경우의 최대진폭을 일으키는 회전속도는 위험속도보다 높은 측으로 이동하고, 과도응답의 최대진폭은 정상진동보다도 감소한다. 휘돌림 각속도는 가속을 개시한 후, 회전각속도와 같이 변화하지만, 울림을 일으키는 동안의 휘돌림 각속도는 회전각속도로부터 어긋나 위험속도와 같은 각속도의 주위를 몇 번인가 변동한 후 다시 회전각속도를 중심으로 변동하도록 되고, 이 변동률은 점차로 작아진다. 이 휘돌림 각속도의 변화에 따라 위상차의 변화가 발생한다. 가속을 시작한 후, 위상차는 정상진동의 값에서 약간씩 증가하여 휘돌림 각속도가 계의 위험속도와 같게될 때 $\pi/2$로 된다. 울림이 발생하는 동안, 울림 1 사이클에 2π씩 위상차의 급격한 증가를 보이지만, 휘돌림 각속도가 회전각속도를 중심으로 변동하기 시작할 때를 경계로 위상차의 급격한 증가는 멈추고, 변동하면서 정상진동의 값에 접근하여 간다. 이러한 현상은 각가속도가 일정하지 않은 경우도 발생한다.

일정한 정격운전속도로부터 감속하여 위험속도를 통과하는 경우, 최대진폭은 증속의 경우와 같이 정상진동의 값보다 작아지지만, 최대진폭을 일으키는 회전속도는 증속의 경우와 반대로 위험속도보다 낮은 측으로 이동한다. 그 이외의 특성은 증속의 경우와 유사하다.

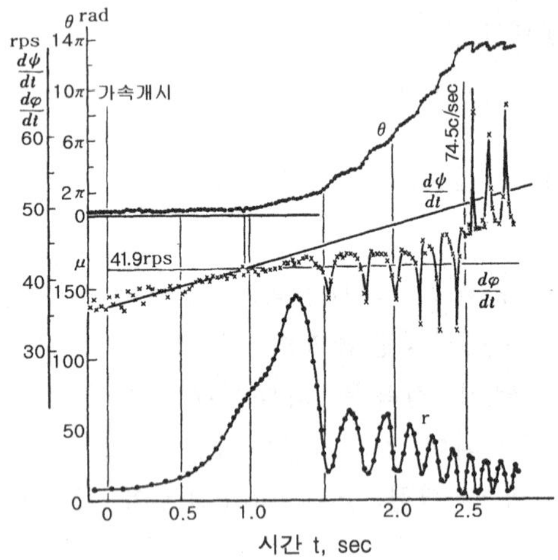

그림 4.2 / 가속 시의 과도진동특성(Yanabe)

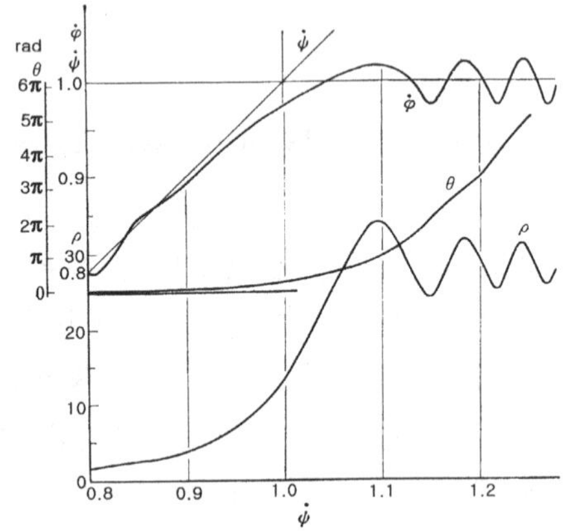

그림 4.3 / 비감쇠계의 과도진동특성

그림 4.3은 계에 감쇠가 없는 경우의 과도응답 특성을 나타낸다. 정상진동에서는 그림 1.7과 같이 진폭은 위험속도에 접근할수록 무한히 크게 되고, 위상차는 위험속도의 전후에서 0에서 π로 불연속적으로 변화한다. 그러나 회전속도를 서서히 증가하여 위험속도를 통과시키면, 진폭은 무한대로 되지 않고 위험속도보다 높은 회전속도에서 최대치에 도달한 후 울림을 발생한다. 계에 감쇠가 없기 때문에 울림의 한 성분인 자유진동은 지속되고 이 때문에 진폭은 큰 값을 가진 채로 어느 값에 접근하여 간다. 휘돌림 각속도는 위험속도와 같은 각속도 주위를 계속 변동하며, 위상차도 계속 증가하고 어느 값에 접근하는 일은 없다.

위험속도 통과 시의 과도진동특성을 지배하는 요소로서 계의 고유진동수 ω_n, 감쇠계수 c 및 각가속도 α가 고려될 수 있다. 일반적으로 감쇠가 일정하다면, 각가속도가 클수록, 각가속도가 일정하면 감쇠가 작을수록 과도진동의 특성이 현저하게 나타난다. 이들 감쇠 및 각가속도의 크기에 따라 이론적으로 최대진폭 ρ_{max}와 최대진폭을 일으키는 회전속도 $\dot{\psi}_{max}$를 표시하는 식을 유도하는 것은 매우 어려우나, 다음과 같이 감쇠 및 비감쇠계에 대해 근사식이 제안되어 있다.

1) 비감쇠계의 경우:

$$\dot{\psi}_{max} = (\alpha t/\omega_n)_{max} = 1 + \sqrt{3\pi/2}\,\Theta \tag{4.4}$$

$$\rho_{max} = (r/e)_{max} = \sqrt{\frac{\pi}{2}}\,\Theta\left[1 + \frac{1}{\sqrt{3}\pi\left(1 + \sqrt{\frac{3\pi}{8}}\frac{1}{\Theta}\right)}\right] \tag{4.5}$$

여기서 r, e는 각각 휘돌림 반경 및 편심, $\Theta(=\omega_n/\sqrt{\alpha})$는 가속의 정도를 나타내는 파라미터이다.

2) 감쇠계의 경우:

$$\dot{\psi}_{max} = 1 + \frac{2.17}{\Theta(1 + 0.28\zeta\Theta)^2} \tag{4.6}$$

$$\rho_{max} = \frac{1}{2\zeta\sqrt{1-\zeta^2}}\{1 - e^{-\sqrt{2\pi}\zeta\Theta}\} \tag{4.7}$$

여기서 ζ는 감쇠비이다.

4.2 구동토크와의 상호작용의 영향

앞 절에서는 회전각속도가 시간에 따라 직선적으로 변화하는 일정 각가속도로 가정하였다. 그러나 분권전동기, 증기터빈 등으로 가속되는 실제 회전기계에서는 이들 구동기의 토크특성에 따라 회전각속도가 시간에 따라 지수함수와 같은 형태로 변화하고, 어느 기계에서는 진동진폭이 증가할 때, 회전각속도의 상승률이 둔화되어 때로는 위험속도를 통과할 수 없는 경우가 발생하기도 한다.

회전체의 무게중심에 대한 회전운동을 나타내는 식은

$$I_p\ddot{\psi} = T - ke(x\sin\psi - y\cos\psi) \tag{4.8}$$

$$\ddot{\psi} = M_{in} - \kappa^2\rho\sin\theta \tag{4.9}$$

여기서 I_p는 원판의 극관성모멘트, T는 구동토크, $M_{in} = T/(I_p\omega_n^2)$는 무차원 구동토크, $\kappa = e/r$, $r = \sqrt{I_p/m}$은 회전반지름이다. 통상 회전체에서 편심(eccentricity) e는 다른 값에 비해 매우 미소하므로 이를 무시하면, 각가속도의 크기는 구동토크 T의 함수가 되고, 만일 T가 회전각속도에 따라 변화하지 않는다면 일정 각가속도의 조건이 만족된다. 또한 T가 일정하지 않는 경우에도 과도진동의 특성은 일정 각가속도의 경우와 큰 차이가 없고 위험속도 통과시의 평균토크를 이용하여 최대진폭을 계산할 수 있다. 여기에서는 구동토크의 크기가 작고, 식(4.8)의 우변 제 2항의 진동에 의한 복원모멘트 항을 무시할 수 없는, 즉 구동원과 진동계의 상호작용이 있는 경우의 과도진동 특성을 검토한다.

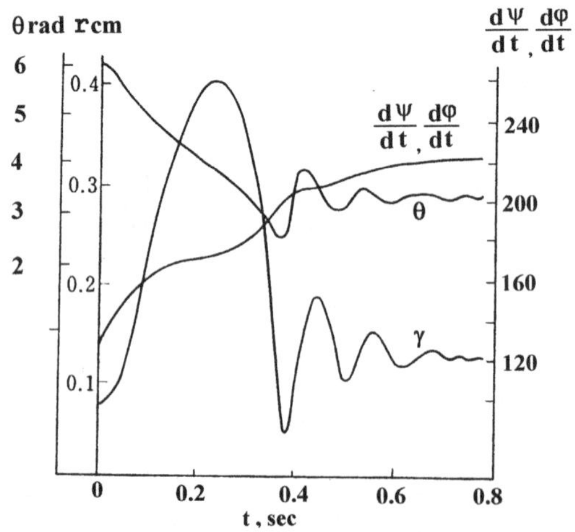

그림 4.4 / 구동토크 특성과 상호작용 항의 영향(Kononenko)

그림 4.4는 Kononenko가 최초로 유한 크기의 구동력을 갖는 진동계에 대해 계산한 결과이다. 그는 구동토크가 회전속도의 증가와 함께 직선적으로 감소하는 것으로 가정하였다. 구동토크 특성과 진동계의 상호작용에 의해 회전 각속도는 거의 지수함수 형태로 증가하지만, 진폭이 큰 곳에서 증가율이 둔화되고 있다.

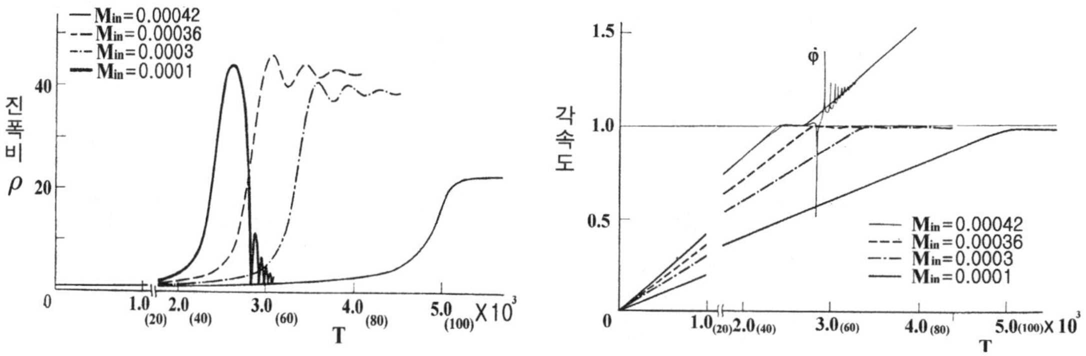

(a) 진폭 특성 (b) 회전각속도 및 휘돌림각속도 특성

그림 4.5 / 무차원 구동토크 크기의 영향

무차원 구동토크 M_{in}을 일정하게 하고 감쇠비 $\zeta = 0.01$, $\kappa^2 = 10^{-5}$로 하였을 때, 시간 $T(=\omega t)$의 변화에 대한 무차원 진폭 ρ, 회전각속도 $\dot{\psi}$ 및 휘돌림 각속도 $\dot{\varphi}$를 그림 4.5에 나타낸다. 그림에서 $M_{in}=0.00042$의 경우는 위험속도를 통과하지만, 그 이외의 경우는 통과하지 못함을 나타낸다. $M_{in}=0.0001$에서는 회전각속도가 위험속도에 도달하기 전에 진동에 의한 복원모멘트가 구동토크와 평형을 이루고, 정상상태가 되어 버린 경우이다. 따라서 회전체가 위험속도를 통과하기 위해 필요한 최소 구동토크의 평가가 중요하게 된다. 그림 4.5의 특징을 요약하면, 다음과 같다.

1) 최대진폭 시에 각가속도가 $\ddot{\psi} < 0$로 되는 경우도 있으나, 거의 $\ddot{\psi} > 0$이다.
2) 회전각 ψ는 거의 항상 증가하는 형태이다.
3) 휘돌림 각속도 $\dot{\varphi}$는 회전각속도 $\dot{\psi}$보다 항상 작다.
4) 위상각 θ는 항상 증가하고, 최대진폭에서는 $\pi/2$보다 약간 큰 값이 된다.
5) 최소 구동토크에서 위험속도를 통과하였을 때의 최대진폭은 상호작용을 무시한 경우의 최대진폭보다 약간 크다.

이러한 특징을 고려하여 식(4.9)에서 $\ddot{\psi} \geq 0$, $\rho = \rho_{max}$, $\theta = \pi/2$로 놓으면, 위험속도를 통과하기 위해 필요한 구동토크의 크기는 다음과 같이 된다.

$$M_{in} \geq \kappa^2 \rho_{max} \tag{4.10}$$

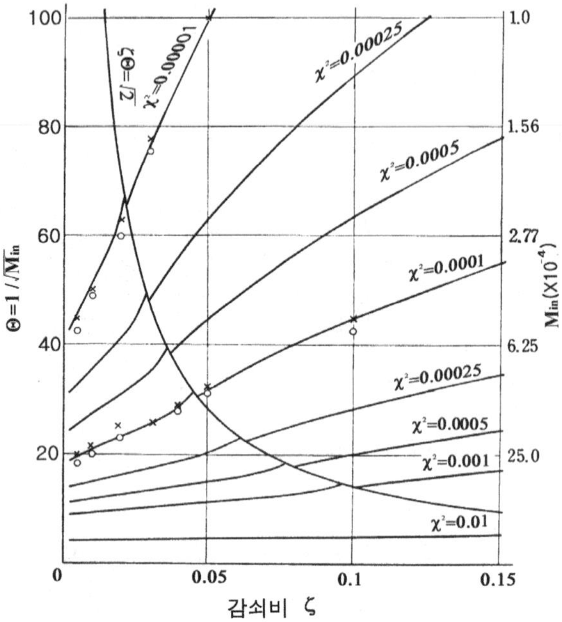

그림 4.6 / 위험속도를 통과할 수 있는 최소 구동토크(Yanabe)

여기서 ρ_{max}는 상호작용 항을 무시하고 위험속도 부근의 평균구동토크에 의해 위험속도를 통과하는 경우의 최대진폭을 이용한다. 즉,

$$\zeta\Theta > \sqrt{2} : \quad \rho_{max} \fallingdotseq 1/(2\zeta) \tag{4.11}$$

$$\zeta\Theta < \sqrt{2} : \quad \rho_{max} = \text{ 식(4.7)} \tag{4.12}$$

그림 4.6은 감쇠비 ζ, 편심과 회전체의 회전반지름의 비 κ에 대해 위험속도를 통과할 수 있는 최소 구동토크를 식(4.10)에서 계산한 결과를 보인다. 감쇠비 ζ와 κ가 주어지면, 우측의 수직축에서 무차원의 최소 구동토크를 구할 수 있다.

5

1 자유도계의 안정성 평가

일반적으로 회전축계의 구조는 복잡하고 안정성(stability)을 어떻게 평가할 것인지를 쉽게 이해하기가 어렵다. 따라서 여기서는 가장 단순한 1 자유도계를 이용하여 안정성 평가의 기본적인 개념을 알기 쉽게 설명한다. 실제 축계와 같은 다자유도계에 대해서는 제 3편과 4편에서 다루는 유한요소법이나 전달행렬법을 이용하여 복소고유치를 계산하고, 이의 실수 부분을 평가하면 된다. 그러나 다자유도계의 경우도 안정성의 개념은 기본적으로는 단순하고, 1 자유도계에 대한 지식이 있으면 충분히 이해할 수 있다.

1 자유도계의 자유진동을 고려하면, 앞에서도 언급하였듯이 운동방정식은

$$m\ddot{x} + c\dot{x} + kx = 0 \tag{5.1}$$

여기서 m, c, k는 질량, 감쇠계수 및 강성계수이고, x는 질점의 변위를 나타낸다.

식(5.1)의 해는

$$x = Xe^{\lambda t} \tag{5.2}$$

로 놓을 수 있고, 이를 식(5.1)에 대입하면

$$(m\lambda^2 + c\lambda + k)X = 0 \tag{5.3}$$

로 된다. 식(5.3)이 $X=0$ 이외의 의미 있는 해를 가진다면, 다음과 같은 **특성방정식**이 얻어진다.

$$m\lambda^2 + c\lambda + k = 0 \tag{5.4}$$

식(5.4)의 해, 즉 **특성근(고유치)**은 근의 공식으로부터 다음과 같이 구해진다.

$$\lambda = \frac{-c \pm \sqrt{c^2 - 4mk}}{2m} \tag{5.5}$$

식(5.5)의 제곱근 내의 조건에 따라, 자유진동은 다음의 3가지 경우로 나뉜다.

1) $c > 2\sqrt{mk}$: 과감쇠(overdamping)
2) $c = 2\sqrt{mk}$: 임계감쇠(critical damping)
3) $c < 2\sqrt{mk}$: 부족감쇠(underdamping)

이 중에서 1)과 2)의 경우는 식(5.5)의 고유치가 실수로 된다. 따라서 자유진동은 주기성을 가지지 않고, 초기 변위값으로부터 지수적으로 감소하게 되어 진동학적으로는 과감쇠라 한다. 특히 2)의 조건을 제공하는 감쇠를 임계감쇠라 하고, 이 때의 감쇠계수를 임계감쇠계수 c_c라 부른다. 이들의 경우가 진동계에서는 가장 바람직한 상태이지만, 실제 회전축계에서는 구현하기 어렵다.

진동적인 측면에서 중요한 것은 3)의 경우이다. 식(5.5)를 변경하여 표시하면,

$$\lambda = \lambda_r \pm i\lambda_i \tag{5.6}$$

여기서 고유치의 실수부분 λ_r과 허수부분 λ_i는 각각

$$\lambda_r = -\frac{c}{2m}\,,\quad \lambda_i = \frac{\sqrt{4mk - c^2}}{2m} \tag{5.7}$$

로 정의된다. 식(5.6)을 식(5.2)에 대입하면, 질점의 변위는

$$x = Xe^{\lambda_r t}e^{\pm\lambda_i t} \tag{5.8}$$

식(5.8)에서 $e^{\pm\lambda_i t}$는 Euler 공식에서 알 수 있듯이, ±1 사이의 주기적인 값을 가지고 변동하므로 안정성(stability)에는 관계가 없다. 따라서 $e^{\lambda_r t}$에서 λ_r의 부호에 따라 주기적인 해의 진폭이 시간에 따라 증가하거나 감소하게 된다. 즉,

1) $\lambda_r > 0$ ($c < 0$) : 자려진동(self-excited vibration)
2) $\lambda_r = 0$ ($c = 0$) : 비감쇠진동(undamped vibration)
3) $\lambda_r < 0$ ($c > 0$) : 감쇠진동(damped vibration)

그러므로 **자려진동**이 발생하는 것은 $\lambda_r > 0$, 즉 **음감쇠**(negative damping) $c < 0$의 경우이고, 이때의 감쇠진동수는 식(5.7)의 λ_i가 된다. 그림 5.1은 복소고유치의 실수부분을 가로축으로, 허수부분을 세로축으로 나타낸 복소 평면(complex plane)을 보인다. 그림에서 우측 부분(제 1, 4상한)은 $\lambda_r > 0$로 계가 불안정한 영역(unstable region)을 나타내고, 제 2상한은 위의 3)의 조건을, 그리고 세로축 상은 2)의 조건을 나타낸다.

일반적으로 진동진폭의 발산 또는 감쇠의 정도를 표현하기 위해 감쇠계수를 임계감쇠계수로 나눈 **감쇠비**(damping ratio) $\zeta = c/c_c$가 사용된다.

$$\zeta = \frac{c}{c_c} = \frac{c}{2\sqrt{mk}} = \frac{1}{\sqrt{1+(\lambda_i/\lambda_r)^2}} \tag{5.9}$$

감쇠비의 부호는 다음과 같다.

$\lambda_r > 0$일 때, $\zeta < 0$
$\lambda_r < 0$일 때, $\zeta > 0$

위에서 설명하였듯이 1 자유도계에서는 $\lambda_r < 0$, 즉 $c > 0$이면, 계는 안정하다. 또 감쇠비 ζ의 값을 크게 할수록 계의 안정도는 높게된다. 실제 진동계에서는 안정성을 높이는 요소(stabilizing element)와 낮추어 불안정하게 하는 요소(destabilizing element)가 있고, 이들의 감쇠계수를 각각 c_s, c_d라 하면, 계 전체로는 $c = c_s - c_d$로 된다. 일반적으로는 c_d의 엄밀한 값이 정량적으로 알려져 있는 경우가 드물기 때문에, 계의 안정성을 보증하기 위해서는 c_s의 값을 가능한 크게 취할 필요가 있다.

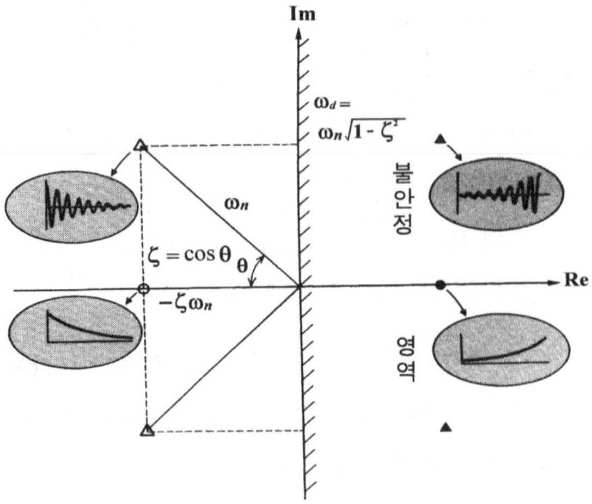

그림 5.1 / 복소 평면

다자유도계에서는 위의 관계를 직접 이용할 수 없고, 진동의 차수 다시 말하면 **진동모드**(mode) 별로 고려할 필요가 있다. 예로, 베어링의 감쇠라도 감쇠계수의 값이 100% 효과적인 감쇠 값으로 작용하는 것은 아니고, 어느 비율을 곱한 부분밖에 유효하게 작용하지 않는다는 것을 의미한다. 이 비율은 엄밀하게는 뒤에서 설명하는 복소고유치 해석의 결과로부터 구할 수 있지만, 근사적으로는 **모드형상**(mode shape)의 크기를 의미하고 있다고 생각할 수 있다. 펌프를 예로 들면, 그림 5.2와 같이 운전영역에서 일반적으로 접하게 되는 탄성 1차 모드에서는 베어링 부분에 비해 임펠러의 웨어링 실(wearing seal) 및 평형드럼(balance drum)과 같은 비접촉 환상실(annular seal) 부분이 모드형상의 보다 큰 부분에 위치하기 때문에 실 부분의 기여도가 크게 된다. 즉, 안정성을 해치는 부분의 비율이 크기 때문에 만일 값이 작다고 하더라도 유효성분으로 환산하면 무시할 수 없게 된다. 그러므로 그 만큼 베어링의 감쇠를 효과적으로 작용하도록 설계하는 것이 중요하다.

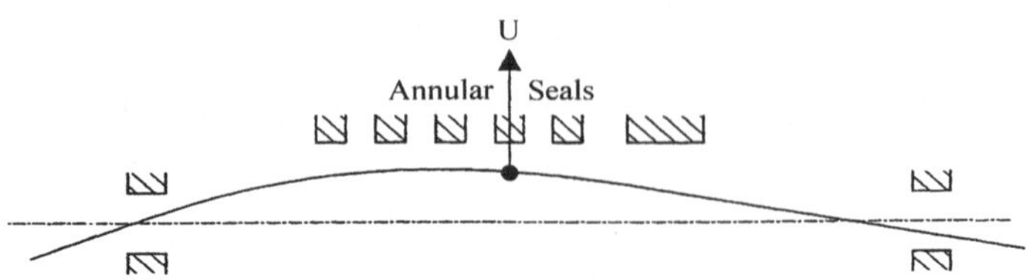

그림 5.2 / 펌프축계의 1차 진동모드 예

실제 문제에서는 어느 정도의 안정 여유(stability margin)를 설정하면 좋을 것인가가 중요하다. 예를 들어 원심압축기나 증기터빈 등의 래버린스 실(labyrinth seal)에서 감쇠를 저하시키는 작용을 하는 불안정화력은 작동유체의 밀도 및 원주방향 속도의 증가와 함께 크게 된다. 따라서 회전기계가 고속, 고밀도로 될수록 안정 여유를 크게 취하여야 하지만, 현재로는 공진회피를 위한 분리여유(separation margin)와 같이 정량적으로 결정되어 있지 않고, 향후의 연구과제가 되고 있다. 이에 관해서는 제5편에서 보다 상세하게 설명하도록 한다.

참고문헌

1) Jeffcott, H.H., The Lateral Vibration of Loaded Shafts in the Neighborhood of a Whirling Speed- The Effect of Want of Balance, Philosophical Magazine, Ser. 6, Vol.44, pp.304-314, 1919.
2) Gasch R. and Pfutzner, H., Rotordynamik, Springer Verlag, 1975 (양보석 역, 회전체의 동역학, 세종출판사, 1990).
3) Gunter, E.J., Dyanmic Stability of Rotor-Bearing Systems, NASA SP-113, 1966.
4) Barrett, L.E., Gunter, E.J., and Allaire, P.E., Optimum Bearing and Support Damping for Unbalance Response and Stability of Turbomachinery, Trans. ASME, J. of Eng. for Power, Vol.100, pp.89-94, 1978.
5) Rieger, N.F. and Crofoot, J.F., Vibrations of Rotating Machinery, Part I: Rotor- Bearing Dynamics, The Vibration Institute, 1982 (양보석 역, 회전기계의 진동, 세종출판사, 1987).
6) Lee, C.W., Vibration Analysis of Rotor, Kluwer Academic Publisher, 1993.
7) Lalanne, M. and Ferraris, G., Rotodynamics Prediction in Engineering, John Wiley & Sons, 1990 (양보석 역, 회전기계 진동의 예측, 부경대, 1996).
8) Matsushita, O., 일본기계학회 제 681회 강습회 자료, p.13-28, 1988.
9) Iwatsubo, T., 일본기계학회 제 548회 강습회 자료, p.65-74, 1982.
10) Koike, H., 박사학위논문, Kyoto 대학, 1998.
11) Lewis, F.M., Vibration During Acceleration Through a Critical Speed, Trans. ASME, Vol.54, pp.253-261, 1932.
12) Yanabe, S., 위험속도 통과시의 과도진동, 기계의 연구, Vol.29, No.10, pp. 1191-1196, 1977.
13) Dimentberg, F.M., Flexural Vibrations of Rotating Shafts, Butterworths, London, 1961.
14) Black, H.F., Dynamics of Rotors, Springer-Verlag, 1975.
15) Kononenko, V.O., Vibrating Systems with a Limited Power Supply, ILIFE Books, London, 1969.

2편

위험속도의 근사 해법

약 100여 년에 걸쳐서 발전되어온 회전체(rotor)의 진동해석은 복잡한 다자유도계(multi-degree of freedom system: MDOF)를 단순한 1자유도계(1DOF)로서 기술하고, 이를 계산하는 것으로부터 시작되었다. 탄성 회전축계의 위험속도(critical speed)와 동적 응답(dynamic response) 등의 진동특성을 계산하기 위해 지금까지 사용되어 온 고전적인 근사 해법을 살펴보면, 현재의 회전기계에 대한 축계 설계에도 충분히 사용할 수 있음을 알 수 있다. 그러나, 복잡한 회전축계를 정도(accuracy) 높게 해석하기 위해서는 새로운 일반적인 방법, 예를 들면 제 3편의 유한요소법(Finite Element Method: FEM)과 제 4편의 전달행렬법(Transfer Matrix Method: TMM) 등에 의해 수행되어야 한다.

일반적으로 이용되는 진동해석법은 진동해석을 수행하기 위해 필요한 계산시간과 해석대상의 복잡함에 따라 결정된다. 즉, 해석방법의 선택에는 문제의 형태, 가능한 시간, 해의 정도를 고려하여야만 한다. 모델링(modeling)의 과정은 선택되는 해석적 또는 수치적 기법과 깊은 관계가 있다. 다자유도계의 위험속도와 고유진동모드를 구하기 위한 엄밀한 해석은 일반적으로 매우 어렵고 계산이 힘들다.

산업계에서 사용되는 일반적인 회전기계의 경우는 계의 모든 위험속도를 전부 계산할 필요는 없으며, 최대 연속 운전속도범위 내에 있는 기본(1차) 위험속도와 몇 개의 저차 위험속도의 추정만으로도 충분하다. 제 2편에서는 위험속도의 정의와 이들 저차 위험속도와 진동 모드형상(mode shape)을 결정하는 근사적인 방법으로 대표적인

- Rayleigh법
- Rayleigh-Ritz법
- Stodola법
- Morley법
- Holzer법
- 행렬반복법(matrix iteration method)
- Prohl-Myklestad법
- Dunkerley법
- Galerkin법

등을 예제를 이용하여 상세히 설명한다.

6

위험속도

6.1 위험속도의 정의

국제규격 ISO 1925(1990)에서는 위험속도(또는 임계속도, critical speed)를 「계의 공진점에 있어서 현저한 응답이 발생하는 특정 속도」라고 정의하고 있다. 즉, 최대 휘돌림진폭(whirling amplitude)이 발생하는 회전체(rotor, rotating body)의 속도로서, 회전체에 자이로스코프 효과가 없는 경우, 위험속도는 회전체의 회전속도가 계의 **고유진동수**(natural frequency)와 일치할 때 발생한다. 그러므로 회전체에서는 계의 고유진동수 또는 그 정수 배나 정수 분의 일에 대응하는 회전속도를 의미한다.

회전기계에서 발생하는 회전체의 진동으로는 발생 방향에 따라 그림 6.1과 같이 횡진동(굽힘진동), 축진동(종진동) 및 비틀림 진동으로 구별할 수 있고, 이에 대응하는 대표적인 위험속도는 다음과 같은 것이 있다.

1) 굽힘(횡) 위험속도: 회전체의 횡 조화 굽힘, 회전체의 잔류불평형 등에 의해 가진
2) 강체 위험속도: 지지부에 있어서 회전체의 횡방향 강체휘돌림, 회전체의 잔류불평형 등에 의해 가진
3) 비틀림 위험속도: 회전축에 대한 회전체의 조화 비틀림, 비정상 구동토크와 비틀림 충격 등에 의해 가진
4) 종(축) 위험속도: 회전축에 작용하는 축방향 힘(축력, axial force) 등에 의해 가진

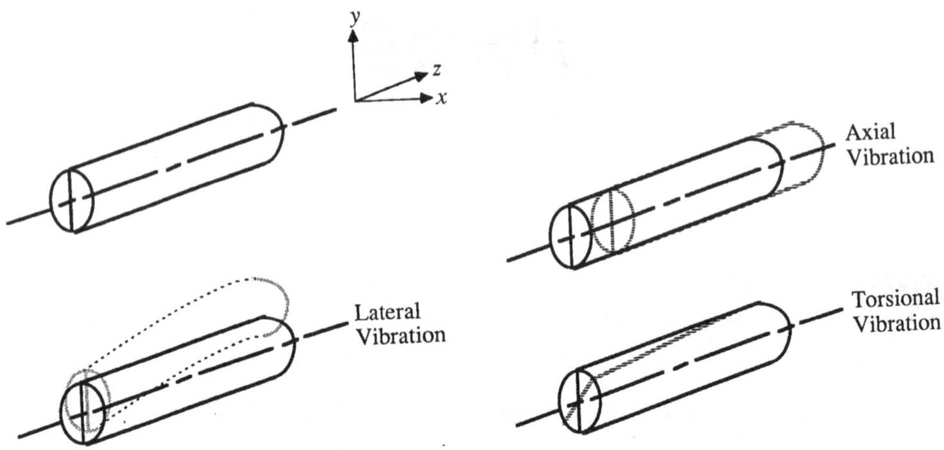

그림 6.1 / 회전체의 진동형태

위험속도는 회전체의 휘돌림진폭과 전달력이 국부적으로 최대인 영역과 일치한다. 훌륭한 동적 설계는 회전체가 지속적으로 운전이 되는 속도영역에서 위험속도를 제거하거나 회피할 것이 요구된다. 이를 통상 **공진회피설계**라 한다. 따라서 운전속도가 1차(기본) 위험속도부근에서 운전되거나, 그 이상으로 되어 기동 및 정지 시에 위험속도를 통과하는 경우에는 **공진**(resonance)의 가능성과 공진영역에서의 과대한 진동에 대한 가능성을 설계단계에서 충분히 검토하여야 한다. 예로 API(American Petroleum Institute) 610 규격에서는 전동기 지지구조물의 고유진동수와 최대연속운전속도 사이에 20%이상 또는 최소연속운전속도의 20% 이하의 분리여유(separation margin)가 확보되어야 하며, 펌프 회전체의 경우는 1차 굽힘 위험속도가 최대허용연속속도의 20% 이상이 되도록 설계하여야 한다. 따라서 기본설계단계에서 위험속도를 정확하게 예측하여야 할 필요가 있다.

동기 휘돌림진폭, 회전체의 평형, 베어링의 동적인 힘, 구조발생소음 그리고 공진이 발생하는 계들은 각각 기계의 위험속도 위치에 의해 직접적인 영향을 받는다. 회전체가 충분히 평형잡기(balancing)가 되어지고 베어링의 감쇠가 적절하다면, 기계의 위험속도는 감지되지 않고 통과되며, 위험속도 이외에서의 운전은 매우 정숙하게 된다.

모든 동적인 계(system)는 일련의 특성 또는 정규모드(normal mode)를 가지며, 각 모드는 진동의 특정 고유진동수와 일치한다. 어떤 정규모드가 기계의 운전조건에 의해 부가된 조화 가진과 공진을 하게 되는 회전속도를 일반적으로 위험속도라고 부른다. 위에서 설명한 것과 같은 공진 운전영역에서는 높은 진동을 수반한다.

6.2 위험속도에 대한 모델 파라미터의 영향

6.2.1 회전체

회전체(rotor)는 ISO 1925(1990)의 정의에 의하면, 「베어링으로 지지된 저널(journal)을 가진 회전하는 물체(rotating body)」로서, 축과 원판의 조립물 또는 단지 질량을 갖는 축으로 **강성회전체**(rigid rotor)와 **탄성회전체**(flexible rotor)로 분류된다. 여기서 축(shaft)은 원판이 부착되는 통상 축 대칭으로 원형단면의 보(beam)를 의미한다. 그리고 저널이란 회전체의 하중이 베어링지지대로 전달되는 축 표면의 특정부분을 말한다.

회전체는 질량, 관성 및 강성특성의 분포를 통해 기계 계의 위험속도와 모드형상(mode shape)에 영향을 미친다. 회전체의 위험속도에 대한 정확한 예측은 해석모델에 의존하게 된다. 저차 모드는 일반적으로 비교적 단순한 형상이고, 이 때문에 회전체의 모델링에 있어서 질량과 강성의 분포는 보통 단순하다. 위험속도 계산에서는 축 요소의 자이로스코프 효과는 흔히 무시되지만, 원판요소의 자이로스코프 효과는 고려되어야 한다. 길이가 짧은 회전체가 많은 절점(nodal point)을 포함하는 모드의 경우를 제외하고는, 회전축의 전단변형(shear deformation)은 일반적으로 무시되어 진다. 원판요소는 일반적으로 강체로 고려되고, 원판이 부착되는 절점 번호에 집중질량과 집중질량 관성모멘트로 부가된다.

그림 6.2는 회전축계의 진동해석을 위한 해석모델의 발전단계를 나타낸다. 1900년대에는 지지베어링의 특성을 무시하고 단지 지지점이 단순 지지되며, 축 부분은 일정 단면으로 가정하여 축의 전체 질량을 양단에 1/2씩 집중하는 집중질량모델 또는 이후 연

속분포질량으로 모델링 하였다. 이후, 1950년대에는 축을 변단면으로, 그리고 1960년대에 베어링 유막력 해석이 이루어짐에 따라 스프링와 감쇠기로 모델링하게 되어 비로소 정밀한 축계의 모델링이 가능하도록 되었다. 1970년대에는 케이싱의 탄성을 무시할 수 없는 대형 증기 터빈의 모델링을 위해 케이싱과 지지대를 고려하도록 되었다.

(a) 단순지지 일정 단면 보 모델 (1900년대)

(b) 단순지지 변 단면 축 모델 (1950년대)

(c) 축베어링 모델 (1960년대)

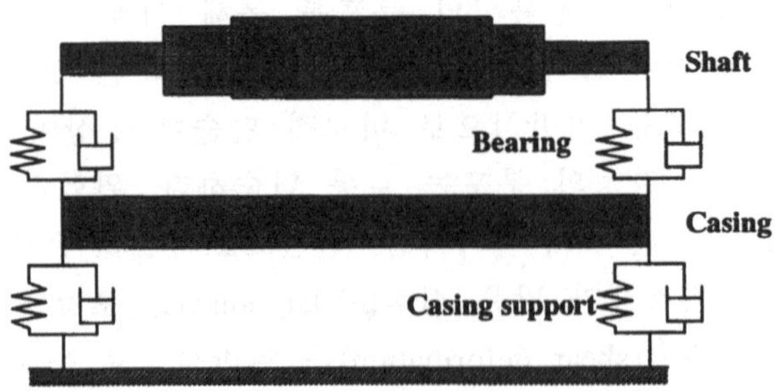

(d) 축-베어링-케이싱 모델 (1970년대)

그림 6.2 / 회전축계의 진동해석 모델

6.2.2 베어링

베어링(bearing)은 ISO 1925(1990)의 정의에 의하면, 「횡방향 또는 축방향으로 동역학적인 운동을 구속하면서 회전체의 축을 지지하고, 회전을 허용하는 마찰이 적은 지지요소」로서 횡방향(레이디얼 베어링, radial bearing) 또는 축방향(스러스트 베어링, thrust bearing)으로 운동을 구속하면서 회전체를 받치는 마찰이 적은 지지요소이다. 통상 베어링은 구조에 따라 구름요소베어링(rolling-element bearing)과 유막베어링(미끄럼 베어링 또는 저널베어링이라 함.)으로 분류된다.

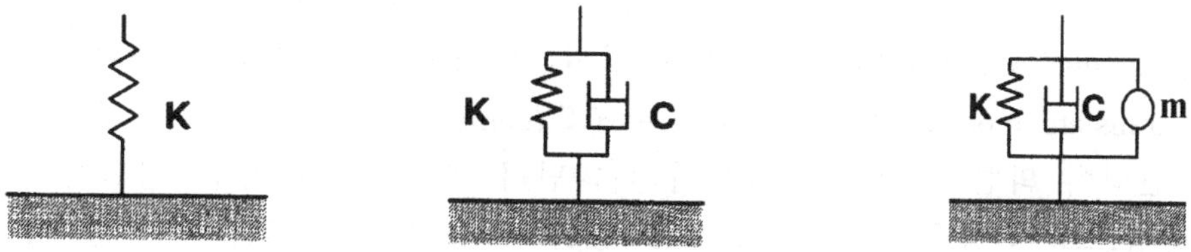

(a) 지지 강성 (b) 지지 강성 및 감쇠 (c) 지지 강성, 감쇠 및 부가질량

그림 6.3 / 베어링의 해석모델

베어링은 동적 강성(stiffness) k와 감쇠(damping) c의 반경방향특성에 의해 진동모드와 위험속도 그리고 진동응답에 크게 영향을 미친다. 구름요소베어링과 기체윤활 베어링은 거의 감쇠를 갖지 않으므로, 그림 6.3(a)와 같이 단지 베어링 반경방향의 강성을 고려하여 계의 위험속도를 계산하는 것이 통례이다. 구름요소베어링의 경우, 강성은 운전속도 및 작용하중조건의 변화에 따라서 거의 변하지 않고, 따라서 위험속도는 진동수방정식으로부터 직접 계산될 수 있다. 그러나, 유막 베어링(oil film bearing)은 반경방향 강성과 감쇠의 값이 회전속도에 따라 변하며, 따라서 위험속도와 진동응답 또한 회전속도에 따라 변화함으로 그림 6.3(b)와 같이 유막 강성과 감쇠를 모두 고려해야 한다. 또한 고속 저널베어링에서는 유체의 관성효과를 무시할 수 없으므로, 그림 6.3(c)와 같이 유체의 관성효과를 나타내는 부가질량요소 m을 함께 고려하여 해석해야 한다.

탄성축의 회전체를 가시적으로 나타내기 위해 그림 6.4와 같이 양단이 단순 지지된(simply supported) 가늘고 긴 원형단면의 축을 고려한다. 이 모델은 전체 길이에 걸쳐 질량과 강성이 분포되어 있다. 그러므로 무한 자유도와 이에 대응하는 무한 수의 공진(고유진동수)을 가진다. 여기서는 최대운전속도 이하 또는 부근에 있는 공진에 대해 고려한다.

베어링 강성이 무한대인 완전 **강 베어링**(rigid bearing), 즉 단순지지의 경우에 대한 3개의 저차 고유모드를 그림 6.5에 나타낸다. 이 경우 베어링강성이 무한대이므로, 베어링부분의 변위는 0이 되고 절이 된다. 따라서 축 부분의 굽힘만이 발생하고, 굽힘곡선이 모드형상이 된다. 질량과 강성이 일정하게 분포된 일정단면 축의 경우, 진동모드는 그림과 같이 정현 파형(sine wave)의 형태가 된다.

베어링 강성이 매우 작은 **유연 베어링**(soft bearing)으로 지지된 축계의 1차 및 2차 고유모드형상은 그림 6.6에서 나타내듯이 아주 특이하다. 회전축 그 자체는 변형이 없이 강체 운동을 하고, 주로 베어링부분의 변위에 의존하는 free-free 모드이다. 1차 모드는 평행한 형태로 동위상(in phase)으로 진동을 하며, 2차 모드는 양단이 서로 반대방향, 즉 역위상(out of phase)으로 진동을 한다. 따라서 1차 모드를 **평행모드**(parallel mode 또는 translate mode), 2차 모드를 **원추모드**(conical mode)라 부른다. 3차 모드에서 축 자체의 변형에 의한 탄성 1차 모드가 나타난다. 이 모드의 경우, 양단은 중앙부에 대해 반대방향으로 진동을 하므로, 절점은 양단에서 중앙부로 조금 이동한 지점이 된다. 동일한 절점을 가지는 고유모드는 회전체내에서 발생하는 응력(stress)에 관심을 가질 때 항상 비교될 수 있다. 예로 회전체의 상태가 가장 중요한 관심사라면, 강 베어링으로 지지된 탄성회전체(그림 6.5)에서의 1차 고유모드는 유연 베어링으로 지지된 탄성회전체(그림 6.6)의 3차 모드와 비교될 수 있다. 절점 사이의 거리가 짧을수록 고유진동수는 증가하므로, 유연 베어링에서의 1차 굽힘모드에 대응하는 위험속도는 완전한 강체 베어링에서의 1차 굽힘모드에 대응하는 위험속도보다 높게 된다.

그림 6.4 / 이상적인 탄성축 회전체

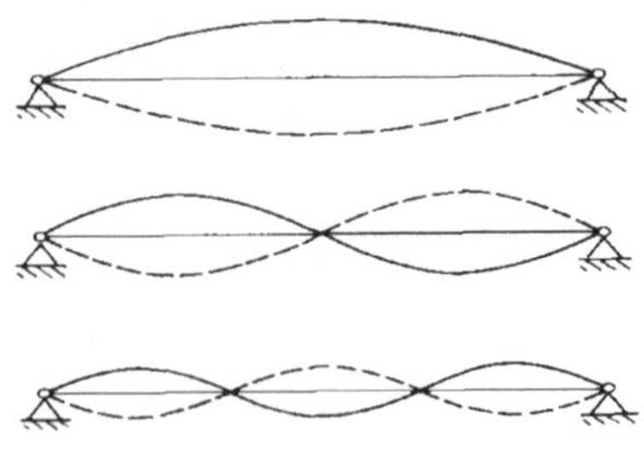

그림 6.5 / 저차(1차, 2차 및 3차) 고유모드

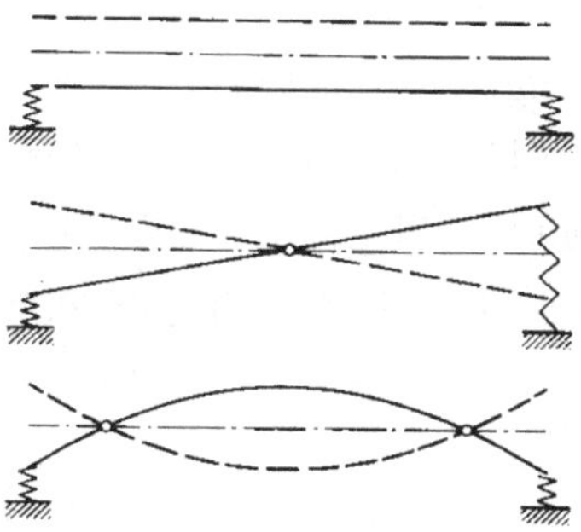

그림 6.6 / 매우 유연한 베어링으로 지지된 탄성회전체의 저차 고유모드

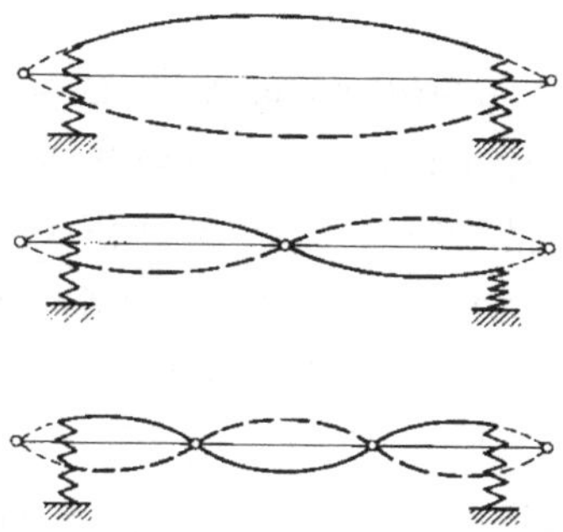

그림 6.7 / 일반 유연 베어링 지지된 탄성회전체의 저차 고유모드

실제 회전기계에서는 통상 베어링이 완전한 강 베어링이 아니고, 회전체와 함께 매우 미소하게 움직인다. 이때 고유모드에 대응하는 절점은 그림 6.7과 같이 베어링의 외측에 놓인다. 그러므로 위험속도는 절점들 사이의 거리가 길어지는 것에 기인하여 완전 강 베어링으로 지지된 회전체의 경우보다 다소 낮아지게 된다.

6.2.3 기초

기초(foundation)는 ISO 1925(1990)의 정의에 의하면, 「기계를 지지하며 강체 또는 질량과 탄성을 가지고 있는 탄성 구조물로서, 특정 기준좌표에 고정되거나 지지된 계에 가진을 제공하는 운동을 수행할 수 있는 부분」으로, 그 위에 베어링 지지대(pedestal)가 설치된다. 형태는 증기터빈의 격자(grid)구조나 단일 콘크리이트(monolithic concrete)로부터, 펌프의 압력 케이싱까지 다양하다. 통상은 강체(rigid body)로 고려되지만, 기초의 강성계수와 감쇠계수는 만약 그 크기가 베어링 지지대, 베어링 유막 및 회전체의 강성과 감쇠계수의 크기에 비해 무시할 수 없는 경우, 회전체의 운동에 영향을 미치게 되므로 기초의 강성계수와 감쇠계수의 특성을 고려하여야 한다. 통상 기초의 강성은 수직과 수평방향의 특성이 같은 등방성(isotropic, 等方性)이 아니다. 이것은 회전체가 타원 휘돌림운동을 하도록 하며, 만약 그 차이가 크고 감쇠가 적다면, 각각의 방향에 대한 2개의 위험속도가 발생하게 된다. 기초강성은 지지대, 베어링 유막, 회전체와 직렬로 연결되어 작용한다. 만약 기초의 관성효과가 크다면, 계의 운동방정식에 기초의 질량효과를 포함하여야 한다. 이에 대해서는 제 3편과 4편에서 구체적으로 설명한다.

6.2.4 감쇠

회전체의 감쇠(damping)에는 **점성감쇠**(viscous damping)나 **히스테리시스**(hysteresis) 혹은 **쿨롱감쇠**(Coulomb damping)가 있다. 일반적으로 감쇠는 회전체의 공진 진폭을 안전한 값으로 낮추는 중요한 역할을 하지만, 위험한 휘돌림을 발생하는 실제 위험속도 크기의 변화에 미치는 영향은 매우 적다. 예로 단순회전체에서 감쇠비 ζ가 0.1인 경우, $\omega_c = \omega_0\sqrt{1-\zeta^2}$로 표현되는 감쇠 위험속도 ω_c는 비감쇠 위험속도 ω_0보다 단지 약 0.5% 증가한다.

회전체 재료에 대한 감쇠비는 0.005～0.010의 매우 다양한 범위의 값을 갖는다. 전동기(motor)와 발전기(generator)와 같은 전기기계에 사용되는 적층(laminated) 회전체는 운전속도가 휘돌림속도와 다른 곳에서는 내부 히스테리시스 감쇠가 고려될 수 있다.

터보기계의 회전체와 선박의 프로펠러 축은 작동유체 속에 잠겨서 운전된다. 회전하는 동안에 둘러싸인 유체는 축계에 고려할만한 점성감쇠를 일으킨다. Stodola는 물에 잠겨 있음에도 불구하고 긴 회전축의 위험속도 크기는 변하지 않지만, 물은 거의 무시할 수 있을 정도로 휘돌림진폭을 감소시킬 수 있음을 언급하였다.

베어링의 감쇠는 회전속도, 윤활제, 베어링 형식 등에 의존된다. 구름요소베어링은 과부하일 때라도 낮은 감쇠값을 갖는다. 따라서 가스터빈에 사용되는 구름요소베어링은 축계에 충분한 감쇠를 제공하기 위해 반경방향으로 **스퀴즈막 감쇠기**(squeeze film damper)를 연결하여 사용하기도 한다. 액체윤활베어링의 감쇠는 여러 베어링 형상에 대해서 Hagg와 Sankey에 의해 제시된 것처럼 Sommerfeld수가 2.0을 초과할 때 임계감쇠(critical damping)에 도달한다. 임계감쇠상태는 경하중(특히 수직형)의 고속회전체에서 직면할 수 있다. 이런 상황하에서 일반적인 위험속도 진폭의 발생은 억제되어 낮은 진폭으로 될 것이며, 따라서 위험한 속도는 없어진다.

미소운동에 대한 베어링 지지대와 기초의 감쇠는 종종 속도에 비례하는 것으로 고려한다. 그 크기는 기초의 형태에 좌우되며, 쿨롱 감쇠를 포함하는 볼트 구조를 갖는 구조적인 격자(grid)는 감쇠비가 0.005～0.010, 단일 콘크리트 구조는 0.01～0.100의 범위를 가지며, 진흙 토양기초에 대하여는 0.1～0.5 또는 그 이상이다. 진흙 토양기초의 정확한 값을 구하기 위해서는 통상 현지 시험(site test)값이 필요하다.

6.3 위험속도선도

회전체·베어링계의 동적 성능에 영향을 미치는 회전체 지지부분의 동특성을 설명하는 편리한 방법으로 그림 6.8에 보이는 위험속도선도(critical speed map)가 사용된다. 이는 회전체의 감쇠와 연성(cross-coupling)효과를 무시한 초기설계 단계의 검토에 사용되는 단순화된 해석으로 간주될 수 있고, 통상 비감쇠 위험속도선도로 불린다. 그림에서 수평축은 지지강성(N/m)을 나타내며, 수직축은 회전체의 회전속도(rpm)이다. 이 특성은 주어진 회전체에 대해 지지강성(support stiffness)의 변화에 따른 회전체의 위험속도 변화를 보여준다. 지지강성이 낮은 탄성 베어링(그림의 왼쪽 부분)은 **강체 휘돌림모드**의 위험속도를 낮게 하는 경향이 있고, 강 베어링(그림의 오른쪽 부분)은 **탄성 휘돌림모드**의 위험속도를 높이는 경향이 있다.

실제 계산에서는 통상의 지지강성에 대한 개략적인 범위 내에서 지지강성의 변화에 대한 계의 고유진동수를 계산하고 이를 그림 6.8과 같이 나타낸다. 이때 운전속도 범위내의 몇 개의 저차 고유진동수 성분, 즉 3차 고유진동수까지를 나타내고 있다. 그리고 지지강성에 대응하는 수직선을 그었을 때, 고유진동수 곡선과의 교점에 대응하는 회전수가 각 차수에 대응하는 위험속도가 된다.

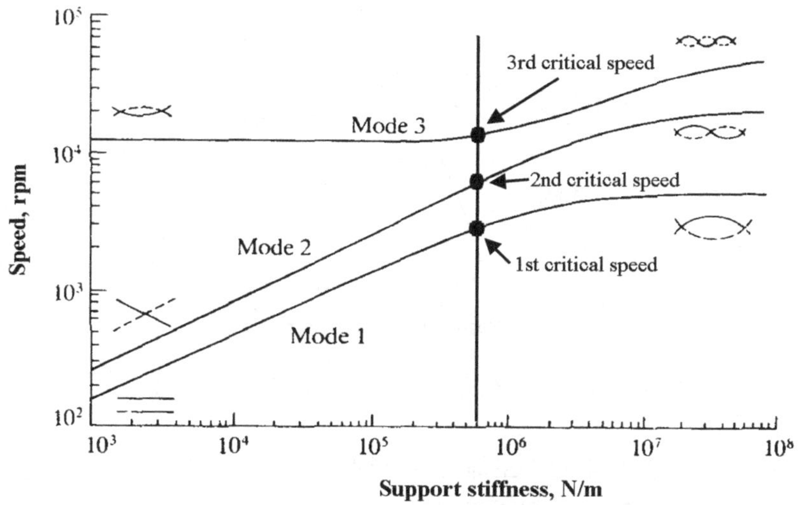

그림 6.8 / 위험속도선도(베어링 강성특성이 일정한 경우)

회전속도의 변화에 따라 일정한 강성을 유지하는 베어링은 구름요소베어링을 제외하면 실제로는 드물다. 따라서 이들 베어링에서 회전체의 실제 위험속도를 계산하기 위해서는 베어링강성에 대한 회전체의 위험속도선도에서 속도특성을 plot할 필요가 있다. 이 베어링의 특성을 고려한 경우의 한 예를 그림 6.9에 나타낸다. 그림 6.8과 같이 고유진동수 곡선을 그리고, 회전속도의 변화에 대응하는 베어링강성의 특성곡선을 그림 6.9와 같이 그렸을 때에 이 두 곡선의 교점에 대응하는 회전수가 그 베어링에서의 실제 위험속도가 된다. 이 위험속도선도는 특히 구름요소베어링과 같은 경 감쇠의 회전기계와 외부가압 기체베어링과 같은 회전체·베어링계의 동특성을 구하는데 유용하다. 기름윤활의 동압 저널베어링과 같이 높은 감쇠를 가지는 일련의 베어링에 대하여 Lund는 베어링 감쇠의 영향을 고려한 위험속도선도를 개발하였다. 이 경우 베어링강성만으로 회전체의 거동을 결정할 수 없다. 이에 대해서는 제 3편과 4편에서 구체적인 예제를 통하여 상세히 설명한다. 감쇠는 특히 고속의 회전속도 영역에서 중요한 역할을 한다.

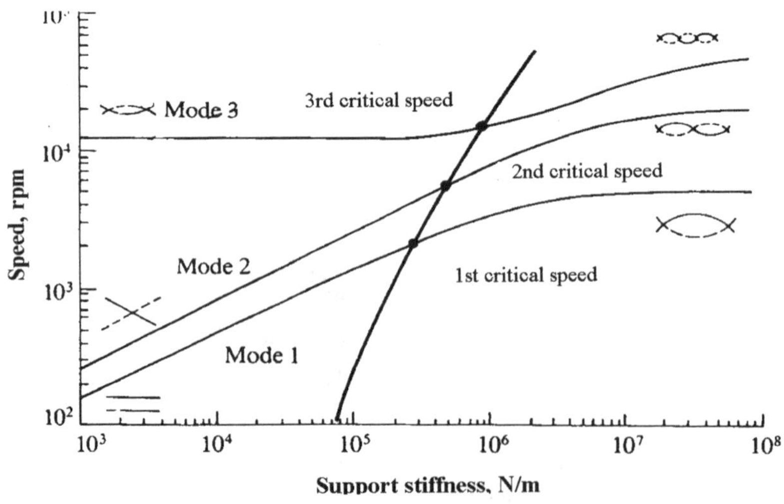

그림 6.9 / 위험속도선도(베어링 강성특성이 변하는 경우)

위험속도선도는 회전체의 위험속도해석을 위한 근사적인 도구로써 유용하게 이용될 수 있다. 즉, 기본설계단계에서 공진회피설계를 위한 베어링의 형식이나 치수선정에 유용하게 활용된다. 이것은 미소한 강성의 비대칭(asymmetry)으로부터 생기는 위험속도에의 영향은 통상 무시할 수 있다. 연성효과(cross-coupled effect) 또한 특별한 베어링 강성의 연성 항을 포함하지 않는 한 역시 생략될 것이다.

공진 가능성을 조사하기 위해 일반적으로 이용되는 또 다른 선도로는 **캠벨 선도**(Campbell diagram)가 있다. 이는 그림 6.10과 같이 운전속도의 함수로 고유진동수를 나타낸 것이다. 이 선도에서는 가진력 주파수를 함께 나타내며, 가진력 주파수의 선은 좌표 원점으로부터 퍼지는 직선으로 표현된다. 즉, 1X 선은 1×운전속도(회전주파수) 가진을 나타내고, 불평형력과 같이 가진진동수가 회전주파수가 된다. NX 선은 깃 또는 블레이드 통과주파수(vane/blade passing frequency)의 가진을 나타내고, 펌프에서는 임펠러 깃의 수(N)×회전주파수를 의미한다. 또한 2X는 회전주파수의 2배 성분의 가진력주파수를 나타내고, 정렬불량(misalignment)와 같은 가진력이 이에 해당된다. 운전속도영역 내에서 가진력 주파수의 선과 고유진동수가 교차하는 영역은 잠재적인 공진영역을 나타내고, 공진에 의한 과대한 진동문제를 회피하기 위해 설계변경이 이루어져야 함을 암시한다.

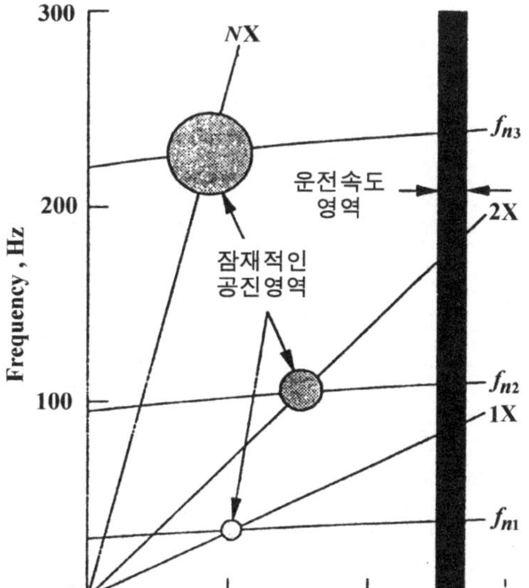

그림 6.10 / Campbell 선도

7

위험속도의 계산방법

7.1 엄밀한 방법

단순회전체는 일정단면의 축, 몇 개의 원판 및 단순지지조건으로써 나타내어진다. 이러한 형상의 회전체는 수학적으로 쉽게 풀 수 있기 때문에, 단순회전체 · 베어링계의 위험속도 계산에는 많은 유용한 방법들이 있다. 따라서 회전체는 수학적인 조건으로 표현하는 한 이 해들은 정확하다.

고려될 수 있는 2가지 형태의 방법으로는

(1) 질량이 없는 탄성축에 의해 연결되고 적당한 수의 집중질량 요소로 치환한 불연속 질량계 (집중질량계, lumped mass system)
(2) 질량과 탄성특성의 분포가 축방향에 따라 일정하거나, 어떤 일정한 값으로 변화하는 연속질량계(분포질량계, continuous mass system)가 있고, 이들 방법에 의한 위험속도는 다항식 또는 초월함수 식으로 표현되는 진동수방정식(또는 특성방정식)을 계산함으로서 구할 수 있다.

7.1.1 불연속 집중질량계

탄성축 위에 다수의 원판이 부착된 회전체는 그림 7.1에서와 같이 불연속 질량계로 표현된다. 이와 같은 계의 위험속도 계산은 다음과 같은 방법으로 수행된다. 각 원판의 질량 m_i는 원판의 중심에 집중되어지는 것으로 가정하고, 회전체의 굽힘 강성은 원판사이의 축 단면의 강성 k_{ij}로 표현한다. 자이로스코프, 비틀림의 영향을 무시하면, 감쇠가 없는 n 질량계의 운동방정식은 다음 식과 같이 표현된다.

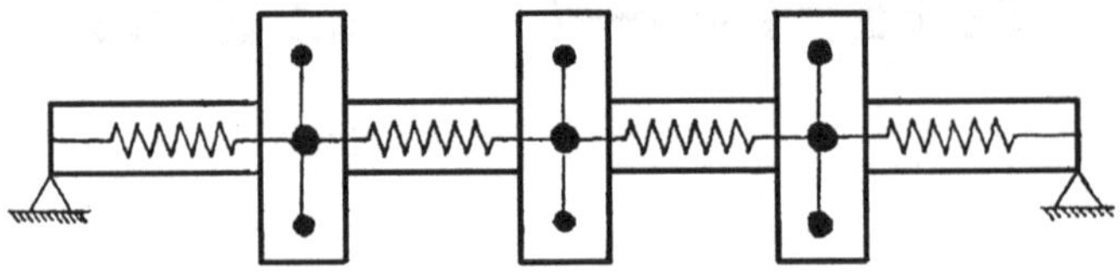

그림 7.1 / 집중질량 및 집중관성계로 치환된 회전축계

x축 방향의 경우

$$\begin{aligned} m_1\ddot{x}_1 + k_{11}x_1 + k_{12}x_2 + \cdots + k_{1n}x_n &= m_1a_1\omega^2\cos(\omega t + \epsilon_1) \\ m_2\ddot{x}_2 + k_{21}x_1 + k_{22}x_2 + \cdots + k_{2n}x_n &= m_2a_2\omega^2\cos(\omega t + \epsilon_2) \\ &\cdots \\ m_n\ddot{x}_n + k_{n1}x_1 + k_{n2}x_2 + \cdots + k_{nn}x_n &= m_na_n\omega^2\cos(\omega t + \epsilon_n) \end{aligned} \tag{7.1}$$

y축 방향의 경우

$$\begin{aligned} m_1\ddot{y}_1 + k_{11}y_1 + k_{12}y_2 + \cdots + k_{1n}y_n &= m_1a_1\omega^2\sin(\omega t + \epsilon_1) \\ m_2\ddot{y}_2 + k_{21}y_1 + k_{22}y_2 + \cdots + k_{2n}y_n &= m_2a_2\omega^2\sin(\omega t + \epsilon_2) \\ &\cdots \\ m_n\ddot{y}_n + k_{n1}y_1 + k_{n2}y_2 + \cdots + k_{nn}y_n &= m_na_n\omega^2\sin(\omega t + \epsilon_n) \end{aligned} \tag{7.2}$$

복소변위(complex displacement)를 $r_i = x_i + iy_i$라 하고

$$e^{i(\omega t + \varepsilon_1)} = e^{i\omega t} \cdot e^{i\varepsilon_1} = \mathrm{a}_1 e^{i\omega t}$$

등으로 놓으면, 식(7.1)과 (7.2)는 다음과 같이 된다.

$$
\begin{aligned}
m_1\ddot{r}_1 + k_{11}r_1 + k_{12}r_2 + \cdots + k_{1n}r_n &= \alpha_1 m_1 a_1 \omega^2 e^{i\omega t} \\
m_2\ddot{r}_2 + k_{21}r_1 + k_{22}r_2 + \cdots + k_{2n}r_n &= \alpha_2 m_2 a_2 \omega^2 e^{i\omega t} \\
&\cdots \\
m_n\ddot{r}_n + k_{n1}r_1 + k_{n2}r_2 + \cdots + k_{nn}r_n &= \alpha_n m_n a_n \omega^2 e^{i\omega t}
\end{aligned}
\tag{7.3}
$$

조화운동에 대해 $r_i = A_i e^{i\omega t}$라 하면, 식(7.3)은

$$
\begin{bmatrix}
(k_{11} - m_1\omega^2) & -k_{12} & & \\
-k_{21} & (k_{22} - m_2\omega^2) & \cdots & \\
& \cdots & \cdots & \cdots \\
& & \cdots & (k_{nn} - m_n\omega^2)
\end{bmatrix}
\begin{Bmatrix} A_1 \\ A_2 \\ \cdots \\ A_n \end{Bmatrix}
= \omega^2 \begin{Bmatrix} \alpha_1 m_1 a_1 \\ \alpha_2 m_2 a_2 \\ \cdots \\ \alpha_n m_n a_n \end{Bmatrix}
\tag{7.4}
$$

또는 행렬표현을 이용하면

$$
(K - \omega^2 M)A = \omega^2 \alpha m a \tag{7.5}
$$

으로 된다. 식(7.4)가 의미 있는 해를 갖기 위해서는 다음 식과 같이 계수행렬식이 0이 되어야 한다.

$$
| K - \omega^2 M | = 0 \tag{7.6}
$$

식(7.6)을 전개하면, ω에 대한 $2n$차 다항식의 형태가 얻어지고 이를 **진동수방정식**(frequency equation)이라 한다. K와 M은 물리적인 모델링 과정에서 이미 주어져 있기 때문에, 위의 조건은 계의 위험속도를 나타내는 특정한 ω^2의 값에 의해서 만족되어진다. n질량계이기 때문에 n개의 위험속도가 있다. 이 행렬식은 우변의 열 벡터와는 독립이며, 위험속도는 계의 불평형 특성과 독립적으로 발생한다.

많은 질량이 포함되는 다자유도계의 경우는 행렬대수를 이용하여 자동적으로 고유치를 구하는 고유치 프로그램이나 최소한 도식적 풀이로 ω^2의 전 범위에 걸쳐 행렬의 값을 계산하기 위해 컴퓨터의 이용이 필요하다.

7.1.2 연속 분포질량계

축의 길이를 따라 일정하게 분포하는 질량 및 탄성특성을 갖는 일정단면이나 변단면 축의 회전체에 대한 위험속도 계산은 다음의 방법에 의해 계산된다. 휘돌림 운동의 기본 지배방정식은 Bernoulli-Euler 축의 경우, 다음 식과 같다.

$$\frac{\partial^2}{\partial z^2}\left(EI\frac{\partial^2 r}{\partial z^2}\right)+\rho A\frac{\partial^2 r}{\partial t^2}=p(z,\ t) \tag{7.7}$$

여기서 $r=x+iy$, $\rho=w/g$, $i=\sqrt{-1}$이다. 외력이 작용하지 않는 자유진동에 대해서는 $p(z,\ t)=0$이고, 위 식은 다음의 해를 갖는다.

$$r=r_0\, e^{i\omega t} \tag{7.8}$$

여기서 r_0는 축방향의 길이좌표 z와 진동수 ω만의 함수이다. 이 해를 식(2.7)에 대입하면, 해는 다음 식으로 주어진다.

$$r_0=A\cos\lambda z+B\sin\lambda z+C\cosh\lambda z+D\sinh\lambda z \tag{7.9}$$

여기서 A, B, C 및 D는 좌, 우단의 경계조건에 의해 결정되는 적분상수이다. 그리고

$$\lambda^4=\frac{\rho A\omega^2}{EI} \tag{7.10}$$

연속계는 무한개의 자유도를 가지므로, 진동수방정식에 의해 무한개의 λL값, 즉 고유진동수가 존재한다. 각 고유진동수는 특정 휘돌림 모드와 일치한다. 표 7.1에 여러 종류의 양단에서의 구속조건에 따른 균일 단면 회전체에 대한 진동수방정식이 주어져 있다. 진동수방정식의 근 λ가 계산되면, 계의 위험속도는 다음 식과 같이 얻어진다.

$$N_{ci}=\frac{9.55\,(\lambda L)^2_i}{L^2}\sqrt{\frac{gEI}{wA}}\ \text{(rpm)} \tag{7.11}$$

여기서 N_{ci}는 i차 위험속도, $(\lambda L)_i$는 진동수방정식의 i차 고유진동수이다.

표 7.1 / 진동수방정식

양단의 경계조건	진동수방정식
미끄럼-미끄럼	$\sin\lambda L = 0$
양단 단순지지	$\sin\lambda L = 0$
양단 고정	$\cos\lambda L \cosh\lambda L - 1 = 0$
고정-자유	$\cos\lambda L \cosh\lambda L + 1 = 0$
고정-단순지지	$\cos\lambda L \sinh\lambda L - \sin\lambda L \cosh\lambda L = 0$
고정-미끄럼	$\cos\lambda L \sinh\lambda L + \sin\lambda L \cosh\lambda L = 0$
양단 자유	$\cos\lambda L \cosh\lambda L - 1 = 0$

예제 7.1

Bernoulli-Euler 이론에 의한 탄성축의 굽힘 진동해석을 위한 운동방정식 유도

Bernoulli-Euler 이론을 이용하여 탄성축의 굽힘 진동을 해석하기 위한 운동방정식을 유도하시오.

굽힘 진동을 하는 가늘고 긴 축에 대한 수직방향(y축) 운동방정식을 유도한다. 그림 7.1-1에 축의 일부와 축의 요소에 작용하는 힘과 모멘트를 나타낸다. $v(z, t)$는 축의 중립축 상의 점 $(z, 0)$의 횡방향 변위이고, $M(z, t)$는 굽힘모멘트, $Q(z, t)$는 전단력, $p(z, t)$는 단위 길이당의 외력이다.

Bernoulli-Euler의 가정은 다음과 같다.

1) 신축이 없는 중립축(neutral axis)에 따라 z축을 취한다.
2) 변형을 받지 않는 중립축 상에 수직인 단면은 평면을 유지하고, 또한 변형중의 중립축에 대해 수직을 유지한다. 즉, 전단변형을 무시한다.
3) 재질은 선형, 탄성이고, 임의 단면에서 균질(homogeneous)이다.
4) σ_x, σ_y는 σ_z에 비해 무시가 가능하다.
5) yz 평면은 주 응력면(principal stress plane)이다.
6) 회전관성은 무시한다.

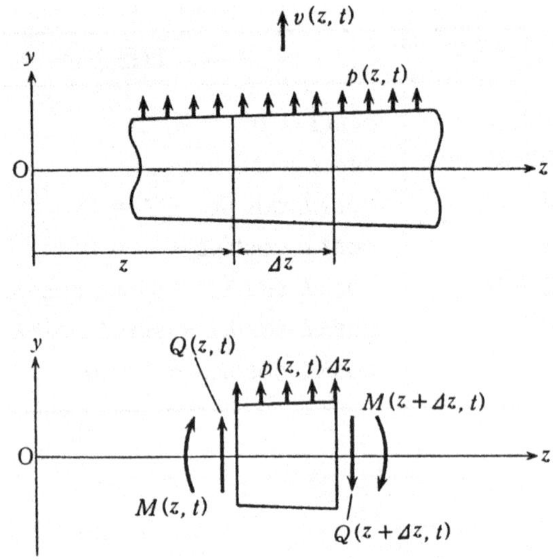

그림 7.1-1 / 축의 굽힘 진동

변형률(strain)과 축의 곡률(curvature) $1/\mu$ (μ는 곡률 반지름) 사이에는

$$\varepsilon = -\frac{y}{\mu} \tag{1}$$

의 관계가 있다. 여기서 y는 고려하는 단면의 중립축으로부터의 거리이다. 또한 모멘트는

$$M(z, t) = \frac{EI}{\mu} \tag{2}$$

로 표현되고, I는 단면2차 모멘트이다. 그림 7.1-1을 참조하여 운동방정식을 세우면

$$Q(z, t) - Q(z + \Delta z, t) + p(z, t) = \rho A \Delta z \frac{\partial^2 v}{\partial t^2} \tag{3}$$

로 되고, 양변을 Δz로 나누고, $\Delta z \to 0$ 로 하면

$$-\frac{\partial Q}{\partial z} + p(z, t) = \frac{\partial^2 v}{\partial t^2} \tag{4}$$

회전관성을 무시한다는 가정에 의해 축 요소의 무게중심 둘레의 모멘트를 0으로 하면

$$Q = \frac{\partial M}{\partial z} \tag{5}$$

아울러 축의 변형은 미소하므로

$$M(z,\ t) = EI\frac{\partial^2 v}{\partial z^2} \tag{6}$$

로 되고, 따라서 운동방정식은 다음과 같이 유도된다.

$$\frac{\partial^2}{\partial z^2}\left(EI\frac{\partial^2 v}{\partial z^2}\right) + \rho A\frac{\partial^2 v}{\partial t^2} = p(z,\ t) \tag{7}$$

식(7)은 축의 강제진동을 나타내는 식이다.

자유진동을 고려하는 경우는 외력 $p(z,\ t) = 0$ 로 놓으면 된다. 즉,

$$\frac{\partial^2}{\partial z^2}\left(EI\frac{\partial^2 v}{\partial z^2}\right) + \rho A\frac{\partial^2 v}{\partial t^2} = 0 \tag{8}$$

예제 7.2

탄성축의 굽힘 진동방정식의 해

예제 7.1에서 유도한 굽힘 진동방정식의 해를 구하시오.

예제 7.1의 식(8)의 해를 다음 식과 같이 조화운동으로 고려한다.

$$v(z,\ t) = V(z)\sin(\omega t - \beta) \tag{1}$$

식(1)을 운동방정식에 대입하면

$$\frac{d^2}{dz^2}\left(EI\frac{d^2 V}{dz^2}\right) - \rho A\omega^2 V = 0 \tag{2}$$

일정단면 축의 경우는

$$\frac{d^4 V}{dx^4} - \lambda^4 V = 0 \quad (\lambda^4 = \rho A\omega^2/EI) \tag{3}$$

로 된다. 식(3)의 일반해는

$$\begin{aligned} V(z) &= A_1 e^{\lambda z} + A_2 e^{-\lambda z} + A_3 e^{i\lambda z} + A_4 e^{-i\lambda z} \\ &= C_1 \sinh\lambda z + C_2 \cosh\lambda z + C_3 \sin\lambda z + C_4 \cos\lambda z \end{aligned} \tag{4}$$

여기서 λ는 고유치, $C_i(i = 1 \sim 4)$는 경계조건에 의해 결정되는 상수이다.

경계조건(boundary condition)으로는 다음이 일반적으로 고려될 수 있다.

1) 양단 고정(fixed-fixed): 변위 및 각변위가 0이 된다. 즉,

$$V = 0, \quad \frac{dV}{dz} = 0 \tag{5}$$

2) 단순지지(simply support): 변위와 굽힘 모멘트가 0이 된다. 즉,

$$V = 0, \quad \frac{d^2 V}{dz^2} = 0 \tag{6}$$

3) 자유조건(free): 굽힘 모멘트와 전단력이 0이다. 즉,

$$\frac{d^2 V}{dz^2} = 0, \quad \frac{d^3 V}{dz^3} = 0 \tag{7}$$

예제 7.3

양단 단순 지지된 일정 단면 축

그림 7.3-1에 나타낸 양단이 단순 지지된 일정 단면 축에 대해 고유진동수와 고유모드를 구하시오.

예제 7.1의 식(8)에 예제 7.2의 단순지지조건의 식(6)을 적용하면, 좌측 단($z = 0$)과 우측 단($z = L$)에서

$$V(0) = 0 \tag{1}$$

$$\left(\frac{d^2 V}{dz^2}\right)_{z=0} = 0 \tag{2}$$

$$V(L) = 0 \tag{3}$$

$$\left(\frac{d^2V}{dz^2}\right)_{z=L} = 0 \tag{4}$$

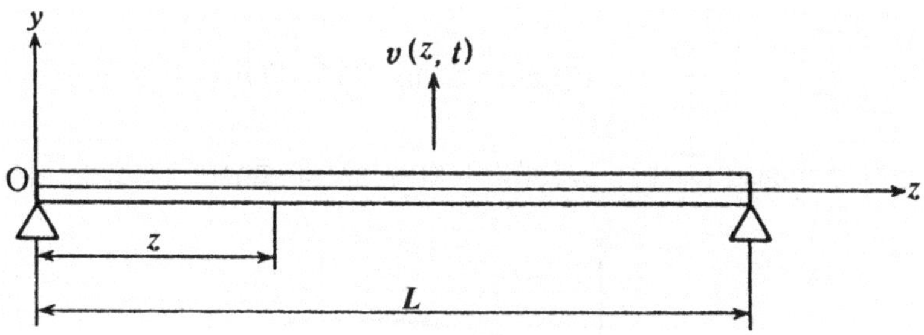

그림 7.3-1 / 양단 단순 지지된 일정단면 축

식(1)로부터 $C_2 + C_4 = 0$, 식(2)에서 $\lambda^2(C_2 - C_{4)} = 0$로 되므로 $C_2 = C_4$로 된다. 따라서 식(3)과 (4)로부터

$$C_1 \sin\lambda L + C_3 \sin\lambda L = 0 \tag{5}$$

$$\lambda^2(C_1 \sinh\lambda L - C_3 \sinh\lambda L) = 0 \tag{6}$$

이들 식은 C_1, C_3에 관한 동차 연립방정식이므로, 의미 없는 해 $C_1 = C_3 = 0$ 이외의 해를 갖기 위해서는 이들 계수의 행렬식이 0이 되어야만 한다. 즉, $\lambda^2 \neq 0$를 고려하여

$$\begin{vmatrix} \sin\lambda L & \sin\lambda L \\ \sinh\lambda L & -\sinh\lambda L \end{vmatrix} = 0$$

또는

$$\sin\lambda L \sinh\lambda L = 0 \tag{7}$$

식(7)은

$$\sin\lambda L = 0 \tag{8}$$

일 때만 성립하므로, 식(8)이 참 진동수방정식이다. 식(8)의 해는

$$\lambda_n = \frac{n\pi}{L} \quad (n = 1, 2, \cdots) \tag{9}$$

로 되고, 따라서 고유진동수 ω_n은

$$\omega_n = \left(\frac{n\pi}{L}\right)^2\sqrt{\frac{EI}{\rho A}} \quad (n = 1, 2, \cdots) \tag{10}$$

대응하는 모드형상(mode shape)은

$$V_n(z) = C\sin\frac{n\pi z}{L} \quad (n = 1, 2, \cdots) \tag{11}$$

그림 7.3-2에 1차에서 3차까지의 저차 3개의 고유진동모드를 나타낸다.

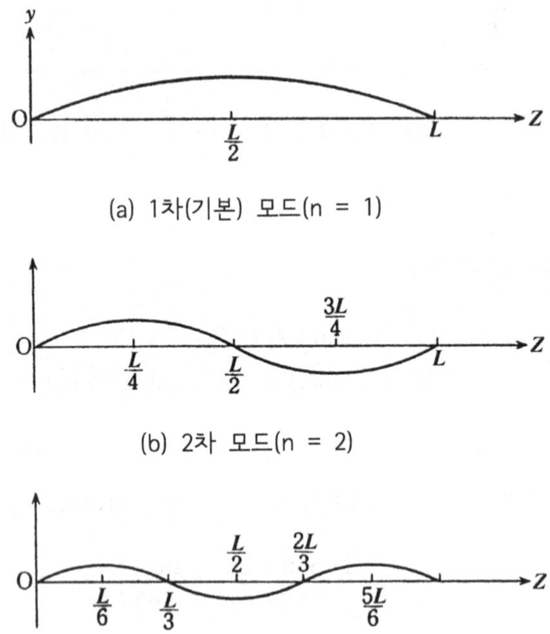

(a) 1차(기본) 모드(n = 1)

(b) 2차 모드(n = 2)

(c) 3차 모드(n = 3)

그림 7.3-2 / 고유진동모드

예제 7.4

비감쇠 탄성베어링 지지의 일정 원형단면 회전체의 위험속도

그림 7.4-1에 나타내는 양단이 스프링 상수 k인 탄성베어링으로 지지된 일정 단면의 회전체에 대한 위험속도를 계산하시오.

그림 7.4-1 / 일정 단면의 양단 탄성지지된 회전체

회전체는 그림 7.4-1과 같이 반경방향으로 동일한 지지강성 k로 양단에서 지지되어 운전된다. 경계조건은 좌단과 우단에서의 변위를 각각 r_0, r_L이라 하면

$$z=0: \quad M=-EI\frac{d^2r_0}{dz^2}=0 \tag{1}$$

$$S-kr_0=0 \tag{2}$$

$$-EI\frac{d^3r_0}{dz^3}-kr_0=0 \tag{3}$$

$$z=L: \ M=-EI\frac{d^2r_L}{dz^2}=0 \tag{4}$$

$$-S-kr_L=0 \tag{5}$$

$$-EI\frac{d^3r_L}{dz^3}+kr_L=0 \tag{6}$$

일반해로부터

$$r=A\cos\lambda z+B\sin\lambda z+C\cosh\lambda z+D\sinh\lambda z, \quad \lambda^4=\frac{wA\omega^2}{gEI} \tag{7}$$

일반해를 미분하여 경계조건을 대입하면, 다음과 같이 진동수행렬식이 얻어진다.

$$\begin{vmatrix} \cos\lambda L-\cosh\lambda L+2\overline{K}\sinh\lambda L & \sin\lambda L-\sinh\lambda L \\ -\sin\lambda L-\sinh\lambda L+\overline{K}(\cos\lambda L+\cosh\lambda L) & \cosh\lambda L-\cosh\lambda L+\overline{K}(\sin\lambda L-\sinh\lambda L) \\ +2\overline{K}(\cosh\lambda L-\overline{K}\sinh\lambda L) & \end{vmatrix}=0 \tag{8}$$

단 $\overline{K}=k/EI\lambda^3$으로 베어링 강성/축 강성의 비이다.

식(8)을 풀면, 다음과 같은 진동수방정식으로 나타낼 수 있다.

$$(\cos\lambda L \cosh\lambda L) - 2\overline{K}(\cos\lambda L \sinh\lambda L - \sin\lambda L \cosh\lambda L) - 2\overline{K}^2 \sin\lambda L \sinh\lambda L = 0 \quad (9)$$

일 예로 다음과 같이 데이터가 주어질 경우

$k = 17.5$ MN/m, $E = 206.7$ GN/cm^2, $I = 184.8$ cm^4, $A = 48.71$ cm^2,
$L = 50.8$ cm, $w = 0.193$ N/cm^2

$\overline{K} = 1.0$으로 두고, 진동수방정식을 컴퓨터에 의해 1차 고유진동수를 구하면

$$\lambda L = 1.815 \quad (10)$$

이 되고, 이 때의 위험속도는 식(7.11)로부터 다음과 같이 구하여진다.

$$N_{c1} = 9.55 \frac{(\lambda L)_1^2}{L^2} \sqrt{\frac{gEI}{wA}} = 12,266 \, \text{rpm} \quad (11)$$

7.2 Rayleigh의 방법

진동계의 기본 위험속도를 근사적으로 계산하기 위해 Lord Rayleigh에 의해 고안된 방법이다. 집중계 또는 분포계를 불문하고 감쇠가 없는 선형 보존계가 어느 특정 고유모드에서 자유진동을 하는 경우, 계의 모든 점은 평형점에 관해서 진동수 ω의 단순진동(simple vibration)을 한다. 진동에 의한 계의 운동에너지 T와 포텐셜에너지 V의 합은 일정하므로, T와 V의 최대치는 서로 같고 $T_{max} = V_{max}$로 된다.

이제 일반적으로 진동변위를 $\phi(x, y, z, t)$로 하고, 진동모드의 형을 나타내는 처짐함수 $\Phi(x, y, z)$를 이용하여

$$\phi = \Phi \sin\omega t$$

라 놓으면, 진동속도는 $\dot{\phi} = \Phi\omega\cos\omega t$ 이므로 운동에너지와 포텐셜에너지는 각각

$$T = \omega^2 \overline{T}(\Phi)\cos^2\omega t, \quad V = \overline{V}(\Phi)\sin^2\omega t$$

로 표현할 수 있다. 따라서 $T_{\max} = V_{\max}$의 관계를 이용하면, 상기 식에서 각각

$$T_{\max} = \omega^2 \overline{T}(\Phi), \quad V_{\max} = \overline{V}(\Phi)$$

이므로, 위험속도 ω의 제곱은 다음과 같이 얻어진다.

$$\omega^2 = \frac{\overline{V}(\Phi)}{\overline{T}(\Phi)} \tag{7.12}$$

예를 들어, 질량 m, 스프링상수 k인 1자유도 스프링 질량계의 경우

$$T = \frac{1}{2} m \dot{\phi}^2 = \frac{1}{2} m \Phi^2 \omega^2 \cos^2 \omega t = \overline{T}(\Phi) \omega^2 \cos^2 \omega t$$

$$V = \frac{1}{2} k \phi^2 = \frac{1}{2} k \Phi^2 \sin^2 \omega t = \overline{V}(\Phi) \sin^2 \omega t$$

로 되고, 따라서 위험속도의 제곱은 다음과 같이 된다.

$$\omega^2 = \frac{\overline{V}(\Phi)}{\overline{T}(\Phi)} = \frac{k}{m} \tag{7.13}$$

기하학적인 경계조건, 즉 정해진 지지조건을 만족하는 연속인 함수를 허용함수(admissible function)라 부르고, 이를 진동형, 즉 모드형상(mode shape)을 나타내는 형상함수로 선택하여야 한다. Rayleigh는 임의 허용함수를 상기 식의 우변에 대입하여 구한 값 ω는 계의 기본고유모드에 대응하는 참 위험속도 ω_1과 같거나 또는 이보다도 항상 높게 되는 것을 보였다. 이를 Rayleigh의 원리라 한다.

Rayleigh방법에 의해 구하여진 위험속도의 정도(accuracy)는 채용되는 진동의 모드형상을 나타내는 것으로 가정한 허용함수(또는 형상함수)에 의해 좌우된다.

표 7.2 / 각종 지지 및 하중조건에 따른 균일 단면 축의 정적 처짐함수 예

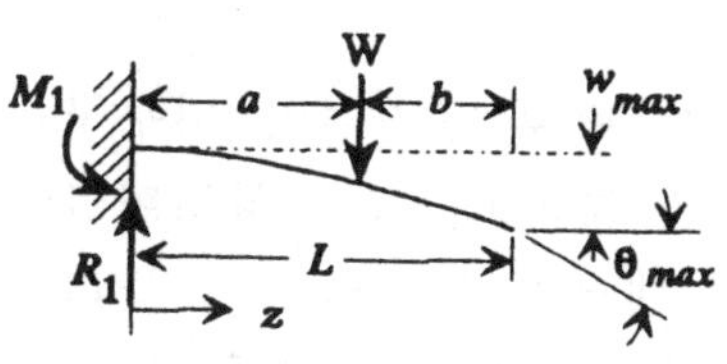 	$x < a$: $y(z) = \frac{W}{6EI}(-z^3 + 3z^2 a)$ $x \ge a$: $y(z) = \frac{W}{6EI}(3a^2 z - a^3)$

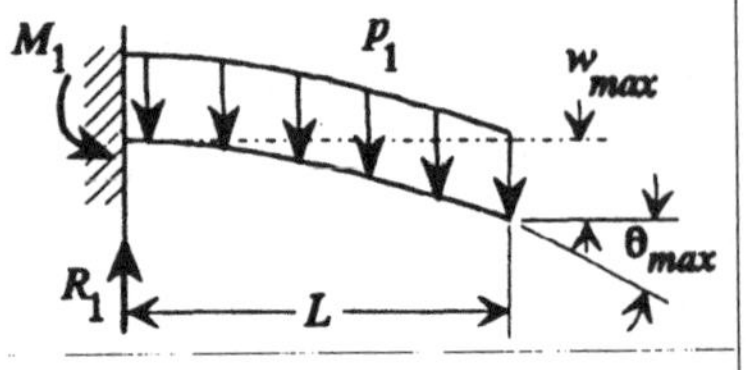	$y(z) = \frac{p_1 z^2}{24EI}(z^2 + 6L^2 - 4Lz)$
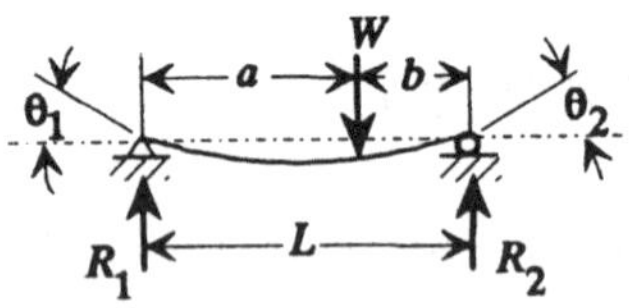	$z < a : y(z) = \frac{Wb}{6LEI}[-z^3 + (L^2 - b^2)z]$ $z \geq a : y(z) = \frac{Wa}{6LEI}[-(L-z)^3 + (L^2 - a^2)(L-z)$
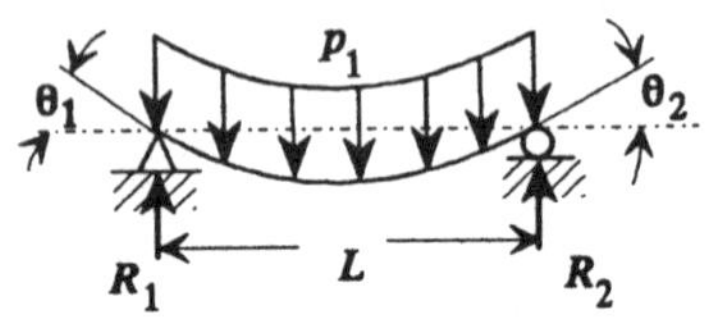	$z = \frac{1}{2L} : y(z) = \frac{5p_1 L^4}{384EI}$
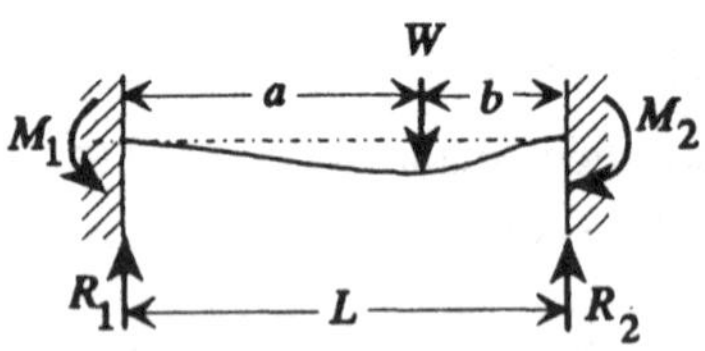	$a \geq b$이면 $z = \frac{2aL}{3a+b}$ 에서 $y(z) = \frac{2W}{3EI}\frac{a^3 b^2}{(3a+b)^2}$ $a < b$이면 $z = \frac{L^2}{a+3b}$ 에서 $y(z) = \frac{2W}{3EI}\frac{a^2 b^3}{(3b+a)^2}$
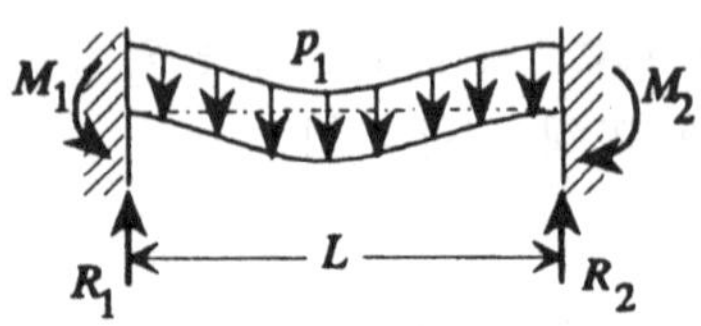	$y(z) = -\frac{p_1 z^2}{24EI}(2Lz - L^2 - z^2)$

참 진동형상과 다른 형상을 선택하면, 평형을 유지하기 위해 부가적인 외부구속을 작용시킬 필요가 있다. 이러한 여분의 구속은 계의 강성을 높이고, 그 탄성포텐셜에너지(strain 에너지)를 증가시키므로 계산되는 위험속도를 증대시키게 된다. 즉, 물리적으로 본 경우, 근사 처짐함수 형상을 실제 고유모드의 형상으로서 갖는 진동계는 원래 진동계의 인위적인 어떤 구속을 부가한 것으로 고려되고, 따라서 계의 강성은 상대적

으로 높게되므로 이것에 의해 위험속도는 원래 계의 기본위험속도보다도 높게 되는 것이다. 또 허용함수가 어느 고유모드의 형상에 가깝다면, 이 처짐함수의 미소한 차이에 대해서 상기 식에 의해 구해진 위험속도와 참 위험속도의 차는 고차의 미소 양으로 된다.

이상의 관계를 포함하여 많은 자유도를 갖는 계에 구속을 주어 1자유도계로서 위험속도의 근사치를 구하는 계산방법을 Rayleigh방법이라 부른다. 이 방법은 계의 기본위험속도, 즉 최저차 위험속도를 구하는 경우에 특히 유용하다. 처짐함수를 선정할 때에는 경계조건을 만족한다고 하는 조건 이외에 특별한 기준은 없고 각각의 경우에 대응하여 물리적 고찰 혹은 경험에 기초하여 타당한 곡선을 가정하여야 한다. 이 방법에서는 수회의 시행 결과 얻어진 최소치가 참값에 가장 가깝다고 할 수 있으므로, 곡선형상에 미리 1개의 파라미터를 포함시켜 놓고 위험속도 ω를 최소로 하도록 그 파라미터를 결정하면 비교적 좋은 근사치가 얻어진다. 이 방법에 의해 고차모드의 위험속도도 구할 수 있으나, 일반적으로 계산 정도는 그리 좋지 않다. 정적 처짐함수는 많은 경계조건을 만족할 수 있으므로 Rayleigh방법에서는 잘 이용된다. 여러 경계조건과 하중조건에 대한 균일 단면축의 정적 처짐함수를 표 7.2에 나타낸다.

예제 7.5

양단 단순지지 Bernoulli-Euler 축의 위험속도

일정 단면을 갖는 양단 단순지지 축의 기본위험속도를 다음의 2가지 진동형상을 이용하여 계산하고, 그 결과를 비교하시오.

$$\text{진동형상: 1)}\quad \psi(z) = \frac{z}{L}\left(\frac{z}{L}-1\right) \tag{1}$$

$$\text{2)}\quad \psi(z) = \sin\left(\frac{\pi z}{L}\right) \tag{2}$$

진동형상, 즉 형상함수를 식(1)과 같이 포물선으로 가정한 경우, 탄성포텐셜에너지는

$$V=\frac{1}{2}\int_0^L EI\left(\frac{\partial^2 u}{\partial z^2}\right)^2 dz \tag{3}$$

로 주어진다. 변위는 $u = A_0\psi(z)$이므로, 식(1)에서 $\psi''(z)=2/L^2$이고 이를 식(3)에

대입하여 변위진폭이 그 최대값을 취하는 것으로 하면

$$V_{\max} = \frac{1}{2} A_0^2 \int_0^L EI(\psi''(z))^2 dz = \frac{1}{2} A_0^2 EI \int_0^L \left(\frac{2}{L^2}\right)^2 dz = \frac{1}{2} A_0^2 \frac{4EI}{L^3} \tag{4}$$

분포질량의 운동에너지는

$$T = \frac{1}{2} \int_0^L m(z)(\dot{u})^2 dz$$

식(1)을 시간에 관해 미분하여 속도를 구하고, 속도진폭이 최대값에 도달한 것으로 하면

$$T_{\max} = \frac{1}{2} \omega^2 A_0^2 \int_0^L m\psi^2(z) dz = \frac{1}{2} \omega^2 A_0^2 m \int_0^L \left[\frac{z}{L}\left(\frac{z}{L} - 1\right)\right]^2 dz = \frac{1}{2} A_0^2 \omega^2 \frac{mL}{30} \tag{5}$$

이로부터

$$\omega^2 = \frac{V_{\max}}{(1/\omega^2) T_{\max}} = 120 \frac{EI}{mL^4} \tag{6}$$

형상함수를 정현 곡선으로 가정한 경우도 식(2)를 각각 식(4), (5), (6)에 대입하면 동일한 방법에 의해 다음과 같이 얻어진다.

$$\omega^2 = \pi^4 \frac{EI}{mL^4} = 97.41 \frac{EI}{mL^4} \tag{7}$$

정현 곡선의 경우, 약 19%정도 낮고 포물선의 경우보다 훨씬 양호한 근사값을 나타낸다. 실은 가정한 정현 곡선은 일정단면 단순축의 참 진동형상이기 때문에 식(7)은 정확한 값이다. 포물선의 가정은 지점사이에 일정한 굽힘모멘트가 작용한다는 것을 의미하고, 이는 굽힘모멘트가 0이어야 하는 양단 단순지지조건에 대응하지 않는다. 그러나 양단의 변위가 0이라는 기하학적 경계조건은 만족하므로 허용함수가 되지만 현실적인 가정은 아니다. 이와 같이 형상함수가 실제 조건을 잘 근사하도록 선택하는 것이 위험속도의 계산정도 향상에 매우 중요하다.

예제 7.6

내다지 회전체와 단순지지 회전체의 위험속도

그림 7.6-1과 같은 집중하중 W를 갖는 회전축에 대해 기본위험속도를 구하시오. 일반적으로 Rayleigh의 공식은 다음과 같다.

$$\omega^2 = \frac{gEI\int_0^L \left(\frac{d^2y}{dz^2}\right)^2 dz}{\gamma A\int_0^L y^2 dz + WY^2} \tag{1}$$

각각 축의 분포자중과 집중하중에 의한 정적 처짐함수 y_B, y_C 및 y_D는 표 7.2와 같이 표현된다. 그림 7.6-1의 (a)와 (b)의 계에 대하여 각각

$$\text{내다지 회전체} \quad : \quad y = (y_C)_{l_1 = L} + y_B \tag{2}$$

$$\text{단순지지 회전체} \quad : \quad y = (y_C)_{l_1 = L/2} + y_D \tag{3}$$

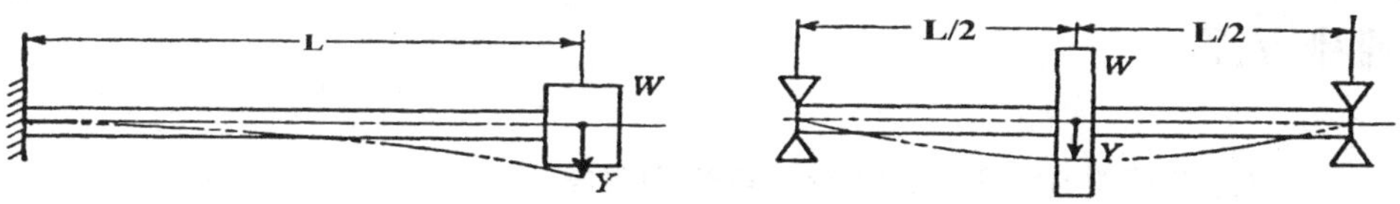

(a) 내다지 회전체 (b) 양단단순지지 회전체

그림 7.6-1 / 집중하중을 받는 축

로 놓고, Rayleigh의 방법에 의해 ω를 구하면

내다지 회전체의 경우:

$$\omega^2 = 3\frac{1 + (3/4)\alpha + (3/20)\alpha^2}{1 + (138/140)\alpha + (13/40)\alpha^2 + (9/250)\alpha^3}\frac{gEI}{WL^3} \tag{4}$$

단순지지 회전체의 경우:

$$\omega^2 = 48\frac{1+(5/4)\alpha + (2/5)\alpha^2}{1+(243/140)\alpha + (113/112)\alpha^2 + (62/315)\alpha^3}\frac{gEI}{WL^3} \tag{5}$$

여기서 $\alpha = \gamma AL/W$로 축의 분포질량과 집중질량의 비이다. 상기 식에서 α가 미소($\alpha \ll 1$), 즉 집중질량이 축의 자중보다 아주 크다($\gamma AL \ll W$)고 하여 α의 제곱이상의 항을 무시하고 α의 1차 항까지만 고려하면, 식(4)와 (5)는 각각 다음 식과 같이 단순화된다.

내다지 회전체: $$\omega^2 = \frac{3}{1+(33/140)\alpha}\frac{gEI}{WL^3} \tag{6}$$

단순지지 회전체: $$\omega^2 = \frac{48}{1+(17/35)\alpha}\frac{gEI}{WL^3} \tag{7}$$

집중질량이 비교적 큰 경우, 내다지 회전체(overhung rotor)에 대해서는 축의 자유단에 $(W + 33\gamma AL/140)$, 단순지지 회전체에 대해서는 중앙에 $(W + 17\gamma AL/35)$의 하중을 갖는 질량이 없는 축의 진동계와 등가가 된다.

예제 7.7

양단 단순지지된 Timoshenko 축의 위험속도

양단 단순지지된 Timoshenko 축의 기본위험속도를 Rayleigh의 방법으로 구하시오.

전단변형과 회전관성의 영향도 고려하는 경우, 포텐셜에너지 V는

$$V = \frac{1}{2}\int_0^L EI\left(\frac{d\psi}{dz}\right)^2 dz + \frac{1}{2}\int_0^L k_s GA\left(\frac{dy}{dz} - \psi\right)^2 dz \tag{1}$$

운동에너지 T는

$$T = \frac{1}{2}\int_0^L \frac{\gamma A}{g} y^2 dz + \frac{1}{2}\int_0^L \frac{\gamma I}{g}\psi^2 dz \tag{2}$$

여기서 $\psi = dy_f/dz$, $y - y_f = y_s$라 놓으면, Rayleigh공식은

$$\omega^2 = g\frac{EI\int_0^L\left(\frac{d^2y_f}{dz^2}\right)^2 dz + k_sGA\int_0^L\left(\frac{dy_s}{dz}\right)^2 dz}{\gamma A\int_0^L (y_f + y_s)^2 dz + \gamma I\int_0^L\left(\frac{dy_f}{dz}\right)^2 dz} \tag{3}$$

로 표시할 수 있다. 여기서 y_f와 y_s는 각각 굽힘변형 및 전단변형에 의한 처짐곡선을 나타낸다. 먼저

$$y_f = A\sin(\pi z/L)$$

$$y_s = A\frac{25.6}{k_s}\left(\frac{\rho}{L}\right)^2\sin(\pi z/L) \tag{4}$$

로 가정하고, 이를 식(3)에 대입하여 ω^2를 구하면

$$\omega^2 = \omega_f^{\,2}\frac{1 + \frac{24.9}{k_s}\left(\frac{\rho}{L}\right)^2}{\left(1 + \frac{25.6}{k_s}\frac{\rho^2}{L^2}\right)^2 + 9.87\left(\frac{\rho}{L}\right)^2} \tag{5}$$

여기서 $\omega_f^{\,2} = \frac{\pi^4 gEI}{\gamma AL^4}$, $G = \frac{3E}{8}$이다.

한편 $y_f = A_f\sin(\pi z/L)$, $y_s = A_s\sin(\pi z/L)$로 놓고 Rayleigh공식을 최소로 하도록 하는 A_s/A_f를 파라미터로 결정하여 구해도 좋다. 즉,

$$\frac{\partial}{\partial A_f}(V - \omega^2 T) = 0\ ,\quad \frac{\partial}{\partial A_s}(V - \omega^2 T) = 0 \tag{6}$$

를 계산하면

$$\left[EI\left(\frac{\pi}{L}\right)^4 - \omega^2\frac{\gamma A}{g}\left\{1 + \pi^2\left(\frac{\rho}{L}\right)^2\right\}\right]A_f - \omega^2\frac{\gamma A}{g}A_s = 0 \tag{7a}$$

$$-\omega^2\frac{\gamma A}{g}A_f + \left\{k_sGA\left(\frac{\pi}{L}\right)^2 - \omega^2\frac{\gamma A}{g}\right\}A_s = 0 \tag{7b}$$

로 되기 때문에, 이들 식으로부터 진동수방정식

$$\frac{\gamma}{g}\frac{\rho^2}{k_s}G\omega^4 - \left\{1 + \left(1 + \frac{8}{3k_s}\right)\pi^2\left(\frac{\rho}{L}\right)^2\right\}\omega^2 + \omega_f^{\,2} = 0 \tag{8}$$

이 구해진다. 이것은 올바른 해와 일치한다.

예제 7.8

다원판 부착 회전축의 위험속도

그림 7.8-1과 같이 축방향력(축력) T를 받으며, 자중 W_i의 원판을 부착한 질량을 무시한 축의 기본위험속도를 구하시오.

이 계의 Rayleigh공식은

$$\omega^2 = \frac{EI\int_0^L \left(\frac{d^2y}{dz^2}\right)^2 dz + T\int_0^L \left(\frac{dy}{dz}\right)^2 dz}{\sum_{j=1}^{n} \frac{W_j}{g} \, {y^2}_{x=l_j}} \tag{1}$$

로 표현된다. 따라서 이 복합계는

$$\frac{1}{\omega^2} \leq \sum_{j=1}^{n} \frac{1}{[\omega_f]_j^2 + [\omega_T]_j^2} \tag{2}$$

로 된다. 여기서 $[\omega_f]_j$, $[\omega_T]_j$는 각각 하중 W_j와 굽힘강성 및 축방향력에 의한 복원요소로 이루어지는 고립계의 위험속도이며, 다음과 같다.

$$[\omega_f]_j^2 = \frac{3gEIL}{W_j} \frac{1}{{l_j}^2 (L - l_j)^2}, \quad [\omega_T]_j^2 = \frac{gTL}{W_j} \frac{1}{l_j (L - l_j)} \tag{3}$$

이제 하중이 2개인 경우를 고려하여

$$W_1 = W_2 = W \ , \quad TL^2/EI = 1, \quad l_1 = L/3, \quad l_2 = 2L/3$$

라 놓으면

$$\omega \geq 5.721 \sqrt{\frac{gEI}{WL^3}} \tag{4}$$

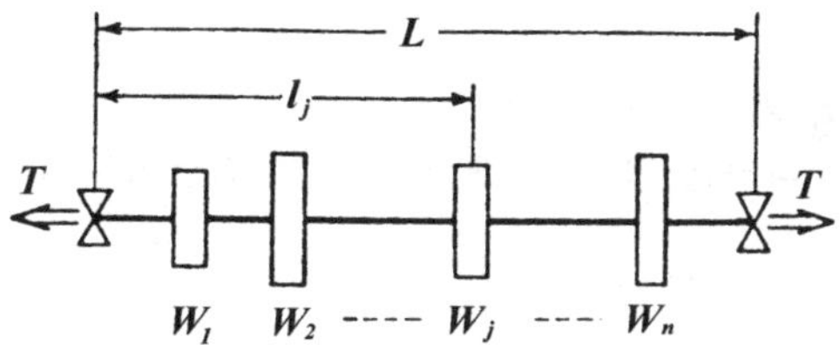

그림 7.8-1 / 축방향력을 받는 다원판 부착 축

으로 된다. 한편 등분포 하중을 받는 축의 정적 처짐함수를 이용하여 Rayleigh방법에 의해 위험속도의 상한을 구하면

$$\omega = 5.985\sqrt{\frac{gEI}{WL^3}} \tag{5}$$

로 된다. 따라서 두 근사해의 오차는 최대 4.8%이다.

Rayleigh방법은 여러 개의 집중질량으로 이루어진 축의 기본위험속도를 계산하는데도 사용될 수 있다. 첫 번째 근사로서, 하중 $M_1g, M_2g, M_3g, \cdots$ 등에 대응하여 발생되는 처짐 $y_1, y_2, y_3, \cdots$를 정적 처짐곡선으로 가정한다. 축에 저장된 변형률에너지는 이들 하중이 한 일로써 결정되어 최대포텐셜에너지와 최대운동에너지는 각각 다음과 같이 된다.

$$V_{\max} = \frac{1}{2}\,g(M_1y_1 + M_2y_2 + M_3y_3 + \cdots)$$

$$T_{\max} = \frac{1}{2}\,\omega^2(M_1y_1^2 + M_2y_2^2 + M_3y_3^2 + \cdots)$$

이 두 식을 같다고 놓으면, 다음과 같은 기본위험속도가 얻어진다.

$$\omega^2 = \frac{g\sum_i M_iy_i}{\sum_i M_iy_i^2} \tag{7.14}$$

예제 7.9

두 원판이 부착된 축

그림 7.9-1에 나타낸 축계의 횡진동 기본위험속도에 대해 첫 번째 근사해를 구하시오.

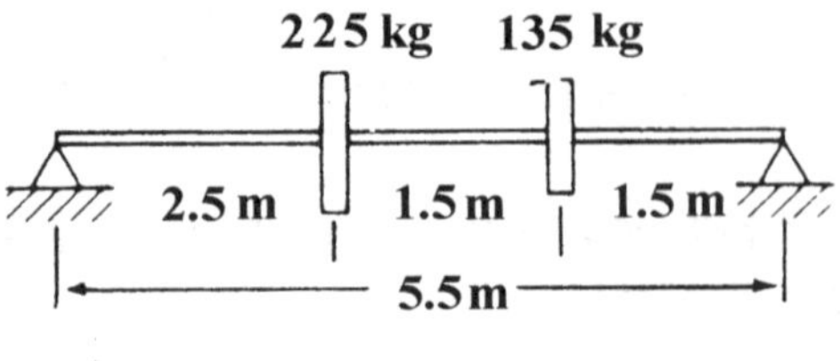

그림 7.9-1 / 두 원판이 부착된 축

오른쪽 끝으로부터 거리 b에 있는 단일 하중 W에 의한 왼쪽 끝으로부터 임의의 z점에서 축의 처짐은 재료역학의 기본이론에 의해 다음과 같이 구해진다(그림 7.9-2).

$$y(z) = \frac{Wbz}{6EIL}(L^2 - z^2 - b^2), \quad z \leq (L - b) \tag{1}$$

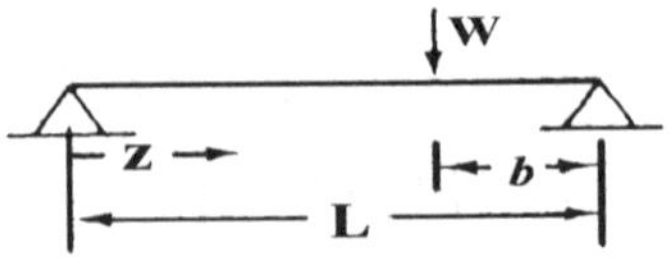

그림 7.9-2

하중에 의한 처짐은 각각의 하중이 따로 따로 작용하였을 때의 처짐의 중첩으로 구할 수 있다. 135kg의 질량에 의한 각 질량 부착점의 처짐은 다음과 같이 된다.

$$y_1' = \frac{(9.81\times135)\times1.5\times2.5}{6\times5.5\,EI}(5.5^2 - 2.5^2 - 1.5^2) = 3.273\times\frac{10^3}{EI}\ (\mathrm{m}) \tag{2}$$

$$y_2' = \frac{(9.81\times135)\times1.5\times4}{6\times5.5\,EI}(5.5^2 - 4.0^2 - 1.5^2) = 2.889\times\frac{10^3}{EI}\ (\mathrm{m}) \tag{3}$$

225kg의 질량에 의한 대응점의 처짐은 다음과 같이 된다.

$$y_1'' = \frac{(9.81\times225)\times2.5\times3.0}{6\times5.5\,EI}(5.5^2-3.0^2-2.5^2) = 7.524\times\frac{10^3}{EI}\ (\mathrm{m})$$

$$y_2'' = \frac{(9.81\times225)\times2.5\times1.5}{6\times5.5\,EI}(5.5^2-1.5^2-2.5^2) = 5.455\times\frac{10^3}{EI}\ (\mathrm{m})$$

y', y''를 더하면, 원판부착 위치 1과 2에 있어서의 처짐은 각각 다음과 같다.

$$y_1 = 10.797\times\frac{10^3}{EI}\ (\mathrm{m}),\quad y_2 = 8.344\times\frac{10^3}{EI}\ (\mathrm{m}) \tag{4}$$

이를 식(7.14)에 대입하면 기본위험속도의 첫 번째 근사해는 다음과 같이 된다.

$$\omega_1 = \sqrt{\frac{9.81(225\times10.797+135\times8.344)EI}{(225\times10.797^2+135\times8.344^2)\times10^3}} = 0.03129\sqrt{EI}\ (\mathrm{rad/s}) \tag{5}$$

만일 좀더 정확한 결과를 원한다면, 동하중(즉, 관성력) $my\omega^2$를 이용하여 동적 곡선의 좀더 양호한 근사해를 구할 수 있다. 동하중은 처짐 y에 비례하므로, 수정하중 m_1g와 $m_2g(y_2/y_1)$로서 처짐을 다시 계산할 수 있다.

7.3 Rayleigh-Ritz의 방법

Rayleigh방법을 확장한 Ritz방법(또는 Rayleigh-Ritz방법으로도 불린다.)은 경계조건을 만족하는 몇 개의 직교함수(orthogonal function)로 된 모드형상을 가정하는 것에 의해 Rayleigh의 방법보다 좋은 결과를 제공한다. 회전체의 운동에너지와 포텐셜에너지를 같은 값으로 놓는다.

변분법(variational method)을 이용하여, 가정된 1차 독립인 함수의 계수에 대해 n개의 선형동차방정식을 얻는다. 이들 계수행렬식을 0으로 놓음으로서 계의 특성방정식이 얻어진다. Rayleigh-Ritz의 방법은 1차, 즉 기본위험속도의 계산정도를 개선한다. 더구나 만일 함수가 가정되어 진다면, 고차모드의 위험속도를 체계적으로 구할 수 있다. 계속하여 직교함수를 더하여 가는 것에 의해, 그것보다 아래의 위험속도에 대해서 보다 좋은 근사치가 얻어진다.

Rayleigh-Ritz의 방법에서는 처짐함수를 단일 함수가 아니고, 많은 선형독립인 허용함수(admissible function) Φ_i의 선형결합으로 다음 식과 같이 나타낸다. 즉,

$$\Phi = \sum_{i=1}^{n} c_i \Phi_i \tag{7.15}$$

의 형으로 가정하고

$$\omega^2 = \frac{\overline{V}\left(\sum_{i=1}^{n} c_i \Phi_i\right)}{\overline{T}\left(\sum_{i=1}^{n} c_i \Phi_i\right)} \quad \rightarrow \text{minimize} \tag{7.16}$$

와 같이 표현한다. 예로 연속 축의 경우

$$\omega^2 = \frac{\int_0^L EI(\Phi'')^2 dz}{\int_0^L m(z)\,\Phi^2 dz}$$

로 되도록 c_i를 정한다. 식(7.16)의 필요조건은

$$\frac{\partial \omega^2}{\partial c_j} = \frac{1}{\overline{T}^2}\left[\frac{\partial \overline{V}}{\partial c_j}\overline{T} - \frac{\partial \overline{T}}{\partial c_j}\overline{V}\right] = \frac{1}{\overline{T}}\left[\frac{\partial \overline{V}}{\partial c_j} - \frac{\overline{V}}{\overline{T}}\frac{\partial \overline{T}}{\partial c_j}\right] = 0 \tag{7.17}$$

$$(j = 1,\ 2,\ \cdots,\ n)$$

이고, $\overline{T}$는 어디에서나 0이 아니므로 [ ] 부분이 0이 되어야 한다. 즉,

$$\frac{\partial I}{\partial c_j} = 0, \qquad (j = 1,\ 2,\ \cdots,\ n) \tag{7.18}$$

여기서 $I = \overline{V} - \tilde{\omega}^2 \overline{T}$, $\tilde{\omega}^2 = \min(\overline{V}/\overline{T})$이다.

식(7.18)로부터 n개의 방정식이 얻어진다. 여기서 선형 자유진동계의 운동에너지와 포텐셜에너지의 표현식을 고려하면 일반적으로

$$\frac{\partial \overline{V}}{\partial c_j} = \sum_{i=1}^{n} a_{ij} c_i, \quad \frac{\partial \overline{T}}{\partial c_j} = \sum_{i=1}^{n} b_{ij} c_i \tag{7.19}$$

로 표현할 수 있다. a_{ij}와 b_{ij}는 각 허용함수 Φ_i와 Φ_j를 이용하여 계산되는 정수이고, 일반적으로 안정한 계에서는 $a_{ij} = a_{ji}$, $b_{ij} = b_{ji}$의 관계가 있다. 식(7.19)를 이용하면, 식(7.18)은

$$\sum_{i=1}^{n}(a_{ij}-\tilde{\omega}^2 b_{ij})c_i=0\ ,\quad (j=1,\ 2,\ \cdots,\ n) \tag{7.20}$$

로 표현되고, 모든 c_i가 영으로 되지 않기 위해서는

$$|a_{ij}-\tilde{\omega}^2 b_{ij}|=0\ ,\quad (i,\ j=1,\ 2,\ \cdots,\ n) \tag{7.21}$$

이 성립하여야 한다. 식(7.21)을 풀면, 일반적으로 n개의 양의 실근 $\omega_k(k=1\sim n)$가 구하여 진다. 이들이 모두 다르다고 가정하여

$$\omega_1<\omega_2<\omega_3<\cdots<\omega_n \tag{7.22}$$

로 하면, ω_1이 기본위험속도의 근사치, ω_k가 k차의 고유모드에 대한 위험속도의 근사치로 된다. 또 식(7.20)의 동차연립방정식에서 각각의 ω_k에 대응하여 계수의 쌍

$$[1,\ c_2/c_1,\ c_3/c_1,\ \cdots,\ c_n/c_1]^{(k)}$$

이 n쌍 구해진다. 이 계수의 각 쌍이 식(7.22)의 관계를 이용하여 각 고유모드의 근사적인 진동형상을 정의한다. 식(7.15)에서 가정하는 $\Phi_i\ (i=1\sim n)$로서는 삼각함수, 다항식 또는 고유함수계 등이 자주 이용된다. 일반적으로 m차의 위험속도까지 정도 좋게 구하고 싶을 경우에는 $n>m$이어야만 한다.

Ritz의 방법으로 구하여진 근사치는 각 모드의 참 위험속도와 같거나 높게 되지만, n을 증가함에 따라 근사치의 정도는 좋게 된다.

예제 7.10

양단고정 축의 위험속도

축의 길이 L, 단위길이당의 축의 질량 μ, 굽힘강성도 EI인 양단고정 축의 위험속도를 Rayleigh-Ritz 방법을 이용하여 구하시오.

예로, 허용함수

$$\Phi_1(z) = 1 - \cos 2\pi z/L \tag{1}$$

$$\Phi_2(z) = 1 - \cos 4\pi z/L \tag{2}$$

는 양단의 경계조건으로 $z=0$와 L에서 변위와 기울기가 각각 0이 되기 때문에 경계조건을 만족하고 허용된다.

$$\overline{V} = \int_0^L EI(\Phi'')^2 dz = \frac{8\pi^4 EI}{L^3}(c_1^2 + 16c_2^2) \tag{3}$$

$$\overline{T} = \int_0^L m(z)\ \Phi^2 dz = \frac{\mu L}{2}(3c_1^2 + 3c_2^2 + 4c_1 c_2) \tag{4}$$

식(7.18)은 다음과 같이 주어진다.

$$\frac{16\pi^4 EI}{\mu L^4}\begin{bmatrix} 1 & 0 \\ 0 & 16 \end{bmatrix}\begin{bmatrix} c_1 \\ c_2 \end{bmatrix} = \omega^2 \begin{bmatrix} 3 & 2 \\ 2 & 3 \end{bmatrix}\begin{bmatrix} c_1 \\ c_2 \end{bmatrix} \tag{5}$$

따라서 식(5)를 풀면, 다음과 같이 위험속도와 이에 대응하는 계수 c_i가 얻어진다.

$$\omega_1 = \frac{22.47}{L^2}\left(\frac{EI}{\mu}\right)^{1/2},\quad \omega_2 = \frac{124.07}{L^2}\left(\frac{EI}{\mu}\right)^{1/2} \tag{6}$$

$$c_1 = \{1.0 \quad 0.043\},\quad c_2 = \{1.0 \quad -1.4459\} \tag{7}$$

양단고정 축의 엄밀한 위험속도를 3차까지 나타내면

$$\omega_1 = \frac{22.4}{L^2}\left(\frac{EI}{\mu}\right)^{1/2},\quad \omega_2 = \frac{61.6}{L^2}\left(\frac{EI}{\mu}\right)^{1/2},\quad \omega_3 = \frac{120.9}{L^2}\left(\frac{EI}{\mu}\right)^{1/2} \tag{8}$$

이므로 식(6)의 1차 위험속도 ω_1은 엄밀해와 약 0.22%의 차로서 매우 잘 일치하고 있으나, ω_2는 엄밀해의 3차 위험속도와 근접하고 결국 2차 모드의 고유진동수는 허용함수의 선정에 의해 계산되지 않는 것을 나타내고 있다. 따라서 허용함수를 적절하게 잘 선정하는 것이 매우 중요하다. 참고로 두 진동모드는 다음과 같이 계산된다.

$$\Phi_1(z) = 1 - \cos\frac{2\pi z}{L} + 0.043\left(1 - \cos\frac{4\pi z}{L}\right) \tag{9}$$

$$\Phi_2(z) = 1 - \cos\frac{2\pi z}{L} - 1.4459\left(1 - \cos\frac{4\pi z}{L}\right) \tag{10}$$

7.4 Galerkin의 방법

이 방법은 Rayleigh-Ritz의 방법과 비슷하지만, 진동계의 운동방정식이 이미 알려져 있는 경우에 특히 효과적인 방법이다. Willems와 Holzer는 축방향의 하중과 접선방향의 비틀림을 받는 회전축의 위험속도를 결정하기 위해 Galerkin방법의 3항 근사를 사용하였다. 일반적으로 분포 파라미터계는 4계 상미분방정식으로 다음과 같은 형으로 표현된다.

$$u^{\mathrm{IV}} - i\beta u^{\mathrm{III}} + \alpha u^{\mathrm{II}} - \omega^2 u = 0 \tag{7.23}$$

예로, Bernoulli-Euler축의 횡진동의 경우는 다음과 같다.

$$EIu(z)^{\mathrm{IV}} + \rho A\omega^2 u(z) = 0$$

처짐 $u(z)$는 상기 미분방정식의 해로서 아래의 무한급수의 형으로 가정된다.

$$u(z) = \sum_{i=1}^{\infty} c_i \Phi_i(z) \tag{7.24}$$

여기서 $\Phi_i(z)$는 변형된 축의 형상을 나타내는 허용함수이고, 각각의 항이 정확히 기하학적 및 역학적 경계조건을 만족하도록 선정된다. 다음의 정규직교함수는 이 두 경계조건을 만족하고 있는 것을 알 수 있다.

$$\Phi_i(z) = \sin i\pi z, \quad (i = 1, 2, 3, \cdots) \tag{7.25}$$

일반적으로는 식(7.24)를 운동방정식(7.23)에 대입하면, 식의 우변이 0이 되지 않고 잔사(residual) 즉, 오차가 남게 된다. 이 오차함수는 다음과 같이 정의된다.

$$\varepsilon_n(z) = A - \omega^2 u(z) \tag{7.26}$$

여기서 $A = u^{\mathrm{IV}}(z) - i\beta u^{\mathrm{III}}(z) + \alpha u^{\mathrm{II}}(z)$이다.

오차를 최소로 하는 방정식을 구하기 위해 직교함수를 회전축의 전 길이에 걸쳐 적분한다.

$$\int_0^L \varepsilon_n(z)\, \Phi_i dz = 0, \quad (i = 1, 2, 3, \cdots, n) \tag{7.27}$$

적분 오차함수로부터 n개의 동차방정식이 유도된다. 이들 방정식의 행렬식으로부터 n개의 위험속도가 얻어진다. 통상적으로 Galerkin의 방법은 Rayleigh-Ritz 방법보다 간편하지만, 경계조건을 모두 만족하는 처짐함수를 이용하여야 하는 점이 Rayleigh- Ritz의 방법보다 엄격한 부가조건이다.

예제 7.11

양단고정 축의 위험속도

축 길이 L, 단위길이당의 축의 질량 $\mu(=\rho A)$, 굽힘강성도 EI인 양단고정 축의 위험속도를 Galerkin의 방법을 이용하여 구하시오.

허용함수

$$\Phi_1(z) = 1 - \cos 2\pi z/L \tag{1}$$

$$\Phi_2(z) = 1 - \cos 4\pi z/L \tag{2}$$

는 양단의 경계조건(즉, $z=0, L$에서 변위, 각변위가 0)을 만족하기 때문에 허용된다. 축을 Bernoulli-Euler보로 가정하면

$$\begin{aligned} L(z) &= EIu(z)^{\text{IV}} + \mu\omega^2 u(z) \\ &= c_1[(\lambda^4 - \beta^4)\cos\lambda z + \beta^4] + c_2[(16\lambda^4 - \beta^4)\cos 2\lambda z + \beta^4] \end{aligned} \tag{3}$$

여기서 $\beta = \mu\omega^2/EI$, $\lambda = 2\pi/L$이다. 따라서 잔사는

$$R_i = \int_0^L \Phi_i L(z)\,dz, \quad (i = 1, 2) \tag{4}$$

이고, 두 시행함수(trial function)의 경우 각각

$$\begin{aligned} R_1 = \int_0^L \left(1 - \cos\frac{2\pi z}{L}\right)\{&c_1[(\lambda^4 - \beta^4)\cos\lambda z + \beta^4] \\ &+ c_2[(16\lambda^4 - \beta^4)\cos 2\lambda z + \beta^4]\}\,dz \end{aligned} \tag{5}$$

$$R_2 = \int_0^L (1 - \cos\frac{4\pi z}{L})\{c_1[(\lambda^4 - \beta^4)\cos\lambda z + \beta^4] + c_2[(16\lambda^4 - \beta^4)\cos 2\lambda z + \beta^4]\}dz \tag{6}$$

으로 된다. 이를 적분하여 정리하면

$$R_1 = (\lambda^4/2 - \beta^4)c_1 - \beta^4 c_2 = 0 \tag{7}$$

$$R_2 = -\beta^4 c_1 + (8\lambda^4 - \beta^4)c_2 = 0 \tag{8}$$

이 되고, 이를 행렬형식으로 표현하면 다음과 같다.

$$\begin{bmatrix} \lambda^4/2 - \beta^4 & -\beta^4 \\ -\beta^4 & 8\lambda^4 - \beta^4 \end{bmatrix} \begin{bmatrix} c_1 \\ c_2 \end{bmatrix} = \begin{bmatrix} 0 \\ 0 \end{bmatrix}$$

따라서 계수 c_1, c_2의 행렬식이 0이 되어야 한다.

$$\begin{vmatrix} \lambda^4/2 - \beta^4 & -\beta^4 \\ -\beta^4 & 8\lambda^4 - \beta^4 \end{vmatrix} = 0 \tag{9}$$

또는

$$(\lambda^4/2 - \beta^4)(8\lambda^4 - \beta^4) - \beta^8 = 0 \tag{10}$$

이 진동수방정식의 해는 $\beta L = 4.741,\ 11.140$이므로, 이에 대응하는 위험속도와 계수 $c_i\ (i = 1,\ 2)$는 다음과 같이 된다.

$$\omega_1 = \frac{22.48}{L^2}\left(\frac{EI}{\mu}\right)^{1/2},\quad \omega_2 = \frac{124.1}{L^2}\left(\frac{EI}{\mu}\right)^{1/2} \tag{11}$$

$$c_1 = \{23.0 \quad 1\},\quad c_2 = \{-0.69 \quad 1\} \tag{12}$$

그러므로 두 진동모드는 다음과 같다.

$$\Phi_1(z) = 23(1 - \cos\frac{2\pi z}{L}) + 1 - \cos\frac{4\pi z}{L} \tag{13}$$

$$\Phi_2(z) = -0.69\left(1 - \cos\frac{2\pi z}{L}\right) + 1 - \cos\frac{4\pi z}{L} \tag{14}$$

예제 7.10에서의 엄밀한 위험속도와 식(11)을 비교하면, 1차 위험속도는 0.36%의 오차로 매우 잘 일치하고 있으나, 예제 7.10의 Rayleigh-Ritz방법과 마찬가지로 2차 모드의 위험속도는 허용함수의 잘못된 선정으로 인해 계산되지 않고 있음을 알 수 있다.

예제 7.12

변단면 양단고정 축의 위험속도

축의 직경이 직선적으로 변화하는 양단고정 축(그림 7.12-1)을 Galerkin법을 이용하여 위험속도를 구하시오. 단, 단면 2차 모멘트 I 및 단면적 A는 다음과 같이 표현된다.

$$I = I_0\left(1 + \beta\frac{z}{L}\right), \quad A = A_0\left(1 + \beta\frac{z}{L}\right)$$

처짐함수 $u(z)$는

$$u(z) \approx \bar{u}(z) = \sum_{i=1}^{n} c_i \Phi_i(z) \tag{1}$$

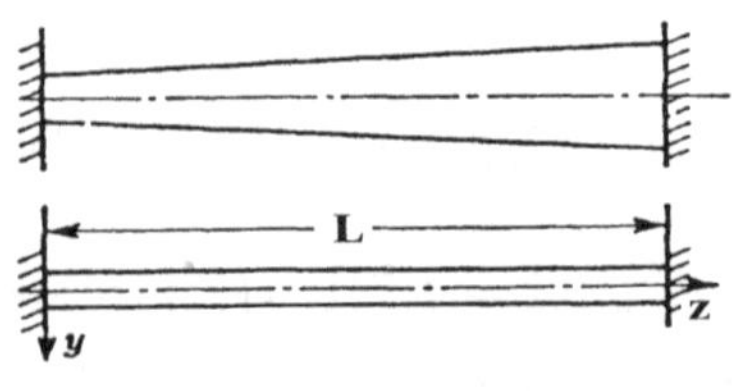

그림 7.12-1 / 변단면의 양단고정 축

여기서 허용함수 $\Phi_i = (z/L)^{i+1}(z/L-1)^2$로 가정한다. Φ_1은 등분포 하중에 대한 균일 축의 정적 처짐함수로

$$\Phi_1 = \frac{\gamma A L^4}{24EI}\left(\frac{z}{L}\right)^2\left\{1 - 2\frac{z}{L} + \left(\frac{z}{L}\right)^2\right\} \tag{2}$$

로 표시되며, Φ_i는 축의 양단에 있어서 처짐 및 처짐각이 0 이라는 경계조건을 만족한다. Rayleigh-Ritz의 방법에서는 적어도 기하학적 경계조건을 만족하는 함수 Φ_i를 이용하여 진동의 변위를

$$\Phi = \sum_{i=1}^{n} c_i \Phi_i \tag{3}$$

로 근사하여

$$\frac{\partial I(\Phi)}{\partial c_j} = \frac{\partial}{\partial c_j}\left[\frac{1}{2}\int_0^L \left\{EI\left(\frac{d^2\Phi}{dz^2}\right)^2 - \tilde{\omega}^2 \frac{\gamma A}{g}\Phi^2\right\}dz\right] = 0 \ (j = 1, 2, \cdots, n)$$

(4)

로부터 c_j에 관한 동차방정식을 유도하였다. 이에 대해 Galerkin법에서는 함수 Φ_i를 기하학적 경계조건 뿐만 아니라, 역학적 경계조건도 모두 만족하도록 선택한다. 이와 같이 하면 식(4)를 변형하여 부분적분을 수행하면 경계 항이 모두 소멸되고

$$\int_0^L \left[\frac{d^2}{dz^2}\left(EI\frac{d^2\Phi}{dz^2}\right) - \tilde{\omega}^2 \frac{\gamma A}{g}\Phi\right]\Phi_j dz = 0, \quad (j = 1, 2, \cdots, n) \tag{5}$$

가 성립됨을 알 수 있다. 식(5)에 식(3)을 실제로 대입하여 적분을 하면 Rayleigh-Ritz의 방법과 같이 c_j에 관한 동차연립방정식이 얻어지므로, 이로부터 진동수방정식이 구하여지고 일반적으로 n개의 위험속도에 대한 근사치를 얻을 수 있다. Rayleigh-Ritz의 방법처럼 식(4)를 직접 적분하는 것보다 식(5)를 적분하는 편이 훨씬 간단하다. 식(5)의 [ ] 내를 0으로 놓은 식은 변단면 축의 단순진동에 관한 기초 미분방정식을 나타내고 있고, 이것은 일반적인 경우에도 성립한다. 식(1)을 식(5)에 대입하면 다음과 같이 된다.

$$\sum_{i=1}^{n} d_{ij} c_i = 0 \tag{6}$$

여기서

$$d_{ij} = \int_0^L \left[\frac{d^2}{d\xi^2}\left\{(1+\beta\xi)\frac{d^2\Phi_i}{d\xi^2}\right\} - \frac{\gamma A_0 l^4}{gEI_0}\tilde{\omega}^2(1+\beta\xi)\Phi_i\right]\Phi_j d\xi \quad (\xi = z/L)$$

이제 Φ_1과 Φ_2의 두 항만을 고려하면 다음과 같이 된다.

$$d_{11} = \frac{2(2+\beta)}{5} - \frac{2+\beta}{1260}\lambda$$

$$d_{21} = d_{12} = \frac{2(5\beta+7)}{35} - \frac{6\beta+11}{13860}\lambda \tag{7}$$

$$d_{22} = \frac{3(3\beta+4)}{35} - \frac{7\beta+12}{27720}\lambda$$

여기서 $\lambda = \frac{\gamma A_0 L^4}{gEI_0}\omega^2$이다. 진동수방정식은

$$d_{11}d_{22} - {d_{12}}^2 = 0 \tag{8}$$

로 표현된다. $\beta = 0$로 놓으면 균일 단면 축을 나타내고, 이 경우를 계산하면

$$\omega_1 = \frac{22.45}{L^2}\sqrt{\frac{gEI_0}{\gamma A_0}}, \quad \omega_2 = \frac{62.93}{L^2}\sqrt{\frac{gEI_0}{\gamma A_0}} \tag{9}$$

로 된다. 엄밀해와 비교하여 ω_1은 0.4%, ω_2는 2%의 오차가 있다.

$\beta = 1$의 경우

$$\omega_1 = \frac{22.22}{L^2}\sqrt{\frac{gEI_0}{\gamma A_0}}, \quad \omega_2 = \frac{62.99}{L^2}\sqrt{\frac{gEI_0}{\gamma A_0}} \tag{10}$$

가 구하여진다.

7.5 Stodola의 방법

Stodola는 1924년에 단순반복과정을 이용하여 기본고유모드에 대해 정확한 결과를 얻을 수 있는 획기적인 계산법을 제안하였다. 이 방법은 진동계의 위험속도와 고유모드를 계산하기 위한 반복법이다. Rayleigh의 방법은 가정된 모드형상이 고유진동수의 결정에 이용되는 것에 대해서 Stodola 방법은 수렴하는 반복법에 의해 가정된 모드형상의 정도를 높이는 것이다. 계산순서는 다음과 같다.

1) 축에 대한 초기 처짐형상을 가정한다. 이는 빈번히 해석적으로나 도식적으로 결정되는 자중에 의한 중력 처짐곡선이다. 그러나 이 곡선은 축의 양단조건을 만족하는 어떠한 형상일 것이다.
2) 이 처짐곡선으로부터 회전체에 부착된 하중 W_1, W_2, ⋯, W_n의 분포에 대응하는 처짐값 u_1, u_2, ⋯, u_n을 얻는다. 균일하게 분포된 하중을 가진 회전체는 적절한 수의 불연속하중으로 분리될 수 있다.
3) 진동수 ω를 가정한다. 진동수는 어떤 임의의 값으로, 이것은 단지 계산을 위해 필요하다.
4) 가정된 진동수 ω에 있어서 휘돌림반경 u_i에 의한 각각의 하중 W_i에 작용하는 원심력을 계산한다.
5) 축 위에 정적인 하중으로 작용하는 원심력에 의한 2차 처짐곡선을 계산한다. 하중 W_1, W_2, ⋯, W_n에서 처짐은 이 때 처짐곡선에 대해 u_1', u_2', ⋯, u_n'으로 표시될 것이다.
6) 계산된 처짐 u_1'에 대해 가정된 처짐 u_1의 비로부터 다음 식과 같이 위험속도 $\omega_c = \omega\sqrt{u_1/u_1'}$를 계산한다.

위 식의 타당성은 만약 원심력이 이제 ω대신에 ω_c를 사용하여 재 계산되어 진다면, 이 힘들은 u_1/u_1'의 비로 증가할 것이며, 정적인 원심력-처짐곡선 또한 이 크기에 의해 진폭도 증가할 것이라는 사실에 기인한다.

만일 이 처짐곡선이 정확하다면, 이는 처음에 가정한 처짐곡선과 정확히 일치할 것이다. 이는 계산된 위험속도 ω_c가 원심력이 탄성 복원력에 대항하여 축의 휘돌림 형태를 유지하는 것이 충분히 만족되는 경우에만 일어날 것이다. 위의 반복과정을 계속하면 위험속도에 수렴하게 된다. 이 방법을 구체적으로 설명하면, 다음과 같다.

이 방법에서 정적 처짐은 i점에서 처짐 u_i에 미치는 중량 W_j의 영향을 고려하는 것에 의해 구하여진다. 즉,

$$u_i = \sum_{j=1}^{n} a_{ij} W_j \tag{7.28}$$

이다. 여기서 a_{ij}는 (탄성)영향계수(influence coefficient)로 j점에 가하여지는 하나의 단위력 (이 단위력은 계에 작용하는 유일한 외력이다.)에 의한 i점의 정적 처짐으로 정의된다. Maxwell의 상반정리(reciprocity theorem)에 의하면

$$a_{ij} = a_{ji}$$

이다. 식(7.28)의 중량 W_j는 일반력 F_j로 바꾸는 것이 가능하다. 동하중(dynamic load)으로 관성력이 이용되고, 이는 변위가 최대일 때 최대가 된다. 만일 계가 위험속도 ω_c로 이에 대응하는 모드로 진동할 때 $u_j = A_j \sin \omega_c t$라 하면, 관성력 F_j는 다음과 같이 된다.

$$F_j = -m_j \ddot{u}_j = \omega_c^2 m_j u_j$$

축은 단순조화운동을 하므로, 위험속도 ω_c로 진동하고 있을 때 $F_j = m_j u_j \omega_c^2$로 주어진다. 영향계수의 항에서 변위의 식을 쓰면, 다음의 반복공식으로 된다.

$$u_i^{\mathrm{II}} = \sum_{j=1}^{n} a_{ij} m_j \omega_c^2 u_j^{\mathrm{I}} \tag{7.29}$$

최초의 시도에서는 정적 처짐곡선이 가정되고, 대응하는 관성력과 스프링력이 계산되며, $\omega_c^2/g = 1$로 한다. 이것은 $f_c = \omega_c/2\pi = 187.5$ cpm의 위험속도에 상당한다.

만일 가정된 값들인 u_1^r, u_2^r, u_3^r이 올바른 모드형상이라면, 곡선에 따라 다음과 같이 일정한 비가 얻어진다. 즉,

$$\frac{u_1^r}{u_1^{r+1}} = \frac{u_2^r}{u_2^{r+1}} = \frac{u_3^r}{u_3^{r+1}} = \text{일정} \tag{7.30}$$

만일 일정비가 얻어지지 않으면, 다시 반복이 수행되어 진다. u_1^{r+1}, u_2^{r+1}, u_3^{r+1}은 u_1^r, u_2^r, u_3^r에 대해 가정된 값으로부터 얻어지고 원래의 u_1^r, u_2^r, u_3^r와 비교된다. 일정비가 얻어진 후, 2개의 곡선은 가정된 각속도를 증감시키는 것에 의해 간단히 일치되어 진다. 따라서

$$f_c = 187.5\sqrt{\frac{u^r}{u^{r+1}}} = \omega_c/2\pi \tag{7.31}$$

이 얻어진다.

7.6 Morley의 방법

Morley는 1918년에 매우 빠른 수렴이 요구되는 유사한 반복법을 제공하였다. 기본 모드의 위험속도에 대한 정확한 공식으로부터

$$\omega_c^2 = \frac{g\sum Wu}{\sum Wu^2} = \frac{g}{u_m} \tag{7.32}$$

여기서 u_m은 평균 처짐값이다. 그러나 임의로 가정된 처짐형상 u'의 경우, 위의 공식은 Rayleigh원리에 의해 적용된 곳에서 정의되어진 근사치이다. 만약 u가 중력에 의해 산출된 것에 대해 비례적인 값 u'를 갖는다고 가정하면, 식(7.32)는 다음과 같이 된다.

$$\omega_c^2 = \frac{g\sum Wu'}{\sum W(u')^2} = \frac{g}{u_m'} \tag{7.33}$$

여기서

$$u_m' = \frac{\sum W(u')^2}{\sum Wu'}$$

처짐 u'의 평균값은 값 u_m에 대하여 1차 근사이므로, ω_c'는 ω_c에 대한 1차 근사이다. 분포하중 w의 경우, 이에 대응하는 다음 식들을 이용하면 된다. 즉,

$$\int w\left(\frac{du}{dz}\right)^2 dz \text{와} \quad \int w\left(\frac{d^2u}{dz^2}\right)^2 dz$$

계산방법은 다음과 같다.

1) 최대처짐 u_n을 갖는 회전체에 대한 처짐형상을 가정하고, ω_c를 계산한다.
2) 계산되어진 속도 ω_c에서 가정된 u_i에 대응하는 각각의 회전체 하중 W_i에 대한 원심력을 계산한다.
3) 회전체에 정적으로 작용하는 원심력들에 대응하는 축의 처짐형상을 계산한다. 이 경우에 있어서 처짐 u_i를 W_i라 한다.
4) 새로운 처짐들에 대응하는 위험속도를 다음과 같이 계산한다

$$\omega_c{}' = \frac{g\sum W_i u_i{}'}{\sum W_i (u_i{}')^2}$$

5) 만약 ω_c와 $\omega_c{}'$사이의 차이가 너무 크면, 위의 절차는 반복되며 원심력과 처짐 곡선은 다시 계산된다.

위의 계산과정은 수렴이 매우 빠르며, 거의 몇 cycle이 필요하지 않다. 이것은 Stodola방법에서와 같이 한 점에서의 처짐을 비교하는 것과는 달리 평균처짐 $u_m{}'$을 이용하기 때문이다. 각 단계에서 더 많은 계산이 요구되나, 수렴속도는 매우 빠르다.

7.7 행렬반복법

행렬반복법(matrix iteration method)은 문제가 탄성행렬(영향계수행렬) 또는 강성행렬로서 정식화된 후에 위험속도와 정규모드를 구하는 데 사용된다. 탄성행렬로서 계가 표시되고 있는 한 예로서 앞의 Stodola의 방법에 사용된 방정식이 있다. Newton의 운동 제 2법칙으로부터 구하여진 집중질량계의 운동방정식은 강성행렬을 이용하여 주어진다. 탄성행렬의 식은 행렬표시에 의해 아래와 같이 다시 쓰여진다.

$$\begin{bmatrix} u_1 \\ u_2 \\ u_3 \end{bmatrix} = \omega^2 \begin{bmatrix} a_{11}m_1 & a_{12}m_2 & a_{13}m_3 \\ a_{21}m_1 & a_{22}m_2 & a_{23}m_3 \\ a_{31}m_1 & a_{32}m_2 & a_{33}m_3 \end{bmatrix} \begin{bmatrix} u_1 \\ u_2 \\ u_3 \end{bmatrix} \tag{7.34}$$

이 행렬은 다음과 같이 쓰여질 수 있다.

$$\begin{bmatrix} u_1 \\ u_2 \\ u_3 \end{bmatrix} = \omega^2 \begin{bmatrix} a_{11} & a_{12} & a_{13} \\ a_{21} & a_{22} & a_{23} \\ a_{31} & a_{32} & a_{33} \end{bmatrix} \begin{bmatrix} m_1 & 0 & 0 \\ 0 & m_2 & 0 \\ 0 & 0 & m_3 \end{bmatrix} \begin{bmatrix} u_1 \\ u_2 \\ u_3 \end{bmatrix} = \omega^2\ \boldsymbol{A M u} \tag{7.35}$$

탄성행렬 $\boldsymbol{A}$의 역행렬은 강성행렬 $\boldsymbol{K}$이다. 이 과정에 대해서는 예제 7.10과 제 4편의 전달행렬법에서 설명되어 있다. 행렬반복법은 강성행렬, 탄성행렬의 어느 쪽을 사용하여도 동일하다. 탄성행렬 A가 사용되는 경우는 최저차의 위험속도가 얻어진다.

반복법은 다음과 같이 하나의 모드를 가정하는 것으로부터 시작된다.

$$\begin{bmatrix} u_1^{\mathrm{I}} \\ u_2^{\mathrm{I}} \\ u_3^{\mathrm{I}} \end{bmatrix}$$

그리고 이것을 행렬방정식(7.35)의 우변에 대입한다. 즉,

$$u_i^{\mathrm{II}} = \omega^2 A\ M u_i^{\mathrm{I}} \tag{7.36}$$

u_i^{II}를 얻기 위해 행렬의 곱 계산이 이루어진다. u_i^{II}의 정규화(normalization)는 열(column)의 각 항을 어느 진폭(예로 u_1^{II})으로 나누어 그 진폭(u_1^{II})을 단위 크기로 하는 것에 의해 이루어진다. 이 순서는 진폭이 어느 정해진 형상으로 안정하게될 때까지 반복된다. u_1^r 모드형상의 정규화된 형상이 u_1^{r+1} 모드형상의 정규화된 형상에 같게 될 때 위험속도가 얻어진다.

$$\begin{bmatrix} u_1^{r+1} \\ u_2^{r+1} \\ u_3^{r+1} \end{bmatrix} = \frac{1}{\omega_c^2} \begin{bmatrix} u_1^r \\ u_2^r \\ u_3^r \end{bmatrix}, \quad \frac{\omega_c^2}{C} = 1, \quad f_c = \frac{1}{2\pi}\sqrt{C}$$

영향계수로서 표현된 운동방정식에 대해 반복순서는 존재하는 최저차의 모드형상에 수렴한다. 만일 이 모드형상이 제거되어 있으면 반복순서는 제 2차 모드에 수렴한다. 행렬로부터 1차 모드성분을 제거하기 위해 직교조건이 사용된다.

소거행렬에 의해 가정된 변위로부터 1차 모드가 도출된다. 원래의 행렬에 소거행렬 S를 곱하면, 다음 식이 얻어진다. 그리고, 그것은 반복이 행하여졌을 때 2차 모드에 수렴한다.

$$\begin{bmatrix} u_1 \\ u_2 \\ u_3 \end{bmatrix} = \omega_c^2 A\ M S \begin{bmatrix} u_1 \\ u_2 \\ u_3 \end{bmatrix} \tag{7.37}$$

3차 또는 그 이상의 모드형상을 얻기 위하여 각각에 대한 소거행렬이 계속 이용되어 진다. 그 순서는 각 단계에 대해서 행렬방정식의 차수를 하나 낮춘다. 고차 모드형상에 있어서 소거행렬에 의해 오차가 도입되기 때문에 이 순서의 수렴성에 문제가 생긴다.

예제 7.13

탄성행렬과 강성행렬의 유도

길이 L인 일정단면 내다지 축의 자유단에 전단력 V와 모멘트 M이 작용한다. 탄성행렬(flexibility matrix) $\boldsymbol{A}$ 와 강성행렬(stiffness matrix) $\boldsymbol{K}$를 구하고, $\boldsymbol{K} = \boldsymbol{A}^{-1}$의 관계를 가지는 것을 나타내시오.

재료역학의 기초 보 이론으로부터 영향계수는 다음과 같이 구해진다(그림 7.13-1).

$$a_{11} = L^3/3EI, \quad a_{22} = L/EI, \quad a_{12} = a_{21} = L^2/2EI \tag{1}$$

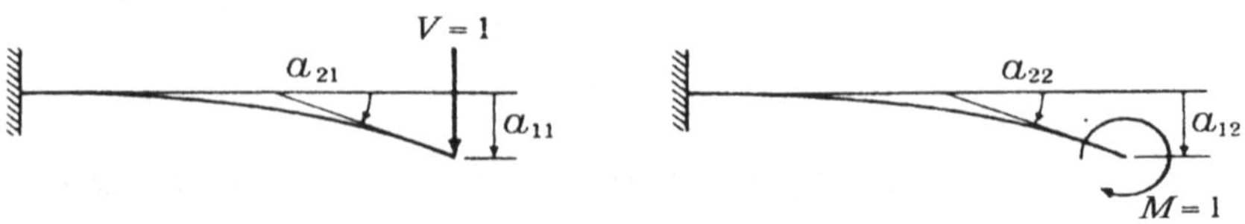

그림 7.13-1 / 영향계수의 정의

식(1)을 행렬형식으로 나타내면, 탄성행렬(또는 영향계수행렬이라 함)은

$$\mathrm{A} = \frac{L}{6EI}\begin{bmatrix} 2L^2 & 3L \\ 3L & 6 \end{bmatrix} \tag{2}$$

와 같이 되고, 이의 역행렬을 구하면 다음과 같이 된다.

$$A^{-1} = \frac{EI}{L^3}\begin{bmatrix} 12 & -6L \\ -6L & 4L^2 \end{bmatrix} \tag{3}$$

계의 탄성변형과 이에 대응하는 힘과의 사이는 다음과 같이 표현된다.

$$F = K\ u \tag{4}$$

식(4)를 풀어서 나타내면

$$F_1 = k_{11}u_1 + k_{12}u_2,\quad F_2 = k_{21}u_1 + k_{22}u_2 \tag{5}$$

만약 계가 $u_1 = 1,\ u_2 = 0$ 가 되도록 구속하면(그림 7.13-2a), $F_1 = k_{11},\ F_2 = k_{21}$ 이 된다. 보 이론으로부터

$$EIy''(z) = k_{11}(L-z) + k_{21} \tag{6}$$

이 된다. 여기서 $y(z)$ 는 임의 축위치 z에서의 처짐이다. 식(6)을 적분하고, 경계조건

$$y'(0) = y'(L) = y(0) = 0,\ y(L) = u_1 = 1 \tag{7}$$

을 적용하면, 다음 식이 얻어진다.

$$\begin{aligned} 0 &= k_{11}L^2/2 + k_{21}L \\ EI &= k_{11}L^3/3 + k_{21}L^2/2 \end{aligned} \tag{8}$$

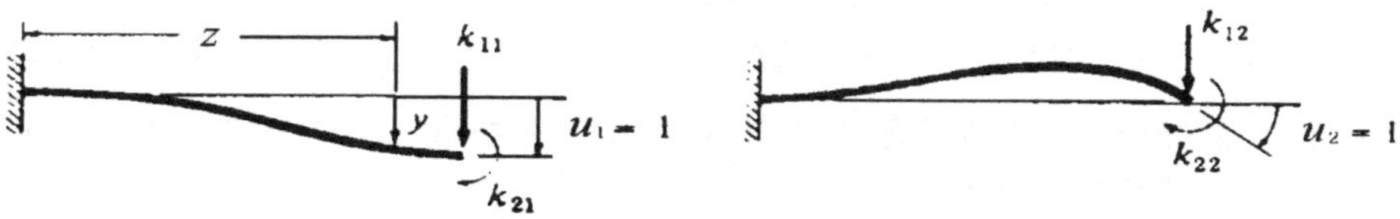

(a) $u_1 = 1,\ u_2 = 0$ (b) $u_1 = 0,\ u_2 = 1$

그림 7.13-2 / 강성계수의 정의

따라서 식(8)로부터 다음과 같이 강성계수가 계산된다.

$$k_{11} = 12EI/L^3, \quad k_{21} = -6EI/L^2 \tag{9}$$

유사하게 $u_1 = 0$, $u_2 = 1$ 이 되도록 축을 구속하면(그림 7.13-2b), 축에 작용하는 일반화력은 각각 k_{12}와 k_{22}가 된다. 경계조건

$$y'(0) = y(0) = y(L) = 0, \quad y'(L) = u_2 = 1 \tag{10}$$

을 이용하여 앞의 과정대로 계산을 수행하면 다음 결과가 얻어진다.

$$k_{12} = -6EI/L^2, \quad k_{22} = 4EI/L \tag{11}$$

따라서 식(9)와 (11)을 이용하면, 강성행렬은

$$K = \frac{EI}{L^3}\begin{bmatrix} 12 & -6L \\ -6L & 4L^2 \end{bmatrix} = A^{-1} \tag{12}$$

로 표현되고, 식(3)으로부터 강성행렬은 탄성행렬의 역행렬과 같은 것을 알 수 있다.

예제 7.14

2개 원판이 부착된 축의 기본위험속도

그림 7.14-1에서 보는 바와 같이 $m_1 = 500$ kg과 $m_2 = 100$ kg의 두 집중질량을 가진 균일 단면 축이 자유롭게 평면 내에서 진동하고 있다. 행렬반복법을 이용하여 계의 기본위험속도를 구하시오.

위치 1과 2에 단위하중을 가했을 때의 처짐방정식으로부터 결정되는 이 문제의 영향계수는 다음과 같다.

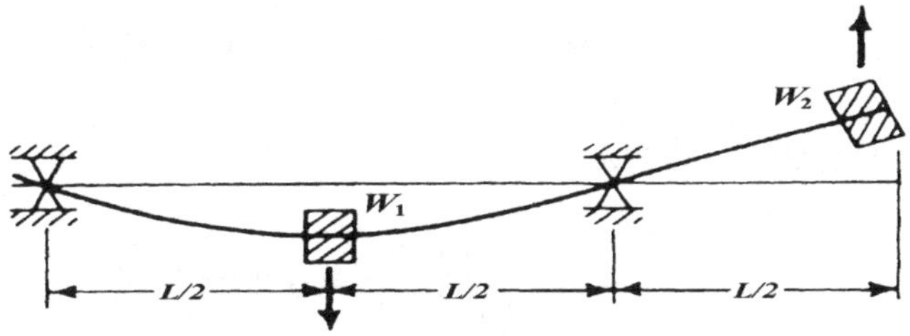

그림 7.14-1

$$a_{11} = \frac{L^3}{48\,EI} = \frac{1}{6}\,a_{22} \quad a_{12} = a_{21} = \frac{L^3}{32\,EI} = \frac{1}{4}\,a_{22}, \quad a_{22} = \frac{L^3}{8\,EI} \tag{1}$$

식(7.34)에 대입하면 다음을 얻게 된다.

$$\begin{bmatrix} u_1 \\ \\ u_2 \end{bmatrix} = \frac{\omega^2 L^3}{8\,EI} \begin{bmatrix} \frac{500}{6} & \frac{100}{4} \\ \frac{500}{4} & 100 \end{bmatrix} \begin{bmatrix} u_1 \\ \\ u_2 \end{bmatrix} \tag{2}$$

식(2)의 우측 열에 대해서 $u_1 = u_2 = 1.0$ 으로 가정하여, 이를 대입하면

$$\begin{bmatrix} u_1 \\ u_2 \end{bmatrix} = \frac{\omega^2 L^3}{8\,EI} \begin{bmatrix} 108.3 \\ 225.0 \end{bmatrix} = \frac{108.3\,\omega^2 L^3}{8EI} \begin{bmatrix} 1.00 \\ 2.08 \end{bmatrix} \tag{3}$$

만일 $u_1 = 1.0$과 $u_2 = 2.08$로 하여 이 과정을 반복하면, 두 번째 결과로서 다음을 얻는다.

$$\begin{bmatrix} u_1 \\ u_2 \end{bmatrix} = \frac{\omega^2 L^3}{8\,EI} \begin{bmatrix} 135.3 \\ 333.0 \end{bmatrix} = \frac{135.3\,\omega^2 L^3}{8EI} \begin{bmatrix} 1.00 \\ 2.46 \end{bmatrix} \tag{4}$$

위의 과정을 몇 번 더 반복하면, 처짐은 다음과 같이 수렴된다.

$$\begin{bmatrix} 1.00 \\ 2.60 \end{bmatrix} = \frac{148.3\,\omega^2 L^3}{8EI} \begin{bmatrix} 1.00 \\ 2.60 \end{bmatrix} \tag{5}$$

이 방정식으로부터 위험속도는

$$\omega = \sqrt{\frac{8EI}{148.3\,L^3}} = 0.2323\sqrt{\frac{EI}{L^3}} \tag{6}$$

이 되며, 진폭비는 다음과 같이 구해진다.

$$\frac{u_1}{u_2} = \frac{1.0}{2.60} \tag{7}$$

만일 기본위험속도에만 관심이 있다면, 첫 번째와 두 번째의 반복계산의 결과로부터 충분한 정도의 정확도를 얻을 수 있다. 첫 번째 반복계산으로 관성력은 $500\omega^2$과 $208\omega^2$이 된다. 이 힘들은 두 번째 반복계산에서 얻어지는 $u_1 = 135.3\,\omega^2 L^3/8EI = 16.92\,\omega^2 L^3/EI$와 $u_2 = 2.46\,u_1$인 변형을 일으킨다. 이러한 힘들에 의한 일은 다음과 같이 된다. 즉, 포텐셜에너지 V는

$$V = \frac{1}{2} m_1 g u_1 + \frac{1}{2} m_2 g u_2$$

로 된다. $k\delta = mg$에서 $k/m = g/\delta = \omega^2$이 되고, 따라서 $g = \omega^2\delta$가 얻어진다. 여기서 $\delta = 1$이라 놓으면 $g = \omega^2$의 관계가 얻어진다. 따라서

$$V = \frac{1}{2}(500 + 208 \times 2.46)\omega^2 u_1 = \frac{1}{2} \times 1012 \times \omega^2 u_1 \tag{8}$$

또한 대응되는 운동에너지는

$$T = \frac{1}{2} m_1 \omega^2 {u_1}^2 + \frac{1}{2} m_2 \omega^2 {u_2}^2$$

이 되고, 수치를 대입하면 다음과 같다.

$$T = \frac{1}{2}(500 + 100 \times 2.46^2)\omega^2 u_1^2 = \frac{1}{2} \times 1105 \times \omega^2 u_1^2 \tag{9}$$

따라서 포텐셜에너지와 운동에너지를 같게 놓으면, 기본위험속도는 다음과 같이 구해진다.

$$\omega = \sqrt{\frac{1012}{1105 \times 16.92}\frac{EI}{L^3}} = 0.2327\sqrt{\frac{EI}{L^3}} \tag{10}$$

7.8 Holzer의 방법

Holzer 방법은 일반적으로 비틀림진동 문제에 주로 사용되지만, 굽힘진동 또는 종진동(axial vibration)을 하는 회전축계의 고유진동수나 위험속도를 계산하기 위해 사용될 수도 있다. Holzer의 방법과 Stodola의 방법은 모두 수치적인 해법이지만, 가정하는 독립변수가 두 방법에서의 근본적인 차이점이다. 어떤 위험속도 문제에서도 계의 각각의 위험속도에 특정 모드형상이 대응한다.

Stodola의 방법에서는 독립변수가 모드형상이고, 이것은 가정되어 원하는 정도가 얻어질 때까지 반복하는 것에 의해 개선된다. 그 후 그 모드에 관한 위험속도가 계산된다. Holzer의 방법에서는 독립변수는 진동수이고, 이것으로부터 계의 모드형상이 계산된다. 만일 그 모드형상이 계의 경계조건에 적합하면 가정되어진 진동수는 고유진동수 또는 위험속도이다. 올바른 고유진동수의 결정은 시행착오과정에 의해 수행된다.

일반적으로 본질적(기하학적) 경계조건과 자연(역학)경계조건의 몇 가지는 가정되고 경계조건의 잔류치는 위험속도를 구하기 위해 진동수의 값에 대해 도시된다. 예로 비틀림진동계를 해석할 경우, 자연경계조건은 양단에서 토크가 0으로 되는 것이다.

Stodola의 방법과 달리 Holzer의 방법에서는 정도의 저하는 연성 또는 모드형상으로부터 발생하지 않는다. 이는 각각의 진동수의 계산이 다른 것에 관계하지 않기 때문이다. 토크와 진동수($T-\omega$) 곡선을 얻기 위해서는 많은 점이 필요한 이 방법의 약간 불리한 점은 고속연산이 가능한 컴퓨터의 사용에 의해 극복될 수 있다.

조화진동의 경우, n개의 원판이 부착된 비틀림진동계에서 진동수를 ω라 하고 좌측단의 비틀림진폭을 $\theta_1 = 1$로 가정하면, 첫째 원판의 관성토크는 다음과 같이 된다.

$$-J_1\ddot{\theta}_1 = J_1\omega^2\theta_1 = J_1\omega^2 \tag{7.38}$$

이 토크는 비틀림강성이 k_1인 축에 작용하여 이것을 다음의 양만큼 비틀게된다.

$$\frac{J_1\omega^2}{k_1} = \Theta_1 - \Theta_2 = 1 - \Theta_2 \tag{7.39}$$

또는

$$\Theta_2 = 1 - \frac{J_1\omega^2}{k_1} \tag{7.40}$$

식(7.40)에서 Θ_2가 계산되면, 두 번째 원판의 관성토크는 $J_2\omega^2\Theta_2$로서 계산된다. 처음 두 관성토크의 합은 두 번째 축의 k_2에 작용하여 다음 식만큼 비튼다.

$$\frac{J_1\omega^2 + J_2\omega^2\Theta_2}{k_2} = \Theta_2 - \Theta_3 \tag{7.41}$$

이러한 방법으로, n개의 각 원판에서의 진폭과 토크를 순차적으로 계산할 수 있다. 맨 우측 단의 토크는

$$T_{ext} = \sum_{i=1}^{n} J_i\omega^2\Theta_i \rightarrow 0 \tag{7.42}$$

로 되며, 주어진 ω에 대해 도시할 수 있다. 다른 ω의 값으로 위의 계산을 반복하면, $T_{ext} = 0$일 때 위험속도를 얻게 된다. 위험속도에 대응하는 각변위 Θ_i들이 고유진동형이 된다.

비틀림과 종진동의 위험속도를 구하기 위해 Holzer table이라 불리우는 표식방법(tabular method)이 종래에 널리 사용되었다. 행렬표시(전술의 행렬반복법 참조)를 하면 손 계산으로 구하는 것이 가능하지만, 컴퓨터를 사용하는 것이 보다 적절하며 매우 많은 요소를 갖는 복잡한 문제도 쉽게 풀릴 수 있다.

예제 7.15

3개의 원판이 부착된 축의 비틀림 고유진동수 계산

그림 7.15-2에 보이는 3개의 원판이 부착된 비틀림 진동계의 고유진동수를 Holzer방법을 이용하여 구하시오. 단, 각 원판의 질량관성모멘트 J와 축의 비틀림강성 k는 다음과 같다.

$$J_1 = 5\ \mathrm{N\cdot s^2\cdot m},\ J_2 = 11\ \mathrm{N\cdot s^2\cdot m},\ J_3 = 22\ \mathrm{N\cdot s^2\cdot m}$$
$$k_1 = 1.0\times10^5\ \mathrm{N\cdot m/rad},\ k_2 = 2.0\times10^5\ \mathrm{N\cdot m/rad}$$

고유진동수의 계산순서로 먼저 진동수 ω를 먼저 가정한다. 예로 ω = 20rad/s라 하고, 좌측 단 원판의 각변위를 $\Theta_1 =$ 1.0rad으로 가정한다. 식(7.38)과 (7.40)으로부터 각 원판의 각변위와 관성토크는 다음과 같이 구해진다.

첫째 원판의 경우,

$$\Theta_1 = 1.0,\quad T_1 = \omega^2\Theta_1 J_1 = 2.0\times10^3 \tag{1}$$

둘째 원판의 경우,

$$\Theta_2 = 1 - T_1/k_1 = 0.980,\quad T_2 = T_1 + \omega^2\Theta_2 J_2 = 6.312\times10^3 \tag{2}$$

셋째 원판의 경우,

$$\Theta_3 = \Theta_2 - T_2/k_2 = 0.9484,\quad T_3 = T_2 + \omega^2\Theta_3 J_3 = 1.466\times10^4 \tag{3}$$

다음에 진동수를 증가하여 ω = 40rad/s하고, 위의 계산과정을 반복하면

$$\begin{aligned} &\Theta_1 = 1.0,\quad T_1 = 8.0\times10^3 \\ &\Theta_2 = 0.920,\quad T_2 = 2.419\times10^4 \\ &\Theta_3 = 0.799,\quad T_3 = 5.232\times10^4 \end{aligned} \tag{4}$$

로 되고, T_3가 0에 접근하지 않고 오히려 증가하고 있다. 가장 단순한 방법은 일정한 진동수의 증분으로 진동수를 증가하며 T_3를 계산하고 이 값이 0이 되는 진동수 ω를 결정하는 것이다. 이를 보다 효율적으로 구하는 방법에 대해서는 제 4편의 전달행렬법에서 자세히 설명한다.

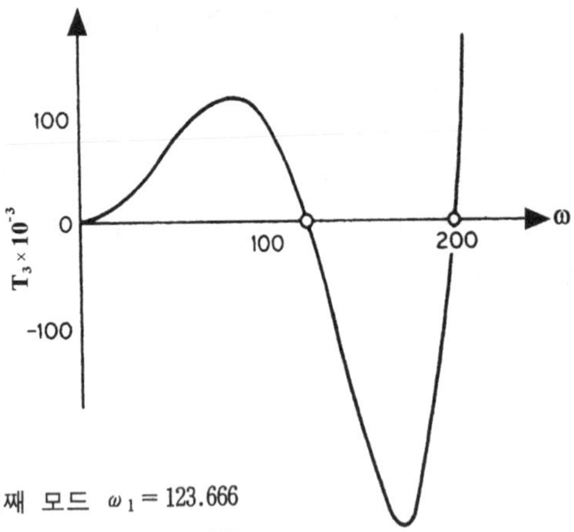

그림 7.15-1 / 토크 T_3와 진동수 ω의 곡선

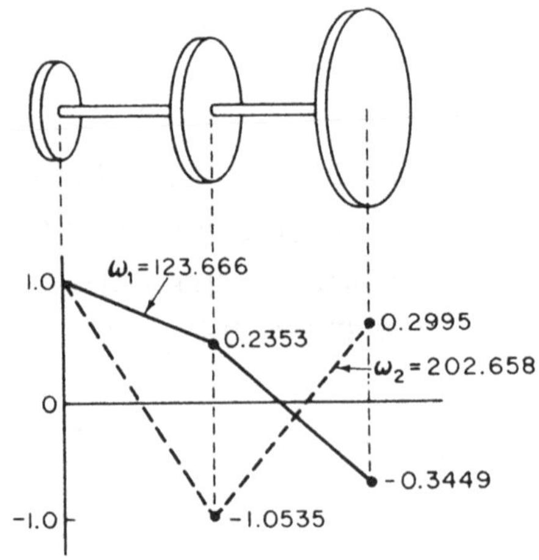

그림 7.15-2 / 비틀림 진동모드

T_3는 원판 3의 오른쪽에 걸리는 토크로서 위험속도에서 0이 되어야 한다. 그림 7.15-1은 T_3대 ω를 도시한 것이다. 그림 7.15-2에 나타낸 첫 번째와 두 번째 진동모드의 정확한 값을 얻기 위해서 $T_3 = 0$의 근방에서 여러 개의 주파수들을 입력한다.

7.9 Prohl-Myklestad의 방법

개념상 Prohl-Myklestad 방법은 Holzer의 방법과 비슷하다. 주로 Holzer의 방법은 종진동과 비틀림진동(파동방정식)에 사용되고, Prohl-Myklestad의 방법은 회전체와 보(Bernoulli-Euler의 방정식)의 굽힘진동에 대한 위험속도를 결정하기 위해 사용된다.

Holzer 방법에 사용되는 시행착오과정은 Prohl-Myklestad 방법의 경우에도 사용된다. 진동수가 가정되고, 축의 요소를 기술하는 식(7.43)의 전달행렬(transfer matrix)을 사용하여 가정된 진동수가 계의 경계조건을 만족하고 있는가를 결정한다. 이 방법은 이후 전달행렬법과 유한요소법의 기초로 이용되었다.

$$\begin{bmatrix} u \\ \Theta \\ M \\ V \end{bmatrix}_n^R = \begin{bmatrix} 1 & l & \frac{l^2}{2EI} & \frac{l^3}{6EI} \\ 0 & 1 & \frac{l}{EI} & \frac{l^2}{2EI} \\ 0 & 0 & 1 & l \\ \omega^2 m & \omega^2 ml & \frac{\omega^2 m l^2}{2EI} & 1 + \frac{\omega^2 m l^3}{6EI} \end{bmatrix}_n \begin{bmatrix} u \\ \Theta \\ M \\ V \end{bmatrix}_{n-1}^R \quad (7.43)$$

여기서 u: 횡방향 축변위, Θ: 각변위, M: 굽힘모멘트, V: 횡전단력, l: 축 요소의 길이, EI: 굽힘강성, ω: 가정된 진동수, m: 집중질량이다.

Prohl 방법의 경우, 회전축계에는 2가지의 미정 경계조건이 있으므로, 각각의 시행진동수에 대해서 2회의 계산이 필요하다. 예로 한쪽 단이 고정이고 다른 단이 자유인 계에 대한 위험속도의 결정을 도식적인 방법으로 나타냄으로서 이 과정이 잘 설명될 수 있다. 진동수를 가정한 후, 축의 첫 단 N으로부터 끝단 F까지의 행렬이 결정된다. 전 요소의 행렬을 한번에 곱하는 것은 일반적으로 불편하므로, 축의 한 단으로부터 다른 단까지 진행하는데 전달행렬방법이 사용된다. 각각의 단에 있어서 두 가지의 경계조건이 알고 있는 값이다. 그리고 이들 조건을 만족하는 시행진동수가 위험속도이다. 예로 만일 축의 한 단 N이 고정되고, 다른 단 F가 자유이면 축이 다른 단으로 진행하기 위해 결합되어 있거나 또는 step-by-step방법으로 이용되는 모든 전달행렬을 나타내는 일반행렬은 계의 파라미터를 이미 알고 있으므로 ω^2의 함수로서 쓰여진다.

$$\begin{bmatrix} u \\ \Theta \\ M \\ V \end{bmatrix}_F = \begin{bmatrix} \beta(\omega^2) \end{bmatrix} \begin{bmatrix} u \\ \Theta \\ M \\ V \end{bmatrix}_N \quad (7.44)$$

경계조건으로 첫 단에서는 고정조건이므로

$$u_N = 0, \quad \Theta_N = 0$$

이고, 끝단에서 자유(free)조건이므로

$$M_F = 0, \quad V_F = 0$$

이다. 각각의 시행진동수에 대해서는 2회의 계산을 수행한다. 하나는 $M_N = 0$, $V_N = 1$을 이용하며, 또 하나는 $V_N = 0$, $M_N = 1$을 이용한다. M_F, V_F와 M_N, V_N을 관계짓는 계수

β_{ij}가 얻어진다. 옆단의 변위와 각변위는 0이기 때문에 방정식의 최초 부분은 소거된다.

$$M_F = u_N\beta_{31} + \Theta_N\beta_{32} + M_N\beta_{33} + V_N\beta_{34}$$
$$V_F = u_N\beta_{41} + \Theta_N\beta_{42} + M_N\beta_{43} + V_N\beta_{44}$$

그리고 $M_F = V_F = 0$ 이므로, 상기 식은 다음과 같이 축소된다.

$$\begin{bmatrix} \beta_{33} & \beta_{34} \\ \beta_{43} & \beta_{44} \end{bmatrix} \begin{bmatrix} M \\ V \end{bmatrix}_N = \begin{bmatrix} 0 \\ 0 \end{bmatrix}$$

따라서 의미 있는 해를 갖기 위해서는 계수행렬의 행렬식이 0이 되어야 한다. 즉

$$\begin{vmatrix} \beta_{33} & \beta_{34} \\ \beta_{43} & \beta_{44} \end{vmatrix} = 0 \tag{7.45}$$

식(7.45)는 위험속도가 존재하기 위한 조건이다. 계의 위험속도를 얻기 위해, 이 행렬식의 값은 ω의 함수로서 도시된다.

7.10 수정 Holzer-Myklestad-Prohl (HMP)의 방법

HMP법은 연속적인 질량과 탄성특성을 갖는 연속계(continuous system)모델을 해석하기 위해 Urban과 Ekong에 의해 수정 제안되었다. Bernoulli-Euler의 방정식 또는 임의의 Bernoulli-Euler형의 방정식은 연속성을 갖는 회전체부분의 전달함수(초월함수)를 얻기 위해 정상진동에 대해서 푼다. 이 전달함수는 Prohl-Myklestad의 방법에서와 같이 하나의 분포파라미터 축 모델과 하나의 집중질량을 이용하여 만들어진다. 그리고, 위험속도의 결정방법은 Prohl-Myklestad의 방법과 완전히 동일하다.

Holzer-Myklestad-Prohl 방법은 모드형상의 연성에 의한 정도의 저하를 받지 않고, 컴퓨터에 적합한 실제적인 방법이다. 근본적으로는 시행착오과정인 HMP법은 위험속도를 구하는 일반적인 방법을 필요로 하고, 이에 대해서는 제 4편에서 설명한다.

7.11 Dunkerley의 방법

회전축 위에 부착된 기어, 임펠러, 터빈 disk 및 플라이휘일 등과 같이 많은 부품들로 구성되는 축계의 기본위험속도 계산에 편리한 방법이 1904년에 Dunkerley에 의해 발표되었다. 이 방법은 복잡한 실제 계를 축소하여 많은 단순 부분계(subsystem)로 바꾸고, 이들 각각에 대해 기본공식을 이용함으로서 직접 계산할 수 있다.

축계의 기본위험속도의 근사치를 구하는 Dunkerley 방법은 기초적인 대수정리로부터 유도된다. 주어진 해석모델에서 이 방법으로 얻어진 기본위험속도는 언제나 엄밀한 값보다 작다. 즉, Rayleigh방법은 기본위험속도에 대한 상한값(upper bound)을 제공하나, 이 방법은 하한값(lower bound)을 제공하게 된다. 그 오차는 기본위험속도와 2차 이상의 위험속도의 근접에 의존된다. Dunkerley의 공식은 일반적으로 행렬반복에 의한 방법의 초기치로써 축계의 기본위험속도의 근사치를 구하기 위해 사용된다.

Dunkerley의 방법을 이해하기 위해 집중질량의 3 자유도 진동계를 예로 들어 설명한다. 외력 벡터를 f, 변위 벡터를 u 라 하면, 힘과 변위 사이에는

$$f = K u \tag{7.46}$$

의 관계가 성립하고, K는 강성행렬이다. 식(7.46)을 변형하여

$$u = K^{-1} f = A f \tag{7.47}$$

로 표현하면, A 는 탄성(flexibility)행렬로 정의되고, 강성행렬의 역행렬이 된다.

f 를 D'Alembert의 관성력으로 대체하면

$$f = -M\ddot{u} = \omega^2 M u \tag{7.48}$$

식(7.48)을 식(7.47)에 대입하면

$$u = \omega^2 A M u \tag{7.49}$$

가 얻어지고, 이를 정리하면

$$\left(A M - \frac{1}{\omega^2} I \right) u = 0 \tag{7.50}$$

가 된다. 이를 풀어서 쓰면 다음과 같이 된다.

$$\begin{bmatrix} (a_{11}m_1 - \frac{1}{\omega^2}) & a_{12}m_2 & a_{13}m_3 \\ a_{21}m_1 & (a_{22}m_2 - \frac{1}{\omega^2}) & a_{23}m_3 \\ a_{31}m_1 & a_{32}m_2 & (a_{33}m_3 - \frac{1}{\omega^2}) \end{bmatrix} \begin{Bmatrix} u_1 \\ u_2 \\ u_3 \end{Bmatrix} = \begin{Bmatrix} 0 \\ 0 \\ 0 \end{Bmatrix} \tag{7.51}$$

식(7.51)의 특성방정식은

$$\begin{vmatrix} (a_{11}m_1 - \frac{1}{\omega^2}) & a_{12}m_2 & a_{13}m_3 \\ a_{21}m_1 & (a_{22}m_2 - \frac{1}{\omega^2}) & a_{23}m_3 \\ a_{31}m_1 & a_{32}m_2 & (a_{33}m_3 - \frac{1}{\omega^2}) \end{vmatrix} = 0$$

이 행렬식을 전개하면, 다음과 같은 $1/\omega^2$의 3차 방정식을 얻게된다.

$$\left(\frac{1}{\omega^2}\right)^3 - (a_{11}m_1 + a_{22}m_2 + a_{33}m_3)\left(\frac{1}{\omega^2}\right)^2 + \cdots = 0 \tag{7.52}$$

이 방정식의 근을 $1/\omega_1^2$, $1/\omega_2^2$, $1/\omega_3^2$라고 하면, 위 식은 다음과 같은 형태로 인수분해될 수 있다.

$$\left(\frac{1}{\omega^2} - \frac{1}{\omega_1^2}\right)\left(\frac{1}{\omega^2} - \frac{1}{\omega_2^2}\right)\left(\frac{1}{\omega^2} - \frac{1}{\omega_3^2}\right) = 0$$

$$\left(\frac{1}{\omega^2}\right)^3 - \left(\frac{1}{\omega_1^2} + \frac{1}{\omega_2^2} + \frac{1}{\omega_3^2}\right)\left(\frac{1}{\omega^2}\right)^2 + \cdots = 0 \tag{7.53}$$

대수식에서 잘 알려진 바와 같이, 두 번째의 고차 항은 특성방정식의 근의 합과 같게 된다. 이것을 행렬의 트레이스(trace)라고 부르며, 행렬 A^{-1}의 대각항의 합과 같다.

$$\text{트레이스}\quad A^{-1} = \sum_{i=1}^{3}\left(\frac{1}{\omega_i^2}\right)$$

이 관계는 n이 3보다 큰 경우에도 성립하며, n자유도계에 대해서는 다음과 같은 방정식으로 쓸 수 있다.

$$\frac{1}{\omega_1^2}+\frac{1}{\omega_2^2}+\cdots+\frac{1}{\omega_n^2}=a_{11}m_1+a_{22}m_2+\cdots+a_{nn}m_n \tag{7.54}$$

식(7.54)에서 ω_2, ω_3, $\cdots$, ω_n이 고차모드의 위험속도이므로, 식(7.54)의 좌변에서 $1/\omega_2^2$, $1/\omega_3^2$, $\cdots$이 생략될 수 있음을 이용하여 기본위험속도 ω_1을 추정한다. 결과적으로 $1/\omega_1^2$항은 실제값보다 크게 되며, 따라서 구해진 ω_1은 엄밀한 ω_1값보다 작게된다. 이렇게 기본위험속도에 대한 Dunkerley의 추정은 다음 식으로부터 이루어진다.

$$\frac{1}{\omega_1^2}<a_{11}m_1+a_{22}m_2+\cdots+a_{nn}m_n \tag{7.55}$$

식(7.55)의 좌변은 진동수 제곱의 역수의 차원을 가짐으로서 우변의 각 항도 같은 차원을 갖게 된다. 우변의 각 항은 다른 모든 질량이 없을 때에 $1/\omega_1^2$에 기여하는 것으로 간주되어야 하며, 편리하도록 $a_{ii}m_i=1/\omega_{ii}^2$로 하면 위 식은 다음과 같이 된다.

$$\frac{1}{\omega_1^2}<\frac{1}{\omega_{11}^2}+\frac{1}{\omega_{22}^2}+\cdots+\frac{1}{\omega_{nn}^2} \tag{7.56}$$

따라서, 식(7.56)의 우변은 모든 다른 질량이 없을 때에 작용하는 각 질량효과의 합이 된다.

예제 7.16

집중질량이 부착된 내다지 회전체의 기본위험속도

내다지 축의 끝단에 축의 질량과 같은 크기의 집중질량 M이 부착된 균일 축의 기본위험속도를 Dunkerley방법으로 구하시오.

균일한 축 자체의 위험속도는 내다지 축의 위험속도 식으로부터 다음과 같다.

$$\omega_{11}^2=3.515^2\left(\frac{EI}{ML^3}\right) \tag{1}$$

질량을 무시한 내다지 축에 부착된 집중질량 자체의 위험속도는 다음과 같다.

$$\omega_{22}^2 = 3.00\left(\frac{EI}{ML^3}\right) \tag{2}$$

Dunkerley의 공식은 다음과 같이 표시된다.

$$\frac{1}{\omega_1^2} = \frac{1}{\omega_{11}^2} + \frac{1}{\omega_{22}^2} \tag{3}$$

식(3)을 다음의 형태로 다시 정리한 식에 식(1)과 (2)를 대입하면, 계의 위험속도는 다음과 같이 구해진다.

$$\omega_1^2 = \frac{\omega_{11}^2\omega_{22}^2}{\omega_{11}^2 + \omega_{22}^2} = \frac{3.515^2 \times 3.0}{3.515^2 + 3.0}\left(\frac{EI}{ML^3}\right) = 2.41\left(\frac{EI}{ML^3}\right) \tag{4}$$

이 결과는 Rayleigh 방법에 의해 구해지는 다음의 기본위험속도

$$\omega_1^2 = \frac{3\,EI}{\left(1 + \frac{33}{140}\right)ML^3} = 2.43\left(\frac{EI}{ML^3}\right) \tag{5}$$

와 비교하면 Rayleigh 방법에 의한 위험속도보다 약 0.8% 낮게 평가함을 알 수 있다.

예제 7.17

비감쇠 탄성베어링으로 지지된 일정단면 회전축의 위험속도

양단에서 비감쇠 탄성지지(flexible support)된 일정단면 회전축의 기본위험속도를 Dunkerley의 방법으로 구하고, 이는 탄성지지 강성회전체(rigid rotor)의 위험속도 ω_1과 강 지지(rigid support)된 탄성회전체(flexible rotor)의 위험속도 ω_2의 중첩에 의해 나타내어지는 것을 보이시오.

이 축계에 대한 Dunkerley의 공식은 다음과 같다.

$$\frac{1}{\omega_1^2} + \frac{1}{\omega_2^2} = \frac{1}{\omega_c^2} \tag{1}$$

여기서 ω_c는 회전축계의 위험속도, ω_1은 스프링상수 k에 의해 탄성지지된 강성회전체의 위험속도, ω_2는 강지지된 탄성회전체의 위험속도이다.

$$\omega_1^2 = \frac{2kg}{wAL}, \quad \omega_2^2 = \frac{gEI}{wA}\left(\frac{\lambda L}{L}\right)^4 \tag{2}$$

여기서 w는 단위면적당의 축 중량, A와 L은 축의 단면적과 길이이다.

식(2)를 식(1)에 대입하면, 다음과 같이 된다.

$$\frac{wAL}{2kg} + \frac{wAL^4}{gEI(\lambda L)^4} = \frac{1}{\omega_c^2} \tag{3}$$

여기서 λL은 양단이 단순지지(pin 지지)된 회전체의 고유치이다.

위 식을 간략화하고 $\bar{k} = \frac{kL^3}{EI}$과 $w\frac{AL^4}{g}EI = \frac{(\lambda L)_c^4}{\omega_c^2}$을 식(3)에 대입하면

$$\frac{(\lambda L)_c^4}{\omega_c^2} \times \left\{\frac{1}{2\bar{k}} + \frac{1}{(\lambda L)^4}\right\} = \frac{1}{\omega_c^2} \tag{4}$$

더욱 간략화 하면

$$(\lambda L)_c^4 = \frac{2\bar{k}\pi^4}{2\bar{k} + \pi^4} \tag{5}$$

여기서 구체적으로 다음의 수치

$k = 17.5\,\text{MN/m}$, $E = 206.7\,\text{GN/m}^2$, $I = 184.8\,\text{cm}^4$, $L = 50.8\,\text{cm}$,
$A = 48.71\,\text{cm}^2$, $w = 0.193\,\text{N/cm}^2$

를 식(5)에 대입하여 계산하면

$$(\lambda L)_c^4 = \frac{2\bar{k}\pi^4}{2\bar{k} + \pi^4} = \frac{2(6.0)\pi^4}{2(6.0) + \pi^4} = 10.684 \tag{6}$$

$$(\lambda L)_c = 1.808$$

이때 위험속도는

$$N_c = 9.55\frac{(\lambda L)_c^2}{L^2}\sqrt{\frac{gEI}{wA}} = 12,170\,\text{rpm} \tag{7}$$

예제 7.1에서 구한 엄밀해와 비교하면 약 0.78%의 오차를 발생한다.

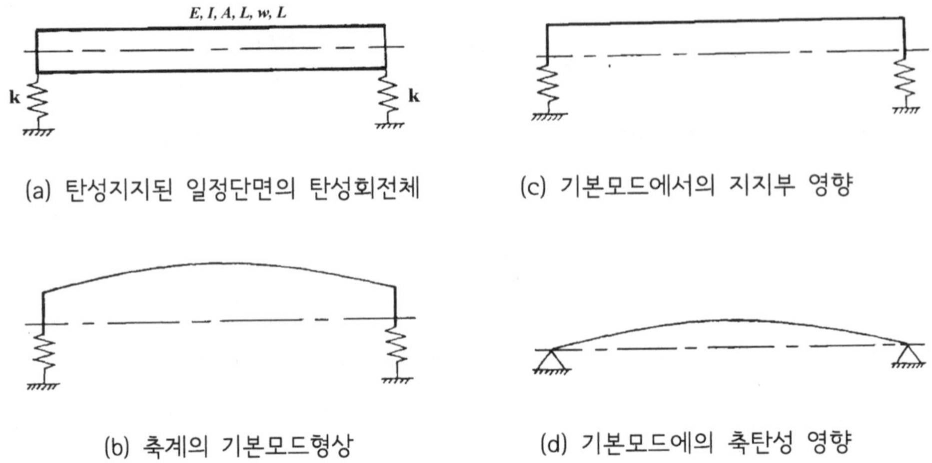

그림 7.17-1 / 회전축계와 모드형상

7.12 다항식법

위험속도를 계산하는 문제는 결국 진동수방정식 또는 특성방정식을 푸는 것으로, 이 식은 계의 운동방정식에 조화해를 대입하는 것에 의해 얻어지는 방정식으로부터 유도된다. 만일 집중 파라미터모델을 사용한다면, 계의 운동은 수학적으로는 상미분방정식에 의해 표현되고, 진동수방정식은 다음과 같이 진동수 ω의 다항식으로 된다.

$$a_{2n}\omega^{2n} + a_{2n-1}\omega^{2n-1} + a_{2n-2}\omega^{2n-2} + \cdots + a_1\omega^1 + a_0 = 0 \tag{7.57}$$

Greech와 Melton이 설명하였듯이 위험속도는 이 방정식의 근을 찾는 것에 의해 구해진다. 그들은 Graffe의 근제곱법을 이용하여 진동수방정식을 푸는 것에 의해 비틀림 진동문제의 위험속도를 결정하였다. 표준적인 다항식 해법의 발달에 따라, Pilkey는 다항식을 결정하는 진동수방정식의 계수를 전통적인 전달행렬을 사용하여 계산하고, 횡진동 문제를 해석하였다. 이 방법은 다항식의 계산을 제외하고는 시행착오과정을 포함하지 않는다.

연습문제

1. 굽힘강성 EI, 단면적 A를 갖는 양단 단순지지된 축의 중앙에 중량 W의 원판이 부착된 경우의 기본위험속도를 Rayleigh방법을 이용하여 유도하시오. 단, 일정 단면축의 처짐곡선 $\psi_1(z) = \sin(\pi z/L)$을 이용한다.

   답) $\omega = \dfrac{\pi^2}{\sqrt{96}}\sqrt{\dfrac{kg}{W+0.5W_s}}$

2. 문제 1을 아래의 정적 처짐곡선을 이용하여 기본위험속도를 계산하고 결과를 엄밀해와 비교하시오.

$$\psi(z) = 3\frac{z}{L} - 4\frac{z^3}{L^3}, \quad 0 \le z \le L/2$$

   답) $\omega = \sqrt{\dfrac{48EIg}{(W+0.486W_s)L^3}}$

3. 그림 E2.1에 나타내는 축의 비틀림진동에 대한 기본위험속도를 Rayleigh방법을 이용하여 유도하시오.
   단, $\Theta_1 = A_1\cos\omega t$, $\Theta_2 = A_2\cos\omega t$, $\Theta_3 = A_3\cos\omega t$, $A_1 = 1$, $A_2 = 2$, $A_3 = 3$으로 가정한다.

답) $\omega = 0.463\sqrt{k/J}$

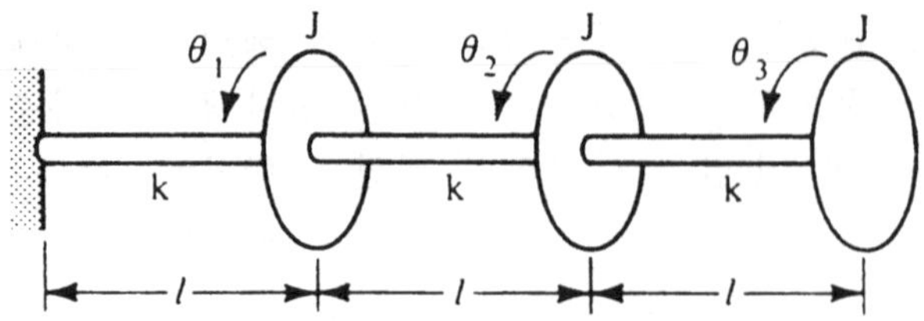

그림 E2.1 / 비틀림축계

4. 2개의 원판이 부착된 균일 단면축계(그림 E2.2(a))의 정적 처짐이 그림 E2.2(b)와 같다고 가정한다. 이 축계의 기본위험속도를 Rayleigh방법으로 구하시오

답) $\omega = 125$ rad/s $= 1,194$ rpm

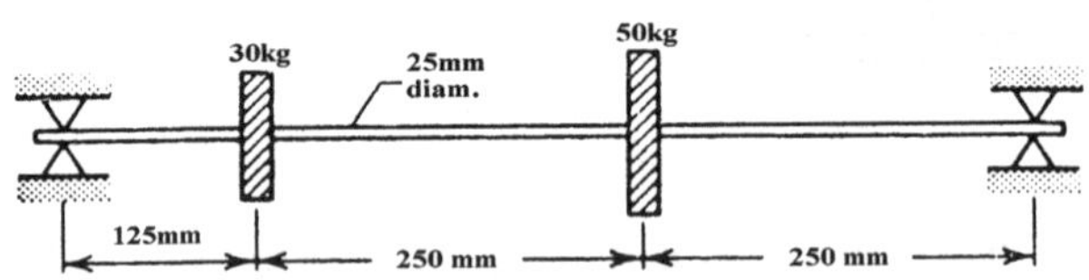

(a) 2원판 부착 축

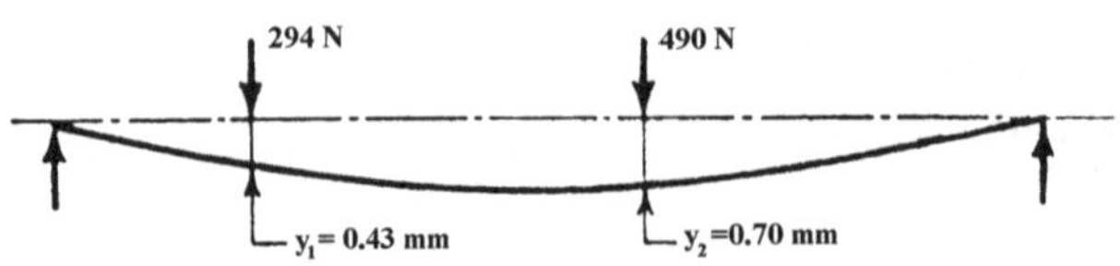

(b) 정적 처짐곡선

그림 E2.2 / 2원판 축계

5. 문제 4에서 영향계수를 구하고, 이를 이용하여 강성행렬을 유도하시오.

6. 터빈 회전체의 위험속도를 계산하기 위해 회전체의 자중에 의한 처짐곡선을 실측하였다. 먼저 회전체를 6개의 요소로 분할하고, 그 부분의 무게중심위치에서의 처짐량을 측정한 결과 다음과 같은 데이터를 얻었다. Rayleigh방법을 이용하여 위험속도를 계산하시오.

요소번호	1	2	3	4	5	6
질량(kg)	32	145	230	240	165	40
처짐량(㎛)	5.8	9.34	15.5	15.5	10.6	7.1

답) ω_c = 850rad/s = 8116.9rpm

7. 다음 그림에 보이는 3자유도계의 위험속도와 모드(진동형상)를 행렬반복법을 이용하여 구하시오

$$u = \begin{bmatrix} 1 & 1 & 1 \\ 2 & 0 & -2 \\ 1 & -1 & 1 \end{bmatrix}$$

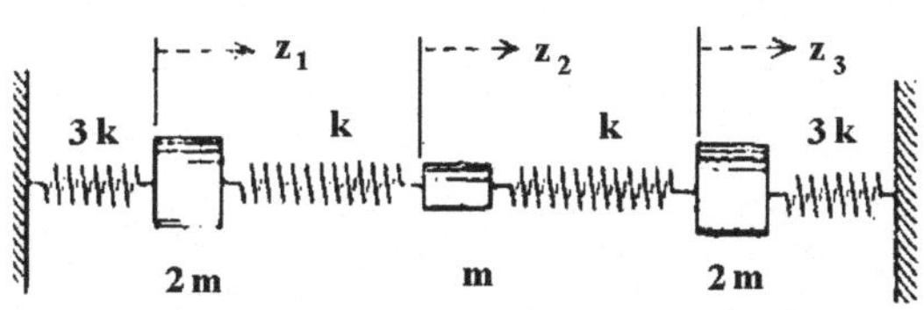

그림 E2-3 / 3 자유도계

답) $\omega_1 = \sqrt{k/m}$, $\omega_2 = \sqrt{2k/m}$, $\omega_3 = \sqrt{3k/m}$

8. 길이 2m, 직경 50mm의 강제 봉으로 이루어진 양단 단순지지 축의 중앙에 980N의 원판이 부착된 회전축계의 기본위험속도를 Dunkerley방법으로 구하시오.

   단, $E = 206\ GN/m^2$, $\gamma = 76.93\ kN/m^3$

   답) ω_c = 548 rpm (= 57.4 rad/s)

9. 문제 3에서 980N의 두 원판이 각각 좌측으로부터 $L/3$, $2L/3$의 위치에 부착될 때, 회전축계의 기본위험속도를 Dunkeley방법으로 구하시오.

참고문헌

1) 이종원, 회전체진동 연구 소개, 한국소음진동공학회지 4권, 3호, pp.259-263, 1994.
2) ISO 1925, Balancing Vocabulary, 1990.
3) ISO 2041, Vibration and Shock - Vocabulary, 1990.
4) Schneider, H., Balancing Technology, Schenk AG., 1991 (양보석 역, 평형잡이 기술, 세종출판사, 1994)
5) Dunkerley, S., On the Whirling and Vibration of Shafts, Phil. Royal Society, Vol.185A, Pt.1, pp.279-360, London, 1894.
6) Galerkin, B.G, Reihenentwicklungen für einige Fälle des Gleichgewichts von Platten und Balken, Wjestn. Ing. Petrograd, 19, 1915.
7) Stodola, A., Kritische Wellenstörung infolge Nachgiebigkeit des Oelpoisters im Lager, Schweiz. Bauzg, p.265, 1925.
8) Duncan, W.J. and Collar, A.R., A Method for the Solution of Oscillation Problem by Matrices, Phil. Mag., Ser. 7, Vol.17, p.865, 1934.
9) Lord Rayleigh, The Theroy of Sound, Vol. 1, Vibrations, Dover, New York, 1945.
10) Myklestad, N.O., A New Method of Calculating Natural Modes of Uncoupled Bending \Vibration of Airplane Wings and Other Types of Beams, J. Aeron. Sci, pp.153-162, 1944.
11) Prohl, M.A., A General Method for Calculating Critical Speed of Flexible Rotors, Trans. ASME, Vol.66, p.A-142, 1945.
12) Timoshenko, S., Vibration Problems in Engineering, Van Nostrand, New York, 1955.
13) Den Hartog, J.P., Mechanical Vibrations, McGraw-Hill Book Co., New York, 1956.
14) Myklestad, N.O., Fundamentals of Vibration Analysis, McGraw-Hill Book Co., New York, 1956.
15) Meirovitch, L., Analytical Methods in Vibrations, Macmillan Co., New York, 1967.
16) Thomson, W.T., Theory of Vibration with Applications, Prentice Hall Inc., New Jersey, 1972.
17) Rieger, N.F. and Crofoot, J.F., Vibrations of Rotating Machinery, Part I: Rotor-Bearing Dynamics, The Vibration Institute, 1982 (양보석 역, 회전기계의 진동, 세종출판사, 1987)
18) Bishop, R.E.D, Gladwell, G.M.L. and Michaelson, S., The Matrix Analysis of Vibration, Cambridge University Press, London, 1965.
19) Tse, F.S., Morse, I.E. and Hinkle, R.T, Mechanical Vibrations: Theory and Applications, Allyn and Bacon, Inc., Massachuetts, U.S.A, 1978.

3편

유한요소법

회전기계의 진동해석에는 극히 단순한 경우를 제외하고는 일반적으로 유한요소법(Finite Element Method) 또는 전달행렬법(Transfer Matrix Method)이 널리 이용되고 있다. 일반적으로 회전축계의 진동해석법에 대한 기본이론은 완성되어 있다고 할 수 있고, 여러 문헌에서 회전축계의 고유진동수, 위험속도(critical speed), 불평형응답, 안정성해석(stability analysis) 등과 같은 문제를 비롯하여, 전달행렬법도 포함한 해석법에 대해 상당히 높은 수준으로 잘 설명되어 있다.

회전축계의 모델링(modeling)을 위해 유한요소법이 최초로 제안된 것은 1970년 Ruhl의 박사논문이다. 그는 병진관성과 굽힘강성 만을 고려하고, 회전관성, 자이로스코픽 모멘트, 전단변형, 축방향 힘(axial force) 및 축 토크(torque) 그리고 내부감쇠의 영향은 무시하였다. 이후 Thorkildsen(1972), Polk(1974), Diana(1975), Dimaragonas(1975), Gasch (1976) 등의 연구를 통하여 이들 효과가 유한요소모델에 추가되었다.

그리고 1970년대 중반에서 80년대에 걸쳐 Arizona주립대학의 Nelson 교수 연구그룹에서 회전축계의 유한요소모델에 대한 체계적인 연구를 통하여 기본적인 유한요소모델이 완성되었다.

이와 같이 유한요소법에 의한 진동해석에 관한 연구논문이 많이 발표되어 있지만, 기본적인 부분에서부터 실질적인 적용방법까지 체계적으로 설명된 교재는 거의 찾아볼 수 없다. 이 점을 고려하여 여기에서는 유한요소법에 대한 기초지식이 거의 없는 사람을 대상으로, 유한요소법에 의한 회전축계의 기본적인 진동해석법에 대해 알기 쉽게 설명한다. 그리고 가능한 구체적이고, 실제적인 예제를 들어 설명하도록 한다.

제 8, 9장에서는 기본적인 유한요소행렬의 유도과정과 이를 이용한 간단한 계의 해석을 다루는 것을 목표로 한다. 따라서 대상 회전체는 등방성(원형 단면)이고, 베어링의 지지강성(support stiffness)이 수평과 수직방향 모두 동일($k_{xx}= k_{yy}$)하다고 가정한 등방성(isotropic) 지지로 단순화한다. 또한 지지강성에 연성항(cross-coupled terms)이 없는 것($k_{xy}= k_{yx}=0$)으로 가정하고, 베어링의 감쇠도 고려하지 않는다.

최종적으로 제 10장에서는 이방성(unisotropic), 연성항 및 감쇠항을 고려한 실제 회전축계를 대상으로 Timoshenko축 이론에 근거한 유한축요소모델을 유도하고, 제 11장에서는 이를 이용한 다양한 예제를 이용하여 회전축계의 진동특성을 자세히 설명한다.

8

유한요소법의 개념

8.1 요소의 정의

비감쇠 1자유도의 질량·스프링계에 대한 자유진동을 나타내는 운동방정식은 잘 알려져 있듯이

$$m\ddot{u} + ku = 0 \tag{8.1}$$

로 쓸 수 있다. 다자유도계의 경우, 변위 u는 자유도와 같은 차원의 변수를 포함하는 변위벡터 $\boldsymbol{u}$로 표현된다. 또한 질량 m과 강성 k도 각각 행렬형식으로 표현되고, 다음과 같이 쓸 수 있다.

$$\boldsymbol{M}\ddot{\boldsymbol{u}} + \boldsymbol{K}\boldsymbol{u} = 0 \tag{8.2}$$

여기서 $\boldsymbol{M}$, $\boldsymbol{K}$는 각각 계 전체의 질량행렬(mass matrix) 및 강성행렬(stiffness matrix), $\ddot{u}$와 u를 각각 가속도벡터 및 변위벡터라 부른다.

회전축계의 진동을 유한요소법에 의해 해석하는 경우도 전달행렬법과 같이 연속체인 축을 이하에서 설명하는 방법에 의해 이산화(discretization)하여 다자유도계로서 취급하게 된다.

먼저 축을 이산화하여 진동방정식을 정식화(formulation)하는 것을 고려해 보자. 축을 적당한 간격으로 분할하고, 그 분할된 1개의 부분을 요소(element)라 하며, 이에 대해 고찰한다. 분할되는 요소 수는 고려하는 계의 형상, 진동모드의 수 등에 의해 결정되지만, 1차 모드만을 고려한다면 그다지 세밀하게 분할할 필요는 없다. 이 점에 대해서는 뒤에서 예제를 통하여 상세히 검토한다. 분할된 축 요소에 대해서는 축 직경 등의 형상과 재질이 요소 내에서는 일정하다고 하는 것이 프로그램상 용이하고, 또한 작성된 프로그램도 범용성(generality)이 있다. 그러므로 이들이 변화하는 위치, 혹은 연속적으로 변화하는 경우에는 1개의 요소 내에서 이들이 거의 일정한 길이가 되도록 분할하도록 한다. 또한 축 요소 내에는 원판 등의 집중질량, 베어링 등의 집중 지지력이나 집중 외력이 작용하지 않는다고 가정한다. 만일 이들이 작용하는 경우는 그 작용점에서 분할하여야 한다.

이하에서는 1개의 요소 내부에서는 축 직경, 재질 등은 일정하다고 고려한다. 축의 회전관성이나 전단변형에 대해서도 고려하는 것이 가능하지만, 이는 10장에서 설명하도록 하고 간단히 하기 위해서 여기에서는 축의 변형이 Bernoulli-Euler의 가정을 따르는 Bernoulli-Euler 축으로 가정한다. 즉,

1) 회전축의 중립축(neutral axis)인 z축은 인장이나 수축이 일어나지 않는다.
2) 중립축에 수직인 단면은 변형 후에도 평면(plane)을 유지하고, 변형된 중립축에 수직이다. 즉, 횡방향의 전단변형(shear deformation)은 무시한다.
3) 축의 재료는 선형 탄성(Hook의 법칙)이고, 임의 단면에서 균질(homogeneous)이다.
4) σ_x와 σ_y는 σ_z에 비하여 무시할 수 있다.
5) xz와 yz평면은 수직응력만이 작용하고 접선응력이 작용하지 않는 주면(principal plane)이다.

8.2 에너지법에 의한 정식화

이 절에서는 먼저 에너지법을 이용하여 축 요소의 강성행렬 및 질량행렬을 유도하고, 최소포텐셜에너지의 원리를 이용하여 축 요소의 운동방정식을 유도하는 방법을 설명한다. 그리고 다른 방법인 Galerkin법을 이용한 정식화는 8.3절에서 설명한다.

8.2.1 강성행렬의 유도

그림 8.1에 보이는 것처럼 길이가 l인 하나의 회전축요소를 고려한다. $z=0$ 및 l에서 변위 및 각변위 등에는 각각 첨자 1 및 2를 붙이는 것으로 한다. 그리고 고려하는 축 요소의 좌단($z=0$)과 우단($z=l$)을 각각 절점(node) 1, 2로 부른다. 굽힘이 없을 때의 축 중심선은 z축과 일치하는 것으로 한다. 또한 축의 굽힘이 미소하다고 하면, 각변위 ψ와 변위 u의 사이에는 다음의 관계가 있다.

$$\psi = \partial u / \partial z \tag{8.3}$$

그림 8.1에 보이듯이 축의 굽힘은 xz평면 및 yz평면상의 투영으로서 다루지만, 우선 회전체 특유의 자이로스코프 효과(gyroscope effect)를 고려하지 않기 때문에 xz평면상의 굽힘만을 고려하면 된다. x축 방향의 굽힘변위 u를 z의 3차 다항식

$$u(z) = a_0 + a_1 z + a_2 z^2 + a_3 z^3 \tag{8.4}$$

으로 가정한다. 그리고 식(8.4)를 식(8.3)에 대입하면, 각변위는 다음과 같이 표현된다.

$$\psi(z) = \partial u / \partial z = a_1 + 2a_2 z + 3a_3 z^2 \tag{8.5}$$

식(8.4)와 (8.5)에 $z=0$과 l을 대입하고 $u(0)=u_1, \psi(0)=\psi_1, u(l)=u_2$ 및 $\psi(l)=\psi_2$의 관계를 고려하면, 다음과 같이 쓸 수 있다.

$$\boldsymbol{u} = \boldsymbol{D}\,\boldsymbol{a} \tag{8.6}$$

여기서

$$\boldsymbol{u} = \{u_1\ \psi_1\ u_2\ \psi_2\}^T, \quad \boldsymbol{a} = \{a_0\ a_1\ a_2\ a_3\}^T \tag{8.7}$$

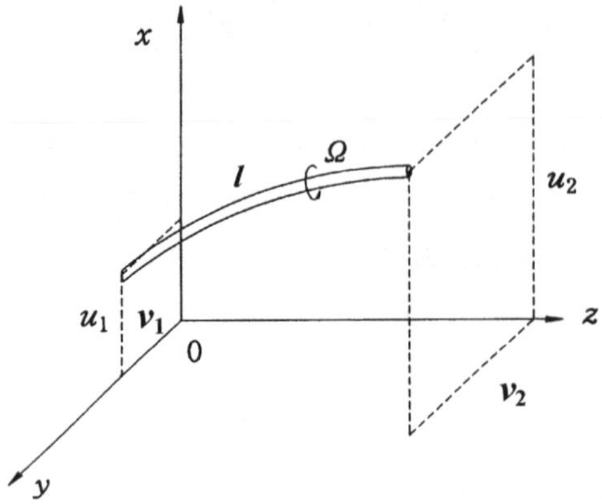

(a) 축 요소

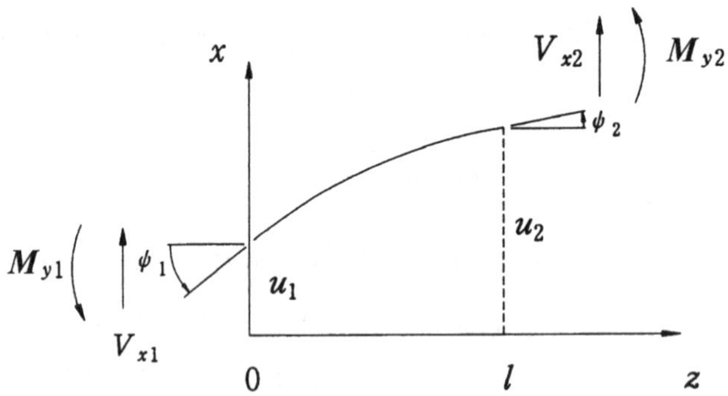

(b) 변위 및 외력

(c) 전단력 및 굽힘 모멘트

그림 8.1 / 좌표계

$$D = \begin{bmatrix} 1 & 0 & 0 & 0 \\ 0 & 1 & 0 & 0 \\ 1 & l & l^2 & l^3 \\ 0 & 1 & 2l & 3l^2 \end{bmatrix} \tag{8.8}$$

$\{\ \}^T$는 $\{\ \}$의 전치를 나타내고, $\boldsymbol{u}$는 요소 양단 $(z = 0, l)$에서의 변위와 각변위를 요소로 하는 절점 변위벡터이며, $\boldsymbol{a}$는 a_0, a_1 등을 요소로 하는 미정벡터이다.

식(8.6)에서 $\boldsymbol{u}$를 이미 알고 있으면, $\boldsymbol{a}$는 다음 식으로 주어진다.

$$\boldsymbol{a} = \boldsymbol{D}^{-1}\boldsymbol{u} \tag{8.9}$$

여기서 D^{-1}는 D의 역행렬(inverse matrix)로서, 다음과 같다.

$$D^{-1} = \begin{bmatrix} 1 & 0 & 0 & 0 \\ 0 & 1 & 0 & 0 \\ -3/l^2 & -2/l & 3/l^2 & -1/l \\ 2/l^3 & 1/l^2 & -2/l^3 & 1/l^2 \end{bmatrix} \tag{8.10}$$

그러므로 식(8.4)의 $u(z)$는 식(8.9)의 관계를 이용하여 나타내면, 다음과 같이 표시된다.

$$u(z) = \{1\ \ z\ \ z^2\ \ z^3\}\boldsymbol{a} = \{1\ \ z\ \ z^2\ \ z^3\}\boldsymbol{D}^{-1}\boldsymbol{u} \tag{8.11}$$

요소 양단의 변위벡터(절점 변위벡터) $\boldsymbol{u} = \{u_1\ \psi_1\ u_2\ \psi_2\}^T$가 결정되면, 요소내의 임의 위치에서의 굽힘변위 $u(z)$가 결정된다. 계수 $a_i(i = 0\sim3)$의 개수와 변위벡터 $\boldsymbol{u}$의 차원은 동일해야 한다. 상수항을 포함한 다항식의 항 수는 요소의 절점 수에 절점당의 자유도(degree of freedom)를 곱한 수, 즉 요소의 전체 자유도와 같아야 한다. 그림 8.1과 같이 축 요소의 양단을 절점으로 하는 경우, 절점 수는 2이고, 절점당의 자유도는 u, ψ로 2이므로 전체 자유도는 $2\times2 = 4$이고, 따라서 항 수는 4가 되어야 한다. 식(8.4)를 예로 z의 4차 식으로 표현하고 모든 계수를 사용하면, $\boldsymbol{a}$의 요소가 5개로 되기 때문에 이중 어느 1개의 항을 삭제하고, 항의 수를 4개로 할 필요가 있다.

Bernoulli-Euler의 가정으로부터 각 위치에서의 변형률(strain) $\varepsilon(z, x)$은 중립면의 위치 $x = 0$로부터의 거리 x에 비례한다.

$$\varepsilon(z, x) = x/R \tag{8.12}$$

여기서 R은 곡률반지름(curvature radius)으로서 굽힘이 작다고 하면, 곡률 η는 다음과 같이 표현된다.

$$\eta = \frac{1}{R} = -\frac{\partial^2 u}{\partial z^2} \Big/ \left\{1+\left(\frac{\partial u}{\partial z}\right)^2\right\}^{3/2} \fallingdotseq -\frac{\partial^2 u}{\partial z^2} \tag{8.13}$$

이 식은 순수 굽힘(pure bending)이라는 가정 하에 $(\partial u/\partial z)^2$이 1에 비해 극히 작기 때문에 무시할 수 있다는 가정에 근거를 두고 있다. 일반적인 축에서는 탄성영역 내에서 지지점 사이의 거리(span)에 비하여 곡률이 작으므로, 근사적으로 충분히 정확하다.

식(8.12)에 식(8.13)을 대입하고 식(8.11)의 관계를 고려하면, 변형률 ε과 절점의 변위벡터 $\boldsymbol{u}$의 관계를 나타내는 식은 다음과 같이 표현된다.

$$\begin{aligned}\varepsilon(z,x) &= -x\frac{\partial^2 u}{\partial z^2} = -x\{0\ \ 0\ \ 2\ \ 6z\}\,\boldsymbol{a} = -x\{0\ \ 0\ \ 2\ \ 6z\}\,\boldsymbol{D}^{-1}\boldsymbol{u} \\ &= \boldsymbol{B}(z,x)\,\boldsymbol{u}\end{aligned} \tag{8.14}$$

단,

$$\boldsymbol{B}(z,x) = -x\,\boldsymbol{C}(z) \tag{8.15}$$

$$\begin{aligned}\boldsymbol{C}(z) &= \{0\ \ 0\ \ 2\ \ 6z\}\,\boldsymbol{D}^{-1} \\ &= -(1/l^3)\{(-6l+12z)\ \ (-4l^2+6lz)\ \ (6l-12z)\ \ (-2l^2+6lz)\}\end{aligned} \tag{8.16}$$

다음으로 Hook의 법칙에 따라 변형에 대응하는 응력(stress) σ는 E를 Young계수(종탄성계수)라 하면,

$$\sigma(z,x) = E\varepsilon(z,x) \tag{8.17}$$

로 쓰여지기 때문에 축에 저장되는 굽힘에 의한 변형률에너지(strain energy), 즉 탄성포텐셜에너지는

$$V = \frac{1}{2}\int \varepsilon\,\sigma\,dV \tag{8.18}$$

로부터 구해진다. 단, 적분은 고려하고 있는 축 요소의 체적 전체에 대해 수행한다. 축 재료의 인장 및 압축에 대한 Young계수는 동일한 것으로 하고, 식(8.18)에 식(8.14)와 식(8.17)을 대입하여 정리하면

$$V = \frac{1}{2}\int \varepsilon\,E\,\varepsilon\,dV = \frac{1}{2}E\int(\boldsymbol{B}\boldsymbol{u})(\boldsymbol{B}\boldsymbol{u})\,dV$$

여기서 $\varepsilon = \boldsymbol{B u}$는 스칼라량으로

$$\boldsymbol{B u} = (\boldsymbol{B u})^T = \boldsymbol{u}^T \boldsymbol{B}^T$$

의 관계가 있으므로, 상기 식은 $\boldsymbol{u}$가 정수인 것에 주의하면 다음과 같이 유도된다.

$$V = \frac{1}{2} E \int \boldsymbol{u}^T \boldsymbol{B}^T \boldsymbol{B} \boldsymbol{u} \, dV = \frac{1}{2} \boldsymbol{u}^T \left(E \int \boldsymbol{B}^T \boldsymbol{B} \, dV\right) \boldsymbol{u} \tag{8.19}$$

다음으로 식(8.19)에서 적분을 취하는 부분만을 고려한다. 식(8.15)의 관계와 축의 단면적 A는 일정단면의 축 요소에서는 일정하고 $dV = dA\,dz$인 것을 고려하면, 식(8.19)의 적분은

$$\int \boldsymbol{B}^T \boldsymbol{B} dV = \int x^2 dA \times \int \boldsymbol{C}^T \boldsymbol{C} \, dz = I_y \int \boldsymbol{C}^T \boldsymbol{C} dz \tag{8.20}$$

로 쓸 수 있다. 여기서

$$\int x^2 dA = I_y$$

즉, I_y는 y축에 대한 단면 2차 면적모멘트이다. 따라서 식(8.20)을 대입하면, 식(8.19)는 다음 식과 같이 표현할 수 있다.

$$V = \frac{1}{2} \boldsymbol{u}^T \boldsymbol{K}^e \boldsymbol{u} \tag{8.21}$$

여기서 $\boldsymbol{K}^e$는 축 요소의 **굽힘 강성행렬**(bending stiffness matrix)로서, 다음과 같이 유도된다.

$$\boldsymbol{K}^e = EI \int \boldsymbol{C}^T \boldsymbol{C} dz = \frac{2EI}{l^3} \begin{bmatrix} 6 & & & \text{대칭} \\ 3l & 2l^2 & & \\ -6 & -3l & 6 & \\ 3l & l^2 & -3l & 2l^2 \end{bmatrix} \tag{8.22}$$

강성계수(스프링상수)가 k인 스프링의 변형률에너지 $ku^2/2$과 식(8.21)을 비교하여 보면 알 수 있듯이, $\boldsymbol{K}^e$는 1개의 축 요소(보 요소)에 대한 강성행렬을 나타낸다. 이 행렬이 식(8.2)의 전체 계의 강성행렬 $\boldsymbol{K}$의 일부를 구성한다. 식(8.22)에서 단면 2차 면적모멘트를 I_y가 아닌 I로 나타낸 것은 통상 축의 단면은 원형(또는 거의 원형)으로, $I_x = I_y = I$가 되기 때문이다.

예제 8.1

요소 강성행렬로부터 전달행렬의 유도

요소 강성행렬식(8.22)를 이용하여 축 요소의 전달행렬(transfer matrix)을 유도하시오.

강성행렬을 이용한 축 요소에 작용하는 힘 $\boldsymbol{F}$ 와 변위 $\boldsymbol{u}$ 사이의 관계식은

$$F = \begin{bmatrix} V_1 \\ M_1 \\ V_2 \\ M_2 \end{bmatrix} = K^e u = \frac{2EI}{l^3} \begin{bmatrix} 6 & & & \text{대칭} \\ 3l & 2l^2 & & \\ -6 & -3l & 6 & \\ 3l & l^2 & -3l & 2l^2 \end{bmatrix} \begin{bmatrix} u_1 \\ \Psi_1 \\ u_2 \\ \Psi_2 \end{bmatrix} \tag{1}$$

식(1)을 요소 좌측 절점을 1, 우측 절점을 2로 하여 힘과 변위의 관계로 표시하면

$$\begin{bmatrix} F_1 \\ F_2 \end{bmatrix} = \begin{bmatrix} k_{11} & k_{12} \\ k_{21} & k_{22} \end{bmatrix} \begin{bmatrix} u_1 \\ u_2 \end{bmatrix} \tag{2}$$

식(2)로부터

$$u_2 = k_{12}^{-1} F_1 - k_{12}^{-1} k_{11} u_1 \tag{3}$$

식(3)을 식(2)의 u_2에 대입하면

$$F_2 = (k_{21} - k_{22} k_{12}^{-1} k_{11}) u_1 + k_{22} k_{12}^{-1} F_1 \tag{4}$$

따라서 좌측과 우측 절점 사이의 전달방정식은 다음과 같이 된다.

$$\begin{aligned} z_2 &= \begin{bmatrix} u_2 \\ F_2 \end{bmatrix} = \begin{bmatrix} -k_{12}^{-1} k_{11} & k_{12}^{-1} \\ k_{21} - k_{22} k_{12}^{-1} k_{11} & k_{22} k_{12}^{-1} \end{bmatrix} \begin{bmatrix} u_1 \\ F_1 \end{bmatrix} \\ &= \begin{bmatrix} T_{uu} & T_{uF} \\ T_{Fu} & T_{FF} \end{bmatrix} z_1 = T^e z_1 \end{aligned} \tag{5}$$

요소 강성행렬 K^e와 요소 전달행렬 T^e에서의 부호정의의 차이에 유의하여 식(5)를 계산하면, 다음과 같이 전달행렬이 구하여 진다.

$$T^e = \begin{bmatrix} -u \\ \psi \\ V \\ M \end{bmatrix}_2 = \begin{bmatrix} 1 & l & l^3/6EI & l^2/2EI \\ 0 & 1 & l^2/2EI & l/EI \\ 0 & 0 & 1 & 0 \\ 0 & 0 & l & 1 \end{bmatrix} \begin{bmatrix} -u \\ \psi \\ V \\ M \end{bmatrix}_1 \tag{6}$$

예제 8.2

양단 자유인 축 요소의 강체 모드(rigid mode)

양단 자유로 취급되는 축 요소에 포함되는 강체 변위모드의 영향을 설명하시오.

강성행렬은 각 단에서의 변위가 힘에 어떠한 영향을 미치는가를 나타낸다. 양단 자유로 취급되는 축 요소는 강체 변위모드를 포함하고 있고, 이 모드는 축의 변형률에 아무런 영향을 미치지 않는다. 따라서 강성행렬의 행 또는 열이 1차 종속이 된다.

구속을 받지 않는 축의 방정식은 예제 8.1의 식(5)를 이용하면 $T_{Fu} = 0$이므로, 다음과 같은 기본 식으로 나타낼 수 있다.

평형식: $$F_2 = T_{FF} F_1 \tag{1}$$

기하학적 관계: $$u_2 = T_{uu} u_1 + u_e \tag{2}$$

재료 법칙: $$u_e = T_{uF} F_1 \tag{3}$$

그림 8.2-1의 탄성변위 u_e와 기울기 ψ_e를 이용하여 나타내면

$$u_e = \{-u_e \quad \psi_e\}^T \tag{4}$$

따라서 식(2)에 강체 변위와 탄성 변위의 관계를 대입하면, 다음 식이 얻어진다.

$$
\begin{aligned}
u_2 &= u_1 - l\psi_1 - u_e \\
\psi_2 &= \psi_1 + \psi_e
\end{aligned} \tag{5}
$$

강체변위　탄성변형

식(3)에서 탄성변형 u_e는 힘 F_1에 의해 결정되지만, 한편 식(2)로부터

$$u_e = u_2 - T_{uu} u_1 \tag{6}$$

이고, u_e가 주어지면 u_2와 u_1의 조합이 결정된다. u_2와 u_1 그 자체가 결정되는 것은 아니다. 다시 말하면, 어느 변위의 조합은 변형 u_e에 영향을 미치지 않는다. 이것이 강체모드(rigid mode)이다.

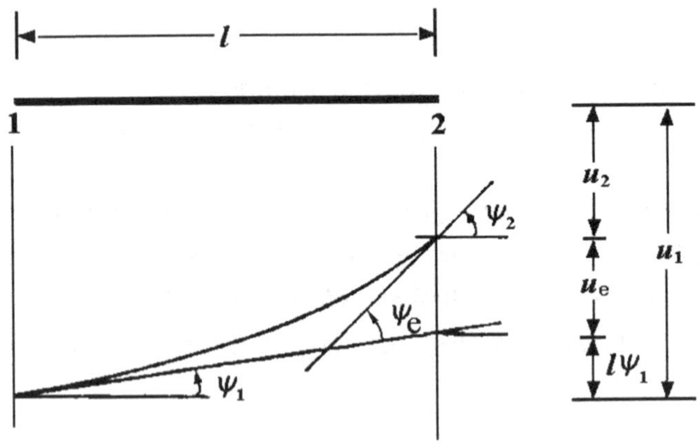

그림 8.2-1 / 변형의 기하학적인 관계

축 요소의 강성행렬에 몇 개의 강체 모드가 포함되어 있는가를 검토하자. 하나의 방법은 강성행렬을 대각행렬로 변환하는 것이다. 대각요소 중 0인 요소의 수가 강체 모드의 수가 된다. 이 변환은 강성행렬로부터 고유치와 고유모드를 구하는 것에 상당하고, 0의 고유치가 강체 모드에 대응한다. 다른 방법으로는 탄성에너지(strain energy)를 조사하고 변형률이 0이 되는 모드를 구하는 것을 생각할 수 있다. 즉, 강성행렬에서 구해지는 고유모드 중에서 탄성에너지를 일으키지 않는 고유모드가 있다면, 그것이 강체 모드가 된다.

8.2.2 질량행렬의 유도

d'Alembert의 원리를 이용하여 관성력(inertia force)에 의해 이루어진 일을 구한다. 축 요소의 미소부분 dz에 작용하는 관성력은 $-dm\ddot{u} = -\rho A\ddot{u}\,dz$이기 때문에, 고려하는 1개의 축 요소에 대한 관성력이 행한 일 W_{IN}은

$$W_{IN} = \int(\text{관성력}) \cdot (\text{변위}) = \int_0^l -\rho A\ddot{u}\,dz \cdot u$$

이고, 밀도 ρ와 단면적 A가 요소 내에서 일정하다고 하면

$$W_{IN} = -\rho A\int_0^l \ddot{u} \cdot u\,dz$$

여기에 식(8.11)의 u를 대입하고, $\ddot{u}$가 스칼라이므로 $\ddot{u} = \ddot{u}^T$인 것을 이용하면

$$\begin{aligned} W_{IN} &= -\rho A\int_0^l \left[\{1\ \ z\ \ z^2\ \ z^3\}\boldsymbol{D}^{-1}\ddot{\boldsymbol{u}}\right]^T\{1\ \ z\ \ z^2\ \ z^3\}\boldsymbol{D}^{-1}\boldsymbol{u}\,dz \\ &= -\rho A\ddot{\boldsymbol{u}}^T(\boldsymbol{D}^{-1})^T\int_0^l \{1\ z\ z^2\ z^3\}^T\{1\ z\ z^2\ z^3\}dz\ \boldsymbol{D}^{-1}\boldsymbol{u} \end{aligned} \tag{8.23}$$

z에 대한 적분과 행렬의 곱 연산을 수행하면

$$W_{IN} = -\ddot{\boldsymbol{u}}^T\boldsymbol{M}^e\boldsymbol{u} \tag{8.24}$$

로 된다. 여기서 $\boldsymbol{M}^e$는 1개의 요소에 대한 **질량행렬**(mass matrix)로서, 식(8.23)에서 다음과 같이 정의된다.

$$\begin{aligned} \boldsymbol{M}^e &= \rho A(\boldsymbol{D}^{-1})^T\int_0^l \{1\ z\ z^2\ z^3\}^T\{1\ z\ z^2\ z^3\}dz\boldsymbol{D}^{-1} \\ &= \frac{\rho Al}{420}\begin{bmatrix} 156 & & & \text{대칭} \\ 22l & 4l^2 & & \\ 54 & 13l & 156 & \\ -13l & -3l^2 & -22l & 4l^2 \end{bmatrix} \end{aligned} \tag{8.25}$$

8.2.3 축 요소의 운동방정식

1개의 축 요소에 대한 총 포텐셜에너지 Π는

$$\Pi = V - W_{IN} - W_{EX} \tag{8.26}$$

여기서 V는 변형률에너지의 증가량이고, 관성력에 의한 일 W_{IN}과 외력이 행한 일 W_{EX}는 축에 일을 하였기 때문에 감소되는 외부에너지이다. 이 중 고려하는 요소에서 외력이 한 일 W_{EX}에 대해서는 아직 검토되지 않았다. 요소내의 $z = 0 \sim l$의 사이에는 원판 등의 집중질량, 베어링 등의 지지 반력이 작용하지 않는다고 가정하고 있기 때문에, W_{EX}는 요소 양단($z = 0, l$)에 작용하는 외력(옆 요소로부터의 힘도 포함)에 의한 일이다. $\boldsymbol{F}^e$를 요소 양단의 절점에 작용하는 외력벡터라 하면, 외력이 한 일은 다음과 같이 정의된다.

$$W_{EX} = \boldsymbol{u}^T \boldsymbol{F}^e \tag{8.27}$$

그림 8.1에 나타낸 것과 같이 요소 양단에 작용하는 힘, 모멘트의 방향은 변위의 방향과 같고, 외력벡터 $\boldsymbol{F}^e$는 다음과 같이 쓸 수 있다.

$$\boldsymbol{F}^e = \{\ V_{x1}\ \ M_{y1}\ \ V_{x2}\ \ M_{y2}\}^T \tag{8.28}$$

식(8.26)에 식(8.21), (8.24) 및 (8.27)을 대입하면, 총 포텐셜에너지 Π가 다음과 같이 구해진다.

$$\Pi = \frac{1}{2}\boldsymbol{u}^T \boldsymbol{K}^e \boldsymbol{u} - \left(-\ddot{\boldsymbol{u}}^T \boldsymbol{M}^e \boldsymbol{u}\right) - \boldsymbol{u}^T \boldsymbol{F}^e \tag{8.29}$$

운동방정식은 **최소포텐셜에너지의 원리**(principle of minimum potential energy)로부터 유도된다. 역학계의 평형상태는 총 포텐셜에너지의 각 좌표에 대한 도함수가 각 좌표변수에 대해 연속함수이면, 도함수가 0일 때 평형상태에 있게 된다. 즉, 선형 탄성계에서 평형상태로부터 미소 변위시켰을 때에 포텐셜에너지의 변화 $\Delta\Pi$는 항상 양의 값이 된다. 즉

$$\Delta \Pi = \delta \Pi + \delta^2 \Pi + \cdots \geq 0$$

여기서 $\delta\Pi$는 1차 변분, $\delta^2\Pi$는 2차 변분(second variation)을 나타낸다. 따라서 다자유

도계의 경우, 안정한 평형을 유지하기 위해서는 총 포텐셜에너지가 최소가 되어야 하고, 이는 각 좌표에 관한 Π의 편도함수가 0이 되어야 한다는 것을 의미한다. 이는 총 포텐셜에너지의 1차변분이 $\delta\Pi = 0$일 때, 총 포텐셜에너지 Π는 극치 즉, 최소포텐셜에너지를 갖게되는 것을 의미한다. 구체적으로는 식(8.29)의 Π가 최소로 되도록 u_i, $\psi_i (i=1,\ 2)$를 결정한다. 그 필요조건으로는

$$\begin{Bmatrix} \partial\Pi/\partial u_1 \\ \partial\Pi/\partial\psi_1 \\ \partial\Pi/\partial u_2 \\ \partial\Pi/\partial\psi_2 \end{Bmatrix} = \begin{Bmatrix} 0 \\ 0 \\ 0 \\ 0 \end{Bmatrix} \tag{8.30}$$

이다. 이들 4개의 식을 연립하여 풀음으로서 절점의 변위 u_1, u_2 및 각변위 ψ_1, ψ_2가 구해진다. 먼저 $i=1$일 때의 $\partial\Pi/\partial u_1 = 0$를 계산해보자. Π 중에 변형률에너지의 항(식(8.29)의 우변 제 1항)을 u_1으로 편미분하면

$$\frac{\partial}{\partial u_1}\left(\frac{1}{2}\ \boldsymbol{u}^T \boldsymbol{K}^e \boldsymbol{u}\right) = \frac{1}{2}\{1\ 0\ 0\ 0\}\ \boldsymbol{K}^e \boldsymbol{u} + \frac{1}{2}\ \boldsymbol{u}^T \boldsymbol{K}^e \{\ 1\ \ 0\ \ 0\ \ 0\}^T$$

$$= \frac{1}{2}\{k_{11}\ k_{12}\ k_{13}\ k_{14}\}\ \boldsymbol{u} + \frac{1}{2}\ \boldsymbol{u}^T\{\ k_{11}\ \ k_{21}\ \ k_{31}\ \ k_{41}\}^T = \{k_{11}\ k_{12}\ k_{13}\ k_{14}\}\ \boldsymbol{u}$$

여기서 예를 들면 k_{12}는 $\boldsymbol{K}^e$의 제 1행 2열의 요소이다. 위 식의 최후의 변형과정에서 $\boldsymbol{K}^e$가 대칭행렬($k_{ij} = k_{ji}$)인 관계를 이용하고 있다.

같은 방법으로 $i=2$일 때, $\partial\Pi/\partial\psi_1 = 0$의 변형률에너지는

$$\frac{\partial}{\partial\psi_1}\left(\frac{1}{2}\ \boldsymbol{u}^T \boldsymbol{K}^e \boldsymbol{u}\ \right) = \{k_{21}\ k_{22}\ k_{23}\ k_{24}\}\ \boldsymbol{u}$$

로 되고, 변형률에너지 V에 관한 u_2, ψ_2에 대한 편미분도 동일하게 구할 수 있다. 4개의 성분에 대한 편미분의 결과를 종합하면, 다음과 같이 된다.

$$\begin{Bmatrix} \partial/\partial u_1 \\ \partial/\partial\psi_1 \\ \partial/\partial u_2 \\ \partial/\partial\psi_2 \end{Bmatrix} V = \begin{Bmatrix} \partial/\partial u_1 \\ \partial/\partial\psi_1 \\ \partial/\partial u_2 \\ \partial/\partial\psi_2 \end{Bmatrix} \frac{1}{2}\ \boldsymbol{u}^T \boldsymbol{K}^e \boldsymbol{u}\ = \boldsymbol{K}^e\ \boldsymbol{u} \tag{8.31}$$

다음으로 식(8.29)의 Π 중에서 관성력에 의한 일 W_{IN}의 u_1에 대한 편미분을 고려해보자. $\boldsymbol{u}^T \boldsymbol{M}^e \ddot{\boldsymbol{u}}$ 가 스칼라이고, $\boldsymbol{M}^e$이 대칭행렬이기 때문에

$$\frac{\partial}{\partial u_1}(-\ddot{\boldsymbol{u}}^T \boldsymbol{M}^e \boldsymbol{u}) = \frac{\partial}{\partial u_1}(-\ddot{\boldsymbol{u}}^T \boldsymbol{M}^e \boldsymbol{u})^T = \frac{\partial}{\partial u_1}(-\boldsymbol{u}^T \boldsymbol{M}^e \ddot{\boldsymbol{u}})$$
$$= -\{1 \ \ 0 \ \ 0 \ \ 0\} \boldsymbol{M}^e \ddot{\boldsymbol{u}}$$

로 된다. 같은 방법으로 ψ_1, u_2, ψ_2에 대해서도 편미분하여 종합하면

$$\begin{Bmatrix} \partial/\partial u_1 \\ \partial/\partial \psi_1 \\ \partial/\partial u_2 \\ \partial/\partial \psi_2 \end{Bmatrix} W_{IN} = \begin{Bmatrix} \partial/\partial u_1 \\ \partial/\partial \psi_1 \\ \partial/\partial u_2 \\ \partial/\partial \psi_2 \end{Bmatrix} (-\ddot{\boldsymbol{u}}^T \boldsymbol{M}^e \boldsymbol{u}) = -\boldsymbol{M}^e \ddot{\boldsymbol{u}} \tag{8.32}$$

외력에 의한 일 W_{EX}에 관해서도 같은 방법으로 다음과 같이 구해진다.

$$\begin{Bmatrix} \partial/\partial u_1 \\ \partial/\partial \psi_1 \\ \partial/\partial u_2 \\ \partial/\partial \psi_2 \end{Bmatrix} W_{EX} = \begin{Bmatrix} \partial/\partial u_1 \\ \partial/\partial \psi_1 \\ \partial/\partial u_2 \\ \partial/\partial \psi_2 \end{Bmatrix} \boldsymbol{u}^T \boldsymbol{F}^e = \begin{matrix} 1 & & & 0 \\ & 1 & & \\ & & 1 & \\ 0 & & & 1 \end{matrix} \begin{Bmatrix} V_{x1} \\ M_{y1} \\ V_{x2} \\ M_{y2} \end{Bmatrix} \tag{8.33}$$

이상으로부터 식(8.30)의 총포텐셜에너지 Π가 식(8.26)으로 주어지고, 식(8.31), (8.32) 및 (8.33)의 관계를 이용하면, 축 요소의 운동방정식은 다음과 같이 유도된다.

$$\boldsymbol{M}^e \ddot{\boldsymbol{u}} + \boldsymbol{K}^e \boldsymbol{u} = \boldsymbol{F}^e \tag{8.34}$$

이것이 1개의 축 요소에 대해 행렬로 표현된, 즉 이산화된 운동방정식이다. 또 지금은 축의 회전에 의한 자이로스코픽 모멘트를 고려하고 있지 않기 때문에, 식(8.34)는 보의 굽힘진동 방정식을 이산화한 것과 동일하다. 다음으로 식(8.34)를 이용하여 실제로 고유진동수를 계산해 보자.

예제 8.3

양단 단순지지축의 고유진동수 계산

간단한 예로서 양단이 단순지지된 길이 L의 일정 원형단면축의 고유진동수를 구하시오.

좌표의 설정방법은 그림 8.3-1에 보인다. 간단히 하기 위해 $z=0$ 및 L에 대한 지지조건은 단순지지로 한다. 볼 베어링으로 지지된 가늘고 긴 축(유연한 축)에서는 이와 같은 취급이 허용된다. 이 축을 분할하지 않고 이미 정식화한 유한요소법에 의해 해석을 해 보자.

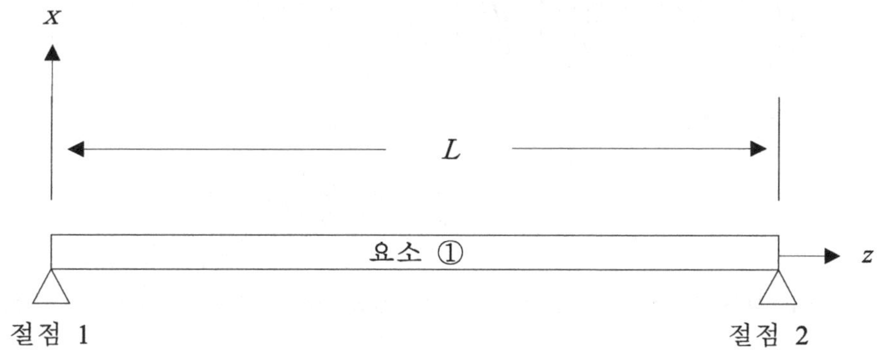

그림 8.3-1 / 양단 단순지지 축

절점은 양단뿐이기 때문에 질량 및 강성행렬은 식(8.25) 및 (8.22)에서 l을 L로 교체하면 된다. 이 예에서는 축 요소의 운동방정식(8.34)가 그대로 축 전체의 운동방정식이 된다. 식(8.34)의 우변 F^e는 지금 고려하는 계의 경계조건으로부터 결정된다. 즉, $z=0$ 및 L에서 축은 단순지지되어 있기 때문에, 지지점에서 축의 변위와 굽힘모멘트는 0이다. 즉, 경계조건으로는

$$\begin{aligned} z=0 &: u_1=0,\ M_{y1}=0 \\ z=L &: u_2=0,\ M_{y2}=0 \end{aligned} \tag{1}$$

이로부터 식(8.34)로 표현되는 운동방정식은 다음과 같이 된다.

$$\frac{\rho AL}{420}\begin{bmatrix} 156 & & & \text{대칭} \\ 22L & 4L^2 & & \\ 54 & 13L & 156 & \\ -13L & -3L^2 & -22L & 4L^2 \end{bmatrix}\frac{d^2}{dt^2}\begin{Bmatrix} u_1 \\ \Psi_1 \\ u_2 \\ \Psi_2 \end{Bmatrix} + \frac{2EI}{L^3}\begin{bmatrix} 6 & & & \text{대칭} \\ 3L & 2L^2 & & \\ -6 & -3L & 6 & \\ 3L & L^2 & -3L & 2L^2 \end{bmatrix}\begin{Bmatrix} u_1 \\ \Psi_1 \\ u_2 \\ \Psi_2 \end{Bmatrix} = \begin{Bmatrix} V_{x1} \\ 0 \\ V_{x2} \\ 0 \end{Bmatrix} \tag{2}$$

식(2)에서 $u_1 = u_2 = 0$이기 때문에, 식(2)에서 제 1열과 3열은 필요가 없다. 또한 제 1행 및 3행은 ψ_1과 ψ_2가 구해진 후, 지지점의 전단력 V_{x1}, V_{x2}를 계산하는 식으로 고려할 수 있다. 그러므로 제 1행과 3행도 불필요하다. 그 결과, 위 식은 다음과 같이 축소된다.

$$\frac{\rho AL}{420}\begin{bmatrix} 4L^2 & -3L^2 \\ -3L^2 & 4L^2 \end{bmatrix}\frac{d^2}{dt^2}\begin{Bmatrix}\psi_1\\ \psi_2\end{Bmatrix} + \frac{2EI}{L^3}\begin{bmatrix} 2L^2 & L^2 \\ L^2 & 2L^2 \end{bmatrix}\begin{Bmatrix}\psi_1\\ \psi_2\end{Bmatrix} = \begin{Bmatrix}0\\ 0\end{Bmatrix} \tag{3}$$

이 식의 해를

$$\begin{Bmatrix}\psi_1\\ \psi_2\end{Bmatrix} = \begin{Bmatrix}\Phi_1\\ \Phi_2\end{Bmatrix}\sin pt \tag{4}$$

로 놓고 식(3)에 대입하여 정리하면, Φ_1, Φ_2에 대한 선형동차방정식이 다음과 같이 얻어지게 된다.

$$\begin{bmatrix} L^2(4-\lambda/105) & L^2(2+\lambda/140) \\ L^2(2+\lambda/140) & L^2(4-\lambda/105) \end{bmatrix}\begin{Bmatrix}\Phi_1\\ \Phi_2\end{Bmatrix} = \begin{Bmatrix}0\\ 0\end{Bmatrix} \tag{5}$$

단, $\lambda = (\rho AL^4/EI)p^2$이다.

이로부터 Φ_1, Φ_2가 자명하지 않은 해(의미있는 해)를 갖기 위한 조건은 다음과 같다.

$$\begin{vmatrix} L^2(4-\lambda/105) & L^2(2+\lambda/140) \\ L^2(2+\lambda/140) & L^2(4-\lambda/105) \end{vmatrix} = 0 \tag{6}$$

행렬식을 계산하면, 1차 및 2차 고유진동수가 다음과 같이 구해진다.

$$p_1 = 10.954\sqrt{EI/(\rho AL^4)}, \qquad p_2 = 50.20\sqrt{EI/(\rho AL^4)} \tag{7}$$

이 예에서는 분할수가 0인 하나의 요소에 대해 계산을 하였기 때문에 고유진동수도 2차까지만 구하여진다. 얻어진 결과가 어느 정도 정확한가를 조사해 보자. 이 예에 대해서는 엄밀해가 다음과 같이 구해져 있다.

$$p_n = (n\pi)^2\sqrt{EI/(\rho AL^4)} \qquad (n = 1, 2, 3, \cdots) \tag{8}$$

여기서 n은 모드의 차수이다. 이로부터 1차($n=1$)와 2차($n=2$)의 고유진동수는 각각

$$p_1 = 9.870\sqrt{EI/(\rho AL^4)}, \qquad p_2 = 39.48\sqrt{EI/(\rho AL^4)} \tag{9}$$

이기 때문에, 엄밀해에 대한 오차는 1차가 10.98%, 2차가 27.15%로 비교적 큰 것을 알 수 있다.

8.3 Galerkin법에 의한 정식화

8.2절에서 기술한 에너지법을 이용한 정식화(formulation) 이외에도 Galerkin법에 의해 정식화하는 것이 가능하다. 유한요소방정식을 정식화할 때에 주로 Galerkin법과 최소자승법(least square method)을 많이 사용하는데, 이 중에서 Galerkin법이 주로 사용된다. 그 이유는 이 방법에서는 **시험함수**(test function)와 **가중함수**(weighting function)를 선택하는 것이 편리한 점과 함께 가장 좋은 근사해를 얻을 수 있기 때문이다.

Bernoulli-Euler축에 관한 자유진동의 운동방정식은 잘 알려져 있는 것처럼 다음과 같이 표현된다.

$$\rho A \frac{\partial^2 u}{\partial t^2} + EI \frac{\partial^4 u}{\partial z^4} = 0 \tag{8.35}$$

길이가 l 인 축 요소를 고려하면, 경계조건은 표 8.1과 같이 된다.

다음에 식(8.35)를 Galerkin방법에 의해 푼다. 먼저 근사해를 형상함수의 선형결합으로

$$u(z) = b_1 N_1(z) + b_2 N_2(z) + b_3 N_3(z) + \cdots \tag{8.36}$$

가정한다. 여기에서 b_i, N_i는 각각 계수 및 z의 함수인 **형상함수**(shape function)이다. 일반적으로 근사해 $u(z)$는 식(8.35)를 만족하지 않는다. 그러므로 $z=0 \sim l$ 에 걸쳐서 평균적으로 식(8.35)를 만족하도록 계수 b_i를 결정한다. 구체적으로는 다음 식(8.37)에서 보여지는 것과 같은 적분을 고려한다.

표 8.1 / 경계조건

위치 z	$z=0$	$z=l$
변위 u	$u=u_1$	$u=u_2$
기울기 ψ	$\frac{\partial u}{\partial z}=\psi_1$	$\frac{\partial u}{\partial z}=\psi_2$
전단력 V	$-EI\frac{\partial^3 u}{\partial z^3}=-V_{x1}$	$-EI\frac{\partial^3 u}{\partial z^3}=V_{x2}$
모멘트 M	$-EI\frac{\partial^2 u}{\partial z^2}=M_{y1}$	$-EI\frac{\partial^2 u}{\partial z^2}=-M_{y2}$

$$\int_0^l \left(\rho A\frac{\partial^2 u}{\partial t^2}+EI\frac{\partial^4 u}{\partial z^4}\right)N_i(z)\,dz+N_i(0)[u(0)-u_1]+N_i(l)[u(l)-u_2]=0$$
$$(i=1,\ 2,\ \cdots) \tag{8.37}$$

여기서 u_1 및 u_2는 $x=0$ 및 l에서의 변위이다. 근사화하는 함수의 수를 4항으로 하면, 다음 식과 같이 된다.

$$u(z)=b_1N_1(z)+b_2N_2(z)+b_3N_3(z)+b_4N_4(z) \tag{8.38}$$

$N_i(z)$의 선택방법에 대해서도 임의이지만, 지금 다음과 같이 둔다.

$$\begin{aligned}N_1(z)&=1-3(z/l)^2+2(z/l)^3\\N_2(z)&=l\{(z/l)-2(z/l)^2+(z/l)^3\}\\N_3(z)&=3(z/l)^2-2(z/l)^3\\N_4(z)&=l\{-(z/l)^2+(z/l)^3\}\end{aligned} \tag{8.39}$$

그리고

$$N=\{N_1\,N_2\,N_3\,N_4\} \tag{8.40}$$

로 쓰면, 함수 $u(z)$는

$$u(z)=N\begin{Bmatrix}b_1\\b_2\\b_3\\b_4\end{Bmatrix} \tag{8.41}$$

로 나타낼 수 있다. 식(8.41)에서 $z=0$ 및 l에 대한 $u(z)$ 및 그 미분을 계산하면,

$$u(0) = b_1, \quad u'(0) = b_2, \quad u(l) = b_3, \quad u'(l) = b_4$$

로 되고, 여기서 $u' = du/dz$이다. 그래서

$$\{ b_1\ b_2\ b_3\ b_4 \} = \{ u_1\ \psi_1\ u_2\ \psi_2 \} = \boldsymbol{u}^T$$

로 놓으면, 이는 식(8.6)과 동일하다. 따라서 식(8.38)은

$$u(z) = \boldsymbol{N}\,\boldsymbol{u} \tag{8.42}$$

로 나타낼 수 있고, 근사해 $u(z)$는 $z=0$ 및 l에서 변위와 각변위의 경계조건을 만
족한다. 그림 8.2에는 형상함수 N_i를 나타내고 있다. 그림에서 알 수 있듯이 $z=0$에서 $N_1 = 1$이고, 나머지 항은 모두 0이다. 한편 $z = l$에서는 N_3만이 1이다. 이로부터 $z=0, l$ 에서 u는 각각 u_1, u_2이다. 또한 그림 8.3은 N_i를 z로 미분한 함수를 나타내고 있다. $z = 0, l$에서 각각 dN_2/dz, dN_4/dz만이 1이고 나머지는 0이다. $\psi = du/dz$이기 때문에 요소의 양단($z = 0, l$)에서 $\psi = \psi_1$ 또는 ψ_2로 되는 것을 알 수 있다.

z의 함수 N_i를 **형상함수** 또는 **내삽함수**(interpolating function)라 한다. 형상함수라고 하는 것은 이 함수가 요소 내에서 영역변수의 분포형상 또는 요소의 기하학적 형상을 나타내기 때문이고, 내삽함수라고 하는 것은 절점이 아닌 요소의 경계 위에서 또는 요소의 내부에서 영역변수의 값을 절점 값의 내삽으로 구할 수 있기 때문이다.

식(8.37)에서 $i=1$로 놓으면, 좌변 제 2항과 3항은

$$N_1(0)=1, \quad N_1(l)=0, \quad u(0)=u_1, \quad u(l) = u_2$$

이므로 0으로 된다. $i = 2, 3, 4$의 경우에도 이들 항은 모두 0이 된다. 결국 식(8.37)은 제 1항만이 남기 때문에 다음과 같이 표현된다.

$$\int_0^l \left(\rho A \frac{\partial^2 u}{\partial t^2} + EI \frac{\partial^4 u}{\partial z^4}\right) N_i(z)\, dz = 0 \tag{8.43}$$

식(8.43)의 제 2항의 적분을 고려한다. 부분적분을 하면

$$\int_0^l EI \frac{\partial^4 u}{\partial z^4} N_i(z)\, dz = -\int_0^l EI \frac{\partial^3 u}{\partial z^3} \frac{dN_i(z)}{dz}\, dz + \left[EI \frac{\partial^3 u}{\partial z^3} N_i(z) \right]_0^l$$

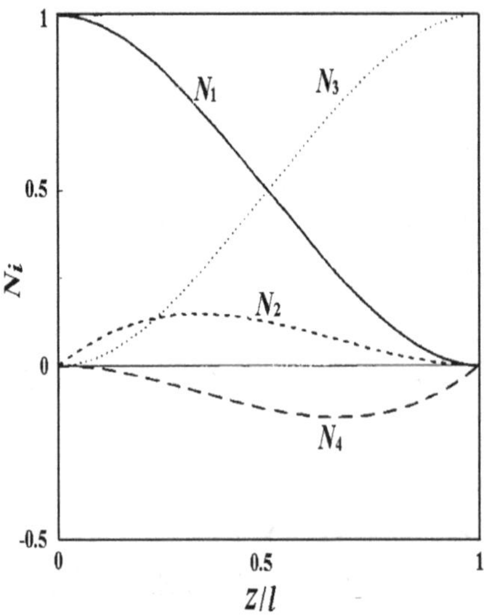

그림 8.2 / 형상함수

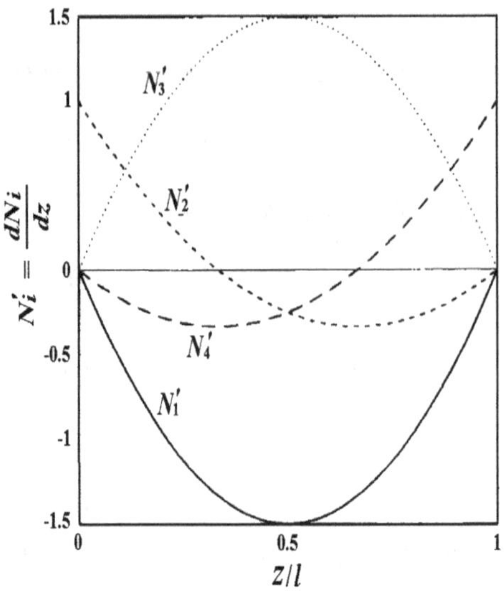

그림 8.3 / 형상함수의 미분

여기서 $-EI(\partial^3 f/\partial z^3)$ 이 전단력 V이므로, 우변 제 2항은 전단력의 경계조건을 나타내고 있다. 즉,

$$[EI\frac{\partial^3 u}{\partial z^3} N_i(z)]_0^l = -V_{x2} N_i(l) - V_{x1} N_i(0)$$

더욱 부분적분을 하여 $u(z)$ 의 z에 관한 2계 미분이 모멘트인 것을 고려하면

$$\int_0^l EI\frac{\partial^4 u}{\partial z^4} N_i(z)\,dz = \int_0^l EI\frac{\partial^2 u}{\partial z^2} \frac{d^2 N_i(z)}{dz^2}\,dz - V_{x1} N_i(0) - V_{x2} N_i(l) - M_{y1} N_i'(0) - M_{y2} N_i'(l) \tag{8.44}$$

여기서 $N_i' = dN_i/dz$ 이다. 식(8.42)에서

$$\frac{d^2 u(z)}{dz^2} = \frac{d^2}{dz^2} N u$$

이기 때문에, 식(8.44)의 우변의 적분은 다음과 같이 된다.

$$\int_0^l EI\frac{\partial^2 u}{\partial z^2}\ \frac{d^2N_i(z)}{dz^2}\,dz \ = EIu^T\left(\int_0^l \frac{d^2}{dz^2}\ N^T\frac{d^2N_i(z)}{dz^2}\,dz\right)$$
$$= EIu^T\left\{\int_0^l\{N_1''\ N_2''\ N_3''\ N_4''\}^T N_i''\,dz\right\}$$
$$= u^T\begin{Bmatrix} k_{1i}\\ k_{2i}\\ k_{3i}\\ k_{4i}\end{Bmatrix} = \{k_{1i}\ k_{2i}\ k_{3i}\ k_{4i}\}\,u \ = \{k_{i1}\ k_{i2}\ k_{i3}\ k_{i4}\}\,u \tag{8.45}$$

또한 식(8.45)에서는 k_{1i} 등이

$$k_{ji} = EI\int N_j''\ N_i''\,dz \ = \ EI\int N_i''\ N_j''\,dz = k_{ij},\quad (i, j = 1, 2, 3, 4) \tag{8.46}$$

인 것을 이용하고 있다. 이상에서 식(8.43)의 좌변 제 2항의 적분은

$$\int_0^l EI\frac{\partial^4 u}{\partial z^4}\ N_i(z)\,dz \ = \ \{k_{i1}\ k_{i2}\ k_{i3}\ k_{i4}\}\,u$$
$$-\ V_{x1}N_i(0) - M_{y1}N_i'(0) - V_{x2}N_i(l) - M_{y2}N_i'(l) \tag{8.47}$$

식(8.43)의 좌변 제 1항에 대해서도 같은 방법으로 다음과 같이 얻어진다.

$$\int_0^l \rho A\ddot{u}\ N_i dz = \rho A\int_0^l\ \{N_1\,N_2\,N_3\,N_4\}\ddot{u}\ N_i dz = \ddot{u}^T\rho A\int_0^l\ \{N_1\,N_2\,N_3\,N_4\}^T N_i dz$$
$$= \ddot{u}^T\begin{Bmatrix} m_{1i}\\ m_{2i}\\ m_{3i}\\ m_{4i}\end{Bmatrix} = \{m_{1i}\ m_{2i}\ m_{3i}\ m_{4i}\}\ddot{u} \tag{8.48}$$

여기서

$$m_{ji} = \rho A\int N_j N_i dz = \rho A\int N_i N_j dz = m_{ij},\qquad (i, j = 1, 2, 3, 4) \tag{8.49}$$

이다. 식(8.47) 및 식(8.48)에서

$$\int_0^l\ (\rho A\frac{\partial^2 u}{\partial t^2} + EI\frac{\partial^4 u}{\partial z^4})N_i(z)dz = \{m_{1i}m_{2i}m_{3i}m_{4i}\}\ \ \ddot{u}\ + \{k_{i1}k_{i2}k_{i3}k_{i4}\}\ u$$
$$-\ V_{x1}Ni(0) - V_{x2}N(l) - M_{y1}N_i'(0) - M_{y2}N_i'(l)$$
$$(i = 1, 2, 3, 4) \tag{8.50}$$

여기서 표 8.2에 주의하여, $i=1, 2, 3, 4$의 각 경우에 대해 식(8.50)을 연립하면

$$M^e\ddot{u} + K^e u = F^e \tag{8.51}$$

단, F^e는 식(8.28)과 같은 요소양단에 작용하는 외력벡터이다. $u = \{u_1 \psi_1 u_2 \psi_2\}^T$는 포텐셜에너지를 이용한 정식화의 경우와 같기 때문에 최후의 과제는 식(8.51)의 행렬 M, K가 이미 유도된 식(8.25)의 요소질량행렬과 식(8.22)의 요소강성행렬과 일치하

표 8.2 / 형상함수의 경계조건

i	1	2	3	4
$N_i(0)$	1	0	0	0
$N_i'(0)$	0	1	0	0
$N_i(l)$	0	0	1	0
$N_i'(l)$	0	0	0	1

는 것을 보이면 된다. 먼저, 처음에 내삽함수 N에 대해 조사한다. 식(8.11)에서 $\{1 \ z \ z^2 \ z^3\}D^{-1}$의 부분을 계산해보면, N과 일치하는 것을 알 수 있다. 즉

$$N = \{1 \ z \ z^2 \ z^3\}D^{-1} \tag{8.52}$$

의 관계가 있다. 그러므로 식(8.16)을 고려하면

$$\frac{d^2}{dz^2}N = \{0 \ 0 \ 2 \ 6z\}D^{-1} \tag{8.53}$$

로 되고, 이 관계식을 식(8.21)에 대입하면, 요소강성행렬은

$$\begin{aligned} K^e &= EI\int C^T C dz = EI\int \left(\frac{d^2N}{dz^2}\right)^T \left(\frac{d^2N}{dz^2}\right) dz \\ &= EI\int \{N_1'' \ N_2'' \ N_3'' \ N_4''\}^T \{N_1'' \ N_2'' \ N_3'' \ N_4''\} dz \end{aligned}$$

$$= EI\begin{bmatrix} \int N_1'' N_1'' \, dz & & \text{대칭} & \\ \int N_2'' \; N_1'' \, dz & \int N_2'' N_2'' \, dz & & \\ \int N_3'' N_1'' \, dz & \int N_3'' N_2'' \, dz & \int N_3'' N_3'' \, dz & \\ \int N_4'' N_1'' \, dz & \int N_4'' N_2'' \, dz & \int N_4'' N_3'' \, dz & \int N_4'' N_4'' \, dz \end{bmatrix} \tag{8.54}$$

로 된다. 이것은 식(8.22)와 (8.46)에서 구한 강성행렬 K^e와 일치한다. 질량행렬 M^e에 대해서도 마찬가지로 Galerkin법에 의해 유도된 식(8.49)와 에너지법을 이용해서 유도한 식(8.25)가 완전히 같은 것을 알 수 있다. 단, 형상함수 N을 식(8.39)와 다른 형으로 선택하면, 당연히 K^e와 M^e은 다르게 된다.

예제 8.4

요소 강성행렬의 계산

요소 강성행렬의 성분을 형상함수를 이용하여 계산하시오.

강성행렬 K^e는 식(8.54)에 주어진다. 적분기호 내에는 형상함수 N_i의 z에 대한 2계 도함수의 곱으로 이루어져 있으므로, 형상함수의 식(8.39)를 이용하여 두 번 미분하면

$$\begin{aligned} N_1''(z) &= \frac{1}{l^2}\{-6 + 12(z/l)\} \\ N_2''(z) &= \frac{1}{l}\{-4 + 6(z/l)\} \\ N_3''(z) &= \frac{1}{l^2}\{6 - 12(z/l)\} \\ N_4''(z) &= \frac{1}{l}\{-2 + 6(z/l)\} \end{aligned} \tag{1}$$

이 된다. 이를 식(8.54), 즉 다음 식에 대입하여 길이 l의 요소에 대해 구하면 된다. 즉,

$$k_{ij} = EI\int_0^l N_i'' N_j'' \, dz \tag{2}$$

예로

$$k_{11} = EI\int_0^l N_1'' N_1'' \, dz$$

$$= EI\int_0^l \frac{1}{l^4}\{-6+12(z/l)\}^2 dz = \frac{EI}{l^4}\int_0^l \{36-144(z/l)+144(z/l)^2\}dz$$

$$= \frac{EI}{l^4}(36l-72l+48l) = \frac{12EI}{l^3} \tag{3}$$

이와 같은 방법으로 각 성분들을 구하면, 식(8.22)와 동일한 강성행렬이 다음과 같이 얻어진다.

$$K^e = \frac{2EI}{l^3}\begin{bmatrix} 6 & & 대칭 & \\ 3l & 2l^2 & & \\ -6 & -3l & 6 & \\ 3l & l^2 & -3l & 2l^2 \end{bmatrix} \tag{4}$$

질량행렬의 경우도 식(8.49), 즉

$$m_{ij} = \rho A\int_0^l N_i N_j dz \tag{5}$$

를 이용하면, 식(8.25)와 같이 구성할 수 있다.

8.4 계 전체 강성 및 질량행렬의 조립

예제 8.3에서는 연습을 위해 축계 전체를 분할하지 않고 1요소로 계산하였으나, 통상은 여러 개의 요소로 분할한다. 다음으로 여러 개의 요소로 분할했을 때, 계 전체의 강성 및 질량행렬을 조립하는 방법을 이해하기 위해 먼저 가장 단순한 축을 2개로 분할한 경우를 예제로서 고려해 보자.

예제 8.5

2 분할 단순지지 축의 운동방정식 구성

예제 8.3과 같이 길이 L의 축을 같은 길이($l=L/2$)를 갖는 2개의 요소로 분할하였을 때, 각 요소행렬을 이용하여 계 전체의 운동방정식을 구성하시오.

이 경우 지금까지 1개의 요소에 대한 질량 및 강성행렬을 유도하였지만, 이번에는 이들을 조합시켜 계 전체의 질량 및 강성행렬을 만들 필요가 있다. 축의 굽힘 강성도 (bending rigidity) EI, 밀도 ρ, 단면적 A는 요소 내에서 일정하고, 축의 양단은 단순지지되어 있는 것으로 한다.

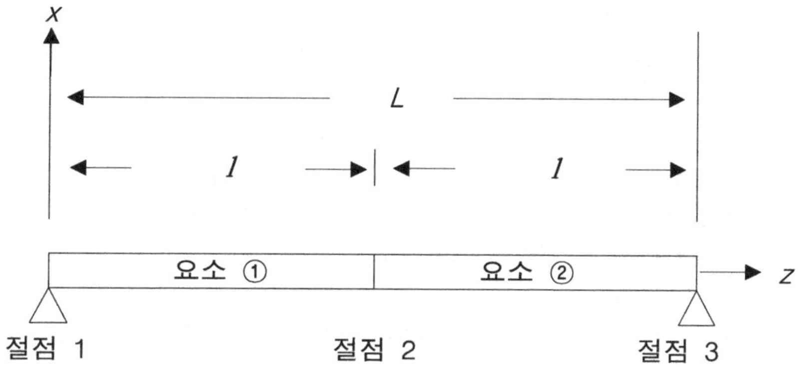

그림 8.5-1 / 축 요소의 2 분할

그림 8.5-1에 보이는 것처럼 왼쪽부터 요소번호를 ①, ②라 하고, 절점번호를 좌단에서 부터 1, 2, 3으로 한다. 먼저 요소 ①부터 고려해보자. 이때 좌표원점을 절점 1로 잡으면, 요소의 강성행렬 K^e와 질량행렬 M^e은 각각 식(8.22), (8.25)와 같다. 또한 운동방정식은 식(8.34)로 된다. 다음으로 요소 ②에 대해서 고려한다. 이때에도 요소 ②만의 좌표원점을 요소의 좌단(절점 2)으로 이동시키면, 강성 및 질량행렬은 요소 ①과 같이 식(8.22), (8.25)로 주어진다. 여기서 설명한 각 요소 고유의 좌표계로 각 행렬을 계산할 때의 결과와 축 전체의 좌표계(지금의 예에서는 절점 1에 좌표원점을 잡는다.)에 의해 계산된 행렬에서 결과는 다르게 되는 것일까? 이것은 강성 또는 질량행렬을 계산할 때의 식을 보면 알 수 있듯이 1개 요소의 길이에 의존하고 있을 뿐으로서 좌표원점을 어디로 하는 가에는 의존하지 않는다. 즉, 각 요소 강성 및 질량행렬을 구할 때에는 각 요소 고유의 좌표계(즉, 요소의 좌단에 원점을 잡는다.)에서 계산하면 된다.

이와 같은 요소 고유의 좌표계를 국소좌표계(local coordinate system)라 하고, 축 전체의 좌표계를 전역좌표계(global coordinate system)라 한다. 이와 같이 각각의 요소마다 고려하여 요소강성 및 질량행렬을 계산하는 유한요소법의 성질은 컴퓨터 등의 프로그램에 매우 적합하다. 더욱이 요소 ②에서는 요소내의 절점번호는 좌단이 1이고, 우단이 2이지만, 축 전체에 있어서 절점번호는 각각 2와 3이다. 각 요소의 국소적인 절점번호와 축 전체의 절점번호의 대응을 나타내면, 표 8.5-1과 같이 된다.

표 8.5-1 / 요소 절점번호와 전체 절점번호의 대응

	요소 ①		요소 ②	
	좌단	우단	좌단	우단
요소내 절점번호	1	2	1	2
	↕	↕	↕	↕
전체 절점번호	1	2	2	3

이상과 같이 각 요소마다 강성 및 질량행렬이 구하여지면, 다음은 이들을 계 전체의 행렬로 조립할 필요가 있다. 이를 위해서는 먼저 절점번호는 모두 전체 계에서의 절점번호로 고려하고, 또한 변위벡터는 계 전체의 절점에 대한 변위를 모두 포함할 필요가 있다. 즉, 이 예제에서는 다음과 같이 된다.

$$U = \{u_1\ \Psi_1\ u_2\ \Psi_2\ \ u_3\ \Psi_3\}^T \tag{1}$$

이 계 전체의 변위벡터 U를 이용하면, 요소 ①의 요소강성행렬은 다음과 같이 쓸 수 있다.

$$\frac{2EI}{l^3}\left[\begin{array}{cccc|cc} 6 & & & & \text{대칭} & \\ 3l & 2l^2 & & & & \\ -6 & -3l & 6 & & & \\ 3l & l^2 & -3l & 2l^2 & & \\ \hline 0 & 0 & 0 & 0 & 0 & 0 \\ 0 & 0 & 0 & 0 & 0 & 0 \end{array}\right] \tag{2}$$

제 5, 6열 및 제 5, 6행에 0이 더해졌을 뿐으로, 내용적으로는 이미 유도된 요소강성행렬과 같다. 요소 ②에 대해서는 제 1, 2열 및 제 1, 2행에 0이 더해지고, 다음과 같이 쓸 수 있다.

$$\frac{2EI}{l^3}\begin{bmatrix} 0 & & & & & \\ 0 & 0 & & \text{대칭} & & \\ 0 & 0 & 6 & & & \\ 0 & 0 & 3l & 2l^2 & & \\ 0 & 0 & -6 & -3l & 6 & \\ 0 & 0 & 3l & l^2 & -3l & 2l^2 \end{bmatrix} \tag{3}$$

전체 강성행렬 K는 위에서 보인 2개의 요소강성행렬을 더하면 된다. 즉,

$$K = \frac{2EI}{l^3}\begin{bmatrix} 6 & & & & & \\ 3l & 2l^2 & & & \text{대칭} & \\ -6 & -3l^2 & 6+6 & & & \\ 3l & l^2 & -3l+3l & 2l^2+2l^2 & & \\ 0 & 0 & -6 & -3l & 6 & 0 \\ 0 & 0 & 3l & l^2 & -3l & 2l^2 \end{bmatrix}$$

$$= \frac{2EI}{l^3}\begin{bmatrix} 6 & & & & & \\ 3l & 2l^2 & & & \text{대칭} & \\ -6 & -3l & 12 & & & \\ 3l & l^2 & 0 & 4l^2 & & \\ 0 & 0 & -6 & -3l & 6 & \\ 0 & 0 & 3l & l^2 & -3l & 2l^2 \end{bmatrix} \tag{4}$$

절점 2에 대응하는 행렬요소가 더해지므로 변화한 것 이외에는, 절점 1과 3에 대응하는 행렬요소는 변화하지 않는다. 그러면, 왜 요소 ①과 ②의 요소강성행렬을 더하면, 전체의 강성행렬이 만들어지는 것일까? 이 점을 고찰하기 위해서 각 요소의 변형률에너지를 고려해보자.

요소 ①의 변형률에너지 = $\boldsymbol{u}^{T}\boldsymbol{K}^{e}\boldsymbol{u}$

$$= U^{T}\left[\begin{array}{cccc:cc} & & & & 0 & 0 \\ & K_1^{e} & & & 0 & 0 \\ & & & & 0 & 0 \\ & & & & 0 & 0 \\ \hdashline 0 & 0 & 0 & 0 & 0 & 0 \\ 0 & 0 & 0 & 0 & 0 & 0 \end{array}\right] U \tag{5}$$

요소 ②의 변형률에너지 = $\boldsymbol{u}^{T}\boldsymbol{K}^{e}\boldsymbol{u}$

$$= U^{T}\left[\begin{array}{cc:cccc} 0 & 0 & 0 & 0 & 0 & 0 \\ 0 & 0 & 0 & 0 & 0 & 0 \\ \hdashline 0 & 0 & & & & \\ 0 & 0 & & & & \\ 0 & 0 & & & K_2^{e} & \\ 0 & 0 & & & & \end{array}\right] U \tag{6}$$

식(5)와 (6)에서 행렬내의 $\boldsymbol{K}_1^e$, $\boldsymbol{K}_2^e$는 각각 요소 ①과 ②의 요소강성행렬 $\boldsymbol{K}^e$의 요소가 점선 내에 들어가는 것을 보인다. 축 전체의 변형률에너지는 이들을 더한 것이다. 즉,

축 전체의 변형률에너지 = 요소 ①의 변형률에너지, $\boldsymbol{u}^{T}\boldsymbol{K}_1^{e}\boldsymbol{u}$
+ 요소 ②의 변형률에너지, $\boldsymbol{u}^{T}\boldsymbol{K}_2^{e}\boldsymbol{u}$

$$= U^{T}\left[\begin{array}{cc:cc:cc} & & & & 0 & 0 \\ & \boldsymbol{K}_1^{e} & & & 0 & 0 \\ \hdashline & & & & & \\ & & & & & \\ \hdashline 0 & 0 & & & \boldsymbol{K}_2^{e} & \\ 0 & 0 & & & & \end{array}\right] U \quad = U^{T} K U \tag{7}$$

K_1^e과 K_2^e가 겹친 부분의 요소 값은 더해진다. 겹쳐지는 절점 2에는 요소 ①과 요소 ②로부터 기여부분이 있다고 생각해도 좋다. 이로부터 계 전체의 강성행렬은 식(4)로 주어지는 것을 알 수 있다. 계 전체의 질량행렬도 각 요소의 관성력이 한 일을 더한 것이 계 전체의 관성력이 한 일로 된다. 같은 방법으로 계 전체의 질량행렬은 다음과 같이 구성된다.

계 전체의 관성력이 한 일

$$= \ddot{U}^T \begin{bmatrix} \multicolumn{3}{c}{\boldsymbol{M}_1^e} & 0 & 0 \\ & & & 0 & 0 \\ 0 & 0 & \multicolumn{3}{c}{\boldsymbol{M}_2^e} \\ 0 & 0 & & & \end{bmatrix} U = \ddot{U}^T \boldsymbol{M} \boldsymbol{U} \tag{8}$$

단, $\boldsymbol{M}_1^e$과 $\boldsymbol{M}_2^e$는 요소 ①과 ②의 요소질량행렬을 나타낸다. 이로부터 계 전체의 질량행렬은

$$\boldsymbol{M} = \frac{\rho A l}{420} \begin{bmatrix} 156 & & & & & \\ 22l & 4l^2 & & & \text{대칭} & \\ 54 & 13l & 312 & & & \\ -13l & -3l^2 & 0 & 8l^2 & & \\ 0 & 0 & 54 & 13l & 156 & \\ 0 & 0 & -13l & -3l^2 & -22l & 4l^2 \end{bmatrix} \tag{9}$$

이상에서 계 전체의 강성 및 질량행렬은 요소마다 구성된 강성 및 질량행렬을 전체 계의 절점번호 순으로 나열한 절점변위의 순으로 조립하면 되는 것을 알 수 있다. 그리고 중첩된 행렬요소에 대해서는 이들을 더하면 된다.

다음으로 각 요소 운동방정식의 우변에 있는 외력벡터 $\boldsymbol{F}$에 대해서 구체적으로 고려하자. 식(8.27)에서 유도한 1개의 요소에 대해 외력이 하는 일을 더하고, 전체요소에 대해 외력이 하는 일을 구한다. 요소 ①에 대해서

$$u^T F^e = u^T \begin{Bmatrix} V_{x1} \\ M_{y1} \\ V_{x2} \\ M_{y2} \end{Bmatrix} = U^T F_1 = U^T \begin{Bmatrix} V_{x1} \\ M_{y1} \\ V_{x2} \\ M_{y2} \\ 0 \\ 0 \end{Bmatrix} \tag{10}$$

같은 방법으로, 요소 ②에 대해서

$$u^T F^e = u^T \begin{Bmatrix} V_{x2} \\ M_{y2} \\ V_{x3} \\ M_{y3} \end{Bmatrix} = U^T F_2 = U^T \begin{Bmatrix} 0 \\ 0 \\ V_{x2} \\ M_{y2} \\ V_{x3} \\ M_{y3} \end{Bmatrix} \tag{11}$$

여기서 U는 식(1)에서 정의된 모든 절점의 변위벡터이다. 이로부터 계 전체에 외력이 하는 일은 이들의 합으로 표현된다.

$$U^T F_1 + U^T F_2 = U^T F \tag{12}$$

외력벡터 F는 모든 절점에 작용하는 전단력 및 굽힘모멘트로서, 다음 식으로 정의된다.

$$F = F_1 + F_2 = \begin{Bmatrix} V_{x1} & 0 \\ M_{y1} & 0 \\ V_{x2} & -V_{x2} \\ M_{y2} & -M_{y2} \\ 0 & +V_{x3} \\ 0 & +M_{y3} \end{Bmatrix} \begin{matrix} \rangle \text{ 절점 } 1 \\ \\ \rangle \text{ 절점 } 2 \\ \\ \rangle \text{ 절점 } 3 \\ \\ \end{matrix}$$

요소 ① 요소 ②

(13)

절점 2에 작용하는 외력의 성분은 요소 ①과 ②에 작용하는 것의 합으로 된다. 예를 들면 V_{x2}, M_{y2}는 절점 2에 작용하는 외력이지만, 이 예제에서는 절점 2는 지지되어 있지 않으므로, 축의 외부로부터 외력은 작용하지 않는다. 그러므로 요소마다 고려할 때, 외력으로서 요소에 작용하는 전단력 및 모멘트는 사실은 옆 요소로부터의 외력이다. 그러므로 요소 ①에 작용하는 요소 ②로부터의 외력과 요소 ②에 작용하는 요소 ①로부터의 외력과는 크기가 같고 향이 반대이다(작용과 반작용의 법칙). 그러므로 절점 2에 작용하는 전단력 및 모멘트는 서로 상쇄되고, 식(13)은 다음과 같이 된다.

$$F = \begin{Bmatrix} V_{x1} \\ M_{y1} \\ 0 \\ 0 \\ V_{x3} \\ M_{y3} \end{Bmatrix} \tag{14}$$

절점에 베어링 등이 부착되지 않을 때에는 전체 계의 외력벡터 F의 성분은 0이고, 절점에 집중적으로 이들 힘이 작용할 때만 고려하면 된다. 결국 F에는 실제의 외력 만이 나타난다. 조립방법을 요약하여 정리하면, 다음과 같다.

(1) 어떤 요소의 절점번호(요소만으로 통용한다)와 계 전체 절점번호의 대응에 따라서 요소 강성 및 질량행렬의 각 요소를 계 전체의 전체 강성 및 질량행렬의 정해진 위치에 끼워 넣는다. 만약 같은 위치에 복수의 성분이 대응하고 있을 때는 그들을 더한다.

(2) 계 전체의 외력벡터에 대해서도 강성행렬과 같은 방법으로 조립하면 좋지만, 실제로 작용하는 힘(혹은 모멘트)만을 작용하는 절점의 대응하는 위치에 끼워 넣으면 된다.

8.5 계 전체의 운동방정식

예제 8.5에서는 2요소로 분할하였을 때의 계 전체의 강성 및 질량행렬 그리고 외력벡터를 조립하는 방법에 대해 설명하였다. 이하의 예제 8.6에서는 이를 이용하여 계 전체의 고유진동수를 계산하는 과정을 설명한다.

예제 8.6

2분할 단순지지 축의 고유진동수 계산

예제 8.5에서 유도한 계 전체의 행렬을 이용하여 고유진동수를 계산하시오.

예제 8.5와 같이 2요소로 분할하였을 때의 운동방정식은 다음과 같이 표현된다.

$$M\ddot{U} + KU = F \tag{1}$$

여기서 행렬 M과 K, 벡터 F는 각각 예제 8.5의 식(9), (4), (14)에 나타낸 것과 같다.

경계조건은 양단 단순지지이므로, 다음과 같다.

$$u_1 = u_3 = 0\,,\ M_{y1} = M_{y3} = 0 \tag{2}$$

먼저 변위에 대한 경계조건($u_1 = u_3 = 0$)으로부터 변위벡터는

$$U = \{0\ \psi_1\ u_2\ \psi_2\ 0\ \psi_3\}^T \tag{3}$$

로 된다. 따라서 식(1)의 행렬 M 및 K의 제 1행 및 5행, 제 1열 및 5열의 요소는 불필요하고, F의 제 1행 및 5행의 요소도 불필요하다. 식(1)은 구체적으로는 다음 식과 같이 표현된다.

$$\frac{\rho A l}{420}\begin{bmatrix} 156 & & & & & \text{대칭} \\ 22l & 4l^2 & & & & \\ 54 & 13l & 312 & & & \\ -13l & -3l^2 & 0 & 8l^2 & & \\ 0 & 0 & 54 & 13l & 156 & \\ 0 & 0 & -13l & -3l^2 & -22l & 4l^2 \end{bmatrix}\ddot{U}$$

$$+\frac{2EI}{l^3}\begin{bmatrix} 6 & & & & & \text{대칭} \\ 3l & 2l^2 & & & & \\ -6 & -3l & 12 & & & \\ 3l & l^2 & 0 & 4l^2 & & \\ 0 & 0 & -6 & -3l & 6 & \\ 0 & 0 & 3l & l^2 & -3l & 2l^2 \end{bmatrix} U = \begin{Bmatrix} V_{x1} \\ M_{y1} \\ 0 \\ 0 \\ V_{x3} \\ M_{y3} \end{Bmatrix} \tag{4}$$

식(4)의 행렬에서 제 1열과 5열 부분은 고유진동수의 계산에는 불필요하다. 이것을 제거하고 식(2)의 모멘트에 대한 경계조건을 고려하면, 우변의 제 2행 및 6행의 요소는 영으로 된다(지금의 예에서는 우변은 제로벡터로 된다). 불필요한 성분을 제거한 후의 식은 ψ_1, u_2, ψ_2, ψ_3에 관한 연립방정식으로 된다. 그러므로 축소된 변위벡터를

$$U' = \{\ \psi_1\ u_2\ \psi_2\ \psi_3\}^T \tag{5}$$

로 나타내고, 해를

$$U' = \{\ \Phi_1\ U_2\ \Phi_2\ \Phi_3\}^T \sin pt \tag{6}$$

로 가정하여 방정식에 대입하고, $8L/(EI)$를 곱하여 정리하면 다음 식을 얻을 수 있다.

$$\begin{bmatrix} 64-\lambda/105 & -96-13\lambda/420 & 32+\lambda/140 & 0 \\ -96-13\lambda/420 & 384-26\lambda/35 & 0 & 96+13\lambda/420 \\ 32+\lambda/420 & 0 & 128-2\lambda/105 & 32+\lambda/140 \\ 0 & 96+32\lambda/420 & 32+\lambda/140 & 64-\lambda/105 \end{bmatrix} U' = 0 \tag{7}$$

여기서 λ는 앞의 예제 8.3과 같이 다음과 같이 놓는다.

$$\lambda = (\rho A L^4 / EI) p^2 \tag{8}$$

식(7)이 의미있는 해를 가지는 조건은 식(7)의 행렬의 행렬식이 영이다. 이 경우 4×4 행렬이므로 간단히 계산되지 않는다. 그러나, 지금 고려하는 계는 좌우 대칭이기 때문에 진동모드는 그림 8.6-1에 보이는 것과 같이 대칭모드(symmetric mode)와 반대칭 모드(anti-symmetric mode)의 2개가 나타날 것이다. 그래서 먼저 대칭모드에 대해서 고려해 본다. 이때 절점 1과 3의 각변위는 절대치가 같고 부호가 반대, 동시에 절점 2의 각변위는 영이다. 즉, $\Phi_1 = -\Phi_3$, $\Phi_2 = 0$ 이다. 이 관계를 이용하여 제 4열의 -1배를 제 1열에 더하고 제 3, 4행 및 제 3, 4열이 불필요한 것으로부터 식(7)은 다음과 같이 축소된다.

$$\begin{bmatrix} 64-\lambda/105 & -96-13\lambda/420 \\ -192-13\lambda/210 & 384-26\lambda/35 \end{bmatrix} \begin{Bmatrix} \Phi_1 \\ U_2 \end{Bmatrix} = \begin{Bmatrix} 0 \\ 0 \end{Bmatrix} \tag{9}$$

이 행렬의 행렬식이 0이라는 조건으로부터 λ(즉, 진동수 p)를 결정할 수 있다. 2개의 λ가 구하여지고, 이들은 대칭모드이기 때문에 1차 및 3차 고유진동수가 된다. 반대칭 모드에 대해서는 $U_2 = 0$, $\Phi_1 = \Phi_3$이기 때문에, 식(7)은 다음과 같이 축소된다.

(a) 대칭모드 (1차 모드)　　(b) 반대칭모드 (2차 모드)

그림 8.6-1 / 대칭모드와 반대칭모드

식(10)에서 반대칭모드인 2차 및 4차의 고유진동수가 구해진다.

$$\begin{bmatrix} 64-\lambda/105 & 32+\lambda/140) \\ 64+\lambda/70 & 128-2\lambda/105 \end{bmatrix} \begin{Bmatrix} \Phi_1 \\ \Phi_2 \end{Bmatrix} = \begin{Bmatrix} 0 \\ 0 \end{Bmatrix} \tag{10}$$

이상을 정리하여 엄밀해와 비교하여 나타내면, 표 8.6-1과 같이 된다. 표에는 예제 8.3에서 구한 분할하지 않은 경우(요소 수 1)의 해도 참고로 함께 보이고 있다. 이 표에서 분할요소 수와 계산정도의 관계를 어느 정도 파악할 수 있으며, 고차모드일수록 오차를 줄이기 위해서 요소를 많이 분할할 필요가 있다.

표 8.6-1 / 고유진동수의 비교

요소 수	고유진동수 (오차)			
	1차	2차	3차	4차
1	10.95 (11%)	50.2 (27%)		
2	9.91 (0.4%)	43.8 (10%)	110.1 (24%)	200.8 (27%)
엄밀해	9.87	39.5	88.8	157.9

주) 실제의 고유진동수는 상기의 수치에 $\sqrt{EI/(\rho AL^4)}$ 를 곱한 값이다.

9

축계의 모델링

회전기계의 진동을 해석하거나 또는 동적 설계를 수행하는 경우, 먼저 문제가 되는 것은 회전기계의 진동특성을 조사하기 위해 어떻게 축계를 모델링(modeling)하고, 이를 정식화(formulation) 하여 시뮬레이션(simulation)을 실시하고 거동을 예측할까 하는 것이다. 이 모델링과정과 시뮬레이션 계산에 해석의 성공여부와 설계의 본질이 달려있다고 하여도 과언이 아니다. 특히 모델링은 해석결과의 정도 또는 해석의 어려움에 직접 관계가 되는 중요한 부분이다.

9.1 모델링의 근사화

여기에서는 축계의 모델링과정에 관련된 근사화(approximation)에 대한 몇 가지 항목에 대해 간략히 설명한다. 일반적으로 축계의 운동방정식을 위한 해석모델을 구성할 때, 표 9.1과 같이 미소효과를 무시하는 근사화를 통하여 운동방정식을 단순화함으로서 해석대상의 규모와 계산범위를 축소할 수 있다.

표 9.1 / 근사화의 항목

항 목	운동방정식의 특징
1) 미소효과 요소의 무시	방정식과 변수의 수 저감
2) 영역의 한정	방정식과 변수의 수 저감
3) 집중 정수화	편미분방정식의 상미분방정식화
4) 선형 근사	비선형 요소의 선형화
5) 파라미터 변동의 무시	변수의 정수화, 방정식의 정수계수화

9.1.1 미소효과 요소의 무시

전체 계의 진동특성에 영향을 미치지 않는 인자(factor)나 문제로 되고 있는 현상에 영향이 적은 인자를 제거하고 모델을 작성한다. 그러나, 영향이 없거나 적은 인자를 찾는 것은 경험이 없이는 그리 간단하지 않다. 예로 그림 9.1(a)와 같이 어느 정도 이상의 가늘고 긴 축에서는 굽힘변형이 지배적이고, 전단변형은 무시할 수 있으므로, 축 요소를 Rayleigh모델의 유한요소를 이용할 수 있다. Eshleman과 Eubanks(1969)의 연구결과에 의하면, 축의 직경 d, 길이를 l이라 할 때, 세장비(slenderness ratio) $d/l < 0.0025$에서는 자이로스코픽 효과, 횡전단변형, 회전관성 및 이들의 상호작용은 무시할 수 있다. 이 경우에는 축 요소를 Bernoulli-Euler모델로 근사화하여도 충분하다. 그러나 고차 위험속도를 계산할 때에는 일반적으로 이들 효과가 중요하므로 무시할 수 없고, Timoshenko모델의 유한요소행렬을 이용하여야 한다. 즉, Eshleman과 Eubanks에 의한 Timoshenko모델의 무차원 전향 및 후향 위험속도는 각각

$$p_+^2 = \frac{n^2\pi^2}{\left[1 + r^2n^2\pi^2\left(\frac{E}{\kappa G} - 1\right)\right]^{1/2}}, \quad p_-^2 = \frac{n^2\pi^2}{\left[1 + r^2n^2\pi^2\left(3 + \frac{E}{\kappa G}\right)\right]^{1/2}}$$

로 되고, 여기서 p는 무차원 위험속도로서 $p^4 = \rho A\omega^2 l^4 / EI$이고, r은 세장비, n은 진동모드의 차수이다. 이들 식에서 보이듯이 Bernoulli-Euler모델을 이용하면 위험속도의 예측에 있어서 수학적 모델링의 오차를 초래하게 된다.

상기 식에서 전단계수(shear factor) κ는 탄성이론으로부터 Cowper에 의해 원형단면의 축에 대해 다음과 같이 유도되어 있다.

$$\kappa = \frac{6(1+\nu)}{7+6\nu}$$

여기서 ν는 푸아송(Poisson)비이다. 그림 9.1(b)와 같이 축의 질량 M이 집중질량 m에 비해 적은 경우($M < 2m$), 개략적인 모델에서는 축 요소의 질량 M을 무시할 수도 있다.

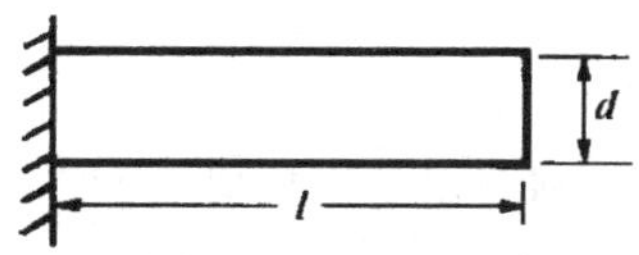

(a) 전단변형효과의 무시

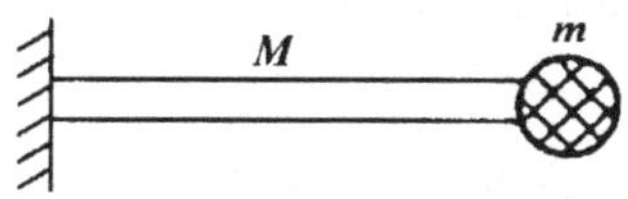

(b) 축 질량의 무시

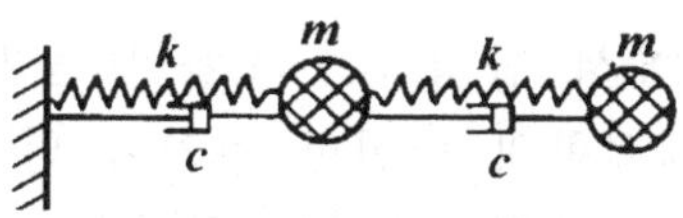

(c) 축 내부감쇠효과의 무시

그림 9.1 / 미소효과의 무시 예

또한 회전축계에 저널베어링, 실(seal) 등의 집중감쇠요소가 존재하는 경우, 축 요소의 내부감쇠나 끼워박음부 등과 같은 접촉부분 등에 존재하는 분포감쇠요소는 무시하는 경우가 일반적이다. 그러나 내부감쇠가 회전체의 불안정을 일으키는 요인으로 작용하는 것이 알려져 있으므로, 부품사이의 내부마찰이나 구조감쇠가 문제가 되는 경우의 안정성해석(stability analysis)에서는 이들 요소를 고려하여야 한다. 그러나 이들을 정량적으로 모델링하는 것은 매우 어렵고 실험이나 경험치에 의존하는 경우가 많다. 축 요소의 내부감쇠 모델은 제10장에서 설명하듯이, Nelson 등(1977)에 의해 유한요소모델이 제시되어 있다. 아울러 감쇠가 작은 구름요소베어링으로 지지된 축계($\zeta < 0.2$)에서는 위험속도 계산에서 감쇠를 고려하지 않아도 큰 오차는 없다.

일반적으로 미소효과 요소의 무시를 위한 순서로서는 처음에 많은 요소를 포함한 모델을 고려하고, 모델 계에서 파라미터 변동에 의한 영향을 조사한 후에, 미소효과 요소를 삭제하게 된다. 미소효과 요소의 무시는 수학적으로는 해석을 위한 운동방정식의 수와 변수의 수를 저감할 수 있게 되므로, 해석이 복잡하게 되는 것을 회피할 수 있게 된다.

9.1.2 해석영역의 한정

문제로 하고 있는 현상거동을 해석하고, 모델 계를 구성할 때 중요하게 되는 것은 대상으로 하는 해석영역의 한정이다. 이것에는 우선, 관계하는 계 전체 가운데 에너지 흐름이나 힘의 흐름형태, 질량분포, 강성분포를 파악하고 영역을 한정한다. 이 경우 한정된 영역과 외부와의 관계는 여기에 입력이 하중이고, 출력이 진동현상과 외부에의 강제변위든가 강제력이 된다.

회전체의 진동은 일반적으로 진동의 방향과 진동수에 따라 구분된다. 진동방향에 따른 분류로는 횡진동(수평, 수직방향의 굽힘진동), 축진동(종진동) 및 비틀림진동이다. 진동주파수가 회전체의 회전주파수 및 이의 정수배인 진동을 **동기진동**(synchronous vibration), 이외의 다른 주파수에서 발생하는 것을 **비동기진동**(asynchronous vibration)이라고 한다. 동기 횡진동이 기계결함의 빈번한 원인이 되고 기계의 진동과 소음의 가장 일반적인 문제가 된다. 따라서 진동해석에서는 횡진동에 초점을 맞추어 해석영역을 한정하게 된다 그러나 왕복엔진에 의해 구동되는 선박용 추진축계나 기어 및 탄성커플링으로 연결된 축계에서는 통상 비틀림진동이 주된 문제가 되므로 해석영역은 비틀림 진동으로 한정되거나, 고속엔진의 경우는 비틀림, 횡 및 종진동이 연성된 복잡한 계로 해석하는 경우도 있다. 터빈·발전기축계와 같이 저압 및 고압증기터빈, 발전기의 여러 회전체가 직렬로 결합된 multi-span rotor 시스템이나 항공기용 가스터빈 및 수직형 펌프와 같이 병렬의 다층구조로 결합된 회전축계의 경우는 각 회전체를 부분계(subsystem)로 모델링하고 부분구조합성법 등을 이용하여 해석하기도 한다. 통상적으로 회전체와 케이싱은 베어링으로 연결되어있고, 서로가 영향을 미칠 수 있다. 그러나 일반적으로는 회전체에 비해 케이싱의 구조가 강체로 고려될 수 있으므로 케이싱을 무시하고 해석을 수행한다. 물론 수직형 펌프와 같이 무시할 수 없는 경우는 이를 고려하여 다층구조(multi-layer structure)로 모델링 하여야 한다. 따라서 설계해석의 신뢰성 향상에는 구조계가 특정영역으로 한정 분할할 수 있고 모델링하기 쉽도록 기본적인 계의 설계방침을 세우는 것이 요구된다.

일반적으로 동적 문제에서는 관성력이 넓은 영역에 발생하므로, 대상 이외의 영역과 분리하기가 어렵고, 진동현상은 전체적인 것으로 되는 경우가 많다. 이 경우, 각 영역의 질량분포의 비에 의해 상호간의 영향의 방법이나 정도가 변화하므로, 적절한 질량비와 변위비가 다른 것과의 사이에 존재하도록 영역을 한정하여 해석하고, 설계모델을 작성하는 것이 좋다. 영역을 한정하여 계를 고려하는 것은 수학적으로는 해석방정식의 자유도(degree of freedom)를 낮추는 것이 되고, 컴퓨터 이용 상 꼭 필요하게 된다.

9.1.3 집중요소 근사 및 집중정수화

탄성계의 동적 문제 해석에서는 해석을 단순화하기 위해, 분포계의 문제를 집중 요소계의 문제로 치환하여 고려하고 있다. 그 중 가장 널리 알려진 예로는 그림 9.2(a)와 같은 **분포질량**(distributed mass)을 **집중질량**(lumped mass)으로 근사하는 것이다. 예로 전동기나 발전기의 회전자에서의 코어(core)질량을 들 수 있다. 이들은 통상 회전자가 결합되는 축 요소를 적절하게 분할하고, 그 절점들에 질량이 집중하여 작용하는 것으로 모델링한다. 펌프의 임펠러와 수차터빈의 런너(runner)부 등은 원판요소로 가정하여 중심위치에 대응하는 절점에 질량과 질량관성모멘트가 집중하여 작용하는 것으로 한다. 이때 임펠러와 런너 내의 유체질량도 부가질량(add mass)으로 함께 고려한다.

또한 그림 9.2(b)와 같이 축이 탄성체로 지지되거나 유체가운데서 축이 휘돌림진동을 할 경우, 진동에 의한 탄성복원력 또는 유체 반력이 작용하게 된다. 이 힘들은 분포되어 있고 엄밀히는 축방향의 위치에 따라 힘의 크기가 다르다. 저널베어링의 유막력(oil film force)이나 비접촉 실 부분의 유체력은 편의상 베어링이나 실의 중앙위치에

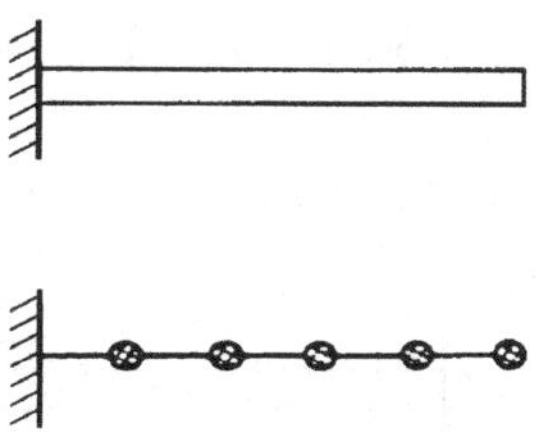

(a) 질량의 집중화 근사

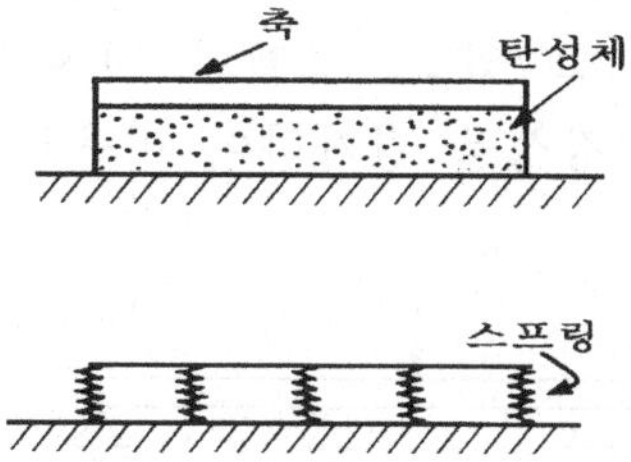

(b) 분포강성의 집중화 근사

그림 9.2 / 집중요소 근사 및 집중정수화

이 힘들이 집중하여 작용하는 것으로 하고 스프링과 감쇠기로 모델링된다. 또한 전동기와 발전기에서 발생하는 **전자기력**(electromagnetic force)은 공극 내에서 회전자의 변위에 비례하는 음 강성(negative stiffness)으로 모델링되고 몇 개의 스프링으로 분포강성을 집중화하여 나타낸다. 이러한 예로는 **분포 탄성기초**(foundation)의 경우도 있다.

집중요소 근사에 의한 특징으로서는 우선 기초방정식이 편미분방정식에서 상미분방정식으로 되는 것과 같이 기본적인 차원이 저하되는 것이 있고, 아울러 전체의 해석자유도가 감소하게 된다. 그래서 자유도의 저하에 의해 모델 계에 존재하는 고유치의 수나 고차모드에 의한 해의 부분도 감소하므로, 해의 안정성이 증대하고 올바른 해에의 수렴성이 좋게 된다.

9.1.4 선형화

해석계산에 있어서 계에 **선형성**(linearity)이 있으면 중첩의 원리가 사용되므로, 도중의 거동경과를 무시하고 결과만을 고려하는 것이 가능하여 매우 취급이 간단하게 된다. 실제의 현상을 보게되면, **비선형성**은 미소하지만 항상 존재한다. 그러나 일반적으로 비선형성이 문제로 되는 것은 제한된 경우이고, 대부분은 선형 현상이다. 분명한 비선형문제 (예로, 탄소성영역까지 사용되는 기계요소의 내진설계계산, 비선형의 거동을 하는 기계요소의 설계 등)를 제외하고, 약간의 비선형성을 갖는 요소의 설계해석에서는 계를 선형계로 가정하여 해석한다. 일반 저널베어링에서 발생하는 유막력은 비선형특성을 가지고 있다. 그러나 축계는 일반적으로 저널의 정적 평형위치에서의 미소진동으로 취급되므로, 선형화하여 변위와 속도에 비례하는 항으로 나타낸다. 그러나 왕복 내연기관과 같이 폭발행정시의 과대한 힘에 의해 저널이 과대한 진동을 하는 경우는 비선형성을 고려하여야 한다. 또한 구름요소베어링에서는 베어링하중에 의존하는 비선형성을 가지고 있고, 모델링 시에는 베어링하중을 상정하고 하중·강성곡선에서 이 하중에 대한 강성을 평가하여 이용하고 있다.

(a) 미소한 거더를 무시
(예: 배관의 지지구조)

(b) 변형에 의한 힘의 작용방향
변화를 무시(예: 축력)

그림 9.3 / 비선형성의 선형화 예

9.1.5 변동이 적은 변수의 정수화 및 변동이 적은 경계조건의 변화무시

일반적으로 계의 내부 파라미터나 경계조건 등은 환경의 상황에 의해 미소하게 변동하든지, 조금씩 한쪽으로 변화해 가는 경우가 있다. 이들은 시간적인 변화, 변형이나 힘의 크기에 의존하는 변화, 환경의 온도 등에 영향을 받는 변화이다. 예를 들어 고온환경 하에서 사용되는 증기 및 가스터빈, 보일러급수펌프 등의 경우에는 축 요소에 작용하는 온도가 위치와 시간에 따라 다르므로, 이들 온도에 대응하는 종 및 횡탄성계수를 이용하여야 한다.

그림 9.4는 사용온도의 증가에 따라서 강 재료의 종탄성계수(Young계수)가 감소하는 것을 나타낸 예이다. Young계수가 감소하면, 회전체의 고유진동수가 저하하게 된다. 따라서 사용온도가 높거나 온도분포의 변화가 큰 회전체의 해석에서는 이것을 고려해야 한다. 또한 고온에서는 크립(creep)변형이 촉진되고, 진동응력이 회전체의 경년적인 굽힘의 원인으로 되는 것도 있다. 그러나, 계를 모델링하여 동특성을 검토하는 경우에는 그 변화가 적다면 무시하고, 큰 거동특성을 계산한다.

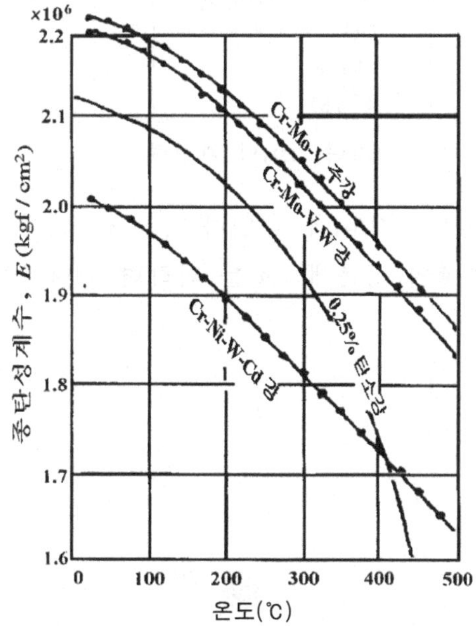

그림 9.4 / 강 재료의 Young계수에 대한 온도효과

파라미터의 적은 변동을 무시하고 정수로 하는 것은 수학적으로는 기초방정식의 파라미터를 정수계수로 하는 것으로 되고, 해석과 특성평가가 매우 쉽게 된다. 또 경계조건 변화의 무시는 계의 부가조건의 변동이 고정으로 되어, 역시 해석이 용이하게 된다.

9.2 집중질량 및 원판요소의 취급

집중질량이 임의 절점에 있는 경우를 고려하자. 예로서 예제 8.5의 절점 2에 집중질량이 있는 그림 9.5의 계를 고려한다. 집중질량 m_2에 의한 관성력을 고려하면, 예제 8.5의 식(14) 또는 예제 8.6의 식(4)의 외력벡터 $\boldsymbol{F}$는 다음과 같이 된다.

$$\boldsymbol{F} = \begin{Bmatrix} V_{x1} & \\ T_{y1} & \\ 0 & -m_2\ddot{u}_2 \\ 0 & \\ V_{x3} & \\ T_{y3} & \end{Bmatrix} \tag{9.1}$$

지지력 m_2의 관성력

이것을 예제 8.5의 운동방정식(4)에 대입하고, $-m_2\ddot{u}_2$를 이항하여 정리하면, 결국 질량행렬 $\boldsymbol{M}$의 제 3행 3열째의 성분에 m_2를 더하면 된다. 즉, 절점 i에 집중질량 m_i

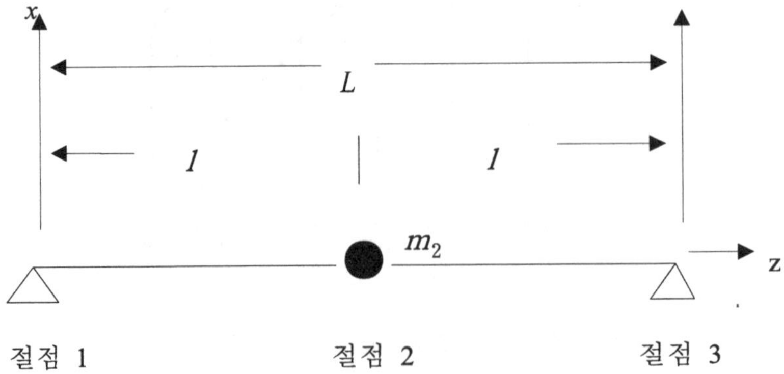

그림 9.5 / 집중질량 요소

가 부착되어 있을 경우, 질량행렬 M의 제 $2(i\text{-}1)+1$행, $2(i\text{-}1)+1$열 성분에 m_i를 더하면 된다. 그림 9.5의 집중질량 m_2대신에 질량 m_2, 관성모멘트 I_d의 원판요소가 부착된 경우는 식(9.1)에 더하여 절점 2의 각변위에 대응하는 항에 $-I_d\ddot{\psi}_2$를 추가하면 된다. 이에 대한 질량행렬은 예제 9.2에서 다룬다.

예제 9.1

집중질량요소의 질량행렬 유도

그림 9.5의 집중질량요소에 대한 계 전체의 질량행렬을 유도하시오.

양단 단순지지된 축의 중앙부(mid-span)에 집중질량 m_2가 있는 경우이므로, 계 전체의 절점에 대한 변위벡터는

$$U = \{u_1\ \psi_1\ u_2\ \psi_2\ u_3\ \psi_3\}^T \tag{1}$$

이다. 질량행렬은 축 요소의 분포질량을 무시하면, 단지 절점 2($i=2$)에 집중질량 m_2가 있으므로 질량행렬 M의 제 2(2-1)+1행, 2(2-1)+1열, 즉 3행 3열의 요소에 m_2를 부가하면 되고 다음과 같이 표현된다.

$$M = \begin{bmatrix} 0 & & & & & 0 \\ & 0 & & & & \\ & & m_2 & & & \\ & & & 0 & & \\ & & & & 0 & \\ 0 & & & & & 0 \end{bmatrix} \tag{2}$$

만일 축 요소의 분포질량을 고려하면, 예제 8.5의 식(9)와 같이 분포질량에 대한 계의 질량행렬에 집중질량을 다음과 같이 부가하면 된다.

$$M = \frac{\rho A l}{420}\begin{bmatrix} 156 & & & & & \\ 22l & 4l^2 & & & \text{대칭} & \\ 54 & 13l & 312+m'_2 & & & \\ -13l & -3l^2 & 0 & 8l^2 & & \\ 0 & 0 & 54 & 13l & 156 & \\ 0 & 0 & -13l & -3l^2 & -22l & 4l^2 \end{bmatrix} \tag{3}$$

단, 식(3)에서 $m_2{}'$는 다음과 같다.

$$m_2{}' = \frac{420}{\rho A l} m_2$$

강성행렬은 예제 8.5와 동일하다.

예제 9.2

원판요소의 질량행렬 유도

그림 9.2-1과 같이 축 요소 수는 2개로 하고 중앙에 원판이 1개 부착되어 있으며, 지지조건은 연성 항이 없고 양단이 단순지지되어 있는 경우의 전체질량행렬을 구성하시오.

질량행렬에 약간의 변화가 있다. 질량행렬에는 원판이 부착된 절점의 병진변위에 대해서 원판의 질량 m_d가, 회전변위에 대해서는 원판의 질량관성모멘트 I_d가 부가된다. 즉 절점 i에 원판요소가 부착되어 있다면, 질량행렬 M의 제 $2(i-1)+1$행, $2(i-1)+1$열 성분에 질량 m_{di}를, 그리고 $2i$행, $2i$열 성분에 질량관성모멘트 I_{di}를 부가하면

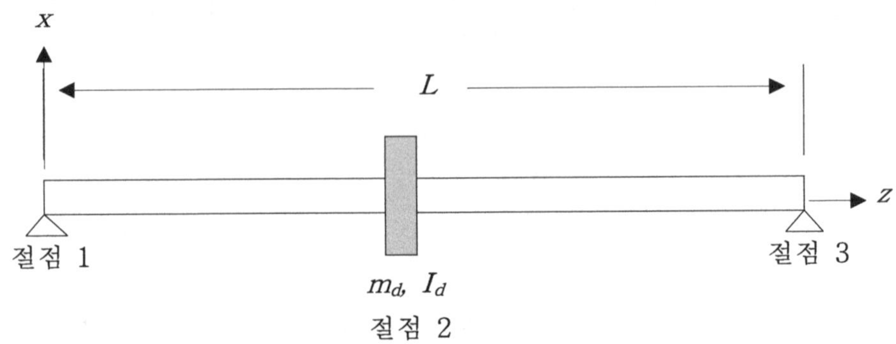

그림 9.2-1 / 중앙에 원판이 1개 부착된 축

된다. 이 예제의 경우는 $i=2$이므로, 3행 3열의 요소와 4행 4열의 요소에 각각 m_d와 I_d를 부가하면 된다. 강성행렬은 예제 8.5에서 구한 행렬과 동일하다. 질량행렬은 아래와 같다.

$$
M = \frac{\rho A l}{420}
\begin{bmatrix}
156 & 22l & 54 & -13l & & \\
22l & 4l^2 & 13l & -3l^2 & & \\
54 & 13l & 312 + \frac{420}{\rho A l} \cdot m_d & 0 & 54 & -13l \\
-13l & -3l^2 & 0 & 8l^2 + \frac{420}{\rho A l} \cdot I_d & 13l & -3l^2 \\
 & & 54 & 13l & 156 & -22l \\
 & & -13l & -3l^2 & -22l & 4l^2
\end{bmatrix}
$$

9.3 계의 대칭성

대칭성(symmetry)을 처음부터 고려하면, 1개의 요소만으로 전체를 2분할하였을 때와 같은 정도의 계산결과가 얻어질 수 있다. 이와 같이 계가 대칭일 때, 그 특징을 고려하여 전체의 반만을 해석하는 것도 가능하다. 이는 계산시간과 계산정도의 관점에서도 중요하다. 그러므로 예제 8.5에 대해 대칭성을 고려하여 1개의 요소만을 이용하여 계산하여도 전체를 2개의 요소로 분할했을 때와 같은 정도의 해가 얻어지는 것을 다음의 예제 9.3을 이용하여 나타낸다.

예제 9.3

2 분할 단순지지 축의 고유진동수 계산

계의 대칭성을 이용하여 단순지지 축의 고유진동수를 구하고, 예제 8.5의 축을 2분할한 경우의 계산결과와 비교하시오.

이 경우 방정식은 요소가 1개이기 때문에, 예제 8.3의 L과 l이 다를 뿐으로 예제 8.3의 식(2)와 거의 같다. 즉,

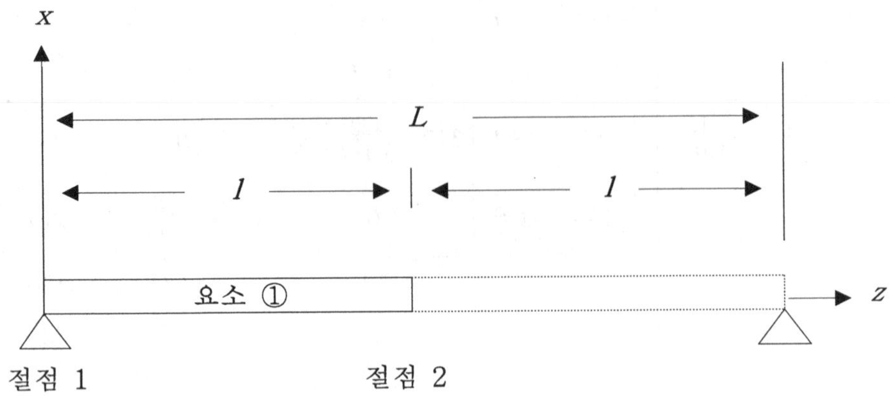

그림 9.3-1 / 대칭요소의 축소

$$\frac{\rho Al}{420}\begin{bmatrix} 156 & & & \text{대칭} \\ 22l & 4l^2 & & \\ 54 & 13l & 156 & \\ -13l & -3l^2 & 22l & 4l^2 \end{bmatrix} \frac{d^2}{dt^2}\begin{Bmatrix} u_1 \\ \Psi_1 \\ u_2 \\ \Psi_2 \end{Bmatrix}$$

$$+\frac{2EI}{l^3}\begin{bmatrix} 6 & & & \text{대칭} \\ 3l & 2l^2 & & \\ -6 & -3l & 6 & \\ 3l & l^2 & -3l & 2l^2 \end{bmatrix}\begin{Bmatrix} u_1 \\ \Psi_1 \\ u_2 \\ \Psi_2 \end{Bmatrix} = F \tag{1}$$

단, 경계조건으로는

$$z = 0(\text{좌단}) : u_1 = 0, M_{y1} = 0 \tag{2}$$

$$z = l(= L/2, \text{중앙}) : \begin{cases} \Psi_2 = 0, V_{x2} = 0 & ; \text{대칭모드} \\ u_2 = 0, M_{y2} = 0 & ; \text{반대칭모드} \end{cases} \tag{3}$$

그러므로 우변의 벡터 F는

$$\begin{aligned} F &= \{V_{x1}\ 0\ 0\ M_{y2}\}^T \ ; \text{대칭모드} \\ F &= \{V_{x1}\ 0\ V_{x2}\ 0\}^T \ ; \text{반대칭모드} \end{aligned} \tag{4}$$

로 된다. 이 중 반대칭모드의 경우는 F가 예제 8.3의 식(2)와 완전히 같다. 이것은 반대칭모드에서는 $z=0$, L 및 $z=l(L/2)$에서 절을 가지는 진동모드는 예제 8.3에서 구한 해에 L을 $l(=L/2)$로 바꾼 것에 불과하기 때문이다. 예를 들면 예제 8.3에서 1차와 2차의 고유진동수는 L을 $L/2$로 치환하면

$$43.8\sqrt{EI/(\rho AL^4)}, \quad 200.8\sqrt{EI/(\rho AL^4)} \tag{5}$$

로 되고, 이것은 표 8.6-1과 같이 축을 2분할하여 구한 경우의 2차와 4차 고유진동수와 정확히 일치하고 있다. 따라서 반대칭모드에 관해서는 구하는 방법이 예제 8.3과 같기 때문에 생략한다. 대칭모드에서는 $u_1 = \psi_2 = 0$이므로, 식(1)에서 제 1열 및 4열, 제 1행 및 4행이 불필요하다. 그러므로 축소된 방정식은

$$\frac{\rho Al}{420}\begin{bmatrix} 4l^2 & 13l \\ 13l & 156 \end{bmatrix}\frac{d^2}{dt^2}\begin{Bmatrix} \psi_1 \\ u_2 \end{Bmatrix} + \frac{2EI}{l^3}\begin{bmatrix} 2l^2 & -3l \\ -3l & 6 \end{bmatrix}\begin{Bmatrix} \psi_1 \\ u_2 \end{Bmatrix} = F' = \begin{Bmatrix} 0 \\ 0 \end{Bmatrix} \tag{6}$$

으로 되고, 해를

$$\begin{Bmatrix} \psi_1 \\ u_2 \end{Bmatrix} = \begin{Bmatrix} \Phi_1 \\ U_2 \end{Bmatrix}\sin pt \tag{7}$$

로 놓고, $l = L/2$의 관계를 대입하여 앞의 과정과 같은 방법으로 $\lambda = (\rho AL^4/EI)p^2$으로 놓으면, 특성방정식은 다음과 같이 된다.

$$\begin{vmatrix} 64-\lambda/105 & -96-13\lambda/420 \\ -96-13\lambda/420 & 192-13\lambda/35 \end{vmatrix} = 0 \tag{8}$$

식(8)을 풀면 다음과 같이 예제 8.6에서 구한 1차 및 3차 고유진동수와 완전히 같은 값이 얻어진다.

$$9.91\sqrt{EI/(\rho AL^4)}, \quad 110.14\sqrt{EI/(\rho AL^4)} \tag{9}$$

이상으로부터 대칭성을 고려하는 것에 의해 요소수의 반으로 높은 정도의 해를 구하는 것이 가능하다는 것을 알 수 있다.

9.4 3차원으로의 확장

지금까지는 2차원 해석에 대해 기술하였다. 여기에서는 자이로스코픽 모멘트의 영향을 고려하기 위해 3차원 해석으로 확장한다.

좌표계의 취급방법은 그림 9.6에 보이는 것처럼 지금까지의 x방향의 변위 u 및 각

변위 ψ에 부가하여, y방향의 변위 v, 각변위 θ도 함께 고려한다. 변위와 각변위의 방향은 그림 9.6에 표시된 것처럼 정의한다. 이리하면 축에 대한 질량 및 강성행렬은 y 방향에 대해서도 x방향의 행렬과 완전히 동일하다.

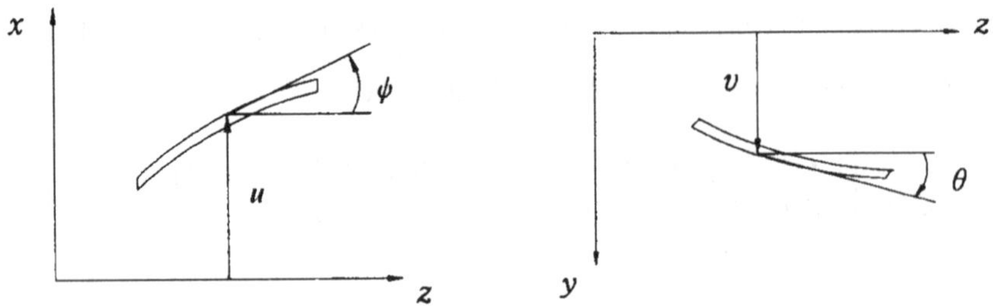

(a) xz평면 (b) yz평면

그림 9.6 / 좌표계

예제 9.4

2 분할 요소의 3차원으로의 확장

2분할된 축 요소를 3차원으로 확장하시오.

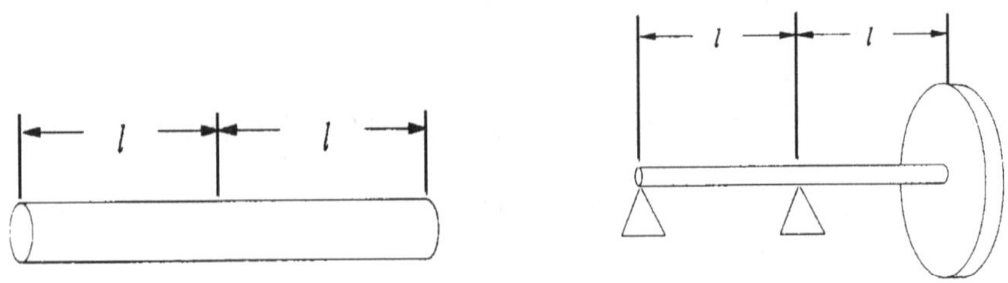

(a) 축 요소 (b) 원판 축계

그림 9.7 / 해석모델

그림 9.7(a)에 보이듯이 길이가 $2l$인 축의 운동을 고려한다. 이 축을 2개의 요소로 분할하고, 요소 ①과 ②의 요소길이는 같게 한다 (요소의 길이를 같게 할 필연성은 없지만, 여기에서는 간단히 하기 위해 같은 것으로 한다). 3차원 해석에는 절점 변위벡터의 차원이 2배가 된다. 이 예에서는 모든 절점 수는 3이기 때문에, x방향의 절점 변위벡터 U에 y방향에 대한 절점 변위벡터 V

$$V = \{ v_1 \ \Theta_1 \ v_2 \ \Theta_2 \ v_3 \ \Theta_3 \}^T \tag{1}$$

가 변위벡터에 더해진다. 즉, x 및 y방향의 모든 절점 변위벡터는 U와 V를 더한

$$\begin{Bmatrix} U \\ V \end{Bmatrix} = \{ u_1 \ \Psi_1 \ u_2 \ \Psi_2 \ u_3 \ \Psi_3 \ \vdots \ v_1 \ \Theta_1 \ v_2 \ \Theta_2 \ v_3 \ \Theta_3 \}^T \tag{2}$$

로 쓸 수 있다.

지지부의 영향을 고려하지 않으면 자이로스코픽 모멘트가 무시될 수 있는 경우, x 및 y방향의 축 변위와 각변위는 서로 연성이 되지 않기(서로 관계하지 않는다.) 때문에, y방향의 전체 강성 및 질량행렬을 x방향의 경우와 같이 구성하는 것이 가능하다. (당연히 절점 수에 의해 행렬의 차원은 변하고, 이들 행렬의 구성은 8.5절과 같다.)

그림 9.7(a)에 대응하는 계 전체의 운동방정식은 다음과 같이 쓸 수 있다.

$$\begin{matrix} M & 0 \\ 0 & M \end{matrix} \begin{Bmatrix} \ddot{U} \\ \ddot{V} \end{Bmatrix} + \begin{matrix} K & 0 \\ 0 & K \end{matrix} \begin{Bmatrix} U \\ V \end{Bmatrix} = \begin{Bmatrix} F_x \\ F_y \end{Bmatrix} \tag{3}$$

식(3)에서 질량행렬 M, 강성행렬 K 및 우변벡터는 각각 다음과 같이 된다.

$$M = \frac{\rho A l}{420} \begin{bmatrix} 156 & & & & & \text{대칭} \\ 22l & 4l^2 & & & & \\ 54 & 13l & 312 & & & \\ -13l & -3l^2 & 0 & 8l^2 & & \\ 0 & 0 & 54 & 13l & 156 & \\ 0 & 0 & -13l & -3l & -22l & 4l^2 \end{bmatrix} \tag{4}$$

$$K = \frac{2EI}{l^3} \begin{bmatrix} 6 & & & & & \text{대칭} \\ 3l & 2l^2 & & & & \\ -6 & -3l & 12 & & & \\ 3l & l^2 & 0 & 4l^2 & & \\ 0 & 0 & -6 & -3l & 6 & \\ 0 & 0 & 3l & l^2 & -3l & 2l^2 \end{bmatrix} \tag{5}$$

$$\begin{Bmatrix} F_x \\ F_y \end{Bmatrix} = \{ V_{x1} M_{y1} V_{x2} M_{y2} V_{x3} M_{y3} \ \vdots \ V_{y1} M_{x1} V_{y2} M_{x2} V_{y3} M_{x3} \}^T \tag{6}$$

길이 $2l$의 축 직경이 일정한 축을 길이가 같은 2개의 요소로 분할하고 있기 때문에, 식(4)와 (5)는 예제 8.4와 완전히 같다. 식(3)의 우변 F_x는 예제 8.4의 식(13)의 F 이지만, y방향도 고려하고 있기 때문에 첨자 x를 붙여서 구별하고 있다. F_y에 대해서도

F_x와 동일하게 y방향의 실제 외력 만이 성분으로서 표현된다. $\{F_x \ F_y\}^T$에 대해서는 구체적으로 지지조건이 결정되지 않으면 모른다. 이것에 대해서는 9.6절에서 고려한다.

축만의 고유진동수는 식(3)을 이용하여 구하는 것이 가능하다. x방향과 y방향의 운동방정식이 연성되지 않기 때문에 한 방향(x 또는 y방향)의 운동만을 고려하면 되고, 2방향의 운동을 동시에 고려할 필요는 없다.

9.5 원판의 운동

그림 9.8에 보이는 것처럼 질량 m_d, 관성모멘트 I_d 및 극관성모멘트 I_p인 원판(disk)의 각운동량(angular momentum)에 대해서 고려한다. 그림에는 원판의 양측에 작용하는 모멘트를 M_{yD}^L, M_{yD}^R등으로 나타내고 있다. 그림에서 화살표 기호는 각운동량벡터 및 원판에 작용하는 모멘트의 양(+)의 방향을 나타내고 있고, 실제의 각운동량 및 모멘트의 방향은 화살표의 방향으로 오른 나사를 나아가게 하는 방향으로 작용하고 있다.

원판의 각변위(기울기) ψ_D, Θ_D가 미소하면, x, y축 주위의 각운동량 L_x, L_y는 원판의 각변위(기울기)에 의한 기여부분 $I_d\dot{\theta}_D$, $I_d\dot{\psi}_D$ 이외에 자전운동(spin motion)에 의한 기여부분 $I_p\Omega\psi_D$, $I_p\Omega\Theta_D$로 이루어진다. 즉

$$L_y = -I_d\dot{\psi}_D - I_p\Omega\theta_D, \quad L_x = -I_d\dot{\theta}_D + I_p\Omega\psi_D \tag{9.2}$$

식(9.2)의 우변 제 2항이 자이로스코프 효과(gyroscope effect)에 의한 성분이다.

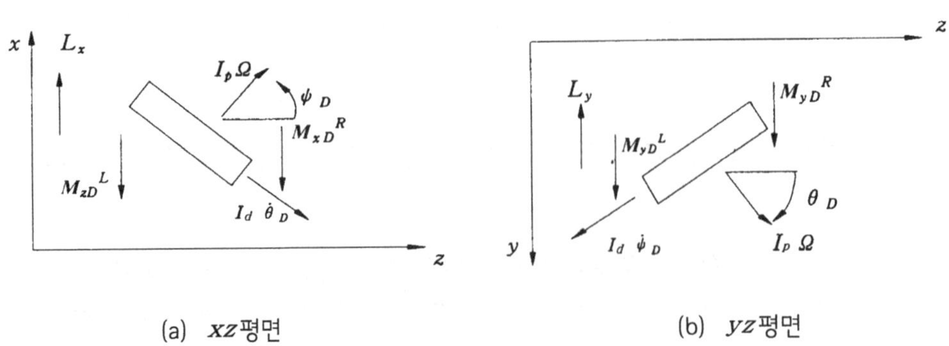

그림 9.8 / 원판의 운동

각운동량의 시간 변화율이 외력 모멘트와 같기 때문에 그림 9.8에 보인 외력 모멘트와 각운동량 L_y, L_x의 방향에 주의하면, 원판의 회전운동(tilting motion, 자전이 아닌 경사운동)에 관한 운동방정식은

$$\frac{dL_y}{dt} = -(M^L_{yD} + M^R_{yD}), \quad \frac{dL_x}{dt} = -(M^L_{xD} + M^R_{xD}) \tag{9.3}$$

이 되고, 식(9.3)의 우변은 원판의 양측에 있는 축으로부터 작용하는 모멘트(원판에 외력)이다. 이 식에 식(9.2)를 대입하면, 운동방정식이 다음과 같이 유도된다.

$$\begin{aligned} I_d\ddot{\psi}_D + I_p\Omega\dot{\theta}_D &= M^L_{yD} + M^R_{yD} \\ I_d\ddot{\theta}_D - I_p\Omega\dot{\psi}_D &= M^L_{xD} + M^R_{xD} \end{aligned} \tag{9.4}$$

다음으로 원판의 병진운동에 대한 운동방정식은 특히 어렵지 않기 때문에, 중간과정을 생략하고 결과만 쓰면 다음과 같다.

$$\begin{aligned} m_d\ddot{u}_d &= V^L_{xD} + V^R_{xD} \\ m_d\ddot{v}_d &= V^L_{yD} + V^R_{yD} \end{aligned} \tag{9.5}$$

원판에 작용하는 힘 V^L_{xD} 및 V^R_{xD}, V^L_{yD} 및 V^R_{yD}의 양의 방향은 각각 x, y의 양의 방향이다. 변위벡터

$$u_D = \{u_D \ \ \psi_D \ \ v_D \ \ \Theta_D\}^T \tag{9.6}$$

를 이용하여 식(9.4) 및 (9.5)를 종합해서 나타내면, 원판의 운동방정식은 식(9.7)과 같이 나타내어진다. 질량행렬이 대칭행렬인 것에 대해 자이로스코프 효과를 나타내는 좌변 제 2항의 행렬은 **의대칭행렬**(skew-symmetric matrix)로 행렬의 요소가 $a_{ij} = -a_{ji}$의 관계를 가진다. 이는 원판의 x, y축 주위의 경사운동이 서로 연성하고 있는 것을 나타낸다. 또한 이 행렬내의 성분은 회전각속도 Ω에 비례하고 있으므로, 자이로스코프 효과는 회전각속도 Ω가 높을수록 현저하게 되는 것을 예상할 수 있다.

$$\begin{bmatrix} m_d & & & 0 \\ & I_d & & \\ & & m_d & \\ 0 & & & I_d \end{bmatrix} \ddot{u}_D + \Omega \begin{bmatrix} 0 & 0 & 0 & 0 \\ 0 & 0 & 0 & I_p \\ 0 & 0 & 0 & 0 \\ 0 & -I_p & 0 & 0 \end{bmatrix} \dot{u}_D = \begin{Bmatrix} V_{xD}{}^L + V_{xD}{}^R \\ M_{yD}{}^L + M_{yD}{}^R \\ V_{yD}{}^L + V_{yD}{}^R \\ M_{xD}{}^L + M_{xD}{}^R \end{Bmatrix} \tag{9.7}$$

원판의 위치가 축 위의 절점 k에 일치하고 있다고 한다. 이때 그 절점 변위벡터 $\boldsymbol{u}_k$와 원판의 변위벡터 $\boldsymbol{u}_D$는 같기 때문에 다음의 관계가 성립한다.

$$\{u_D \ \ \Psi_D \ \ v_D \ \ \Theta_D\}^T = \boldsymbol{u}_D = \boldsymbol{u}_k = \{u_k \ \ \Psi_k \ \ v_k \ \ \Theta_k\}^T \tag{9.8}$$

그러므로 식(9.8)의 관계를 고려하여 축만의 운동방정식인 예제 9.4의 식(3)과 원판의 운동방정식(9.7)을 풀면 된다.

9.6 원판이 부착된 축계의 운동

이하에 예제 9.5를 이용하여 원판과 축을 합성한 계의 운동방정식을 정식화하는 방법과 고유진동수의 계산방법에 대해 설명한다.

예제 9.5

원판이 부착된 축계의 고유진동수 계산 방법

그림 9.7(a)와 같은 축만의 계에 원판이 부착된 그림 9.7(b)와 같은 계에 대한 운동방정식을 유도하고, 고유진동수를 구하시오. 단, 원판의 질량 m_d, 관성모멘트 I_d, 극관성모멘트 I_p이다.

먼저 원판의 운동방정식을 절점변위벡터 $\{U \ \ V\}^T$를 이용하여 표현하자. 이 예제에서는 원판은 절점 3에 부착되어 있기 때문에 식(9.8)에서 첨자 $k=3$이다. 그러므로 원판의 운동방정식(9.7)은 식(9*.6)의 $\boldsymbol{u}_D$가 아니고, 예제 9.4의 식(2)의 $\{U \ \ V\}^T$를 이용하여 다음과 같이 쓴다. 단, 공백부분의 성분은 모두 영이다.

원판을 포함한 계 전체의 운동방정식은 예제 9.4의 식(3)과 식(1)을 더한 것이다. 우변의 벡터에 대해서도 같다. 즉, 예제 9.4의 식(6)과 식(1)의 우변을 합하면 된다. 계의 운동방정식은 형식적으로는 다음과 같이 나타내어진다.

$$\begin{matrix} M & 0 \\ 0 & M \end{matrix} \begin{Bmatrix} \ddot{U} \\ \ddot{V} \end{Bmatrix} + \Omega \begin{matrix} 0 & G \\ -G & 0 \end{matrix} \begin{Bmatrix} \dot{U} \\ \dot{V} \end{Bmatrix} + \begin{matrix} K & 0 \\ 0 & K \end{matrix} \begin{Bmatrix} U \\ V \end{Bmatrix} = \begin{Bmatrix} F_x \\ F_y \end{Bmatrix} \tag{2}$$

$$
\left[\begin{array}{cccccc:cccccc}
0 &&&&&&&&&&& \\
& 0 &&&&&&&&&& \\
&& 0 &&&&&&&&& \\
&&& 0 &&&&& 0 &&& \\
&&&& m_d &&&&&&& \\
&&&&& I_d &&&&&& \\ \hdashline
&&&&&& 0 &&&&& \\
&&&&&&& 0 &&&& \\
&&& 0 &&&&& 0 &&& \\
&&&&&&&&& 0 && \\
&&&&&&&&&& m_d & \\
&&&&&&&&&&& I_d
\end{array}\right]
\begin{Bmatrix} \ddot{U} \\ \ddot{V} \end{Bmatrix}
+\Omega
\left[\begin{array}{c:c}
0 & I_p \\ \hdashline
-I_p & 0
\end{array}\right]
\begin{Bmatrix} \dot{U} \\ \dot{V} \end{Bmatrix}
=
\begin{bmatrix}
0 \\ 0 \\ 0 \\ 0 \\ V_{xD}{}^L + V_{xD}{}^R \\ M_{yD}{}^L + M_{yD}{}^R \\ \hdashline 0 \\ 0 \\ 0 \\ 0 \\ V_{yD}{}^L + V_{yD}{}^R \\ M_{xD}{}^L + M_{xD}{}^R
\end{bmatrix}
\qquad (1)
$$

단, $\boldsymbol{M}$, $\boldsymbol{G}$, $\boldsymbol{K}$ 및 우변벡터는 예제 9.4의 식(3)및 (6)과 같은 기호를 이용하고 있지만, 내용은 같지 않다. 행렬의 구체적인 요소는 다음과 같다.

$$
\boldsymbol{M} = \rho A l
\begin{bmatrix}
13/35 &&&&& \text{대칭} \\
11l/210 & l^2/105 &&&& \\
9/70 & 13l/420 & 26/35 &&& \\
-13l/420 & -l^2/140 & 0 & 2l^2/105 && \\
0 & 0 & 9/70 & 13l/420 & 13/35 + m_d/(\rho A l) & \\
0 & 0 & -13l/420 & -l^2/140 & -11l/210 & l^2/105 + I_d/(\rho A l)
\end{bmatrix}
\qquad (3)
$$

$$
\boldsymbol{G} =
\begin{bmatrix}
0 &&& \text{대칭} && \\
0 & 0 &&&& \\
0 & 0 & 0 &&& \\
0 & 0 & 0 & 0 && \\
0 & 0 & 0 & 0 & 0 & \\
0 & 0 & 0 & 0 & 0 & I_p
\end{bmatrix},
\quad
\boldsymbol{K} = \frac{2EI}{l^3}
\begin{bmatrix}
6 &&&&& \text{대칭} \\
3l & 2l^2 &&&& \\
-6 & -3l & 12 &&& \\
3l & l^2 & 0 & 4l^2 && \\
0 & 0 & -6 & -3l & 6 & \\
0 & 0 & 3l & l^2 & -3l & 2l^2
\end{bmatrix}
\qquad (4)
$$

우변의 외력벡터에 대해서는 8.6절에서 설명한 것처럼, 소위 내력은 서로 소거되기 때문에 고려하지 않아도 좋으므로 이 경우, 축계에서 실제 외력은 절점 1 및 2에 작용하는 베어링반력(혹은 지지력)만이다(절점 3에 대해서는 원판과 축을 포함한 계를 고려하면, 원판과 축사이의 힘은 내력으로 되어 소거되기 때문에 이 성분은 0으로 된다).

$$\begin{Bmatrix} F_x \\ \cdots \\ F_y \end{Bmatrix} = \{V_{x1}\ M_{y1}\ V_{x2}\ M_{y2}\ 0\ \ 0\ \vdots\ V_{y1}\ M_{x1}\ V_{y2}\ M_{x2}\ 0\ \ 0\}^T \tag{5}$$

여기서 0이 아닌 성분은 지지점에서의 반력으로, 지금 각 절점의 지지조건을 단순지지로 하면 절점 1 및 2에 대한 변위가 0이므로

$$u_1 = u_2 = v_1 = v_2 = 0 \tag{6}$$

로 되고, 따라서 u_1, u_2, v_1, v_2에 대한 방정식은 불필요하기 때문에 식(2)의 3개의 행렬

$$\begin{bmatrix} M & 0 \\ 0 & M \end{bmatrix},\ \begin{bmatrix} 0 & G \\ -G & 0 \end{bmatrix},\ \begin{bmatrix} K & 0 \\ 0 & K \end{bmatrix}$$

의 제 1, 3, 7, 9행 및 제 1, 3, 7, 9열의 성분은 불필요하다. 그러므로 변위벡터 $\{U\ \ V\}^T$도 4개의 성분을 제외한 것을 고려하면 좋다. 이 벡터를 $\{U_c\ V_c\}^T$로 쓰면

$$\{U_c\ V_c\}^T = \{\Psi_1\ \ \Psi_2\ \ u_3\ \ \Psi_3\ \ \Theta_1\ \Theta_2\ v_3\ \Theta_3\}^T \tag{7}$$

로 된다. 더욱이 지지점에서는 굽힘모멘트가 0이기 때문에

$$M_{y1} = M_{y2} = M_{x1} = M_{x2} = 0 \tag{8}$$

이로부터 식(6)의 우변은

$$\begin{Bmatrix} F_x \\ \cdots \\ F_y \end{Bmatrix} = \{V_{x1}\,0\ \ V_{x2}\,0\ 0\ 0\ \vdots\ V_{y1}\,0\ \ V_{y2}\,0\ 0\ 0\}^T \tag{9}$$

더욱이 제 1, 3, 7, 9행 성분이 불필요하다는 것을 고려하면, 불필요한 4성분을 제거한 우변벡터는 영 벡터로 되는 것을 알 수 있다. 불필요한 성분을 제거한 행렬 및 벡터에 하첨자 c를 붙이면, 축소된 운동방정식은 다음과 같이 쓰여진다.

$$\begin{matrix} M_c & 0 \\ 0 & M_c \end{matrix} \begin{Bmatrix} \ddot{U}_c \\ \ddot{V}_c \end{Bmatrix} + \Omega \begin{matrix} 0 & G_c \\ -G_c & 0 \end{matrix} \begin{Bmatrix} \dot{U}_c \\ \dot{V}_c \end{Bmatrix} + \begin{matrix} K_c & 0 \\ 0 & K_c \end{matrix} \begin{Bmatrix} U_c \\ V_c \end{Bmatrix} = \begin{Bmatrix} 0 \\ 0 \end{Bmatrix} \tag{10}$$

단

$$M_c = \rho A l \begin{bmatrix} l^2/105 & & & \text{대칭} \\ -l^2/140 & 2l^2/105 & & \\ 0 & 13l/420 & 13/35 + m_d/(\rho A l) & \\ 0 & -l^2/140 & -11l/210 & l^2/105 + I_d/(\rho A l) \end{bmatrix} \tag{11}$$

$$G_c = \begin{bmatrix} 0 & & & \text{대칭} \\ 0 & 0 & & \\ 0 & 0 & 0 & \\ 0 & 0 & 0 & I_p \end{bmatrix}, \quad K_c = \frac{2EI}{l^3} \begin{bmatrix} 2l^2 & & & \text{대칭} \\ l^2 & 4l^2 & & \\ 0 & -3l & 6 & \\ 0 & l^2 & -3l & 2l^2 \end{bmatrix} \tag{12}$$

다음으로 식(10)의 해를 구하자. U와 V의 위상이 90°차이가 있는 것으로부터 U_c와 V_c의 해를 다음과 같이 가정한다.

$$\begin{aligned} \psi_1 &= \Phi_1 \cos pt, \ \Theta_1 = \Phi_1 \sin pt \\ \psi_2 &= \Phi_2 \cos pt, \ \Theta_2 = \Phi_2 \sin pt \\ u_3 &= U_3 \cos pt, \ v_3 = U_3 \sin pt \\ \psi_3 &= \Phi_3 \cos pt, \ \Theta_3 = \Phi_3 \sin pt \end{aligned} \tag{13}$$

식(13)을 식(10)에 대입하여 정리하면, 위의 4행에서 다음의 방정식이 얻어진다.

$$(K_c + p\Omega G_c - p^2 M_c) \begin{Bmatrix} \Phi_1 \\ \Phi_2 \\ U_3 \\ \Phi_3 \end{Bmatrix} = 0 \tag{14}$$

또한 식(10)의 아래 4행으로부터도 완전히 똑같은 방정식이 얻어진다. 그러므로 식(15)만을 풀면 된다. $\Phi_1, \Phi_2, U_3, \Phi_3$가 전부 0이 아닐 조건은 다음과 같다.

$$|K_c + p G_c - p^2 M_c| = 0 \tag{15}$$

이것을 만족하는 p의 값이 계의 고유진동수이다. 자이로스코프 효과가 무시될 수 있을 때에는 식(15)는 $|K_c - p^2 M_c|$로 되고 p^2에 대해 풀면 좋은 것을 알 수 있다.

U와 V가 90°위상차를 가지는 것을 이용하고 있기 때문에 행렬의 크기는 절반으로 되지만, 그래도 행렬은 4×4이고, 이 행렬식은 3×3이하의 행렬과 같이 간단하게는 구해지지 않는다. 적당한 고유치해석을 위한 subprogram이 이용된다면, 식(15)를 이용하여 고유치를 계산할 수 있다. 그러나 식(15)는 자이로스코프 효과를 고려하고 있기 때문에, 통상의 표준적인 고유치 subprogram으로 QR법을 이용하면 된다.

9.7 지지요소의 특성

9.5절에서 다룬 예제 9.5에 대해서 고려해 보자. 식(2)의 단계에서 지지조건이 단순지지인 것을 고려하면, 운동방정식의 자유도를 1/2로 축소하는 것이 가능하다.

V가 U에 대해 90°위상차를 갖기 때문에 복소벡터 w를

$$w = U + iV \tag{9.9}$$

로 한다. 그리고 예제 9.5의 식(2)의 아래 4행에 허수단위 i를 곱하여 위의 4행에 더하면, 다음과 같이 식은 절반으로 줄어든다.

$$M\ddot{w} - i\Omega G\dot{w} + Kw = F_x + iF_y \tag{9.10}$$

여기서

$$F_x + iF_y = \{\, V_{x1} + iV_{y1} \;\; 0 \;\; V_{x2} + iV_{y2} \;\; 0 \;\; 0 \;\; 0 \,\}^T$$

식(9.10)의 해를

$$w = We^{ipt} \tag{9.11}$$

로 두고 식(9.10)에 대입한다. 지지조건으로부터 $u_1 = u_2 = v_1 = v_2 = 0$을 고려하면, 식(9.10)의 행렬 M, G, K에서 제 1, 3행 및 제 1, 3열의 요소는 불필요하다. 또한 식(9.10)의 우변 $F_x + iF_y$의 제 1, 3열의 요소도 불필요하다. 이로부터

$$(K_c + p\Omega\, G_c - p^2 M_c)\, W_c = 0 \tag{9.12}$$

여기서 K_c, G_c 및 M_c는 불필요한 행렬요소를 제거한 축소행렬을 나타내고, W_c는 식(9.11)의 W에서 제 1, 3열의 요소를 제거한 벡터이다. W_c가 의미 있는 해를 가지기 위한 조건은 당연히, 예제 9.5의 식(15)와 같다.

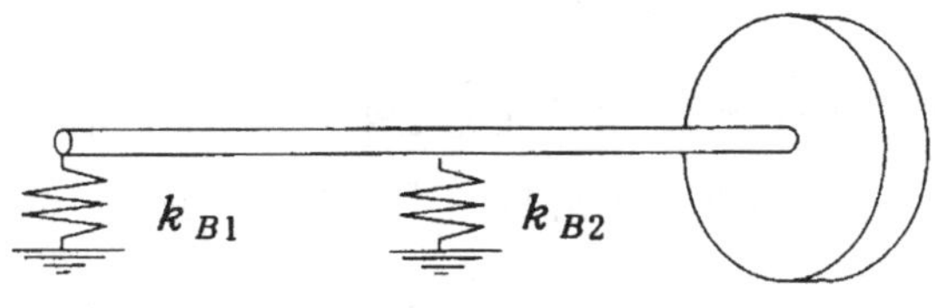

그림 9.9 / 탄성지지된 원판·축계

실제로 축의 고유진동수를 계산할 때에는 지지강성(혹은, 베어링의 강성)이 중요한 요소로 된다. 지지강성(support stiffness)에 이방성(서로 직교하는 2개의 방향, 예를 들면 수평과 수직방향에서 지지강성이 다르다.)이 존재하는 경우, 또는 강성에 연성이 있는 경우(이 경우, 강성의 연성 항에 의해 x방향으로만 변위하여도 이것과 직각인 y방향에도 복원력이 발생한다.), 더욱이 지지부의 감쇠가 무시될 수 없는 경우도 실제에는 존재한다. 이와 같은 경우에 대해서도 해석은 가능하지만, 여기에서는 가장 기본적인 지지조건인 「강성에 연성이 없는 등방성 지지(isotropic support)」를 다루는 것으로 한다. 결국, 어떤 방향으로 단위 양만큼 변위시켜도 축에 작용하는 복원력은 같은 방향으로만 발생하고, 변위와 직각방향으로는 복원력이 생기지 않는다.

이제 축은 절점 j에서 지지되고 있고, 그 강성을 k_{Bj}라 한다. 단순지지라는 지지조건은 변위를 구속하므로, 변위가 0이 되도록 하기 위해서 지지강성은 $k_{Bj}\to\infty$에 대응한다. 통상의 해석에서는 지지부의 강성 k_{Bj}를 축의 강성 k_s에 비해서 충분히 큰 값 ($k_{Bj}\gg k_s$)을 주고 계산한 고유진동수를 단순지지일 때의 고유진동수로 간주하여도 실제상 문제는 없다.

지지강성을 고려한 방정식의 정식화에 대해 다루어보자. 지금까지와 같은 방법으로 에너지를 사용하여 유도해도 좋지만, 여기에서는 다른 방법을 고려한다. 지금, 베어링 등의 지지위치에서의 절점번호를 j로 하고, 이 점이 x방향으로 u_j 만큼 변위하였다고 한다. 이때 축에는 크기 $k_{Bj}u_j$의 힘이 $-x$방향으로 작용한다. 이 힘은 축에서 볼 때 외력으로 고려된다. 구체적으로 그림 9.9의 계를 고려하면, F_x와 F_y 성분은 각 절점에 더하여지는 「실제의 외력」이고, 지금의 예에서는 절점 1, 2에만 작용한다. 절점 1($j=1$)에서 x방향의 외력은

$$V_{x1}=-k_{B1}u_1$$

이고, 절점 2($j=2$)에서 x방향의 외력은 다음과 같다.

$$V_{x2} = -k_{B2} u_2$$

y방향에 대해서도 같은 방법으로 절점 1과 2의 외력을 구하면, 다음과 같이 표현된다.

$$V_{y1} = -k_{B1} v_1, \quad V_{y2} = -k_{B2} v_2$$

축의 각변위에 의한 지지부의 모멘트는 작다고 하여 무시하면, 결국

$$\begin{Bmatrix} F_x \\ \cdots \\ F_y \end{Bmatrix} = \{ -k_{B1} u_1 0 \ \ -k_{B2} u_2 \ 0 \ 0 \ 0 \ \vdots \ -k_{B1} v_1 0 \ \ -k_{B2} v_2 \ 0 \ 0 \ 0 \ \}^T \qquad (9.13)$$

예제 9.5의 운동방정식(2)에 식(9.13)을 대입하고 좌변으로 이항하여 다시 쓰면 식(2)의 행렬 K만이 조금 변경되나, 형식적으로는 다음과 같이 표현된다.

$$\begin{matrix} M & 0 \\ 0 & M \end{matrix} \begin{Bmatrix} \ddot{U} \\ \ddot{V} \end{Bmatrix} + \Omega \begin{matrix} 0 & G \\ -G & 0 \end{matrix} \begin{Bmatrix} \dot{U} \\ \dot{V} \end{Bmatrix} + \begin{matrix} K & 0 \\ 0 & K \end{matrix} \begin{Bmatrix} U \\ V \end{Bmatrix} = \begin{Bmatrix} 0 \\ 0 \end{Bmatrix} \qquad (9.14)$$

단, 식(9.14)에서 행렬 M과 G는 각각 예제 9.5의 식(3) 및 (4)와 같지만, 행렬 K는 다음 식과 같이 변경된다. 제 1행 1열과 제 3행 3열의 요소가 지지강성을 고려하는 것에 의해 변경된 부분이다.

$$K = \frac{2EI}{l^3} \begin{bmatrix} 6+\bar{k}_{B1} & & & & & \\ 3l & 2l^2 & & & & \text{대칭} \\ -6 & -3l & 12+\bar{k}_{B2} & & & \\ 3l & l^2 & 0 & 4l^2 & & \\ 0 & 0 & -6 & -3l & 6 & \\ 0 & 0 & 3l & l^2 & -3l & 2l^2 \end{bmatrix} \qquad (9.15)$$

결국, 절점 j를 지지점으로 하면, 제 $(2j-1)$행, $(2j-1)$열의 성분에 그 지지점의 강성 k_{Bj}를 더하면 되는 것을 알 수 있다. 단, 식(9.15)에서

$$\bar{k}_{B1} = k_{B1} / (2EI/l^3), \quad \bar{k}_{B2} = k_{B2} / (2EI/l^3)$$

로 나타내고 있다. 만약 지지부에 **이방성(異方性)**이 있고, 강성에 **연성항**(cross-coupled term)이 없을 때에는 식(9.14)의 좌변 제 3항의 강성행렬에서 좌측 상부의 행렬 K와

우측 하부의 행렬 K의 제 $(2j-1)$행, 제 $(2j-1)$열의 성분에 각각 x 및 y방향의 강성을 더하면 된다.

강성에 연성항이 있는 경우에도 같은 방법으로 강성행렬을 만드는 것이 가능하다. 그러나 이 경우 고유치는 일반적으로 복소수로 되고, 지지부의 감쇠를 포함하여 계산하는 것과 같은 정도로 계산은 어렵게 된다. 이 경우에 대해서도 유한요소법에 의해 해석이 가능하고, 이 부분은 뒤에서 취급한다.

예제 9.6

탄성지지된 연속 축의 강성행렬 구성

그림 9.6-1과 같이 요소 수를 2개로 하고 지지조건은 연성 항이 없고 양단이 서로 동일하게 탄성지지($k_1 = k_3$)되어 있는 경우의 전체 강성행렬을 구하시오.

지지조건이 탄성지지인 경우는 외력항 내의 지지강성에 대한 복원력으로 작용하는 힘을 좌변으로 옮기면 된다. 결론적으로 지지강성이 있는 절점의 강성행렬에 지지강성이 더해지는 형태로 나타난다. 이 예에서는 탄성지지된 절점이 절점 1과 절점 3이므로 강성행렬의 첫 번 째와 세 번째 변위 항에 더하기만 하면 된다.

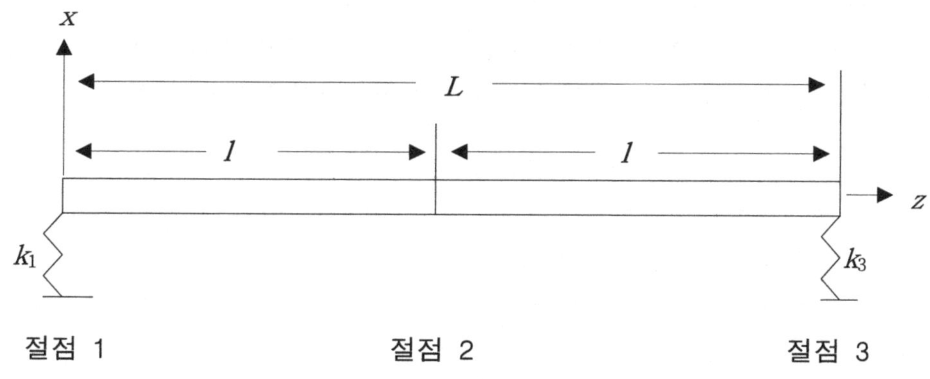

그림 9.6-1 / 탄성지지된 보

질량행렬에는 변화가 없고 단지 요소의 강성행렬만 중첩을 하면 된다. 계 전체의 강성행렬은 다음과 같다.

$$K = \frac{EI}{l^3}\begin{bmatrix} 12+(l^3/EI)k_1 & 6l & -12 & 6l & & \\ 6l & 4l^2 & -6l & 2l^2 & & \\ -12 & -6l & 24 & 0 & -12 & 6l \\ 6l & 2l^2 & 0 & 8l^2 & -6l & 2l^2 \\ & & -12 & -6l & 12+(l^3/EI)k_3 & -6l \\ & & 6l & 2l^2 & -6l & 4l^2 \end{bmatrix}$$

9.8 자이로스코프 효과

이하에서는 유한요소법에 의해 정식화된 운동방정식을 이용하여 자이로스코프 효과(gyroscope effect)에 대해 설명한다. 예제 9.5의 식(17)을 해석적으로 취급하는 것은 약간 복잡하기 때문에 가장 간단한 그림 9.10에 보이는 축과 원판으로 이루어진 계에 대해 고려하는 것으로 한다.

절점 1에서 축은 변위와 각변위가 0이 되도록 고정지지되는 것으로 하고, 절점 2의 자유단에는 원판이 부착되어있다. 이 계의 운동방정식은 다음과 같다.

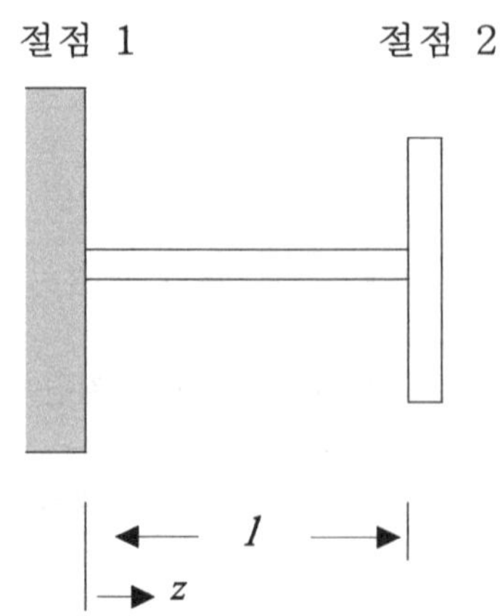

그림 9.10 / 해석모델

$$\begin{matrix} M & 0 \\ 0 & M \end{matrix} \begin{Bmatrix} \ddot{U} \\ \ddot{V} \end{Bmatrix} + \Omega \begin{matrix} 0 & G \\ -G & 0 \end{matrix} \begin{Bmatrix} \dot{U} \\ \dot{V} \end{Bmatrix} + \begin{matrix} K & 0 \\ 0 & K \end{matrix} \begin{Bmatrix} U \\ V \end{Bmatrix} = \begin{Bmatrix} F_x \\ F_y \end{Bmatrix} \tag{9.16}$$

단,

$$U = \{u_1\ \psi_1\ u_2\ \psi_2\}^T, \quad V = \{v_1\ \Theta_1\ v_2\ \Theta_2\}^T$$

$$M = \rho A l \begin{bmatrix} 13/35 & & & \text{대칭} \\ 11l/210 & l^2/105 & & \\ 9/70 & 13l/420 & 13/35 + m_d/(\rho A l) & \\ -13l/420 & -l^2/140 & -11l/210 & l^2/105 + I_d/(\rho A l) \end{bmatrix}$$

$$G = \begin{bmatrix} 0 & & \text{대칭} & \\ 0 & 0 & & \\ 0 & 0 & 0 & \\ 0 & 0 & 0 & I_p \end{bmatrix}, \quad K = \frac{2EI}{l^3} \begin{bmatrix} 6 & & \text{대칭} & \\ 3l & 2l^2 & & \\ -6 & -3l & 6 & \\ 3l & l^2 & -3l & 2l^2 \end{bmatrix}$$

$w = U + iV$로 놓고, 식(9.16)의 운동방정식을 다시 쓰면 방정식의 크기는 반으로 되고, 다음과 같이 표현된다.

$$M\ddot{w} - i\Omega G\dot{w} + Kw = F_x + iF_y \tag{9.17}$$

절점 2에는 어떤 외력도 가하여지지 않기 때문에 (원판에 의한 힘을 이미 고려하고 있으므로, 원판과 축을 1개의 계로 생각하면 이 계에 가하여지는 외력은 0이다.), 우변 벡터 $\{F_x\ \ F_y\}^T$는 다음과 같이 된다.

$$\begin{Bmatrix} F_x \\ F_y \end{Bmatrix} = \{V_{x1}\ M_{y1}\ 0\ 0\ V_{y1}\ M_{x1}\ 0\ 0\}^T \tag{9.18}$$

다음으로 절점 1의 변위 (u_1, v_1) 및 각변위 (ψ_1, Θ_1)가 0이기 때문에, 변위벡터는 다음과 같이 쓰여진다.

$$U = \{0\ \ 0\ \ u_2\ \psi_2\}^T, \quad V = \{0\ \ 0\ \ v_2\ \Theta_2\}^T$$

그러므로

$$w = \{0\ \ 0\ \ u_2 + iv_2\ \ \psi_2 + i\Theta_2\}^T \tag{9.19}$$

더욱이 $w = We^{ipt}$로 하여 식(9.17)에 대입하면

$$(K + p\Omega G - p^2 M)We^{ipt} = F_x + iF_y \tag{9.20}$$

로 되고, 이에 경계조건을 고려하면

$$
\left[\begin{array}{cc|cc} & & & \\ & & & \\ \hline & & \blacksquare & \blacksquare \\ & & \blacksquare & \blacksquare \end{array}\right]
\begin{Bmatrix} 0 \\ 0 \\ U_2 + iV_2 \\ \Phi_2 + i\Theta_2 \end{Bmatrix} e^{ipt} = \begin{Bmatrix} V_{x1} + iV_{y1} \\ M_{y1} + iM_{x1} \\ 0 \\ 0 \end{Bmatrix} \tag{9.21}
$$

으로 된다. 식(9.21)의 4개의 식 중에 위의 2개의 식은 절점 1에서 구속력을 구하는 식으로 고려할 수 있다. 더욱이 절점 1의 변위 및 각변위가 0이므로, 식(9.21)의 행렬 내 ■로 표시된 오른쪽 아래의 2행 2열의 소행렬만이 고유진동수의 계산에 필요한 것을 알 수 있다. $U_2 + iV_2$ 및 $\Phi_2 + i\Theta_2$가 모두 0이 아닌 의미 있는 해를 가질 조건은 이 2행 2열의 소행렬의 행렬식이 0이 되어야 한다. 이를 구체적으로 쓰면

$$
\begin{vmatrix} 12EI/l^3 - (13\rho Al/35 + m_d)p^2 & -6EI/l^2 + 11l^2\rho Ap^2/210 \\ -6EI/l^2 + 11l^2\rho Ap^2/210 & 4EI/l + I_p\Omega p - (\rho Al^3/105 + I_d)p^2 \end{vmatrix} = 0 \tag{9.22}
$$

즉, 행렬식= 0으로 되는 p가 고유진동수(고유치)이다. p를 해석적으로 구하는 것은 간단하지 않기 때문에, 다음의 예제 9.7에서는 구체적으로 계의 형상을 정하고 고유진동수와 자이로스코프 효과의 관계를 조사한다.

예제 9.7

내다지 회전체의 고유진동수 계산

그림 9.10과 같은 내다지 회전체(overhung rotor)에 대한 휘돌림 고유진동수를 계산하시오. 단, $E = 200$ GPa, $\rho = 7.86\times10^3$ kg/m^3, 축의 직경 d=20mm, 길이 l=0.5m로 하면, $I = 7.85\times10^{-9}$ m^4, 축 질량 $\rho Al = 1.23$kg이다. 또한 자이로스코프 효과가 현저히 발생하도록 축과 밀도 ρ가 같고 반경 300mm, 두께 10mm의 원판이 축의 우측단에 부착되어 있는 것으로 한다.

이때 원판의 경우는 $m_d = 22.2$ kg, $I_p = 1.00$ kg·m^2, $I_d = 0.50$kg·m^{2}이다.

행렬식(9.22)에 p의 값을 대입하여 계산하고, 행렬식의 값이 영으로 되는 p를 구하면, 그림 9.7-1에 보이는 것과 같이 축 회전각속도 Ω와 고유진동수 p (그림에서는 ω_n으로 표현)의 관계가 얻어진다. 양(+)의 고유진동수는 회전속도와 같은 방향(전향)으로 휘도는 전향휘돌림(forward whirl)모드(1F, 2F)에 대응하고, 음(-)의 고유진동수는 반대방향

으로 휘도는 후향휘돌림(backward whirl)모드(1B, 2B)에 대응한다. 양의 고유진동수는 축의 회전속도와 함께 증가하고, 음의 고유진동수는 절대치가 감소한다. 회전속도가 높을수록 자이로스코프 효과가 현저하게 나타나는 것을 알 수 있다. 이들 고유진동수와 회전속도 = 고유진동수 ($\Omega = \omega_n$)의 교점(정확히는 교점에서 Ω의 값)이 위험속도(critical speed)가 된다. 원판이 클수록 자이로스코프 효과도 큰 것을 계산해보면 알 수 있다. 원판이 이 예제와 같이 얇지 않은 경우에 대해서는 다른 문헌을 참조하기 바란다.

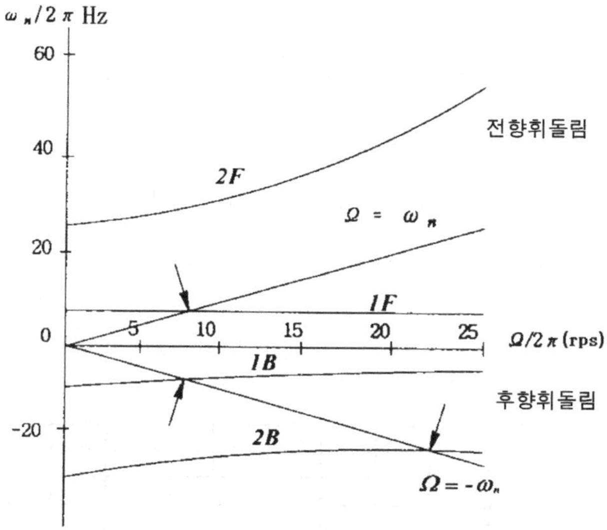

그림 9.7-1 / 고유진동수

예제 9.8

위험속도에 미치는 회전관성의 영향

그림 9.10과 같은 내다지 회전체(overhung rotor)에서 원판의 두께가 얇은 경우 ($I_p = 2I_d$)에 원판의 회전관성모멘트 I_d가 위험속도에 미치는 영향을 검토하시오. 단, 축 요소의 질량은 무시한다.

행렬식(9.22)에서 축 요소의 질량은 무시하므로 $\rho = 0$가 되고, 위험속도의 경우는 $\Omega = p$의 관계를 대입하면 다음과 같이 단순화된다.

$$\begin{vmatrix} 12EI/l^3 - m_d p^2 & -6EI/l^2 \\ -6EI/l^2 & 4EI/l + I_d p^2 \end{vmatrix} = 0 \qquad (1)$$

식(1)을 풀면, 진동수방정식

$$p^4 + \frac{12EI}{m_d I_d l^3}\left(\frac{ml^2}{3} - I_d\right)p^2 - \frac{12(EI)^2}{m_d I_d l^4} = 0 \qquad (2)$$

이 얻어진다. 진동수 및 원판에 대한 파라미터로서

$$\lambda = p\sqrt{\frac{ml^3}{EI}}, \quad \delta = \frac{I_d}{ml^2}$$

로 놓으면, 식(2)는 다음과 같이 된다.

$$\lambda^4 + (4/\delta - 12)\lambda^2 + 12/\delta = 0 \qquad (3)$$

근의 공식을 이용하면, 근은

$$\lambda_{1,2}^2 = (6 - 2/\delta) \pm \sqrt{(6-2/\delta)^2 + 12/\delta} \qquad (4)$$

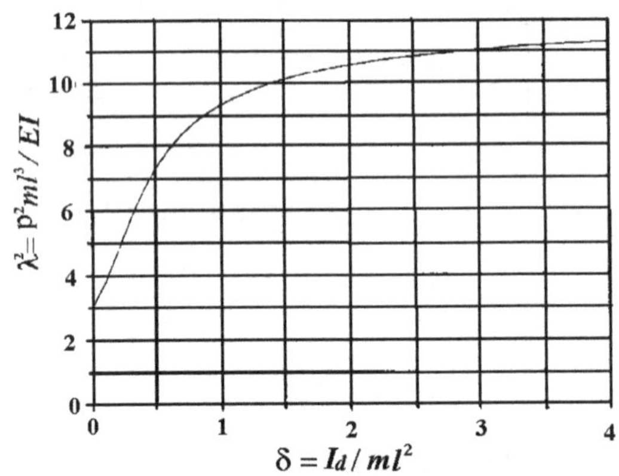

그림 9.8-1 / 원판의 회전관성이 위험속도에 미치는 영향

로 얻어진다. 식(4)에서 λ의 실근 중에서 양의 부호를 갖는 값을 고려하고, 이를 δ의 변화에 대해 나타내면 그림 9.8-1과 같이 된다. 단, δ = 0의 경우는 회전관성을 무시($I_d = 0$)하고 집중질량으로 가정한 경우에 대응하며, 이때의 위험속도는 잘 알려져 있는 대로 다음과 같이 주어진다.

$$p^2 = \frac{3EI}{ml^3}, \quad \lambda^2 = 3 \tag{5}$$

그리고 $\delta = \infty$, 즉 $I_d = \infty$인 경우는 일정크기의 원판질량이 매우 큰 회전반경 위치에 집중되는 것을 의미하고, 이때의 위험속도는

$$p^2 = \frac{12EI}{ml^3}, \quad \lambda^2 = 12 \tag{6}$$

로 된다. 그림 9.8-1에서 자이로스코픽 모멘트의 효과는 회전체의 강성을 증가시키는 역할을 하고, 위험속도를 증가시키는 것을 알 수 있다.

9.9 집중질량행렬

질량이 연속적으로 분포하고 있는 1개의 축 요소의 분포질량행렬은 8.3절에 기술된 것처럼 만들어진다. 그러나 이러한 귀찮은 방법을 고려하지 않고 보다 간단한 방법으로 분포질량을 등가인 집중질량으로 환산하여, 그림 9.11에서 보이는 것처럼 분포하고 있는 질량을 요소양측의 절점에 반씩 나누는 방법을 고려한다. 이 방법에 의해 만들어진 질량행렬을 **집중질량행렬**(lumped mass matrix)이라 한다. 집중질량으로 환산하는 방법은 여러 가지로 고려될 수 있으나 질량밀도가 일정하다면, 그 요소에 속하는 절점에 등분하여 나누는 방법이 가장 간단하다.

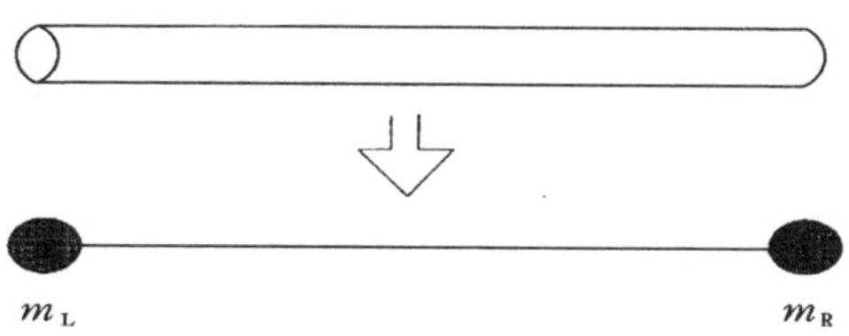

그림 9.11 / 집중질량 모델링

이 방법은 축의 각변위 운동에 대한 관성모멘트는 고려하지 않기 때문에 $I_d = 0$으로 되고, 식(8.25)에 대응하는 요소질량행렬은 다음과 같은 대각행렬로 된다.

$$M_L^e = \begin{bmatrix} m_L & & & 0 \\ & 0 & & \\ & & m_R & \\ 0 & & & 0 \end{bmatrix} \tag{9.23}$$

여기서, $m_L = m_R = \rho Al/2$.

비교를 위해서 이하에 식(8.25)의 분포질량행렬을 다시 나타낸다.

$$M^e = \frac{\rho Al}{420}\begin{bmatrix} 156 & & & \text{대칭} \\ 22l & 4l^2 & & \\ 54 & 13l & 156 & \\ -13l & -3l^2 & 22l & 4l^2 \end{bmatrix} \tag{9.24}$$

식(9.23)의 질량행렬은 8.3절과 같이 관성력이 한 일 W_{IN}을 고려하는 것에 의해서도 집중질량행렬 M_L^e을 유도할 수 있다. 단, 1개의 요소 내에서 변위 및 가속도가 요소중앙을 경계로 하여 계단(step) 형상으로 변화한다고 생각한다. 즉, 그림 9.12와 같이 변위와 가속도를 2개의 z의 0차 식으로 근사화한다. 관성력이 한 일 W_{IN}은

$$W_{IN} = \int_0^l (\text{관성력}) \cdot (\text{변위}) \tag{9.25}$$

로 주어지고, 피적분함수가 step형상으로 변화하기 때문에 변위 u는

$$u = \begin{cases} [1\ 0\ 0\ 0]\,\boldsymbol{u} & (0 \leqq z \leqq l/2) \\ [0\ 0\ 1\ 0]\,\boldsymbol{u} & (l/2 \leqq z \leqq l) \end{cases}$$

단, $\boldsymbol{u} = \{u_1\ \psi_1\ u_2\ \psi_2\}^T$.

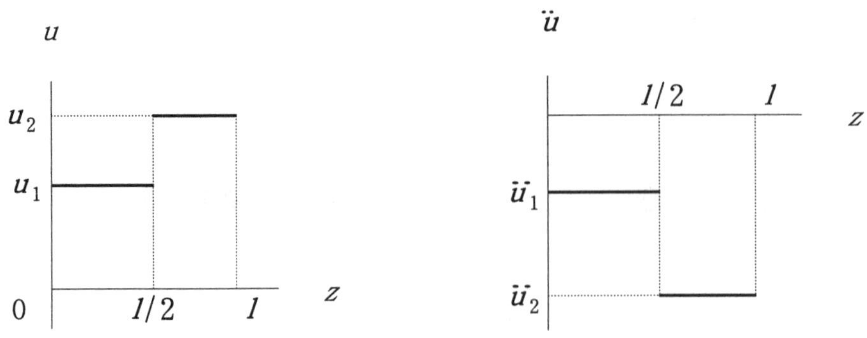

그림 9.12 / 요소내의 변위와 가속도분포

관성력은 $-\rho A\ddot{u}$ 이고, 가속도 $\ddot{u}$ 는 다음 식으로 주어진다.

$$\ddot{u} = \begin{cases} [1 \ 0 \ 0 \ 0]\ddot{\boldsymbol{u}} & (0 \leq z \leq l/2) \\ [0 \ 0 \ 1 \ 0]\ddot{\boldsymbol{u}} & (l/2 \leq z \leq l) \end{cases} \tag{9.26}$$

단, $\ddot{\boldsymbol{u}} = \{\ddot{u}_1 \ \ddot{\psi}_1 \ \ddot{u}_2 \ \ddot{\psi}_2\}^T$ 이다. 따라서

$$\begin{aligned} W_{IN} &= \int_0^{l/2} (-\rho A\ddot{u}_1 u_1)dz + \int_{l/2}^{l} (-\rho A\ddot{u}_2 u_2)dz = -(\rho Al/2)(\ddot{u}_1 u_1 + \ddot{u}_1 u_2) \\ &= [\ddot{u}_1 \ \ddot{\psi}_1 \ \ddot{u}_2 \ \ddot{\psi}_2] \begin{bmatrix} \rho Al/2 & & & 0 \\ & 0 & & \\ & & \rho Al/2 & \\ 0 & & & 0 \end{bmatrix} \begin{Bmatrix} u_1 \\ \psi_1 \\ u_2 \\ \psi_2 \end{Bmatrix} = -\ddot{\boldsymbol{u}}^T \boldsymbol{M}_L^e \boldsymbol{u} \end{aligned} \tag{9.27}$$

이 질량행렬과 앞에서 구한 식(8.22)의 강성행렬을 사용해서 고유진동수를 구할 수 있다. 변형률에너지를 사용하여 강성행렬 $\boldsymbol{K}^e$를 구할 때에는 변위는 z의 3차 식으로 근사화하고, 질량행렬 $\boldsymbol{M}^e$을 구할 때에는 z의 0차 식으로 근사화하는 것이 된다. 따라서 통일적이지 못한 느낌이 들지만 변형률에너지 V의 계산에는 $\partial^2 u/\partial z^2$이 필요하나, W_{IN}의 계산에서 u를 z로 미분할 필요가 없기 때문에 요소 내에서 z의 0차 식으로 해도 잘못은 발생하지 않는다. 이 방법에서는 어려운 계산 없이 하나의 요소질량을 반씩 양단의 절점에 나누면 된다. 구체적으로는 요소질량행렬의 1행 1열과 3행 3열에 $\rho Al/2$를 부가하면 좋고 매우 간단하다. 이 방법은 역행렬(inverse matrix)을 구하는데 편리하므로, 계산시간을 줄일 수 있는 장점이 있는 반면 계산정도가 떨어진다.

9.10 대각질량행렬

분포질량행렬을 대각화된 **대각집중질량행렬**(diagonal lumped mass matrix)로 변환하는 다른 방법이 Hinton 등에 의해 제안되어 있다. 이 방법을 설명하면 다음과 같다.

1) 식(8.25)의 축 요소의 분포질량행렬에서 병진 자유도에 대응하는 대각성분을 더한다. 즉, 첫째와 셋째 대각성분을 더하고 이를 α라 한다.

$$\alpha = \frac{\rho Al}{420}(156+156) = \frac{312}{420}\rho Al$$

2) α로 대각성분을 나누고, 이들 성분에 요소 전체질량(ρAl)을 곱한다. 예로 첫 번째 대각성분의 경우, α로 나누면

$$\frac{156}{420}\rho Al/\alpha = \frac{156}{420}\rho Al \times \frac{420}{312\rho Al} = \frac{156}{312}$$

이 되고, ρAl을 곱하면

$$\frac{156}{312}\times\rho Al = \frac{39}{78}\rho Al$$

로 된다. 같은 방법으로 세 번째 대각성분은 ($\rho Al/78$) l^2이 된다.

3) 비대각성분들은 모두 0으로 놓는다.
이 과정을 적용하면 식(8.25)의 분포질량행렬은 다음과 같이 대각질량행렬(diagonal mass matrix)로 단순화된다.

$$M_D^e = \frac{\rho Al}{78}\begin{bmatrix} 39 & 0 & 0 & 0 \\ 0 & l^2 & 0 & 0 \\ 0 & 0 & 39 & 0 \\ 0 & 0 & 0 & l^2 \end{bmatrix} \tag{9.28}$$

Young 등(1990)은 식(9.28)의 대각집중질량행렬을 보다 일반화하여 다음과 같은 형태의 행렬을 제안하고 있다.

$$M_D^e = \rho Al\begin{bmatrix} 1/2 & 0 & 0 & 0 \\ 0 & al^2 & 0 & 0 \\ 0 & 0 & 1/2 & 0 \\ 0 & 0 & 0 & al^2 \end{bmatrix} \tag{9.29}$$

이 행렬은 식(9.28)의 행렬에서 회전운동에 대응하는 행렬요소에 파라미터 a를 곱한 형으로 식(9.28)은 a = 1/78에 해당한다. a = 0의 경우는 집중질량행렬 M_L^e과 일치한다. 이 외에도 a = 1/24, -1/12이 주어져 있다. 이들 값 중에서 Young 등의 연구결과에 의하면, a = 0, 1/78 및 1/24에서는 요소의 질량관성모멘트가 보존되지 않기 때문에 모순 없이 수행될 수 없다.

축 요소는 각 절점 당 하나의 병진과 하나의 회전 자유도를 가진다. 축의 질량요소의 수렴판정을 위해서는 요소의 질량과 회전관성의 보존(conservation)이 요구된다. 그러나 요소의 질량관성모멘트의 보존은 요구되지 않으나, 이의 보존이 없이는 질량행렬

이 경계조건을 모순 없이 만족시킬 수 없고 또한 수렴속도가 느리다. 이는 강체나 거의 강체에 가까운 운동을 하는 요소를 가지는 계에서는 큰 고유치의 오차를 발생시키는 요인이 된다. a = -1/12의 대각행렬은 수렴성이 보증되고 고유해에도 모순 없이 구할 수 있는 큰 장점이 있다(Young 등). 이에 대해서는 예제 9.12에서 계산결과를 통하여 상세히 검토하기로 한다.

Tong 등(1971)은 다음과 같은 형상함수(shape function)

$$0 \leq z \leq l/2 : N_1 = 1,\ N_2 = z,\ N_3 = 0,\ N_4 = 0$$
$$l/2 < z \leq l : N_1 = 0,\ N_2 = 0,\ N_3 = 1,\ N_4 = z - l$$

를 이용하여 블록 대각집중질량행렬(block diagonal lumped mass matrix)을 유도하였다.

$$M_B^e = \rho A l \begin{bmatrix} 1/2 & l/8 & 0 & 0 \\ l/8 & l^2/24 & 0 & 0 \\ 0 & 0 & 1/2 & -l/8 \\ 0 & 0 & -l/8 & l^2/24 \end{bmatrix} \tag{9.30}$$

이 행렬은 실제적으로는 블록대각행렬이지만, 집중(lumped)이라는 용어를 사용한 것은 두 절점(node)사이에 연성항이 0이기 때문이다. 따라서 식(9.29)의 행렬에서 a = 1/24의 경우에 동일 절점에서 병진과 회전자유도 사이의 연성항 ($l/8, -l/8$)을 고려한 것이 된다.

다음으로 앞에서 구한 집중질량행렬 M_L^e과 대각질량행렬 M_D^e를 이용하여 고유진동수를 구하고, 변위를 z의 3차 식으로 가정하여 유도한 분포질량행렬 M^e을 사용해서 구한 고유진동수와 비교해 보자.

예제 9.9

집중질량을 이용한 2분할 요소의 고유진동수 계산

그림 9.9-1에 보이는 것과 같이 길이 L의 축을 2개의 요소로 등분할($l = L/2$)하고, 1차 고유진동수를 계산하시오.

축의 굽힘강성도 EI, 밀도 ρ, 단면적 A는 일정하고, 양단은 단순지지되어 있는 것으로 한다. 더욱이, 경계조건 및 1차 모드가 중앙에 대해 대칭이라는 대칭성을 고려하여, 요소 ①에 대해서만 고려한다. 운동방정식은 다음과 같이 쓸 수 있다.

$$\begin{bmatrix} \rho Al/2 & & & 0 \\ & 0 & & \\ & & \rho Al/2 & \\ 0 & & & 0 \end{bmatrix} \frac{d^2}{dt^2} \begin{Bmatrix} u_1 \\ \Psi_1 \\ u_2 \\ \Psi_2 \end{Bmatrix} + \frac{2EI}{l^3} \begin{bmatrix} 6 & & \text{대칭} & \\ 3l & 2l^2 & & \\ -6 & -3l & 6 & \\ 3l & l^2 & -3l & 2l^2 \end{bmatrix} \begin{Bmatrix} u_1 \\ \Psi_1 \\ u_2 \\ \Psi_2 \end{Bmatrix} = F \tag{1}$$

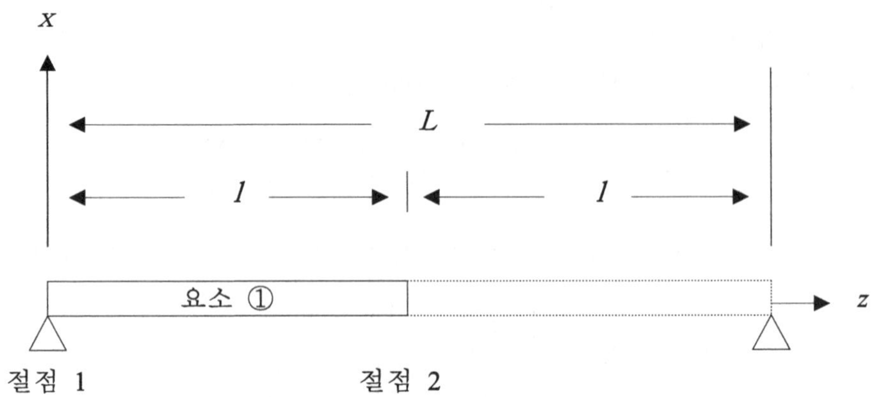

그림 9.9-1 / 2분할 요소

단, 우변의 벡터는

$$z = 0\,(\text{좌단}) \;:\; u_1 = 0,\; M_{y1} = 0 \tag{2}$$

$$z = l\,(= L/2,\ \text{중앙}) \;:\; \Psi_2 = 0,\; V_{x2} = 0 \tag{3}$$

그러므로

$$F = \{V_{x1}\ \ 0\ \ 0\ \ M_{y2}\}^T \tag{4}$$

단순지지 및 대칭모드인 것으로부터 $u_1 = \Psi_2 = 0$이기 때문에, 식(1)에서 제 1열과 4열 그리고 제 1행과 4행이 불필요하므로 방정식은 다음과 같이 축소된다.

$$\rho Al \begin{bmatrix} 0 & 0 \\ 0 & 1/2 \end{bmatrix} \frac{d^2}{dt^2} \begin{Bmatrix} \Psi_1 \\ u_2 \end{Bmatrix} + \frac{2EI}{l^3} \begin{bmatrix} 2l^2 & -3l \\ -3l & 6 \end{bmatrix} \begin{Bmatrix} \Psi_1 \\ u_2 \end{Bmatrix} = F = \begin{Bmatrix} 0 \\ 0 \end{Bmatrix} \tag{5}$$

해를

$$\begin{Bmatrix} \Psi_1 \\ u_2 \end{Bmatrix} = \begin{Bmatrix} \Phi_1 \\ U_2 \end{Bmatrix} \sin pt \tag{6}$$

로 두고, $l = L/2$의 관계를 대입하여 $\lambda = (\rho A L^4 / EI)p^2$로 쓰면, 다음의 특성방정식을 얻을 수 있다.

$$\begin{vmatrix} 8 & -24 \\ -24 & 96-(\lambda/4) \end{vmatrix} = 0 \tag{7}$$

표 9.9-1 / 무차원 고유진동수의 비교

	엄밀해	집중질량행렬, 식(9.23)	대각질량행렬, 식(9.28)	분포질량행렬, 식(9.25)
$\sqrt{\lambda}$	9.87	9.80	9.52	9.91
오차	—	0.7%	3.5%	0.4%

식(7)에서 무차원 고유진동수 $\sqrt{\lambda}$를 구할 수 있다. 예제 9.3의 식(8)에서 구한 분포질량행렬 M^e에 의해 얻어진 특성방정식을 비교하기 위해서 아래에 다시 표시한다.

$$\begin{vmatrix} 64-(\lambda/105) & -96-(13\lambda/420) \\ -96-(13\lambda/420) & 192-(13\lambda/35) \end{vmatrix} = 0 \tag{8}$$

이들 식으로부터 계산된 무차원진동수를 표 9.9-1에 보인다. 집중질량행렬 M_L^e로부터 구한 값은 $\sqrt{\lambda}=9.80$이고, 식(9.28)의 대각질량행렬 M_D^e를 이용한 경우는 9.522이며, 엄밀해는 9.87이기 때문에 오차는 각각 0.7%, 3.5%이다. 한편, 분포질량행렬 M^e에 의한 진동수는 9.91로 그 오차는 0.4% 이기 때문에, 집중질량행렬 M^e을 이용하여도 상당히 양호한 정도로 계산될 수 있는 것을 알 수 있다. 그러나 대각질량행렬의 경우는 회전자유도 성분을 고려하기 위한 무리한 대각화로 오차가 비교적 크다.

집중질량행렬과 분포질량행렬의 특징을 비교하면, 다음과 같다.

1) 요소내의 가속도 분포를 계산하기 위한 보간함수로서 0차 식(일정한 값을 갖도록 하는 계단함수)를 이용하면, 에너지 원리로부터 집중질량행렬이 유도된다.
2) 에너지 원리를 적용할 때 변위분포의 식은 미분되지만, 가속도 분포의 식은 미분되지 않으므로 꼭 두 방법에 같은 보간함수를 이용하지 않아도 좋다.
3) 집중질량법에서도 요소의 분할을 무한히 많게 하면 엄밀해에 수렴한다.

요소내의 가속도 분포를 0차 식으로 근사하여 계산하는 집중질량 방법보다도 1차 식으로 근사하는 분포질량 방법이 계산정도 면에서 좋은 결과를 내는 것은 당연하지만, 계산시간이 상당히 많이 소요되는 단점이 있어 어느 방법을 취할 것인가는 계산하는 사람의 경험에 의존된다.

예제 9.10

양단 단순지지 3 요소분할 연속 축의 고유진동수 계산

그림 9.10-1과 같이 축을 3개의 등구간 부분요소로 나누어서 고유진동수를 계산하시오. 단, 양단의 경계조건은 단순지지로 하고, 축은 연속 축으로 가정한다.

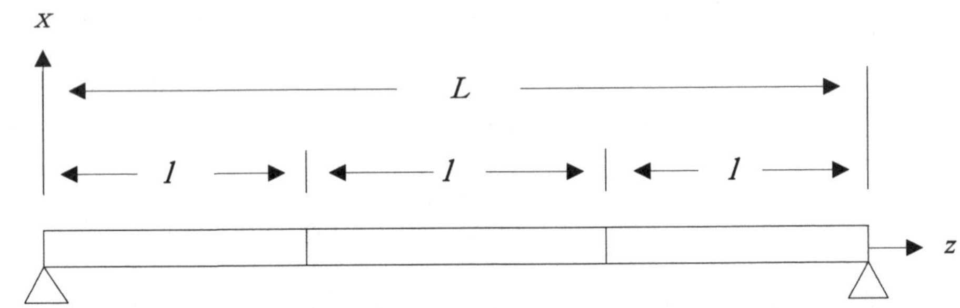

그림 9.10-1 / 3개의 요소로 분할된 연속 축

요소의 질량행렬

$$M^e = \frac{\rho A l}{420}\begin{bmatrix} 156 & 22l & 54 & -13l \\ 22l & 4l^2 & 13l & -3l^2 \\ 54 & 13l & 156 & -22l \\ -13l & -3l^2 & -22l & 4l^2 \end{bmatrix} \tag{1}$$

요소의 강성행렬

$$K^e = \frac{EI}{l^3}\begin{bmatrix} 12 & 6l & -12 & 6l \\ 6l & 4l^2 & -6l & 2l^2 \\ -12 & -6l & 12 & -6l \\ 6l & 2l^2 & -6l & 4l^2 \end{bmatrix} \tag{2}$$

각 절점의 변위

$$u = \{u_1 \ \psi_1 \ u_2 \ \psi_2 \ u_3 \ \psi_3 \ u_4 \ \psi_4\}^T \tag{3}$$

식(1)과 (2)의 각 요소에 대한 행렬을 이용하여 전체 계에 대해 합성된 질량행렬은

$$M = \frac{\rho A l}{420}\begin{bmatrix} 156 & 22l & 54 & -13l & & & & \\ 22l & 4l^2 & 13l & -3l^2 & & & & \\ 54 & 13l & 312 & 0 & 54 & -13l & & \\ -13l & -3l^2 & 0 & 8l^2 & 13l & -3l^2 & & \\ & & 54 & 13l & 312 & 0 & 54 & -13l \\ & & 13l & -3l^2 & 0 & 8l^2 & 13l & -3l^2 \\ & & & & 54 & 13l & 156 & -22 \\ & & & & -13l & -3l^2 & -22l & 4l^2 \end{bmatrix} \tag{4}$$

절점 1　　절점 2　　절점 3　　절점 4

그리고 합성된 강성행렬은

$$K = \frac{EI}{l^3}\begin{bmatrix} 12 & 6l & -12 & 6l & & & & \\ 6l & 4l^2 & -6l & 2l^2 & & & & \\ -12 & -6l & 24 & 0 & -12 & 6l & & \\ 6l & 2l^2 & 0 & 8l^2 & -6l & 2l^2 & & \\ & & -12 & -6l & 24 & 0 & -12 & 6l \\ & & 6l & 2l^2 & 0 & 8l^2 & -6l & 2l^2 \\ & & & & -12 & -6l & 12 & -6l \\ & & & & 6l & 2l^2 & -6l & 4l^2 \end{bmatrix} \tag{5}$$

절점 1　　절점 2　　절점 3　　절점 4

합성된 외력벡터

$$F = \{V_{x1} \quad M_{y1} \quad 0 \quad 0 \quad 0 \quad 0 \quad V_{x4} \quad M_{y4}\}^T \tag{6}$$

절점 1　　절점 2　　절점 3　　절점 4

절점 2와 3에 작용하는 전단력 및 모멘트는 절점에서 각각 크기는 같고 향이 반대로 작용하기 있기 때문에 서로 상쇄된다.

이상의 질량행렬, 강성행렬, 외력벡터 등을 종합하여 계 전체의 운동방정식을 다음과 같이 구성할 수 있다.

$$M\ddot{u} + Ku = F \tag{7}$$

또는 식(7)을 구체적으로 나타내면

$$
\frac{\rho A l}{420}
\begin{bmatrix}
156 & 22l & 54 & -13l & & & & \\
22l & 4l^2 & 13l & -3l^2 & & & & \\
54 & 13l & 312 & 0 & 54 & -13l & & \\
-13l & -3l^2 & 0 & 8l^2 & 13l & -3l^2 & & \\
 & & 54 & 13l & 312 & 0 & 54 & -13l \\
 & & -13l & -3l^2 & 0 & 8l^2 & 13l & -3l^2 \\
 & & & & 54 & 13l & 156 & -22l \\
 & & & & -13l & -3l^2 & -22l & 4l^2
\end{bmatrix}
\begin{bmatrix}
\ddot{u}_1 \\ \ddot{\Psi}_1 \\ \ddot{u}_2 \\ \ddot{\Psi}_2 \\ \ddot{u}_3 \\ \ddot{\Psi}_3 \\ \ddot{u}_4 \\ \ddot{\Psi}_4
\end{bmatrix}
+
$$

$$
\frac{EI}{l^3}
\begin{bmatrix}
126 & 6l & -12 & 6l & & & & \\
6l & 4l^2 & -6l & 2l^2 & & & & \\
-12 & -6l & 24 & 0 & -12 & 6l & & \\
6l & 2l^2 & 0 & 8l^2 & -6l & 2l^2 & & \\
 & & -12 & -6l & 24 & 0 & -12 & 6l \\
 & & 6l & 2l^2 & 0 & 8l^2 & -6l & 2l^2 \\
 & & & & -12 & -6l & 12 & -6l \\
 & & & & 6l & 2l^2 & -6l & 4l^2
\end{bmatrix}
\begin{bmatrix}
u_1 \\ \Psi_1 \\ u_2 \\ \Psi_2 \\ u_3 \\ \Psi_3 \\ u_4 \\ \Psi_4
\end{bmatrix}
=
\begin{bmatrix}
V_{x1} \\ M_{y1} \\ 0 \\ 0 \\ 0 \\ 0 \\ V_{x4} \\ M_{y4}
\end{bmatrix}
$$

다음으로는 구성된 운동방정식에 경계조건을 적용시킨다. 대상이 되는 계는 요소를 3개로 나누어서 해석하고 있고, 보는 양단 단순지지되어 있기 때문에 그 경계조건은

$$
\text{좌단: } u_1 = 0,\ M_{y1} = 0\ ,\quad \text{우단: } u_4 = 0,\ M_{y4} = 0 \tag{8}
$$

경계조건을 적용시키면 축소된 운동방정식을 구할 수 있다. 다음 식에서 음영이 있는 부분이 제거되는 부분이다.

$$
\frac{\rho A l}{420}
\begin{bmatrix}
156 & 22l & 54 & -13l & & & & \\
22l & 4l^2 & 13l & -3l^2 & & & & \\
54 & 13l & 312 & 0 & 54 & -3l & & \\
-13l & -3l^2 & 0 & 8l^2 & 13l & -3l^2 & & \\
 & & 54 & 13l & 312 & 0 & 54 & -13l \\
 & & -13l & -3l^2 & 0 & 8l^2 & 13l & -3l^2 \\
 & & & & 54 & 13l & 156 & -22l \\
 & & & & -13l & -3l^2 & -22l & 4l^2
\end{bmatrix}
\begin{bmatrix}
\ddot{u}_1 \\ \ddot{\Psi}_1 \\ \ddot{u}_2 \\ \ddot{\Psi}_2 \\ \ddot{u}_3 \\ \ddot{\Psi}_3 \\ \ddot{u}_4 \\ \ddot{\Psi}_4
\end{bmatrix}
+
$$

$$
\frac{EI}{l^3}
\begin{bmatrix}
12 & 6l & -12 & 6l & & & & \\
6l & 4l^2 & -6l & 2l^2 & & & & \\
-12 & -6l & 24 & 0 & -12 & 6l & & \\
6l & 2l^2 & 0 & 8l^2 & -6l & 2l^2 & & \\
 & & -12 & -6l & 24 & 0 & -12 & 6l \\
 & & 6l & 2l^2 & 0 & 8l^2 & -6l & 2l^2 \\
 & & & & -12 & -6l & 12 & -6l \\
 & & & & 6l & 2l^2 & -6l & 4l^2
\end{bmatrix}
\begin{bmatrix}
u_1 \\ \Psi_1 \\ u_2 \\ \Psi_2 \\ u_3 \\ \Psi_3 \\ u_4 \\ \Psi_4
\end{bmatrix}
=
\begin{bmatrix}
V_x \\ 0 \\ 0 \\ 0 \\ 0 \\ 0 \\ V_x \\ 0
\end{bmatrix}
\qquad (9)
$$

운동방정식을 구한 후, 고유진동수를 구하기 위해 각변위와 변위에 대한 해를 가정한다.

$$
\psi_i = \Phi_i \cos\omega t \ \ (i = 1,\ 2,\ 3,\ 4), \quad u_j = U_j \cos\omega t \ \ (j = 2,\ 3) \qquad (10)
$$

이 해를 운동방정식에 대입하여 정리하면 다음과 같이 행렬식이 얻어진다.

$$\left\| \begin{array}{cccccc} 4l^2 & -6l & 2l^2 & & & \\ -6l & 24 & 0 & -12 & 6l & \\ 2l^2 & 0 & 8l^2 & -6l & 2l^2 & \\ & -12 & -6l & 24 & 0 & 6l \\ & 6l & 2l^2 & 0 & 8l^2 & 2l^2 \\ & & & 6l & 2l^2 & 4l^2 \end{array} - \lambda \begin{array}{cccccc} 4l^2 & 13l & -13l^2 & & & \\ 13l & 312 & 0 & 54 & -13l & \\ -3l^2 & 44l & 8l^2 & 13l & -3l^2 & \\ & 54 & 13l & 312 & 0 & -13l \\ & -13l & -3l^2 & 0 & 8l^2 & -3l^2 \\ & & & -13l & -3l^2 & 4l^2 \end{array} \right\| = 0 \qquad (11)$$

여기서 $\lambda = \dfrac{\rho A l^4}{EI} \cdot \dfrac{\omega^2}{420}$ 이다.

이상과 같은 방법으로 요소의 수를 2, 3, 4, 5 및 6개로 분할한 경우에 계산된 고유진동수와 엄밀해에 대한 오차를 표 9.10-1과 그림 9.10-2에 보이고 있다. 비교를 위한 엄밀해는 다음과 같다.

$$\omega_n = \left(\frac{n\pi}{L}\right)^2 \sqrt{\frac{EI}{\rho A}} \qquad (n = 1,\ 2,\ 3,\ 4,\ \cdots\ ) \tag{12}$$

표 9.10-1 / 단순지지 축의 고유진동수 (rad/s)

차수	요소 수(오차, %)					
	2	3	4	5	6	엄밀해
1st	9.90856 (0.39)	9.8776 (0.081)	9.87217 (0.026)	9.87066 (0.011)	9.87012 (0.005)	9.86960
2nd	43.8178 (10.992)	39.9451 (1.182)	39.6342 (0.395)	39.5438 (0.166)	39.5104 (0.081)	39.4784
3rd	110.14 (23.995)	98.5901 (10.992)	90.4495 (1.827)	89.5319 (0.794)	89.177 (0.395)	88.8264
4th	200.798 (27.157)	183.321 (16.089)	175.271 (10.991)	161.551 (2.303)	159.78 (1.182)	157.914

* 고유진동수는 표 내에 있는 값들에 $\sqrt{\dfrac{EI}{\rho A}}$ 를 곱한 값이다.

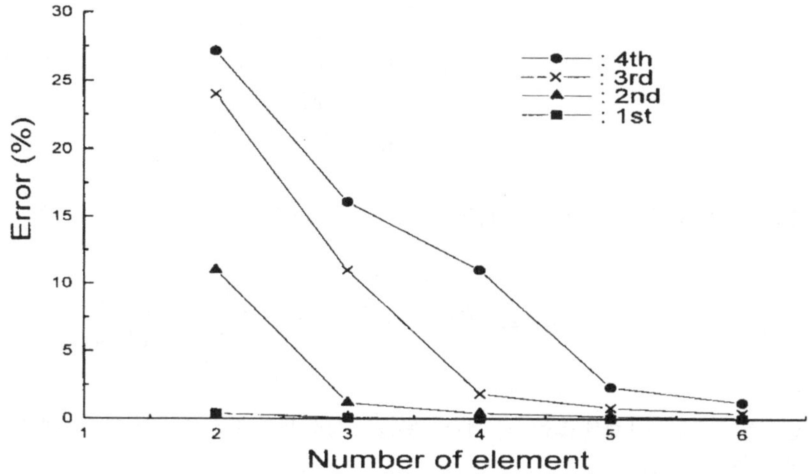

그림 9.10-2 / 계산 오차

예제 9.11

양단 단순지지된 3요소 분할 집중질량 축의 고유진동수 계산

그림 9.11-1과 같이 집중질량으로 가정한 경우의 고유진동수를 계산하시오. 단, 축의 요소 수는 3개로 하고 단순지지된 것으로 한다.

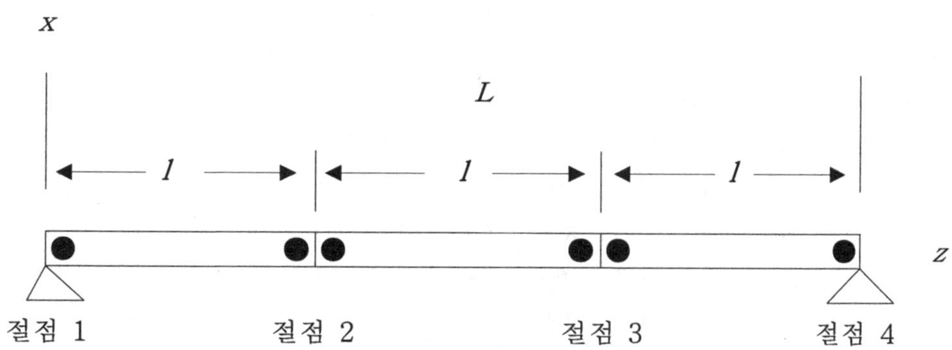

그림 9.11-1 / 3개의 요소로 분할된 집중질량 축

요소의 질량행렬

$$M_L^e = \begin{bmatrix} \frac{1}{2}\rho Al & 0 & 0 & 0 \\ 0 & 0 & 0 & 0 \\ 0 & 0 & \frac{1}{2}\rho Al & 0 \\ 0 & 0 & 0 & 0 \end{bmatrix} \tag{1}$$

요소의 강성행렬에는 분포질량요소와 변화가 없다.

$$K^e = \frac{EI}{l^3}\begin{bmatrix} 12 & 6l & -12 & 6l \\ 6l & 4l^2 & -6l & 2l^2 \\ -12 & -6l & 12 & -6l \\ -6l & 2l^2 & -6l & 4l^2 \end{bmatrix} \tag{2}$$

합성된 축의 전체행렬을 구해서 운동방정식을 세운 후 계의 경계조건을 적용시키면, 다음과 같이 된다.

$$\rho Al \begin{bmatrix} 1/2 & & & & & & & \\ & 0 & & & & & & \\ & & 1 & & & & & \\ & & & 0 & & & & \\ & & & & 1 & & & \\ & & & & & 0 & & \\ & & & & & & 1/2 & \\ & & & & & & & 0 \end{bmatrix} \begin{bmatrix} \ddot{u}_1 \\ \ddot{\Psi}_1 \\ \ddot{u}_2 \\ \ddot{\Psi}_2 \\ \ddot{u}_3 \\ \ddot{\Psi}_3 \\ \ddot{u}_4 \\ \ddot{\Psi}_4 \end{bmatrix} +$$

$$\frac{EI}{l^3} \begin{bmatrix} 12 & 6l & -12 & 6l & & & & \\ 6l & 4l^2 & -6l & 2l^2 & & & & \\ -12 & -6l & 24 & 0 & -12 & 6l & & \\ 6l & 2l^2 & 0 & 8l^2 & -6l & 2l^2 & & \\ & & -12 & -6l & 24 & 0 & -12 & 6l \\ & & 6l & 2l^2 & 0 & 8l^2 & -6l & 2l^2 \\ & & & & -12 & -6l & 12 & -6l \\ & & & & 6l & 2l^2 & -6l & 4l^2 \end{bmatrix} \begin{bmatrix} u_1 \\ \Psi_1 \\ u_2 \\ \Psi_2 \\ u_3 \\ \Psi_3 \\ u_4 \\ \Psi_4 \end{bmatrix} = \begin{bmatrix} V_{x1} \\ 0 \\ 0 \\ 0 \\ 0 \\ 0 \\ V_{x4} \\ 0 \end{bmatrix} \tag{3}$$

축소된 운동방정식을 구한 후, 고유치를 구하기 위해 해를 가정한다. 그리고 이 해를 운동방정식에 대입하여 정리하면, 다음의 행렬식이 얻어진다.

$$\left| \begin{bmatrix} 4l^2 & -6l & 2l^2 & & & \\ -6l & 24 & 0 & -12 & 6l & \\ 2l^2 & 0 & 8l^2 & -6l & 2l^2 & \\ & -12 & -6l & 24 & 0 & 6l \\ & 6l & 2l^2 & 0 & 8l^2 & 2l^2 \\ & & & 6l & 2l^2 & 4l^2 \end{bmatrix} - \lambda \begin{bmatrix} 0 & & & & & \\ & 1 & & & & \\ & & 0 & & & \\ & & & 1 & & \\ & & & & 0 & \\ & & & & & 0 \end{bmatrix} \right| = 0 \qquad (4)$$

여기서 $\lambda = \rho A l^4 \omega^2 / EI$이다.

표 9.11-1 / 집중질량 축의 고유진동수 (rad/s)

차수	요소 수 (오차, %)					
	2	3	4	5	6	엄밀해
1st	9.79796 (0.726)	9.85901 (0.107)	9.86659 (0.031)	9.86843 (0.012)	9.86905 (0.006)	9.86960
2nd	–	38.1838 (3.279)	39.1918 (0.726)	39.3808 (0.247)	39.436 (0.107)	39.4784
3rd	–	–	83.2128 (6.320)	87.1779 (1.856)	88.1816 (0.726)	88.8264
4th	–	–	–	143.556 (9.092)	152.735 (3.280)	157.914

* 고유진동수는 표 내에 있는 값들에 $\sqrt{\dfrac{EI}{\rho A}}$를 곱한 값이다.

축의 요소 수를 3, 4, 5 및 6으로 분할한 경우 고유진동수와 엄밀해를 비교하면, 표 9.11-1과 같다. 분포질량으로 취급한 경우의 고유진동수는 엄밀해보다 큰 값으로부터 요소 수를 증가하여 감에 따라 엄밀해에 수렴하는 반면에, 집중질량으로 취급하여 계의 고유진동수를 구하면 계의 고유진동수가 엄밀해의 고유진동수보다 작은 값에서 위쪽으로 엄밀해에 수렴하는 것을 알 수 있다. 그 이유는 각 절점에서 질량이 과대평가 되고있기 때문이다.

예제 9.12

질량행렬의 형태에 따른 고유진동수의 오차특성

그림 9.12-1과 같은 양단단순지지 일정단면 축계의 고유진동수를 분포질량모델과 집중질량모델을 이용하여 3차 고유진동수까지를 계산하고 엄밀해와 비교하여 해의 수렴정도, 즉 오차를 평가하시오. 단, 축 길이 1m, 직경 0.02m, E= 210GN/m^2, ρ = 7,800 kg/m^{3}로 하며, 비회전축(N = 0rpm)으로 가정한다.

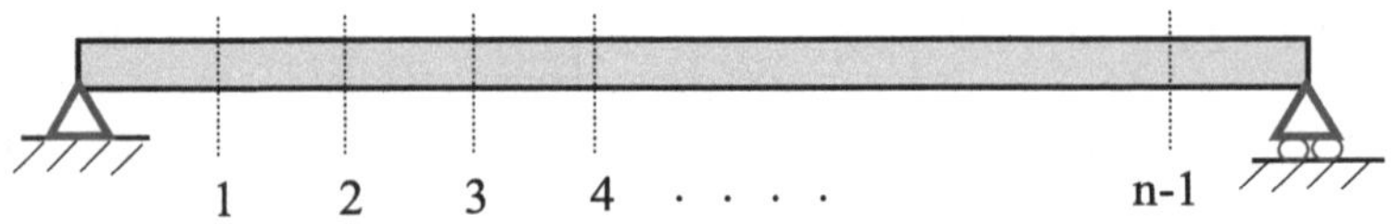

그림 9.12-1 / 계산모델

고유진동수의 오차특성을 검토하기 위해 축 요소의 질량행렬로서 식(9.24)의 분포질량행렬, 식(9.23)의 집중질량행렬, 식(9.29)의 대각집중질량행렬 그리고 식(9.30)의 블록대각집중질량행렬을 이용한다. 편의를 위해 이를 다시 나타내면 다음과 같다.

1) 분포질량행렬(distributed mass matrix):

$$M^e = \frac{\rho A l}{420}\begin{bmatrix} 156 & & & \text{대칭} \\ 22l & 4l^2 & & \\ 54 & 13l & 156 & \\ -13l & -3l^2 & 22l & 4l^2 \end{bmatrix} \tag{1}$$

2) 집중질량행렬(lumped mass matrix):

$$M_L^e = \rho A l \begin{bmatrix} 1/2 & & & 0 \\ & 0 & & \\ & & 1/2 & \\ 0 & & & 0 \end{bmatrix} \tag{2}$$

3) 대각 집중질량행렬(diagonal lumped mass matrix):

$$M_D^e = \rho A l \begin{bmatrix} 1/2 & & & 0 \\ & a l^2 & & \\ & & 1/2 & \\ 0 & & & a l^2 \end{bmatrix} \tag{3}$$

여기서 $a = 1/78,\ 1/24,\ -1/12$이다.

4) 블록대각 집중질량행렬(block diagonal lumped mass matrix):

$$M_B^e = \rho A l \begin{bmatrix} 1/2 & l/8 & & 0 \\ l/8 & l^2/24 & & \\ & & 1/2 & -l/8 \\ 0 & & -l/8 & l^2/24 \end{bmatrix} \tag{4}$$

축 요소의 굽힘강성행렬은 동일하며, 식(8.22)와 같다. 축 요소를 등 간격으로 분할하여 요소 수를 2에서 11까지 변경하면서 고유진동수를 계산하고, 엄밀해에 대한 오차를 3차 고유진동수까지 비교한다. 참고로 엄밀해는 Euler-Bernoulli모델, Rayleigh모델 및 Timoshenko모델에 대해 표 9.12-1과 같이 주어진다.

표 9.12-1 / 고유진동수의 엄밀해

차수	고유진동수 (Hz)		
	Euler-Bernoulli	Rayleigh	Timoshenko
1st	256.0543	256.0227	255.9173
2nd	1,024.2173	1,023.7122	1,022.0319
3rd	2,304.4888	2,301.9343	2,293.4796
4th	4,096.8690	4,088.8060	4,062.3111

비회전축에 대한 고유진동수의 엄밀해를 구하는 식은 일반 진동공학 문헌에 게재되어 있다. 오차는 엄밀해 ω_{exi}와 유한요소모델에 의한 계산치 ω_i에 대해 다음과 같이 정의한다.

$$\text{오차}(\%) = \frac{|\omega_{exi} - \omega_i|}{\omega_{exi}} \times 100 \qquad (i = 1 \sim 4)$$

그림 9.12-2는 식(1)~(4)를 이용하여 그림 9.12-1의 계산모델에 대해 계산된 오차를 요소분할수의 함수로 3차 고유진동수까지를 나타낸 것이다. 그림에서 알 수 있듯이 전체적으로 요소분할수가 증가할수록 엄밀해에 대한 오차가 감소하고 있고, 특히 분포질량행렬의 경우가 가장 양호함을 알 수 있다. 그러나 대 자유도 문제의 경우에는 행렬의 크기가 크게 되고, 대규모 고유치 문제로 되므로 분포질량행렬의 경우는 많은 계산시간이 소요되게 된다. 이에 비해 집중질량행렬을 적절한 요소로 분할하게 되면 큰 오차 없이 짧은 시간에 고유치 계산이 가능한 이점이 있다.

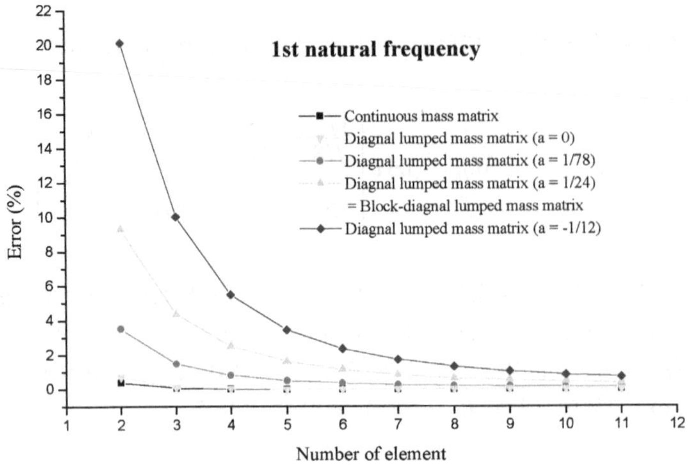

(a) 1차 고유진동수

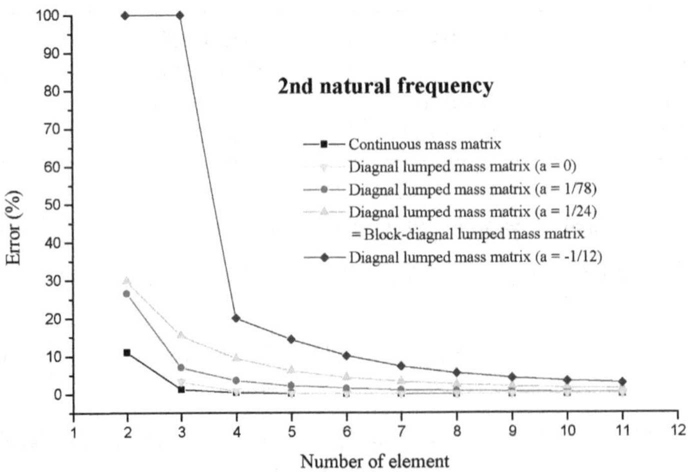

(b) 2차 고유진동수

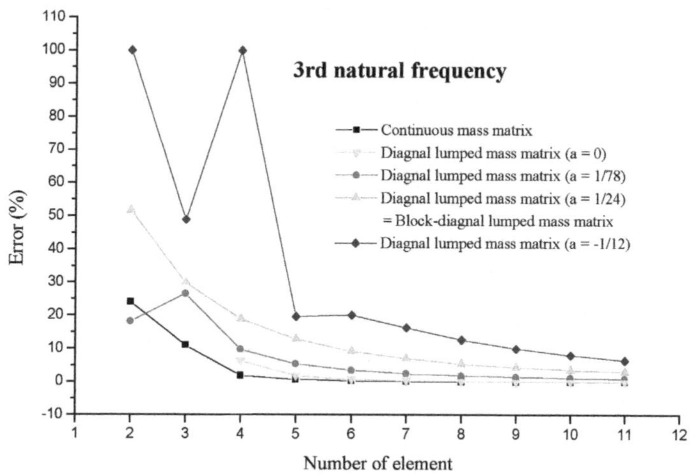

(c) 3차 고유진동수

그림 9.12-2 / 요소수에 따른 고유진동수의 수렴정도

10

회전축계의 유한요소행렬

이 장에서는 회전축계에 포함되는 특유의 행렬구성과 이를 이용한 복소고유치해석, 불평형응답해석 및 시간응답해석에 대해 전단변형 효과를 고려한 Timoshenko축 이론에 기초하여 설명한다.

유한요소법을 이용하여 회전축계의 진동해석을 수행하고자할 때, 축의 단 부분, 원판부분 등에서 절점을 잡고 축의 각 요소를 분해한다. 주요 구성요소로서는

(1) 강체, 대칭인 원판 요소
(2) 축대칭, 일정분포의 관성과 탄성을 갖는 축 요소
(3) 베어링 유막 특성을 나타내는 베어링 요소 및 실(seal) 요소
(4) 커플링, 지지대 요소

등이 있다.

10.1 요소 모델링

10.1.1 원판 요소

회전축에는 일반적으로 임펠러, 휀 블레이드, 터빈 블레이드 등과 같은 원판 요소가 다수 부착되어 있고, 회전축계에서는 이들 원판의 자이로스코프 효과가 계의 진동특성에 영향을 미친다. 원판(disk)은 일반적으로 강체(rigid body)로 가정됨으로 포텐셜에너지 V와 소산에너지 D는 무시되고, 운동에너지만으로 그 특성이 표현된다. 또한 회전축에 대해 대칭이므로, 질량관성모멘트는 $I_{dx} = I_{dy} = I_d$로 나타낼 수 있다.

그림 10.1의 좌표와 회전방향으로 각속도 $\dot{\phi} = \Omega$로 회전한다면, 원판중심에 관한 힘과 모멘트의 관계로부터 원판의 운동에너지 T^d는 다음 식으로 나타내어진다.

$$T^d = \frac{1}{2}\begin{Bmatrix} \dot{u} \\ \dot{v} \end{Bmatrix}^T \begin{bmatrix} m_d & 0 \\ 0 & m_d \end{bmatrix} \begin{Bmatrix} \dot{u} \\ \dot{v} \end{Bmatrix} + \frac{1}{2}\begin{Bmatrix} \dot{\psi} \\ \dot{\theta} \end{Bmatrix}^T \begin{bmatrix} I_d & 0 \\ 0 & I_d \end{bmatrix} \begin{Bmatrix} \dot{\psi} \\ \dot{\theta} \end{Bmatrix} - \Omega\dot{\theta}\psi I_p \tag{10.1}$$

여기서 m_d는 원판의 질량, I_d와 $I_p(=I_z)$는 각각 원판의 질량관성모멘트 및 질량극관성모멘트이다. 원주형상의 원판의 경우, 원판재료의 밀도를 ρ, 내측 및 외측 반경을 R_1, R_2, 두께를 H라 하면, 다음과 같이 얻어진다.

$$m_d = \rho A H = \rho\pi(R_2^2 - R_1^2)H,\ \ I_d = \frac{m_d}{12}(3R_1^2 + 3R_2^2 + H^2),\ \ I_p = \frac{m_d}{2}(R_1^2 + R_2^2)$$

따라서, 원판이 매우 얇은 경우 ($H \ll R$)에는 $I_p = 2I_d$로 된다.

Lagrange 방정식은

$$\frac{d}{dt}\left(\frac{\partial L}{\partial \dot{q}_i}\right) - \frac{\partial L}{\partial q_i} + \frac{\partial D}{\partial \dot{q}_i} = Q_i \tag{10.2}$$

로 표현되고, 여기서 Lagrange함수 $L = T - V$, T는 운동에너지, V는 포텐셜에너지, D는 소산함수(dissipation function) 및 Q_i는 일반화력이다.

식(10.1)을 Lagrange 방정식에 대입하면, 원판 요소의 운동방정식

$$(\boldsymbol{M}_t^d + \boldsymbol{M}_r^d)\ddot{\boldsymbol{q}}^d - \Omega \boldsymbol{G}^d \dot{\boldsymbol{q}}^d = \boldsymbol{F}^d \tag{10.3}$$

이 유도된다. 여기서 $\dot{q}^d$, $\ddot{q}^d$ 및 F^d는 각각 원판 요소의 절점에 대한 속도 및 가속도 벡터 그리고 외력벡터를 나타낸다. 병진 질량행렬 M_t^d, 회전 질량행렬 M_r^d 및 자이로스코픽행렬 G^d는 다음과 같다.

$$M_t^d = \begin{bmatrix} m_d & 0 & 0 & 0 \\ 0 & 0 & 0 & 0 \\ 0 & 0 & m_d & 0 \\ 0 & 0 & 0 & 0 \end{bmatrix}, \quad M_r^d = \begin{bmatrix} 0 & 0 & 0 & 0 \\ 0 & I_d & 0 & 0 \\ 0 & 0 & 0 & 0 \\ 0 & 0 & 0 & I_d \end{bmatrix}, \quad G^d = \begin{bmatrix} 0 & 0 & 0 & -I_p \\ 0 & 0 & 0 & -I_p \\ 0 & I_p & 0 & 0 \\ 0 & 0 & 0 & 0 \end{bmatrix}$$

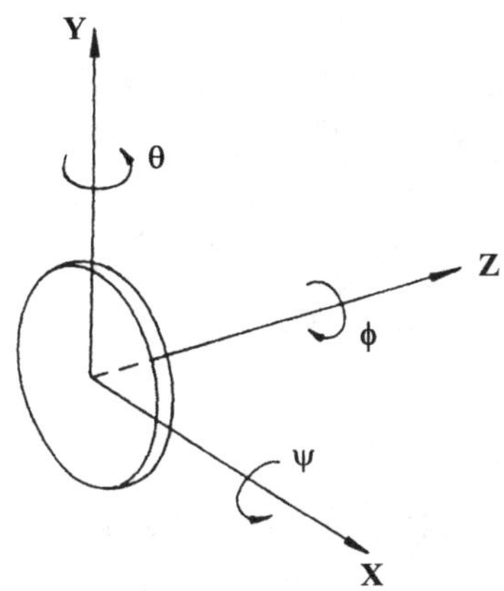

그림 10.1 / 원판 요소의 좌표계

10.1.2 축 요소

그림 10.2는 축 요소의 운동을 나타내기 위해 사용되는 2개의 좌표계를 나타낸다. XYZ는 고정좌표이고, xyz는 Ω로 회전하는 회전좌표이다. 요소는 처음에 일직선으로 고려되고, 요소 각각의 끝단에서 x, y축 방향의 병진변위(translation) 2개와 이에 대응하는 2개의 회전변위(rotation), 즉 각변위의 자유도를 고려하여 8개의 자유도로 모델링한다. 축 요소의 단면은 원형이고, 재질은 균일하다고 고려한다.

1) 형상함수

왼쪽 끝단으로부터 s 만큼의 거리에 있는 요소의 단면은 요소의 일반적인 운동동안에 병진과 회전운동을 한다. 축방향 운동을 무시한 단면부 중심선의 운동은 굽힘(bending)에 기인하는 변위 (u_b, v_b)와 전단변형(shear deformation)에 기인하는 변위

(u_s, v_s)로 이루어지는 변위 (u, v)로 주어진다. 단면부의 회전은 요소의 굽힘변형과 관계되는 회전각(rotation angle)

$$\psi = -\partial v_b / \partial s, \quad \Theta = \partial u_b / \partial s$$

으로 표현된다.

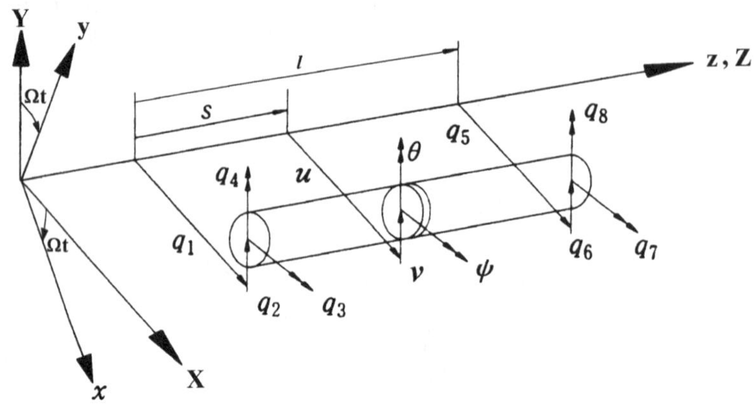

그림 10.2 / 축 요소의 좌표계

축 요소 내부의 임의 위치에서의 병진운동은 다음의 관계에 의해 근사화된다.

$$\begin{Bmatrix} u(s,t) \\ v(s,t) \end{Bmatrix} = \begin{bmatrix} N_1 & 0 & 0 & N_2 & N_3 & 0 & 0 & N_4 \\ 0 & N_1 & -N_2 & 0 & 0 & N_3 & N_4 & 0 \end{bmatrix} \begin{Bmatrix} q(t) \end{Bmatrix} = N(s)\, q(t) \tag{10.4}$$

여기서 절점 변위벡터 $q(t) = \{ q_1, q_2, q_3, q_4, q_5, q_6, q_7, q_8 \}^T$이다.

각각의 형상함수(shape function) $N_i(s) = \alpha_i(s) + \Phi\beta_i(s)$, $(i = 1, 2, 3, 4)$ 는 다른 좌표는 모두 0으로 구속한 상태에서 요소양단의 절점 좌표중의 하나에 단위 변위를 가했을 때, 이에 대응하는 정적 변위모드를 나타낸다. 함수 $\alpha_i(s)$는 Timoshenko 축의 굽힘변형에 대응되고, 함수 $\beta_i(s)$는 전단변형에 기인한다. 병진 형상함수행렬은 다음과 같다.

$$N_i(s) = \frac{1}{1+\Phi}[\alpha_i(s) + \Phi\beta_i(s)], \ (i = 1, 2, 3, 4) \tag{10.5}$$

식(10.5)에서 $\Phi\ (= 12EI/\kappa AGl^2)$는 횡전단효과(transverse shear effect)를 나타내며, 전단변형을 무시한 경우는 0이 된다. 여기서 E와 G는 축 재료의 종 및 횡탄성계수, I

$(=\pi R_1^4/4)$는 중립축에 대한 축 단면의 면적관성모멘트, $A\ (=\pi R_1^2)$는 축 단면적, κ는 전단계수이다. 그리고 α_i와 β_i ($i=1, 2, 3, 4$)는 다음과 같다.

$$\nu=\frac{s}{l},\qquad \alpha_1=1-3\nu^2+2\nu^3,\qquad \alpha_2=l(\nu-2\nu^2+\nu^3),\qquad \alpha_3=3\nu^2-2\nu^3,$$
$$\alpha_4=l(-\nu+\nu^2)/2,$$
$$\beta_1=1-\nu,\quad \beta_2=l(\nu-\nu^2)/2,\quad \beta_3=\nu,\quad \beta_4=l(-\nu+\nu^2)/2$$

요소의 대표 단면부분의 회전운동은 다음식과 같이 근사화된다.

$$\begin{Bmatrix}\psi(s,t)\\ \theta(s,t)\end{Bmatrix}=\begin{bmatrix}0 & -\overline{N}_1 & \overline{N}_2 & 0 & 0 & -\overline{N}_3 & \overline{N}_4 & 0\\ \overline{N}_1 & 0 & 0 & \overline{N}_2 & \overline{N}_3 & 0 & 0 & \overline{N}_4\end{bmatrix}\{q(t)\}$$
$$=\overline{N}(s)\,q(t) \tag{10.6}$$

개개의 형상함수 $\overline{N}_i(s)=\varepsilon_i(s)+\Phi\delta_i(s)$, $(i=1,2,3,4)$는 다른 모든 좌표는 0으로 구속하고 요소양단의 절점 좌표들 중 하나의 단위 변위에 대응하는 정적 회전형상함수(rotation shape function)들을 나타낸다. 함수 $\varepsilon_i(s)$와 $\delta_i(s)$는 Timoshenko 축의 경우, 각각 굽힘과 전단변형에 관계된다. 회전 형상함수행렬은 다음과 같다.

$$\overline{N}_i(s)=\frac{1}{1+\Phi}[\varepsilon_i(s)+\Phi\delta_i(s)],\quad (i=1,2,3,4) \tag{10.7}$$

여기서

$$\varepsilon_1=6(\nu^2-\nu)/l,\quad \varepsilon_2=1-4\nu+3\nu^2,\quad \varepsilon_3=6(-\nu^2+\nu)/l,\quad \varepsilon_4=3\nu^2-2\nu,$$
$$\delta_1=0,\quad \delta_2=1-\nu,\quad \delta_3=0,\quad \delta_4=\nu.$$

2) 축 요소의 운동방정식

축 요소의 운동방정식은 확장된 Hamilton의 원리를 이용하면, 다음 식에 의해 결정된다.

$$\int_{t_1}^{t_2}[\delta(T-V)+\delta W]\,dt=0 \tag{10.8}$$

여기서 T와 V는 각각 축 요소의 운동에너지와 포텐셜에너지이고, δW는 비보존력에 의해 이루어진 변분 일(variational work)을 나타낸다.

축 요소의 운동에너지는 병진운동과 회전운동에 의한 에너지로 이루어지고, 회전운동은 Rayleigh축 이론에서 고려하는 회전 항과 또한 축의 자전운동(spin motion)에 대응하는 회전 항을 포함한다.

축 요소의 총 운동에너지는 다음과 같다.

$$T^e = \frac{1}{2}\int_0^l m\begin{Bmatrix} \dot{u} \\ \dot{v} \end{Bmatrix}^T \begin{Bmatrix} \dot{u} \\ \dot{v} \end{Bmatrix} ds + \frac{1}{2}\int_0^l I_d\begin{Bmatrix} \dot{\psi} \\ \dot{\theta} \end{Bmatrix}^T \begin{Bmatrix} \dot{\psi} \\ \dot{\theta} \end{Bmatrix} ds + \frac{1}{2}\int_0^l I_p\dot{\phi}^2 ds - \dot{\phi}\int_0^l I_p\dot{\theta}\psi\, ds \quad (10.9)$$

식(10.9)에서 우변의 각 항들은 각각 단위길이당의 축 요소의 질량 $m(=\rho A)$, 횡관성모멘트 I_d 및 극관성모멘트 I_p에 의한 운동에너지를 나타내고, 마지막 항은 자이로스코프효과에 의한 운동의 연성효과를 나타낸다.

요소의 포텐셜에너지는 탄성굽힘에너지, 전단변형에너지 및 축방향의 힘(axial force)에 기인한 에너지로 구성된다. 전체 포텐셜에너지함수는 다음과 같이 표시된다.

$$V^e = \frac{1}{2}\int_0^l EI\begin{Bmatrix} u_b'' \\ v_b'' \end{Bmatrix}^T \begin{Bmatrix} u_b'' \\ v_b'' \end{Bmatrix} ds + \frac{1}{2}\int_0^l \kappa AG\begin{Bmatrix} u_s' \\ v_s' \end{Bmatrix}^T \begin{Bmatrix} u_s' \\ v_s' \end{Bmatrix} ds + \frac{1}{2}\int_0^l P\begin{Bmatrix} u' \\ v' \end{Bmatrix}^T \begin{Bmatrix} u' \\ v' \end{Bmatrix} ds$$
(10.10)

식(10.10)의 우변은 축 굽힘강성, 전단변형 및 축방향력 P에 의한 포텐셜에너지이다. 병진과 회전운동의 형상함수인 식(10.4), (10.5)를 식(10.9), (10.10)에 대입하여 식을 정리하면, 요소의 운동에너지, 포텐셜에너지 및 외력의 가상 일은 다음과 같이 된다.

$$T^e = \frac{1}{2}\dot{q}^T(M+N)\dot{q} - \dot{\phi}\dot{q}^T Hq + \frac{1}{2}I_p\dot{\phi}^2 \quad (10.11)$$

$$V^e = \frac{1}{2}q^T(K-A)q \quad (10.12)$$

$$\delta W = \delta q^T(Q_c\cos\Omega t + Q_s\sin\Omega t) \quad (10.13)$$

축 요소 내부의 히스테리시스감쇠 및 점성감쇠효과를 고려하기 위해 Zorzi와 Nelson이 제안한 응력-변형률의 관계를 나타내면 다음 식과 같다.

$$\sigma_x = E\left\{\frac{\epsilon_x}{\sqrt{1+\eta_H^2}} + (\eta_V + \frac{\eta_H}{\sqrt{1+\eta_H^2}\omega})\dot{\epsilon}_x\right\} \quad (10.14)$$

탄성 굽힘에 기인하는 포텐셜에너지 V_i^e와 소산함수(dissipation function) D_i^e는

$$V_i^e = \frac{1}{2}\int_0^l EI \begin{Bmatrix} u_b'' \\ V_b'' \end{Bmatrix}^T \eta \begin{Bmatrix} u_b'' \\ V_b'' \end{Bmatrix} ds$$

$$D_i^e = \frac{1}{2}\int_0^l \eta_V EI \begin{Bmatrix} \dot{u}_b'' \\ \dot{v}_b'' \end{Bmatrix}^T \begin{Bmatrix} \dot{u}_b'' \\ \dot{v}_b'' \end{Bmatrix} ds \tag{10.15}$$

여기서 η는 내부감쇠행렬로서 다음과 같이 정의된다.

$$\eta = \begin{bmatrix} \eta_a & \eta_b \\ -\eta_b & \eta_a \end{bmatrix}, \quad \eta_a = \frac{1+\eta_H}{\sqrt{1+\eta^2_H}}, \quad \eta_b = \frac{\eta_H}{\sqrt{1+\eta^2_H}} + \Omega\eta_V$$

여기서 η_V와 η_H는 각각 회전축 재료에 대한 점성감쇠 및 히스테리시스 손실계수를 나타낸다. 따라서 내부점성감쇠와 히스테리시스감쇠를 갖는 유한요소의 포텐셜에너지는 다음과 같다.

$$V_i^e = \frac{1}{2}\eta_a q^T K_b^e q + \frac{1}{2}\eta_b q^T K_c^e q \tag{10.16}$$

여기서 K_b^e는 굽힘에 기인하는 강성행렬로서, 다음과 같이 정의된다.

$$K_b^e = \int_0^l EI(N_t'')^T N N_t'' ds, \quad K_c^e = N_D K_b^e$$

여기서 N과 N_D는 각각 변환행렬(transformation matrix)로서, 다음과 같이 정의된다.

$$N = \begin{bmatrix} 0 & 1 \\ -1 & 1 \end{bmatrix}, \quad N_D = \begin{bmatrix} 0 & -1 & 0 & 0 & 0 & 0 & 0 & 0 \\ 1 & 0 & 0 & 0 & 0 & 0 & 0 & 0 \\ 0 & 0 & 0 & -1 & 0 & 0 & 0 & 0 \\ 0 & 0 & 1 & 0 & 0 & 0 & 0 & 0 \\ 0 & 0 & 0 & 0 & 0 & -1 & 0 & 0 \\ 0 & 0 & 0 & 0 & 1 & 0 & 0 & 0 \\ 0 & 0 & 0 & 0 & 0 & 0 & 0 & -1 \\ 0 & 0 & 0 & 0 & 0 & 0 & 1 & 0 \end{bmatrix}$$

그리고, 축 요소에 대한 축 내부의 소산에너지 D_i^e는 다음과 같이 표현된다.

$$D_i^e = \frac{1}{2}\eta_V \dot{q}^T K_b^e \dot{q} \tag{10.17}$$

다음으로 축 토크(axial torque) T가 작용하는 경우, 축의 굽힘에 영향을 미치는 축 토크의 변분 일(variational work)이 실제 경로에서 변화된 경로까지의 변분 변위에 대

한 비보존력으로서 정의될 수 있다. 즉, 축 토크로 인해 발생하는 변분 일은

$$\delta W_t = \int_0^l T \begin{Bmatrix} u' \\ v' \end{Bmatrix}^T \begin{bmatrix} 0 & -1 \\ 1 & 0 \end{bmatrix} \begin{Bmatrix} \delta u'' \\ \delta v'' \end{Bmatrix} ds = (K_t^e q)^T \delta q \tag{10.18}$$

여기서 K_t^e는 축 토크에 기인하는 강성행렬로서 다음과 같이 정의된다.

$$K_t^e = \int_0^l T(N'')^T \begin{bmatrix} 0 & 1 \\ -1 & 0 \end{bmatrix} N' ds$$

구하여진 에너지와 일의 함수인 식(10.11)~(10.13) 및 식(10.16)~(10.18)을 Hamilton의 확장정리 식(10.8)에 적용하면, 회전축요소에 대해 다음과 같은 운동방정식이 유도된다.

$$(M_t^e + M_r^e)\ddot{q}^e + (\eta_V K_b^e - \Omega G^e)\dot{q}^e + [\frac{1+\eta_H}{\sqrt{1+\eta_H^2}} K_b^e +$$

$$(\eta_V \Omega + \frac{\eta_H}{\sqrt{1+\eta_H^2}}) K_c^e - K_a^e - K_t^e] q^e = F^e \tag{10.19}$$

식(10.19)에서 축 요소의 내부감쇠를 무시하면 $(\eta_V = \eta_H = 0)$, 다음과 같이 단순화된 축 요소의 운동방정식이 얻어진다.

$$(M_t^e + M_r^e)\ddot{q}^e - \Omega G^e \dot{q}^e + (K_b^e - K_a^e - K_t^e) q^e = F^e \tag{10.20}$$

식(10.20)에서 알 수 있듯이, 축방향 힘이나 축 토크는 축 요소의 강성을 낮추는 역할을 한다. 여기서 운동방정식의 계수행렬은 Nelson (1980)에 의해 제시되었으며, 전단효과를 나타내는 Φ의 급수형태로 다음 식들과 같이 표현된다.

$$K_a^e = \int_0^l P(N')^T N' ds = A_0 + \Phi A_1 + \Phi^2 A_2$$

$$K_b^e = \int_0^l EI(N'')^T N'' ds = K_0 + \Phi K_1$$

$$K_t^e = T_0 + \Phi T_1 + \Phi^2 T_2, \; K_c^e = N_D K_b^e = C_0 + \Phi C_1$$

$$M_t^e = \int_0^l m N^T N ds = M_0 + \Phi M_1 + \Phi^2 M_2$$

$$M_r^e = \int_0^l I_d \overline{N}^T \overline{N} ds = N_0 + \Phi N_1 + \Phi^2 N_2$$

$$G^e = H - H^T = \int_0^l I_p \overline{N}^T \begin{bmatrix} 0 & -1 \\ 1 & 0 \end{bmatrix} \overline{N} ds = G_0 + \Phi G_1 + \Phi^2 G_2$$

$$F^e = F_c \cos\Omega t + F_s \sin\Omega t$$

여기서 Φ는 횡전단효과(transverse shear effect)를 나타내는 파라미터이므로, Φ = 0으로 놓으면 종래의 Rayleigh축 이론에 기초한 유한요소행렬과 일치한다. 이들 축 요소의 행렬들은 구체적으로 다음과 같이 표현된다.

1) 굽힘 강성행렬: $K_b^e = K_0 + \Phi K_1$

$$K_0 = \frac{EI}{l^3(1+\Phi)} \begin{bmatrix} 12 & & & & & & & \\ 0 & 12 & & & \text{대칭} & & & \\ 0 & -6l & 4l^2 & & & & & \\ 6l & 0 & 0 & 4l^2 & & & & \\ -12 & 0 & 0 & -6l & 12 & & & \\ 0 & -12 & 6l & 0 & 0 & 12 & & \\ 0 & -6l & 2l^2 & 0 & 0 & 6l & 4l^2 & \\ 6l & 0 & 0 & 2l^2 & -6l & 0 & 0 & 4l^2 \end{bmatrix}$$

$$K_1 = \frac{EI}{l^3(1+\Phi)} \begin{bmatrix} 0 & & & & & & & \\ 0 & 0 & & & \text{대칭} & & & \\ 0 & 0 & l^2 & & & & & \\ 0 & 0 & 0 & l^2 & & & & \\ 0 & 0 & 0 & 0 & 0 & & & \\ 0 & 0 & 0 & 0 & 0 & 0 & & \\ 0 & 0 & l^2 & 0 & 0 & 0 & l^2 & \\ 0 & 0 & 0 & -l^2 & 0 & 0 & 0 & l^2 \end{bmatrix}$$

2) 병진 질량행렬: $M_t^e = M_0 + \Phi M_1 + \Phi^2 M_2$

$$M_0 = \frac{ml}{420(1+\Phi)^2} \begin{bmatrix} 156 & & & & & & & \\ 0 & 156 & & & \text{대칭} & & & \\ 0 & -22l & 4l^2 & & & & & \\ 22l & 0 & 0 & 4l^2 & & & & \\ 54 & 0 & 0 & 13l & 156 & & & \\ 0 & 54 & -13l & 0 & 0 & 156 & & \\ 0 & 13l & -3l^2 & 0 & 0 & 22l & 4l^2 & \\ -13l & 0 & 0 & -3l^2 & -22l & 0 & 0 & 4l^2 \end{bmatrix}$$

$$M_1 = \frac{ml}{420(1+\Phi)^2} \begin{bmatrix} 294 & & & & & & & \\ 0 & 294 & & & \text{대칭} & & & \\ 0 & -38.5l & 7l^2 & & & & & \\ 38.5l & 0 & 0 & 7l^2 & & & & \\ 126 & 0 & 0 & 31.5l & 294 & & & \\ 0 & 126 & -31.5l & 0 & 0 & 294 & & \\ 0 & 31.5l & -7l^2 & 0 & 0 & 38.5l & 7l^2 & \\ -31.5l & 0 & 0 & -7l^2 & -38.5l & 0 & 0 & 7l^2 \end{bmatrix}$$

$$M_2 = \frac{ml}{420(1+\Phi)^2}\begin{bmatrix} 140 & & & & \text{대칭} & & & \\ 0 & 140 & & & & & & \\ 0 & -17.5l & 3.5l^2 & & & & & \\ 17.5l & 0 & 0 & 3.5l^2 & & & & \\ 70 & 0 & 0 & 17.5l & 140 & & & \\ 0 & 70 & -17.5l & 0 & 0 & 140 & & \\ 0 & 17.5l & -3.5l^2 & 0 & 0 & 17.5l & 3.5l^2 & \\ -17.5l & 0 & 0 & -3.5l^2 & -17.5l & 0 & 0 & 3.5l^2 \end{bmatrix}$$

3) 회전 질량행렬: $M_r^e = N_0 + \Phi\, N_1 + \Phi^2 N_2$

$$N_0 = \frac{mr^2}{120l(1+\Phi)^2}\begin{bmatrix} 36 & & & & \text{대칭} & & & \\ 0 & 36 & & & & & & \\ 0 & -3l & 4l^2 & & & & & \\ 3l & 0 & 0 & 4l^2 & & & & \\ -36 & 0 & 0 & -3l & 36 & & & \\ 0 & -36 & 3l & 0 & 0 & 36 & & \\ 0 & -3l & -l^2 & 0 & 0 & 3l & 4l^2 & \\ 3l & 0 & 0 & -l^2 & -3l & 0 & 0 & 4l^2 \end{bmatrix}$$

$$N_1 = \frac{mr^2}{120l(1+\Phi)^2}\begin{bmatrix} 0 & & & & \text{대칭} & & & \\ 0 & 0 & & & & & & \\ 0 & 15l & 5l^2 & & & & & \\ -15l & 0 & 0 & 5l^2 & & & & \\ 0 & 0 & 0 & 15l & 0 & & & \\ 0 & 0 & -15l & 0 & 0 & 0 & & \\ 0 & 15l & -5l^2 & 0 & 0 & -15l & 5l^2 & \\ 15l & 0 & 0 & -5l^2 & 15l & 0 & 0 & 5l^2 \end{bmatrix}$$

$$N_2 = \frac{mr^2}{120l(1+\Phi)^2}\begin{bmatrix} 0 & & & & \text{대칭} & & & \\ 0 & 0 & & & & & & \\ 0 & 0 & 10l^2 & & & & & \\ 0 & 0 & 0 & 10l^2 & & & & \\ 0 & 0 & 0 & 0 & 0 & & & \\ 0 & 0 & 0 & 0 & 0 & 0 & & \\ 0 & 0 & 5l^2 & 0 & 0 & 0 & 10l^2 & \\ 0 & 0 & 0 & 5l^2 & 0 & 0 & 0 & 10l^2 \end{bmatrix}$$

4) 자이로스코픽 행렬: $G^e = H - H^T = G_0 + \Phi\, G_1 + \Phi^2 G_2$

$$G_0 = \frac{2mr^2}{120l(1+\Phi)^2}\begin{bmatrix} 0 & & & & \text{skew sym.} & & & \\ 0 & 36 & & & & & & \\ -3l & 0 & 0 & & & & & \\ 0 & -3l & 4l^2 & 0 & & & & \\ 0 & 36 & -3l & 0 & 0 & & & \\ -36 & 0 & 0 & -3l & 0 & 0 & & \\ -3l & 0 & 0 & l^2 & 3l & 0 & 0 & \\ 0 & -3l & -l^2 & 0 & 0 & 3l & 4l^2 & 0 \end{bmatrix}$$

$$G_1 = \frac{2mr^2}{120l(1+\Phi)^2}\begin{bmatrix} 0 & & & & & & & \\ 0 & 0 & & & \text{skew sym.} & & & \\ 15l & 0 & 0 & & & & & \\ 0 & 15l & 5l^2 & 0 & & & & \\ 0 & 0 & 15l & 0 & 0 & & & \\ 0 & 0 & 0 & 15l & 0 & 0 & & \\ 15l & 0 & 0 & 5l^2 & -15l & 0 & 0 & \\ 0 & 15l & -5l^2 & 0 & 0 & -15l & 5l^2 & 0 \end{bmatrix}$$

$$G_2 = \frac{2mr^2}{120l(1+\Phi)^2}\begin{bmatrix} 0 & & & & & & & \\ 0 & 0 & & & \text{skew sym.} & & & \\ 0 & 0 & 0 & & & & & \\ 0 & 0 & 10l^2 & 0 & & & & \\ 0 & 0 & 0 & 0 & 0 & & & \\ 0 & 0 & 0 & 0 & 0 & 0 & & \\ 0 & 0 & 0 & -5l^2 & 0 & 0 & 0 & \\ 0 & 0 & 5l^2 & 0 & 0 & 0 & 10l^2 & 0 \end{bmatrix}$$

5) 축 하중에 따른 강성행렬: $\boldsymbol{K}_a^e = \boldsymbol{A}_0 + \Phi\,\boldsymbol{A}_1 + \Phi^2\,\boldsymbol{A}_2$

$$A_0 = \frac{P}{30l(1+\Phi)^2}\begin{bmatrix} 36 & & & & & & & \\ 0 & 36 & & & & \text{대칭} & & \\ 0 & -3l & 4l^2 & & & & & \\ 3l & 0 & 0 & 4l^2 & & & & \\ -36 & 0 & 0 & -3l & 36 & & & \\ 0 & -36 & 3l & 0 & 0 & 36 & & \\ 0 & -3l & -l^2 & 0 & 0 & 3l & 4l^2 & \\ 3l & 0 & 0 & -l^2 & -3l & 0 & 0 & 4l^2 \end{bmatrix}$$

$$A_1 = \frac{P}{30l(1+\Phi)^2}\begin{bmatrix} 60 & & & & & & & \\ 0 & 60 & & & & \text{대칭} & & \\ 0 & 0 & 5l^2 & & & & & \\ 0 & 0 & 0 & 5l^2 & & & & \\ -60 & 0 & 0 & 0 & 60 & & & \\ 0 & -60 & 0 & 0 & 0 & 60 & & \\ 0 & 0 & -5l^2 & 0 & 0 & 0 & 5l^2 & \\ 0 & 0 & 0 & -5l^2 & 0 & 0 & 0 & 5l^2 \end{bmatrix}$$

$$A_2 = \frac{P}{30l(1+\Phi)^2}\begin{bmatrix} 30 & & & & & & & \\ 0 & 30 & & & & \text{대칭} & & \\ 0 & 0 & 2.5l^2 & & & & & \\ 0 & 0 & 0 & 2.5l^2 & & & & \\ -30 & 0 & 0 & 0 & 30 & & & \\ 0 & -30 & 0 & 0 & 0 & 30 & & \\ 0 & 0 & -2.5l^2 & 0 & 0 & 0 & 2.5l^2 & \\ 0 & 0 & 0 & -2.5l^2 & 0 & 0 & 0 & 2.5l^2 \end{bmatrix}$$

6) 축 토크에 따른 강성행렬: $K_t^e = T_0 + \Phi\ T_1 + \Phi^2\ T_2$

$$T_0 = \frac{T}{2l(1+\Phi)^2}\begin{bmatrix} 0 & 0 & 2 & 0 & 0 & 0 & 2 & 0 \\ 0 & 0 & 0 & 2 & 0 & 0 & 0 & -2 \\ 2 & 0 & 0 & -l & -2 & 0 & 0 & l \\ 0 & 2 & l & 0 & 0 & -2 & l & 0 \\ 0 & 0 & -2 & 0 & 0 & 0 & -2 & 0 \\ 0 & 0 & 0 & -2 & 0 & 0 & 2 & 2 \\ 2 & 0 & 0 & 0 & -2 & 0 & 0 & 0 \\ 0 & -2 & 0 & 0 & 0 & 2 & 0 & 0 \end{bmatrix}$$

$$T_1 = \frac{T}{2l(1+\Phi)^2}\begin{bmatrix} 0 & 0 & 2 & 0 & 0 & 0 & 2 & 0 \\ 0 & 0 & 0 & 2 & 0 & 0 & 0 & -2 \\ 4 & 0 & 0 & -l & -4 & 0 & 0 & l \\ 0 & 4 & l & 0 & 0 & -4 & l & 0 \\ 0 & 0 & -2 & 0 & 0 & 0 & -2 & 0 \\ 0 & 0 & 0 & -2 & 0 & 0 & 0 & 2 \\ 4 & 0 & 0 & 0 & -4 & 0 & 0 & 0 \\ 0 & -4 & 0 & 0 & 0 & 4 & 0 & 0 \end{bmatrix}$$

$$T_2 = \frac{T}{2l(1+\Phi)^2}\begin{bmatrix} 0 & 0 & 0 & 0 & 0 & 0 & 0 & 0 \\ 0 & 0 & 0 & 0 & 0 & 0 & 0 & 0 \\ 2 & 0 & 0 & 0 & -2 & 0 & 0 & 0 \\ 0 & 2 & 0 & 0 & 0 & -2 & 0 & 0 \\ 0 & 0 & 0 & 0 & 0 & 0 & 0 & 0 \\ 0 & 0 & 0 & 0 & 0 & 0 & 0 & 0 \\ 2 & 0 & 0 & 0 & -2 & 0 & 0 & 0 \\ 0 & -2 & 0 & 0 & 0 & 2 & 0 & 0 \end{bmatrix}$$

7) 히스테리시스 감쇠에 따른 강성행렬: $K_c^e = C_0 + \Phi\ C_1$

$$C_0 = \frac{EI}{l^3(1+\Phi)}\begin{bmatrix} 0 & & & & & & & \\ 12 & 0 & & & & \text{skew sym.} & & \\ -6l & 0 & 0 & & & & & \\ 0 & -6l & 4l^2 & 0 & & & & \\ 0 & 12 & -6l & 0 & 0 & & & \\ -12 & 0 & 0 & -6l & 12 & 0 & & \\ -6l & 0 & 0 & -2l^2 & 6l & 0 & 0 & \\ 0 & -6l & 2l^2 & 0 & 0 & 6l & 4l^2 & 0 \end{bmatrix}$$

$$C_1 = \frac{EI}{l^3(1+\Phi)^2}\begin{bmatrix} 0 & 0 & 0 & 0 & 0 & 0 & 0 & 0 \\ 0 & 0 & 0 & 0 & 0 & 0 & 0 & 0 \\ 0 & 0 & 0 & -l^2 & 0 & 0 & 0 & l^2 \\ 0 & 0 & l^2 & 0 & 0 & 0 & l^2 & 0 \\ 0 & 0 & 0 & 0 & 0 & 0 & 0 & 0 \\ 0 & 0 & 0 & 0 & 0 & 0 & 0 & 0 \\ 0 & 0 & 0 & l^2 & 0 & 0 & 0 & -l^2 \\ 0 & 0 & l^2 & 0 & 0 & 2 & l^2 & 0 \end{bmatrix}$$

10.1.3 베어링 요소

1) 저널베어링

베어링 요소의 정확한 표현은 이들이 계의 안정성과 응답에 큰 영향을 미치므로 특히 중요하다. 즉, 이들 요소의 감쇠는 공진응답을 억제하는 감쇠력으로서 작용하지만, 연성강성에 의한 힘은 계를 불안정(unstable)하게 한다. 베어링의 유막특성은 일반적으로 축의 변위 및 속도의 함수로 표현된다. 그러나 진동이 발생하기 시작하는 한계를 조사하는 안정성 해석의 경우, 축의 정적 평형점에서의 미소진동문제로 취급할 수 있고, 따라서 선형화된 8개의 강성과 감쇠계수로 나타낼 수 있다(그림 10.3). 즉, 이 요소는 다음 식과 같이 표현된다.

$$C^b\dot{q}^b + K^b q^b = F^b \tag{10.21}$$

여기서 베어링 반력 F^b와 축심의 변위 q^b, 속도 $\dot{q}^b$와의 관계로부터 베어링 요소의 감쇠행렬 C^b 및 강성행렬 K^b는 다음과 같이 나타낼 수 있다.

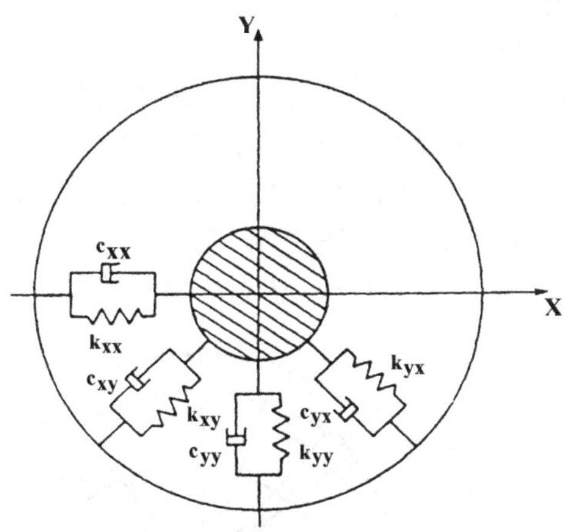

그림 10.3 / 베어링 요소

$$C^b = \begin{bmatrix} c_{xx} & c_{xy} \\ c_{yx} & c_{yy} \end{bmatrix}, \quad K^b = \begin{bmatrix} k_{xx} & k_{xy} \\ k_{yx} & k_{yy} \end{bmatrix} \tag{10.22}$$

여기서 c_{xx}, c_{yy} 및 k_{xx}, k_{yy}는 감쇠 및 강성계수의 대각 항(diagonal terms), c_{xy}, c_{yx} 및 k_{xy}, k_{yx}는 연성 항(cross-coupled terms)이라 부른다.

통상의 저널 베어링에서는 $k_{xx} \neq k_{yy}$, $c_{xx} \neq c_{yy}$이고, 부가적으로 $k_{xy} \neq k_{yx}$, $c_{xy} \neq c_{yx}$인 경우가 매우 일반적이다. 이들 행렬의 요소 값인 동특성 계수는 저널베어링의 경우는 예로 Journal Bearing Databook (T. Someya 편, Springer-Verlag 출판)등의 수치 및 실험 데이터를 이용하는 방법(예제 10.1) 또는 예제 10.2에서 유도한 3차원 Reynolds 방정식을 유한차분법이나 유한요소법 등을 이용하여 수치계산으로 구하거나 예제 10.3과 같이 근사해법에 의한 계산식을 사용하여 구할 수 있다.

구름요소베어링은 통상 베어링 하중에 의존하는 강성특성을 가지고, 감쇠는 매우 작아 일반적으로 무시된다. 베어링 강성계수의 평가 식에 대해서는 예제 10.4에서 설명한다.

예제 10.1

저널 베어링 동특성 계수의 계산

Journal Bearing Databook(Someya편, Springer-Verlag사, 1988)에 게재된 59종류의 베어링특성 데이터 중 일 예로 데이터번호 3(4개의 축방향 홈을 가지는 원통형 저널베어링, 그림 10.1-1)을 이용하여 베어링의 동특성 계수를 계산하시오. 단, 계산조건은 다음과 같다.

회전속도 $N = 200$ rps ($= 200 \times 60 = 12,000$ rpm), 베어링 폭 $L = 40$ mm, 베어링 직경 $D = 80$ mm, $L/D = 0.5$, 베어링틈새 $C_p = 200$ mm, 베어링 하중 $W = 980$ N, 윤활유점도 $\mu = 9.37$ mPa · s (터빈유 # 90, 윤활온도 70℃).

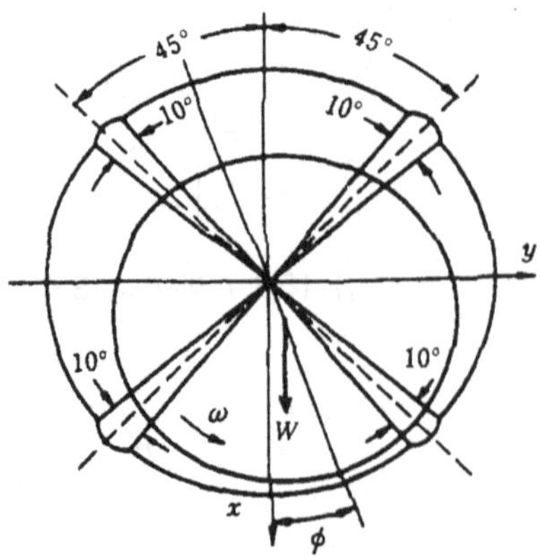

그림 10.1-1 / 원통형 저널베어링 형상

Sommerfeld 수는

$$S = \frac{\mu NLD}{W}\left(\frac{R}{C_p}\right)^2 = \frac{9.37\times10^{-3}\times200\times0.04\times0.08}{980}\left(\frac{0.04}{2\times10^{-4}}\right)^2 = 0.244 \quad (1)$$

표 10.1-1로부터 Sommerfeld수가 0.244인 경우, 대략적으로 편심율(e/C_p) $\varepsilon \fallingdotseq 0.7$ 이고, 편심각은 $\psi = 34.2°$ 이며, 무차원 강성계수와 감쇠계수는 각각

표 10.1-1 / 베어링특성 데이터(No. 3)

S	ε	Ψ	강성계수				감쇠계수			
			K_{xx}	K_{xy}	K_{yx}	K_{yy}	C_{xx}	C_{xy}	C_{yx}	C_{yy}
16.8	.0500	87.5	1.90	20.0	−19.0	1.53	40.1	1.43	1.50	36.4
8.25	.100	85.3	1.88	10.1	−9.53	1.52	20.2	1.52	1.51	18.8
3.90	.200	80.7	2.03	5.34	−4.30	1.46	10.3	1.46	1.46	8.87
2.35	.300	75.6	2.32	3.84	−2.18	1.31	7.21	1.27	1.26	4.90
1.49	.400	69.6	2.63	3.21	−1.25	1.22	5.78	1.19	1.20	3.21
1.18	.450	65.9	2.92	3.02	−.737	1.10	5.33	1.02	1.02	2.27
.904	.500	60.8	3.37	2.89	−.200	.939	4.99	.742	.744	1.33
.658	.550	53.4	3.85	2.96	.0660	.940	5.05	.704	.709	.954
.469	.600	45.6	4.39	3.21	.186	1.04	5.49	.844	.805	.867
.336	.650	39.3	5.02	3.51	.267	1.14	6.10	1.01	1.02	.832
.239	.700	34.2	5.78	3.88	.319	1.24	6.89	1.22	1.23	.835
.111	.800	26.7	8.04	4.86	.361	1.46	9.28	1.86	1.87	.940
.0353	.900	19.7	14.9	5.88	.840	1.39	11.5	1.74	1.76	.627
.0129	.950	15.0	26.6	7.80	1.44	1.50	15.6	1.99	1.97	.527

$$\begin{aligned} &K_{xx} = 5.78,\ K_{xy} = 3.88,\ K_{yx} = 0.319,\ K_{yy} = 1.24 \\ &C_{xx} = 6.89,\ C_{xy} = 1.22,\ C_{yx} = 1.23,\ C_{yy} = 0.835 \end{aligned} \quad (2)$$

로 주어진다. Databook에는 Sommerfeld수 S의 함수로 무차원화된 데이터가 수록되어 있으므로, 이를 다시 유차원화하여 나타내면 저서에서 정의된 다음 식

$$k_{ij} = \frac{W}{C_p}K_{ij},\ c_{ij} = \frac{W}{C_p\Omega}C_{ij} \qquad (i, j = x, y) \quad (3)$$

에 식(2)의 데이터를 대입하면, 강성계수와 감쇠계수는 각각 다음과 같이 구해진다.

$$k_{xx} = \frac{980}{2\times10^{-4}} \times 5.78 = 4.9\times10^{6}\times5.78 = 28.32\ \text{MN/m}$$
$$k_{xy} = 4.9\times10^{6}\times3.88 = 19.01\ \text{MN/m}$$
$$k_{yx} = 4.9\times10^{6}\times0.319 = 1.563\ \text{MN/m}$$
$$k_{yy} = 4.9\times10^{6}\times1.24 = 6.076\ \text{MN/m}$$
$$c_{xx} = \frac{980}{2\times10^{-4}\times2\pi\times200} \times 6.89 = 3899.296\times6.89 = 26.866\ \text{kN}\cdot\text{s/m}$$
$$c_{xy} = 3899.296\times1.22 = 4.757\ \text{kN}\cdot\text{s/m}$$
$$c_{yx} = 3899.296\times1.23 = 4.796\ \text{kN}\cdot\text{s/m}$$
$$c_{yy} = 3899.296\times0.835 = 3.256\ \text{kN}\cdot\text{s/m}$$

일반적인 회전축계의 진동해석에서는 회전속도의 변화나 부하변화에 대응하는 Sommerfeld 수를 계산하고 표 10.1-1의 데이터를 보간하여 사용하면 된다.

예제 10.2

Reynolds 방정식의 유도

저널베어링의 유막(oil film) 특성을 해석하기 위해 널리 사용되는 3차원 Reynolds 방정식을 유도하시오. 단, x, y, z방향의 유속성분을 u, v, w로 한다.

Reynolds 방정식을 유도하기 위해 일반적으로 이용되는 가정으로는 다음과 같다.

(1) 사용되는 윤활제는 Newton 유체이다. 즉, 전단응력 τ는 전단변형률 $\partial u/\partial y$에 비례한다. ($\tau = \mu\, \partial u/\partial y$).

(2) 틈새내의 흐름은 층류(laminar flow)이다.

(3) 유체가 가지는 관성력은 점성력에 비해 무시할 수 있다.

(4) 유체에 대한 중력의 영향은 무시할 수 있다.

(5) 유체는 비압축성이다.

(6) 윤활막의 두께는 다른 베어링 치수에 비해 극히 작으므로, 유막압력 및 점도는 유막두께 방향으로 일정하다.

(7) 유막두께가 얇으므로, 틈새방향(두께방향)의 속도기울기는 다른 방향의 속도기울기보다도 크고, 또한 미끄럼 면의 곡률은 무시할 수 있다.

(8) 베어링면과 저널표면의 경계면에서 유체와의 미끄럼(slip)은 없다.

이들 가정은 통상 사용조건에서 윤활유를 사용하는 미끄럼베어링에서는 적절하지만, 경우에 따라서는 상기의 가정이 성립하지 않는 경우도 있다. 예로

(1) 그리스(grease) 또는 합성윤활유와 같은 비 Newton유체의 경우: (1)항
(2) 고속회전용 베어링: (1), (2)항
(3) 깊은 포켓을 가지는 정압 베어링: (3)항
(4) 수은과 같은 무거운 유체: (4)항
(5) 기체베어링(air bearing), 기포를 포함하는 기름: (5)항

등이 있다.

그림 10.2-1과 같은 미소유체부분 $dx\,dy\,dz$의 평형을 고려한다. 여기서는 보다 일반성을 유지하기 위해 압축성을 고려하고, 베어링 면이 두 면 모두 운동하고 있는 경우를 고려한다. 또 3차원의 경우는 베어링 폭이 유한하므로, 윤활유는 x방향(미끄럼방향)만이 아니고 발생압력에 따라 z방향(베어링 폭 방향)으로도 흐른다. 압력도 x, z방향으로 변화하는 경우의 유막 부분의 평형문제가 된다. x방향의 응력에 관해 미소유체부분에 작용하는 압력과 점성력만을 고려하여, 그림 10.2-1과 같이 응력 방향을 취하면, 평형관계식은

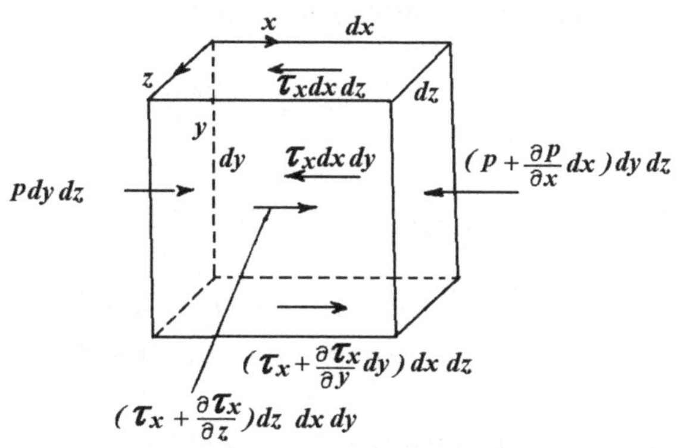

그림 10.2-1 / 미소 유체요소

$$pdydz + \left(\tau_x + \frac{\partial \tau_x}{\partial y}\right)dxdz + \left(\tau_x + \frac{\partial \tau_x}{\partial z}dz\right)dxdy - \left(p + \frac{\partial p}{\partial x}dx\right)dydz - \tau_x dxdz - \tau_x dxdy = 0$$

로 되고, 이를 정리하면

$$\frac{\partial p}{\partial x} = \frac{\partial \tau_x}{\partial y} + \frac{\partial \tau_x}{\partial z} \tag{1}$$

전단응력 τ와 속도기울기 du/dy의 사이에는 가정 (1)에 의해

$$\tau = \mu \frac{du}{dy} \tag{2}$$

의 관계가 있고, 여기서 μ는 윤활유의 점도(또는 점성계수)이다. 식(2)를 식(1)에 대입하면

$$\frac{\partial p}{\partial x} = \frac{\partial}{\partial y}\left(\mu \frac{\partial u}{\partial y}\right) + \frac{\partial}{\partial z}\left(\mu \frac{\partial u}{\partial y}\right) \tag{3}$$

가정(7)에 의해 $\partial u/\partial z$는 $\partial u/\partial y$에 비해 매우 작다고 간주되므로, 이 항을 생략하면

$$\frac{\partial p}{\partial x} = \mu \frac{\partial^2 u}{\partial y^2} \tag{4}$$

로 된다. z방향의 압력은 z방향의 유속을 w로 놓고, 앞과 같은 방법으로 유도하면

$$\frac{\partial p}{\partial z} = \mu \frac{\partial^2 w}{\partial y^2} \tag{5}$$

그림 10.2-2에 나타내듯이 양면이 각각 U_1, U_2의 속도로 움직이는 경우의 경계조건은

$$\begin{aligned} y = 0 &\ : u = U_1,\ w = 0 \\ y = h &\ : u = U_2,\ w = 0 \end{aligned} \tag{6}$$

이므로, 식(4)와 (5)를 2회 적분함으로서, x, z방향의 유속을 다음과 같이 구할 수 있다.

$$u = \frac{h-y}{h}U_1 + \frac{y}{h}U_2 - \frac{1}{2\mu}\frac{\partial p}{\partial x}y(h-y), \quad w = -\frac{1}{2\mu}\frac{\partial p}{\partial z}y(h-y) \tag{7}$$

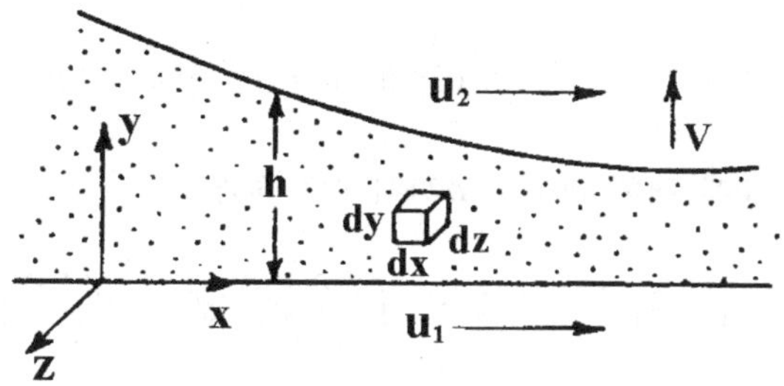

그림 10.2-2

이 경우 유막의 속도분포는 미끄럼 면의 운동에 의한 직선적으로 변화하는 속도분포와, 발생하는 압력기울기에 의한 포물선형의 속도분포의 합이 된다.

압축성 유체와 비압축성 유체에 대한 연속의 방정식은 각각

1) 압축성 유체의 경우:

$$\frac{\partial \rho}{\partial t} + \frac{\partial(\rho u)}{\partial x} + \frac{\partial(\rho v)}{\partial y} + \frac{\partial(\rho w)}{\partial z} = 0 \tag{8}$$

2) 비압축성 유체의 경우:

$$\frac{\partial u}{\partial x} + \frac{\partial v}{\partial y} + \frac{\partial w}{\partial z} = 0 \tag{9}$$

즉, $dx\,dy\,dz$로 이루어지는 육면체 내에 유입하여 머무르는 양은 유입량과 유출량의 차가 된다. x방향에서 이 잔류량은

$$\left(u + \frac{\partial u}{\partial x}dx\right)dydz - u\,dydz = \frac{\partial u}{\partial x}dx\,dy\,dz$$

로 되고, 동일하게 y 및 z방향은 각각

$$\frac{\partial v}{\partial y}dx\,dy\,dz,\quad \frac{\partial w}{\partial z}dx\,dy\,dz$$

가 된다. 이들의 합은 비압축성 유체에서는 0이 되어야 하므로 식(9)가 얻어진다.

압축성 유체에서는 체적유량 대신에 질량유량에서의 연속을 고려해야 하므로, u, v, w 대신 ρu, ρv, ρw로 하고, 또한 ρ의 변화를 고려하면 식(8)이 얻어진다.

식(8)에서 경계조건

$$y=0: v=0, \quad y=h: v=V$$

를 고려하여 y에 대해 0에서 h까지 적분하면

$$-[\rho v]_0^h = -\rho V = \int_0^h \frac{\partial(\rho u)}{\partial x}dy + \int_0^h \frac{\partial(\rho w)}{\partial z}dy + \int_0^h \frac{\partial \rho}{\partial t}dy$$

다음에 미분과 적분의 순서를 바꾸기 위해

$$\int_0^{h(x)} \frac{\partial}{\partial x} f(y, x)dy = \frac{\partial}{\partial x}\int_0^{h(x)} f(y, x)dy - f[h(x), x]\frac{\partial h(x)}{\partial x}$$

로 놓으면

$$-\rho V = \frac{\partial}{\partial x}\int_0^h \rho u\, dy + \frac{\partial}{\partial z}\int_0^h \rho w dy - [\rho u]_{y=h}\frac{\partial h}{\partial x} + h\frac{\partial \rho}{\partial t} \qquad (10)$$

식(10)에 식(7)을 대입하고, 가정 (6)을 이용하면

$$\begin{aligned}-\rho V &= \frac{\partial}{\partial x}\left[\rho\left\{U_1\int_0^h \frac{h-y}{h}dy + U_2\int_0^h \frac{y}{h}dy - \frac{1}{2\mu}\frac{\partial p}{\partial x}\int_0^h y(h-y)dy\right\}\right] \\ &\quad + \frac{\partial}{\partial z}\left[\rho\left\{-\frac{1}{2\mu}\frac{\partial p}{\partial z}\int_0^h y(h-y)dy\right\}\right] - \rho U_2\frac{\partial h}{\partial x} + h\frac{\partial \rho}{\partial t} \\ &= \frac{\partial}{\partial x}\left\{\frac{\rho h}{2}(U_1+U_2)\right\} - \frac{\partial}{\partial x}\left(\frac{\rho h^3}{12\mu}\frac{\partial p}{\partial x}\right) - \frac{\partial}{\partial z}\left(\frac{\rho h^3}{12\mu}\frac{\partial p}{\partial z}\right) - \rho U_2\frac{\partial h}{\partial x} + h\frac{\partial \rho}{\partial t}\end{aligned}$$

(11)

식(11)을 정리하면, 압축성을 고려한 일반화된 Reynolds 방정식이 유도된다. 즉,

$$\begin{aligned}&\frac{\partial}{\partial x}\left(\frac{\rho h^3}{\mu}\frac{\partial p}{\partial x}\right) + \frac{\partial}{\partial z}\left(\frac{\rho h^3}{\mu}\frac{\partial p}{\partial z}\right) \\ &= \frac{\partial}{\partial x}\{6\rho h(U_1+U_2)\} - 12\rho U_2\frac{\partial h}{\partial x} + 12\rho V + 12h\frac{\partial \rho}{\partial t}\end{aligned}$$

(12)

또한 기름과 같이 비압축성으로 고려해도 되는 윤활제의 경우는 밀도 ρ는 일정하므로, 식(12)로부터 다음과 같이 단순화된다.

$$\frac{\partial}{\partial x}\left(\frac{h^3}{\mu}\frac{\partial p}{\partial x}\right)+\frac{\partial}{\partial z}\left(\frac{h^3}{\mu}\frac{\partial p}{\partial z}\right)=6(U_1-U_2)\frac{\partial h}{\partial x}+6h\frac{\partial(U_1+U_2)}{\partial x}+12V \quad (13)$$

식(13)이 비압축성 유체의 3차원 Reynolds 방정식이다. 이 식에서 h, U_1, U_2는 x만의 함수, μ는 x와 z의 함수이다. 이 식은 해석적으로 풀 수 없고 유한차분법, 유한요소법 등을 이용하여 수치적으로 계산하거나, x또는 z 방향의 압력분포를 무시하여 차원을 낮추는 근사해법이 이용된다. 즉, 무한 폭 베어링(long bearing)으로 가정할 때는 $\partial p/\partial z=0$이 되고, 무한소폭 베어링(short bearing) 가정에서는 $\partial p/\partial x=0$가 되어 경계조건을 이용하면 해석적으로 구할 수 있다.

이 Reynolds 방정식을 각각의 사용조건에 따라 각종 미끄럼 베어링의 부하용량(load capacity), 마찰, 강성 및 감쇠계수 등의 베어링 성능을 해석할 수 있다. 따라서 Reynolds 방정식은 유체윤활이론의 중요한 기초식이 된다.

예제 10.3

무한소폭 근사해법에 의한 유막력 및 베어링계수의 유도

Reynolds 방정식을 이용하여 무한소폭베어링(short bearing)의 근사해법으로 유막력(oil film force)과 선형 근사된 강성계수 및 감쇠계수를 유도하시오.

베어링의 좌표를 그림 10.3-1과 같이 하고 베어링은 고정되어 있는 것으로 하면, $U_2=0$, $U_1=R\Omega$, $V=dh/dt$이므로, 예제 10.2의 식(13)으로 정의되는 비압축성 유체의 Reynolds 방정식은 다음 식과 같이 단순화된다.

$$\frac{\partial}{\partial x}\left(\frac{h^3}{\mu}\frac{\partial p}{\partial x}\right)+\frac{\partial}{\partial z}\left(\frac{h^3}{\mu}\frac{\partial p}{\partial z}\right)=6\Omega R\frac{dh}{dx}+12\frac{dh}{dt} \quad (1)$$

식(1)을 푸는 것은 스퀴즈막(squeeze film)의 항(우변 제 2항)이 없는 정적인 문제의 경우에도 매우 곤란하고, 일반적으로 수치적인 방법에 의존된다. 따라서 일반적으로 이들 복잡한 해석방법을 피하고 축방향의 압력변화 $(\partial p/\partial z)$를 무시한 무한폭 베어링(long bearing)의 근사해법이 대용되어 왔다. 그러나 실제 베어링의 폭직경비(L/D)는 그다지 크지 않은 것이 대부분이다. 따라서 역으로 식(1)의 좌변 제 1항이 2항에 비해 무시할 수 있다고 가정 $(\partial p/\partial x=0)$한 무한소폭베어링(short bearing)의 근사해법이 타당하다. 또한 유막 압력은 그림 10.3-1의 빗금 친 부분에서만 발생하고, 그 이외는 일정하게 압력이 0으로 가정한다.

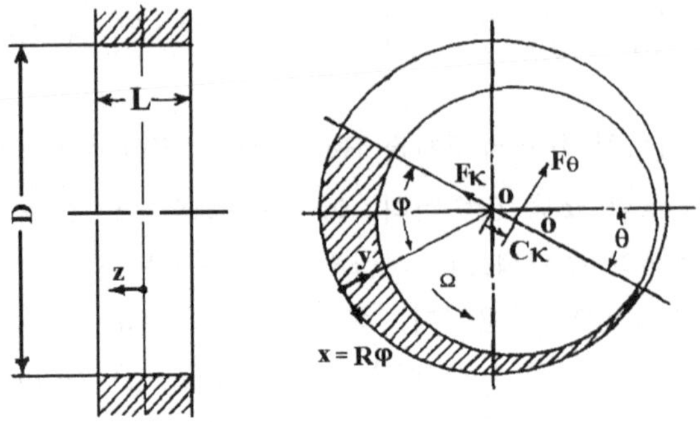

그림 10.3-1 베어링 단면의 좌표

μ 및 h가 z방향으로 일정하다고 하면, Reynolds 방정식은

$$\frac{\partial^2 p}{\partial z^2} = \frac{6\mu\Omega R}{h^3}\frac{dh}{dx} + \frac{12\mu}{h^3}\frac{dh}{dt} \tag{2}$$

로 축소된다. 경계조건으로서

$$z = 0\ ;\ \frac{\partial p}{\partial z} = 0, \quad z = \pm\frac{L}{2}\ ;\ p = 0 \tag{3}$$

를 이용하여 식(2)를 2회 적분하고, $x = R\phi$ 로 놓으면

$$p = \frac{3\mu}{h^3}\left[\Omega\frac{dh}{d\phi} + 2\frac{dh}{dt}\right]\left(z^2 - \frac{L^2}{4}\right) \tag{4}$$

유막 두께 h는 근사적으로

$$h = C(1 + \varepsilon\cos\phi) \tag{5}$$

로 표현된다. 여기서 ε은 편심율($= e/C$)이다. 식(5)를 식(4)에 대입하면, 유막 압력 p는

$$p = \frac{3\mu}{C^2(1+\epsilon\cos\phi)^3}\left[2\dot{\epsilon}\cos\phi - \epsilon(\Omega + 2\dot{\phi})\sin\phi\right]\left(z^2 - \frac{L^2}{4}\right) \tag{6}$$

유체 윤활에서 전단응력은 무시할 수 있으므로, 편심방향 및 회전방향의 유막력 성분은 다음 식으로 구해진다.

$$F_{\kappa} = -R\int_{-L/2}^{+L/2}\int_{0}^{\pi} p\cos\phi\, d\phi\, dz,\ F_{\theta} = R\int_{-L/2}^{+L/2}\int_{0}^{\pi} p\sin\phi\, d\phi\, dz \tag{7}$$

식(6)을 식(7)에 대입하여 적분하고 $\dot{\phi}$를 $\dot{\theta}$로 치환하면, 유막력은 다음과 같이 된다.

$$F_{\epsilon} = \frac{1}{2}\mu\left(\frac{R}{C}\right)^2\frac{L^3}{R}\ \frac{2\epsilon^2(\Omega+2\dot{\theta})}{(1-\epsilon^2)^2} + \frac{\pi\dot{\epsilon}\,(1+2\epsilon^2)}{(1-\epsilon^2)^{5/2}} \tag{8}$$

$$F_{\theta} = \frac{1}{2}\mu\left(\frac{R}{C}\right)^2\frac{L^3}{R}\ \frac{\pi\epsilon\,(\Omega+2\dot{\theta})}{2(1-\epsilon^2)^{3/2}} + \frac{4\epsilon\dot{\epsilon}}{(1-\epsilon^2)^2} \tag{9}$$

그림 10.3-2와 같이 베어링 중심을 원점으로 하고 저널중심을 x, y로 하는 직교좌표계를 고려하면, x, y방향의 유막력 F_x, F_y는

$$F_x = F_{\kappa}\cos\Theta - F_{\Theta}\sin\Theta,\quad F_y = F_{\kappa}\sin\Theta + F_{\Theta}\cos\Theta \tag{10}$$

로 된다. 식(8), (9)에서 $\varepsilon = \varepsilon_0 + \Delta\varepsilon$, $\Theta = \Theta_0 + \Delta\Theta$로 하고 $\Delta\varepsilon$, $\Delta\Theta$, $\dot{\varepsilon}$, $\dot{\Theta}$의 2차 이상의 항을 1차 항에 비해 미소하다고 가정(선형화)하여 무시한다. 그리고 $x = C_{\kappa}\cos\Theta$, $y = C_{\kappa}\sin\Theta$의 관계를 이용하여 x, y좌표로 변환하고 식(10)에 대입하면, F_x, F_y는 선형화되어 다음 식과 같이 표현된다.

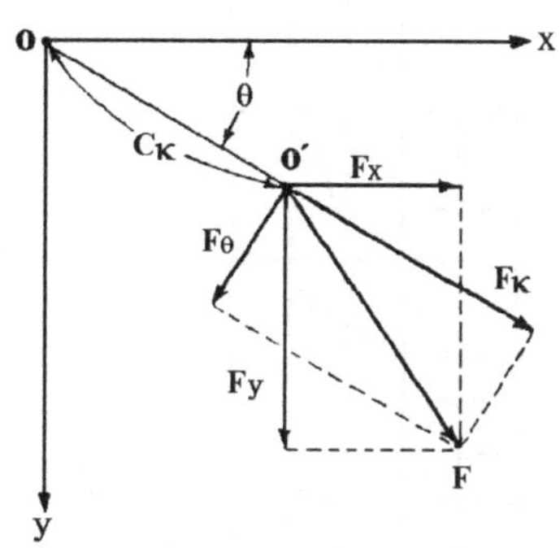

그림 10.3-2 / 좌표의 정의

$$\begin{aligned} F_x &= F_{0x} + k_{xx}x + k_{xy}y + c_{xx}\dot{x} + c_{xy}\dot{y} \\ F_y &= F_{0y} + k_{yx}x + k_{yy}y + c_{yx}\dot{x} + c_{yy}\dot{y} \end{aligned} \tag{11}$$

여기서 F_{0x}, F_{0y}는 정적 유막력 성분, k_{ij} 및 c_{ij} $(i,\ j=x,\ y)$는 각각 유막의 강성계수 및 감쇠계수에 상당한다. 이들 계수를 무차원화하여

$$\frac{Ck_{ij}}{F_0}=K_{ij},\quad \frac{C\Omega c_{ij}}{F_0}=C_{ij}\quad (i,\ j=x,\ y) \tag{12}$$

로 나타낼 수 있다. 여기서 C는 베어링 공칭틈새, Ω는 회전각속도, F_0는 베어링하중이다. 베어링 동특성을 식(12)와 같이 놓으면, 다음 식과 그림 10.3-3에 보이듯이 ε_0만의 함수로 표현된다.

$$K_{xx}=\frac{4[2\pi^2+(16-\pi^2)\varepsilon_0^2]}{[\pi^2+(16-\pi^2)\varepsilon_0^2]^{3/2}},\quad K_{xy}=\frac{\pi[-\pi^2+2\pi^2\varepsilon_0^2+(16-\pi^2)\varepsilon_0^4]}{\varepsilon_0(1-\varepsilon_0^2)^{1/2}[\pi^2+(16-\pi^2)\varepsilon_0^2]^{3/2}}$$

$$K_{yx}=\frac{\pi[\pi^2+(32+\pi^2)\varepsilon_0^2+2(16-\pi^2)\varepsilon_0^4]}{\varepsilon_0(1-\varepsilon_0^2)^{1/2}[\pi^2+(16-\pi^2)\varepsilon_0^2]^{3/2}},\quad K_{yy}=\frac{4[\pi^2+(32+\pi^2)\varepsilon_0^2+2(16-\pi^2)\varepsilon_0^4]}{(1-\varepsilon_0^2)[\pi^2+(16-\pi^2)\varepsilon_0^2]^{3/2}}$$

$$C_{xx}=\frac{2\pi(1-\varepsilon_0^2)^{1/2}[\pi^2+2(\pi^2-8)\varepsilon_0^2]}{\varepsilon_0[\pi^2+(16-\pi^2)\varepsilon_0^2]^{3/2}},\quad C_{xy}=\frac{8[\pi^2+2(\pi^2-8)\varepsilon_0^2]}{[\pi^2+(16-\pi^2)\varepsilon_0^2]^{3/2}}$$

$$C_{yx}=\frac{8[\pi^2+2(\pi^2-8)\varepsilon_0^2]}{[\pi^2+(16-\pi^2)\varepsilon_0^2]^{3/2}}=C_{xy},\quad C_{yy}=\frac{2\pi[\pi^2+2(16-\pi^2)\varepsilon_0^2+(16+\pi^2)\varepsilon_0^4]}{\varepsilon_0(1-\varepsilon_0^2)^{1/2}[\pi^2+(16-\pi^2)\varepsilon_0^2]^{3/2}}$$

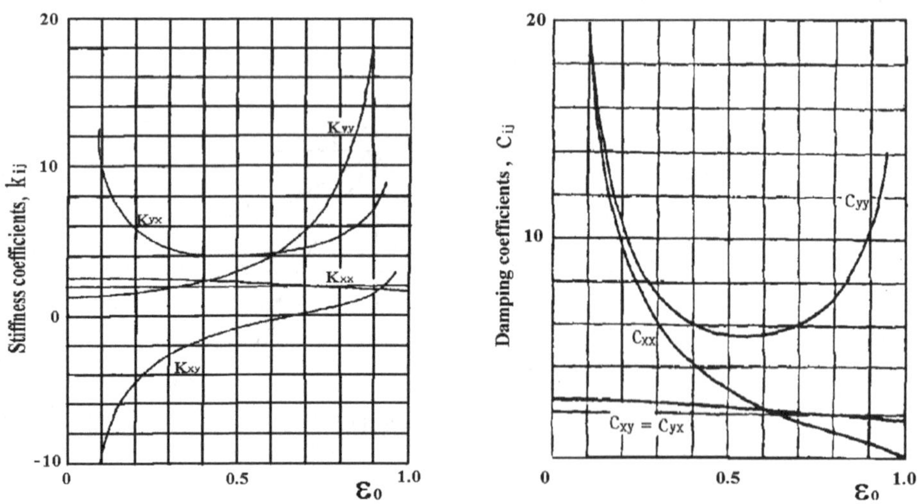

(a) 강성계수　　(b) 감쇠계수

그림 10.3-3 / 무한소폭베어링의 무차원 강성 및 감쇠계수

2) 구름요소베어링

중, 소형 회전기계에서는 구름요소베어링인 볼(ball)이나 롤러(roller)베어링이 널리 채용되고 있다. 그러나 이들 기계의 회전축은 일반적으로 강(rigid)하게 설계, 제작되므로 축의 강성이 베어링 강성에 비해 상대적으로 크고, 회전축계의 진동해석을 수행할 때 베어링의 지지강성을 단순지지조건 ($k=\infty$)으로 가정하여 계산한 경우에는 실제와 차이를 발생할 수 있다. 따라서 진동해석 시에 베어링의 지지조건을 탄성지지조건으로 하여 베어링의 강성을 고려할 필요가 있다.

기존에 제안된 강성 평가식의 대표적인 것으로는 Harris와 Soda의 식이 있다. 이 식들은 일 예로 단열 깊은 홈 볼베어링(#6213)의 경우, 그림 10.4에서 보이듯이 실험적으로 평가된 값에 비해 과대 또는 과소 평가되는 것을 알 수 있다. 그림에서 실험치는 LOB(Load On Ball)와 LBB(Load Between Ball)의 경우에 대한 강성값의 평균치로서, LOB와 LBB는 그림 10.5와 같이 볼이 하중 F_r의 작용선 상에 놓이는 경우(LOB)와 그 사이에 볼이 배열되는 경우(LBB)를 나타낸다.

따라서 실험치에 근거하여 수정된 Harris의 식은 다음과 같이 정의할 수 있고, 그림 10.6과 같이 LOB와 LBB의 평균값과 비교적 잘 일치하는 것을 알 수 있다.

$$k = 450\, F_r^{1/4} n^{2/3} d^{1/3} \cos^{5/3}\beta \quad \text{(N/m)} \tag{10.23}$$

여기서 F_r은 베어링하중(N), n는 볼 수, d는 볼 직경(m), β는 접촉각(°)이다.

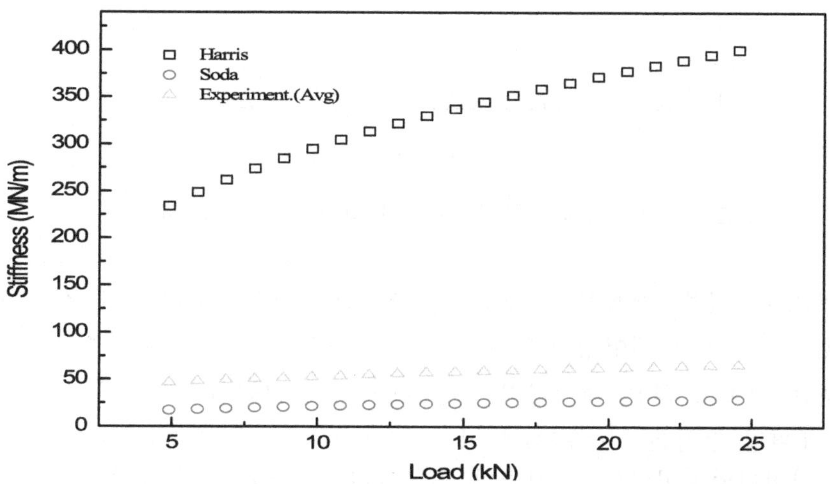

그림 10.4 / 이론치와 실험치의 비교 (#6213)

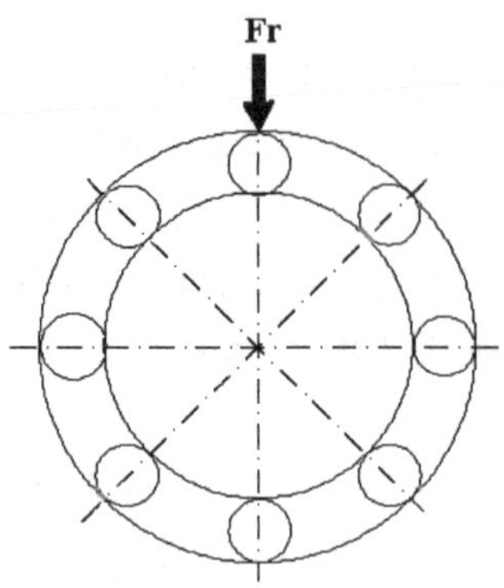

(a) LOB 상태 (b) LBB 상태

그림 10.5 / 베어링의 하중상태에 따른 분류

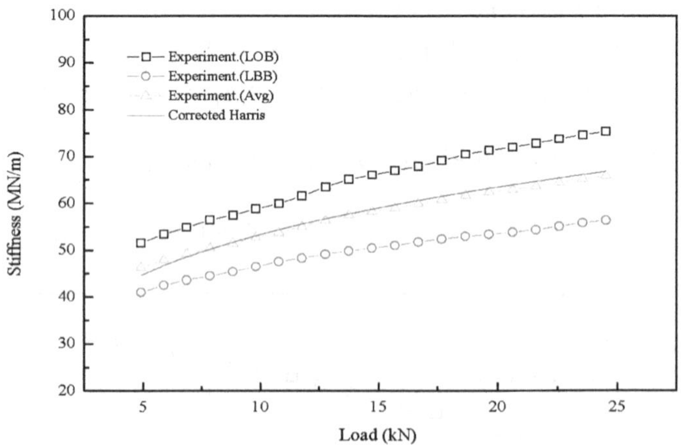

그림 10.6 / 수정된 Harris식과 실험치의 비교 (#6213)

구름요소베어링의 경우, 제작사 카다로그 등에 F_r을 제외한 값들은 제시되어 있으므로, 이들 값을 대입하면 베어링하중 F_r에 대한 강성 값을 구할 수 있다. 따라서 회전체에 작용하는 하중에 따른 베어링의 분담률을 평가하면 베어링하중 F_r을 구할 수 있고, 그때의 베어링 강성은 식(10.23)에 의해 계산된다. 그림 10.7은 Jones와 McGrew에 의해 제시된 레이디얼베어링의 반경방향 강성(radial stiffness)과 축방향의 강성(thrust stiffness)에 대한 자료이다.

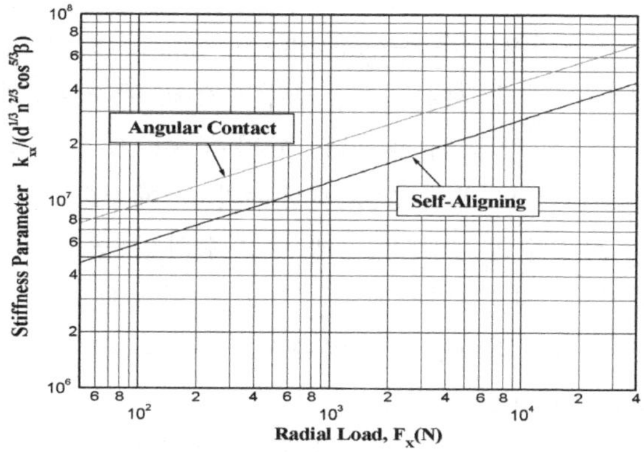

(a) 반경 베어링

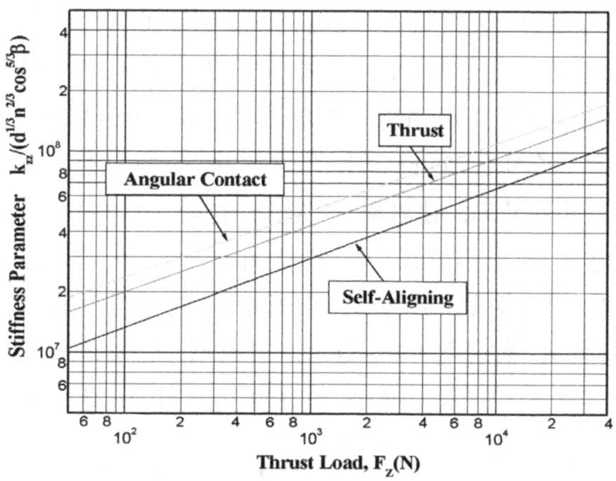

(b) 스러스트 베어링

그림 10.7 / 구름요소베어링의 강성계수(Jones & McGrew)

그림에서는 앵귤러 컨택트 베어링(angular contact bearing), 자동조심 베어링(self-aligning bearing) 및 스러스트 베어링(thrust bearing)에 대해, 세로축은 각각 반경방향 강성 k_{xx} 및 축방향 강성 k_{zz}를 $d^{1/3}n^{2/3}\cos^{5/3}\beta$로 나눈 강성파라미터 값으로 표시하고 있고, 가로축은 각각 반경방향 하중 F_x와 축방향 하중 F_z를 나타낸다.

10.1.4 환상 실(annular seal) 요소

비접촉 실 요소는 각종 펌프, 수차(hydraulic turbine), 터빈 등의 **밀봉장치**(sealing device)로 다양한 형태가 폭 넓게 사용되며, 부수적으로 축계를 지지하고 감쇠를 제공하는 일종의 베어링과 같은 역할을 수행한다. 따라서 이 요소의 특성에 의해 회전체의 지지강성이 변화하고, 이로 인해 계의 고유진동수가 크게 영향을 받으므로, 이를 고려하여 저차 고유진동수와 회전수의 1배 및 2배 주파수와의 공진 등을 검토하여야 한다.

통상 이 요소의 동특성은 저속 영역에서는 계를 안정화시키고 진동응답을 낮추는 감쇠력으로서 작용하지만, 고속의 어느 영역에서는 불안정화 유체력으로 작용하여 분수동기진동(subsynchronous vibration)을 야기시킨다.

작동유체가 환상 틈새를 흐르는 액막(liquid film) 실에서는 점도가 높은 윤활제를 이용하는 베어링과 달리 원주방향의 흐름에 비해 축방향의 흐름이 크고, 축의 운동에 의한 압력변동이 비교적 크게 발생한다. 이는 Lomakin에 의해 1957년 알려지고, 통상 Lomakin효과라 하며 고압펌프 등에서는 축계의 동특성에 중요한 영향을 미치게 된다.

그림 10.8은 실의 영향을 무시한 작동유체가 없는 공회전으로 고려한 공중운전(dry run)과 실에 작용하는 유체력을 고려한 수중운전(wet run)의 경우에 대한 진동응답을 비교한 것이다. 점선으로 표시한 1차 고유진동수가 유체력을 고려함으로서 강성의 증가로 인해 높은 쪽으로 이동하고, 감쇠의 증가로 인해 진폭이 감소함을 알 수 있다.

실 요소의 유체력특성은 일반적으로 축의 변위, 속도 및 가속도의 함수로 표현된다. 그러나 진동이 발생하기 시작하는 한계를 조사하는 안정성 해석의 경우, 축의 정적 평형점에서의 미소진동문제로 취급할 수 있고, 따라서 선형화된 12개의 강성, 감쇠 및 부가질량계수로 나타낼 수 있다. 즉, 이 요소는 다음 식과 같이 표현된다.

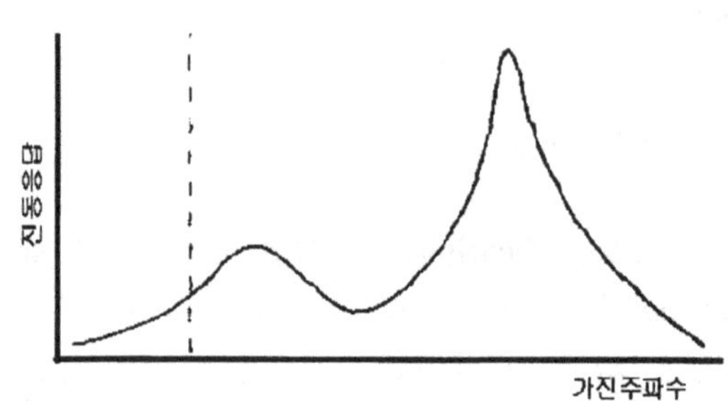

(a) 수중운전

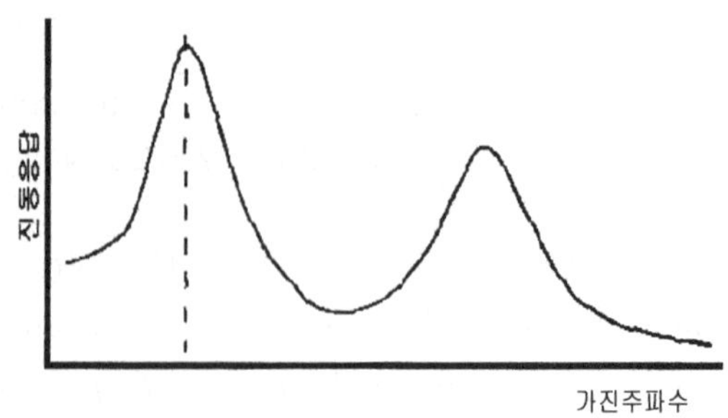

(b) 공중운전

그림 10.8 / 진동응답에 미치는 실의 영향

$$M^s\ddot{q}^s + C^s\dot{q}^s + K^s q^s = F^s \tag{10.24}$$

여기서 유체력 F^s와 축심의 변위 q^s, 속도 $\dot{q}^s$ 및 가속도 $\ddot{q}^s$와의 관계로부터 실 요소의 부가질량행렬 M^s, 감쇠행렬 C^s 및 강성행렬 K^s는 다음과 같이 나타낼 수 있다.

$$M^s = \begin{bmatrix} m_{xx} & m_{xy} \\ m_{yx} & m_{yy} \end{bmatrix},\ C^s = \begin{bmatrix} c_{xx} & c_{xy} \\ c_{yx} & c_{yy} \end{bmatrix},\ K^s = \begin{bmatrix} k_{xx} & k_{xy} \\ k_{yx} & k_{yy} \end{bmatrix} \tag{10.25}$$

여기서 m_{ii}, c_{ii} 및 $k_{ii}(i = x,\ y)$는 부가질량, 감쇠 및 강성계수의 대각항, m_{ij}, c_{ij} 및 $k_{ij}(i = x,\ j = y)$는 연성항이라 부른다. 통상의 환상 실에서는 편심율이 $\varepsilon < 0.8$의 영역에서는 $m_{xy} = m_{yx} = 0$, $m_{xx} = m_{yy}$, $k_{xx} = k_{yy}$, $c_{xx} = c_{yy}$인 경우가 일반적이다. 또한 m_{xx}, m_{yy}의 값은 통상 매우 작으므로 무시하는 경우가 많다.

이들 행렬의 요소 값인 동특성 계수는 Childs, Iwatsubo, Yang, Kim등의 여러 연구자들에 의한 수치 및 실험데이터를 이용하는 방법 또는 3차원 Navier-Stokes 방정식을 유한차분법이나 유한요소법 등을 이용하여 수치계산으로 구하거나 근사해법에 의한 계산식을 사용하여 구할 수 있다.

예제 10.4

실의 유체력에 의한 Lomakin 효과

환상 비접촉 실에서 발생하는 유체력에 의한 Lomakin 효과에 대해 설명하시오.

그림 10.4-1은 실의 누설흐름(leakage flow)이 Lomakin 효과를 만들기 위해 축 주위의 압력을 어떻게 변화시키고, 이 힘이 축 중심위치를 어떻게 복원시키도록 하는가를 나타낸다. 축이 진동에 의해 축 중심으로부터 변위되었을 때, 실에 유입되는 유체는 틈새가 작은 곳보다 넓은 곳에서 유동하기가 쉽고, 최대 틈새부분의 유속이 증가하게 된다. Bernoulli 식에 의하면, 유속이 감소하는 부분에서 정압(static pressure)이 증가하고, 유속이 빠른 부분에서는 정압이 감소한다. 따라서 정압의 분포는 우편 그림과 같이 되고, 이 압력차는 최소 틈새에서 최대 틈새방향으로, 즉 축을 원래의 위치로 복원시키려는 힘 F_L로 작용하게 된다. 이 Lomakin 효과는 압력차가 유체의 밀도에 의존하기 때문에 기체보다는 밀도가 훨씬 큰 액체를 양액(pumping)하는 터보기계에서 더욱 크게 된다. 아울러 틈새부분의 크기가 비교적 큰 저압 펌프에서는 이 효과가 그리 중요하지 않다.

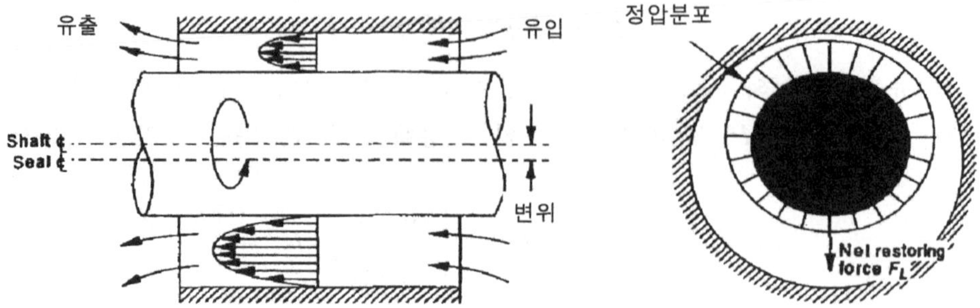

그림 10.4-1 / Lomakin 효과

환상 실에서 발생하는 유체력을 감쇠 및 강성계수와 같은 동적 계수의 형태로 제시한 것은 1969년 Black의 연구이다. 그는 환상의 베어링 또는 실의 흐름을 근사적으로 정적인 환상 관(annular pipe)을 통과하는 흐름으로 표현하고, 축의 회전효과는 보조적인 마찰계수의 관계로 고려할 수 있다고 가정하였다. 그의 방법은 회전속도, 실 입구와 출구의 압력차, 유체특성 및 형상에 기초한 환상실에 대한 강성 및 감쇠계수를 제공하고 있다. 강성계수 k_{xx}, k_{xy}는 근사적으로 다음 식으로 주어진다.

$$k_{xx} \simeq \frac{RL\Delta p}{C} K_{xx}\ ,\quad k_{xy} \simeq \frac{RL\Delta p}{C} K_{xy} \tag{1}$$

여기서 R과 L은 실의 반경 및 길이, C는 실 틈새, Δp는 입구와 출구사이의 압력차(pressure difference)이며, K_{xx}, K_{xy}는 다음 식으로 정의되는 무차원 강성계수이다.

$$\begin{aligned} K_{xx} &\simeq \frac{\pi\sigma}{(1+2\sigma)^2} \simeq 0.04 \quad (L=2R) \\ &\simeq 0.4 \quad (L \ll 2R) \end{aligned} \tag{2}$$

$$K_{xy} = \frac{(1.1+2.5\sigma+3.7\sigma^2+1.3\sigma^3)\pi\sigma\Omega L}{2C(1+2\sigma)^3[1+0.23(L/R)^2]} \tag{3}$$

여기서 $\sigma(=fL/C)$는 마찰계수이다.

식(1)에서 보이듯이 Lomakin 효과는 압력차 Δp에 직접 비례하고, 압력차는 일정 유동저항을 가지는 시스템에서는 근사적으로 회전속도의 제곱에 비례하게 된다. 그리고 이 효과는 중요한 형상 파라미터로 실 틈새의 제곱에 반비례한다. 이는 틈새가 클수록 Lomakin 효과의 직접적인 원인이 되는 원주방향의 압력분포에 원주방향의 흐름이 크게 영향을 미치기 때문이다. 이 때문에 실 입구에서의 선회류(inlet swirling flow)를 감소시켜 원주방향의 유속을 저감시키기 위한 swirl breaks, honeycomb seal 등이 Kirk, Childs, Kim 및 Ha등에 의해 개발되어 있다. 원주방향의 평행홈(groove)이나 나선홈(spiral groove)이 설치된 실의 경우, 등가틈새를 증가시키는 효과가 있다.

Lomakin 효과의 기본적인 작용은 지지강성을 증가시켜 회전체의 고유진동수를 증가시키고, 감쇠의 증가로 고유진동수에서의 회전체의 진동응답을 감소시키는 유익한 역할을 한다. 그러나 고압펌프 등에서는 실에서 발생하는 불안정 유체력이 회전축계를 불안정하게 하여 자려진동을 발생하는 것이 최근 문제로 되고 있다. 아울러 통상 비접촉 실은 축계에서 1차 모드가 크게되는 중앙부에 위치하기 때문에, 이 효과를 고려하여 설계하지 않으면 접촉에 의한 마멸(wear)로 운전틈새가 증가하고 이에 따른 실 부분의 강성 및 감쇠의 감소로 인한 예기치 않은 공진에 의한 회전체의 파손으로 이어질 수 있다. 따라서 제 5편에서 설명하듯이 API 610에서는 이를 고려한 진동설계를 규정하고 있다.

10.1.5 탄성 지지대를 고려한 등가 지지대 요소

석유화학플랜트나 발전플랜트 등에 사용되는 증기터빈과 같은 대형 회전기계들은 일반적으로 유연한 베어링 지지대 위에 설치되어 있다. 베어링 지지대의 유연성(flexibility)은 회전축에 작용하는 유효 베어링강성 및 감쇠특성을 크게 변경시키고, 위험속도를 강(rigid) 지지대로 계산한 경우보다 크게 낮아지게 한다.

지지대의 강성은 대부분의 경우, 실험이나 해석적으로 계산된 베어링지지대(pedestal)의 정적 변위에 기초하여 산정하고, 또한 지지대의 질량과 감쇠계수값을 위한 부가적인 계산이 요구된다. 그리고 통상적으로 전 운전속도범위에서 지지대의 강성과 감쇠계수가 일정하다고 모델링 된다.

그림 10.9에 유연지지대(flexible support)의 해석모델을 나타낸다. 이 모델은 2개의 레벨(level)로 구성되고, 첫째 레벨은 베어링 유막(oil film)으로 식(10.22)와 같이 이는 총 8개, 즉 4개의 강성계수 및 4개의 감쇠계수로 표현된다. 대형 고속회전기계에 널리 사용되는 경사패드(tilting pad)베어링의 경우는 패드와 패드피벗(pivot)의 특성이 이에 포함된다. 두 번째 레벨로는 베어링케이스, 지지판(supporting plate) 및 기초판(base plate)을 포함한 부분으로, 이 부분 역시 지지대 질량과 함께 총 8개의 강성 및 감쇠계수로 모델링할 수 있다. 그러나 일반적으로는 지지대의 연성강성 및 감쇠계수는 고려하지 않고, 4개의 주 강성 (k_{xx}, k_{yy})과 감쇠계수 (c_{xx}, c_{yy})만을 고려한다.

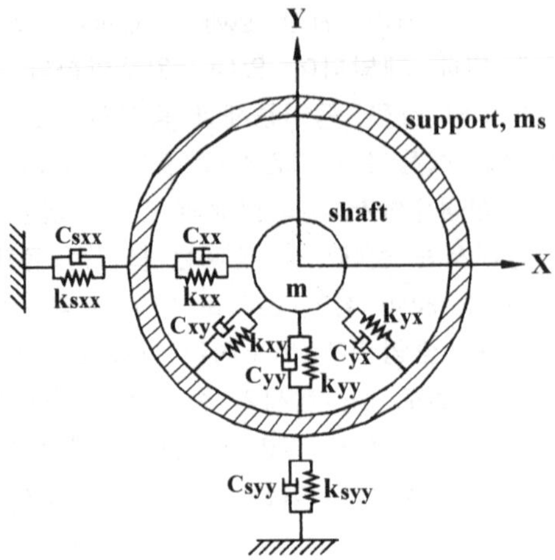

그림 10.9 / 유막 베어링과 유연 지지대의 모델

그림 10.10은 그림 10.9의 모델을 보다 단순화하여 나타낸 1자유도 유연지지대 및 등가 지지대의 모델을 나타낸다. 즉, 그림 10.9의 2자유도를 가지는 단일 지지대 질량은 각각 수직(Y) 및 수평(X)방향의 2개의 1자유도 지지대 스프링-질량-감쇠기 모델로 축소된다. 단, 그림 10.10은 수직방향만을 나타내었다. 그림에서 변위 y는 회전축의 절대응답, y_s는 지지대(support) 또는 베어링지지대(pedestal)의 응답, $y-y_s$는 회전축의 상대응답이다. 베어링강성 k_b와 감쇠 c_b는 축 회전속도 Ω의 함수이므로, 등가지지대 강성 k_{eq}와 감쇠 c_{eq} 역시 회전속도에 종속된다. 여기서는 베어링강성과 감쇠계수에 연성항이 없는 경사패드베어링에 대한 등가강성 및 감쇠계수를 유도하는 과정을 이하에 설명한다.

그림 10.10(a)와 같이 축과 베어링 및 지지대(support)로 구성된 계에 대한 운동방정식은 다음과 같이 주어진다.

$$m\ddot{y} + c_b(\dot{y} - \dot{y}_s) + k_b(y - y_s) = f \tag{10.26a}$$

$$m_s\ddot{y}_s + c_s\dot{y}_s + c_b(\dot{y}_s - \dot{y}) + k_s y_s + k_b(y_s - y) = 0 \tag{10.26b}$$

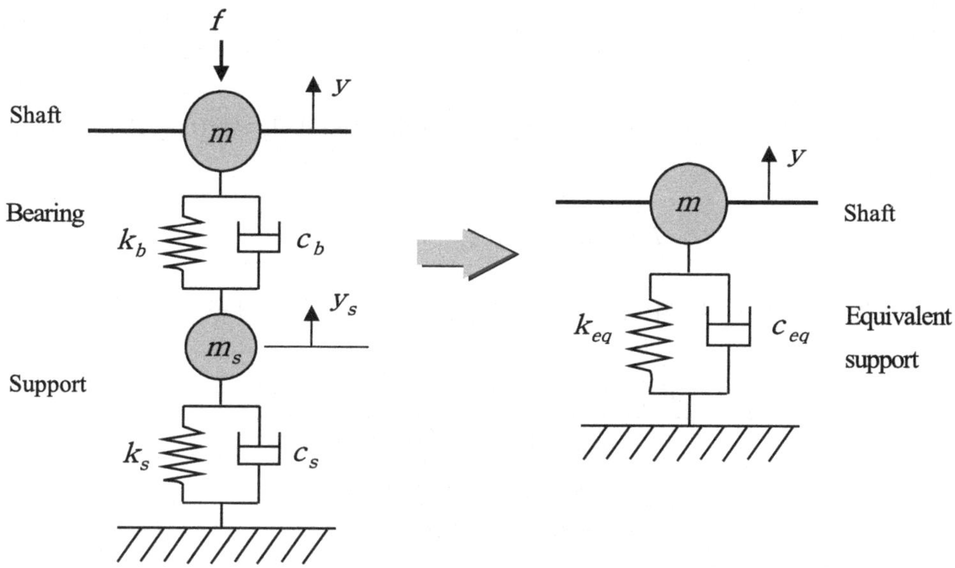

(a) 1자유도 유연지지 모델 (b) 등가지지 모델

그림 10.10 / 유막 베어링과 유연 지지대의 등가모델

진동수 ω의 동기 가진력을 다음과 같이 고려하면

$$f = Fe^{i\omega t}$$

응답은 다음과 같이 외력과 같은 형태로 가정할 수 있다.

$$y = Ye^{i\omega t}, \quad y_s = Y_s e^{i\omega t} \tag{10.27}$$

식(10.27)을 식(10.26b)에 대입하면, 다음과 같이 된다.

$$(\hat{k}_s + k_b + i\omega c_s + i\omega c_b)\, Y_s = (k_b + i\omega c_b)\, Y \tag{10.28}$$

단, $\hat{k}_s = k_s - m_s\omega^2$이다. 동일한 방법으로 식(10.26a)에 대입하면, 다음과 같이 된다.

$$F = k_b Y - k_b Y_s + i\omega(c_b Y - c_b Y_s) - m\omega^2 Y \tag{10.29}$$

식(10.28)을 Y_s에 대해 풀고, 식(10.29)에 대입하면

$$F=\left[k_b-\frac{k_b{}^2+i\omega c_b k_b}{\hat{k}_s+k_b+i\omega(c_s+c_b)}\right]Y+i\omega\left[c_b-\frac{k_b c_b+i\omega c_b{}^2}{\hat{k}_s+k_b+i\omega(c_s+c_b)}\right]Y-m\omega^2 Y \quad (10.30)$$

이 구해지고, 다음과 같이 등가강성 및 감쇠계수를 이용하면, 식(10.30)을 간단히 나타낼 수 있다.

$$F=(k_{eq}+i\omega c_{eq}-m\omega^2)\,Y \quad (10.31)$$

등가강성 및 감쇠계수 k_{eq}와 c_{eq}는 식(10.30)과 (10.31)에서 다음과 같이 정의된다.

$$k_{eq}=\frac{\hat{k}_s k_b(\hat{k}_s+k_b)+\omega^2(k_b c_s{}^2+\hat{k}_s c_b{}^2)}{(\hat{k}_s+k_b)^2+\omega^2(c_s+c_b)^2} \quad (10.32a)$$

$$c_{eq}=\frac{k_b{}^2 c_s+\hat{k}_s{}^2 c_b+\omega^2 c_s c_b(c_s+c_b)}{(\hat{k}_s+k_b)^2+\omega^2(c_s+c_b)^2} \quad (10.32b)$$

식(10.32)로부터 x와 y축 방향에 대한 4개의 주 강성계수와 감쇠계수가 등가지지계에 대해 다음과 같이 확장될 수 있다.

$$\begin{aligned}
k_{eqxx}&=\frac{\hat{k}_{sx}k_{xx}(\hat{k}_{sx}+k_{xx})+\omega^2(k_{xx}c_{sx}{}^2+\hat{k}_{sx}c_{xx}{}^2)}{(\hat{k}_{sx}+k_{xx})^2+\omega^2(c_{sx}+c_{xx})^2}\\
k_{eqyy}&=\frac{\hat{k}_{sy}k_{yy}(\hat{k}_{sy}+k_{yy})+\omega^2(k_{yy}c_{sy}{}^2+\hat{k}_{sy}c_{yy}{}^2)}{(\hat{k}_{sy}+k_{yy})^2+\omega^2(c_{sy}+c_{yy})^2}\\
c_{eqxx}&=\frac{k_{xx}{}^2c_{sx}+\hat{k}_{sx}{}^2c_{xx}+\omega^2c_{sx}c_{xx}(c_{sx}+c_{xx})}{(\hat{k}_{sx}+k_{xx})^2+\omega^2(c_{sx}+c_{xx})^2}\\
c_{eqyy}&=\frac{k_{yy}{}^2c_{sy}+\hat{k}_{sy}{}^2c_{yy}+\omega^2c_{sy}c_{yy}(c_{sy}+c_{yy})}{(\hat{k}_{sy}+k_{yy})^2+\omega^2(c_{sy}+c_{yy})^2}
\end{aligned} \quad (10.33)$$

여기서,

$$\hat{k}_{sx}=k_{sx}-m_{sx}\omega^2,\ \hat{k}_{sy}=k_{sy}-m_{sy}\omega^2 \quad (10.34)$$

식(10.34)에서 주목할 것은 지지대의 질량 m_{sx}와 m_{sy}를 k_{sx}와 k_{sy}처럼 엄밀하게 계산할 필요는 없으며, k_{sx}와 k_{sy}는 주파수응답함수(FRF)의 실수부분, 지지감쇠 c_{sx}와 c_{sy}는 허수부분으로 구해진다. 경사패드베어링과 같이 베어링 유막계수의 연성 항을 0

으로 가정할 필요는 없지만, 연성 항이 0인 경우에 대해서는 x와 y방향의 식은 비연성이 되고, 식(10.32)에서 식(10.33)까지를 쉽게 유도할 수 있다.

10.1.6 불평형력 요소

일반적으로 회전기계는 피할 수 없는 제작오차 등으로 회전체의 질량분포는 완전하게 회전대칭을 이루지 못한다. 이 때문에 회전체의 무게중심 G는 회전축으로부터 e만큼 편심(eccentricity)되어 있고, 이에 따라 크기 $F = me\omega^2$의 원심력이 발생하고, 이 힘이 외력으로 작용한다. 통상 편심과 질량의 곱 $U = me$을 **불평형**(unbalance)이라 부른다.

강성회전체(rigid rotor)에서는 이 힘이 베어링의 반력과 평형을 이루고, 이 힘을 줄이기 위해 회전체내의 임의 2개 수정면에 적당한 평형중량(balance weight)을 부가하여 서로 상쇄되도록 하고, 이 작업을 **평형잡기**(balancing)라 부른다. 탄성회전체(flexible rotor)에서는 일반적으로 원심력에 의한 회전체의 탄성변형 δ를 무시할 수 없다.

축의 변형이 무게중심의 편심방향으로만 일어난다고 가정하면, 이 경우 원심력은 $F = m(e+\delta)\omega^2$로 되어 더욱 증가하게 된다. 이 때의 원심력은 축의 탄성 복원력과 평형을 이루게 된다.

일반적으로 원판요소에서 발생하는 편심에 의한 불평형력은 집중력으로 가정하여, 그 절점에 부가하여 응답을 구한다. 앞에서 다룬 Timoshenko축 요소에서 질량편심이 있는 경우는 다음과 같이 횡전단효과를 나타내는 파라미터 Φ를 이용하여 다음과 같이 나타낼 수 있다.

$$F_c = F_{c0} + \Phi F_{c1}, \quad F_s = F_{s0} + \Phi F_{s1}$$

만일 불평형이 축방향으로 선형적으로 분포되어있다면, 축 요소의 질량중심 위치는

$$\eta(s) = \eta_L(1-\nu) + \eta_R \nu, \quad \zeta(s) = \zeta_L(1-\nu) + \zeta_R \nu$$

로 된다. 여기서 η_L과 ζ_R은 각각 η, ζ의 요소 좌단(L)과 우단(R)에서의 값을 나타낸다.

$$F_{c0} = m\Omega^2 \begin{Bmatrix} 7\eta_L l/20 + 3\eta_R l/20 \\ 7\zeta_L l/20 + 3\zeta_L l/20 \\ -\zeta_L l^2/20 - \zeta_R l^2/30 \\ \zeta_L l^2/20 + \zeta_R l^2/30 \\ 3\eta_L l/30 + 7\eta_R l/20 \\ 3\zeta_L l/20 + 7\zeta_R l/20 \\ \zeta_L l^2/30 + \zeta_R l^2/20 \\ -\eta_L l^2/30 - \zeta_R l^2/20 \end{Bmatrix}, \quad F_{c1} = m\Omega^2 \begin{Bmatrix} \eta_L l/3 + \eta_R l/6 \\ \zeta_L l/3 + \zeta_R l/6 \\ \zeta_L l^2/24 - \zeta_R l^2/24 \\ -\eta_L l^2/24 + \eta_R l^2/24 \\ \eta_L l/6 + \eta_R l/3 \\ \zeta_L l/6 + \zeta_R l/3 \\ -\zeta_L l^2/24 + \zeta_R l^2/24 \\ \eta_L l^2/24 - \eta_R l^2/24 \end{Bmatrix}$$

$$F_{s0} = m\Omega^2 \begin{Bmatrix} -7\zeta_L l/20 - 3\zeta_R l/20 \\ 7\eta_L l/20 + 3\eta_R l/20 \\ -\eta_L l^2/20 - \eta_R l^2/30 \\ -\zeta_L l^2/20 - \zeta_R l^2/30 \\ -3\zeta_L l/20 - 7\zeta_R l/20 \\ 3\eta_L l/20 + 7\eta_R l/20 \\ \eta_L l^2/30 + \eta_R l^2/20 \\ \zeta_L l^2/30 + \zeta_R l^2/20 \end{Bmatrix}, \quad F_{s1} = m\Omega^2 \begin{Bmatrix} \zeta_L l/3 + \zeta_R l/6 \\ \eta_L l/3 + \eta_R l/6 \\ \eta_L l^2/24 - \eta_R l^2/24 \\ \zeta_L l^2/24 - \zeta_R l^2/24 \\ -\zeta_L l/6 + \zeta_R l/3 \\ \eta_L l/6 + \eta_R l/3 \\ -\eta_L l^2/24 + \eta_R l^2/24 \\ -\zeta_L l^2/24 + \zeta_R l^2/24 \end{Bmatrix}$$

10.2 회전축계의 운동방정식

10.2.1 단일 회전체의 운동방정식

이상에서 설명한 각 요소를 실기모델을 구성하기 위해 제 9장에서 설명한 방법대로 축방향으로 연결하여 계 전체에 대해 구성하면, 단일 회전체(mono-rotor)의 운동방정식은 다음의 선형정수계수를 갖는 2계 미분방정식으로 다음 식이 얻어진다.

$$M\ddot{q} + C\dot{q} + Kq = F \tag{10.35}$$

단, M, C, K는 각각 합성된 축계 전체의 질량, 감쇠 및 강성행렬이며, F는 다음과 같이 표현될 수 있는 외력벡터이다.

$$\begin{aligned} F(t) = &\ F_1 + F_2\sin\Omega t + F_3\cos\Omega t + F_4\sin s\Omega t + F_5\cos s\Omega t \\ &+ F_6\sin\omega t + F_7\cos\omega t \end{aligned} \tag{10.36}$$

여기서 F_1은 중력 등에 대응하는 상수 외력벡터, F_2와 F_3는 질량불평형 등과 같은 회전수동기인 동기력(synchronous force), F_4와 F_5는 정렬불량($s=2$), 깃통과 주파수의 유체가진력($s=Z$, Z는 깃수) 등의 조화 가진력에 대응하고, F_6와 F_7은 회전주파수와 관계없는 비동기력(asynchronous force)에 대응하는 외력으로 계산 시에는 이들 중 불필요한 항은 0으로 하여 계산하면 된다.

10.2.2 동축 복수회전체의 운동방정식

항공기용 가스터빈 축계와 같은 회전기계는 축과 축 사이에 설치된 **축간 베어링**(intershaft bearing)에 의해 연결된 2개의 동일 축 회전체(coaxial rotor)로 구성된다. 그림 10.11과 같이 2개의 회전체는 각각 다른 속도 Ω_1과 Ω_2로 회전하고, 공기동역학적으로 연성이 되어 있다. 회전체 1의 x, y방향의 변위 u_1과 v_1, 회전체 2의 변위 u_2와 v_2는 회전축 위의 같은 점에 대응하고 축간 베어링에 의해 연결된다. 축간 베어링의 폭이 짧다(short bearing)고 가정하면, 기울기의 영향은 무시된다. 즉, 베어링요소의 감쇠 및 강성행렬은 각변위와 각속도에 관계없이 단지 베어링 절점의 변위와 속도에 비례하는 강성계수 및 감쇠계수만을 갖는다고 편의상 가정한다.

R_1과 R_2는 베어링 절점에서의 회전체 1과 회전체 2의 반력이다. 베어링 질량은 무시되거나 또는 회전체 1과 2에 집중된다고 가정한다. 만약,

$$R_1=\begin{Bmatrix} R_{1x} \\ R_{1y} \end{Bmatrix} \tag{10.37}$$

그리고

$$R_{1x}=\{F_{u1}\ F_{u2}\}^T,\ R_{1y}=\{F_{v1}\ F_{v2}\}^T$$

이면

$$R_1=\begin{matrix} k_{xx} & k_{xy} \\ k_{yx} & k_{yy} \end{matrix}\begin{Bmatrix} u_1-u_2 \\ v_1-v_2 \end{Bmatrix}+\begin{matrix} c_{xx} & c_{xy} \\ c_{yx} & c_{yy} \end{matrix}\begin{Bmatrix} \dot{u}_1-\dot{u}_2 \\ \dot{v}_1-\dot{v}_2 \end{Bmatrix} \tag{10.38}$$

이것은 아래와 같이 간단히 표현할 수 있다.

$$R_1=K^b\begin{Bmatrix} u_1-u_2 \\ v_1-v_2 \end{Bmatrix}+C^b\begin{Bmatrix} \dot{u}_1-\dot{u}_2 \\ \dot{v}_1-\dot{v}_2 \end{Bmatrix} \tag{10.39}$$

여기서

$$K^b = \begin{bmatrix} k_{xx} & k_{xy} \\ k_{yx} & k_{yy} \end{bmatrix}, \quad C^b = \begin{bmatrix} c_{xx} & c_{xy} \\ c_{yx} & c_{yy} \end{bmatrix}$$

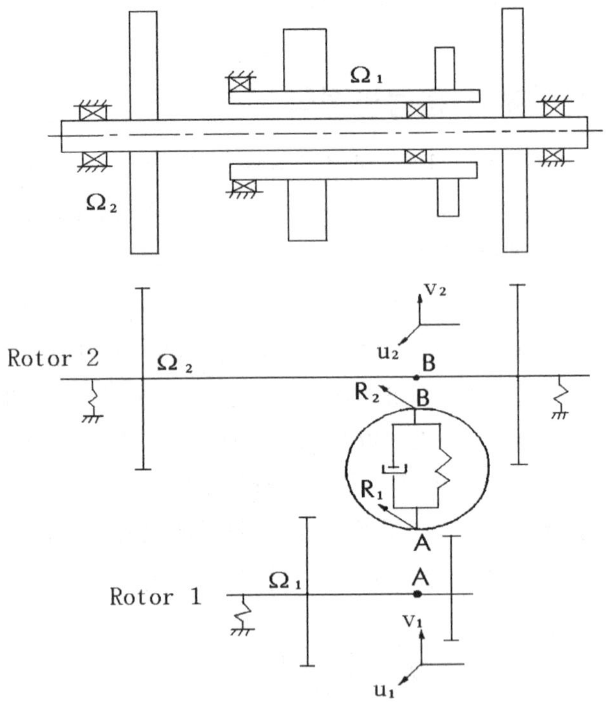

그림 10.11 / 이중 회전체 모델(Lalane 및 Ferraris)

베어링의 질량이 무시되므로

$$R_1 + R_2 = 0$$

따라서 반력 R_1, R_2는 다음과 같이 표현할 수 있다.

$$\begin{matrix} R_1 \\ R_2 \end{matrix} = \begin{matrix} K^b & -K^b \\ -K^b & K^b \end{matrix} \begin{matrix} u_1 \\ v_1 \\ u_2 \\ v_2 \end{matrix} + \begin{matrix} C^b & -C^b \\ -C^b & C^b \end{matrix} \begin{matrix} \dot{u}_1 \\ \dot{v}_1 \\ \dot{u}_2 \\ \dot{v}_2 \end{matrix} \tag{10.40}$$

운동에너지 T와 탄성 포텐셜에너지 V는 이제 각각의 회전체에 대해 계산되어지고, Lagrange 방정식을 적용하면, 각각의 회전체에 대한 운동방정식은 다음과 같이 다시 쓰여진다.

회전체 1의 경우 :

$$M_1\ddot{q}_1 + C_1(\Omega_1)\dot{q}_1 + K_1 q_1 = F_1(t) - R_1 \tag{10.41}$$

회전체 2의 경우 :

$$M_2\ddot{q}_2 + C_2(\Omega_2)\dot{q}_2 + K_2 q_2 = F_2(t) - R_2 \tag{10.42}$$

여기서 M_1, M_2, C_1, C_2, K_1, K_2, $F_1(t)$ 및 $F_2(t)$는 앞 절에서 유도된 행렬들이고, q_1과 q_2는 각각 회전체 1과 2의 절점 변위벡터이다. 식(10.40)~(10.42)로부터 R_1과 R_2는 소거될 수 있다. 그러므로, 합성된 동축 복수회전체의 운동방정식은 다음과 같이 표현된다.

$$M\ddot{q} + C(\Omega_1, \Omega_2)\dot{q} + Kq = F(t) \tag{10.43}$$

여기서 M은 대칭 질량행렬, C는 비대칭 감쇠행렬, K는 비대칭 강성행렬, q는 절점 변위벡터이다. 3개의 행렬 M, C와 K는 각각 M_1, M_2, $C_1(\Omega_1)$, $C_2(\Omega_2)$, C^b, K_1, K_2, K^b의 조합으로 구성된다. 부가하여, 계의 공기역학적(aerodynamic)인 특성들 때문에 일반적으로 두 회전체사이의 회전각속도는 다음 식과 같은 종속적인 관계로 주어진다.

$$\Omega_1 = a\Omega_2 + b \tag{10.44}$$

여기서 a와 b는 주어지는 상수이다.

10.2.3 등방성 지지축계의 회전좌표계로의 변환

등방성 지지(isotropic support)된 축계의 휘돌림 고유진동수나 불평형응답을 해석할 경우, 지금까지 이용한 고정좌표계 대신에 ω로 회전하는 **휘돌림좌표계** (x, y, z)를 이용하는 것이 편리하다. 고정좌표계와 회전좌표계의 사이에는 다음과 같은 관계가 있다.
또는

$$q = R\,p \tag{10.45}$$

여기서 R은 좌표변환행렬이다. 식(10.45)를 시간 t에 대해 미분하면

$$\dot{q} = \omega S p + R\dot{p}$$

$$\ddot{q} = R(\ddot{p} - \omega^2 p) + 2\omega S\dot{p}$$

$$\begin{bmatrix} q_1 \\ q_2 \\ q_3 \\ q_4 \\ \hdashline q_5 \\ q_6 \\ q_7 \\ q_8 \end{bmatrix} = \left[\begin{array}{cccc:cccc} \cos\omega t & -\sin\omega t & & & & & & \\ \sin\omega t & \cos\omega t & 0 & & & & & \\ & 0 & \cos\omega t & -\sin\omega t & & 0 & & \\ & & \sin\omega t & \cos\omega t & & & & \\ \hdashline & & & & \cos\omega t & -\sin\omega t & & \\ & & & & \sin\omega t & \cos\omega t & 0 & \\ & 0 & & & & 0 & \cos\omega t & -\sin\omega t \\ & & & & & & \sin\omega t & \cos\omega t \end{array}\right] \begin{bmatrix} p_1 \\ p_2 \\ p_3 \\ p_4 \\ \hdashline p_5 \\ p_6 \\ p_7 \\ p_8 \end{bmatrix}$$

이 얻어지고, 행렬 S는 다음과 같다.

$$S = \dot{R}/\omega$$

등방성 베어링으로 지지된 비감쇠계의 운동방정식은 식(10.34)에서 베어링감쇠 $C^b = 0$으로 놓으면

$$M\ddot{q} - \Omega G\dot{q} + Kq = F \tag{10.46}$$

로 표현된다. 이 식에 식(10.45)와 그 도함수를 대입하고 앞쪽에 R^T를 곱하여 정리하면, 휘돌림좌표계에 대한 운동방정식으로 다음과 같이 변환된다.

$$M\ddot{p} + \omega(2\hat{M} - \lambda G)\dot{p} + (K - \omega^2(M + \lambda\hat{G}))p = F_r \tag{10.47}$$

여기서

$$\hat{M} = R^T MS\ ,\ \hat{G} = R^T GS\ ,\ F_r = R^T F$$

식(10.47)에서 λ는 휘돌림각속도와 회전각속도의 비인 휘돌림속도비 $(=\Omega/\omega)$이다. 동기휘돌림(synchronous whirl)은 $\lambda = \pm 1$이고, $\lambda = +1$이면, 전향휘돌림(forward whirl), $\lambda = -1$이면 후향휘돌림(backward whirl)이 된다.

10.3 고유치 해석

유한요소모델로부터 유도된 운동방정식을 이용하여 축계의 고유치해석(eigenvalue analysis)을 수행한다. 축계의 운동방정식 (10.34)의 동차식은 다음과 같다.

$$M\ddot{q} + C\dot{q} + Kq = 0, \quad (4n\times 1) \tag{10.48}$$

비감쇠계 및 감쇠계에 대한 고유치 해석을 나누어 이하에 설명한다.

10.3.1 비감쇠계

비감쇠계(undamped system)의 조건을 수식으로 나타내면, 다음과 같다.

$$c_{xx} = c_{yy} = c_{xy} = c_{yx} = 0, \quad k_{xy} = k_{yx} = 0$$

여기서 감쇠계수 뿐만 아니라 스프링계수(강성계수)의 연성 항(k_{xy}, k_{yx})도 0으로 한 것은 이 연성 항이 존재하는 것만으로도 일반적으로 고유치가 복소수로 되기 때문이다. 즉, 비감쇠란 고유치를 순 허수로 하기 위한 조건이다. 따라서 비감쇠의 조건이 되면, 베어링계수는 k_{xx}와 k_{yy}만이 남게 된다. $k_{xx} = k_{yy}$의 경우가 등방성(isotropic, 等方性) 지지조건이고, $k_{xx} \neq k_{yy}$의 경우가 비등방성, 즉, x와 y방향의 지지강성이 다른 이방성(unisotropic, 異方性) 지지가 된다.

비감쇠, 비등방성 지지의 경우, 자이로스코픽 모멘트를 고려하고, 베어링 강성계수의 연성 항과 감쇠계수를 0으로 하므로 식(10.48)에서 M과 K는 양의 대칭행렬이고, C는 자이로스코픽행렬과 같으며 의대칭행렬(skew symmetry matrix)이 된다.

해를 $q = ue^{\lambda t}$로 놓고, 식(10.48)에 대입하면,

$$(M\lambda^2 + C\lambda + K)u = 0 \tag{10.49}$$

가 얻어진다. 식(10.49)의 좌측에 u와 공액인 전치벡터 u^T를 곱하면, 다음 식이 유도된다.

$$M\lambda^2 + C\lambda + K = 0 \tag{10.50}$$

여기서

$$\mathcal{M} = u^T M u \ , \ \ \mathcal{C} = u^T C u \ , \ \ \mathcal{K} = u^T K u$$

행렬 M, C, K의 성질로부터 $\mathcal{M}, \mathcal{K}$는 양의 실수이고, $\mathcal{C}$는 순 허수가 된다. 식(10.50)을 근의 공식을 이용하여 풀면

$$\lambda = \frac{-\mathcal{C} \pm \sqrt{\mathcal{C}^2 - 4\mathcal{M}\mathcal{K}}}{2\mathcal{M}} \tag{10.51}$$

식(10.51)의 값은 명확히 허수이다. 즉, 비감쇠의 가정이 성립하면, 고유치는 항상 허수가 된다. 따라서 $\lambda = \pm i\omega$로 놓으면, ω가 계의 고유진동수가 된다.

10.3.2 감쇠계

감쇠를 고려한 감쇠계(damped system)에 대한 일반 고유치 문제의 경우, 고유치는 일반적으로는 복소수가 되고, 고유모드도 복소수이다. 복소 고유치문제의 해법으로 크게 나누어 다음의 3종류가 널리 사용된다.

1) QR법
2) 복소적분법
3) 행렬식법

여기서는 1)과 3)의 방법에 대해 설명한다.

1) QR법

이 방법은 Francis(1961)가 Computer Journal에 최초로 발표한 것으로, 실제 문제에 폭넓게 응용되어 많은 구조해석 프로그램에 채택되고 있다. 여기서 QR이란 고유치를 구하고 싶은 행렬 $\boldsymbol{A}$를 유니타리 행렬(unitary matrix) $\boldsymbol{Q}$와 우상 삼각행(triangular matrix) $\boldsymbol{R}$의 곱인 $\boldsymbol{A} = \boldsymbol{QR}$의 형으로 분해하는 데에서 유래한다. 자세한 설명은 지면관계상 생략하고, 이 방법의 특징으로는 수치적으로 안정하고, 수렴속도가 빠르며 복소수를 이용한 수렴가속이 가능하다는 점을 들 수 있다.

통상 회전축계는 베어링 강성과 감쇠계수의 비대칭성과 자이로스코프 효과 때문에 행렬 $\boldsymbol{A}$는 비대칭 실행렬(real matrix)이 되고 고유치는 복소수가 된다. 따라서 QR법을 개량한 double QR법이 일반적으로 이용된다.

식(10.48)을 복소 고유치해석을 수행하여 얻어진 고유치로부터 감쇠율을 평가하므로 계의 안정성(stability)도 평가할 수 있다. 해를 $q = ue^{\lambda t}$ 로 놓고, 식(10.48)에 대입하면

$$(\lambda^2 M + \lambda C + K) u = 0 \tag{10.52}$$

가 얻어지고, 이를 표준형, 즉 표준 고유치 문제로 변환하면 다음 식과 같이 된다.

$$A\ w = \lambda\ w,\ (8n\times 1) \tag{10.53}$$

단, $A = \begin{bmatrix} 0 & I \\ -M^{-1}K & -M^{-1}C \end{bmatrix}$, $w = \begin{bmatrix} u \\ v \end{bmatrix}$, $v = \lambda u$.

전 절점의 수를 n이라 하면, 행렬 M, C, K, I, 0는 $4n\times 4n$이고, A는 $8n\times 8n$의 행렬이 되어 고유치는 모두 $8n$개가 얻어진다.

고유치 계산의 개략적인 순서는 다음과 같다. 먼저 행렬 A를 Hessenberg형 행렬로 변형하고, 다음에 QR법에 의한 수렴계산을 하여 행렬의 우측 상부의 3각 행렬을 구하고, 이것으로부터 복소 고유치 λ를 구한다. QR법을 이용한 고유치 해석용 프로그램은 일반적으로 수치해석 등의 서적에 잘 설명되어 있고, 입수가 용이하다.

이 방법은 모든 고유치를 한꺼번에 구할 수 있는 점에서는 뛰어나지만, 계산기상에서 기억해 놓아야할 행렬의 요소 수가 많기 때문에 너무 많은 자유도가 되면 처리가 곤란하게 된다. 따라서 중간규모의 고유치 문제에 적용할 수 있을 것이다. 또한 QR법에 의한 수렴계산에는 반드시 수렴한다는 보증은 없다. 즉, 성질이 나쁜 행렬에 대해서는 수렴하지 않는다는 결점이 있다.

2) 행렬식법

다자유도계의 복소 고유치 문제에 대해 이 방법이 이용된다. 이 방법의 원리는 간단하다. 어떠한 방법으로 고유치를 가정하고, 이것이 특성방정식을 만족하면 해로 간주한다. 그러나 계산효율을 높이기 위해 고유치를 가능한 정도 좋게 예측할 필요가 있고, 이 고유치의 보정방법으로서 Newton-Raphson 방법과 Müller 방법 등이 사용되고 있다.

가) Newton-Raphson 방법

식(10.53)의 정방행렬 A에 있어서

$$f(\lambda) = \det[\ A - \lambda I] = a_0\lambda^n + a_1\lambda^{n-1} + \cdots + a_{n-1}\lambda + a_n = 0 \tag{10.54}$$

의 λ에 관한 다항식은 행렬 $\boldsymbol{A}$의 특성다항식이라 하고, 이 다항식의 근이 행렬 $\boldsymbol{A}$의 고유치이다. 특성방정식 $f(\lambda)$를 고유치의 근사치 $\lambda = \lambda_0$ 주위에 Taylor 전개하고, 그 1차까지의 항을 취하여 특성방정식을 나타내면

$$f_0 + \left(\frac{df}{d\lambda}\right)_0 (\lambda - \lambda_0) = 0 \tag{10.55}$$

로 되고, 따라서 λ_0보다 정도가 좋은 고유치의 예측치 λ는

$$\lambda = \lambda_0 - \frac{f_0}{\left(\frac{df}{d\lambda}\right)_0} \tag{10.56}$$

로 주어진다. 식(10.56)에서 구해지는 λ를 새로운 λ_0로 간주하여 다시 λ를 계산한다. 이 작업을 필요한 회수만큼 반복하여 수행하면 충분히 정도가 좋은 해가 얻어진다. 이 경우, $(df/d\lambda)_0$의 값을 어떻게 구할 것인가가 문제가 된다. Lund는 $(df/d\lambda)_0$의 엄밀한 값을 구하고 있으나, 통상은 다음에 설명하는 수치적분에 의해 근사값을 구하는 것으로 충분하다. 근사값이 간단히 구해지는 것은 f가 λ에 관한 멱 급수(power series)로 표현될 수 있으므로, 복소수 λ로 미분이 가능하기 때문이다. 이는 다음에 나타내는 식(10.57)에서 $\Delta\lambda(=\Delta\lambda_R + i\Delta\lambda_I)$의 크기가 충분히 작은 값이면, $(df/d\lambda)_0$의 값은 $\Delta\lambda_R$ 또는 $\Delta\lambda_I$에는 의존하지 않는다. 요는 $\Delta\lambda_R$과 $\Delta\lambda_I$를 어떻게 선택하여도 좋다는 것이다.

$$\left(\frac{df}{d\lambda}\right)_0 \fallingdotseq \frac{f_{\lambda=\lambda_0+\Delta\lambda} - f_{\lambda=\lambda_0}}{(\lambda_0+\Delta\lambda)-\lambda_0} \tag{10.57}$$

이 계산방법을 이용하는 경우, 가장 중요한 것은 수렴계산이 이미 구한 고유치에 재차 수렴하지 않도록 하는 것이다. 이를 위해서는 특성방정식의 좌변을 f 대신에 다음 식으로 정의하는 f^*로 하면 된다.

$$f^* \equiv f / \prod_{j=1}^{J} (\lambda - \lambda_j) \tag{10.58}$$

여기서 $\lambda_j\ (j = 1 \sim J)$는 이미 구한 고유치를 의미한다. 또 다음과 같이 계산할 수도 있다. 즉, 식(10.58)을 λ로 미분하여 정리하면

$$\frac{df^*}{d\lambda} = \frac{\dfrac{df}{d\lambda} - f\sum_{j=1}^{J}\dfrac{1}{\lambda - \lambda_j}}{\prod_{j=1}^{J}(\lambda - \lambda_j)} \tag{10.59}$$

가 얻어진다. 식(10.58), (10.59)를 식(10.55)에 대입하면

$$f_0 + \left\{\left(\frac{df}{d\lambda}\right)_0 - f_0\sum_{j=1}^{J}\frac{1}{\lambda_0 - \lambda_j}\right\}(\lambda - \lambda_0) = 0 \tag{10.60}$$

으로 되므로, 식(10.55)~(10.57)에서 f를 식(10.58)의 f^*으로 치환하는 대신에 식(3.56)에서 $(df/d\lambda)_0$를 다음 식으로 주어지는 $(df/d\lambda)_0^*$로 치환하면 된다.

$$\left(\frac{df}{d\lambda}\right)_0^* \equiv \left(\frac{df}{d\lambda}\right)_0 - f_0\sum_{j=1}^{J}\frac{1}{\lambda_0 - \lambda_j} \tag{10.61}$$

나) Müller 방법

Newton-Raphson 방법에서는 미분(1계 도함수)을 필요로 하지만, 이 방법에서는 미분을 필요로 하지 않는다. 반복
계산의 반복 수를 k라 하고

$$f_k = f(\lambda_k),\ h_k = \lambda_k - \lambda_{k-1},\ \gamma_k = h_k/h_{k-1},\ \delta_k = 1 + \gamma_k \tag{10.62}$$

라 하면, γ_{k+1}은

$$\gamma_{k+1} = \frac{-2f_k\delta_k}{g_k \pm \{g_k^2 - 4f_k\delta_k\gamma_k(f_{k-2}\gamma_k - f_{k-1}\delta_k + f_k)\}^{1/2}} \tag{10.63}$$

에서 구할 수 있다. 여기서 g_k는 다음 식으로 주어진다.

$$g_k = f_{k-2}\gamma_k^2 - f_{k-1}\delta_k^2 + f_k(\gamma_k + \delta_k)$$

식(10.63)에서 ±는 γ_{k+1}의 절대치가 작게되도록 부호를 선택한다.

이 방법의 계산순서는 다음과 같다.

① 식(10.63)에서 γ_{k+1}을 계산한다.

② 식(10.62)의 $\gamma_k = h_k / h_{k-1}$에서 한 step 후의 식 $\gamma_{k+1} = h_{k+1} / h_k$ 에서 h_{k+1}을 구한다 ($h_{k+1} = \gamma_{k+1} h_k$).

③ 식(10.62)의 $h_k = \lambda_k - \lambda_{k-1}$에서 한 step후의 식 $h_{k+1} = \lambda_{k+1} - \lambda_k$에서 λ_{k+1}을 계산한다($\lambda_{k+1} = h_{k+1} + \lambda_k$).

④ ③에서 구한 λ_{k+1}을 식(10.62)의 식 $f_k = f(\lambda_k)$에 대입하여 $f_{k+1} = f(\lambda_{k+1})$를 구한다.

이 과정을 순차적으로 수행하고 λ의 수렴값을 계산하여 고유치를 구한다.

이 방법을 이용하는 경우에도 수렴계산이 이미 구한 고유치에 다시 수렴하지 않도록 할 필요가 있다. 이를 위해 식(10.62)의 $f(\lambda)$를 식(10.58)에서 정의된 $f^*(\lambda)$로 치환하면 된다.

따라서 이들 방법을 이용하여 고유치 해석을 수행하면, 최종적으로 복소고유치 λ가 계산된다. 이중 k차 모드의 복소고유치 $\lambda_k = \lambda_{rk} \pm i\lambda_{ik}$의 허수부 λ_{ik}는 계의 k차 모드의 감쇠고유진동수이고, 실수부 λ_{rk}는 계의 감쇠정도를 나타낸다. 또한 k차 모드의 대수감쇠율 δ_k와 감쇠비 ζ_k는 계산된 복소고유치로부터

$$\delta_k = -2\pi \frac{\lambda_{rk}}{\lambda_{ik}}, \quad \zeta_k = -\frac{\lambda_{rk}}{\sqrt{\lambda_{rk}^2 + \lambda_{ik}^2}}$$

로 나타내어진다. 복소고유치 λ_k를 식(10.52)에 대입하여 풀면, λ_k에 대응하는 k차 복소고유모드 $\boldsymbol{u}_k$가 얻어진다.

볼이나 롤러베어링과 같은 일반 구름요소베어링(rolling element bearing)으로 지지된 경우, 베어링요소의 강성계수는 연성 항을 무시 ($k_{xy} = k_{yx} = 0$)할 수 있고, 비감쇠계 ($C = 0$)로 고려하면, 식(10.49)의 고유치는 그 크기가 휘돌림 고유진동수와 같은 순허수의 공액 쌍 $\lambda_k = \pm i\omega_k$으로 구해진다.

베어링강성에 이방성이 있는 경우 ($k_{xx} \neq k_{yy}$), 타원형의 휘돌림모드가 발생하고, 등방성의 베어링(isotropic bearing)은 $k_{xx} = k_{yy}$가 되어 원형의 휘돌림모드(circular whirl mode)를 만든다.

등방성 베어링으로 지지된 축계에서 휘돌림진동수 ω로 회전하는 휘돌림좌표계로 운동방정식을 나타내면 식(10.47)과 같다. 원형 휘돌림의 고유진동수와 고유모드형상(mode shape)은 식(10.47)의 동차식으로부터 구할 수 있다. 이들 모드는 휘돌림좌표계에 대해서는 일정하고, 두 운동면(xz, yz평면)은 서로 90°의 위상을 갖는다. 그러므로 두 운동면 중 단지 하나만 고려하고, 그 해는 $p = p_0 =$ 일정으로 가정할 수 있다. 따라서 식(10.47)은 다음 식과 같이 단순하게 된다.

$$[\ K - \omega^2(\ M + \lambda\ G)]\ p_0 =\ 0, \quad (2n\times1) \tag{10.64}$$

이 식에 대응하는 고유치 문제는

$$K\ p_0 = \omega^2(\ M + \lambda\ G\ )\ p_0\ , \quad (2n\times1) \tag{10.65}$$

식(10.65)로부터 $2n$개의 양의 실수 값을 갖는 고유치 $\omega_k\ (k = 1, 2, \cdots, 2n)$와 이에 대응하는 고유벡터 p_{0k}가 특정 휘돌림속도비 $\lambda(=\Omega/\omega)$에서 휘돌림좌표계에 대한 원형 휘돌림 고유진동수와 모드형상을 나타낸다.

예제 10.5

내다지 회전체의 등방성 및 이방성 지지조건의 비교

축 직경 0.02m, 축 길이 0.4m의 일정단면 축의 우측 단에 원판이 부착되어 있고, 좌측단과 좌측으로부터 0.2m인 위치에 각각 스프링으로 지지되어 있다. 다음의 조건에 대해 고유진동수를 계산하시오.

1) 등방성 지지의 경우:

$$k_{B1x} = k_{B1y} = k_{B1},\ \ k_{B2x} = k_{B2y} = k_{B2},\ \ k_{B1} = k_{B2} = k = 10^4 \sim 10^{10}\ \mathrm{N/m}$$

2) 이방성 지지의 경우:

$$k_{B1x} = k_{B2x} = k_x = 10^4 \sim 10^{10}\ \mathrm{N/m},\ \ k_{B1y} = k_{B2y} = k_y = 10^2\, k_x\ \mathrm{N/m}$$

단, 원판의 특성은 $m_d = 16.47\ \mathrm{kg}$, $I_d = 9.427\times10^{-2}\ \mathrm{kg\cdot m^2}$, $I_p = 0.1861\ \mathrm{kg\cdot m^2}$이며, 축의 밀도 $\rho = 7800\ \mathrm{kg/m^3}$, 종탄성계수 $E = 200\ \mathrm{GN/m^2}$, 회전수 $N = 0\ \mathrm{rpm}$이다.

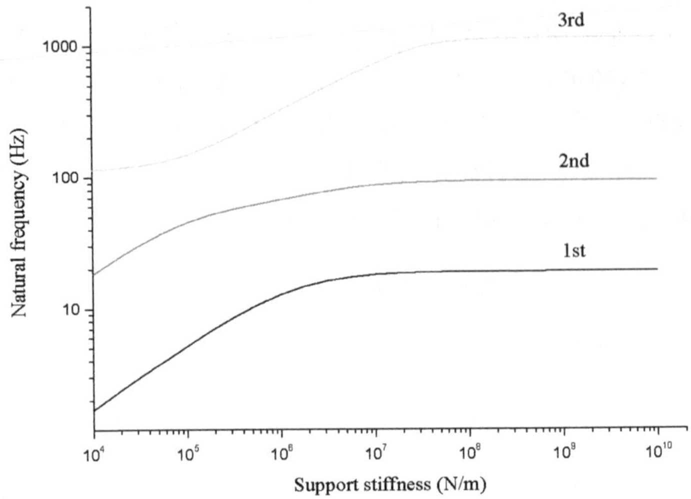

(a) 등방성 지지($k_x = k_y = k$)

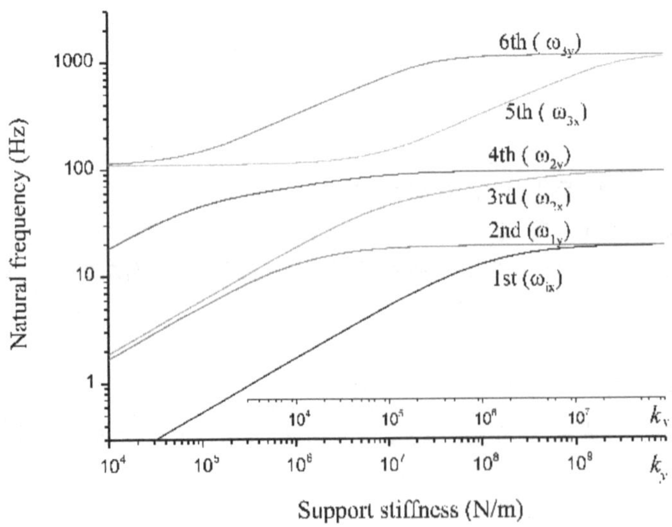

(b) 이방성 지지($k_x \neq k_y$)

그림 10.5-1 / 지지조건에 따른 고유진동수의 변화

그림 10.5-1은 지지강성의 변화에 따른 고유진동수의 계산결과이다. 등방성 지지조건의 경우인 그림 (a)는 전형적인 고유진동수의 특성을 나타내고 있다. 즉, 지지강성의 증가에 따라 고유진동수가 증가하고 단순지지조건 ($k \to \infty$)에 대한 고유진동수에 접근하여 간다. 이방성 지지에 대한 그림 (b)를 살펴보면, x방향의 강성이 y방향 강성의 1/100이 되므로 1차, 3차, 5차 고유진동수가 x방향의 1, 2 및 3차 모드에 대응하는 고유진동수가 되고, 2차, 4차 및 6차 고유진동수가 y방향의 1, 2 및 3차 고유진동수이다. x방향의 고유진동수의 경우도 지지강성이 증가함에 따라 단순지지조건의 고유진동수에 접근하여가는 것을 알 수 있다.

예제 10.6

고유진동수에 대한 회전관성과 자이로스코프 효과의 영향

1개의 원판이 부착된 일정단면 회전축계의 고유진동수를 계산하여 Campbell선도를 그리고, 회전관성(rotary inertia)과 자이로스코프 효과가 계의 고유진동수에 미치는 영향을 검토하시오. 단, 균일단면 축의 직경은 5cm, 길이 1.3m, 좌측 단으로부터 1m 떨어진 위치에 $m_d = 55.135$ kg, $I_d = 0.602$ kg · m^2, $I_p = 1.172$ kg · m^{2}인 원판이 부착되어 있다. 지지조건으로는 회전축의 좌, 우단에 동일한 강성 및 감쇠특성

$$k_{xx} = 50 \ \text{MN/m}, \ k_{yy} = 70 \ \text{MN/m}, \ k_{xy} = k_{yx} = 0$$
$$c_{xx} = 500 \ \text{N} \cdot \text{s/m}, \ c_{yy} = 700 \ \text{N} \cdot \text{s/m}, \ c_{xy} = c_{yx} = 0$$

의 베어링으로 지지되어 있다.

축 요소의 재료정수는 $E = 200$ GN/m^2, $\rho = 7800$ kg/m^3, $\nu = 0.3$이다.
이 모델은 제 4편 17.1절에서 이용한 소형 단순회전체에서 원판요소 D_1과 D_2를 무시한 것과 동일하다.

축 요소를 13개의 등구간 요소로 분할하고 유한요소법을 이용하여 회전속도 0~12,000 rpm까지에 대해 계산한 결과 중 저차 4개의 고유진동수만을 나타내면, 그림 10.6-1과 같이 된다. 그림에서 실선은 회전관성과 자이로스코프효과를 고려한 경우 ($I_d \neq 0$, $I_p \neq 0$)이고, 점선은 원판요소의 질량만을 고려한 질점으로 가정한 경우 ($I_d = 0$, $I_p = 0$)이다.

참고로 $\omega = +\Omega(\lambda = +1)$와 $\omega = -\Omega(\lambda = -1)$의 직선을 함께 나타내었다. 또한 전향휘돌림 고유진동수를 $+\omega$ 축에, 그리고 후향휘돌림 고유진동수를 $-\omega$ 축에 나타내

었다. 이는 편의상 그렇게 나타낸 것으로 후향 휘돌림성분도 절대값으로 $+\omega$ 축에 나타내어도 된다.

그림에서 회전관성을 고려한 실선에서 축이 회전하고 있지 않을 때($\Omega = 0$)의 고유진동수는 29.4, 133.0, -29.3 및 -131.5 Hz이다.

$\Omega = 0$으로 하였으므로, 자이로스코프의 영향은 없지만, 관성모멘트 I_d에 의한 회전관성의 영향이 있으므로 원판을 질점으로 간주한 경우($I_d = 0$)인 고유진동수 30.1, 143.1, -29.9 및 -141.9 Hz와 비교할 때 고유진동수의 절대값은 전체적으로 감소하고

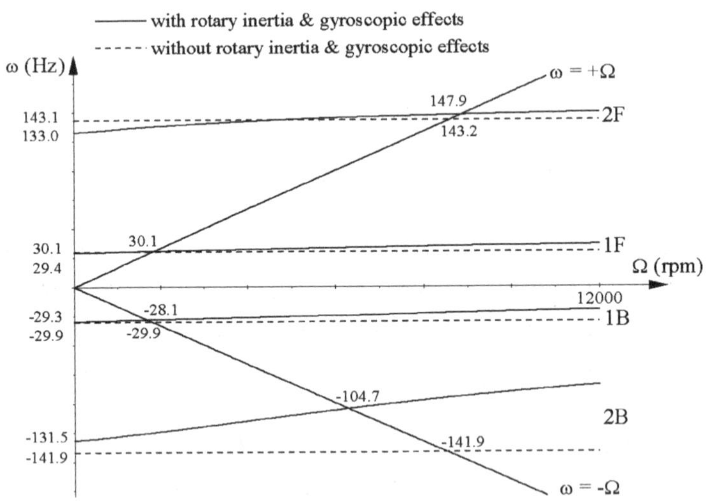

그림 10.6-1 / Campbell 선도

있고, 특히 1차 모드보다 2차 모드의 경우가 그 감소율이 현저하다. 즉, 관성모멘트 I_d를 고려함으로써 회전각변위 운동에 대한 질량관성효과인 회전관성의 영향으로 고유진동수가 감소함을 알 수 있다. 이는 x, y축에 대한 원판의 회전관성모멘트 $I_d\ddot{\psi}$, $I_d\ddot{\theta}$에 의해 원판의 기울기(ψ, Θ)가 증가하는 것에 대해 저항하기 때문으로, 이 효과는 비회전축의 경우도 나타난다.

다음으로 회전속도 Ω의 변화에 따른 영향, 즉 자이로스코프 효과를 검토하여 보면, 질점(집중질량)으로 간주한 점선의 경우는 당연히 이 효과가 고려되지 않았으므로 회전속도가 변화하여도 고유진동수들은 일정하다. 그러나 극관성모멘트를 고려한 원판요소로 간주한 경우는 회전속도의 증가에 따라 전향 고유진동수는 증가하고, 후향 고유진동수는 그 절대치가 감소하는 경향을 보인다. 고유진동수선도와 $\omega = +\Omega$ 축이 교차하는 점의 회전속도가 전향 위험속도가 되고, $\omega = -\Omega$ 축과 교차되는 점의 속도가 후향 위험속도

가 된다. 자이로스코프효과를 고려한 경우가 이를 무시한 경우에 비해 이 예제와 같이 얇은 원판($I_p > I_d$)을 가지는 회전체에서는 전향 위험속도는 높게 되고, 후향 위험속도는 낮게 된다. 이러한 경향은 직경에 비해 길이가 큰 원주형상($I_d > I_p$)에서는 역으로 된다. 일반적으로 1차 위험속도에 미치는 자이로스코프 효과는 미소하고, 통상 5% 이내이다.

질량 편심(불평형)이나 축의 초기 굽힘을 갖는 회전체의 경우는 강제력이 축과 함께 동일한 방향으로 휘돌기 때문에 전향 가진력으로 작용하고, 따라서 전향 휘돌림운동만을 가진시킨다. 후향 여진의 경우는 고정 직교좌표계에서 힘의 작용방향이 일정한 기초 가진(base motion)의 경우에 발생한다. 즉, 진동수 ω의 조화 기초가진의 경우, 가진력은 Euler공식을 이용하면

$$F = F_0 \cos \omega t = \frac{1}{2} F_0 (e^{i\omega t} + e^{-i\omega t})$$

로 되고, 우변 첫 항은 전향 가진력, 둘째 항은 후향 가진력이 된다.

10.4 안정성 해석

통상 계의 운동방정식을 복소고유치해석을 하면, N자유도에 대응하는 실수부 λ_r과 허수부 λ_i를 갖는 N개의 복소고유치(complex eigenvalue)가 다음 식과 같이 얻어진다.

$$\lambda_k = \lambda_{rk} + i\lambda_{ik} \quad (k = 1,\ 2,\ \cdots,\ N)$$

만일 모든 고유치의 실수부 λ_{rk} 값이 음이라면, 임의의 초기조건으로 출발한 계의 운동은 시간이 경과함에 따라 감소한다. 예로 이는 운동을 구성하는 모든 성분 중 k차 모드성분

$$x_k(t) = x_{0k} e^{\lambda_k t} = x_{0k} e^{\lambda_{rk} t} e^{i\lambda_{ik} t}$$

에서 $e^{i\lambda_{ik} t}$는 각속도 λ_{ik}의 원 진동을 나타낸다. 한편 실수부 λ_{rk}가 음일 때, $e^{\lambda_{rk} t}$는 시간의 증가와 함께 지수적으로 감소하게 되므로 진동진폭 x_k는 시간과 함께 진동을 하면서 점차 소멸하여가기 때문에 이러한 계는 안정(stable)하다(그림 10.12).

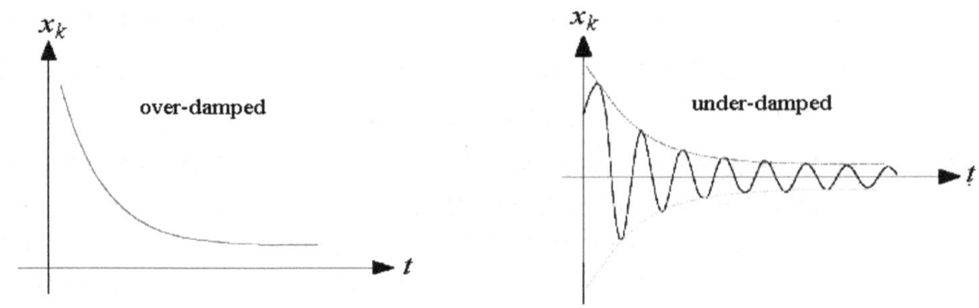

$(\lambda_{ik} = 0)$ $(\lambda_{ik} \neq 0)$

(a) 절대 안정 $(\lambda_{rk} < 0)$

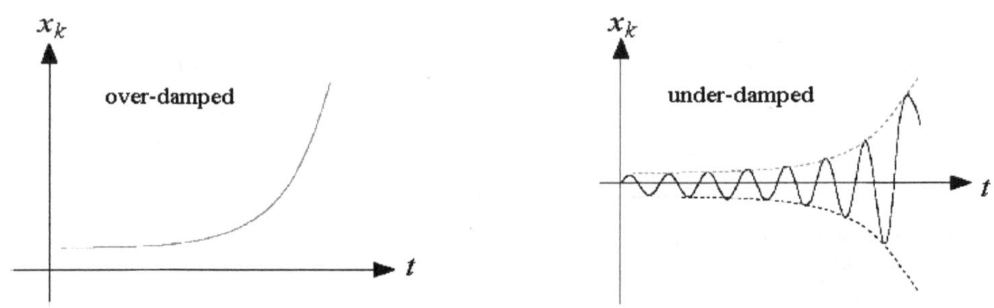

$(\lambda_{ik} = 0)$ $(\lambda_{ik} \neq 0)$

(b) 절대 불안정 $(\lambda_{rk} > 0)$

그림 10.12 / 안정성의 정의

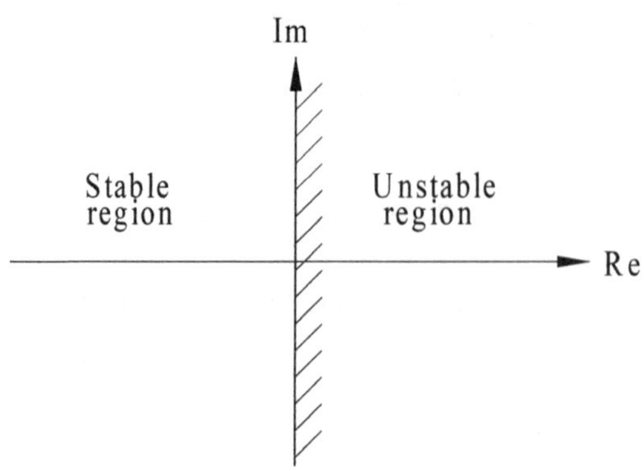

그림 10.13 / 복소 평면

만일 고유치의 어느 하나라도 양의 실수부 λ_{rk}를 갖게 되면, 이에 대응하는 모드의 운동성분은 시간과 함께 최대 진동진폭이 지수적으로 증가하여 발산하게 되고, 그 계는 **불안정**(unstable)하게 된다. $\lambda_{rk}=0$이면, 안정과 불안정의 경계, 즉, **안정한계**(stability threshold)가 된다. 이상을 정리하면, 회전체가 안정하고 자려진동(self-excited vibration)을 발생하지 않을 필요충분조건은 특성방정식의 모든 근 즉, 복소고유치의 실수부가 음이 되는 것이다. 그러므로 그림 10.13에서 고유치가 모두 복소 **평면**(complex plane)의 좌측에 있을 때만이 계가 안정하다. 안정한 운동은 일반적(과소 감쇠)으로 진동하면서 수렴해 가는 시간적인 경과를 나타낸다. 그러나 과감쇠(over-damping)의 경우는 진동을 하지 않고 단조롭게 감소하게 된다. 또한 초기상태의 진동진폭이 계속 시간경과와 함께 일정하게 유지하는 경우는 **중립안정**(neutral stable)이라 한다.

안정성해석(stability analysis)은 특히 저널베어링으로 지지된 축계에서 임펠러, 비접촉실(seal) 등의 불안정화 유체력과 결합부분 등의 마찰력 등이 작용하는 경우, 정상운전속도에서 회전축계의 진동진폭이 시간의 경과에 따라 증가할 것인가(불안정), 또는 감소할 것인가(안정)를 판별하는 척도로서, 축계의 공진회피설계와 함께 안정화설계에 있어서 검토해야 할 중요한 사항중의 하나이다.

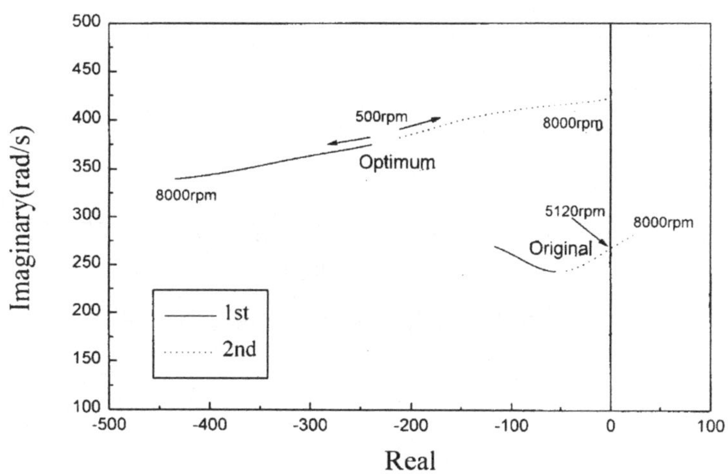

그림 10.14 / 펌프 축계의 근 궤적 계산 예

그림 10.14와 10.15는 안정성해석 결과를 근 궤적선도(root locus map)로 나타낸 것이다. 그림 10.14는 단단 원심펌프에 대한 결과로서, 비접촉 라이너링 실(liner ring seal)의

불안정화 유체력에 기인하여 2차 모드가 5,120rpm에서 안정한계속도(stability threshold speed)가 되고 그 이상의 회전속도에서 불안정하여 수력학적 불안정(hydraulic unstable)이 되는 것을 나타내고 있다.

아울러 이러한 불안정화력에 대응하여 안정화력으로 작용하는 베어링의 감쇠력이 가능한 최대가 되게 함으로서 축계 전체로는 안정성을 유지하도록 최적설계를 수행한 경우, 계산 영역인 8,000rpm까지 계가 안정하게 되는 것을 나타낸다.

그림 10.15는 11.2절에서 상세히 설명하는 전동기에서 발생하는 전자기력(electromagnetic force)에 기인하여 2차 모드가 3,796rpm에서 불안정하게 되는 것을 나타내고 있다. 이 계산 예와 같이 구름요소베어링으로 지지된 계의 경우는 충분한 감쇠력을 기대하기 힘들기 때문에 가능한 전동기에서 발생하는 불안정화 전자기력이 최소가 되도록 전기기계를 설계할 필요가 있다.

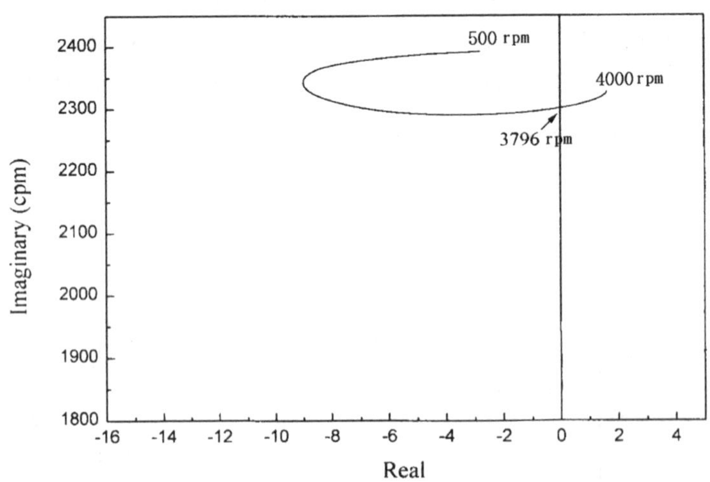

그림 10.15 / 전동기 축계의 근 궤적 계산 예

예제 10.7

Routh-Hurwitz의 안정판별방법

Routh(1877년)와 Hurwitz(1895년)가 제안한 안정판별 방법을 설명하시오.

운동방정식의 특성방정식을 정확히 계산 가능한 것은 특성근 λ의 제곱인 λ^2에 대한 근의 공식이 적용되는 4차 식까지이다. 그 이상의 차수는 통상 수치계산을 통하여 구할 수 있으나 번거롭고 복잡하다. Hurwitz의 안정판별방법은 특성근을 구하기 위한 계산을 수행하지 않고, 특성방정식의 계수들을 어떤 형으로 배열하는 것에 의해 안정성을 조사하는 판별방법이다. 단, 이 방법은 특성방정식의 계수가 실수인 경우에 한정되지만, 계수가 복소수인 경우는 Bilharz에 의해 확장된 판별방법을 이용하면 가능하다. 계는 안정한계에서 조화진동을 하고 계의 응답은 시간과 함께 증가하거나 감소하지 않는다. 어느 고유치 λ_k의 실수부 λ_{rk}는 이때 0이다. 즉, 계는 안정한계의 진동수로 정상적으로 진동을 하고, 이 진동수를 ω_c라 한다. 이 특징을 이용해서 특성방정식에서 $\lambda = i\omega_c$로 둔다. 그리하면 특성방정식은 분할되어 실수항만을 가진 식과 허수항만을 가진 2개의 식이 된다. 계수 r_k의 모두가 복소수가 아니라면, 이렇게 하면 분할되어 얻어진 두 식의 차수는 처음 방정식의 차수보다도 낮기 때문에, 경우에 따라서는 이들 식을 엄밀하게 푸는 것이 가능하다. 계수가 모두 실수일 때는 명백하다. 예를 들어 특성방정식

$$\cdots r_5\lambda^5 + r_4\lambda^4 + r_3\lambda^3 + r_2\lambda^2 + r_1\lambda + r_0 = 0 \tag{1}$$

에서 $\lambda = i\omega_c$로 가정하고, 이를 식(1)에 대입한 후 실수부분과 허수부분을 분리하면, 다음 식을 얻을 수 있다.

$$i\omega_c(\cdots + r_5\omega_c^4 - r_3\omega_c^2 + r_1) = 0 \tag{2}$$

$$(\cdots + r_4\omega_c^4 - r_2\omega_c^2 + r_0) = 0 \tag{3}$$

특성방정식이 2차일 경우는 특성방정식은

$$r_2\lambda^2 + r_1\lambda + r_0 = 0$$

로 되고, 위에서 설명한 방법을 이용하면

$$-r_2\omega_c^2 + r_0 = 0 \tag{4}$$

$$ir_1\omega_c = 0 \tag{5}$$

식(4)로부터 간단히 한계진동수

$$\omega_c^2 = r_0/r_2 \tag{6}$$

이 얻어지고, 식(5)에서 안정한계는 $r_1 = 0$임을 알 수 있다. 이 특성방정식은 다음의 1 자유도계의 운동방정식에 대응한다.

$$m\ddot{x} + c\dot{x} + kx = 0$$

여기서 특성방정식의 계수는 각각 $m = r_2$, $c = r_1$ 및 $k = r_0$이고, r_1은 감쇠 항이다. 안정하기 위해서는

$$r_1 = c \geq 0 \tag{7}$$

이 되지 않으면 안 된다.

3차의 특성방정식의 경우는 위와 똑같은 값의 한계진동수

$$\omega_c^2 = r_0/r_2 = r_1/r_3 \tag{8}$$

가 얻어지고, 안정한계는 $r_1r_2 - r_0r_3 = 0$이다.

안정 측의 영역이 기호 $\leq$ 또는 $\geq$의 어느 측일까에 대해서 다음과 같이 조사한다. r_3의 항은 아주 작다고 가정해도 좋으므로 계를 2차로 생각하면, 계수 r_1이 크면 안정성이 증가한다. 이것으로부터 r_1은 3차 계에 대해서도 2차 계의 경우와 마찬가지로 영향을 주는 것을 알 수 있다. 따라서 안정조건은

$$r_1r_2 - r_0r_3 \geq 0 \tag{9}$$

로 된다.

4차 식의 경우, 안정한계일 때의 진동수는

$$\omega_c^2 = r_1/r_3 \tag{10}$$

이다. 안정조건은

$$r_1r_2r_3 - r_0r_3^2 - r_4{r_1}^2 \geq 0 \tag{11}$$

로 나타내어진다. 실수 계수를 가지는 5차 식에 있어서 결과만을 나타내면

$$\omega_c^2 = \frac{r_3 \pm \sqrt{r_3^2 - 4r_1r_5}}{2r_5} \tag{12}$$

이고, 안정조건은 다음의 2개의 식으로 주어진다.

$$(r_3r_4 - r_2r_5)(r_1r_2 - r_0r_3) - (r_1r_4 - r_0r_5)^2 \geq 0 \tag{13}$$

$$r_3r_4 - r_2r_5 \geq 0 \tag{14}$$

따라서 위에서 설명한 내용을 정리하면, 실수계수를 갖는 n차 대수방정식(특성방정식)의 근이 모두 음의 실수부분을 갖는 것은 다음의 경우에 한한다. 즉,

(1) 모든 계수가 0이 아니고, 또한 양의 값을 가질 것
(2) 계수를 다음의 형태로 배열한 Hurwitz 행렬

$$\begin{matrix} r_1 & r_0 & 0 & 0 & \cdot & \cdot & \cdot & 0 & 0 \\ r_3 & r_2 & r_1 & r_0 & \cdot & \cdot & \cdot & 0 & 0 \\ r_5 & r_4 & r_3 & r_2 & \cdot & \cdot & \cdot & 0 & 0 \\ \cdot & \cdot & \cdot & \cdot & \cdot & \cdot & \cdot & 0 & 0 \\ \cdot & \cdot & \cdot & \cdot & \cdot & \cdot & \cdot & 0 & 0 \\ r_{2n-1} & r_{2n-2} & r_{2n-3} & r_{2n-4} & \cdot & \cdot & \cdot & r_{n+1} & r_n \end{matrix} \tag{15}$$

로부터 만들어지는 소행렬식

$$\Delta_1 = r_1 \ , \ \ \Delta_2 = \begin{vmatrix} r_1 & r_0 \\ r_3 & r_2 \end{vmatrix} \ , \ \ \Delta_3 = \begin{vmatrix} r_1 & r_0 & 0 \\ r_3 & r_2 & r_1 \\ r_5 & r_4 & r_3 \end{vmatrix} \ , \ \cdots, \ \ \Delta_n \tag{16}$$

들이 모두 양일 것.

단, $k > n$ 으로 되는 행렬의 요소 r_k는 모두 0으로 간주한다.

응용 예로서 예제 10.8에서는 미끄럼베어링으로 지지된 단순회전체(Jeffcott rotor)의 예에 대해서 상기의 계수조건의 방법을 이용해서 안정판별을 수행한다.

예제 10.8

저널베어링으로 지지된 단순회전체의 안정성 판별

양단에서 저널베어링으로 지지된 대칭인 단순회전체(Jeffcott rotor)에 대한 안정성의 판별을 Routh-Hurwitz의 방법을 이용하여 설명하시오.

베어링 하중, 축 회전속도 등이 시간적으로 변동되지 않는 정상 운전상태를 고려하면, 베어링틈새 내에서 저널중심의 위치는 Sommerfeld수에 의해 결정되고 정적 평형점으로 된다. 회전체는 중앙에 집중된 질량 m 및 질량을 무시한 축의 강성 k로 모델링되고(그림 10.8-1), 불평형이 없다고 하면 회전체 중심도 역시 그 자신의 정적 평형위치에 있고 움직이지 않는다. 이때 어떤 외란이 작용하여 회전체와 저널이 각각의 정적 평형위치로부터 움직이기 시작한다고 한다. 이 경우 축의 회전면내의 운동만으로 설명될 수 있으므로, 단순 대칭회전체의 운동방정식은 다음과 같이 표현된다.

$$
\begin{aligned}
&m\ddot{x}_r + k(x_r - x) = 0 \\
&m\ddot{y}_r + k(y_r - y) = 0 \\
&k(x_r - x) = 2F_x \\
&k(y_r - y) = 2F_y
\end{aligned}
\tag{1}
$$

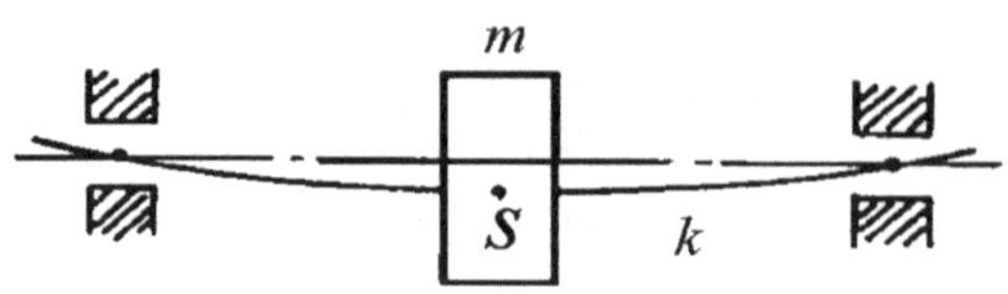

그림 10.8-1 / 회전축계의 모델링

여기서 x_r, y_r 및 x, y는 그림 10.8-2와 같이 각각 회전체중심 S 및 저널중심 O의 회전면내에서 각각의 평형점으로부터의 x, y방향의 변위를 나타낸다.

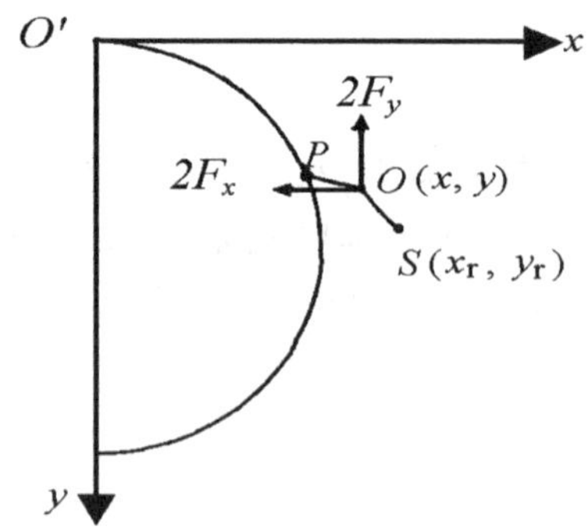

그림 10.8-2 / 회전면내의 좌표계

F_x와 F_y는 베어링 유막반력의 x, y방향 성분으로 Reynolds 방정식을 계산하여 구한 유막 압력을 적분하므로 얻을 수 있다. 단, 수직방향 성분에서 자중 mg는 고려하지 않는다.

$$
\begin{aligned}
F_x &= k_{xx}x + k_{xy}y + c_{xx}\dot{x} + c_{xy}\dot{y} \\
F_y &= k_{yx}x + k_{yy}y + c_{yx}\dot{x} + c_{yy}\dot{y}
\end{aligned}
\tag{2}
$$

여기서 k_{ij}, c_{ij} $(i, j = x, y)$는 각각 유막의 강성 및 감쇠계수로서, Sommerfeld수에 의해 결정되는 저널 평형점의 편심율 ε_0만의 함수이다. 식(1)의 해를

$$x_r = X_r e^{\lambda t}, \quad y_r = Y_r e^{\lambda t} \tag{3}$$

로 가정하여 식(1)에 대입한다. 식(1)의 첫 두 식을 이용하여 x, y를 소거하면, X_r, Y_r에 관한 연립 1차 방정식이 얻어진다. X_r, Y_r이 모두 0이 아닌 해를 가지기 위해서는 계수행렬식의 값이 0이 되어야 함으로, λ에 관한 6차 다항식이 얻어진다.

$$r_6\lambda^6 + r_5\lambda^5 + r_4\lambda^4 + r_3\lambda^3 + r_2\lambda^2 + r_1\lambda + r_0 = 0 \tag{4}$$

식(4)는 특성방정식으로, 이 식의 근은 일반적으로 복소수가 되고 그 운전상태에 있어서 회전축계의 복소고유치가 된다. 즉,

$$\lambda_k = \lambda_{rk} + i\lambda_{ik}, \quad (k = 1 \sim 6) \tag{5}$$

Routh-Hurwitz의 안정판별방법을 이용하기 위해, 먼저 특성방정식의 계수 r_n $(n = 0 \sim 6)$을 다음과 같이 배열한 행렬식을 만든다. 이 경우 특성방정식이 6차이므로, 행렬이 6행 6열이 되는 것과 대각선상에 $r_1 \sim r_6$가 나열되는 것이 특징이다.

$$\begin{vmatrix} r_1 & r_0 & 0 & 0 & 0 & 0 \\ r_3 & r_2 & r_1 & r_0 & 0 & 0 \\ r_5 & r_4 & r_3 & r_2 & r_1 & r_0 \\ 0 & r_6 & r_5 & r_4 & r_3 & r_2 \\ 0 & 0 & 0 & r_6 & r_5 & r_4 \\ 0 & 0 & 0 & 0 & 0 & r_6 \end{vmatrix} \tag{6}$$

예제 10.7의 식(16)과 같이 식(6)의 행렬식에서 점선으로 나타내는 소행렬식의 값이 모두 양일 조건이 모든 근의 실수부가 음이 되기 위한 필요충분조건이다. Hori는 이 조건을 계산하여 Jeffcott 회전체의 안정한계를 다음 식과 같이 구하고 있다.

$$\Omega_c = \left[\frac{A_1 A_3 A_5^2}{A_1^2 + A_2 A_5^2 - A_1 A_4 A_5} \cdot \frac{1}{A_5 + \alpha A_1} \right]^{1/2} \tag{7}$$

여기서 $\Omega_c = \omega_c / \sqrt{g/C_p}$는 무차원 안정한계속도, g는 중력가속도, C_p는 베어링 평균 반경틈새이며, 다른 파라미터들은 다음과 같이 정의된다.

$$A_1 = K_{xx}C_{yy} - K_{xy}C_{yx} - K_{yx}C_{xy} + K_{yy}C_{xx}, \quad A_2 = K_{xx}K_{yy} - K_{xy}K_{yx},$$
$$A_3 = C_{xx}C_{yy} - C_{xy}C_{yx}, \quad A_4 = K_{xx} + K_{yy}, \quad A_5 = C_{xx} + C_{yy}, \quad \alpha = mg/(kC_p)$$

단, 무차원 강성계수 $K_{ij}= k_{ij}C_p/W$, 무차원 감쇠계수 $C_{ij}= c_{ij}\omega C_p/W$, $(i, j = x, y)$, $W= mg$이다.

축 회전속도가 식(7)의 Ω_c이상으로 되면, 회전체는 불안정하게 되고 미소한 진동이 시간과 함께 성장, 발산하여 가는 것을 의미한다.

또한 안정한계속도에는 베어링의 동특성 (K_{ij}, C_{ij})뿐만 아니라 축의 탄성파라미터 α도 Ω_c에 영향을 미친다. 예로 α가 작을수록 즉, 축의 강성 k가 클수록 안정한계는 높게된다. 이는 동일한 베어링으로 지지되더라도 축을 강(rigid)하게 설계할수록 회전축계는 안정하게 되는 것을 의미한다. 그러나 이와 같은 선형 안정판별방법으로는 성장한 자려진동의 진폭이 작은 oil whirl에 머무를 것인지 또는 진폭이 큰 oil whip까지 발전할 것인지에 대해서는 설명할 수는 없고, 미소진동의 안정과 불안정만을 판정할 수 있다.

예제 10.9

내부 및 외부감쇠를 고려한 회전체의 안정성판별

내부 및 외부감쇠를 갖는 단순회전체의 안정성을 Routh-Hurwitz의 안정판별방법을 이용하여 평가하시오.

회전체의 내부감쇠(internal damping)에는 기본적으로 이력감쇠(hysteretic damping)와 회전체 개개의 부품들 상호간의 미소 변위에 기인하는 구조감쇠(structural damping)가 있다. 이력감쇠는 탄성축 중의 변형의 결과로서 발생하는 재료중의 이력적인 힘이 원인으로 여러 현상이 합성된 결과로 나타나므로 대단히 복잡하다. 구조감쇠 중에서 회전체에서 가장 빈번하게 접하는 요소는 축과 원판, 기어, 풀리 등의 가열끼워맞춤 이음부(shrink-fit joints)에서의 건마찰(dry friction)이다. 건마찰(또는 Colomb마찰이라 함.)은 마찰면의 크기와는 관계없고, 접촉면에 수직한 힘에 정비례하며 방향은 상대속도와 반대이다. 그림 10.9-1과 같은 축과 허브(hub)가 가열 끼워맞춤이 되면, 이 사이에는 거의 일정한 압력 p가 작용한다. 만일 축이 그림과 같이 굽으면, 상부는 늘어나고, 하부는 수축된다. 축과 허브 사이의 접촉면의 전단응력이 축과 허브사이의 초기응력에 의존하는 크기의 마찰력을 넘어서면, 맞춤부에 미끄럼(slip)이 발생한다. 이 마찰력 T는 축 직경을 d라 할 때, 우력(굽힘모멘트) $M= Td$을 일으킨다. 이는 축의 굽힘변위의 함수이다. 하나의 원판이 중앙 단면에 부착된 회전체에서는 이 우력은 두 지점 사이의 거리(span) l의 반인 $l/2$을 모멘트 암으로 작용하는 하나의 힘 $F/2$로 치환될 수 있다. 건마찰에 의해 발생하는 마찰력 F_t는 해석적으로 다음과 같이 표현된다.

$$F_t = f(\dot{\rho})\frac{\dot{\rho}}{|\dot{\rho}|} = c_i\dot{\rho}$$

여기서 ρ는 회전좌표계에서의 원판의 변위이고, $f(\dot{\rho})$는 진동속도 $\dot{\rho}$에 의존하는 마찰력 F_t의 절대값의 변화를 나타낸다. c_i는 이들을 단순화하여 그림 10.9-2와 같이 마찰면의 상대속도와 마찰력은 관계없이 일정하다고 가정하여 나타낸 내부감쇠계수이다. 이력감쇠의 경우도 일반적으로 상기의 식과 같은 형태로 표현된다.

ω로 회전하는 회전좌표계를 이용한 복소 형태의 운동방정식은

$$\ddot{\rho} + (2i\omega + c_i/m + c_e/m)\dot{\rho} + (\omega_n^2 - \omega^2 + i\omega c_e/m)\rho = e\omega^2 e^{i\beta} \tag{1}$$

여기서 $\rho = x + iy$, m은 회전체의 질량, c_i는 축의 내부감쇠계수, c_e는 외부감쇠계수, e는 편심이다.

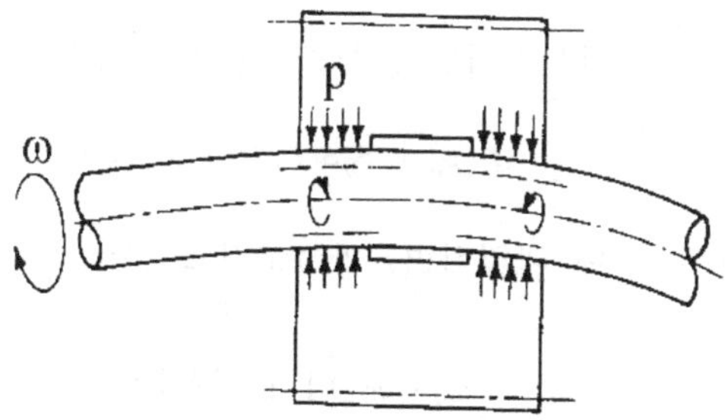

그림 10.9-1 / 가열끼워맞춤의 효과(Newkirk)

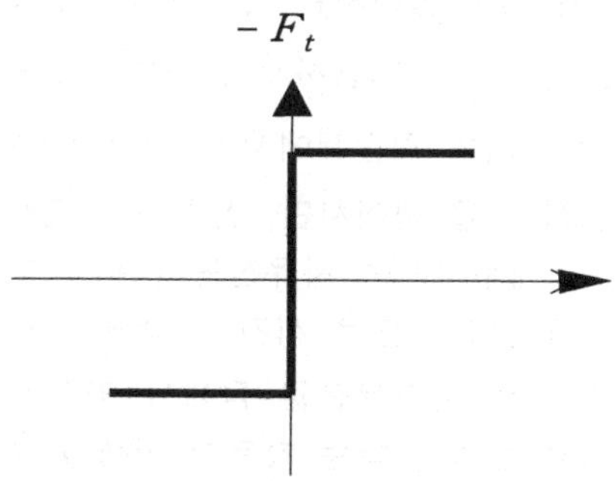

그림 10.9-2 / 마찰력의 모델링

식(1)의 동차해를

$$\rho = \rho_0 e^{\lambda t} \tag{2}$$

로 가정하고, 식(1)의 우변을 0으로 한 식에 대입하면, 특성방정식은

$$r_2\lambda^2 + (r_1 + is_1)\lambda + (r_0 + is_0) = 0 \tag{3}$$

여기서

$$r_2 = 1,\ \ r_1 = (c_i + c_e)/m,\ \ r_0 = \omega_n^2 - \omega^2,\ \ s_1 = 2\omega,\ \ s_0 = \omega c_e/m$$

이고, $\lambda = i\omega_c$로 하면 다음 식이 얻어진다.

$$-\omega_c^2 r_2 - \omega_c s_1 + r_0 = 0 \tag{4}$$

$$i(\omega_c r_1 + s_0) = 0 \tag{5}$$

중간과정을 생략하고 계산결과인 안정조건을 나타내면, 다음과 같이 된다.

$$-r_2 s_0^2 + s_0 s_1 r_1 + r_0 r_1^2 \geq 0 \tag{6}$$

식(1)의 계수를 식(6)에 대입하면, 안정조건으로서

$$\omega_c < \omega_n\left(1 + \frac{c_e}{c_i}\right) \tag{7}$$

이 얻어진다. 식(7)에서 알 수 있듯이 안정한계속도는 c_e/c_i의 비에 의해 결정되고, c_e나 c_i의 절대치에 의해 정해지는 것은 아니다. 외부감쇠의 예로, 베어링감쇠가 클 때에는 불안정상태는 실제로는 발생하지 않는다. 그러나 외부감쇠가 작으면 위험속도 ω_n 이상($\omega > \omega_n$)에서 운전되는 회전체에서는 내부감쇠가 종종 불안정의 원인이 된다. 축의 회전속도가 어느 일정 값을 넘어서면, 전향 휘돌림성분의 진폭은 지수함수형으로 증가하기 시작한다. 그러나 내부감쇠는 자유진동의 후향 휘돌림성분에 대해서는 불안정화 효과를 미치지 않는다. 즉, 이 성분은 시간과 함께 소멸된다. 내부감쇠 자체는 매우 작다하여도 때로는 고유치 λ의 실수부분을 음에서 양으로 바꾸는 경우가 있고, 이에 의해 운전상태가 완전히 다른 상태로 되는 경우가 발생할 수 있다.

예제 10.10

비대칭 강성행렬의 불안정화 작용

비대칭 강성행렬의 안정성에 미치는 영향을 검토하시오.

일반적으로 저널베어링으로 지지되는 회전축계의 경우, 강성행렬은 다음과 같이 비대칭행렬로 표현된다.

$$K^b = \begin{bmatrix} k_{xx} & k_{xy} \\ k_{yx} & k_{yy} \end{bmatrix} \tag{1}$$

여기서 비대각 요소, 즉 연성강성계수 k_{xy}와 k_{yx}는 일반적으로 동일하지 않고 $k_{xy} \neq k_{yx}$의 조건이 된다. 이 행렬을 다음과 같이 대칭성분과 비대칭성분으로 분할하면

$$\begin{bmatrix} k_{xx} & k_{xy} \\ k_{yx} & k_{yy} \end{bmatrix} = \begin{bmatrix} k_{xx} & (k_{xy}+k_{yx})/2 \\ (k_{xy}+k_{yx})/2 & k_{yy} \end{bmatrix} + \begin{bmatrix} 0 & (k_{xy}-k_{yx})/2 \\ -(k_{xy}-k_{yx})/2 & 0 \end{bmatrix} \tag{2}$$

식(2)의 우변 첫 항은 대칭행렬(symmetric matrix)이고, 둘째 항은 크기가 같고 방향이 반대인 반대칭(antisymmetric) 또는 의대칭(skew-symmetric)의 행렬로 표현된다.

이를 힘과 변위의 관계식으로 표현하면, 다음 식과 같다.

$$\begin{bmatrix} F_x \\ F_y \end{bmatrix} = \begin{bmatrix} k_{xx} & (k_{xy}+k_{yx})/2 \\ (k_{xy}+k_{yx})/2 & k_{yy} \end{bmatrix}\begin{bmatrix} x \\ y \end{bmatrix} + \begin{bmatrix} 0 & (k_{xy}-k_{yx})/2 \\ -(k_{xy}-k_{yx})/2 & 0 \end{bmatrix}\begin{bmatrix} x \\ y \end{bmatrix} \tag{3}$$

식(3)에서 $k_{xx}x$와 $k_{yy}y$는 그림 10.10-1 (a)와 같이 복원력, 즉 안정화력으로 작용하고, $(k_{xy}+k_{yx})x/2$와 $(k_{xy}+k_{yx})y/2$는 방향이 반대인 힘으로 작용하므로 매우 미소하
거나, 원형 휘돌림 ($x=y$)의 경우는 서로 상쇄되어 0이 된다. 식(3)의 제 2항인 순환력(circulatory force)

$$(k_{xy}-k_{yx})y/2 = k'y, \quad -(k_{xy}-k_{yx})y/2 = -k'x$$

는 그림 (b)와 같이 축의 회전방향으로 휘돌도록 하는 모멘트로 작용하게되어 축이 더욱 휘돌도록 조장하는 불안정화력으로 작용한다. 즉, 그림 10.10-2에 나타내듯이 이 힘은 항상 운동방향으로 작용하고 있으므로, 회전체의 회전방향과 같은 전향휘돌림(forward whirl)성분에 대해서 에너지를 공급하고 휘돌림운동을 성장시켜 불안정하게 하는 힘으로

작용한다. 이 힘을 통상 불안정화력(destabilizing force)이라 하고, 실제 설계에서는 이 힘이 최소가 되도록 형상 및 운전조건을 설정하거나 구조적으로 회피하기 어려운 경우에는 회전축계 전체적으로 계가 안정하도록 감쇠를 증가시켜야 한다.

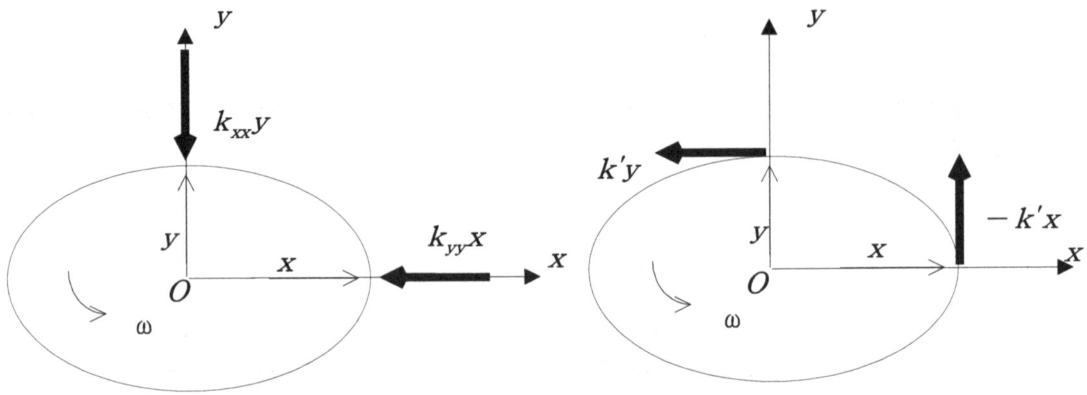

(a) 비순환력 (b) 순환력

그림 10.10-1 / 순환력과 비순환력의 작용

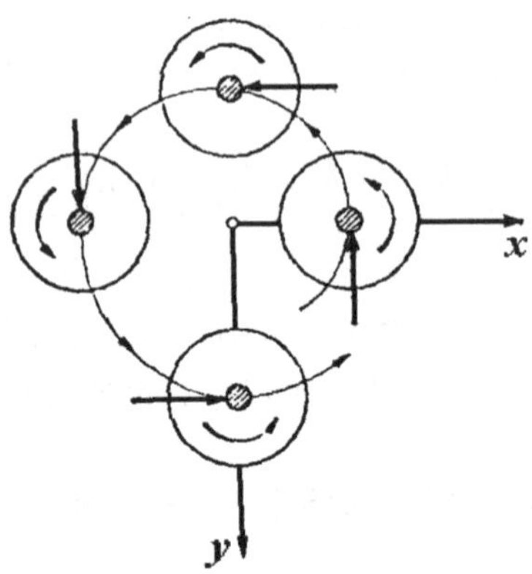

그림 10.10-2 / 전향휘돌림운동의 성장(Gasch & Pfutzner)

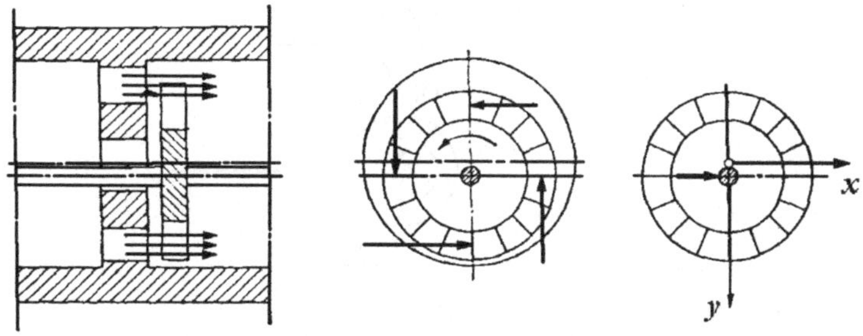

그림 10.10-3 / Steam whirl의 가진 메카니즘(Gasch & Pfutzner)

이 불안정화력의 대표적인 것으로 저널베어링의 유막 강성행렬의 연성 항에 의한 불안정진동과 비접촉 실의 유체력에 의한 hydraulic whirl 및 증기터빈의 정익과 동익사이의 slit를 통과하는 증기에 의해 여기되는 불평형 증기력에 의한 steam whirl(그림 10.10-3) 등이 있다.

예제 10.11

이방성 지지에 의한 안정화작용

회전체가 이방성지지(unisotropic support)되는 경우가 등방성지지(isotropic support)되는 경우에 비해 안정하게 되는 것을 설명하시오.

회전축계의 지지 강성이 직교축인 수평과 수직방향에서 서로 다른 경우 $(k_{xx} \neq k_{yy})$에는 통상 타원궤도의 휘돌림운동을 하게된다. 그림 10.11-1은 타원 휘돌림운동을 하는 회전체에 연성강성계수에 의한 힘

$$\begin{bmatrix} Q_x \\ Q_y \end{bmatrix} = \begin{bmatrix} 0 & k' \\ -k' & 0 \end{bmatrix} \begin{bmatrix} x \\ y \end{bmatrix} \tag{1}$$

에 의해 에너지가 유입되는 것을 나타낸다.

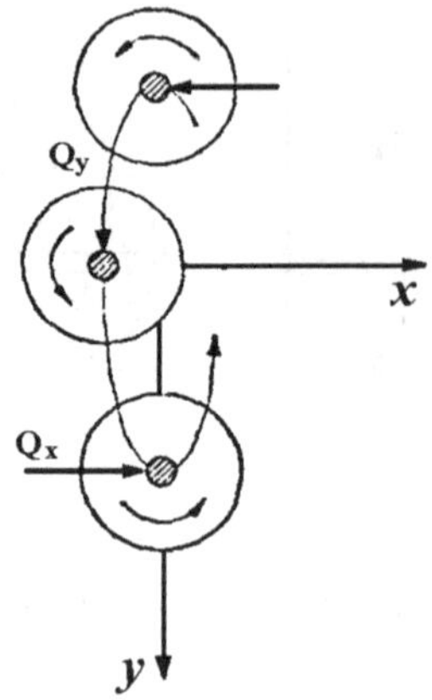

그림 10.11-1 / 타원 휘돌림운동에서의 에너지 유입(Gasch & Pfutzner)

후향 휘돌림운동에서는 에너지를 항상 잃어버리기 때문에 지금은 문제로 할 필요가 없고, 여기서는 축의 회전과 같은 전향 타원운동만을 다룬다. 지금 그림과 같이 y축 방향이 장축방향, x축을 단축방향이라 하면, 축이 상하로 이동하는 긴 거리 사이에는 운동방향과 같은 방향의 힘 $Q_y = -k'x$는 변위 x가 y에 비해 작으므로 아주 작다. 타원의 상단 또는 하단을 포함한 수평방향의 이동 사이에서는 힘 $Q_x = k'y$는 크지만, 그 작용시간은 짧다. 이 타원의 장축에 같은 직경을 가지는 원운동의 경우에 대해 같은 고찰을 하여 양자를 비교해 보면, 에너지 유입은 타원운동일 때가 상당히 작다고 할 수 있다. 이렇게 해서 지지강성의 이방성 ($k_{xx} \neq k_{yy}$)은 안정화 효과를 가진다. 예를 들어 이방성을 가진다라고 하는 것은, 스프링 계는 보존적인 성질을 가지고 있으므로, 위에서 서술한 것과는 다른 모양으로 느껴지게 된다. 실은, 강성의 직교 이방성은 에너지를 소비하지는 아니하여도 그 유입을 방해하고 있는 것이다.

축계의 불안정화력은 전향휘돌림을 불안정화시키는 힘은 후향휘돌림을 안정화시키고, 후향휘돌림을 불안정화시키는 힘은 전향휘돌림을 안정화시키는 특징적인 성질이 있다. 따라서 순수한 전향 또는 후향의 휘돌림 모드가 가장 불안정화되기 쉽다. 그러므로 베어링의 지지강성을 이방성으로 하여 전향과 후향휘돌림이 함께 발생하는 모드로 하는 것도 효과적이다.

10.5 정상상태 응답해석

10.5.1 동기진동 응답

회전축계의 강제진동으로 가장 전형적이고 실용상 중요한 것은 넓은 의미로서 축계의 회전속도(운전속도)를 진동수로 하는 **동기진동**(synchronous vibration)의 하나인 **불평형 진동**(unbalance vibration)이다. 그중 기계적 불평형(mechanical unbalance)은 회전체의 제작 상 피할 수 없으며, 진동이 전혀 문제가 되지 않는 정도로 제작하는 것은 경제적인 면에서도 불가능하다. 따라서 ISO나 API 규격 등에서 정의하는 잔류불평형의 한계를 만족하도록 평형잡기(balancing)가 이루어진다. 기계적 불평형 이외에도 동기가진력을 발생시키는 가진원으로는 수력학적 불평형, 축의 초기 굽힘 및 부품의 run-out 등이 있다.

여기서는 회전축계의 잔류불평형에 의한 불평형 진동응답과 같은 회전수 동기진동의 응답을 계산하기 위한 방법을 설명한다. 유한요소 모델링에서 얻어진 운동방정식을 이용하여 회전축계의 동기진동응답을 해석한다. 축계의 운동방정식은 다음과 같이 표시된다.

$$M\ddot{q} + C\dot{q} + Kq = F \tag{10.66}$$

식(10.66)에서 F가 회전각속도 Ω를 외력 진동수로 하는 주기 외력으로

$$F = F_c \cos\Omega t + F_s \sin\Omega t \tag{10.67}$$

로 주어지는 경우, 식(10.66)의 비동차해는 주기적인 가진력에 의해서 정상적으로 발생하고 있는 계의 진동응답이므로, 외력항과 같은 형태로 정상상태응답을 고려하면

$$q = q_c \cos\Omega t + q_s \sin\Omega t \tag{10.68}$$

로 표현된다.

미분방정식을 대수방정식으로 유도하는 데는 1차와 2차 도함수가 필요하다. 즉,

$$\begin{aligned}\dot{q} &= -\Omega q_c \sin\Omega t + \Omega q_s \cos\Omega t \\ \ddot{q} &= -\Omega^2 q_c \cos\Omega t - \Omega^2 q_s \sin\Omega t\end{aligned}$$

가정해 (10.68)과 이 도함수를 원래의 운동방정식(10.66)에 대입하면

$$-\Omega^2 M(q_c\cos\Omega t + q_s\sin\Omega t) - \Omega C(q_c\sin\Omega t - q_s\cos\Omega t)$$
$$+ K(q_c\cos\Omega t + q_s\sin\Omega t) = F_c\cos\Omega t + F_s\sin\Omega t$$

가 얻어진다. 여기서 $\cos\Omega t$항과 $\sin\Omega t$항으로 나누어 정리하면, 10.1절에서 정의한 행렬 M, C, K를 포함한 다음 식으로 정리된다.

$$\begin{bmatrix} F_c \\ F_s \end{bmatrix} = \begin{bmatrix} K-\Omega^2 M & \Omega C \\ -\Omega C & K-\Omega^2 M \end{bmatrix} \begin{bmatrix} q_c \\ q_s \end{bmatrix} \tag{10.69}$$

따라서 응답성분 q_c, q_s는 다음 식으로 주어진다.

$$\begin{bmatrix} q_c \\ q_s \end{bmatrix} = \begin{bmatrix} K-\Omega^2 M & \Omega C \\ -\Omega C & K-\Omega^2 M \end{bmatrix}^{-1} \begin{bmatrix} F_c \\ F_s \end{bmatrix} \tag{10.70}$$

식(10.70)에서 얻어진 q_c와 q_s를 식(10.68)에 대입하면 동기진동응답을 구할 수 있다. 회전체의 축 중심점은 일반적으로 그림 10.16과 같이 공간에 고정된 xy 좌표면상에서 타원궤적을 그리는 휘돌림운동(whirling motion)을 한다. 이 운동은 타원의 장축반경 A와 단축반경 B, 주축의 방향 및 타원궤도상의 휘돌림방향에 의해서 완전히 표현된다. 저널베어링으로 지지되는 회전체의 강제진동을 개괄적으로 표현할 때에는 장축반경 A의 길이 만으로 나타내는 것이 보통이다. 축이 운동할 때 정지부분과 회전체사이의 최소 틈새부분(저널과 베어링면 사이, 축과 슬리브 사이, 블레이드 선단과 하우징의 사이 등)의 상태가 어떻게 되는지를 조사하는 데는 휘돌림의 최대진폭을 나타내는 장축반경이 매우 중요하기 때문이다.

타원운동을 표시하는 방법으로는 그 이외에 복소 표현방법이 있다. 이하에 기술하는 운동학적인 고찰로부터 알 수 있듯이 복소 표현방법은 직교좌표성분으로 표시하는 방법보다 뛰어나다. 계가 강제진동을 하고 있는 경우, k번째 분할점에서 타원궤도의 장축 및 단축반경을 구한다. k번째 분할점의 복소진폭은 x를 실수축, y를 허수축으로 하고, 식(10.68)에서 k번째의 분할점에 관한 부분을

$$q_k = \begin{bmatrix} q_{xc\,k} \\ q_{yc\,k} \end{bmatrix} \cos\Omega t + \begin{bmatrix} q_{xs\,k} \\ q_{ys\,k} \end{bmatrix} \sin\Omega t \tag{10.71}$$

라 놓고, 복소수 형태로 나타내면 다음 식과 같다.

$$r_k(t) = q_{xc\,k}\cos\Omega t + q_{xs\,k}\sin\Omega t + i(q_{yc\,k}\cos\Omega t + q_{ys\,k}\sin\Omega t) \tag{10.72}$$

Euler 공식

$$\cos x = \frac{1}{2}(e^{ix} + e^{-ix}), \qquad \sin x = -\frac{i}{2}(e^{ix} - e^{-ix})$$

을 이용해서 원 함수를 복소 지수함수로 표시하면

$$\begin{aligned} r_k(t) = \; & e^{i\Omega t}\left\{\frac{1}{2}(q_{xc\,k} + q_{ys\,k}) + i\frac{1}{2}(q_{yc\,k} - q_{xs\,k})\right\} \\ & + e^{-i\Omega t}\left\{\frac{1}{2}(q_{xc\,k} - q_{ys\,k}) + i\frac{1}{2}(q_{yc\,k} + q_{xs\,k})\right\} \end{aligned} \tag{10.73}$$

이 얻어진다. 이것은 형식적으로

$$r_k(t) = \hat{r}_+ e^{i\Omega t} + \hat{r}_- e^{-i\Omega t} \tag{10.74}$$

의 형태를 하고 있다. 따라서 식(10.73)의 중괄호 안은 축의 회전과 같은 방향(+Ω)인 전향휘돌림 혹은 반대 방향(-Ω)으로 휘도는 후향휘돌림 운동성분의 복소진폭을 표시하고 있다. 축 중심점이 타원궤도상에서 이동하는 방향은 축의 회전에 대하여

$|\hat{r}_+| > |\hat{r}_-|$ 일 때, 같은 방향(전향휘돌림운동, forward whirl motion)

$|\hat{r}_+| < |\hat{r}_-|$ 일 때, 반대 방향(후향휘돌림운동, backward whirl motion)

$|\hat{r}_+| = |\hat{r}_-|$ 일 때, 직선운동(rectilinear motion)

이 된다. 그림 10.16은 이것을 알기 쉽게 도식적으로 나타낸 것으로, 그림으로부터 알 수 있듯이 장축과 단축의 반경은 다음 식으로 주어진다.

$$A_k = |\hat{r}_+| + |\hat{r}_-| \tag{10.75a}$$

$$B_k = |\hat{r}_+| - |\hat{r}_-| \tag{10.75b}$$

식(10.75)를 정확하게 풀어쓰면

$$A_k = \frac{1}{2}\{\sqrt{(q_{xc}+q_{ys})^2+(q_{yc}-q_{xs})^2}+\sqrt{(q_{xc}-q_{ys})^2+(q_{yc}+q_{xs})^2}\}$$

$$B_k = \frac{1}{2}\{\sqrt{(q_{xc}+q_{ys})^2+(q_{yc}-q_{xs})^2}-\sqrt{(q_{xc}-q_{ys})^2+(q_{yc}+q_{xs})^2}\}$$

(10.76)

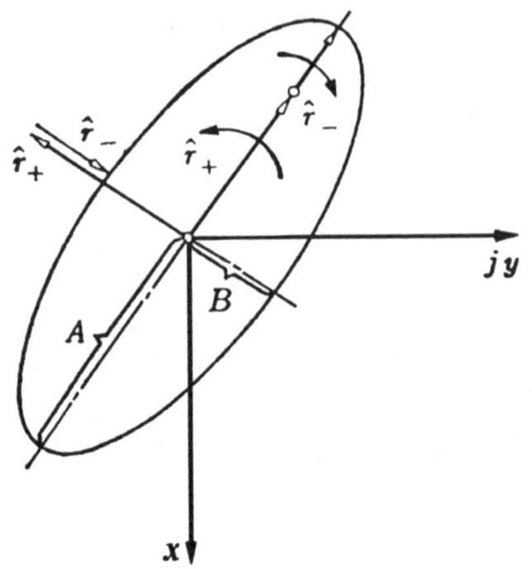

그림 10.16 / 타원운동의 전향 및 후향 휘돌림성분

이다. 타원반경은 통상 정의에 의하면 항상 양의 값이어야 하지만, 식(10.75b)에서는 $|\hat{r}_+|$ 와 $|\hat{r}_-|$ 의 차이에 의해서 부호가 정해지므로 항상 양이라고 할 수 없다. 그러나 B_k의 부호를 조사하면 타원상의 휘돌림방향을 곧 바로 알 수 있다. 즉,

$B_k > 0$: 축의 회전과 같은 방향(전향휘돌림)
$B_k < 0$: 축의 회전과 반대 방향(후향휘돌림)
$B_k = 0$: 직선운동

이다.

회전체의 각 단면에서의 축중심 궤적(orbit)은 일반적으로 타원형이 되므로, 그 장축반경의 방향이 수직이나 수평방향이 되지 않는다. 따라서 장축이 수평축과 이루는 각도는 각 단면에서 다른 각도로 되는 경우가 있다. 또한 불평형과 같은 운전주파수 이외에 조화성분(harmonics)이 포함되면 더욱 복잡한 형상이 된다.

제 5편에서 설명하듯이, 최근 ISO 7919 규격에서는 두 직교방향에서 측정된 양진폭(peak-peak)변위값 중에서 큰 값으로 평가하도록 하고 있다. 이는 직선운동일 때 최대

30%의 오차로 과대 추정되며, 원형 휘돌림일 때 최소(0%)가 된다.

등방성 베어링으로 지지된 비감쇠축계에서 휘돌림좌표계를 이용하면, 응답은 식(10.47)에서 $\omega = \Omega$, 즉 $\lambda = 1$로 놓으면 구할 수 있다. 이 경우 식(10.47)에서 동기가진력은 휘돌림좌표계에 대해 일정하므로, 응답 역시 휘돌림좌표계에서는 일정하게 된다. 식(10.47)의 두 면 중의 어느 하나로부터 비감쇠응답은 다음 식에 의해 얻어진다. 즉, 식(10.47)에서 휘돌림좌표계에서의 운동방정식은

$$M\ddot{p} - i\Omega G\dot{p} + Kp = F_r \tag{10.77}$$

질량불평형력 F_r은 F_0를 불평형(unbalance)으로 하면

$$F_r = F_0\Omega^2 e^{i\Omega t} \tag{10.78}$$

질량불평형에 기인하는 정상상태응답은

$$p = p_s e^{i\Omega t} \tag{10.79}$$

식(10.78)과 (10.79)를 식(10.77)에 대입하면

$$[K - \Omega^2(M - G)]\, p_s = \Omega^2 F_0$$

이 되므로, 응답벡터 p_s는

$$p_s = [K - \Omega^2(M - G)]^{-1}\Omega^2 F_0, \quad (2n\times 1) \tag{10.80}$$

이다.

예제 10.12

고압 펌프에서의 동기 가진력의 비교

고압 보일러급수펌프(boiler feedwater pump)를 예로 들어 펌프에서 발생할 수 있는 펌프의 운전속도와 동기인 동기 가진력(synchronous excitation force)을 평가하고, 이를 비교하시오.

보일러급수펌프와 같이 고온, 고압 및 고속의 엄격한 환경 하에서 운전되는 다단 펌프는 동기진동(synchronous vibration)과 비동기진동(asynchronous vibration)이 발생할 수

있다. 이들 진동에는 회전체의 불안정진동, 유체력에 기인하는 분수동기진동(subsynchronous vibration) 그리고 접촉(rubbing)에 기인한 배수동기진동(harmonic vibration), 비선형, 정렬불량 그리고 블레이드 상호작용 등이 있다.

그러나, 대부분의 펌프 진동문제들은 펌프의 운전속도, 즉 동기진동수에서 발생하고, 이러한 진동을 일으키는 가진원으로는 주로

1) 기계적 불평형(mechanical unbalance)
2) 수력학적 불평형(hydraulic unbalance)
3) 축의 초기 굽힘(initial bent shaft)
4) 부품의 run-out

등이 있다. 표 10.12-1은 일 예로 보일러급수펌프의 사양을 나타낸다. 이것은 발전플랜트에서 전형적으로 사용되는 6단 배럴형 고압 원심 펌프이다.

표 10.12-1 / 보일러급수펌프의 주요 사양

사 양	제 1단	제 2~6단
단당 양정 H_{st} (m)	396.3	590.7
단당 유량 Q (m^3/s)	0.150	0.299
단당 임펠러 질량 m_i (kg)	23.53	26.97
임펠러 직경 D_2 (cm)	29.69	36.25
임펠러 출구폭 B_2* (cm)	6.05	4.62
회전속도 N (rpm)	5.820	
회전체의 총 질량 m (kg)	491.2	

1) 기계적 불평형

가장 일반적인 원인은 기계적인 불평형(mechanical unbalance)이다. 불평형은 축 중심선에 대하여 회전체의 질량분포가 비대칭으로 되기 때문에 발생하는데, 그 원인으로는 부품 자체가 비대칭에서 오는 설계 또는 제도 오차, 주물의 기포 및 용접의 불균일 등에 의한 재질 상의 결함, 그리고 부품조립 시 형상누적 공차 등에 의한 가공조립오차 등이 있다.

강체 축(rigid shaft)으로 가정하고, 불평형 우력을 무시한다면, 잔류불평형(residual unbalance) U는 다음과 같은 반경방향의 불평형 원심력을 일으킬 것이다.

$$F_U = \Omega^2 U \tag{1}$$

이 잔류불평형은 ISO 1940등에서 평형등급으로 각종 기계에 대해 규정하고 있다. 예를 들어, 일반 원심펌프는 G6.3을 만족하여야 하며, 보일러급수펌프는 보다 엄격한 G2.5를 일반적으로 채용하고 있다. 비교를 위하여 평형잡기 규격 ISO 1940의 G2.5로 가정하면, 다음과 같은 잔류불평형이 얻어진다.

$$U = \frac{2.5}{\Omega} m \times 10^{-3} \tag{2}$$

따라서 잔류불평형에 의한 반경방향의 불평형력 F_U는

$$F_U = 2.5 \times 10^{-3} \Omega m = 2.5 \times 10^{-3} \times \frac{3.14 \times 5820}{30} \times 491.2 \ = 748.4 \text{ N} \tag{3}$$

이 된다. 한 단(stage)당의 힘을 기초로 하여 비교할 경우, 이 값은 단의 수로 나누어진다. 즉, 단수는 6이므로 급수펌프의 불평형력은 $F_U = 124.7\text{N}$이 된다.

2) 수력학적 불평형

펌프에서 동기진동의 가장 두드러진 원인은 수력학적 불평형(hydraulic unbalance)이다. 이것은 임펠러 채널을 통과하는 유량의 회전 대칭으로부터 미소한 일탈로 발생하는 동기력이다. 일반적으로 이것은 미소한 기하학적 오차와, 임펠러의 bore를 가지는 유체 수로(hydraulic passages)의 정확한 동일 중심이 아니기 때문에 일어난다. 이 불평형에 의해 발생하는 동기성분의 동적 유체력은 일반적으로 다음 식에 의해 구해진다.

$$F_H = K_{rd} \alpha \gamma D_2 B_2^* H_{st} \tag{4}$$

여기서 K_{rd}는 무차원 동적 반경추력계수, α는 비교회전도(N_s)에 의한 수정계수, γ는 액체의 비중량, D_2는 임펠러직경, B_2*은 임펠러 출구 폭 그리고 H_{st}는 단 당의 양정이다. 왁스 공정(wax process)에 의한 고정밀 임펠러주조의 경우 $K_{rd}\alpha = 0.015$의 전형적인 값을 나타내고, 사형주조(sand cast) 임펠러에는 이 값은 상당히 높게 된다. 가장 심각한 경우, $K_{rd} = 0.03$, $\alpha = 0.63$이므로 이들 값과 표 10.12-1의 데이터를 이용하면 제 1단 임펠러의 경우는

$$F_H = 0.03 \times 0.63 \times 8.6822 \times 10^{-3} \times 29.69 \times 6.05 \times 3.963 \times 10^4 \ = 1145.4 \text{ N} \tag{5}$$

로 되고, 동일한 계산에 의해 제 2단 이후는 $F_H = 1701.3\text{N}$이 얻어진다.

3) 축의 초기 굽힘

펌프의 회전축이 초기 굽힘(initial bent 또는 bow)을 가지는 상태로 운전한다고 가정하면, 이에 따른 반경력은 아래 식과 같이 된다.

$$F_B = K_B \Omega^2 h m \tag{6}$$

여기서 형상계수 K_B는 최대 축 편심 h에 대한 축 중심선의 평균편심 사이의 비이다. 전형적으로 $K_B = 0.5$의 값을 취할 수 있다. 각 단 당에 기초하여, $h = 0.015(\mathrm{mm})$로 가정하면, 반경력은

$$F_B = K_B \left(\frac{\pi N}{30}\right)^2 h m = 0.5 \times \left(\frac{\pi \times 5820}{30}\right)^2 \times 0.015 \times 491.2 / 6 = 228.07 \text{ N} \tag{7}$$

로 된다.

실제 운전중인 펌프에서는 굽은 축은 환상 실의 유체력(annular seal forces)의 효과에 의해 부분적으로 똑바르게 펴지는 효과를 가진다. 이 효과를 계산하기 위하여, 그림 10.12-1에 보여지는 것과 같은 단순 회전체를 고려한다. 이 계의 해석으로부터 아래와 같은 휘돌림 진폭이 얻어진다.

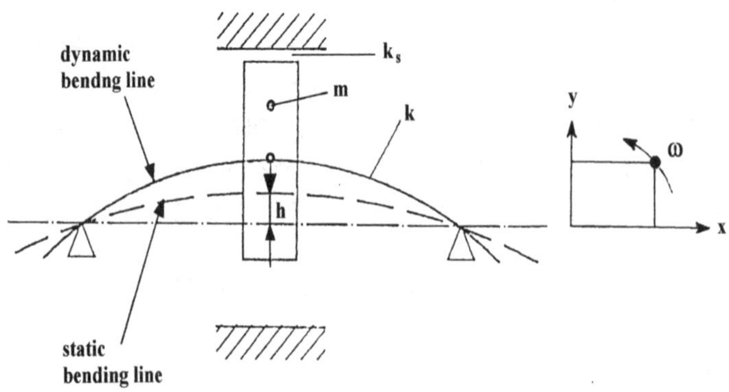

그림 10.12-1 / 단순 회전체의 모델

$$|x| = |y| = h \cdot \frac{\frac{k}{k+k_s}}{|1-(\omega/\omega_0)^2|} \tag{8}$$

여기서 $\omega_0 = \sqrt{\frac{k+k_s}{m}}$ 이다.

$k/(k+k_s)$항은 비접촉 환상 실(annular seal)의 강성 k_s의 진직 교정효과(straightening effect)를 보여준다. 만약 $k_s \gg k$이면, 휘돌림 진폭은 크게 감소된다. 만약 $k_s \ll k$이면, 실 강성에 의한 영향을 받지 않는다. 실제 다단 보일러급수펌프에 대해 이 단순 모델을 보다 잘 적용하기 위해서, 식(8)은 다음과 같이 고쳐 쓸 수 있다.

$$|x| = |y| = \quad h \cdot \frac{1}{|1-(\omega/\omega_0)^2|}\left(\frac{\omega_a}{\omega_0}\right)^2 \tag{9}$$

여기서 $\omega = \sqrt{k/m}$ 이고, 이는 실의 강성을 무시한 단순 지지축계의 고유진동수이다. 식(9)의 $(\omega_a/\omega_0)^2$은 수중운전(wet run)상태 하에서의 고유진동수 ω_a에 대한 액체를 배제한 공기 중의 운전(dry run)상태에서 회전체의 고유진동수 ω_0의 비이다. 이 비는 회전체 설계, 환상 실의 형상 그리고 임펠러 단수에 강하게 의존한다. 전형적으로 2개의 고유진동수의 비 ω_a/ω_0는 평형드럼(balance drum)을 가지는 4단 펌프의 경우 약 0.5 정도이다.

그러므로 진직 교정효과가 아주 높고, 효과적으로 축의 굽힘은 감소된다. 일반적으로 단 수가 많으면 많을수록, 운전 중의 고유진동수에 대한 공기 중에 고유진동수의 비는 더욱 더 낮게 된다.

4) 부품의 Run-out

동기진동의 또 다른 원인은 부품들의 run-out, 특히 환상 실이나 밸런스 피스톤 등에서의 run-out이다. 여기서는 축 굽힘에 기인하지 않은 부품의 run-out을 언급하고 있다. 이러한 경우에 있어 환상 실의 강성에 의존하는 경우, 축은 강제로 휘돌게 되고, 그러므로 원심력을 일으킨다. 만약에 환상 실의 강성이 회전체의 강성보다 훨씬 더 높으면, 즉, 운전조건 하에 고유진동수에 대한 운전중의 고유진동수의 비가 낮으면 최악의 경우가 발생한다. 이러한 조건하에서 휘돌림 반경은 run-out과 일치하고, 반경력은 아래의 식에 위해 주어진다.

$$F_R = K_R \Omega^2 \delta\, m \tag{10}$$

여기서 형상계수 K_R은 최대편심 δ에 대한 외력이 가해진 평균 회전체 편심의 비이다. $K_R = 0.5$, $\delta = 0.015\,(\mathrm{mm})$로 가정하면, 1단 당의 반경력은 다음과 같이 계산된다.

$$F_R = K_R\left(\frac{\pi N}{30}\right)^2 \delta\, m/6 \;=\; 0.5\times\left(\frac{\pi\times 5820}{30}\right)^2\times 0.015\times 491.2/6 \;=\; 228.1\ \mathrm{N}$$

표 10.12-2는 이들 결과를 요약한 것이다. 이로부터 기계적인 잔류 불평형력이 가장 낮고, 수력학적 불평형이 지배적인 힘이 되는 것을 알 수 있다. 따라서 평형잡기 조건을 엄격하게 하여도 펌프와 같은 유체기계는 운전을 더욱 양호하게 할 수 없을 수도 있다.

표 10.12-2 / 동기 가진력의 비교

원 인	가 정	1단 당의 반경력 (N)
기계적 불평형	ISO 평형잡이 규격 G 2.5, 회전체 질량의 1/6	124.7
수력학적 불평형	K_{rd} = 0.03, α = 0.63	1145.4 (1단) 1701.3 (2~6단)
축 굽힘	최악의 위치에서 TIR = 0.03mm 평균적으로, TIR = 0.015mm, 회전체 질량의 1/6	228.1
부품 run-out	임펠러에서, TIR = 0.03mm, 평균적으로, TIR = 0.015mm, 회전체 질량의 1/6	228.1

예제 10.13

단순회전체의 Campbell 선도, 불평형 응답 및 전달력 계산

하나의 원판이 좌측 단으로부터 $L/3$ 위치에 부착된 일정단면축의 단순회전체를 유한요소법을 이용하여 계산하시오. 단, 좌, 우측 단에 부착된 베어링의 동특성은

$$k_{xx} = k_{yy} = 10^7\,\mathrm{N/m},\quad k_{xy} = k_{yx} = 0,\quad c_{xx} = c_{yy} = c,\quad c_{xy} = c_{yx} = 0$$

이다. 질량불평형은 $U = 15\ \mathrm{g \cdot mm}$이고, 원판에 부가된다. 원판과 축 요소에 대한 데이터는 표 10.13-1과 같다. 편의상 등 구간의 9개의 유한요소로 분할한다.

표 10.13-1 / 단순회전체의 수치데이터

원판 요소		축 요소	
내측반경	$R_1 = 0.01$ m	총 길이	$L = 0.4$ m
외측반경	$R_2 = 0.15$ m	축 반경	$R = 0.01$ m
두께	$h = 0.03$ m	질량밀도	$\rho = 7800\ \mathrm{kg/m^3}$
질량밀도	$\rho = 7800\ \mathrm{kg/m^3}$	종탄성계수	$E = 210\ \mathrm{GN/m^2}$

그림 10.13-1은 회전속도의 변화에 따른 계의 고유진동수를 나타내는 Campbell선도이다. 정격운전속도 8,000 rpm까지 하나의 전향 위험속도 (2,780 rpm)와 2개 모드의 후향 위험속도 (2,381, 4,422 rpm)를 통과하는 것을 나타낸다. 그리고 정격운전속도에서의 고유진동수는 $1B$(1,624 cpm), $1F$(2,942 cpm) 및 $2F$(3,805 cpm)가 있다.

그림 10.13-2는 이때의 고유 휘돌림모드를 나타낸다. 그림 10.13-3은 베어링감쇠가 각각 10^3, 10^5 및 10^7 N·s/m인 경우의 불평형 응답을 나타내고 있다. 그림 10.13-1의 3개의 위험속도 중에서 전향위험속도만이 가진되고 있음을 알 수 있다. 이는 불평형력이 전향휘돌림성분만을 가진하고 후향휘돌림성분은 가진하지 않기 때문이다. 베어링감쇠의 증가에 따라 피크진폭이 크게 감소하고, 피크 회전속도가 높은 회전속도영역으로 약간 이동하고 있다.

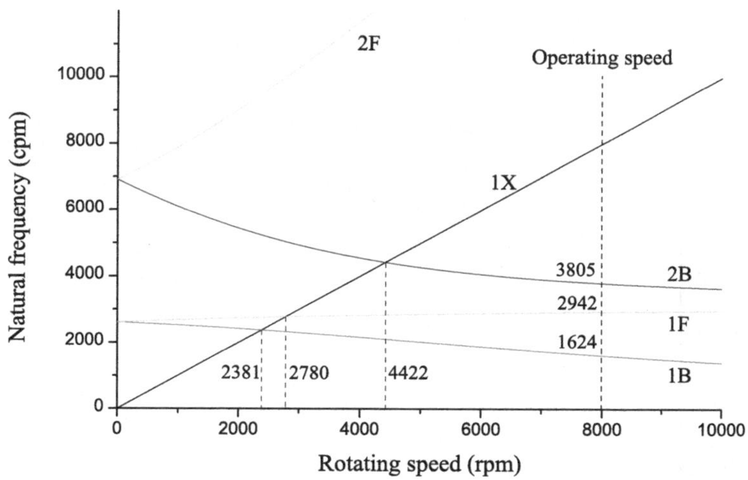

그림 10.13-1 / Campbell 선도

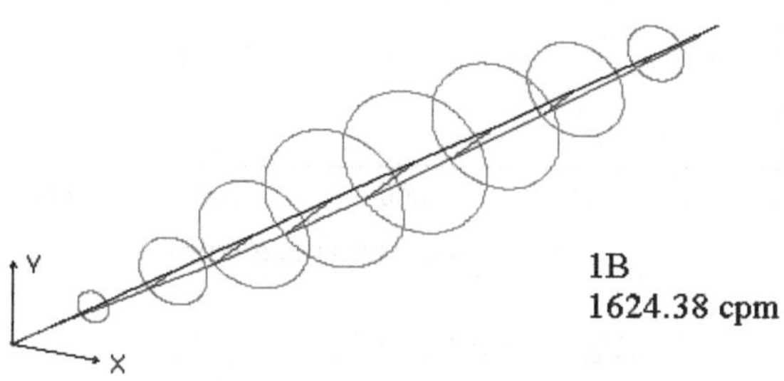

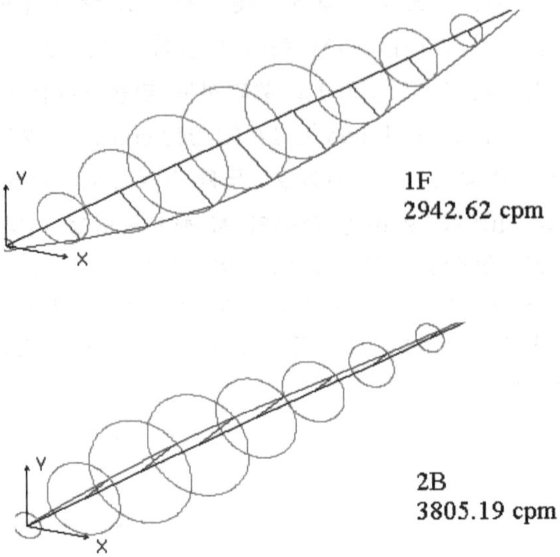

그림 10.13-2 / 고유휘돌림모드

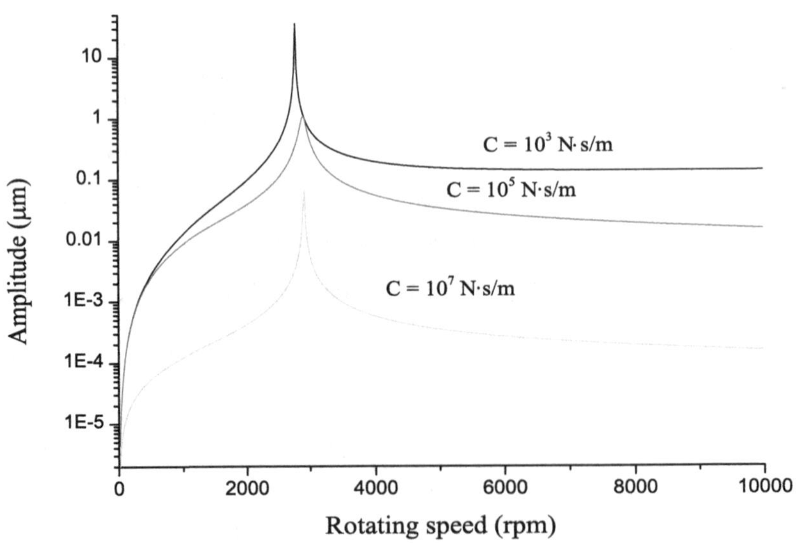

그림 10.13-3 / 불평형 응답선도

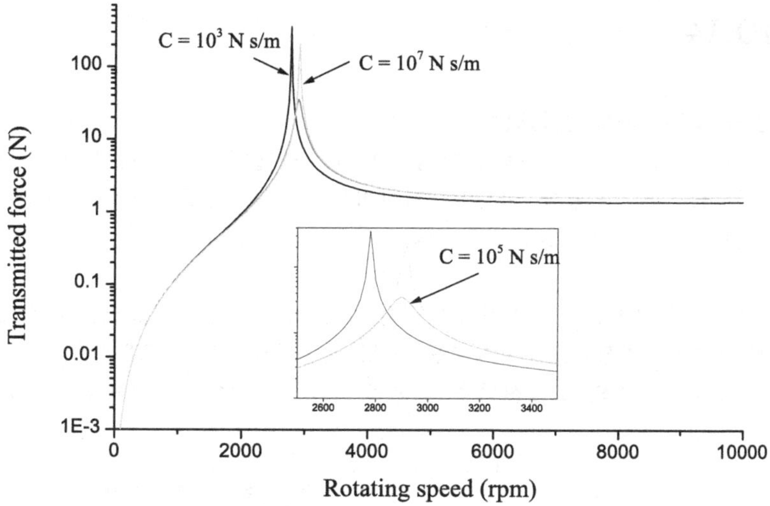

그림 10.13-4 / 전달력 선도

그림 10.13-4는 질량불평형에 의해 베어링에 전달되는 힘을 베어링 감쇠계수를 파라미터로서 나타낸 것이다. 일반적으로 각 방향으로 전달되는 힘 성분은

$$F_x = k_{xx}u + c_{xx}\dot{u}\,, \quad F_y = k_{yy}v + c_{yy}\dot{v} \tag{1}$$

이고, 대칭 지지된 회전체($k_{xx} = k_{yy} = k,\ \ c_{xx} = c_{yy} = c$)는 원형 휘돌림운동을 하므로, x, y방향의 변위는

$$u = A\cos\Omega t\,, \quad v = A\sin\Omega t \tag{2}$$

가 되고, 이 관계를 식(1)에 대입하면 전달되는 힘의 진폭은 다음과 같이 된다.

$$F_t = \sqrt{F_x^2 + F_y^2} = A\sqrt{k^2 + c^2\Omega^2} \tag{3}$$

회전속도가 위험속도로부터 충분히 멀리 떨어져 있을 때, 변위진폭 A는 일정하고 베어링감쇠가 증가하면 위험속도 이상에서 전달력도 크게 된다.

예제 10.14

중공 회전축계의 진동해석

항공기용 가스터빈 축계 그림 10.14-1와 같은 중공 회전축계의 Campbell선도와 고유진동모드 및 불평형 응답을 계산하시오. 단, 중공 축계와 원판 요소의 데이터는 표 10.14-1과 10.14-2에 표시한다.

그림 10.14-2는 유한요소모델을 이용하여 계산된 Campbell선도를 나타낸다. 수평축은 축계의 회전속도, 수직축은 전향(forward)성분의 고유진동수를 3차 모드까지 나타낸다. 그리고 1X와 고유진동수 곡선의 교차점이 전향 위험속도(critical speed)를 나타낸다.

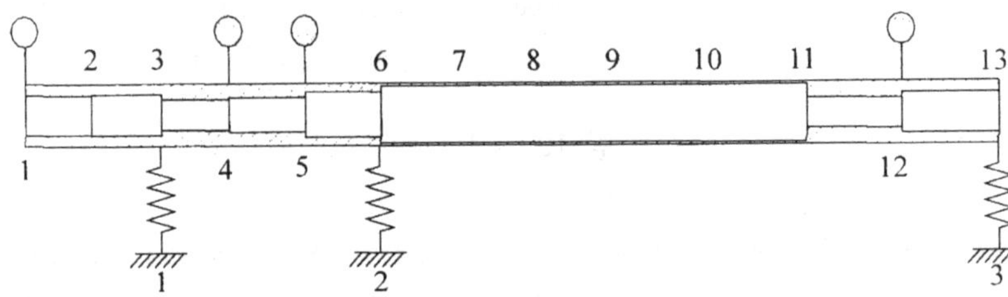

그림 10.14-1 / 회전축계의 개략도

표 10.14-1 / 축 요소 데이터

요소 번호	요소 길이(cm)	내측 반경(cm)
1	4.29	1.882
2	4.60	1.940
3	1.60	1.466
4	9.68	1.660
5	7.52	2.151
6	16.51	2.690
7	15.24	2.690
8	15.24	2.690
9	15.24	2.690
10	15.24	2.690
11	14.98	1.420
12	7.80	1.880

E = 206.9 GN/m^2, ρ= 8193 kg/m^3

외측 반경 r_o = 2.95 cm (일정)

표 10.14-2 / 원판요소 데이터

절점 번호	질량 m_d (kg)	극관성모멘트 I_p (kg · m^2)	횡관성모멘트 I_d (kg · m^2)
1	11.38	0.1953	0.0982
4	7.88	0.1670	0.0835
5	7.70	0.1761	0.0880
12	21.70	0.4448	0.2224

이 예제의 경우, 1, 2 및 3차 위험속도는 각각 451.3, 677.4 및 2,495.9rad/s가 된다. 운전속도영역(operating range)에 근접하는 위험속도성분은 677.4rad/s로, 이는 운전속도의 하한치 837.8rad/s(= 8,000rpm)와의 비, 즉 837.8/677.4 = 1.237로 위험속도로부터 23.7%를 벗어나 있어 위험속도의 분리여유(separation margin) 20%를 만족하는 것을 알 수 있다.

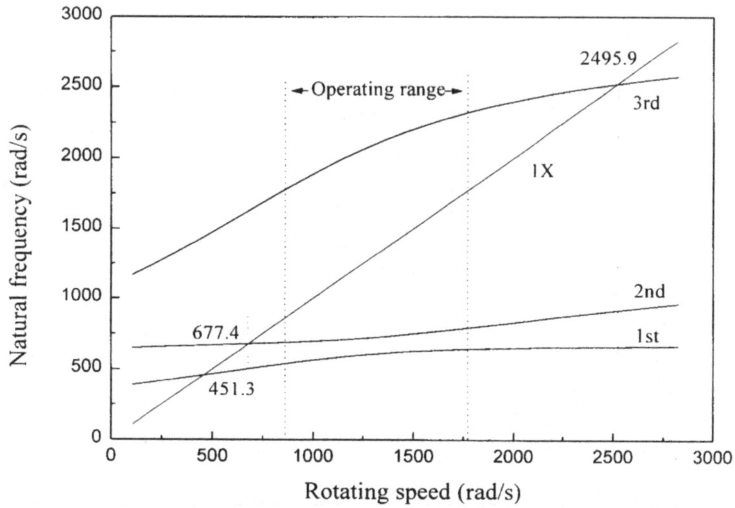

그림 10.13-2 / Campbell 선도

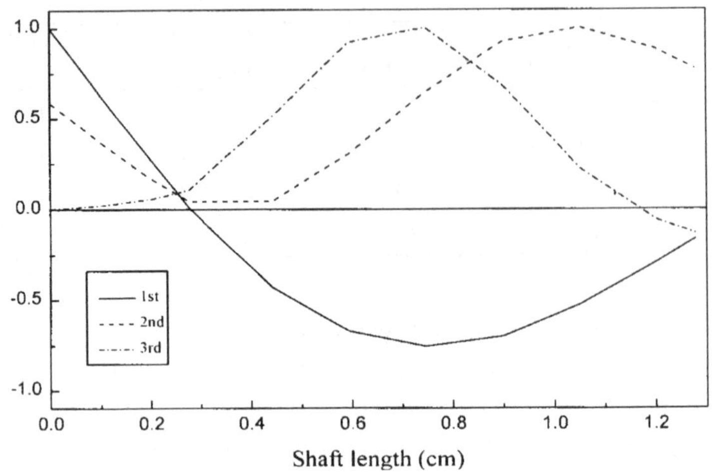

그림 10.14-3 / 고유모드 곡선

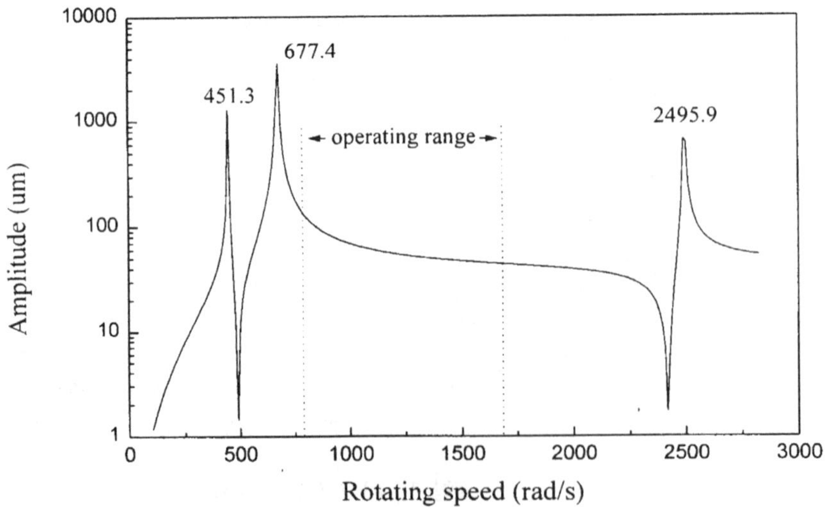

그림 10.14-4 / 불평형응답 선도

그림 10.14-3은 각 위험속도에서의 진동모드를 나타내고 있다. 그림 10.14-4는 4번째 원판의 부착 절점인 절점 12에서의 불평형 응답곡선을 나타낸다. 불평형(unbalance)은 절점 12에 108g·cm를 부가하였다. 그림 10.14-4에서 보이듯이 회전속도의 증가에

따라 1차(451.3rad/s), 2차(677.4rad/s) 및 3차 위험속도(2,495.9rad/s)에서 최대 피크를 나타내는 전형적인 불평형 응답곡선을 보이고 있다.

10.5.2 비동기진동 응답

비동기력(asynchronous force)이 외력으로 작용하는 경우, 고정좌표계에 대한 운동방정식은 다음과 같이 표시된다.

$$M\ddot{q} + C\dot{q} + Kq = F_c \cos s\Omega t + F_s \sin s\Omega t \tag{10.81}$$

정상상태운동의 경우, 해는 식(10.81)의 우변항의 가진력과 같은 형태로 가정된다.

$$q = q_c \cos s\Omega t + q_s \sin s\Omega t \tag{10.82}$$

식(10.82)를 시간에 대해 미분하여 식(10.81)에 대입하고, $\cos s\Omega t$와 $\sin s\Omega t$의 항으로 나누어 정리하면 다음 식으로 주어진다.

$$\begin{bmatrix} K-(s\Omega)^2 M & s\Omega\, C \\ -s\Omega\, C & K-(s\Omega)^2 M \end{bmatrix} \begin{bmatrix} q_c \\ q_s \end{bmatrix} = \begin{bmatrix} F_c \\ F_s \end{bmatrix} \tag{10.83}$$

따라서 응답성분 q_c , q_s는 다음 식으로 계산된다.

$$\begin{bmatrix} q_c \\ q_s \end{bmatrix} = \begin{bmatrix} K-(s\Omega)^2 M & s\Omega\, C \\ -s\Omega\, C & K-(s\Omega)^2 M \end{bmatrix}^{-1} \begin{bmatrix} F_c \\ F_s \end{bmatrix} \tag{10.84}$$

식(10.84)에서 구해진 q_c와 q_s를 식(10.82)에 대입하면, 비동기가진력에 대한 응답 q가 얻어진다. 외력항에서 s는 양의 실수이고, 정수(s = 2, 3,…)인 경우는 (배수)조화가진(harmonic excitation), 분수인 경우(s = 1/2, 1/3, …)는 분수조화가진(subharmonic excitation)이 된다. 일 예로 정렬불량(misalignment)에서는 s = 2, 유체회전기계의 유체가진력에서는 s는 깃 수 또는 블레이드의 수가 된다.

예제 10.15

정렬불량에 의한 진동응답 계산

그림 10.15-1에 나타낸 터빈발전기 축계에서 그림 10.15-2와 같은 편심 정렬불량(parallel misalignment)과 편각 정렬불량(angular misalignment)이 있는 경우, 유한요소법을 이용하여 축계의 진동특성을 계산하시오.

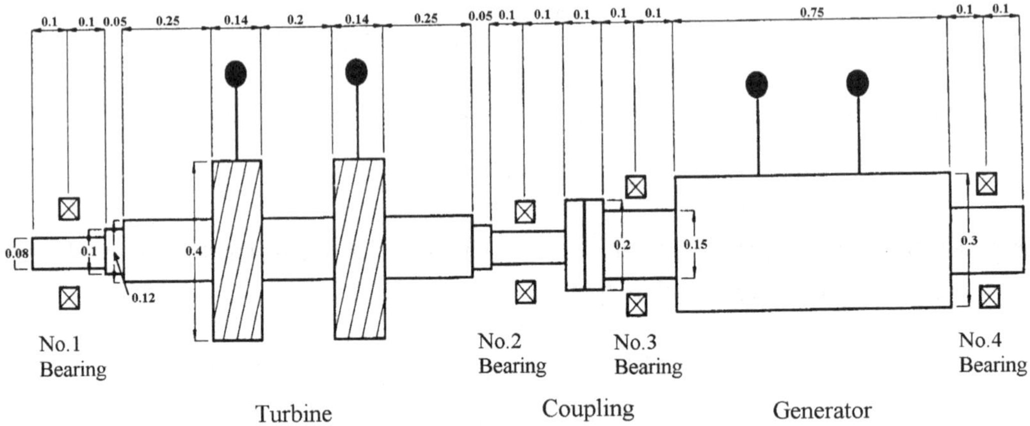

그림 10.15-1 / 터빈발전기 축계의 모델링

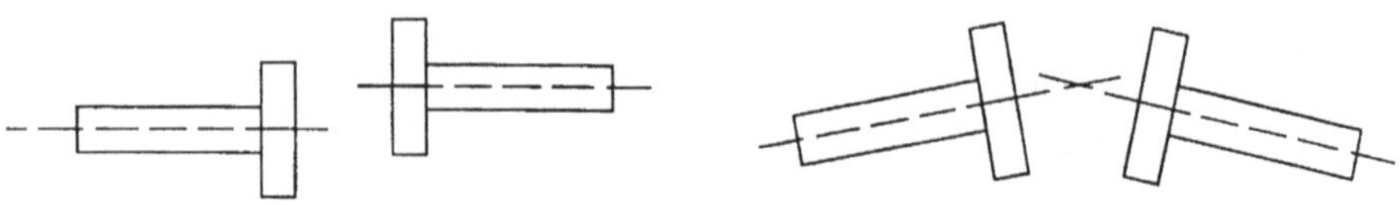

(a) 편심 정렬불량 (b) 편각 정렬불량

그림 10.15-2 / 정렬불량의 유형

전체적인 치수는 그림 10.15-1에 나타내었으며, 축계의 총 길이는 2.73m이고 22개의 요소로 분할한다. 그리고 4개의 절점에서 감쇠가 없는 등방성 베어링으로 지지된다고 가정한다. 단, 터빈측 베어링(No. 1과 No. 2 베어링)의 지지강성은 0.4MN/m, 발전기측 베어링(No. 3과 No. 4 베어링)은 50MN/m이다. 밀도 ρ = 7,850kg/m^3, Young계수 E

= 211GN/m^2, 커플링의 굽힘에 대한 회전강성 k_b = 237N·m/deg, 구동토크 T = 6,100N·m이다.

기계 열(train)에서 축 중심의 정렬불량으로 인해 가장 많은 영향을 받는 부분은 두 기계를 연결하는 커플링부분이다. 축 정렬불량으로 인해 커플링부분에 발생하는 반력 및 반력모멘트를 해석하기 위해 커플링을 하나의 요소로서 가정한다. 그리고 커플링 좌단과 우단에서의 반력 및 모멘트는 Gibbons에 의해 제시된 식을 적절하게 변환하여 구한 후 해석에 적합한 외력의 형태를 갖춘다. 축 중심선이 회전하는 경우, 커플링의 좌단과 우단에 발생하는 반력과 모멘트는 크게 2가지로 분류된다. 하나는 전달토크에 의해 발생하는 반력과 모멘트이고, 다른 하나는 커플링의 변형에 의해 생기는 반력과 모멘트이다. 각 절점에 대한 반력과 모멘트의 향은 다른 축 요소의 향과 일치하게 설정한다. 편심 및 편각 정렬불량의 경우에 발생하는 힘과 모멘트는 다음과 같다.

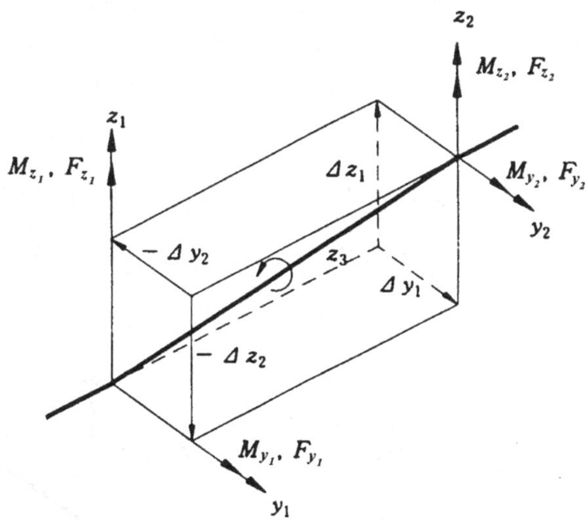

그림 10.15-3 / 편심 정렬불량에 의한 반력과 모멘트의 정의

1) 편심 정렬불량의 경우(그림 10.15-3 참조)

$$M_{y1} = T\cos\phi_1 \sin\Theta_1 - k_r \sin\phi_1 \ , \ \ M_{z1} = T\sin\phi_1 + k_r \sin\Theta_1$$
$$M_{y2} = T\cos\phi_2 \sin\Theta_2 - k_r \sin\phi_2 \ , \ \ M_{z2} = T\sin\phi_2 + k_r \sin\Theta_2 \qquad (1)$$

$$F_{y1} = -\frac{(M_{z1} + M_{z2})}{z_3 \cos\Theta_2} \ , \ \ F_{z1} = \frac{(M_{y1} + M_{y2})}{z_3 \cos\phi_2}$$

$$F_{y2} = \frac{(M_{z1} + M_{z2})}{z_3 \cos \Theta_1}, \quad F_{z2} = -\frac{(M_{y1} + M_{y2})}{z_3 \cos \phi_1} \tag{2}$$

여기서 T는 구동토크, k_r은 커플링의 굽힘에 대한 회전강성(rotational stiffness), 편심 정렬불량에 의해 발생하는 각은 다음과 같이 정의된다.

$$\phi_1 = \sin^{-1}\left(\frac{\Delta z_1}{z_3}\right), \quad \Theta_1 = \sin^{-1}\left(\frac{\Delta y_1}{z_3 \cos \phi_1}\right)$$
$$\phi_2 = \sin^{-1}\left(\frac{\Delta z_2}{z_3}\right), \quad \Theta_2 = \sin^{-1}\left(\frac{\Delta y_2}{z_3 \cos \phi_2}\right)$$

2) 편각 정렬불량의 경우(그림 10.15-4)

편각 정렬불량의 경우의 반력과 모멘트는 편심 정렬불량의 모델에서부터 쉽게 구할 수 있다. 즉, 편각 정렬불량은 편심 정렬불량에서 발생하지 않는 변위와 각변위 성분들을 제거하면 쉽게 구할 수 있다. 즉, $\phi_1 = \phi, \phi_2 = 0, \Theta_1 = 0, \Theta_2 = 0$로 되고, 그 반력과 모멘트는 다음과 같다.

$$M_{y1} = -k_r \sin\phi, \quad M_{z1} = T\sin\phi, \quad M_{y2} = 0, \quad M_{z2} = 0 \tag{3}$$
$$F_{y1} = -\frac{M_{z1}}{z_3}, \quad F_{z1} = \frac{M_{y1}}{z_3}, \quad F_{y2} = -F_{y1}, \quad F_{z2} = -F_{z1}$$

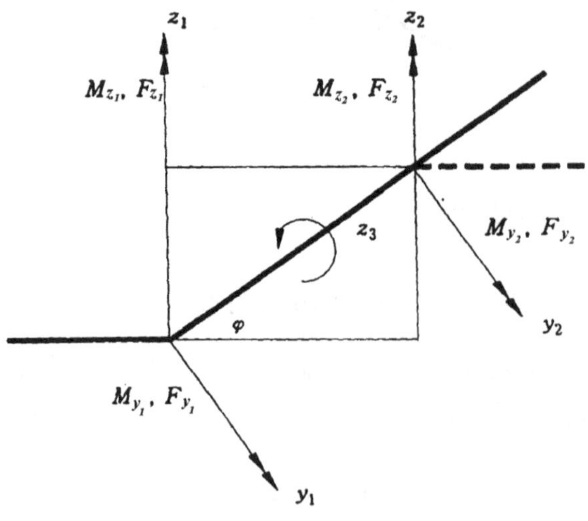

그림 10.15-4 / 편각 정렬불량의 반력과 반력 모멘트의 정의

회전축계의 진동해석을 수행할 경우, 가장 먼저 Campbell 선도를 계산하여 계의 위험 속도와 가진력이 주기적으로 작용할 때 공진상태가 되는 위치를 예측할 수 있다. 불평형 가진을 하는 경우는 1X 선과 전향휘돌림 고유진동수 곡선이 교차하는 위치에서 피크가 발생하고, 정렬불량에 대한 응답은 2X 선과 교차되는 위치에서 피크가 발생한다. 본 예제에 대한 Campbell 선도는 그림 10.15-5와 같고, 정렬불량에 의한 응답에 대해서는 약 470rpm과 1,300rpm에서 피크가 발생하는 것을 미리 알 수 있다.

이 예제에서는 불평형만이 있는 경우와, 불평형과 정렬불량이 동시에 발생하는 경우에 대해 계산하였다. 불평형 응답은 10.5.1절의 식(10.70)을 이용하여 계산할 수 있다. 불평형 응답을 계산하기 위해 터빈 쪽의 두 블레이드와 발전기 쪽의 1/3, 2/3되는 위치에 각각 50g·mm씩의 불평형을 부가하였다. 정렬불량의 경우, 편심 정렬불량의 양은 $\Delta y_1 = \Delta y_2 = 0.2\,\mathrm{mm}$, $\Delta z_1 = \Delta z_2 = 5\,\mathrm{mm}$로, 편각 정렬불량은 $\phi = 0.5°$로 하였다. 계산된 응답의 위치는 두 번째 베어링에 대한 것이다. 이와 같은 방법으로 불평형만 존재할 경우의 응답과 정렬불량이 함께 부가된 경우에 대한 응답을 계산하였다.

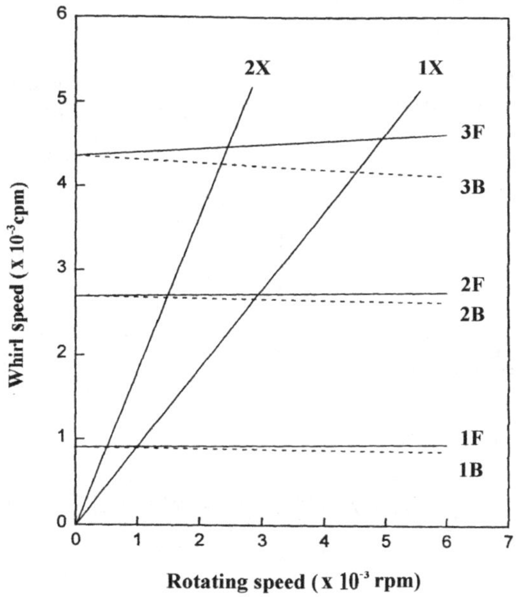

그림 10.15-5 / Campbell 선도

1X와 2X 성분에 대한 응답을 그림 10.15-6과 10.15-7에 보이고 있다. 그림에서 알 수 있듯이 1X 성분의 응답에서는 정렬불량이 있는 경우가 없는 경우에 비해 약간 높은 피크치를 보이고 있고, 2X 성분의 응답에서는 고유진동수의 1/2로 되는 위치에서 계를

2Ω로 가진 하는 성분으로 인해 불평형 가진만의 경우보다 두드러진 피크치를 발생하고 있음을 알 수 있다.

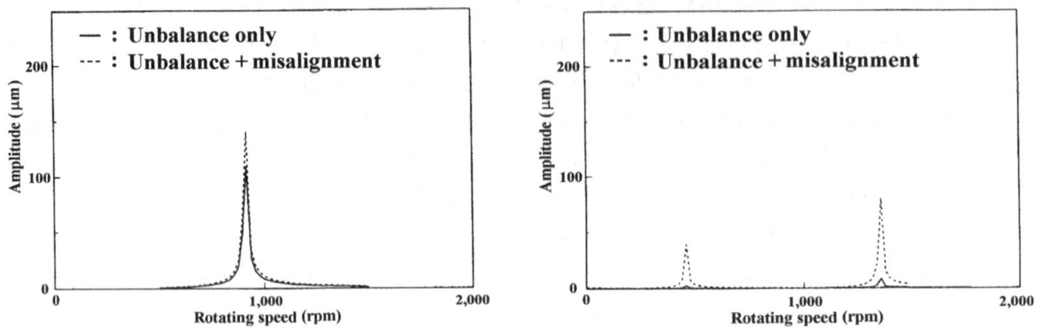

(a) 1X 성분 (b) 2X 성분

그림 10.15-6 / 편심 정렬불량의 응답 ($\Delta y = 5.0$ mm)

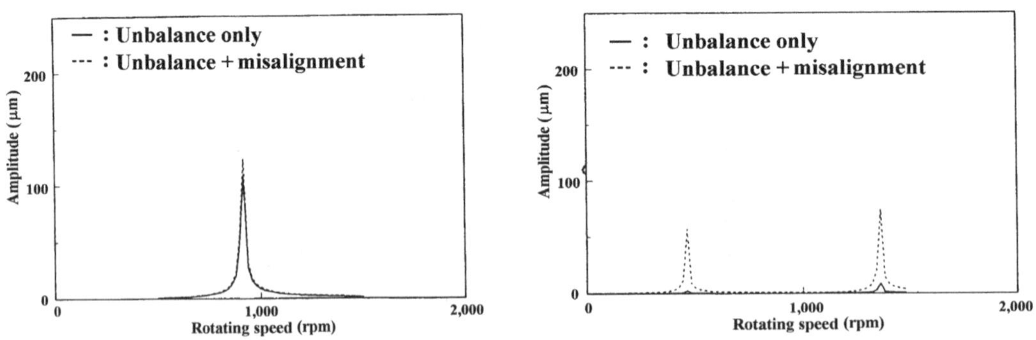

(a) 1X 성분 (b) 2X 성분

그림 10.15-7 / 편각 정렬불량의 응답 ($\phi = 0.5°$)

10.5.3 조화가진력 응답

공간에 고정된 가진진동수 ω의 조화가진력을 받는 회전축계의 운동방정식은

$$M\ddot{q} + C\dot{q} + Kq = F_c \cos\omega t + F_s \sin\omega t \tag{10.85}$$

로 표현되고, 비동기력 응답의 경우와 같이 해를 가진력항과 같은 형태로 가정한다.

$$q = q_c \cos\omega t + q_s \sin\omega t \tag{10.86}$$

이 식을 운동방정식에 대입하여 $\cos\omega t$와 $\sin\omega t$의 항으로 나누어 정리하면

$$\begin{bmatrix} K-\omega^2 M & \omega C \\ -\omega C & K-\omega^2 M \end{bmatrix} \begin{bmatrix} q_c \\ q_s \end{bmatrix} = \begin{bmatrix} F_c \\ F_s \end{bmatrix} \tag{10.87}$$

로 되고, 이 식으로부터 조화가진력에 대한 응답은 임의의 가진주파수 ω의 값에 대해 계산될 수 있다. 이때 통상은 축계는 일정 회전각속도 Ω로 회전하고, 가진주파수 ω는 변화한다.

10.6 시간응답 해석

시간응답해석에는 직접 수치해석을 수행하는 **직접적분법**(direct integration method), 각 모드별로 비연성화된(decoupled) 미분방정식으로 변환하고 각 모드별로 해를 구하여 이를 중첩하는 **모드중첩법**(mode superposition method) 등이 있다.

직접적분법은 식(10.66)과 같은 회전축계의 운동방정식을 수치적인 방법으로 직접 적분하여 해를 구함으로써 계의 동적 거동(응답)을 계산하는 방법이다. 이 방법에는 Euler법, 선형가속도법, Newmark β법, Wilson θ법, Houbolt법, Runge-Kutta법 등의 여러 가지 방법이 있으나, Newmark β법과 Runge-Kutta법이 비교적 많이 이용되고 있다. 계산방법은 어느 시각의 상태를 알면, 다음 시각의 상태가 추정 가능한 양해법(explicit method)과 다음 시간의 평형조건을 고려해서 그 사이의 변화를 정하는 음해법(implicit method)이 있다. 일반적으로 음해법이 해의 안정성에 좋으나, 경우에 따라서는 계산정도가 나쁘게 되는 경향이 있다.

모드중첩법은 시간영역해석과 주파수영역해석이 있고, 시간영역해석에는 Duhamel 적분을 사용하고, 주파수영역에서는 Fourier 변환이나 Laplace 변환 등에 의해 응답을 구한다. 본서에서는 Newmark β법, Runge-Kutta법 및 모드중첩법에 대해 설명한다.

10.6.1 Newmark β법

Newmark β법은 Δt시간사이의 가속도의 변화가 선형적으로 변화하는 것으로 가정한 선형가속도법을 Δt시간사이의 변화를 여러 가지 형태로 바꿀 수 있도록 일반화한 방법이다.

식(10.66)의 미분방정식에 대한 선형가속도법의 기본 식에서 1/6을 파라미터 $\beta(0\le\beta\le 1/2)$로 치환하면, 다음과 같은 관계식이 얻어진다.

$$\ddot{q}\,(t+\Delta t) = \left[\boldsymbol{M}+\frac{\Delta t}{2}\boldsymbol{C}+\beta\Delta t^2\boldsymbol{K}\right]^{-1}\left[\boldsymbol{F}(t+\Delta t)-\boldsymbol{C}\left\{\dot{q}\,(t)+\frac{\Delta t}{2}\ddot{q}\,(t)\right\}\right.$$
$$\left.-\boldsymbol{K}\left\{q\,(t)+\Delta t\dot{q}\,(t)+\left(\frac{1}{2}-\beta\right)\Delta t^2\ddot{q}\,(t)\right\}\right] \tag{10.88}$$

$$\dot{q}\,(t+\Delta t) = \dot{q}\,(t)+\frac{\Delta t}{2}\{\ddot{q}\,(t)+\ddot{q}\,(t+\Delta t)\} \tag{10.89}$$

$$q\,(t+\Delta t) = q\,(t)+\Delta t\left\{\dot{q}\,(t)+\frac{\Delta t^2}{2}\ddot{q}\,(t)\right\}+\beta\Delta t^2\{\ddot{q}\,(t+\Delta t)-\ddot{q}\,(t)\} \tag{10.90}$$

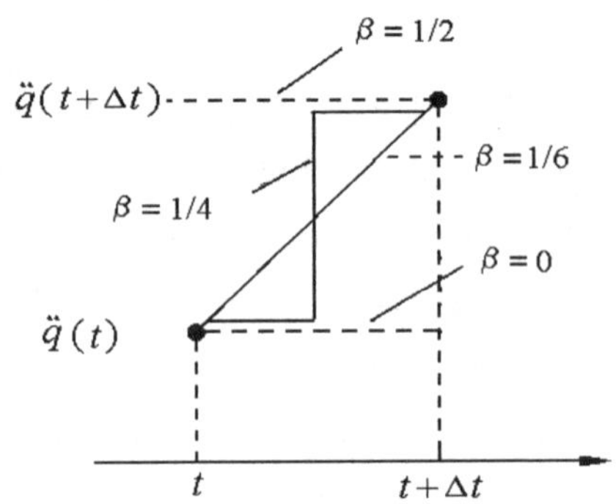

그림 10.17 / Δt시간 사이의 가속도 변화

그림 10.17은 β의 변화에 따른 Δt시간사이의 가속도의 변화를 나타낸 것으로, 각 β의 값은 Δt사이의 가속도의 변화와 다음과 같은 관계가 있다.

1) $\beta = 0$: $\ddot{q}(t)$가 Δt사이에서 불변(일정 가속도)
2) $\beta = 1/6$: 선형가속도법과 일치
3) $\beta = 1/4$: Δt사이의 가속도는 t와 $t+\Delta t$의 평균치

4) $\beta = 1/2$: Δt사이의 가속도는 $t + \Delta t$의 값

따라서 $\beta = 0$으로 하면 양해법의 성격이 강하고, $\beta = 1/2$로 하면 음해법적인 성격이 강하게 된다. Newmark β법은 대부분의 경우, 선형가속도의 별명과 같은 것이다. 실제로 β는 1/6 또는 1/4이 널리 이용되고 있다,

구체적인 계산방법으로는 직접법과 반복법이 있고, 반복법을 이용하여 설명하면 계산순서는 다음과 같다.

1) $\ddot{q}\,(t + \Delta t)$의 초기 근사치를 만든다. 예를 들어

$$\ddot{q}\,(t + \Delta t) \fallingdotseq \ddot{q}\,(t) \tag{10.91}$$

2) 식(10.91)을 식(10.89)와 (10.90)에 대입하여 $q\,(t + \Delta t), \dot{q}\,(t + \Delta t)$를 구한다.

3) 이 결과를 운동방정식에 대입하고 $\ddot{q}\,(t + \Delta t)$ 즉, 식(10.88)에 대해서 풀면 $\ddot{q}\,(t + \Delta t)$의 보다 좋은 근사치가 구하여지고, 수렴이 될 때까지 2), 3)의 과정을 반복한다.

이 방법에서 응답이 발산하지 않는 안정된 해를 얻기 위한 β값의 설정에 대해 Togawa는 그의 저서에서 1자유도계의 비감쇠운동방정식을 이용하여 검토하고 안정조건으로서 다음 식을 제시하고 있다.

$$\omega_n^2(\Delta t)^2(1 - 4\beta) \leqq 4 \tag{10.92}$$

여기서 $\omega_n^2 = k/m$으로 비감쇠 고유진동수이다. 따라서 식(10.92)로부터 다음과 같은 결론이 얻어진다.

1) $\beta \geqq 1/4$: 무조건 안정

2) $\beta < 1/4$의 경우: $\Delta t \leqq 2/(\omega_n \sqrt{1 - 4\beta})$이면, 안정

3) 상기 이외의 경우: 불안정

선형가속도법은 $\beta = 1/6$에 상당하므로, 2)항의 조건을 만족해야 하며 Newmark-β법은 $\beta = 1/4$을 사용하므로 채용되는 시간구간 Δt에 관계없이 무조건 안정하다.

10.6.2 Runge-Kutta법

상미분방정식의 초기치 문제의 계산으로 가장 널리 사용되고 있는 방법이다. 수치적으로 절대안정이 보장되지 않으므로 시간증분 Δt를 충분히 작게 취할 필요가 있으나,

계산정도가 좋기 때문에 진동해석에 자주 이용된다. 이 방법을 설명하면 다음과 같다. 축계의 운동방정식은 앞 절의 식(10.66)으로부터

$$M\ddot{q}(t) + C\dot{q}(t) + Kq(t) = F(t) \tag{10.66}$$

을 $r = \dot{q}$ 로 놓고 연립 1계 미분방정식의 형태로 변형한다. 즉,

$$\dot{q} = r \tag{10.93}$$

$$\dot{r} = M^{-1}(F - Cr - Kq) \tag{10.94}$$

그리하면 Δt 시간 후의 변위 $q(t+\Delta t)$ 와 속도 $\dot{q}(t+\Delta t)$ 는 다음 식에 의해 계산된다.

$$q(t+\Delta t) = q(t) + \frac{1}{6}(d_1 + 2d_2 + 2d_3 + d_4) \tag{10.95}$$

$$\dot{q}(t+\Delta t) = \dot{q}(t) + \frac{1}{6}(e_1 + 2e_2 + 2e_3 + e_4) \tag{10.96}$$

여기서 $q_0 = q(t),\ r_0 = \dot{q}(t),$

$$d_1 = \Delta t\, r_0,\quad e_1 = \Delta t M^{-1}\{F(t) - C\, r_0 - K\, q_0\}$$

$$q_1 = q_0 + d_1/2,\quad r_1 = r_0 + e_1/2$$

$$d_2 = \Delta t\, r_1,\quad e_2 = \Delta t M^{-1}\{F(t+\Delta t/2) - C\, r_1 - K\, q_1\}$$

$$q_2 = q_0 + d_2/2,\quad r_2 = r_0 + e_2/2$$

$$d_3 = \Delta t\, r_2,\quad e_3 = \Delta t M^{-1}\{F(t+\Delta t/2) - C\, r_2 - K\, q_2\}$$

$$q_3 = q_0 + d_3,\quad r_3 = r_0 + e_3$$

$$d_4 = \Delta t\, r_3,\quad e_4 = \Delta t M^{-1}\{F(t+\Delta t) - C\, r_3 - K\, q_3\}$$

단, q_0 와 r_0 는 각각 초기변위 및 초기속도이고, d는 q의 증분, e는 r의 증분이다.

식(10.95)는 q의 t에 있어서 Taylor 전개의 4차 항까지에 맞도록 만든 식으로, Taylor 전개의 3차 항까지만 이용하고 있는 선형가속도법에 비해 계산정도가 좋고, 반면에 계산순서가 간단하기 때문에 널리 이용된다. 위 식에서 e_4 의 계산에 시간 $t+\Delta t$ 에서의 운동방정식을 사용하고 있는 것처럼 보이지만, 이는 단지 q_3, r_3 로부터 e_4 를 계산하기 위해 사용되는 것 뿐으로 이전 단계의 계산 값을 사용하지 않기 때문에 사용하기 쉽다.

10.6.3 모드 중첩법

축계의 운동방정식 (10.66)에서 변위벡터 $q(t)$는 정규화된 모드 ψ_i와 일반화 좌표 $p_i(t)$의 선형결합으로 다음 식과 같이 나타낼 수 있다.

$$q(t) = \sum_{i=1}^{N} \psi_i p_i(t) \tag{10.97}$$

식(10.97)을 식(10.66)에 대입하고, $\psi_i{}^T$를 왼쪽에서 곱하고 질량행렬과 강성행렬의 직교성(orthogonality)을 이용하면, 다음과 같은 독립된 모드의 1 자유도계 운동방정식의 집합을 얻을 수 있다.

$$m_i \ddot{p}_i(t) + c_i \dot{p}_i(t) + k_i p_i(t) = f_i(t) \quad (i = 1, 2, \cdots, N) \tag{10.98}$$

여기서

$$m_i = \psi_i{}^T M \psi_i , \quad k_i = \psi_i{}^T K \psi_i , \quad c_i = \psi_i{}^T C \psi_i , \quad f_i = \psi_i{}^T F \psi_i$$

식(10.98)을 m_i로 나누고 정리하면, 다음과 같은 일반화된 운동방정식이 얻어진다.

$$\ddot{p}_i(t) + 2\omega_i \zeta_i \dot{p}_i(t) + \omega_i^2 p_i(t) = f_i(t)/m_i \ (i = 1, 2, \cdots, N) \tag{10.99}$$

여기서 ω_i, f_i/m_i는 각각 i차 모드의 고유진동수 및 모드참여계수(mode participation factor), ζ_i는 모드 감쇠비이다. 1 자유도계에 상응하는 i차 모드의 식(10.99)의 응답은 직접적분 또는 Duhamel 적분을 이용하여 구할 수 있으며, 이 모드응답에 기인하는 상대변위벡터는

$$q_i(t) = \psi_i p_i(t) \tag{10.100}$$

으로 구해진다. 따라서 모든 모드응답에 기인하는 변위벡터 $q(t)$는 다음과 같이 각 모드성분의 중첩에 의해 얻어진다.

$$q(t) = \sum_{i=1}^{N} \psi_i p_i(t) = \Psi \, p(t) \tag{10.101}$$

예제 10.16

증기터빈·발전기축계의 지진응답 해석

제 4편 17.2절의 증기터빈·발전기축계(그림 17.17)를 이용하여 지진력이 작용하였을 때의 각 베어링 절점에서의 변위응답을 Newmark β법과 모드중첩법으로 구하고, 이를 비교하시오.

내진설계(aseismatic design)를 위한 동적 해석법으로 실용적으로 널리 이용되는 방법은 응답스펙트럼(response spectrum)해석법과 시간이력(time history)해석법이 있고, 시간이력해석에는 모드중첩법과 직접적분법이 있다. 응답스펙트럼 해석법은 임의 지진 혹은 설계용 지진에 대한 응답스펙트럼으로부터 근사적으로 최대치만을 구할 때 사용되는 방법으로 간단하고 신속히 응답을 평가할 수 있으나, 계산 정확도는 해석대상이 복잡할수록 많이 떨어진다. 반면, 시간이력해석법은 지진에 의한 지반운동의 시간이력이 있을 때 사용되는 정확한 방법이지만, 기존의 지진기록이나 합성된 지진기록을 이용해야하는 번거로움과 많은 계산량을 요구하는 단점이 있으므로 중요 설비의 설계, 비선형 해석 등의 정밀해석과 층 응답스펙트럼(floor response spectrum)을 구하기 위해 사용된다.

식(10.35)의 운동방정식에서 우변 항인 지면의 지진가속도 $\ddot{v}_g(t)$에 의한 외력은

$$\boldsymbol{F}(t) = -\boldsymbol{M}\boldsymbol{r}\,\ddot{v}_g(t) \tag{1}$$

로 표현되고, 여기서 $\boldsymbol{M}$은 계의 질량행렬, $\boldsymbol{r}$은 지지부 운동에 평행한 모든 방향에서 1의 성분을 가지고, 그 외에는 요소의 값이 0인 벡터이다.

지진가속도 $\ddot{v}_g(t)$를 위한 입력지진파로는 El Centro(1940), Taft(1952), Pacoima Dam (1971) 등이 널리 이용되고 있으나, 여기서는 비교적 최근(1995. 1. 17) 일본에서 발생한 Kobe 지진의 동서방향(EW) 성분을 이용한다. 그림 10.16-1은 본 예제에서 이용한 지진파의 시간 파형과 주파수 스펙트럼을 나타낸다. 이 지진은 JMA진도 VII, 규모 7.2의 격진이었으며, 최대가속도가 남북방향(NS) 818gal, 동서방향(EW) 617gal, 상하방향(UD) 332gal, 탁월 주기는 수평진동이 0.8~1.0초, 상하진동이 0.9~1.5초이다.

따라서 운동방정식 (10.35)는 다음과 같이 표현된다.

$$\boldsymbol{M}\ddot{\boldsymbol{q}}(t) + \boldsymbol{C}\dot{\boldsymbol{q}}(t) + \boldsymbol{K}\boldsymbol{q}(t) = -\boldsymbol{M}\boldsymbol{r}\,\ddot{v}_g(t) \tag{2}$$

이 식을 이용하여 10.6.2절 및 10.6.3절에서 설명한 방법대로 계산을 수행하면 된다.

그림 10.16-2는 Kobe 지진의 EW성분을 수평방향으로 가진하였을 경우의 축계 각 절

점에서의 변위 응답 중 대표적인 베어링 절점에서의 응답을 Newmark β법을 이용하여 구한 결과이다.

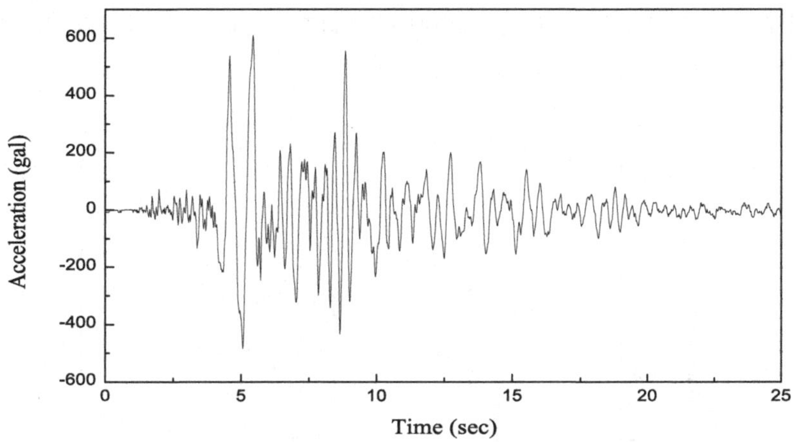

(a) 시간 파형

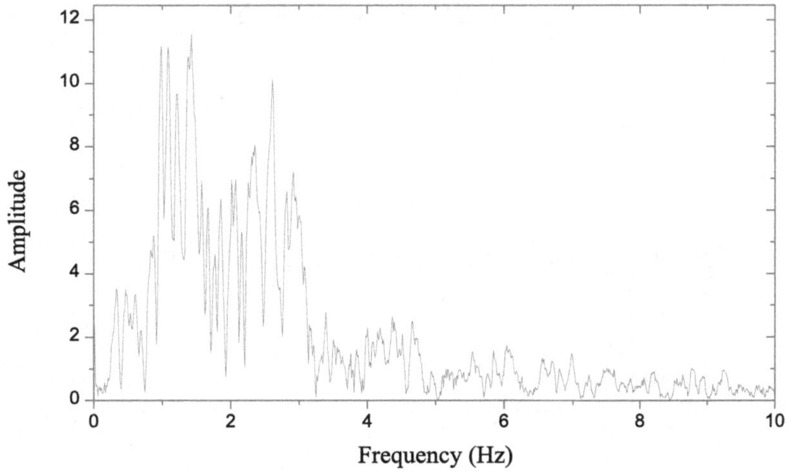

(b) 주파수 스펙트럼

그림 10.16-1 / Kobe 지진파 (EW)

그림 10.16-2(a)는 고압터빈(HP) 회전체의 우측 베어링(No. 2 베어링), 그림(b)는 저압터빈 B(LPB) 회전체의 좌측 베어링(No. 5 베어링), 그림(c)는 발전기(GEN) 회전자의 좌측 베어링(No. 9 베어링)의 응답 변위를 나타낸다. 최대응답 변위는 각각 461μm, 496μm 및 634μm이고, 각 베어링의 공칭 틈새(clearance) 914μm, 1,100μm 및 762μm 이내로서 축 저널과 베어링 표면사이의 접촉(rubbing)이 발생할 가능성은 없음을 알 수 있다.

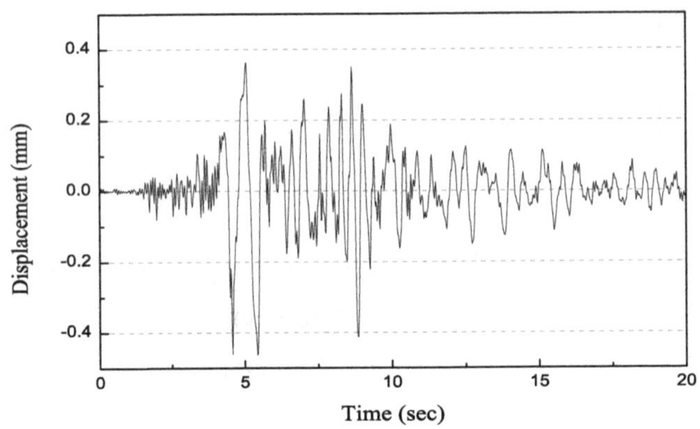

(a) 절점 46 (No. 2 베어링)

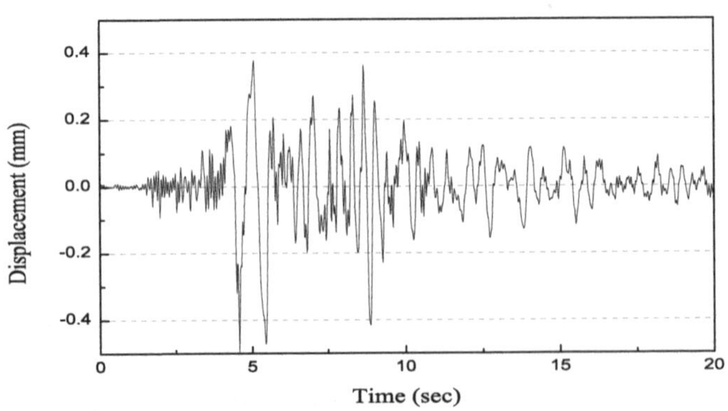

(b) 절점 117 (No. 5 베어링)

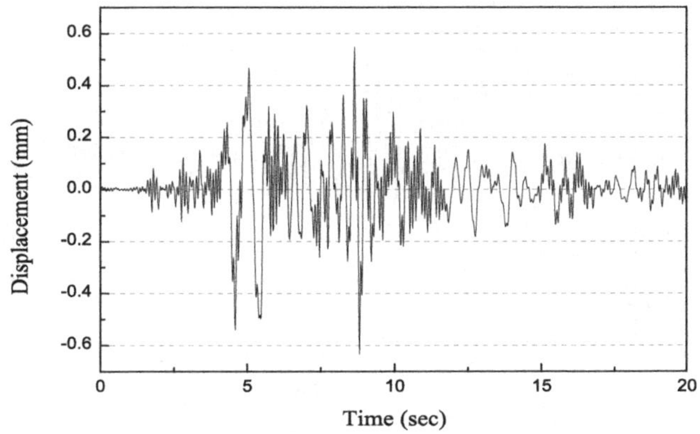

(c) 절점 239 (No. 9 베어링)

그림 10.16-2 / 직접적분법에 의한 변위 응답

그림 10.16-3은 모드중첩법을 이용하여 계산한 3개 베어링 절점에서 변위응답의 시간 파형을 나타낸다. 저차 20개의 모드를 채용하였으며, 최대응답은 각각 406.9μm, 470.6 μm, 428.7μm이다. 채용 모드의 수에 따른 최대진폭에의 영향을 검토하기 위해, 표 10.16-1과 같이 채용 모드를 1개에서 100개까지 변경하면서 3개의 베어링 절점에서의 최대 변위를 비교하였다. 전체 자유도에 대응하는 모드를 모두 채용하였을 때의 응답에 대한 오차율을 검토하면, 20개의 모드를 채용하였을 때 오차율이 약 0.01%로 매우 양호하고, 이 이상의 모드를 채용한 경우에는 오차는 매우 미소하다.

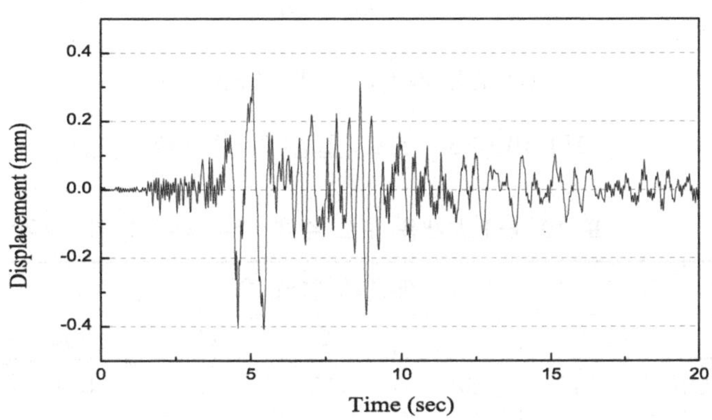

(a) 절점 46 (No. 2 베어링)

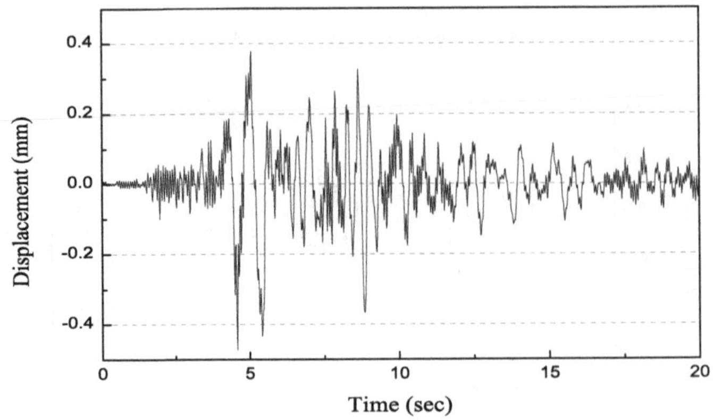

(b) 절점 117 (No. 5 베어링)

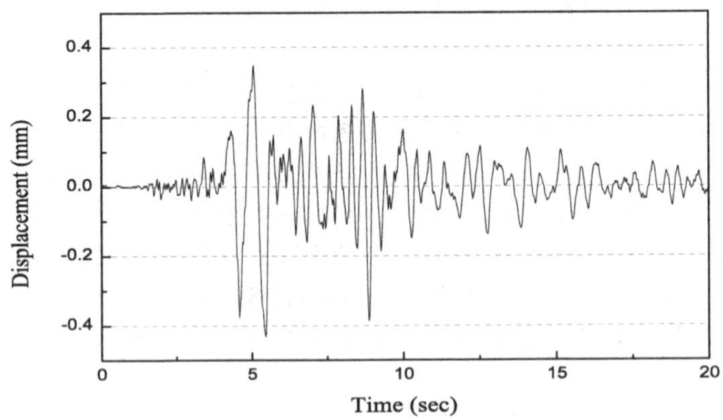

(c) 절점 239 (No. 9 베어링)

그림 10.16-3 / 모드중첩법에 의한 변위 응답

표 10.16-1 / 채용 모드 수에 따른 최대 변위 (단위: μm)

베어링 번호	채용 모드의 수						
	1	3	5	10	20	50	100
2	0.098	349	326	412	406	408	408
5	0.23	519	459	463	470	472	472
9	338	381	426	415	428	431	431

표 10.16-2는 직접적분법, 모드중첩(저차 20개 모드 채용) 및 응답스펙트럼법에 의한 결과를 비교한 것이다. 전체 모드를 채용하여도 모드중첩법은 직접적분법과 최대 약 30% 정도의 오차를 나타낸다. 이는 대상모델이 비교적 복잡하고, 감쇠 항과 자이로스코픽 효과를 무시한 고유치와 고유모드를 이용하였기 때문으로 생각된다. 따라서 중요 회전기계에 대한 지진응답을 평가하는 경우는 직접적분법을 이용하는 것이 보다 신뢰성이 높다. 또한 응답스펙트럼법은 다른 두 방법에 비해 비교적 큰 차이를 보이고 있다. 이는 이 방법이 모드중첩법을 기반으로 하고 있으며, 아울러 평균화처리, 최대값에 대한 근사 및 채용모드 수 등의 오차요인이 더욱 포함되기 때문이다.

표 10.16-2 / 최대 변위의 비교 (단위: μm)

베어링번호	직접적분법	모드중첩법	응답스펙트럼법
2	461	406	384
5	496	470	554
9	634	429	581

11

수치계산의 예

이 장에서는 유한요소법을 이용한 실제 계산 예로서 산업현장에서 널리 사용되고 있는 터빈, 유도전동기, 양수발전소용 수차발전기, 고속 원심압축기 및 기어 전동 회전축계를 이용하여 진동해석을 수행하고 그 특성을 상세히 검토한다.

11.1 고압 증기터빈

11.1.1 해석 모델

그림 11.1은 원자력 발전소용 터빈 · 발전기를 구성하는 고압증기터빈(HP) 회전체의 해석모델을 나타낸다. 회전체 모델은 축 요소 50개, 14개의 원판요소 그리고 2개의 베어링이 5번과 46번 절점에 위치한다. 운전속도는 1800rpm이고, 베어링의 동특성은 표 11.1과 같다. 이 계산 예에서 베어링 지지대(pedestal)의 영향은 고려하지 않는다.

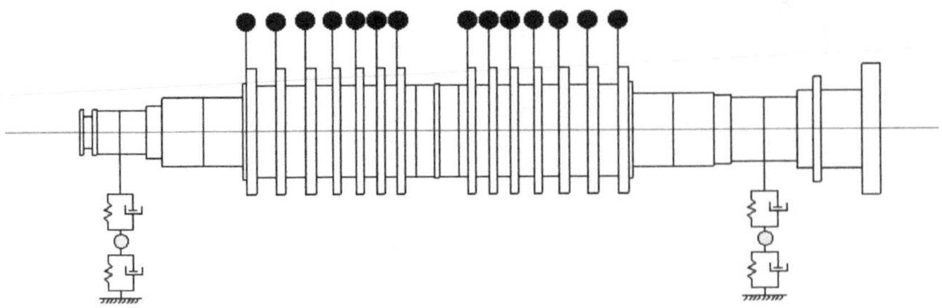

그림 11.1 / 고압 증기터빈 회전체(HP rotor) 모델

표 11.1 / 베어링특성(N = 1,800 rpm)

베어링 번호	베어링 강성 및 감쇠계수
좌측베어링 (No. 5)	$k_{xx} = 4.35\times10^8$ N/m　$c_{xx} = 2.0\times10^6$ N·s/m $k_{xy} = 4.21\times10^7$ N/m　$c_{xy} = -2.66\times10^6$ N·s/m $k_{yx} = -1.29\times10^9$ N/m　$c_{yx} = 1.27\times10^6$ N·s/m $k_{yy} = 3.45\times10^9$ N/m　$c_{yy} = 9.07\times10^6$ N·s/m
우측베어링 (No. 46)	$k_{xx} = 3.91\times10^8$ N/m　$c_{xx} = 1.88\times10^6$ N·s/m $k_{xy} = 6.991\times10^7$ N/m　$c_{xy} = -2.38\times10^6$ N·s/m $k_{yx} = -1.18\times10^9$ N/m　$c_{yx} = 1.2\times10^6$ N·s/m $k_{yy} = 3.12\times10^9$ N/m　$c_{yy} = 8.57\times10^6$ N·s/m

축계는 축 본체와 베어링으로 대별되고, 축 본체요소는 분포질량의 Timoshenko 축 요소로 고려하며, 원판요소는 각각의 부착 절점에 집중질량, 집중횡관성 및 집중극관성 모멘트로 부가된다. 베어링은 스프링과 감쇠기로 모델링하여 나타낸다.

11.1.2 고유진동수 및 고유모드

표 11.2는 운전속도(N = 1,800rpm)에서 표 11.1에서 베어링 강성계수의 연성 항과 감쇠를 무시하고 계산한 실 고유진동수를 저차 5차 모드까지를 나타낸 것이다. 그리고 그림 11.2는 이들에 대한 Campbell 선도를 나타낸다. 단, 이 계산에서 베어링의 강성 및 감쇠계수는 회전속도의 변화에 대해 일정하다고 하고 표 11.1의 값을 이용하였다.

수평방향의 경우, 지지강성이 각각 k_{xx}= 0.435GN/m, 0.391GN/m로 수직방향의 지지강성 k_{yy}= 3.45GN/m, 3.12GN/m에 비해 약 7.93, 7.98배 작기 때문에 고유진동수도 이에 따라 수평방향이 낮아지고 있다. 그림에서 휘돌림 고유진동수 ω_i와 회전속도 Ω가 같은 동기선인 1X와 교차하는 점, 예로 1차 고유진동수(1st)와 1X선이 교차하는 점이 1차 위험속도가 된다. 따라서 1,800rpm까지의 운전속도영역에서 수평방향은 1차 및 2차 고유진동수가 1X선과 교차되어 기동 및 정지 시에는 1차 및 2차 위험속도를 통과하여야하는 문제가 발생한다. 그러나 수직방향의 경우에는 운전속도까지 위험속도는 존재하지 않으므로 위험속도 통과시의 과도진동문제는 발생하지 않는다. 또한 수평방향 2차와 수직방향 1차 고유진동수가 공진영역에 위치하게 되어 이를 회피하기 위한 대책이 필요하다. 단, 계산모델인 HP 회전체는 실제 단독 회전체로 사용되는 것이 아니고, 터빈 · 발전기시스템의 multi-rotor중 한 요소가 되므로 실제 시스템에서는 다르게 된다.

표 11.2 / 고유진동수의 비교 (N =1,800 rpm)

모드	고유진동수 (cpm)	
	수평방향	수직방향
1B	1,031.4	1,914.6
1F	1,033.7	1,942.0
2B	1,682.5	3,821.3
2F	1,765.6	3,918.6
3B	4,288.2	5,712.3
3F	4,517.2	5,940.4
4B	9,407.8	18,360.0
4F	9,855.3	11,864.4
5B	15,761.2	17,535.1
5F	16,274.3	18,024.2

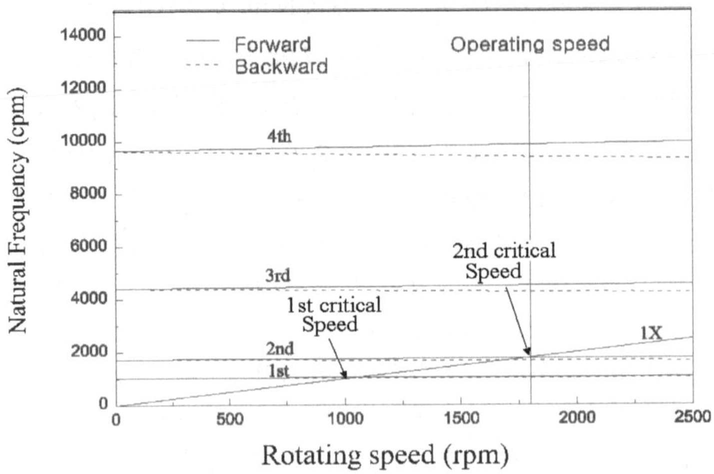

(a) 수평방향

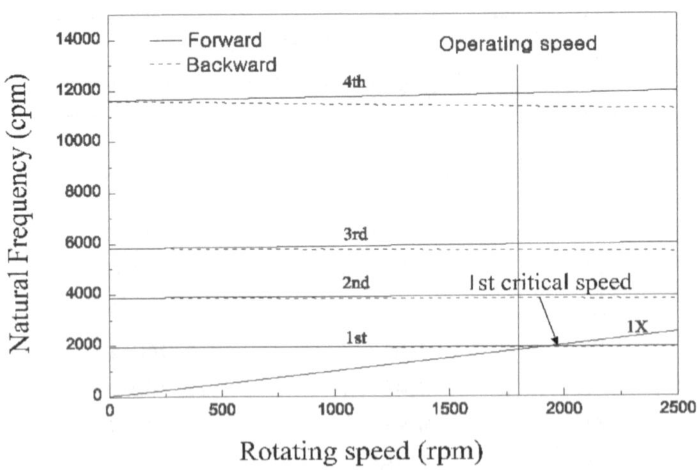

(b) 수직방향

그림 11.2 / Campbell 선도 (등방성, 비연성 및 비감쇠의 경우)

그림 11.3은 운전속도 1,800rpm에서의 수평방향과 수직방향의 저차 5차 모드까지의 고유진동모드를 나타내고 있다. 수평방향의 경우는 축 강성에 비해 비교적 베어링지지 강성이 작은 유연 지지조건에 가깝기 때문에 1, 2차 모드가 강체모드인 평행모드(parallel mode)와 원추모드(conical mode)에 가까운 형태를 보인다. 3차 모드가 탄성 1차

모드에 대응한다. 수직방향의 경우, 지지강성이 수평방향의 약 8배 정도로 비교적 강(rigid)하므로 1차 모드가 탄성 1차 모드의 형태를 나타내고 있다.

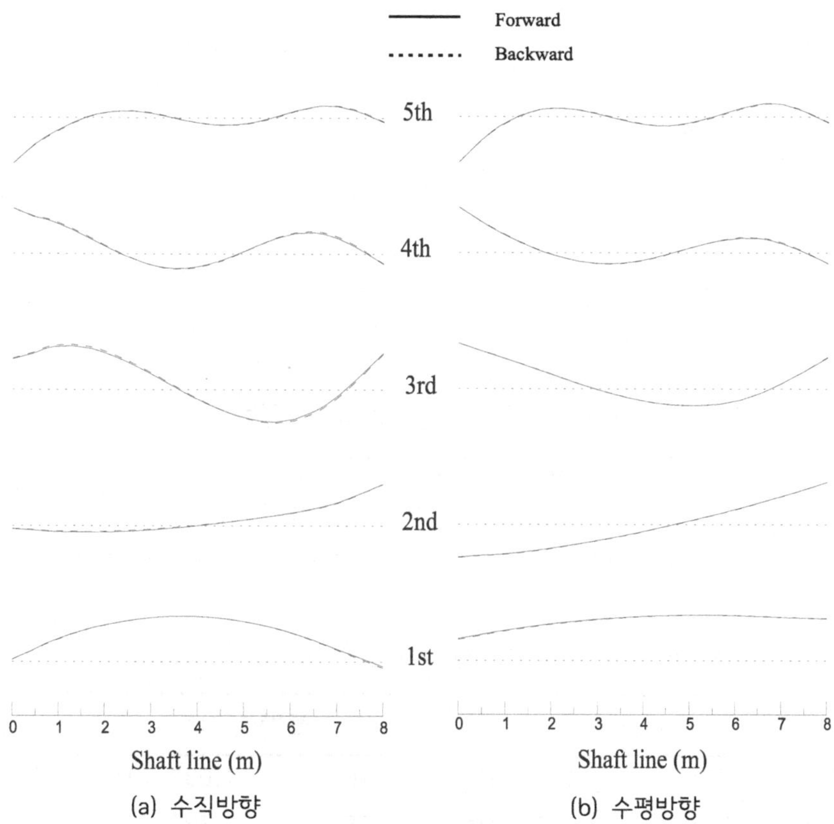

그림 11.3 / 고유진동모드의 비교 (등방성, 비연성, 비감쇠, N = 1,800rpm)

그림 11.4는 수평과 수직방향의 지지강성에 이방성을 가지는 표 11.1의 실제 데이터를 이용하여 계산한 Campbell 선도를 나타낸 것이다. 그림에서 예로 $2F_y$는 y방향(수직방향)의 2차 고유진동수를 의미한다. 이를 보다 쉽게 이해할 수 있도록 그림 11.2의 등방성 지지조건에 대한 고유진동수의 계산결과를 함께 비교하여 표 11.3에 나타내었다. 그림에서 알 수 있듯이 등방성 지지(isotropic support)의 경우는 수직과 수평방향의 지지강성이 동일하여 각 방향에 대한 고유진동수가 동일하지만, 이방성(unisotropic)의 경우는 각 방향에 대한 지지강성이 다르게 되므로 각각의 방향에 대한 고유진동수가 발생하고 각 방향의

낮은 고유진동수의 순서로 나타남을 알 수 있다. 즉, 1차와 2차 고유진동수는 수평방향(x 방향)의 1차와 2차이고, 3차 고유진동수가 수직방향(y방향)의 1차로 비로소 나타난다. 전체적으로 이방성의 경우가 등방성일 때보다 고유진동수가 약간 낮아지는 경향을 갖는다.

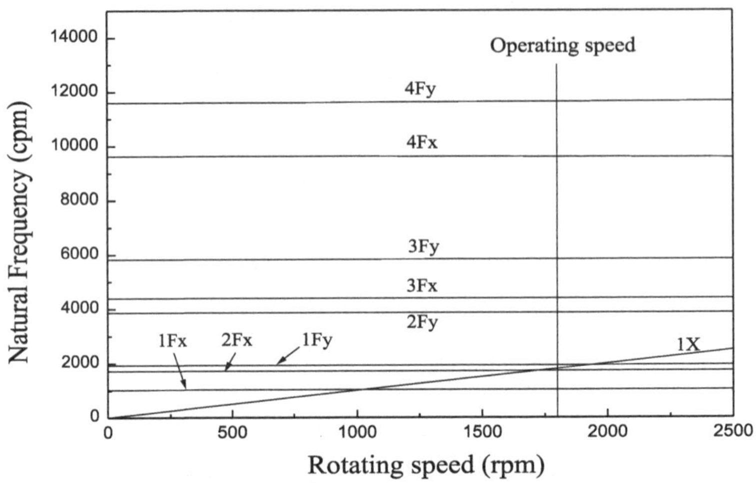

그림 11.4 / 이방성지지의 Campbell 선도(비연성, 비감쇠의 경우)

표 11.3 / 등방성과 이방성지지조건의 비교 (N =1,800rpm)

이방성 지지		등방성 지지	
$1F_x$	1,033.7 Hz	1F	1.032.6 Hz
$2F_x$	1,765.6 Hz	2F	1,722.4 Hz
$1F_y$	1,942.0 Hz	3F	1,928.8 Hz
$2F_y$	3,918.6 Hz	4F	3,868.5 Hz
$3F_x$	4,517.2 Hz	5F	4,397.2 Hz
$3F_y$	5,940.4 Hz	6F	5,833.5 Hz
$4F_x$	9,855.3 Hz	7F	9,605.1 Hz
$4F_y$	11,864.4 Hz	8F	11,635.1 Hz

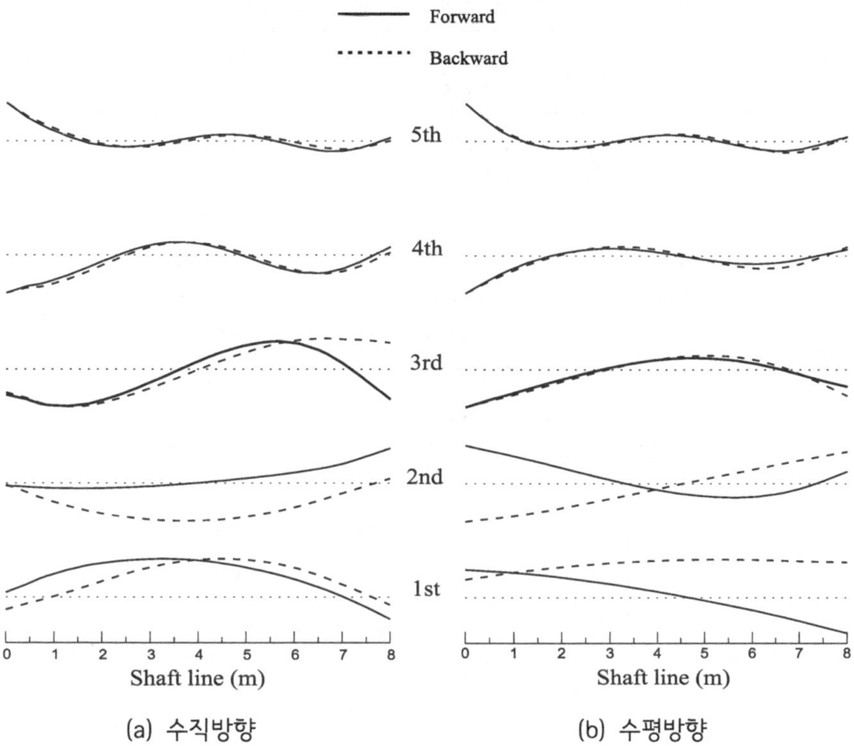

그림 11.5 / 이방성지지 시의 고유모드

그림 11.5는 수직과 수평방향의 이방성을 고려하였을 때의 5차까지의 고유모드를 나타낸다. 등방성인 경우에 비해 전향과 후향 휘돌림모드가 확실히 구별이 되고 있다.

표 11.4는 표 11.1의 베어링 강성계수 중 연성 항을 고려하여 계산한 고유진동수와 이 항을 무시한 비연성 시의 고유진동수를 비교한 결과이다. 특정모드에 따라 고유진동수가 약간 변화하고 있으나, 크게 영향을 미치지 않음을 알 수 있다. 그림 4.6은 연성효과를 고려하였을 때의 저차 5차 모드까지의 고유모드를 나타낸다. 비연성에 대한 결과인 그림 11.5와 비교하며 보면, 두 방향의 연성에 의해 모드가 크게 변화함을 알 수 있다. 즉, 연성효과는 고유진동수 자체에는 크게 영향을 미치지 않지만, 진동형태에 크게 영향을 미치고 있고 계의 응답을 계산하는 경우 이를 고려해야 함을 나타내고 있다.

표 11.4 / 고유진동수에의 연성효과 (이방성 고려)

모드	고유진동수 (cpm)	
	비연성	연성
1st	1,032.6	1,062.0
2nd	1,722.4	1,730.0
3rd	1,928.8	1,926.7
4th	3,868.5	3,854.6
5th	4,397.2	4,411.5
6th	5,833.5	5,831.4
7th	9,605.1	9,616.7
8th	11,635.7	11,630.7

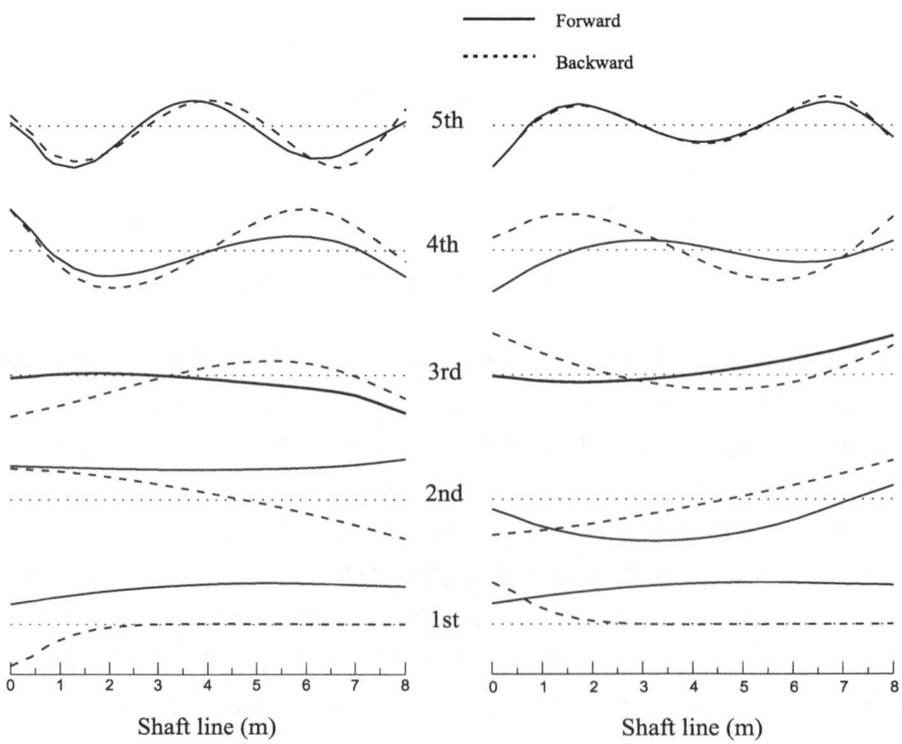

(a) 수직방향 (b) 수평방향

그림 11.6 / 고유모드에의 연성효과

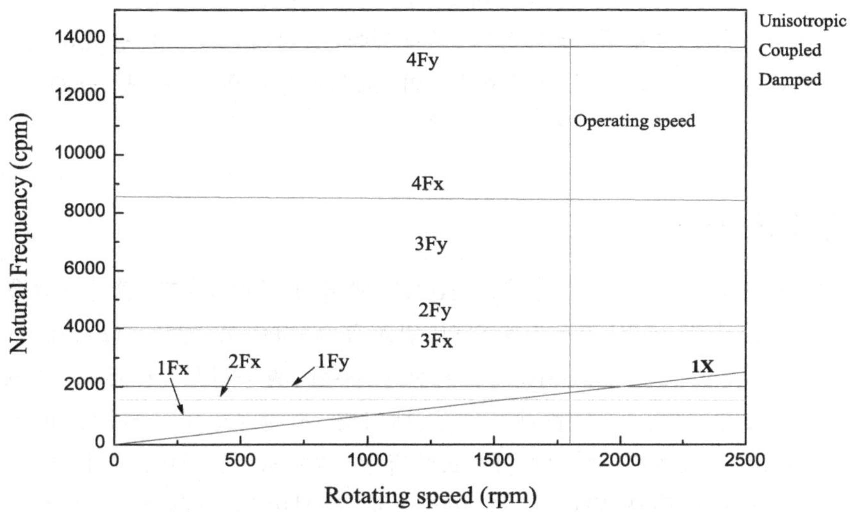

그림 11.7 / HP 회전체의 Campbell 선도(이방성, 연성항 및 감쇠고려)

표 11.5 / 고유진동수에의 감쇠의 영향 (이방성, 연성항 및 감쇠고려)

모드	고유진동수 (cpm)	
	비감쇠	감쇠
1st	1,062.0	1,008.4
2nd	1,730.0	1,537.8
3rd	1,926.7	2,005.7
4th	3,854.6	3,924.5
5th	4,411.5	4,072.5
6th	5,831.4	6,425.1
7th	9,616.7	8,461.6
8th	11,630.7	13,740.0

그림 11.7은 HP 회전체의 지지조건인 이방성, 연성항 및 감쇠를 모두 고려하여 계산한 Campbell 선도를 나타내고, 표 11.5는 감쇠특성을 무시한 경우와 이를 고려한 경우의 고유진동수의 비교를 보인다. 모드감쇠의 기여정도에 따라 특정모드, 예를 들면 1, 2차 모드의 경우는 감쇠를 고려함으로써 고유진동수가 감소하고 있으나, 3, 4차 모드

의 경우는 역으로 고유진동수가 증가하고 있다. 따라서 실제 회전축계의 진동해석을 수행할 경우, 베어링의 특성을 정확하게 파악하여 고려하는 것이 중요하고, 이는 비교적 탄성지지조건인 실제 축계의 경우에 계의 고유진동수와 응답에 크게 영향을 미치기 때문이다.

11.1.3 위험속도선도

그림 11.8은 HP 회전체의 지지강성을 10^7N/m에서 10^{11}N/m까지 변경하였을 때의 3차 모드까지의 지지강성에 대한 고유진동수의 변화를 나타내고 있다. 그림에서 실선은 전향 휘돌림모드(forward whirl mode)이고, 점선은 후향 휘돌림모드(backward whirl mode)를 나타낸다. 1, 2차 모드의 고유진동수는 베어링 지지강성의 증가에 따라 민감하게 증가하여 10GN/m 이상에서 일정하게 포화되는 경향을 보이며, 3차 모드의 경우는 0.2GN/m까지는 거의 변화가 없다가 그 이상으로 강성이 증가하면 급격히 증가하는 형태를 보인다.

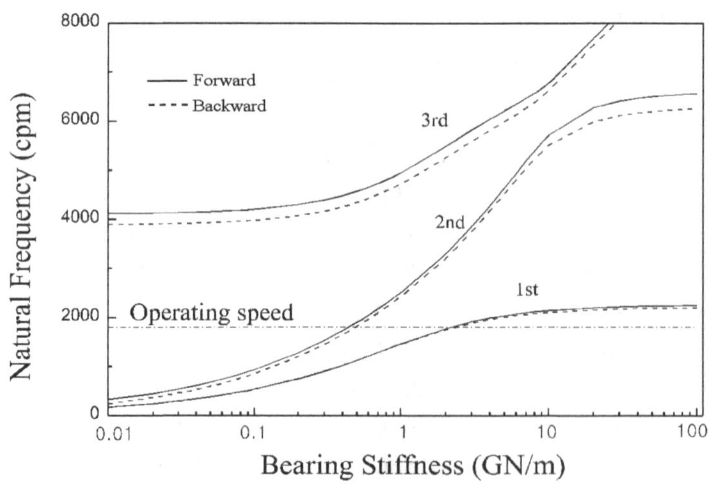

그림 11.8 / 위험속도선도

예를 들어 정격운전속도가 1,800rpm이라면, 지지강성이 약 0.42GN/m에서 2차 고유진동수와 공진을 일으키고, 지지강성이 약 2GN/m인 경우에는 1차 고유진동수와 공진을 일으켜 과도한 진동의 발생이 예상된다. 따라서 기본 설계단계에서 축 형상과 운전속도 또는 변속기계의 경우는 운전속도의 변속영역이 결정되게 되면, 이와 같은 위험속도선도를 통하여 운전속도영역에 고유진동수가 들어오지 않도록, 즉 공진회피설계가 되도록 베어링의 지지강성을 결정하고 이에 적합한 베어링의 형식 또는 형상을 결정하여야 한다. 이러한 측면에서 이 선도는 기본설계단계에서 매우 유용하게 사용된다.

11.1.4 안정성

그림 11.9는 HP 회전체의 안정성을 평가하기 위한 근괘적 선도(root locus map)를 나타낸다. 이 선도는 복소 고유치해석에 의해 얻어진 복소고유치의 실수부분을 수평축에, 허수부분을 수직축으로 하는 복소평면 위에 복소고유치를 회전속도의 변화에 따라 나타낸 것이다. 여러 모드의 복소고유치 중 어느 특성모드의 실수부가 운전속도의 변화에 따라 양의 값을 갖게 되면, 복소평면의 우측으로 이동하게되고 계는 불안정하게 된다. 그림 11.9에서 검은 점으로 나타낸 것은 베어링강성의 연성 항을 무시한 경우이고, 흰 기호들은 연성 항을 고려한 경우이다. 이 계산에서는 베어링의 강성 및 감쇠계수가 회전수에 따라 변화하지 않는 일정한 값으로 계산을 하였기 때문에 회전수의 변화에 대한 변화가 거의 없으나, 일반적으로 저널베어링의 동특성은 회전속도에 따라 크게 변화하므로 회전속도 상승에 따라 계의 안정성이 어떻게 변화하는지, 그리고 불안정한 경우 어느 회전수에서 불안정하게 되는지(이를 안정한계속도라 한다), 그리고 어느 모드가 불안정한지를 일목요연하게 알 수 있다.

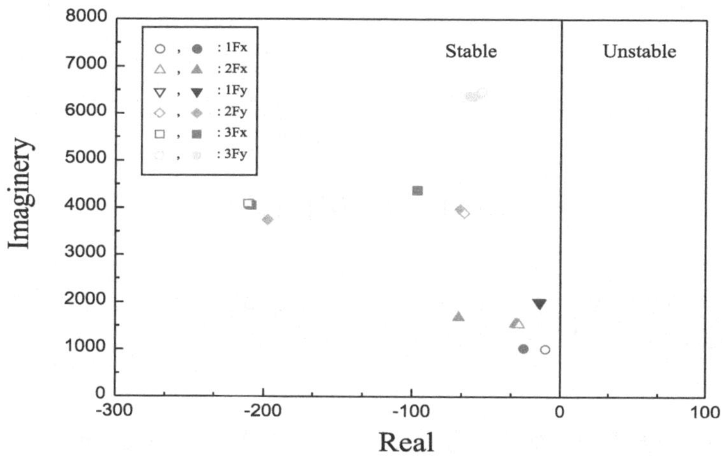

그림 11.9 / 근 괘적 선도

11.1.5 불평형 응답

그림 11.10은 HP 회전체의 중앙부인 절점번호 25에 불평형(unbalance) 0.3933kg · m를 부가하였을 때의 동일위치(절점 25)에서의 수평 및 수직방향의 불평형 응답 계산결과를 나타낸다. 수평방향의 경우 그림 11.8의 Campbell선도에서도 알 수 있듯이 수평 1차 고유진동수(1 F_x)와 동기속도(1X)가 교차하는 1,008.4rpm의 위험속도에서 큰 피크를 나타내고 있고, 수직방향의 진폭도 연성효과에 의해 작은 피크를 보이고 있다. 수직방향의 1차 전향고유진동수와 1X선이 교차하는 2,005rpm의 위험속도에서 수직방향의 진폭이 큰 공진피크를 보이고, 이 회전속도에서 수평방향진폭도 베어링의 연성효과에 의해 피크를 나타내고 있다. 그러나 표 11.5에서 수평방향의 2차 전향고유진동수에 해당하는 위험속도가 1,538rpm에 있으나, 이 회전속도에서는 피크를 나타내지 않는다. 이는 진폭곡선이 2차 모드의 절점 부근인 회전체 중앙부의 진폭을 나타내고 주로 1차 모드를 가진하도록 중앙부에 불평형을 부가하였기 때문에 2차 위험속도가 가진되지 않고 있다.

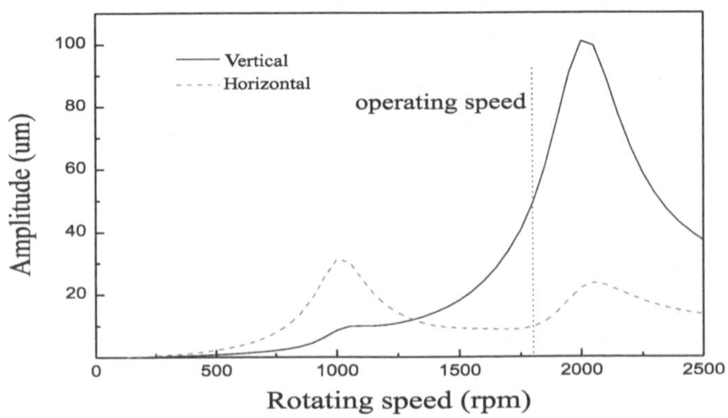

그림 11.10 / 불평형 응답선도

11.2 유도전동기

전기회전기계 중 각종 회전기계의 구동기로서 3상 유도전동기(induction motor)가 가장 널리 사용되고 있다. 유도전동기의 회전자(rotor)에는 일반적으로 질량불평형에 의한 회전주파수성분의 기계적인 가진력과 고정자 철심(stator core)에서 기자력의 불평형에 의한 전원주파수의 2배 주파수를 갖는 전자기력(electromagnetic force)이 기본적인 진동성분으로 작용한다. 따라서 이들 가진주파수가 회전자의 고유진동수에 근접하여 공진을 일으키지 않도록 적절한 분리여유(separation margin)를 두도록 설계되어야 한다. 전동기에서의 불평형 전자기력은 회전자의 편심이 증가될수록 커지고, 이 힘이 회전자를 더욱 편심이 발생하도록 하는 불안정화력으로 작용할 수 있다.

최근 유도전동기는 인버터(inverter)를 이용하여 전원주파수를 변화시킴으로서 운전속도를 폭넓게 변경시키고 있다. 특히 2극의 경우는 4극에 비해 운전속도영역이 2배 크고 강성 항이 시간의 주기적 계수(periodic coefficients)를 가지게 되므로 가진주파수로부터 떨어진 곳에 회전자의 고유진동수가 존재하도록 하는 공진회피설계와 아울러 운전속도범위에서 회전자의 불안정영역(instability zone)을 평가하여 안정화설계가 되도록 하는 것이 중요하다.

이러한 계의 운동방정식은 불평형 전자기력으로 인해 시간함수의 주기적인 계수를 갖는 행렬로 구성되고, 안정문제를 다루기 위한 방법으로 Hill의 방법, 섭동법(perturbation method) 및 Floquet-Liapunov 이론을 이용한 방법 등 여러 방법이 제안되고 있고, 비대칭회전체나 크랙이 있는 회전축에 적용하고 있다.

여기에서는 3상 유도전동기의 기계적 불평형(unbalance)에 의한 회전자의 정적 및 동적 편심(eccentricity)과 전기적 상불평형(phase unbalance)에 기인하는 불평형 전자기력을 기존의 연구결과에 근거하여 해석적으로 유도한다. 그리고 이들 힘에 의한 회전자의 안정성(stability)을 Floquet 이론에 근거한 Bolotin이 제시한 시간전달행렬법(time transfer matrix method)을 이용하여 평가하는 방법을 제안한 저자의 연구결과를 이용하여 설명한다. 아울러 불평형 응답의 계산 예를 설명한다.

11.2.1 전자기력

그림 11.11의 좌표계를 이용하여 나타내면, 회전자 전면에 작용하는 x, y 방향의 전자기력(electromagnetic force) F_{ex}, F_{ey}는 다음과 같이 정의된다.

$$\begin{Bmatrix} F_{ex} \\ F_{ey} \end{Bmatrix} = \frac{lr}{2\mu_0}\int_0^{2\pi} b^2(\Theta, t) \begin{Bmatrix} \cos\Theta \\ \sin\Theta \end{Bmatrix} d\Theta \tag{11.1}$$

여기서 l은 회전자의 철심길이, r은 회전자 반경, μ_0는 공기의 투자율(permeability)이고 통상 이는 철심(core)의 투자율 μ에 비해 훨씬 크므로 μ는 무시한다. $b(\Theta, t)$는 자속밀도(flux density)로 다음과 같이 정의된다.

$$b(\Theta, t) = \mu_0 F_{mmf}(\Theta, t)\,\Lambda(\Theta, t) \quad (\mathrm{Wb/m^2}) \tag{11.2}$$

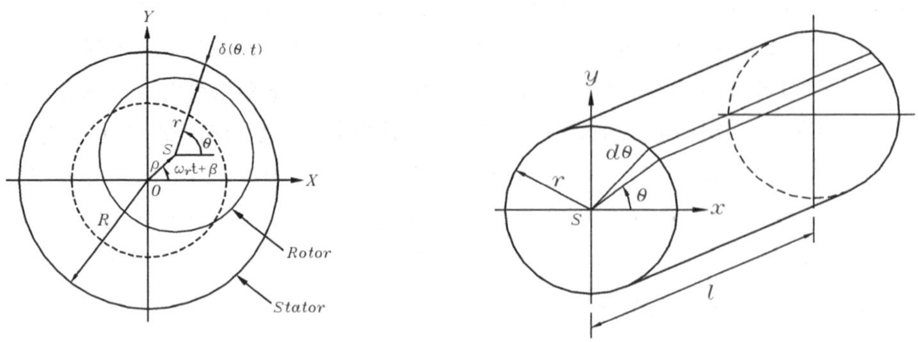

그림 11.11 / 회전자의 좌표계

여기서 $F_{mmf}(\Theta, t)$는 기자력파(magnetomotive force: mmf), $\Lambda(\Theta, t)$는 공극퍼미언스(permeance)이다. 공극 퍼미언스를 평가하기 위해, 그림 11.11과 같이 고정자 중심 O에 원점을 갖는 직교좌표를 설정하면 회전자가 편심이 되어 휘돌림운동을 할 때의 공극(air gap)은 다음과 같이 나타내어진다.

$$\delta(\Theta, t) = \delta_m - \rho\cos(\Theta - \omega_r t - \beta) = \delta_m\{1 - \varepsilon\cos(\Theta - \omega_r t - \beta)\} \tag{11.3}$$

여기서 δ_m은 평균공극($=R-r$), R은 고정자의 내측 반경, r은 회전자의 외측 반경, ρ는 회전자의 편심, ε은 편심율($=\rho/\delta_m$), $\omega_r(=\omega_0(1-s))$은 회전자의 회전각속도, ω_0는 전원 각주파수 (line angular frequency), s는 회전자 회전속도의 슬립율, β는 편심의 초기 위상각이다.

공극 퍼미언스는 공극에 반비례하므로, 따라서 다음과 같이 정의된다.

$$\Lambda(\Theta, t) = \frac{1}{\delta(\Theta, t)} = \frac{1}{\delta_m\{1 - \varepsilon\cos(\Theta - \omega_r t - \beta)\}} \tag{11.4}$$

평형된 3상에서의 회전자계로부터 구해지는 3상 2극에서의 기본기자력파(fundamental mmf component)는 다음과 같이 정의된다.

$$F_{mmf}(\Theta, t) = \frac{3}{2} F_{max}\cos(\Theta - \omega_0 t) \tag{11.5}$$

여기서 $F_{max} = 0.9\,k_w z I_s/(\pi p)$는 Arnold에 의해 제안된 계산식이며, k_w는 권선계자분포(winding factor), z는 1극 1상당 고정자 도체수(conductor number), I_s은 각 상의 전류치(rms), p는 극대수이다.

상 불평형일 때를 고려하면 기자력파는 다음과 같이 불평형이 된다. 3상 중 1상에, 예로 상 a에 $(1-u)$%의 불평형을 가졌다고 가정할 때, 상 a의 전압은 공칭전압(normal value) V의 $u\,V$ Volt 즉, u%이고, 상 b, c는 공칭전압 V를 가지고 있다. 3상 권선의 각각에 발생하는 상 전류는 다음 식으로 된다.

$$i_a = u\,I_m \cos\omega t\ ,\quad i_b = I_m \cos(\omega t - 2\pi/3)\ ,\quad i_c = I_m \cos(\omega t - 4\pi/3)$$

여기서 I_m은 각 상의 전류최대치($=\sqrt{2}\,I_s$)이다. 그러므로 상 불평형을 고려할 때, 각 상의 기자력파의 기여 합력은 다음과 같이 된다.

$$F_{mmf}(\Theta,\ t) = (1+\frac{u}{2})F_{\max}\cos(\Theta-\omega_0 t) - (\frac{1}{2}-\frac{u}{2})F_{\max}\cos(\Theta+\omega_0 t) \tag{11.6}$$

따라서 식(11.2), (11.4) 및 (11.6)을 식(11.1)에 대입하여 회전자 원주방향에 대해 적분하면, x, y방향의 전자기력 F_{ex}, F_{ey}가 다음과 같이 계산되어진다.

$$\begin{aligned}
F_{ex} &= \frac{3}{16}\frac{\pi r l\,A_0^2}{\mu_0\delta_m}\{2(1+u+u^2)\rho\cos(\omega_r t+\beta) \\
&\quad + (2u^2+2u-1)\rho\cos 2\omega_0 t\cos(\omega_r t+\beta) \\
&\quad + (2u+1)\rho\sin 2\omega_0 t\sin(\omega_r t+\beta)\} \\
F_{ey} &= \frac{1}{16}\frac{\pi r l\,A_0^2}{\mu_0\delta_m}\{(2u^2+2u+14)\rho\sin(\omega_r t+\beta) \\
&\quad + (6u+3)\rho\sin 2\omega_0 t\cos(\omega_r t+\beta) \\
&\quad + (2u^2+2u-13)\rho\cos 2\omega_0 t\sin(\omega_r t+\beta)\}
\end{aligned} \tag{11.7}$$

여기서 $A_0 = \mu_0 F_{\max}/\delta_m$ 이다.

그림 11.11과 같이 회전자의 휘돌림반경 ρ와 축 중심 $S(x,\ y)$의 x, y축 방향의 변위는 다음과 같은 관계가 있다.

$$x = \rho\cos(\omega_r t+\beta)\ ,\quad y = \rho\sin(\omega_r t+\beta) \tag{11.8}$$

식(11.8)을 이용하여 식(11.7)을 행렬식으로 나타내면 다음과 같이 된다.

$$\begin{bmatrix} F_{ex} \\ \\ F_{ey} \end{bmatrix} = \begin{bmatrix} k_m - \frac{3}{16}(2u^2 + 2u - 1)A_1 \cos 2\omega_0 t & -\frac{3}{16}(2u+1)A_1 \sin 2\omega_0 t \\ -\frac{3}{16}(2u+1)A_1 \sin 2\omega_0 t & k_m + \frac{1}{16}(13 - 2u + 2u^2)A_1 \cos 2\omega_0 t \end{bmatrix} \begin{bmatrix} x \\ \\ y \end{bmatrix}$$
(11.9)

여기서

$$A_1 = \frac{\pi r l A_0^2}{\mu_0 \delta_m}, \quad k_{m1} = k_s - \frac{6}{16}(u^2 + u + 1) A_1, \quad k_{m2} = k_s - \frac{1}{16}(2u^2 + 2u + 14) A_1.$$

식(11.9)를 보면 전자기력은 계의 강성을 감소시키는 음 강성(negative stiffness)으로 작용하고, $2\omega_0 t$ 의 주기로 계수 여진되는 것을 알 수 있다. 또한 상 불평형의 증가에 따라 계수여진(parametric excitation)의 비대칭성이 커지게 된다.

11.2.2 안정성 판별

일반적인 다자유도계의 운동방정식으로부터 계의 안정성을 평가하기 위해서는 다음 식과 같은 동차방정식의 해를 조사해야 한다.

$$M\ddot{q} + C\dot{q} + K(t)q = 0 \tag{11.10}$$

식(11.10)에서 강성행렬 $K(t)$는 식(11.9)에서 보듯이 주기 $T = \pi/\omega_0$의 시간함수를 계수로 가지는 행렬이 된다. 따라서 식(11.10)은 엄밀해를 구하기 어렵다. 그러나, Floquet의 이론에 따르면 해의 일반적인 형은 다음과 같이 주어질 수 있다.

$$q = e^{rt} R(t) \tag{11.11}$$

여기서 $R(T+t) = R(t)$, $r = \ln\tau / T$ 이다.

따라서 한 주기 후의 변위는 다음과 같이 된다.

$$q(T+t) = \tau q(t)$$

Bolotin은 Floquet의 이론을 확장하여 n 연립의 2계 미분방정식의 특성이 다음과 같음을 보였다.

$$\frac{dq}{dt} + \Phi(t)\, q = 0 \tag{11.12}$$

여기서 $\Phi(T+t) = \Phi(t)$, $q = q_1, \cdots, q_n, \dot{q}_1, \cdots, \dot{q}_n$이다.

식(11.12)의 해 q를 선형독립인 해의 결합으로 나타낼 수 있고, 다음과 같이 정의된다.

$$Q = \begin{bmatrix} q_{11} & \cdots & q_{1m} \\ \vdots & \ddots & \vdots \\ q_{m1} & \cdots & q_{mm} \end{bmatrix}, \quad (m = 2n)$$

식(11.12)는 다음의 식으로 쓸 수 있다.

$$\frac{dQ}{dt} + \Phi(t)\, Q = 0 \tag{11.13}$$

식(11.12)와 같이 식(11.13)에서도 한 주기 후의 $Q(T+t)$가 해로 만족되어야 한다. 따라서 $Q(t)$가 선형 독립인 해이므로 선형결합으로 나타낼 수 있다.

$$Q(T+t) = T_f Q(t) \tag{11.14}$$

여기서 T_f는 $2n \times 2n$의 주기 T의 시간전달행렬이다. T_f는 $2n$개의 고유치를 가지게 되며, 선형변환으로 대각행렬(diagonal matrix)을 만들어 식(11.14)에 대입하면 다음과 같이 된다.

$$q_k(T+t) = \tau_k\, q_k(t), \quad (k = 1, \cdots, 2n)$$

여기서 q_k는 $Q(t)$의 k번째 행의 벡터, τ_k는 T_f의 k번째 고유치이다.

Floquet의 이론에 따라 해는 다음의 형태가 된다.

$$q_k(t) = \Psi_k(t)\, e^{(t/T)\ln \tau_k} \tag{11.15}$$

τ_k가 일반적으로 복소고유치이므로, $\ln \tau_k = \ln|\tau_k| + i \arg \tau_k$를 식(11.15)에 대입하면

$$q_k(t) = \Psi_k(t)\, e^{(t/T)\ln|\tau_k|} \tag{11.16}$$

여기서 $\Psi_k(t) = N_k(t)\, e^{(it/T)\arg \rho_k}$, $N_k(T+t) = N_k(t)$이다.

식(11.16)에서 안정성의 평가는 고유치의 크기 $|\tau_k|$에 의존한다. 안정성의 판별을 정리하면 다음과 같다.

$$|\tau_k| < 1 : \text{안정 (asymptotically stable)}$$
$$|\tau_k| = 1 : \text{안정한계 (marginally stable)} \quad (11.17)$$
$$|\tau_k| > 1 : \text{불안정 (unstable)}$$

주기 T를 n구간으로 일정하게 나누면, 각 구간의 간격은 $h = T/n$으로 된다. 각 구간에서의 시간전달행렬 T_i는

$$q(h) = T_0 q(0),\ q(2h) = T_1 q(h),\ \cdots,\ q(nh) = T_{n-1} q((n-1)h) \quad (11.18)$$

따라서 한 주기동안의 시간전달행렬은 다음과 같이 정의된다.

$$T_f = T_{n-1} \cdots T_2 T_1 T_0 \quad (11.19)$$

식(11.10)에서 각 구간의 시간전달행렬을 Newmark β법을 이용하여 구하면 다음과 같다.

$$T_i = \begin{bmatrix} F & E \\ \dfrac{2(F-I)}{h} & \dfrac{2E}{h} - I \end{bmatrix} \quad (11.20)$$

여기서 $E = D^{-1}(\frac{4M}{h})$, $F = D^{-1}(\frac{4M}{h^2} + \frac{2C}{h} - K_i)$, $D = \frac{4M}{h^2} + \frac{2C}{h} + K_{i+1}$, I는 단위행렬이다.

11.2.3 불평형 응답

기계적 불평형과 회전자의 정적 편심 $(x_s,\ y_s)$에 기인하는 외력은 다음과 같이 표현된다. 즉, 아래 식의 우변 첫 항은 정적 편심에 기인하는 전자기력의 항이고, 둘째 항은 기계적 불평형력을 나타낸다.

$$\begin{bmatrix} F_x \\ F_y \end{bmatrix} = A_1 \begin{bmatrix} \frac{6}{16}(u^2+u+1)+\frac{3}{16}(2u^2+2u-1)\cos 2\omega_0 t & \frac{3}{16}(2u+1)\sin 2\omega_0 t \\ \frac{3}{16}(2u+1)\sin 2\omega_0 t & \frac{1}{16}(2u^2+2u+14)-\frac{1}{16}(13-2u-2u^2)\cos 2\omega_0 t \end{bmatrix} \begin{bmatrix} x_s \\ y_s \end{bmatrix} + \begin{bmatrix} mu_n\omega_r^2\cos(\omega_r t+\beta) \\ mu_n\omega_r^2\sin(\omega_r t+\beta) \end{bmatrix} \tag{11.21}$$

식(11.21)과 같은 형태의 전동기 회전자 축계에 대해 기계적 불평형과 정적 편심에 의한 외력 그리고 동적 편심에 의해 계수 여진되는 계의 운동방정식은 다음과 같이 표현된다.

$$\boldsymbol{M}\ddot{\boldsymbol{q}} + \boldsymbol{C}\dot{\boldsymbol{q}} + \boldsymbol{K}(t)\boldsymbol{q} = \boldsymbol{F}(t) \tag{11.22}$$

식(11.22)의 시간이력응답은 안정성해석에서와 같이 다음의 Newmark β법을 이용하여 구할 수 있다. 즉, 시간증분 h 후의 시간 t_{i+1}에서의 평형방정식은 다음과 같다.

$$\boldsymbol{M}\ddot{\boldsymbol{q}}_{i+1} + \boldsymbol{C}\dot{\boldsymbol{q}}_{i+1} + \boldsymbol{K}_{i+1}\boldsymbol{q}_{i+1} = \boldsymbol{F}_{i+1} \tag{11.23}$$

여기서

$$\dot{\boldsymbol{q}}_{i+1} = -\dot{\boldsymbol{q}}_i + \frac{2}{h}(\boldsymbol{q}_{i+1} - \boldsymbol{q}_i) \tag{11.24}$$

$$\ddot{\boldsymbol{q}}_{i+1} = -\ddot{\boldsymbol{q}}_i + \frac{4}{h^2}(\boldsymbol{q}_{i+1} - \boldsymbol{q}_i - h\dot{\boldsymbol{q}}_i) \tag{11.25}$$

식(11.24)와 (11.25)를 식(11.23)에 대입하여 정리하면, 다음 식이 유도된다.

$$\boldsymbol{D}\boldsymbol{q}_{i+1} = \boldsymbol{M}\ \ \ddot{\boldsymbol{q}}_i + \frac{4}{h}\dot{\boldsymbol{q}}_i + \frac{4}{h^2}\boldsymbol{q}_i\ \ + \boldsymbol{C}\ \ \dot{\boldsymbol{q}}_i + \frac{2}{h}\boldsymbol{q}_i\ \ + \boldsymbol{F}_{i+1} \tag{11.26}$$

여기서 $\boldsymbol{D} = 4\boldsymbol{M}/h^2 + 2\boldsymbol{C}/h + \boldsymbol{K}_{i+1}$이다. 또한, 초기조건은 초기변위와 초기속도벡터를 각각 $\boldsymbol{q}_0$와 $\dot{\boldsymbol{q}}_0$라 하면, 다음과 같이 된다.

$$t=0\,;\boldsymbol{q}(0)=\boldsymbol{q}_0,\dot{\boldsymbol{q}}(0)=\dot{\boldsymbol{q}}_0,\ddot{\boldsymbol{q}}(0)=\boldsymbol{M}^{-1}[\boldsymbol{F}(0)-\boldsymbol{C}\dot{\boldsymbol{q}}(0)-\boldsymbol{K}\boldsymbol{q}(0)] \quad (11.27)$$

초기조건 식(11.27)을 식(11.26)에 대입하여 구한 한 step후의 변위응답을 식(11.24)와 식(11.25)에 차례대로 대입함으로서 계의 속도 및 가속도 시간응답을 구할 수 있다.

11.2.4 실제 전동기에의 적용 예

1) 유도전동기의 모델링

계산 예로서 실제 현재 생산되고 있는 유도전동기를 이용하여 앞 절에서 설명한 안정성해석과 불평형응답해석의 결과를 나타낸다. 전동기의 주요 사양과 모델을 표 11.6과 그림 11.12에 각각 나타내었다.

표 11.6 / 유도전동기의 데이터

전동기 사양	축 요소
2 Pole, 60Hz, 280kW, 중량: 2864N δ_m = 1.7mm, z = 128, k_w= 0.7946 I_s = 5A (무부하)~27.5A (전부하)	길이: 1.82m, 중량: 1549N E = 206GN/m^2, G = 83.06GN/m^2 γ = 77kN/m^3

베어링의 동적 계수		
	강성계수 (MN/m)	감쇠계수 (MN·s/m)
NU217 (Driven side)	$k_{yy}=k_{zz}=85.4$ $k_{yz}=k_{zy}=0$	$c_{yy}=c_{zz}=0.854/\Omega$ $c_{yz}=c_{zy}=0$
6217 (Driven side)	$k_{yy}=k_{zz}=38.6$ $k_{yz}=k_{zy}=0$	$c_{yy}=c_{zz}=0.386/\Omega$ $c_{yz}=c_{zy}=0$
NU217 (End side)	$k_{yy}=k_{zz}=101$ $k_{yz}=k_{zy}=0$	$c_{yy}=c_{zz}=1.01/\Omega$ $c_{yz}=c_{zy}=0$

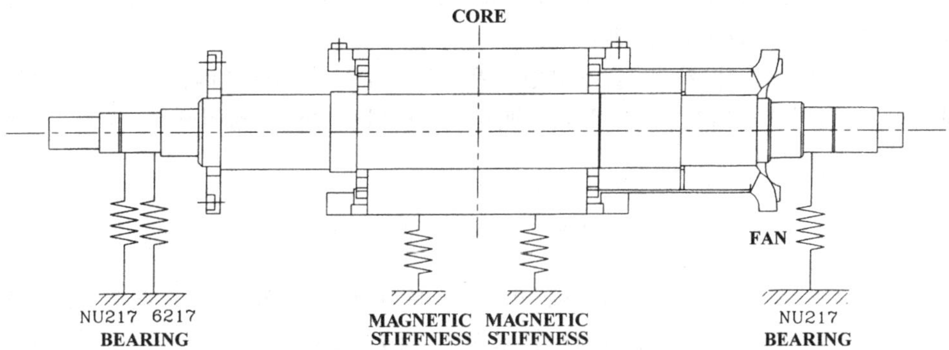

그림 11.12 / 전동기 축계의 개략도

전동기 회전축계의 행렬 M, C, K의 구성은 전단변형을 고려한 Timoshenko축 요소의 유한요소모델(FEM)을 이용하여 구성하고, 축 요소는 24개로 분할하였다. 전동기 축계에 작용하는 전체 불평형 전자기력 F_{ex}, F_{ey}는 그림 11.12에서와 같이 두 절점에 집중하여 작용하는 것으로 하였다. 좌측베어링은 롤러베어링(NU217)과 볼베어링(6217)으로, 우측베어링은 롤러베어링(NU217)으로 지지되어 있다. 회전자 코어(core)의 질량은 결합되는 축 요소의 절점 5에 집중질량으로 부가하여 계산을 수행하였다. 또한 운전속도는 3,576rpm(59.6Hz)이고, 불평형량은 ISO 1940의 G6.3에 의해 구한 7,929g · ㎜를 코어의 양 끝단에 2등분하여 부가하였다.

2) 안정성해석

그림 11.13은 불평형 전자기력에 따른 주기적 계수 A_1에 대한 불안정영역을 전원주파수 ω_0로 나타내었다. 여기서 ω_{1F}, ω_{2F}는 전자기력을 고려하지 않은 회전자 축계의 1, 2차 전향(forward) 고유진동수이고, ω_{1F}', ω_{2F}'는 주기적 파라미터 성분이 제외된 전자기력만을 고려한 축계의 1, 2차 전향 고유진동수이며, 운전속도는 3,576rpm(59.6Hz)이다. 다자유도계에서 발생되는 불안정영역은 파라미터 가진이 $2\omega_0 t$일 때, 일반적으로 다음 식과 같은 영역에서 발생한다.

$$\omega_0 = \frac{\omega_i'}{k}, \quad \omega_0 = \frac{|\omega_i' \pm \omega_j'|}{2k} \quad (i \neq j, \ i, j, k = 1, 2, 3, \cdots) \tag{11.28}$$

여기서 ω_i', ω_j'는 i, j차 고유진동수이다. 실제 발생되는 불안정영역은 시간전달행렬의 고유치를 조사하여 확인해야 한다.

그림 11.13에서 최저 차의 불안정영역은 $\omega_0 = \omega_1'$의 파라미터 공진부분이다. 그리고 고차에서의 불안정영역은 다자유도계에서 나타나는 불안정영역으로 다음의 결합파라미터 공진에 대응한다.

$$\omega_0 = (\omega_1' + \omega_j')/2 \quad (j = 2,\ 3,\ \cdots) \tag{11.29}$$

그림 11.14는 상 불평형의 크기에 따른 전부하와 운전영역에서 불안정영역의 변화를 나타내었다. 상 불평형이 생김에 따라 평형된 상일 때와는 다른 $\omega_0 = \omega_1'/3$의 분수 파라미터 공진(parametric resonance of fractional order)이 나타남과 상 불평형이 커질수록 분수 파라미터 공진부분이 넓어짐을 알 수 있다. 이는 파라미터 가진의 비대칭의 영향으로 고려된다. $\omega_0 = \omega_1'$의 파라미터 공진에서의 변화는 상 불평형이 증가(+ 방향으로)될수록 파라미터 가진의 계수가 증가되므로 불안정영역이 증가함과 ω_1'의 감소로 상부 한계선이 낮아짐을 알 수 있다. 본 대상의 실제 운전영역부근에서 발생되는 불안정영역은 파라미터 공진부분이다. 운전영역에서 고려하면 전부하(full load)와 무부하(no load)시에는 안전영역에 있지만, 부하변동 시에는 부가전류의 변화로 불안정영역에 들어가게 되어 불안정 진동이 발생할 수 있다. 또한 과도운동 시, 즉 전동기가 시동, 정지 시 불안정영역을 통과하게 됨을 알 수 있다.

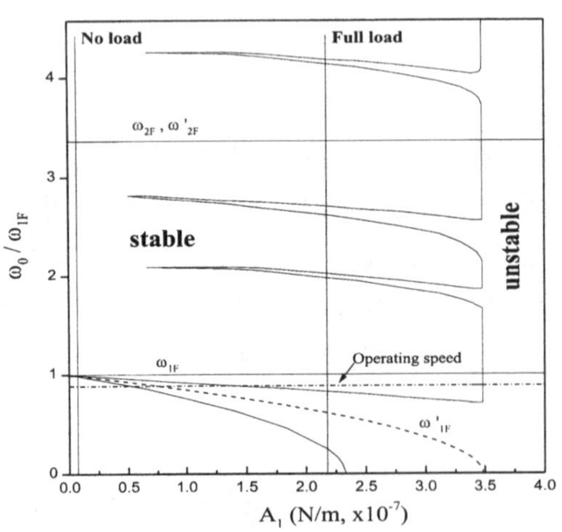

그림 11.13 / 전동기 회전자 축계의 불안정영역

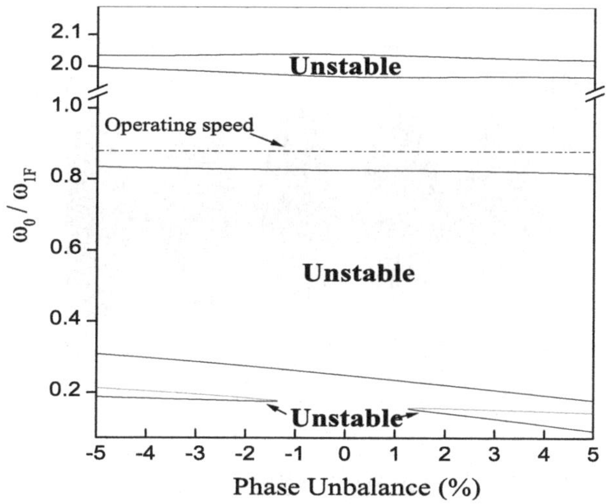

그림 11.14 / 상전압 불평형의 영향(전부하 시)

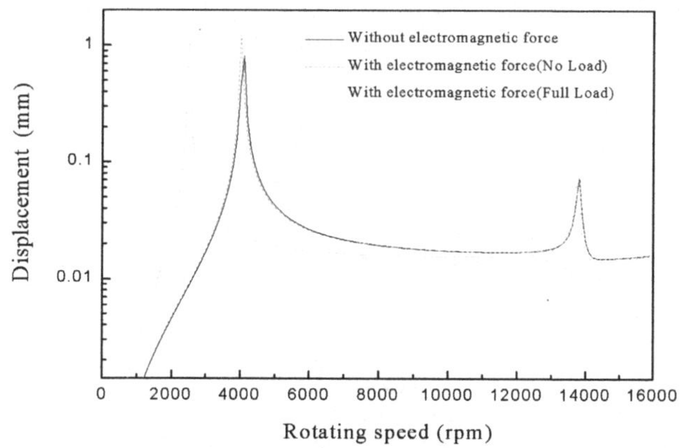

그림 11.15 / 불평형 응답곡선

3) 불평형 응답

그림 11.15는 대상 계의 불평형 전자기력을 고려하지 않을 때와 전부하, 무부하일 때의 파라미터 가진 성분을 제외한 전자기력의 정상성분만을 고려하였을 때, 코어중앙부(절점 12)의 정상상태응답을 나타낸 것이다. 불평형 전자기력이 증가할수록 고유진동수가 감소한다. 따라서 부하의 증가에 따라 불평형 응답에서 공진점도 낮아짐을 알 수 있다. 무부하일 때의 공진진폭이 큰 것은 감쇠가 운전속도에 역수의 비로 고려했기 때문이다.
또한 그림 11.15는 코어 양끝 단의 불평형 질량을 동위상으로 부가할 때의 정상응답이다.

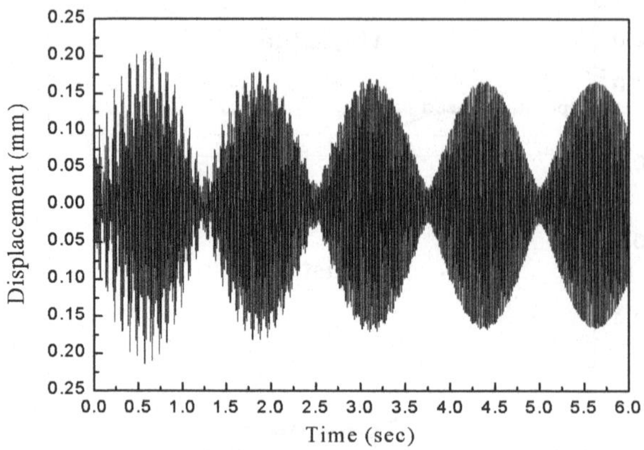

(a) 시간이력응답

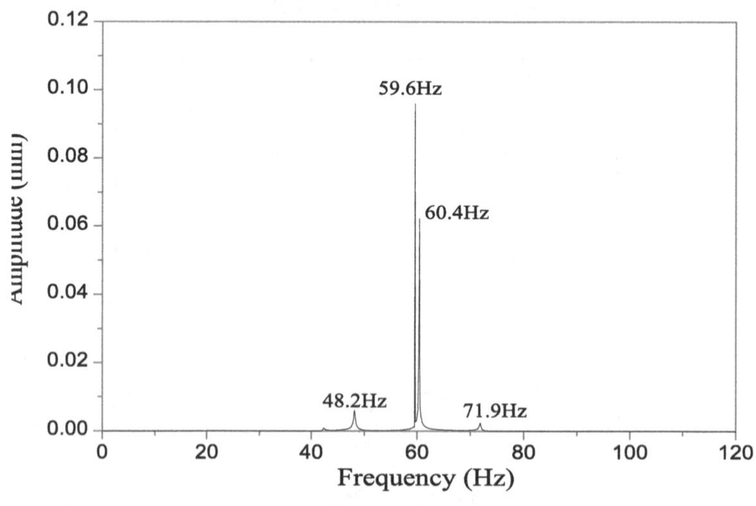

(b) 주파수 스펙트럼

그림 11.16 / 불평형의 시간이력응답과 주파수 스펙트럼(상 평형 시)

그림 11.16은 파라미터 가진성분을 고려하여 전부하의 운전속도에서 Newmark β법을 이용하여 12번째 절점의 x축 방향의 변위에 대한 시간응답과 주파수스펙트럼을 구한 것이다. 시간응답이 울림(beat)이 되는 것은 파라미터 가진의 전원주파수 f_0와 불평형가진의 회전주파수 f_r 사이에 슬립주파수($f_s = f_0 - f_r$)의 차가 있기 때문에 슬립주파수의 2

배로 나타난다. 또한 초기에는 파라미터 가진에 의한 자유진동성분의 진폭변조에 의해 운전주파수에 대해 측대역(sideband) 성분이 48.2Hz와 71.9Hz에서 나타나고, 시간의 증가에 따라 점차 감소되어 간다.

그림 11.17은 상전압의 불평형 고려할 때, 즉 3상중 1상에서 -5%, +5%의 상전압 불평형이 발생하였을 때와 상 평형(0%)일 때의 시간응답을 주파수스펙트럼 분석한 것이다. 이 때 상 불평형이 커질수록 응답진폭이 작아지는 것은 안정성해석에서도 언급되었듯이 운전속도에서는 불안정영역에서 멀어져서 계가 더욱 안정영역에 들어가기 때문이다.

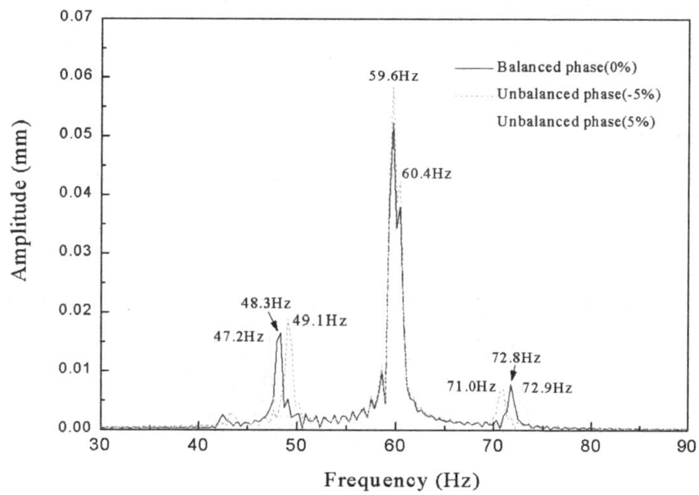

그림 11.17 / 상 불평형의 영향

11.3 양수발전소용 수차·발전기

전력수요는 심야에 비해 주간의 부하가 매우 크며, 특히 오후에 피크치가 높다. 이와 같은 전력수요의 불균형에 대응하기 위해 물의 위치에너지를 이용하여 수차로 전력을 발생시키는 **양수발전소**(pumped storage power stations)가 널리 이용되고 있다. 이는 고온·고압의 증기를 사용하는 대용량 화력발전소로는 급격한 부하 변경에 신속히 대응하기 어렵고, 특히 부분부하에서 발전플랜트의 효율이 감소하여 경제성이 없는 반면, 양수발전소는 수량을 조절하여 발생전력을 단시간에 변경할 수 있고, 야간의 잉여 전력을 이용하여 물을 상부저수지에 양수하였다가 주간의 피크부하에 이용할 수 있기 때문이다. 양수발전소에서 동일한 양의 전력을 생산하는 경우, 상부 및 하부저수지의 고도차(낙차)가 클수록 유량이 적게되고, 설비가 소형화된다. 따라서 낙차 600m 이상의 초고낙차 양수발전소가 건설되고 있다. 또한 최근에는 운전모드에 따라 하나의 임펠러에 펌프와 수차의 작용을 겸용시키는 **펌프수차**(reversible pump turbine)로 수직형 프랜시스(Fransis) 수차가 널리 사용되고 있다.

고낙차화를 실현하기 위해서는 펌프수차 런너(runner) 외주의 속도를 증가시킬 필요가 있으며, 동일 용량기에 대해서는 높은 회전속도의 기계가 채용되고 있다. 이와 같은 고낙차화에 따른 고속화에 의해 런너 원주속도, 유속, 내부압력 및 수압 맥동이 증가하기 때문에 펌프수차의 구성 기기는 성능, 강도 및 진동측면에서 더욱 가혹한 조건에 견딜 수 있도록 설계, 제작되어야 한다. 특히 고속화에 의해 축의 위험속도에 대한 분리여유(separation margin)가 적게되고, 또한 경량화에 의한 관성질량의 감소에 따라 부하차단시의 축 회전속도 상승이 무구속 속도(runaway speed)에 접근할 위험이 생기게 된다. 이러한 경우에는 축계의 진동해석을 충분히 파악한 설계를 할 필요가 있고, 정도 높은 회전체 진동해석을 수행하지 않으면 안 된다. 특히 고낙차, 고속 수차터빈의 설계에서는 펌프수차에서 발생하는 유체가진력 특성, 발전기전동기의 자기흡인력 특성, 베어링의 유막력 특성을 면밀히 검토하고, 이를 토대로 정도 높은 위험속도의 계산과 진동응답의 검토가 설계단계에서 이루어져야 한다.

11.3.1 전자기력

발전기/전동기 회전자의 편심에 의해 발생하는 **불평형 전자기력**(electromagnetic force)은 일반적으로 부 강성(negative stiffness)으로 작용하기 때문에 회전축계의 고유치, 고유모드와 불평형 응답에 많은 영향을 미친다. 따라서 진동해석시 발전기/전동기 회전자에서 발생하는 전자기력을 고려해야 하며, Behrend의 평가식이 널리 이용되고 있다. 즉, 전자기력은 선형범위 내에서는 강성과 변위의 곱의 형식으로 표현할 수 있고, 전자기 강성(electromagnetic stiffness) K_e는 다음과 같이 표현된다.

$$K_e = \frac{SB^2}{2.5\delta} \quad (\mathrm{MN/m}) \tag{11.30}$$

여기서, $S = \pi Dl/C$, $B = 1.11CB_g$로 주어지며, D는 고정자 직경(m), l은 적층 길이(m), C는 Carter 계수, B_g는 평균자속밀도(T), δ는 평균공극길이(m)이다. 표 11.7의

실제 펌프/수차터빈 · 발전기/전동기에 대해 식(11.30)을 이용하여 정격운전속도에서 운전모드에 따라 전자기 강성을 구하면, 표 11.6과 같이 전동기모드에서는 운전속도에서 베어링 강성(그림 11.20)의 약 20%정도의 비교적 큰 강성이 얻어지고, 이를 고려하여 해석해야 함을 알 수 있다.

표 11.6 / 전자기 강성의 계산 예

운전 모드	I (A)	K_e (MN/m)
전동기 모드	11,967	827.174
발전기 모드	1,615	169.844

11.3.2 수력학적 불평형력

수력학적 불평형(hydraulic unbalance)에 의한 반경력(radial force)은 벌류트 내부, 토출 및 유입흐름의 비대칭으로 발생하는 힘으로, 이 힘은 일반적으로 휘돌림 속도비(Ω/ω)와는 관계없이 일정하다. 일반적으로 이 불평형에 의해 발생하는 동적 유체력은 런너의 회전수 성분에 대응하는 저주파수(low cycle) 성분과 깃 통과주파수(nZ) 성분의 고주파수 성분으로 분리하여 나타낼 수 있다. 즉,

$$F_{low} = K_{rd}\alpha\gamma DB^{*}H \tag{11.31}$$

$$F_{nZ} = K_{rd}\beta\gamma DB^{*}H \tag{11.32}$$

여기서 K_{rd}는 무차원 동적 반경추력계수, α는 비교회전도 N_s에 의한 수정계수, β는 임펠러 선단의 틈새비에 의한 수정계수, γ는 액체의 비중량, H는 단당 양정, D는 임펠러 외경이고, B^{*}는 임펠러 출구폭이다. 따라서 식(11.31)과 (11.32)를 이용하여 수력학적 불평형을 평가하고, 이를 이용하여 응답을 계산한다.

전자기력을 고려한 펌프/수차터빈 · 발전기/전동기 축계의 운동방정식은

$$M\ddot{q} + (C_b - \Omega G)\dot{q} + (K_s + K_b - K_e)q = F \tag{11.33}$$

여기서 M은 질량행렬, G는 자이로스코픽 행렬, C_b와 K_b는 베어링의 감쇠 및 강성행렬이고, K_s는 축 요소의 강성행렬, K_e는 전자기력에 의한 강성행렬, Ω는 회전각속도 그리고 F는 기계적 불평형력과 수력학적 불평형력을 나타낸다.

11.3.3 실제 펌프/수차터빈·발전기/전동기 축계에의 적용 예

그림 11.18에 저자 연구실에서 개발한 펌프/수차터빈 · 발전기/전동기 축계용 진동해석 소프트웨어 「TPVIBRA」의 초기화면과 개략적인 구조도를, 표 11.7에는 계산에 이용된 양수발전시스템의 주요 사양을 나타낸다. 양수발전플랜트용 회전축계는 수직으로 설치되고, 크게 회전축, 펌프/수차터빈 런너(runner), 발전기/전동기 회전자(rotor), 3개의 가이드 베어링(guide bearing)으로 구성되어 있으며, 발전기/전동기축과 펌프/터빈축은 커플링(coupling)으로 강(rigid) 결합되어 있다.

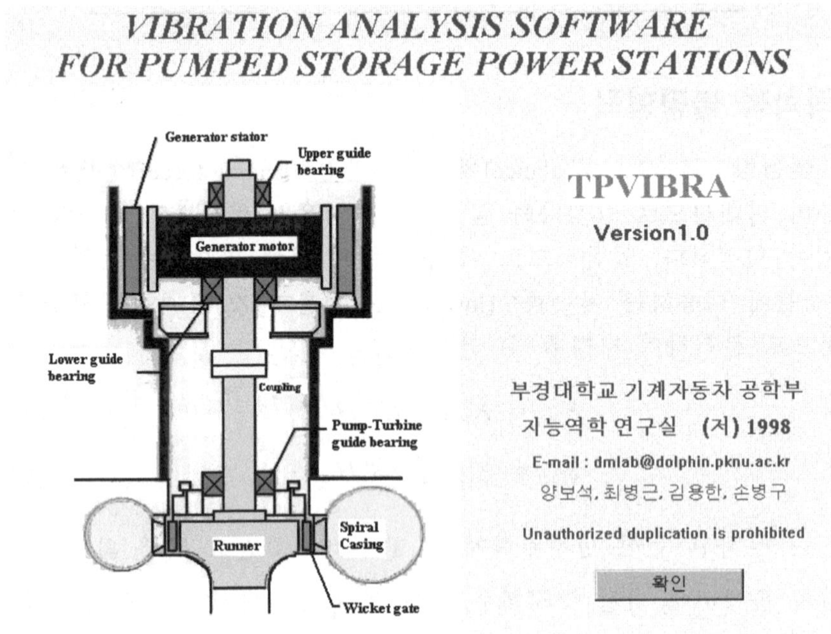

그림 11.18 / 펌프/수차터빈·발전기/전동기 축계의 개략도

가이드 베어링은 펌프/수차터빈측 베어링, 발전기/전동기의 하부 및 상부 가이드베어링으로 이루어져 있고, 하부베어링은 축방향의 하중을 지지하는 스러스트 베어링과 반경방향의 가이드 베어링이 같이 결합되어 있다.

양수발전플랜트의 운전모드는 회전체의 정회전과 역회전의 회전방향의 변경에 따라 주간에는 발전모드, 야간에는 펌프모드로 운전되는 특성을 가지고 있다. 또한, 수직 회전체는 런너 버킷(bucket)에 작용하는 유체의 과대한 수력적인 반경력에 의해 휘돌림

진동이 발생하기 쉬운 특징이 있다. 따라서 베어링 특성을 포함한 회전축계의 정교한 해석 및 이에 기초한 동적 설계가 이루어져야 한다.

표 11.7 / 양수발전시스템의 주요 사양

<table>
<tr><td rowspan="6">펌프/
수차터빈</td><td>형식</td><td colspan="2">가역 Francis 펌프/터빈, 나선형 케이싱</td></tr>
<tr><td>운전속도</td><td colspan="2">450 rpm</td></tr>
<tr><td>운전 모드</td><td>수차터빈</td><td>펌프</td></tr>
<tr><td>최대 출력/입력</td><td>336 MW</td><td>330 MW</td></tr>
<tr><td>최대 양정</td><td>579.5 m</td><td>601.2 m</td></tr>
<tr><td>최대 유량</td><td>65 m^3/s</td><td>53.7 m^3/s</td></tr>
<tr><td rowspan="3">발전기/
전동기</td><td>운전 모드</td><td>발전기</td><td>전동기</td></tr>
<tr><td>출력</td><td>343,000 kVA</td><td>330,000 kW</td></tr>
<tr><td>전압, 주파수, 역률</td><td colspan="2">18,000 V, 60 Hz, 0.9</td></tr>
<tr><td rowspan="4">가이드
베어링</td><td>형식</td><td colspan="2">경사패드(tilting pad) 베어링</td></tr>
<tr><td>패드 수, Pad arc</td><td colspan="2">8개, 26°</td></tr>
<tr><td>베어링직경</td><td colspan="2">터빈:1.45 m, 상부:1.3 m, 하부: 2.555 m</td></tr>
<tr><td>베어링길이, 입구온도</td><td colspan="2">0.4 m, 40℃</td></tr>
</table>

그림 11.19는 회전축계의 진동해석을 위한 모델링을 나타내며, 그림과 같이 변단면 중공축 요소, 베어링요소 및 원판 요소로 축계를 모델링한다.

축 요소에 대해서는 회전관성과 전단변형을 고려한 Timoshenko축 이론에 기초한 유한요소로 분할하며, 수차런너 및 발전기/전동기 회전자와 같이 관성 모멘트를 무시할 수 없는 경우는 원판요소로 고려하여 극관성 모멘트와 회전관성 모멘트를 각각의 대응하는 절점에 부가한다. 발전기/전동기 회전자는 부가질량, 회전관성 모멘트 및 극관성 모멘트가 3개의 리브(rib) 부분에 집중하여 작용하는 것으로 고려한다.

런너 내에 충전된 물에 대한 부가질량(add mass)의 평가는 기존의 실적치(경험치)를 참고하여 런너 질량의 0.9배를 이용하고, 이 값이 런너부 절점에 집중 부가질량으로 작용하는 것으로 한다.

베어링에 작용하는 힘은 유한차분법을 이용하여 평가하고, 그 요소의 중앙에 집중하여 작용하는 것으로 하여 선형 스프링과 감쇠기로 모델링한다.

아울러 전자기력에 의한 전자기 강성은 회전자의 중앙 부분에 집중하여 작용하는 선형스프링(linear spring)으로 고려한다.

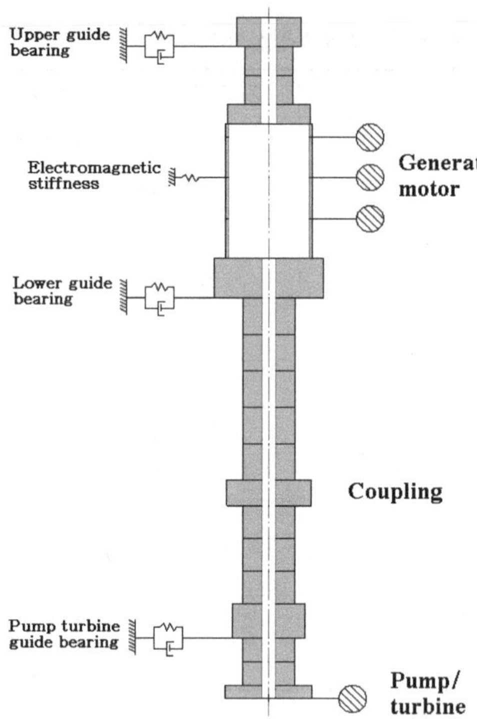

그림 11.19 / 펌프/수차터빈·발전기/전동기 축계의 개략도

그림 11.20은 유한차분법을 이용하여 계산된 가이드베어링의 동특성에 대한 계산결과이다. 이들 가이드 베어링은 모두 8개의 경사패드(tilting pad) 형식의 수직형 베어링으로, 10.1.3절에서 언급한 기존의 수평형 회전기계에서 널리 이용되는 4개 또는 5개의 패드를 가지는 베어링에 대한 Journal Bearing Databook의 자료를 이용할 수 없다. 이 수직형 경사패드베어링은 구조적으로 강성 및 감쇠계수의 연성항(k_{xy}, k_{yx}, c_{xy}, c_{yx})이 존재하지 않고, 등방성의 강성계수($k_{xx}= k_{yy}$) 및 감쇠계수($c_{xx}= c_{yy}$)를 가진다.

펌프/수차터빈 가이드 베어링의 감쇠계수를 제외하고는 모든 베어링의 강성 및 감쇠계수 값은 대체로 비슷한 경향을 가지며, 강성계수는 회전속도의 증가에 따라 증가하지만, 감쇠계수는 감소하는 특성을 보인다. 아울러 외력에 대한 휘돌림 진동을 억제하기 위해 상당히 큰 지지강성을 가지는 것을 알 수 있다.

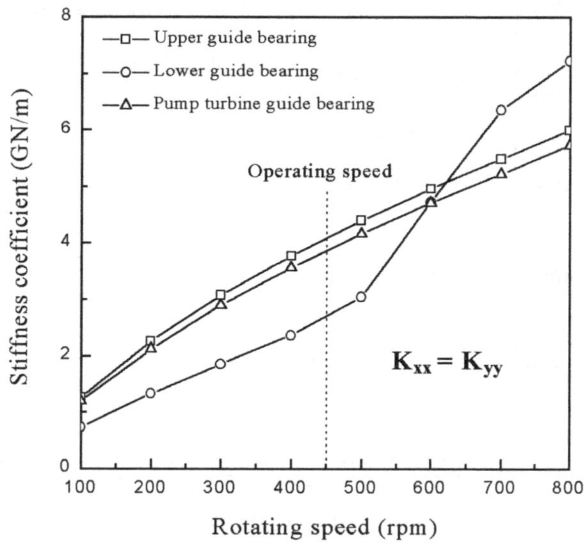

(a) 강성계수

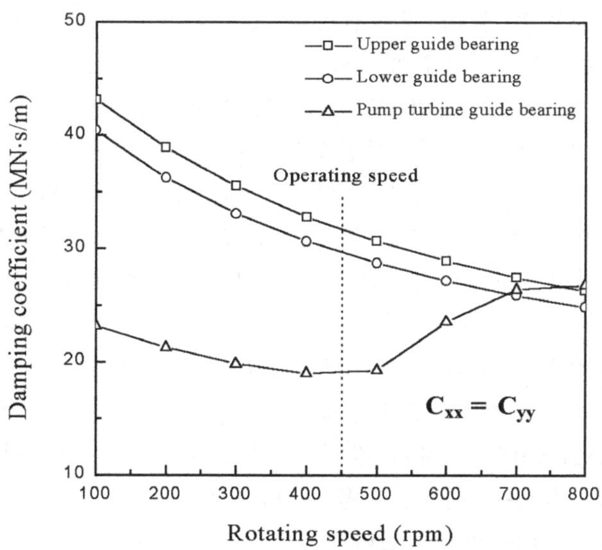

(b) 감쇠계수

그림 11.20 / 베어링의 동특성 계수

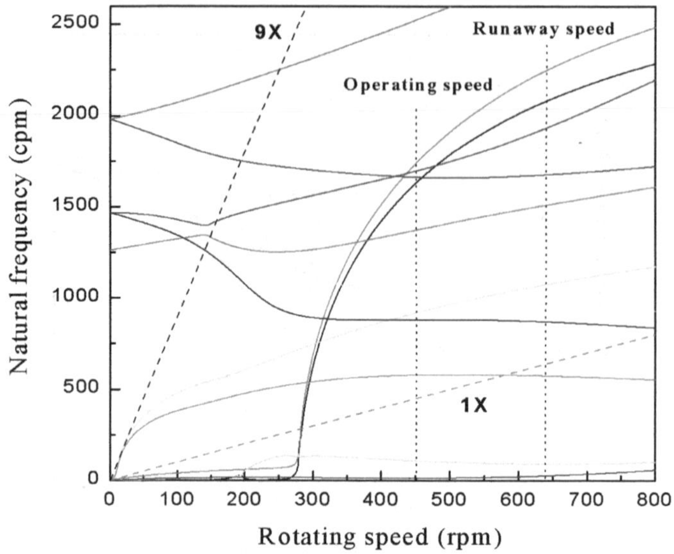

그림 11.21 / Campbell 선도

그림 11.21은 전자기력과 물의 부가질량을 고려한 펌프/수차·발전기/전동기 축계의 회전속도 변화에 따른 고유진동수의 변화를 나타내는 Campbell 선도를 보인다. 낮은 회전속도영역에서는 나타나지 않던 고차모드의 고유진동수 성분이 약 280rpm 이상의 운전속도에서 나타나며, 이는 낮은 회전수영역에서 가이드 베어링의 큰 감쇠에 의해 구속되었던 모드가 회전속도의 증가에 따라 감쇠 값이 감소되어 나타나는 전형적인 감쇠의 영향이다. 800rpm까지 기계적 불평형과 같은 동기주파수(1X)의 전향 가진력에 의한 위험속도는 생기지 않는 것을 알 수 있으며, 그림에서 9X 성분은 깃 통과주파수 (Z = 9) 성분을 나타낸다.

그림 11.22는 전자기력을 고려한 경우(점선)와 고려하지 않은 경우(실선)의 회전속도에 따른 고유진동수의 변화를 비교하기 위해서, 가장 큰 영향을 받는 두 모드에 대해서 나타내었다. 음(negative)의 전자기 강성 특성으로 인해 전자기력은 일반적으로 특정 모드의 고유진동수를 감소시키는 역할을 하며, 그림에서도 모드에 따라서는 최대 약 100cpm 이상 낮아지는 것을 알 수 있다.

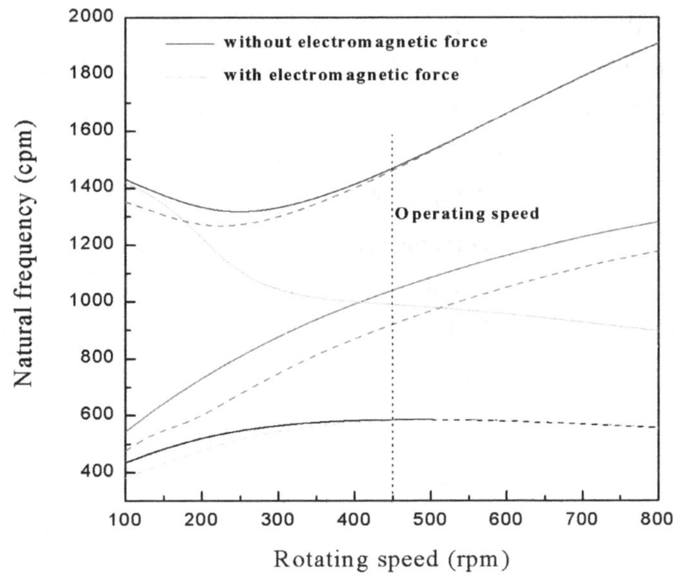

그림 11.22 / 전자기력의 영향

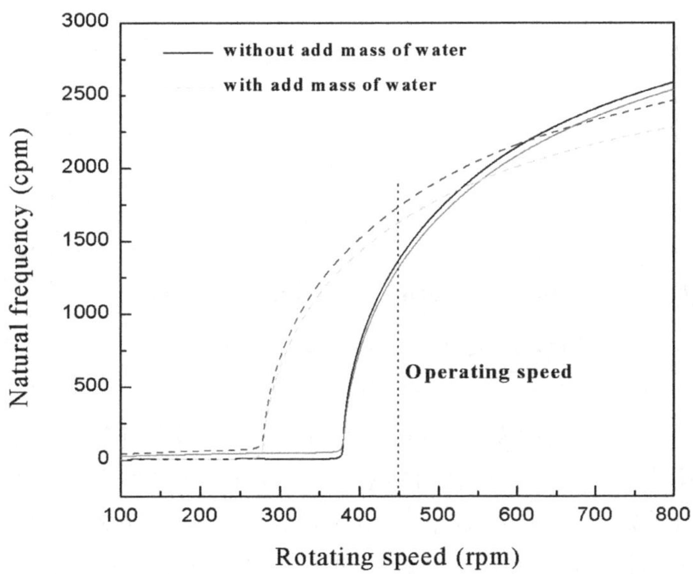

그림 11.23 / 물의 부가질량의 고유진동수에의 영향

그림 11.23은 펌프/수차 런너 내에 충전되는 물의 부가질량(add mass) 효과를 검토하기 위해 이를 고려한 경우(점선)와 무시한 경우(실선), 이의 영향이 가장 큰 모드만을 나타낸 그래프이다. 이 모드는 런너 부분의 변위가 큰 모드이기 때문에, 물의 부가질량을 고려하면 런너부 절점의 질량이 1.9배 증가하는 것으로 되어 운전속도에서 이 모드의 고유진동수가 크게 감소하는 것을 알 수 있다.

그림 11.24는 운전속도(N = 450rpm)에서의 회전축계의 1차에서 5차 모드까지의 고유진동모드의 전향성분(forward component)만을 나타낸 모드선도이다. 1차 모드는 하측 베어링과 펌프/터빈 베어링의 큰 감쇠로 구속되어 거의 강체 모드에 가까우며, 감쇠가 높기 때문에 대체로 복잡한 모드형상을 나타내고 있음을 알 수 있다. 1, 2차 모드는 주로 발전기/전동기 회전자의 진동이 탁월하고, 그 외의 고차 모드는 주로 펌프/터빈에 영향이 크게 미치는 모드이다.

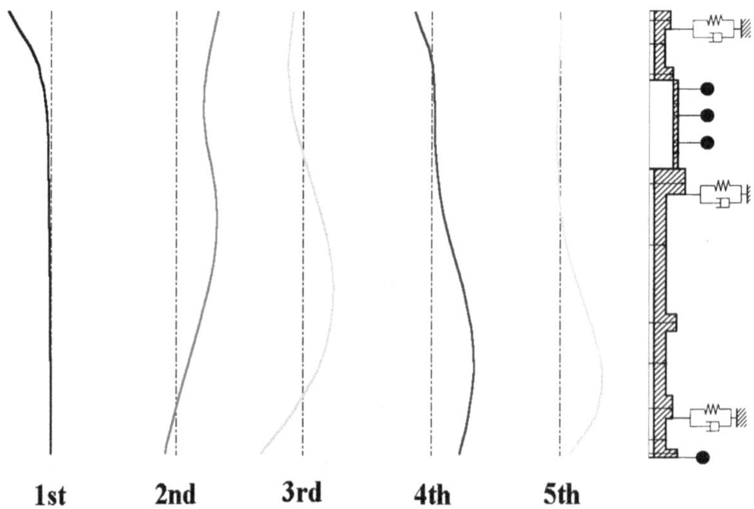

그림 11.24 / 고유진동모드 (N = 450rpm)

그림 11.25는 펌프/수차터빈 런너부와 발전기/전동기 회전자의 중앙부의 기계적 불평형 응답과 수력학적 불평형 응답을 나타낸 그림이다. 기계적인 불평형은 ISO 1940 규격에 따라 발전기전동기 부분은 G 2.5, 펌프터빈부분은 G 6.3을 이용하여 각 부분의 허용 잔류불평형을 계산하고, 이를 발전기/전동기 회전자 코어 양단과 런너 부분에 부가하여 불평형 응답을 구하였다.

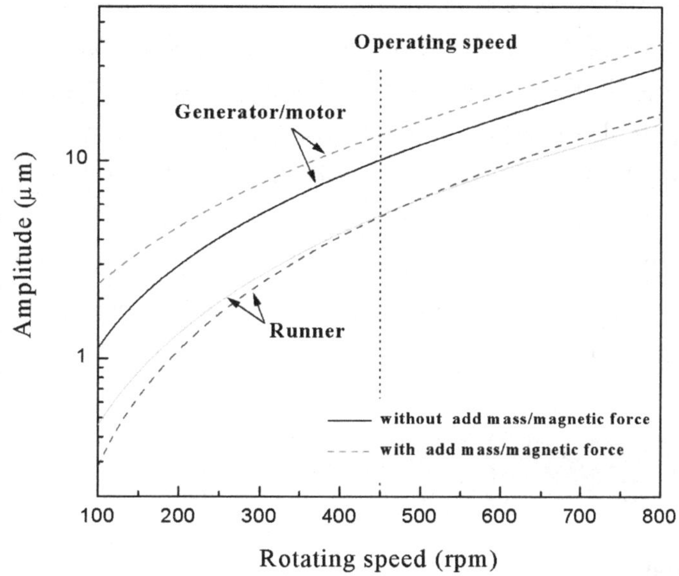

(a) 기계적 불평형

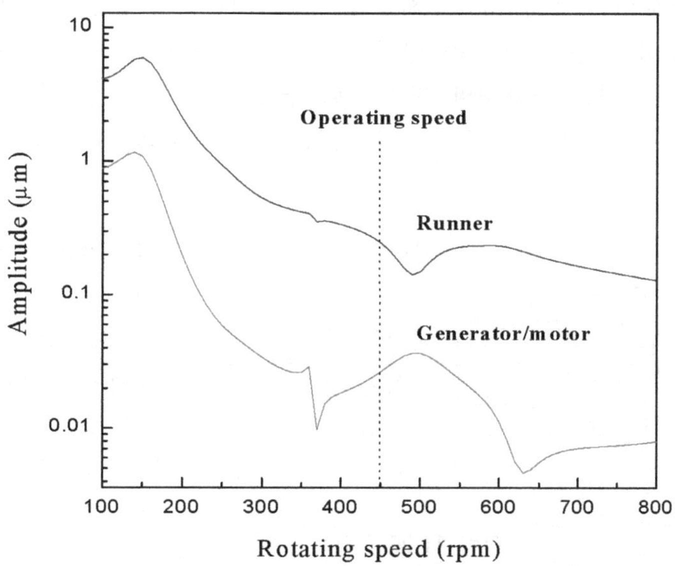

(b) 수력학적 불평형(NZ 성분)

그림 11.25 / 불평형 응답

그림 11.25(a)의 기계적 불평형 응답에서 전자기력을 고려한 경우, 회전자 중앙부의 응답이 약 10μm정도 증가하지만, 런너부에는 거의 영향이 없음을 알 수 있다. 그림 (b)는 전자기력과 물의 부가질량을 고려한 경우의 깃 통과주파수(NZ) 성분의 수력학적 불평형 응답을 보여주고 있다. 그림 11.21의 Campbell 선도에서도 알 수 있듯이, 9X 성분과 전향 고유진동수의 성분이 만나는 회전수에서 피크가 발생하고, 이 때 3차 모드로 가진되고 있으며, 최대진폭은 런너부에서 5.95μm(p-p)이다. 제 5편에서 상세히 설명하듯이, ISO 7919/5(수력발전 및 양수플랜트용 기계)에 의하면 장시간 운전이 허용되는 최대진동변위 S_{p-p}는 운전속도(450rpm)에서 약 240μm p-p인 것과 비교하면 매우 양호한 것을 알 수 있다.

11.4 고속 원심압축기

11.4.1 해석 모델

이 원심압축기는 석유화학플랜트용 고속 질소압축기로서, 제품 생산을 위한 연속 공정의 시작에 해당하는 단계로 최초 원료를 반응기에서 원료와 산소를 주입(feed)하여 산화반응(oxidation)시킬 때 발생되는 발열을 제어하는 역할을 담당한다. 압축기의 외형은 그림 11.26과 같으며, 1750HP의 전동기로 구동되고 증속기어와 연결되어 압력, 유량 등 공정에 필요한 사양을 만족시키기 위해 고속(13,360rpm)으로 운전된다. 압축기

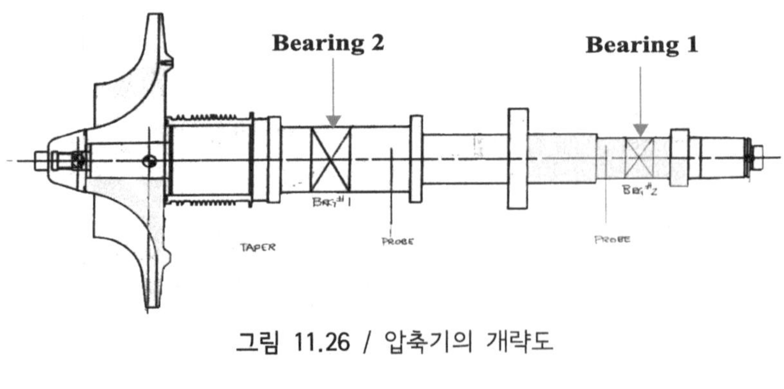

그림 11.26 / 압축기의 개략도

시스템의 주요 사양을 표 11.8에 나타낸다. 압축기는 1단 내다지형(overhung type)으로 임펠러 후단에 2개의 베어링으로 지지된다. 각 베어링은 5개의 패드(pad)를 가지는 경

사패드베어링으로 구성되어 있으며, 임펠러 측의 베어링은 길이가 101.6mm의 LOP (load-on pad) 형식이고, 커플링측 베어링은 길이가 63.5mm의 LBP(load-between pad) 형식으로 구성되어 있다. 베어링의 주요 데이터는 표 11.9와 같다.

표 11.8 / 압축기 시스템의 사양

항 목	제작자	형 식	주요 사양
전동기	Siemens	유도전동기	1750rpm, 1750HP
기어상자	Lufkin	이중 헬리컬	1750×13,360rpm
압축기	A.C compressor	내다지형 (Overhung)	운전속도 13,360rpm 흡입압력 3.12 kg/cm^2 흡입온도 44℃ 흡입용량 35,179 kg/hr 토출압력 5.8 kg/cm^2

표 11.9 / 베어링의 주요 사양

항 목	임펠러측	커플링측
하중 위치	on pad	between pad
Pad 수	5	5
치수	101.6×47.6 mm	63.5×47.6 mm
Pivot 위치	center	center
Preload(min~max)	0.3011 ~ 0.4565	0.3243 ~ 0.5614
Pad 경사각	57°	57°

압축기의 유한요소 해석모델은 그림 11.27과 같이 변단면 축 요소, 베어링 요소 및 원판 요소로 축계를 모델링한다. 축 요소에 대해서는 회전관성과 전단변형을 고려한 Timoshenko보 이론에 기초한 유한요소로 분할하며, 임펠러와 커플링과 같이 극관성 모멘트를 무시할 수 없는 경우는 원판요소로 모델링하여 극관성 모멘트와 회전관성 모멘트를 부가한다. 임펠러는 2개의 어셈블리로 결합되므로 부가질량, 회전관성 및 극관성 모멘트가 무게중심부에 집중하여 작용하는 2개의 원판으로 고려한다. 베어링에 작용하는 힘은 그 요소의 중앙에 집중하여 작용하는 것으로 하여 선형 스프링과 감쇠기로 모델링한다. 축의 길이는 약 90cm, 총 중량은 921N이며, 그림 11.27과 같이 총 21개의 유한요소로 분할한다.

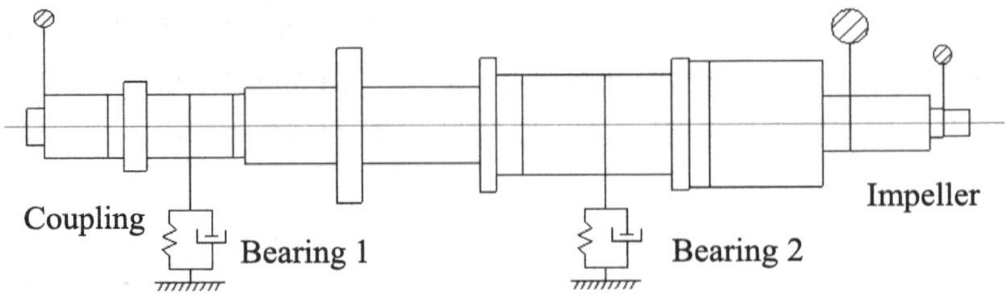

그림 11.27 / 압축기의 유한요소 모델

11.4.2 정적 해석

정적 해석은 압축기 회전체의 자중을 정적 외력으로 고려할 때의 축계의 정적 응답 해석을 의미한다. 즉, 수직 방향의 정적 처짐, 처짐각, 굽힘모멘트 및 전단력선도를 계산하는 것이다. 축계의 정적인 굽힘 상태를 평가할 수 있으며, 또한 계산되는 베어링 절점에서의 반력은 베어링 동특성의 평가에 필요한 베어링 특성수인 Sommerfeld 수의 계산을 위해 필요한 베어링 하중값이 된다. 계산으로부터 구해진 베어링 절점에서의 반력은 커플링측 베어링(Bearing 1, 절점 6) 43.2N, 임펠러측 베어링(Bearing 2, 절점 14) 908.9N이다. 임펠러의 무게가 전체 회전체의 상당한 비중을 차지하고, 그것이 내다지형으로 결합되어 있으므로 임펠러측 베어링에 95%이상의 정적 부하가 작용함을 알 수 있다. 이 때문에 2개의 베어링의 동특성은 확연히 다르게 되므로, 베어링의 설계 시에 이러한 부하조건을 충분히 고려할 필요가 있다.

그림 11.28은 압축기 회전체의 정적 처짐상태를 나타내주는 선도로서 내다지형인 임펠러부에서 11μm 정도의 가장 큰 정적 처짐이 발생하는 것을 알 수 있다.

그림 11.29는 전단력과 굽힘모멘트 선도를 나타낸다. 임펠러측 베어링 절점에서 전단력과 굽힘모멘트가 가장 크게 작용하며, 520N의 최대 전단력이 작용함을 알 수 있다. 그림 11.30은 전단력과 굽힘모멘트로부터 계산된 축의 각 단면에서의 전단응력과 굽힘응력을 나타낸 그래프로서 각 요소에 작용하는 정적인 자중에 의한 응력의 분포상태를 이 그래프를 통해서 평가하는 것이 가능하다. 임펠러측 베어링의 좌단에서 최대의 굽힘응력이 작용하고 최대값은 $1.65MN/m^2$이며, 축계의 허용응력 이내에서 충분한 여유를 가짐을 알 수 있다.

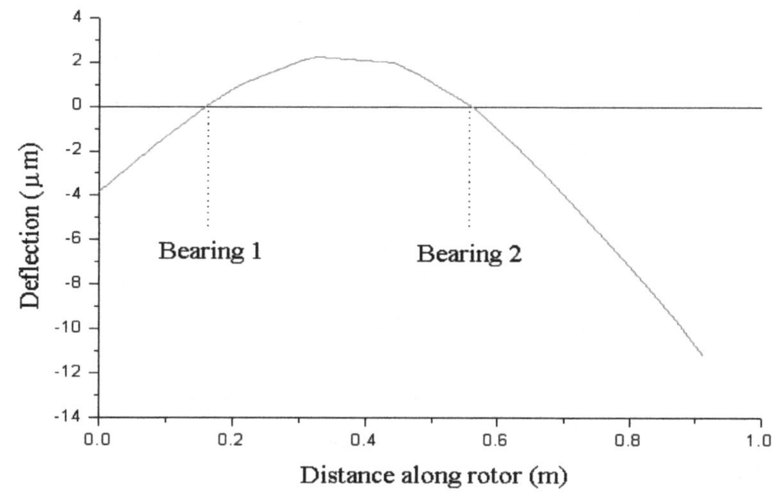

그림 11.28 / 정적 처짐곡선

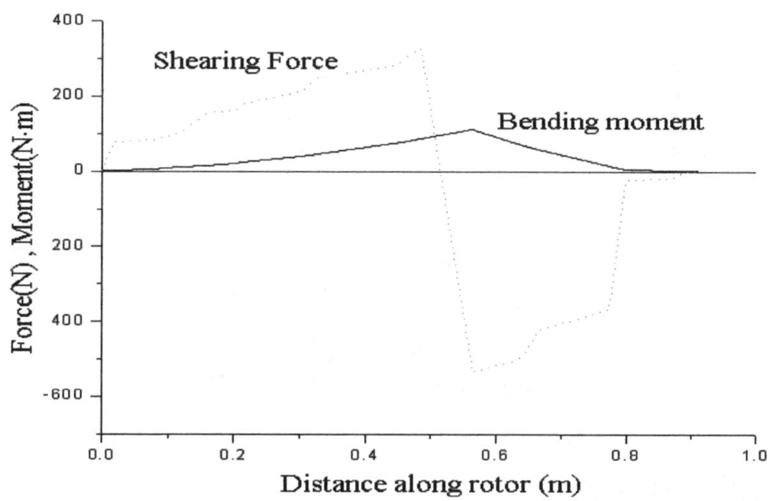

그림 11.29 / 전단력과 굽힘모멘트선도

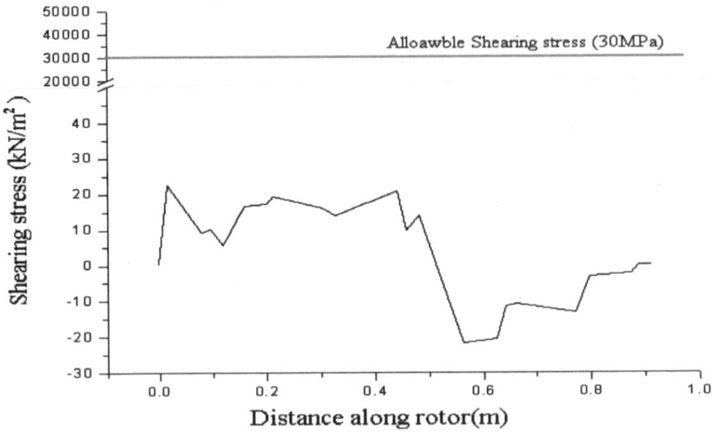

(a) 전단응력

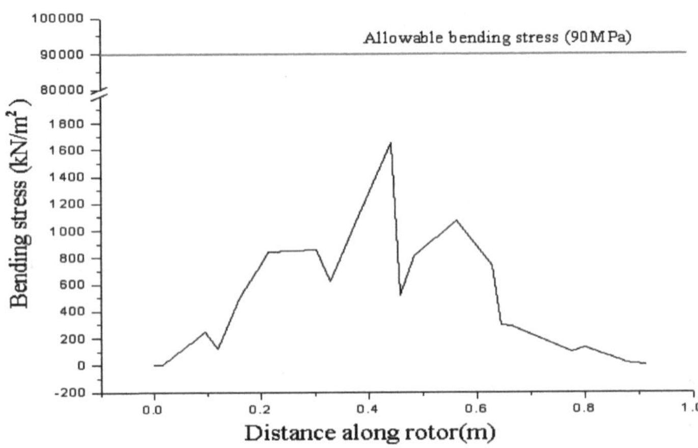

(b) 굽힘응력

그림 11.30 / 전단응력과 굽힘응력선도

11.4.3 베어링의 동특성

통상적으로 베어링의 동특성은 Sommerfeld 수가 같을 때 유사한 동적 거동을 나타내며, Sommerfeld 수는 회전속도, 베어링의 폭, 직경, 틈새, 하중 및 윤활유 점도의 함수로 다음 식으로 정의된다.

$$S=\frac{\mu NLD}{W}\left(\frac{R}{C_p}\right)^2$$

여기서, μ: 윤활유의 점도(Pa · s), N: 회전수(rps), L: 베어링 길이(m), D: 베어링 직경(m), W: 베어링 하중(N), R: 베어링 반경(m), C_p: 베어링 틈새(m)이다.

고속 압축기용 경사패드베어링에 대한 동특성 계수를 구하기 위하여 Journal bearing databook(Springer-Verlag)의 자료를 이용한다. 이 문헌에는 유한차분법에 의한 이론적 해석과 다년간의 실험을 통해서 축적되고 검증된 총 10종류의 저널베어링에 대해 59가지 형태에 따른 베어링의 강성 및 감쇠계수를 Sommerfeld 수의 함수로 데이터베이스화하여 제시하고 있다. 그림 11.31은 각 베어링의 운전속도 변화에 따른 강성 및 감쇠계수의 변화를 나타낸다. 경사패드베어링은 연성항이 존재하지 않으며, y방향이 수직방향, x방향이 수평방향을 의미한다. 운전속도(13,360rpm)에서는 모두 약 10^8N/m의 강성 값을 가지며, 임펠러측 베어링(Bearing 2)의 수직방향 강성이 낮은 운전속도에서는 높은 값을 가지는 것을 알 수 있다. 또한 임펠러측 베어링의 수평방향 강성과 커플링측 베어링(Bearing 1)의 강성계수는 비슷한 값으로서 운전속도에 대해 선형적으로 증가하는 형태를 보인다. 감쇠계수는 모두 운전속도가 증가함에 따라 감소하는 형태를 나타낸다. 낮은 회전수에서는 임펠러측 베어링의 감쇠값이 상당히 크지만, 4,000 rpm 이상부터는 반대로 1번 베어링의 감쇠 값이 약간 더 높게 되는 특성을 가지고 있다.

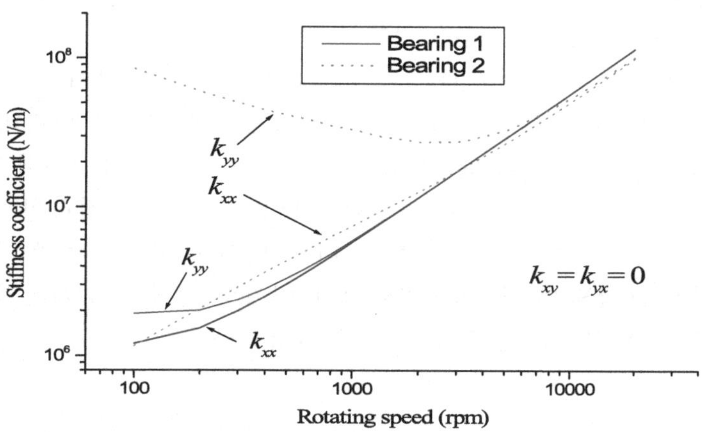

(a) 강성계수

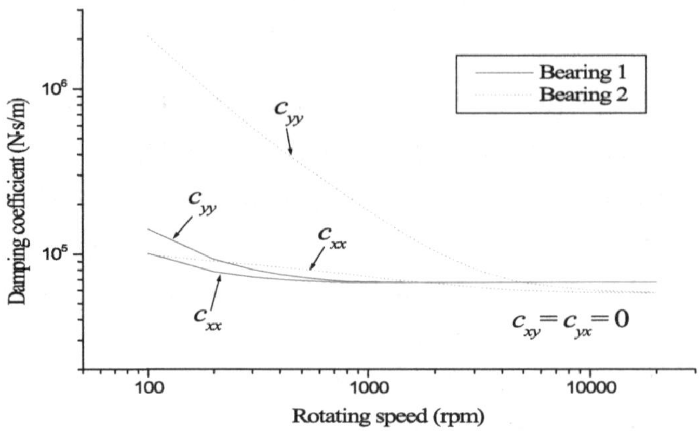

(b) 감쇠계수

그림 11.31 / 경사패드베어링의 동특성 계수

11.4.4 위험속도선도

일반적으로 압축기의 성능을 만족하기 위한 임펠러의 형상을 결정 후, 이를 만족하도록 회전축계의 형상을 결정한 뒤에 베어링의 사양을 결정하게 된다. 그 첫 단계로서 베어링의 강성변화에 따른 위험속도의 분포상태를 평가하는 것이 필요하다. 통상 이를 위해 위험속도선도를 계산한 후, 충분한 위험속도 분리여유(separation margin)를 가지도록 베어링 강성계수의 목표치 영역을 결정하게 된다.

그림 11.32는 압축기 축계에 대한 3차까지의 위험속도를 보여주는 위험속도선도이며, 앞서 구한 운전속도에 따른 두 베어링의 강성계수를 겹쳐서 나타내었다. 13,360rpm의 운전속도영역에서는 7.5×10^7N/m 정도의 강성계수를 가지고 1차와 2차 위험속도의 사이에서 운전되고 있으며, 특히 2차 위험속도(15,000cpm)와 근접하여 있음을 알 수 있다. 즉, 이 축계의 경우는 베어링의 강성을 더욱 낮추게 되면 2차 위험속도에 더욱 근접하여 공진영역에 포함되게 되므로, 가급적 베어링의 강성을 증가시켜 충분한 위험속도 분리여유를 갖도록 설계를 변경하는 것이 타당하다.

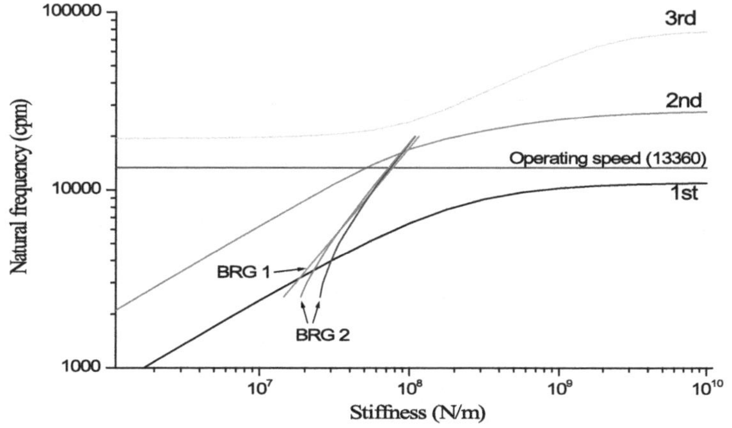

그림 11.32 / 위험속도선도

11.4.5 고유진동수 및 고유모드

표 11.10에 복소고유치 해석을 통하여 얻어진 운전속도에서의 고유진동수를 나타낸다. 3차와 4차 고유진동수, 즉 2차 후향 휘돌림모드(2B)와 3차 후향 휘돌림모드(3B)의 사이에서 운전되고 있음을 알 수 있다. 그림 11.33은 고유진동수에 대응되는 고유모드를 나타내었으며, 그림 11.34는 한 예로 2차 후향 휘돌림모드(2B)의 3차원 모드형상을 나타낸다. 1차 모드(1,789cpm)는 임펠러부가 가장 큰 진폭을 가지는 전형적인 외팔보형태의 모드를 보여주며, 임펠러부의 부가질량이 가장 큰 영향을 미침을 알 수 있다. 2차 모드(7,153cpm)는 강체모드의 형태를 나타내며, 이는 운전회전수에서 임펠러측 베

표 11.10 / 운전속도(13,360rpm)에서의 고유진동수

모드	고유진동수	비 고
1st	1,789 cpm (29.8 Hz)	1B
2nd	7,153 cpm (119.2 Hz)	1F
3rd	8,225 cpm (137.1 Hz)	2B
4th	15,906 cpm (265.1 Hz)	3B
5th	22,083 cpm (368.1 Hz)	2F
6th	30,153 cpm (502.6 Hz)	3F

어링의 강성이 커플링측 베어링보다 유연함을 나타내고 그림 11.31의 베어링 강성계수를 통해서도 확인할 수 있다.

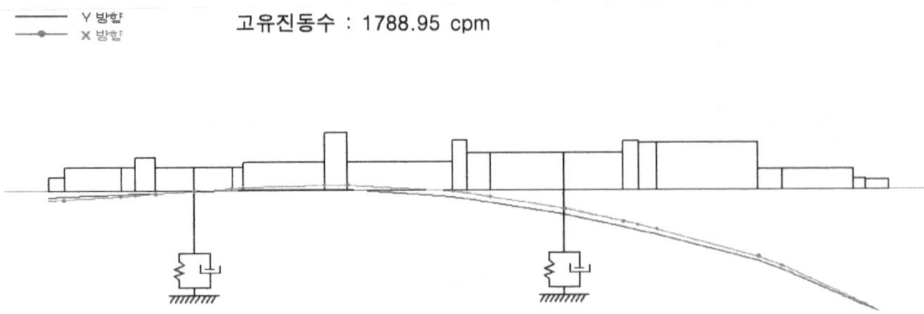

(a) 후향 1차 휘돌림모드(1B)

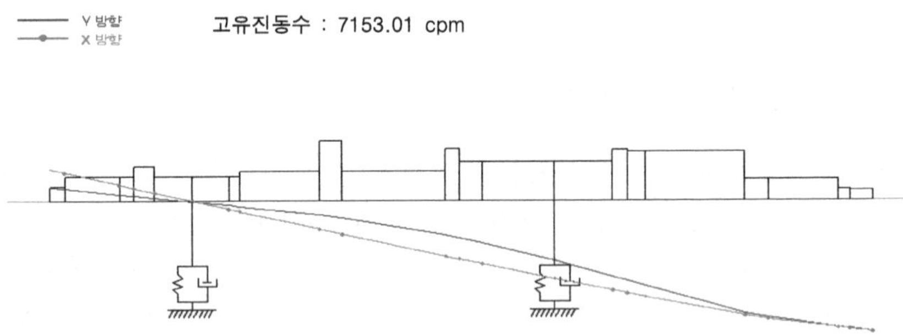

(b) 전향 1차 휘돌림모드(1F)

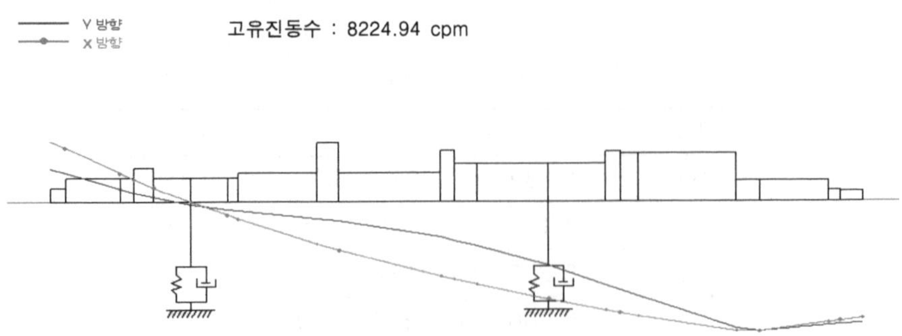

(c) 후향 2차 휘돌림모드(2B)

그림 11.33 / 고유진동모드

회전축계의 경우, 일반 구조물과는 달리 축계의 회전수가 달라짐에 따라 베어링의 동특성의 변화와 자이로스코픽 모멘트의 효과에 의해 고유진동수는 변화하게 된다. 그림 11.35는 이와 같은 운전속도에 따른 고유진동수의 변화를 나타내어 주는 Campbell선도를 보여주며, 일반적인 불평형에 의한 1X성분과 만나는 운전속도가 축계의 위험속도가 된다.

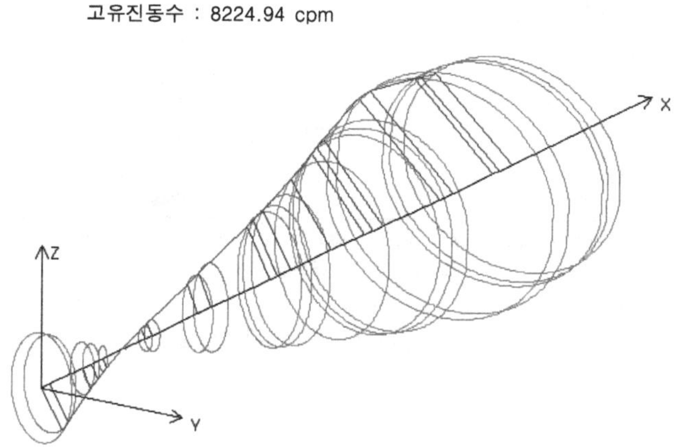

그림 11.34 / 3차원 고유모드형상

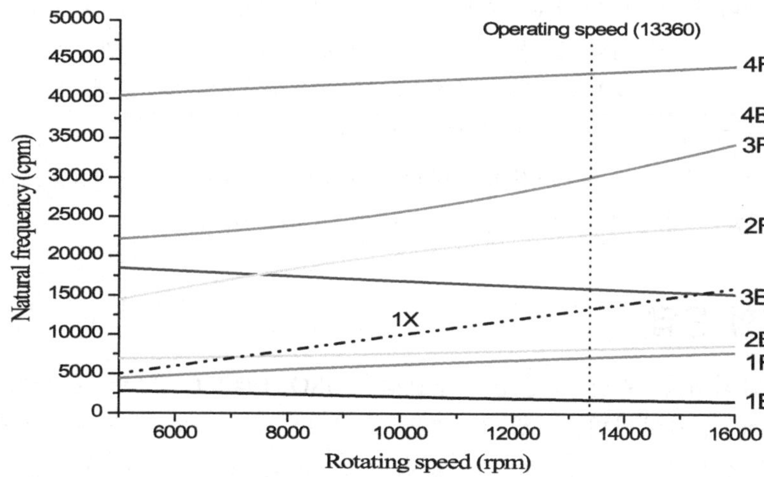

그림 11.35 / Campbell 선도

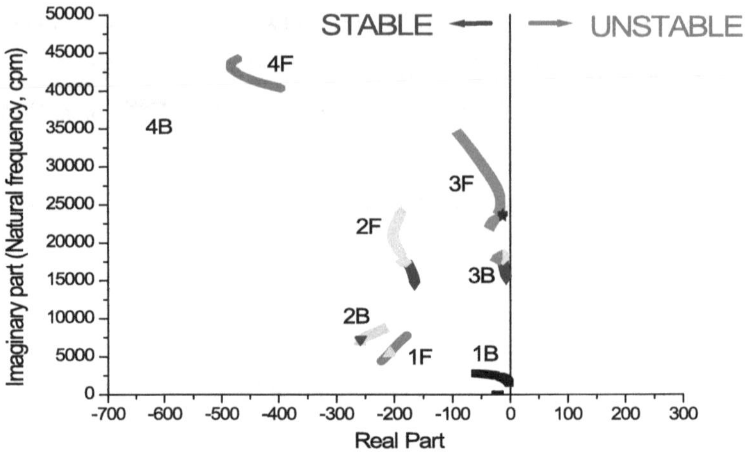

그림 11.36 / 근 궤적선도

11.4.6 안정성

그림 11.36은 근 궤적(root locus)선도를 나타낸다. 이 선도는 복소고유치해석으로부터 얻어진 복소고유치를 복소평면에서 수평축을 실수부로, 수직축을 허수부로 하여 회전속도를 파라미터로 하여 나타낸 것이다. 앞에서도 설명하였듯이 복소평면의 우측은 고유치의 실수부분이 양(+)의 값을 가지게 되므로 응답은 발산하게 되어 계는 불안정하게 된다. 따라서 계가 안정한 운전을 위해서는 복소고유치들 중에 어느 하나라도 운전속도의 증가에 따라 우측 영역에 들어가서는 안 된다.

이 압축기의 경우는 모두 안정한 영역에 해당되며, 이는 연성항 (k_{xy}, k_{yx})을 갖지 않는 안정성이 높은 경사패드베어링을 채용하였기 때문이다.

11.4.7 불평형 응답

불평형 응답해석을 위한 허용잔류불평형은 ISO 1940 G 2.5에 근거하여 계산하였으며, 임펠러부에 부가하였다. 그림 11.37은 운전속도에서 1X 불평형성분에 의한 축계의 3차원 휘돌림 형상을 나타내었다. 전체적으로 원형 휘돌림에 가까운 형태를 보이며,

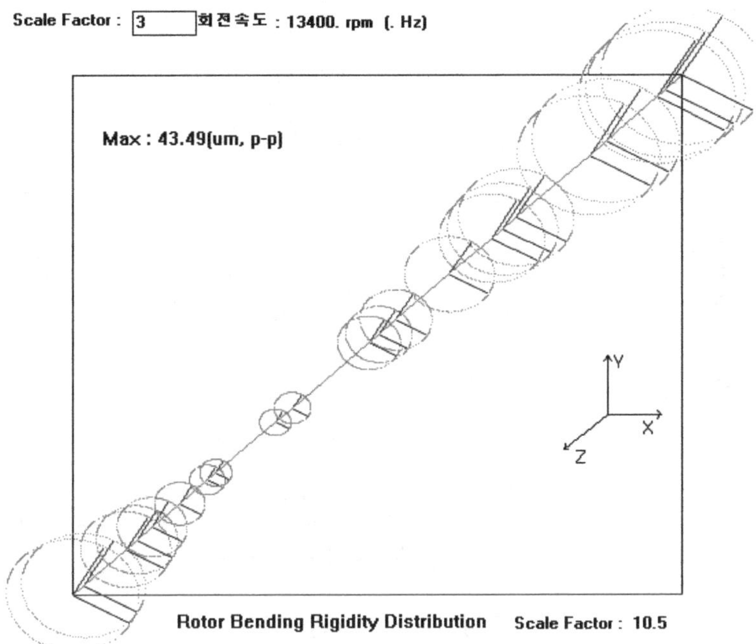

그림 11.37 / 3차원 휘돌림선도

커플링측 베어링 부분의 휘돌림 진폭이 가장 작고, 임펠러부 끝 절점의 불평형 응답진폭이 가장 크며, 그 최대값은 43.5 μm p-p정도이다. 이는 미국석유협회 규격인 API 617(일반 석유정제용 원심압축기)의 허용진폭 계산식인

$$\sqrt{\frac{12,000}{n}}\ \text{(mils, peak-peak)} = \frac{2,782}{\sqrt{n}}\ \text{(μm, peak-peak)}$$

에 따르면, 허용변위진폭은 약 24 μm p-p이고 허용치를 초과하고 있다. 그러나 ISO 7919/3(산업용 기계)에 의하면, 장시간 운전허용영역의 한계 허용진폭은 $9,000/\sqrt{n} =$ 77.86 μm p-p으로 되고 이 규격은 만족하는 것을 알 수 있다.

그림 11.38은 임펠러 부분의 절점에서 운전속도에 따른 불평형 응답(μm, peak)을 나타낸 보데(Bode)선도이다. 그림 11.31에 나타내듯이, 베어링의 이방성이 크지 않기 때문에 수직과 수평방향의 응답진폭의 크기가 비슷하며 따라서 거의 원형의 휘돌림 운동을 하는 것을 알 수 있다. 그리고 운전속도에서 약 40 μm p-p의 불평형응답을 보이며, 감쇠가 크기 때문에 공진점(7,153cpm, 1F)에서의 피크는 크게 나타나지 않는다.

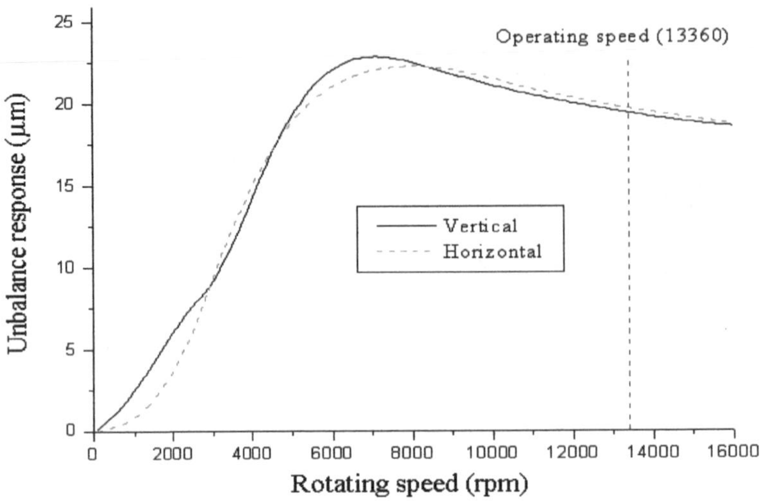

그림 11.38 / Bode 선도

11.5 기어전동 회전축계

동력을 전달시키는 방법으로는 기어(gear) 이외에 마찰차, 스프로킷 휘일, 벨트전동 등의 여러 방법이 있지만, 기어는 확실한 속도비와 아주 작은 구조의 좋은 효율로 큰 회전력을 전달할 수 있으므로, 자동차, 산업기계, 수만 마력의 선박용 터빈의 감속기어에 이르기까지 널리 사용되고 있다.

기어를 포함한 회전기계의 높은 효율의 추구로 인해, 이들 기계가 고속화되고, 경량화함에 따라 굽힘진동과 비틀림진동 사이의 강한 연성효과를 무시할 수 없도록 되고 있다. 종래에는 회전체 동역학(rotor dynamics)과 기어 동역학이 분리된 비연성 메커니즘으로 계 요소들의 굽힘 및 비틀림 변형을 계산하였다. 그러나, 높은 동력전달과 경량화 설계의 추세에 따라 굽힘진동과 비틀림진동 사이의 비연성에 대한 가정이 부정확하게 되었다. 따라서 보다 정확한 기어 연성모델을 고려한 진동 해석이 실제적이고 중요하다. 기어전동 회전축계(geared rotor system)의 진동해석에는 극히 단순한 계 이외는 일반적으로 유한요소법이나 전달행렬법이 널리 이용되고 있다. Kahramann 등은 기존의 유한요소모델에 기어맞물림 모델을 포함한 기어전동 회전축계로 확장하였지만,

복소고유치문제를 초래하는 비대칭행렬을 피하기 위해 축의 자이로스코픽 모멘트를 무시하였다. Rao 등은 기어전동 회전축계의 연성된 굽힘-비틀림 고유진동수 및 고유모드를 결정하는 일반적인 유한요소모델을 개발하였다.

이 절에서는 폭넓게 이용되고 있는 평기어(spur gear)의 맞물림에 의한 이(tooth)의 탄성변형에 대한 맞물림강성(mesh stiffness)을 평가하고, 압력각 변화에 따른 맞물림강성계수의 변화를 검토한다. 또한, 1회전당의 변동 맞물림강성에 대한 평균 맞물림강성을 추정하고, 이를 기존의 유한요소모델에 고려하여 기어전동 회전축계의 굽힘 및 비틀림 진동에 대한 진동해석방법을 설명하고 계산 예를 통하여 진동특성을 검토한다.

11.5.1 기어 맞물림강성의 평가

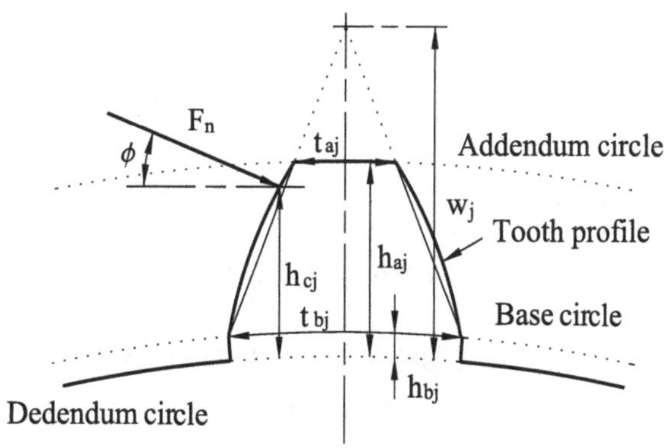

그림 11.39 / 기어 이의 변형 모델

일반적으로 널리 사용되는 인벌류트형 평기어의 맞물림 강성계수는 여러 복잡한 현상들을 포함하고 있기 때문에 평가가 매우 어렵다. 기어 이는 통상 그림 11.39와 같이 매우 짧은 외팔보로 모델링된다. 이 모델에 기초하여 기어 이에 대한 변형을 구하면

$$\delta_{bpj} = \frac{12F_n\cos\phi^2 h_{bj}}{Eft_{bj}^3}(h_{cj}^2 + h_{bj}^2/3 - h_{cj}h_{bj}) + \frac{6F_n\cos\phi^2(w_j - h_{bj})^3}{Eft_{bj}^3}\left[\frac{w_j - h_{cj}}{w_j - h_{bj}}\times\left(4 - \frac{w_j - h_{cj}}{w_j - h_{bj}}\right) - 2\ln\frac{w_j - h_{cj}}{w_j - h_{bj}} - 3\right] \quad (11.34)$$

$$\delta_{bnj} = \frac{3F_n\cos\phi\sin\phi}{Eft_{bj}^2}\times\left[\frac{h_{bj}(h_{bj} - 2h_{cj})(w_j - h_{cj})}{w_j - h_{bj}} - (h_{cj} - h_{bj})^2\right] \quad (11.35)$$

$$\delta_{sj} = \frac{1.2F_n \cos\phi^2}{Gft_{bj}}\left[h_{bj} + (w_j - h_{bj})\ln\frac{w_j - h_{bj}}{w_j - h_{cj}}\right] \tag{11.36}$$

$$\delta_{fj} = \frac{24F_n \cos\phi^2 h_{cj}^2}{\pi E f t_{bj}^2}, \quad \delta_{hj} = \frac{4F_n(1-\nu^2)}{\pi E f} \tag{11.37}$$

여기서, F_n:법선 접촉력(normal contact force), ϕ: 압력각, δ_{bn}, δ_{bp}: 각각 $F_n \sin\phi$, $F_n \cos\phi$에 의해 발생하는 굽힘 변형량, δ_f : 기어 이 기초(foundation)의 휨에 의한 변형량, δ_h: 기어 이사이의 압축에 의한 Hertzian 변형량, δ_s: 전단에 의한 변형량, E: Young 계수, ν: Poisson 비, f: 치면 폭(face width)이다. 또한, w_j는 그림 11.39에서 보이듯이 다음과 같이 정의되는 삼각형의 높이이다.

$$w_j = \frac{h_{aj}t_{bj} - h_{bj}t_{aj}}{t_{bj} - t_{aj}} \tag{11.38}$$

그러므로 기어 j의 이 맞물림강성계수 k_j는 다음과 같이 표현된다.

$$k_j = \frac{F_n}{\delta_{j\,total}}, \quad \delta_{j\,total} = \delta_{bnj} + \delta_{bpj} + \delta_{sj} + \delta_{fj} + \delta_{hj} \tag{11.39}$$

여기서 δ_{total}은 기어 j의 전체 변형량(overall deflection)이다.

2개의 기어 i, j가 서로 맞물리는 경우, 양쪽 기어의 첫 번째 이가 맞물릴 때는 직렬인 2개의 스프링과 같이 작용하고, 첫 번째와 두 번째 이가 동시에 맞물릴 때, 이들은 병렬인 2개의 스프링과 같이 작용한다. 그러므로, 각각의 맞물림 사이클동안 강성계수는 다음과 같이 주어진다.

$$k = \begin{cases} \dfrac{k_{i1}k_{j1}}{k_{i1}+k_{j1}} + \dfrac{k_{i2}k_{j2}}{k_{i2}+k_{j2}} & : \text{두 쌍의 이접촉} \\ \dfrac{k_{i1}k_{j1}}{k_{i1}+k_{j1}} & : \text{한 쌍의 이접촉} \end{cases} \tag{11.40}$$

여기서 k_{i1}, k_{i2}는 기어 i의 1, 2번째 이의 강성계수, k_{j1}, k_{j2}는 기어 j의 1, 2번째 이의 강성계수이다. 맞물림 주기 내에서 평균 맞물림강성을 계산하고, 이를 기어전동 회전축계의 기어모델에 부가한다. 표 11.11은 해석에서 이용한 기어의 물성치를 나타낸다.

표 11.11 기어의 주요 사양

	압력각(deg)		Module (m)	Face width (m)		Pitch radii (m)		Base radii (m)
Gear	20.0	14.5	0.003	0.10	0.11	0.5412	0.5253	0.5086
Pinion	20.0	14.5	0.003	0.14	0.15	0.03796	0.03684	0.03567
	질량 (kg)	극관성모멘트 ($kg·m^2$)		관성모멘트 ($kg·m^2$)			이(teeth)의 수	
Gear	726.4	113.9		56.95			328	
Pinion	5.0	0.004		0.002			23	

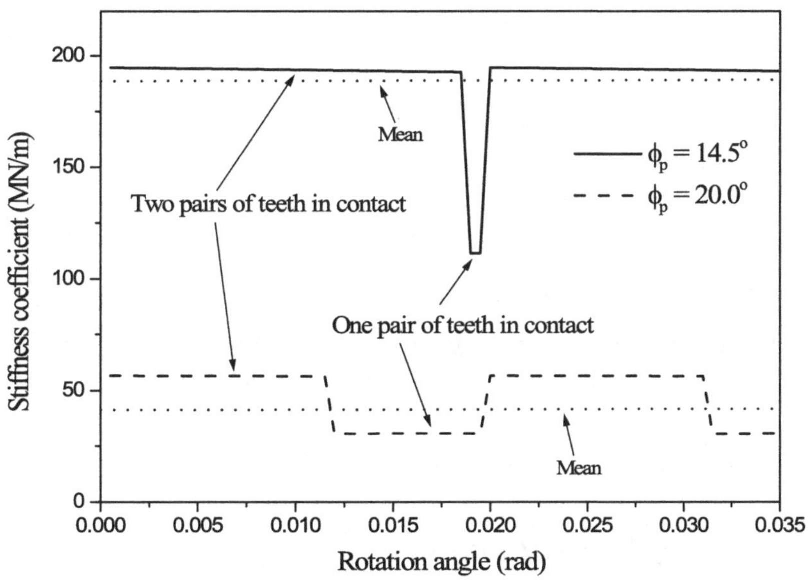

그림 11.40 / 변동 맞물림강성계수의 변화

그림 11.40은 압력각(pressure angle)이 14.5°와 20.0°의 경우, 압력각에 따른 강성의 변화를 나타낸다. 맞물림주기 동안 한 쌍의 이가 접촉하는 기간과 두 쌍의 이가 접촉하는 기간에 따라 강성이 크게 변화하고, 이 변화폭은 압력각이 작을수록 크다. 맞물림주기 동안 내의 평균맞물림강성은 20.0°에서 45.9 MN/m, 14.5°에서 189.5 MN/m이다. 14.5°일 때가 큰 것은 두 쌍의 이 접촉시간이 20.0°일 때보다 길기 때문이다.

11.5.2 유한요소 모델

1) 원판 요소

그림 10.1의 원판요소의 굽힘진동에 대한 병진변위 u, v와 회전변위 ψ, Θ 그리고 비틀림진동의 각변위 ϕ와 자전속도 Ω를 이용한다. 굽힘 및 비틀림진동에 대한 원판 요소의 운동에너지를 Lagrange 운동방정식에 대입하여 행렬로 표현하면, 다음 식을 얻을 수 있다.

$$\boldsymbol{M}^d\ddot{\boldsymbol{q}}^d + \Omega\boldsymbol{G}^d\dot{\boldsymbol{q}}^d = \boldsymbol{F}_s^d \tag{11.41}$$

여기서,

$$M^d = \begin{bmatrix} m^d & & & & \\ 0 & m^d & & \text{대칭} & \\ 0 & 0 & I_D^d & & \\ 0 & 0 & 0 & I_D^d & \\ 0 & 0 & 0 & 0 & I_P^d \end{bmatrix}, \qquad G^d = \begin{bmatrix} 0 & & & & \\ 0 & 0 & & \text{의대칭} & \\ 0 & 0 & 0 & & \\ 0 & 0 & -I_P^d & 0 & \\ 0 & 0 & 0 & 0 & 0 \end{bmatrix},$$

$$q^d = \{u^d \ v^d \ \psi^d \ \Theta^d \ \phi^d\}^T$$

2) 축 요소

그림 10.2의 축 요소에 대해 절점당 x, y축에 대한 각각 2자유도의 굽힘변위 및 각변위 그리고 비틀림 각변위를 고려한 총 10자유도를 가진 2절점 축 요소를 고려한다.

비틀림 진동을 포함한 수정된 운동에너지에 대한 식은 다음 같다.

$$\begin{aligned} T^s = & \frac{1}{2}\int_0^l \left\{\rho A[(\dot{u})^2 + (\dot{v})^2] + I_D[(\dot{\psi})^2 + (\dot{\theta})^2]\right\}ds \\ & -\frac{1}{2}\int_0^l \left\{I_P(\Omega + \dot{\phi})(\psi\dot{\theta} - \theta\dot{\psi}) - I_P(\Omega + \dot{\phi})^2\right\}ds \end{aligned} \tag{11.42}$$

전단변형을 포함한 수정된 포텐셜에너지와 비틀림 변형에 대한 식은 다음과 같다.

$$\begin{aligned} V^s = & \frac{1}{2}\int_0^l EI[(\psi')^2 + (\Theta')^2]ds \\ & + \frac{1}{2}\int_0^l \kappa GA[(u' + \Theta)^2 + (v' + \psi)^2]ds \\ & + \frac{1}{2}\int_0^l GJ(\phi')^2 ds \end{aligned} \tag{11.43}$$

식(11.42)와 (11.43)을 Lagrange 운동방정식에 대입하여 행렬로 표현하면, 다음 식을 얻을 수 있다.

$$M^s\ddot{q}^s + \Omega G^s\dot{q}^s + K^s q^s = F^s \tag{11.44}$$

여기서

$$q = \{q_1\ q_2\ q_3\ q_4\ q_5\ q_6\ q_7\ q_8\ q_9\ q_{10}\}^T$$

$$M^s = M_t^s + M_r^s + M_\Theta^s,\quad M_{t^s} = M_{t0}^s + \Phi M_{t1}^s + \Phi^2 M_{t2}^s$$
$$M_r^s = M_{r0}^s + \Phi M_{r1}^s + \Phi^2 M_{r2}^s,\quad G^s = G_0^s + \Phi G_1^s + \Phi^2 G_2^s,$$
$$K^s = K_0^s + \Phi K_1^s + K_\Theta^s,\quad \Phi = 12EI/\kappa GAl^2$$

그리고 Φ는 횡전단효과(transverse shear effect)를 나타내는 파라미터이다.

3) 기어맞물림 모델

그림 11.41은 한 쌍의 기어가 맞물렸을 때의 해석모델을 나타낸다. 접촉작용선 상으로 작용하는 맞물림력(mesh force)은 한 쌍의 기어의 상대변위에 의해 결정된다. 그림에서 k_h와 c_h는 평균 맞물림강성 및 감쇠계수, r_1과 r_2는 기어의 기초원 반경, ϕ_p는 압력각을 나타낸다. 여기서는 맞물림감쇠는 고려하지 않는다. 기어 맞물림력은

$$F_h = k_h\{(u_2^g - u_1^g)\sin\phi_p + (v_2^g - v_1^g)\cos\phi_p - (r_1\phi_1^g + r_2\phi_2^g)\} \tag{11.45}$$

여기서 ϕ_1^g, ϕ_2^g는 각각의 비틀림 각변위이다.

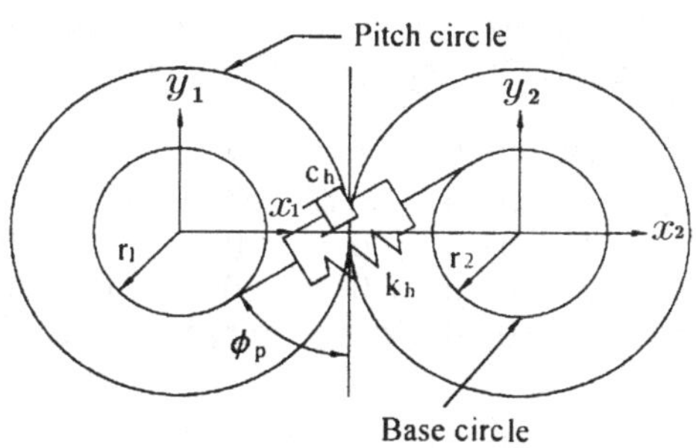

그림 11.41 / 기어 맞물림 모델

기어 1에 대한 기어 맞물림력의 x, y축방향 성분과 기어 맞물림 토크는

$$F_{hu_1} = F_h\sin\phi_p = k_h[-S^2\ \ -SC\ \ 0\ \ 0\ \ -r_1S\ \ S^2\ \ SC\ \ 0\ \ 0\ \ -r_2S]\,q^g$$
$$F_{hv_1} = F_h\cos\phi_p = k_h[-SC\ \ -C^2\ \ 0\ \ 0\ \ -r_1C\ \ SC\ \ C^2\ \ 0\ \ 0\ \ -r_2C]\,q^g \tag{11.46}$$

$$T_{h1} = r_1 F_h = k_h[-r_1 S \;\; -r_1 C \;\; 0 \;\; 0 \;\; -r_1^2 \;\; r_1 S \;\; r_1 C \;\; 0 \;\; 0 \;\; -r_1 r_2]\, q^g$$

여기서 S와 C는 $\sin\phi_p$, $\cos\phi_p$이다. 기어 2의 경우도 마찬가지로

$$\begin{aligned} F_{hu_2} &= -F_h \sin\phi_p = k_h[S^2 \;\; SC \;\; 0 \;\; 0 \;\; r_1 S \;\; -S^2 \;\; -SC \;\; 0 \;\; 0 \;\; r_2 S]\, q^g \\ F_{hv_2} &= -F_h \cos\phi_p = k_h[SC \;\; C^2 \;\; 0 \;\; 0 \;\; r_1 C \;\; -SC \;\; -C^2 \;\; 0 \;\; 0 \;\; r_2 C]\, q^g \\ T_{h2} &= r_2 F_h = k_h[-r_2 S \;\; -r_2 C \;\; 0 \;\; 0 \;\; -r_1 r_2 \;\; r_2 S \;\; r_2 C \;\; 0 \;\; 0 \;\; -r_2^2]\, q^g \end{aligned} \tag{11.47}$$

로 된다. 기어쌍에 대해서 행렬로 표현하면,

$$\begin{matrix} M_1^g & 0 \\ 0 & M_2^g \end{matrix}\, \ddot{q}^{\,g} + \begin{matrix} \Omega_1 G_1^g & 0 \\ 0 & \Omega_2 G_2^g \end{matrix}\, \dot{q}^{\,g} + k_h \begin{matrix} S_1 \\ S_2 \end{matrix}\, q^g = F^g \tag{11.48}$$

여기서

$$q^g = \{u^g \;\; v_1{}^g \;\; \psi_1{}^g \;\; \Theta_1{}^g \;\; \phi_1^g \;\; u_2^g \;\; v_2{}^g \;\; \psi_2{}^g \;\; \Theta_2{}^g \;\; \phi_2{}^g\}^T$$

$$M_1^g = M_1^d, \quad M_2^g = M_2^d, \quad G_1^g = G_1^d, \quad G_2^g = G_2^d$$

$$S_1 = \begin{bmatrix} S^2 & SC & 0 & 0 & r_1 S & -S^2 & -SC & 0 & 0 & r_2 S \\ SC & C^2 & 0 & 0 & r_1 C & -SC & -C^2 & 0 & 0 & r_2 C \\ 0 & 0 & 0 & 0 & 0 & 0 & 0 & 0 & 0 & 0 \\ 0 & 0 & 0 & 0 & 0 & 0 & 0 & 0 & 0 & 0 \\ r_1 S & r_1 C & 0 & 0 & r_1^2 & -r_1 S & -r_1 C & 0 & 0 & r_1 r_2 \end{bmatrix}$$

$$S_2 = \begin{bmatrix} -S^2 & -SC & 0 & 0 & -r_1 S & S^2 & SC & 0 & 0 & -r_2 S \\ -SC & -C^2 & 0 & 0 & -r_1 C & SC & C^2 & 0 & 0 & -r_2 C \\ 0 & 0 & 0 & 0 & 0 & 0 & 0 & 0 & 0 & 0 \\ 0 & 0 & 0 & 0 & 0 & 0 & 0 & 0 & 0 & 0 \\ r_2 S & r_2 C & 0 & 0 & r_1 r_2 & -r_2 S & -r_2 C & 0 & 0 & r_2^2 \end{bmatrix}$$

4) 계의 운동방정식

이상에서 설명한 각 요소의 실기 모델를 구성하기 위해 축방향으로 식(11.41), (11.44) 및 (11.48)을 결합하면, 다음의 선형정수계수를 갖는 상미분방정식이 얻어진다.

$$M\ddot{q} + (\Omega_1 G + C)\dot{q} + Kq = F \tag{11.49}$$

여기서 베어링 요소의 감쇠 및 강성계수는 10.1.3절에서 설명된 동특성 계수를 그대로 이용하면 된다.

11.5.3 적용 예

1) 해석 모델

대상 모델은 그림 11.42와 같이 터빈, 감속기어 및 발전기로 구성된 2축 회전축계를 이용한다. 그림에서 숫자는 절점의 번호를 의미한다. 표 11.12는 기어 쌍을 제외한 대상 회전축계의 물성치이다. 발전기가 부착된 Rotor 1은 17개 요소, 터빈이 부착된 Rotor 2는 12개의 요소로 분할하여 총 31절점으로 구성한다. 기어전동 회전축계의 경우는 굽힘과 비틀림진동을 함께 고려하므로 절점당 자유도가 5가 되고, 유한요소 해석에서 특성행렬은 155×155행렬이 된다. 우선 기어 맞물림강성을 평가하여 일정한 평균 맞물림강성을 계산하고, 기어모델 요소에 추가하여 해석한다. 지지베어링은 표 11.12의 동특성을 가지는 경사패드베어링으로 고려한다.

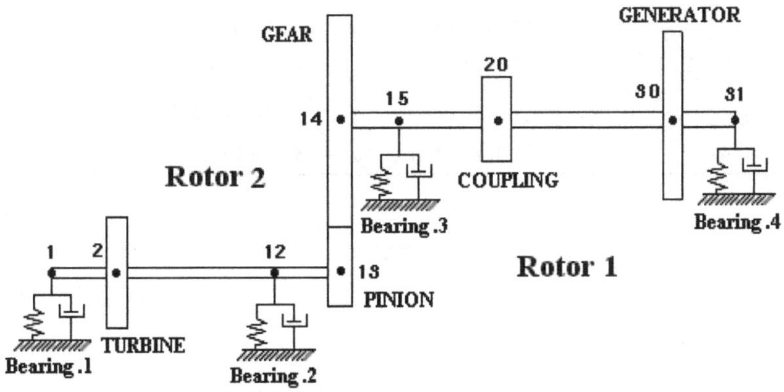

그림 11.42 / 기어전동 터빈·발전기축계

2) 고유진동수 및 고유모드

Rotor 1과 2의 각각의 비연성 굽힘 및 비틀림 고유진동수와, 기어에 의해 연성되었을 때의 고유진동수와 고유모드를 비교한다. Rotor 1은 운전속도가 1,500rpm이고, Rotor 2는 기어의 잇수비에 의해 약 21,390rpm이 된다. 그림 11.43은 기어 맞물림강성의 변화에 따른 고유진동수의 변화를 나타내고 있다. 대체적으로 저차 고유진동수가 기어 맞물림강성에 의해 크게 영향을 받고 있다. 즉, 1차 고유진동수가 맞물림강성이 1 MN/m 이상일 때 2차 고유진동수에 접근하고, 또한 3차 고유진동수도 맞물림강성이 4 MN/m에서 4차 고유진동수에 가까워지고 있다.

표 11.12 / 기어전동 터빈·발전기축계의 데이터

발전기	m = 525.7 kg, I_p = 32.2 kg·m^2, I_d = 16.1 kg·m^2
터빈	m = 7.45 kg, I_p = 0.149 kg·m^2, I_d = 0.0745 kg·m^2
커플링	m = 116.04 kg, I_p = 6.23 kg·m^2, I_d = 3.115 kg·m^2
Rotor 1, 2의 축 요소	
반경(m)	No. 1~13: 0.075, No. 14~20: 0.11, No. 20~31: 0.15
길이(m)	No. 1~2: 0.1, No. 2~12: 4.24, No. 12~13: 0.3, No. 14~15: 0.3, No. 15~20: 1.16, No. 20~30: 5.0, No. 30~31: 0.1
Bearing 1, 2	k_{xx} = 10.10 MN/m, k_{yy} = 41.80 MN/m c_{xx} = 3.0 kN·s/m, c_{yy} = 3.0 kN·s/m
Bearing 3, 4	k_{xx} = 183.9 MN/m, k_{yy} = 200.4 MN/m c_{xx} = 3.0 kN·s/m, c_{yy} = 3.0 kN·s/m

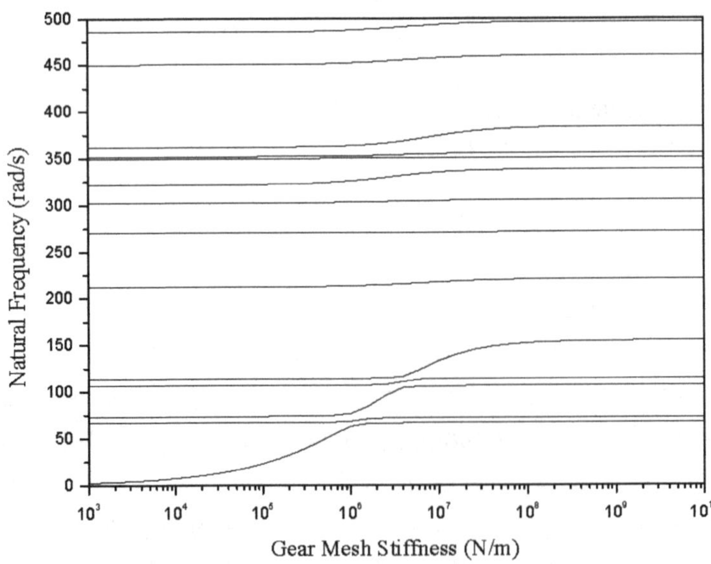

그림 11.43 / 기어 맞물림강성의 영향

표 11.13은 연성계와 비연성계에 대해 계산된 고유진동수를 비교한 것이다. 연성계에서 고유진동수가 0인 1차 강체모드는 비연성계에서 확인할 수 있듯이 비틀림진동의 강체모드이다. 또한 연성계의 2차와 3차 모드는 Rotor 2의 후향(68.07rad/s) 및 전향(71.87rad/s) 굽힘 1차 모드가 되며, 4차와 5차 모드는 Rotor 1의 후향(107.09rad/s) 및 전향(113.88rad/s) 굽힘 1차 모드에 대응된다. 또한 비연성계에서는 발생하지 않는 각각 고유진동수 143.22, 160.52rad/s의 연성모드가 발생한다.

표 11.13 / 고유진동수 (단위: rad/s)

연성계		비연성계			
		Rotor 1		Rotor 2	
20.0°	14.5°	굽힘	비틀림	굽힘	비틀림
0.0	0.0	107.09 $(1B)_1$	0.0	68.07 $(1B)_2$	0.0
66.35 $(1B)_2$	66.36	113.88 $(1F)_1$	451.60	71.87 $(1F)_2$	1744.91
72.31 $(1F)_2$	72.32	302.80 $(2B)_1$	1484.43	212.44 $(2B)_2$	3465.96
106.25 $(1B)_1$	106.36	349.80 $(2F)_1$	3186.12	270.86 $(2F)_2$	6723.94
113.80 $(1F)_1$	113.90	351.20 $(3B)_1$	5159.50	321.19 $(3B)_2$	8196.72
143.22	160.52	361.85 $(3F)_1$		486.47 $(3F)_2$	
217.42 $(2B)_2$	216.59			528.67 $(4B)_2$	
271.01 $(2F)_2$	271.01			689.38 $(4F)_2$	
305.28 $(2B)_1$	306.46			811.49 $(5B)_2$	
334.26 $(3B)_2$	330.48			954.14 $(5F)_2$	
350.83 $(2F)_1$	350.68			1293.44 $(6B)_2$	
355.04 $(3B)_1$	354.86			1372.91 $(6F)_2$	
376.01 $(3F)_1$	377.74			1908.39 $(7B)_2$	
458.67 $(3F)_2$	460.36			1953.71 $(7F)_2$	

압력각의 변화에 따른 연성계의 고유진동수는 큰 변화가 없지만, 연성모드의 고유진동수 성분은 크게 변화한다. 그 이유는 압력각 20.0에서 맞물림강성 45.9MN/m와 14.5°의 189.5MN/m의 차가 특히 기어 맞물림강성에 의해 발생하는 연성모드에 직접적으로 영향을 미치고, rotor 고유의 모드들에게는 크게 영향을 미치지 않기 때문이다.

그림 11.44는 압력각 20.0에 대한 Campbell 선도를 나타낸다. Rotor 1은 운전속도(1,500 rpm)에 이르기 전에 1, 2차 위험속도를 통과해야 함을 알 수 있다.

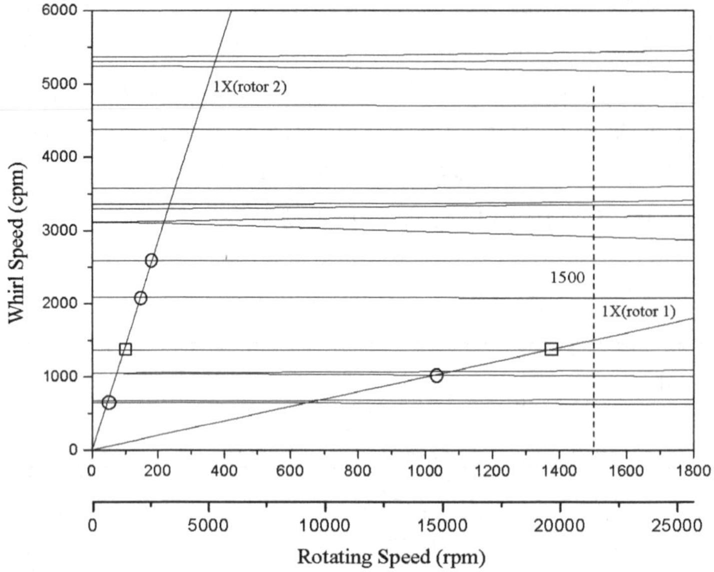

그림 11.44 / Campbell 선도 (ϕ_p = 20.0。)

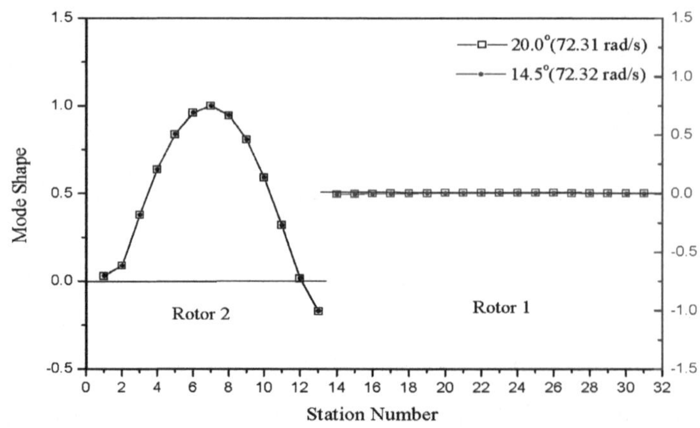

(a) 전향 1차 모드

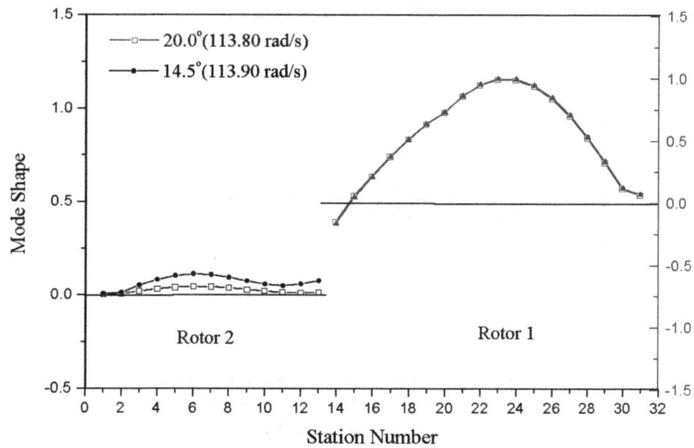

(b) 전향 2차 모드

그림 11.45 / 연성계의 굽힘 고유모드

그림 11.45는 연성계의 전향 1, 2차 모드를 나타낸다. 그림에서 알 수 있듯이 그림 (a)의 전향 1차 모드는 Rotor 2의 굽힘 1차 모드이고, 전향 2차 모드인 그림 (b)는 Rotor 1의 굽힘 1차 모드에 대응한다. 표 11.13에서 이들 모드의 고유진동수는 압력각에 따라 거의 변화가 없지만, 전향 2차 모드에서는 Rotor 2의 모드에 약간 영향을 미치는 것을 알 수 있다. 이는 Rotor 1에 비해 Rotor 2의 중량이 매우 작고, 압력각의 변화에 따른 맞물림강성이 축계에 영향을 미치기 쉽기 때문이다.

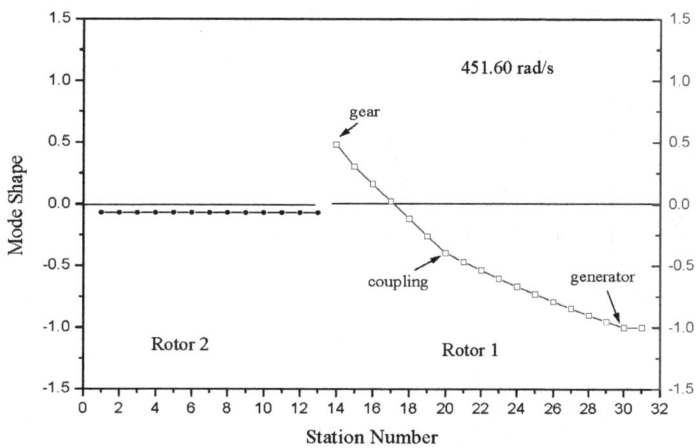

(a) 비연성계

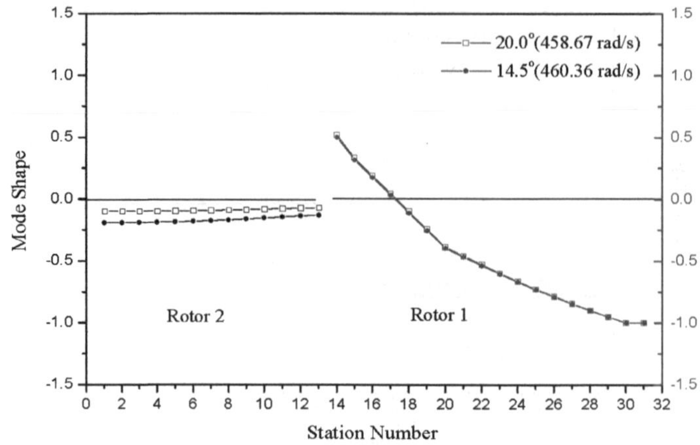

(b) 연성계

그림 11.46 / 비틀림 1차 모드

그림 11.46은 탄성 1차의 비틀림진동 모드를 나타낸다. 이 모드는 표 11.13과 그림 11.46로부터 알 수 있듯이 Rotor 1의 비틀림 1절 모드에 대응한다. 그림에서 연성계는 비연성계보다 고유진동수가 약간 증가하고, Rotor 2에는 압력각에 따라 모드가 약간 변화하고 있다. 그림 11.47은 비연성계에서는 발생하지 않는 기어의 연성에 의해 나타나는 연성진동 모드이다. 기어가 맞물리는 절점 13, 14에서 모드 진폭이 크게된다. 아울러 압력각에 따라 Rotor 1과 2의 모드가 변화하는 것을 확인할 수 있다.

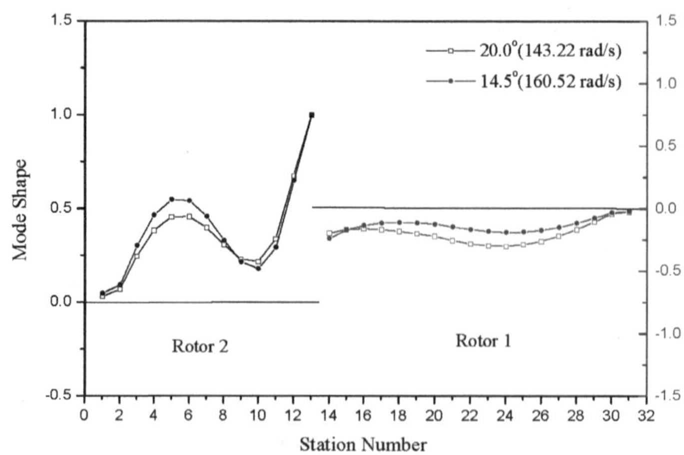

그림 11.47 / 연성 진동 모드

3) 불평형응답

잔류 불평형량의 평가는 각각 Rotor 1, 2의 운전속도인 1,500, 21,390rpm에서 터빈·발전기의 허용기준인 ISO 1940 G 2.5 등급의 불평형량을 표 11.14와 같이 고려한다. 평균 맞물림강성은 압력각 20.0°에서의 값을 이용한다.

표 11.14 / 불평형의 크기와 위상각

회전체	불평형		
	부착 절점	크기 (g·m)	위상각 (deg)
터빈	2	8.4185	0
발전기	30	8148.5	0

그림 11.48은 각각 터빈(2번 절점)과 발전기(30번 절점)의 변위진폭을 장축 반경으로 나타낸 불평형응답이다. 불평형응답은 통상적으로 회전주파수(1X)성분의 불평형력에 의해 가진되고, 베어링 지지가 등방성일 때는 전향 휘돌림성분을, 그리고 비등방성일 경우에는 전향 및 후향 휘돌림성분 모두를 가진시킨다. 계산결과에서 알 수 있듯이

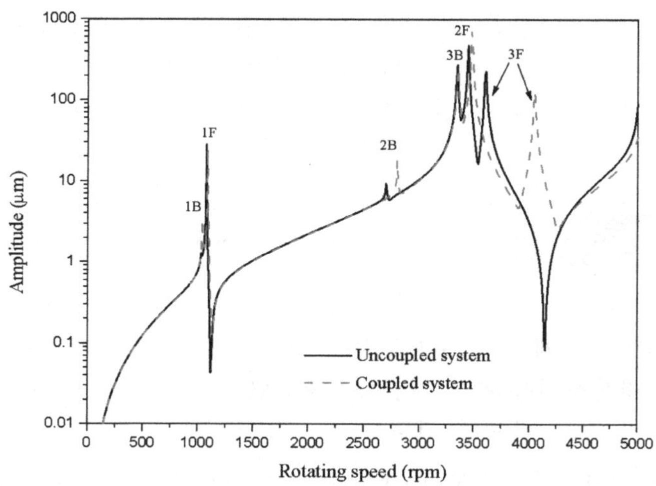

(a) 발전기(Rotor 1)

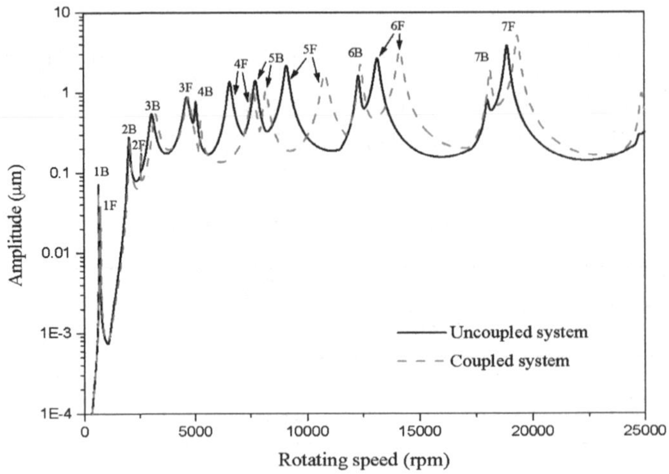

(b) 터빈(Rotor 2)

그림 11.48 / 불평형 응답

Campbell 선도에서 1X 성분과 만나는 점에서 불평형응답의 피크치가 나타남을 알 수 있다. 그리고 Rotor 1의 경우, 운전속도(1,500 rpm)이하에서 2개의 위험속도를 통과하고 있고, Rotor 2의 경우 운전속도(약 21,390 rpm) 이하에서 14개의 위험속도를 통과하고 있다. 또한 터빈의 절점에서보다 발전기에서의 진폭이 훨씬 크고, 이는 표 11.14에 보이듯이 발전기의 불평형량이 크기 때문이다. 그러나 비연성계와 연성계에서의 진폭 크기는 그다지 차이가 없으나, 기어에 의한 연성으로 고유진동수가 높은 쪽으로 이동하고 있다.

연습문제

1. 그림 E3.1에 나타낸 축계의 고유진동수를 유도하고, 질량 m이 e 만큼 편심이 되어 휘도는 경우의 정상상태응답을 계산하시오. 단, 축은 등방성 베어링으로 지지되어 있으며, 각 정수의 값은 다음과 같다.

   $E = 206\ \mathrm{GN/m^2}$, $l = 2000\ \mathrm{m}$, $c = 10^3\ \mathrm{N \cdot s/mm}$, $d = 50\ \mathrm{mm}$, $m = 100\ \mathrm{kg}$,
   $k = 0.1\ \mathrm{MN}$, $e = 10^{-3}\ \mathrm{mm}$

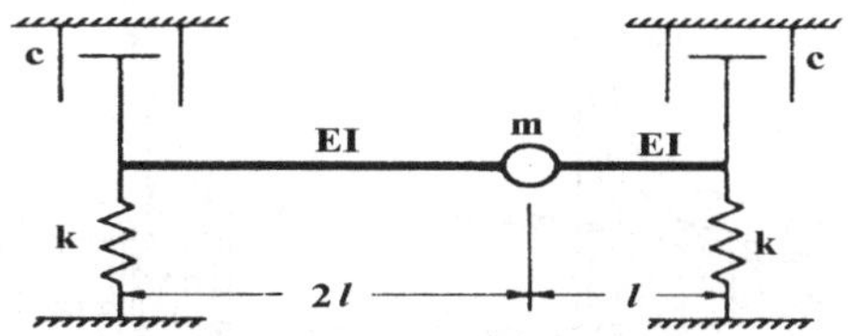

그림 E3.1

2. 문제 1의 모델에서 원판의 자이로스코픽 효과를 고려하여 계산하고 무시한 경우 인 문제 1의 결과와 비교하시오. 단, $N = 3,600$ rpm , $I_d = 3.2$ kg · mm^{2}이다.

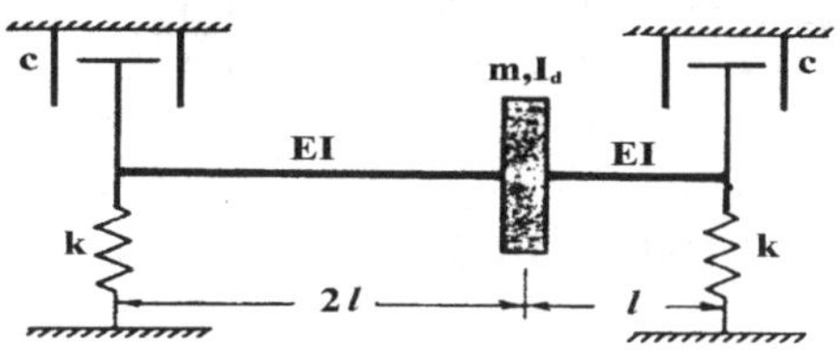

그림 E3.2

3. 운전속도 6,000rpm의 가스터빈 압축기 회전체를 그림 E3.3(a)에 보인다. 이 회전축계를 그림 (b)와 같이 10개의 원통 축 요소와 2개의 원판으로 모델링하였으며, 계의 데이터는 아래의 표와 같다. 이 축계의 굽힘 위험속도와 비틀림 고유진동수를 계산하고, 운전속도의 80%～120%범위(공진영역) 내에 위험속도가 존재하는지를 검토하시오. (A. Dimarogonas 저서 인용)

Element number	1	2	3	4	5	6	7	8	9	10
D_i (mm)	15	0	0	55	60	60	0	0	30	20
D_o (mm)	30	120	120	63	68	68	150	150	40	30
l (mm)	30	68.3	34.2	30	88	88	25	30	40	20
ρ (kg/m^3)	7,810	0	0	7,810	7,810	7,810	0	0	7,810	7,810
E (MN/m^2)					210,000					

Concentrated masses		
node number	3	7
m (kg)	20.81	18.2
J_p (kgm^2)	0.285	0.269
J_t (kgm^2)	0.174	0.142

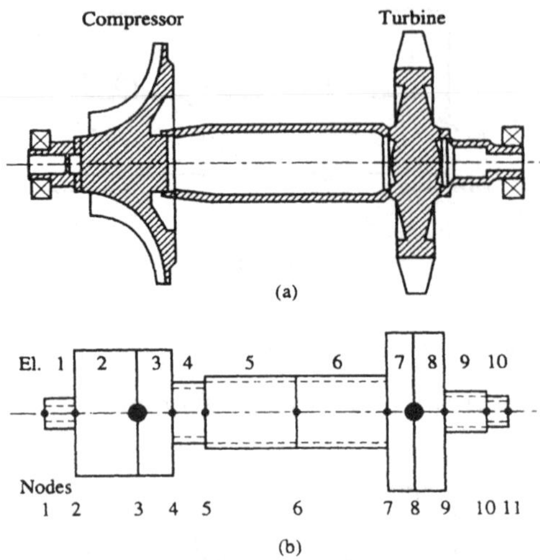

그림 E3.3 / 압축기·터빈 회전체

4. 그림 E3.4에서 보이는 일정 단면 축에 35kg의 압축기 회전체와 20kg의 터빈 회전체가 부착되어있다. 축의 설계 회전속도는 10,000rpm이다. 이 경우 위험속도와 3,000 rpm의 분리여유를 고려하여 축의 기본 고유진동수가 13,000rpm이 되도록 하기 위한 가장 가벼운 축을 설계하시오. 단, 축의 Young계수 $E = 784 \text{GN/m}^2$, 축의 자중은 무시하고 양단 단순지지로 가정한다.

해답) $d \fallingdotseq 6.36\,\text{cm}$

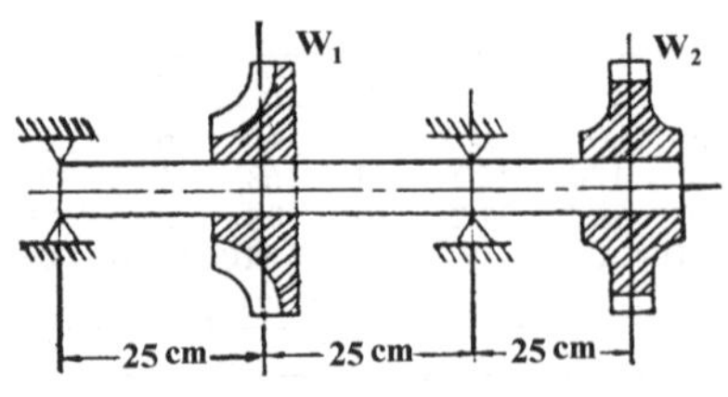

그림 E3.4 / 압축기·터빈 회전축계

5. 그림 E3.5의 단순 회전체 모델에 대해 유한요소법을 이용하여 고유치 및 고유모드를 계산하고, 아울러 절점 6(D_2위치)에 200 g · mm의 질량불평형이 있을 때의 불평형응답을 계산하시오.

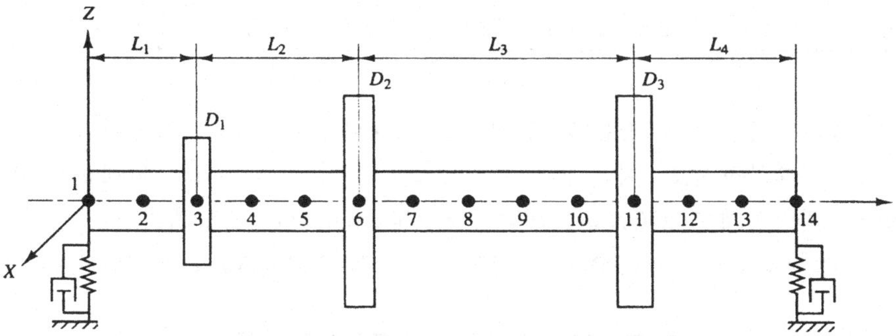

그림 E3.5 / 회전체 모델(Lalanne & Ferraris)

6. 그림 E3.6의 3,600rpm으로 회전하는 터빈축계에 대한 불평형응답을 계산하시오. 베어링은 지지강성이 43.8MN/m인 단순스프링으로 모델링한다. Young 계수 E= 206.8 GN/m^2, 전단형상계수는 0.75이다. 전단변형을 고려한다. 축 편심은 둘째 원판인 절점 5에 2.5mm의 편심이 있다고 하고, 블레이드 단은 집중질량으로 가정한다.

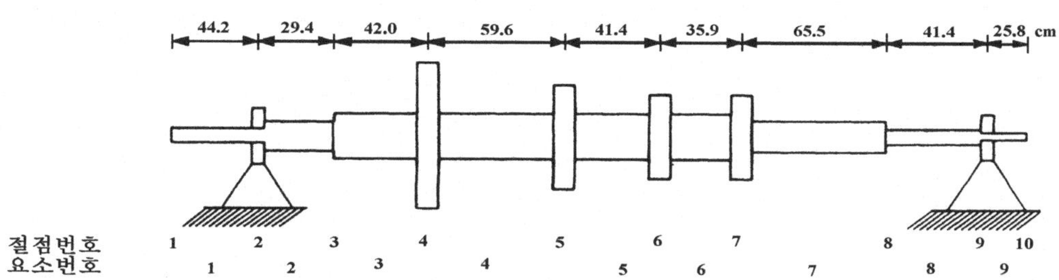

그림 E3.6 / 터빈축계의 모델(Pilkey & Chang)

표 E3.1 / 집중질량 데이터

절점번호	4	5	6	7
질량(kg)	1307.6	297.5	228.2	230.1

표 E3.2 / 베어링강성 데이터

절점번호	2	9
베어링 강성 (MN/m)	43.8	43.8

표 E3.3 / 축 요소 데이터

요소번호	1	2	3	4	5	6	7	8	9
I(cm^4)	6466.4	8797.4	42389	42389	42389	42389	27708.9	4906.1	3348.8
ρ (kg/m^3)	228.2	293.0	585.2	585.2	585.2	585.2	469.6	199.1	146.2
A (cm^2)	285.0	332.5	729.7	729.7	729.7	729.7	590.1	248.3	205.1

7. 유연 지지대를 갖는 그림 E3.7의 일정단면 축계에 대한 감쇠 휘돌림 고유진동수를 4차 모드까지 계산하시오. 회전축의 길이 2.5m, 직경 5cm, 밀도 7800kg/m^3, Young 계수 210GN/m^2, 횡탄성계수 87GN/m^2, 회전속도 6000rpm이다. 지지계의 질량, 강성 및 감쇠 특성은 k_1=8.75MN/m, c_1=3.5kN·s/m, M_1=0.9kg, k_2=3.5MN/m, c_2=8.75kN·s/m 이다.

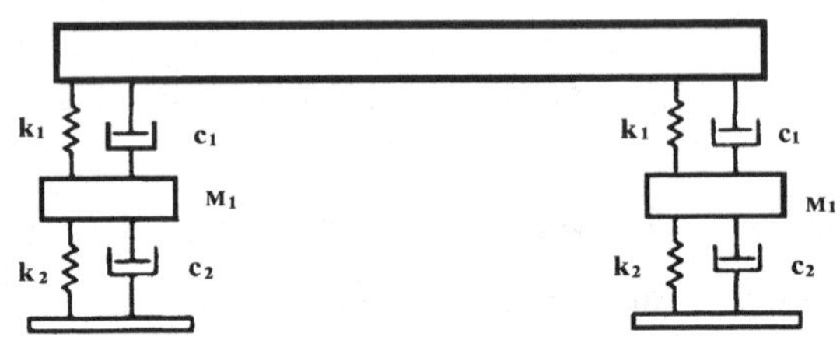

그림 E3.7 / 유연 지지대를 갖는 축계

참고문헌

(1) Ruhl, R.L., Dynamics of Distributed Parameter Rotor System: Transfer Matrix and Finite Element Techniques, Ph.D. dissertation, Cornell University, 1970.

(2) Ruhl, R.L., and Booker, J.F., A Finite Element Model for Distributed Parameter Turborotor Systems, Trans. ASME, Journal of Engineering for Industry, pp.128-132, 1972.

(3) Thorkildesn, T., Solution of a Distributed Mass and Unbalance Rotor System Using a Consistent Mass Matrix Approach, MSE Engineering Report, Arizona State University, 1972.

(4) Polk, S.R., Finite Element Formulation and Solution of Flexible Rotor-Rigid Disc Systems for Natural Frequencies and Critical Whirl Speeds, MSE Engineering Report, Arizona State University, May, 1974.

(5) Diana, G., Massa, E., and Pizzigoni, A Finite Element Method for Computing Oil Whirl Instability of a Rotating Shaft Supported by Elastic Bearings, I. Mech. E., pp.659-663, 1975.

(6) Dimaragonas, A.D., A General Method for Stability Analysis of Rotating Shafts, Ingenieur-Archive 44, H.1, pp.9-20, 1975.

(7) Gasch, R., Vibration of Large Turbo-Rotors in Fluid-Film Bearings on an Elastic Foundation, J. of Sound and Vibration, Vol.47, No.1, pp.53-73, 1976.

(8) Nelson, H.D. and McVaugh, J.M., The Dynamics of Rotor-Bearing Systems Using Finite Elements, Trans. ASME, Journal of Engineering for Industry, Vol.98, No.2, pp. 593-600, 1976.

(9) Zorzi, E.S., and Nelson, H.D., Finite Element Simulation of Rotor-Bearing Systems with Internal Damping, Trans. ASME, Journal of Engineering for Power, Vol. 99, Series A, No.1, Jan. pp.71-76, 1977.

(10) Nelson, H.D., A Finite Rotating Shaft Element Using Timoshenko Beam Theory, Trans. ASME, J. of Mechanical Design, Vol.102, pp.793-803, 1980.

(11) Zorzi, E.S. and Nelson, H.D., The Dynamics of Rotor-Bearing Systems with Axial Torque- A finite Element Approach, Trans. ASME, J. of Mechanical Design, Vol.102, pp.158-161, 1980.

(12) Greenhill, L.M., Bickford, W.B. and Nelson, H.D., A Conical Beam Finite Element for Rotor Dynamics Analysis, ASME Paper 85-DET-32, 1985.

(13) Rouch, K.E. and Kao, J.S., Dynamic Reduction in Rotor Dynamics by the Finite Element Method, Trans. ASME, J. of Mechanical Design, Vol.102, pp.360-368, 1980.

(14) D.W. Childs and Graviss, K., A Note on Critical-Speed Solution for Finite Element Based Rotor Models, Trans. ASME, J. of Mechanical Design, Vol.104, pp.412-416, 1982.

(15) Someya, T., Ed., Journal-Bearing Databook, Springer-Verlag, 1988.

(16) Harris, T.A., Rolling Bearing Analysis, John Wiley & Sons, 1984.

(17) Soda, N., Bearing, Iwanami Syoden, 1981.

(18) Nicholas, J.C., Whalm, J.K. and Franklin, S.D., Improving Critical Speed Calculations Using Flexible Bearing Support FRF Compliance Data, Proceedings of 15th Turbo-machinery Symposium, pp.69-78.
(19) Lalane, M. and Ferraris, G., Rotordynamics Prediction in Engineering, John wiley & Sons, New York, 1990.
(20) Gash, R. and Pfutzner, H., Rotordynamik, Springer-Verlag, Berlin, 1975.
(21) Hori, Y., Trans. ASME, Ser. E, Vol.26, No.2, pp.189-198, 1959.
(22) Tondl, A., Some Problems of Rotor Dynamics, Chapman & Hall, London, 1965.
(23) 황형섭, 동적유한요소법을 이용한 회전축계의 진동해석, 부경대학교 석사학위논문, 1997.
(24) 양보석, 터빈·발전기의 축계 진동해석 소프트웨어「TGROTOR」 개발, 한국전력 (주) 전력연구원 위탁연구보고서, p.363, 1998.
(25) 김용한, 부분구조합성법을 이용한 증기터빈·발전기축계의 지진응답해석, 부경대학교 석사학위논문, 1999.
(26) Eshleman, R.L. and Eubanks, R.A., On the Critical Speeds of Continous Rotor, Trans. ASME, J. of Engineering Industry, Vol.91, pp.1180-1188, 1969.
(27) Lee, C.W., Vibration Analysis of Rotor, Kluwer Academic Publisher, 1993.
(28) Sato. Y., 회전축계의 진동해석입문(1)-(5), 機械의 硏究, Vol.47, No.3-No.7, 養賢堂, 1995.
(29) B.S. Yang, W.H. Choi, D.J. Kim and S.J. Lee, Vibration of Large Induction Motor Rotor by Unbalanced Magnetic Pull, Proceedings of Asia-Pacific Vibration Conference, Dec.13-15, Singapore, Vol.2, pp.892-897, 1999.
(30) B.S. Yang, B.G. Son and J.W. Lee, Stability Analysis of 2-Pole Induction Motor Rotor by Unbalanced Electromagnetic Forces, Proceedings of 10th World Congress on the Theory of Machine and Mechanism, June 20-24, Oulu, Finland, pp.1710-1715, 1999.
(31) T. Ueda et al., Site Test of 500M 206MW Pump-Turbine and 220MVA Generator- Motor, Fuji Review, Vol.50, No.10, pp.1-10, 1977.
(32) B.A. Behernd, On the Mechanical Forces in Dynamics Caused by Magnetic Attraction, Trans. AIEE, Vol.17, pp.617-633, 1900.
(33) K. Nagaya and S. Ikeda, Vibration of a Motor on Viscoelastic Foundation Due to Whirling of the Shaft With Consideration of Electromagnetic Forces, Trans. ASME J. of Vibration Acoustics, Stress and Reliability in Design, Vol.107, pp.310-318, 1985.
(34) H. Schneider저, 양보석 역, 평형잡이 기술, 세종출판사, 1994.
(35) 양보석, 수차발전기의 축계진동해석 프로그램 「TPVIBRA」의 개발, 한국중공업(주) 위탁연구보고서, p.222, 1998.
(36) Jones, A.B. and McGrew, J.M., Jr., Rotor-Bearing Dynamics Technology Design Guide, Part Ⅱ. Ball Bearing, AFAPL-TR-78-6.

(37) D. Japikse, W.D. Marscher and R.B. Furst, Centrifugal Pump Design and Performance, Concepts ETI, Inc., 1997.

(38) 양보석역, 진동모형실험법, 시그마프레스, 1998.

(39) 정동화, 석유화학플랜트용 고속 질소압축기의 회전체 진동해석, 부경대학교 석사학위논문, 2002.

(40) Lin, H.H., Huston, R.L. and Coy, J.J., On Dynamic Loads in Parallel Shaft Transmi-ssions: Part I-Modelling and Analysis, ASME Journal of Mechanisms, Transmissions, and Automation in Design, Vol.110, pp. 221-225, 1988.

(41) Kahraman, A., Nevzat, Ozguven H., Houser, D.R. and Zakrajsek, J.J., Dynamic Analysis of Geared Rotors by Finite Elements, ASME Journal of Mechanical Design, Vol.114, pp.507, 1992.

(42) Rao, J.S., Shiau, T.N. and Chang, J.R., Theoretical Analysis of Lateral Response due to Torsional Excition of Geared Rotors, Mech, Mach. Theory Vol.33, No.6, pp. 761-783, 1998.

(43) Yang, D.C. and Sun, Z.S., A Rotary Model for Spur Gear Dynamics, Trans. ASME, Journal of Mechanisms, Transmissions, and Automation in Design, Vol.107, pp.529-535, 1985.

(44) Shing, T.K., Tsai, L.W. and Krishnaprasad, P.S., An Improved Model for the Dynamics of Spur Gear Systems with Backlash Consideration, ASME Advances in Design Automation, Vol.1, DE-Vol.65-1, 1993.

(45) Childs, D.W. and Kim, C.H., Test Results for Round-Hole-Pattern Damper Seals: Optimum Configurations and Dimensions for Maximum Net Damping, J. of Tribology, Vol. 108, pp.605-611, 1986.

(46) Childs, D.W. and Kim, C.H., Analysis and Testing for Rotor Dynamics Coefficients of Turbulent Annular Seals with Different Homogeneous Surface Roughness Treastment for Rotor and Stator Elements, J. of Tribology, Vol. 107, pp. 296-301, 1985.

(47) 김경득, 기어전동 회전축계의 진동해석, 부경대학교 석사학위논문, 2000

(48) Ha, T. W. and Childs, D. W., Friction-Factor Data for Flat Plate Tests for Smooth and Honeycomb Surfaces, J. of Tribology, Vol. 113, pp.722-730, 1992.

4편

전달행렬법

복잡한 회전축계의 진동해석을 수행하는데는 전달행렬법(Transfer Matrix Method: TMM)이라 하는 방법이 비교적 오래 전부터 널리 사용되어 오고 있다. 전달행렬법은 복잡한 선형 탄성계를 여러 요소로 분할하고 각 요소 사이의 특성을 행렬의 형식으로 표시하여, 이들 행렬의 곱 계산을 실행함으로서 계 전체로서의 특성을 나타내는 전체행렬을 구하고, 양단의 경계조건을 이용하여 계의 진동특성을 구하는 방법이다.

이 방법의 기본적인 개념은 1902년 최초로 선박용 주축(main shaft)의 비틀림 진동해석을 수행한 Frahm의 연구로부터 시작되어 Holzer(1907), Guembel(1912) 및 Tolle(1912)에 의해 보의 횡진동 해석을 위한 표의 형태(tabular form)로 개발되었다.

Prager(1933)의 연구로 발전되었다. 1944년 Myklestad는 비행기 날개와 보의 굽힘진동해석에, 1945년 Prohl은 탄성회전체의 위험속도 계산에 각각 Dungen의 방법을 최초로 적용하였다. 이후 이 방법은 1950년 Thomson에 의해 요즈음 전달행렬법이라 불리는 행렬 형식으로 더욱 발전되었고, Pestel과 Leckie(1963), Pilkey와 Chang(1978)에 의해 다양한 형태에 대한 전달행렬을 유도하여 체계화되었다.

전달행렬법은 그 이름이 나타내듯이 행렬형식을 이용하기 때문에 계산 과정은 기계적으로 이루어진다. 이 때문에 컴퓨터에 의한 프로그래밍도 비교적 용이하고, 계산시간과 용량이 유한요소법(FEM)에 비해 매우 작으며, 또한 회전축계와 같이 요소가 직선적으로 구성되어있는 계에서는 응용 범위가 넓다고 하는 이점이 있어 오랜 역사를 가지고 널리 사용되고 있다.

제 4편에서는 전달행렬법에 대한 지식이 거의 없는 사람을 대상으로 전달행렬법에 대한 기초와 기본 요소에 대한 전달행렬의 유도방법을 평이하게 설명하고, 회전축계의 진동해석방법에 대해 다양한 실제 예제를 통하여 그 특성을 기술하도록 한다.

12

전달행렬법의 기초 개념

12.1 상태량 벡터

대상으로 하는 탄성계를 그림 12.1과 같이 몇 개의 기본요소(fundamental element)로 분할하였을 때, 그 기본요소 양단의 물리적인 상태를 정의하는 양은 넓은 의미로서의 내력(internal force)과 이에 대응하는 변위(displacement)이다. i번째 요소의 우단인 i점의 변위와 내력을 나열하여 열 벡터(column vector)로서 나타낸 것을 i점에서의 상태량벡터(state vector)라 한다.

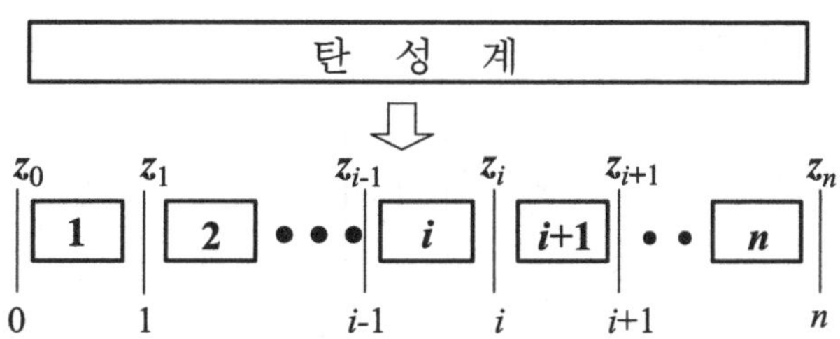

그림 12.1 / 계의 분할

예제 12.1

상태량 벡터

그림 12.1-1에 보이는 스프링 질량계, 축의 비틀림 진동계 및 굽힘 진동계의 상태량 벡터를 유도하시오.

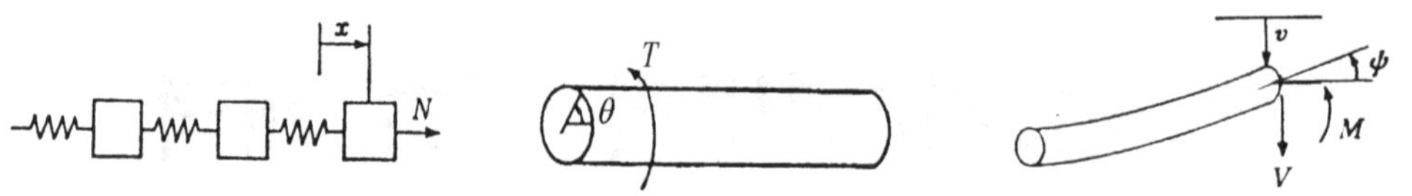

(a) 스프링 질량계 (b) 축의 비틀림 진동계 (c) 축의 굽힘 진동계

그림 12.1-1 / 상태량의 예

스프링 질량계의 경우, i점에서의 상태량은 변위 x_i와 내력 N_i의 2개이다. 이것을 열벡터 $\boldsymbol{z}_i$로서 나타낸 식(1)이 스프링 질량계의 상태량 벡터이다.

$$\boldsymbol{z}_i = \begin{bmatrix} x \\ N \end{bmatrix}_i \tag{1}$$

같은 방법으로, 축의 비틀림 진동계에서는

$$\boldsymbol{z}_i = \begin{bmatrix} \theta \\ T \end{bmatrix}_i \tag{2}$$

여기서 θ는 비틀림 각, T는 토크이다.

축의 굽힘 진동계에서는

$$\boldsymbol{z}_i = \begin{bmatrix} v \\ \psi \\ M \\ V \end{bmatrix}_i \tag{3}$$

이 각각의 상태량 벡터가 된다. 여기서 v는 처짐 또는 변위, ψ는 처짐각 또는 각변위, M은 굽힘모멘트, V는 전단력이다.

12.2 전달행렬

분할점 $i-1$에서의 상태량은 기본요소 i의 정특성 및 동특성을 나타내고, i점에서의 상태량으로 전달된다. 진동계가 선형계이라면, 이 관계는 다음 식의 형태로 표시될 수 있다.

$$\begin{bmatrix} \zeta_1 \\ \zeta_2 \\ \cdot \\ \cdot \\ \cdot \\ \cdot \\ \zeta_m \end{bmatrix}_i = \begin{bmatrix} t_{11} & t_{12} & \cdot & \cdot & \cdot & \cdot & t_{1m} \\ t_{21} & t_{22} & \cdot & \cdot & \cdot & \cdot & t_{2m} \\ \cdot & \cdot & \cdot & \cdot & \cdot & \cdot & \cdot \\ \cdot & \cdot & \cdot & \cdot & \cdot & \cdot & \cdot \\ \cdot & \cdot & \cdot & \cdot & \cdot & \cdot & \cdot \\ \cdot & \cdot & \cdot & \cdot & \cdot & \cdot & \cdot \\ t_{m1} & t_{m2} & \cdot & \cdot & \cdot & \cdot & t_{mm} \end{bmatrix}_i \begin{bmatrix} \zeta_1 \\ \zeta_2 \\ \cdot \\ \cdot \\ \cdot \\ \cdot \\ \zeta_m \end{bmatrix}_{i-1} \tag{12.1}$$

또는

$$\boldsymbol{z}_i = \boldsymbol{T}_i \boldsymbol{z}_{i-1} \tag{12.2}$$

여기서

$$\boldsymbol{T}_i = \begin{bmatrix} t_{11} & t_{12} & \cdot & \cdot & \cdot & \cdot & t_{1m} \\ t_{21} & t_{22} & \cdot & \cdot & \cdot & \cdot & t_{2m} \\ \cdot & \cdot & \cdot & \cdot & \cdot & \cdot & \cdot \\ \cdot & \cdot & \cdot & \cdot & \cdot & \cdot & \cdot \\ \cdot & \cdot & \cdot & \cdot & \cdot & \cdot & \cdot \\ \cdot & \cdot & \cdot & \cdot & \cdot & \cdot & \cdot \\ t_{m1} & t_{m2} & \cdot & \cdot & \cdot & \cdot & t_{mm} \end{bmatrix}_i \tag{12.3}$$

$\boldsymbol{T}_i$는 $i-1$점의 상태량 벡터 $\boldsymbol{z}_{i-1}$을 i점에 전달하는 역할을 하는 정방행렬이고, **전달행렬**이라고 한다. 전달행렬은 **장 전달행렬**(field transfer matrix 또는 field matrix)과 **점 전달행렬**(point transfer matrix 또는 point matrix)로 구분할 수 있다.

장 전달행렬 $\boldsymbol{F}_i$는 그림 12.2(a)와 같이 기본요소가 길이 l_i를 가지는 연속체의 양단 $i-1$점과 i점의 상태량 벡터를 연결하는 것으로서

$$\boldsymbol{z}_i = \boldsymbol{F}_i \boldsymbol{z}_{i-1} \tag{12.4}$$

와 같이 표현할 수 있다. 한편 점 전달행렬은 길이를 가지지 않는 질점(particle)이 기본요소가 될 때의 i점의 좌측과 우측사이의 전달특성을 표현하는 것으로서 좌측을 L, 우측을 R의 기호로서 나타내면

$$z_i^R = P_i \, z_i^L \tag{12.5}$$

와 같이 표현될 수 있다(그림 12.2(b)).
 또 식(12.1), (12.2), (12.4) 및 (12.5) 등을 전달방정식(transfer equation)이라 부른다.

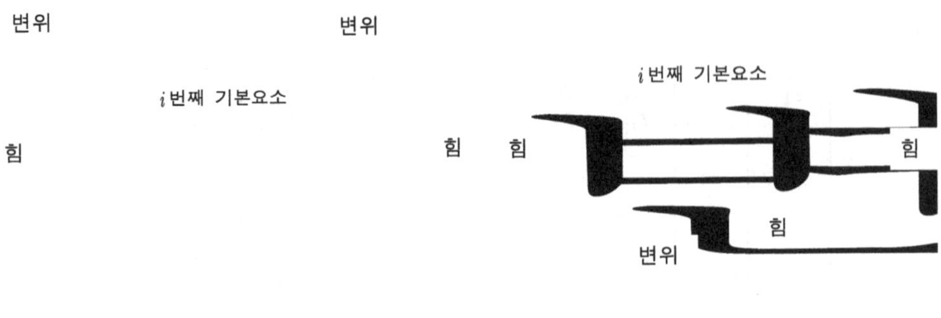

(a) 장 전달행렬 (b) 점 전달행렬

그림 12.2 / 전달행렬의 종류

예제 12.2

스프링 질량계의 전달행렬

그림 12.2-1에 보이는 스프링 질량계의 전달행렬을 유도하시오.

먼저 스프링상수가 k_i인 스프링요소에 대해서는 변위 및 힘의 양(+)의 방향을 그림 12.2-1(a)와 같이 정의하면, 힘의 평형관계로부터

$$N_i = N_{i-1} = k_i(x_i - x_{i-1}) \tag{1}$$

이 성립한다. 식(1)은 다음과 같이 바꾸어 쓸 수 있다.

$$x_i = x_{i-1} + \frac{1}{k_i} N_{i-1}$$
$$N_i = N_{i-1}$$

이 식을 행렬로 표시하면, 다음 식을 얻을 수 있다.

$$\begin{bmatrix} x \\ N \end{bmatrix}_i = \begin{bmatrix} 1 & 1/k \\ 0 & 1 \end{bmatrix}_i \begin{bmatrix} x \\ N \end{bmatrix}_{i-1}$$

또는

$$z_i = F_i \ z_{i-1} \tag{2}$$

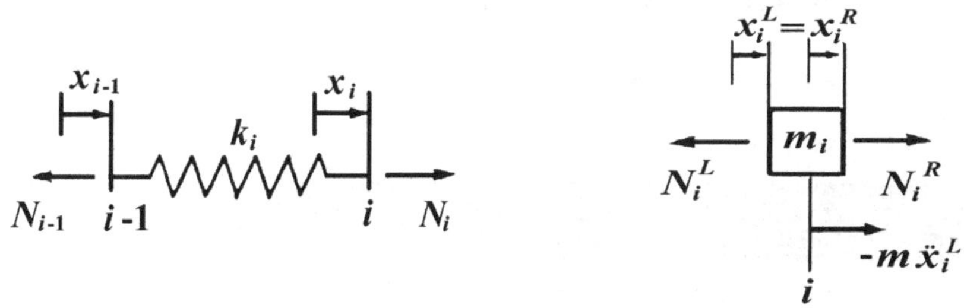

(a) 스프링요소: 장 전달행렬 (b) 질량요소: 점 전달행렬

그림 12.2-1 / 스프링 질량계의 전달행렬

여기서

$$F_i = \begin{bmatrix} 1 & 1/k \\ 0 & 1 \end{bmatrix}_i \tag{3}$$

이고, 스프링요소의 특성은 장 전달행렬로 된다. 다음으로 질량 m_i에 대해서는 그림 12.2-1(b)에 보이는 것처럼 i점의 좌측과 우측에서 변위는 같기 때문에

$$x_i^R = x_i^L \tag{4}$$

로 된다. 질량 m_i가 진동을 하면, 관성력 $-m_i \ddot{x}_i^L$가 발생하기 때문에 힘의 평형은

$$N_i^R = N_i^L + m_i \ddot{x}_i^L \tag{5}$$

로 된다. 이제 질량 m_i가 진동수 ω의 단순진동(simple vibration)을 한다고 가정하면, $\ddot{x}_i = -\omega^2 x_i$의 관계가 있기 때문에 이를 식(5)에 대입하고, 식(4)를 이용하여 행렬로 표시하면 다음 식을 얻는다.

$$\begin{bmatrix} x \\ N \end{bmatrix}_i^R = \begin{bmatrix} 1 & 0 \\ -m\omega^2 & 1 \end{bmatrix}_i \begin{bmatrix} x \\ N \end{bmatrix}_i^L \tag{6}$$

또는

$$z_i^R = P_i \, z_i^L \tag{7}$$

여기서

$$P_i = \begin{bmatrix} 1 & 0 \\ -m\omega^2 & 1 \end{bmatrix}_i \tag{8}$$

질량요소의 동특성은 점 전달행렬로 된다.

12.3 전달행렬의 표시방법

해석대상 계의 진동이 자유진동(free vibration)인가 또는 강제진동(forced vibration)인가에 따라서 상태량벡터 및 전달행렬의 표시방법은 표 12.1과 같이 구분하여 사용하지 않으면 안 된다.

12.3.1 비감쇠계의 자유진동해석

이 경우에는 대상으로 하는 계는 감쇠를 포함하지 않고 탄성과 관성요소만으로서 정의되기 때문에, 각 분할점에서의 상태량 사이에는 동위상(in phase) 혹은 역위상(out of phase)의 위상차 밖에 발생하지 않는다. 그러므로 고유진동수에서의 단순진동으로 고려하고, 가속도는 질량요소의 변위를 사용하여 표시할 수 있기 때문에 상태량벡터 및 전달행렬은 실수로서 취급된다.

12.3.2 감쇠계의 자유진동해석

감쇠작용은 각 분할점에서의 상태량의 위상을 변화시키기 때문에 상태량은 변위를 포함하여 표시할 필요가 있다. 이 경우 모든 상태량은 다음과 같이 표시된다.

$$\zeta = \mathrm{Re}[\,\bar{\zeta} e^{\lambda t}] \tag{12.6}$$

여기서

$$\bar{\zeta} = \zeta_r + j\zeta_i, \quad \lambda = \lambda_r + j\lambda_i, \quad j = \sqrt{-1} \tag{12.7}$$

이고, Re 는 복소수의 실수부를 취하는 것을 나타낸다. 결국 식(12.6)은 다음과 같다.

$$\zeta = e^{\lambda_r t}(\zeta_r \cos\lambda_i t - \zeta_i \sin\lambda_i t) = Ze^{\lambda_r t}\cos(\lambda_i t + \beta) \tag{12.8}$$

여기서 $Z = \sqrt{\zeta_r^2 + \zeta_i^2} = |\bar{\zeta}|$, $\beta = \tan^{-1}(\zeta_i/\zeta_r) = \arg\bar{\zeta}$, arg는 편각(argument, 偏角)을 나타낸다.

표 12.1 / 전달행렬의 표시방법

진동의 종류	자유진동 해석		강제진동 해석	
감쇠여부	비감쇠	감쇠	비감쇠	감쇠
전달방정식 $z_i = T_i z_{i-1}$	$\begin{bmatrix} \zeta_1 \\ \zeta_2 \\ \cdot \\ \cdot \\ \zeta_m \end{bmatrix}_i = \begin{bmatrix} t_{11} & t_{12} & \cdot & \cdot & t_{1m} \\ t_{21} & t_{22} & \cdot & \cdot & t_{2m} \\ \cdot & \cdot & \cdot & \cdot & \cdot \\ \cdot & \cdot & \cdot & \cdot & \cdot \\ t_{m1} & t_{m2} & \cdot & \cdot & t_{mm} \end{bmatrix}_i \begin{bmatrix} \zeta_1 \\ \zeta_2 \\ \cdot \\ \cdot \\ \zeta_m \end{bmatrix}_{i-1}$		$\begin{bmatrix} \zeta_1 \\ \zeta_2 \\ \cdot \\ \cdot \\ \zeta_m \\ 1 \end{bmatrix}_i = \begin{bmatrix} t_{11} & t_{12} & \cdot & \cdot & t_{1m} & f_1 \\ t_{21} & t_{22} & \cdot & \cdot & t_{2m} & f_2 \\ \cdot & \cdot & \cdot & \cdot & \cdot & \cdot \\ \cdot & \cdot & \cdot & \cdot & \cdot & \cdot \\ t_{m1} & t_{m2} & \cdot & \cdot & t_{mm} & f_m \\ 0 & 0 & \cdot & \cdot & 0 & 1 \end{bmatrix}_i \begin{bmatrix} \zeta_1 \\ \zeta_2 \\ \cdot \\ \cdot \\ \zeta_m \\ 1 \end{bmatrix}_{i-1}$	
변수 ζ, t	실수	복소수	실수	복소수
진동의 해	$\zeta \sin\omega t$ ω: 비감쇠고유 진동수	$\mathrm{Re}[\bar{\zeta} e^{\lambda t}]$ $\lambda = \lambda_r + j\lambda_i$ λ_r : 감쇠의 크기 λ_i : 감쇠고유진동수	$\zeta \sin\Omega t$ Ω : 강제력의 진동수 $f_1 \sim f_m$: 강제력 항	$\mathrm{Re}[\bar{\zeta} e^{j\Omega t}]$

이와 같이 해를 가정하면, 전달방정식은 다음 식과 같이 각 상태량의 복소 진폭을 사용하여 감쇠가 없는 경우와 같은 형태로 표시할 수 있다.

$$\begin{bmatrix} \zeta_1 \\ \zeta_2 \\ \cdot \\ \cdot \\ \cdot \\ \cdot \\ \zeta_m \end{bmatrix}_i = \begin{bmatrix} t_{11} & t_{12} & \cdot & \cdot & \cdot & \cdot & t_{1m} \\ t_{21} & t_{22} & \cdot & \cdot & \cdot & \cdot & t_{2m} \\ \cdot & \cdot & \cdot & \cdot & \cdot & \cdot & \cdot \\ \cdot & \cdot & \cdot & \cdot & \cdot & \cdot & \cdot \\ \cdot & \cdot & \cdot & \cdot & \cdot & \cdot & \cdot \\ \cdot & \cdot & \cdot & \cdot & \cdot & \cdot & \cdot \\ t_{m1} & t_{m2} & \cdot & \cdot & \cdot & \cdot & t_{mm} \end{bmatrix}_i \begin{bmatrix} \zeta_1 \\ \zeta_2 \\ \cdot \\ \cdot \\ \cdot \\ \cdot \\ \zeta_m \end{bmatrix}_{i-1} \tag{12.9}$$

여기서 $\zeta_1, \zeta_2, \cdots \zeta_m$은 복소수로서 필연적으로 전달행렬의 요소 t_{ij}도 일반적으로 복소수로 된다.

예제 12.3

스프링 질량계의 전달행렬

스프링 질량계에서 감쇠작용을 가지는 기구의 대표적인 것은 그림 12.3-1과 같은 오일 감쇠기(oil damper)모델이다. 이 계에 대한 전달방정식을 유도하시오.

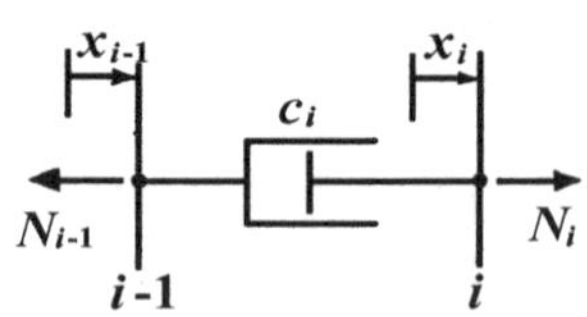

그림 12.3-1 / 오일 감쇠기 모델

그림 12.3-1에서 힘의 평형관계로부터

$$N_i = N_{i-1} = c_i(\dot{x}_i - \dot{x}_{i-1}) \tag{1}$$

가 성립한다. 상태량을

$$x = \text{Re}[\,xe^{\lambda t}],\quad N = \text{Re}[\,Ne^{\lambda t}] \tag{2}$$

로 두면

$$\text{Re}[N_i e^{\lambda t}] = \text{Re}[N_{i-1} e^{\lambda t}] = \text{Re}[c_i\lambda(x_i - x_{i-1})e^{\lambda t}] \tag{3}$$

로 되고, 그러므로

$$N_i = N_{i-1} = c_i \lambda (x_i - x_{i-1}) \tag{4}$$

를 얻는다. 이 식을 행렬 형태로 표시하면

$$\begin{bmatrix} x \\ N \end{bmatrix}_i = \begin{bmatrix} 1 & 1/c\lambda \\ 0 & 1 \end{bmatrix}_i \begin{bmatrix} x \\ N \end{bmatrix}_{i-1} \tag{5}$$

로 된다.

12.3.3 강제진동해석

진동수 Ω의 변위나 힘이 작용할 때, 계의 정상상태진동의 해는 각 상태량을 감쇠작용에 의한 위상변화도 고려하여 다음 식과 같이 놓는다.

$$\zeta = \mathrm{Re}\,[\,\bar{\zeta}\, e^{j\Omega t}\,] \tag{12.10}$$

여기서

$$\bar{\zeta} = \zeta_r + j\zeta_i \tag{12.11}$$

이다. 강제력 항을 함께 고려하면, 전달방정식은 다음 식의 형태로 표현된다.

$$\left[\begin{array}{c} \zeta_1 \\ \zeta_2 \\ \cdot \\ \cdot \\ \cdot \\ \cdot \\ \zeta_m \\ \hline 1 \end{array}\right]_i = \left[\begin{array}{cccc|ccc|c} t_{11} & t_{12} & \cdot & \cdot & \cdot & \cdot & t_{1m} & f_1 \\ t_{21} & t_{22} & \cdot & \cdot & \cdot & \cdot & t_{2m} & f_2 \\ \cdot & \cdot & \cdot & \cdot & \cdot & \cdot & \cdot & \cdot \\ \cdot & \cdot & \cdot & \cdot & \cdot & \cdot & \cdot & \cdot \\ \cdot & \cdot & \cdot & \cdot & \cdot & \cdot & \cdot & \cdot \\ \cdot & \cdot & \cdot & \cdot & \cdot & \cdot & \cdot & \cdot \\ t_{m1} & t_{m2} & \cdot & \cdot & \cdot & \cdot & t_{mm} & f_m \\ \hline 0 & 0 & \cdot & \cdot & \cdot & \cdot & 0 & 1 \end{array}\right]_i \left[\begin{array}{c} \zeta_1 \\ \zeta_2 \\ \cdot \\ \cdot \\ \cdot \\ \cdot \\ \zeta_m \\ \hline 1 \end{array}\right]_{i-1} \tag{12.12}$$

여기서 상태량벡터와 전달행렬은 복소수표시인 점을 제외하면 자유진동해석의 경우와 거의 같고, f_1, f_2, $\cdots$, f_m이 강제력의 항이다. 열 벡터 중의 1 및 정방행렬 중의 $m+1$행 째의 0이나 1은 강제력 항 f_1, f_2, $\cdots$, f_m을 표현하기 위해 부가한 것이다. 식(12.12)는 $\{f_1, f_2, \cdots, f_m\}^T$을 열 벡터 $\boldsymbol{f}$라 하면, 간단히

$$\begin{bmatrix} \boldsymbol{z} \\ 1 \end{bmatrix}_i = \begin{bmatrix} \boldsymbol{T} & \boldsymbol{f} \\ 0 & 1 \end{bmatrix}_i \begin{bmatrix} \boldsymbol{z} \\ 1 \end{bmatrix}_{i-1} \tag{12.13}$$

로 쓸 수 있다. 더욱이 1, $\boldsymbol{f}$ 및 $\mathbf{0}$을 포함하여

$$\begin{bmatrix} \boldsymbol{z} \\ 1 \end{bmatrix} \to \boldsymbol{z}, \quad \begin{bmatrix} \boldsymbol{T} & \boldsymbol{f} \\ 0 & 1 \end{bmatrix} \to \boldsymbol{T} \tag{12.14}$$

와 같이 상태량 벡터와 전달행렬을 확장하여 정의하면, 식(12.13)은 식(12.2)에 귀착된다. 또 각 상태량의 정상상태 해는 식(12.10) 및 식(12.11)에서 실제로는 다음 식과 같이 주어진다.

$$\zeta = Z\cos(\Omega t + \beta) \tag{12.15}$$

여기서 $Z = \sqrt{\zeta_r^2 + \zeta_i^2} = |\bar{\zeta}|$, $\beta = \tan^{-1}(\zeta_i/\zeta_r) = \arg\bar{\zeta}$.

예제 12.4

강제진동계의 전달행렬

스프링 질량계에 그림 12.4-1에 보이듯이 질점 m_i에 힘 $F_i\cos\Omega t$가 작용할 때의 강제진동계의 전달방정식을 유도하시오.

그림 12.4-1에서 다음 식이 성립한다.

$$\begin{aligned} x_i^R &= x_i^L \\ N_i^R &= m_i\ddot{x}_i^{\ L} + N_i^L - F_i\cos\Omega t \end{aligned} \tag{1}$$

정상상태 해를

$$x = \mathrm{Re}[xe^{j\Omega t}], \quad N = \mathrm{Re}[Ne^{j\Omega t}] \tag{2}$$

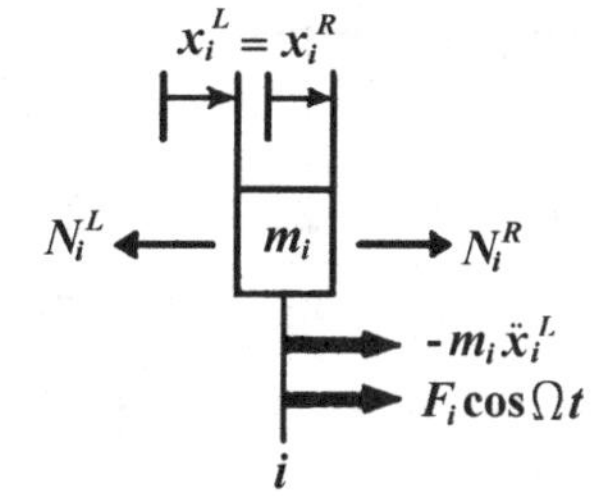

그림 12.4-1 / 힘을 받는 질점

로 두고, 식(2)를 식(1)에 대입하고, 동시에 $\cos\Omega t = \mathrm{Re}[e^{j\Omega t}]$ 를 이용하면 다음 식을 얻는다.

$$
\begin{aligned}
x_i^R &= x_i^L \\
N_i^R &= -m_i\Omega^2 x_i^L + N_i^L - F_i
\end{aligned}
\tag{3}
$$

그러므로 이것을 행렬로 표시하면, 다음과 같은 전달방정식이 얻어진다.

$$
\begin{bmatrix} x \\ N \\ 1 \end{bmatrix}_i^R = \begin{bmatrix} 1 & 0 & 0 \\ -m\Omega^2 & 1 & -F \\ 0 & 0 & 1 \end{bmatrix}_i \begin{bmatrix} x \\ N \\ 1 \end{bmatrix}_i^L \tag{4}
$$

12.4 전달행렬의 결합

표 12.2에 보이는 것처럼 자유진동인가 강제진동인가를 불문하고 기본요소의 전달행렬이 구하여진다면, 자유진동의 경우는 계의 고유진동수와 고유진동모드를, 강제진동에 대해서는 계의 정상상태응답을 결정하는 것이 가능하다. 그 순서를 종합하면, 표 12.2에 보이는 것과 같이 된다. 먼저 처음에 계 전체로서의 전달행렬을 구하는 방법을 설명한다. 일반적으로 그림 12.3(a)와 같이 다수의 기본요소가 연결되어 있는 복잡한 진동계를 고려하면, 각 기본요소마다의 전달방정식은 다음 식들로 표현된다.

$$
z_1 = T_1 z_0,\ z_2 = T_2 z_1, \cdots,\ z_{n-1} = T_{n-1} z_{n-2},\ z_n = T_n z_{n-1} \tag{12.16}
$$

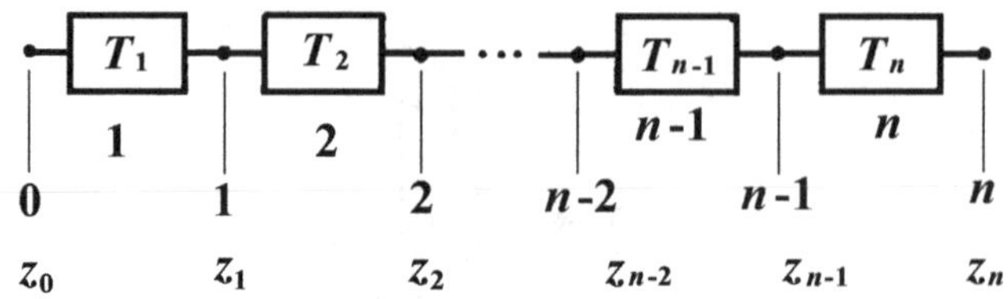

(a) 각 요소의 전달행렬

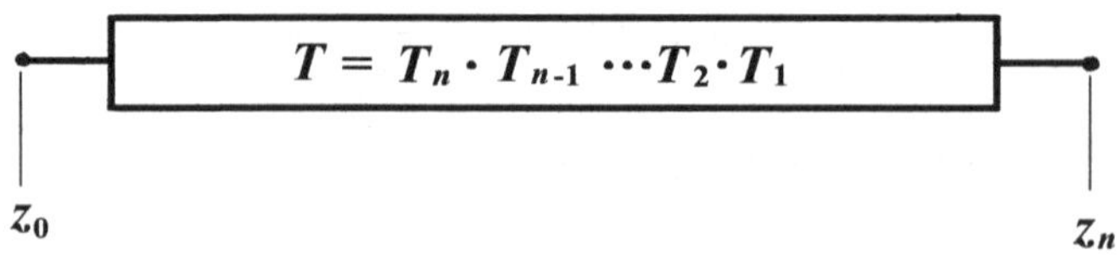

(b) 계 전체의 전달 행렬

그림 12.3 / 전달행렬의 결합

표 12.2 / 전달행렬법의 계산순서

No.	자유진동 해석	강제진동 해석
1	상태량의 결정 → 상태량벡터 z_i	
2	요소전달행렬의 결정 T_i	
3	계 전체의 전달행렬의 계산 $T = T_n \cdot T_{n-1} \cdots T_2 \cdot T_1$	
4	경계조건의 적용	
	$T' z_0' = 0$	$T' z_0' = -f'$
5	진동수방정식 또는 특성방정식의 해 계산 $\lvert T' \rvert = 0 \rightarrow \omega,\ \lambda$	비제차 연립방정식의 해 계산 $z_0' = -T'^{-1} f'$
6	좌단 미지량의 결정 (상대량 z_0)	좌단 미지량의 결정 (절대량 z_0)
7	i 번째 분할점의 상태량의 결정 $z_i = T_i \cdot T_{i-1} \cdots T_2 \cdot T_1\ z_0$	

식(12.16)의 n번째의 식은 다른 $n-1$개의 식을 이용하여 고쳐 쓰면

$$z_n = T_n T_{n-1} \cdots T_2 T_1 z_0 \tag{12.17}$$

로 된다. 그러므로 계의 좌단(0점)과 우단(n점)의 각 상태량벡터를 결합한 계 전체의 전달행렬을 T라 하면

$$z_n = T z_0 \tag{12.18}$$

$$T = T_n T_{n-1} \cdots T_2 T_1 \tag{12.19}$$

로 된다. 결국 계 전체로서의 전달행렬 T는 각 요소의 전달행렬을 n번째의 것이 선두에 오도록 순서적으로 나열하고 차례로 곱해 가면 기계적으로 구해진다.

12.5 경계조건의 적용

계의 좌단(0점)과 우단(n점)의 상태를 정의하는 전달방정식은 식(12.18)이지만, 이것을 구체적으로 나타내면 다음 식과 같이 된다.

$$\begin{bmatrix} \zeta_1 \\ \zeta_2 \\ \cdot \\ \cdot \\ \cdot \\ \cdot \\ \zeta_m \\ 1 \end{bmatrix}_n = \begin{bmatrix} t_{11} & t_{12} & \cdot & \cdot & \cdot & \cdot & t_{1m} & f_1 \\ t_{21} & t_{22} & \cdot & \cdot & \cdot & \cdot & t_{2m} & f_2 \\ \cdot & \cdot & \cdot & \cdot & \cdot & \cdot & \cdot & \cdot \\ \cdot & \cdot & \cdot & \cdot & \cdot & \cdot & \cdot & \cdot \\ \cdot & \cdot & \cdot & \cdot & \cdot & \cdot & \cdot & \cdot \\ \cdot & \cdot & \cdot & \cdot & \cdot & \cdot & \cdot & \cdot \\ t_{m1} & t_{m2} & \cdot & \cdot & \cdot & \cdot & t_{mm} & f_m \\ 0 & 0 & \cdot & \cdot & \cdot & \cdot & 0 & 1 \end{bmatrix} \begin{bmatrix} \zeta_1 \\ \zeta_2 \\ \cdot \\ \cdot \\ \cdot \\ \cdot \\ \zeta_m \\ 1 \end{bmatrix}_0 \tag{12.20}$$

상태량벡터는 넓은 의미에서의 힘과 이것에 대응하는 변위로서 구성되고 있기 때문에 상태량의 개수 m은 항상 짝수이다. 이들 상태량은 모두가 미지량은 아니고, 각각의 단에 대한 경계조건에 의해 m개중의 반은 이미 0으로 결정되어 버리는 성질이 있다. 결국 각 단에서 $m/2$이 미지량으로서 남겨지는 것을 알 수 있다. 예를 들면 좌단의 미지량은 상태량벡터의 짝수 행, 우단에서는 홀수 행으로 가정하면, 식(12.20)은

$$\begin{bmatrix} \zeta_1 \\ 0 \\ \zeta_3 \\ \cdot \\ \cdot \\ \zeta_{m-1} \\ 0 \\ 1 \end{bmatrix}_n = \begin{bmatrix} t_{11} & t_{12} & \cdot & \cdot & \cdot & \cdot & \cdot & t_{1m} & f_1 \\ t_{21} & t_{22} & \cdot & \cdot & \cdot & \cdot & \cdot & t_{2m} & f_2 \\ t_{31} & t_{32} & \cdot & \cdot & \cdot & \cdot & \cdot & t_{3m} & f_3 \\ \cdot & \cdot & \cdot & \cdot & \cdot & \cdot & \cdot & \cdot & \cdot \\ \cdot & \cdot & \cdot & \cdot & \cdot & \cdot & \cdot & \cdot & \cdot \\ t_{m-1,1} & t_{m-1,2} & \cdot & \cdot & \cdot & \cdot & \cdot & t_{m-1,m} & f_{m-1} \\ t_{m1} & t_{m2} & \cdot & \cdot & \cdot & \cdot & \cdot & t_{mm} & f_m \\ 0 & 0 & \cdot & \cdot & \cdot & \cdot & \cdot & 0 & 1 \end{bmatrix} \begin{bmatrix} 0 \\ \zeta_2 \\ 0 \\ \cdot \\ \cdot \\ 0 \\ \zeta_m \\ 1 \end{bmatrix}_0 \tag{12.21}$$

과 같이 된다. 좌단과 우단의 각각의 상태량벡터 중에서 0으로 나타낸 곳이 경계조건에 의해 이미 정의된 것이다. 식(12.21)에서 우단(n점)의 상태량벡터 중 0으로 표현된 행만을 뽑아내면

$$\begin{bmatrix} 0 \\ 0 \\ \cdot \\ \cdot \\ \cdot \\ 0 \\ 1 \end{bmatrix}_n = \begin{bmatrix} t_{22} & t_{24} & \cdot & \cdot & \cdot & f_{2m} & f_2 \\ t_{42} & t_{44} & \cdot & \cdot & \cdot & f_{4m} & f_4 \\ \cdot & \cdot & \cdot & \cdot & \cdot & \cdot & \cdot \\ \cdot & \cdot & \cdot & \cdot & \cdot & \cdot & \cdot \\ \cdot & \cdot & \cdot & \cdot & \cdot & \cdot & \cdot \\ t_{m1} & t_{m2} & \cdot & \cdot & \cdot & t_{mm} & f_m \\ 0 & 0 & \cdot & \cdot & \cdot & \cdot & 1 \end{bmatrix} \begin{bmatrix} \zeta_2 \\ \zeta_4 \\ \cdot \\ \cdot \\ \cdot \\ \zeta_m \\ 1 \end{bmatrix}_0 \tag{12.22}$$

로 되고, 좌단(0점)의 미지량 $\zeta_2, \zeta_4, \cdot\cdot\cdot, \zeta_m$에 대한 연립방정식이 얻어진다. 식(12.22)를 변형하면

$$\begin{bmatrix} t_{22} & t_{24} & \cdot & \cdot & \cdot & t_{2m} \\ t_{42} & t_{44} & \cdot & \cdot & \cdot & t_{4m} \\ \cdot & \cdot & \cdot & \cdot & \cdot & \cdot \\ \cdot & \cdot & \cdot & \cdot & \cdot & \cdot \\ \cdot & \cdot & \cdot & \cdot & \cdot & \cdot \\ t_{m2} & t_{m4} & \cdot & \cdot & \cdot & t_{mm} \end{bmatrix} \begin{bmatrix} \zeta_2 \\ \zeta_4 \\ \cdot \\ \cdot \\ \cdot \\ \zeta_m \end{bmatrix}_0 = - \begin{bmatrix} f_2 \\ f_4 \\ \cdot \\ \cdot \\ \cdot \\ f_m \end{bmatrix} \tag{12.23}$$

로 된다. 또는 단축형으로서

$$T' z_0' = -f' \tag{12.24}$$

로 쓸 수 있다. 이와 같이 양단의 경계조건을 적용하면, 좌단(0점)의 미지 상태량에 관한 연립방정식이 얻어지는 것을 알 수 있다. 경계조건의 예로는 다음이 있다.

1) 양단 단순지지의 경우

$v_0=0,\quad M_0=0,\quad v_n=0,\quad M_n=0$

2) 양단 고정의 경우

$v_0=0,\quad \psi_0=0,\quad v_n=0,\quad \psi_n=0$

3) 양단 자유의 경우

$$M_0=0,\quad V_0=0,\quad M_n=0,\quad V_n=0$$

4) 좌단 고정, 우단 자유인 경우

$$v_0=0,\quad \psi_0=0,\quad M_n=0,\quad V_n=0$$

12.6 진동수방정식

자유진동해석의 경우에는 가진력, 즉 강제력 항은 고려하지 않아도 되기 때문에

$$f'=0$$

이 된다. 그러므로 식(12.24)는

$$T'z_0'=0 \tag{12.25}$$

로 된다. 진동으로서의 의미 있는 해를 가지기 위해서는 $z_0'\neq 0$로 되어야만 하고, 이는 T'의 행렬식이 0이 되어야 하는 것을 의미한다. 즉

$$|T'|=0 \tag{12.26}$$

자유진동해석의 경우, 전달행렬의 요소 t_{ij}는 미지의 진동수 ω의 함수이기 때문에 $|T'|$도 또한 ω의 함수로 된다. 즉, 식(12.26)은 진동수방정식(frequency equation)이고, 그 근이 계의 고유진동수가 된다.

계에 감쇠가 있는 경우에는 전달행렬은 복소수가 미지수이기 때문에 식(12.26)은 소위 특성방정식(characteristic equation)이라고 하는 것으로 되고, 이것을 만족하는 근이 특성근 혹은 복소 고유치로 된다. 특성근의 실수부 λ_r가 감쇠의 크기를, 허수부 λ_i가 감쇠고유진동수(damped natural frequency)를 나타낸다.

12.7 좌단 미지량의 결정

12.7.1 자유진동해석

식(12.26)에 의해 고유진동수 ω 혹은 특성근 λ가 구해지면, 좌단의 미지량은 다음과 같이 결정된다. 식(12.25)에서 미지량인 좌단의 상태량벡터 $z_0{}'$중 어느 1개를 1로 가정한다. 예를 들어 ζ_m을 1로 가정하면, 다음 식을 얻는다.

$$(m/2-1)\text{개}\begin{bmatrix} \zeta_2 \\ \zeta_4 \\ \cdot \\ \cdot \\ \cdot \\ \zeta_{m-2} \end{bmatrix} = -\underbrace{\begin{bmatrix} t_{22} & t_{24} & \cdot & \cdot & \cdot & t_{2,m-2} \\ t_{42} & t_{44} & \cdot & \cdot & \cdot & t_{4,m-2} \\ \cdot & \cdot & \cdot & \cdot & \cdot & \cdot \\ \cdot & \cdot & \cdot & \cdot & \cdot & \cdot \\ \cdot & \cdot & \cdot & \cdot & \cdot & \cdot \\ t_{m-2,2} & t_{m-2,4} & \cdot & \cdot & \cdot & t_{m-2,m-2} \end{bmatrix}^{-1}}_{(m/2-1)\text{개}} \begin{bmatrix} t_{2,m} \\ \zeta_{4,m} \\ \cdot \\ \cdot \\ \cdot \\ \zeta_{m-2,m} \end{bmatrix} \tag{12.27}$$

t_{ij} 등은 이미 진동수방정식 또는 특성방정식으로부터 구해진 ω나 λ로서 표현되어 있기 때문에, 식(12.27)에 의해 ζ_m 이외의 미지량이 ζ_m에 대한 비로써 구해진다. 이 결과 좌단의 상태량이 전부 기지의 값으로 된다.

12.7.2 강제진동해석

이 경우는 강제력 항 f'는 0이 아니고, 또한 전달행렬의 요소 t_{ij}는 강제변위나 가진력 진동수의 함수로서 모두 기지이기 때문에, 좌단(0점)의 미지량 $z_0{}'$는 식 (12.24)로부터

$$z_0{}' = -T'^{-1}f' \tag{12.28}$$

에 의해 바로 결정된다.

12.8 각 분할점의 상태량 결정

이상과 같이 계의 좌단의 상태량벡터가 결정되면, 임의의 분할점 i에 대한 상태량벡터는 식(12.27)을 참조하여

$$z_i = T_i T_{i-1} \cdots T_2 T_1 z_0 \tag{12.29}$$

에 의해 구해진다.

지금까지 설명한 진동해석의 방법을 가장 기본적인 스프링 질량계를 예로서 다음의 예제를 통하여 구체적으로 나타내보자.

예제 12.5

감쇠가 없는 질량 스프링계의 자유진동해석

비감쇠 질량 스프링계의 고유진동수와 상태량벡터를 구하시오.

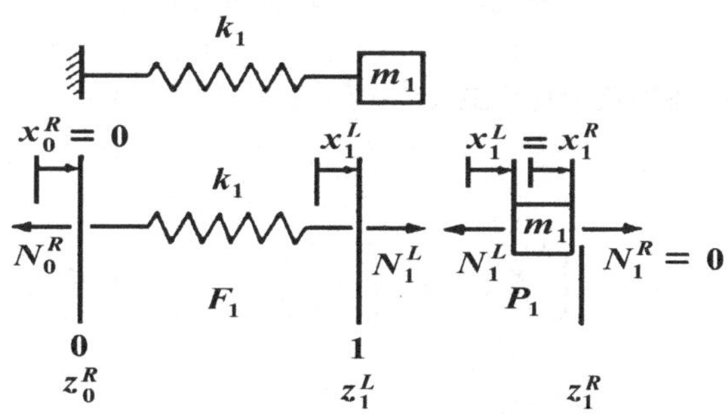

그림 12.5-1 / 스프링 질량계의 비감쇠 자유진동

그림 12.5-1에서 스프링 부분은 예제 12.2의 식(2)로부터

$$\begin{bmatrix} x \\ N \end{bmatrix}_1^L = \begin{bmatrix} 1 & 1/k \\ 0 & 1 \end{bmatrix}_1 \begin{bmatrix} x \\ N \end{bmatrix}_0^R \tag{1}$$

또는

$$z_1^L = F_1 z_0^R$$

이다. 질량에 대해서는 예제 12.2의 식(6)으로부터

$$\begin{bmatrix} x \\ N \end{bmatrix}_1^R = \begin{bmatrix} 1 & 0 \\ -m\omega^2 & 1 \end{bmatrix}_1 \begin{bmatrix} x \\ N \end{bmatrix}_1^L \tag{2}$$

또는

$$z_1^R = P_1 z_1^L$$

로 된다. 두 식으로부터

$$\begin{aligned} \begin{bmatrix} x \\ N \end{bmatrix}_1^R &= \begin{bmatrix} 1 & 0 \\ -m\omega^2 & 1 \end{bmatrix}_1 \begin{bmatrix} 1 & 1/k \\ 0 & 1 \end{bmatrix}_1 \begin{bmatrix} x \\ N \end{bmatrix}_0^R \\ &= \begin{bmatrix} 1 & 1/k \\ -m\omega^2 & 1-m\omega^2/k \end{bmatrix}_1 \begin{bmatrix} x \\ N \end{bmatrix}_0^R \end{aligned} \tag{3}$$

을 얻는다. 또는 단축형으로 표시하면

$$\begin{aligned} z_1^R &= P_1 F_1 z_0^R = T_1 z_0^R \\ T_1 &= P_1 F_1 \end{aligned} \tag{4}$$

로 된다. 경계조건은 좌단 고정: $x_0^R = 0$, 우단 자유: $N_1^R = 0$이다. 이들을 식(3)에 적용하면

$$\begin{bmatrix} x \\ 0 \end{bmatrix}_1^R = \begin{bmatrix} 1 & 1/k \\ -m\omega^2 & 1-m\omega^2/k \end{bmatrix}_1 \begin{bmatrix} 0 \\ N \end{bmatrix}_0^R \tag{5}$$

로 된다. 제 2행으로부터

$$0 = -m_1\omega^2 \times 0 + \left(1 - \frac{m_1\omega^2}{k_1}\right) N_0^R$$

를 얻는다. $N_0^R \neq 0$이기 때문에, 위 식으로부터

$$1 - \frac{m_1\omega^2}{k_1} = 0 \tag{6}$$

과 같은 진동수방정식을 얻는다. 이것을 풀면

$$\omega = \sqrt{\frac{k_1}{m_1}} \equiv \omega_n \tag{7}$$

로 되는 고유진동수가 결정된다. 다음으로 N_0^R을 1로 가정하면, 각 점의 상태량벡터는 다음 식과 같이 구해진다.

$$\begin{bmatrix} x \\ N \end{bmatrix}_1^L = \begin{bmatrix} 1 & 1/k \\ 0 & 1 \end{bmatrix}_1 \begin{bmatrix} 0 \\ 1 \end{bmatrix}_0^R \tag{8}$$

$$\begin{bmatrix} x \\ N \end{bmatrix}_1^R = \begin{bmatrix} 1 & 0 \\ -m\omega_n^2 & 1 \end{bmatrix}_1 \begin{bmatrix} 1 & 1/k \\ 0 & 1 \end{bmatrix}_1 \begin{bmatrix} 0 \\ 1 \end{bmatrix}_0^R \tag{9}$$

예제 12.6

감쇠가 있는 스프링 질량계의 자유진동해석

그림 12.6-1과 같은 감쇠 스프링 질량계의 고유치를 구하시오.

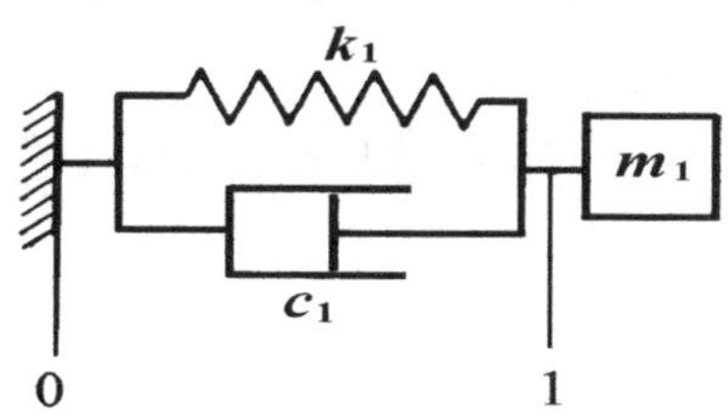

그림 12.6-1 스프링 감쇠 질량계의 자유진동

그림 12.6-1과 같이 감쇠기가 스프링과 병렬로 부착된 계에서 각 부분의 전달행렬은 스프링과 감쇠기 부분:

$$\begin{bmatrix} x \\ N \end{bmatrix}_1^L = \begin{bmatrix} 1 & 1/(k+c\lambda) \\ 0 & 1 \end{bmatrix}_1 \begin{bmatrix} x \\ N \end{bmatrix}_0^R \tag{1}$$

질량 부분:

$$\begin{bmatrix} x \\ N \end{bmatrix}_1^R = \begin{bmatrix} 1 & 0 \\ m\lambda^2 & 1 \end{bmatrix}_1 \begin{bmatrix} x \\ N \end{bmatrix}_1^L \tag{2}$$

로 된다. 그러므로 계 전체로서는

$$\begin{bmatrix} x \\ N \end{bmatrix}_1^R = \begin{bmatrix} 1 & 0 \\ m\lambda^2 & 1 \end{bmatrix}_1 \begin{bmatrix} 1 & 1/(k+c\lambda) \\ 0 & 1 \end{bmatrix}_1 \begin{bmatrix} x \\ N \end{bmatrix}_0^R$$

$$= \begin{bmatrix} 1 & 1/(k+c\lambda) \\ m\lambda^2 & 1+(m\lambda^2)/(k+c\lambda) \end{bmatrix}_1 \begin{bmatrix} x \\ N \end{bmatrix}_0^R \tag{3}$$

로 된다. 경계조건을 예제 12.5와 같이 적용하면, $x_0^R = N_1^R = 0$이므로

$$0 = \left(1 + \frac{m\lambda^2}{k+c\lambda}\right) N_0^R$$

를 얻는다. $N_0^R \neq 0$이기 때문에

$$1 + \frac{m\lambda^2}{k+c\lambda} = 0$$

즉,

$$m\lambda^2 + c\lambda + k = 0 \tag{4}$$

와 같은 특성방정식이 구해진다. 이것을 풀면 특성근은 다음과 같이 구해진다.

$$\lambda = \frac{1}{2}\left(-\frac{c}{m} \pm j\sqrt{4\frac{k}{m} - \left(\frac{c}{m}\right)^2}\right) \tag{5}$$

예제 12.7

스프링 감쇠 질량계의 강제진동해석

그림 12.7-1에 보이는 강제진동계의 각 절점의 상태량을 구하시오.

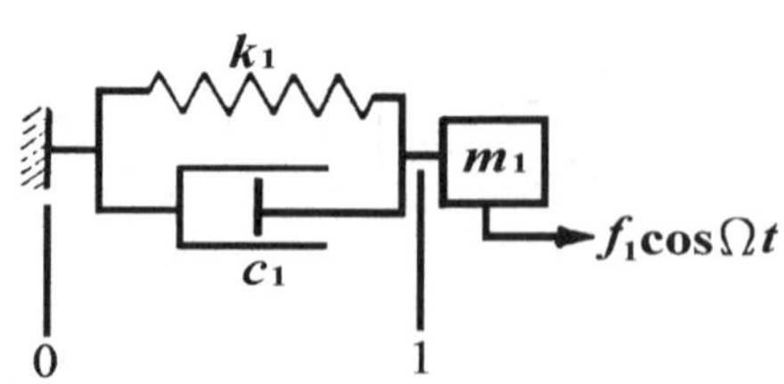

그림 12.7-1 / 스프링 감쇠 질량계의 강제진동

그림 12.7-1에서 질량 m_1에 힘 $f_1 \cos \Omega t$가 작용한다고 하면, 스프링과 감쇠기에 대한 전달행렬은

$$\begin{bmatrix} x \\ N \\ 1 \end{bmatrix}_1^L = \begin{bmatrix} 1 & \dfrac{1}{k+j\Omega c} & 0 \\ 0 & 1 & 0 \\ 0 & 0 & 1 \end{bmatrix}_1 \begin{bmatrix} x \\ N \\ 1 \end{bmatrix}_0^R \tag{1}$$

또는 단축형으로서는

$$\begin{bmatrix} z \\ 1 \end{bmatrix}_1^L = \begin{bmatrix} F & 0 \\ 0 & 1 \end{bmatrix} \begin{bmatrix} z \\ 1 \end{bmatrix}_0^R \tag{2}$$

이다. 여기서 **0**은 요소 모두가 0의 행 벡터나 열 벡터를 나타낸다.

질량에 대해서는

$$\begin{bmatrix} x \\ N \\ 1 \end{bmatrix}_1^R = \begin{bmatrix} 1 & 0 & 0 \\ -m\Omega^2 & 1 & -f \\ 0 & 0 & 1 \end{bmatrix}_1 \begin{bmatrix} x \\ N \\ 1 \end{bmatrix}_1^L \tag{3}$$

또는

$$\begin{bmatrix} z \\ 1 \end{bmatrix}_1^R = \begin{bmatrix} P & f \\ 0 & 1 \end{bmatrix}_1 \begin{bmatrix} z \\ 1 \end{bmatrix}_1^L \tag{4}$$

이다. 그러므로 계 전체의 전달방정식은 식(1)과 (3)으로부터

$$\begin{aligned} \begin{bmatrix} x \\ N \\ 1 \end{bmatrix}_1^R &= \begin{bmatrix} 1 & 0 & 0 \\ -m\Omega^2 & 1 & -f \\ 0 & 0 & 1 \end{bmatrix}_1 \begin{bmatrix} 1 & \dfrac{1}{k+j\Omega c} & 0 \\ 0 & 1 & 0 \\ 0 & 0 & 1 \end{bmatrix}_1 \begin{bmatrix} x \\ N \\ 1 \end{bmatrix}_0^R \\ &= \begin{bmatrix} 1 & \dfrac{1}{k+j\Omega c} & 0 \\ -m\Omega^2 & 1-\dfrac{m\Omega^2}{k+j\Omega c} & -f \\ 0 & 0 & 1 \end{bmatrix}_1 \begin{bmatrix} x \\ N \\ 1 \end{bmatrix}_0^R \end{aligned} \tag{5}$$

로 된다. 또는 식(2)와 (4)의 단축형을 이용하면

$$\begin{bmatrix} z \\ 1 \end{bmatrix}_1^R = \begin{bmatrix} P & f \\ 0 & 1 \end{bmatrix}_1 \begin{bmatrix} F & 0 \\ 0 & 1 \end{bmatrix}_1 \begin{bmatrix} z \\ 1 \end{bmatrix}_0^R = \begin{bmatrix} PF & f \\ 0 & 1 \end{bmatrix} \begin{bmatrix} z \\ 1 \end{bmatrix}_0^R \tag{6}$$

로 된다. 여기서 경계조건을 적용하면

$$\begin{bmatrix} x \\ 0 \\ 1 \end{bmatrix}_1^R = \begin{bmatrix} 1 & \dfrac{1}{k+j\Omega c} & 0 \\ -m\Omega^2 & 1-\dfrac{m\Omega^2}{k+j\Omega c} & -f \\ 0 & 0 & 1 \end{bmatrix}_1 \begin{bmatrix} 0 \\ N \\ 1 \end{bmatrix}_0^R \tag{7}$$

이고, 이것으로부터

$$0 = \left(1 - \frac{m_1\Omega^2}{k_1 + j\Omega c_1}\right) N_0^R - f_1$$

를 얻는다. 이것을 풀면

$$N_0^R = \frac{(k_1 + j\Omega c_1) f_1}{k_1 - m_1\Omega^2 + j\Omega c_1} \tag{8}$$

이 얻어지고, 좌단의 상태량이 모두 결정되기 때문에 각 절점의 상태량은 식(1)과 식(5)에 의해 각각 다음 식과 같이 구해진다.

$$\begin{aligned} \begin{bmatrix} x \\ N \\ 1 \end{bmatrix}_1^L &= \begin{bmatrix} 1 & \dfrac{1}{k+j\Omega c} & 0 \\ 0 & 1 & 0 \\ 0 & 0 & 1 \end{bmatrix}_1 \begin{bmatrix} 0 \\ \dfrac{(k_1 + j\Omega c_1) f_1}{k_1 - m_1\Omega^2 + j\Omega c_1} \\ 1 \end{bmatrix} \\ &= \begin{bmatrix} \dfrac{f_1}{k_1 - m_1\Omega^2 + j\Omega c_1} \\ \dfrac{(k_1 + j\Omega c_1) f_1}{k_1 - m_1\Omega^2 + j\Omega c_1} \\ 1 \end{bmatrix} \end{aligned} \tag{9}$$

$$\begin{bmatrix} x \\ N \\ 1 \end{bmatrix}_1^R = \begin{bmatrix} 1 & \frac{1}{k+j\Omega c} & 0 \\ -m\Omega^2 & 1-\frac{m\Omega^2}{k+j\Omega c} & -f \\ 0 & 0 & 1 \end{bmatrix}_1 \begin{bmatrix} 0 \\ \frac{(k_1+j\Omega c_{1)} f_1}{k_1 - m_1\Omega^2 + j\Omega c_1} \\ 1 \end{bmatrix}$$

$$= \begin{bmatrix} \frac{f_1}{k_1 - m_1\Omega^2 + j\Omega c_1} \\ 0 \\ 1 \end{bmatrix} \tag{10}$$

13

전달행렬의 유도방법

회전축계의 진동해석을 위한 전달행렬은 각종 참고문헌에 많이 주어져 있기 때문에, 이들을 사용하여 진동해석을 수행하면 된다. 그러나 새로운 진동계를 대상으로 하거나 전달행렬이 주어져 있지 않을 때에는 독자적으로 전달행렬을 유도할 필요가 있다. 따라서 여기에서는 전달행렬의 일반적인 유도방법에 대해서 예제를 이용하여 설명한다.

13.1 장 전달행렬

13.1.1 고계 미분방정식으로부터의 유도

장 전달행렬(field transfer matrix)은 연속체인 축 요소의 물리적인 상태를 정의하는 것이기 때문에 연속체의 미소부분에 대한 운동을 나타내는 미분방정식의 일반해가 주어지면 다음과 같이 구할 수 있다.

연속체의 물리적인 상태가 n계의 미분방정식으로 표현될 때, 그 일반해는 연속체의 축방향 좌표 x의 함수로서

$$\zeta(x) = a_1 B_1(x) + a_2 B_2(x) + \cdots + a_n B_n(x) \tag{13.1}$$

의 형태로 구해진다. $B_1, B_2, \cdots, B_n$이 해이고, $a_1, a_2, \cdots, a_n$은 적분정수이다. 필요한 상태량에 대해서는 이 해를 기초로 해서

$$\begin{aligned} \zeta_1(x) &= a_1 B_{11}(x) + a_2 B_{12}(x) + \cdots + a_n B_{1n}(x) \\ \zeta_2(x) &= a_1 B_{21}(x) + a_2 B_{22}(x) + \cdots + a_n B_{2n}(x) \\ &\cdots \\ \zeta_m(x) &= a_1 B_{m1}(x) + a_2 B_{m2}(x) + \cdots + a_n B_{mn}(x) \end{aligned} \tag{13.2}$$

로 구해진다. 식(13.2)는 다음 식과 같이 행렬형태로 간단히 쓸 수 있다.

$$\boldsymbol{z}(x) = \boldsymbol{B}(x)\,\boldsymbol{a} \tag{13.3}$$

여기서

$$\boldsymbol{z}(x) = \begin{bmatrix} \zeta_1 \\ \zeta_2 \\ \cdot \\ \cdot \\ \cdot \\ \zeta_m \end{bmatrix}, \quad \boldsymbol{a} = \begin{bmatrix} a_1 \\ a_2 \\ \cdot \\ \cdot \\ \cdot \\ a_n \end{bmatrix}, \quad \boldsymbol{B}(x) = \begin{bmatrix} B_{11} & B_{12} & \cdot & \cdot & \cdot & B_{1n} \\ B_{21} & B_{22} & \cdot & \cdot & \cdot & B_{2n} \\ \cdot & \cdot & & & & \\ \cdot & \cdot & & & & \\ B_{m1} & B_{m2} & \cdot & \cdot & \cdot & B_{mn} \end{bmatrix} \tag{13.4}$$

로 나타낸다. 이제 기본요소로서 길이 l의 요소를 고려하면, 경계조건은

$$x = 0 \;:\; z(0) = z_{i-1}\,, \quad x = l \;:\; z(l) = z_i$$

로 된다. 이것을 이용하여 미정의 적분정수벡터 $\boldsymbol{a}$를 소거하면, 장 전달행렬은 다음 식과 같이 기계적으로 유도된다. 즉, 식(13.3)으로부터

$$\boldsymbol{z}(0) = \boldsymbol{B}(0)\,\boldsymbol{a} \tag{13.5a}$$

$$\boldsymbol{z}(l) = \boldsymbol{B}(l)\,\boldsymbol{a} \tag{13.5b}$$

식(13.5a)로부터 $\boldsymbol{a} = \boldsymbol{B}(0)^{-1}\boldsymbol{z}(0)$가 얻어지고, 이를 식(13.5b)에 대입하면 다음과 같이 식이 유도된다.

$$\boldsymbol{z}_i = \boldsymbol{B}(l)\,\boldsymbol{B}(0)^{-1}\boldsymbol{z}_{i-1} = \boldsymbol{F}_i\,\boldsymbol{z}_{i-1} \tag{13.6}$$

여기서 F_i는 다음 식으로 정의되는 장 전달행렬이다.

$$F_i = B(l)B(0)^{-1}$$

예제 13.1

축의 굽힘 진동해석을 위한 장 전달행렬

축 요소의 굽힘 진동해석을 위한 장 전달행렬을 유도하시오.

그림 13.1-1과 같이 상태량의 양의 방향을 정하면, 축의 굽힘 진동에 대한 미분방정식은 다음 식으로 주어진다.

$$\frac{\partial^4 v}{\partial z^4} + \frac{A\gamma}{EIg}\frac{\partial^2 v}{\partial t^2} = 0 \tag{1}$$

해를 $v = v(z)\cos\omega t$로 두고, 위 식을 변수 분리하면

$$\frac{d^4 v}{dz^4} - \left(\frac{\Lambda}{l}\right)^4 v = 0 \tag{2}$$

를 얻는다. 여기서

$$\Lambda^4 = \frac{A\gamma l^4\omega^2}{EIg}$$

이고, A는 단면적, I는 단면2차 모멘트, γ는 비중량, E는 종탄성계수, g는 중력가속도이다.

식(2)의 일반해는

$$-v = A_1\cosh\left(\Lambda\frac{z}{l}\right) + A_2\sinh\left(\Lambda\frac{z}{l}\right) + A_3\cos\left(\Lambda\frac{z}{l}\right) + A_4\sin\left(\Lambda\frac{z}{l}\right) \tag{3}$$

로 된다. 축의 굽힘 진동의 상태량은 변위 v, 각변위 ψ, 굽힘모멘트 M, 전단력 V의 4개이지만, 변위 v가 구해지면 나머지 상태량도 다음 식에 의해 결정된다.

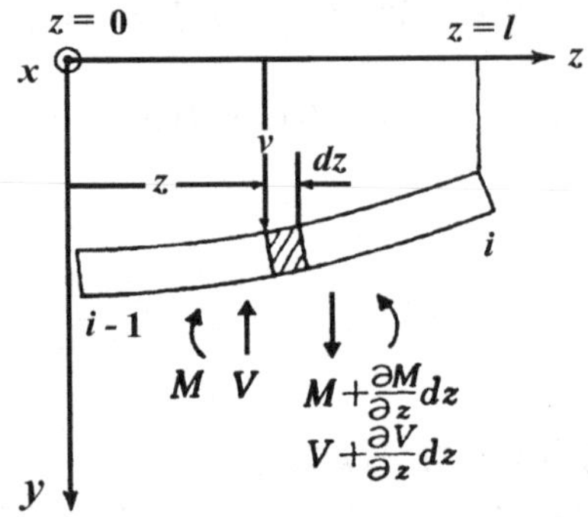

그림 13.1-1 / 축의 굽힘 진동

$$\psi = -\frac{\partial v}{\partial z} \tag{4}$$

$$M = EI\frac{\partial \psi}{\partial z} = -EI\frac{\partial^2 v}{\partial z^2} \tag{5}$$

$$V = \frac{\partial M}{\partial z} = -EI\frac{\partial^3 v}{\partial z^3} \tag{6}$$

그러므로 상태량벡터를

$$z = [\ -v \quad \psi \quad M \quad V\ ]^T \tag{7}$$

로 하면, 해 행렬 $B(z)$는

$$B(z) =$$

$$\begin{bmatrix} \cosh(\Lambda\frac{z}{l}) & \sinh(\Lambda\frac{z}{l}) & \cos(\Lambda\frac{z}{l}) & \sin(\Lambda\frac{z}{l}) \\ \frac{\Lambda}{l}\sinh(\Lambda\frac{z}{l}) & \frac{\Lambda}{l}\cosh(\Lambda\frac{z}{l}) & \frac{-\Lambda}{l}\sin(\Lambda\frac{z}{l}) & \frac{\Lambda}{l}\cos(\Lambda\frac{z}{l}) \\ EI(\frac{\Lambda}{l})^2\cosh(\Lambda\frac{z}{l}) & EI(\frac{\Lambda}{l})^2\sinh(\Lambda\frac{z}{l}) & -EI(\frac{\Lambda}{l})^2\cos(\Lambda\frac{z}{l}) & -EI(\frac{\Lambda}{l})^2\sin(\Lambda\frac{z}{l}) \\ EI(\frac{\Lambda}{l})^3\sinh(\Lambda\frac{z}{l}) & EI(\frac{\Lambda}{l})^3\cosh(\Lambda\frac{z}{l}) & EI(\frac{\Lambda}{l})^3\sin(\Lambda\frac{z}{l}) & -EI(\frac{\Lambda}{l})^3\cos(\Lambda\frac{z}{l}) \end{bmatrix} \tag{8}$$

로 된다. 위 식에서 $B(0)^{-1}$는 다음 식과 같이 비교적 간단히 구할 수 있다.

$$B(0)^{-1} = \begin{bmatrix} \frac{1}{2} & 0 & \frac{1}{2EI}(\frac{l}{\Lambda})^2 & 0 \\ 0 & \frac{1}{2}(\frac{l}{\Lambda}) & 0 & \frac{1}{2EI}(\frac{l}{\Lambda})^3 \\ \frac{1}{2} & 0 & -\frac{1}{2EI}(\frac{l}{\Lambda})^2 & 0 \\ 0 & \frac{1}{2}(\frac{l}{\Lambda}) & 0 & -\frac{1}{2EI}(\frac{l}{\Lambda})^3 \end{bmatrix} \tag{9}$$

그러므로 $B(l)\,B(0)^{-1}$를 계산하면, 장 전달행렬 F_i는 다음 식으로 주어진다.

$$F_i = \begin{bmatrix} c_0 & lc_1 & \frac{l^2}{EI}c_2 & \frac{l^3}{EI}c_3 \\ \frac{\Lambda^4}{l}c_3 & c_0 & \frac{l}{EI}c_1 & \frac{l^2}{EI}c_2 \\ \frac{EI\Lambda^4}{l^2} & \frac{EI\Lambda^4}{l} & c_0 & lc_1 \\ \frac{EI\Lambda^4}{l^3} & \frac{EI\Lambda^4}{l^2} & \frac{\Lambda^4}{l} & c_0 \end{bmatrix}_i \tag{10}$$

여기서

$$\Lambda^4 = \frac{A\gamma l^4\omega^2}{EIg}, \quad c_0 = \frac{\cosh\Lambda + \cos\Lambda}{2}, \quad c_1 = \frac{\sinh\Lambda + \sin\Lambda}{2\Lambda},$$

$$c_2 = \frac{\cosh\Lambda - \cos\Lambda}{2\Lambda^2}, \quad c_3 = \frac{\sinh\Lambda - \sin\Lambda}{2\Lambda^3}$$

이 예제에서 변위를 v가 아닌 $-v$로 한 이유는 전달행렬요소의 각 식의 부호가 양으로 되고, 또 행렬이 cross-symmetric으로 되기 때문이다.

여기서 설명한 방법에서는 기본요소를 지배하는 n계 미분방정식의 일반해를 이용하여 전달행렬을 구하였지만, n개의 1계 연립미분방정식으로 바꾸어 표현하거나, Cayley-Hamilton의 정리를 이용하여 전달행렬을 유도하는 것도 가능하다. 이에 관해서는 뒤에서 예제를 통해 자세히 설명한다.

예제 13.2

질량을 무시한 탄성축 요소의 장 전달행렬

질량을 무시한 탄성축 요소의 장 전달행렬을 유도하시오.

축 요소의 양단 사이에 외력이 작용하지 않는 축의 순수 굽힘(pure bending)을 고려하자. 양단 $i-1$과 i에 작용하는 순 힘과 모멘트의 양(positive)의 방향을 그림 13.2-1과 같이 정의한다.

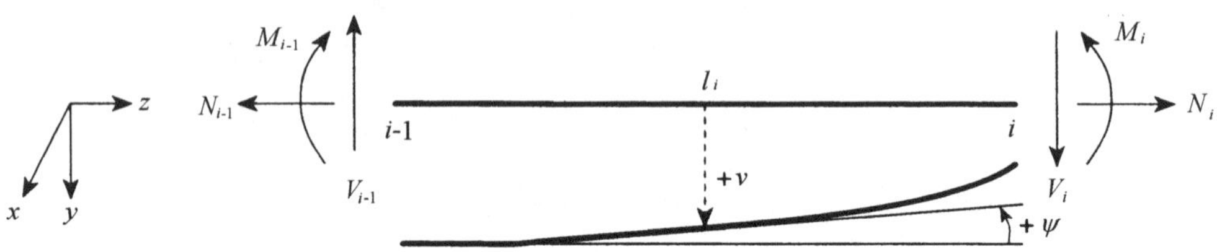

그림 13.2-1 / 부호정의

그림 13.2-1로부터 평형조건(equilibrium condition)은 다음과 같다.

$$\sum M_{z=i} = 0 \ : \ M_i = V_{i-1} l_i + M_{i-1} \tag{1}$$

$$\sum F_y = 0 \ : \ V_i = V_{i-1} \tag{2}$$

축방향의 효과를 고려하면, 다음과 같이 표현된다.

$$\sum F_z = 0 \ : \ N_i = N_{i-1} \tag{3}$$

다음으로 그림 13.2-2에 보이듯이 변형된 축 요소의 기하학적 형상으로부터 우단(i 점)에서의 처짐 v_i와 처짐각 ψ_i는 좌단($i-1$점)의 이에 대응하는 값으로부터

$$v_i = v_{i-1} - l_i \psi_{i-1} + \Delta v_i \tag{4}$$

$$\psi_i = \psi_{i-1} + \Delta \psi_i \tag{5}$$

강체변위 탄성변형

의 관계가 유도되고, 여기서 처짐 Δv_i와 처짐각 $\Delta \psi_i$는 탄성변형(elastic deformation)에 기인한다.

식(4)와 (5)의 변형량 Δv와 $\Delta\psi$는 관련된 재료법칙(material law)을 이용하여 결정할 수 있다. Δv와 $\Delta\psi$를 각각 전단력 V와 굽힘모멘트 M의 효과로 분리하여 고려한다. 즉

$$\Delta v = \Delta v_V + \Delta v_M \tag{6}$$

$$\Delta\psi = \Delta\psi_V + \Delta\psi_M \tag{7}$$

이들 값은 축 요소내의 임의 점에서의 굽힘모멘트와 전단력의 값으로 나타낼 수 있다. 먼저 강체(rigid body)운동을 제거하기 위해 이미 강체 변위를 수행한 그림 13.2-2에서 축의 좌단을 고정한다(그림 13.2-3). 그리고 Δv와 $\Delta\psi$를 구하기 위한 단순한 방법인 단위 힘 방법(unit load method)을 이용한다. 즉, 우단에서 전단력 V_i에 기인하는 처짐 Δv_V를 계산하기 위해 우단에 단위력 $V_i = 1$을 작용한다(그림 13.2-4). 아울러 처짐각 $\Delta\psi_V$를 구하기 위해 단위모멘트 $M_i = 1$을 작용시킨다(그림 13.2-5). 그리하면 재료역학의 기초지식에 의해 다음과 같이 계산된다.

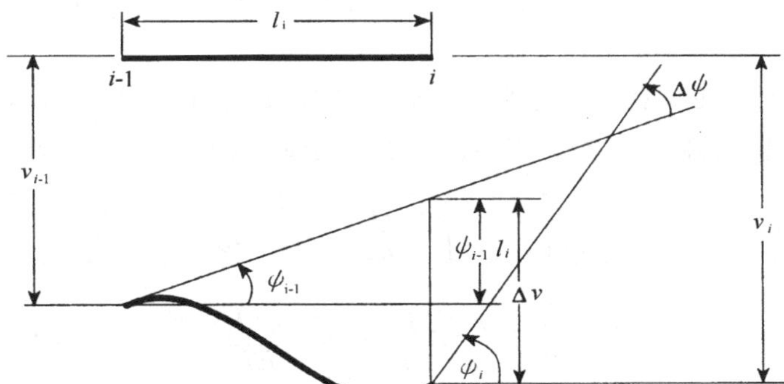

그림 13.2-2 / 축 요소의 변형형상

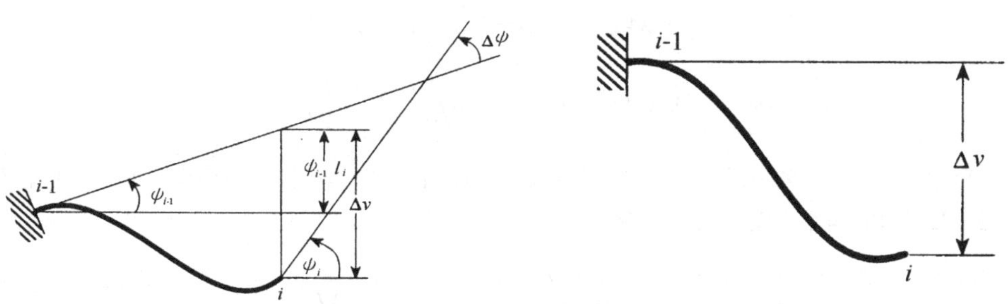

(a) (b)

그림 13.2-3 / 좌단 고정

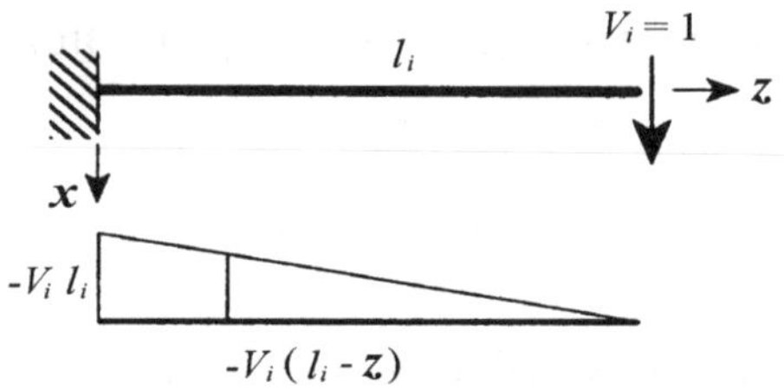

그림 13.2-4 / 단위력

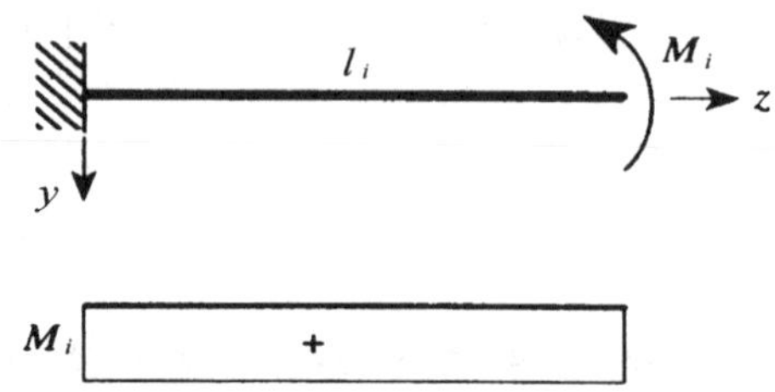

그림 13.2-5 / 단위 모멘트

$$\Delta v_V = \int_0^{l_i} \frac{V_i(l_i - z)}{EI}(l_i - z)\,dz = \frac{l_i^3 V_i}{3EI} \tag{8}$$

$$\Delta\psi_V = -\int_0^{l_i} \frac{V_i(l_i - z)}{EI}\,dz = -\frac{l_i^2 V_i}{2EI} \tag{9}$$

우단에서 굽힘모멘트 M_i에 기인하는 처짐 Δv_M과 처짐각 $\Delta\psi_M$은 그림 13.2-5의 모멘트선도를 이용하면, 위와 유사한 과정을 통해 다음과 같이 계산된다.

$$\Delta v_M = -\int_0^{l_i} \frac{M_i}{EI}(l_i - z)\,dz = -\frac{l_i^2 M_i}{2EI} \tag{10}$$

$$\Delta\psi_M = \int_0^{l_i} \frac{M_i}{EI}\,dz = \frac{M_i l_i}{EI} \tag{11}$$

따라서 변형량 Δv와 $\Delta\psi$는 식(8)~(11)에 의해

$$\Delta v_i = \Delta v_V + \Delta v_M = \frac{l_i^3 V_i}{3EI} - \frac{l_i^2 M_i}{2EI} \tag{12}$$

$$\Delta\psi_i = \Delta\psi_V + \Delta\psi_M = -\frac{l_i^2 V_i}{2EI} + \frac{l_i M_i}{EI} \tag{13}$$

평형조건 식(1)과 (2)를 식(12)와 (13)에 대입하면, 좌단의 전단력 V_{i-1}과 굽힘모멘트 M_{i-1}의 함수로도 표현될 수 있다.

$$\Delta v_i = -\frac{l_i^3}{6EI} V_{i-1} - \frac{l_i^2}{2EI} M_{i-1} \tag{14}$$

$$\Delta\psi_i = \frac{l_i^2}{2EI} V_{i-1} + \frac{l_i}{EI} M_{i-1} \tag{15}$$

이상의 결과를 정리하면, 평형조건 식(1), (2)로부터

$$\begin{bmatrix} V \\ M \end{bmatrix}_i = \begin{bmatrix} 1 & 0 \\ l & 1 \end{bmatrix}_i \begin{bmatrix} V \\ M \end{bmatrix}_{i-1}$$

또는

$$\boldsymbol{f}_i = \boldsymbol{T}_{ff}\ \boldsymbol{f}_{i-1} \tag{16}$$

기하학적 변형관계식으로부터

$$\begin{bmatrix} v \\ \psi \end{bmatrix}_i = \begin{bmatrix} 1 & -l \\ 0 & 1 \end{bmatrix}_i \begin{bmatrix} v \\ \psi \end{bmatrix}_{i-1} + \begin{bmatrix} \Delta v \\ \Delta\psi \end{bmatrix}_i$$

또는

$$\boldsymbol{d}_i = \boldsymbol{T}_{dd}\ \boldsymbol{d}_{i-1} + \Delta\boldsymbol{d}_i \tag{17}$$

마지막으로 재료법칙에 의해

$$\begin{bmatrix} \Delta v \\ \Delta\psi \end{bmatrix}_i = \begin{bmatrix} -l^3/6EI & -l^2/2EI \\ l^2/2EI & l/EI \end{bmatrix}_i \begin{bmatrix} V \\ M \end{bmatrix}_{i-1}$$

또는

$$\Delta\boldsymbol{d}_i = \boldsymbol{T}_{df}\ \boldsymbol{f}_{i-1} \tag{18}$$

식(16)~(18)을 조합하여 정리하면

$$\boldsymbol{d}_i = \boldsymbol{T}_{dd}\ \boldsymbol{d}_{i-1} + \boldsymbol{T}_{df}\ \boldsymbol{f}_{i-1}$$
$$\boldsymbol{f}_i = \boldsymbol{T}_{ff}\ \boldsymbol{f}_{i-1}$$

또는 행렬형식으로 나타내면

$$\begin{bmatrix} \boldsymbol{d} \\ \boldsymbol{f} \end{bmatrix}_i = \begin{bmatrix} \boldsymbol{T}_{dd} & \boldsymbol{T}_{df} \\ 0 & \boldsymbol{T}_{ff} \end{bmatrix}_i \begin{bmatrix} \boldsymbol{d} \\ \boldsymbol{f} \end{bmatrix}_{i-1} \tag{19}$$

식(19)에 각각의 행렬요소를 대입하면

$$\begin{bmatrix} -v \\ \psi \\ V \\ M \end{bmatrix}_i = \begin{bmatrix} 1 & l & l^3/6EI & l^2/2EI \\ 0 & 1 & l^2/2EI & l/EI \\ 0 & 0 & 1 & 0 \\ 0 & 0 & l & 1 \end{bmatrix}_i \begin{bmatrix} -v \\ \psi \\ V \\ M \end{bmatrix}_{i-1}$$

또는

$$\boldsymbol{z}_i = \boldsymbol{T}_i \, \boldsymbol{z}_{i-1} \tag{20}$$

식(20)에서 T_i는 질량을 무시한 탄성축의 전달행렬을 나타낸다. 단, 이 식에서 $+v$ 대신에 $-v$로 표시한 것은 전달행렬의 요소를 +값으로 하기 위한 것이다. 식(20)에서 전달행렬은 다음과 같은 물리적인 의미를 포함한다.

$$T_i = \left[\begin{array}{c|c} \text{Geometry (강체변위)} & \text{Material law (재료법칙)} \\ \hline \text{스프링, 기초등의 영향} & \text{Equilibrium (평형식)} \end{array}\right] = \left[\begin{array}{c|c} T_{dd} & T_{df} \\ \hline 0 \; (T_{fd}) & T_{ff} \end{array}\right]$$

예제 13.3

탄성축 장 전달행렬의 강성행렬로의 변환

예제 13.2에서 유도한 탄성축의 장 전달행렬을 이용하여 강성행렬을 유도하시오.

축 요소의 강성행렬(stiffness matrix)은 축 요소 좌단과 우단의 모든 변위(v_{i-1}, ψ_{i-1}, v_i, ψ_i)와 힘(V_{i-1}, M_{i-1}, V_i, M_i)의 관계에 의해 정의된다. 따라서 요소 i의 강성행렬 K_i는 다음과 같다.

$$\boldsymbol{f}^i = \boldsymbol{K}_i \boldsymbol{d}^i \tag{1}$$

여기서

$$f^i = \begin{bmatrix} f_{i-1} \\ f_i \end{bmatrix} = \begin{bmatrix} V_{i-1} \\ M_{i-1} \\ V_i \\ M_i \end{bmatrix}, \qquad d^i = \begin{bmatrix} d_{i-1} \\ d_i \end{bmatrix} = \begin{bmatrix} -v_{i-1} \\ \Psi_{i-1} \\ -v_i \\ \Psi_i \end{bmatrix},$$

$$K_i = \begin{bmatrix} k_{11} & k_{12} & k_{13} & k_{14} \\ k_{21} & k_{22} & k_{23} & k_{24} \\ k_{31} & k_{32} & k_{33} & k_{34} \\ k_{41} & k_{42} & k_{43} & k_{44} \end{bmatrix}$$

예제 13.2의 식(19)의 기본관계식

$$f_i = T_{ff}\, f_{i-1} \tag{2}$$

$$d_i = T_{dd}\, d_{i-1} + T_{df}\, f_{i-1} \tag{3}$$

을 이용하여 재배열함으로서 강성행렬을 유도할 수 있다. 즉, 식(3)으로부터

$$f_{i-1} = T_{df}^{-1} d_i - T_{df}^{-1} T_{dd} d_{i-1} \tag{4}$$

식(2)에 식(4)를 대입하면

$$f_i = T_{ff}\, f_{i-1} = T_{ff} T_{df}^{-1} d_i - T_{ff} T_{df}^{-1} T_{dd}\, d_{i-1} \tag{5}$$

식(4)와 (5)를 행렬형식으로 나타내면, 다음과 같이 강성행렬이 표현된다.

$$\begin{bmatrix} f_{i-1} \\ f_i \end{bmatrix} = \begin{bmatrix} -T_{df}^{-1} T_{dd} & T_{df}^{-1} \\ -T_{ff} T_{df}^{-1} T_{dd} & T_{ff} T_{df}^{-1} \end{bmatrix}_i \begin{bmatrix} d_{i-1} \\ d_i \end{bmatrix} \tag{6}$$

여기서 T_{df}의 역행렬 T_{df}^{-1}은

$$T_{df}^{-1} = \begin{bmatrix} -12EI/l^3 & 6EI/l^2 \\ 6EI/l^2 & -2EI/l \end{bmatrix} \tag{7}$$

이다. 식(6)에서 모든 변위는 우측에 배치하고, 모든 힘들은 좌측에 배치되고 있다. 예제 13.2를 이용하여 부분행렬과 이들의 곱 연산을 식(6)에 대입하면, 축 요소에 대한 강성행렬이 다음 식과 같이 표현될 수 있다.

$$\begin{bmatrix} V_{i-1} \\ M_{i-1} \\ V_i \\ M_i \end{bmatrix} = \left[\begin{array}{cc|cc} 12EI/l^3 & 6EI/l^2 & -12EI/l^3 & 6EI/l^2 \\ -6EI/l^2 & -4EI/l & 6EI/l^2 & -2EI/l \\ \hline 12EI/l^3 & 6EI/l^2 & -12EI/l^3 & 6EI/l^2 \\ 6EI/l^2 & 2EI/l & -6EI/l^2 & 4EI/l \end{array}\right] \begin{bmatrix} -v_{i-1} \\ \Psi_{i-1} \\ -v_i \\ \Psi_i \end{bmatrix} \tag{8}$$

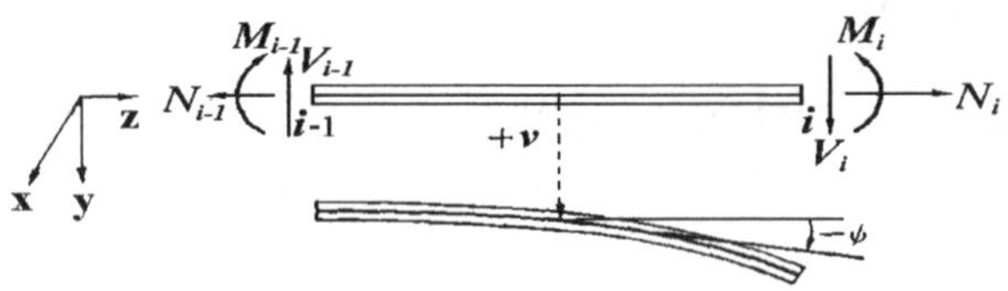

(a) 전달행렬의 경우

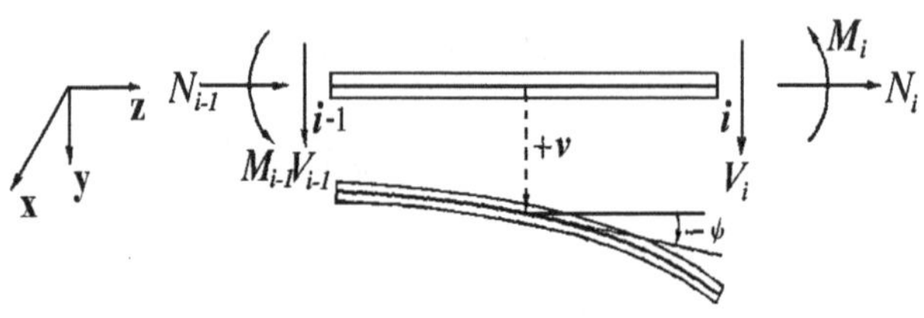

(b) 강성행렬의 경우

그림 13.3-1 / 부호정의

14.4절에서도 설명하듯이 전달행렬법과 강성행렬법에서는 요소내부의 힘(내력)에 대한 정의가 다르다. 전달행렬법과 강성행렬법에서 사용되는 부호의 정의를 그림 13.3-1에 나타낸다. 그림에서 (a)와 (b)를 비교하여 보면, 변위와 각변위(기울기)의 정의는 동일하지만, 힘(전단력 V와 축력 N)과 굽힘모멘트 M에서는 다음과 같은 관계가 있다.

$$\begin{array}{ccc} \text{전달행렬법} & & \text{강성행렬법} \\ V_{i-1} & = & -V_{i-1} \\ M_{i-1} & = & -M_{i-1} \\ N_{i-1} & = & -N_{i-1} \\ V_i & = & V_i \\ M_i & = & M_i \\ N_i & = & N_i \end{array} \tag{9}$$

식(9)의 관계와 변위 $-v$를 $+v$로 하여 식(8)을 다시 표현하면, 다음과 같이 강성행렬이 얻어진다.

$$\begin{bmatrix} V_{i-1} \\ M_{i-1} \\ V_i \\ M_i \end{bmatrix} = \frac{2EI}{l^3}\begin{bmatrix} 6 & & & \text{대칭} \\ -3l & 2l^2 & & \\ -6 & 3l & 6 & \\ -3l & l^2 & 3l & 2l^2 \end{bmatrix}\begin{bmatrix} v_{i-1} \\ \Psi_{i-1} \\ v_i \\ \Psi_i \end{bmatrix}$$

$$= K_i d_i \tag{10}$$

전달행렬법에서는 고차의 진동모드계산이 불안정하기 쉬우나, 강성행렬로 변환하여 계산함으로서 계산의 불안정화를 회피할 수 있다.

13.1.2 1계 연립미분방정식으로부터의 유도

단순하면서도 어려운 문제에 적용할 수 있는 전달행렬의 유도방법으로는 상태변수에 대한 1계 미분방정식을 적분하는 방법이 있다. 보 요소의 운동방정식을 1계 미분방정식의 형식으로 나타내면 다음과 같다.

$$\begin{aligned} \frac{dv}{dz} &= -\psi + \frac{\kappa V}{GA} \\ \frac{d\psi}{dz} &= \frac{M}{EI} \\ \frac{dM}{dz} &= V \\ \frac{dV}{dz} &= -p \end{aligned} \tag{13.7}$$

여기서 전단변형 효과를 무시($\kappa = 0$)하고, 행렬형식으로 나타내면

$$\frac{d}{dz}\begin{bmatrix} -v \\ \psi \\ M \\ V \end{bmatrix} = \begin{bmatrix} 0 & 1 & 0 & 0 \\ 0 & 0 & 1/EI & 0 \\ 0 & 0 & 0 & 1 \\ 0 & 0 & 0 & 0 \end{bmatrix}\begin{bmatrix} -v \\ \psi \\ M \\ V \end{bmatrix} + \begin{bmatrix} 0 \\ 0 \\ 0 \\ -p \end{bmatrix}$$

또는 단축형으로

$$z' = Az + P \tag{13.8}$$

로 된다. 식(13.8)을 적분하면

$$z = e^{Az} z_0 + e^{Az} \int_0^l e^{-A\tau} P(z) d\tau \tag{13.9}$$

$z = z(0) = z_{i-1}$에서 $z = z(l) = z_i$까지의 요소길이 l에 대해 나타내면

$$\mathbf{z}_i = \mathbf{T}_i\left[\mathbf{z}_{i-1} + \int_0^l \mathbf{T}_i^{-1} \mathbf{P} d\tau\right] = \mathbf{T}_i \mathbf{z}_{i-1} + \bar{\mathbf{z}}_i \tag{13.10}$$

여기서

$$\bar{\mathbf{z}}_i = \mathbf{T}_i \int_0^l \mathbf{T}_i^{-1}(\tau)\, \mathbf{P}(\tau)\, d\tau \tag{13.11}$$

위에서 나타내듯이 상수계수행렬 $\mathbf{A}$ 는

$$\mathbf{T}_i = \mathbf{T}_i(l) = e^{\mathbf{A}(z_i - z_{i-1})} = e^{\mathbf{A}l} \tag{13.12}$$

의 관계가 있고, 식(13.12)의 지수함수는 다음과 같이 전개될 수 있다.

$$\mathbf{T}_i = e^{\mathbf{A}l} = \mathbf{I} + \frac{\mathbf{A}l}{1!} + \frac{\mathbf{A}^2 l^2}{2!} + \cdots = \sum_{j=0}^{\infty} \frac{\mathbf{A}^j l^j}{j!} \tag{13.13}$$

여기서 $\mathbf{I}$는 단위행렬(identity matrix)이다. 식(12.11)로부터 지수해는 다음 형식의 하중항을 유도한다.

$$\bar{\mathbf{z}}_i = e^{\mathbf{A}(z_i - z_{i-1})} \int_{z_{i-1}}^{z_i} e^{-\mathbf{A}(\tau - z_{i-1})} \mathbf{P} d\tau \tag{13.14}$$

상수 $\mathbf{A}$에 대한 $\mathbf{T}_i^{-1}(z) = e^{-\mathbf{A}z}$의 관계로부터

$$\mathbf{T}_i^{-1}(z) = \mathbf{T}_i(-z) \tag{13.15}$$

의 관계가 얻어지고, 이는 하중벡터 $\bar{\mathbf{z}}_i$를 구하는데 유용하게 사용된다. 해 $e^{\mathbf{A}l}$은 Cayley-Hamilton이론, 즉 최소다항식(minimal polynomial equation)을 이용하여 행렬다항식(13.13)으로 표현할 수 있다. 이 경우, 행렬 $\mathbf{A}$의 고유치(eigenvalue)에 대한 지식이 필요하다. $\mathbf{A}$ 행렬이 큰 경우에는 고유치를 얻는 것이 어려울 수 있다. 일반적인 운동방정식에 대한 전달행렬을 유도하는 방법에는 Cayley-Hamilton이론에 근거하는 방법과 Laplace변환을 이용한 두 가지 방법이 있다. 이들 방법에 대해서는 예제 13.5와 13.6에서 설명한다.

예제 13.4

Euler–Bernoulli 축의 전달행렬

Euler–Bernoulli 축의 장 전달행렬을 1계 미분방정식의 유도방법으로 구하시오.

이 축의 운동방정식은 식(13.8)과 같고, 전달행렬은 식(13.13)으로부터 구해진다. 상수 계수행렬 A 는

$$A=\begin{bmatrix}0&1&0&0\\0&0&1/EI&0\\0&0&0&1\\0&0&0&0\end{bmatrix},\quad A^2=A\cdot A=\begin{bmatrix}0&0&1/EI&0\\0&0&0&1/EI\\0&0&0&0\\0&0&0&0\end{bmatrix} \tag{1}$$

$$A^3=A\cdot A^2=\begin{bmatrix}0&0&0&1/EI\\0&0&0&0\\0&0&0&0\\0&0&0&0\end{bmatrix},\quad A^4=A^5=\cdots=0 \tag{2}$$

식(1), (2)를 식(13.13), 즉

$$T_i=e^{Al}=I+Al+\frac{1}{2}A^2l^2+\frac{1}{6}A^3l^3 \tag{3}$$

에 대입하면, 전달행렬 T_i는 다음과 같이 얻어진다.

$$\begin{aligned}T_i&=\begin{bmatrix}1&&&0\\&1&&\\&&1&\\0&&&1\end{bmatrix}+\begin{bmatrix}0&l&0&0\\0&0&l/EI&0\\0&0&0&l\\0&0&0&0\end{bmatrix}\\&+\begin{bmatrix}0&0&l^2/2EI&0\\0&0&0&l^2/2EI\\0&0&0&0\\0&0&0&0\end{bmatrix}+\begin{bmatrix}0&0&0&l^3/6EI\\0&0&0&0\\0&0&0&0\\0&0&0&0\end{bmatrix}\\&=\begin{bmatrix}1&l&l^2/2EI&l^3/6EI\\0&1&l/EI&l^2/2EI\\0&0&1&l\\0&0&0&1\end{bmatrix}\end{aligned} \tag{4}$$

예제 13.5

Cayley-Hamilton이론에 의한 전달행렬의 유도

축력(axial force) N과 병진 스프링(linear spring) k 및 회전 스프링(rotational spring) k^*을 갖는 Timoshenko축 요소의 전달행렬을 Cayley-Hamilton이론에 기초하여 유도하시오.

축의 1계 미분방정식은

$$\begin{aligned} \frac{dv}{dz} &= -\psi + \frac{\kappa V}{GA} \\ \frac{d\psi}{dz} &= \frac{M}{EI} \\ \frac{dM}{dz} &= (k^* - N)\psi + V \\ \frac{dV}{dz} &= kv - p \end{aligned} \tag{1}$$

이다. 여기서 κ는 형상계수로 원형단면은 4/3, 사각단면은 3/2이다. GA/κ를 전단강성도, EI를 굽힘 강성도라 한다. 압축력 N과 탄성지지 k, k^*를 포함한 운동방정식을 식(13.8)의 행렬형식으로 나타내면 다음과 같다.

$$z' = Az + P \tag{2}$$

여기서

$$A = \begin{bmatrix} 0 & 1 & 0 & \kappa/GA \\ 0 & 0 & 1/EI & 0 \\ 0 & k^* - N & 0 & 1 \\ -k & 0 & 0 & 0 \end{bmatrix}, \quad z = \begin{bmatrix} -v \\ \psi \\ M \\ V \end{bmatrix}, \quad P = \begin{bmatrix} 0 \\ 0 \\ 0 \\ -p \end{bmatrix}$$

식(13.11)에서 알 수 있듯이, 하중요소 $\bar{z}_i$는 전달행렬 T_i를 이용할 수 있으면 계산이 가능하다. 그러므로 완전해의 경우 단지 T_i를 구하는 것이 필요하므로, 편이상 식(2)에서 p를 0과 같다고 한다. 따라서 다음의 동차미분방정식을 푸는 것을 고려한다. 즉,

$$\frac{dz}{dz} = A\,z \tag{3}$$

식(3)의 해는 식(13.12)로부터 다음과 같다.

$$z = T_i \; z_0 = e^{Al} z_0$$

또는

$$z_i = T_i \; z_{i-1} \tag{4}$$

n차 정방행렬 A의 함수는 $n-1$차의 A의 다항식과 같다. 그러므로 축의 4×4의 행렬 A의 경우는 다음과 같이 된다.

$$e^{Al} = c_0 I + c_1 Al + c_2 (Al)^2 + c_3 (Al)^3 \tag{5}$$

행렬은 그 자신의 특성방정식을 만족한다는 Cayley-Hamilton이론을 적용하면, 식(5)의 행렬 A는 그 특성근 λ_i에 의해 대체될 수 있다. 즉

$$e^{\lambda_i l} = c_0 + c_1 \lambda_i l + c_2 (\lambda_i l)^2 + c_3 (\lambda_i l)^3 \;, \quad (i = 1, 2, 3, 4) \tag{6}$$

식(6)은 함수 c_0, c_1, c_2 및 c_3를 풀기 위한 4개의 방정식을 제공한다. 이들 값을 식(5)에 대입하면, 원하는 전달행렬을 유도할 수 있다. 특성근 λ_i를 구하기 위해, $e^{\lambda_i l}$을 동차 1계 미분방정식에 대입하면 다음의 특성방정식이 얻어진다.

$$|I\lambda_i - A| = 0 \tag{7}$$

행렬 A는 식(2)에 주어졌으므로 이를 대입하면, 식(7)은

$$|I\lambda_i - A| = \begin{vmatrix} \lambda_i & -1 & 0 & -\kappa/GA \\ 0 & \lambda_i & -1/EI & 0 \\ 0 & -(k^* - N) & \lambda_i & 0 \\ k & 0 & 0 & \lambda_i \end{vmatrix} = 0 \tag{8}$$

행렬식(8)의 근 λ_1, λ_2, λ_3, $\lambda_4 (= \pm n_1, \pm i n_2)$은 다음과 같이 쉽게 계산된다.

$$n_{1,2} = [\{(\zeta + \eta)^2/4 - \lambda\}^{1/2} \mp (\zeta - \eta)/2]^{1/2} \tag{9}$$

여기서 $\lambda = k/EI$, $\eta = \kappa/(GA)$, $\zeta = (N - k^*)/EI$이다.

이들 특성근을 식(6)에 대입하면

$$\begin{aligned} e^{n_1 l} &= c_0 + c_1 n_1 l + c_2 (n_1 l)^2 + c_3 (n_1 l)^3 \\ e^{-n_1 l} &= c_0 - c_1 n_1 l + c_2 (n_1 l)^2 - c_3 (n_1 l)^3 \\ e^{i n_2 l} &= c_0 + i c_1 n_2 l - c_2 (n_2 l)^2 - i c_3 (n_2 l)^3 \end{aligned} \quad 10)$$

$$e^{-in_2 l} = c_0 - ic_1 n_2 l - c_2(n_2 l)^2 + ic_3(n_2 l)^3$$

따라서 식(10)으로부터 다음과 같이 $c_0 \sim c_3$가 계산되어 진다.

$$\begin{aligned} c_0 &= (n_2^2 \cosh n_1 l + n_1^2 \cos n_2 l) / (n_1^2 + n_2^2) \\ c_1 &= [(n_2^2/n_1)\sinh n_1 l + (n_1^2/n_2)\sinh n_2 l] / [l(n_1^2 + n_2^2)] \\ c_2 &= (\cosh n_1 l - \cos n_2 l) / [l^2(n_1^2 + n_2^2)] \\ c_3 &= [(1/n_1)\sinh n_1 l - (1/n_2)\sinh n_2 l] / [l^3(n_1^2 + n_2^2)] \end{aligned} \quad (11)$$

최종적으로 전달행렬은 식(5)로부터 다음과 같이 구해진다.

$$T_i = c_0 I + c_1(Al) + c_2(Al)^2 + c_3(Al)^3 \quad (12)$$

또는 각 요소 값을 대입하여 대수곱 연산을 수행하여 정리하면

$$T_i = \left[\begin{array}{cc|cc} e_1 + \zeta e_3 & e_2 & e_3/EI & e_4/EI - (e_2 + \zeta e_4)\kappa/GA \\ -\lambda e_4 & e_1 - \eta e_3 & (e_2 - \eta e_4) & e_3/EI \\ \hline -\lambda EI e_3 & EI(e_0 - \eta e_2) & e_1 - \eta e_3 & e_2 \\ -\lambda EI(e_2 + \zeta e_4) & -\lambda EI e_3 & -\lambda e_4 & e_1 + \zeta e_3 \end{array}\right] \quad (13)$$

여기서

$$e_0 = l(\eta - \zeta)c_1 + l^3[(\zeta^2 - \lambda) + \eta(\eta - \zeta)]c_3,$$
$$e_1 = c_0 + l^2(\eta - \zeta)c_2, \quad e_2 = lc_1 + l^3(\eta - \zeta)c_3, \quad e_3 = l^2 c_2, \quad e_4 = l^3 c_3$$

또는

$$\begin{aligned} e_0 &= (n_1^3 \sinh n_1 l - n_2^3 \sin n_2 l) / (n_1^2 + n_2^2) \\ e_1 &= (n_1^2 \cosh n_1 l + n_2^2 \cos n_2 l) / (n_1^2 + n_2^2) \\ e_2 &= (n_1 \sinh n_1 l + n_2 \sin n_2 l) / (n_1^2 + n_2^2) \\ e_3 &= c_2 l^2, \quad e_4 = c_3 l^3 \end{aligned}$$

식(13)의 전달행렬에서 k, k^*, κ/GA 및 N을 0으로 놓으면, $\lambda = \eta = \zeta = 0$이 되고,

$$e_0 = 0, \; e_1 = c_0, \; e_2 = lc_1, \; e_3 = l^2 c_2, \; e_4 = l^3 c_3$$

가 되어, 예제 13.4의 전달행렬식 (4)와 일치한다.

예제 13.6

Laplace 변환에 의한 전달행렬의 유도

예제 13.5의 축에 대한 장 전달행렬을 Laplace변환을 이용하여 유도하시오.

예제 13.5의 4원 1계 연립미분방정식 (1)의 동차식은 다음과 같이 하나의 4계 미분방정식으로 합성된다.

$$\frac{d^4 v}{dz^4} + (\zeta - \eta)\frac{d^2 v}{dz^2} + (\lambda - \zeta\eta)v = 0 \tag{1}$$

여기서 $\zeta = (N - k^*)/EI$, $\eta = \kappa k/(GA)$, $\lambda = k/EI$ 이다. 식(1)의 Laplace변환은

$$\begin{aligned} &v(s)[s^4 + (\zeta - \eta)s^2 + (\lambda - \zeta\eta)] \\ &= s^3 v(0) + s^2 v'(0) + sv''(0) + v'''(0) + (\zeta - \eta)v'(0) + (\zeta - \eta)sv(0) \end{aligned} \tag{2}$$

로 되고, 여기서 s는 변환변수(Laplace 연산자)이다. 식(2)의 역변환은

$$\begin{aligned} v(z) = &[e_1(z) + (\zeta - \eta)e_3(z)]v(0) + [e_2(z) + (\zeta - \eta)e_4(z)]v'(0) \\ &+ e_3(z)v''(0) + e_4(z)v'''(0) \end{aligned} \tag{3}$$

여기서

$$e_i(z) = L^{-1}\left[\frac{s^{4-i}}{s^4 + (\zeta - \eta)s^2 + \lambda - \zeta\eta}\right] \tag{4}$$

이고, L^{-1}은 역 Laplace변환을 나타낸다. 식(4)는 다음과 같은 유용한 관계가 있다.

$$e_i(z) = \frac{d}{dz}e_{i+1}(z), \quad (i = -2, -1, 0, 1, 2, 3)$$

$$e_{i+1}(z) = \int_0^z e_i(u)du, \quad (i = 4, 5, 6)$$

식(3)의 $v(z)$를 3계 도함수까지 미분하고, 이를 정리하면

$$\begin{bmatrix} v(z) \\ v'(z) \\ v''(z) \\ v'''(z) \end{bmatrix} = \begin{bmatrix} e_1 + (\zeta - \eta)e_3 & e_2 + (\zeta - \eta)e_4 & e_3 & e_4 \\ e_0 + (\zeta - \eta)e_2 & e_1 + (\zeta - \eta)e_3 & e_2 & e_3 \\ e_{-1} + (\zeta - \eta)e_1 & e_0 + (\zeta - \eta)e_2 & e_1 & e_2 \\ e_{-2} + (\zeta - \eta)e_0 & e_{-1} + (\zeta - \eta)e_1 & e_0 & e_1 \end{bmatrix} \begin{bmatrix} v(0) \\ v'(0) \\ v''(0) \\ v'''(0) \end{bmatrix}$$

또는

$$\boldsymbol{v}(z) = \boldsymbol{Q}(z)\ \boldsymbol{v}(0) \tag{5}$$

예제 13.5의 운동방정식 (1)의 첫 식

$$\frac{dv}{dz} = -\psi + V\kappa / GA$$

를 미분함으로서 도함수 $d^2 v/dz^2$, $d^3 v/dz^3$를 구할 수 있고, 변위 $v(z)$와 이의 도함수를 상태변수 $\boldsymbol{z}(z)$와 관계 지우는 다음 식을 구성할 수 있다.

$$\begin{bmatrix} v \\ v' \\ v'' \\ v''' \end{bmatrix} = \begin{bmatrix} -1 & 0 & 0 & 0 \\ 0 & -1 & 0 & \kappa / GA \\ -\eta & 0 & -1/EA & 0 \\ 0 & \zeta - \eta & 0 & -1/EI + \eta\kappa / GA \end{bmatrix} \begin{bmatrix} -v \\ \psi \\ M \\ V \end{bmatrix}$$

또는

$$\boldsymbol{v}(z) = \boldsymbol{R}\ \boldsymbol{z}(z) \tag{6}$$

따라서 상태량벡터 $\boldsymbol{z}(z)$는 식(5)를 이용하면

$$\boldsymbol{z}(z) = \boldsymbol{R}^{-1}\boldsymbol{v}(z) = \boldsymbol{R}^{-1}\boldsymbol{Q}(z)\ \boldsymbol{v}(0) = \boldsymbol{R}^{-1}\boldsymbol{Q}(z)\boldsymbol{R}\,\boldsymbol{z}(0)$$

또는

$$\boldsymbol{z}_i = \boldsymbol{R}^{-1}\boldsymbol{Q}(l)\boldsymbol{R}\,\boldsymbol{z}_{i-1} = \boldsymbol{T}_i\boldsymbol{z}_{i-1} \tag{7}$$

따라서 전달행렬 $\boldsymbol{T}_i$는 다음과 같이 구하여진다.

$$\boldsymbol{T}_i = \boldsymbol{R}^{-1}\boldsymbol{Q}(l)\boldsymbol{R} \tag{8}$$

13.1.3 강성행렬로 부터의 유도

기본요소의 좌단($i-1$점)과 우단(i점)에 관한 강성행렬이 제 3편의 유한요소법 등에 의해 이미 주어져 있을 때에는 장 전달행렬을 다음과 같이 구할 수 있다.

$i-1$점 및 i점에서 변위와 힘에 관한 상태량벡터를 각각 $\boldsymbol{d}_{i-1}$, $\boldsymbol{f}_{i-1}$, $\boldsymbol{d}_i$, $\boldsymbol{f}_i$로 하면, 강성행렬은 다음 식의 형태로 나타낼 수 있다.

$$\begin{bmatrix} \boldsymbol{f}_{i-1} \\ \boldsymbol{f}_i \end{bmatrix} = \begin{bmatrix} A & B \\ C & D \end{bmatrix}_i \begin{bmatrix} \boldsymbol{d}_{i-1} \\ \boldsymbol{d}_i \end{bmatrix} \tag{13.16}$$

여기서 A, B, C 및 D는 정방행렬의 부분강성행렬이다. 이 식을 전개하여 $\boldsymbol{d}_i$, $\boldsymbol{f}_i$를 $\boldsymbol{d}_{i-1}$, $\boldsymbol{f}_{i-1}$로 바꾸어 표현하면

$$\begin{bmatrix} \boldsymbol{d} \\ \boldsymbol{f} \end{bmatrix}_i = \left[\begin{array}{c|c} -B^{-1}A & B^{-1} \\ \hline C-DB^{-1}A & DB^{-1} \end{array} \right]_i \begin{bmatrix} \boldsymbol{d} \\ \boldsymbol{f} \end{bmatrix}_{i-1} \tag{13.17}$$

로 되고, 장 전달행렬 $\boldsymbol{F}_i$는

$$\boldsymbol{F}_i = \left[\begin{array}{c|c} -B^{-1}A & B^{-1} \\ \hline C-DB^{-1}A & DB^{-1} \end{array} \right]_i \tag{13.18}$$

로서 구하여진다.

예제 13.7

질량을 무시한 탄성축 요소에 대한 전달행렬의 유도

질량을 무시한 일정단면 축의 강성행렬로부터 장 전달행렬을 유도하시오.

그림 13.7-1과 같은 일정단면 축의 강성행렬은 다음 식으로 주어진다.

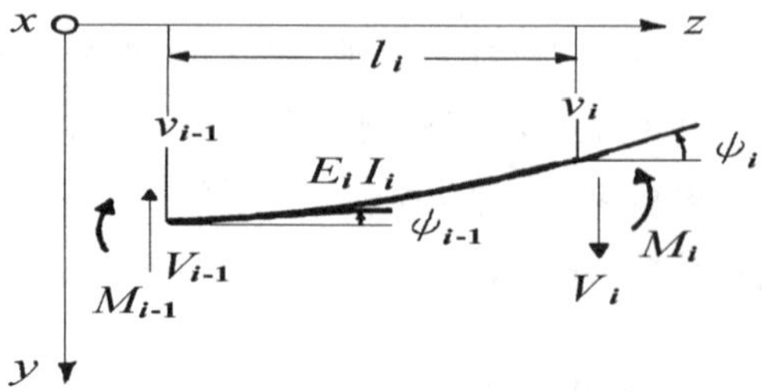

그림 13.7-1 / 질량을 무시한 축의 좌표계

$$\begin{bmatrix} M_{i-1} \\ V_{i-1} \\ M_i \\ V_i \end{bmatrix} = \begin{bmatrix} -\dfrac{6EI}{l^2} & -\dfrac{4EI}{l} & \dfrac{6EI}{l^2} & -\dfrac{2EI}{l} \\ \dfrac{12EI}{l^3} & \dfrac{6EI}{l^2} & -\dfrac{12EI}{l^3} & \dfrac{6EI}{l^2} \\ \dfrac{6EI}{l^2} & \dfrac{2EI}{l} & -\dfrac{6EI}{l^2} & \dfrac{4EI}{l} \\ \dfrac{12EI}{l^3} & \dfrac{6EI}{l^2} & \dfrac{-12EI}{l^3} & \dfrac{6EI}{l^2} \end{bmatrix}_i \begin{bmatrix} -v_{i-1} \\ \Psi_{i-1} \\ -v_i \\ \Psi_i \end{bmatrix} \tag{1}$$

식(13.16)에 대응시키면

$$A = \begin{bmatrix} -\dfrac{6EI}{l^2} & -\dfrac{4EI}{l} \\ \dfrac{12EI}{l^3} & \dfrac{6EI}{l^2} \end{bmatrix}, \quad B = \begin{bmatrix} \dfrac{6EI}{l^2} & -\dfrac{2EI}{l} \\ -\dfrac{12EI}{l^3} & \dfrac{6EI}{l^2} \end{bmatrix}$$

$$C = \begin{bmatrix} \dfrac{6EI}{l^2} & \dfrac{2EI}{l} \\ \dfrac{12EI}{l^3} & \dfrac{6EI}{l^2} \end{bmatrix}, \quad D = \begin{bmatrix} -\dfrac{6EI}{l^2} & \dfrac{4EI}{l} \\ -\dfrac{12EI}{l^3} & \dfrac{6EI}{l^2} \end{bmatrix}$$

으로 된다. 그러므로

$$B^{-1} = \begin{bmatrix} \dfrac{l^2}{2EI} & \dfrac{l^3}{6EI} \\ \dfrac{l}{EI} & \dfrac{l^2}{2EI} \end{bmatrix}, \quad -B^{-1}A = \begin{bmatrix} 1 & l \\ 0 & 1 \end{bmatrix}$$

$$C- DB^{-1}A = \begin{bmatrix} 0 & 0 \\ 0 & 0 \end{bmatrix}, \quad DB^{-1} = \begin{bmatrix} 1 & l \\ 0 & 1 \end{bmatrix}$$

로 되기 때문에, 그것들을 식(13.17)에 대입하고, 또

$$d = \begin{bmatrix} -v \\ \Psi \end{bmatrix}, \quad f = \begin{bmatrix} M \\ V \end{bmatrix} \tag{2}$$

를 이용하면, 다음 식을 얻을 수 있다.

$$\begin{bmatrix} -v \\ \Psi \\ M \\ V \end{bmatrix}_i = \begin{bmatrix} 1 & l & l^2/2EI & l^3/6EI \\ 0 & 1 & l/EI & l^2/2EI \\ 0 & 0 & 1 & l \\ 0 & 0 & 0 & 1 \end{bmatrix}_i \begin{bmatrix} -v \\ \Psi \\ M \\ V \end{bmatrix}_{i-1} \tag{3}$$

식(3)의 결과는 예제 13.1의 식(10)에서 $\Lambda = 0$로 하였을 때의 결과와 완전히 일치한다. 이 예제는 정적인 강성행렬을 나타내지만, 분포질량의 관성력 등을 포함한 동강성행렬(dynamic stiffness matrix)의 경우도 동일한 방법으로 전달행렬을 유도할 수 있다.

예제 13.8

종진동 및 비틀림진동을 위한 전달행렬

일정단면 축 요소의 종진동(axial vibration)효과를 포함한 장 전달행렬을 유도하시오.

축방향 변위를 u라 하면, 단면적 A인 축의 미분방정식은

$$\frac{du}{dz} = \frac{N}{EA}, \quad \frac{dN}{dz} = -p_z \tag{1}$$

여기서 N은 축방향의 인장력(axial force), p_z는 축방향의 분포외력(힘/길이)이다.

식(1)의 해는

$$u = u_0 + N_0\frac{z}{EA} - \int\int_0^z \frac{p_z(\tau)}{EA}\, d\tau$$

$$N = N_0 - \int_0^z p_z(\tau)\, d\tau \tag{2}$$

또는 z_{i-1}, z_i와 $l_i = z_i - z_{i-1}$의 관계를 이용하여 나타내면

$$\begin{bmatrix} u \\ N \end{bmatrix}_i = \begin{bmatrix} 1 & l/EA \\ 0 & 1 \end{bmatrix}_i \begin{bmatrix} u \\ N \end{bmatrix}_{i-1} + \begin{bmatrix} \bar{u} \\ \bar{N} \end{bmatrix}_i$$

또는

$$\mathbf{z}_i = \mathbf{T}_i \, \mathbf{z}_{i-1} + \bar{\mathbf{z}}_i \tag{3}$$

식(3)의 T_i가 종진동의 전달행렬을 나타낸다. 종진동과 굽힘진동을 합성하여 나타내면, 다음과 같이 표현된다.

$$\begin{bmatrix} u \\ -v \\ \psi \\ N \\ M \\ V \end{bmatrix}_i = \begin{bmatrix} 1 & 0 & 0 & l/EA & 0 & 0 \\ & 1 & l & 0 & l^2/2EI & l^3/6EI \\ & & 1 & 0 & l/EI & l^2/2EI \\ & & & 1 & 0 & 0 \\ & 0 & & & 1 & l \\ & & & & & 1 \end{bmatrix}_i \begin{bmatrix} u \\ -v \\ \psi \\ N \\ M \\ V \end{bmatrix}_{i-1} \tag{4}$$

축의 비틀림(torsion)에 대한 1계 미분방정식은 다음 식과 같다.

$$\frac{d\Theta}{dz} = \frac{T}{GJ}, \quad \frac{dT}{dz} = -t_y \tag{5}$$

여기서 Θ는 비틀림각, T는 비틀림모멘트, G는 전단탄성계수(shear modulus of elasticity), t_y는 분포외력토크 (토크/길이)이다. 식(5)는 축방향 운동에 대한 식(1)과 유사하므로, 비틀림 진동에 대한 전달행렬은 식(3) 또는 식(4)에서 u, N, EA 및 p_z를 Θ, T, GJ 및 t_y로 대체하면 얻을 수 있다.

13.2 점 전달행렬

점 전달행렬(point transfer matrix)은 절점에서의 동특성을 제공하는 것이기 때문에, 장 전달행렬을 유도하는 것보다는 쉽게 유도할 수 있다. 고려하고 있는 절점에 집중부가된 탄성구속이나 관성 혹은 분기 등의 특성을 쓰고, 그것에 대응하는 상태량이 절점의 좌측에서 우측으로 이동할 때 불연속으로 되도록 하고, 그렇지 않은 다른 상태량은 좌측에서 우측으로 연속적으로 전달하는 것으로 한다.

예제 13.9

원판이 부착된 축의 점 전달행렬

그림 13.9-1과 같이 원판이 부착된 축의 점 전달행렬을 유도하시오.

축에 원판이 부착되어 있는 경우, 진동 시에 그림 13.9-1에 보이는 것처럼 질량 m_d에 의한 관성력 $-m_d\ddot{v}$와 직경축 주위의 관성모멘트 I_d에 의한 관성우력 $-I_d\ddot{\psi}$가 원판에서 발생한다. 그러므로 축의 전단력과 굽힘모멘트가 이 원판이 부착된 절점의 좌, 우측에서 불연속이 된다. 즉

$$\begin{aligned} V_i^R &= V_i^L + m_{di}\,\ddot{v}_i^L \\ M_i^R &= M_i^L + I_{di}\,\ddot{\psi}_i^L \end{aligned} \tag{1}$$

이다. 다른 상태량인 변위와 각변위는 원판의 좌, 우측에서 연속이기 때문에

$$v_i^R = v_i^L, \quad \psi_i^R = \psi_i^L \tag{2}$$

가 성립한다. 식(1)과 (2)로부터 점 전달행렬은 다음과 같이 된다.

$$\begin{bmatrix} -v \\ \psi \\ M \\ V \end{bmatrix}_i^R = \begin{bmatrix} 1 & 0 & 0 & 0 \\ 0 & 1 & 0 & 0 \\ 0 & I_d\lambda^2 & 1 & 0 \\ -m_d\lambda^2 & 0 & 0 & 1 \end{bmatrix}_i \begin{bmatrix} -v \\ \psi \\ M \\ V \end{bmatrix}_i^L \tag{3}$$

여기서

1) 자유진동해석 (비감쇠계)일 때: $\lambda = j\omega$

2) 자유진동해석 (감쇠계)일 때: $\lambda = \lambda_r + j\lambda_i$

3) 강제진동해석일 때: $\lambda = j\Omega$

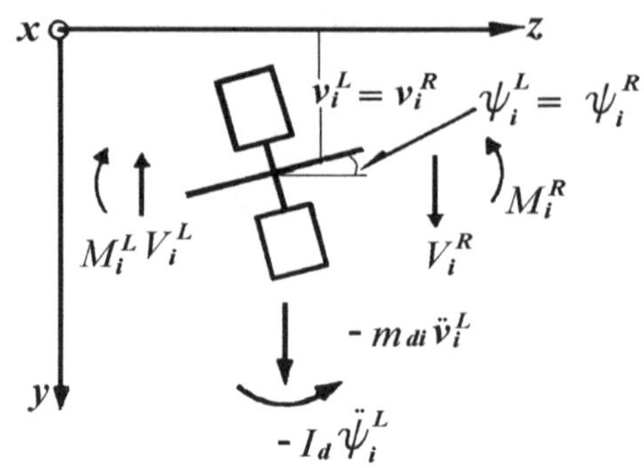

그림 13.9-1 / 원판이 부착된 축의 굽힘 진동

예제 13.10

탄성 지지된 축의 점 전달행렬

그림 13.10-1과 같이 탄성 지지된 축의 점 전달행렬을 유도하시오.

축이 임의 점에서 스프링과 감쇠기로 지지되고 있는 경우에는 스프링의 복원력과 감쇠기의 저항력에 의해 전단력이 불연속으로 된다.

그림 13.10-1에서 스프링과 감쇠기에 의해 축에 미치는 힘은

$$F_i = k_i v_i^L + c_i \dot{v}_i^L \tag{1}$$

로 주어지기 때문에 지지점 우측의 전단력은

$$V_i^R = V_i^L + F_i = V_i^L + k_i v_i^L + c_i \dot{v}_i^L \tag{2}$$

로 된다. 다른 상태량인 변위 v, 각변위 ψ 및 굽힘모멘트 M은 연속인 것을 고려하면, 점 전달행렬은 다음과 같이 된다.

$$\begin{bmatrix} -v \\ \psi \\ M \\ V \end{bmatrix}_i^R = \begin{bmatrix} 1 & 0 & 0 & 0 \\ 0 & 1 & 0 & 0 \\ 0 & 0 & 1 & 0 \\ -(k+c\lambda) & 0 & 0 & 1 \end{bmatrix}_i \begin{bmatrix} -v \\ \psi \\ M \\ V \end{bmatrix}_i^L \tag{3}$$

여기서 v, ψ, M, V 및 λ는 복소수이고, 또한 자유진동해석일 때, $\lambda = \lambda_r + j\lambda_i$, 강제진동해석일 때, $\lambda = j\Omega$ 이다.

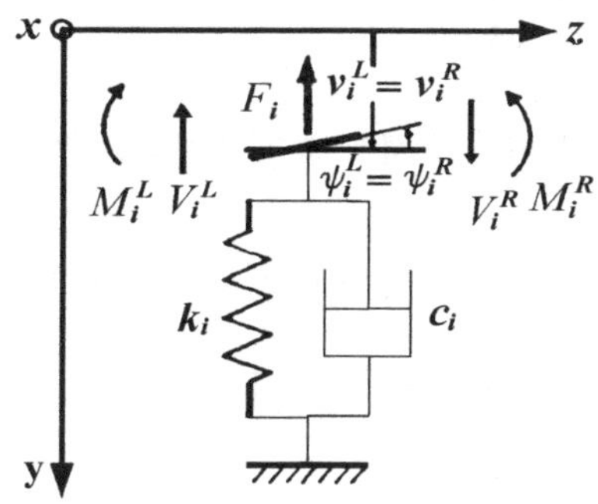

그림 13.10-1 / 탄성 지지된 축의 굽힘 진동

예제 13.11

한 점에 힘이 작용하는 축의 점 전달행렬

그림 13.11-1과 같이 한 점에 집중력이 작용할 때, 이 힘에 의한 점 전달행렬을 유도하시오.

그림 13.11-1과 같이 힘 $P_i \sin(\Omega t + \phi_i)$가 i점에 작용하고 있는 것으로 한다. 불연속인 상태량은 전단력 뿐으로

$$V_i^R = V_i^L - P_i \sin(\Omega t + \phi_i) \tag{1}$$

로 된다. 계에는 감쇠가 있는 것으로 하여

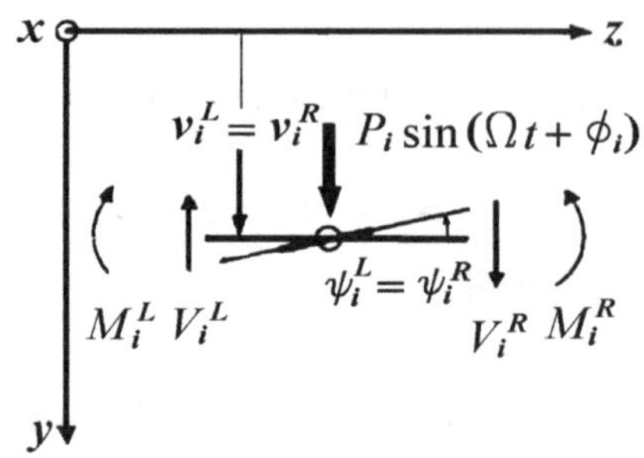

그림 13.11-1 / i점에 힘이 작용하는 축의 굽힘 진동

$$V = \mathrm{Re}\,|\,\overline{V}e^{j\Omega t}| \tag{2}$$

$$\sin(\Omega t + \phi_i) = \mathrm{Re}\,[-je^{j(\Omega t + \phi_i)}] \tag{3}$$

등으로 복소수로 표시하면

$$V_i^R = V_i^L + jP_i e^{j\phi_i} = V_i^L + P_i(j\cos\phi_i - \sin\phi_i) \tag{4}$$

로 된다. 그러므로 강제력의 점 전달행렬은 다음 식과 같이 된다.

$$\begin{bmatrix} -v \\ \psi \\ M \\ V \\ \hline 1 \end{bmatrix}_i^R = \left[\begin{array}{cccc|c} 1 & 0 & 0 & 0 & 0 \\ 0 & 1 & 0 & 0 & 0 \\ 0 & 0 & 1 & 0 & 0 \\ 0 & 0 & 0 & 1 & P(-\sin\phi + j\cos\phi) \\ \hline 0 & 0 & 0 & 0 & 1 \end{array}\right]_i \begin{bmatrix} -v \\ \psi \\ M \\ V \\ \hline 1 \end{bmatrix}_i^L \tag{5}$$

14

수치계산법

14.1 전달행렬의 곱셈

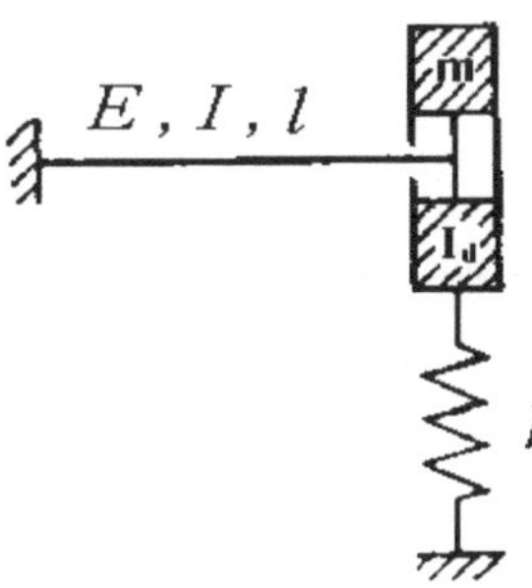

그림 14.1 / 편지지 보

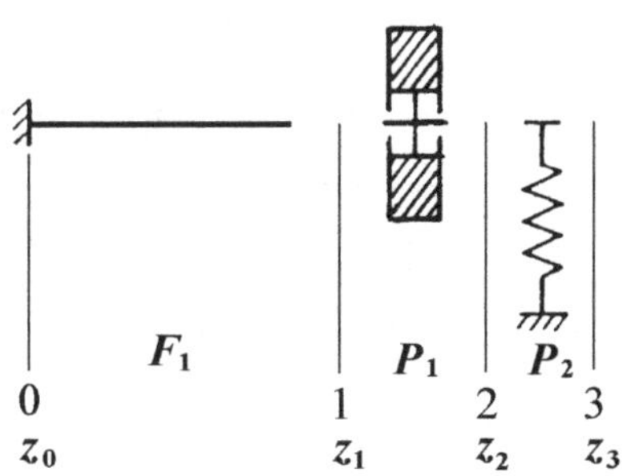

그림 14.2 / 편지지 보의 분할

일 예로 그림 14.1에 보이는 것처럼 분포질량이 없는 편지지 보를 이용하여 전달행렬을 구하자. 그림 14.1의 계를 그림 14.2와 같이 기본요소들로 나눈다. 질량이 없는 보, 원판, 지지스프링의 각 요소의 전달행렬을 각각 F_1, P_1 및 P_2로 한다.

여기서 F_1, P_1 및 P_2는 각각 예제 13.2의 식(3), 예제 13.3의 식(3) 및 예제 13.4의 식(3)에서 주어진다. 그림 14.2에 있어서 $z_1 = F_1 z_0$, $z_2 = P_1 z_1$, $z_3 = P_2 z_2$이기 때문에

$$z_3 = P_2 \cdot P_1 \cdot F_1 z_0 \tag{14.1}$$

로 된다. 식(14.1)을 손 계산하는 데는 점 및 장 전달행렬을 식(14.1)에 대입하여 그대로 써 내려가지만, 다음 표 14.1과 같이 나열하여 계산을 실행하면 공간의 소비 없이 잘 처리할 수 있기 때문에 편리하다. 표 14.1과 같은 계 전체의 전달행렬이 구해지지만, P_1과 P_2는 점 전달행렬이기 때문에, P_1과 P_2의 순서를 바꾸어 식(14.1)의 대신에

$$z_3 = P_1 \cdot P_2 \cdot F_1 z_0 \tag{14.2}$$

로 하여도 결과는 동일하다. 단, 점 전달행렬의 순서가 임의라도 좋은 것은 점 전달행렬에 끼인 사이에서만 가능하다.

다음으로 스프링에 감쇠기가 병렬로 부착되어 있는 경우와 같이 전달행렬이 복소수 표시로 될 때에도 보통은 식(14.1)에 따라 표 14.1과 같이 계산하면 된다.

표 14.1 / 전달행렬의 곱셈

$$\overset{\downarrow}{F_1}\begin{bmatrix} 1 & l & \dfrac{l^2}{2EI} & \dfrac{l^3}{6EI} \\ 0 & 1 & \dfrac{l}{EI} & \dfrac{l^2}{2EI} \\ 0 & 0 & 1 & l \\ 0 & 0 & 0 & 1 \end{bmatrix} \begin{bmatrix} -v \\ \Psi \\ M \\ V \end{bmatrix}_0 = z_1$$

$$\begin{bmatrix} -v \\ \Psi \\ M \\ V \end{bmatrix}_0 \; \Vert \; z_0$$

$$\rightarrow \qquad \downarrow$$

$$P_1 \begin{bmatrix} 1 & 0 & 0 & 0 \\ 0 & 1 & 0 & 0 \\ 0 & 0 & 1 & 0 \\ -k & 0 & 0 & 1 \end{bmatrix} \begin{bmatrix} 1 & l & \dfrac{l^2}{2EI} & \dfrac{l^3}{6EI} \\ 0 & 1 & \dfrac{l}{EI} & \dfrac{l^2}{2EI} \\ 0 & 0 & 1 & l \\ -k & -kl & -k\dfrac{l^2}{2EI} & 1-k\dfrac{l^3}{6EI} \end{bmatrix} \begin{bmatrix} -v \\ \Psi \\ M \\ V \end{bmatrix}_0 = z_2$$

$$
P_2 \begin{bmatrix} 1 & 0 & 0 & 0 \\ 0 & 1 & 0 & 0 \\ 0 & -I_d\omega^2 & 1 & 0 \\ m\omega^2 & 0 & 0 & 1 \end{bmatrix}
\begin{bmatrix} 1 & l & \frac{l^2}{2EI} & \frac{l^3}{6EI} \\ 0 & 1 & \frac{l}{EI} & \frac{l^2}{2EI} \\ 0 & -I_d\omega^2 & 1-I_d\omega^2\frac{l}{EI} & l-I_d\omega^2\frac{l^2}{2EI} \\ m\omega^2-k & (m\omega^2-k)l & (m\omega^2-k)\frac{l^2}{2EI} & 1+(m\omega^2-k)\frac{l^3}{6EI} \end{bmatrix}
\begin{bmatrix} -v \\ \Psi \\ M \\ V \end{bmatrix}_0 = \boldsymbol{z}_3
$$

그러나 복소수계산은 실수계산에 비해 불편하기 때문에 다음에 보이는 것처럼 상태량벡터와 전달행렬을 각각 실수 및 허수부분으로 처음부터 분해하여 놓고 계산을 진행하는 것이 유리하다. 예를 들어 강제진동해석의 감쇠기와 스프링을 예로 들면, 복소수표시의 전달행렬은 예제 13.10의 식(3) ($\lambda = j\Omega$)이다. 이것을 실수부분과 허수부분으로 나누어 다음과 같이 쓴다.

$$
\begin{bmatrix} -v_r \\ \Psi_r \\ M_r \\ V_r \\ -v_i \\ \Psi_i \\ M_i \\ V_i \\ 1 \end{bmatrix}_i^R =
\begin{bmatrix} 1 & 0 & 0 & 0 & 0 & 0 & 0 & 0 & 0 \\ 0 & 1 & 0 & 0 & 0 & 0 & 0 & 0 & 0 \\ 0 & 0 & 1 & 0 & 0 & 0 & 0 & 0 & 0 \\ -k & 0 & 0 & 1 & \Omega c & 0 & 0 & 0 & 0 \\ 0 & 0 & 0 & 0 & 1 & 0 & 0 & 0 & 0 \\ 0 & 0 & 0 & 0 & 0 & 1 & 0 & 0 & 0 \\ 0 & 0 & 0 & 0 & 0 & 0 & 1 & 0 & 0 \\ -\Omega c & 0 & 0 & 0 & -k & 0 & 0 & 1 & 0 \\ 0 & 0 & 0 & 0 & 0 & 0 & 0 & 0 & 1 \end{bmatrix}_i
\begin{bmatrix} -v_r \\ \Psi_r \\ M_r \\ V_r \\ -v_i \\ \Psi_i \\ M_i \\ V_i \\ 1 \end{bmatrix}_i^L \tag{14.3}
$$

이와 같이 표시하면 행렬의 크기는 2배로 되지만, 계산 시에는 실수 계산만으로 되어 번잡하지 않게 된다. 컴퓨터에 의한 수치계산의 경우, 일반적으로 복소수계산이 가능하기 때문에 복소수표시로서 수식을 취급할 수 있다. 복소수 계산이 불가능한 기종에서는 식(14.3)과 같이 실수 부분과 허수 부분을 분리한 전달행렬의 계산이 필요하다.

14.2 전달행렬의 집약화

복잡한 계의 진동해석을 수행하는 곳에서는 계를 특성이 다른 기본 단위요소로 분할하여 각각의 전달행렬을 결정하고 진동계의 구성에 대응하여 기본 단체요소의 전달행렬을 곱하여 가면 되는 것은 지금까지 보인 대로이다. 그러나 이 방법으로는 점 전달행렬이 많이 있는 경우 등은 행렬의 곱 계산이 많게 되고 계산 노력이나 시간이 증가한다. 이와 같은 경우에는 기본의 단체요소를 모두 집약한 요소를 새로 고려하고, 그 요소에 대한 전달행렬을 구해 놓으면 된다. 이 요소를 계의 기본요소(fundamental element)로 고려한다.

예제 14.1

기본 단체요소의 전달행렬 유도

회전축계를 구성하는 기본 단체요소로서 그림 14.1-1에 보이는 원판요소, 축 요소 및 스프링요소에 대한 기본 단체요소의 전달행렬을 유도하시오.

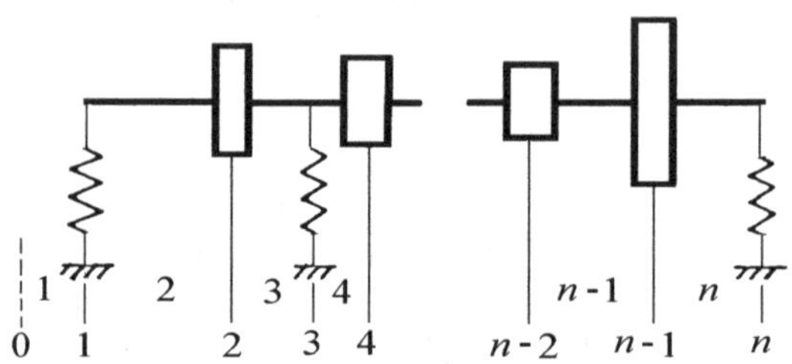

그림 14.1-1 / 탄성 지지된 축계의 등가계

그림 14.1-1과 같은 축의 진동계에서는 기본 단체요소로는 보, 원판 및 스프링이기 때문에 이들을 종합한 그림 14.1과 같은 요소를 고려하고, 이것을 계의 기본요소로 한다. 이에 대한 전달행렬은 식(14.1)에 주어지고 있다. 그러므로 이를 전단변형효과를 포함하여 구체적으로 행렬형식으로 나타내면 다음과 같다.

$$T_i = \begin{bmatrix} 1 & l & \dfrac{l^2}{2EI} & \dfrac{l^3}{6EI} - \dfrac{\kappa l}{GA} \\ 0 & 1 & \dfrac{l}{EI} & \dfrac{l^2}{2EI} \\ 0 & -I_d\omega^2 & 1 - I_d\omega^2\dfrac{l}{EI} & l - I_d\omega^2\dfrac{l^2}{2EI} \\ m\omega^2 - k & (m\omega^2 - k)l & (m\omega^2 - k)\dfrac{l^2}{2EI} & 1 + (m\omega^2 - k)\left(\dfrac{l^3}{6EI} - \dfrac{\kappa l}{GA}\right) \end{bmatrix} \quad (1)$$

따라서 그림 14.1-1에서 첫째 분할부분에서는 원판과 축 요소가 없고, 단지 스프링요소만 있기 때문에, 식(1)의 m과 I을 0으로 놓는다. 둘째 분할부분에서는 원판과 축 요소만이 있고 스프링이 없기 때문에 $k=0$로 놓는 등 각각의 분할부분에서 필요 없는 단체요소의 물리정수를 0으로 놓으면 된다.

14.3 전달행렬의 무차원화

행렬의 계산에서는 그것이 손 계산이든, 컴퓨터에 의한 것이든 행렬의 요소가 1의 order로 정리되어 있는 것은 취급의 용이함, 계산정도의 확보, overflow의 방지 등의 관점에서 바람직하다. 그러므로 상태량 및 전달행렬을 어떤 방법으로 무차원화하여 나타내는 것이 필요하다. 일반적으로 컴퓨터에 의한 전달행렬법의 계산처리는 행렬의 곱 계산을 많이 하고 절사 오차(truncation error) 등이 크게 될 수 있다. 미리 전달행렬을 무차원화하여 두는 동시에 배정도(double precision) 계산을 하는 것도 필요하다.

예제 14.2

축의 장 전달행렬의 무차원화

탄성축의 장 전달행렬을 무차원화하여 나타내시오.

계의 대표 길이 혹은 분할부분의 평균적인 길이를 l_0, 평균적인 굽힘 강성도를 $E_0 I_0$로 하면, 각 상태량은 다음과 같이 무차원화가 가능하다.

$$\overline{v}=\frac{v}{l_0},\quad \overline{\psi}=\psi,\quad \overline{M}=\frac{l_0}{E_0 I_0}M,\quad \overline{V}=\frac{l^2}{E_0 I_0}V \tag{1}$$

이것에 수반하는 전달행렬에 대해서도

$$\overline{l}=\frac{l}{l_0},\ \overline{EI}=\frac{EI}{E_0 I_0},\ \overline{k}=\frac{l_0^3}{E_0 I_0}k,\ \overline{m}\omega^2=\frac{l_0^3}{E_0 I_0}m\omega^2,\ \overline{I_d}\,\omega^2=\frac{l_0}{E_0 I_0}I_d\omega^2 \tag{2}$$

등으로 무차원화하면, 식(14.1) (구체적으로는 표 14.1의 결과)은 다음 식과 같이 무차원으로 표시된다.

$$\begin{bmatrix} -\bar{v} \\ \bar{\psi} \\ \bar{M} \\ \bar{V} \end{bmatrix}_i^R = \begin{bmatrix} 1 & \bar{l} & \frac{\bar{l}^2}{2EI} & \frac{\bar{l}^3}{6EI} \\ 0 & 1 & \frac{\bar{l}}{EI} & \frac{\bar{l}^2}{2EI} \\ 0 & -\bar{I}_d\omega^2 & 1-\bar{I}_d\omega^2\frac{\bar{l}}{EI} & \bar{l}-\bar{I}_d\omega^2\frac{\bar{l}^2}{2EI} \\ \bar{m}\omega^2-\bar{k} & (\bar{m}\omega^2-\bar{k})\bar{l} & (\bar{m}\omega^2-\bar{k})\frac{\bar{l}^2}{2EI} & 1+(\bar{m}\omega^2-\bar{k})\frac{\bar{l}^3}{6EI} \end{bmatrix}_i \begin{bmatrix} -\bar{v} \\ \bar{\psi} \\ \bar{M} \\ \bar{V} \end{bmatrix}_{i-1} \quad (3)$$

식(3)은 식(14.1)에 대해서 모두 변수 위에 - 를 일률적으로 붙인 것과 완전히 같다.

14.4 전달행렬과 강성행렬의 관계

전달행렬은 지금까지 설명하였듯이 어느 점의 상태량으로부터 다른 점의 상태량을 유도하는 관계식을 제공한다. 따라서 직선구성의 분포정수계 구조물에서는 계의 미분방정식을 적분하는 것에 의해 전달행렬을 유도할 수 있다. 이 방법의 최대결점은 범용성이 결여되어 있다는 것으로, 단일 회전체(mono-rotor)로 구성된 축계와 같이 직선구성 이외의 구조물에는 적용하기가 곤란하다.

여기서 전달행렬과 제 3편의 유한요소법에서 유도한 강성행렬의 상호관계를 명확히 하도록 한다. 먼저 전달행렬과 강성행렬을 관계지을 때 가장 곤란한 것이 부호의 정의이다. 전달행렬법은 각 절점에서 인접하는 요소의 내력이 서로 상쇄되도록 결정된다. 따라서 예로 그림 12.2-1에 나타내듯이 힘의 방향은 요소의 양의 면과 음의 면에서는 역으로 된다. 이 부호정의를 그림 14.3(a)에 나타낸다. 이에 대해 유한요소모델에서의 강성행렬에서 취급하는 부호정의는 모든 좌표축과 일치한다. 즉, 요소의 양이나 음의 어느 면에서도 좌표축의 양의 방향과 일치한 변위 및 힘을 양으로 한다. 따라서 양자의 부호정의에서는 요소력의 음의 면에서의 부호정의가 반대로 된다. 강성행렬에 이용되는 부호정의를 그림 14.3의 (b)에 나타낸다.

예제 14.1의 식(1)과 같은 전달행렬을 강성행렬로 변환하는 것을 고려하여 보자.
이를 단순화하여 표현하면

$$z_i = \begin{Bmatrix} d \\ f \\ 1 \end{Bmatrix}_i = \begin{bmatrix} T_{dd} & T_{df} & d_0 \\ T_{fd} & T_{ff} & p_0 \\ 0 & 0 & 1 \end{bmatrix}_i \begin{Bmatrix} d \\ f \\ 1 \end{Bmatrix}_{i-1} \tag{14.4}$$

여기서 축 요소의 양단을 $i-1$, i로 하고 그림 14.3(a)의 부호정의에 따르고 있다. 이 식은 다음과 같이 전개할 수 있다.

$$d_i = T_{dd}\, d_{i-1} + T_{df}\, f_{i-1} + d_0 \tag{14.5}$$

$$f_i = T_{fd}\, d_{i-1} + T_{ff}\, f_{i-1} + p_0 \tag{14.6}$$

식(14.5)으로부터 f_{i-1}을 구하고, 이를 식(14.6)에 대입한다. 즉

$$f_{i-1} = -T_{df}^{-1} T_{dd}\, d_{i-1} + T_{df}^{-1} d_i - T_{df}^{-1} d_0 \tag{14.7}$$

$$f_i = (T_{fd} - T_{ff} T_{df}^{-1} T_{dd})\, d_{i-1} + T_{ff} T_{df}^{-1} d_i + (p_0 - T_{ff} T_{df}^{-1} d_0) \tag{14.8}$$

이 식들을 정리하면, 다음의 강성행렬을 얻을 수 있다. 단, 강성행렬의 경우는 부호정의가 전달행렬의 경우와 달리 그림 14.3(b)에 따르므로, 제 1열의 부호가 반전된다.

$$\begin{aligned} \begin{Bmatrix} f_{i-1} \\ f_i \end{Bmatrix} &= \begin{bmatrix} T_{df}^{-1} T_{dd} & -T_{df}^{-1} \\ T_{fd} - T_{ff} T_{df}^{-1} T_{dd} & T_{ff} T_{df}^{-1} \end{bmatrix} \begin{Bmatrix} d_{i-1} \\ d_i \end{Bmatrix} + \begin{Bmatrix} T_{df}^{-1} d_0 \\ p_0 - T_{ff} T_{df}^{-1} d_0 \end{Bmatrix} \\ &= K^i d^i + F^i \end{aligned} \tag{14.9}$$

여기서 첨자 i는 축 요소의 번호를 나타낸다.

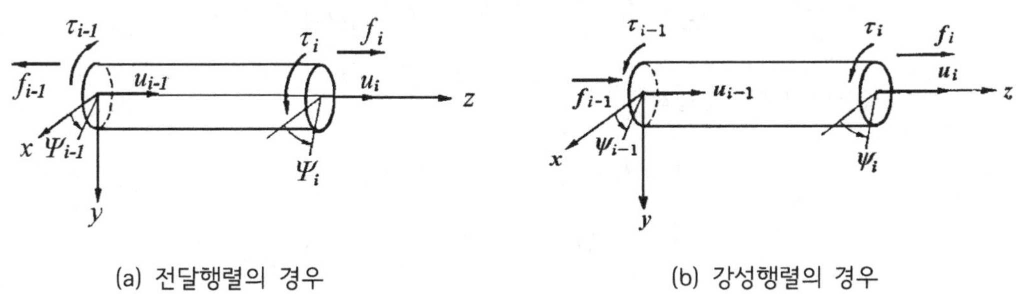

그림 14.3 / 부호정의 (그림에서 부호의 양의 방향을 화살표로 표시한다)

14.5 진동수방정식의 해법

식(12.26)을 각각 비감쇠계와 감쇠계로 나누어 나타내면

$$\text{비감쇠계: } |T| \equiv \Delta(\omega) = 0$$

$$\text{감쇠계: } |T| \equiv \Delta(\lambda) = 0 \tag{14.10}$$

와 같이 표현된다. 여기서 ω는 비감쇠 고유진동수, λ는 특성근 (복소수)이다.

14.5.1 진동수방정식이 대수식으로 주어진 경우

$|T|$가 ω나 λ의 대수식으로 주어질 때에는 식(14.10)을 푸는 것은 그 대수방정식의 근을 구하는 문제로 귀착된다.

예제 14.3

지지스프링을 가진 편지지 축의 고유진동수

그림 14.1의 편지지 축에 대한 고유진동수를 구하시오.

표 14.1의 결과에 경계조건 $v_0 = \psi_0 = 0$, $M_3 = V_3 = 0$을 적용하면

$$\left(1 - I_d\omega^2 \frac{l}{EI}\right)M_0 + \left(l - I_d\omega^2 \frac{l^2}{2EI}\right)V_0 = 0 \tag{1}$$

$$(m\omega^2 - k)\frac{l^2}{2EI}M_0 + \left\{1 + (m\omega^2 - k)\frac{l^3}{6EI}\right\}V_0 = 0 \tag{2}$$

로 되기 때문에 진동수방정식

$$\Delta(\omega) = \begin{vmatrix} 1 - I_d\omega^2 \dfrac{l}{EI} & l - I_d\omega^2 \dfrac{l^2}{2EI} \\ (m\omega^2 - k)\dfrac{l^2}{2EI} & 1 + (m\omega^2 - k)\dfrac{l^3}{6EI} \end{vmatrix} = 0 \tag{3}$$

이 얻어진다. 이것을 전개하면

$$\Delta(\omega) = \frac{1}{12}\left(\frac{l^2}{EI}\right) m I_d \omega^4 - \left\{\frac{ml^3}{3EI} + I_d\frac{l}{EI} + \frac{kI_d}{12}\left(\frac{l^2}{EI}\right)^2\right\}\omega^2 + 1 + \frac{l^3 k}{3EI} = 0 \quad (4)$$

로 된다. 이것은 ω^2에 대한 2차 방정식이기 때문에 간단히 풀 수 있다. 여기서

$$\frac{3EI}{ml^3} = a_0^2, \quad \frac{k}{m} = a_1^2, \quad \frac{EI}{I_d l} = a_2^2$$

로 두고, 위 식을 다시 쓰면

$$\omega^4 - (4a_0 + a_1^2 + 4a_2^2)\omega^2 + 4a_2^2(a_0^2 + a_1^2) = 0 \quad (5)$$

을 얻는다. 이것을 풀면 고유진동수는

$$\omega_{1,2}^2 = \frac{1}{2}\left[(4a_0^2 + a_1^2 + 4a_2^2) \mp \sqrt{(4a_0^2 + a_1^2 + 4a_2^2)^2 - 16a_2^2(a_0^2 + a_1^2)}\right] \quad (6)$$

로 된다.

예제 14.4

지지스프링과 감쇠기를 가진 편지지 축의 특성근

그림 14.1의 편지지 축에 있어서 스프링과 나란히 감쇠기를 설치한 경우의 특성방정식을 유도하시오.

고유진동수 ω 대신에 특성근 λ로 표시한 전달행렬을 이용하여 표 14.1과 완전히 같은 방법으로 계산을 수행하고, 또한 경계조건을 이용하면 다음의 특성방정식이 구해진다.

$$\Delta(\lambda) = \begin{vmatrix} 1 + I_d\lambda^2\frac{l}{EI} & l + I_d\lambda^2\frac{l^2}{2EI} \\ -(m\lambda^2 + c\lambda + k)\frac{l^2}{2EI} & 1 - (m\lambda^2 + c\lambda + k)\frac{l^3}{6EI} \end{vmatrix} = 0 \quad (1)$$

식(1)은 예제 14.3의 진동수방정식 (4)에 대해서

$$\omega \to -j\lambda, \qquad k \to c\lambda + k \quad (2)$$

로 변환한 것과 같다. 식(1)을 전개하면

$$\Delta(\lambda) = \frac{1}{12}\, mI_d\left(\frac{l^2}{EI}\right)^2\lambda^4 + \frac{1}{12}\, cI_d\left(\frac{l^2}{EI}\right)^2\lambda^3 + \left\{\frac{m\,l^3}{3\,EI} + \frac{I_d l}{EI}\right.$$

$$\left. + \frac{1}{2}\, kI_d\left(\frac{l^2}{EI}\right)^2\right\}\lambda^2 + \frac{cl^3}{3\,EI}\lambda + \left(1 + \frac{kl^3}{3\,EI}\right) = 0 \tag{3}$$

로 된다. 이 식은 λ에 대한 4차 식이기 때문에 일반적으로는 풀 수 없지만, 고차 대수 방정식의 해법에 의해 수치적인 해를 구하는 것이 가능하다.

14.5.2 진동수방정식이 수치적으로 주어진 경우

진동수방정식 혹은 특성방정식으로 되는 $|T|$가 3행 3열 보다도 큰 행렬식으로 되고, 분할요소수가 커서 ω나 λ의 차수가 높게 되는 경우에는 $|T|$를 대수식으로 표시하는 일은 쉽지 않다. 또한 컴퓨터를 이용하는 경우에는 행렬의 연산에 있어서 ω나 λ를 미지변수 그대로 남겨두고 계산하는 것도 불가능하다. 이와 같은 경우에는 수치계산으로 고유진동수 ω나 특성근 λ를 구하지 않으면 안 된다.

1) 고유진동수 ω

진동수 ω를 적당히 가정하고 각 분할요소 및 계 전체의 전달행렬을 계산하여 $\Delta(\omega)$의 값을 구한다. 이 순서를 반복하는 것에 의해 $\Delta(\omega)=0$로 되는 ω를 그림 14.4와 같은 곡선을 그려서 구한다. $\Delta(\omega)=0$으로 되는 ω를 구하는 방법으로는 2분법 (bisection method) 등이 효과가 있다. 2분법은 함수 $\Delta(\omega)$의 형태를 잘 모르더라도 사용되는 방법이다. 먼저 ω_1 및 ω_2에서의 함수값 $\Delta(\omega_1)$와 $\Delta(\omega_2)$를 각각 구하여 양자의 부호를 비교한다. 만약 같은 부호라면, ω_2에 어느 증분을 더한 것을 새로운 ω_2로 해서 같은 방법을 행한다. $\Delta(\omega_1)\times\Delta(\omega_2)$가 음이면, ω_1과 ω_2의 중점 ω_3을 잡고 $\Delta(\omega_3)$와 $\Delta(\omega_1)$의 부호를 비교하고, 다른 부호라면 ω_1과 ω_3의 중점을, 같은 부호라면 ω_2와 ω_3의 중심을 잡고, 희망하는 정도가 얻어질 때까지 이 순서를 반복한다(그림 14.5 참조).

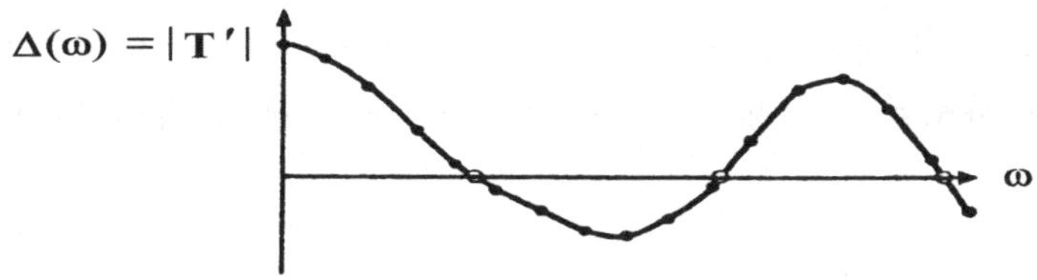

그림 14.4 / ω와 Δ(ω)의 관계

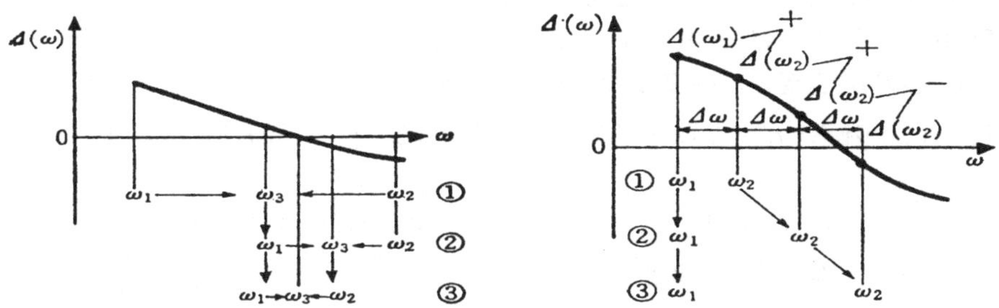

(a) 근 존재의 판정 (b) 근을 구하는 방법

그림 14.5 / 2분법에 의한 고유진동수를 구하는 방법

2) 특성근 λ

이 경우는 λ와 특성방정식 $|T| = \Delta(\lambda)$가 모두 복소수이기 때문에, 부호판정에 기초를 둔 2분법은 더 이상 사용할 수 없다. 하나의 가능한 방법으로 Newton법의 응용이 있다.

$\Delta(\lambda) = 0$의 근사해는

$$\lambda^{(k+1)} = \lambda^{(k)} - \frac{\Delta(\lambda^{(k)})}{\Delta'(\lambda^{(k)})}, \quad (k = 1,\ 2, \cdots) \tag{14.11}$$

으로 주어진다. 여기서

$$\Delta'(\lambda) = \frac{d\Delta(\lambda)}{d\lambda} = \frac{\partial \Delta_r}{\partial \lambda_r} + j\frac{\partial \Delta_i}{\partial \lambda_r}, \ \Delta(\lambda) = \Delta_r(\lambda) + j\Delta_i(\lambda), \ \lambda = \lambda_r + j\lambda_i$$

이고, 실제로는 이들 값들은 수치적분에 의해 주어지는 것으로 한다. $\lambda^{(k)}$는 λ의 k차의 근사치이고, 식(14.11)에 의해 k의 차수를 높여 가면 희망하는 계산정도의 근을 구하는 것이 가능하다. 이 방법에서는 λ의 제 1근사 $\lambda^{(1)}$를 어떻게 제공할까가 문제로 된다. 몇 차의 고유치에 수렴하는 가는 초기치의 설정에 달려있기 때문에 어떠한 다른 방법으로 근사해를 추정해 두고, 이것을 제 1근사해로 하면 된다.

예제 14.5

단순 지지 일정단면 축의 고유진동수 계산

양단이 단순 지지된 길이 1m, 직경 0.1m인 일정단면축의 요소분할 수에 따른 고유진동수의 변화를 엄밀한 고유진동수 값과 비교하시오.

단, Young계수 $E = 208.64\ \mathrm{GN/m^2}$, 질량밀도 $\rho = 7757\ \mathrm{kg/m^3}$이다.

축 요소를 등분할 하면 각 요소의 길이는 동일하고, 이 부분은 동일한 장 전달행렬 $\boldsymbol{F}_i$ 로 표시된다. 즉, 전달방정식은

$$\boldsymbol{z}_n = \boldsymbol{F}_n \cdot \boldsymbol{F}_{n-1} \cdots \boldsymbol{F}_2 \cdot \boldsymbol{F}_1 \boldsymbol{z}_0 = \boldsymbol{T}\boldsymbol{z}_0 \tag{1}$$

로 된다. 여기서 n은 요소 수이다.

계 전체의 전달행렬 T는 각 요소전달행렬을 식(1)과 같이 역순으로 계속 행렬 곱 계산을 기계적으로 반복하면 얻어진다. 좌, 우단이 단순지지조건이므로, 표 14.1의 결과에 경계조건

$$v_0 = v_n = 0\ ,\ \ M_1 = M_n = 0 \tag{2}$$

를 적용하면, 다음과 같이 된다.

$$\begin{bmatrix} 0 \\ \Psi \\ 0 \\ V \end{bmatrix}_n = \begin{bmatrix} t_{11} & t_{12} & t_{13} & t_{14} \\ t_{21} & t_{22} & t_{23} & t_{24} \\ t_{31} & t_{32} & t_{33} & t_{34} \\ t_{41} & t_{42} & t_{43} & t_{44} \end{bmatrix} \begin{bmatrix} 0 \\ \Psi \\ 0 \\ V \end{bmatrix}_0 \tag{3}$$

따라서 식(3)으로부터 진동수방정식

$$\Delta(\omega) = \begin{vmatrix} t_{12} & t_{14} \\ t_{32} & t_{34} \end{vmatrix} = t_{12}\, t_{34} - t_{14}\, t_{32} = 0 \tag{4}$$

가 얻어진다. 그러므로 전체행렬의 요소 값을 이용하여 식(4)를 구성하고 앞 절에서 설명한 2분법 등을 이용하여 반복계산을 통하여 고유진동수를 구한다.

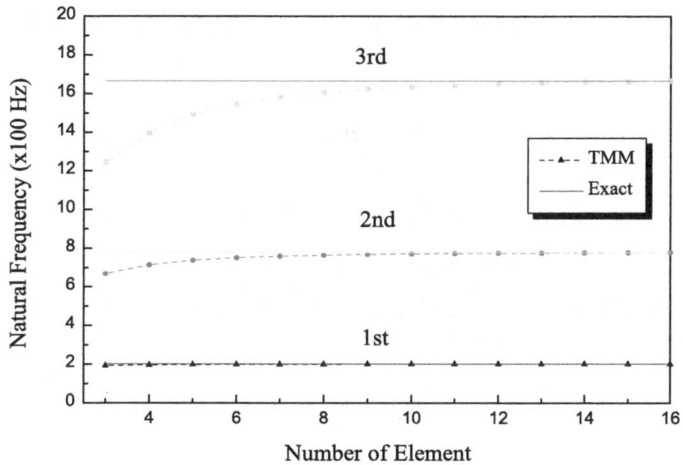

그림 14.5-1 / 요소 분할수의 효과

그림 14.5-1은 요소 수를 3개에서 16개까지 변화시켰을 때의 3차 모드까지의 고유진동수(TMM)를 엄밀해(Exact)와 함께 나타내었다. 그림에서 알 수 있듯이 요소 수가 증가할수록, 즉 요소를 작게 세분화할수록 엄밀한 고유진동수에 접근하여간다. 이 특성은 고차모드로 갈수록 엄밀해에 접근하는 데에 보다 많은 요소 수가 필요한 것을 나타내고, 전달행렬법은 엄밀해보다 고유진동수를 낮게 평가하는 것을 알 수 있다. 이는 기본적으로 질량특성을 각 요소 좌, 우단의 절점에 집중질량(lumped mass)으로 근사화 함으로서 관성특성을 과대 평가하기 때문이다. 이러한 성질은 요소 수를 증가할수록 평준화되고 과대평가에 따른 오차를 감소시킨다. 따라서 실제 복잡한 회전축계를 해석할 경우, 해석하고자하는 고차모드까지의 엄밀해에 수렴하는 최소요소 수를 경험적으로 파악하여 분할요소 수를 결정하여야 한다.

예제 14.6

탄성 지지 일정단면 축의 고유진동수 계산

예제 14.5의 모델에서 양단이 스프링으로 탄성 지지될 때, 지지강성 k가 $10^3 \sim 10^{12}$ N/m까지 변화할 때의 고유진동수를 계산하시오.

스프링요소에 대한 점 전달행렬을 P_i, 축 요소의 장 전달행렬을 F_i라 하면, 전달방정식은

$$z_n = P_2 \cdot F_n \cdot F_{n-1} \cdots F_2 \cdot F_1 \cdot P_1 z_0 = T z_0 \tag{1}$$

로 표시된다. 여기서 P_1과 P_2는 각각 좌단과 우단에 설치된 스프링요소의 점 전달행렬이다. 따라서 계 전체의 전달행렬 T는 순서대로 행렬 곱 연산을 수행하면 쉽게 얻어진다. 경계조건은 좌단 스프링요소의 좌측과 우단 스프링요소의 우측이 자유(free)라고 하면

$$M_0 = M_n = V_0 = V_n = 0 \tag{2}$$

가 되고, 이를 식(1)에 대입하면

$$\begin{bmatrix} -V \\ \Psi \\ 0 \\ 0 \end{bmatrix}_n = \begin{bmatrix} t_{11} & t_{12} & t_{13} & t_{14} \\ t_{21} & t_{22} & t_{23} & t_{24} \\ t_{31} & t_{32} & t_{33} & t_{34} \\ t_{41} & t_{42} & t_{43} & t_{44} \end{bmatrix} \begin{bmatrix} -V \\ \Psi \\ 0 \\ 0 \end{bmatrix}_0 \tag{3}$$

의 관계로부터 진동수방정식은

$$\Delta(\omega) = \begin{vmatrix} t_{31} & t_{32} \\ t_{41} & t_{42} \end{vmatrix} = t_{31}t_{42} - t_{32}t_{41} = 0 \tag{4}$$

가 얻어진다. 따라서 앞의 예제와 같이 식(4)를 반복 수렴계산을 수행하면, 고유진동수가 계산된다.

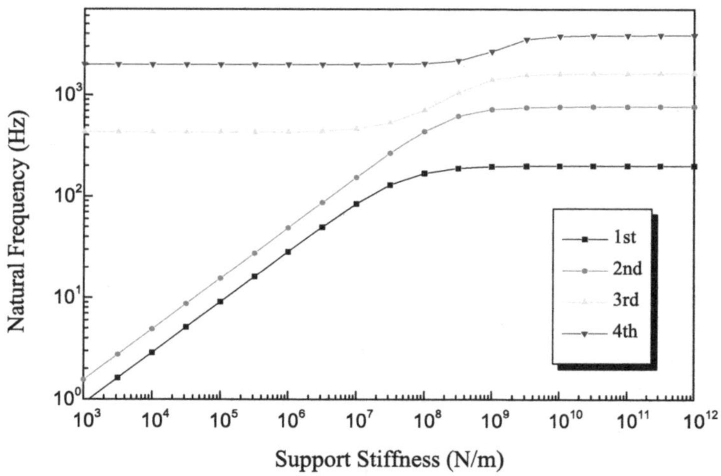

그림 14.6-1 / 지지 강성에 따른 고유진동수의 변화

그림 14.6-1은 지지 강성을 10^3에서 10^{12} N/m까지 변화하였을 때의 4차 고유진동수까지의 계산결과를 나타낸다. 1차 및 2차 고유진동수는 지지강성의 증가와 함께 거의 선형적으로 급격히 증가한 후에 점차 일정한 값, 즉 양단 단순지지시의 고유진동수에 포화하고 있다. 3차 및 4차 고유진동수는 약 10^7 N/m까지 거의 변화를 보이지 않으나, 이 후 약간 증가하여 역시 양단단순지지 조건의 고유진동수에 수렴하는 특성을 보이고 있다. 그림에서 알 수 있듯이 지지강성이 10^{10} N/m이상에서는 거의 변화가 없고 단순지지 조건의 경우와 거의 같은 고유진동수를 나타내고 있다.

일반적으로 축 강성 k_r과 지지 강성 k_s의 비인 강성비 k_s/k_r가 일반적으로 10이상의 경우, 강 지지(rigid support)조건으로 고려하는 것은 이 때문이다.

참고로 이 모델의 경우, 축 강성 $k_r = 48\,EI/l^3$이고, 예제 14.5의 데이터를 이용하여 계산하면 $k_r = 4.9\times10^7$ N/m가 된다. 따라서 지지강성 k_s가 약 5×10^8 N/m 이상의 경우는 강 지지조건으로 고려하여 고유진동수를 계산하여도 큰 오차는 없다.

그림 14.6-2는 지지강성이 각각 매우 유연한 조건인 10^3 N/m와 강 지지조건의 영역인 10^9 N/m일 때의 1차에서 4차까지의 고유진동 모드형상(mode shape)을 비교한 것이다. 유연 지지(flexible support) 조건인 $k_s = 10^3$ N/m의 경우, 1차와 2차 모드는 강체 모드(rigid mode)인 평행모드(parallel mode)와 원추모드(conical mode)가 각각 1차와 2차 모드에서 나타나고, 3차 모드가 탄성 1차 모드가 된다. 즉, 1차와 2차 모드는 축의 변형은 없고 동위상(1차 모드)과 역위상(2차 모드)의 강체 운동을 하게 된다.

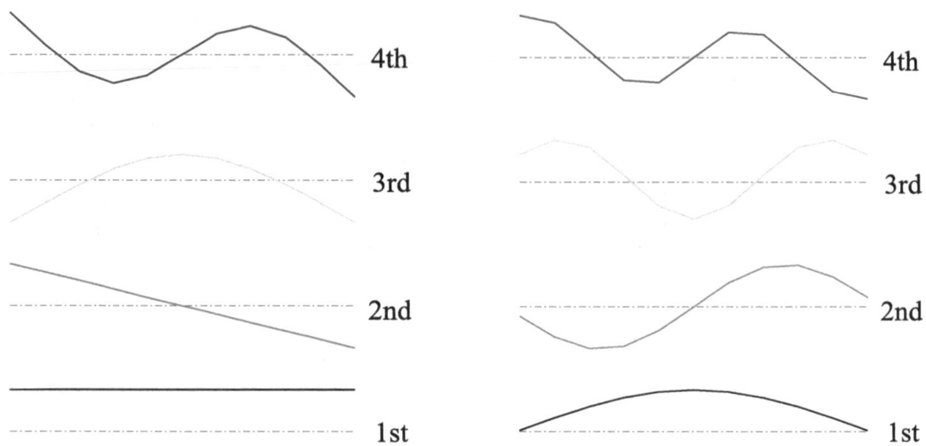

(a) $k_s = 10^3$ N/m (b) $k_s = 10^9$ N/m

그림 14.6-2 / 고유진동모드

그림 (b)의 $k_s = 10^9$ N/m 의 경우는 축 강성에 비해 지지강성이 큰 경우로 강 지지(rigid support) 조건에 대응한다. 전형적인 축의 탄성모드를 나타내고 있다. 즉, 지지조건에 따라 진동형태가 크게 변화하는 것을 알 수 있다.

예제 14.7

회전관성과 전단변형 효과의 영향

양단 단순 지지된 길이 1m, 직경 0.1m인 일정단면축의 고유진동수를 Euler-Bernoulli, Rayleigh 및 Timoshenko 모델을 이용하여 계산하고 이들 결과를 비교하시오. 단, Poisson비 $\nu = 0.3$, 전단계수 $\kappa = 0.9$, Young계수 $E = 208.64$ GN/m^2, 밀도 $\rho = 7,757$ kg/m^{3}이다.

표 14.7-1은 4차 모드까지의 고유진동수를 3가지 방법으로 계산한 결과를 나타낸다. 회전관성과 전단변형효과를 무시한 Euler-Bernoulli 모델의 경우와 비교하여 회전관성만을 고려한 Raylegh 모델의 경우가 회전관성효과에 의해 고유진동수가 모든 모드에서 약간 감소하는 경향을 보이고 있다. 전단변형효과와 회전관성을 모두 고려한 Timoshenko

모델의 경우는 전단변형의 고려에 의해 고유진동수가 고차모드로 갈수록 크게 감소하는 경향을 보이고 있다. 이 효과는 세장비(slenderness ratio)가 증가할수록 크게 된다. 여기서 세장비는 축 요소 단면의 반경 r과 축의 길이 L의 비인 r/L로 정의된다.

표 14.7-1 / 고유진동수의 비교

모드	고유진동수 (Hz)		
	Euler-Bernoulli 모델	Rayleigh 모델	Timoshenko 모델
1st	201.84	201.22	201.27
2nd	807.35	797.57	778.74
3rd	1816.5	1768.1	1667.3
4th	3229.4	3080.9	2791.0

15

회전축계의 전달행렬

여기에서는 회전축계의 진동해석을 수행하기 위해, 회전축계를 회전체(rotor) 본체요소, 베어링요소, 베어링 지지요소, 커플링 요소, 외력 요소 등으로 나누어 모델링을 수행하고, 각 요소의 전달행렬을 유도한다. 그리고 고유치 해석과 강제진동응답에 대한 해석방법을 나타내고, 계산 예를 들어 설명한다.

15.1 좌표계 및 요소 분할

좌표축은 x축을 수평방향, y축을 수직방향, z축을 회전체의 축 중심선과 일치하도록 취한다. 또 정적 상태에서는 축의 변형은 없는 것으로 한다. 따라서 xy 좌표계의 원점은 저널 중심의 정적 평형위치와 일치한다.

회전체는 그림 15.1과 같이 전달행렬법에서는 일정단면의 축 요소로 연결된 변단면 축계로 하여 등가인 이산형 집중질량모델(lumped mass model)로 치환된다. 분할점(절점)은 원판, 터빈 블레이드 등의 집중질량이 있는 점, 베어링 위치, 축 직경이 변화하는 점, 회전체의 양단 및 외력이 작용하는 점을 선택한다. 각 구간에서 질량, 횡관성 및 극관성모멘트, 단면 2차모멘트 등이 주어진다.

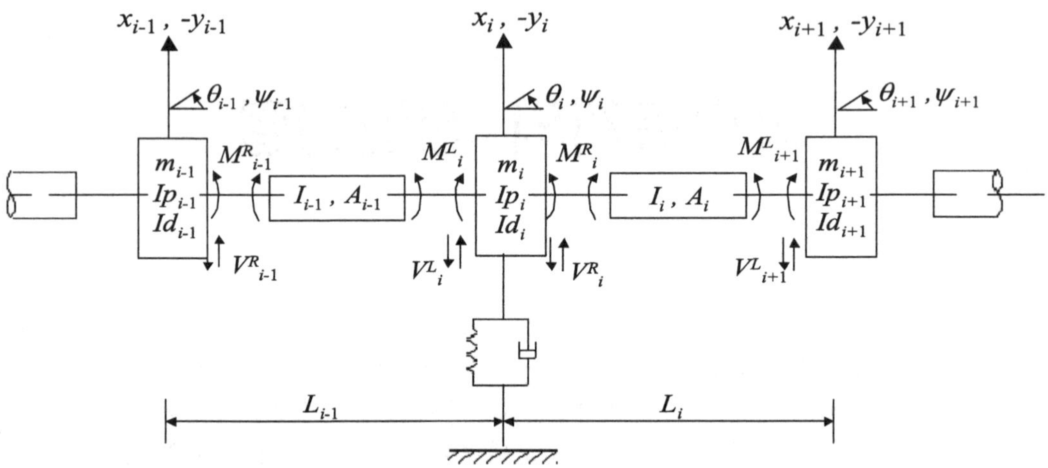

그림 15.1 / 회전체의 분할과 요소

축의 질량 밀도가 일정하다면, 분포질량을 등가인 집중질량화 할 수 있다. 즉, 한 요소의 질량을 그 요소의 양단 절점에 각각 등분되어 양끝에 작용하는 것으로 한다. 이 경우 질량행렬은 대각행렬이 된다. 극관성모멘트를 무시할 수 있는 직경이 작은 축은 축 질량이 없는 탄성축으로 치환한다. 터빈 블레이드와 같이 극관성모멘트를 무시할 수 없는 경우는 원판으로 모델링하여 질량, 횡관성 및 극관성모멘트를 고려한다. 베어링에서 작용하는 힘은 그 요소의 중앙에 집중하여 작용하는 것으로 한다.

굽힘 진동(bending vibration)에 대한 상태변수, 즉 상태량벡터로는 수평 및 수직방향의 변위 x, y, 각변위 ψ, Θ, 굽힘모멘트 M_y, M_x 및 전단력 V_x, V_y이다.

15.2 회전체 본체의 전달행렬

먼저 자유진동을 고려하면, 진동의 해를

$$x = \mathrm{Re}[\,Xe^{\lambda t}],\quad y = \mathrm{Re}[\,Ye^{\lambda t}] \tag{15.1}$$

와 같이 가정한다. 여기서 상태량 X, Y 및 고유치 λ는 모두 복소수이다. 또 각 절점에서의 상태량은 x, y축 방향의 각각에 대해 변위, 각변위, 굽힘모멘트, 전단력의 8개로 이루어진다. 따라서 상태량벡터 z는

$$z^T = \{x,\ \psi,\ M_y,\ -V_x,\ -y,\ \Theta,\ M_x,\ V_y\}$$

로 되고, 전달행렬은 8×8의 행렬로 된다. 여기서는 회전체 본체를 질량이 없는 탄성축과 집중질량으로 치환하고, 임펠러, 터빈 블레이드 등의 관성모멘트가 큰 절점에 대해서는 원판요소로 고려한다. 이하에 각 요소의 전달행렬의 유도과정을 설명한다.

15.2.1 탄성축 요소

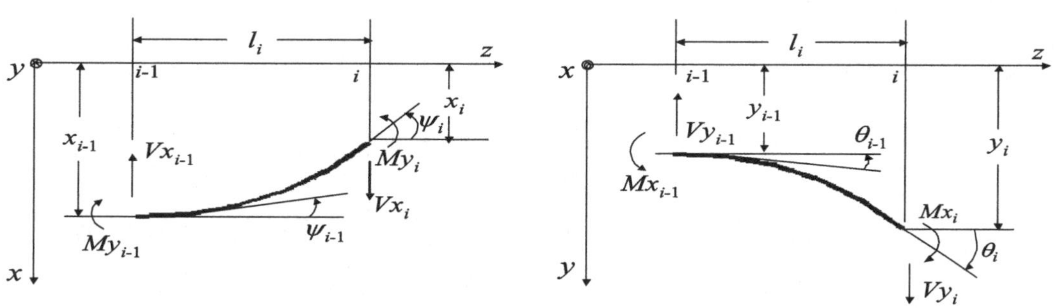

(a) xz 평면 (b) yz 평면

그림 15.2 / 질량을 무시한 탄성축의 힘과 변위

그림 15.2는 $i-1$과 i번째 절점 사이의 탄성축 요소 i의 힘과 변위의 관계 및 좌표계를 나타낸다. xz 평면의 경우, 힘과 모멘트의 평형에 의해

$$V_{xi}^{L} - V_{xi-1}^{R} = 0, \qquad M_{yi}^{L} - M_{yi-1}^{R} - V_{xi}^{L} l_i = 0 \tag{15.2}$$

로 된다. 그림 15.3과 같이 굽힘모멘트 M_{yi}과 전단력 V_{xi}를 받는 굽힘 강성도(bending rigidity) EI인 내다지 축의 변위 x_i와 각변위 ψ_i의 관계식은 다음과 같이 주어진다.

$$x_i = -\frac{M_{yi} l_i^2}{2EI} - \frac{V_{xi} l_i^3}{3EI}, \quad \psi_i = \frac{M_{yi} l_i}{EI} - \frac{V_{xi} l_i^2}{2EI} \tag{15.3}$$

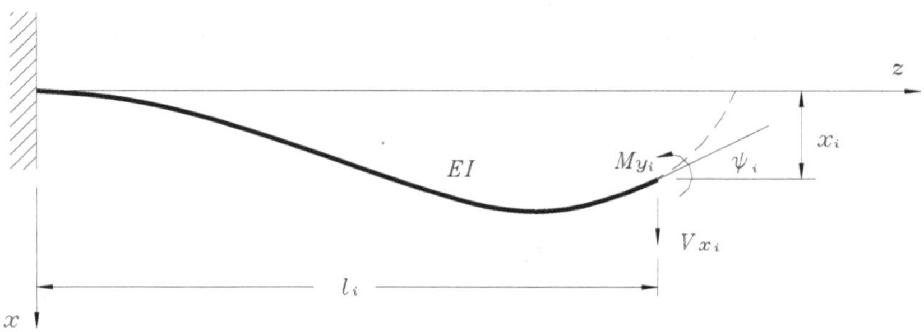

그림 15.3 / 전단력과 굽힘모멘트를 받는 내다지 축

식(15.2)를 식(15.3)에 대입하고 yz평면에 대해서도 확장하면, 탄성축 요소 i의 경우 다음의 관계식을 얻을 수 있다.

xz 평면의 경우:

$$\begin{aligned}
x_i &= x_{i-1} + \psi_{i-1} l_i && + M_{y_{i-1}} \frac{l_i^2}{2EI_i} && + \quad V_{x_{i-1}} \frac{l_i^3}{6EI_i} \\
\psi_i &= \psi_{i-1} && + M_{y_{i-1}} \frac{l_i}{EI_i} && + \quad V_{x_{i-1}} \frac{l_i^2}{2EI_i} \\
M_{yi} &= I_{di}\lambda^2 \psi_{i-1} + \Omega I_{pi} \lambda \Theta_{i-1} && + M_{y_{i-1}} && + \quad V_{x_{i-1}} l_i \\
-V_{xi} &= && && - \quad V_{x_{i-1}}
\end{aligned} \tag{15.4}$$

yz 평면의 경우:

$$\begin{aligned} -y_i &= -y_{i-1} + \Theta_{i-1} l_i + M_{x_{i-1}} \frac{l_i^2}{2EI_i} + V_{y_{i-1}} \frac{l_i^3}{6EI_i} \\ \Theta_i &= \Theta_{i-1} + M_{x_{i-1}} \frac{l_i}{EI_i} + V_{y_{i-1}} \frac{l_i^2}{6EI_i} \\ M_{xi} &= I_{di}\lambda^2 \Theta_{i-1} - \Omega I_{pi} \lambda \Psi_{i-1} + M_{x_{i-1}} + V_{y_{i-1}} l_i \\ V_{yi} &= + V_{y_{i-1}} \end{aligned} \tag{15.5}$$

여기서 I_d와 I_p는 각각 축 요소의 질량 횡관성모멘트 및 질량 극관성모멘트이고, Ω는 회전각속도이다. 이를 행렬로 나타내면, 요소 i의 좌, 우단의 상태량벡터 z^R_{i-1}과 z^L_i에 대한 다음의 전달방정식을 얻을 수 있다.

$$\begin{bmatrix} x \\ \psi \\ M_y \\ -V_x \\ \hline -y \\ \theta \\ M_x \\ V_y \end{bmatrix}^L_i = \left[\begin{array}{cccc|cccc} 1 & l & \frac{l^2}{2EI} & \frac{l^3}{6EI} - \frac{\kappa l}{GA} & 0 & 0 & 0 & 0 \\ 0 & 1 & \frac{l}{EI} & \frac{l^2}{2EI} & 0 & 0 & 0 & 0 \\ 0 & I_d\lambda^2 & 1 & l & 0 & \Omega I_p\lambda & 0 & 0 \\ 0 & 0 & 0 & 1 & 0 & 0 & 0 & 0 \\ \hline 0 & 0 & 0 & 0 & 1 & l & \frac{l^2}{2EI} & \frac{l^3}{6EI} - \frac{\kappa l}{GA} \\ 0 & 0 & 0 & 0 & 0 & 1 & \frac{l}{EI} & \frac{l^2}{2EI} \\ 0 & -\Omega I_p\lambda & 0 & 0 & 0 & I_d\lambda^2 & 1 & l \\ 0 & 0 & 0 & 0 & 0 & 0 & 0 & 1 \end{array}\right]_i \begin{bmatrix} x \\ \psi \\ M_y \\ -V_x \\ \hline -y \\ \theta \\ M_x \\ V_y \end{bmatrix}^R_{i-1}$$

간략히 쓰면

$$z^L_i = F_{si} \, z^R_{i-1} \tag{15.6}$$

여기서 F_{si}는 탄성축 요소 i의 8×8 장 전달행렬(field transfer matrix)이다. y와 V_x는 전달행렬의 모든 요소가 양이 되도록 음의 부호를 붙이고 있다.

15.2.2 집중질량요소

집중질량 m_i의 좌, 우측에서 변위, 각변위 및 굽힘모멘트는 연속이고, 그림 15.4와 같이 진동하는 질량은 관성력을 발생시켜 이 절점 좌우에서 전단력이 불연속이 된다. 따라서 다음의 관계를 얻을 수 있다.

xz 및 yz평면의 경우, 각각

$$x_i^R = x_i^L\,,\quad \Psi_i^R = \Psi_i^L\,,\quad M_{y_i}^R = M_{y_i}^L \tag{15.7}$$
$$y_i^R = y_i^L\,,\quad \Theta_i^R = \Theta_i^L\,,\quad M_{x_i}^R = M_{x_i}^L$$

질량 m_i에 가해지는 힘은 원심력 F_{c_i}이다. 원심력의 x, y축 방향성분은

$$F_{cxi} = m_i\lambda^2(x_i + e_i\cos\phi_i)$$
$$F_{cyi} = m_i\lambda^2(y_i + e_i\sin\phi_i)$$

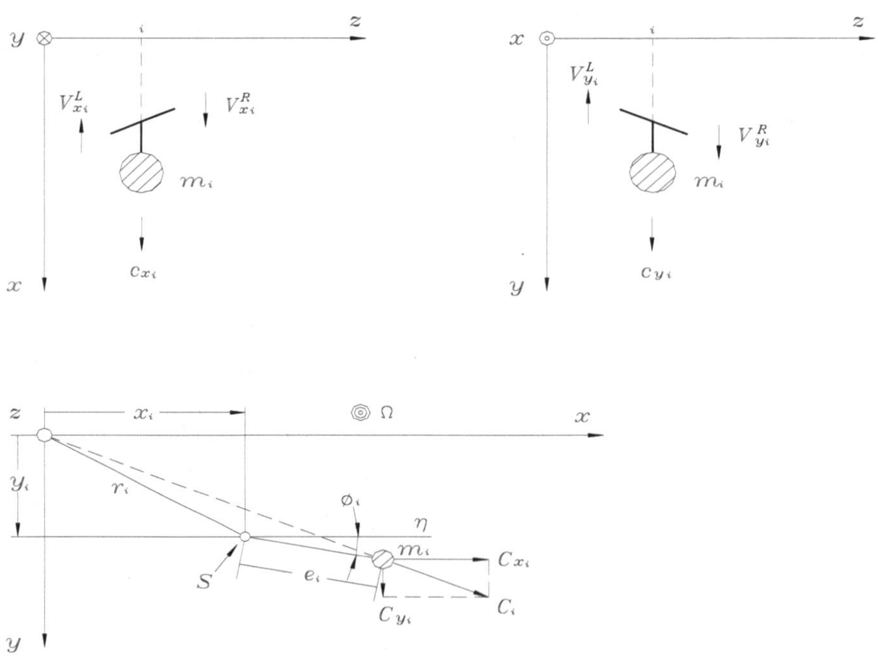

그림 15.4 / 집중질량 요소

이고, 따라서 평형조건(그림 15.4)으로부터 xz 및 yz평면의 경우는

$$-V^R_{xi} = -V^L_{xi} + F_{cxi} = -V^L_{xi} - m_i\lambda^2 x_i + m_i e_i \lambda^2 \cos\phi_i \tag{15.8}$$

$$V^R_{yi} = V^L_{yi} - F_{cyi} = V^L_{yi} + m_i\lambda^2 y_i - m_i e_i \lambda^2 \sin\phi_i \tag{15.9}$$

로 된다. 이들 식(15.8)과 (15.9)에서 2번째의 식은 불평형(unbalance) m_ie_i에 의한 가진력의 항을 포함하고 있다. 즉,

$$m_ie_i\lambda^2\cos\phi_i : \quad x \text{ 방향}, \quad -m_ie_i\lambda^2\sin\phi_i : \quad y \text{ 방향}$$

이들 항을 점 전달행렬에 수용하기 위해서는 열을 1개 증가시켜 확장행렬로 나타내어야 한다. 이 항은 불평형 외력 항으로, 뒤의 외력의 전달행렬에서 언급하기로 한다.

$$\begin{bmatrix} x \\ \psi \\ M_y \\ -V_x \\ \hline -y \\ \Theta \\ M_x \\ V_y \end{bmatrix}^R_i = \left[\begin{array}{cccc|cccc} 1 & 0 & 0 & 0 & 0 & 0 & 0 & 0 \\ 0 & 1 & 0 & 0 & 0 & 0 & 0 & 0 \\ 0 & 0 & 1 & 0 & 0 & 0 & 0 & 0 \\ -m\lambda^2 & 0 & 0 & 1 & 0 & 0 & 0 & 0 \\ \hline 0 & 0 & 0 & 0 & 1 & 0 & 0 & 0 \\ 0 & 0 & 0 & 0 & 0 & 1 & 0 & 0 \\ 0 & 0 & 0 & 0 & 0 & 0 & 1 & 0 \\ 0 & 0 & 0 & 0 & -m\lambda^2 & 0 & 0 & 1 \end{array}\right]_i \begin{bmatrix} x \\ \psi \\ M_y \\ -V_x \\ \hline -y \\ \Theta \\ M_x \\ V_y \end{bmatrix}^L_i$$

또는

$$z^R_i = P_{mi}\, z^L_i \tag{15.10}$$

여기서 P_{mi}는 집중질량요소 m_i의 점 전달행렬(point transfer matrix)을 나타낸다.

15.2.3 원판 요소

그림 15.5로부터 변위와 각변위는 원판 요소의 좌, 우측에서 연속이고, 굽힘모멘트와 전단력은 불연속이 된다. 따라서 xz평면과 yz평면에 대해 다음 식이 얻어진다.

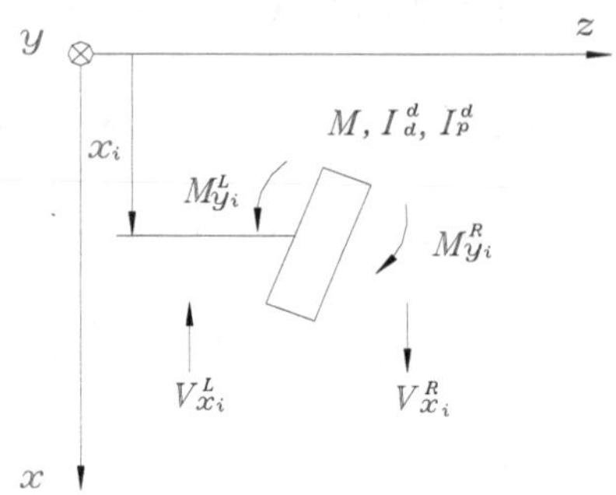

그림 15.5 / 원판 요소

xz평면의 경우:

$$\begin{aligned} x_i^R &= x_i^L \\ \psi_i^R &= \psi_i^L \\ M_{yi}^R - M_{yi}^L - I_{di}\lambda^2\psi_i^L - \Omega I_{pi}\lambda\Theta_i^L &= 0 \\ V_{xi}^R - V_{xi}^L - m_{di}\lambda^2 x_i^L &= 0 \end{aligned} \tag{15.11}$$

yz평면의 경우:

$$\begin{aligned} y_i^R &= y_i^L \\ \Theta_i^R &= \Theta_i^L \\ M_{xi}^R - M_{xi}^L - I_{di}\lambda^2\Theta_i^L + \Omega I_{pi}\lambda\psi_i^L &= 0 \\ V_{yi}^R - V_{yi}^L - m_{di}\lambda^2 y_i^L &= 0 \end{aligned} \tag{15.12}$$

여기서 m_d는 원판의 질량, I_d와 I_p는 원판의 관성모멘트 및 극관성모멘트이다. 식(15.11)과 (15.12)를 행렬형태로 표시하면, 다음 식과 같이 된다.

또는

$$z_i^R = P_{di} z_i^L \tag{15.13}$$

여기서 P_{di}는 원판요소 i의 점 전달행렬을 나타낸다.

$$\begin{bmatrix} x \\ \psi \\ M_y \\ -V_x \\ \hdashline -y \\ \theta \\ M_x \\ V_y \end{bmatrix}_i^R = \left[\begin{array}{cccc:cccc} 1 & 0 & 0 & 0 & 0 & 0 & 0 & 0 \\ 0 & 1 & 0 & 0 & 0 & 0 & 0 & 0 \\ 0 & I_d\lambda^2 & 1 & 0 & 0 & \Omega I_p\lambda & 0 & 0 \\ -m_d\lambda^2 & 0 & 0 & 1 & 0 & 0 & 0 & 0 \\ \hdashline 0 & 0 & 0 & 0 & 1 & 0 & 0 & 0 \\ 0 & 0 & 0 & 0 & 0 & 1 & 0 & 0 \\ 0 & -\Omega I_p\lambda & 0 & 0 & 0 & I_d\lambda^2 & 1 & 0 \\ 0 & 0 & 0 & 0 & -m_d\lambda^2 & 0 & 0 & 1 \end{array}\right]_i \begin{bmatrix} x \\ \psi \\ M_y \\ -V_x \\ \hdashline -y \\ \theta \\ M_x \\ V_y \end{bmatrix}_i^L$$

15.2.4 베어링 요소

실제 저널베어링으로 지지되는 경우, 베어링 유막 특성에 의해 발생되는 유막 반력을 선형화하여 변위 및 속도에 비례하는 항의 계수를 각각 강성계수 및 감쇠계수라 하면, xy 평면에서 이들은 다음의 8개의 계수로 나타내어진다.

$$k_{xx},\quad k_{yy},\quad k_{xy},\quad k_{yx},\quad c_{xx},\quad c_{yy},\quad c_{xy},\quad c_{yx}$$

또한 래버린스 실(labyrinth seal) 등의 비접촉 실 부분에서 발생하는 유체력도 위와 같이 8개의 계수로 나타낼 수가 있다.

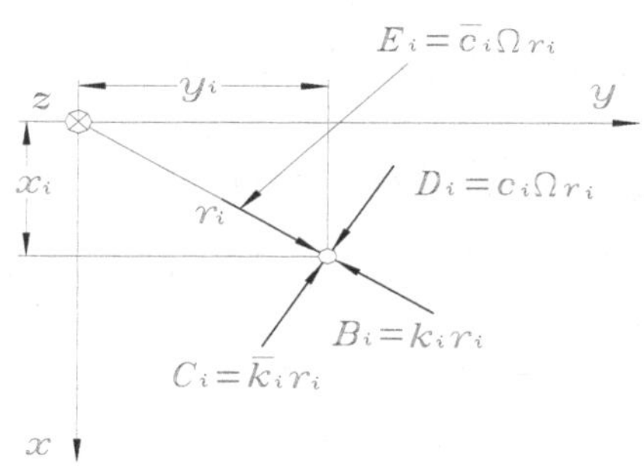

그림 15.6 / 베어링의 스프링과 감쇠작용

이상적인 등방성 베어링에 있어서 유막 스프링과 감쇠의 영향은 그림 15.6에 의해 표현된다.

베어링의 유막 반력을 강성 및 감쇠계수를 이용하여 나타내면 다음 식과 같이 된다.

$$\begin{bmatrix} F_x \\ F_y \end{bmatrix} = -\begin{bmatrix} k_{xx} & k_{xy} \\ k_{yx} & k_{yy} \end{bmatrix}\begin{bmatrix} x \\ y \end{bmatrix} - \begin{bmatrix} c_{xx} & c_{xy} \\ c_{yx} & c_{yy} \end{bmatrix}\begin{bmatrix} \dot{x} \\ \dot{y} \end{bmatrix} \tag{15.14}$$

여기서 x, y 및 $\dot{x}$, $\dot{y}$는 각각 x, y 방향의 베어링 절점에서 변위와 속도이다.

따라서 i^R점과 i^L점에서의 x축 방향에 대해 다음 식을 얻는다.

$$\begin{aligned} &x_i^R = x_i^L,\ \psi_i^R = \psi_i^L,\ M_{yi}^R = M_{yi}^L \\ &V_{xi}^R = V_{xi}^L + Z_{xx}x_i^L + Z_{xy}y_i^L \end{aligned} \tag{15.15}$$

여기서 $Z_{ij} = k_{ij} + \lambda c_{ij}\ (i,\ j = x,\ y)$ 이다.

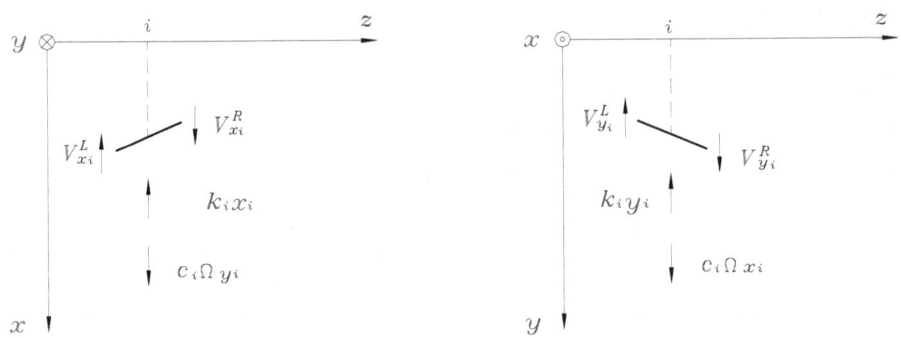

(a) xz 평면 (b) yz 평면

그림 15.7 / 베어링에 의해 회전축에 작용하는 힘

y축 방향의 경우도 동일하게 다음과 같이 된다.

$$\begin{aligned} &y_i^R = y_i^L,\ \theta_i^R = \theta_i^L,\ M_{xi}^R = M_{xi}^L \\ &V_{yi}^R = V_{yi}^L + Z_{yy}y_i^L + Z_{yx}\,x_i^L \end{aligned} \tag{15.16}$$

이와 같이 해서 다음과 같은 베어링 절점 좌우의 관계식을 얻을 수 있다.

$$\begin{bmatrix} x \\ \Psi \\ M_y \\ -V_x \\ \hdashline -y \\ \theta \\ M_x \\ V_y \end{bmatrix}_i^R = \left[\begin{array}{cccc:cccc} 1 & 0 & 0 & 0 & 0 & 0 & 0 & 0 \\ 0 & 1 & 0 & 0 & 0 & 0 & 0 & 0 \\ 0 & 0 & 1 & 0 & 0 & 0 & 0 & 0 \\ -Z_{xx} & 0 & 0 & 1 & Z_{xy} & 0 & 0 & 0 \\ \hdashline 0 & 0 & 0 & 0 & 1 & 0 & 0 & 0 \\ 0 & 0 & 0 & 0 & 0 & 1 & 0 & 0 \\ 0 & 0 & 0 & 0 & 0 & 0 & 1 & 0 \\ Z_{yx} & 0 & 0 & 0 & -Z_{yy} & 0 & 0 & 1 \end{array}\right]_i \begin{bmatrix} x \\ \Psi \\ M_y \\ -V_x \\ \hdashline -y \\ \theta \\ M_x \\ V_y \end{bmatrix}_i^L$$

또는

$$z_i^R = P_{bi}\, z_i^L \tag{15.17}$$

여기서 P_{bi}는 베어링 요소 i의 점 전달행렬을 나타내고, $Z_{ij}(i, j = x, y)$는 다음과 같이 정의된다.

$$Z_{xx} = k_{xx} + c_{xx}\lambda, \quad Z_{xy} = k_{xy} + c_{xy}\lambda$$
$$Z_{yx} = k_{yx} + c_{yx}\lambda, \quad Z_{yy} = k_{yy} + c_{yy}\lambda$$

15.3 베어링 지지대를 고려한 베어링계의 전달행렬

최근 회전기계가 대형화, 고속화함에 따라 베어링 지지구조계의 상대적인 강성저하나 고유진동수의 저하에 따라 베어링지지 특성이 회전축계 전체의 특성에 미치는 영향이 증대되고 있다. 또 회전축계의 장대화(長大化)는 위험속도의 저하를 초래하고 그 중에서도 사용회전수 부근의 고차모드에는 회전체 그 자체의 특성보다도 오히려 베어링계의 특성이 큰 영향을 미치므로, 베어링 유막의 동특성 뿐만 아니라 베어링지지계의 동특성 파악이 회전축계 전체의 특성을 파악하는 데에 중요한 역할을 점하도록 되고 있다. 따라서 여기에서는 베어링 지지계의 전달행렬을 유도하기 위해 그림 15.8의 베어링지지부의 모델을 이용하여 베어링부와 베어링 지지부를 종합하여 해석한다.

그림 15.8의 모델은 통상의 증기터빈·발전기와 같은 대형 회전기계 베어링지지대(pedestal)에 적합한 모델로서 공진점이 사용회전수 이하 또는 근방에 있는 경우에 적용될 수 있는 1 질점, 일정 스프링과 감쇠 모델이다.

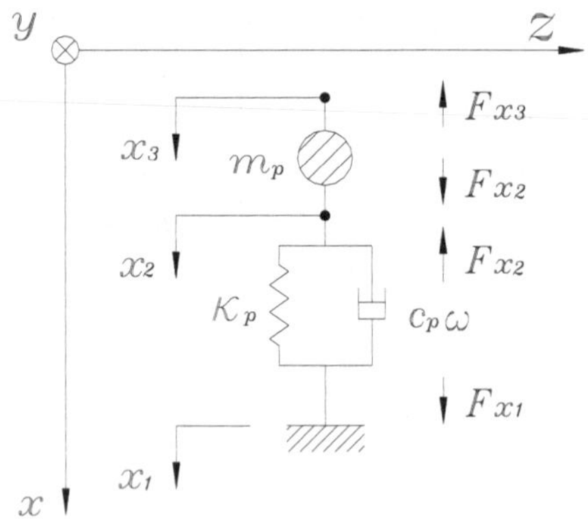

그림 15.8 / 베어링 지지부의 모델

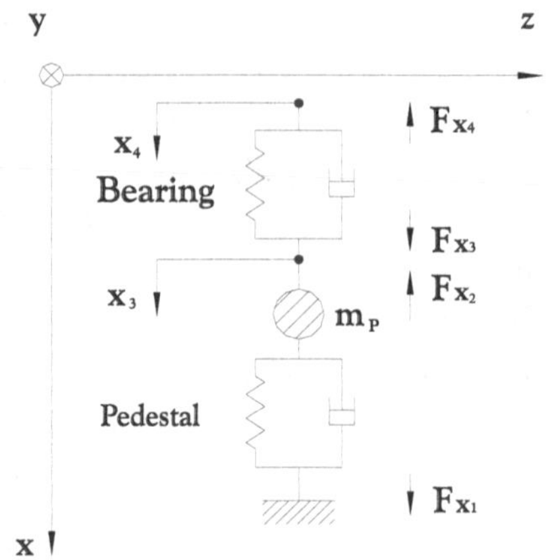

그림 15.9 / 탄성지지 베어링부의 모델

15.3.1 베어링부

좌표계를 그림 15.9와 같이 취하면, 베어링계의 상태량은 변위 x, y와 반력 F_x, F_y 이므로, 상태량벡터 z_b를 다음과 같이 정의한다.

$$z_b{}^T = \{x,\ y,\ F_x,\ F_y\} \tag{15.18}$$

x, y 방향에 대한 힘의 평형을 고려하면

$$\begin{aligned} F_{x4} = F_{x3} &= k_{xx}(x_3 - x_4) + c_{xx}(\dot{x}_3 - \dot{x}_4) - k_{xy}(y_3 - y_4) - c_{xy}(\dot{y}_3 - \dot{y}_4) \\ F_{y4} = F_{y3} &= -k_{yx}(x_3 - x_4) - c_{yx}(\dot{x}_3 - \dot{x}_4) + k_{yy}(y_3 - y_4) + c_{yy}(\dot{y}_3 - \dot{y}_4) \end{aligned} \tag{15.19}$$

식(15.19)를 풀면

$$\begin{aligned} x_4 &= x_3 - \frac{Z_{yy}}{A} F_{x3} - \frac{Z_{xy}}{A} F_{y3} \\ y_4 &= y_3 - \frac{Z_{yx}}{A} F_{x3} - \frac{Z_{xx}}{A} F_{y3} \end{aligned} \tag{15.20}$$

여기서 $A = Z_{xx}Z_{yy} - Z_{xy}Z_{yx}$이다. 식(15.20)을 행렬로 나타내면

$$\begin{bmatrix} x \\ y \\ F_x \\ F_y \end{bmatrix}_4 = \begin{bmatrix} 1 & 0 & -G_{yy} & -G_{xy} \\ 0 & 1 & -G_{yx} & -G_{xx} \\ 0 & 0 & 1 & 0 \\ 0 & 0 & 0 & 1 \end{bmatrix} \begin{bmatrix} x \\ y \\ F_x \\ F_y \end{bmatrix}_3$$

또는

$$z_{b_4} = S_b \; z_{b_3} \tag{15.21}$$

여기서 $G_{ij} = Z_{ij} / A\,(i,\ j, = x,\ y)$이다.

15.3.2 지지부 질량

그림 15.8로부터 힘의 평형에 의해 다음 식이 성립한다.

$$\begin{aligned} x_3 &= x_2 \\ F_{x3} &= F_{x2} - m_{px}\lambda^2 x_2 \\ y_3 &= y_2 \\ F_{y3} &= F_{y2} - m_{py}\lambda^2 y_2 \end{aligned} \tag{15.22}$$

이를 행렬로 나타내면, 식(15.22)는

$$\begin{bmatrix} x \\ y \\ F_x \\ F_y \end{bmatrix}_3 = \begin{bmatrix} 1 & 0 & 0 & 0 \\ 0 & 1 & 0 & 0 \\ -m_{px}\lambda^2 & 0 & 1 & 0 \\ 0 & -m_{py}\lambda^2 & 0 & 1 \end{bmatrix} \begin{bmatrix} x \\ y \\ F_x \\ F_y \end{bmatrix}_2$$

또는

$$z_{b3} = S_m \; z_{b2} \tag{15.23}$$

15.3.3 지지부 스프링과 감쇠기

베어링 지지부에서는 x방향의 변위에 의한 y방향의 힘 및 y방향의 변위에 의한 x방향의 힘, 즉 연성력(cross coupled force)은 작용하지 않는 것으로 한다. 따라서 연성항은 모두 0이 된다. 즉

$$Z_{sxy} = Z_{syx} = 0 \tag{15.24}$$

그러므로 식(15.21)에서 쉽게 유추되듯이, 다음과 같은 전달행렬이 유도된다.

$$\begin{bmatrix} x \\ y \\ F_x \\ F_y \end{bmatrix}_2 = \begin{bmatrix} 1 & 0 & -1/Z_{sxx} & 0 \\ 0 & 1 & 0 & -1/Z_{syy} \\ 0 & 0 & 1 & 0 \\ 0 & 0 & 0 & 1 \end{bmatrix} \begin{bmatrix} x \\ y \\ F_x \\ F_y \end{bmatrix}_1$$

또는

$$\boldsymbol{z}_{b2} = \boldsymbol{S}_s \boldsymbol{z}_{b1} \tag{15.25}$$

따라서 식(15.21), (15.23) 및 (15.25)의 관계를 이용하면, 탄성지지 베어링부의 전달행렬은 순서대로 곱함으로서 얻어지게 된다. 즉, 상태량 $\boldsymbol{z}_{b4}$와 $\boldsymbol{z}_{b1}$사이의 관계는 다음 식과 같이 된다.

$$\begin{aligned} \boldsymbol{z}_{b4} &= \boldsymbol{S}_b \boldsymbol{z}_{b3} = \boldsymbol{S}_b \boldsymbol{S}_m \boldsymbol{z}_{b2} = \boldsymbol{S}_b \boldsymbol{S}_m \boldsymbol{S}_s \boldsymbol{z}_{b1} \\ &= \boldsymbol{S} \boldsymbol{z}_{b1} \end{aligned} \tag{15.26}$$

상태량벡터 $\boldsymbol{z}_{b1}$중에서 $x_1 = y_1 = 0$, 즉 기초에 고정되어 있으므로, 다음과 같이 축소된다.

$$\begin{bmatrix} x \\ y \\ \hline F_x \\ F_y \end{bmatrix}_4 = \left[\begin{array}{c|c} -(1+G_{yy}m_x\lambda^2)/Z_{sxx} - G_{yy} & -(m_y\lambda^2/Z_{syy}+1)G_{xy} \\ -(m_x\lambda^2/Z_{sxx}+1)G_{yx} & -(1+G_{xx}m_y\lambda^2)/Z_{syy} - G_{xx} \\ \hline m_x\lambda^2/Z_{sxx}+1 & 0 \\ 0 & m_y\lambda^2/Z_{syy}+1 \end{array}\right] \begin{bmatrix} 0 \\ 0 \\ \hline F_x \\ F_y \end{bmatrix}_1 \tag{15.27}$$

식(15.27)을 2개의 정방행렬로 분할하면 다음과 같이 된다.

$$\begin{bmatrix} x \\ y \end{bmatrix}_4 = \boldsymbol{S}_1 \begin{bmatrix} F_x \\ F_y \end{bmatrix}_1, \quad \begin{bmatrix} F_x \\ F_y \end{bmatrix}_4 = \boldsymbol{S}_2 \begin{bmatrix} F_x \\ F_y \end{bmatrix}_1 \tag{15.28}$$

그림 15.9의 점 4에서의 힘은 상태량 $\{F_x\ F_y\}_1^T$을 소거하면, 점 4에서의 변위의 형태로 구하여진다. 식(15.28)로부터

$$\begin{bmatrix} F_x \\ F_y \end{bmatrix}_4 = \boldsymbol{S}_2 \cdot \boldsymbol{S}_1^{-1} \begin{bmatrix} x \\ y \end{bmatrix}_4 \tag{15.29}$$

식(15.29)는 베어링계의 점 4에 있어서 변위와 힘 사이의 관계를 나타내는 식이다.

마지막으로 식(15.29)의 벡터성분을 변환하여 회전체의 좌표와 일치시켜야 한다. 베

어링과 회전체가 결합되는 절점에서 변위성분 및 힘 성분사이의 관계는 각각 다음 식과 같이 된다.

$$x_4 = x_i,\ y_4 = -y_i,\ F_{x4} = -V_{xi},\ F_{y4} = V_{yi} \tag{15.30}$$

여기서 x_4, y_4는 베어링계의 좌표에 관해서 주어져 있는 것을 나타낸다. 따라서 식 (15.29)는 회전체의 좌표에 관해서 다음과 같이 된다.

$$\begin{bmatrix} -V_x \\ V_y \end{bmatrix}_i^R = S_2 \cdot S_1^{-1} \begin{bmatrix} x \\ -y \end{bmatrix}_i^L \tag{15.31}$$

행렬 $S_2 \cdot S_1^{-1}$을 계산하고 각 성분을 $S_{ij}(i, j = 1, 2)$라 하면, 베어링 지지대를 고려한 베어링계의 점 전달행렬이 다음과 같이 구하여진다.

$$\begin{bmatrix} x \\ \psi \\ M_y \\ -V_x \\ -y \\ \theta \\ M_x \\ V_y \end{bmatrix}_i^R = \begin{bmatrix} 1 & 0 & 0 & 0 & 0 & 0 & 0 & 0 \\ 0 & 1 & 0 & 0 & 0 & 0 & 0 & 0 \\ 0 & 0 & 1 & 0 & 0 & 0 & 0 & 0 \\ S_{11} & 0 & 0 & 1 & S_{12} & 0 & 0 & 0 \\ 0 & 0 & 0 & 0 & 1 & 0 & 0 & 0 \\ 0 & 0 & 0 & 0 & 0 & 1 & 0 & 0 \\ 0 & 0 & 0 & 0 & 0 & 0 & 1 & 0 \\ S_{21} & 0 & 0 & 0 & S_{22} & 0 & 0 & 1 \end{bmatrix}_i \begin{bmatrix} x \\ \psi \\ M_y \\ -V_x \\ -y \\ \theta \\ M_x \\ V_y \end{bmatrix}_i^L$$

또는

$$z_i^R = \overline{P}_{bi}\, z_i^L \tag{15.32}$$

여기서 $\overline{P}_{bi}$는 베어링지지대의 특성을 고려한 베어링요소 i의 점 전달행렬을 나타낸다.

15.4 커플링부의 전달행렬

15.4.1 플랜지 커플링

플랜지부 및 결합용 볼트가 축 부분의 굽힘 강성에 비해 충분히 강하다면, 플랜지 커플링(flange coupling)부는 플랜지 부분을 15.2.3절과 같이 집중 원판요소로 취급할 수 있다. 그러나 플랜지부나 결합용 볼트가 충분히 강하지 않고, 변형될 수 있는 경우는 그림 15.10에 나타내듯이 2개의 집중원판과 이들을 연결하는 스프링으로 모델링할 수 있다. 스프링이 굽힘모멘트와 전단력에 대해 독립적으로 변형한다고 하면, 스프링 양단의 모멘트와 전단력은 다음 식과 같이 표현된다.

$$M_x^* = k_M(\psi_1 - \psi_2), \quad M_y^* = k_M(\Theta_1 - \Theta_2) \tag{15.33}$$
$$V_x^* = k_V(x_1 - x_2), \quad V_y^* = k_V(y_1 - y_2)$$

여기서 k_M, k_V는 각각 스프링의 회전강성(rotational stiffness) 및 직선강성(linear stiffness)이다. 스프링의 좌단과 우단을 각각 하첨자 1, 2로 나타내면, 이들 사이에는 다음과 같은 관계가 얻어진다.

$$x_2 = x_1 - M_x^*/k_V\ , \quad \psi_2 = \psi_1 - V_x^*/k_M\ , \tag{15.34}$$
$$M_{y2} = M_{y1} = M_y^*\ , \quad V_{x2} = V_{x1} = V_x^*$$

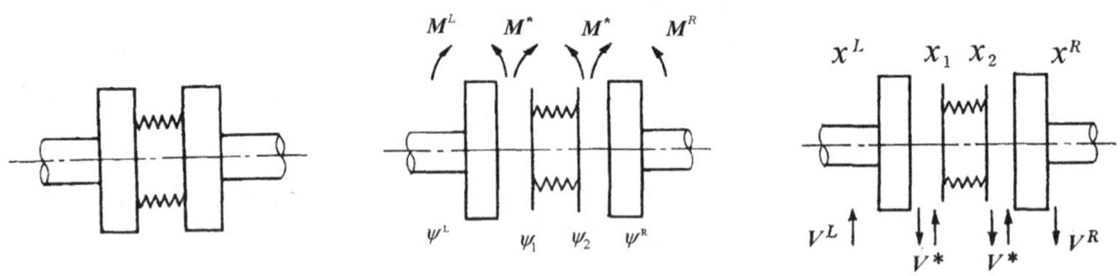

(a) 모델링 (b) 굽힘모멘트의 관계 (c) 전단력의 관계

그림 15.10 / 플랜지 커플링부분의 모델

따라서 스프링부의 전달행렬을 행렬 형식으로 나타내면,

$$\begin{bmatrix} x \\ \psi \\ M_y \\ -V_x \end{bmatrix}_2 = \begin{bmatrix} 1 & 0 & -1/k_V & 0 \\ 0 & 1 & 0 & -1/k_M \\ 0 & 0 & 1 & 0 \\ 0 & 0 & 0 & 1 \end{bmatrix} \begin{bmatrix} x \\ \psi \\ M_y \\ -V_x \end{bmatrix}_1$$

또는

$$z_{C1} = T_C z_{C2} \tag{15.35}$$

로 된다. 단, 수평방향과 수직방향은 동일한 값을 가지는 것으로 고려하여도 좋다. 그러므로 플랜지 커플링요소의 전달행렬은

$$T_F = T_{DL} T_C T_{DR} \tag{15.36}$$

여기서 T_C는 스프링부의 전달행렬, T_{DL}, T_{DR}은 플랜지 좌우 원판의 전달행렬이다. $k_M \to \infty$, $k_V \to \infty$의 경우는 행렬 T_C는 단위행렬이 되고, T_F는 플랜지 커플링부를 집중원판으로 간주했을 때의 전달행렬이 된다.

15.4.2 다이어프램 커플링

다이어프램 커플링(diaphram coupling)은 그림 15.11(a)와 같이 핀(pin) 지지되고 회전스프링(rotational spring)으로 결합된 것으로 모델링할 수 있다. 커플링에서의 모멘트는 다음 식과 같이 표현된다.

$$M_x = k_D \Psi, \quad M_y = k_D \Theta \tag{15.37}$$

여기서 k_D는 회전 스프링의 회전강성(rotational stiffness)이다.

(a) 다이어프램 커플링 (b) 유체 커플링

그림 15.11 / 다이어프램 및 유체 커플링의 모델링

따라서 커플링 절점의 좌, 우단에서의 관계는

$$\begin{aligned} &x_i^R = x_i^L,\ y_i^R = y_i^L,\ \Psi_i^R = \Psi_i^L - M_y/k_D,\ \Theta_i^R = \Theta_i^L - M_x/k_D \\ &M_{xi}^R = M_{xi}^L + k_D \Theta_i,\ M_{yi}^R = M_{yi}^L + k_D \Psi_i, \\ &V_{xi}^R = V_{xi}^L,\ V_{yi}^R = V_{yi}^L \end{aligned} \tag{15.38}$$

따라서 커플링요소의 전달행렬을 행렬 형식으로 *xz* 평면만에 대해 나타내면,

$$\begin{bmatrix} x \\ \psi \\ M_y \\ -V_x \end{bmatrix}_i^R = \begin{bmatrix} 1 & 0 & 0 & 0 \\ 0 & 1 & -1/k_D & 0 \\ 0 & 0 & 1 & 0 \\ 0 & 0 & 0 & 1 \end{bmatrix} \begin{bmatrix} x \\ \psi \\ M_y \\ -V_x \end{bmatrix}_i^L$$

또는

$$\mathbf{z}_i^R = \mathbf{T}_C \, \mathbf{z}_i^L \tag{15.39}$$

15.4.3 유체 커플링

유체 커플링(hydraulic coupling)은 그림 15.11(b)와 같이 병진스프링(translational spring)으로 결합된 것으로 모델링할 수 있다. 커플링에서의 전단력은 다음 식과 같이 표현된다.

$$V_x = k_H x, \quad V_y = k_H y \tag{15.40}$$

여기서 k_H는 병진 스프링의 직선강성(linear stiffness)이다. 따라서 커플링 절점의 좌, 우단에서의 관계는

$$\begin{aligned} &x_i^R = x_i^L - V_x / k_H, \;\; y_i^R = y_i^L - V_y / k_H, \;\; \psi_i^R = \psi_i^L, \;\; \Theta_i^R = \Theta_i^L \\ &M_{xi}^R = M_{xi}^L, \;\; M_{yi}^R = M_{yi}^L, \;\; V_{xi}^R = V_{xi}^L + k_H x_i, \;\; V_{yi}^R = V_{yi}^L + k_H y_i \end{aligned} \tag{15.41}$$

따라서 커플링요소의 전달행렬을 행렬 형식으로 *xz* 평면만에 대해 나타내면,

$$\begin{bmatrix} x \\ \psi \\ M_y \\ -V_x \end{bmatrix}_i^R = \begin{bmatrix} 1 & 0 & 0 & 1/k_H \\ 0 & 1 & 0 & 0 \\ 0 & 0 & 1 & 0 \\ 0 & 0 & 0 & 1 \end{bmatrix} \begin{bmatrix} x \\ \psi \\ M_y \\ -V_x \end{bmatrix}_i^L$$

또는

$$z_i^R = T_C \ z_i^L \tag{15.42}$$

15.5 외력의 전달행렬

15.5.1 불평형력

제작 및 조립오차 등으로 인해 축의 질량분포가 완전히 회전대칭이 되지 않으면, 무게중심 G는 축 중심으로부터 e만큼 편심이 발생하고 $F = m_e e\Omega^2$의 원심력을 일으킨다. x 방향의 경우는

$$\begin{aligned} x_i^R &= x_i^L, \ \psi_i^R = \psi_i^L, \ M_{yi}^R = M_{yi}^L \\ -V_{xi}^R &= -V_{xi}^L + m_e\Omega^2 x_i + m_e e\Omega^2(\sin\phi - j\cos\phi) \end{aligned} \tag{15.43}$$

y 방향도 동일하게 유도되며, 이 식을 행렬로 나타내면 다음과 같다.

$$\begin{bmatrix} x \\ \psi \\ M_y \\ -V_x \\ -y \\ \theta \\ M_x \\ V_y \\ 1 \end{bmatrix}_i^R = \begin{bmatrix} 1 & 0 & 0 & 0 & 0 & 0 & 0 & 0 & 0 \\ 0 & 1 & 0 & 0 & 0 & 0 & 0 & 0 & 0 \\ 0 & 0 & 1 & 0 & 0 & 0 & 0 & 0 & 0 \\ m_e\Omega^2 & 0 & 0 & 1 & 0 & 0 & 0 & 0 & F_x \\ 0 & 0 & 0 & 0 & 1 & 0 & 0 & 0 & 0 \\ 0 & 0 & 0 & 0 & 0 & 1 & 0 & 0 & 0 \\ 0 & 0 & 0 & 0 & 0 & 0 & 1 & 0 & 0 \\ 0 & 0 & 0 & 0 & m_e\Omega^2 & 0 & 0 & 1 & -F_y \\ 0 & 0 & 0 & 0 & 0 & 0 & 0 & 0 & 1 \end{bmatrix}_i \begin{bmatrix} x \\ \psi \\ M_y \\ -V_x \\ -y \\ \theta \\ M_x \\ V_y \\ 1 \end{bmatrix}_i^L \tag{15.44}$$

여기서

$$F_x = m_e e\Omega^2(\sin\phi - j\cos\phi), \quad F_y = m_e e\Omega^2(\cos\phi + j\sin\phi)$$

15.5.2 회전축계에 초기 굽힘과 초기 각변위가 있는 경우

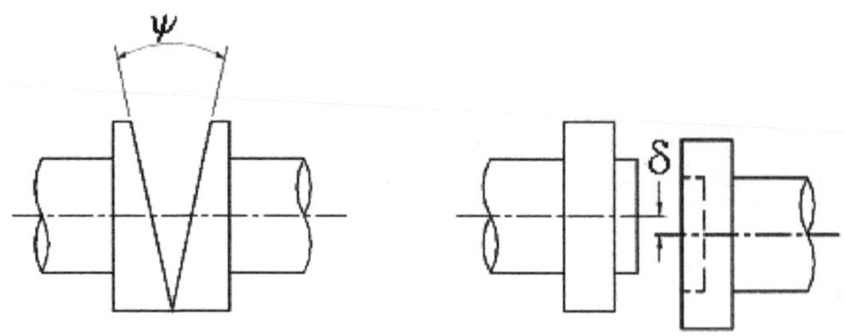

(a) 편각정렬불량 (b) 편심정렬불량

그림 15.12 / 커플링부의 정렬불량 예

그림 15.12와 같이 회전축계가 기하학적으로 굽혀져 있거나, 원판(disk) 등이 경사지게 부착되어져 있는 경우는 초기 굽힘을 δ_x, δ_y, 초기기울기(slop)를 Ψ_x, Ψ_y라 하면, 이에 의해 발생하는 x, y방향의 변위, 각변위, 힘 및 모멘트는 다음과 같이 정의된다.

$$
\begin{aligned}
&\Delta X_i = \delta_{xi} - \delta_{xi-1} - l_i \Psi_{xi-1},\quad \Delta Y_i = \delta_{yi} - \delta_{yi-1} - l_i \Psi_{yi-1},\\
&\Delta\Psi_{xi} = \Psi_{xi} - \Psi_{xi-1},\quad \Delta\Psi_{yi} = \Psi_{yi} - \Psi_{yi-1},\\
&\Delta M_{yi} = -I_d\omega^2\Delta\Psi_{xi} + jI_p\Omega\omega^2\Delta\Psi_{yi},\ \Delta M_{xi} = -jI_p\Omega\omega^2\Delta\Psi_{xi} - I_d\omega^2\Delta\Psi_{yi},\\
&\Delta V_{xi} = (-k_{xx} + m\omega^2)\Delta X_i + k_{xy}\Delta Y_i + F_{xi},\\
&\Delta V_{yi} = k_{xy}\Delta X_i + (-k_{yy} + m\omega^2)\Delta Y_i + F_{yi}
\end{aligned}
\tag{15.45}
$$

여기서 ω는 휘돌림 각속도이다. 식(15.45)를 식(15.44)의 상태량벡터에 맞추어 나타내면

$$
\{\Delta X,\ \Delta\Psi_x, \Delta M_y,\ \Delta V_x,\ \Delta Y, \Delta M_y,\ \Delta\Psi_y,\ \Delta M_x,\ \Delta V_y,\ 1\}^T \tag{15.46}
$$

이 식을 식(15.44)의 제 9열과 치환하여 나타내면 된다. 즉,

$$
\begin{bmatrix} x \\ \Psi \\ M_y \\ -V_x \\ \hdashline -y \\ \theta \\ M_x \\ V_y \\ \hdashline 1 \end{bmatrix}_i^R =
\left[\begin{array}{cccc:cccc:c}
1 & 0 & 0 & 0 & 0 & 0 & 0 & 0 & \Delta X \\
0 & 1 & 0 & 0 & 0 & 0 & 0 & 0 & \Delta \Psi_x \\
0 & 0 & 1 & 0 & 0 & 0 & 0 & 0 & \Delta M_y \\
0 & 0 & 0 & 1 & 0 & 0 & 0 & 0 & \Delta V_x \\ \hdashline
0 & 0 & 0 & 0 & 1 & 0 & 0 & 0 & \Delta Y \\
0 & 0 & 0 & 0 & 0 & 1 & 0 & 0 & \Delta \Psi_y \\
0 & 0 & 0 & 0 & 0 & 0 & 1 & 0 & \Delta M_x \\
0 & 0 & 0 & 0 & 0 & 0 & 0 & 1 & \Delta V_y \\ \hdashline
0 & 0 & 0 & 0 & 0 & 0 & 0 & 0 & 1
\end{array}\right]_i
\begin{bmatrix} x \\ \Psi \\ M_y \\ -V_x \\ \hdashline -y \\ \theta \\ M_x \\ V_y \\ \hdashline 1 \end{bmatrix}_i^L \tag{15.47}
$$

15.6 실제 저널베어링지지 회전축계

15.6.1 기본요소의 전달행렬

다원판(multi-disc) 다베어링(multi-bearing) 회전축계의 진동해석에 필요한 특성방정식을 유도한다. 분포정수계를 몇 개의 부분(요소)으로 분할하고 등가인 집중질량계(lumped mass system)로 치환한다. 축계의 i번째 기본요소는 앞에서 유도한 탄성축, 집중질량, 원판 및 베어링요소를 기본구성으로 하는 분할부분은 기본적으로 그림 15.13과 같이 표현된다. 그림 15.13에서 기본요소는 탄성축 요소, 축의 등가 집중질량요소, 원판요소 및 스프링과 감쇠기로 구성된다.

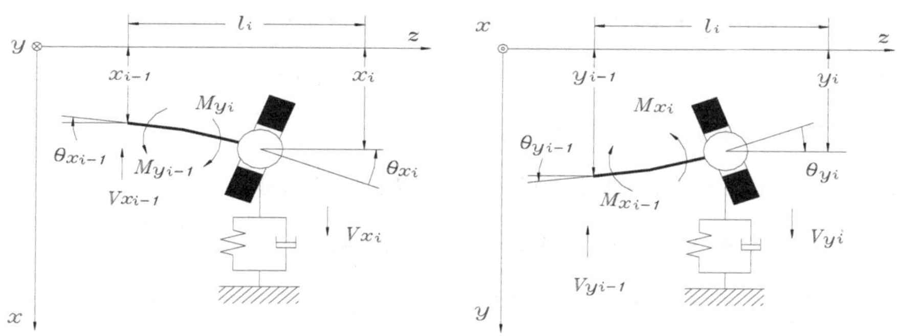

(a) xz 평면 (b) yz 평면

그림 15.13 / 축계의 기본요소

그림 15.13의 기본요소에 대해 앞에서 유도된 각각의 요소에 대한 전달행렬식 (15.6), (15.10), (15.13) 및 (15.17)을 합성하여 얻어지는 행렬을 T_i 라 하면, 다음 식과 같이 최종적으로 얻어진다.

$$\begin{bmatrix} x \\ \psi \\ M_y \\ -V_x \\ \hline -y \\ \theta \\ M_x \\ V_y \\ \hline 1 \end{bmatrix}_i = \left[\begin{array}{cccc:cccc:c} 1 & l & \alpha & \beta & 0 & 0 & 0 & 0 & \Delta X \\ 0 & 1 & \gamma & \alpha & 0 & 0 & 0 & 0 & \Delta\Psi_x \\ 0 & S_{y\psi} & 1+\gamma S_{y\psi} & l+\alpha S_{y\psi} & 0 & S_{y\theta} & \gamma S_{y\theta} & \alpha S_{y\theta} & \Delta M_y \\ S_{xx} & lS_{xx} & \alpha S_{xx} & 1+\beta S_{xx} & S_{xy} & lS_{xy} & \alpha S_{xy} & \beta S_{xy} & \Delta V_x \\ \hdashline 0 & 0 & 0 & 0 & 1 & l & \alpha & \beta & \Delta Y \\ 0 & 0 & 0 & 0 & 0 & 1 & \gamma & \alpha & \Delta\Psi_y \\ 0 & S_{x\psi} & \gamma S_{x\psi} & \alpha S_{x\psi} & 0 & S_{x\theta} & 1+\gamma S_{x\theta} & l+\alpha S_{x\theta} & \Delta M_x \\ S_{yx} & lS_{yx} & \alpha S_{yx} & \beta S_{yx} & S_{yy} & lS_{yy} & \alpha S_{yy} & 1+\beta S_{yy} & \Delta V_y \\ \hdashline 0 & 0 & 0 & 0 & 0 & 0 & 0 & 0 & 1 \end{array}\right]_i \begin{bmatrix} x \\ \psi \\ M_y \\ -V_x \\ \hline -y \\ \theta \\ M_x \\ V_y \\ \hline 1 \end{bmatrix}_{i-1}$$

또는

$$z_i = T_i \ z_{i-1} \tag{15.48}$$

여기서

$$\alpha = l^2/2EI, \ \beta = l^3/6EI - l\kappa/GA, \ \gamma = l/EI$$

$$S_{xx} = -\{k_{xx} + c_{xx}\lambda - (m_s + m_d + m_e)\lambda^2\}, \ S_{xy} = k_{xy} + c_{xy}\lambda$$

$$S_{yx} = k_{yx} + c_{yx}\lambda, \ S_{yy} = -\{k_{yy} + c_{yy}\lambda - (m_s + m_d + m_e)\lambda^2\}$$

$$S_{x\psi} = k_{x\psi} + c_{x\psi}\lambda - I_p\Omega\lambda, \quad S_{x\theta} = k_{x\theta} + c_{x\theta}\lambda + I_d\lambda^2$$

$$S_{y\psi} = k_{y\psi} + c_{y\psi}\lambda + I_d\lambda^2, \quad S_{y\theta} = k_{y\theta} + c_{y\theta}\lambda + I_p\Omega\lambda$$

$$\Delta X = \delta_{x,i} - \delta_{x,i-1} - l_i\psi_{x,i-1}, \ \Delta Y = \delta_{y,i} - \delta_{y,i-1} - l_i\psi_{y,i-1}$$

$$\Delta\Psi_x = \psi_{x,i} - \psi_{x,i-1}, \ \Delta\Psi_y = \psi_{y,i} - \psi_{y,i-1}$$

$$\Delta M_x = S_{x\psi}\Delta\Psi_x + S_{x\theta}\Delta\Psi_y, \ \Delta M_y = S_{y\psi}\Delta\Psi_x + S_{y\theta}\Delta\Psi_y$$

$$\Delta V_x = S_{xx}\Delta X + S_{xy}\Delta Y + m_e e\lambda^2(\sin\phi - j\cos\phi)$$

$$\Delta V_y = S_{yx}\Delta X + S_{yy}\Delta Y - m_e e\lambda^2(\cos\phi + j\sin\phi) - (m_s + m_d + m_e)g$$

상기 식에 사용된 기호들의 정의는 다음과 같다.

1) 축 요소

E: 종탄성계수, G: 횡탄성계수, ρ: 질량밀도, A: 단면적, I: 단면 2차면적모멘트, κ: 전단계수(= 0.9), l_i: 요소길이, m_i: 축 요소의 질량 ($= \rho A l_i$), m_s: 등가집중질량[$(m_i + m_{i+1})/2$], m_e: 불평형 질량

2) 원판 요소

m_d: 원판질량, I_d: 질량관성모멘트, I_p: 질량극관성모멘트, g: 중력가속도

3) 베어링 요소

k_{xx}, k_{xy}, k_{yx}, k_{yy}: 강성계수(직선스프링), $k_{x\psi}$, $k_{x\Theta}$, $k_{y\psi}$, $k_{y\Theta}$: 강성계수(회전스프링)
c_{xx}, c_{xy}, c_{yx}, c_{yy}: 감쇠계수(직선감쇠기), $c_{x\psi}$, $c_{x\Theta}$, $c_{y\psi}$, $c_{y\Theta}$: 감쇠계수(회전감쇠기)

15.6.2 계 전체의 전달행렬 유도

축이 회전각속도 Ω로 회전하고 있을 때, 축계의 자유진동을 고려한다. 그 해를

$$u = \mathrm{Re}[\, U e^{\lambda t}\,] = e^{\lambda_r t}(\, U_r \cos\lambda_i t - \, U_i \sin\lambda_i t) \tag{15.49}$$

로 표시한다. 여기서 u는 상태량벡터, λ는 복소 고유치이다.

$$u = u_r + j\, u_i, \quad \lambda = \lambda_r + j\lambda_i \tag{15.50}$$

굽힘 자유진동을 고려하고 있으므로, 상태량벡터는 변위 x, y, 각변위 ψ, Θ, 굽힘모멘트 M_y, M_x 그리고 전단력 V_x, V_y의 8개의 상태량으로 구성하면 된다.

식(15.48)에서 보듯이 전달행렬 T_i는 미지수 λ의 함수로서 표현된다. 이와 같이 i번째 분할요소의 전달행렬 T_i가 결정되면 n개로 분할된 계 전체에 대해서는

$$\begin{aligned} z_n &= T_n\, z_{n-1}, \\ z_{n-1} &= T_{n-1}\, z_{n-2}, \\ &\cdots \\ z_2 &= T_2\, z_1, \\ z_1 &= T_1\, z_0 \end{aligned} \tag{15.51}$$

의 관계를 이용하여 축의 좌단 및 우단의 상태량벡터 사이의 관계를 다음과 같이 나타낼 수 있다.

$$z_n^R = T_n\, T_{n-1} \cdots\, T_2\, T_1\, z_0^L = T\, z_0^L \tag{15.52}$$

여기서 T 는 계 전체의 전달행렬로 다음과 같다.

$$T = T_n \, T_{n-1} \cdots \, T_2 \, T_1$$

식(15.52)를 실제의 형으로 전개하여 나타내면, 다음 식과 같이 표현된다.

$$\begin{bmatrix} x \\ \Psi \\ M_y \\ -V_x \\ -y \\ \Theta \\ M_x \\ V_y \end{bmatrix}_n^R = \begin{bmatrix} t_{11} & t_{12} & \cdot & \cdot & \cdot & \cdot & t_{18} \\ t_{21} & t_{22} & \cdot & \cdot & \cdot & \cdot & t_{28} \\ \cdot & \cdot & \cdot & \cdot & \cdot & \cdot & \cdot \\ \cdot & \cdot & \cdot & \cdot & \cdot & \cdot & \cdot \\ \cdot & \cdot & \cdot & \cdot & \cdot & \cdot & \cdot \\ \cdot & \cdot & \cdot & \cdot & \cdot & \cdot & \cdot \\ \cdot & \cdot & \cdot & \cdot & \cdot & \cdot & \cdot \\ t_{81} & t_{82} & \cdot & \cdot & \cdot & \cdot & t_{88} \end{bmatrix} \begin{bmatrix} x \\ \Psi \\ M_y \\ -V_x \\ -y \\ \Theta \\ M_x \\ V_y \end{bmatrix}_0^L \tag{15.53}$$

16

회전축계의 진동해석

16.1 비감쇠 고유치해석

가장 단순한 경우는 모든 감쇠계수를 0으로 가정하고, 강성계수의 연성 항(cross-coupled terms)과 비대칭성을 무시하여 축계가 원운동의 휘돌림을 하는 자유진동을 해석하는 것으로, 위험속도선도해석(critical speed map analysis)에 이용된다. 따라서 x방향과 y방향 중에서 어느 한 방향의 식을 이용하면 된다. 이제 x방향만을 이용하는 것으로 하면, 식(15.53)의 행렬요소 중 좌측상부의 1/4을 이용하면 좋다. 즉

$$\begin{bmatrix} x \\ \Psi \\ M_y \\ -V_x \end{bmatrix}_n^R = \begin{bmatrix} t_{11} & t_{12} & t_{13} & t_{14} \\ t_{21} & t_{22} & t_{23} & t_{24} \\ t_{31} & t_{32} & t_{33} & t_{34} \\ t_{41} & t_{42} & t_{43} & t_{44} \end{bmatrix} \begin{bmatrix} x \\ \Psi \\ M_y \\ -V_x \end{bmatrix}_0^L \tag{16.1}$$

$\lambda = j\omega$를 놓고, 또한 $\Omega = \omega$로 하여 양단의 경계조건을 자유(free)라 하면

$$M_{y0} = V_{x0} = 0, \quad M_{yn} = V_{xn} = 0 \tag{16.2}$$

가 되고, 이를 식(16.1)에 적용하면, 다음의 연립방정식을 얻을 수 있다.

$$\begin{bmatrix} t_{31} & t_{32} \\ t_{41} & t_{42} \end{bmatrix} \begin{bmatrix} x \\ \psi \end{bmatrix}_0^L = \begin{bmatrix} 0 \\ 0 \end{bmatrix} \tag{16.3}$$

식(16.3)이 $x_0 = \psi_0 = 0$로 되는 자명한 해 이외에 의미 있는 해를 가지기 위해서는

$$\Delta(\omega) = \begin{vmatrix} t_{31} & t_{32} \\ t_{41} & t_{42} \end{vmatrix} = t_{31} t_{42} - t_{32} t_{41} = 0 \tag{16.4}$$

가 필요충분조건이다. 따라서 식(16.4)가 계의 진동수방정식(또는 특성방정식)이고, 이것을 만족하는 ω가 비감쇠 고유진동수가 된다. 수치계산의 경우에는 식(16.4)는 대수식으로 표현되지 않으므로, 앞에서 설명한 2분법 등에 의해 근을 구한다.

비감쇠 고유진동수가 결정되면, 고유진동모드는 회전축계의 좌측 단의 변위 x_0를 1로 하였을 때의 상대값으로서 구하여진다. 좌측 단의 상태량벡터는

$$z_0 = \{1, \ -t_{31}/t_{32}, \ 0 \ , \ 0\}^T \tag{16.5}$$

로 된다. 좌측 단의 상태량벡터 z_0가 모두 결정되면, 각 점에서의 상태량은 식(15.51)을 이용하여 순차적으로 다음 식으로 계산한다.

$$z_i = T_i T_{i-1} \cdots T_2 T_1 z_0 = \prod_{k=1}^{i} T_k z_0 = T z_0 \tag{16.6}$$

이 경우의 T는 4행 4열의 행렬이다.

16.2 감쇠 고유치해석

복소고유치(complex eigenvalue) $\lambda = \lambda_r + j\lambda_i$를 구하는 계산으로 되기 때문에 베어링에 대해서는 감쇠계수를 비롯하여 강성계수의 연성 항이나 비대칭성도 고려하는 것이 가능하다.

축계의 양끝에서의 경계조건을 자유(free)라 하면, 굽힘모멘트와 전단력이 0이므로

$$\begin{aligned} M_{xn} = M_{yn} = M_{x0} = M_{y0} = 0 \\ V_{xn} = V_{yn} = V_{x0} = V_{y0} = 0 \end{aligned} \tag{16.7}$$

이 되고, 식(16.7)을 식(15.53)에 적용하면 다음의 연립방정식을 얻는다.

$$\begin{bmatrix} t_{31} & t_{32} & t_{35} & t_{36} \\ t_{41} & t_{42} & t_{45} & t_{46} \\ t_{71} & t_{72} & t_{75} & t_{76} \\ t_{81} & t_{82} & t_{85} & t_{86} \end{bmatrix}^{L} \begin{bmatrix} x \\ \Psi \\ -y \\ \Theta \end{bmatrix}_0 = \begin{bmatrix} 0 \\ 0 \\ 0 \\ 0 \end{bmatrix} \tag{16.8}$$

위 식에서 $x_0 = \Psi_0 = y_0 = \Theta_0 = 0$ 인 자명한 해가 아닌 의미 있는 해를 갖기 위해서는 식(16.8)의 전달행렬의 행렬식이 0이 되는 다음 식의 특성방정식

$$\Delta(\lambda) \equiv \begin{vmatrix} t_{31} & t_{32} & t_{35} & t_{36} \\ t_{41} & t_{42} & t_{45} & t_{46} \\ t_{71} & t_{72} & t_{75} & t_{76} \\ t_{81} & t_{82} & t_{85} & t_{86} \end{vmatrix} = 0 \tag{16.9}$$

가 성립하여야 한다. 여기서 t_{ij}는 미지수 λ의 함수이므로, 식(16.9)도 λ의 함수이다. 식(16.9)를 풀면

$$\Delta(\lambda) = f(\lambda) = a_0\lambda^m + a_1\lambda^{m-1} + \cdots + a_{m-1}\lambda + a_m = 0 \tag{16.10}$$

식(16.10)은 λ의 고차다항식으로 표현되는 특성방정식이고, n개로 분할된 축계의 경우는 $m = 8n$으로 된다. 식(16.10)을 풀기 위해 일반적으로는 Newton-Raphson법을 이용하여 반복수렴계산을 수행한다. λ의 근사치로서 함수 f를 $\lambda = \lambda^{(p)}$ 주위에 Taylor 전개하여 제 2항까지를 이용하여 특성방정식을 나타내면

$$\lambda^{(p+1)} = \lambda^{(p)} - \frac{f(\lambda^{(p)})}{f'(\lambda^{(p)})}, \quad (p = 1,\ 2,\ \cdots) \tag{16.11}$$

로 주어진다. 여기서

$$f'(\lambda) = \frac{df(\lambda)}{d\lambda} = \frac{\partial f_r}{\partial \lambda_r} + j\frac{\partial f_i}{\partial \lambda_i}, \quad f(\lambda) = f_r(\lambda) + jf_i(\lambda)$$

식(16.11)로부터 앞에서 가정한 $\lambda^{(p)}$보다 정도가 좋은 고유치를 구할 수 있으므로 반복계산을 하면 충분히 올바른 고유치가 얻어진다. 또 이미 구한 k개의 고유치에 다시 수렴하는 것을 방지하기 위해서는 $f(\lambda) = 0$ 의 대신에 Lund가 제안한 다음 식을 고려하면 좋다.

$$f(\lambda^{(p)}) / \prod_{j=1}^{k} (\lambda - \lambda_j) = 0 \tag{16.12}$$

이 경우 식(16.11)은 다음 식과 같이 된다.

$$\lambda^{(p+1)} = \lambda^{(p)} - f(\lambda^{(p)}) / \left\{ f'(\lambda^{(p)}) - f(\lambda^{(p)}) \cdot \sum_{j=1}^{k} \frac{1}{\lambda^{(p)} - \lambda_j} \right\} \tag{16.13}$$

특성방정식(16.10)을 반복 계산하는 것에 의해 고유치가 구하여 지면, 식(16.8)에서 $x_0 = 1$로 놓으면 다음 식

$$\begin{bmatrix} t_{32} & t_{35} & t_{36} \\ t_{42} & t_{45} & t_{46} \\ t_{72} & t_{75} & t_{76} \end{bmatrix} \begin{bmatrix} \psi \\ -y \\ \Theta \end{bmatrix}_0 = -\begin{bmatrix} t_{31} \\ t_{41} \\ t_{71} \end{bmatrix} \tag{16.14}$$

가 얻어진다. 이 연립방정식으로부터 ψ_0, y_0 및 Θ_0가 x_0에 대한 진폭비의 형태로 결정된다. 절점 0에서는

$$M_{x0} = M_{y0} = V_{x0} = V_{y0} = 0 \tag{16.15}$$

이므로, 상태량벡터 z_0가 다음과 같이 결정된다.

$$z_0 = \{1,\ \psi_0,\ 0,\ 0,\ -y_0,\ \Theta_0,\ 0,\ 0\}^T \tag{16.16}$$

따라서 식(15.51)을 이용하여 순차적으로 곱함으로서 고유치 λ에 대한 고유모드가 구하여진다. 임의의 회전수 Ω를 주고 희망하는 계산정도까지 식(16.13)을 계산한다.

16.3 강제진동해석

16.3.1 불평형 응답의 계산

회전축계 진동의 기본특성인 불평형 응답(unbalance response)은 불평형의 크기와 그 위치가 주어지면 계산할 수 있다. 즉, 식(15.48)에서 초기 굽힘 δ_x, δ_y와 초기 기울기 ψ_x, ψ_y를 0으로 놓으면 된다.

불평형 응답은 회전수와 휘돌림 진동수가 일치하는 회전동기 강제진동이기 때문에 식(15.48)의 T_i에서 $\lambda = j\omega$, $\omega = \Omega$로 놓고, 계 전체의 전달행렬을 식(15.48)을 이용하여 구하고, 축계의 양끝에서의 경계조건을 자유로 하면

$$M_{y0} = V_{x0} = M_{x0} = V_{y0} = M_{yn} = M_{xn} = V_{yn} = V_{xn} = 0 \tag{16.17}$$

로 되고, 이를 적용하면 좌측 단(0점)의 미지 상태량 x_0, ψ_0, y_0 및 Θ_0는

$$\begin{bmatrix} x \\ \psi \\ -y \\ \Theta \end{bmatrix}_0 = \begin{bmatrix} t_{31} & t_{32} & t_{35} & t_{36} \\ t_{41} & t_{42} & t_{45} & t_{46} \\ t_{71} & t_{72} & t_{75} & t_{76} \\ t_{81} & t_{82} & t_{85} & t_{86} \end{bmatrix}^{-1} \begin{bmatrix} -t_{39} \\ -t_{49} \\ -t_{79} \\ -t_{89} \end{bmatrix} \tag{16.18}$$

에 의해 결정된다. 식(16.17)과 (16.18)을 이용하면, 좌측 단의 상태량은 모두 기지로 되기 때문에 각 요소에서의 상태량벡터 z_i는 식(15.51)과 같은 식(단, 여기서 T_i는 9행 9열의 행렬)으로부터 구하여 진다. 동일한 불평형 하에서 차례로 회전수를 바꾸어 계산하면, 회전체의 각 절점 위치에서의 회전속도의 변화에 따른 진폭응답이 구해진다. 피크가 되는 점을 자동적으로 탐색하도록 하면, 응답이 피크가 되는 회전수로부터 위험속도는 간단히 얻어진다.

이상의 계산은 식 중에 $j = \sqrt{-1}$을 포함하므로 복소수 계산이 된다. 따라서 구해진 상태량은 예를 들면, 변위의 경우

$$x = x_r + jx_i = X\exp[j(\Omega t - \beta_x)]$$
$$y = y_r + jy_i = Y\exp[j(\Omega t - \beta_y)] \quad (16.19)$$

여기서

$$X = \sqrt{x_r^2 + x_i^2}\,,\ \beta_x = \tan^{-1}(x_r / x_i)\,,\ \ Y = \sqrt{y_r^2 + y_i^2}\,,\ \beta_y = \tan^{-1}(y_r / y_i)$$

의 관계로 된다. 각변위, 모멘트 및 전단력과 같은 나머지 상태량도 같은 형태로 표현 된다.

16.4 정적 처짐해석

정적 해석(static analysis)은 여러 스팬을 가지는 회전체(multi-span rotor)에서 정렬(alignment)의 결정이나 베어링하중 등을 구하기 위해 필요하다. 이 경우는 중력방향, 즉 수직방향(y방향)을 포함하는 면내만을 고려하므로 회전체의 자중이나 부가하중의 강제 항을 포함한 5×5행렬을 이용한다. 즉, 정적 처짐 해석은 수직면내의 강제응답으로 전달행렬은 식(15.48)로부터 다음과 같이 간략하게 표현된다.

$$\begin{bmatrix} -y \\ \Theta \\ M_x \\ V_y \\ \hline 1 \end{bmatrix}_i = \left[\begin{array}{cccc|c} 1 & l & \alpha & \beta & \Delta Y \\ 0 & 1 & \gamma & \alpha & \Delta\Psi_y \\ 0 & 0 & 1+\gamma S_{x\Theta} & 1+\alpha S_{x\Theta} & \Delta M_x \\ S_{yy} & lS_{yy} & \alpha S_{yy} & 1+\beta S_{yy} & \Delta V_y \\ \hline 0 & 0 & 0 & 0 & 1 \end{array}\right]_i \begin{bmatrix} -y \\ \Theta \\ M_x \\ V_y \\ \hline 1 \end{bmatrix}_{i-1}$$

또는

$$z_i = T_{si}\ z_{i-1} \quad (16.20)$$

식(16.20)의 전달행렬 중에서 제 5열은 외력 항으로, ΔY와 $\Delta\Psi_y$는 각각 커플링 등에서의 편심 정렬불량(parallel misalignment)과 편각 정렬불량(angular misalignment)을 나타낸다. 앞에서와 같이 n개 요소로 분할된 계 전체의 전달행렬을 구하면

$$z_n^{\ R} = T_s\ z_0^{\ L} \quad (16.21)$$

로 표시된다. 축계 양단의 경계조건을 자유(free)로 하면

$$M_{x0} = V_{y0} = M_{xn} = V_{yn} = 0 \tag{16.22}$$

로 되고, 따라서 좌측 단의 미지량 y_0, Θ_0는 다음과 같이 구해진다.

$$\begin{bmatrix} -y \\ \Theta \end{bmatrix}_0 = \begin{bmatrix} t_{31} & t_{32} \\ t_{41} & t_{42} \end{bmatrix}^{-1} \begin{bmatrix} -t_{35} \\ -t_{45} \end{bmatrix} \tag{16.23}$$

그러므로 식(16.23)에서 구하여진 미지량 y_0, Θ_0와 좌단의 경계조건을 이용하면, 좌단의 상태량 벡터는 다음 식과 같이 표현된다.

$$\boldsymbol{z}_0^{\ L} = \{-y,\ \Theta,\ 0,\ 0,\ 1\}_0^T \tag{16.24}$$

각 절점에서의 상태량은 고유모드의 계산방법과 마찬가지로 식(16.6)을 이용하여 순차적으로 구하면, 처짐 및 처짐각 곡선, 굽힘모멘트와 전단력 선도를 구할 수 있다.

16.5 비틀림 진동해석

엔진(또는 기관) 등의 크랭크 축계는 복잡한 형상을 갖고 있고, 발생하는 진동으로는 비틀림진동, 굽힘진동, 종진동 및 이들 사이의 연성진동(coupled vibration)이 있다. 이들 진동 중에서도 축계의 피로파손에 심각한 영향을 미치는 것은 비틀림진동이다.

이 비틀림진동은 왕복동 내연기관의 토크변동에 의해 여기되며 소형엔진의 통상 사용회전수 영역 내에서의 공진을 사실상 피할 수 없다. 자동차용 4실린더 가솔린이나 디젤엔진의 경우, 1절 고유진동수에 대한 주 위험회전수의 일부가 사용회전수 내에 위치하게 된다. 공진에 의하여 비틀림 진동이 증대하게 되면 플라이휠 및 크랭크축 피로파손의 중대한 원인이 된다. 또한 비틀림진동은 실린더 블록, 크랭크 풀리 및 기어로부터 소음을 발생시키며 저소음 엔진 개발에 있어 설계단계에서부터 충분히 검토하여야 할 중요한 문제로 되고 있다.

내연기관의 크랭크축이나 기어 축, 프로펠러 축 등은 축에 많은 질량이 부착되어 있으며 다질량 비틀림 진동계를 형성하고 있다. 이러한 축계의 진동을 다루는 경우에는 이의 고유진동수를 구하는 것이 매우 중요하고, 축은 질량을 무시한 비틀림강성을 갖

는 것으로, 또한 축에 부착된 질량은 같은 관성모멘트를 갖는 등가원판으로 치환한다. 그리고, 축의 내부감쇠와 원판에 작용하는 외부감쇠를 모두 고려하여 비틀림 고유진동수를 구한다.

16.5.1 상태량 벡터

비틀림 진동계의 경우는 그림 16.1과 같이 상태량벡터의 요소는 회전변위인 각변위 Θ와 이에 대응하는 축 토크 T이므로, 다음과 같이 정의된다.

$$z_i = \begin{bmatrix} \Theta \\ T \end{bmatrix}_i \tag{16.25}$$

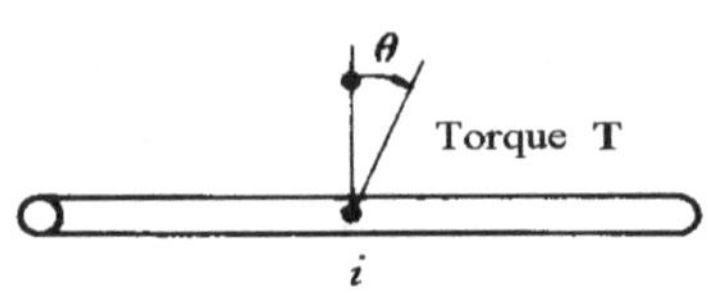

그림 16.1 / 비틀림계의 상태량

16.5.2 전달행렬

그림 16.2와 같이 원형단면의 탄성축을 따라 몇 개의 절점에 원판이 부착되어 있는 경우를 먼저 고려하자. 축 요소는 탄성은 있으나, 축 질량에 따른 회전관성을 무시한다. 아울러 원판요소는 강체(rigid body)로서 회전관성모멘트를 I_i로 표현한다.

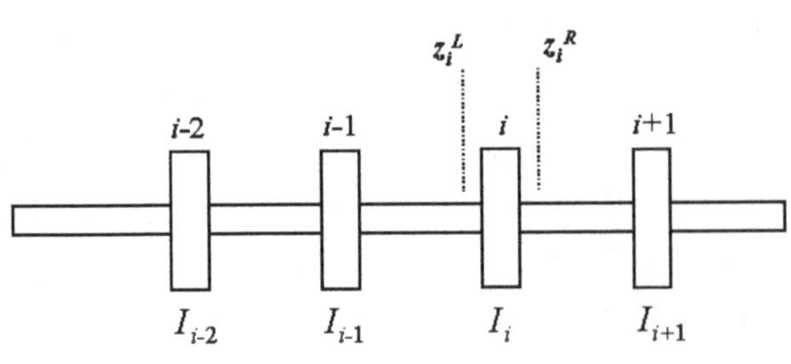

그림 16.2 / 비틀림 진동계

$i-1$과 i 절점 사이의 축 요소 i 만을 고려하고, 축의 양단에 작용하는 각변위와 토크를 그림 16.3(a)와 같이 정의한다.

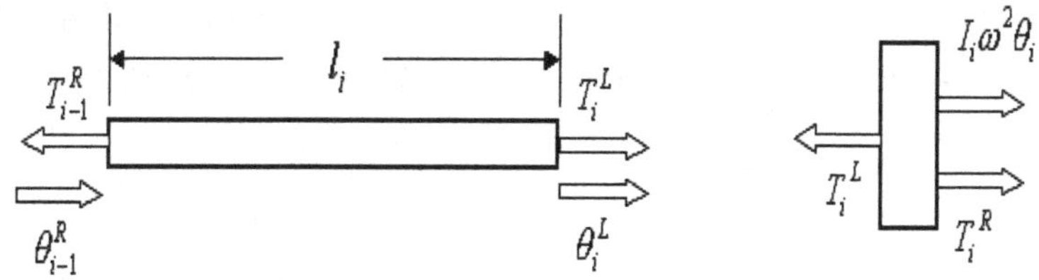

(a) 장 전달행렬 (b) 점 전달행렬

그림 16.3 / 전달행렬의 종류

축의 평형관계로부터 두 절점에 작용하는 토크는 같으므로

$$T^L_i = T^R_{i-1} \tag{16.26}$$

로 한다. 또 각변위는 재료역학의 기초공식으로부터

$$\Theta^L_i = \Theta^R_{i-1} + T^R_{i-1}/k_i \tag{16.27}$$

여기서 k_i는 축 요소 i의 비틀림 강성(torsional stiffness)으로 다음과 같이 정의된다.

$$k_i = \frac{GJ_i}{l_i}$$

여기서 l_i는 축 요소길이, G는 재료의 전단(횡)탄성계수, J_i는 축 요소의 면적 극관성 모멘트이다. 행렬형식으로 식(16.26)과 (16.27)을 나타내면

$$\begin{bmatrix} \Theta \\ T \end{bmatrix}^L_i = \begin{bmatrix} 1 & 1/k \\ 0 & 1 \end{bmatrix}_i \begin{bmatrix} \Theta \\ T \end{bmatrix}^R_{i-1}$$

또는

$$z^L_i = F_i \, z^R_{i-1} \tag{16.28}$$

여기서 F_i가 축 요소 i의 좌측과 우측 단 사이의 상태량을 전달하는 비틀림 진동계에 대한 장 전달행렬(field transfer matrix)로서 정의된다. 이 전달행렬은 질량을 무시한 탄성축의 전달행렬이 된다. 분포질량을 고려한 탄성축의 전달행렬은 다음의 예제 16.1에서 설명한다.

그림 16.3(b)와 같은 원판요소 i의 좌측(L)과 우측(R)사이의 상태량벡터를 $\mathbf{z}_i^L$과 $\mathbf{z}_i^R$이라 하면, 좌・우측에서의 비틀림각은 변하지 않고 일정하므로

$$\Theta_i^L = \Theta_i^R \tag{16.29}$$

가 된다. 그러나 집중관성요소인 원판의 좌측과 우측점에서는 원판의 관성토크 때문에 토크의 불연속이 발생한다. 즉, 원판이 진동수 ω, 각변위 진폭 Θ_i로 단순조화진동을 하고 있다고 하면, 이곳에서 발생하는 최대관성토크는 Θ_i의 방향으로 $I_i\omega^2\Theta_i$이다. 따라서 평형관계로부터

$$T_i^R = T_i^L - I_i\omega^2\Theta_i \tag{16.30}$$

행렬표시를 이용하면, 식(16.29)와 (16.30)은

$$\begin{bmatrix} \Theta \\ T \end{bmatrix}_i^R = \begin{bmatrix} 1 & 0 \\ -\omega^2 I & 1 \end{bmatrix}_i \begin{bmatrix} \Theta \\ T \end{bmatrix}_i^L$$

또는

$$\mathbf{z}_i^R = \mathbf{P}_i \, \mathbf{z}_i^L \tag{16.31}$$

여기서 P_i는 원판요소 i의 좌, 우측 단 사이의 상태량을 전달하는 점 전달행렬(point transfer matrix)을 나타낸다.

예제 16.1

분포질량을 고려한 탄성축의 장 전달행렬

질량을 고려한 일정 단면의 탄성축에 대한 장 전달행렬을 유도하시오.

길이가 l인 균일 원형단면의 축에 대한 비틀림진동의 운동방정식은

$$\frac{\partial^2 \Theta}{\partial z^2} - \frac{I}{kl^2}\frac{\partial^2 \Theta}{\partial t^2} = 0 \tag{1}$$

이다. 여기서 I는 축의 질량극관성모멘트, k는 비틀림 강성으로 정적 비틀림실험 등에 의해 계측된 것이다. 축이 진동수 ω로 단순조화진동을 하는 경우, 그 진폭은 축방향좌표 z에 따라 변화한다. 식(1)의 해를

$$\Theta(z, t) = \Theta(z)e^{i\omega t} \tag{2}$$

라 놓고, 이를 식(1)에 대입하면

$$\frac{d^2\Theta}{dz^2} + \frac{I}{kl^2}\omega^2\Theta = 0 \tag{3}$$

이 된다. 식(3)의 해는

$$\Theta = A\cos\left(\lambda\frac{z}{l}\right) + B\sin\left(\lambda\frac{z}{l}\right) \tag{4}$$

여기서 $\lambda = \omega\sqrt{I/k}$이고, A, B는 적분상수이다. 축 토크 T는 각변위와 다음과 같은 관계가 있다.

$$T = kl\frac{d\Theta}{dz} = GI\frac{d\Theta}{dz} \tag{5}$$

좌측 단(z = 0)에서의 경계조건은

$$\Theta(0) = \Theta_{i-1}, \quad T(0) = T_{i-1} \tag{6}$$

이므로, 적분상수 A, B는

$$A = \Theta_{i-1}, \quad B = \frac{T_{i-1}}{\lambda k} \tag{7}$$

따라서 식(7)을 식(4)에 대입하면

$$\Theta = \Theta_{i-1}\cos\left(\lambda\frac{z}{l}\right) + \frac{T_{i-1}}{\lambda k}\sin\left(\lambda\frac{z}{l}\right) \tag{8}$$

식(8)을 식(5)에 대입하면, 토크 T는

$$T = T_{i-1}\cos\left(\lambda\frac{z}{l}\right) - \Theta_{i-1}\lambda k\sin\left(\lambda\frac{z}{l}\right) \tag{9}$$

$x = l$, 즉 축 요소의 우측 단에 상당하는 절점 i에서 각변위와 토크는 다음과 같이 된다.

$$\Theta = \Theta_i = \Theta_{i-1}\cos\lambda + \frac{T_{i-1}}{\lambda k}\sin\lambda \tag{10}$$

$$T = T_i = -\Theta_{i-1}\lambda k\sin\lambda + T_{i-1}\cos\lambda \tag{11}$$

행렬형식을 이용하여 축 요소의 좌, 우단 사이의 상태량벡터의 관계를 나타내면,

$$\begin{bmatrix}\Theta \\ T\end{bmatrix}_i = \begin{bmatrix}\cos\lambda & (\sin\lambda)/\lambda k \\ -\lambda k\sin\lambda & \cos\lambda\end{bmatrix}\begin{bmatrix}\Theta \\ T\end{bmatrix}_{i-1}$$

또는

$$z_i = F_i\ z_{i-1} \tag{12}$$

만일 축의 질량을 무시한 경우는 $\cos\lambda$와 $\sin\lambda$를 Taylor 급수전개하고 $\lambda = 0$를 대입하면 식(12)는 식(16.28)과 같게 된다.

예제 16.2

기본요소의 전달행렬

그림 16.3의 (a), (b)에 보이는 하나의 축 요소와 원판요소로 구성된 기본요소의 전달행렬을 유도하시오.

식(16.31)과 (16.28)로부터 절점 $i-1$과 i 사이의 상태량벡터의 관계는

$$z_i^R = P_i\ z_i^L = P_i F_i\ z_{i-1}^R = T_i\ z_{i-1}^R \tag{1}$$

로 되고, 식(1)에서 T_i가 비틀림 진동계의 기본요소에 대한 전달행렬을 나타낸다.

$$\begin{aligned} T_i &= P_i F_i \\ &= \begin{bmatrix}1 & 0 \\ -\omega^2 I & 1\end{bmatrix}_i \begin{bmatrix}1 & 1/k \\ 0 & 1\end{bmatrix}_i = \begin{bmatrix}1 & 1/k \\ -\omega^2 I & 1-\omega^2 I/k\end{bmatrix}_i \end{aligned} \tag{2}$$

16.5.3 전달행렬의 확장

그림 16.4에 나타내는 감쇠를 고려한 비틀림 진동계의 경우에 전달행렬은 장 전달행렬(field transfer matrix)과 점 전달행렬(point transfer matrix)로 구성된다. 장 전달행렬은 축 요소사이의 각변위와 토크의 관계를 나타내고, 점 전달행렬은 관성의 한 측과 다른 축사이의 각변위 및 토크 관계를 설명한다. i번째 축 요소와 i+1번째 관성에 대한 각변위와 토크의 항을 그림 16.5에 나타낸다.

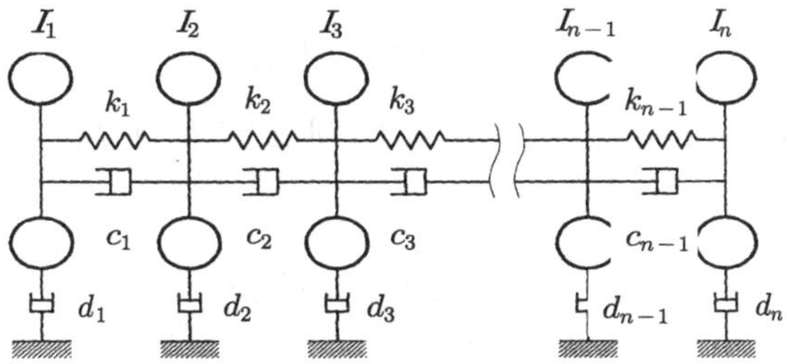

그림 16.4 / 감쇠를 고려한 비틀림진동계

그림 16.5(a)와 같은 축 요소에 대한 좌측 절점 $i-1$과 우측 절점 i사이의 장 전달행렬은 다음과 같이 정의된다.

$$\begin{bmatrix} \Theta \\ T \end{bmatrix}_i^L = \begin{bmatrix} 1 & 1/(k+c\lambda) \\ 0 & 1 \end{bmatrix}_i \begin{bmatrix} \Theta \\ T \end{bmatrix}_{i-1}^L \tag{16.32}$$

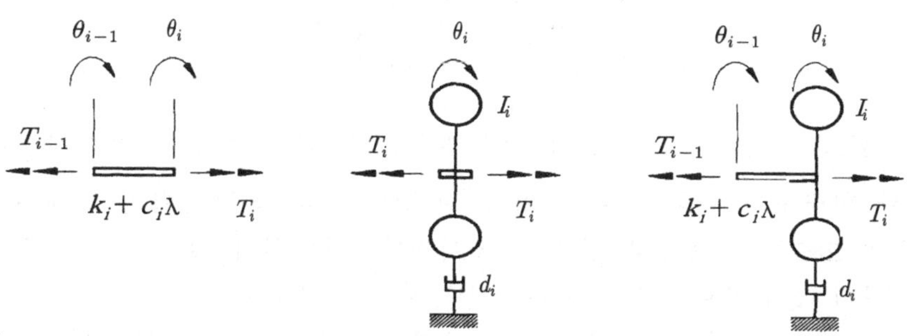

(a) 축 요소 (b) 관성요소 (c) 합성기본요소

그림 16.5 / 요소의 정의

또는

$$z_i^L = F_i z_{i-1}^L$$

그림 16.5(b)와 같은 집중질량 극관성모멘트 I_i와 축과 ground사이의 집중감쇠 d_i에 대한 점 전달행렬은 다음과 같다.

$$\begin{bmatrix} \Theta \\ T \end{bmatrix}_i^R = \begin{bmatrix} 1 & 0 \\ I\lambda^2 + d\lambda & 1 \end{bmatrix}_i \begin{bmatrix} \Theta \\ T \end{bmatrix}_i^L \tag{16.33}$$

또는

$$z_i^R = P_i \; z_i^L$$

식(16.32)와 식(16.33)을 결합한 기본요소에 대한 전달행렬(그림 16.5(c))은 다음과 같이 구하여진다.

$$z_i^R = P_i F_i z_{i-1}^L$$

이를 구체적으로 나타내면

$$\begin{bmatrix} \Theta \\ T \end{bmatrix}_i^R = \begin{bmatrix} 1 & 1/(k+c\lambda) \\ I\lambda^2 + d\lambda & 1+(I\lambda^2+d\lambda)/(k+c\lambda) \end{bmatrix}_i \begin{bmatrix} \Theta \\ T \end{bmatrix}_{i-1}^L \tag{16.34}$$

또는

$$z_i^R = T_i z_{i-1}^L \tag{16.35}$$

i번째 절점에서 각변위 및 토크가 다음과 같이 쓰여지도록 운동을 지수형으로 가정한다.

$$\begin{bmatrix} \Theta \\ T \end{bmatrix}_i = \begin{bmatrix} \Theta_r + j\Theta_i \\ T_r + jT_i \end{bmatrix}_i e^{(\sigma + j\omega)t} \tag{16.36}$$

여기서 Θ_r과 T_r은 각변위 및 토크의 실수부, Θ_i와 T_i는 이들의 허수부이다. 고유치 λ의 실수부와 허수부는 각각 σ와 ω이다. 이들을 앞의 전달행렬식에 대입하면, 결과는 복소 요소의 2×2 전달행렬의 항으로 쓰여진다. 각변위와 토크가 복소수이므로, 전달행렬식은 4개의 실수식으로 표현된다. 실수부분과 허수부분으로 분리하면 계산적으로 훨씬 간편한 결과를 얻을 수 있고, 전달행렬식은 실수의 4×4 전달행렬로 표현된다. 즉, 결합 전달식에 대한 이 식은 다음과 같다.

$$\begin{bmatrix} \Theta_r \\ \Theta_i \\ T_r \\ T_i \end{bmatrix}_i = \begin{vmatrix} 1 & 0 & a_1 & -a_2 \\ 0 & 1 & a_2 & a_1 \\ b_1 & -b_2 & 1+a_1b_1-b_2b_2 & -a_1b_2-a_2b_1 \\ b_2 & b_1 & a_1b_2+a_2b_1 & 1+a_1b_1-a_2b_2 \end{vmatrix}_i \begin{bmatrix} \Theta_r \\ \Theta_i \\ T_r \\ T_i \end{bmatrix}_{i-1} \tag{16.37}$$

여기서

$$a_{1i}=(k_i-\sigma c_i)/[(k_i-\sigma c_i)^2+\omega^2 c_i]$$
$$a_{2i}=-\omega c_i/[(k_i-\sigma c_i)^2+\omega^2 c_i^2]$$
$$b_{1i}=(\sigma^2-\omega^2)I_i+\sigma d_i\ ,\ \ b_{2i}=(2\sigma\omega)I_i+\omega d_i$$

16.5.4 비감쇠 비틀림 고유진동수의 계산

어느 비틀림 진동계가 n개의 기본요소로 구성되어있는 경우, 굽힘 진동과 마찬가지로 계 전체의 좌측단과 우측 단의 상태량벡터 사이의 관계를 다음 식과 같이 나타낼 수 있다.

$$z_n^R = T_n T_{n-1} \cdots T_2 T_1 z_0^L = T z_0^L \tag{16.38}$$

여기서 T_i ($i=1 \sim n$)는 기본요소의 전달행렬, T는 계 전체의 전달행렬이다.
식(16.38)을 실제의 형으로 전개하여 나타내면, 2×2의 행렬로 표현된다.

$$\begin{bmatrix} \Theta \\ T \end{bmatrix}_n^R = \begin{bmatrix} t_{11} & t_{12} \\ t_{21} & t_{22} \end{bmatrix} \begin{bmatrix} \Theta \\ T \end{bmatrix}_0^L \tag{16.39}$$

비틀림 진동계의 좌측단과 우측 단의 상태량벡터 중 하나의 요소는 경계조건에 의해 알려져 있다. 예로 그림 16.6의 계를 고려하여 보자. 좌측단(0점)은 고정조건이므로 축토크 T_0는 모르지만, 각변위 Θ_0는 0이다. 그리고 우측단(4점)은 비틀림에 대해 자유(free)조건이므로, 축 토크 T_4는 0이 되고, 각변위 Θ_4는 모르는 값이다.

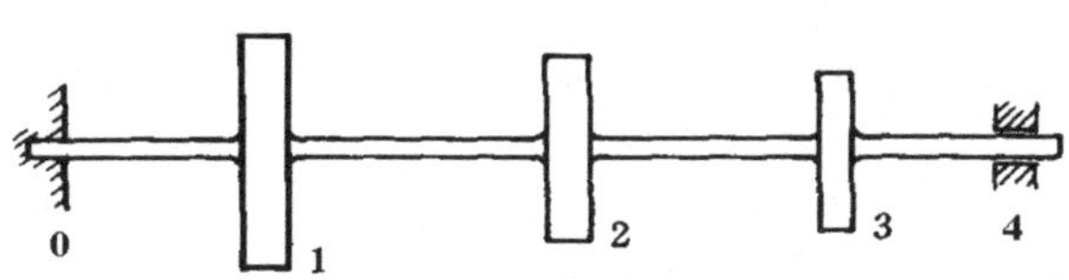

그림 16.6 / 3원판 비틀림 진동계

이를 정리하면

$$\text{고정} : \Theta = 0,\ T \neq 0\ ,\quad \text{자유} : \Theta \neq 0,\ T = 0 \tag{16.40}$$

이 경계조건 ($\Theta_0 = 0$, $T_4 = 0$)을 식(16.39)에 대입하면

$$\begin{bmatrix} \Theta \\ 0 \end{bmatrix}_4^R = \begin{bmatrix} t_{11} & t_{12} \\ t_{21} & t_{22} \end{bmatrix} \begin{bmatrix} 0 \\ T \end{bmatrix}_0^L \tag{16.41}$$

이 되고, 이를 전개하면 다음의 두 식이 얻어진다.

$$\Theta_4 = t_{12}\, T_0\ ,\quad 0 = t_{22}\, T_0 \tag{16.42}$$

$T_0 \neq 0$이라면, 두 번째 식으로부터 $t_{22} = 0$가 되는 것을 알 수 있다. 회전축의 굽힘진동에서 휘돌림운동에 대한 식(16.9)의 4×4행렬식에 이것이 대응한다.

비감쇠 비틀림 고유진동수 ω_1, ω_2, …의 수치계산의 경우는 진동수 조건 $t_{22} = 0$를 앞에서 설명한 2분법을 이용하여 근을 구한다. 비감쇠 비틀림 고유진동수가 결정되면, 고유진동모드는 축계의 좌측 단의 각변위 Θ_0을 1로 하였을 때의 상대값으로서 구하여진다. 일반적으로 회전축계의 좌, 우측 단은 자유(free) 경계조건을 만족하므로, $T_0 = T_n = 0$가 된다. 따라서 좌측 단의 상태량벡터는

$$z_0 = \begin{bmatrix} 1.0 \\ 0 \end{bmatrix} \tag{16.43}$$

로 결정된다. 좌측 단의 상태량벡터 z_0가 결정되면, 각 절점에서의 상태량은 순차적으로 다음 식을 이용하여 계산한다.

$$z_i = T_i\, T_{i-1} \cdots\ T_2\, T_1\, z_0 = \prod_{k=1}^{i} T_k\, z_0 = T\, z_0 \tag{16.44}$$

비틀림 진동계의 경우, T는 2행 2열의 전달행렬이다.

예제 16.3

분기된 기어전동 축계의 비틀림 고유진동수

그림 16.3-1과 같이 기어장치가 부착된 축과 원판으로 구성된 계의 비틀림 고유진동

수를 구하시오. 단, 기어(gear)는 다른 원판에 비해 가벼우므로 기어의 관성토크는 고려하지 않고, 기어의 맞물림 강성(mesh stiffness)은 강(rigid)으로 고려하여 무한대로 가정한다. 따라서 두 기어사이에는 상대 각변위는 발생하지 않는 것으로 한다.

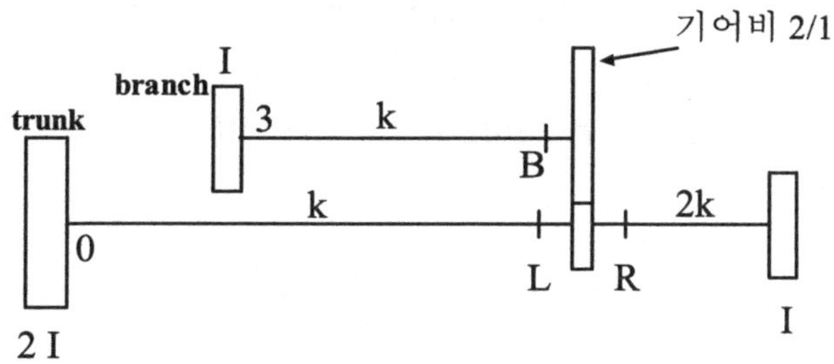

그림 16.3-1 / 분리된 비틀림진동계

절점 1은 두 축이 기어로 강 결합되어 있으므로 공통 절점이 된다. 이 관계를 이용하면 주축(trunk)의 절점 0와 1사이 및 분기축(branch)의 절점 1과 3사이에는 다음의 관계식이 얻어진다.

$$z_1^{\ L} = F_1 P_0 \ z_0^{\ L} \tag{1}$$

$$z_1^{\ B} = F_3 P_3 \ z_3^{\ L} \tag{2}$$

여기서 상첨자 B는 분기된 축을 의미한다. 일반적으로 주축과 분기축 모두 각각에 대응하는 좌표계가 있으나, 분기축의 토크를 주축으로 변환하는 경우에는 좌표계를 혼동하지 않도록 주의할 필요가 있다. 이 예제에서는 계를 좌측 단에서 바라본 경우, 시계방향을 양으로 한다. 식(2)을 풀어서 표현하면

$$\begin{bmatrix} \Theta \\ T \end{bmatrix}_1^B = \begin{bmatrix} t_{11} & t_{12} \\ t_{21} & t_{22} \end{bmatrix}_3 \begin{bmatrix} \Theta \\ T \end{bmatrix}_3^L \tag{3}$$

여기서 분기축의 좌측 단(절점 3)은 자유이므로 $T_3^L = 0$이 되고, 이를 식(3)에 대입하면

$$\Theta_1^B = t_{11} \Theta_3^L , \quad T_1^B = t_{21} \Theta_3^L \tag{4}$$

로 되어, 이로부터 Θ_3^L을 소거하면 다음 식을 얻을 수 있다.

$$T_1^B = \frac{t_{21}}{t_{11}} \Theta_1^B \tag{5}$$

식(5)의 T_1^B와 Θ_1^B는 분기축의 좌표계에 대해 주어진 것이다. 기어비가 2/1인 경우에 이 좌표계는 주축의 좌표계와 다음과 같은 관계가 있다.

$$\Theta_1^T = -2\Theta_1^B, \quad T_1^T = -\frac{1}{2} T_1^B \tag{6}$$

여기서 상첨자 T는 주축을 의미한다. 따라서 식(5)는 주축의 좌표계에 대해 다음과 같이 표현된다.

$$T_1^T = \frac{1}{4} \frac{t_{21}}{t_{11}} \Theta_1^T \tag{7}$$

주축의 절점 1의 좌측(L)과 우측(R)의 상태량벡터는 $\Theta_1^L = \Theta_1^R$의 관계와 식(7)을 이용하여 나타내면

$$\begin{bmatrix} \Theta \\ T \end{bmatrix}_1^R = \begin{bmatrix} 1 & 0 \\ t_{21}/4t_{11} & 1 \end{bmatrix} \begin{bmatrix} \Theta \\ T \end{bmatrix}_1^L$$

또는

$$\boldsymbol{z}_1^R = \boldsymbol{P}_1 \, \boldsymbol{z}_1^L \tag{8}$$

따라서 식(8)은 분기축의 전달특성을 고려한 전달방정식이 된다. 이어서 주축의 절점 1과 2사이는

$$\boldsymbol{z}_2^R = \boldsymbol{P}_2 \, \boldsymbol{F}_2 \, \boldsymbol{z}_1^R \tag{9}$$

로 된다. 식(1), (8) 및 (9)를 이용하여 전체 계의 전달방정식을 나타내면

$$\boldsymbol{z}_2^R = \boldsymbol{P}_2 \boldsymbol{F}_2 \boldsymbol{P}_1 \boldsymbol{F}_1 \boldsymbol{P}_0 \boldsymbol{z}_0^L = \boldsymbol{T}\boldsymbol{z}_0^L \tag{10}$$

여기서 T는 분기된 비틀림 축계의 전달행렬이다. 식(10)을 표에서 나타내면

$$\begin{bmatrix} \Theta \\ T \end{bmatrix}_2^R = \begin{bmatrix} t_{11} & t_{12} \\ t_{21} & t_{22} \end{bmatrix} \begin{bmatrix} \Theta \\ T \end{bmatrix}_0^L \tag{11}$$

주축의 좌측 단(절점 0)과 우측 단(절점 2)에서 경계조건은 자유이므로

$$T_2^R = T_0^L = 0 \tag{12}$$

이를 식(11)에 대입하면, 다음 식이 얻어진다.

$$\Theta_2^R = t_{11}\,\Theta_0^L \tag{13}$$

$$0 = t_{21}\Theta_0^L \tag{14}$$

식(14)에서 $\Theta_0^L \neq 0$이면, 진동수 조건식 $t_{21}=0$에 의해 비틀림 고유진동수를 구할 수 있다. 즉, 그림 16.3-1과 같이 극관성모멘트와 축의 비틀림 강성이 주어지는 경우, 그림 16.3-2에 나타내듯이 $\omega I/k$의 변화에 대한 t_{21}의 값을 구하여 plot하면 t_{21}이 0이 되는 교점에서의 값에 의해 1차 및 2차 비틀림 고유진동수는 다음과 같이 구하여진다.

$$\omega_1^2 = 0.822\ I/k, \qquad \omega_2^2 = 1.218\ I/k \tag{15}$$

그리고 이들 비틀림 고유진동수에 대응하는 고유진동모드를 구하기 위해 주축의 좌측단 절점 0의 각변위 $\Theta_0^T = 1.0$으로 놓으면, 각 절점에서의 각변위는

$$\begin{aligned}\Theta_1^T &= 1 - 2\,\omega^2 I/k \\ \Theta_2^T &= t_{11} \\ \Theta_1^B &= -\,\Theta_1^T/2 \\ \Theta_3^B &= \Theta_1^B/\,(1-\,\omega^2 I/k)\end{aligned} \tag{16}$$

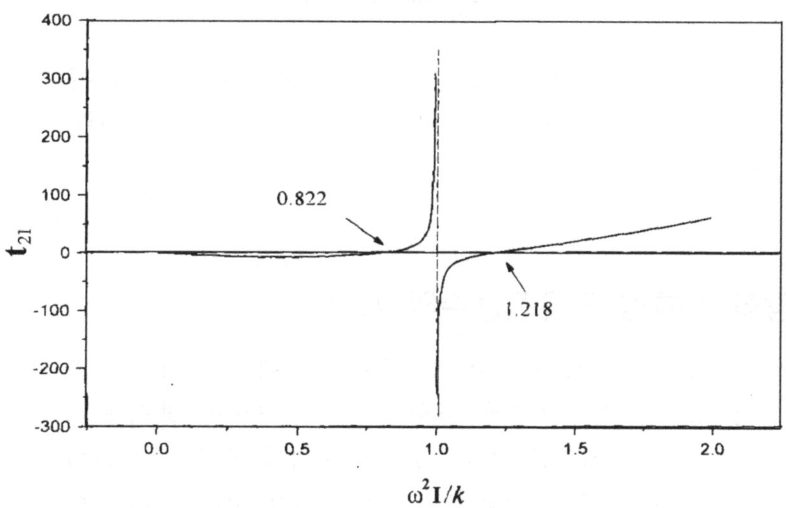

그림 16.3-2 / t_{21} 곡선

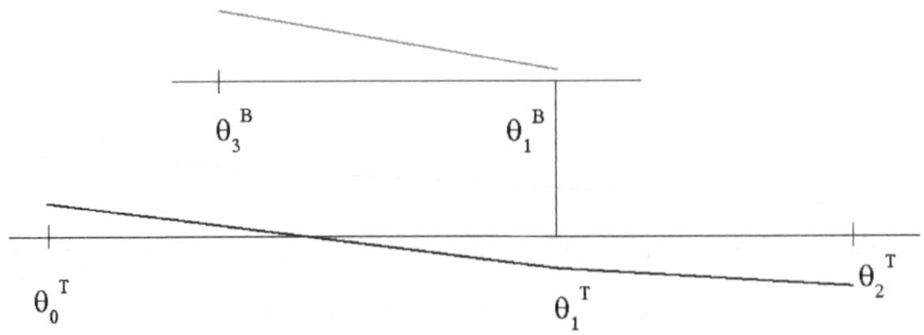

(a) 1차 모드 ($\omega^2 I/k=0.822$)

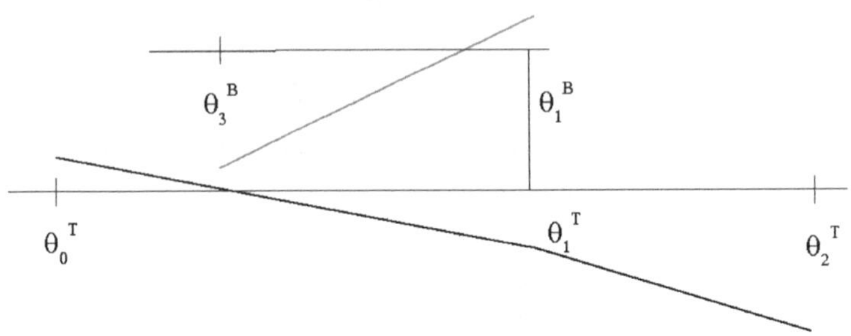

(b) 2차 모드 ($\omega^2 I/k=1.218$)

그림 16.3-3 / 고유진동모드

로 구하여진다. 식(16)에 각각 ω_1^2 및 ω_2^2을 대입하여 이에 대응하는 각변위를 구하면, 1차 및 2차 비틀림 고유진동수에 대응하는 고유진동모드를 그림 16.3-3과 같이 나타낼 수 있다

16.5.5 감쇠 비틀림 고유진동수의 계산

계산을 진행하기 위해서는 좌측 첫 번째 절점에서의 각변위 및 토크 성분이 필요하다. 각변위와 토크를 실수부분과 허수부분으로 나누어 표시하고, 첫 절점에서 각변위는 위상이 0이고 단위각도로 한다. 즉, 각변위의 실수부 $\Theta_r=1.0$, 허수부 $\Theta_i=0$으로 가정한다. 첫 절점의 좌측 경계조건은 일반적으로 자유이므로, 외부토크를 0으로 한다. 이들을 종합하면 좌측 경계조건은 다음과 같다.

$$\begin{bmatrix} \Theta_r \\ \Theta_i \\ T_r \\ T_i \end{bmatrix}_0^R = \begin{bmatrix} 1.0 \\ 0.0 \\ b_1 \\ b_2 \end{bmatrix}_0^R \tag{16.45}$$

임의 가정된 고유치의 경우, 최종 절점의 우측의 각변위 및 토크는 각 절점의 곱을 이용하여 쉽게 평가할 수 있다. 만일 가정된 고유치가 참된 고유치라면, 계산에서 최종단 우측에서의 잔류 토크가 0이 되어야 한다. 즉, 반한정계의 경계조건을 만족해야 한다.

지금까지의 방법은 $\sigma = 0$, 즉 비감쇠계의 경우에 Holzer법으로 계산을 하여 잔류 토크가 0이 되는 진동수인 허수축을 탐색하였다. 유사하게 감쇠계의 경우도 복소고유치를 위해 2차원인 복소평면(complex plane)을 탐색할 필요가 있다. 이는 1차원 탐색의 경우에 흔히 사용되는 단순한 방법에 비해 보다 정교한 기술을 필요로 한다.

이 문제는 최종 절점 우측에서의 잔류토크의 실수 및 허수성분인 $T_{rn}(\sigma, \omega)$과 $T_{in}(\sigma, \omega)$이 동시에 0이 되는 σ와 ω의 값을 찾는 것이다. 많은 문헌에서 소개하고 있는 Newton-Raphson법이 이 작업에 아주 적절하다. 이 방법은 근사해를 임의의 요구되는 정도까지 점차적으로 개선하는 반복과정이다. 이 방법을 적용하기 위해 근의 $(m+1)$차 근사치를 m차 근사치로 표현한다. 즉,

$$\begin{bmatrix} \sigma \\ \omega \end{bmatrix}^{m+1} = \begin{bmatrix} \sigma \\ \omega \end{bmatrix}^{m} + \begin{bmatrix} \partial T_{rn}/\partial\sigma & \partial T_{rn}/\partial\omega \\ \partial T_{in}/\partial\sigma & \partial T_{in}/\partial\omega \end{bmatrix} \begin{bmatrix} T_{rn}(\sigma + j\omega) \\ T_{in}(\sigma + j\omega) \end{bmatrix}^{m} \tag{16.46}$$

예제 16.4

디젤엔진 축계의 비틀림 진동계산

그림 16.4-1에 나타낸 4사이클 디젤엔진의 등가 비틀림 진동계를 이용하여 비틀림 고유진동수와 고유모드를 계산하시오. 주요 사양 및 등가계의 데이터는 표 16.4-1과 표 16.4-2에 나타내었다.

표 16.4-1 / 엔진의 주요사양

항 목	내 용
Type	4-cycle Diesel engine
BHP at MCR	400 HP
RPM at MCR	2000 rpm
Firing order	1 - 3 - 4 - 2
Crank shaft	0°, 180°, 180°, 0°
Generator power	250 kW
Bore × Stroke	150mm × 200mm

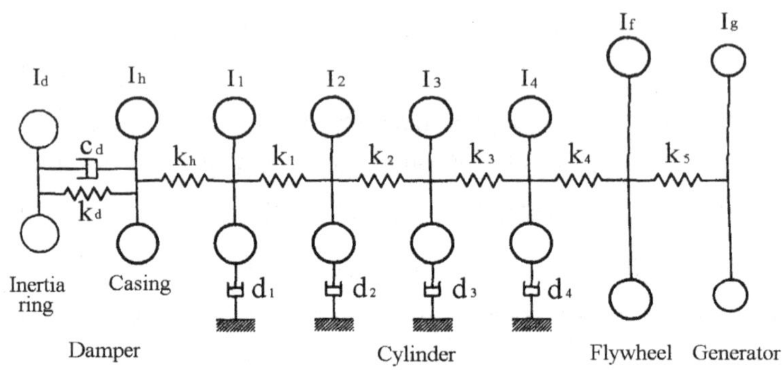

그림 16.4-1 / 엔진 크랭크축계의 등가 비틀림 진동계

감쇠를 무시한 계에서는 고유진동수와 진동모드는 Holzer계산법에 의해 결정된다. 그러나 실제 모든 엔진 축계에서는 감쇠가 존재하고, 감쇠가 모델에 포함되었을 때, 고유치는 복소수가 된다. 이 계에 대해서는 복소 고유해석 방법으로 전달행렬법을 이용하여 구한다. 감쇠를 포함한 비틀림 진동계는 그림 16.4와 같이 반한정계로써 n개의 관성력 I_i $(=1,2,\cdots,n)$, 강성 k_i 인 $n-1$개의 탄성축으로 연결되어있다. 절점과 ground사이의 감쇠를 d_i로 표현하고, 절점과 절점사이의 감쇠를 c_i로써 나타낸다. 표 16.4-2에서 I_d와 c_d는 비틀림진동 감쇠기의 관성링(inertia ring)의 질량관성모멘트와 점성감쇠계수를 나타낸다.

표 16.4-2 / 등가진동계의 데이터

No.	질량극관성모멘트 I_i (kg · m^2)	비틀림강성계수 k_i (N · m/rad)	감쇠계수 c_i (N · m · s/rad)	감쇠계수(엔진) d_i (N · m · s/rad)
1	I_d	0	0	0
2	0.8970	(k_d) 0	c_d	0
3	0.1670	4,067,000	0	10
4	0.1670	3,050,000	0	10
5	0.1670	3,050,000	0	10
6	0.1670	3,050,000	0	10
7	2.0110	6,101,000	0	0
8	11.8630	1,062,000	0	0

표 16.4-2의 데이터를 이용하여 먼저 Holzer법을 이용하여 비감쇠계의 고유진동수를 구하고, 이 값을 초기치로 하여 전달행렬법으로 상당계의 고유진동수를 구하면, 표 16.4-3과 같이 계산된다. 감쇠기를 부착한 경우, 감쇠기의 관성모멘트로 인하여 1절 및 2절 고유진동수가 각각 6,545.4cpm에서 5,147.4cpm으로 18,133.4cpm에서 10,782.1cpm으로 낮아지고 있다.

표 16.4-3 / 등가계의 고유진동수

모드	감쇠기 무시		감쇠기 고려	
	rad/s	cpm	rad/s	cpm
1st	685.43	6,545.4	539.03	5,147.4
2nd	1,898.93	18,133.4	1,129.1	10,782.1

그림 16.4-2는 1절과 2절 고유진동수에 대응하는 모드형상(mode shape)을 나타내고 있다. 감쇠기를 부착하는 부분이 가장 큰 비진폭을 나타내고 있고, 감쇠기의 부착으로 모드형상이 변화하는 것을 알 수 있다.

정격운전속도 2,000rpm까지의 엔진사용회전수 범위 내에 1절 및 2절의 위험속도차수가 존재하는가를 검토하기 위해 3.5차에서 8차까지의 위험회전수를 표 16.4-4에 나타내었다. 여기서 각 차수의 위험속도는 고유진동수를 각 차수로 나눈 값에 대응한다. 표에서 괄호내의 수치는 감쇠기를 부착하지 않았을 때의 값이다. 엔진사용회전수 범위 내에서 1절의 경우는 모두 포함되고, 2절의 경우도 5.5차 이상의 위험회전수가 존재하고 있음을 알 수 있다.

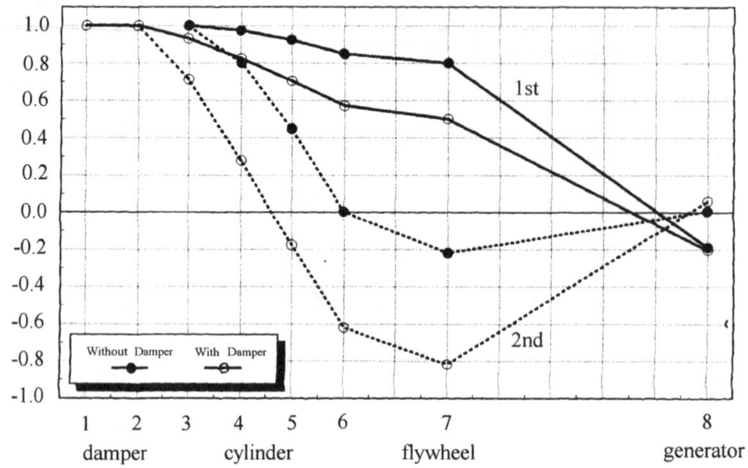

그림 16.4-2 / 고유진동모드

표 16.4-4 / 위험속도

고유진동수 f(cpm)	위험속도 (cpm)							
	3.5th	4th	4.5th	5th	5.5th	6th	6.5th	8th
1st 5147.4 (6545.4)	1470.7 (1870.1)	1286.9 (1636.4)	1143.9 (1454.5)	1029.5 (1309.1)	935.9 (1190.1)	857.9 (1090.9)	791.9 (1007.0)	643.3 (818.2)
2nd 10782.1 (18133.4)	3080.6 (5180.9)	2695.5 (4533.4)	2396.0 (4029.6)	2156.4 (3626.7)	1960.4 (3297.0)	1797.0 (3022.2)	1658.8 (2789.8)	1347.8 (2266.7)

17

수치계산 예

여기에서는 지금까지 설명한 전달행렬법을 이용하여 소형 단순 회전체로부터 대형의 복잡한 형상을 가지는 고압 증기터빈, 발전기 및 증기터빈·발전기의 회전축계에 대한 계산 예를 설명한다.

17.1 소형 단순회전체

회전체 모델로는 Lalanne과 Ferraris의 저서에서 이용한 그림 17.1과 같은 좌, 우단이 베어링으로 지지된 3원판 2베어링 계에 대해 해석한다. 사용된 모델 데이터는 표 17.1과 같다. 이 예에서는 베어링 동특성 중에 연성 항은 무시하고, 이방성만을 고려하고 있다. 표 17.1을 이용하면, 원판요소의 질량 m_d, 횡관성모멘트 I_d 및 극관성모멘트 I_p는

$$m_{di} = \pi \rho H_i (R_{2i}^2 - R_{1i}^2) \ \ (\mathrm{kg})$$

$$I_{di} = \frac{1}{12} m_{di} (3R_{1i}^2 + 3R_{2i}^2 + H_i^2) \ \ (\mathrm{kg \cdot m^2})$$

$$I_{pi} = \frac{1}{2} m_{di} (R_{1i}^2 + R_{2i}^2) \ \ (\mathrm{kg \cdot m^2})$$

에 의해 구해지고, 축 요소의 경우에도 면적 A_i, 면적관성모멘트 I_i는

$$A_i = \pi R_i^2 \ (\mathrm{m}^2), \quad I_i = \frac{1}{4}\pi R_i^4 \ (\mathrm{m}^4)$$

로 구해진다.

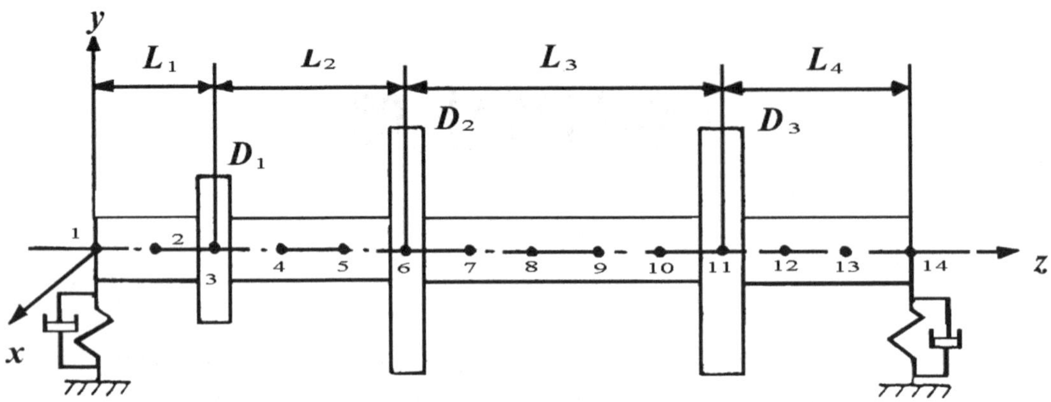

그림 17.1 / 회전체 모델(Lalanne & Ferraris)

표 17.1 / 회전체 모델 데이이터

원판 요소		D_1	D_2	D_3
두께(H_i) 내측반경(R_{1i}) 외측반경(R_{2i})		0.05 m 0.05 m 0.12 m	0.05 m 0.05 m 0.20 m	0.06 m 0.05 m 0.20 m
축요소	길이	L_1 = 0.2 m, L_2 = 0.3 m, L_3 = 0.5 m, L_4 = 0.3 m		
	반경	R_i = 0.05 m (균일 단면 축)		
베어링요소 동적 계수		$k_{xx} = 50$ MN/m, $k_{yy} = 70$ MN/m, $k_{xy} = k_{yx} = 0$ $c_{xx} = 0.5$ kN · s/m, $c_{yy} = 0.7$ kN · s/m, $c_{xy} = c_{yx} = 0$		
재료 정수		E = 200 GN/m, ρ= 7,800 kg/m^3, ν= 0.3		

17.1.1 고유진동수 및 고유모드

제 16장에서 설명한 방법에 의해 계산을 수행한 결과, 운전속도 $N = 25,000$ rpm에 대한 고유진동수를 표 17.2에 유한요소법(FEM)에 의한 결과와 비교하였다. 최대 약 0.75%정도의 오차범위 내에서 계산결과가 잘 일치하고 있으며, 이들 오차는 축 요소의 질량을 요소 양단에 집중질량으로 치환하여 나타낸 것에 기인한다. 표에서 F와 B는 전향 휘돌림(Forward whirl) 및 후향 휘돌림(Backward whirl)을 나타내며, 앞부분의 수치는 차수를 나타낸다. 즉, 1B는 후향 1차 모드를 의미한다.

표 17.2 / 고유진동수의 비교 (N = 25,000rpm)

모드	고유진동수 (Hz)		오차(%)
	TMM	FEM	
1B	55.39	55.41	0.032
1F	67.29	67.21	0.123
2B	158.01	157.90	0.070
2F	194.08	193.71	0.191
3B	248.82	249.90	0.432
3F	404.60	407.62	0.741

그림 17.2는 각 차수에 대응하는 변위 및 각변위 모드를, 그림 17.3은 이에 대응하는 굽힘모멘트와 전단력선도를 나타낸다. 그림에서 알 수 있듯이 전달행렬법을 이용하면 운전속도에서의 고유모드 뿐만 아니라, 이에 대응하는 동적 굽힘모멘트선도(bending moment diagram)와 전단력선도(shearing force diagram)를 쉽게 나타낼 수 있고, 이들 계산결과를 이용하여 쉽게 축계에 작용하는 굽힘응력과 전단응력을 평가할 수 있다.

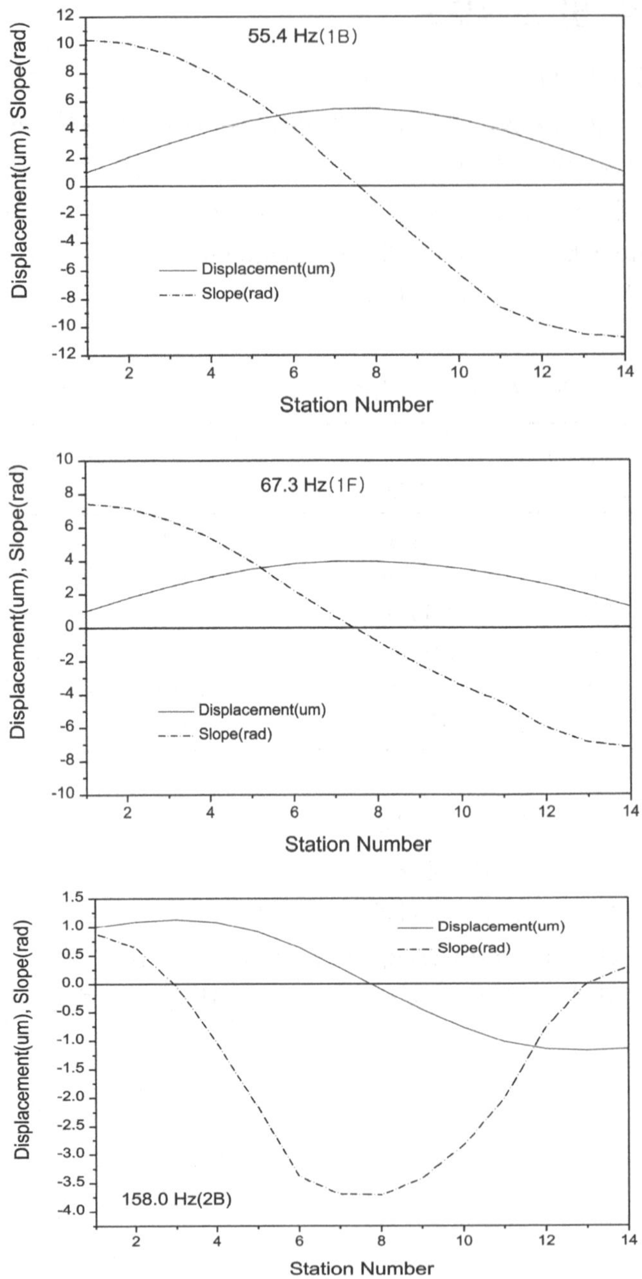

그림 17.2 / 변위 및 각변위선도 (계속)

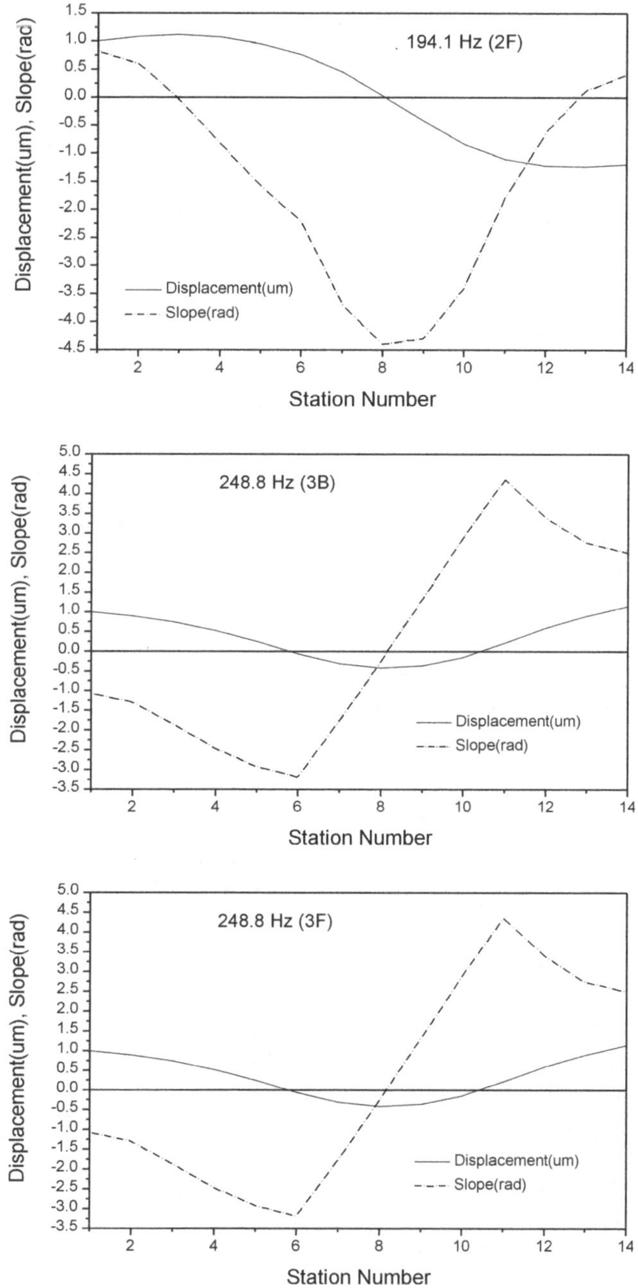

그림 17.2 / 변위 및 각변위선도

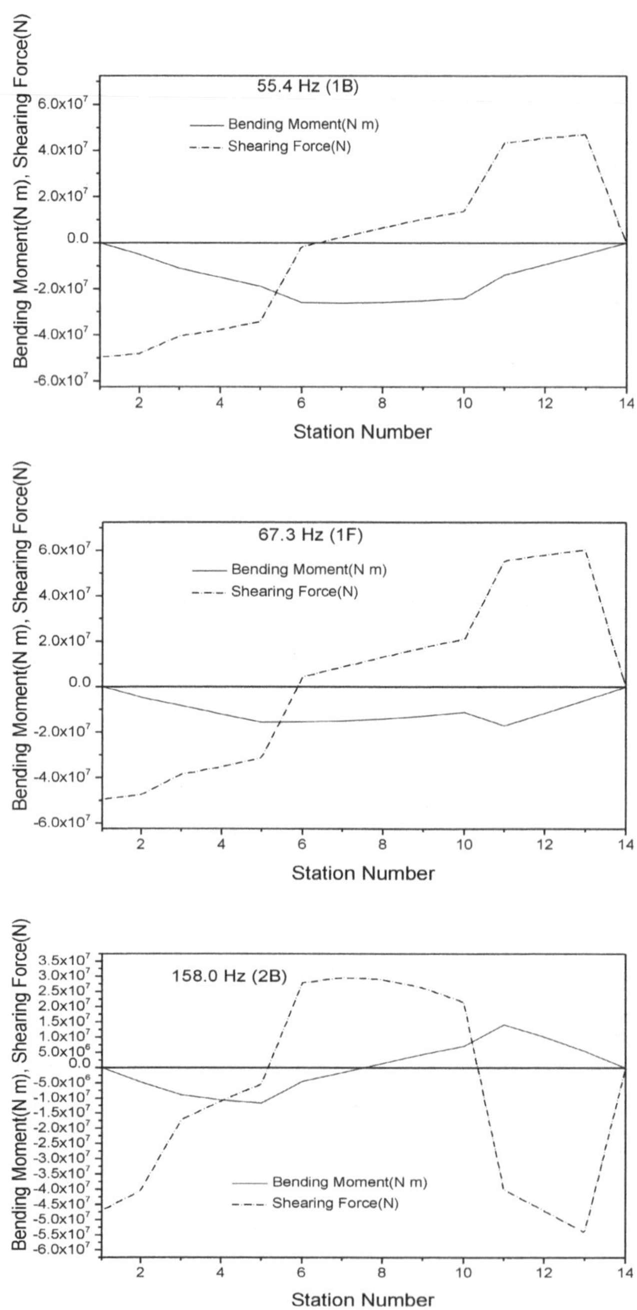

그림 17.3 / 굽힘모멘트 및 전단력선도(계속)

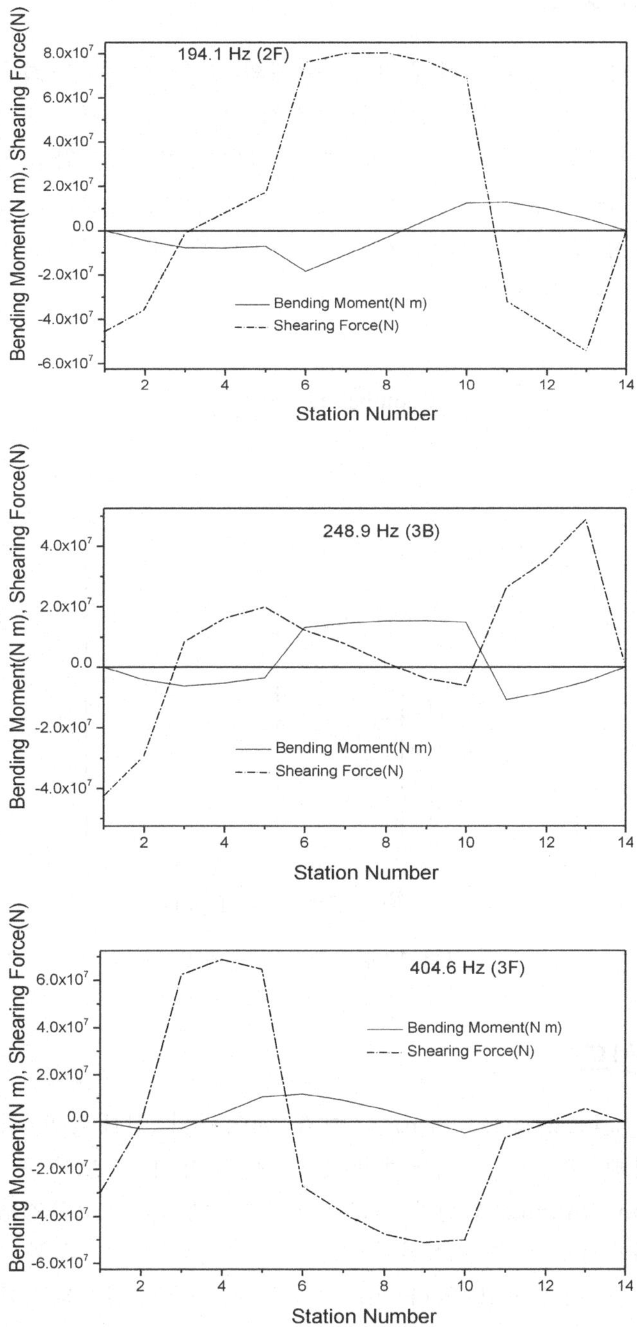

그림 17.3 / 굽힘모멘트 및 전단력선도

17.1.2 Campbell 선도

이 선도는 회전속도(rpm)의 변화에 따른 축계의 고유진동수 변화를 나타내는 그림으로서 동기속도인 1X 선과 교차하는 점이 각각 전향 및 후향 위험속도가 된다(그림 17.4). 예를 들면 1F 곡선과 1X 선이 교차하는 점이 전향 1차 위험속도가 된다. 일반적으로 불평형 원심력은 전향 가진력으로 작용하므로, 후향 성분(1B, 2B,…)은 불평형 응답곡선에서 나타나지 않는다. 그림에서 $F_1 \sim F_6$는 운전속도 25,000rpm에서의 전향 및 후향 휘돌림 고유진동수를 나타낸다.

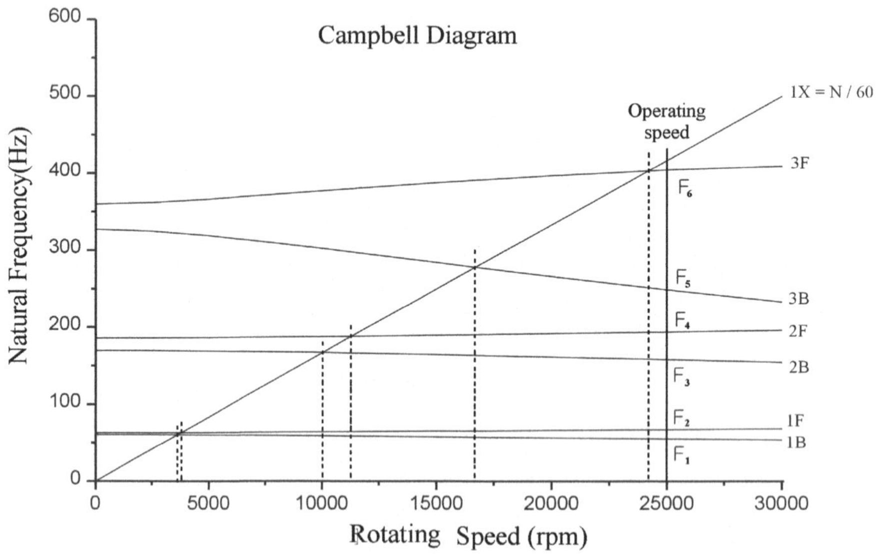

그림 17.4 / Campbell 선도

17.1.3 위험속도선도

이 위험속도선도(critical speed map)는 축과 베어링의 상대적인 강성에 대한 정보를 제공함으로서 회전체 설계의 초기단계에서 매우 유용한 정보를 제공한다. 예를 들어 American Petroleum Institute(API)의 API 610규격에서는 고유진동수와 동기운전선(synchronous running line), 즉 1X선과의 사이에 감쇠비에 대한 분리여유(separation margin)를 만족하도록 규정하고 있다. 이는 기본적으로 공진회피설계를 요구하는 것으로 감쇠비 ζ가 0.15이상으로 충분한 경우는 분리여유가 필요 없으나, 이 보다 적은 경감쇠의 경우는 감쇠비가 적을수록 분리여유, 즉 허용불가영역인 공진회피영역이 크게 된다. 예를 들어 $\zeta = 0.15$에서는 운전주파수 f 에 대한 i차 고유진동수 f_{ni}의 비 f_{ni}/f가 0.9～1.15, $\zeta = 1/6$에서는 0.8～1.2, $\zeta = 0.02$에서는 0.4～1.3이다.

그림 17.5는 그림 17.1의 회전체 모델에 대한 위험속도선도를 나타낸다. 통상 이 선도를 계산할 때에는 모든 베어링은 동일한 것으로 가정하여 등방성(isotropic, 等方性)으로 하고, 감쇠계수를 무시할 수 없을 때에는 등가강성(equivalent stiffness, 等價剛性)으로 고려한다. 예를 들어 등가강성 k_{eq}는 다음 식과 같다.

$$k_{eq} = \sqrt{k^2 + \Omega^2 c^2}$$

여기서 Ω는 회전각속도이고, 강성계수와 감쇠계수는 다음과 같이 가정한다.

$$k_{xx} = k_{yy} = k,\ c_{xx} = c_{yy} = c,\ k_{xy} = k_{yx} = c_{xy} = c_{yx} = 0$$

그림 17.5에서 회전체의 운전속도가 21,000rpm (350Hz)이고, 분리여유영역이 운전속도의 ±10%이라면, 315～385Hz범위에서의 진동수는 반드시 회피해야만 한다는 것을 선도에서 나타내고 있다.

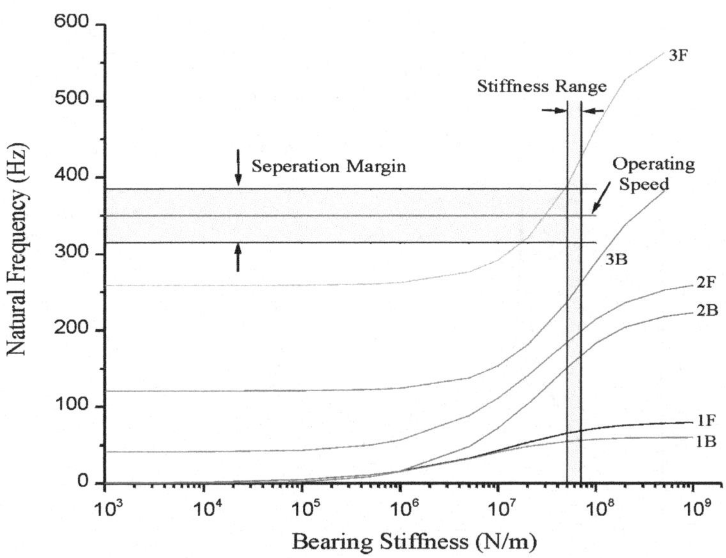

그림 17.5 / 위험속도선도

17.1.4 불평형 응답

그림 17.6은 16.3절의 방법에 의해 계산된 절점 6(D_2 위치)의 불평형 응답(unbalance response)을 나타내는 선도이다. 계산에서는 원판 D_2의 위치에 200 g · mm의 질량불평형이 있는 것으로 가정하였다. 그림 (a)는 x, y축 방향의 진폭이고, 그림 (b)는 휘돌림 운동궤도의 장축 및 단축 반경을 나타낸다. 통상 미끄럼 베어링으로 지지되는 회전체는 x, y축 방향의 베어링강성이 다르므로, 축 중심점은 공간에 고정된 xy 좌표면상에서 타원궤도를 그리며 휘돌림운동을 하게 된다. 따라서 강제진동을 나타낼 때는 최대진폭이 되는 타원궤도의 장축반경을 이용하여 나타내게 된다.

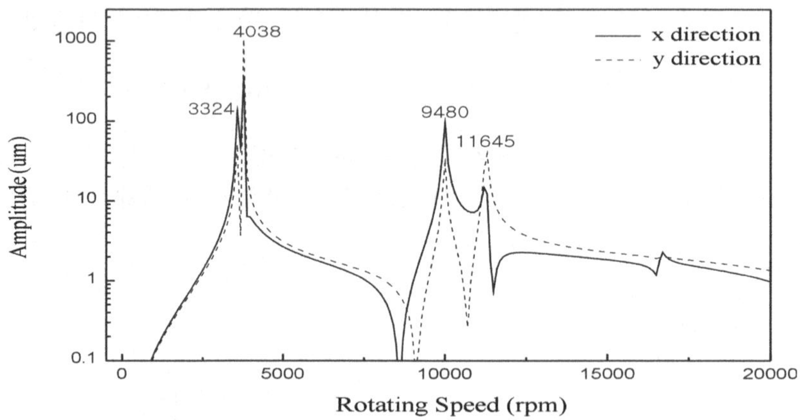

(a) x 및 y축 방향

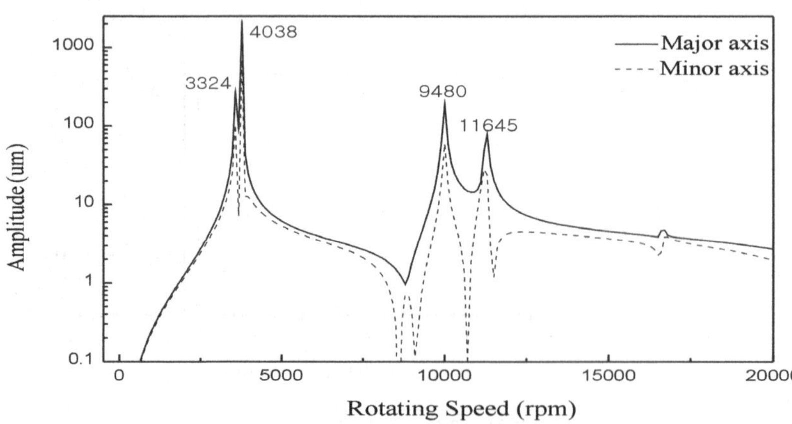

(b) 장축 및 단축방향

그림 17.6 / 질량불평형 응답

17.1.5 정적 해석

16.4절에 설명한 방법에 의해 계산된 정적해석 결과를 그림 17.7에 나타낸다. 이는 회전체의 자중과 집중 부가중량이 정적 외력으로 축에 작용하는 것으로 하여 정적 처짐, 처짐각, 굽힘모멘트 및 전단력을 계산한 것이다. 이 예의 경우는 외력만이 작용하고, 외력모멘트가 작용하지 않으므로 굽힘모멘트는 0이 된다.

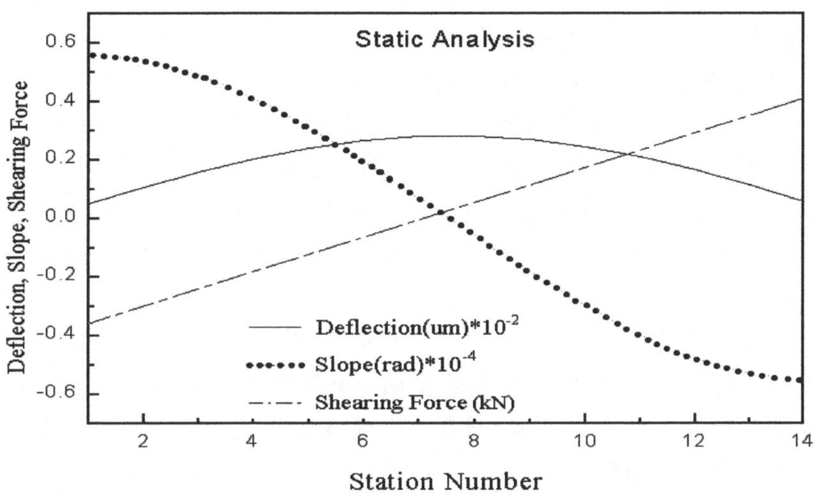

그림 17.7 / 정적 해석결과

17.2 고압 증기터빈

17.2.1 해석 모델

그림 17.8은 원자력발전소용 증기터빈·발전기를 구성하는 회전체의 하나인 고압증기터빈(HP rotor)만의 해석모델을 나타낸다. 회전체 모델은 축 요소 50개에 51개의 절점, 14개의 원판요소로 나타내는 14개의 터빈 블레이드단으로 구성되고, 2개의 베어링이 5번 및 46번 절점에 위치한다. 운전속도는 1,800 rpm이고, 베어링과 베어링 지지대(pedestal)의 특성은 표 17.3과 같다.

이와 같이 비교적 복잡한 형상을 갖는 회전축계의 진동해석에는 전달행렬법(TMM)이 편리하다. 축계는 축 본체와 베어링계로 대별되고, 축 본체는 등가인 집중질량(lumped mass)과 질량이 없는 탄성축으로 치환되며, 원판요소는 각각의 부착 절점에 집중질량, 집중 횡관성 및 집중 극관성모멘트로 부가된다. 베어링계는 그림 17.9와 같이 베어링부와 베어링 지지대부로 나누어 각각 스프링과 감쇠기로 모델링하여 나타내고 베어링계 전체의 등가질량을 고려한다.

베어링 지지대부의 강성과 감쇠는 베어링 지지대의 구조상 연성항(cross-coupled terms)은 무시할 수 있고 대각항(diagonal terms)만을 고려한다. 베어링 지지대는 콘크리트 기초 위에 직접 설치되는 것과 케이싱에 부대적으로 설치되는 것이 있다. 표 17.4는 일반적인 증기터빈·발전기 축계에서의 베어링 지지대와 회전체(rotor) 그리고 베어링 유막의 수직방향 강성비의 일 예를 보이고 있다. 표에서는 회전축의 강성을 1로 하였을 때의 베어링부와 베어링 지지부 강성의 상대적인 비율을 나타낸다. 표에서 알 수 있듯이 특히, 저압 회전체에서는 베어링 지지부의 강성 값이 각각 1.29배, 1.40배로 거의 같은 크기이다. 이는 베어링지지대의 강성이 진동특성을 결정하는 중요한 요소가 되는 것을 의미하고, 베어링 지지부를 탄성지지로 고려하여야 함을 나타낸다. HP 터빈 모델의 경우에도 좌, 우측 베어링의 수직방향(y방향)에서 베어링지지대 강성은 각각 베어링 강성의 0.725배, 1.09배 정도로 좌측 단 베어링의 경우는 오히려 베어링 강성보다 값이 작은 것을 알 수 있다.

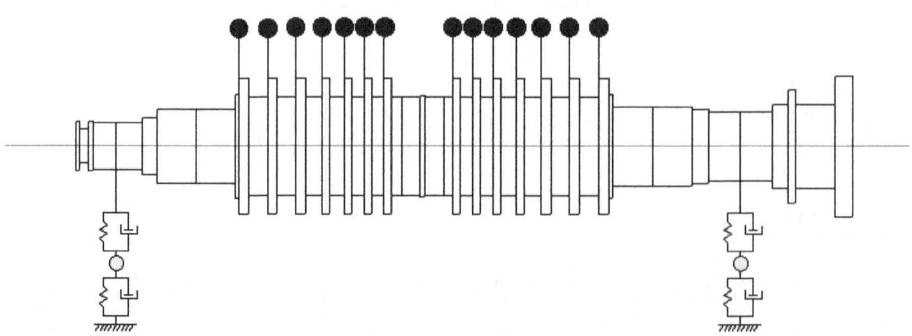

그림 17.8 / 고압 증기터빈 회전체 모델

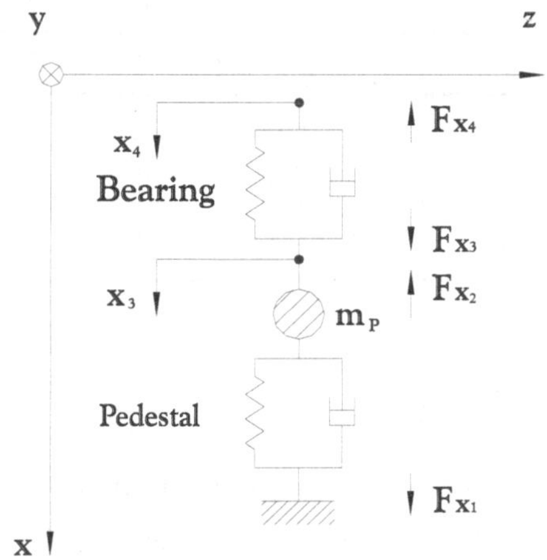

그림 17.9 / 지지계의 모델

표 17.3 / 베어링과 베어링 지지대 특성(N = 1,800 rpm)

절점 번호	동특성	베어링	베어링 지지대
No. 5 (좌측 베어링)	질량(kg)		$m_x = m_y = 1.50\times10^4$
	강성계수 (N/m)	$k_{xx} = 4.35\times10^8$ $k_{xy} = 4.21\times10^7$ $k_{yx} = -1.29\times10^9$ $k_{yy} = 3.45\times10^9$	$k_{xx} = 1.50\times10^9$ $k_{xy} = k_{yx} = 0$ $k_{yy} = 2.50\times10^9$
	감쇠계수 (N·s/m)	$c_{xx} = 2.0\times10^6$ $c_{xy} = -2.66\times10^6$ $c_{yx} = 1.27\times10^6$ $c_{yy} = 9.07\times10^6$	$c_{xx} = 7.00\times10^5$ $c_{xy} = c_{yx} = 0$ $c_{yy} = 4.50\times10^5$
No. 46 (우측 베어링)	질량(kg)		$m_x = m_y = 2.0\times10^4$
	강성계수 (N/m)	$k_{xx} = 3.91\times10^8$ $k_{xy} = 6.991\times10^7$ $k_{yx} = -1.18\times10^9$ $k_{yy} = 3.12\times10^9$	$k_{xx} = 1.50\times10^9$ $k_{xy} = k_{yx} = 0$ $k_{yy} = 3.40\times10^9$
	감쇠계수 (N·s/m)	$c_{xx} = 1.88\times10^6$ $c_{xy} = -2.38\times10^6$ $c_{yx} = 1.2\times10^6$ $c_{yy} = 8.57\times10^6$	$c_{xx} = 6.0\times10^5$ $c_{xy} = c_{yx} = 0$ $c_{yy} = 4.0\times10^5$

표 17.4 / 증기터빈 축계에서 수직방향 강성비의 일 예

	저압 터빈	중, 고압 터빈
회전축	1.00	1.00
베어링	1.29	2.10
베어링 지지대	1.40	17.9

17.2.2 고유진동수 및 고유모드

베어링지지대의 특성을 무시한 경우, 운전속도 1,800rpm에서 전달행렬법(TMM)과 유한요소법(FEM)을 이용하여 구한 고유진동수의 계산결과를 표 17.5에 계산오차와 함께 비교하여 나타내었다. 여기서 오차는 FEM의 결과를 기준으로 TMM과의 절대값 차에 대한 비율로 다음과 같이 정의한다.

$$\text{오차}(\%) = \frac{|\omega_{TMM} - \omega_{FEM}|}{\omega_{FEM}} \times 100$$

표 17.5와 같이 1차에서 4차 모드까지의 고유진동수를 비교하여 보면, FEM에 대한 TMM의 계산오차는 최대 0.7% 정도로 잘 일치하고 있다. 이 오차는 주로 요소질량을 집중질량으로 치환함으로서 발생한다.

표 17.6은 15.3절에서 유도한 베어링 지지대를 고려한 탄성지지 베어링부와 이를 무시한 강 지지(right support) 베어링의 경우에 대해 구한 고유진동수를 비교한 결과이다. 베어링의 강성 및 감쇠계수 그리고 베어링지지대의 질량, 강성 및 감쇠계수는 표 17.3의 데이터를 이용하였다. 베어링 지지대의 탄성으로 인해 고유진동수가 낮아지고 있음을 알 수 있다. 베어링 지지대의 특성은 표 17.3과 같이 베어링계 전체의 등가질량 $(m_x,\ m_y)$과 연성 항을 무시한 스프링정수 $(k_{xx},\ k_{yy})$, 감쇠계수 $(c_{xx},\ c_{yy})$로 표시되며, 이 정수들은 유한요소법 등에 의해 수치적으로 계산하거나, 베어링 지지대부분을 실제로 가진기(exciter)로 가진하고, 다음 식과 같이 정의되는 기계 임피던스(impedance)

$$Z = \left|\frac{F}{V}\right| = [(k_p/\omega - m_p\omega)^2 + c_p^2]^{1/2}$$

를 계측하여 베어링지지대의 스프링정수 k_p, 감쇠계수 c_p 및 등가질량 m_p를 구하여 계산 모델에 대입한다.

운전속도 1,800rpm에서 HP 터빈의 모드형상(mode shape)과 고유진동수를 저차의 6차 모드까지 그림 17.10에 나타내었다. 운전속도영역 내에 x, y방향의 각각의 3차 모드까지의 고유진동수를 포함하고 있다. 즉, 1차 고유진동수 1,009cpm과 2차 고유진동수 1,539.9cpm은 x방향의 1차 모드(평행모드)와 2차 모드(원추모드)에 대응하고, 3차 고유진동수 2,014.4cpm과 4차 고유진동수 3,922.6cpm은 y방향의 1차 모드(원통모드)와 2차 모드(원추모드)에 대응한다. 그리고 5차(4,064.5cpm)와 6차(6,464cpm)는 각각 x와 y방향의 탄성 1차 모드에 해당한다. 따라서 터빈의 기동 및 정지 시에 이들 고유진동수, 즉 위험속도를 통과하여야 한다. 그러나 단독 회전체 평형잡기(balancing)를 실시하는 경우를 제외하고는 실제 현장에서 HP 터빈 회전체가 단독으로 운전되는 일은 없고, 전체 터빈·발전기시스템으로 결합되어 운전되므로, 실제 설계단계에서는 이 전체 시스템에 대해 해석을 수행하여야 하며, 이에 대해서는 17.4절에서 설명한다.

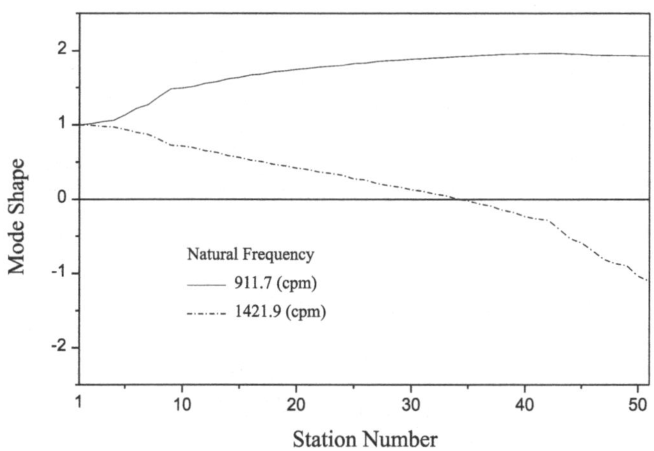

(a) 1차 및 2차모드

그림 17.10 / 운전속도에서의 모드형상(계속)

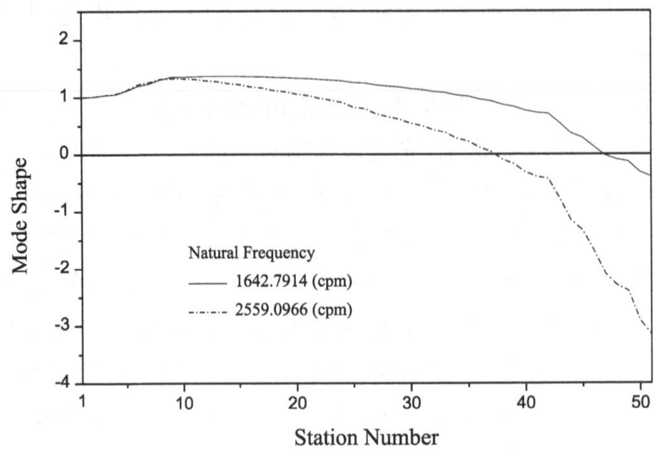

(b) 3차 및 4차모드

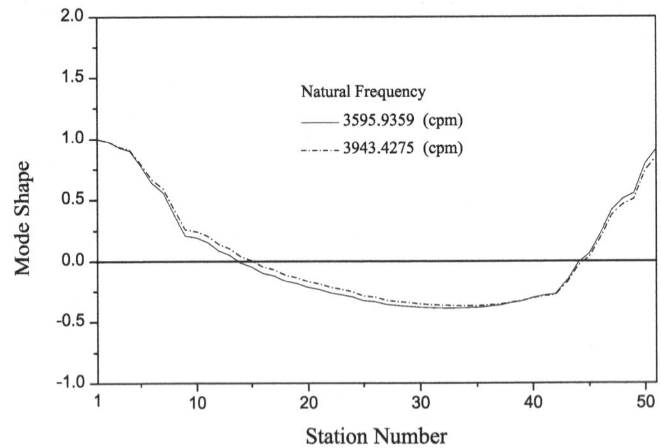

(c) 5차 및 6차모드

그림 17.10 / 운전속도에서의 모드형상

표 17.5 / 고유진동수의 비교(N = 1,800 rpm)

모드	고유진동수 (cpm)			비고
	TMM	FEM	Error(%)	
1st	1,009.0	1,008.4	0.060	1st (x축 방향)
2nd	1,539.9	1,539.8	0.006	2nd (x축 방향)
3rd	2,014.4	2,006.0	0.419	1st (y축 방향)
4th	3,922.6	3,933.4	0.275	2nd (y축 방향)
5th	4,064.5	4,074.6	0.248	3rd (x축 방향)
6th	6,464.0	6,431.8	0.501	3rd (y축 방향)
7th	8,457.6	8,485.2	0.325	4th (x축 방향)
8th	13,921.0	13,824.0	0.702	4th (y축 방향)

표 17.6 / 베어링 지지대 특성의 영향(N = 1,800 rpm)

모드	고유진동수 (cpm)		
	지지대 특성 무시	지지대 특성 고려	편차(%)
1st	1,009.0	911.7	10.7
2nd	1,539.9	1,421.9	8.3
3rd	2,014.4	1,642.8	22.6
4th	3,922.6	2,559.1	53.3
5th	4,064.5	3,595.9	13.0
6th	6,464.0	3,943.4	63.9
7th	8,457.6	7,057.2	19.8
8th	13,921.0	13,542.6	2.8

17.2.3 위험속도선도

그림 17.11은 HP 터빈의 지지강성을 10^6 N/m 에서 10^{11} N/m 까지 변경하였을 때의 6차 모드까지의 고유진동수의 변화를 나타내는 위험속도선도이다. 아울러 운전속도 주위의 공진회피영역, 즉 분리여유(separation margin)를 함께 나타내었다.

통상 HP 터빈에서 베어링지지대의 강성을 고려한 베어링의 등가강성은 그림에 나타내었듯이 $4\times10^8 \sim 3.5\times10^9$ N/m 의 범위이고, 따라서 운전속도는 1차와 2차 고유진동수 사이에서 운전됨을 알 수 있다.

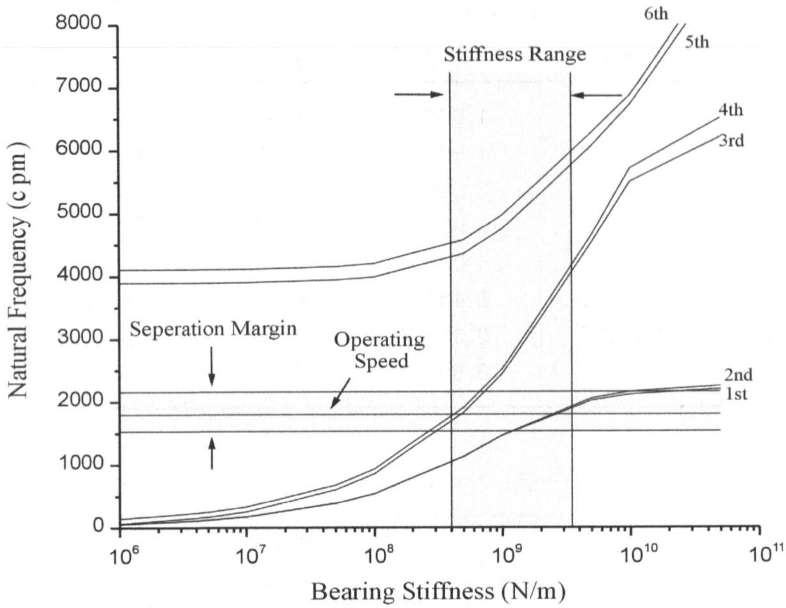

그림 17.11 / 위험속도선도

17.2.4 불평형 응답

그림 17.12는 지지대의 특성을 고려한 HP 터빈의 좌, 우측 최종단 블레이드(절점 11과 41)에 ISO 1940 G2.5 등급에 해당하는 0.3599kg · m의 불평형(unbalance)을 동위상으로 부가하였을 때의 동일 위치에서의 수평과 수직방향의 불평형응답 계산결과를 나타낸다. 동위상의 불평형력은 주로 원통모드를 가진하므로, 수평(x)방향은 약 920rpm의 x방향 원통모드 고유진동수(911.7cpm)에서, 그리고 수직(y)방향은 1,640rpm의 y방향 원통모드의 고유진동수(1,642.8cpm)에서 공진으로 인한 피크가 발생하고 있다. 이와 같이 실제 기계의 불평형 응답을 시뮬레이션 하는 것에 의해 진동모드, 불평형 감도(unbalance sensitivity) 등의 각종 진동특성을 손쉽게 확인 및 검토하는 것이 가능하다.

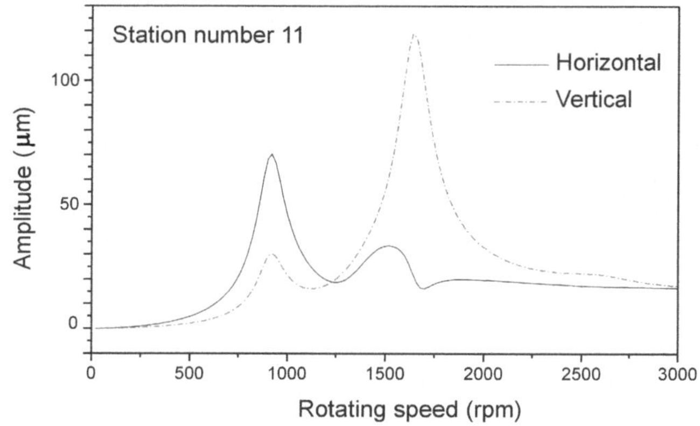

(a) 절점 11

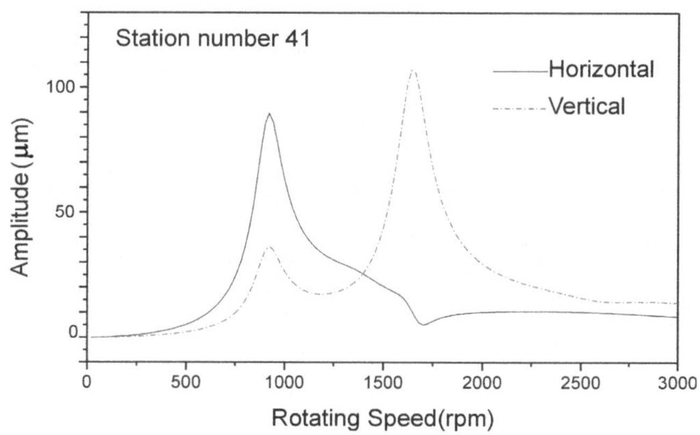

(b) 절점 41

그림 17.12 / 불평형 응답

17.2.5 정적 해석

그림 17.13은 HP 터빈의 자중(自重)을 정적 외력으로 하는 축계의 정적 응답, 즉 정적 해석 결과를 나타낸다. 지지부는 베어링과 지지대부의 수직방향 합성강성만을 고려하였으며, 결과로는 정적 처짐 및 처짐각곡선, 굽힘모멘트선도 및 전단력선도가 얻어지고, 이를 이용하여 축 단면에서의 최대 굽힘응력(bending stress)이나 전단응력(shear stress)을 손쉽게 평가할 수 있다. 또한 베어링 절점에서의 정적 처짐과 전단력을 이용하여 베어링의 정적 평형위치 및 정하중(static load)을 구할 수 있는 유용한 자료가 된다.

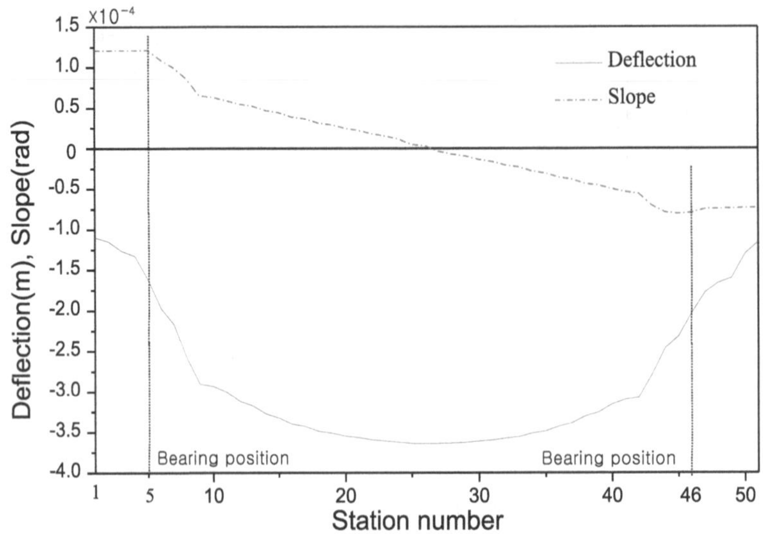

(a) 처짐 및 처짐각선도

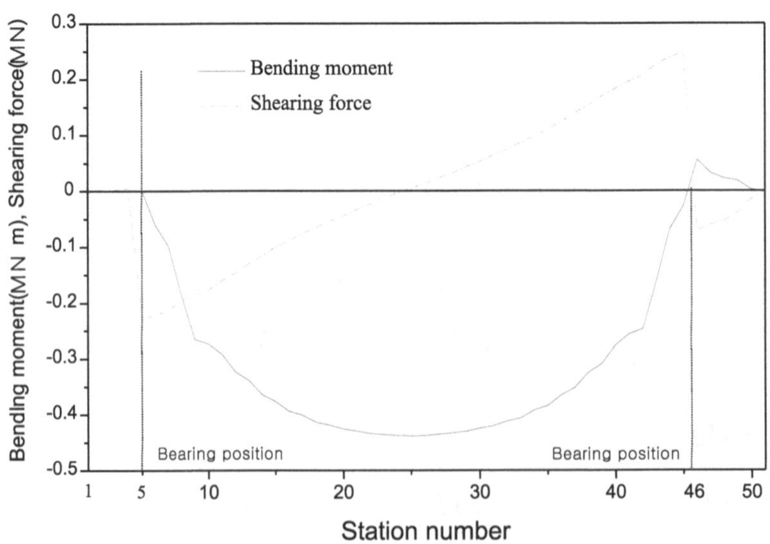

(b) 굽힘모멘트 및 전단력선도

그림 17.13 / 정적 해석

17.3 발전기

17.3.1 해석 모델

그림 17.14는 원자력발전소용 증기터빈·발전기를 구성하는 발전기(generator) 회전축계의 해석모델을 나타낸다. 해석모델은 축 요소 60개에 61절점, 6개의 부가질량, 부가 관성모멘트와 2개의 저널베어링이 8번과 55번 절점에 위치한다. 운전속도는 1,800rpm 이고, 베어링과 베어링 지지대의 특성은 표 17.7과 같다.

표 17.7 / 베어링과 베어링 지지대 특성 (N = 1,800 rpm)

절점번호	베어링 동특성	베어링 지지대 특성
No. 8 (좌측 베어링)	$k_{xx} = 1.46\times10^9$ N/m $k_{xy} = -4.83\times10^8$ N/m $k_{yx} = -3.95\times10^9$ N/m $k_{yy} = 1.10\times10^{10}$ N/m $c_{xx} = 4.95\times10^6$ N·s/m $c_{xy} = -9.02\times10^6$ N·s/m $c_{yx} = 3.14\times10^6$ N·s/m $c_{yy} = 2.22\times10^7$ N·s/m	$m_x = m_y = 2.0\times10^4$ kg $k_{xx} = 2.20\times10^9$ N/m $k_{yy} = 4.40\times10^9$ N/m $k_{xy} = k_{yx} = 0$ $c_{xx} = 6.0\times10^5$ N·s/m $c_{yy} = 4.0\times10^5$ N·s/m $c_{xy} = c_{yx} = 0$
No. 55 (우측 베어링)	$k_{xx} = 1.51\times10^9$ N/m $k_{xy} = -5.14\times10^8$ N/m $k_{yx} = -4.09\times10^9$ N/m $k_{yy} = 1.14\times10^{10}$ N/m $c_{xx} = 5.10\times10^6$ N·s/m $c_{xy} = -9.36\times10^6$ N·s/m $c_{yx} = 3.24\times10^6$ N·s/m $c_{yy} = 2.28\times10^7$ N·s/m	$m_x = m_y = 2.0\times10^4$ kg $k_{xx} = 4.0\times10^9$ N/m $k_{yy} = 6.0\times10^9$ N/m $k_{xy} = k_{yx} = 0$ $c_{xx} = 8.0\times10^6$ N·s/m $c_{yy} = 5.0\times10^6$ N·s/m $c_{xy} = c_{yx} = 0$

발전기 회전자(rotor)는 철심 중량으로 인해 약 1.769MN(약 181ton)의 무거운 중량을 가지며, 회전체의 냉각을 위해 중공 축의 형상을 하고 있고 축 길이가 16.5m로 길기 때문에 구조적으로 비교적 축 강성이 낮고 유연한 축이 된다. 따라서, 고유진동수가 다른 회전체에 비해 매우 낮은 특징을 가지고 있다.

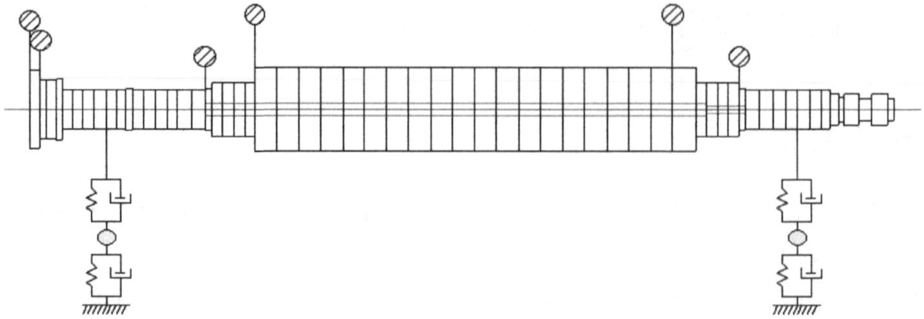

그림 17.14 / 발전기 회전축계의 해석모델

17.3.2 고유진동수 및 고유모드

베어링 지지대의 특성을 고려한 발전기 회전축계의 고유진동수 계산결과 중에서 저차의 8차까지를 표 17.8에 나타내었다. 앞 절에서 언급하였듯이 고유진동수가 비교적 낮은 것을 알 수 있다. 아울러 이에 대응하는 고유진동모드를 그림 17.15에 보인다. 1, 2차 모드에서 알 수 있듯이 베어링 지지강성에 비해 축 강성이 낮은 전형적인 유연축계에서 나타나는 탄성 굽힘 1차 모드가 나타나고 있고, 1차 모드는 지지강성이 낮은 x축 방향(수평방향)의 고유진동수에 대응하고, 2차 모드는 y축 방향(수직방향)에 대응하는 모드이다. 운전속도 1,800rpm 이하에 3개의 고유진동수가 위치하고 있다.

표 17.8 / 고유진동수 (N = 1,800 rpm)

모드	고유진동수 (cpm)	비고
1st	497.25	1st (x축 방향)
2nd	552.47	1st (y축 방향)
3rd	1,400.24	2nd (x축 방향)
4th	1,821.22	2nd (y축 방향)
5th	2,143.92	3rd (x축 방향)
6th	3,119.31	3rd (y축 방향)
7th	3,328.31	4th (x축 방향)
8th	3,914.36	4th (y축 방향)

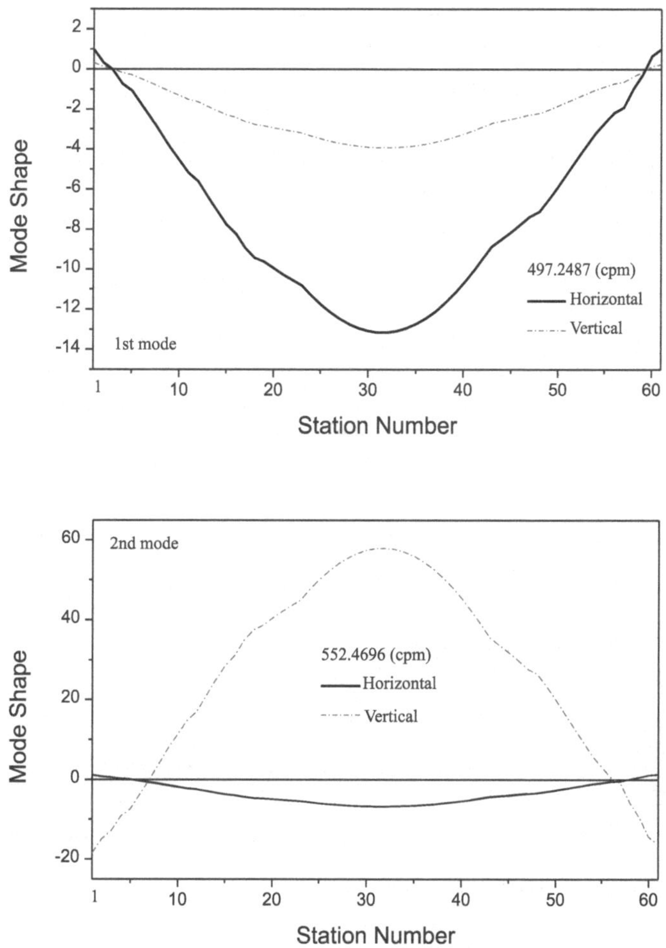

그림 17.15 / 고유모드형상(N = 1,800rpm) (계속)

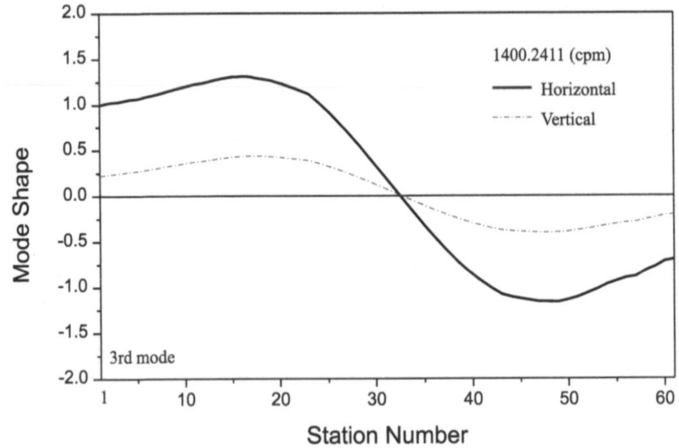

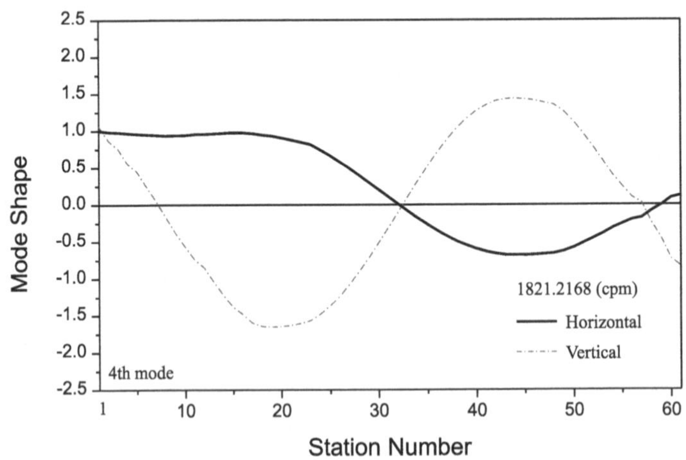

그림 17.15 / 고유모드형상(N = 1,800rpm) (계속)

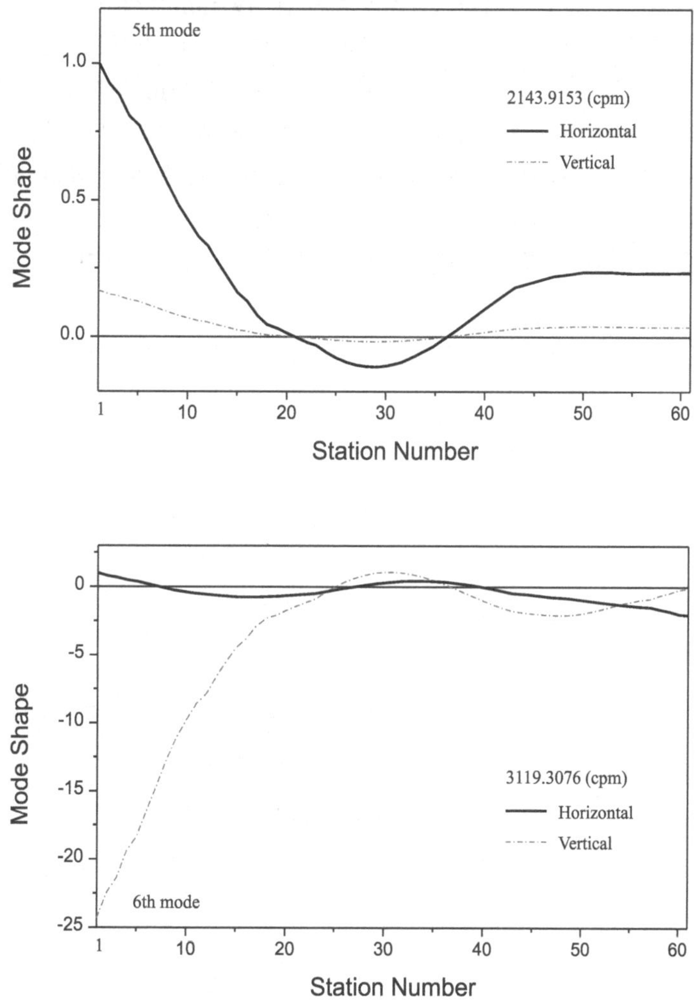

그림 17.15 / 고유모드형상(N = 1,800rpm)

17.3.3 불평형 응답

그림 17.16은 발전기 회전자(rotor)의 좌, 우측 코어 단인 절점 24와 43에 각각 ISO 1940 G2.5 등급에 해당하는 1.1274kg · m의 불평형을 각각 동위상(in phase)과 역위상(out of phase)으로 부가하였을 때의 좌측베어링 위치인 절점 8에서의 불평형응답 계산 결과를 나타낸다.

그림 17.16에서 알 수 있듯이 1차 고유진동수인 497rpm에서 수평방향으로 공진을 일으켜 수평방향의 진폭이 피크를 이루고 이때 수직방향의 진폭도 베어링의 연성강성항에 의해 연성 가진되어 작은 피크를 나타낸다. 또한 550rpm부근에서 2차 고유진동수인 수직방향의 공진에 의한 피크가 발생하고, 연성에 의해 수평방향에도 작은 피크가 생긴다. 이후 회전속도의 증가에 따라 3차와 4차 고유진동수인 1,400rpm과 1,820rpm에서 약간의 완만한 피크를 나타낸다. 이 경우는 동위상 가진이므로, 반대칭 모드인 3, 4차 모드는 그다지 가진이 되지 않기 때문에 두드러진 피크는 발생하지 않는다.

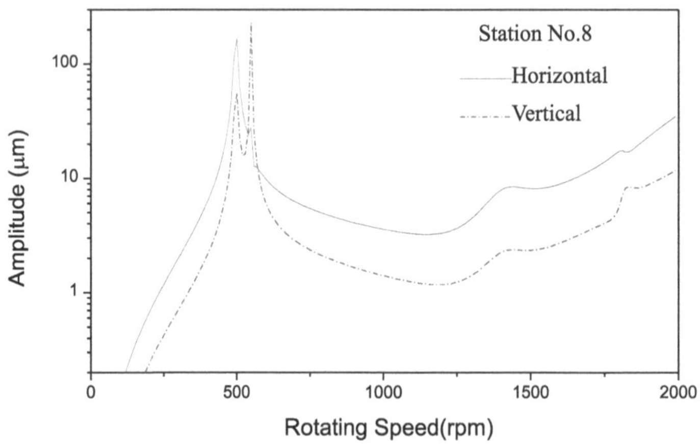

(a) 동위상 가진

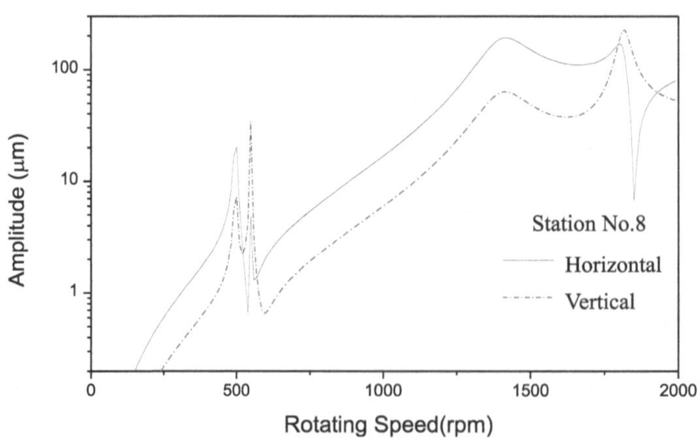

(b) 역위상 가진

그림 17.16 / 불평형 응답

그림 17.16의 (b)는 동일한 불평형을 서로 180도 역위상(out of phase)이 되는 위치에 부가하였을 때의 절점 8에서의 응답을 나타낸다. 즉, 그림 (a)와 동일한 조건에 단지 불평형 위치인 절점 24와 43의 단면에서 서로 180도 떨어진 위치에 부가한 것이다. 당연히 동위상의 경우는 평형모드(parallel mode)에 가까운 모드가 가진되기 쉽고, 역위상으로 되는 경우는 원추모드(conical mode)나 반대칭 모드에 가까운 모드가 가진되기 쉽다. 이를 확인하기 위해 그림 (b)를 그림 (a)와 비교하여 보면, 1차 및 2차 모드의 고유진동수에서는 공진 피크가 매우 작은데 비해 3차 및 4차 고유진동수에서는 매우 큰 피크가 발생하고 있음을 알 수 있다.

17.4 증기터빈·발전기

그림 17.17은 원자력발전소 1007MW급의 증기터빈・발전기 해석모델을 나타낸다. 이 장치는 고압터빈(HP), 3대의 저압터빈(LPA, LPB, LPC) 및 발전기(GEN)로 구성되어 있으며, 각 회전체에 2개씩 총 10개의 베어링이 탄성 지지되어 있다. 각 회전체들은 HP 51개, LPA～LPC 각 60개, GEN 60개로 총 291개의 요소로 이루어진 대규모의 multi-span, multi-bearing 시스템이다. 회전축계의 총 길이는 약 57m이고, 총 중량은 약 700 ton이다.

17.4.1 고유진동수 및 고유모드

총 중량에 비해 축의 길이가 길고 축 강성이 유연한 상태에 비교적 탄성 지지되어 있으므로, 운전속도 1,800rpm 이하에 많은 고유진동수를 가지고 있다.

표 17.9는 운전속도에서의 저차 14차 모드까지의 시스템의 고유진동수, 감쇠비 및 공진 배율(Q factor)을 나타낸 것이다. k차 모드의 감쇠비 ζ_k와 공진 배율 Q_k의 정의는 다음과 같다.

$$\zeta_k = -\frac{\lambda_{rk}}{\sqrt{\lambda_{rk}^2 + \lambda_{ik}^2}}, \quad Q_k = \frac{1}{2\zeta_k}$$

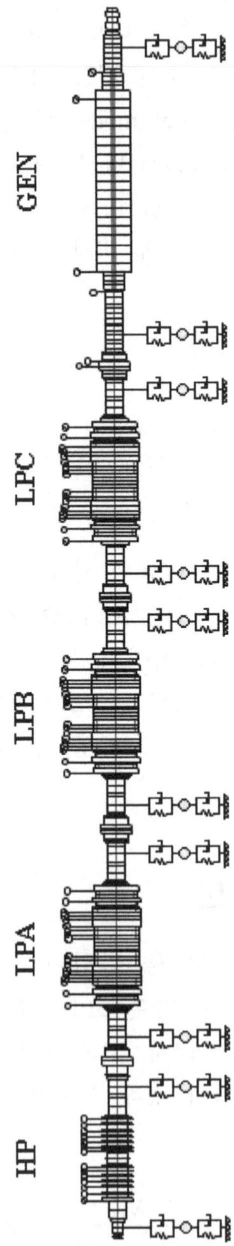

그림 17.17 / 증기터빈·발전기축계의 해석모델

여기서 λ_{rk}와 λ_{ik}는 k차 복소고유치 $\lambda = \lambda_{rk} \pm j\lambda_{ik}$의 실수부와 허수부이다. 표에서 1, 2차 및 7, 8, 9, 14차 모드의 모드 감쇠비(modal damping ratio)가 비교적 작고, 따라서 공진배율이 크게 되는 것을 알 수 있다. 즉, 복소 고유치해석으로부터 구한 모드 감쇠비를 이용하여 모드마다의 공진 배율을 구함으로서 위험속도를 보다 합리적으로 평가할 수 있다. 이에 따르면 종래와 같이 위험속도를 사용운전속도로부터 단지 20~30% 벗어나게 하는 공진 회피는 반드시 필요한 것은 아니다. 만일 모드감쇠비가 충분히 커서 공진 배율이 매우 낮다면, 그 모드에 대응하는 위험속도를 회피하도록 설계하지 않아도 충분한 감쇠에 의해 과대한 진동은 발생하지 않기 때문이다. 이에 근거하여 감쇠를 고려한 위험속도 회피기준이 API(American Petroleum Institute) 610등의 규격의 최근 판(1995)에 채택되었으며, 선진국의 터빈 · 발전기 제작회사에서는 널리 이용되어 왔고, 최근 ISO에서도 ISO 10814로 규격화되었으며, 18.5.3절에서 상세히 설명한다.

표 17.9 / 터빈·발전기 축계의 고유진동수, 감쇠비 및 공진배율 (N = 1,800 rpm)

모드	고유진동수(cpm)	감쇠비 ζ_k	공진 배율 Q_k
1st	647.72	0.0167	30.03
2nd	806.89	0.0067	74.29
3rd	842.86	0.0502	9.96
4th	878.19	0.0478	10.45
5th	974.16	0.0440	11.37
6th	1,075.34	0.0534	9.36
7th	1,423.96	0.0259	19.29
8th	1,448.58	0.0292	17.11
9th	1,479.13	0.0221	22.63
10th	1,480.85	0.0785	6.37
11th	1,620.09	0.0776	6.44
12th	1,703.21	0.0470	10.63
13th	1,947.53	0.0662	7.55
14th	2,226.86	0.0226	22.17

그림 17.18은 표 17.9의 고유진동수에 대응하는 고유진동모드를 나타낸다. 1, 2차 모드는 주로 발전기 회전자의 각각 수평 및 수직방향의 탄성 1차 모드에 대응하는 것으로, 이는 발전기 회전자 부분의 중량이 매우 큰데 비해 축 강성이 유연하기 때문이다.

3차 이상의 모드는 터빈 · 발전기 축계 전체의 탄성모드에 대응하는 전형적인 형태의 모드를 나타낸다. 그리고 수평방향의 지지강성이 수직방향에 비해 약 1/3~1/9정도로 유연하므로 인하여 수직방향에 비해 크게 진동하게 됨을 나타내고 있다.

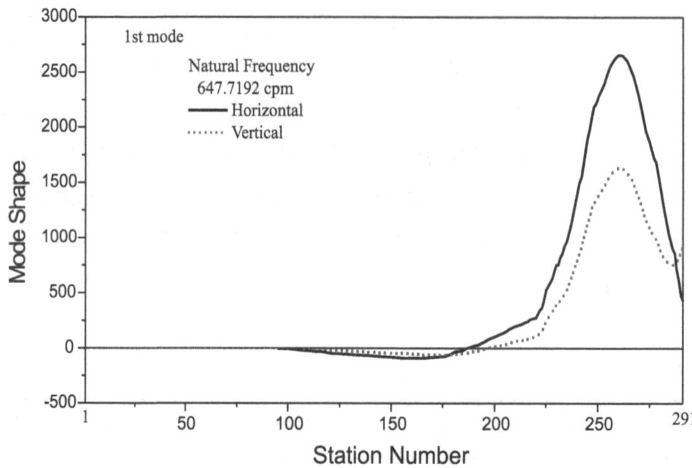

(a) 1차 모드(647.7cpm)

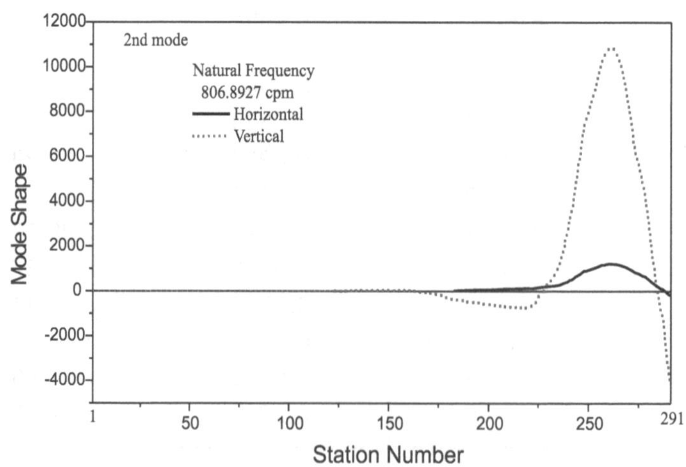

(b) 2차 모드(806.9cpm)

그림 17.18 / 터빈·발전기 축계의 고유진동모드(1, 2차 모드)

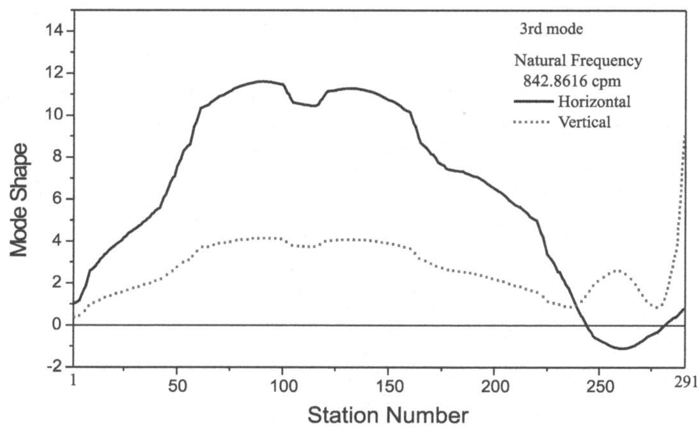

(c) 3차 모드(842.9cpm)

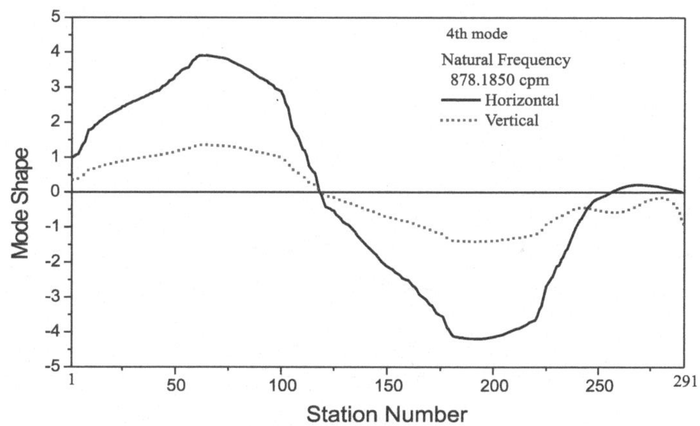

(d) 4차 모드(878.2cpm)

그림 17.18 / 터빈·발전기 축계의 고유진동모드(3, 4차 모드)

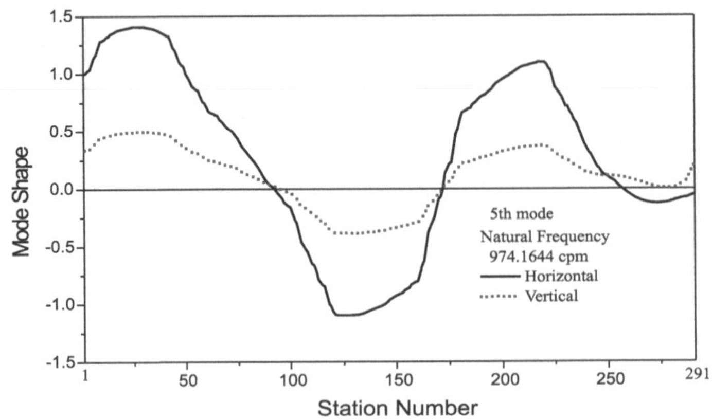

(e) 5차 모드(974.2cpm)

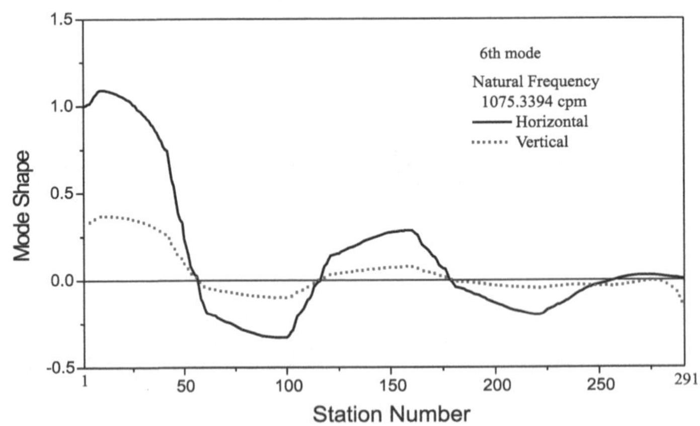

(f) 6차 모드(1,075.3cpm)

그림 17.18 / 터빈·발전기 축계의 고유진동모드(5, 6차 모드)

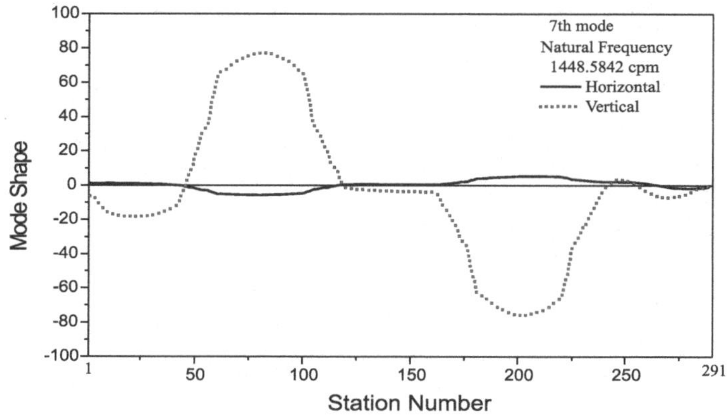

(g) 7차 모드(1,448.6cpm)

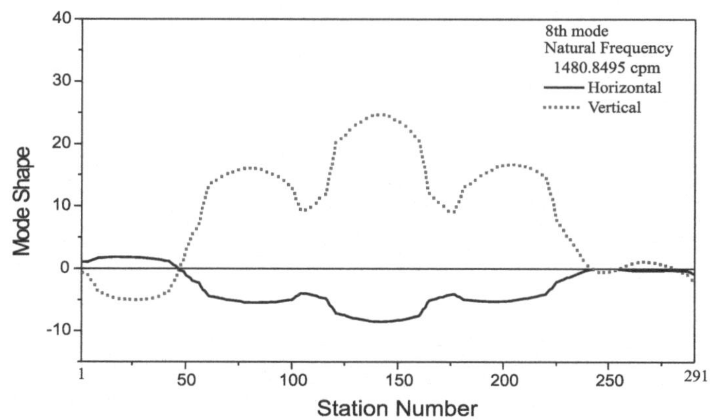

(h) 8차 모드(1,480.8cpm)

그림 17.18 / 터빈·발전기 축계의 고유진동모드(7, 8차 모드)

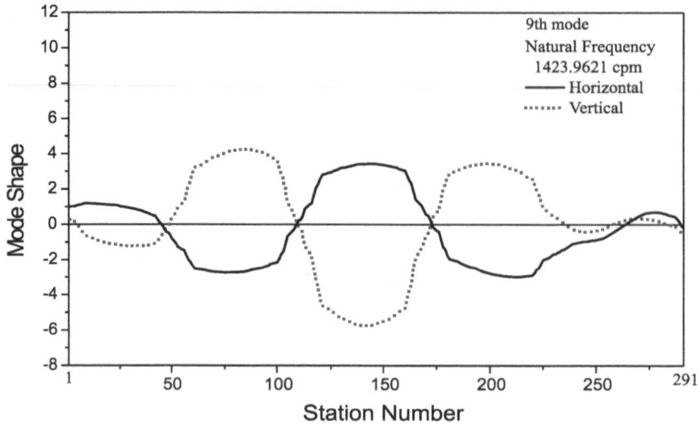

(i) 9차 모드(1,423.9cpm)

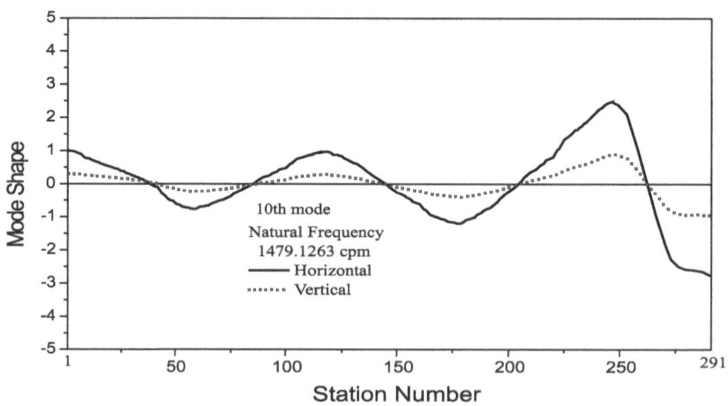

(j) 10차 모드(1,479.1cpm)

그림 17.18 / 터빈·발전기 축계의 고유진동모드(9, 10차 모드)

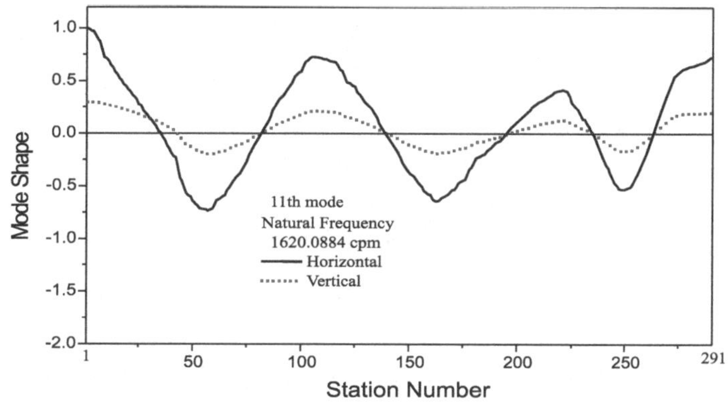

(k) 11차 모드(1,620.1cpm)

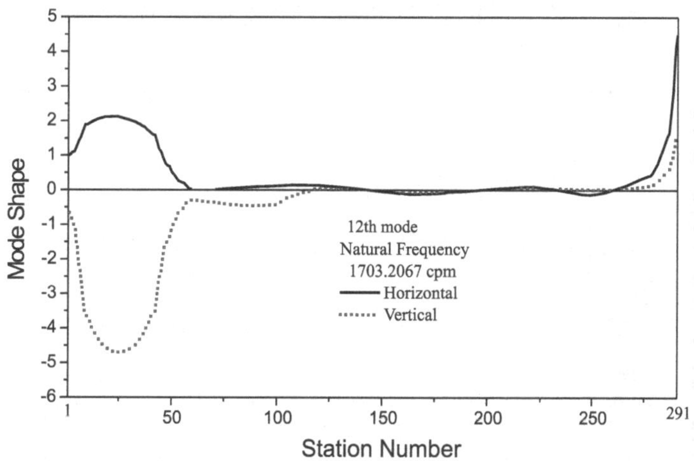

(l) 12차 모드(1,703.2cpm)

그림 17.18 / 터빈·발전기 축계의 고유진동모드(11, 12차 모드)

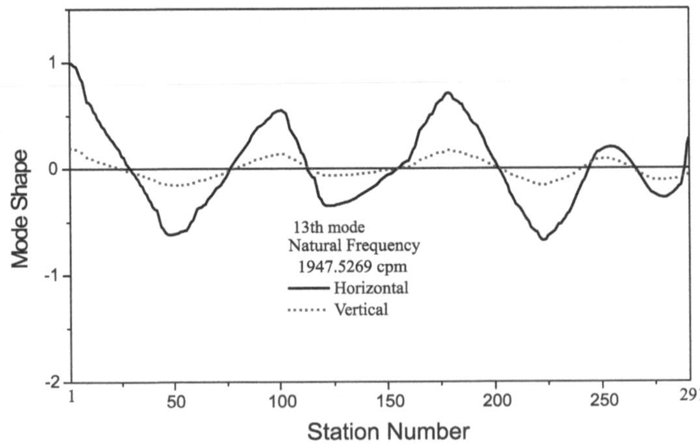

(m) 13차 모드(1,947.5cpm)

그림 17.18 / 터빈·발전기 축계의 고유진동모드 (13차 모드)

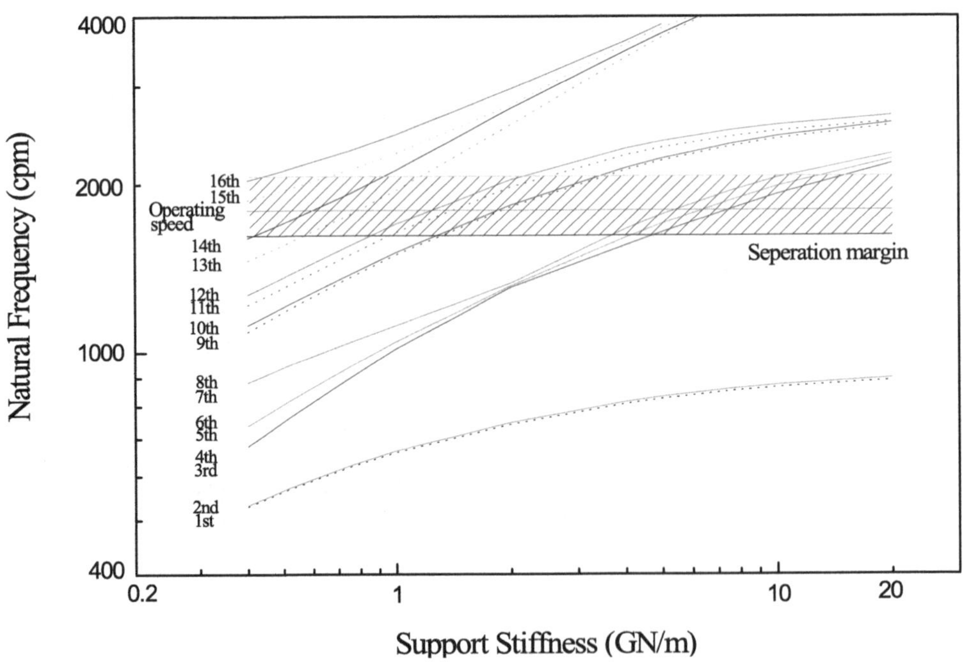

그림 17.19 / 위험속도선도

17.4.2 위험속도선도

그림 17.19는 터빈·발전기 축계의 지지강성을 4×10^8 N/m 에서 2×10^{10} N/m 까지 변경하였을 때의 16차 모드까지의 고유진동수의 변화를 나타내는 위험속도선도이다. 아울러 운전속도 1,800rpm 주위의 공진회피영역인 분리여유를 함께 보인다. 그림에서 나타내듯이 운전속도 이하의 영역에 많은 고유진동수가 존재하고, 지지강성의 계산범위 내에서도 2차에서 7차 고유진동수가 공진회피영역 내에 존재함으로서 특정 차수의 고유진동수와의 공진을 회피하기 위해서는 지지강성의 정확한 평가와 선정이 매우 중요함을 알 수 있다.

17.4.3 불평형 응답

그림 17.20은 각각의 터빈과 발전기 회전체에 표 17.10에 나타내듯이 ISO 1940의 G2.5등급에 해당하는 불평형(unbalance)을 각 회전체의 2면에 부가하였을 때의 절점 55 (LPA 터빈 좌측베어링 부근), 절점 178(LPC 터빈 좌측베어링)에서의 수평 및 수직방향의 응답진폭을 나타내고 있다. 잔류불평형량의 평가는 운전속도 N = 1,800rpm에서 터빈발전기의 허용기준인 G2.5등급에 해당하고, 허용 비불평형, 즉 단위 중량당의 각 회전체의 허용불평형은

$$e_{per} \approx 12.5\ \mu\text{m} = 12.5\ \text{g}\cdot\text{mm/kg}$$

이 된다. 따라서 e_{per}에 각 회전체의 질량을 곱한 값을 반으로 하여 2면에 부가하였다. 단, 이 계산 예에서는 계산속도 범위 내에서 베어링 및 베어링 지지대의 동특성은 일정하다고 가정하였다. 이는 비교를 위한 ABB사의 데이터가 운전속도(1,800rpm)에 대한 값만을 제공하고 있기 때문이다. 따라서 실제 베어링 데이터는 회전속도에 따라 변화되므로 실제 응답은 이와 달라지게 되고, 이 특성을 고려하여 정밀하게 계산을 수행하여야 된다.

표 17.10 / 불평형량과 부가 절점

대상 회전체	불평형(unbalance)			근거
	부가절점번호	크기(kg·m)	위상(deg)	
HP	11 41	0.3599 0.3599	0 180	ISO 1940 G2.5
LPA	66 97	0.9684 0.9684	180 90	
LPB	126 157	0.9686 0.9686	0 180	
LPC	186 217	0.9649 0.9649	90 180	
GEN	249 273	1.1274 1.1274	180 0	

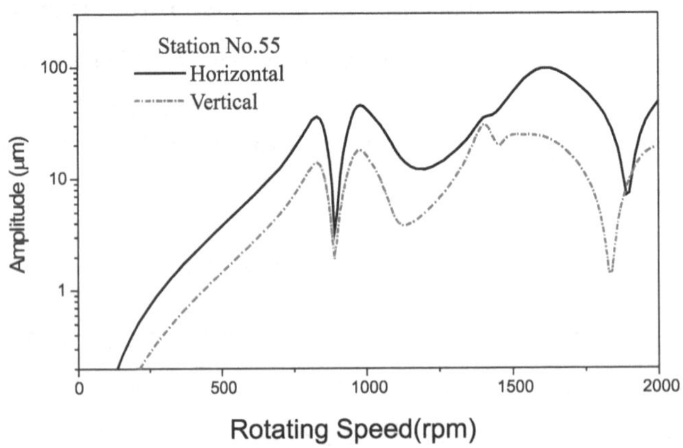

(a) Station No. 55

그림 17.20 / 질량불평형응답(계속)

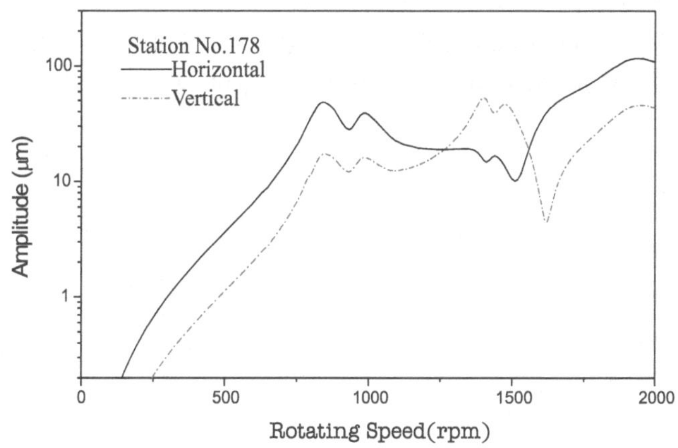

(b) Station No. 178

그림 17.20 / 질량불평형 응답

그림 17.21은 운전속도에서의 불평형 응답의 수평 및 수직방향 진폭의 축방향 분포를 나타내는 그림이다. 전체적으로 지지강성이 낮은 수평방향의 진동진폭(실선)이 수직방향(점선)보다 크고, 특히 발전기 회전자 부분(No. 232~291)의 진폭이 큰 것을 알 수 있다.

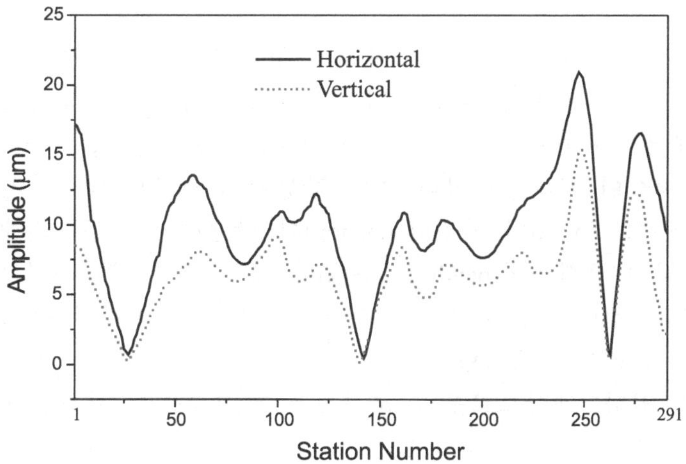

그림 17.21 / 불평형응답의 축방향 분포 (N = 1,800 rpm)

그림 17.22는 운전속도에서 불평형력에 의한 축계의 각 절점에서의 수평방향 굽힘모멘트와 전단력분포를 나타내고 있다. 이 그림을 통하여 각 단면에서의 동적 굽힘응력과 전단응력을 용이하게 평가할 수 있으며, 과대한 응력이 발생하는 부분을 조사할 수 있을 것이다.

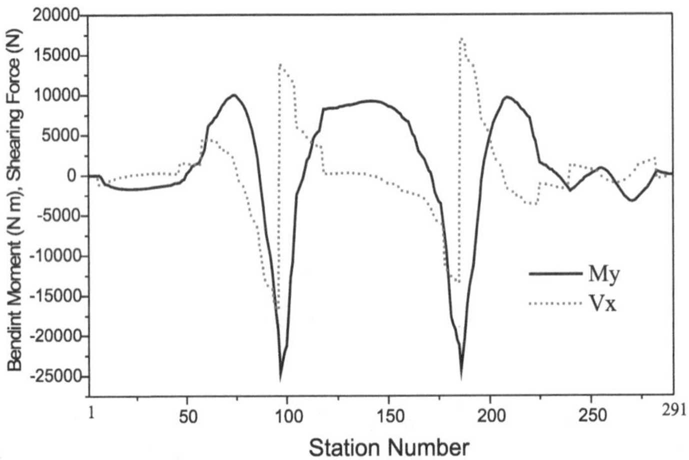

그림 17.22 / 굽힘모멘트 및 전단력선도 (N = 1,800 rpm)

17.4.4 정적 해석

그림 17.23은 터빈·발전기 회전체의 자중을 정적 외력으로 하였을 때의 축계의 축방향 정적 응답, 즉 수직방향의 정적 처짐, 처짐각, 굽힘모멘트 및 전단력선도를 나타낸다. 지지부는 베어링과 베어링지지대의 수직방향 합성강성만을 고려하였다. 특히 발전기 회전자부가 자중이 큰 것에 비해 축의 강성이 유연함으로서 발전기 회전자의 중앙부(mid span)에서 약 1.5mm의 처짐(deflection)이 발생하는 것을 알 수 있고, 또한 굽힘모멘트도 크게 되어 굽힘응력(bending stress)이 매우 크게 작용하게됨을 나타내고 있다. 아울러 베어링 절점에서의 처짐과 전단력을 통하여 베어링의 정적 평형위치와 정하중을 계산할 수 있으므로, 베어링 동특성과 축계의 정렬(alignment)을 평가할 때에 유용하게 사용할 수 있다. 계산으로부터 구하여진 베어링부의 처짐량과 베어링력의 일예는 표 17.11과 같다.

표 17.11 / 베어링 절점의 처짐과 베어링력

대상 회전체	절점번호	처짐(mm)	베어링력(MN)
HP	5	0.146	0.212
	46	0.225	0.366
LPA	58	0.265	0.775
	105	0.273	0.799
LPB	118	0.249	0.728
	165	0.271	0.796
LPC	178	0.244	0.713
	225	0.207	0.604
GEN	240	0.340	1.068
	283	0.208	0.819

그림 17.24는 LPA와 LPB 터빈의 커플링부인 절점 111에서 Θ = 0.18°의 편각 정렬불량(angular misalignment)이 있을 경우와 정렬이 잘 이루어진 경우(Θ = 0°)의 정적 해석결과를 비교하여 나타낸다.

정렬불량이 발생하는 절점 좌, 우측에서 0.18°만큼의 처짐각의 불연속이 발생하고 있고, 이에 의해 처짐과 굽힘모멘트 그리고 전단력에 큰 변화가 나타나고 있는 것을 알 수 있다. 일반적으로 편심 정렬불량(parallel misalignment)보다는 편각 정렬불량이 정적 응답에 크게 영향을 미치게 된다. 또한 이러한 정렬불량은 동적 응답해석에 있어서 회전속도의 2배수의 가진, 즉 2X 가진을 일으키게 되고 따라서 진동진폭에도 큰 영향을 일으킬 수 있으며, 이 역시 전달행렬법을 이용하여 용이하게 예측이 가능하다.

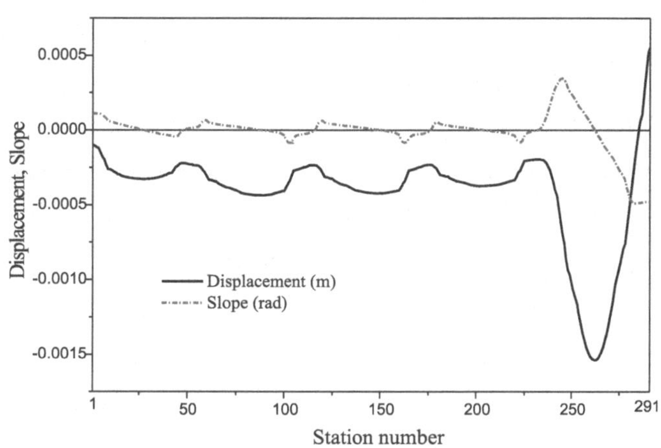

(a) 처짐 및 처짐각 선도

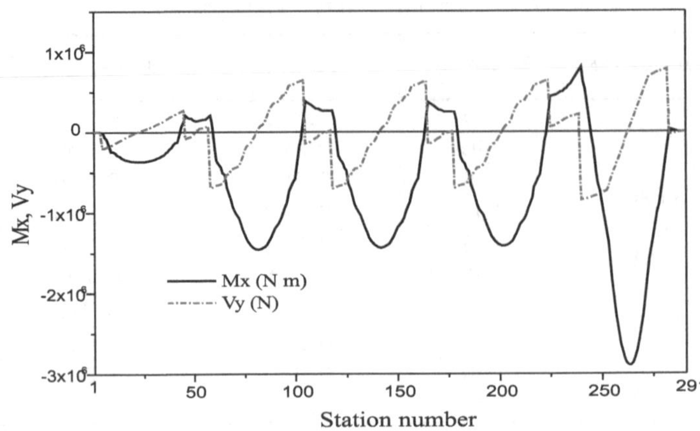

(b) 굽힘모멘트 및 전단력 선도

그림 17.23 / 터빈·발전기 축계의 정적 해석

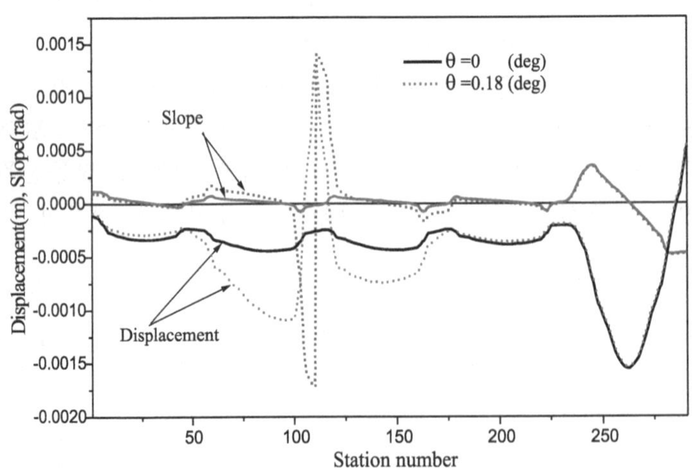

(a) 처짐 및 처짐각 선도

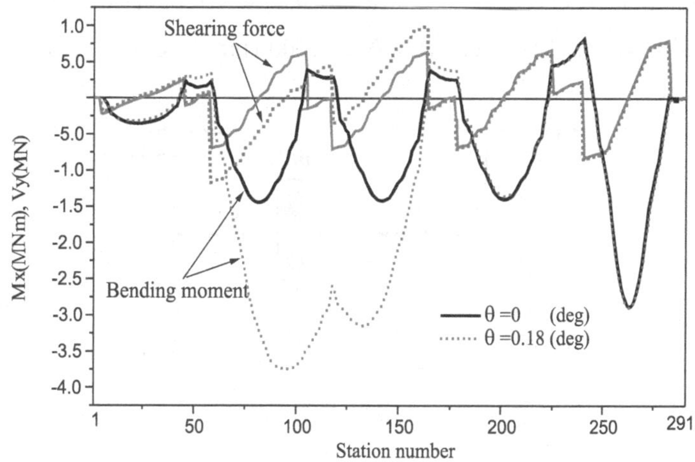

(b) 굽힘모멘트 및 전단력 선도

그림 17.24 / 편각 정렬불량의 정적 해석

연습문제

1. 그림 E.1에 나타낸 축계의 고유진동수를 유도하고, 질량 m이 e만큼 편심이 되어 휘도는 경우의 정상상태응답을 계산하시오. 단, 축은 등방성 베어링으로 지지되어 있으며, 각 정수의 값은 다음과 같다.

$$E = 206\ \mathrm{GN/m^2},\ \ l = 2000\ \ \mathrm{m}\ ,\ \ d = 50\ \ \mathrm{mm},\ \ m = 100\ \ \mathrm{kg},$$
$$k = 0.1\,\mathrm{MN},\ \ c = 10^3\ \ \mathrm{N \cdot s/mm},\ \ e = 10^{-3}\ \ \mathrm{mm}$$

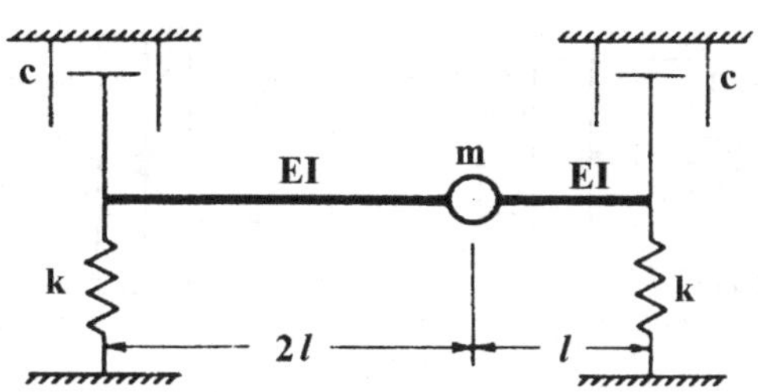

그림 E.1

2. 문제 1의 모델에서 원판의 자이로스코픽 효과를 고려하여 계산하고 무시한 경우 인 문제 1의 결과와 비교하시오. 단, N= 3,600 rpm , I_d = 3.2 kg · mm^{2}이다.

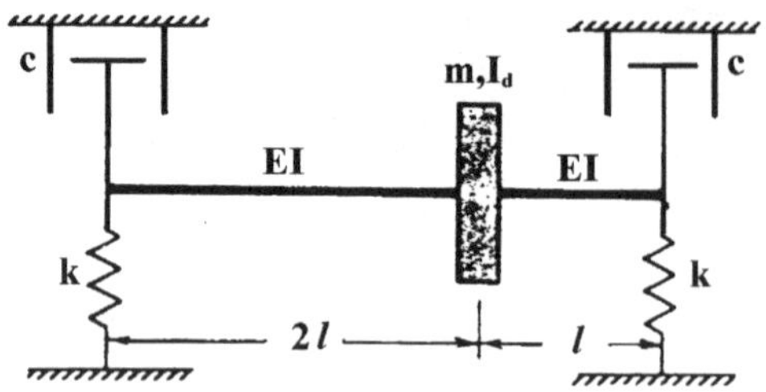

그림 E.2

3. 운전속도 6,000rpm의 가스터빈 압축기 회전체를 그림 E4.3(a)에 보인다. 이 회전 축계를 그림 (b)와 같이 10개의 원통 축 요소와 2개의 원판으로 모델링 하였으며, 계의 데이터는 아래의 표와 같다. 이 축계의 굽힘 위험속도와 비틀림 고유진동수를 계산하고, 운전속도의 80%~120%범위(공진영역)내에 위험속도가 존재하는지를 검토하시오. (A. Dimarogonas 저서에서 인용)

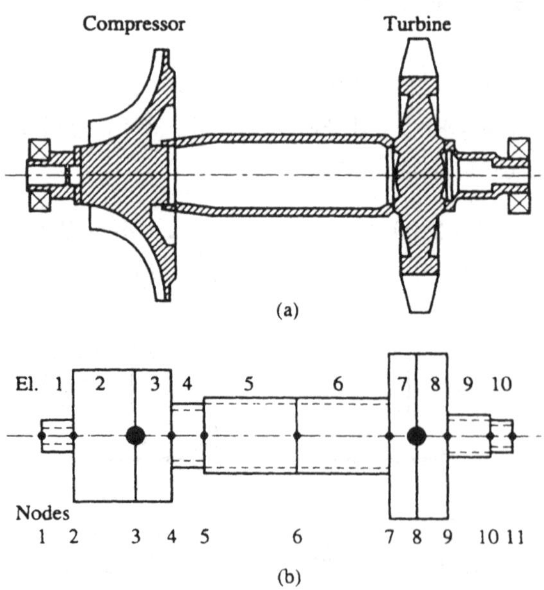

그림 E.3 / 압축기 · 터빈 회전체

Element number	1	2	3	4	5	6	7	8	9	10
D_i (mm)	15	0	0	55	60	60	0	0	30	20
D_o (mm)	30	120	120	63	68	68	150	150	40	30
l (mm)	30	68.3	34.2	30	88	88	25	30	40	20
ρ (kg/m^3)	7,810	0	0	7,810	7,810	7,810	0	0	7,810	7,810
E (MN/m^2)					210,000					

Concentrated masses		
node number	3	7
m (kg)	20.81	18.2
J_p (kgm^2)	0.285	0.269
J_t (kgm^2)	0.174	0.142

4. 그림 E4.4에서 보이는 일정 단면축에 35kg의 압축기 회전체와 20kg의 터빈 회전체가 부착되어있다. 축의 설계 회전속도는 10,000rpm이다. 이 경우 위험속도와 3,000 rpm의 분리여유를 고려하여 축의 기본 고유진동수가 13,000rpm이 되도록 하기 위한 가장 가벼운 축을 설계하시오. 단, 축의 Young계수 E = 784GN, 축의 자중은 무시하고 양단 단순지지로 가정한다.

해답) d ≒ 6.36 cm

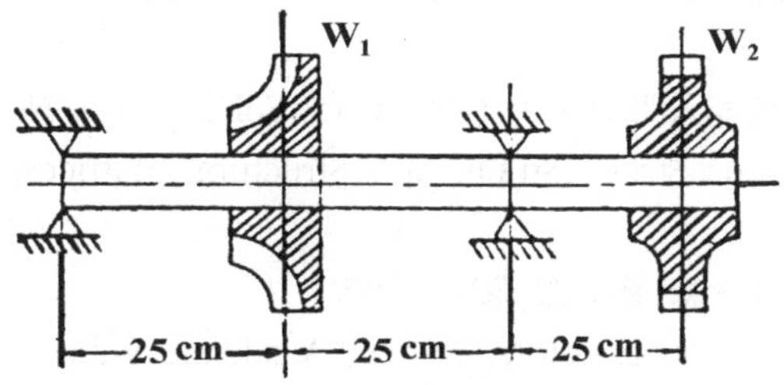

그림 E.4 / 압축기 · 터빈 회전축계

5. 문제 4에서는 베어링을 강체로 가정(단순지지조건)하였으나, 만약 기초가 정하중으로 $2\times10^4/EI$ 만큼 처진다고 하면 회전축계의 고유진동수는 얼마가 되는가. 즉, 베어링의 탄성을 고려하여 고유진동수를 구하시오. 단, 모든 치수는 문제 4와 동일하다고 가정한다.

해답) ω_n ≒ 1309 rad/s = 12,500 rpm

참고문헌

1) Frahm, Z. VDI, p.797, 1902.
2) Holzer, H., Schifbau, Vol.8, p.823, 866, 904, 1907.
3) Guembel, E., Z. VDI, Vol.56, p.1025, 1912.
4) Tolle, M., Regelung der Kraftmachinen, Berlin, 1921.
5) Van Den Dungen, M. F-H, Les Problėmes Gėnėreaux de la Technigue des Vibrations, Mem. Sc. Phys., L'Academic des Sciences, Paris, Gauthier-Villars, 1928.
6) Hohenemser, K. and Prager, W., Dynamik der Stabwerke, Julius Springer, Berlin, 1933.
7) Myklestad, N.O., A New Method of Calculating Natural Modes of Uncoupled Bending Vibration of Airplane Wings and Other Types of Beams, J. Aeronaut. Sci., Vol.11, pp. 153-162, 1944.
8) Prohl, M.A., A General Method for Calculating Critical Speeds of Flexible Rotor, Trans. ASME, J. Applied. Mechanics, Vol.12, No.3, Sept. pp.A142- A148, 1945.
9) Thomson, W., Matrix Solution for the Vibration of Non-uniform Beams, J. of Applied Mechanics, Vol.17, pp.337-339, 1950.
10) Pestel, E.C. and Leckie, F.A., Matrix Methods of Elastomechanics, McGraw- Hill, New York, 1963.
11) Pilkey, W.D. and Chang, P.Y., Modern Formulas for Statics and Dynamics, McGraw-Hill, New York, 1978.
12) Sato, Y., 回轉軸系の振動解析入門(1)~(5), 機械の研究, Vol.47, No.3-No.7, 1995.
13) Pilkey, W.D., Formulas for Stress, Strain, and Structural Matrices, John Wiley & Sons, New York, 1994.
14) 谷口修 編, 振動工學Handbook, 養賢堂, 東京, 1985.
15) Lee, C.W., Vibration Analysis of Rotors, Kluwer Academic Publishers, 1993.
16) Lalanne, M. and Ferraris, G., Rotordynamics Prediction in Engineering, John Wiley & Sons, New York 1990. (양보석 역, 1996, 회전기계 진동의 예측, 부경대학교)
17) Schneider, H., 양보석 역, 평형잡이 기술, 세종출판사, 1994.
18) Rieger, N. and Crofoot, J., 양보석 역, 회전기계의 진동, 세종출판사, 1991.
19) Prentis, J.M. and Leckie, F.A., Mechanical Vibrations: An Introduction to Matrix Methods, Longmans, London, 1963.
20) 양보석, 터빈·발전기 축계 진동해석 소프트웨어 「TGROTOR」 개발, 한국전력(주) 전력연구원 위탁연구보고서, p.363, 1998.
21) 양보석, 김용한, 최병근, 이현, 구분모드합성법을 이용한 증기터빈·발전기 축계의 진동해석, 한국소음진동공학회지, 9권 2호, pp.401~408, 1999.

22) 양보석, 김용한, 증기터빈·발전기축계의 지진응답해석(제 1보, 로터·베어링시스템만을 고려한 경우), 한국소음진동공학회지, 9권 3호, pp.554~564, 1999.

23) 양보석, 김병욱, 김용한, 증기터빈·발전기축계의 지진응답해석(제 2보, 웨이블렛 해석의 적용), 한국소음진동공학회지, 9권 4호, pp.813~821, 1999.

5편

진동평가, 설계 및 대책

회전기계의 성능 향상과 진동·소음의 발생은 일반적으로 서로 상반된 관계를 가지고 있다. 즉, 기계의 에너지 효율을 향상시키기 위해서는 소형화, 경량화, 고속화, 고압화 및 고온화를 통하여 유량과 압력을 최대화하고, 에너지 손실을 최소화하여야 하며, 이는 기계 구조의 강도 개선뿐만 아니라 진동 및 소음을 발생시키는 요인으로 작용하는 경우가 많다. 따라서 성공적으로 신뢰할 수 있는 기계의 개발이나 설계를 위해서는 성능의 향상과 진동·소음문제 사이의 절충과 협조가 필요하고, 발생할 수 있는 진동을 예측하여 진동을 억제하기 위한 방진대책(저진동, 저소음화)을 수립하기 위한 기술이 필요하게 된다.

회전축계의 진동과 안정성해석에 관해, 종래에는 주로 설계단계에서 단순지지 조건하에서 계의 고유진동수의 단순계산을 통한 위험속도 회피와 불평형에 대한 응답이 허용치 이내인가 및 저널베어링의 oil whip 등을 대상으로 정상적으로 계가 안정한가를 검토하였다. 그러나 최근 회전기계의 고압, 고출력화에 따라 축계의 단위 중량당의 출력이 증대하여 외력에 대한 응답감도가 민감하게 되고, 베어링의 유막 특성에 의해 oil whip이 발생하기 쉬운 조건이 되며, 또한 고속화에 의해 계의 운전속도가 1차 위험속도 이상으로 되어 기동 및 정지 시에 위험속도를 통과하여야 하고, 위험속도에서의 공진 가능성 등을 충분히 검토하여야 한다. 따라서 종래의 설계방법만으로는 회전축계의 과도한 진동과 불안정 진동문제를 충분히 대처할 수 없는 상태이다.

진동의 예측에는 이미 제 3, 4편에서 설명하였듯이, 위험속도, 공진배율, 불안정발생 시작속도(안정한계속도) 등의 항목을 평가하기 위한 회전체 동역학(rotor dynamics)에 관한 지식을 이용하게 되고, 이와 관련된 기술로서 진동해석기술, 진동평가기술, 제진기술의 연구와 개발이 폭넓게 이루어져 왔다. 이에 따라 회전축계의 진동해석용 소프트웨어나 CAE 시스템 등이 개발되어 왔으며, 설계단계에서 이를 이용한 진동예측 및 시뮬레이션을 통해 설계변경과 검토가 기본적으로 수행되도록 되었다. 즉, 회전기계에서는 설계 시에 진동품질(vibration quality)을 주요 항목으로 한 검토단계가 필수적으로, 이를 통상 진동설계(vibration design)라 부르고 있다. 여기서는 진동을 고려한 동적 설계(dynamic design)의 측면에서 앞에서 설명한 진동해석으로 얻어진 결과를 검토하기 위해 진동평가에 관한 각종 관련 규격을 제시하고, 이어서 회전축계의 과대한 진동방지를 목적으로 하는 안정한 축계 설계를 위한 지침과 진동방지대책에 대해 예를 들어 설명한다.

18

진동평가

18.1 진동 평가의 목적

일반적으로 ISO, IEC 등의 각종 국제규격(international standards)과 KS 등의 국가규격(national standards)에서 진동평가를 위한 한계치(limits), 허용치(allowable value) 또는 등급(level)과 같은 기준을 정하는 주된 목적으로는

1) 기계의 동적 상태가 원활함을 표시하고, 진동품질 평가에 용이
2) 기계설비의 진동품질(vibration quality)을 평가하는 승인시험(acceptances test)을 공통된 기준에서 수행이 가능하며, 공장 시운전 시와 현장설치 후, 사용 회전속도에서의 진동치에 대한 한계치와 등급을 표시함으로서 제작자가 사용자에 제품 인도 시에 증빙 자료로 유용
3) 운전중인 기계설비들의 상태감시(condition monitoring) 수단으로, 양호한 운전상태로부터의 이탈 정도를 표시하며, 기계의 연속 운전에 대한 가부판단을 용이하게 하고, 향후의 운전지침의 표시 및 판단의 지표가 되며, 기계의 분해점검시기를 결정하는 지표로서 유용하기 때문에이다. 즉, 미리 결정된 평가기준과 측정 또는 계산된 진동치를 비교 · 검토하여, 기계설비의 설계 및 운전 상태를 판정하는 기본자료로 유용하게 이용될 수 있다.

18.2 평가규격의 특징 및 경향

진동의 크기는 기계의 사양, 종류, 형식 및 사용목적에 따라 각각 다르게 발생하며, 또한 진동크기는 동일 도면, 동일 가공기계로 제작하여도 각각 다르게 된다. 따라서 예로, 증기터빈, 압축기, 펌프 등 개개의 기계에 따라 별도로 설정한 진동 한계치가 필요하게 된다. 그러나 일예로, 동일한 펌프에서도 형식이나 구조에 따라 각각 한계치를 다르게 하여야하므로 일괄적으로 한계치를 규정하기에는 어려움이 따른다. 그러므로 각종 관련 규격에서 제시하는 진동 한계치 또는 기준치를 참조하여, 각 기계에 대한 정상 및 이상의 판별기준을 설정할 필요가 있다.

최근 오랜 경험에 따라 사고의 조기발견, 판단의 정도 향상 및 2차 피해의 방지에는 진동 변위에 의한 축 진동(shaft vibration)의 계측이 베어링하우징에서 측정된 진동가속도보다 유리함이 입증되고 있고, 또한 축 진동에 대한 계측신뢰성의 향상으로 광범위한 기계진동 평가에 이용이 가능하게 되었다. 축 진동에 의한 평가경험은 유럽에 비해 미국이 풍부하고, API규격에 널리 채용되고 있다. 이러한 배경으로 ISO에서 처음으로 체계적인 축 진동 평가규격 ISO 7919를 제정하고, 이 규격의 체계에 맞추어 기존의 베어링진동 규격도 대폭 개정 및 통합하여 ISO 10816규격을 제정하게 되었다.

아울러 세계무역기구(WTO)의 발효 이후 무역에 관한 기술장벽철폐협정(TBT)과 국제적 상호인증제도(MLA)에서 각국의 규격이나 인증제도가 무역에 장애가 되지 않도록 국가규격(KS)을 국제규격에 부합화 시키도록 한 의무사항에 따라 현재 각국의 국가규격을 국제규격에 통합하려는 노력이 계속되고 있고, 우리 나라를 비롯하여 선진국에서는 ISO, IEC 등의 국제규격을 번역하여 국가규격으로 제정하고 있는 추세이다.

18.3 진동측정 및 평가척도

현재로는 베어링에서 측정된 베어링 진동(bearing vibration) 또는 베어링이나 그 부근에서 측정된 축 진동(shaft vibration)이 판정을 위한 신뢰할 수 있는 진동데이터이고, 따라서 기계설비의 진동을 대표하여 이를 측정하는 것이 일반적이다. 이 외에 측정이 가능한 부분도 있으나, 기계 구조에 의해 제약을 받고 일반성이 결핍된다. 베어링 부분의 진동으로 기계의 모든 부분에 대한 진동상태를 파악할 수 있는 것은 아니지만, 많은 부분에서의 측정을 의무화하거나 한정된 부분의 측정으로 이외의 다른 부분에 대한 상태를 추정하는 방법까지 규정하는 것은 규격의 내용을 복잡하게 하고, 그 결과 실용상 부적절한 것으로 되기 쉽다. 표 18.1은 베어링 진동과 축 진동의 특징을 비교한 것이다.

표 18.1 / 베어링 진동과 축 진동 측정의 비교

	베어링 진동	축 진동
장점	· 측정 데이터가 풍부 · 한계치가 널리 알려져 있음 · 측정기기의 높은 신뢰성 · 변환기의 부착, 탈착 및 수리가 용이 · 진동측정이 용이 · 측정기기 가격이 비교적 저렴 · 측정점의 결정이 쉽고, 장소의 영향이 작음	· 베어링진동보다 측정 감도가 양호 · 진동응답이 신속(이상 발생 시, 베어링 진동치의 변화 보다 앞서 변화) · 한계치 설정을 위한 기본량(예로 불평형)에 대해 직접적
단점	· 진동 측정감도가 비교적 낮음 · 유연한 축과 강한 케이싱의 경우, 과도적인 진동변화나 이상 진동의 검출감도가 비교적 둔감	· 측정기기(특히 변환기)의 신뢰성 취약 · 부착방법과 측정위치의 제약 · 측정장소에 따른 측정치의 차가 발생 · 계측장비가 비교적 고가

규격은 공통적으로 일반성이 있는 평가가 가능하여야 하므로 대부분의 경우, 적절한 판단이 가능하다면, 규격은 가능한 한 단순한 형태로 그리고 측정도 용이한 것이 바람직하다.

18.3.1 베어링 진동

베어링은 회전체(rotor)를 지지하고, 반력(reaction force)을 직접 받으므로 고장률이 비교적 높은 기계요소이고, 구조는 대부분의 경우 매우 유사하다. 이러한 특징을 가지는 베어링에서의 진동측정은 평가의 목적에 적합하고 측정이 용이한 측면도 있어서 오래 전부터 베어링 진동에 기초한 많은 규격이 제안되어 왔고, 또한 많은 측정 데이터가 축적되어 있어 폭넓게 세계적으로 이용되어 왔다.

이 기준의 특징은 진동의 평가척도로서 진동속도의 실효값(rms; root mean square)인 진동 심각도(또는 가혹도)(vibration severity)가 사용된다. 이는 진동의 평가가 보다 쉽고 정확하게 이루어질 수 있기 때문이다.

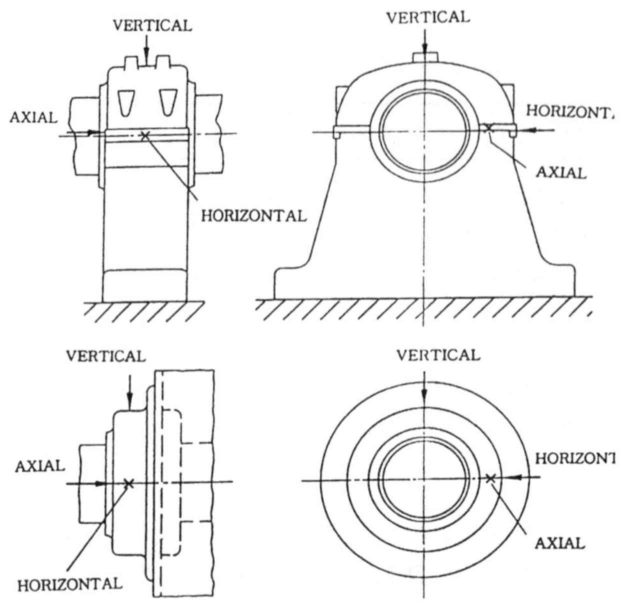

(a) 주 베어링상의 측정점

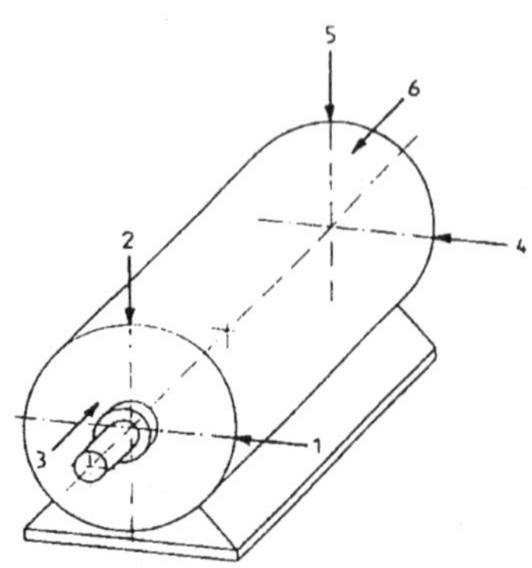

(b) 소형 전기기계의 경우

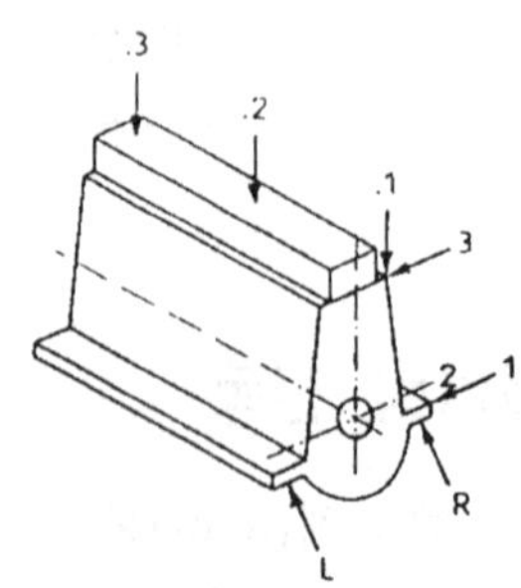

(c) 왕복동 기관의 경우

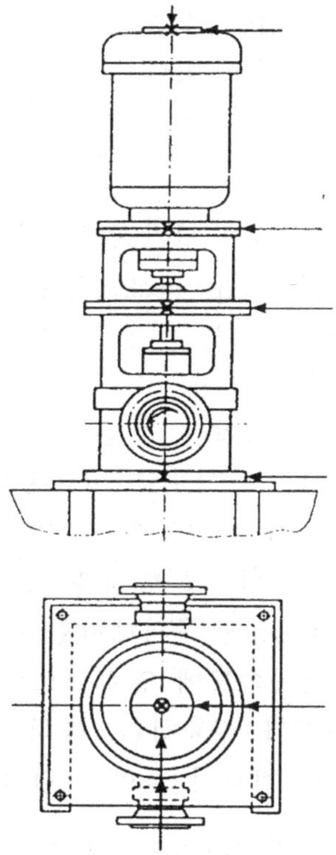

(d) 수직형 기계의 경우

그림 18.1 / 측정위치와 방향 (ISO 10816/1)

1) 측정 위치 및 방향

베어링 진동의 측정방향은 그림 18.1에 나타내듯이 축의 회전중심을 통과하는 3방향, 즉 축방향(A; axial direction)과 베어링하우징 중심의 수직방향(V; vertical direction) 및 수평방향(H; horizontal direction)에서 측정하는 것이 원칙이다. 측정위치는 그림 18.1과 같이 대상기계에 따라 각각 다르고, 일반 수평형 기계에서는 지지베어링 위치에서, 수직형 기계(그림 d)에서는 전동기 상부베어링, 베어링지지대 플랜지부분 그리고 베이스 플레이트부분 등에서 측정한다.

기계는 부하, 회전속도 등의 운전조건과 설치상태에 따라 진동상태가 다르게 된다. 그러나 이들을 고려한 각각의 허용치를 정하는 것은 어려우므로 규격에서는 일반적으로 정격회전속도의 정상운전상태에서의 허용치(한계치)만을 규정하고 있다. 또한 제작공장 내에서 승인시험 시 설치조건을 정하는 것은 어려운 문제로서 일반적으로 실제 사용상태에 가능한 맞추도록 규정하고 있다.

2) 평가척도

일반적으로 진동의 크기를 나타내는 평가척도로서는 진동변위(displacement)의 양진폭(p-p; peak-peak)과 진동속도의 편진폭(p; peak) 실효치(rms치 또는 진동 severity)를 채용하고 있다. 특히, 베어링 진동의 경우는 진동속도의 실효치를 일반적으로 이용하고 있고, 이 척도는 다음과 같은 특징이 있다.

1) 진동변위로 나타낸 규격의 한계치는 진동수에 거의 반비례하고, 이는 진동속도에 대해서는 거의 일정하게 된다. 그러므로 진동속도를 척도로서 한계치를 설정할 경우는 도표가 필요 없고, 몇 개의 진동수 성분이 혼합된 진동의 평가 시에는 진동수마다의 진동크기를 측정하거나, 그 합성을 위한 계산을 할 필요가 없다.
2) 진동에 의한 동적인 응력(stress)에 주의해야할 부분은 베어링이다. 베어링 등의 진동에 의한 부재의 파손은 진동속도에 일반적으로 비례한다.
3) 피크치보다도 실효치의 평가가 정확하다. 특히 고차 조화성분이나 비동기 성분을 포함하는 경우에는 실효치의 경우가 올바른 평가가 가능하다.

진동속도의 실효치는 진동속도의 시간기록 $v(t)$로부터 다음 식에 의해 구해진다.

$$v_{rms} = \sqrt{\frac{1}{T}\int_0^T v^2(t)dt} \tag{18.1}$$

스펙트럼분석으로부터 진동가속도, 속도 및 변위 진폭의 크기(magnitude)가 각각 a_j(m/s^2, p), v_j(mm/s, p), s_j(μm, p-p) (j = 1, 2, ⋯, n)로 되고, 이들이 진동주파수 f_j(Hz) (j = 1, 2, ⋯, n)의 함수로서 얻어졌을 때, 이에 대응하는 속도실효치는 다음과 같이 표현된다.

$$\begin{aligned} v_{rms} &= \sqrt{\frac{1}{2}\left(v_1^2 + v_2^2 + \cdots + v_n^2\right)} \\ &= \pi\times 10^{-3}\sqrt{\frac{1}{2}\left[(f_1 s_1)^2 + (f_2 s_2)^2 + \cdots + (f_n s_n)^2\right]} \\ &= \frac{10^3}{2\pi}\sqrt{(a_1/f_1)^2 + (a_2/f_2)^2 + \cdots + (a_n/f_n)^2} \end{aligned} \tag{18.2}$$

진동이 단지 2개의 중요한 주파수성분으로 주어지는 경우, 이들 값을 v_{min}, v_{max} 라 하면, v_{rms}는 근사적으로 다음 식으로 결정된다.

$$v_{rms} = \sqrt{\frac{1}{2}\left(v_{max}^2 + v_{min}^2\right)} \tag{18.3}$$

어느 하나의 특정 진동수성분이 탁월할 때는 다음 식과 같이 간단히 표현할 수 있다.

$$v_{rms} = \frac{1}{\sqrt{2}} v = \frac{\sqrt{2}}{2} \times 10^{-3} s\pi f = 2.22 \times 10^{-3} sf \tag{18.4}$$

여기서 v는 진동속도의 편진폭(mm/s, p), s는 진동 변위의 양진폭(μm, p-p), f 는 탁월 진동주파수(Hz)이다. 진동가속도, 속도 또는 변위값 사이의 환산은 단지 단일주파수의 조화성분의 경우에 한해 이루어질 수 있다. 예로, 단일 주파수성분의 진동속도 v_i가 알려져 있으면, 양진폭 변위 s_i는 다음 식으로 평가된다.

$$s_i = 450 \frac{v_i}{f_i} \ (\mu m,\ p\text{-}p) \tag{18.5}$$

18.3.2 축 진동

회전기계 진동의 원인은 대부분 회전축과 관련이 있다. 따라서 축의 거동을 직접 측정하고, 이를 판정하는 것은 판정의 정밀도 향상, 이상의 조기발견 및 2차 피해의 회피 등을 위한 바람직한 방법이라 할 수 있다. 특히 다음과 같은 진동현상에 대한 위험판별에 매우 유리하다.

1) 케이싱에 대한 회전체의 접촉(rubbing)
2) 베어링 부분의 부품 파손 등에 의한 불평형(unbalance)의 급격한 변화
3) 베어링의 편위, 침식, 마멸(wear), 회전체의 굽힘 등에 의한 불평형의 완만한 변화
4) 회전축의 자려 진동

1) 측정 위치 및 방향

축 진동은 회전체와 정지부분의 접촉을 예방하기 위해서 좌우 베어링의 거의 중간위치 또는 최소틈새부분(예로 비접촉 실부분)에서 측정하는 것이 좋다. 또한 베어링에 대한 과대한 응력의 예방에는 베어링 또는 그 부근에서 측정하면 좋다. 그러나 회전체의 중앙부근에서 측정하는 것은 일반적으로 구조적인 문제로 불가능하므로, 주로 베어링이나 그 부근에서 측정하도록 하고 있다. 이 경우 베어링으로부터의 거리, 또는 진

동모드(mode)에 의해 측정치에 차이가 발생하게 되지만, 일반적으로는 동일한 한계치를 채용하고 있다. 측정방향은 수평기계에서는 축 단면의 수평과 수직방향 또는 이와 45°이내 경사진 두 방향에서 측정한다.

2) 상대진동과 절대진동

축 진동에는 절대진동(absolute vibration)과 상대진동(relative vibration)의 2가지 계측방법이 있다. 따라서 축 진동의 측정과 평가에는 이 중 어느 방법을 사용할 것인가를 명확히 하여야 한다. 절대 축 진동은 정지공간에 대한 축의 진동으로, 그 측정은 사이즈모형 변환기(transducer)에 의해서 가능하고, 구조상으로 접촉형 변위계가 이용된다.

상대 축 진동은 축과 베어링 또는 케이싱과 같은 진동변환기의 부착부분과의 상대적인 진동으로 비접촉형 변위계(proximity probe)가 주로 이용되고 있다. 비접촉 변위계로 절대진동을 측정하기 위해서는 변환기를 사이즈모형 변환기와 조합하거나, 변환기 부착부분의 절대진동을 별도의 사이즈모형 절대변환기에서 검출하여 벡터가산을 하는 방법이 필요하다.

일반적으로 베어링 파손의 원인이 되는 진동에 의한 과대한 하중이나 응력, 회전부분과 정지부분 사이의 접촉에 의한 중대한 사고를 방지하기 위한 반경방향 틈새의 감시(monitoring)등에는 상대진동이 유리하다. 한편 이상의 조기발견을 위하여 정상적인 운전상태의 진동으로부터의 변화를 평가하는데는 변환기 부착부분의 진동의 영향이 없는 절대진동이 유리하다. 따라서 어느 진동을 채택하여 평가할 것인가는 대상기계와 각각의 특징을 고려하여 결정한다. 대략적으로는 증기터빈과 같은 대형기계는 베어링부분의 강성(stiffness)이 작고, 그 진동의 영향을 피할 수 있으므로 축의 절대진동을 측정하는 것이 주류이다. 소형 고속기계, 예로 산업용 터빈에서는 베어링의 강성이 비교적 높고 변환기 부착부분의 진동도 적기 때문에 비접촉형 상대진동계가 이용된다. 접촉형 절대진동계는 고속에서 변환기 접촉부의 마멸이나 채터링(chattering)이 문제가 되므로 사용이 제한된다.

표 18.2에 축 접촉형(shaft-rider)과 비접촉형 변환기의 특징을 나타낸다. 수력터빈과 같은 저속 대형기계에서는 접촉형 변위계의 측정이 가능한 하한주파수가 통상 10~15 Hz이므로, 비접촉형(상대) 변위계만이 이용된다.

표 18.2 / 축 접촉형과 비접촉형 변환기의 비교

	축 접촉형 변환기	비접촉형 변환기
장점	· 절대진동을 측정가능 (부착부의 진동 영향)	· 회전축과 비접촉이므로 안정된 데이터를 취득 가능 · 고속 회전축에 적합 · 저속 터닝 중에도 측정 가능
단점	· 원주속도가 큰 고속회전축에서는 큰 진동으로 접촉부에 채터링 발생이 용이 · 접촉부 마멸 발생 · 저속 터닝 중의 축 굽힘 측정곤란	· 부착부분 진동의 영향을 받으며, 대형 터빈과 같이 부착부분 진동이 큰 경우는 올바른 축 진동치를 나타내지 않음 · 축 표면의 잔류응력, 자화 등의 영향

3) 평가척도

축 진동의 평가척도로는 진동 변위진폭(최대치)이 적절하고, 대부분 이를 채용하고 있다. 회전체 각 단면에서의 축중심 궤도(orbit)는 일반적으로 원형이 아니고 타원형이 되므로, 타원 휘돌림궤도의 장축 방향이 수직이나 수평으로 되지 않는다. 따라서 장축이 수평축과 이루는 각도는 각각의 단면에서 다른 각도로 되는 경우가 있다. 또한 운전주파수 이외의 조화성분이 포함되면 더욱 복잡한 형으로 된다.

종래의 규격에서는 수직 또는 수평방향 중 어느 방향의 축 진동을 측정하여도 되었지만, 이와 같은 실제 축 궤도의 형상을 고려하여 최근의 규격에서는 직교하는 두 방향의 축 진동을 측정하도록 되었다. 축 진동의 변위를 나타내는 방법으로는 그림 18.2의 정의에 의해 다음의 3가지 근사적인 방법이 이용된다.

방법 1 : 두 직교방향에서 측정된 양진폭 변위값의 합성치

$$S_{(p-p)\max} \doteqdot \sqrt{S^2_{A(p-p)} + S^2_{B(p-p)}} \tag{18.6}$$

이 방법은 원형 궤도일 때 최대 40%의 오차로 과대 추정되며, 직선 궤도일 때 오차가 최소(0 %)로 된다.

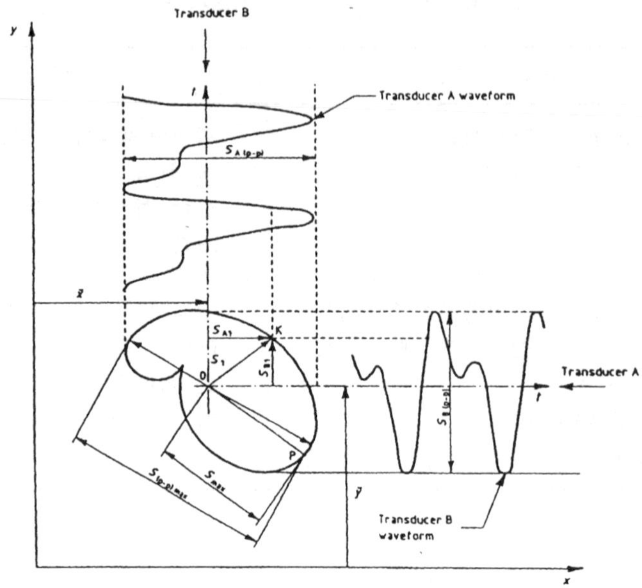

x, y : 고정좌표계, $\bar{x}, \bar{y}$: 축 변위의 시간적분 평균치
0 : 궤도의 시간적분 평균위치, K : 축 중심의 순간위치
P : 시간적분 평균위치로부터 최대 변위의 축의 위치
S_1 : 축 변위의 순간값
S_{max} : 시간적분 평균위치 0로부터 축 변위의 최대값
S_{A1}, S_{B1} : 변환기 A와 B 방향 축 변위의 순간값
$S_{(p-p)max}$: 양진폭(peak-peak) 변위의 최대값
$S_{A(p-p)}, S_{B(p-p)}$: 변환기 A, B 방향 축 변위의 양진폭값

그림 18.2 / 축의 궤도: 축 변위의 정의 (ISO 7919/1)

방법 2 : 두 직교방향의 양진폭 변위값 중 큰 값

$$S_{(p-p)\max} \doteqdot [S_{A(p-p)}, S_{B(p-p)}]_{\max} \tag{18.7}$$

이 방법은 미국, 석유화학산업에서 주로 사용되며, ISO 7919에 채용되고 있다. 직선궤도일 때 최대 30%의 오차로 과대 추정되며, 원형궤도일 때 최소(0 %)로 된다.

방법 3 : 축 궤도의 최대치

$$S_{\max} = [S_1(t)]_{\max} = [\sqrt{S_A^2(t) + S_B^2(t)}]_{\max} \tag{18.8}$$

이 방법은 주로 유럽에서 널리 사용되어 왔으며, VDI 2059에 채용되고 있다. 근사적으로 $S_{(p-p)\max} \doteqdot 2S_{\max}$로 된다. 여기서 $S_{\max}$는 다음과 같이 구한다(그림 18.2 참조). 먼저 직교 2방향(A, B방향) 진폭의 시간파형의 평균치로부터의 편차 $S_A(t)$와 $S_B(t)$를 구한다.

$$S_A = x(t) - \frac{1}{t_2 - t_1}\int_{t_1}^{t_2} x(t)dt \ , \quad S_B = y(t) - \frac{1}{t_2 - t_1}\int_{t_1}^{t_2} y(t)dt$$

그 출력을 시시각각 합성하여 합성치의 최대치 $S_{\max}$를 다음과 같이 구한다.

$$S_{\max} = [S_1(t)]_{\max} = [\sqrt{S_A^2(t) + S_B^2(t)}]_{\max} \tag{18.9}$$

위의 어떤 근사적인 방법도 축 궤도의 형상에 따라서 오차를 발생하고, 실용적으로는 방법 2와 방법 1이 많이 사용된다.

18.4 진동평가 규격

이하에서는 회전기계의 진동평가를 위해 널리 사용되는 ISO 규격 및 기타 주요 규격들의 개요를 설명한다.

18.4.1 ISO 관련 규격

1) ISO 10816: 기계적 진동- 비회전 부분의 측정에 의한 기계진동의 평가

ISO 10816의 제 1판은 기존의 베어링 진동의 평가규격으로 널리 사용되던 ISO 2372 (1974년)와 ISO 3945(1985년)에 대체되어 확대 제정되었다. 이 국제규격은 다음과 같이 6편(part)으로 구성되어 있다.

제 1편: 일반적인 지침

제 2편: 50MW를 초과하는 대형육상 증기터빈・발전기세트

제 3편: 현장측정 시의 15kW이상의 정격출력과 120rpm에서 15,000rpm 사이의 정격속도를 가지는 산업용기계

제 4편: 항공기추진을 제외한 가스터빈 구동세트
제 5편: 수력발전 및 양수플랜트의 기계세트
제 6편: 100kW이상의 정격출력을 가지는 왕복기계

이 중에서 제 1편인 ISO 10816/1은 베어링하우징과 같은 비회전 부분에서 측정되는 기계진동의 측정과 평가를 위한 일반적인 지침을 제공하고, 제 2편부터 6편까지는 각종 기계들에 대한 평가기준과 평가방법을 규정하고 있다.

그림 18.3은 베어링 진동에 관련된 규격의 역사적인 제정의 흐름도를 나타내고 있다.

평가기준은 운전감시(operational monitoring)와 승인시험(acceptance test) 모두에 관계되며, 단지 기계 자체에 의해 발생되는 진동에만 적용되며, 외부에서 전달되는 진동은 포함하지 않는다. 2개의 평가기준이 다양한 종류의 기계에 대한 진동심각도를 평가하기 위해 사용된다.

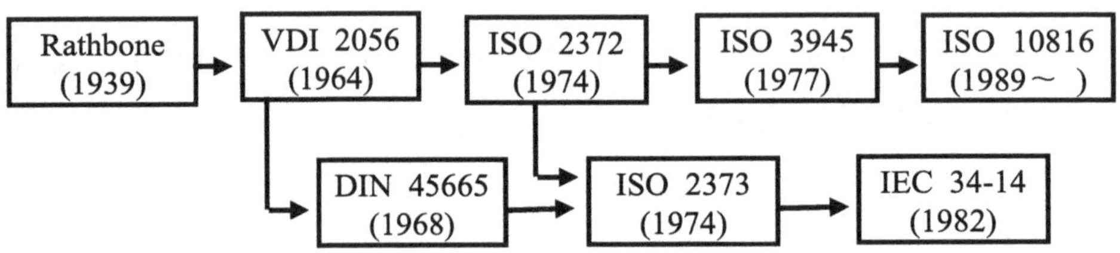

그림 18.3 / 베어링 진동 관련규격의 제정 흐름도

즉, 평가기준으로는 측정된 광대역 진동의 크기(magnitude)와 진동크기의 변화이고, 부가적으로 운전한계(operational limits)가 제공되고 있다. 또한 ISO 10816과 ISO 7919 규격이 모두 적용된다면, 이 중 일반적으로 보다 엄격한 규격을 적용하도록 하고 있다.

(1) 진동 크기

베어링 하우징 또는 베어링 지지대(pedestal)에서 측정된 최대 진동속도 v_{rms}(mm/s)의 크기는 경험에 의해 확립된 다음의 4개의 평가영역으로 나뉘어져 있다.

영역 A: 양호
영역 B: 장시간 운전 허용
영역 C: 제한된 기간동안 운전허용(보수조치가 필요)
영역 D: 허용 불가

이들 영역의 경계에 대한 권장치는 대상기계에 따라 다음과 같이 다르게 설정되어 있다.

가) 대형 육상 증기터빈(ISO 10816/2)

발전출력 50MW 이상의 대형 증기터빈에 대한 진동 평가규격으로, 50MW 이하는 산업용기계에 대한 규격(ISO 10816/3)의 적용을 받는다. 이들 값은 정격운전속도의 정상 운전조건하에서 모든 베어링 하우징 또는 지지대의 반경방향의 진동 측정과 스러스트 베어링의 축방향 진동에 대해 적용한다.

표 18.3 / 대형 육상 증기터빈(ISO 10816/2)

영역 경계	축 회전속도 (rpm)	
	1500 또는 1800	3000 또는 3600
A/B	2.8 mm/s	3.8 mm/s
B/C	5.3 mm/s	7.5 mm/s
C/D	8.5 mm/s	11.8 mm/s

나) 산업용 기계(ISO 10816/3)

이 규격은 출력 15kW이상, 운전속도 120～15,000rpm사이의 산업용 기계장치의 진동평가에 적용된다. 구체적으로는 50MW까지의 증기터빈, 1,500rpm이하 또는 3,600rpm이상의 속도를 갖는 50MW이상의 고속 증기터빈, 3MW이하의 산업용 터빈, 원심압축기, 원심, 사류 및 축류 펌프, 발전기, 모든 전동기, 송풍기 및 홴(fan)에 적용된다.

표 18.4 / 각종 산업용 기계(ISO 10816/3)

지지 분류	영역 경계	진동변위(μm, rms)				진동속도(mm/s, rms)			
		그룹 1	그룹 2	그룹 3	그룹 4	그룹 1	그룹 2	그룹 3	그룹 4
강 지지	A/B	29	22	18	11	2.3	1.4	2.3	1.4
	B/C	57	45	36	22	4.5	2.8	4.5	2.8
	C/D	90	71	57	36	7.1	4.5	7.1	4.5
유연 지지	A/B	45	37	28	18	3.5	2.3	3.5	2.3
	B/C	90	71	57	36	7.1	4.5	7.1	4.5
	C/D	140	113	90	56	11.0	7.1	11.0	7.1

주) 그룹 1 : 대형기계 (300kW～50MW), 전기기계 (축 높이 H = 315mm이상)
그룹 2 : 중형기계 (15～300kW), 전기기계 (160≤H≤315mm)
그룹 3 : 원심, 혼류 또는 축류펌프 (15kW이상, 분리된 구동장치)
그룹 4 : 원심, 혼류 또는 축류펌프 (15kW이상, 연결된 구동장치)

이들 값은 정격속도 또는 특정속도 영역내의 정상상태 운전조건하에서 모든 베어링, 베어링 지지대 또는 기계의 하우징 부에서의 반경방향 진동과, 스러스트베어링 상에서 축방향 진동의 측정에 적용한다. 기계가 과도상태(즉, 속도 또는 하중이 변할 때)에 있을 때에는 이들 값을 적용할 수 없다. 다른 값 그리고 높은 값이 특수한 기계 또는 특별한 지지나 운전조건에 대해 허용될 수 있을 것이다. 이런 모든 경우들은 제작자와 사용자 사이의 합의에 맡겨진다.

다) 가스터빈(ISO 10816/4)

이 규격은 출력 3MW이상이고, 부하상태에서 속도범위가 3,000～20,000rpm사이에서 구동되는 대용량(heavy duty) 가스터빈과 피동장치에 모두 적용된다. 항공기용 가스터빈은 이 규격에서 제외되고, 3MW이하의 가스터빈은 ISO 10816/3의 적용을 받는다.

이들 값은 정격운전속도에서 정상 운전조건하에서 모든 베어링 하우징 또는 지지대의 반경방향의 진동측정에 사용해야 한다. 또한 축방향의 스러스트 베어링이 설치된 하우징의 축 중심선에서 축 진동에 적용한다.

표 18.5 / 가스터빈(ISO 10816/4)

축 회전속도 (rpm)	영역 경계		
	A/B	B/C	C/D
3,000~20,000	4.5mm/s	9.3mm/s	14.7mm/s

표 18.6 / 가스터빈 구동의 50MW이상의 발전기(ISO 10816/2 참조)

영역 경계	축 회전속도(rpm)	
	1,500 또는 1,800	3,000 또는 3,600
A/B	2.8mm/s	3.8mm/s
B/C	5.3mm/s	7.5mm/s
C/D	8.5mm/s	11.8mm/s

표 18.7 / 가스터빈 구동의 50MW이하의 압축기와 발전기(ISO 10816/3 참조)

지지 분류	영역 경계	진동변위 (μm, rms)	진동속도 (mm/s, rms)
강지지	A/B	23	2.3
	B/C	57	4.5
	C/D	90	7.1
유연 지지	A/B	36	3.5
	B/C	90	7.1
	C/D	140	11.0

라) 수력발전플랜트용 수력기계(ISO 10816/5: 2000)

이 규격은 수력발전용 수차터빈·발전기를 대상으로 하며, 레이디얼 베어링의 강성에 따라 다음의 4개 그룹으로 구분하고 있다.

- 그룹 1: 통상 300rpm이상의 운전속도, 강 기초(rigid foundation)에 설치된 베어링 지지대(pedestal) 또는 end-shield 베어링을 가지는 수평형 기계
- 그룹 2: 통상 300rpm이하의 운전속도, 수력기계의 케이싱에만 버팀대(bracing)가 설치된 베어링 하우징을 가지는 수평형 기계
- 그룹 3: 통상 60rpm과 1800rpm사이의 운전속도, 기초에 대해 모든 버팀대가 설치된 베어링 하우징을 가지는 수직형 기계
- 그룹 4: 통상 60rpm과 1000rpm사이의 운전속도, 하부베어링 하우징은 기초에, 상부 베어링 하우징은 단지 발전기에 대해 버팀대가 설치된 수직형 기계

표 18.8～18.11에 제시된 각 영역에 따른 권장치들은 60～1,800rpm 사이의 정격운전속도에서 정상운전조건하에서 모든 베어링 하우징 또는 지지대의 반경방향의 진동측정에 사용해야 한다. 표에서 측정위치 1, 2, 3 및 4는 ISO 10816/5를 참조하기 바란다.

표 18.8 / 그룹 1의 권장평가영역의 경계값(ISO 10816/5)

영역경계	측정위치 1, 2, 3 및 4	
	변위(μm, p-p)	속도(mm/s, rms)
A/B	30	1.6
B/C	50	2.5
C/D	80	4.0

표 18.9 / 그룹 2의 권장평가영역의 경계값(ISO 10816/5)

영역경계	측정위치 1, 2
A/B	2.5 mm/s, rms
B/C	4.0 mm/s, rms
C/D	6.4 mm/s, rms

표 18.10 / 그룹 3의 권장평가영역의 경계값(ISO 10816/5)

영역경계	모든 주 베어링(No. 1, 2 및 3)	
	변위(μm, p-p)	속도(mm/s, rms)
A/B	30	1.6
B/C	50	2.5
C/D	80	4.0

표 18.11 / 그룹 4의 권장평가영역 경계값(ISO 10816/5)

영역 경계	측정위치 1 (ISO 10816/5, 그림 4)		다른 주 베어링(No. 2, 3) (ISO 10816/5, 그림 4)	
	변위 (μm, p-p)	속도 (mm/s, rms)	변위 (μm, p-p)	속도 (mm/s, rms)
A/B	65	2.5	30	1.6
B/C	100	4.0	50	2.5
C/D	160	6.4	80	4.0

마) 왕복기계(ISO 10816/6: 1995)

이 규격은 정격동력 100kW 이상의 강 또는 탄성 지지된 왕복 피스톤 기계(선박용 추진기관, 선박용 보조기관, 디젤발전기 구동용 기관, 가스압축기 및 디젤전동차용 기관 등)의 운전감시와 승인시험에 이용되며, 2~1,000Hz의 주파수범위에서 진동 변위, 속도 및 가속도의 overall 실효값으로 진동심각도(severity)를 구분하고 있다. 이 규격은 육상 도로용 차량(트럭, 승용차, 자력추진 건설기계, 트랙터 등)에 설치된 기계에는 적용할 수 없다. 측정은 정상상태 운전조건(정상 운전온도)에서 실시한다.

표 18.12 / 진동심각도 등급(2~1,000Hz) (ISO 10816/6)

진동 심각도 등급	기계구조물에서 측정된 overall 진동의 한계치		
	변위(μm, rms)	속도(mm/s, rms)	가속도(m/s^2, rms)
1.1	≤ 17.8	≤ 1.12	≤ 1.76
1.8	≤ 28.3	≤ 1.78	≤ 2.79
2.8	≤ 44.8	≤ 2.82	≤ 4.42
4.5	≤ 71.0	≤ 4.46	≤ 7.01
7.1	≤ 113	≤ 7.07	≤ 11.1
11	≤ 178	≤ 11.2	≤ 17.6
18	≤ 283	≤ 17.8	≤ 27.9
28	≤ 448	≤ 28.2	≤ 44.2
45	≤ 710	≤ 44.6	≤ 70.1
71	≤ 1125	≤ 70.7	≤ 111
112	≤ 1784	≤ 112	≤ 176
180	> 1784	> 112	> 176

주) 이 값들은 2~10Hz의 일정 변위, 10~250Hz의 일정 속도, 250~1,000Hz의 일정 가속도로부터 유도되었음

표 18.13 / 왕복기계의 진동 분류 수(ISO 10816/6)

<table>
<tr><th rowspan="3">진동 심각도 등급</th><th colspan="7">기계진동의 분류 수</th></tr>
<tr><th>1</th><th>2</th><th>3</th><th>4</th><th>5</th><th>6</th><th>7</th></tr>
<tr><th colspan="7">평가 영역</th></tr>
<tr><td>1.1</td><td rowspan="4">A/B</td><td rowspan="5">A/B</td><td rowspan="6">A/B</td><td rowspan="7">A/B</td><td rowspan="8">A/B</td><td rowspan="9">A/B</td><td rowspan="10">A/B</td></tr>
<tr><td>1.8</td></tr>
<tr><td>2.8</td></tr>
<tr><td>4.5</td></tr>
<tr><td>7.1</td><td>C</td></tr>
<tr><td>11</td><td rowspan="7">D</td><td>C</td></tr>
<tr><td>18</td><td rowspan="6">D</td><td>C</td></tr>
<tr><td>28</td><td rowspan="5">D</td><td>C</td></tr>
<tr><td>45</td><td rowspan="4">D</td><td>C</td></tr>
<tr><td>71</td><td rowspan="3">D</td><td>C</td></tr>
<tr><td>112</td><td rowspan="2">D</td><td>C</td></tr>
<tr><td>180</td><td>D</td></tr>
</table>

주) 1. 왕복기계의 진동값은 일반 회전기계의 경우보다 기계의 수명 동안 더욱 일정한 경향이 있다. 그러므로 이 표에서는 영역 A와 B는 결합되어 있다. 장래에 더욱 많은 경험이 축적된다면, 영역 A와 B사이를 구별하는 지침값이 제공될 수 있을 것이다.

2. 분류 수는 기계 유형, 적용대상, 크기, 배치, 설치조건, 운전속도에 의존한다. 예로 많은 산업용 및 선박용 디젤기관은 5, 6 또는 7로 분류될 것이다.

왕복기계의 주 가진주파수의 범위는 일반적으로 2~300Hz로 알려져 있으나, 보조장비를 포함한 완전한 기계를 고려할 때 적어도 2~1,000Hz의 범위가 진동 특성을 표현하는데 필요하다. 표 18.12는 진동심각도의 등급(grade)을 12개로 구분하고 각 등급을 수치적으로 나타내고 있다. 이 등급은 기계의 주 구조물에서 측정된 변위, 속도 및 가속도의 가장 높은 overall 실효값으로, 기계의 진동심각도는 이들 3 등급 중에 가장 높은 것으로 한다. 진동심각도는 기계의 유형, 크기, 질량, 설치(mounting) 시스템의 특성, 운전조건 등에 의존한다. 그러므로 등급을 적용할 때는 관련된 주위환경과 목적을 고려할 필요가 있다.

(2) 진동크기의 변화

이 규격은 이전에 확립된 기준값(reference value)으로부터 진동크기의 변화에 대한 평가를 제공한다. 광대역 진동크기에서 중대한 변화가 발생할 수 있고, 이것이 앞에서 정의한 영역 C에 도달하지 않았다 하더라도 어떤 조치가 필요하다. 이러한 변화는 실제로 시간에 대해서 순간적이거나 점진적일 수도 있으며, 초기 손상이나 다른 어떤 비정상(irregularity)을 나타낼 수도 있다. 이 규격은 정상상태의 운전조건하에서 발생하는 광대역 진동크기의 변화에 기초하여 제정되었다. 진동크기의 증가나 감소가 영역 B의 상한값의 25%를 초과하면, 이 변화는 신중하게 고려되어야 한다. 그리고 진단조사를 통하여 변화에 대한 원인을 확인하고, 앞으로 어떤 조치가 적절한 지를 결정하여야 한다.

(3) 운전 한계

장기간 운전의 경우, 운전의 계속 여부를 판단하기 위한 진동한계를 설정하는 것이 일반적인 관례이다. 이들 한계로는 경보(alarms)와 비상정지(trips)가 주어진다.

가) 경보

정해진 진동 레벨에 도달했거나, 중요한 변화가 발생했을 때에 경고(warning)를 제공하기 위한 것으로, 이때에는 보수 또는 수정 조치가 필요하다. 일반적으로 경보의 상황이 발생하면, 진동의 변화에 대한 이유(원인)를 알아내고 어떠한 필요한 보수조치를 규정하기 위해 수행되는 조사 기간동안 운전을 계속할 수 있다. 경보의 설정치는 영역 B의 상한값의 1.25배로 권고된다.

나) 비상정지

더 이상 운전을 계속하였을 때 기계에 손상을 일으킬 수 있는 진동의 크기를 정하는 것이다. 이 비상정지레벨을 넘어서면 진동을 줄이기 위해서 즉시 조치를 취하거나, 기계를 정지(shut-down)시켜야 한다. 정상상태이지만 점진적으로 진동이 비상정지 레벨로 진행하고 있는 기계에 대한 조사를 수행하기 위해서는 그 레벨을 일정하게 유지하거나 또는 더 낮은 값으로 안정화시키기 위해 하중이나 운전속도의 감소와 같은 조치를 취해야 한다. 비상정지의 설정은 영역 C의 상한값의 1.25배로 초과하지 않도록 권고된다.

2) ISO 7919: 비왕복기계의 기계적 진동- 회전축의 측정과 평가기준

기계의 베어링 진동을 측정, 평가하는 ISO 10816에 대해, 이 규격은 축 위에서 진동변위를 직접 측정하는 축 진동(shaft vibration)에 대한 규격으로, 축의 휘돌림 궤도, 최대진폭을 측정하는 조건과 방법, 측정치의 표시방법 그리고 평가방법과 기준을 정하고 있다. 이 규격은 다음과 같이 5편(part)으로 구성되어있다.

제 1편: 일반적인 지침
제 2편: 대형 육상 증기터빈발전기세트
제 3편: 연결된 산업용기계
제 4편: 가스터빈세트
제 5편: 수력발전과 양수플랜트의 기계세트

그림 18.4는 베어링 진동에 대한 ISO 10816과 축 진동에 대한 본 규격의 구성에 대한 비교를 나타낸 것이다. 이 규격은 정상적인 운전조건하에서 각종 회전기계의 베어링이나 또는 이에 가까운 부분에서 측정한 축 진동의 평가기준을 적용하기 위한 지침으로, 기동 및 정지 또는 공진 영역의 통과 등과 같은 과도상태조건에는 적용할 수 없다. 축 진동 측정장비의 구조는 변환기를 축에 직접 접촉시키는 축 접촉 변환기(shaft-riding transducer)와 비접촉변환기가 이용될 수 있다. 축 진동의 평가척도로는 진동변위를 채용하고 있고, ISO 7919/1에서 축 궤도의 최대치 $S_{(p\text{-}p)max}$를 평가의 기본으로 하고 있으나, 이를 쉽게 측정한 측정 기기가 없으므로, 식(18.6)~(18.8)에서 설명한 3가지 근사방법 중 하나를 대신 사용한다. 평가기준은 ISO 10816과 같이 진동크기, 진동크기의 변화 그리고 운전한계가 있으며, 진동크기를 영역 A~D로 구분하는 것과 운전한계치의 설정 등은 ISO 10816과 동일하다.

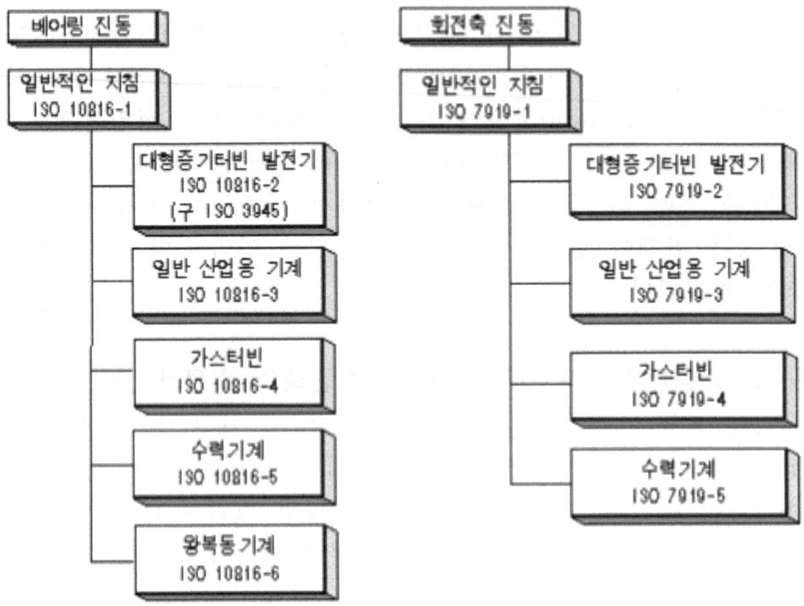

그림 18.4 / ISO 10816과 ISO 7919의 비교

(1) 진동 크기

이들 평가영역의 경계에 대한 추천값은 지금까지 축적된 경험에 근거하여 설정되었으며, 다음과 같이 기계에 따라 다르게 설정되어 있다.

가) 대형 육상 증기터빈 발전기(ISO 7919/2)

이 규격은 1,500~3,600rpm의 운전범위 내에서 정격운전속도를 가지며, 50MW이상의 발전출력을 가지는 발전소용 증기터빈 발전기세트에 적용된다. 규격에서 주어지는 최대변위값은 2개의 직교하는 선택된 측정방향에서 측정된 양진폭(peak-peak) 변위 중 큰 값을 의미한다. 이는 상대 축진동과 절대 축진동에 대해 다른 추천값을 제공하고 있고, 경사패드(tilting pad) 베어링이나 타원(elliptical) 베어링으로 지지된 경우는 대체 진동값을 지정할 필요가 있다. 표 18.14의 괄호 안의 값은 축의 최대 절대변위값을 나타낸다.

표 18.14 / 대형 증기터빈 발전기(ISO 7919/2)

영역 경계	축 회전속도(rpm)			
	1,500	1,800	3,000	3,600
	축의 최대상대 및 절대변위 (peak-peak, μm)			
A/B	100 (120)	90 (110)	80 (100)	75 (90)
B/C	200 (240)	220 (220)	165 (200)	150 (180)
C/D	320 (385)	290 (350)	260 (320)	240 (290)

나) 산업용 기계(ISO 7919/3)

적용 대상은 유막 베어링으로 지지된 운전속도 1,000~30,000rpm의 결합된 산업용 기계로서, 크기와 동력의 제한이 없이 증기터빈(50MW 이하), 터보압축기, 터보펌프, 터보발전기, 터보홴 및 기타 전기구동장치 및 부속기어에 사용될 수 있다. 이는 축의 최대 상대변위가 축 회전속도 n(rpm)의 제곱근에 반비례하는 형태로 영역경계의 값 S(p-p)이 추천된다.

표 18.15 / 산업용 기계와 가스터빈(ISO 7919/3, 4)

영역 경계	축의 최대 상대변위 (peak-peak, μm)
A/B	$4,800 / \sqrt{n}$
B/C	$9,000 / \sqrt{n}$
C/D	$13,200 / \sqrt{n}$

다) 가스터빈(ISO 7919/4)

이 규격은 유막 베어링으로 지지된 3 MW이상의 출력과 3,000~30,000rpm의 회전속도를 가지는 모든 가스터빈세트 (기어 포함)에 적용된다. 단, 구름요소베어링으로 지지되는 항공기용 가스터빈은 제외한다. 평가영역의 경계값은 표 18.15와 같이 산업용 기계에 대한 ISO 7919/3과 동일하다.

라) 수력발전 및 양수플랜트용 기계(ISO 7919/5)

이 규격은 60~1,800rpm의 운전속도와 셸(shell) 또는 슈(shoe) 형태의 슬리브 베어링으로 지지되는 출력 1MW이상의 수력기계에 적용된다. 구체적인 적용 대상기계로는 일반 수력발전용 수차 및 발전기, 양수발전용 펌프/수차, 전동기/발전기, 구동용

터빈, 여자기 등의 수력 및 양수발전플랜트에 사용되는 기계이다. 그림 18.5는 각각 상대 축 진동변위를 축 궤도의 최대치 $S_{\max}$ 와 양진폭(peak-peak) S_{p-p}를 축 회전속도의 함수로 나타낸 것이다.

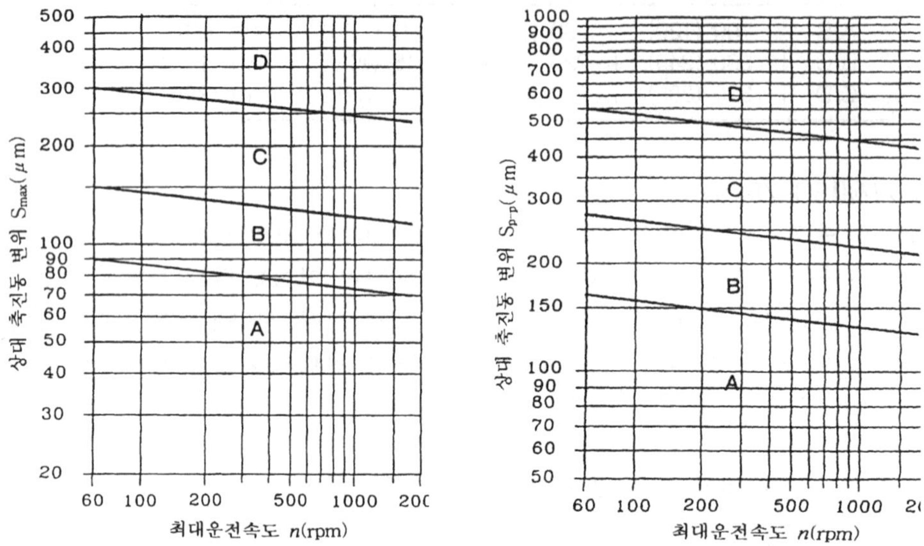

(a) Smax

(b) Sp-p

그림 18.5 / 최대 상대진동 변위의 평가영역

(2) 진동크기의 변화와 운전한계

이 규격에서도 베어링 진동의 ISO 10816과 동일하게 규정하고 있다.

(3) 축 진동 관련 규격의 비교

축 진동에 대한 규격은 베어링진동에 비해 규격화의 역사가 비교적 짧기 때문에 규격의 종류는 많지 않으나 내용은 비교적 충실하다. 대표적인 것으로 ISO 7919, API 610, 612 및 617, VDI 2059, 일본전기협회기술기준(JEAC 3717) 및 미국전기제작자협회 규격(NEMA SM21) 등이 있다. 이들 규격의 공통된 특징은 평가척도로서 진동 변위진폭(μm)을 이용하고 있고, 허용치가 기계의 회전속도 n(rpm)의 제곱근에 반비례($1/\sqrt{n}$)하는 것이다. 베어링 진동의 허용치에서는 진동속도가 일정, 즉 변위 진폭으로 환산하면 회전속도에 반비례(1/ n)하는 것이 일반적인 것과 대조적이다. 표 18.16은 축 진동의 관련 규격을 비교한 것이다.

표 18.16 / 축 진동 허용치의 비교 (단위: μm)

규격 명			ISO 7919	VDI 2059	API 612, 617 NEMA SM21	JEAC 3717
평가 척도			$S_{(P-P)max}$	$2\times S_{max}$	S_{p-p}	S_{p-p}
대형 발전용 증기터빈세트 (n =3600rpm의 경우)	절대 진동	A/B	90			75
		B/C	180			125
		C/D	290	432		250
	상대 진동	A/B	75		2,782/ $\sqrt{n}$ (NEMA)	75
		B/C	150			125
		C/D	240			250
산업용 기계, 가스터빈세트	상대 진동	A/B	4,800/ $\sqrt{n}$	4,800/ $\sqrt{n}$	2,782/ $\sqrt{n}$ (API)	
		B/C	9,000/ $\sqrt{n}$	9,000/ $\sqrt{n}$		
		C/D	13,200/ $\sqrt{n}$	13,200/ $\sqrt{n}$		

3) ISO 8528 시리즈: 왕복 내연기관 구동 교류발전기 세트

ISO 8528은 왕복 내연기관에 의해 구동되는 교류발전기 세트에 관한 규격으로 모두 12편으로 구성된다. 이 중에서 제 9편인 ISO 8528/9가 엔진 및 발전기의 진동평가기준에 관한 것이다. 이 규격은 강지지 또는 탄성지지된 육상용 및 선박용 발전기세트가 포함되며, 항공기 또는 육상용 추진기, 기차용은 제외된다. 그림 18.6은 베어링의 종류에 따른 각 발전기 세트의 측정위치 및 방향을 나타내고, 표 18.17은 운전속도 및 정격출력별 권장진동허용치를 나타내고 있다. 표에서 Value 1은 손상이 발생하지 않을 진동수준을 의미하고, 만일 진동레벨이 Value 1과 2 사이에 있다면, 신뢰할 수 있는 운전을 위해 발전기 및 각 부품 구조물에 대한 추가적인 평가가 요구됨을 나타낸다.

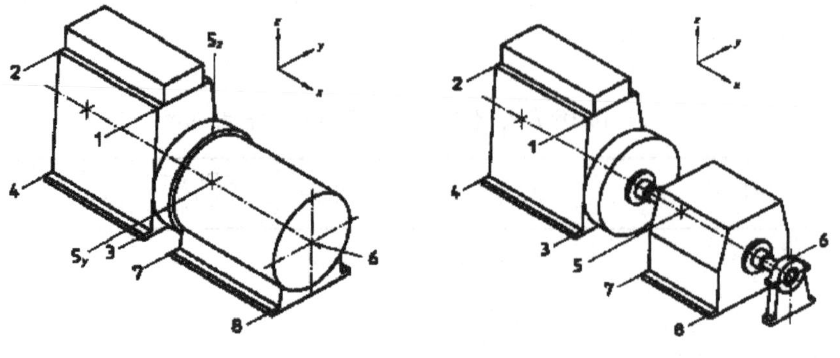

그림 18.6 / 왕복 내연기관 구동 발전기세트의 진동측정 위치(ISO 8528/9)

표 18.17 / 권장 진동허용치(ISO 8528/9)

속도 N(rpm)	발전기 정격출력 P(kW)	진동속도 (mm/s, rms)		
		엔진	발전기	
			Value 1	Value 2
2,000≤N≤3,600	P ≤12	–	70	80
	12< P ≤40	–	50	60
	P >40	–	40	50
1,300<N≤2,000	P≤8	–	–	–
	8<P≤40	–	40	–
	40<P≤100	–	25	30
	100<P≤200	45	25	30
	P>200	45	20	28
720≤N≤1,300	200≤P≤1,000		20	24
	P>1,000	45	18	22
N≤720	P>1,000	45	15	20

18.4.2 기타 주요 규격

1) Rathbone 규격(1939): 대형기계의 진동평가

1936년 T. C. Rathbone이 기계보험에서의 경험을 정리한 지침(guideline)으로서 제안한 것으로, 많은 회전기계를 대상으로 현장의 기계 기술자나 기능자의 손끝 감각에 의한 판단을 기초로 작성한 것이다. 사람의 감각을 기본으로 하고 있으므로 현장기술자의 감각과 잘 일치하고 현재에도 사용되고 있다. 이 곡선은 그 후 제정된 많은 규격의 기초가 되었다. 즉, 독일기술자협회(VDI)가 1964년 제정 완료한 VDI 2056 규격의 그룹 G(높은 고유진동수를 갖는 견고한 기초상의 대형기계)는 이 진동허용곡선을 그대로 이용한 것으로 널리 알려져 있다.

이 규격은 주로 대형기계에서 운전시의 진동에 대한 평가를 「매우 좋다(조용하다)」에서 「매우 나쁘다」까지 6종류의 등급으로 나누어 나타내고 있다(그림 18.7). 진동의 평가척도는 변위진폭(μm, peak-peak)이다.

허용곡선은 10Hz(600rpm)이상에서는 진동수(회전수) *n*(rpm)에 거의 반비례(1/*n*)하고 있고, 이것이 이후에 제정된 규격들에서 진동속도를 평가척도로서 채용하는 근거가 되었다. 또한 그는 베어링의 수평방향 강성(stiffness)이 수직방향의 강성에 비해 작으므로, 진동평가에 대해서도 강성을 고려하여 판단해야 할 것이라고 주장하였다. 이 규격은 이후 제정된 규격들의 기본을 이미 나타내고 있고, 설득력이 있는 것으로 오랜 기간 동안 산업현장에서 이용되어 왔다.

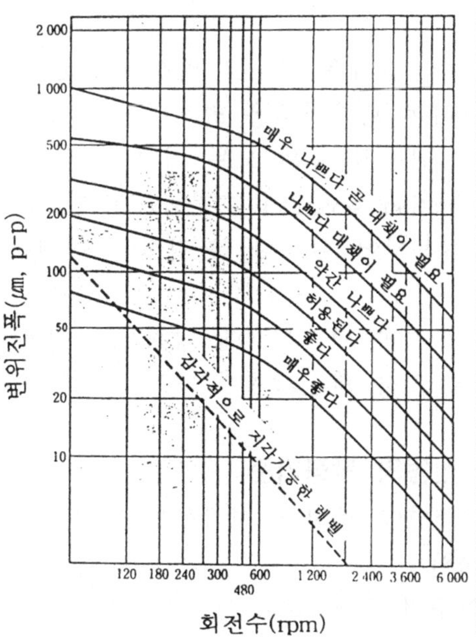

그림 18.7 / Rathbone의 진동허용곡선

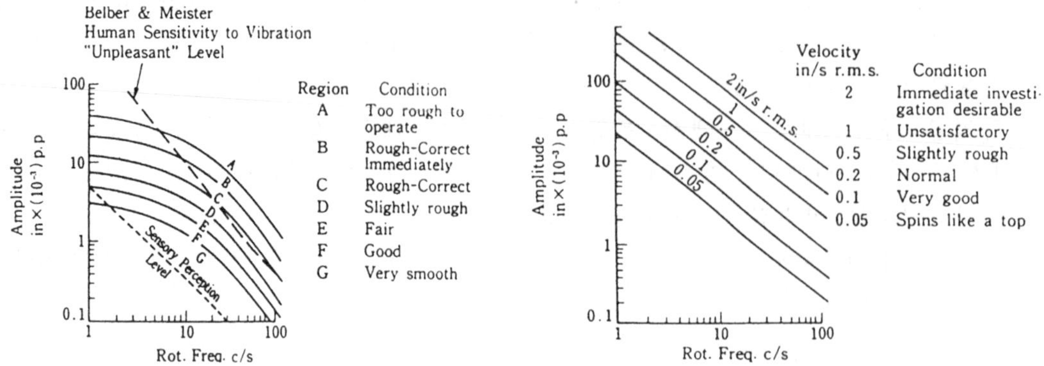

(a) Rathbone 규격 (b) Yates 규격

그림 18.8 / Rathbone과 Yates 규격의 비교

2) Yates 규격

H.G. Yates는 1949년에 사람의 감각을 기초로 작성한 Rathbone의 진동허용곡선을 진동속도 일정의 방법으로 수정하여 평가기준을 발표하였다(그림 18.8). 현재 ISO, JIS 등의 각종 규격 및 각 제작사의 권장치 등은 모두 이 Yates의 규격을 본보기로 한 수정판이다. 이는 진동 심각도(vibration severity)는 진동속도에 비례한다는 가정에 기초한 것으로, 오랫동안 현장에서 실용되어 왔으나, 본질적인 면에서 다음과 같은 몇 가지 문제점을 가지고 있다. 즉,

(1) 운전속도 1,200rpm 이하의 저속 회전기계에 대해서는 허용기준이 너무 높다.
(2) 운전속도 7,000rpm 이상의 고속 회전기계에 대해서는 허용기준이 너무 낮다.

3) VDI 2056 (1964): 기계진동의 판정기준

독일기술자협회(VDI)가 1955년에 조사를 시작하여 1964년 제 2판으로서 완성한 베어링 진동의 규격이다(표 18.18).

이 협회에서는 Rathbone 이후의 각종 규격을 조사함과 동시에 독자적으로 계측데이터를 수집하여 넓은 분야의 기계에 적용이 가능하도록 규격을 제정하였고, 이후 여러 나라에서 채용되어 왔다. 평가척도로서는 진동속도의 실효치(rms치, mm/s)를 이용한다. 이 규격의 특징은 다음과 같다.

(1) 진동심각도를 평가의 척도로서 채용

(2) 기계의 크기와 종류에 대응하여 6개의 그룹으로 나누고, 그중 4개 그룹(K, M, G, T)에 대한 한계치를 제공(표 18.18).

(3) 그룹 G/T는 기계의 크기(출력)가 같아도 기초나 베어링강성의 차이에 맞추어 그룹을 나누고 한계치를 달리하였다. 주의할 것은 같은 기계라도 측정방향에 따라 평가 그룹이 달라질 수 있다는 것이다. 예로, 수직방향 진동은 그룹 G의 기계로서 평가하고, 수평방향의 진동은 그룹 T의 기계로서 평가하는 경우가 있을 수 있다.

(4) 진동레벨은 진동속도를 0.18에서 45mm/s까지의 범위에 대해 양호(good), 허용(allowable), 견딤(just tolerable) 및 허용불가(not permissible)의 4종류로 규정한다.

표 18.18 / VDI 2056 (1964)

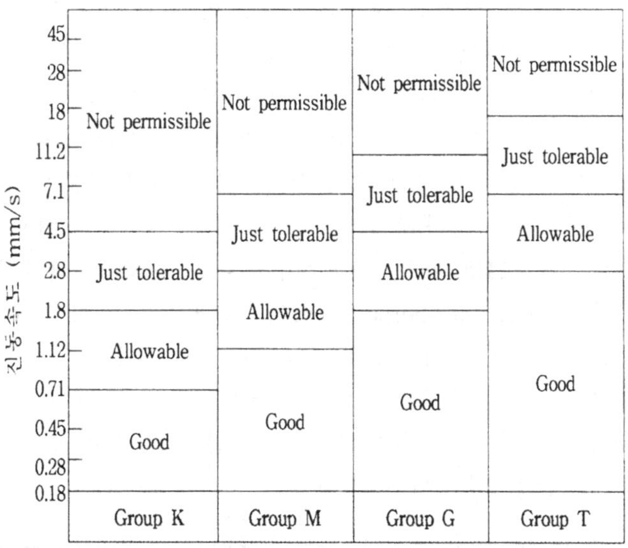

주) 1) 그룹 K: 약 15kW까지의 전동기 및 이에 상당하는 소형기계

2) 그룹 M: 15~75kW의 전동기 및 특별한(견고한) 기초상의 약 300kW까지의 중형기계

3) 그룹 G: 높은 고유진동수를 가지는 강기초 상의 대형기계

4) 그룹 T: 낮은 고유진동수를 가지는 경량구조 기초상의 대형기계(예, 터보기계)

5) 그룹 D: 평형잡기가 이루어지지 않는 질량을 갖는 강기초 상의 기계(예, 왕복 기계)

6) 그룹 S: 그룹 D와 같은 종류의 기계로 탄성기초(예, 방진지지)상의 기계

4) VDI 2063 (1985): 왕복 기관 및 압축기의 기계적 진동의 측정과 평가

이 규격은 왕복기계에 의해 발생하는 진동만을 평가하고, 외부로부터 가진되는 진동은 포함하지 않으며, 방사되는 소음에 관한 진동의 평가에는 사용할 수 없다. 적용 대상은 100kW 이상의 출력 또는 입력을 가지고 3,000rpm까지의 운전속도로 강(rigidly) 또는 탄성적으로(resiliently) 설치된 왕복 기관과 압축기이다. 예로는 선박추진용 기관, 선박보조기관, 디젤발전기 구동용 기관, 디젤전동차(기차, 전차)용 기관이며, 육상 자동차용(트럭, 승용차, 자력추진 건설용 기계, 트랙터) 기관, 왕복 기관과 결합된 기계류에는 적용할 수 없다.

평가척도로는 진동속도의 실효치(rms치, mm/s)를 이용하며, 베어링 또는 잠금 위치(fastening points)의 표면에서 측정될 수 있는 2～300Hz의 주파수범위의 기계 진동으로 적용이 제한된다. 진동심각도(severity)는 정해진 측정점(그림 18.1 c))에서 3개의 주 방향(수평, 수직, 축)의 하나에서 측정된 rms 진동속도의 최대값으로 정의한다.

그림 18.9는 현실적인 평가값이 되도록 설정하기 위해, 운전중인 많은 기관으로부터 수집된 측정결과를 이용하여 주파수의 함수로 허용진동값을 표현하였으며, 강 지지 또는 탄성 지지된(resiliently seated) 기관에 모두 적용된다. 이 선도의 한계선의 직접적인 적용은 단순 정현진동의 진동속도에만 가능하고 여러 조화성분을 포함하는 복합진동은 실효값을 평가에 이용한다. 평가에서 조화성분의 주파수가 2Hz 이하 및 300Hz 이상의 성분은 무시한다. 이는 2Hz 이하의 주파수영역의 진동은 강체운동으로 고려되고, 300Hz 이상의 조화성분은 structure-borne noise의 형태로 기계표면의 국부진동이며, 이들 진동은 유해하지 않는 것이 경험적으로 알려져 있기 때문이다. 복합진동은 만일 실효값이 45mm/s 이하이면 허용되는 것으로 간주하고, 복합진동이 2～10Hz 및/또는 100～300Hz의 범위내의 조화성분을 포함하면, 부가적인 조건으로 총 진동변위와 총 진동가속도를 고려한 다음 조건을 만족해야 한다.

$$v_{eff} \leq 45 \text{ (mm/s)}, \quad s < 1 \text{ (mm, peak)}, \quad a < 4 \text{ (g, peak)}$$

여기서 v_{eff} 는 진동속도의 실효값, s, a는 각각 진동 변위 및 가속도이다.

5) API 규격

미국석유협회(API)가 석유정제용 플랜트의 기기에 적용을 목적으로 제정한 규격으로 API 610(일반 석유정제용 원심펌프), API 611(석유정제용 범용증기터빈), API 612(석유정제용 특수목적 증기터빈), API 617(일반 석유정제용 원심압축기) 등이 있다. API 610

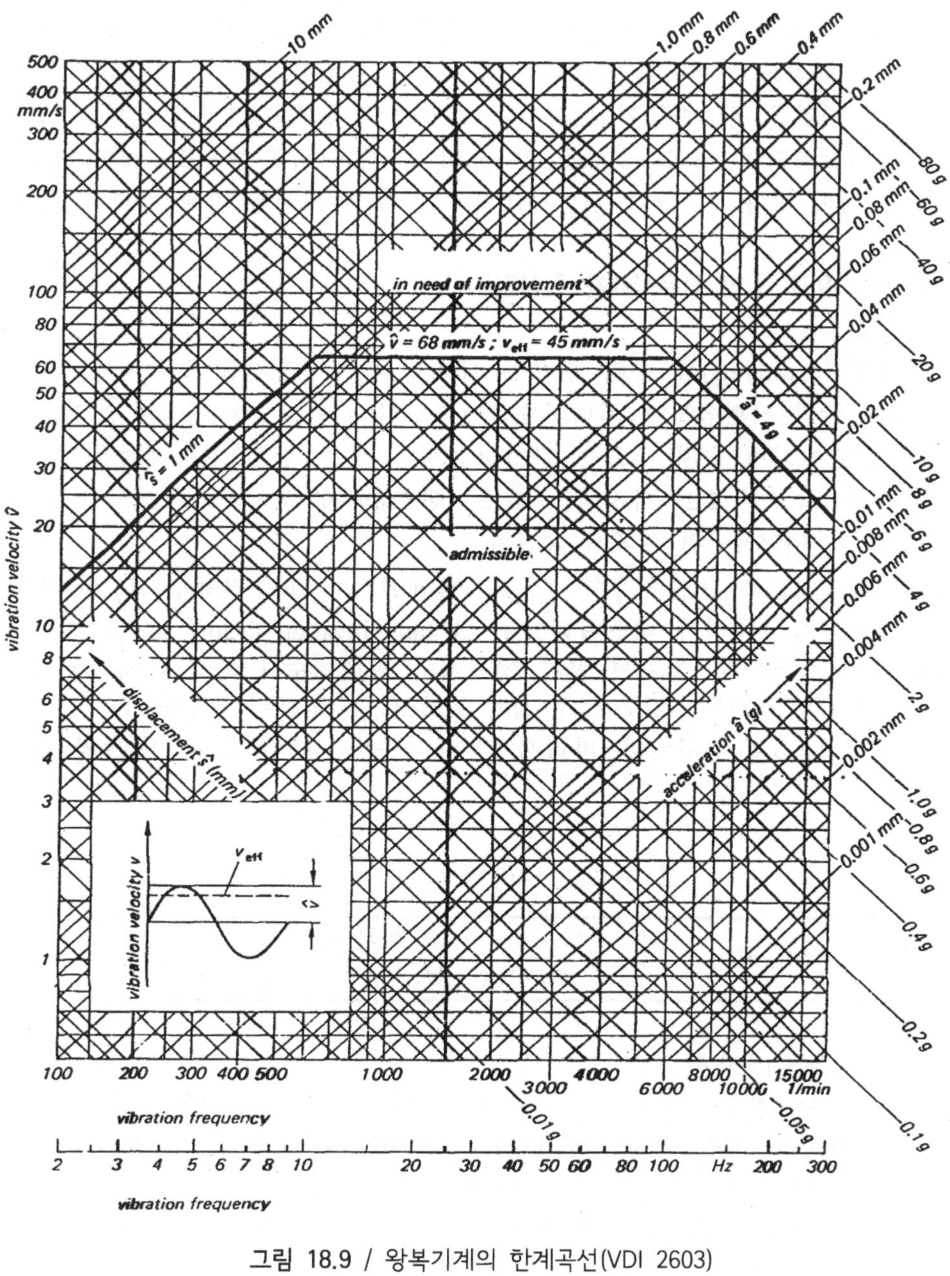

그림 18.9 / 왕복기계의 한계곡선(VDI 2603)

은 미국규격(ANSI)으로 되어 있고, API 612는 일반 산업용터빈에도 준용된다. 이들 규격은 공장 및 현지에서의 승인시험에 적용되도록 제정된 것이다. 따라서 운전시의 감시용으로 이들 규격의 허용치를 사용하는 경우에는 충분한 배려가 필요하다.

API 규격의 특징은 운전속도가 변화하는 기계에 적용되는 경우가 많다는 것에 착안하여 운전범위로부터의 위험속도(critical speed)의 회피나 위험속도에서의 진동증가에 대한 제한 규정이 있다. 여기서는 API 610의 최신판(1995년)에 대해 자세히 기술한다.

(1) API 610(1995): 일반 석유정제용 원심펌프

가) 위험속도

단단 내다지(overhung)형 수평 펌프는 베어링의 지지조건을 단순지지로 가정하여 계산된 1차 굽힘 위험속도가 최대연속운전속도의 적어도 20%이상이 되도록 설계해야 한다. 양단지지형 수평 펌프는 탄성회전체의 경우, 굽힘 진동해석을 수행하고 0에서 최대연속속도의 2.2배까지의 주파수범위 내에서 회전체의 모든 고유진동수를 정격속도의 25~125%범위 내에서 계산한다.

그리고 허용기준은 운전주파수 f_{run}와 계산된 i차 고유진동수 f_{ni}의 비인 주파수비 $\eta = f_{ni}/f_{run}$에 따라 허용확대계수 M_i(amplification factor) 및 감쇠비 ζ_i가 표 18.19와 같이 주어진다. 여기서 공진 영역에서 확대계수와 감쇠비 사이에는 근사적으로 $\zeta_i \fallingdotseq 1/(2M_i)$과 같은 관계가 있고, 임계감쇠(critically damping)는 $\zeta_i \geq 0.2$, $M_i \leq 2.5$로 정의된다. 따라서 각 주파수비 영역에서 표 18.19에 주어진 값 이상일 때에 허용된다.

표 18.19 / 주파수비에 따른 허용기준

주파수비 η	허용 기준	
	확대계수 M_i	감쇠비 ζ_i
$\eta \leq 0.275$	50	0.010
$0.275 < \eta \leq 0.4$	25	0.020
$0.4 < \eta \leq 0.8$	6	0.083
$0.8 < \eta \leq 0.9$	$-26.667\eta + 27.336$	$0.667\eta - 0.450$
$0.9 < \eta \leq 1.15$	3.333	0.150
$1.15 < \eta \leq 1.3$	$148.887\eta - 168.553$	$-0.867\eta + 1.147$
$1.3 \leq \eta$	25	0.020

수직 펌프에서는 일반적으로 전동기 지지구조물의 고유진동수와 최대연속운전속도의 20% 이상 또는 최소연속운전속도의 20% 이하의 분리여유를 확보하도록 하고 있고, 한편 펌프 회전체에서는 단순지지로 가정하여 계산된 1차 위험속도가 수중운전(wet run)만을 위해 설계된 경우는 최대허용연속속도의 20%이상, 공중운전(dry run)을 할 수 있도록 설계된 경우는 최대허용연속속도의 30%이상이 되도록 설계되어야 한다.

나) 진동측정 및 평가척도

진동의 측정은 차단점(shut-off point)을 제외한 각 시험점에서 수행되고, 측정위치는 그림 18.1과 같이 모든 펌프의 베어링하우징 또는 동등 지점, 동압 저널베어링 또는 가이드베어링을 가지고 비접촉 변위계(proximity probe)가 설치된 펌프 축은 베어링에 인접한 위치에서 측정한다. 단, 축 접촉형 변환기를 이용한 측정은 허용되지 않는다. 주파수스펙트럼(FFT)은 5Hz에서 운전속도의 $2Z$배(Z: 임펠러 베인 수)까지의 범위를 포함한다. 일반적으로 운전속도의 1배(1X), 2배(2X) 및 Z배(ZX)의 이산주파수가 펌프의 현상과 밀접한 관계를 가지므로, 이들 성분이 특별히 중요하고 결과에 포함되어야 한다.

평가척도로는 축 진동변위의 양진폭(peak-peak)과 베어링 하우징에서의 진동속도의 실효치(rms치 또는 진동심각도)를 채용한다. 측정단위로는 진동변위는 μm(mils), 진동속도는 mm/s (in/s 또는 IPS)이다.

표 18.20 / 수평 펌프의 진동한계치

<table>
<tr><th colspan="2">측정 방법</th><th>베어링 진동</th><th>축 진동</th></tr>
<tr><td colspan="2">펌프베어링 형식</td><td>전체</td><td>동압저널 베어링</td></tr>
<tr><td rowspan="2">선호운전영역 내의 임의 유량에서 진동치</td><td>Overall</td><td>V_u < 3.0 mm/s rms</td><td>$A_u < (5.2\times10^6)^{0.5}/N$ μm p-p
A_u < 50μm p-p를 초과불가</td></tr>
<tr><td>이산주파수</td><td>V_f < 2.0 mm/s rms</td><td>$A_f \geq N$의 경우: A_u의 75%
$A_f < N$의 경우: A_u의 33%</td></tr>
<tr><td colspan="2">허용운전영역이나 선호운전영역 이외의 유량에서 허용진동 증가량</td><td>30%</td><td>30%</td></tr>
</table>

다) 평가기준

수평펌프(내다지형 및 양단지지형)는 표 18.20, 수직펌프는 표 18.21의 진동한계치를 초과해서는 안 된다. 여기서 선호운전영역(preferred operating region)이란 펌프가 낮은 진동을 나타내는 최고효율점(BEP; best efficiency point) 주위의 영역이고, 허용운전영역(allowable operating region)은 펌프진동이 비록 증가하나 진동레벨이 허용치 이내에 있는 펌프용량으로 정의된 한계를 가지는 영역이다.

표 18.21 / 수직 펌프의 진동한계치

측정 방법		베어링 진동	축 진동
펌프베어링 형식		전체	축의 접근할 수 있는 영역에 근접한 동압저널 베어링
선호운전영역 내의 임의 유량에서 진동치	Overall	V_u < 5.0 mm/s rms	A_u < $(6.5\times10^6)^{0.5}/N$ μm p-p A_u < 100μm p-p를 초과불가
	이산주파수	V_f < 3.4 mm/s rms	A_f : A_u의 75%
허용운전영역이나 선호운전영역 이외의 유량에서 허용진동증가량		30%	30%

주) V_u: 필터링되지 않은 진동속도, V_f : 필터링된 진동속도, A_u : FFT에 의해 결정된 필터링되지 않은 진동변위, A_f : FFT에 의해 결정된 필터링된 진동변위, N : 회전속도(rpm)

(2) API 611: 석유정제용 범용증기터빈

베어링 부근에서의 축 진동을 비접촉식 변위계로 측정하고, 그 값이 표 18.22의 허용값 이하가 되도록 규정하고 있다. 축진동을 계측할 수 없을 경우에는 베어링하우징에서 계측하고, 이 값이 표 18.22의 값의 50% 이하가 되도록 규정하고 있다.

표 18.22 / API 611

회전속도 (rpm)	진동허용치 (p-p, μm)
4,000 이하	50.8
4,000~6,000	38.1

(3) API 612: 석유정제용 특수증기터빈

베어링 부근의 축 진동을 비접촉 변위계로 계측하고, 이 값이 아래 식에 의한 값 또는 2.0mils(= 50.8μm, peak-peak) 중 어느 것을 초과해서는 안되도록 규정하고 있다.

$$\text{변위진폭} = \sqrt{\frac{12,000}{n}}\ \text{(mil, peak-peak)} = \frac{2,782}{\sqrt{n}}\ (\mu\text{m, peak-peak})$$

여기서 n은 최대연속 회전속도(rpm)이다. 상기 변위진폭값은 run-out을 포함한 값이다.

(4) API 617: 일반 석유정제용 원심압축기

이 규격은 석유정제용 원심압축기에 적용되며, 진동평가는 API 612와 동일하다.

6) Blake 선도

Mitchell P. Blake에 의해 제안된 일반 회전기계를 대상으로 진동 변위, 속도 및 가속도영역에서 상당히 넓은 진동수범위에 적용할 수 있는 규격이다(그림 18.10). 이 규격은 플랜트에서 사용되는 전동기, 펌프, 홴, 터빈, 발전기 등의 회전기계에 사용이 가능하다. 이 규격의 특징은 최대값(peak치)으로 측정된 총진동값(overall치)에 설비의 종류에 따른 운전인자(service factor)를 곱한 유효진동값(유효변위, 유효속도 및 유효가속도)으로 표시하고 있다. 운전인자는 일반기계(펌프, 전동기, 홴) 1, 중요기계(터빈, 터보압축기) 2~3, 비중요기계 0.5, 원심분리기 2이다. 이 값은 하나의 기준으로, 경험을 축적하여 가면서 변경하면 된다.

허용곡선은 다음과 같이 5단계로 이루어져 있다.

영역 AA: 위험(danger)
영역 A: 고장의 조기발생 예상(acute fault)
영역 B: 다소 고장(some fault)
영역 C: 미소한 고장(minor fault)
영역 D: 양호(no fault)

한 예로 운전인자가 2인 터빈·발전기에서 측정된 진동속도 값이 3.80mm/s이라면, 유효속도는 7.60mm/s가 되고 이를 그림 18.10에 적용하면 영역 B의 다소 고장에 포함된다.

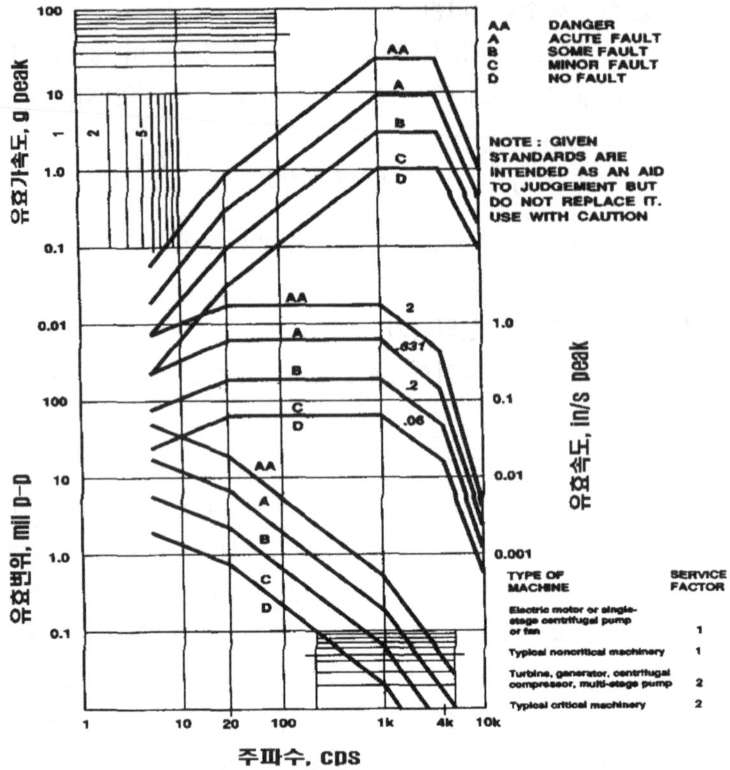

그림 18.10 / Blake의 진동허용곡선

냉각수 탑(cooling tower)용 휀에 대해서는 그림 18.11과 같은 별도의 규격이 있다. 이 규격은 회전수 300～400rpm의 휀에 대해 작성된 것이지만, 고속 휀과 휀 구동 전동기에 대해서도 적용이 가능하다. 운전인자는 건물 위는 1, 지상설치형 냉각수 탑은 1.5이다. 한 예로 지상에 설치된 탑의 deck위에서 휀의 진동이 140μm이면, 유효변위는 210μm이고 영역 D에 포함된다. 이 기준 역시 다음과 같이 5영역으로 구분하고, 보다 구체적인 조치내역을 표시하고 있다.

영역 AA: 위험, 즉시 정지

영역 A: 악화, 48시간 이내 수리요망

영역 B: 주의, 21일 이내 수리요망

영역 C: 양호, 수리 불필요

영역 D: 매우 양호, 수리 불필요

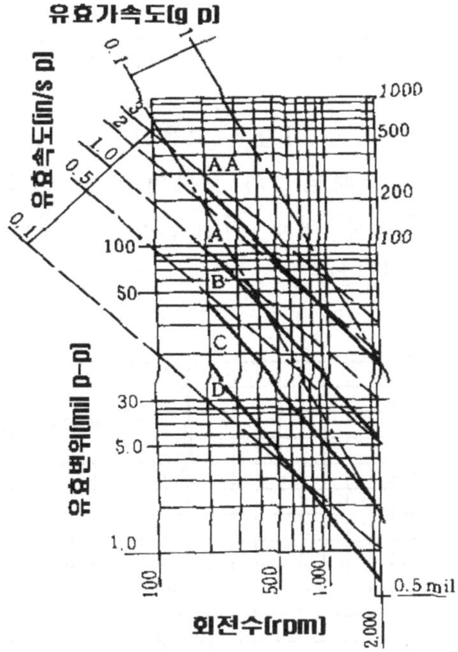

그림 18.11 / 냉각수 탑용 퇀의 진동허용곡선(Blake)

18.5 위험속도의 회피기준

18.5.1 Q 계수의 정의

API 규격의 최신판(제 8판)에서는 요구항목에서 삭제되었으나, 불평형 응답을 계산하는 것도 공진 진폭이나 정격운전시의 진폭을 조사하는데 매우 유익하다. 이 경우 불평형의 크기는 평형잡기 규격 ISO 1940 등에서 규정한 허용잔류불평형을 기준으로 결정하고 불평형 응답을 계산하여, 이때의 공진 점에서의 공진 배율의 최대값을 Q 계수(Quality factor)라 하면, 감쇠를 고려한 위험속도의 회피기준을 결정할 수 있다.

불평형에 의해 i차 모드가 가진될 때, 불평형 진동에 대한 동적 응답배율, 즉 진동확대계수(amplification factor) M_i는 잘 알려져 있듯이 다음 식과 같이 표현된다.

$$M_i(\Omega) = \frac{(\Omega/\omega_i)^2}{\sqrt{\{1-(\Omega/\omega_i)^2\}^2 + 4\zeta_i^2(\Omega/\omega_i)^2}} \tag{18.10}$$

여기서 Ω는 회전각속도, ω_i은 i차 비감쇠 고유진동수, ζ_i은 i차 모드의 감쇠비를 나타낸다. i차 모드의 확대계수는 때로 i차 모드의 모드 민감도(mode sensitivity)라 부른다. 이 관계를 여러 감쇠비 ζ_i에 대해 위험속도 부근에서 진동수비(또는 회전수비) Ω/ω_i로 나타내면 그림 18.12와 같다.

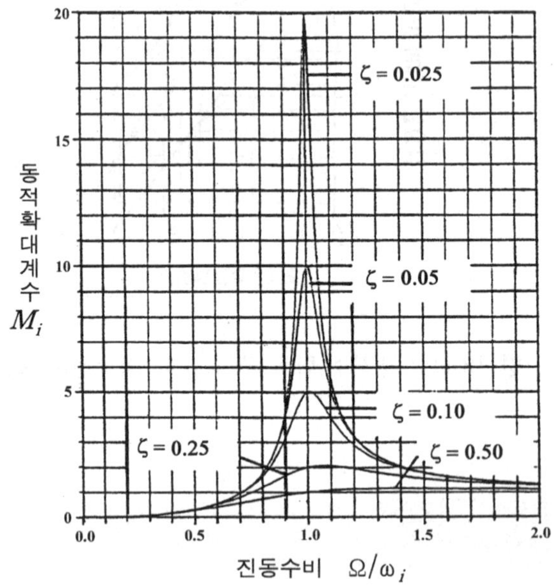

그림 18.12 / 동적 응답배율

식(18.10)으로부터 M_i는 진동수비 $\Omega/\omega_i = 1/\sqrt{1-2\zeta_i}$에서 최대가 되므로, 감쇠비가 작을 때에는 진동수비가 $\Omega/\omega_i = 1$에서 최대로 하여도 틀리지는 않지만, 감쇠비가 크게 되면 최대치에 대응하는 진동수비는 1보다 크게 된다. 그러므로 식(18.10)에서 근사적으로 공진 배율의 최대치는 $1/(2\zeta_i)$라 해도 좋음을 알 수 있다. 이 공진 배율의 최대치를 Q_i라 표시하고, 통상 Q 계수라 부른다.

$$Q_i = \frac{1}{2\zeta_i} \tag{18.11}$$

설계단계에서 Q_i의 값을 이론적으로 계산할 경우, 제 3편과 4편에서 설명하였듯이 n 자유도를 가지는 회전축계의 운동방정식으로부터 복소 고유치해석을 수행하면 n개의 복소 고유치(complex eigenvalue)

$$\lambda_i = \lambda_{ri} \pm j\lambda_{ii} \quad (i = 1 \sim n) \tag{18.12}$$

가 얻어진다. 이들 고유치로부터 각 모드에 대응하는 감쇠비

$$\zeta_i = -\lambda_{ri}/\sqrt{\lambda_{ri}^2 + \lambda_{ii}^2} \quad (i = 1 \sim n) \tag{18.13}$$

를 구하고, 이를 식(18.11)에 대입함으로서 각 모드에 대응하는 공진점에서의 Q 계수를 얻을 수 있다. 또는 다른 방법으로 불평형 응답계산을 수행하고, 얻어진 최대 진폭을 편심 거리로 나누면, 이 값이 Q 계수가 되므로 쉽게 구할 수 있다.

18.5.2 위험속도 회피기준

그림 18.12에서 알 수 있듯이 감쇠비가 작은 경우는 위험속도 부근에서 매우 큰 응답배율을 나타내지만, 감쇠비가 크면 피크진폭은 완만하게 되고, 특히 감쇠비가 0.1 이상에서는 운전속도와 위험속도 사이의 간격 정도가 의미를 갖지 못할 정도로 완만해진다.

이전부터 API 규격 등에서 널리 사용되어 온 위험속도를 상용 회전속도의 120%이상이든가, 80%이하가 되도록 분리하는 위험속도의 회피기준(분리여유)은 감쇠가 없는 경우($\zeta_i = 0$)의 공진 응답곡선으로부터 결정된 것이다. 그러나 현실적으로 이 회피기준에 합당하지 않으나 전혀 진동이 문제로 되지 않는 기계가 있는 반면, 반대로 규격에 합당함에도 불구하고 진동문제가 자주 발생하는 경우도 있고, 여러 회전체로 구성된 다회전체(multi-rotor) 축계에서는 몇 개의 위험속도를 20% 또는 30% 떨어지게 하는 것은 상당히 어려운 경우가 많다. 그러나 위험속도가 정격운전속도로부터 충분히 떨어져 있지 않더라도 또는 극단적인 경우 위험속도와 정격운전속도가 일치하더라도 계의 감쇠가 충분히 크면, 현실적으로 큰 진동이 발생하지 않는다는 연구결과와 경험을 통하여 무조건 회피할 것이 아니라 계의 감쇠를 크게 하면 좋다는 적극적인 설계개념에 바탕을 둔 것이다. 이에 최근에는 감쇠를 고려한 위험속도의 회피기준이 ISO 10814(1996년)로 제정되어 사용되도록 되었다. 즉, 공진점에서의 응답배율 M_i의 값인 Q 계수에 착안한 설계이다.

그림 18.13은 Shiraki와 Kanki에 의해 1979년 제안된 현장 평형잡기가 가능한 대형회전기계의 실적을 기초로 작성한 감쇠비를 고려한 위험속도의 회피기준을 나타낸 곡선이다. 이 기준을 토대로 최근 ISO 10814가 제정되었다. 가로축은 위험속도를 사용회전속도로 나눈 값이며, 세로축의 좌측은 감쇠비를 나타낸다. 그림 중에서 4개의 곡선은 운전속도에서 응답배율, 즉 Q 계수의 값이 2.5, 5, 7.5 및 12.5에 상당하는 위험속도의 위치를 나타내고 있다. 그림에서 영역 A~E는 다음과 같이 정의된다.

영역 A: 위험속도가 보이지 않는다.
영역 B: 낮은 불평형 민감도(sensitivity)
영역 C: 중간 불평형 민감도
영역 D: 높은 불평형 민감도로서, 현장 평형잡기가 필요
영역 E: 매우 높은 불평형 민감도로서, 회피하여야 함

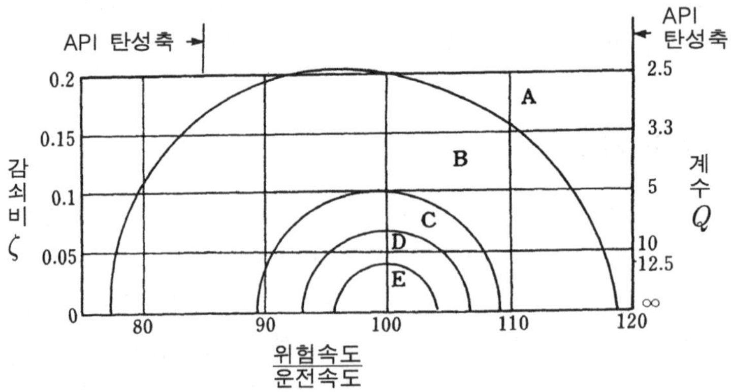

그림 18.13 / 위험속도 회피기준(Shiraki 및 Kanki)

영역 A는 위험속도가 있어도 공진배율이 극히 작으므로 감지할 수 없고, 영역 B는 위험속도가 있는 것이 감지될 정도이나 문제가 되지 않는다. C 영역은 감도가 높고 문제가 많으나 현장 평형잡기를 하면 사용이 가능하다. E 영역은 감도가 매우 높고 문제가 많으므로 설계변경을 통하여 회피할 필요가 있다. 복소고유치 계산이나 실제 측정에 의해 위험속도와 그 모드의 감쇠비를 구하여 그림 18.13에 도시하게 되면, 위험속도의 회피여부를 쉽게 판정할 수 있다.

18.5.3 모드민감도의 허용기준

ISO 10814(1996년)에서는 위험속도 회피기준을 바탕으로 불평형에 대한 변화감도(susceptibility)와 민감도(sensitivity)를 규정하고 있다. 일반적으로 회전기계의 불평형은 제작시의 평형잡기 및 현장 평형잡기(field balancing) 등을 통하여 잔류불평형을 허용수준 이하로 잡을 수 있다. 이때 비교적 작은 수정질량(correction mass)으로 진폭을 크게 줄였다면, 기계가 불평형량에 매우 민감하다는 것을 나타내며, 이는 정격운전속도 부근에 공진속도가 위치하고 계의 감쇠가 작을 경우에 발생한다. 따라서 이 규격은 운전속도에 대한 공진속도의 근접정도(분리여유)를 함수로 하는 평가지침을 제공하고 있다. 즉, 불평형의 변화감도의 크기에 따라 표 18.23과 같이 3개의 유형으로 기계를 분류하고, 각 유형에 대해 모드민감도, 즉 모드별 확대계수를 표 18.24 및 그림 18.14와 같이 5개의 영역(A~E)으로 나타내고 있다.

그림에서 가로축은 운전속도를 공진속도로 나눈 값을, 세로축은 공진속도에서의 확대계수를 나타낸다. 그리고 4개의 굵은 실선은 5개의 영역의 경계를 나타내는 일정한 모드민감도의 값으로, 식(18.10)의 확대계수 식으로부터 계산된다. 이 영역에 대한 정의를 표 18.24에 정리하고 있다. 통상은 영역 C까지가 허용되며, 영역 D는 현장 평형잡기가 필요하고, 영역 E는 허용이 되지 않으며 회피되어야 한다. 표 18.25와 같이 같은 영역이라도 기계의 유형에 따라 민감도가 높을수록 확대계수는 낮게 설정하고 있다.

표 18.23 / 불평형 변화감도에 따른 기계의 분류

유 형	특 징	대상기계 예
유형 I: 낮은 변화감도	작동 중 현저하게 불평형량이 변화할 가능성이 거의 없는 기계	제지, 인쇄기 롤(roll), 고속 진공펌프
유형 II: 중간 변화감도	큰 온도변화가 있거나, 보통의 마모가 발생하는 환경에서 작동하는 회전체와 같이 불평형량의 변화 가능성이 중간 정도인 기계	청정액체펌프, 전기기계 회전자, 가스 및 증기터빈, 산업용 소형터보발전기, 터보압축기
유형 III: 높은 변화감도	먼지가 쌓이는 환경, 마모가 심하거나 부식성이 큰 환경에서 운전되는 회전체와 같이 운전 중에 현저하게 불평형량의 변화 가능성이 높은 기계	블로워, 홴, 폐수펌프, 원심분리기, 스크류 컨베이어, 헤머 밀

표 18.24 / 모드 민감도 영역에 따른 예상 운전상태

영역	민감도 크기	예상 운전상태
A	매우 낮음	· 공진 영역에서 확대계수의 곡선이 매우 평탄함 · 공진 속도를 찾기 어려움
B	낮음	· 공진 영역에서 확대계수의 곡선이 평탄하고 낮음 · 안정적인 진동
C	보통	· 공진 영역에서 확대계수의 크기가 보통 · 허용이 가능하나 약간 불안정한 진동
D	높음	· 불평형량의 변화에 민감 · 정기적인 현장 평형잡기가 필요
E	매우 높음	· 불평형량의 변화에 매우 민감 · 회피해야 함

표 18.25 / 기계 유형에 따른 모드민감도의 영역

영역	모드민감도 M_i			비고
	영역 I	영역 II	영역 III	
A	$M_i \leq 3.3$	$M_i \leq 2.5$	$M_i \leq 1.6$	매우 양호, 허용
B	$3.3 < M_i \leq 6.5$	$2.5 < M_i \leq 5$	$1.6 < M_i \leq 3.3$	양호, 허용
C	$6.5 < M_i \leq 10$	$5 < M_i \leq 7.5$	$3.3 < M_i \leq 5$	보통, 허용가능
D	$10 < M_i \leq 14$	$7.5 < M_i \leq 10$	$5 < M_i \leq 6.5$	불량, 허용불가
E	$M_i \geq 14$	$M_i \geq 10$	$M_i \geq 6.5$	회피 요, 허용불가

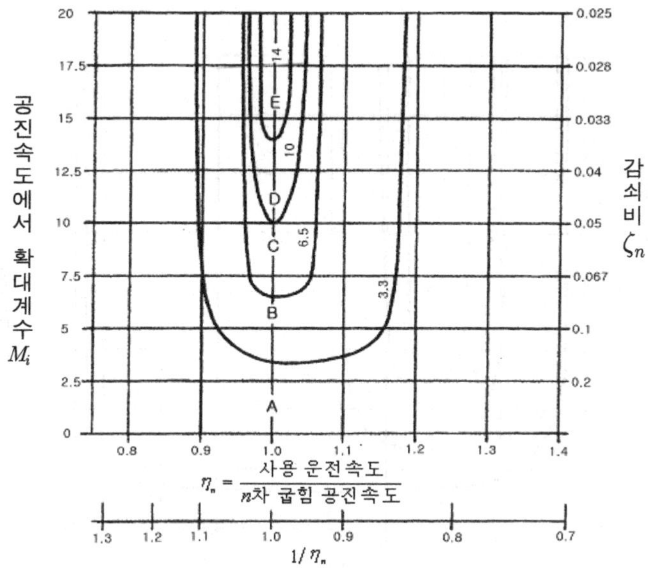

(a) 유형 I

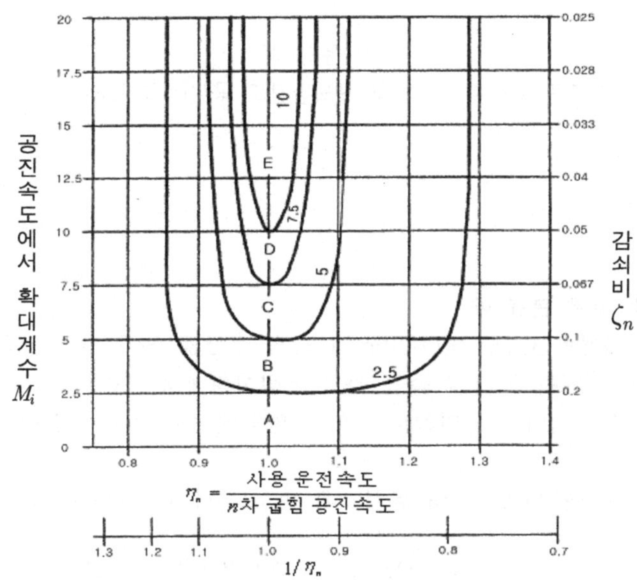

(b) 유형 II

그림 18.14 / 기계의 모드민감도 곡선(계속)

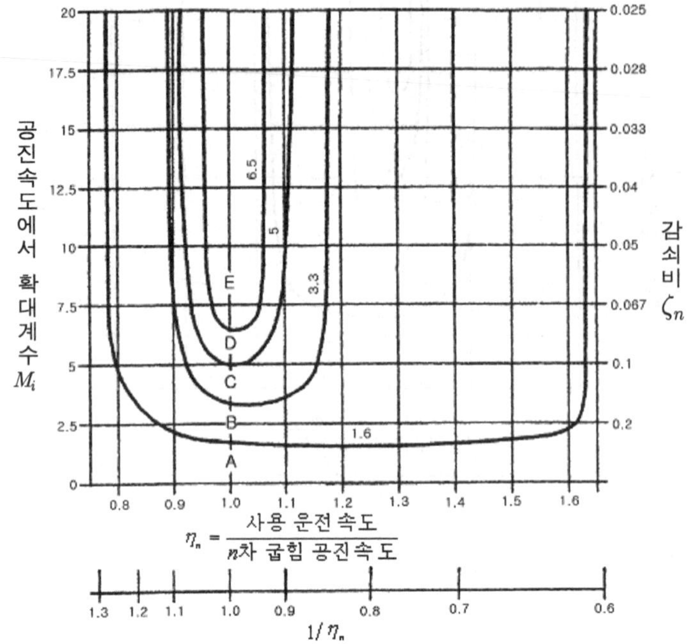

(c) 유형 III

그림 18.14 / 기계의 모드민감도 곡선(ISO 10814)

예제 18.1

모드 민감도에 따른 분류 예

가스터빈이 사용운전속도 3,000rpm의 정속 운전을 하고 있고, 1차 공진속도는 2,730 rpm이다. 기동 시에는 느린 가속을 하고 현장시험에서 얻어진 감쇠비는 0.04이다. 그림 18.14로부터 이 기계의 모드민감도는 어느 영역에 속하는지를 결정하시오.

가스터빈은 표 18.23으로부터 유형 II에 속하고, 1차 공진속도와 사용운전속도의 비는

$$\eta_1 = \Omega/\omega_1 = 3{,}000/2{,}730 = 1.099 \tag{1}$$

이다. 참고로 감쇠비 ζ_1 = 0.04에서 확대계수는 근사적으로 공진배율 Q 계수를 이용하면

$$Q_1 = M_1 = 1/2\zeta_1 = 1/(2\times0.04) = 12.5 \tag{2}$$

이 된다. 그림 18.14(b)에서 수평축 1.1에서 수직선을 긋고, 수직축의 감쇠비 0.04에서 수평선을 그어 만나는 점은 영역 C에 있음을 알 수 있다. 따라서 보통의 민감도를 가지고, 이 경우는 허용이 가능하다.

예제 18.2

모드 민감도에 따른 분류 예

예제 18.1에서 가스터빈이 사용운전속도 3,000rpm까지 변속운전을 하는 경우의 모드 민감도 영역을 결정하시오.

사용운전속도가 1차 공진속도를 포함하고 있으므로, $n_1 = 1$을 기준으로 평가하여야 하고, 그림 18.14(b)로부터 영역 E에 속하는 것을 알 수 있다. 따라서 불평형량의 변화에 매우 민감하여 운전을 허용할 수 없고, 회피하여야 한다.

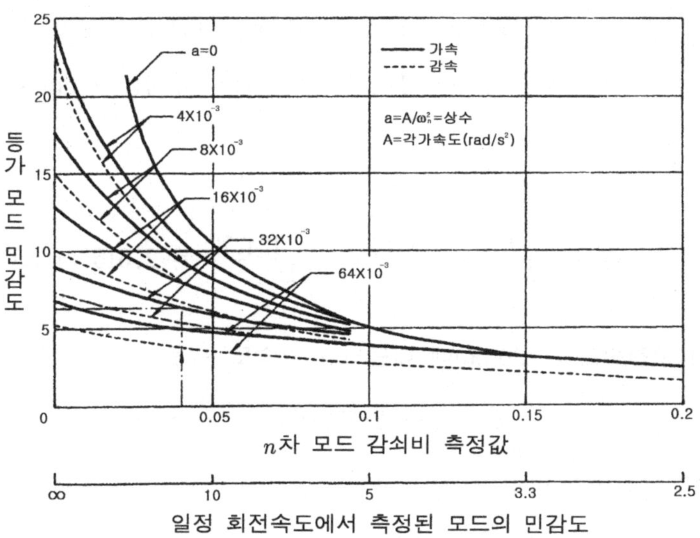

그림 18.15 / 기동, 정지시의 모드 민감도

ISO 10814에서는 회전축의 가속 및 감속 시에 대한 모드민감도도 규정하고 있다. 일반적으로 정격운전속도가 위험속도 이상인 경우, 기동 및 정지 시에는 위험속도를 통과하여야 한다. 이 때에는 통상 정상상태의 응답이 성장하지 않도록 빠른 속도로 통과하기 때문에 비교적 높은 모드민감도가 허용된다. 또한 비정기적으로 기동과 정지만을 하는 기계도 역시 높은 모드민감도 값이 허용된다.

그림 18.15는 각가속도 A(rad/s^2)에 따른 1자유도계의 모드민감도 값의 감소효과를 변수 $a = A/\omega_n^2$에 대해 나타내고 있다. 여기서 ω_n은 n차 고유진동수(rad/s)이다. 그림에서 알 수 있듯이, 대부분의 가속비에 대해 이 효과는 무시될 수 있을 정도로 작다.

예제 18.3

가속시의 모드민감도 영역의 평가

예제 18.1의 가스터빈이 1,000rpm에서 30,000rpm까지 가속하는데 1.161초의 시간이 소요된다. 이 경우의 모드민감도 영역을 평가하시오.

초기 및 최종 회전속도에 대응하는 회전각속도는 각각

$$\Omega_1 = 2\pi N_1/60 = 2\times\pi\times1,000/60 = 104.72 \text{ rad/s} \quad (1)$$

$$\Omega_2 = 2\pi N_2/60 = 2\times\pi\times30,000/60 = 3,141.59 \text{ rad/s} \quad (2)$$

로 되고, 각가속도 A는

$$A = \frac{\Omega_2 - \Omega_1}{t} = \frac{3,141.59 - 104.72}{1.161} = 2,615.74 \text{ rad/s}^2 \quad (3)$$

따라서 1차 공진속도 2,730rpm에 대응하는 각속도 ω_1은

$$\omega_1 = 2\times\pi\times2,730/60 = 258.88 \text{ rad/s} \quad (4)$$

이므로, 그림 18.15의 변수 a는

$$a = \frac{A}{\omega_1^2} = \frac{2,615.74}{285.88^2} = 0.032 = 32\times10^{-3} \quad (5)$$

이 된다. 예제 18.1로부터 현장에서 측정된 감쇠비는 $\zeta_1 = 0.04$이므로, 그림 18.15에 보이듯이 수평축 0.04의 위치에서 수직선을 긋고 $a = 32\times10^{-3}$의 곡선과 만나는 점에서 수평선을 그으면 이에 해당하는 등가 모드민감도는 $Q_1 = 6.3$이 얻어진다. 그림 18.13 (b)로부터 $\eta = 1$에서 $Q_1 = 6.3$에 상응하는 감쇠비는 ζ = 0.08이 되고, 이 가스터빈이 공진속도를 통과하는 경우에 모드민감도는 영역 C에 해당하는 것을 알 수 있다.

19

진동 설계

회전기계의 설계 단위로서는 압력, 유량 등의 기본 사양(specification)이 주어지면 회전수, 임펠러, 블레이드 등의 수와 크기가 결정되고 이어 축 직경, 지지 점 사이의 거리(span), 베어링 형식 등이 선택되어 축계로서의 기본 형상이 이루어진다. 이것을 앞의 제 3편 및 4편에서 설명한 유한요소법(FEM)이나 전달행렬법(TMM)을 이용하여 진동계로 모델링하면, 복소 고유치해석에 의해 고유진동수, 감쇠비, 고유모드 등의 진동 특성치가 구하여진다. 복소 고유치의 허수부분은 감쇠고유진동수가 되고 실수부분은 계의 감쇠비 또는 대수 감쇠율로 간단히 바꿀 수가 있고, 계의 안정성을 파악할 수 있다. 또한 강제진동 응답해석을 통하여 주어진 외력에 대한 휘돌림 진폭 등을 평가할 수 있다.

이들 값이 제18장에서 설명한 각종 규격의 허용치를 만족하는가를 판단할 수 있으며, 만일 불충분하거나 만족하지 않는 경우는 축의 크기나 베어링의 사양을 변경한다. 이들 해석을 통해 특히 각종 작동유체에 의해 발생하는 유체력이나 전자기력 등의 영향을 고려하여 불안정진동이 발생하지 않으며, 이 불안정한 힘이 작용하여도 자려 진동이 발생하지 않는 안정한 축계를 설계할 수 있다.

제조 및 조립 시에는 고정도의 평형잡기 기계(balancing machine)를 사용하여 평형잡기를 실시하고, 기계의 설치 시에는 정열(alignment), 즉 중심 맞추기를 신중히 하여, 커플링을 통해서 발생하는 정렬불량(misalignment)에 의한 가진력이 작게되도록 주의해야 한다. 이리하여 공장 출하 전에 시운전(shop test)을 실시하고, 각종 규격에서 규정한 방법에 따라 축 진동을 계측하여 제18장의 진동 허용치를 만족하는가를 확인한다. 현지 설치 후의 운전시험(field test)에서는 부하의 상태, 설치부분의 강성차이 등에 의해 공장 시운전에서 없었던 진동이 발생할 경우가 있으므로, 현지 시운전시에 진동측정을 하여 진동 허용치를 만족하는가를 다시 조사한다.

19.1 / 강제 진동과 자려 진동의 특징 비교

내용	강제 진동	자려 진동
진동수	회전주파수, n배나 1/n배(n:정수)	회전수와 관계없이 거의 일정
진동진폭	어느 정해진 회전수에서 진폭은 피크치를 보임. 위험속도나 2n배의 경우가 대부분	어느 회전수에서 진폭이 돌연 증가한 후, 회전수를 증가시켜도 감소하지 않음
감쇠기의 효과	피크치는 작게되지만, 피크치를 발생하는 회전수에는 영향이 없음	진폭이 크게되는 회전수는 높아지나, 크게된 후의 진폭값은 불변
이상원인	진폭의 크기는 이상의 정도가 크면 크게되고, 작으면 작게된다	진폭의 크기는 이상의 정도에 관계없이 결정된다
발생 주파수	회전주파수 또는 n배, 1/n배 또는 고유진동수	회전체의 고유진동수
방지대책	· 운전회전수를 위험속도이외의 회전수로 이동 · 강제 외력의 저감 · 위험속도영역 운전시는 감쇠능력을 증대시켜 진폭을 저감	· 운전회전수가 안정영역 내에 있도록 조절 · 불안정요인을 줄인다 · 자려진동의 발생회전수를 높이기 위해 감쇠기를 설치
대표 예	불평형진동, 정렬불량진동, 비선형진동(분수조화진동)	Oil whip, oil whirl, friction whip, 부분유체내장 회전체, hydraulic whip, steam whirl

19.1 설계지침 및 순서

19.1.1 일반적인 설계지침

회전축계의 설계에 있어서는 계의 강도, 피로(fatigue) 뿐만 아니라 위험속도, 불평형 진동응답, 안정성 등 고려해야 할 여러 가지를 포함한다. 이 중에서 진동적인 측면에서의 저진동화 및 안정화 설계를 위한 강제 진동과 자려 진동의 특징을 표 19.1에, 그리고 이와 관련된 기본설계지침을 표 19.2에 요약하여 나타낸다.

동적인 측면에 기계의 운전 수명기간 동안에 안전하고 신뢰할 수 있는 회전축계를 설계하기 위한 순서로는 다음과 같이 축과 베어링 등의 사양 데이터를 이용하여 해석모델을 작성하고 위험속도, 불평형 응답과 안정성의 예측 및 평가를 수행하여 충분히 만족스럽지 못할 경우 설계변경을 실시한다. 이하에 각 단계별로 설계지침을 검토하기로 한다.

표 19.2 / 회전기계의 진동설계를 위한 기본 지침

강제 진동	자려 진동
· 가능한 위험속도를 정격 운전속도로부터 ±30%정도 떨어지도록 한다. (공진회피운전) · 베어링, 시일 등의 외부감쇠를 최적으로 설계하여 계의 감쇠를 최대로 함으로서 공진 배율을 최소화한다. (외부감쇠의 증가) · 잔류불평형에 대한 최적의 평형잡기 수정면을 결정하고 이를 수행하여 가진력을 제거하거나 저감한다. (가진력의 저감) · 유체력 등의 비동기 가진력이 없도록 설계한다. · 운전속도범위에서 기계구조물에 전달되는 진동과 동적 하중을 최소화한다.	· 1차 위험속도를 가능한 높게 한다. (회전체의 축 직경을 크게, 베어링span을 짧게 한다.) · 실, 래버린스 실, 임펠러 등을 설계 시에 가능한 불안정화력이 작게 되도록 형상을 설계한다. (예, swirl breaks 설치 등) · 베어링을 감쇠가 크고, 강성이 적으며 또한 유막 특성에 이방성이 있는 것으로 선정한다. (베어링 폭을 작게, 틈새를 크게, 윤활제의 점도를 작게 한다.)

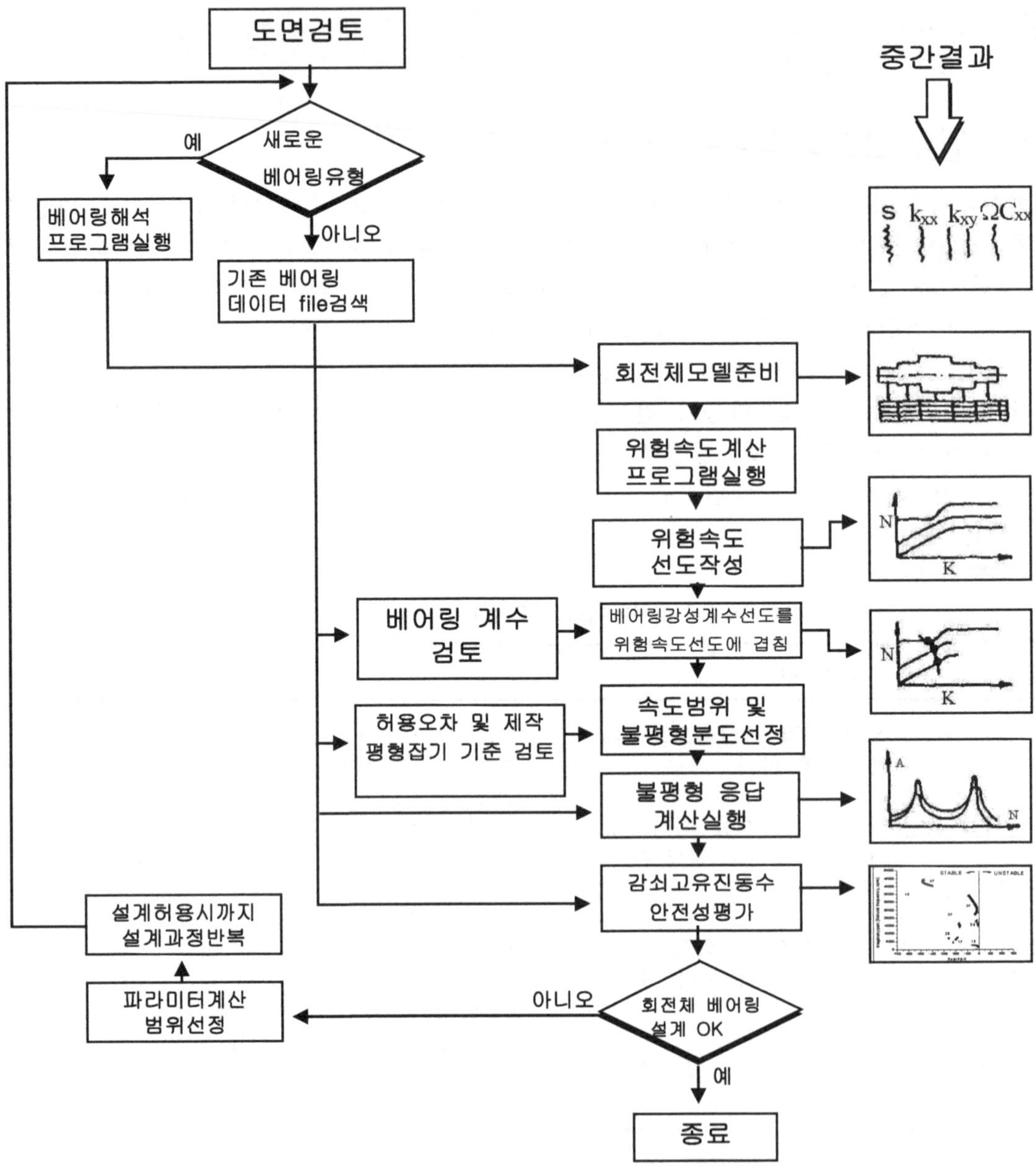

그림 19.1 / 회전축계의 진동설계 흐름도

단계 1: 축 사양의 견적

주어진 설계조건에 대응하여 기계의 유체적인 성능 등을 만족하도록 회전수, 임펠러 또는 블레이드의 형상, 축 직경, span, 베어링의 형식을 정한다. 이때 불안정한 힘에 직접 영향을 주는 작동유체의 압력 레벨, 축 동력 등의 운전조건을 포함하여, 축의 강성을 충분히 크게 취할 수 있는 축의 구조로 하는 것이 바람직하다. 이는 축 강성을 높게 취하는 것에 의해 베어링 유막(oil film)과 실 액막(liquid film)의 감쇠특성이 효과적으로 작용하여 계의 감쇠율의 향상은 물론, 베어링 유막과 실 액막의 이방성의 안정화 효과가 크게 되도록 하기 위해서이다.

단계 2: 단순지지 고유치 해석

축의 형상을 단계 1에서 정한 형태대로 유한요소법이나 전달행렬법 등을 이용하여 수치해석을 실시하고 이들 결과에 의해 동적인 특성을 검토하는 경우, 계산에 많은 시간이 걸리고 또한 동적 성능의 개선을 위한 대책을 세우기가 어렵다. 따라서 고유진동수의 계산 및 안정성의 평가를 효과적으로 수행하기 위한 준비로서 제 1편 및 2편에서 설명한 방법과 같이 회전축계를 베어링 위치에서 단순 지지된 경우의 고유치 해석을 실시한다.

단계 3: 베어링 형식 및 베어링 사양의 결정

회전수, 베어링 하중 등의 베어링 사용조건을 기본으로 베어링의 형식을 선정한다. 베어링 형식에 따라 각 진동을 억제하는 성능이 다르므로, 사용 회전기계에서 가장 중요한 진동문제가 무엇인가를 고려하여 형식을 결정하여야 한다. 예로, 불평형 진동만이 문제로 되는 비교적 저속 회전기계에서는 진원베어링(360°cylindrical bearing)이나 부분원호 베어링(partial arc bearing)이 가격도 싸고 성능도 좋으므로 가격이 비싼 경사패드베어링(tilting pad bearing)을 사용할 필요가 없다. 고속, 경하중인 회전기계 등에서는 작동유체에 의한 불안정한 힘이 작용하지 않아도 베어링에 의해 불안정 진동이 발생할 가능성이 높다고 예상되는 경우에는 먼저 다원호 베어링(multi-lobe bearing), 경사패드베어링 등을 선정하여 놓을 수 있다. 또한 진동억제성능 이외에도 고려해야 할 요인으로서 예로, 경사패드베어링은 그 구조상 중량이 큰 회전체를 지지하기 어렵기 때문에, oil whip의 억제에 충분한 배려를 한 진원베어링 등을 사용하지 않을 수 없는 경우도 있다. 다음에 베어링 하중 등의 사용조건에서 베어링의 직경, 폭, 틈새(clearance), 예압계수(preload factor) 등을 정하고 베어링의 동특성(강성 및 감쇠계수)을 정한다.

단계 4: 불안정한 힘의 예측

주요 불안정한 힘으로 생각되는 베어링과 비접촉 실, 임펠러 부분의 유체력에 대해 강성계수와 감쇠계수를 평가해야 한다. 더욱이 종래의 실제 기계에 대한 경험, 실적도 고려하여 종합적으로 불안정한 힘의 크기를 예측하는 것이 요망된다.

단계 5: 안정성 및 불평형 응답의 평가와 개선

안정성과 불평형 응답의 해석방법을 이용하여 예상되는 불안정한 힘에 대한 계의 감쇠비를 계산하여 API 610 등과 같은 규격에서 설정한 공진 영역에서의 허용 감쇠비와 비교 평가하여 충분한 여유가 있는가 어떤가를 조사하고, 운전속도 영역에서 계가 불안정하게 되지 않는지를 검토한다. 아울러 위험속도에서의 불평형 응답을 계산하고 허용 확대계수를 만족하는지를 확인한다. 만족하지 못할 때에는, 베어링의 폭, 틈새, 직경 등을 설계 변경함으로서 안정성과 불평형 응답을 개선한다.

이상과 같이 베어링 사양의 변경만으로 만족한 결과를 얻을 수 없을 때에는 안정성과 불평형 응답이 보다 양호한 베어링 및 실을 채용 하든가, 고유진동수를 높여 공진을 피하도록 한다. 만일 공진점에서 불평형 응답이 그다지 문제로 되지 않는 경우에는 정상운전속도에서의 안정성에 초점을 맞추어 불안정한 힘의 영향을 중시하여 검토한다. 그리고 실, 임펠러 부분의 불안정한 유체력이 큰 영향을 미치지 않는 경우는 베어링의 유막력에 의해 발생하는 oil whip에 대한 검토만으로 충분하게 된다.

단계 6: 실제 축계로서의 해석

앞의 단계에서 계의 안정성과 불평형 응답을 향상시켜, 축과 베어링 그리고 실의 사양이 결정되면, 다 원판의 실제 회전축계로서 모델링을 하고 상세 해석을 수행하여 최종적으로 문제가 없음을 확인한다.

19.1.2 API 규격의 설계지침

여기에서는 API(American Petroleum Institute) 610 (석유, 중화학 및 가스산업용 원심펌프)의 최신판인 제 8판(1995년)을 이용하여 원심펌프 축계의 진동설계지침을 설명한다. 그림 19.2는 API 610 규격에서 규정한 굽힘 진동을 고려한 회전체 설계의 과정을 나타낸다.

1) 고유진동수 계산

굽힘 진동의 해석과 평가를 위해, 먼저 감쇠를 고려한 회전축계의 1차, 2차 및 3차 굽힘 고유진동수를 계산한다. 이 때 회전체의 고유진동수는 0에서 최대연속운전속도의 2.2배까지의 주파수 범위에서 다음 사항을 고려하여 정격속도의 25~125% 범위에서 계산된다.

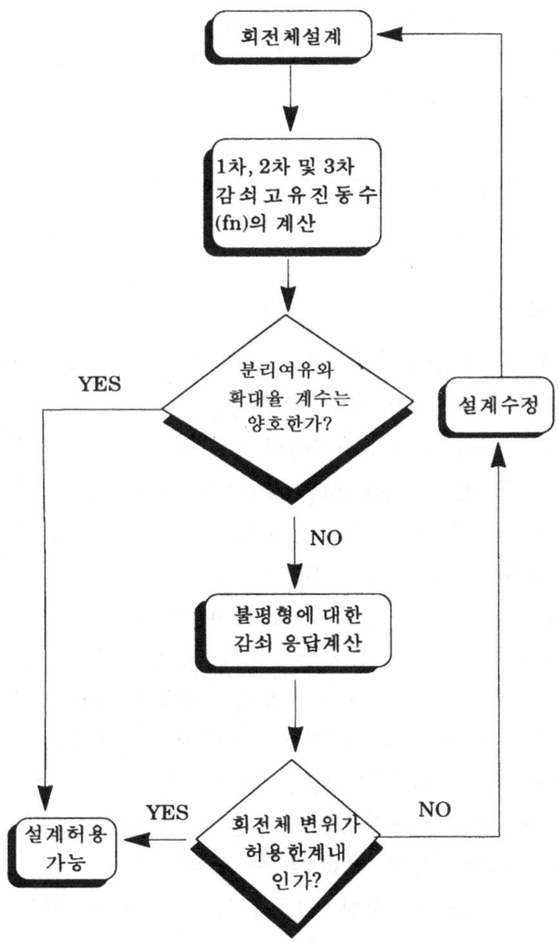

그림 19.2 / 회전축계의 진동설계 순서 (API 610)

1) 작동유체 내에서 웨어링 링(wearing ring), 평형드럼(balance drum), 중간단 실(interstage seal) 등의 비접촉 실에 대한 신품의 내부운전틈새와 마모시의 평가기준으로 2배의 틈새를 고려한 강성과 감쇠계수
2) 축 실에서의 강성과 감쇠계수(래버린스 실의 경우)
3) 평균틈새와 오일 온도에 대한 베어링의 강성과 감쇠계수
4) 베어링 지지구조의 질량과 감쇠
5) 펌프측 커플링 허브(hub)와 스페이서(spacer)의 관성 모멘트

단, 3)항의 가정은 일반적으로 펌프 축계에서는 베어링의 강성과 감쇠계수의 축계 진동특성에 미치는 효과는 비접촉 실의 강성 및 감쇠계수의 효과에 비해 작으므로, 평균틈새와 평균 오일온도로 해석하여도 충분하기 때문이다. 또한 회전축계의 감쇠비가 0.4 이상의 경우에는 충분한 감쇠에너지를 제공함으로 공진 피크는 발생하지 않고, 이 경우에는 해석이 필요 없다.

2) 분리여유와 허용기준

계산된 각각의 고유진동수에 대응하는 감쇠비와 확대계수(amplification factor)M_i를 계산하고, 그림 19.3 또는 표 18.19의 허용기준을 만족하는가를 평가한다. 그림 19.3은 감쇠비에 따른 분리여유(separation margin)의 허용범위를 나타낸다. 여기서 분리여유란 그림 19.4와 같은 캠벨선도(Campbell diagram)에서 계의 고유진동수와 운전속도 사이의 구간을 의미한다. 유체 회전기계에서 회전체의 동특성 평가항목으로는 확대계수보다는 감쇠비를 이용한 분리여유의 평가가 중요하다. 그 이유로는

1) 회전축계의 고유진동수는 회전속도의 증가에 따라 증가하고, 내부틈새에서 발생하는 압력차도 역시 회전속도의 증가에 따라 증가한다. 이는 그림 19.4의 캠벨선도의 예에서 보다 근접한 분리인 최소연속운전속도에서의 분리 ①과 최대연속운전속도에서의 분리 ②는 운전속도와 위험속도사이에서 보다는 오히려 운전속도와 운전속도에서의 고유진동수 사이라는 것을 알 수 있다. 왜냐하면, 보다 근접한 분리에서의 확대계수는 회전체의 동기 가진(불평형 가진)과는 무관하기 때문에 단지 감쇠에 기초한 근사 계산에 의해 나타낼 수 있다.
2) 사용되는 감쇠는 운전속도에 대한 고유진동수의 비인 진동수비가 0.8에서 0.4까지에 대해 최소치를 허용하므로, 중대한 분수동기진동(subsynchronous vibration)으로부터 회전체가 자유로움을 보증하기 때문이다.

일반적으로 i차 모드의 감쇠비 ζ_i와 대수감쇠율(logarithmic decrement) δ_i의 사이에는

$$\delta_i = \frac{2\pi\zeta_i}{\sqrt{1-\zeta_i^2}}$$

의 관계가 있고, 감쇠비가 0.4 이하의 부족감쇠(underdamping)의 경우에는 실제적인 용도로 다음과 같이 근사적으로 나타낼 수 있다.

$$\zeta_i \fallingdotseq \frac{\delta_i}{2\pi} \fallingdotseq \frac{1}{2M_i}$$

또한 임계감쇠(critical damping)의 영역은 통상 다음과 같이 정의된다.

$$\zeta_i \geq 0.2,\ \delta_i \geq 1.2,\ M_i \leq 2.5$$

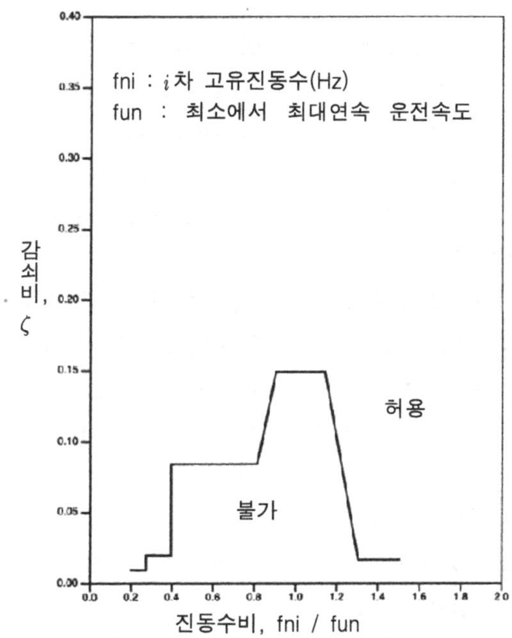

그림 19.3 / 감쇠비의 허용기준

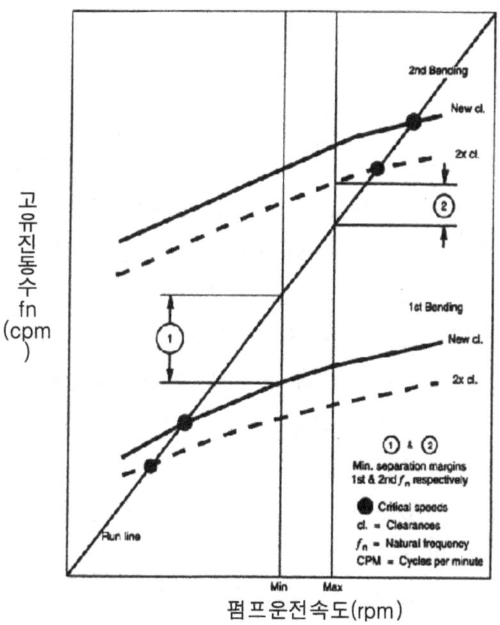

그림 19.4 / 캠벨(Campbell)선도의 예

3) 불평형 응답해석

그림 19.3의 허용기준을 만족하지 않는 경우에는 불평형 응답(unbalance response)을 계산하여 최대 변위점에서의 p-p치(peak-peak value)가 운전틈새의 35%를 초과하지 않는가를 검토한다. 이는 일반적으로 다른 회전기계와는 달리 원심펌프에서는 운전틈새 내에서 작동유체에 의한 감쇠작용으로 확대계수를 평가할 만큼 충분히 큰 변위의 피

크치를 공진점에서 나타내지 않을 수 있다. 이러한 제한으로 인해 불평형에 대한 감쇠 응답의 평가는 회전체의 진동 변위를 이용이 가능한 운전틈새와 비교하는 것으로 제한된다. 불평형 응답 계산에서 불평형량은 ISO 1940의 평형등급에 따라 G2.5 또는 G1.0에 대응하는 허용잔류 불평형량을 이용한다. 이 허용조건을 만족하지 않으면 설계 변경이 이루어져야 한다.

19.2 실제 축계의 설계

회전축계의 굽힘(횡)진동은 표 19.1과 같이 강제 진동과 자려 진동으로 구별된다. 강제 진동은 축의 회전에 따라 발생하는 강제적인 가진력에 의해 진동하는 것으로서 불평형 진동과 같이 1회전 당 한번 진동하는 동기진동(synchronous vibration), 정렬불량(misalignment)에 의한 진동이나 축 강성의 비대칭에 기인하는 2배수 진동 등과 같은 배수조화진동(harmonic vibration), 커플링부분의 분수조화진동(sub-harmonic vibration), 지진 등의 불규칙(random)한 외란에 의한 불규칙진동 등이 있다.

자려 진동은 진동적인 외력에 의하지 않고 계 자체에서 발생하는 힘에 의해 일어나는 진동으로 베어링 유막에 기인하는 oil whip, 임펠러 부분의 유체력에 의한 impeller whip, 실 부분의 유체력에 의한 hydraulic whip, 증기터빈 블레이드에서의 steam whip 등이 있다. Oil whip 현상은 1970~80년대에 세계적으로 많은 연구가 이루어져 발생메커니즘과 방지대책이 일반적으로 널리 알려져 있고, 고속 회전기계에서 일반적으로 발생할 수 있으며, 임펠러, 실 부분의 유체력에 의한 자려 진동은 고압펌프, 원심압축기, 증기터빈 등의 유체 회전기계에서만 발생하고, 1980년대 이후 세계적으로 많은 연구가 이루어지고 있으나 아직 불분명한 부분이 많이 남아있다.

여러 종류의 진동 중에 불평형 진동과 같이 필연적으로 발생하는 것 또는 발생할 가능성이 비교적 높다고 생각되는 것에 대해서는 설계 단계에서의 진동해석, 제조 및 조립 시에 평형잡기(balancing), 정도 높은 설치, 중심맞춤(centering) 등의 방진설계, 방진대책이 수립되고 있다. 그러나 분수조화진동이나 자려 진동의 대부분은 그 발생 빈도가 낮고, 설계단계에서의 대책이 불충분한 경우가 많이 있다. 이와 같이 불확실한 진동현상에 대해서는 제품의 출하 전 공장 시운전이나 설치장소에서의 시운전시에 진동을 측정하여 진동이 허용할 수 있는 정도인가, 불가능한 경우는 그 원인이 무엇인가를 진단하여 진동대책을 수립한다.

19.2.1 강제진동에 대한 설계

1) 위험속도의 계산

회전기계에서는 필히 불평형(unbalance)에 의한 진동이 발생한다. 불평형의 가진 주파수는 회전수와 같기 때문에, 만일 회전수와 굽힘 고유진동수가 일치하면 공진(resonance)이 발생하여 큰 진동을 일으키게 된다. 따라서 회전기계의 설계에 있어서는 축계의 고유진동수를 계산하고, 공진을 회피할 수 있는 구조 또는 운전상태를 선택하여야만 한다. 이하에서는 양흡입 이중 벌루트형의 단단 펌프와 고압다단펌프의 축계의 Kawakami의 계산결과를 이용하여 설명한다. 그림 19.5는 축계의 진동해석 모델을 나타낸다. 축은 굽힘 강성, 자이로스코픽 효과 등을 고려한 다질점 축 요소로 분할하였고, 압력 댐 베어링은 감쇠 및 강성계수로, 실 부분은 감쇠, 강성 및 질량계수를 이용하여 모델링하고 있다. 해석은 제 4편의 전달행렬법(TMM)을 이용하여 고유진동수 및 진동응답을 계산한다.

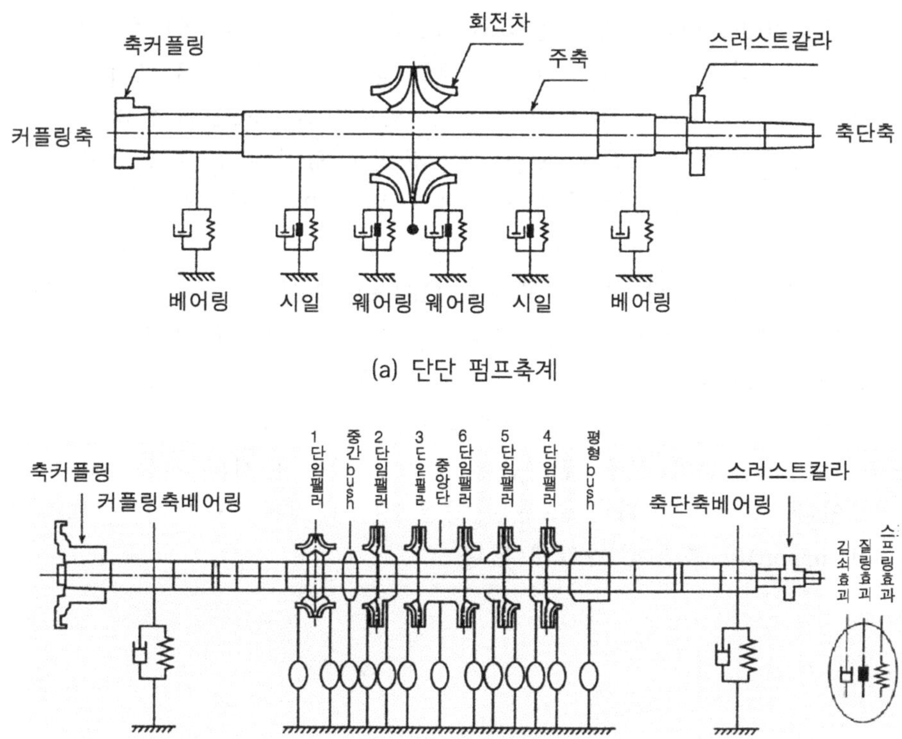

그림 19.5 / 회전축계의 진동해석 모델 예(Kawakami)

(1) 단순지지 위험속도

베어링 부분을 단순지지(simply support)로 가정하여 위험속도를 계산한 것이다. 오래 전부터 널리 이용되어져 왔으나, 실제의 위험속도는 베어링 유막의 강성 때문에 약간 저하하므로 수정이 필요하다.

(2) 비감쇠 위험속도

베어링 및 실의 지지 강성을 등가지지 강성 K_e

$$K_e = \sqrt{k^2 + (c\omega)^2}$$

으로 근사화하여 취급한 것이다. 수평축에 지지강성을 취하고, 수직축에 고유진동수를 계산하여 도시한다. 이를 위험속도선도(critical speed map)라 부르며, 베어링을 교체할 때의 위험속도의 변화를 일목요연하게 파악할 수 있다. 그림 19.6은 그림 19.5(a)의 모델에 대해 공중운전(dry run)과 수중운전(wet run)시의 회전체의 위험속도선도를 나타낸 것이다. 공중운전은 임펠러를 물이 없는 상태로 운전한 경우로, 회전체가 양끝의 저널 베어링만으로 지지된 상태로 모델링된다. 이는 압축기(compressor) 등의 공기 회전기계의 회전체와 거의 동일한 특성으로 된다. 수중운전은 충분히 물이 충전된 상태의 운전으로, 모델링에서는 실의 동특성 효과와 임펠러 및 축이 물에 잠기는 것에 의한 부가 질량효과가 포함된다.

실의 등가지지강성은 대략 $10^7 \sim 10^8$ N/m ($10^4 \sim 10^5$ kgf/cm) 정도로 베어링 강성의 1/100 정도이지만, 모드특성상 축의 양끝에 설치되는 베어링에 비해 중앙에 설치되어 모드 강성(modal stiffness)이 크고, 위험속도는 실의 특성에 지배되는 영역에 있다. 그림에서 가는 선이 공중운전, 굵은 선이 수중운전을 나타낸다. 정격회전속도(N= 4,900 rpm) 부근의 1차 모드(□)의 경우, 공중운전 시와 수중운전 시의 진동특성이 크게 다른 것을 알 수 있다. 그림에서 좌측 부분은 양끝 불구속지지(free-free)에, 그리고 우측은 강 지지(rigid support)의 특성에 가깝게 된다.

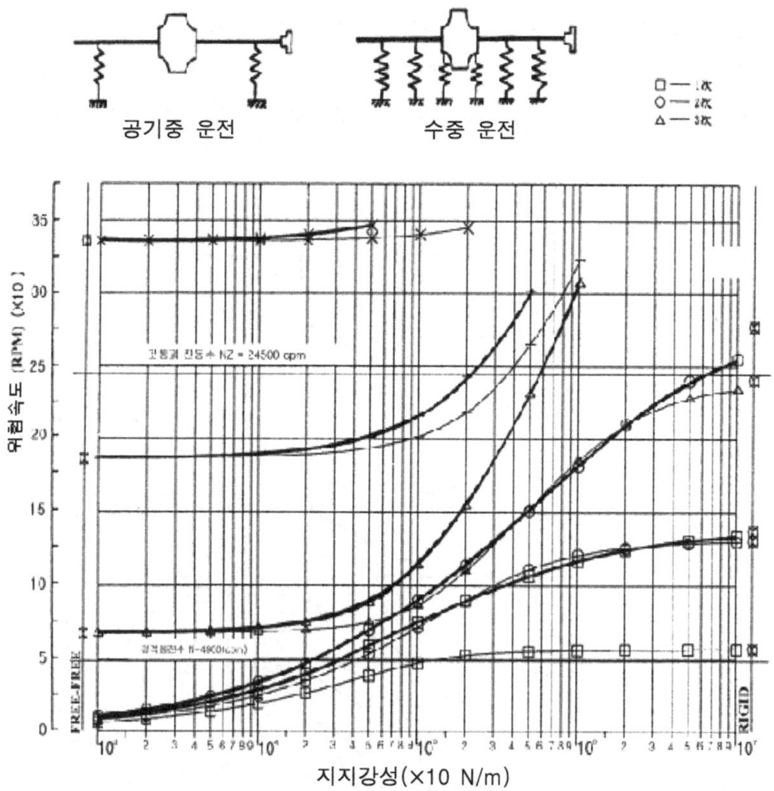

그림 19.6 / 위험속도선도(critical speed map)

일반적으로는 회전축 강성 k에 대한 베어링 등의 등가지지강성 K_e의 비인 강성비 $K = K_e / k$를 작게 할수록 불평형에 대한 응답과 불안정화 되는 경향을 감소시킬 수 있다. 그러나 강성비를 너무 낮추게 되면 블레이드, 임펠러 등의 마찰(rubbing)이 발생할 위험이 있으므로 강성비의 하한 값은 이들에 의해 제한된다. 또한 강성비와 밀접한 관계를 갖는 파라미터로서 최저차 위험속도 ω_{n1}에 대한 운전회전속도의 비인 진동수비 $n_1 = \Omega / \omega_{n1}$는 회전체의 굽힘 진동진폭에 중요한 영향을 미치고 통상 경험과 이론해석의 결과에 따르면, 특히 안정성(stability)의 측면에서 $n_1 < 2$의 조건을 유지하는 것이 좋다.

(3) 감쇠 위험속도

그림 19.6의 실선과 같이 베어링, 실 및 임펠러 부분의 감쇠를 고려하여 해석한 것이다. 고유치해석을 통해 정확한 감쇠고유진동수를 구할 수 있으나, 해석이 복잡하고 계산시간이 많이 걸리므로 일반적으로 위험속도 계산만을 위해서는 이용하지 않고 안정성 해석과 병용하여 이용한다.

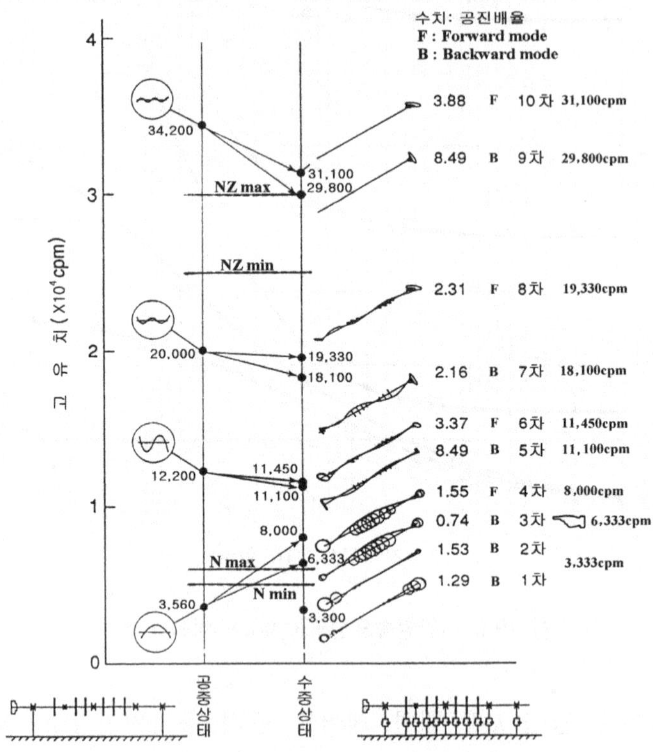

그림 19.7 / 고유진동수 및 고유모드

그림 19.7은 그림 19.5(b)의 다단펌프 모델에 대한 공중상태와 수중상태의 고유치(감쇠고유진동수) 및 고유모드를 나타낸다. 그림에서 N_{min}과 N_{max}는 최소 및 최대연속운전속도이고, NZ_{min}과 NZ_{max}는 최소 및 최대 깃통과진동수이며, 고유진동수를 수직축에 수치로 나타낸다. 수중운전에서 공진 배율은 펌프 내부에서 회전체가 휘돌게되는 모드일 때는 매우 작은 값으로 되고, 실에 의해 큰 감쇠가 작용하는 것을 알 수 있다.

5차, 9차 및 10차 모드에서 비교적 공진 배율이 큰 것은 저널베어링보다 외측의 부위가 휘도는 모드로서, 실의 감쇠효과가 작용하지 않는 것에 기인한다.

그림 19.8은 다단펌프 모델에서 실 틈새가 진동에 미치는 영향을 조사한 결과이다. 통상 펌프의 내부효율을 향상시킬 목적으로 단 당의 누설량(leakage flow)이 적게되도록 가능한 좁은 틈새의 실을 선정한다. 그러나 운전 중 여러 요인에 의해 실의 마모가 증가하게 되고 보수유지(maintenance) 측면에서 실 틈새의 증가에 의한 영향을 정도 높게 예측하는 것이 기술적으로 중요한 과제이다. 이에 API 610에서는 초기의 설계틈새와 2배로 마모된 틈새를 기준으로 진동특성을 검토하도록 하고 규정하고 있다. 그림 19.8은 설계계획 틈새 C와 이의 1.5배(1.5 C) 및 2.25배(2.25 C)로 마모되었을 때의 고유치(고유진동수)와 모드 감쇠비의 변화를 나타낸다. 펌프의 내부가 크게 휘도는 모드인 모드 ①과 ②의 고유진동수가 실 틈새의 증가에 따른 영향을 크게 받아 고유진동수와 감쇠비가 크게 낮아지고 있다. 통상 다단펌프에서 실 틈새의 증가에 의한 시일의 교체기준으로는 계획틈새의 약 1.5~2배가 이용된다.

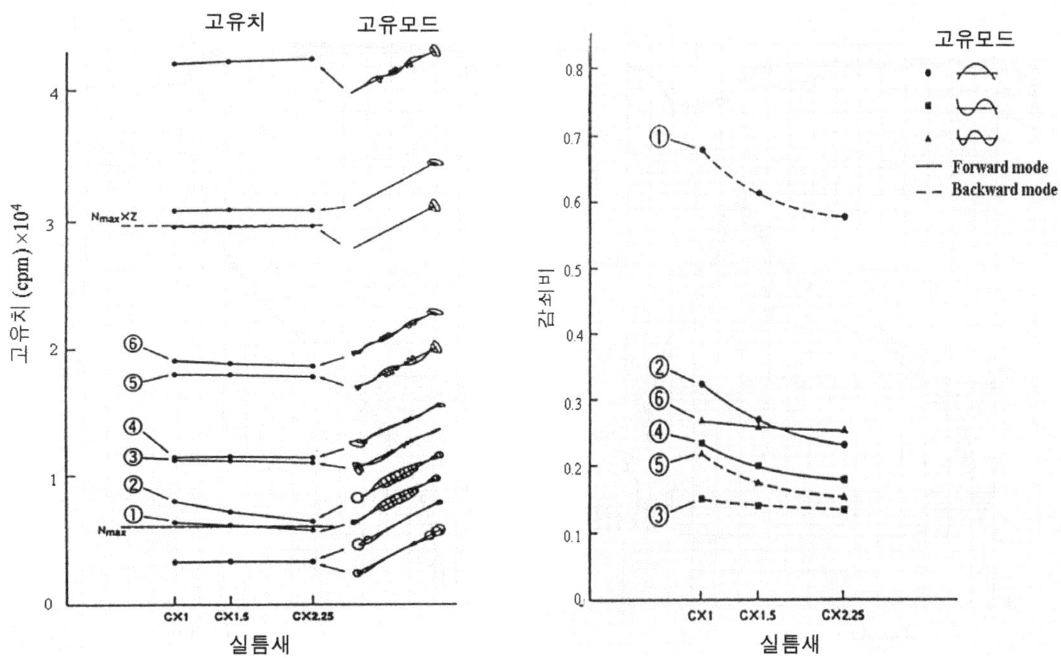

(a) 고유진동수 (b) 모드 감쇠비

그림 19.8 / 고압 다단펌프에서 실 틈새의 영향

(4) 불평형 응답

불평형 응답을 계산하고 주파수 응답선도를 그리면, 이 선도에서 최대 진폭을 나타내는 회전속도가 위험속도이다. 이 계산에는 베어링, 실 등의 강성계수와 감쇠계수의 항이 고려되고 있다. 그림 19.9는 단단 펌프의 임펠러에 9.8N · cm의 불평형을 부착한 경우의 베어링부분과 임펠러 부분의 불평형 응답을 회전속도의 변화에 대해 구한 결과이다. 공중운전에서는 정격회전속도(4,900rpm)의 115%인 5,635rpm에서 비교적 예리한 공진 피크가 있고, 이 회전속도가 위험속도가 된다. 위험속도는 물론 정격회전속도 부근에서도 불평형에 대한 변화감도(susceptibility)가 상승하여 높게 되고 있다. 반면 수중운전에서는 위상에서 알 수 있듯이 공진점은 정격회전속도 이하에 존재하지만, 불평형에 대한 변화감도가 낮아 응답에 피크는 나타나지 않고 회전체는 충분히 감쇠된 상태로 되고 있다. 공중운전 시의 응답이 수중운전에 비해 약 5～10배 크게 된다. 이와 같이 수중운전에서의 회전체의 낮은 진동감도 특성이 자세한 진동해석이 없이 경험적으로 고출력화가 이루어진 하나의 이유로 생각된다.

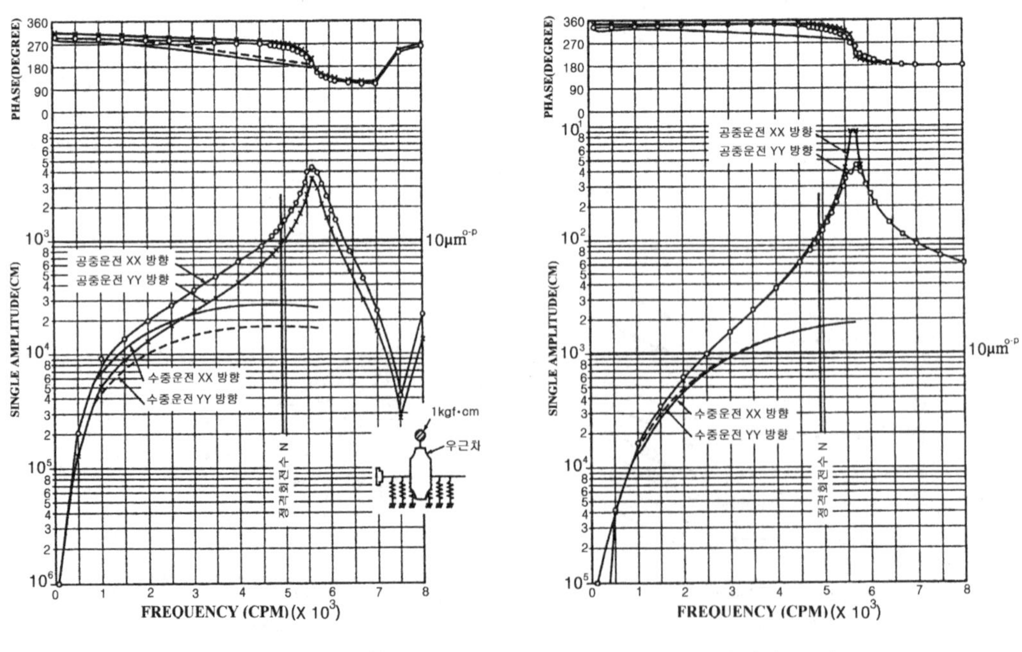

(a) 축단 측 베어링 부분 (b) 임펠러 중앙 부분

그림 19.9 / 단단 펌프의 불평형 응답계산 결과

계산된 위험속도와 비교하여 운전회전속도는 통상 20% 이상 벗어나는 것을 목표로 설계된다. 일반적으로 운전속도는 초기 설계단계에서 전동기, 터빈 및 엔진 등의 구동장치(driver)에 의해 결정되므로, 정격운전속도를 변경하는 것은 일반적으로 매우 어렵다. 따라서 운전속도를 기준으로 위험속도가 ±20%를 벗어나도록, 즉 위험속도가 최소연속운전속도의 20% 아래 또는 최대연속운전속도의 20% 위에 위치하도록 설계되어야 한다. 아울러 이 단계에서 2배수 진동이 고려되는 경우는 그 가진 주파수와의 공진도 검토하는 편이 좋다. 굽힘 진동의 경우, 베어링부분의 감쇠가 효과적으로 작용하므로 평형(balance)을 충분히 취하면 위험속도 영역에서도 운전이 가능할 수 있다.

2) 불평형 응답의 계산과 평가

위험속도와 운전속도가 비교적 접근하고 있는 경우는 불평형에 의한 불평형 응답을 계산하고, 운전시의 진동의 크기를 조사해 보는 것이 바람직하다. 또한 해석에 의해 위험속도, 진동모드, 감쇠성능 등의 진동특성이 파악되게 되면 최적설계, 방진대책 등의 실마리를 얻을 수 있다.

진동 응답을 표시할 때의 대표점에 대해서도 각 모드에 대하여 진동이 충분히 크게 나타날 수 있는 위치를 선정해야만 한다. 만약 진동이 0이 되는 절점(nodal point)부근에서 진동 응답을 나타낸 경우에는 그 모드의 공진점을 보지 못한다든지 과소 평가할 위험이 있다. 이상과 같이 계산된 불평형 응답의 결과를 기초로 하여 운전속도와 가까운 곳에 위험속도가 존재하지는 않는가, 운전시의 진동이 허용 가능한 정도인가 등이 검토된다.

그림 19.10은 제 1단과 4단 임펠러 부분에 9.8N·cm의 불평형을 동위상으로 부착한 경우에 환상 실(annular plain seal 또는 flat seal)과 나선홈 실(spiral grooved seal)을 이용하였을 때의 불평형 진동응답을 계산한 결과이다. 나선홈 실이 환상 실에 비해 약 2배의 진동응답이 크게되는 것을 알 수 있다. 따라서 누설량의 억제 측면에서는 나선홈 실이 효과적이지만, 진동응답 측면에서는 문제가 발생할 수 있으므로 설계, 제작단계에서 불평형 가진력이 크게되지 않도록 고려할 필요가 있다.

3) 비동기 가진 응답의 계산과 평가

그림 19.11은 임펠러에 작용하는 동적 유체력에 대한 응답을 평가하기 위해 정격운전속도(N = 4,900rpm)에서 베어링 및 실의 동특성을 고려한 상태에서 임펠러를 저주파수에서 고주파수까지 한 방향으로 비동기의 일정한 힘 9.8N을 가진하였을 때, 얻어진 계산결과를 나타낸다. 이 펌프의 임펠러는 깃 수가 5개(Z = 5)이고, 따라서 동적 유체력의 탁월주파수 성분은 NZ성분이 된다.

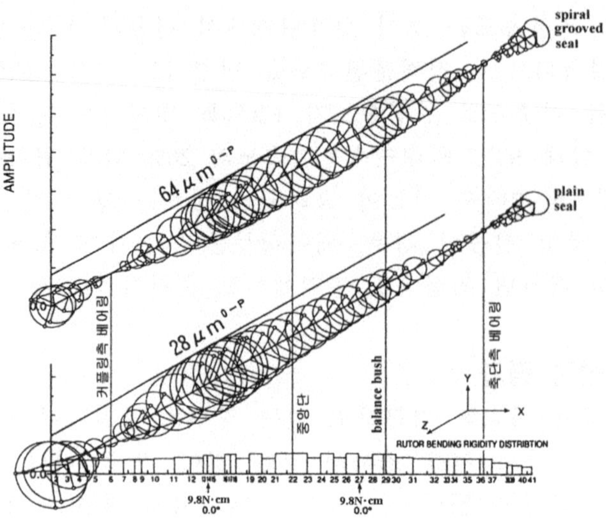

그림 19.10 / 실 형상에 따른 불평형 응답의 변화

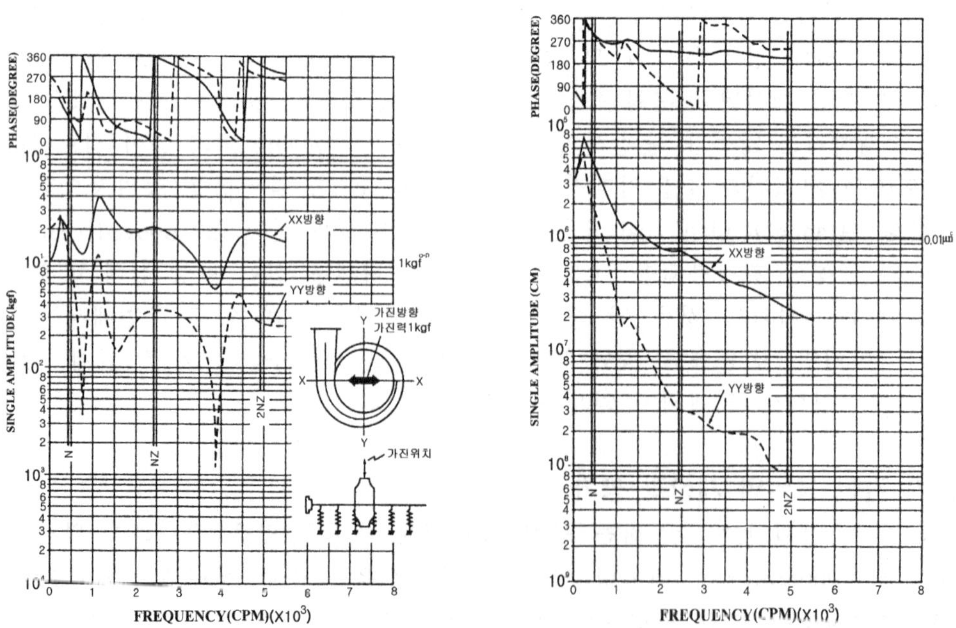

(a) 축단 측 베어링 부분의 응답 반력 (b) 임펠러 중앙 부분의 진동응답 변위

그림 19.11 / 비동기 가진 응답의 계산결과

19.2.2 불안정 진동에 대한 설계

회전기계에서 발생하는 자려 진동에는 베어링 유막에 기인하는 oil whip이나 내부마찰이 원인인 자려 진동이 알려져 있으나, 최근 보일러급수펌프 등의 고압 펌프, 원심압축기 및 증기터빈 등에서 작동유체의 유체력에 의한 불안정 진동(unstable vibration)이 발생하는 것이 많이 보고되고 있다. 이는 래버린스 실 등의 비접촉 실 및 펌프 임펠러, 터빈 블레이드 부분 등에서 발생하는 유체력이 원인임이 여러 연구결과에 의해 알려져 있다.

1) Oil whip

Oil whip은 미끄럼 베어링의 유막 작용에 의한 회전축의 자려적인 휘돌림 현상으로 대부분의 경우, 위험속도의 2배 이상에서 운전될 때 발생한다. 또 그 이하의 운전속도에서도 oil whirl이라는 자려 진동이 발생할 수 있다. 그림 19.12는 회전기계에서 반경방향 베어링(radial bearing)으로 널리 사용되는 저널베어링의 개략적인 구조를 나타낸다.

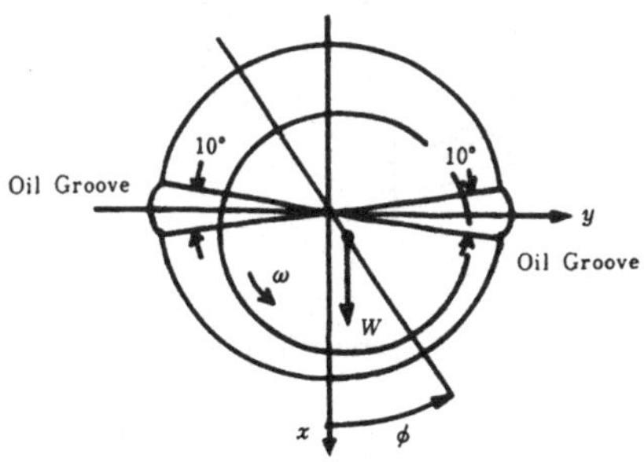

(a) Cylindrical bearing (2 axial 홈)

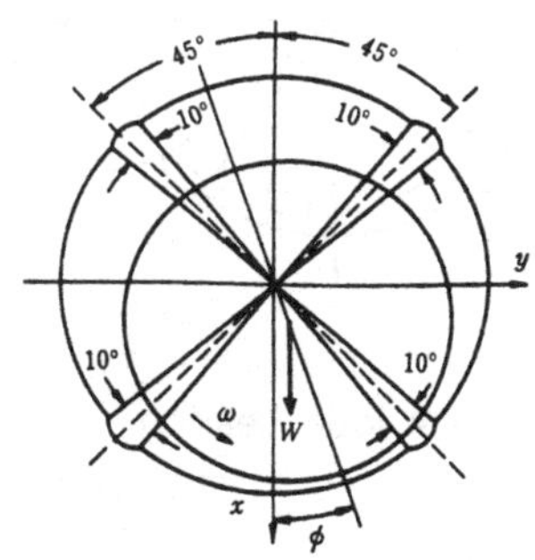

(b) Cylindrical bearing (4 axial 홈)

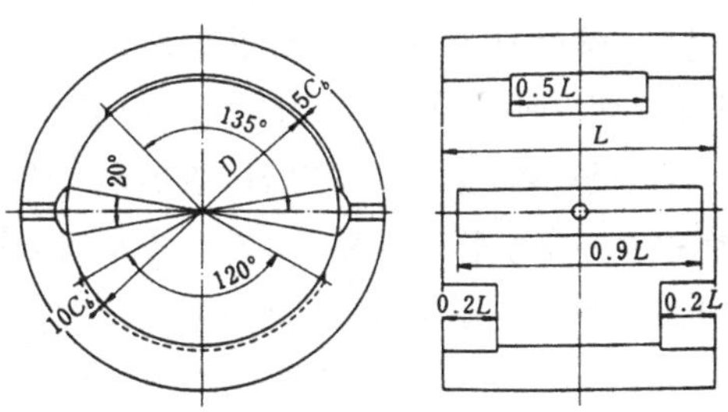

(c) Pressure dam bearing

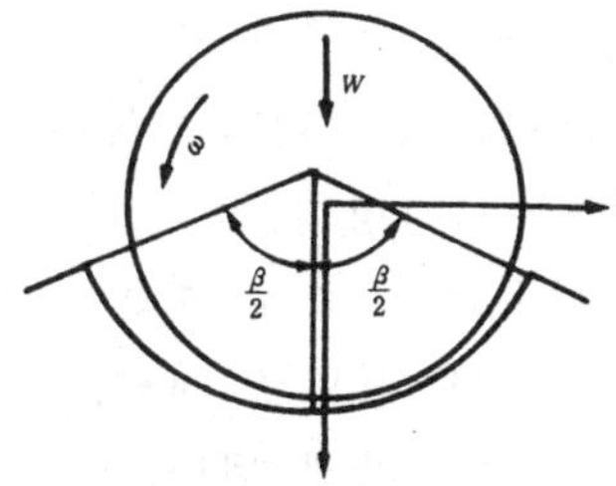

(d) Partial arc bearing

그림 19.12 / 저널 베이링의 종류 및 구조(계속)

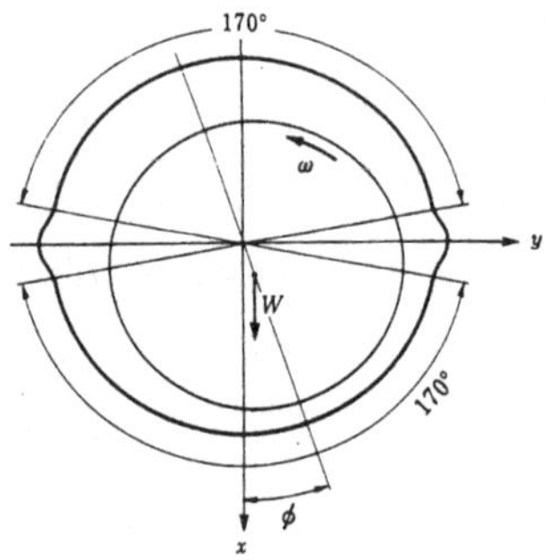

(e) 2 lobe bearing

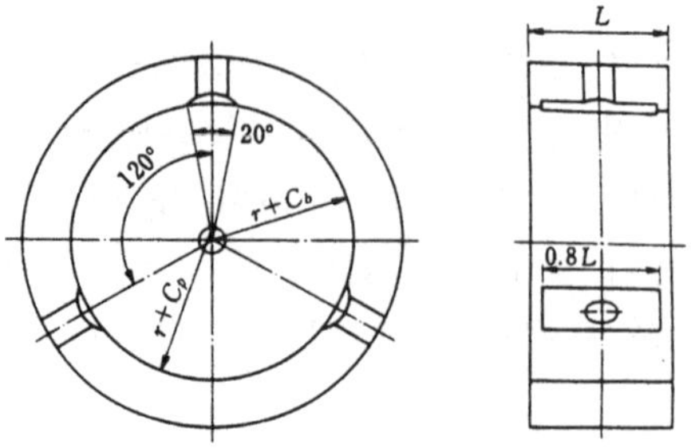

(f) 3 lobe bearing

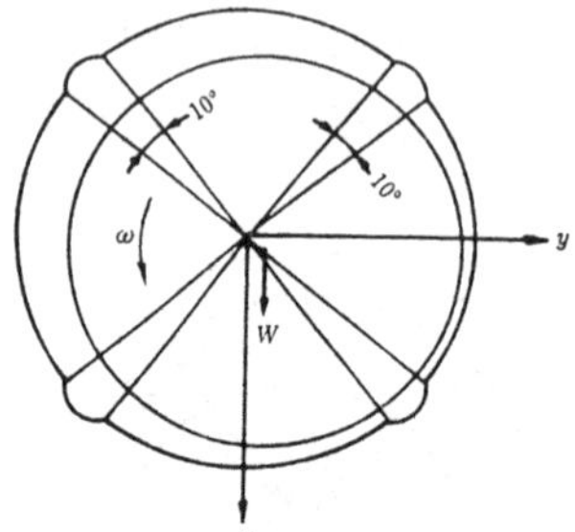

(g) 4 lobe bearing

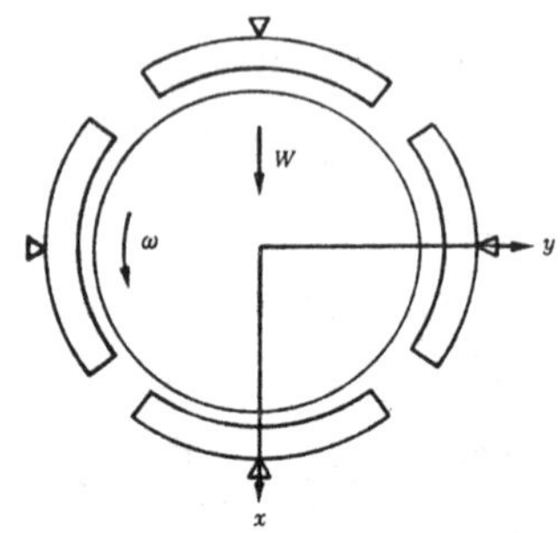

(h) 4 tilting pad bearing (LOP)

그림 19.12 / 저널 베어링의 종류 및 구조

이 자려진동 현상의 발생 메커니즘을 정성적으로 설명하면, 미끄럼 베어링 속에 충전된 윤활유는 축의 회전에 이끌리어 축의 원주속도의 약 1/2로 선회하고 있기 때문에 축이 평형점에서 변위가 발생했을 경우, 변위 방향과 이의 직각방향으로 힘이 작용하고, 변위방향의 힘 성분은 복원력으로 작용하여 베어링을 부상시켜 떠받드는 역할을 하며, 변위의 직각방향, 즉 접선방향의 힘 성분은 이 힘과 수직인 변위의 크기를 곱한 모멘트로 작용하여 축을 휘돌도록 하는 토크로 작용한다. 축의 회전속도가 축계의 위험속도의 약 2배 정도로 되면, 기름의 선회속도가 위험속도와 같게되고 이때 이 힘 성분이 급격히 증가하게 된다. 이 힘 성분이 매우 크면, 축은 지속적으로 휘돌림 운동을 계속하게 된다. 이를 에너지적인 관점에서 설명하면 다음과 같다.

앞 편에서 설명하였듯이, 베어링의 유막특성에 의한 반력(reaction force)은 평형점 주위에서 미소진동으로 간주하여 선형화하면

$$-\begin{bmatrix} F_x \\ F_y \end{bmatrix} = \begin{bmatrix} k_{xx} & k_{xy} \\ k_{yx} & k_{yy} \end{bmatrix} \begin{bmatrix} x \\ y \end{bmatrix} + \begin{bmatrix} c_{xx} & c_{xy} \\ c_{yx} & c_{yy} \end{bmatrix} \begin{bmatrix} \dot{x} \\ \dot{y} \end{bmatrix} + \begin{bmatrix} m_{xx} & 0 \\ 0 & m_{yy} \end{bmatrix} \begin{bmatrix} \ddot{x} \\ \ddot{y} \end{bmatrix} \tag{19.1}$$

으로 표현되고, 이때 축의 운동을 진동수 ω, 진폭 A, B의 타원궤도로서

$$x = A\cos\omega t, \quad y = B\sin\omega t \tag{19.2}$$

로 하면, 1사이클당의 베어링 유막에 의해 손실되는 에너지 E는

$$E = A\pi(c_{xx} + c_{yy}) - AB(k_{xy} - k_{yx}) \tag{19.3}$$

로 된다. 관성효과가 비교적 큰 고속베어링의 경우를 제외하면, 통상적인 베어링에서는 부가질량계수 m_{xx}, m_{yy}는 매우 작고, 무시할 수 있다. 만약 식(19.3)으로부터 $E > 0$이 되면, 에너지는 소비되어 휘돌림 진폭은 감소하지만, $E < 0$이면 역으로 유막으로부터 에너지가 공급되어 휘돌림 진폭은 증가하고 계는 불안정하게 되어 자려 진동이 발생하게 된다. 일반적으로 베어링의 감쇠계수는 $c_{xx} > 0$, $c_{yy} > 0$의 조건이고, 이들 주 방향의 감쇠계수는 휘돌림 진폭을 감소시키는 제진 작용을 하지만, 베어링의 연성 강성계수(coupled stiffness coefficient)가 $k_{yx} = -k_{xy}$일 때는 휘돌림 진폭을 성장시키는 여진작용을 한다. 일반적으로는 $k_{xy} \neq k_{yx}$의 조건을 만족하고, 따라서 연성강성계수의 크기가 작거나, 또는 이들 값의 차가 작은 베어링은 안정성이 양호하다고 판정할 수 있다.

통일적으로 oil whip의 발생메커니즘과 현상을 이론으로 제시한 Hori의 이론에 따라 얻어진 안정한계선도를 그림 19.13에 나타내고, 그 특성을 설명한다. 그림에서 축 강성 파라미터 α, 무차원 축 회전속도 ν 및 베어링 정수 λ는 다음과 같이 정의된다.

$$\alpha = \frac{W}{k_s C}, \quad \nu = \frac{\omega}{\sqrt{g/C}}, \quad \lambda = \mu (R/C)^2 \frac{\sqrt{g/C}}{2\pi p_m} \tag{19.4}$$

여기서 W는 베어링 정하중, k_s는 축의 굽힘 강성, g는 중력가속도, C 및 R은 베어링 틈새 및 반경, p_m은 베어링 면압이다.

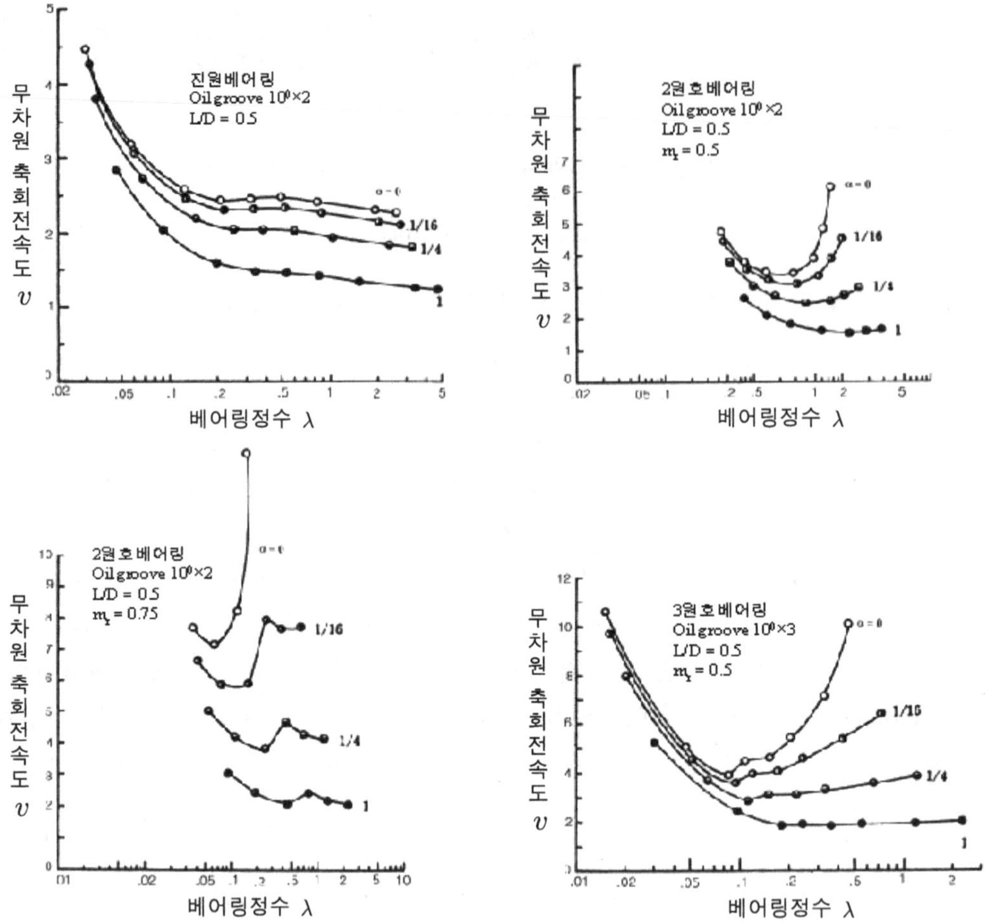

그림 19.13 / 유막 베어링의 안정한계선도(Tanaka)

그림 19.13에서 축 강성 파라미터 α가 감소할수록, 즉 축의 굽힘 강성 k_s를 크게 할수록 무차원 축 회전속도, 즉 안정한계속도(stability threshold speed)는 높게 된다. 여기서 안정한계속도 또는 불안정시작속도(instability onset speed)란 축이 안정영역에서 불안정영역으로 이동하는 경계에서의 회전속도를 의미한다. 진원 베어링을 사용하는 회전기계에서는 베어링 정수 λ를 작게 하면, 즉 동일 회전속도에 대해 축 중심과 베어링 중심의 차인 편심 e와 베어링과 축이 동심상태일 때의 베어링 틈새 C의 비인

편심율 e/C가 클수록 높은 회전속도까지 불안정하게 되지 않고 안정성이 양호하게 된다. 그러므로 편심율을 크게 하기 위해서는 다음과 같은 대책이 이용된다.

1) 베어링의 폭 L을 작게 한다.
2) 베어링의 전개면적을 줄인다.
3) 베어링의 틈새 C를 크게 한다.
4) 점도가 낮은 기름을 사용한다.

특히 1)의 방법은 베어링의 폭 중앙에 원주방향의 기름 홈(oil groove)을 잘라내는 것에 의해 간편하게 실시할 수 있으므로 실제 기계에서 oil whip이 발생했을 때 응급처치용으로 편리하다. 2원호 및 3원호 베어링에서는 역으로 λ가 클수록 안정성이 양호하게 됨으로, λ가 크게되도록 베어링의 조건을 수정하는 것이 좋다.

그림 19.13을 전체적으로 검토하면, oil whip의 방지 측면에서는 안정성이 가장 나쁜 것이 진원베어링이고, 이어서 2원호, 3원호의 순서가 된다. 2원호나 3원호 베어링은 예압계수(preload factor) m_p가 클수록 안정성이 좋게 된다. 여기서 예압계수는 경사패드 베어링 뿐만 아니라 다원호 베어링에도 유막 동특성에 큰 영향을 미치는 중요 파라미터로 다음과 같이 정의된다.

$$m_p = 1 - C_b / C_p$$

여기서 C_p는 가공하여 생긴 패드, 베어링 면의 반경과 저널 반경의 차이고, 가공반경틈새라 부른다. C_b는 조립하였을 때의 지지점에서 반경틈새를 의미하고, 조립반경틈새라 한다.

또한 2원호를 서로 수평방향으로 약간 어긋나게 한 업셋(offset) 2원호 베어링이나 압력댐베어링(pressure dam bearing)등 더욱 안정성이 양호한 베어링이 개발되어 있다. 경사패드베어링(tilting pad bearing)은 유막계수에 연성 항을 가지지 않고, 패드의 관성을 고려하지 않으면 안될 정도의 고속회전을 제외하면 유막의 불안정에 기초한 자려 진동은 원리적으로 발생하지 않는 것이 알려져 있고, oil whip에 대해서는 가장 효과적인 베어링이다. 그러나 그림 19.14에 나타내듯이, 경사패드베어링이 자려 진동에 강한 것은 안정성을 해치는 음의 값을 가지는 강성의 연성 항이 없기 때문으로, 계를 안정화시키고 진동을 억제하는 양의 감쇠가 크기 때문이 아니다. 진원베어링과 비교하면 예압계수나 Sommerfeld 수에 따라 다르나, 강성의 크기는 같거나 조금 크고, 감쇠는 작다. 따라서 불평형 진동에 대해서는 성능이 떨어지게 된다.

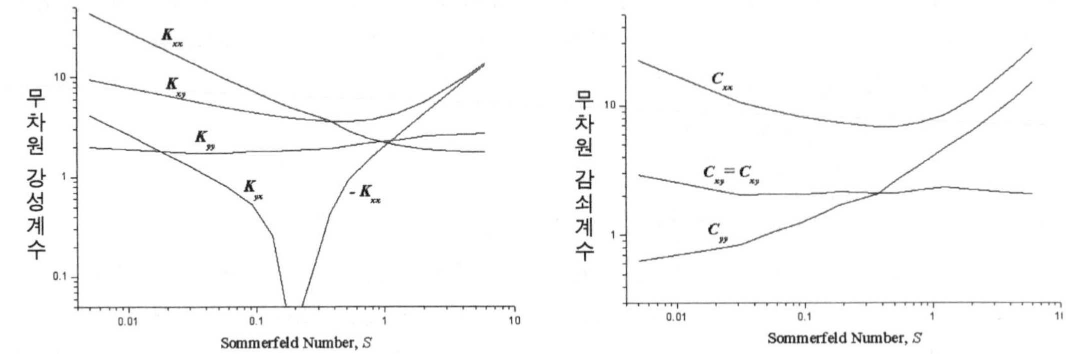

(a) 진원베어링(L/D = 0.5)

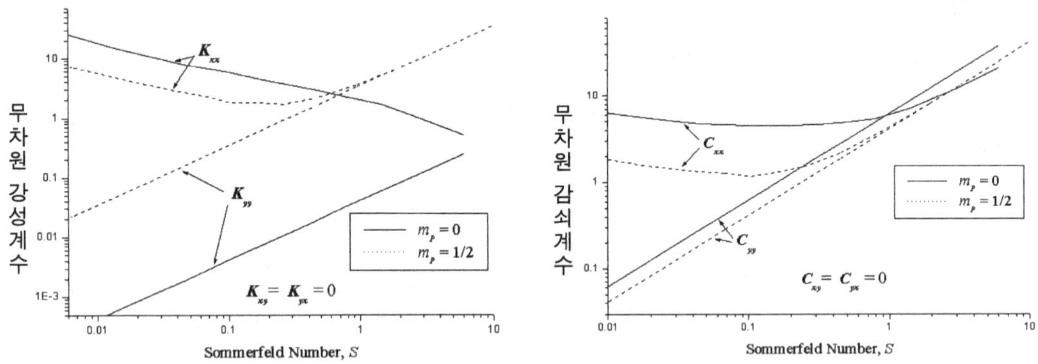

(b) 경사패드베어링(L/D = 0.5, 4 pad, LOP)

그림 19.14 / 진원베어링과 경사패드베어링의 무차원 동특성 계수

그림 19.15는 진원베어링과 경사패드베어링(5 pad)으로 지지된 회전체의 불평형 응답의 차이를 나타낸 것이다. 그림에서 LBP는 Load Between Pad, LOP는 Load On Pad(그림 19.12(h))를 의미한다. 불평형 진동의 억제력의 측면에서는 진원베어링이 가장 양호하고, 경사패드베어링은 예압계수가 큰 것일수록 억제력이 작게되어 진폭 확대계수, 즉 불평형 응답이 증가하는 것을 알 수 있다.

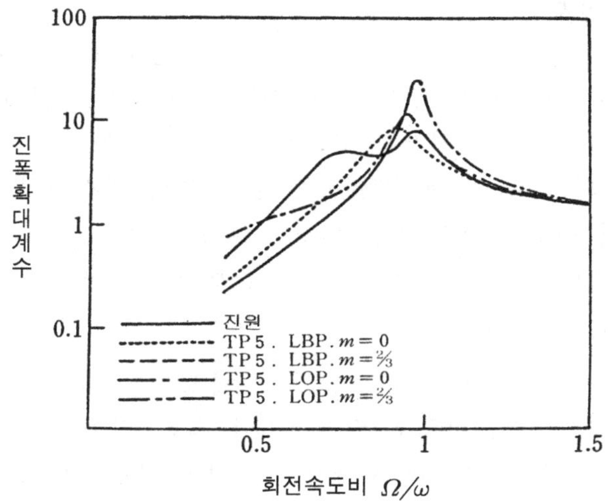

그림 19.15 / 베어링 형식에 따른 불평형 응답의 차이(Iwatsubo)

베어링의 형식과 예압계수의 선택을 위한 개략적인 하나의 지침을 나타내면, 그림 19.16과 같다. 그림에서는 경사패드베어링, 다원호(2, 3 및 4원호)베어링 그리고 진원베어링과 예압계수 m_p(진원베어링은 무관)를 대상으로 부하용량, 감쇠 및 불평형 응답의 억제력을 실선으로, 불안정화 요소에 대한 안정화력(stabilizing force)을 점선으로 그 크기를 나타내었다. 불평형 응답 등의 강제진동을 억제하는 힘과 불안정화력을 억제하는 안정화력은 일반적으로 그 경향이 서로 반대가 되는 점에 유의하여야 한다.

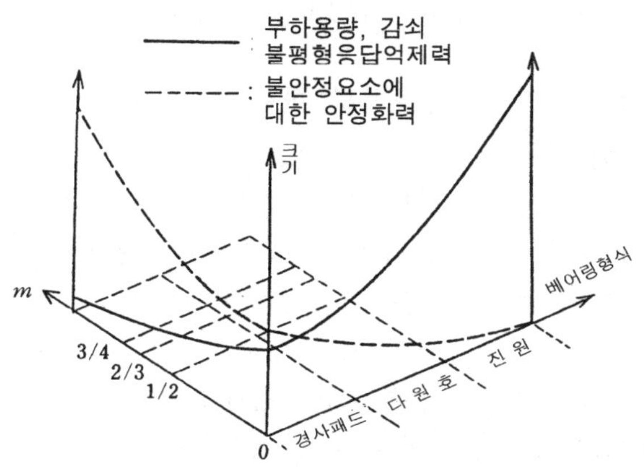

그림 19.16 / 베어링 선택의 개략적인 지침

2) 유체적인 불안정 진동

최근 고압 고속펌프, 원심압축기, 증기터빈 등의 고성능 터보기계에서는 작동유체에 의한 가진력이 원인이 되어 불안정한 자려 진동이 발생하는 것이 종종 문제로 되고 있다. 터보기계에서 취급하는 유체가 고압으로 되면 회전체는 소형, 경량으로 되는 한편, 회전속도가 높게 되어 회전체에 공급하는 동력 P와 회전체의 중량 W의 비 P/W가 크게 된다. 따라서 이러한 회전체는 진동에 대해서 매우 민감하게 되고 문제를 일으키기 쉽다. 일반적으로 고압 원심압축기의 진동에는 다음과 같은 특징이 있다.

1) 부하 의존성이 있다.
   부하가 작을 때에는 전혀 발생하지 않거나, 발생하여도 진폭이 작고 문제가 되지 않는다. 부하가 크게되면, 비로소 발생하거나 혹은 진동이 급격히 성장하여 격심한 진동이 되고, 그 이상 부하를 증가시키는 것이 곤란하게 된다.

2) 진동수는 축계의 1차 굽힘 고유진동수에 가깝다.
   축의 회전속도가 1차 위험속도를 넘어서 운전되고 있을 때 발생하는 일이 많고, 따라서 진동수는 회전속도 동기의 진동수보다도 낮다. 이 때문에 이 진동을 분수조화 진동(subsynchronous vibration)이라 부르기도 한다.

이러한 자려 진동을 일으키는 원인은 임펠러 등에 작용하는 유체력(hydraulic force)으로, 이를 유체 불안정화력(destabilizing force)이라 한다. 이 힘은 가장 단순한 형태의 연성(cross coupled) 강성계수의 항으로 다음 식과 같이 모델링할 수 있다.

$$F = -\begin{bmatrix} 0 & k_{xy} \\ k_{yx} & 0 \end{bmatrix} \begin{Bmatrix} x \\ y \end{Bmatrix} \tag{19.5}$$

또는 간단히 $k_{xy} = -k_{yx} = k$로 평가하기도 한다. 그러나 이 연성강성계수의 정량적인 평가에는 아직도 많은 해결할 문제들이 남아있다.

이러한 힘은 기계의 기능상 본질적으로 발생되어지는 것으로, 베어링 등의 요소에 의한 제진 작용을 이용하여 계의 감쇠비를 크게 하여 감쇠력에 의한 안정화력이 이 불안정화력보다 크게되도록 하여 이를 억제할 수밖에 없다. 현실적으로 다음과 같은 대책이 이루어진다.

1) 축의 직경을 굵고, 베어링 사이의 거리(span)를 짧게 하여 축의 강성을 증가시킴으로서 계의 1차 위험속도(고유진동수)를 높인다.

2) 베어링 유막의 감쇠계수 $c_b\omega$가 크고, 유막의 강성계수 k_b가 작으며, 강성의 이방성이 크도록, 즉 k_x와 k_y의 차가 크게 되도록 베어링의 형식, 치수 및 운전조건을 선정한다.
3) 경사패드 베어링의 폭, 틈새, 예압계수 등을 감쇠효과를 증대시키는 방향으로 변경한다. 소형, 고속 터보기계에서는 oil whip의 방지대책으로 예전부터 경사패드 베어링을 널리 사용하여 왔으나, 잘 설계하면 이 유체불안정화력에도 충분히 대항할 수 있는 감쇠를 제공할 수 있다. 예로 5 패드 LOP(load on pad)형에서는 예압계수 m_p를 작게, Sommerfeld 수 S를 크게, 그리고 베어링 폭을 크게 선정하면 좋다. 보다 정확히 검토하기 위해서는 실제 베어링의 동특성 선도를 구하고, 이를 참조하여 결정하여야 한다.
5) 진원베어링, 다원호 베어링은 이 힘의 작용환경에서는 가급적 사용을 피한다.
6) 베어링 지지대의 강성을 유연하게 한다.
7) 실 입구에 유입되는 작동유체의 입구 선회류(inlet swirl flow)의 접선속도를 가능한 작게 되도록 선회방지장치를 설치한다.(그림 19.17, 19.18)
8) 안정성이 양호한 실의 형식을 선정한다.(그림 19.19)
9) 실의 형상을 안정성이 좋도록 최적설계를 실시한다.

특히 7)항의 경우, 불안정화력에 크게 영향을 미치는 연성강성계수는 실 입구에서 유입되는 유체의 접선속도의 증가에 비례하여 증가하는 특징이 있다. 따라서 입구에서의 유체의 선회속도는 접선 및 축방향 성분으로 구성되고 접선속도를 가능한 작게되도록 하여야 한다. 이를 위해 그림 19.17과 같이 래버린스 실(labyrinth seal)의 입구에 선회방지장치(swirl brakes, swirl webs)를 부착하거나, 또는 그림 19.18과 같이 압축기 토출측 배관에서 일부 바이 패스(by-pass)된 가스를 유체의 회전방향과 역 방향으로 분사하여 평형피스톤(balance piston) 래버린스에서 접선속도를 줄이도록 한 선회방지장치(megaswirl insert)가 고안되어 원심압축기와 우주왕복선용 고압산소터보펌프(HPOTP) 등에 성공적으로 사용되고 있다.

8)항의 경우, 래버린스 실에서는 정지 측에 휜(fin)을 설치하고, 휜의 단수를 많게 하는 구조 또는 댐퍼 실(damper seal), 나선홈 실(spiral grooved seal) 및 테이퍼 실(taper seal) 등을 채용한다. 그림 19.19는 일반용의 비접촉 실의 구조 및 종류를 나타낸다.

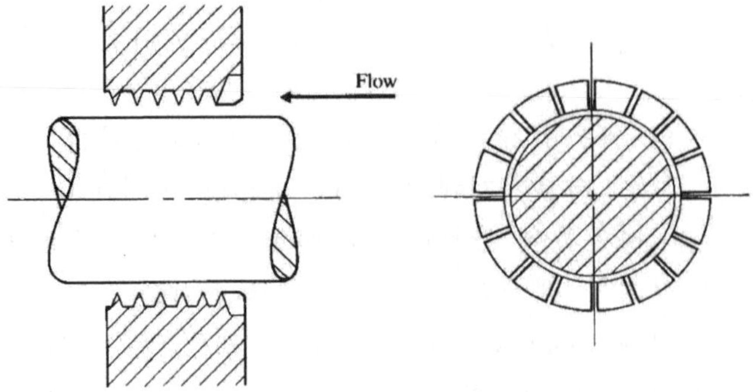

그림 19.17 / 래버린스 실 입구에 설치된 swirl brake(Ehrich)

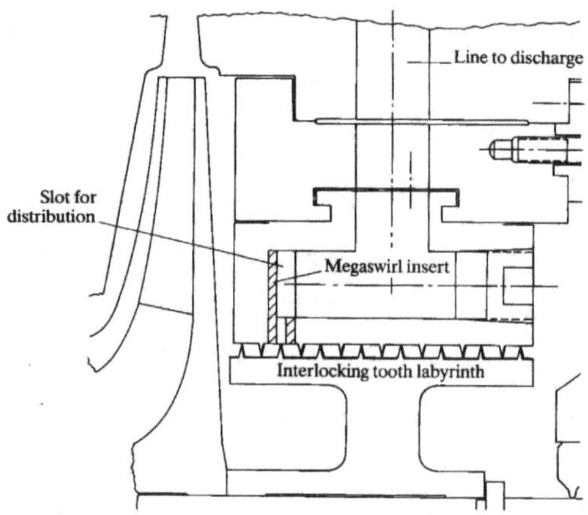

(a) 평형드럼 래버린스 실에의 설치 예

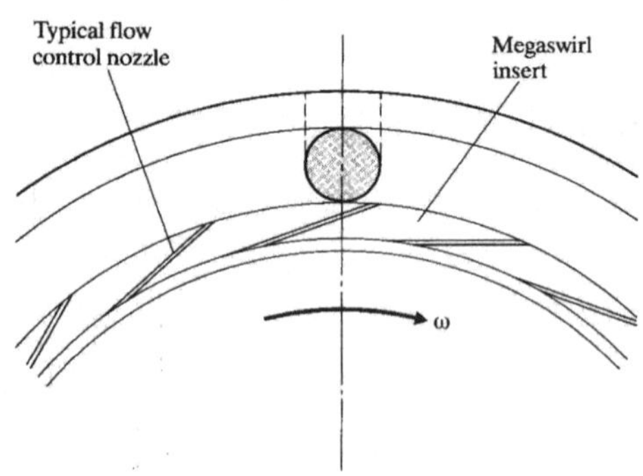

(b) Megaswirl의 단면

그림 19.18 / 선회방지장치(Kirk)

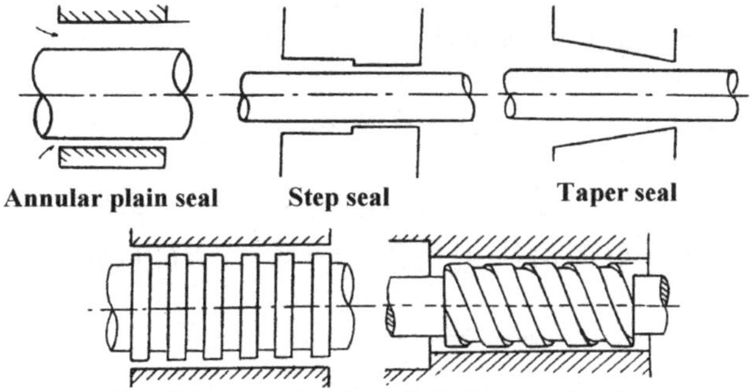

그림 19.19 / 비접촉 실의 구조 및 종류

3) 휘돌림주파수비

2개의 동일한 형상의 베어링으로 양단 지지된 질량이 $2m$인 강성회전체(rigid rotor)의 휘돌림주파수비(whirl frequency ratio) ω_{wf}는 회전체의 안정한계 회전각속도 Ω에 대한 각진동수 ω_n의 비로서, 다음식과 같이 정의된다.

$$\omega_{wf} = \frac{\omega_n}{\Omega} = \sqrt{\frac{(K_{eq} - k_{xx})(K_{eq} - k_{yy}) - k_{xy}k_{yx}}{(c_{xx}c_{yy} - c_{xy}c_{yx})\Omega^2}} \tag{19.6}$$

여기서 k_{xx}, k_{xy}, k_{yx}, k_{yy} 및 c_{xx}, c_{xy}, c_{yx}, c_{yy}는 각각 베어링의 강성계수 및 감쇠계수이고, K_{eq}는 다음식으로 정의되는 등가강성계수이다.

$$K_{eq} = (m + M)\omega_n^2 = \frac{c_{xx}k_{yy} + c_{yy}k_{xx} - c_{xy}k_{yx} - c_{yx}k_{xy}}{c_{xx} + c_{yy}} \tag{19.7}$$

휘돌림주파수비는 일반적으로 회전축계의 안정성을 나타내는 지표의 하나로 사용될 수 있다. 예로, ω_n을 회전체의 1차 위험속도로 간주하면($\omega_n = \omega_1$), Ω가 ω_n의 $1/\omega_{wf}$배에 도달하였을 때($\Omega = \Omega_s = \omega_n/\omega_{wf}$), 회전체는 불안정진동을 일으킨다. 따라서, ω_{wf}의 값이 작을수록 안정한계속도(stability threshold speed) Ω_s가 크게되어 회전축계의 안정성이 향상되게 된다. 일반적으로 베어링 또는 실(seal)의 연성강성계수 k_{xy}, k_{yx}의 절대치가 크게 되면, ω_{wf}가 크게되고 회전축계가 불안정하게 되기 쉽다. 이는 접선방향의 유체력 성분이 크게되어 회전체의 회전방향으로의 휘돌림운동을 촉진시키기 때문으로 생각된다.

편심 e가 실 틈새 C에 비해 비교적 작은 영역($e/C<0.4$)에서 사용되는 경우, 실의 동특성 계수는 근사적으로 다음의 관계를 가지는 것으로 알려져 있다.

$$C=c_{xx}=c_{yy}\ ,\ \ c=c_{xy}=-c_{yx}\ ,\ \ K=k_{xx}=k_{yy}\ ,\ \ k=k_{xy}=-k_{yx} \tag{19.8}$$

회전속도가 증가하면, k, c는 증가하고, K는 감소하는 경향을 보이며, C는 그다지 변화하지 않는다. 이 경우, 식(19.8)의 관계를 이용하면 식(19.6)의 ω_{wf}는

$$\omega_{wf}=\frac{k}{C\Omega} \tag{19.9}$$

로 단순화 된다. 일예로, 비접촉 실을 사용하는 고압 펌프, 압축기, 터빈 등의 유체회전기계에서 실 입구에 유입되는 작동유체의 입구선회유속(inlet swirl velocity)이 축 회전방향으로 크게 될수록 실 틈새내의 접선방향 유속을 증가시키고, 이것이 접선방향의 유체력을 증가시켜 연성강성계수 k가 크게 되고 ω_{wf}이 크게되어 불안정 진동을 일으키는 것이 각종 진동사례를 통하여 보고되고 있다. 이에 대한 해결책으로 앞에서 설명한 입구선회유속을 줄이기 위한 장치(swirl brake)가 제안되어 사용되고 있다.

19.2.3 비틀림진동에 대한 설계

1) 횡진동과 비틀림진동의 비교

비틀림진동(torsional vibration)은 지금까지 다루어온 횡진동(굽힘진동)과는 다음과 같이 여러 가지 측면에서 다른 특징을 가지고 있다.

(1) 비틀림진동은 횡진동과는 달리 축의 한쪽 단에서 다른 쪽 단까지의 구동축(driving shaft), 플렉시블 커플링, 피동축(driven shaft) 등으로 구성되는 전체 축열(shaft train)에 영향을 미친다. 이는 플렉시블 커플링이 거의 횡방향 힘이나 모멘트를 전달하지 않으므로 회전체의 진동이 횡방향으로는 서로 연성되지 않고, 또한 커플링은 동적인 힘뿐만 아니라 정적인 힘도 전달하고 이에 따라 회전체는 동적으로 비틀림 운동이 서로 연성되기 때문이다. 즉, 구동축의 굽힘 고유진동수와 피동축의 굽힘 고유진동수는 서로가 거의 독립이고 서로에 영향을 미치지 않는다.

(2) 일반적으로 축 열에서의 비틀림 감쇠가 작고, 통상 모드감쇠(modal damping)는 1~3% 정도이다. 따라서 비틀림 공진이 발생하였을 때, 높은 동적 토크를 일으킬 수 있으므로 가능한 공진을 회피하여야 한다.

(3) 일정 운전속도의 3상 유도전동기는 정격운전에서 거의 비틀림진동을 가진하지 않고, 전동기의 질량관성모멘트가 피동기보다 매우 크기 때문에 구동기로부터 전달되는 동적 토크를 감소시킨다. 그러나, 인버터구동과 같은 가변주파수구동기에서는 정상운전 동안에 토크변동이 발생할 수 있으므로 비틀림 공진의 세심한 평가가 필요하다.

(4) 횡진동과는 달리 비틀림진동에서는 베어링, 실 등의 특성이 거동에 영향을 미치지 않으므로, 끼워박음 부분, 키 홈, 전동기의 코어부분, 평기어 부분의 횡진동과의 상호작용 등의 모델링 과정에서의 몇가지 문제를 제외하면 저차 모드의 비틀림고유진동수를 매우 정확히 계산할 수 있다.

2) 고유진동수의 계산

횡진동과 마찬가지로 제 3편과 4편에서 설명한 유한요소법과 전달행렬법을 이용하여 동일한 방법으로 계산할 수 있다. 표 19.3과 그림 19.20은 승압펌프(booster pump)와 주펌프, 전동기 및 증속기어로 구성된 축열에 대한 비감쇠고유진동수 및 고유모드를 계산한 결과를 나타낸다. 1차 모드는 항상 회전체가 비틀림진동이 없이 자유롭게 회전을 하는 모드로서 진동수는 0이 된다. 각 모드별 감쇠가 항상 작기 때문에, 감쇠를 고려한 경우와 고려하지 않은 경우의 고유진동수와 모드형상에 대한 차이는 거의 없다.

질량관성모멘트의 증가나 감소는 단지 큰 진폭을 갖는 위치에만 영향을 미치고, 비틀림 강성의 증가나 감소는 모드형상 곡선에서 큰 기울기를 가지는 위치에서만 단지 유익하기 때문에, 특정 진동모드와의 공진이 예상되어 고유진동수를 이동시켜야 할 경우는 이러한 특징을 고려하여 대응하는 모드형상을 조심스럽게 검토하여야 한다.

표 19.3 / 비틀림 고유진동수의 계산결과

모드	고유진동수(Hz)
1st	0.0
2nd	13.78
3rd	36.32
4th	43.51
5th	105.56

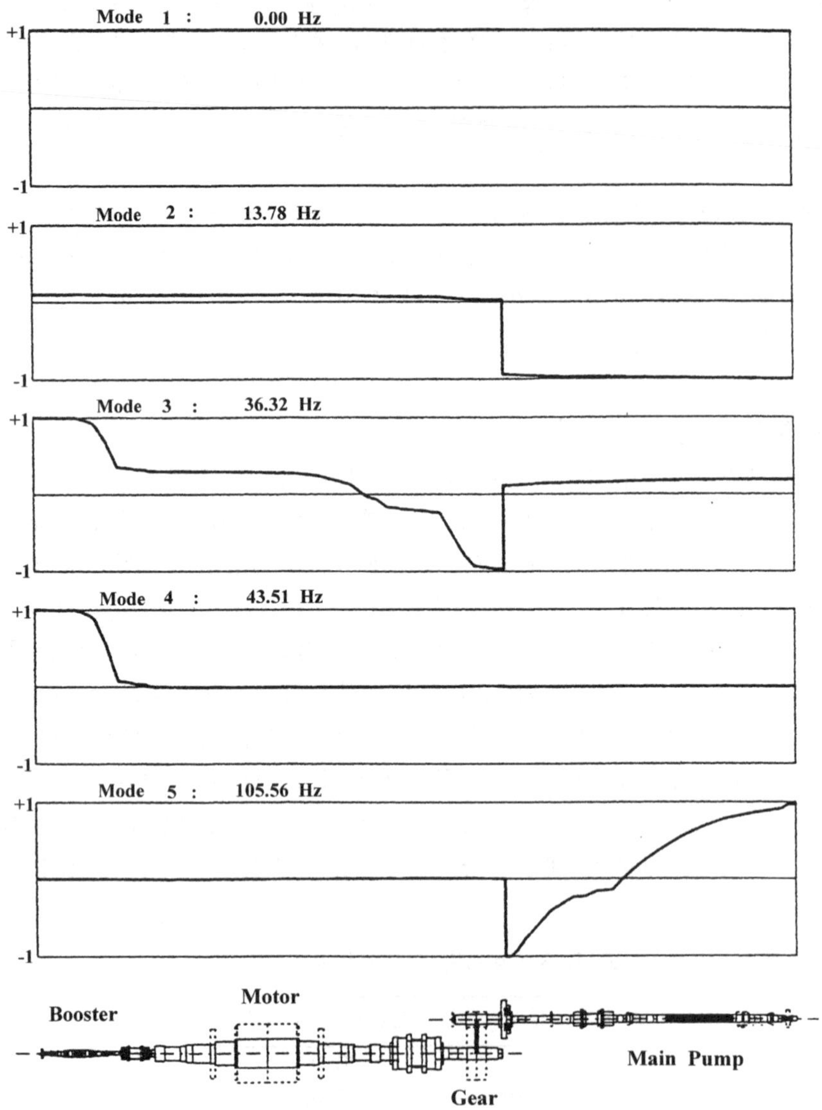

그림 19.20 / 축 열의 모델과 고유진동 모드

3) 분리 판정기준

계산된 고유진동수와 가진주파수사이의 공진여부를 평가하기 위해서는 그림 19.21과 같은 Campbell 선도를 그리는 것이 편리하다. 이 선도에서는 수평축을 회전속도, 수직

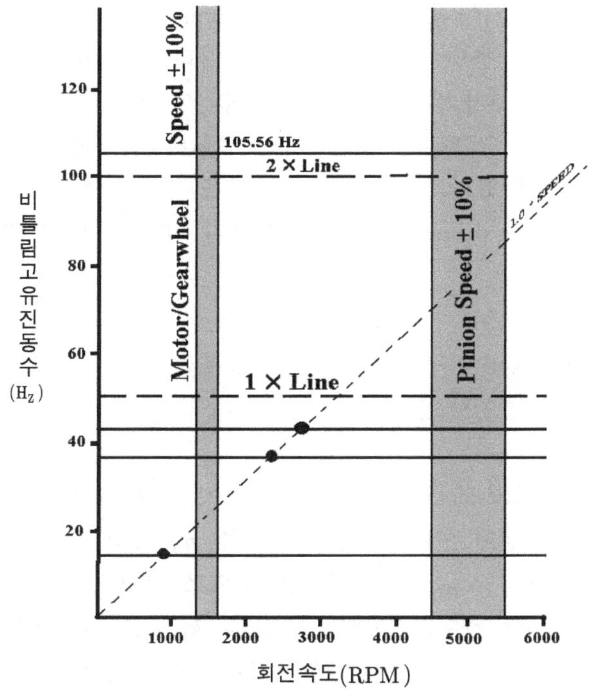

그림 19.21 / Campbell 선도

축에는 비틀림 고유진동수를 나타내며, 발생할 수 있는 모든 가진주파수를 고유진동수와 함께 나타낸다. 발생 가능한 가진주파수로는 그림 19.20의 축 열을 예로 들면,

(1) 정상상태에서의 기어 피치원 run-out에 의한 모터측 기어휠의 1×회전주파수와 피니언의 1×회전주파수
(2) 과도상태 또는 비상시의 전동기 전원의 변환에 의한 전원주파수(60Hz 또는 50Hz)
(3) 전동기 터미널 단락(short circuit)에 의한 1×전원주파수, 2×전원주파수

등이 고려될 수 있다. 횡진동과는 달리 비틀림진동 고유모드는 축의 회전속도에 따라 변화하지 않으므로, 이들은 Campbell 선도에서 수평선으로 표시된다.

고유진동수(위험속도)와 운전속도사이의 분리여유(separation margine)에 대한 판정기준의 한 예로서 API 610(8판) 규격에서는 비틀림 위험속도는 최소연속 운전속도영역에서 최대연속 운전속도영역까지로부터 적어도 10% 이상 떨어져 있도록 요구하고 있다. 이는 분리를 위한 최소한의 요구사항으로 고려되고, 실제로는 15% 정도의 분리가 권장된다.

그림 19.21에는 전동기 및 기어휠의 운전속도(1,500rpm)와, 주펌프 및 피니언의 운전속도(5,000rpm)에 대한 ±10%의 분리여유를 음영으로 나타내고 있다. 기어 피치원 run-out에 의한 1×회전주파수와 2차, 3차 및 4차 고유진동수 사이에는 분리영역을 벗어나고 공진이 발생하지 않는 것을 알 수 있다. 그리고 5차 모드의 고유진동수는 주펌프와 피니언의 분리영역을 충분히 벗어나 있다. 과도상태의 가진은 전원주파수로 가진되고, 43.5Hz의 4차 모드가 50Hz의 전원주파수(line frequency) 가진의 약 -15%의 분리여유를 가지고 있다.

19.3 위험속도의 회피설계

공진배율인 Q 계수(quality factor)를 간단히 구하기 위한 방법으로 Balda에 의해 제안된 선도를 그림 19.22에 나타낸다. 이는 중앙 집중질량 m, 굽힘 강성계수 k_s인 회전축의 양단을 강성계수 k_b, 감쇠계수 $c_b\omega$인 2개의 베어링으로 지지된 경우에 베어링 강성에 의해 저하된 실제 위험속도와 Q 계수의 관계를 다양한 k_b/k_s, $c_b\omega/k_b$에 대해 나타낸 선도이다. 단, 베어링 유막의 강성계수는 x, y방향 모두 같은 등방성으로 가정하고 있다.

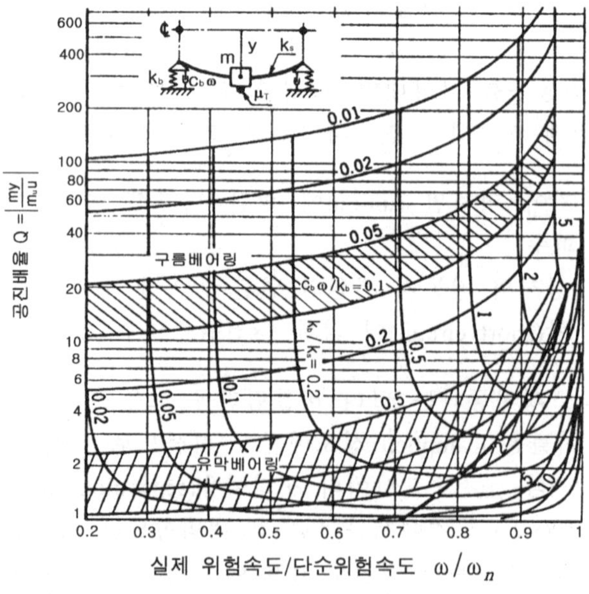

그림 19.22 / 공진 배율(Q 계수)의 평가를 위한 간이선도(Balda)

이 선도로부터 개략적인 베어링 감쇠와 강성계수의 비 $c_b\omega/k_b$를 크게, 베어링과 축의 강성계수 비 k_b/k_s를 작게 하면, Q 계수가 작게되는 것을 알 수 있다. 또한, 어느 k_b/k_s의 값에 대해 Q 계수를 최소로 하기 위한 최적의 $c_b\omega/k_b$의 값이 있음을 알 수 있다. 그러나 실제 기계에서는 저널 베어링의 $c_b\omega$와 k_b는 독립적으로 변하지 않으므로, 베어링의 형식을 여러 종류로 변경한다 하더라도 $c_b\omega/k_b$을 얻을 수 있는 값은 그림 중에 빗금을 친 0.5~2.0의 범위로 한정되어 버리고, 또한 $k_b/k_s \geq 0.5$이다. 이 중에서 Q 계수가 작게되도록 베어링의 형식을 선택하고, 아울러 베어링 운전조건을 설정할 필요가 있다.

불평형 진동의 억제라는 관점에 한정하여 보면, k_b/k_s, $c_b\omega/k_b$의 값의 관점에서 진원베어링이 가장 바람직한 형식이고, 이어서 다원호 베어링, 경사패드 베어링의 순서로 된다. 베어링의 운전상태를 나타내는 Sommerfeld 수 S가 클수록 일반적으로 $c_b\omega/k_b$가 크게되는 것은 바람직하나, 동시에 k_b도 증가하므로 주어진 회전축에 대해서는 k_b/k_s가 크게되는 것이 바람직하지 않다. 따라서 S를 결정할 때는 이를 고려하여 결정할 필요가 있다. 또한 k_b를 줄이기 위해 S를 작게 하면, $c_b\omega/k_b$가 작게될 뿐만 아니라 S가 어느 값 이하로 되면 k_b가 다시 증가하게 되는 특성을 가지고 있으므로 불평형 응답감도를 더욱 악화시켜 버리게 되므로 주의를 요한다. 예로, 회전축의 직경을 가늘게 하여 고유진동수를 낮추어 위험속도와 상용회전속도의 분리여유를 증가시키려 할 경우, k_b/k_s가 크게되어 Q 계수의 증가를 초래한다.

구름요소베어링의 감쇠 및 강성의 비는 그림에서 위 측의 빗금으로 나타낸 범위이고, 베어링 감쇠가 작기 때문에 Q 계수가 미끄럼베어링 지지의 경우에 비해 상당히 크게된다. 이 때 Q 계수를 저하시키기 위해 항공기용 가스터빈, 과급기(turbochager)등에서는 스퀴즈막 감쇠기(sqeeze film damper)가 이용되고 있다. 즉, 위험속도에서 과대한 진동피크를 줄이거나 불안정한 터보기계에서 안정성을 향상시키기 위해 가장 일반적으로 이용되는 방법의 하나가 베어링 지지대(support)에 스퀴즈막 감쇠기를 설치하여 부가적인 외부감쇠를 제공하도록 하는 것이다. 구조는 구름베어링의 외륜(outer race) 또는 저널베어링의 베어링 세그먼트(segment)에 감쇠기의 내측 요소가 설치된다. 감쇠기의 내측 및 외측 요소사이에 유막이 형성된다. 저널베어링과 달리, 내부 요소는 회전을 하지 않고 고정되어 있다. 따라서 저널베어링과 같이 불안정하게 하는 연성강성계수 항을 발생하는 유체의 회전이 발생하지 않는다. 감쇠기의 내부 요소는 베어링과 결합되어 있으므로, 궤도(orbit)운동을 하게 되고, 이에 의해 반경방향의 강성과 감쇠계수를 발생시킨다.

19.4 실제 최적설계 계산 예

이상에서 설명한 회전축계의 진동설계방법과 절차를 정량화하는데는 고려해야할 설계인자가 매우 방대하고, 실제로 많은 경험과 노하우 및 제작사의 설계와 관련된 많은 데이터베이스를 필요로 한다. 이 절에서는 이러한 설계과정에서 고려할 수 있는 몇가지의 중요 설계변수들을 대상으로 최근에 발전하고 있는 최적화 알고리듬을 이용하여 정식화하고 최적설계 계산 결과를 중심으로 설명한다.

19.4.1 목적함수의 정식화

주된 목적은 회전축계의 위험속도와 운전속도 사이의 분리여유(separation margin) 및 운전속도에서의 최대 굽힘응력과 불평형 응답과 같은 동적 구속조건하에서 축의 중량 $W(X)$와 베어링으로의 전달력 $\| F_j^b(X) \|$ 을 최소로 하는 축 요소의 최적 직경과 베어링 강성을 구하는 것이다. 위험속도에 대한 구속조건은 식(19.10)과 같다.

$$
\begin{aligned}
g_1(X) &= \omega_i^c - \Omega_l / a_1 \le 0 \\
g_2(X) &= a_2 \cdot \Omega_h - \omega_{i+1}^c \le 0
\end{aligned}
\tag{19.10}
$$

여기서 Ω_l와 Ω_h는 운전속도의 상한과 하한, ω_i^c와 ω_{i+1}^c는 각각 i와 $i+1$ 번째 위험속도를 나타낸다. 식(19.10)은 i번째 위험속도가 운전속도의 하한인 Ω_l보다는 a_1배 낮게, $i+1$ 번째 위험속도가 운전속도의 상한인 Ω_h보다는 a_2배 높게 위치하도록 하여 회전축계가 보다 넓은 운전영역을 가지게 함을 의미한다. 따라서 a_1과 a_2는 1 이상의 값을 가진다. 식(19.11)은 굽힘응력과 불평형응답의 구속조건으로 최대굽힘응력과 응답이 각각의 허용치 이내가 되어야 함을 나타낸다.

$$
\begin{aligned}
g_3(X) &= |\sigma_{max}| - \sigma^* \le 0 \\
g_4(X) &= |\delta_{max}| - \delta^* \le 0
\end{aligned}
\tag{19.11}
$$

여기서 σ_{max}와 δ_{max}는 정상상태에서의 최대굽힘응력과 최대불평형응답을 나타내고, σ^*와 δ^*는 각각 허용굽힘응력과 허용불평형응답을 나타낸다.

회전하는 탄성축에서 발생하는 굽힘응력 σ는 매우 중요한 설계요소이다. 이 굽힘응력은 축 요소에 작용하는 외력을 알 구할 수 있다. 탄성 복원력에 의해 축 요소에서 발생하는 굽힘응력은 일반적인 보 이론을 이용하면 다음과 같이 정의된다.

$$\sigma = Mr / I \tag{19.12}$$

여기서 σ는 굽힘응력, M은 축 요소에 작용하는 굽힘모멘트, I와 r은 각각 면적관성모멘트 및 중립축과의 거리를 나타낸다.

유한요소모델에서 보 요소의 형상함수를 3차식

$$u(z) = a_0 + a_1 z + a_2 z^2 + a_3 z^3$$

으로 가정하였기 때문에, 굽힘모멘트의 정의에 따라

$$M(z) = -EI\frac{d^2u}{dz^2} = -EI(2a_2 + 6a_3 z)$$

로 되어 축 요소에서의 모멘트 분포 $M(z)$는 선형, 즉 z의 1차식이 되고, 따라서 축 요소의 절점(nodal point)에서 최대굽힘응력 σ_{max}가 발생한다. 절점에서의 굽힘응력은 식(19.12)와 축 요소의 강성행렬 K^e를 이용하여 다음과 같이 구할 수 있다.

$$\begin{aligned} \sigma_l^{(i,m)} &= \left[\sum_{j=1}^{4} K^{e^{(i)}}_{(2,j)} \cdot p_{s(j)}^{(i,m)}\right] r_{0i} / I_i \\ \sigma_r^{(i,m)} &= \left[\sum_{j=1}^{4} K^{e^{(i)}}_{(4,j)} \cdot p_{s(j)}^{(i,m)}\right] r_{0i} / I_i \end{aligned} \tag{19.13}$$

여기서 위 첨자 i와 m은 i번째 축 요소와 회전각속도 Ω_m일 때를 나타내고, Ω_m은 운전영역의 상한과 하한을 나타낸다. $\sigma_l^{(i,m)}$와 $\sigma_r^{(i,m)}$는 축 요소의 왼쪽과 오른쪽 절점에서의 굽힘응력, $p_{s(j)}^{(i,m)}$은 $\Omega = \Omega_m$일 때 정상상태 응답벡터의 $(4i-4+j)$ 번째의 값을 나타낸다. $K^{e^{(i)}}_{(l,j)}$는 i번째 축 요소의 강성행렬 K^e의 l행 j열의 값을 나타낸다.

이 설계 예에서는 위험속도와 베어링으로의 전달력을 결정하는데 큰 영향을 미치는 축 요소의 내경과 베어링의 강성을 설계변수로 하였다. 이상의 내용을 가지고 최적화 문제를 정식화하면 다음과 같다.

Find

$$X = \{r_{Ii}, k_j^b;\ i = 1 \sim N_e,\ j = 1 \sim N_b\} \tag{19.14}$$

to minimize

$$f(X) = W(X)\left(= \sum_{i=1}^{N_e} \rho_i l_i A_i\right) \text{ and } \| F_j^b(X) \| \tag{19.15}$$

subject to

$$
\begin{aligned}
&g_1(X) = \omega_i^c - \Omega_l / a_1 \le 0 \\
&g_2(X) = a_2 \cdot \Omega_h - \omega_{i+1}^c \le 0 \\
&g_3(X) = |\sigma_{max}| - \sigma^* \le 0 \\
&g_4(X) = |\delta_{max}| - \delta^* \le 0 \\
&x_i^l \le x_i \le x_i^u, \quad i = 1 \sim n
\end{aligned} \tag{19.16}
$$

여기서 X: 설계변수, $f(X)$: 목적함수식, $g_i(X)$: 구속조건식, $n(=N_e+N_b)$은 전체 설계변수의 개수, N_e, N_b는 축 요소와 베어링요소의 설계변수의 개수, x_i는 설계변수의 i번째 성분, x_i^l, x_i^u는 설계변수의 하한과 상한을 나타낸다.

19.4.2 실제 모델에의 적용

1) 중공 회전체

설계계산 예로서 항공기용 가스터빈등에 이용되는 3개의 베어링으로 지지된 단일 스풀(single spool) 회전체를 이용하였다. 해석 모델을 그림 19.23에, 그리고 표 19.4와 19.5에 계산에 사용된 회전체의 주요사양을 나타낸다. 축은 12개의 요소로 분할하였고, 외경의 크기는 고정하였다. 그리고 절점(station) 1, 4, 5와 12에 4개의 원판이 부착되고, 이들 원판요소를 표 19.4와 같이 집중질량과 집중관성모멘트로 부가하며, 4번째 원판에 U = 0.00108kg · m의 불평형이 작용하는 것으로 하였다.

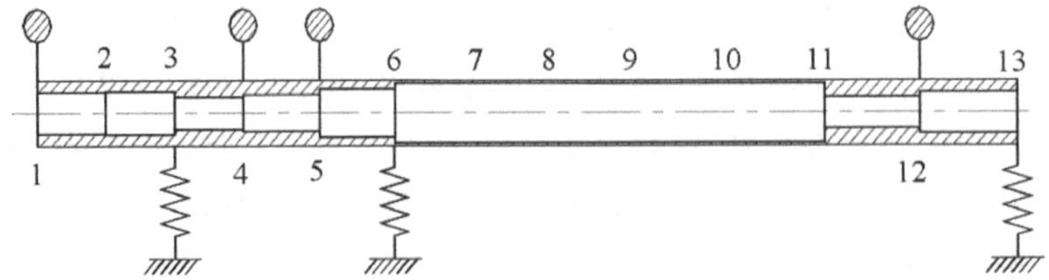

그림 19.23 / 회전체 베어링시스템의 개략도

표 19.4 / 강체 원판 데이터

절점번호	질량(kg)	극관성모멘트(kg·m²)	관성모멘트(kg·m²)
1	11.38	0.1953	0.0982
4	7.88	0.1670	0.0835
5	7.70	0.1761	0.0880
12	21.70	0.4448	0.2224

표 19.5 / 회전체 베어링시스템의 형상 데이터

절점번호	절점 1로부터의 거리(m)	절점번호	절점 1로부터의 거리(m)
1	0.0	8	0.5944
2	0.0429	9	0.7468
3	0.0889	10	0.8992
4	0.1049	11	1.0516
5	0.2017	12	1.2014
6	0.2769	13	1.2794
7	0.4420		
E = 206.9 GN/m², ρ= 8193.0 kg/m³, r_{oi} = 0.0295 m, i = 1~12			

그림 19.23의 축계에 대한 고유진동수 해석으로부터 2차 및 3차 위험속도 ω_{c2}, ω_{c3}가 각각 685.84, 2646.14rad/s로서 운전속도의 하한인 Ω_l = 830rad/s와 2차 위험속도가 17.36%의 불충분한 분리여유를 가지고, 상한인 Ω_h = 1,770rad/s와 3차 위험속도는 49.5%의 너무 많은 분리여유를 가지고 있다.

(1) 구속조건

따라서 위험속도의 구속조건인 식(19.10)에서 상수 a_1과 a_2는 2차 위험속도 ω_{c2}가 운전속도의 하한인 Ω_l보다 적어도 1.2배 낮게, 3차 위험속도 ω_{c3}가 운전속도의 상한인 Ω_h보다 적어도 1.3배 높게 각각 1.2와 1.3을 선택한다. 즉, 분리여유가 부족한 2차 위험속도는 2차 위험속도와 적어도 20% 이상의 충분한 분리여유를 가지고, 너무 많은 분리여유를 가지는 3차 위험속도는 30% 이상의 분리여유만을 만족하도록 보다 낮추도록 한다. 따라서 식(19.10)은 구속조건은 다음과 같이 나타낼 수 있다.

$$g_1(X) = \omega_{c2} - 691.67\ \text{rad/s} \le 0$$
$$g_2(X) = 2301\ \text{rad/s} - \omega_{c3} \le 0 \tag{19.17}$$

그리고 굽힘응력과 불평형응답의 구속조건으로는 식(19.11)에서 σ^*와 δ^*는 각각 150 MPa과 100μm로 선택하였다. 즉,

$$g_3(X) = |\sigma_{max}| - 150\ \text{MPa} \le 0$$
$$g_4(X) = |\delta_{max}| - 100\ \mu\text{m} \le 0 \tag{19.18}$$

(2) 목적함수

본 설계 예에 이용된 설계변수로는 식(19.15)에 정의된 축 요소의 총 중량 $W(X)$와 베어링에 전달되는 전달력 $F_j^b(X)$를 최소로 되도록 하는 것이다.

$$f(X) = W(X)\left(= \sum_{i=1}^{N_e} \rho_i l_i A_i\right) \to \min. \tag{19.19}$$

$$f(X) = \| F_j^b(X) \| \to \min. \tag{19.20}$$

여기에서는 식(19.19)와 (19.20)을 각각 만족하는 단일 최적설계와, 함께 만족하는 다목적 최적설계에 대해 계산결과를 나타낸다.

(3) 설계변수

설계변수로는 축 요소의 내경 r_{Ii}와 베어링 강성 k_j^b를 이용한다.

$$X = \{r_{Ii},\ k_j^b\} \quad (i = 1 \sim N_e,\ j = 1 \sim N_b) \tag{19.21}$$

그리고 설계변수의 영역, 즉 하한과 상한은 다음과 같이 정의한다.

$$0.0142\ \text{m} \le r_{Ii} \le 0.0269\ \text{m}, \quad i = 1 \sim 12 \tag{19.22}$$

$$3.50\ \text{MN/m} \le k_j^b \le 175\ \text{MN/m}, \quad j = 1 \sim 3 \tag{19.23}$$

최적설계 방법으로는 저자 연구실에서 개발된 면역·유전알고리듬(Immune Genetic Algorithm: IGA)을 이용하였다. 먼저 단일 목적함수의 최적화에 적용하였고, 표 19.6과 19.7은 원래설계(original design)와 최적설계된 결과를 비교하여 나타내었다.

표 19.6 / 축 요소의 내경, 베어링 강성

축 요소 번호	원래 설계	최적설계(IGA)	
		중량 W	베어링력 F_3^b
	내경 (cm)		
1	1.882	2.6860	1.5905
2	1.940	2.6805	2.6800
3	1.466	2.6545	2.6820
4	1.660	2.6790	2.6695
5	2.151	2.4710	2.1930
6	2.690	2.6860	2.3721
7	2.690	2.6855	2.6895
8	2.690	2.6895	2.6740
9	2.690	2.6845	2.6335
10	2.690	2.6875	2.0950
11	1.420	2.4955	1.4200
12	1.880	2.6001	2.6900
베어링 번호	베어링 강성 (MN/m)		
1	3.5	3.668	3.668
2	127.0	173.91	153.7
3	12.0	4.338	3.500

표 19.7 / 위험속도, 축 중량, 전달력, 최대진폭 및 굽힘응력

항 목		원래 설계	최적설계	
			중량 W	베어링력 F_3^b
위험속도	ω_2^c (rad/s)	685.84	538.35	549.86
	ω_3^c (rad/s)	2646.14	2309.80	2301.05
축 중량 W (N)		100.371	54.888	96.301
전달력	F_1^b (N)	13.562	9.808	15
	F_2^b (N)	475.599	339.906	543.1
	F_3^b (N)	461.366	183.498	114.71
최대굽힘응력	σ_{max} (MPa)	45.29	22.056	35.75
최대진폭	δ_{max} (μm)	78.9	65.87	68.9

그림 19.24는 최적설계 전과 후의 회전체의 도면을 나타낸다. 단일 최적화의 경우, 축의 전체중량과 베어링 전달력은 초기 설계에 비해 작아짐을 알 수 있지만, 베어링 전달력을 최적화 하였을 때의 축 전체중량이 축 전체중량을 최적화 하였을 때의 중량보다는 더 큼을 알 수 있다. 이는 베어링에서의 동적 응답을 줄이기 위해서는 축에 부가적인 중량이 필요함을 의미한다. 또한 베어링 위치에서의 불평형 응답을 줄이기 위해서는 축의 강성이 강해야 하므로 베어링 전달력을 최적화 하였을 때의 축의 내경이 축 전체 중량을 최적화 하였을 때의 축의 내경보다 작음을 알 수 있고, 위험속도의 구속조건인 식(19.10)을 만족하기 위해서는 각각의 최적화의 경우 베어링의 강성 값은 유사함을 알 수 있다.

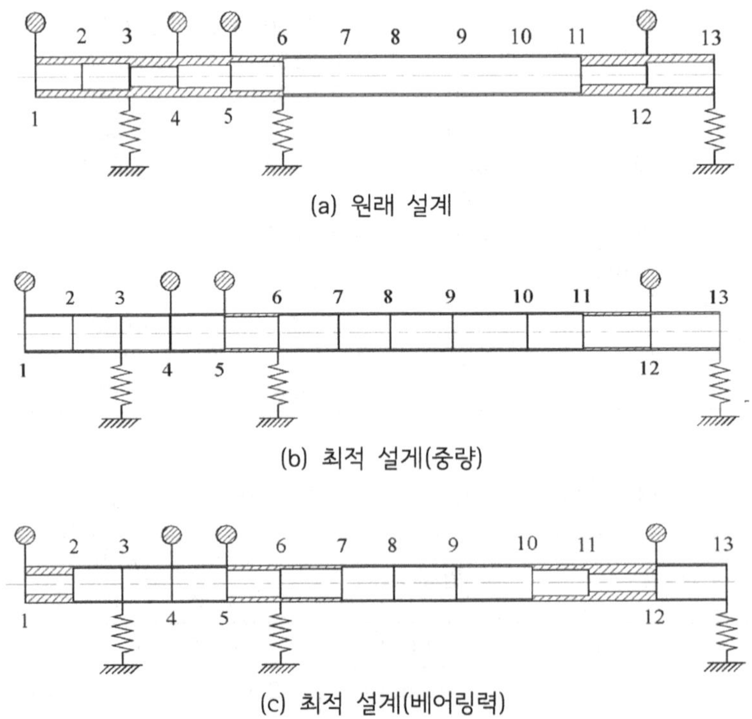

그림 19.24 / 원래 형상 및 최적형상

다음으로 회전축의 전체 중량 W와 3번 베어링에의 전달력 F_3^b를 동시에 최적화하는 다목적 최적설계를 적용하고, 동일한 축계에 대하여 가중치법(weighting method, 이하 WM)을 이용하여 최적화한 Shiau와 Chang의 결과와 비교하였다. 표 19.8과 19.9에 원래(초기)의 설계와 최적설계의 결과를 비교하여 나타내었다.

그림 19.25는 최적화 전과 후의 회전축의 도면을 나타낸다. IGA를 이용하여 최적화한 결과가 WM을 이용한 Shiau와 Chang의 결과보다 좋음을 알 수 있고, 이는 다양한 개체와 적응도가 뛰어난 유효한 개체를 많이 생산하는 장점을 가진 IGA가 다목적 최적화에서 다른 최적화법에 비해 더 정확한 해를 찾음을 알 수 있다.

표 19.8 / 축 요소의 내경과 베어링 강성

축 요소 번호	원래 설계	최적 설계	
		WM	IGA
	내경 (cm)		
1	1.882	2.296	2.6890
2	1.940	2.369	2.6895
3	1.466	2.690	2.6770
4	1.660	2.618	2.6900
5	2.151	2.690	2.5745
6	2.690	2.690	2.6900
7	2.690	2.690	2.6900
8	2.690	2.690	2.6900
9	2.690	2.690	2.6900
10	2.690	2.690	2.6900
11	1.420	2.441	2.2165
12	1.880	2.287	2.6900
베어링 번호	베어링 강성 (MN/m)		
1	3.5	3.5	3.5
2	127.0	128.0	174.8
3	12.0	3.5	3.5

표 19.9 / 위험속도, 축 중량, 전달력, 최대진폭 및 굽힘응력

항 목		원래 설계	최적 설계	
			WM	IGA
위험속도	ω_2^c (rad/s)	685.84	514.44	519.22
	ω_3^c (rad/s)	2646.14	2365.15	2366.27
축 중량 W (N)		100.371	61.076	57.339
전달력	F_1^b (N)	13.562	9.303	8.860
	F_2^b (N)	475.599	338.591	327.866
	F_3^b (N)	461.366	146.158	141.018
최대굽힘응력	σ_{max} (MPa)	45.29	22.688	23.54
최대진폭	δ_{max} (μm)	78.9	65.3	64.9

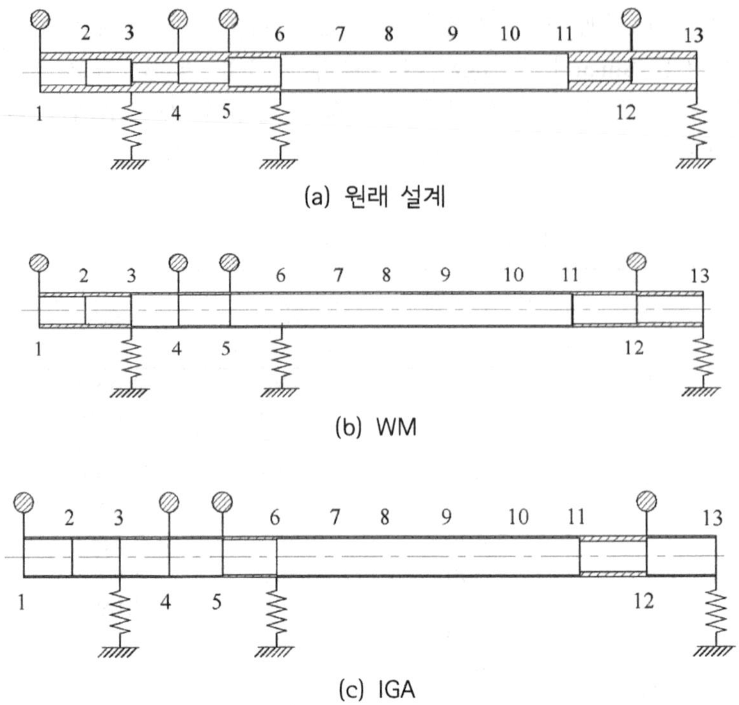

그림 19.25 / 원래 형상 및 최적 형상

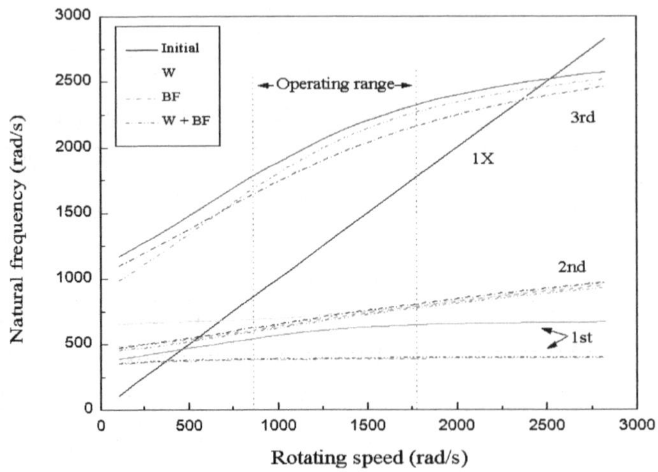

그림 19.26 / Campbell 선도(W: 중량, BF: 베어링력, W+BF: 중량 및 베어링력)

그림 19.26~19.28은 단일목적함수와 다목적함수의 최적화 전과 후의 캠벨(Campbell) 선도, 불평형응답과 모드형상을 나타낸다. 최적화된 회전체의 2차 위험속도가 충분한 분리여유를 얻기 위해 낮아졌고, 운전영역에서의 불평형응답도 감소함을 그림 19.26과 19.27에서 알 수 있다. 모드형상을 비교한 그림 19.28에서 3번 베어링의 전달력을 줄이기 위해서는 베어링에서의 응답이 감소해야 하기 때문에 2차 모드가 많이 변화하고 있다.

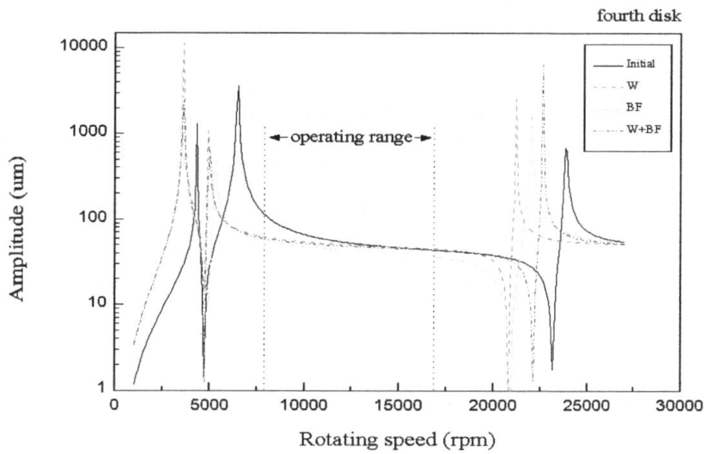

그림 19.27 / 불평형 응답의 비교

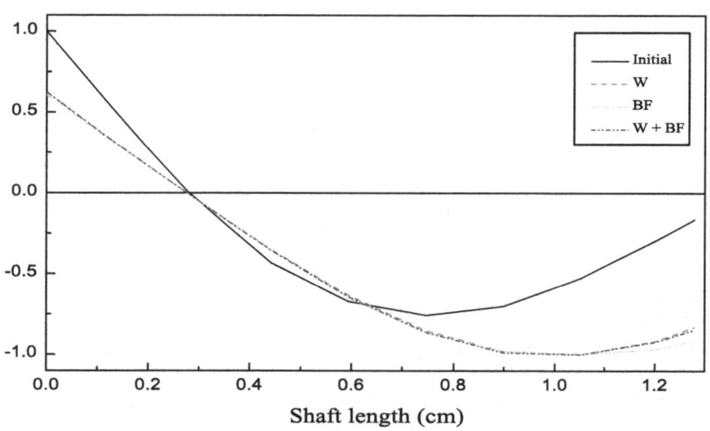

(a) 1차 모드

그림 19.28 / 모드형상의 비교(계속)

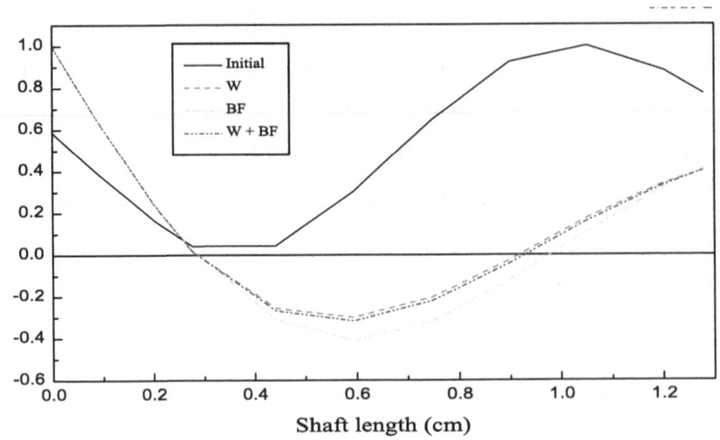

(b) 2차 모드

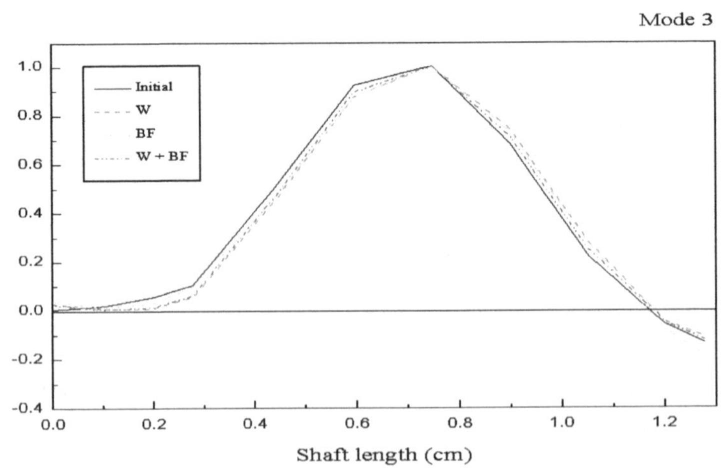

(c) 3차 모드

그림 19.28 / 모드형상의 비교

2) 대형 유도전동기

그림 19.29는 설계 대상인 일반 산업용 구동기로 사용되는 대형 유도전동기의 개략도를 나타내고, 표 19.10은 주요 사양을 보인다. 이 전동기는 저널베어링(2 lobe 베어링)으로 지지되는 전형적인 대형 전동기로서, 일반적으로 전동기 회전자의 코어(core) 중량으로 인해 회전체의 중량 밀도가 매우 크고 이에 따라 고유진동수가 비교적 낮은 특성을 가지고 있다. 따라서 이런 유형의 전동기는 구름베어링으로 지지되는 중·소형 전동기

와는 달리 탄성회전체로 고려되고, 정격운전속도가 1차 고유진동수 이상이 되어 설계시에 공진회피 및 기동·정지 시의 위험속도 통과문제를 상세히 검토하여야 한다.

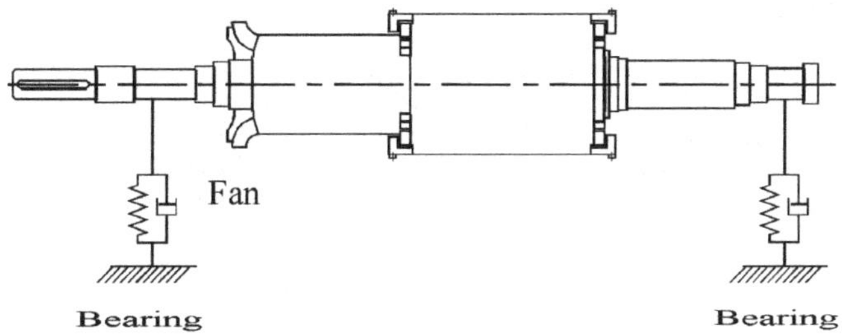

그림 19.29 / 유도전동기 모델의 개략도

표 19.10 / 대형 유도전동기의 사양

전동기	2 Pole, 50 Hz, 2200 kW, 3,000 rpm
회전자 중량	13.105 kN
코어 중량 및 극관성모멘트	7.67 kN, 276.5 N·m^2
휀 중량 및 극관성모멘트	0.177 kN, 7.85 N·m^2
축	L = 2.847 m, W = 5.207 kN, E = 206 GN/m^2, G = 83.06 GN/m^2, g = 77 MN/m^3
베어링	2 Lobe bearing (예압계수 m_p= 0.5) C = 0.1 mm, L = 150 mm, D = 125 mm

이 전동기의 정격 운전속도는 3,000rpm이고, 제 3편에서 설명한 유한요소법에 의해 고유진동수를 계산하여 Campbell선도로 나타내면 그림 19.30과 같이 1차 전향고유진동수 2,400cpm과 2차 전향고유진동수 11,028cpm 사이에서 운전되고 있다. 따라서 1차 고유진동수, 즉 1차 위험속도와 정격 운전속도의 근접도가 20%(600/3,000 = 0.2)로서 일반적인 설계여유 30% 이내로 되고 있다. 반면, 2차 위험속도는 운전속도와 충분한 분리여를 가지고 있다.

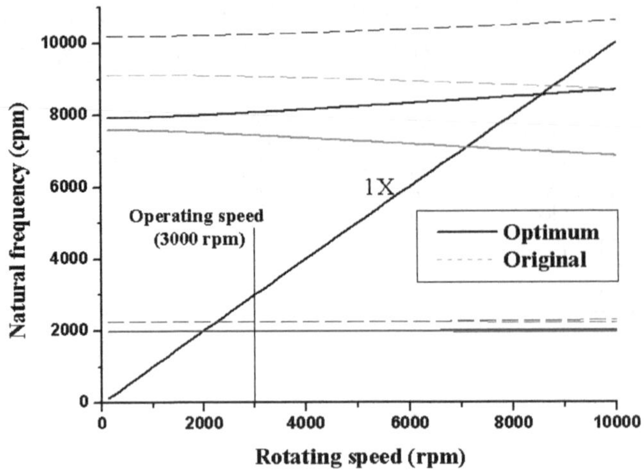

그림 19.30 / Campbell 선도

(1) 목적함수

이 설계의 목적함수로는 축의 총 중량 W, 1차 모드의 고유진동수 ω_{c1} 및 공진 배율(Q factor) Q_1를 최소로 한다. 이는 다음 사항을 만족하도록 설계하는 것이다.

1) 1차 고유진동수가 가능한 운전속도와 멀리 떨어지도록 하여 충분한 분리여유를 가지게 한다.
2) 기동, 정지 시에 1차 위험속도를 통과하여야 하고, 특히 1차 위험속도 통과시의 공진 배율이 최소가 되도록 한다.
3) 이와 함께 축의 중량을 최소화하여 필요 구동동력이 가능한 작게되도록 한다

이를 목적함수로 나타내면, 다음 식과 같다.

$$F(X) = \alpha \frac{W(X)}{W_0} + \beta \frac{\omega_{1F}(X)}{\omega_0} + \gamma \frac{Q_1(X)}{Q_0} \quad => \quad \text{min.} \tag{19.24}$$

여기서 W_0(= 1kN), ω_0(= 100rad/s), Q_0(= 10)는 기준값(reference value)으로, 목적함수의 각 항은 이 기준값으로 나누어 모든 항의 값이 같은 범위를 갖도록 무차원화 한다. α, β, γ는 가중치(weighting factor)로서, 목적함수의 3개 항의 중요도가 모두 같은 것으로 하여 1로 설정하였다.

(2) 구속조건

정상상태에서의 최대 굽힘응력 σ_{max} 가 허용응력 σ_a(= 100MPa) 이하이고, 불평형응답의 최대진폭 δ_{max} 이 허용진폭 δ_a(= 60μm) 보다 작아야 한다. 즉,

$$g_1(X) = |\delta_{max}| - 100\,\text{MPa} \le 0,$$
$$g_2(X) = |\sigma_{max}| - 60\,\mu\text{m} \le 0 \qquad (19.25)$$

(3) 설계변수

설계변수로는 축 요소의 외경 d_i, 베어링 길이 b_l 및 틈새 b_c이다.

$$X = \{d_i \ b_l \ b_c\}^T \quad (i = 1 \sim 15) \qquad (19.26)$$

설계변수에 대한 상한 및 하한 영역의 구속조건으로

$$12.5\,\text{mm} \le d_i \le 20.5\,\text{mm},\ i = 1 \sim 15$$
$$d_4 < d_5 < d_6 < d_7 < d_{10} < d_9 < d_8,\quad d_4 = d_{13},\ d_5 = d_{12},\ d_7 = d_{11}$$
$$d_1,\ d_2,\ d_3,\ d_{14},\ d_{15}\ :\ \text{일정} \qquad (19.27)$$
$$100\,\text{mm} \le b_l \le 200\,\text{mm},\ 0.05\,\text{mm} \le b_c \le 1.5\,\text{mm}$$

을 이용하였다.

표 19.11 / 축 요소 직경의 최적설계 결과

요소 번호	축 길이 l_i(m)	축 직경 d_i(m)	
		원래 설계	최적 설계
1	0.250	0.1290	0.1290
2	0.117	0.1500	0.1500
3	0.162	0.1250	0.1250
4	0.057	**0.1500**	**0.1347**
5	0.051	**0.1650**	**0.1349**
6	0.083	**0.1750**	**0.1401**
7	0.457	**0.1929**	**0.1594**
8	0.063	**0.2050**	**0.1922**
9	0.750	**0.1950**	**0.1887**
10	0.063	**0.1949**	**0.1763**
11	0.46	**0.1929**	**0.1594**
12	0.051	**0.1650**	**0.1349**
13	0.055	**0.1500**	**0.1347**
14	0.166	0.1250	0.1250
15	0.062	0.1500	0.1500

(4) 설계 결과

표 19.11은 축 중량, 1차 고유진동수 및 공진배율을 최소로 하는 최적설계 결과와 원래 설계에 대한 축 요소의 직경을, 표 19.12는 베어링의 길이 및 틈새 값을 나타내고 있다. 그리고 그림 19.31은 원래 설계와 최적 설계된 축의 형상을 나타낸다.

표 19.12 / 베어링요소의 최적설계 결과

항 목	원래 설계	최적 설계
베어링 길이 b_l(mm)	150	107.4
베어링 틈새 b_c(mm)	0.10	0.1353

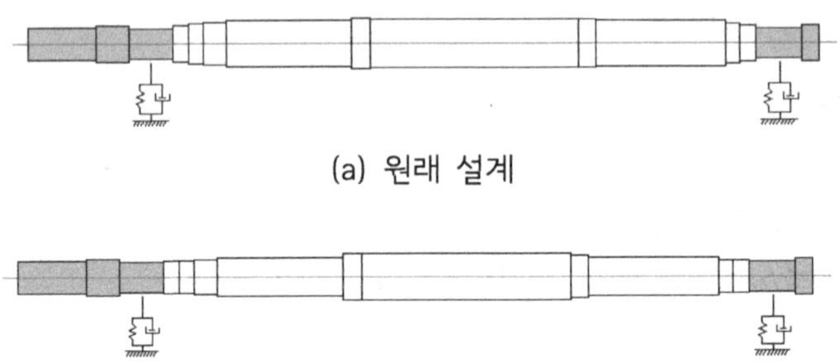

(a) 원래 설계

(b) 최적 설계

그림 19.31 / 최적설계 전후의 축 형상

표 19.13은 목적함수의 각 항에 대한 최적설계 전과 후의 결과를 비교한 것이다. 허용 굽힘응력 등의 구속조건을 만족하면서 목적한 대로 총 중량은 약 17.65% 감소하였고, 고유진동수는 약 15.5% 감소하여 정격운전속도와의 분리여유가 32.37%로 30% 이상을 만족하고 있으며, 공진 배율은 약 67.4%로 크게 감소하고 있다. 그림 19.32는 최적설계 전후의 불평형 응답선도를 나타내고 있다. 고유진동수를 낮은 측으로 이동시킴으로서 공진 영역에서의 휘돌림 진폭을 크게 낮출 수가 있음을 알 수 있다.

표 19.13 / 최적 설계 전후의 목적함수의 비교

목적함수	원래 설계	최적 설계
총 중량 W(kN)	5.27	4.34
1차 고유진동수 ω_{1F}(cpm)	2400.1	2028.8
Q 계수, Q_1	76.49	24.94

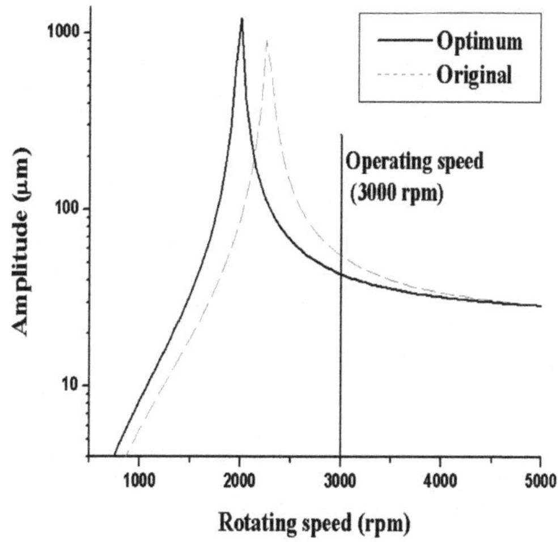

그림 19.32 / 불평형 응답의 비교

20

진동 방지 대책

회전기계를 운전하는 경우, 진폭이 크던 작던 필히 진동은 발생한다. 따라서 회전기계의 설계에 있어서는 허용치를 벗어나는 과대한 진동을 일으키지 않도록 하는 것을 목적으로 진동설계가 이루어진다. 그러나 충분히 고려하여 설계를 한 기계에서도 진동 트러블을 일으키는 것을 각종 트러블 사례를 통하여 확인할 수 있다. 특히 트러블의 대책은 설계단계에서의 검토와는 달리 이미 제작되어 설치된 상태에서 발생하는 문제이기 때문에 대책을 위한 개선책에는 제약조건이 많고, 또한 많은 비용과 시간을 필요로 한다. 따라서 진동과 관련된 트러블의 대책기술은 설계기술자 및 정비기술자(maintenance engineer)가 담당하는 진동문제 중에서 가장 중요하며, 또한 어려운 기술이라 할 수 있다. 따라서 진동 트러블이 발생하였을 때는 진동측정과 분석을 통하여 그 원인을 파악하고, 필요한 대책을 수립하여야 한다. 때로는 진동측정뿐만 아니라 진동해석을 통하여 설계상의 문제점을 파악하고 향후 유사 기계의 설계 시에 이를 반영하도록 하여야 한다. 진동방지 대책을 위해 검토하여야 할 사항들로는 개략적으로 다음과 같은 것이 있다.

- 어떠한 진동이 어디에서 발생하는가?
- 어떠한 조건(운전, 설치 조건 등)에서 진동이 발생하는가?
- 왜 진동이 발생하는가?
- 가진력(exciting forces)은 무엇인가?
- 왜 진동을 회피해야하는가?
- 진동을 어떻게 방지할 것인가? (설계, 제작, 조립, 보수 및 관리상)
- 진동 발생을 어떻게 감시할 것인가? (진동상태감시)
- 발생한 진동의 종류와 원인을 어떻게 진단할 것인가? (진동진단)
- 진동의 허용한계는 얼마인가? (진동규격 검토)
- 진동이 발생하면 어떻게 이것을 방지할 것인가? (방진대책 및 조치)
- 진동을 어떻게 해석할까? (모델링, 계산방법, 선형, 비선형, 가진력 특성, 질량, 강성 및 감쇠계수, 경계조건 등)
- 진동의 계측 및 실험을 어떻게 할까? (진동측정 및 분석)

20.1 진동의 분류와 특징

진동트러블의 원인추정(진단)과 대책을 위해서는 기계에서 발생하는 진동신호의 측정과 분석을 통하여 진동현상(증상)을 파악하고 그 특징을 규명하여 원인과 증상 사이의 체계적인 인과관계를 검토할 필요가 있다. 진동현상으로는 대략적으로 강제진동, 과도진동 및 불안정진동(자려진동)으로 분류된다. 표 20.1은 강제진동과 자려진동의 진동현상을 비교하여 나타낸 것이다.

20.1.1 강제진동

회전기계에 강제적으로 시간과 함께 변동하는 힘(가진력 또는 여진력)이 작용하면, 이에 의해 진동이 발생한다. 이 힘으로는 회전체가 회전함으로 발생, 외부 기계에서 발생 및 지진 등의 자연현상으로 발생한 것 등이 있다. 이 진동의 큰 특징은 **발생진동수가 가진력의 진동수와 일치**한다는 것이다. 이러한 특징은 발생한 진동이 강제진동인가 아닌가, 가진력은 무엇인가를 결정하는데 유용한 판단 수단으로 이용될 수 있다. 일반적으로 강제진동의 진폭이 크게되는 것은 공진(resonance)이 되거나, 가진력이 크고 감쇠가 작을 때이다. 표 20.2에 대표적인 가진력 진동수를 나타내고 있다.

표 20.1 / 강제진동과 자려진동의 특징 비교

내용	강제 진동	자려 진동
진동수	회전주파수, n배나 1/n배 (n:정수)	회전수와 관계없이 거의 일정
진동진폭	어느 정해진 회전수에서 진폭은 피크치를 나타냄. 위험속도나 2n배의 경우가 대부분	어느 회전수에서 진폭이 돌연 증가한 후, 회전수를 증가시켜도 감소하지 않음
감쇠기의 효과	피크치는 작게되지만, 피크치를 발생하는 회전수에는 영향이 없음	진폭이 크게되는 회전수는 높아지나, 크게된 후의 진폭 값은 불변
이상원인	진폭 크기는 이상의 정도가 크면 크게 되고, 작으면 작게 된다.	진폭의 크기는 이상의 정도에 관계없이 결정된다.
발생 주파수	회전주파수 또는 n배, 1/n배 또는 고유진동수	회전체의 고유진동수
방지대책	· 운전속도를 위험속도이외의 회전수로 이동 · 강제 외력의 저감 · 위험속도영역 운전시는 감쇠능력을 증대시켜 진폭을 저감	· 운전속도가 안정영역 내에 있도록 조절 · 불안정요인을 줄임 · 자려진동의 발생회전수를 높이기 위해 감쇠기를 설치
대표 예	불평형진동, 정렬불량진동, 비선형진동(분수조화진동)	Oil whip, oil whirl, friction whip, 부분 유체내장 회전체, hydraulic whip, steam whirl

표 20.2 / 대표적인 가진력 진동수

종류	진동수	특징
회전동기 가진	회전주파수	회전수가 일정하면 진동의 크기, 가진력 및 위상차는 일정. 전형적인 예: 불평형
	회전주파수의 n배	외부에서 전달되는 가진력. 왕복동 엔진 및 압축기, 기어장치 및 유체기계
회전비동기 가진	회전주파수의 1/n배 (분수조화공진)	비선형 스프링 등의 비선형 요소. 가진력 진동수의 1/n 근처에 고유진동수가 있으면 발생
	정수가 아닌 값, R (예, 선회실속 R≒0.4)	이 진동수가 회전체의 고유진동수와 가까우면, 진동이 크게 발생
불규칙 가진	어느 범위의 연속된 가진력 진동수	모든 주파수의 진동을 포함하나, 고유진동수마다 공진배율이 다르므로 고유진동수 성분만이 탁월한 진동. 전형적인 예: 지진

20.1.2 과도진동

가진력이 충격적으로 작용하는 경우, 충격력에 의해 진동을 일으키고, 이후는 자유진동이 지속된다. 따라서 **과도진동은 고유진동수 성분이 탁월**하게 된다.

20.1.3 불안정(자려)진동

명확한 가진력이 나타나지 않음에도 이상진동이 발생할 때, 이러한 진동현상을 총칭하여 불안정진동(unstable vibration)이라 한다. 이는 진동계가 어떠한 힘을 받아 발생한 진동을 증폭하는 상태로 되기 때문이다. 그 대표적인 현상이 자려진동(self-excited vibration)으로, 회전기계에는 베어링 유막, 비접촉 실(seal), 래버린스 실, 임펠러 등에서 발생하는 유체 반력의 연성항(cross-coupled term)이 회전체에 작용하여 회전체의 휘돌림 진동을 성장시킨다. 이 진동은 회전체의 회전수가 변하여도 진동이 현저한 동안은 동기화(synchronization 또는 lock-in)되어 휘돌림 진동수가 변하지 않고 **고유진동수로** 진동하는 특징이 있다.

20.2 진동 트러블의 진단 순서

기계설비에서 발생한 진동의 실측 데이터나 해석결과를 비교・검토하고, 원인을 추정하여 그 원인을 확정하는 작업을 진동진단(vibration diagnostics)이라 한다. 기계설비에 이상, 즉 트러블이 발생하였을 때, 어떤 순서에 따라 진단을 수행하는가는 이상원인을 신속히 판단하는데 매우 중요하다. 이는 특히 이상의 관찰 및 진동측정에 시간이 필요하게 되므로, 특히 측정 전의 사전조사가 중요하다. 또한 실제 진동을 측정할 때에도 최소한의 측정 결과를 이용하여 문제를 파악해야 되고, 운전조건의 변경 등으로 이상진동이 발생하는 경우에는 특히 짧은 시간 내에 측정이 필요하므로 측정점의 선택 역시 매우 어렵고, 중요한 사항이다. 따라서 진단의 성패는 측정점의 선택과 어떤 조건에서 수행하는가의 조합에 의해 결정된다. 이하에 이상진동의 진단순서를 단계별로 설명한다.

단계 1: 사전조사

1) 진단담당기술자는 설계, 운전 및 정비담당자 등으로부터 가능한 면밀히 정보를 입수한다.

2) 무엇이 원인인가를 상정한다. 진단전문가는 이 간접 진단단계에서 거의 개략적인 원인을 파악할 수 있다.
3) 이에 관련된 자료를 수집한다.
4) 그 결과에 따라, 현장조사에서 다음과 같은 필요한 중요한 점들을 결정한다.
 (1) 발생시작시간: 제작 또는 운전시작 후, 어느 정도(년수) 경과한 후, 개조공사 후, Overhaul 후 등
 (2) 발생조건:
  ① 생산량, 출력, 회전수를 변화했을 때(특히 증가하였을 때) 발생
  ② 제품을 변경하였을 때 발생
  ③ 계절, 기후, 외부환경이 변화하면 발생
  ④ 1일 중 어느 특정 시간에 발생
  ⑤ 통상 운전 시에 항상 발생
 (3) 발생형태: ① 발생하면 멈추지 않는다. ② 발생하거나, 하지 않거나 한다.
 (4) 발생범위: ① 공장 전체 또는 설비전체, ② 특정부위 및 특정 범위
 (5) 기타 증상(소음 발생 등)

단계 2: 현장조사

1) 사전조사 단계의 정보를 기초로 바로 진동을 측정할 수도 있지만, 측정전의 진동이나, 소음의 발생 상황을 현장에서 개괄적으로 판단하는 것이 중요하다.
2) 이 시점에서 어느 곳을 어떠한 조건으로 측정할 것인가를 결정한다.
3) 이 조건의 설정은 매우 중요하며, 가장 양호한 데이터를 얻도록 한다
4) 당연히 설비 운전자를 비롯하여, 서로 관계하는 사람들의 협력이 필요하다.

단계 3: 측정 실시

1) 측정은 기계의 사양이나 운전상태 등 여러 종류에 걸쳐서 수행한다.
2) 측정점은 규격 등을 참조하여 미리 결정하지만, 측정 중에 추가 또는 생략하거나 동시 측정하여 비교하기 쉽게 하는 등 현장에서 측정하면서 어느 정도 유연성을 가지고 대처한다.
3) 나중에 데이터가 부족하면 곤란함으로 허용시간 내에 가능한 많이 취득한다.
4) 문제가 단순한 경우는 간이진동계나 FFT분석기로 충분하나, 운전조건을 변경하면서 측정할 때는 Data Recorder를 이용하여 저장하고, 후에 분석한다.

단계 4: 분석 및 판별

1) 회전기계는 베어링의 수직(V), 수평(H) 및 축(A)방향이나 기초에서, 배관계는 측정점마다 동서남북, 상하방향에 대해 측정점의 순서로 진동레벨을 기록하고, 어느 점과 어느 방향이 문제를 일으키는 가를 파악한다.

표 20.3 / 진동 진단의 단계

단 계	내 용
1. 가진력 종류와 진동수의 확인	· 기계 종류, 설치조건, 운전조건 등에 따라 각각의 가진력 작용 · 기계의 사양을 검토하고, 그 진동수를 파악 · 가진력 크기의 파악은 매우 어려우나, 진동수의 확인은 용이
2. 발생진동의 시간응답파형 관찰	· 원 시간파형(raw time signal)은 모든 현상의 원점 · 항상 회전펄스(기준신호)와 동시 계측 및 기록이 필요 · 파형의 관찰에 의해 상당한 정보의 취득 가능
3. 발생 진동수 조사	· FFT분석기를 이용하여 진동수와 성분조사(스펙트럼 조사) 스펙트럼의 진폭, 수(단일, 복수 주파수), 회전수와 동기 및 비동기, 고차조화성분 및 분수조화성분 등 · 발생진동수가 가진진동수의 어느 것과 같으면, 강제진동으로 진동원인의 동정 가능
4. 회전체의 위험속도, 각 부분의 고유진동수 조사	· 강제진동: 공진 여부 · 자려진동: 발생진동수가 고유진동수인지 확인을 위해 필요 · 운전중의 정보를 확인하는 방법 1) 회전수를 변경하여 진폭변화를 관찰 2) 회전수변경이 불가능한 경우, 기동 및 정지중의 정보로 확인 회전수의 변화가 빠르면 공진진폭이 충분히 성장하지 않고 피크 위치도 회전수 변화방향으로 이동 3) 타격시험으로 자유진동의 파형, 주파수를 분석 4) 상시 미동 계측(건축물, 대형기계 등). 단, 이 경우 일정주파수의 가진원에 의한 진동피크와 고유진동수의 구별이 필요
5. 발생진동 모드, 위상 조사	· 어느 부분의 진동이 탁월한지, 진동모드는 어떠한지를 조사 · 회전펄스와 함께 2개소 이상의 진동을 동시 기록하고, 그 진폭과 회전펄스의 위상차를 조사 · 가진력과 진동, 기계의 운동과 진동의 관계를 조사 가능
6. 운전조건 등의 변화에 따른 발생 진동의 변화 관찰	· 회전수(정격, 기동정지 시) 이외에 부하, 압력, 유량 등을 변경 · 기동 후의 운전에 따른 온도변화에 주목 · 지지조건의 변경(배관계 등) · 부하분리 구동기 단독운전(solo test) 실시

2) 이때 운전조건의 변화마다 동시에 기록하면, 그 조건 변화가 어느 점에 영향을 미치는가를 파악함으로 한층 진단이 용이하게 된다.
3) 정밀진단시스템에 의해 중요 측정점 혹은 이상부분만에 대해 진동분석을 수행한다.
4) 정상에서 이상으로 이행되어 갈 때의 발생진동수의 변화, 이상을 나타내는 진동수 등의 정보를 파악하고, 이를 기초로 이상진동의 원인을 명확히 한다. 즉, 진동원이 무엇인가. 이에 의해 발생하는 진동이 강제진동인지 또는 공진인지를 판별한다.
5) 원인의 올바른 추론을 위해서는 이론과 경험을 어떻게 적절히 구사하는가가 중요하다. 또한 정상시의 데이터와의 비교도 중요하고, 이를 위해 운전조건마다 진동의 변화를 파악하여 놓는다.
6) 최후로 발생 메커니즘을 이론이나 경험을 기초로 해명한다.
   단, 이 때의 주의사항으로 데이터를 충실히 분석하여야 한다. 좋은 결론을 얻기 위해서는 데이터의 임의 취사선택은 금물이다. 데이터를 순수하게 받아들이고, 어떤 미소한 변화도 놓쳐서는 안 되는 것이 무엇보다도 중요하다.

단계 5: 대책 및 확인

분석 및 판별결과를 기초로 가진원의 진동레벨을 낮추도록 몇 가지 대책방안을 제시한다. 그리고 표 20.4를 참조하여, 대책방안 중에서 기술적이나 경제적인 측면에서 가장 효과적인 방법을 채택한다. 표 20.3은 참고로 진동진단의 단계 및 실시 내용을 요약한 것이다.

1) 강제진동의 경우
   (1) 공진 회피운전: 위험속도를 정격운전속도로부터 가능한 30%정도 분리한다.
   (2) 외부감쇠 증가: 베어링, 실 등의 외부감쇠를 최적화하여 계의 감쇠를 최대화함으로 공진배율을 저감하도록 한다.
   (3) 가진력의 저감: 가) 잔류 불평형에 대한 평형잡기(balancing)를 수행한다.
   나) 유체력 등의 비동기 가진력을 제거 또는 감소시킨다.
2) 자려진동의 경우
   (1) 1차 위험속도를 가능한 높인다.
   (2) 실, 래버린스 실, 임펠러 등에서 발생하는 불안정화력을 최소화(swirl breake 설치 등)한다.
   (3) 베어링을 감쇠가 크고 강성이 작으며, 또한 베어링 하우징의 지지강성 차이가 크게 되도록($k_v > k_h$) 직교 이방성(異方性)을 크게 한다.

대책 후에 다시 한번 측정을 수행하여 충분히 목적을 달성하였는지를 확인한다.

20.3 진동 트러블의 대책

표 20.4와 20.5에 나타낸 진동대책을 위한 기본 지침에서와 같이, 회전기계의 진동을 방지 및 저감하기 위해 일반적으로 채택될 수 있는 방법으로는

1) 위험속도를 잘 변경하여 공진배율을 작게 한다.
2) 가진력을 제거하거나, 가능한 작게 한다.
3) 감쇠를 부가한다.
4) 운전범위를 한정한다.

등이 고려될 수 있고, 트러블 원인과 현실적으로 대책이 가능한 적절한 방법을 기술적, 경제적인 측면과 시간상의 제약을 고려하여 상기방법중에서 적절한 대책방안을 채택한다.

표 20.4 / 강제 진동 트러블 대책을 위한 기본 지침

항목	기본 지침
공진회피 운전	가능한 위험속도를 정격 운전속도영역으로부터 ±30% 정도 떨어지도록 분리여유를 둔다.
외부감쇠의 증가	베어링, 실 등에서 발생하는 외부감쇠를 최적으로 설계하여 계의 감쇠를 최대로 함으로서 공진 배율을 최소화한다.
가진력의 저감	· 잔류불평형에 대한 최적의 평형잡기 수정면을 결정하고, 이를 수행하여 가진력을 제거하거나 저감한다. · 유체력 등의 비동기 가진력이 없도록 설계한다.
진동절연	운전속도 범위에서 기계구조물에 전달되는 진동과 동적 하중을 최소화한다.

표 20.5 / 자려 진동 트러블 대책을 위한 기본 지침

항 목	기본 지침
고유진동수 증가	1차 위험속도를 가능한 높게 한다. 이는 주로 설계단계에서 가능한 방법으로 예로서, · 회전체의 축 직경을 크게 한다. · 베어링 span을 짧게 한다.
불안정화력 저감	· 실, 래버린스 실, 임펠러 등을 설계 시에 가능한 불안정화력이 작게 되도록 형상을 설계한다. · 불안정화력의 저감장치를 설치한다. 예, swirl breaks 설치 등
안정성 향상	베어링을 감쇠가 크고, 강성이 적으며 또한 유막 특성에 이방성이 있도록 선정한다. · 베어링 폭을 작게 한다. · 베어링 틈새를 크게 한다. · 윤활제의 점도를 작게 한다.

회전체의 공진대책의 기본인 「위험속도를 정격운전속도에서 ±30% 정도 벗어나게 한다」는 제 19장에서 설명하였듯이 기본설계단계에서 위험속도를 충분히 검토하고 이를 회피하도록 제작되어야 한다. 이미 제작, 설치된 단계에서 공진문제가 발생하였을 때에는 현실적으로 이를 해결하기가 매우 어려운 경우가 많다. 회전기계의 대표적인 강제력으로는 질량 불평형(unbalance)이 있고, 이는 회전체-베어링계가 선형계이면, 평형잡기(balancing)에 의해 해결할 수 있다. 이외에도 강제진동은 디스크의 경사, 커플링의 상태변화, 열에 의한 변형 등이 있다. 이외에도 압축기, 펌프 등의 유체 회전기계의 작동유체에 의한 강제력이 있다.

20.3.1 방진 대책

회전기계이기 때문에 구조적으로 진동을 완전히 제거하는 것은 불가능하지만, 진동현상을 파악하고 원인의 규명과 이에 대응하는 이하의 대책에 의해 강제진동을 허용치 이하로 작게 하고, 또한 불안정한 자려진동은 그 발생을 방지하는 것이 어느 정도는 가능하다.

진동현상을 파악하기 위한 방법으로는 진동에 대해 제 3, 4편에서 설명한 유한요소법 또는 전달행렬법으로 정식화를 수행하고 각종 파라미터에 대한 진동해석을 수행하는 해석적인 방법과, 실험장치 또는 실제 기계를 이용하여 현상을 재현하고 그 원인을 조사하는 실측 데이터에 의한 방법이 있다. 후자는 소형기계나 새로이 개발되는 신 기

종에는 효과적이지만, 대형기계에는 쉽지 않다. 따라서 진동트러블의 발생은 실제 기계의 진동특성을 파악하는 절호의 기회가 될 수 있다. 전자의 경우는 진동현상을 파악하는 데에 있어서 영향을 미칠 수 있는 많은 파라미터 가운데에서 어느 파라미터를 선택하는가가 경제적인 대책수립에 매우 중요하다. 표 20.6은 회전기계의 진동원인이 될 수 있는 요소를 열거하고, 발생메커니즘을 정리한 것이다. 표에서는 고유진동수, 모드감쇠비 등의 회전축계가 가지는 고유의 성질과, 회전동기 및 비동기가진 등의 가진력의 성질을 제공한다. 또한 기호 ●는 회전체의 진동현상에 미치는 영향이 큰 것을 나타내고, 그 영향이 작은 것을 ○로 나타낸다.

표 20.6 / 진동특성에 영향을 미치는 영향 인자

발생요소	발생메커니즘	고유진동수	안정성		강제진동수		비선형특성
			안정	불안정	회전동기	비동기	
축(shaft)	불평형				●		
	축 굽힘				●		
	비원형 축	○		○		●	○
원판(disc)	기울어짐				●		
	끼워박음		○	○			○
	자이로스코픽 효과	○			○		
커플링(coupling)	편심 정렬불량			○	○	○	○
	편각 정렬불량			○	○	○	
미끄럼 베어링	유막 특성	●	●	●			○
	직교 이방성	○	●				
구름 베어링	전동체의 회전	○			○	○	
스퀴즈 막 댐퍼	감쇠력		●				○
베어링 탄성지지		●					
부쉬(bush) 실	불안정화 유체력			○			
래버린스 실	불안정화 유체력			○			
임펠러, 블레이드	선회실속					○	
	불안정화 유체력			○			
전동기, 발전기	전자기력			○	○	○	○
구동기구	기어요소				○	○	○
	토크 변동				○	○	○
부분내장 유체	불안정화 유체력			●			○
접촉, 열	마찰력, 열팽창			○			○
외부 가진	지진					○	○
	기타 충격력					○	○

회전기계는 회전체, 베어링 및 지지구조물 등의 복잡한 형상으로 이루어져 있고, 진동을 일으키는 가진원도 다양하므로, 그 진동형태는 다양하고, 방진대책도 그리 용이하지 않다. 진동대책으로는 설계초기단계에서 충분히 검토하고, 대책을 강구하는 것이 무엇보다도 효과적이고, 비용도 적게 든다. 그러나, 현재로는 진동을 사전에 모두 정확히 예측하고 설계단계에서 완전히 효과적인 방진조치를 취하고 있다고는 할 수 없고, 제작이 완료되어 현장에 설치된 후에도 진동트러블이 전혀 없도록 하는 것은 현실적으로 불가능하므로, 완성 후의 진동트러블 대책도 중요한 문제이다.

방진대책으로는 일반적으로 표 20.7과 같이

1) 공진을 회피한다.
2) 가진력을 줄인다.
3) 진동응답이 작도록 한다.
4) 특수한 방진장치를 설치한다.

등이 이루어지고, 진동진폭을 제 18장에서 설명한 ISO등의 규격에서 규정하는 허용한도 이내로 억제되도록 하는 것이다.

초기설계단계에서는 종래의 간이계산으로부터 최근은 보다 복잡하고 정도 높은 계산이 컴퓨터의 이용에 의해 일반화되고 진동해석이 정밀하게 되고 있음에도 불구하고, 진동 허용한계와의 관계를 정량적으로 평가할 수 있을 정도로 모두가 명확히 되어 있다고는 말하기 어렵다.

표 20.7 / 진동 방지 대책

항 목	대 책
가진력의 감소	· 평형잡기(balancing) 실시 · 정렬(alignment) 조정
공진 회피 (고유진동수 변경)	· 베어링 강성(stiffness)의 조정 · 축 직경 조정에 의한 강성 변경 · 보강 bracket의 부착 · 버팀대(bracing) 설치 · Detuner 설치
진동에너지 흡수	· 탄성지지(방진고무) · 탄성커플링(flexible coupling) 설치 · 각종 감쇠기(damper) 설치

20.3.2 공진 회피

방진대책의 제 1단계는 회전축계의 고유진동수를 정확히 예측하고, 주된 가진원의 진동수와 비교하여 공진을 회피하도록 고유진동수 또는 가진진동수를 변경하는 것이다. 즉, 강제 진동으로 공진 영역에서 운전되고 있는 경우에는 고유진동수를 가진 주파수로부터 가능한 멀리 떨어지도록 충분한 분리여유(separation margin)를 두면 계의 진동응답을 작게 할 수 있다. 그림 20.1은 정격운전속도 3,000rpm의 유도전동기에 대한 예로서 원래의 설계에서는 계의 고유진동수가 운전속도와 근접하여 공진영역에 있으나, 고유진동수를 낮추어 운전속도와 충분한 분리여유를 둠으로서 운전속도에서의 진동진폭이 허용기준 50.8μm(=2 mils)을 초과하는 67.6μm에서 50.5μm로 낮출 수 있는 것을 보여준다.

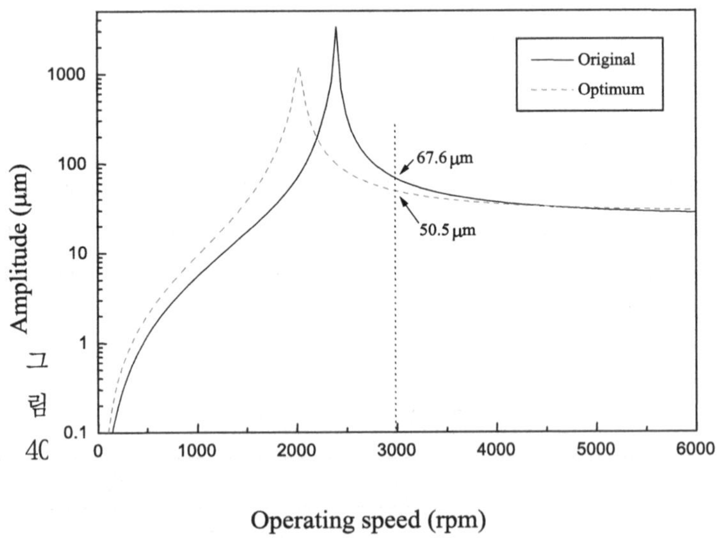

그림 20.1 / 고유진동수의 변경 효과

자려진동도 계의 고유진동수를 높이면, 안정한 방향으로 이동하는 경우가 많다. 고유진동수를 높이는 방법으로서 축의 직경이나 베어링 간격의 변경, 베어링의 교체, 커플링부분의 중량이나 길이의 변경 등이 검토된다. 축이나 베어링의 강성 변경에 따른 고유진동수의 변화율은 고유진동수의 해석 시에 구해 놓은 탄성에너지의 분포를 검토하면 추정이 가능하다. 이하에 이들 단계에 관해 상세히 설명한다.

1) 고유진동수의 계산

회전축계의 고유진동수를 제 2편에서 설명한 각종 간이계산식이나 제 3, 4편의 유한요소법 또는 전달행렬법을 이용한 컴퓨터에 의한 상세 계산방법에 의해 계산하고, 가진력을 검토하여 가진력의 주파수와 고유진동수가 일치하는지의 여부를 판단한다. 간이식은 기본적으로 경험적으로 얻어진 식이거나 간단한 1자유도계로 가정한 것이므로 기본설계단계에서 개략적인 파악에는 유용하지만, 계산정도가 떨어지거나 1차(기본) 고유진동수만을 계산할 수 있다. 컴퓨터에 의한 방법에서는 강성의 분포나 중량분포 등의 상세한 데이터가 필요하고, 설계의 초기단계에서는 이들 데이터가 얻어지지 않는 것이 많은 등 양자 사이에는 장단점이 있다. 그러나 각종 운전조건에 대한 고유진동수를 구하여 운전가능 여부를 검토하거나, 가진원의 위치와 진동모드의 관계로부터 유효가진력을 조사하기 위해서는 일반적으로 간이계산법으로는 불가능하거나 불충분하고, 컴퓨터를 이용한 상세 계산이 설계초기에는 유용하다.

공진이 발생할 수 있는 경우, 공진 회피에는 고유진동수 혹은 가진진동수를 약간 변경하는 것에 의한 효과는 한정된다. 대상이 되는 축계 진동은 굽힘(횡)진동, 축(종)진동 및 비틀림진동이 있지만, 일반 산업용 회전기계에서는 굽힘진동이 주로 문제가 된다. 그러나 기어전동 축계와 같은 경우는 비틀림진동에 대한 검토가 필요하다. 특히 구름요소베어링으로 지지되는 회전기계의 경우, 감쇠도 작으므로 공진점 부근에서 급격히 진동진폭이 크게된다. 따라서 공진의 회피가 특히 중요하고, 회피 효과가 크다. 그러나 저널베어링으로 지지되거나, 펌프와 같이 미소 틈새부분에서의 감쇠가 큰 경우는 일반적으로 공진 곡선은 완만하게 되고 분명한 공진 피크가 보이지 않는 경우도 있다.

종진동의 문제는 현실적으로 대형 수직펌프에 간헐적으로 문제가 발생하나 거의 진동문제는 일어나지 않는다. 비틀림진동에 대해서는 일반적으로는 1절 진동 또는 2절 진동을 고려하면 된다. 현재로는 그 이상의 고차진동에 대해서는 예측정도가 충분치 않고, 현실적으로 문제가 되는 일도 적으므로 실용상 그다지 의미를 가지지 않는다.

2) 가진력의 검토

설계단계에서 검토할 가진력으로는 일반적으로 다음과 같은 가진력을 고려하면 좋다. 그러나 가진력의 크기를 설계단계에서 정량적으로 고려하는 것은 현실적으로 어려움이 많다.

(1) 불평형력
(2) 정렬불량(misalignment)에 의한 힘과 모멘트
(3) 작동유체의 압력변동에 의한 힘
(4) 전동기, 발전기의 전자기력(magnetic pull): 전원주파수×2

이들 가진력은 회전수(rpm)의 정수 배의 진동수가 되므로, 회전체의 회전수가 문제로 되고, 전자기력은 전원주파수(60Hz)에 의해 결정된다. 표 20.8은 가진력과 주요 가진주파수 및 진동 특징을 요약한 것이다.

표 20.8 / 가진력 특성 및 진동 특징

가진력		주요 가진주파수	특 징
불평형력		회전동기, $1f_r$	회전수가 일정하면, 진동크기, 가진력과 진동의 위상차는 일정
정렬불량, 불평형 모멘트		회전동기, $1f_r$, $2f_r$, $4f_r$, $6f_r$	커플링 등의 정렬불량에 의한 강제 구속력과 구속 모멘트에 의한 굽힘진동과 종진동 발생
기어맞물림력		회전동기, $f_m \pm nf_{ri}$ (n: 정수)	기어에서 기어 이의 맞물림 불량에 의해 발생. 기어맞물림주파수로 가진
구름베어링충격력		회전동기, f_b, f_i, f_o, f_c	베어링 결함부위의 반복적인 충격력
비선형 요소력		회전비동기 (1/n×회전주파수), n: 정수	거더, 비선형스프링 등이 있을 때, 가진력진동수의 1/n 부근에 고유진동수가 있으면 분수조화공진 발생
유체력 (hydraulic force)		$1f_r$, $1/2f_r$	펌프 등의 유체기계에서 임펠러가 최소틈새를 통과할 때 발생하는 압력 변동력
		회전동기, Zf_r z: 깃(날개) 수	
토크 변동 (torque pulsation)		회전동기 또는 비동기 변동주파수	토크맥동주파수와 비틀림 공진의 가능성
실속 (stall)	임펠러	약 0.4~0.8× f_r	가진진동수가 회전체의 고유진동수에 가까울 때 진동 과대
	디퓨저	약 0.1× f_r	
전자기력 (magnetic pull)		회전비동기, $2f_l$, $f_r - 2sf_l$	주로 전동기, 발전기에서 발생하는 전자진동
왕복동력		회전동기, nf_r n: 정수(1, 2, 3, …)	왕복 엔진, 압축기 등의 가진력은 기본 성분과 정수배 성분을 가지는 주기 파형이 되어 기본파와 고차 조화파로 발생
지진력		회전비동기 (어느 범위의 연속가진주파수)	진동은 가진주파수 성분을 포함. 고유진동수마다 공진 배율이 다르므로, 발생하는 것은 고유진동수성분 만의 탁월 진동
외부 가진력		일반적으로 회전비동기	주위 기계에서 진동전파에 의한 가진으로 회전체의 고유진동수와 근접할 때, 공진 발생

주) f_r: 회전주파수, f_m: 기어 맞물림주파수($m \times f_r$), m: 기어이 수, f_l : 전원주파수, s: 슬립(slip), f_b : 전동체결함주파수, f_i : 내륜결함주파수, f_o : 외륜결함주파수, f_c : 케이지결함주파수(표 20.10, 20.11 참조)

표 20.9는 두 회전체를 결합하는 커플링의 형식에 따른 진동특성을 요약한 것이다.

표 20.9 / 정렬불량의 진동특성

	Hook's joint	기어 커플링	Elastomer/Metallic 커플링	
정렬불량 형태	편각(angular)	편각(angular)	편각(angular)	편심(parallel)
진동방향	반경, 축	반경, 축	축	반경
발생주파수 성분	$2f_r, 4f_r, 6f_r, ..$	$2f_r, 4f_r, 6f_r, ..,$ f_m	$1f_r, 2f_r, 3f_r, ..$	$2f_r, 4f_r, 6f_r, ..$
위상	180°			
궤도(orbit)	2개 또는 그 이상의 loop			

표 20.10 / 구름베어링의 특성 주파수(외륜 고정의 경우)

베어링 요소	특성 주파수
케이지 주파수(기본열 주파수) FTF	$f_c = \frac{f_r}{120}(1 - \frac{d}{D})\cos\alpha$
내륜주파수(내륜의 볼통과주파수) BPFI	$f_i = \frac{f_r Z}{120}(1 + \frac{d}{D})\cos\alpha$
외륜주파수(외륜의 볼통과주파수) BPFO	$f_o = \frac{f_r Z}{120}(1 - \frac{d}{D})\cos\alpha$
전동체 주파수(전동체 자전주파수) BSF	$f_s = \frac{f_r D}{120d}\{1 - (\frac{d}{D}\cos\alpha)^2\}$

표 20.11 / 구름베어링의 특성 주파수(외륜 회전의 경우)

베어링 요소	특성 주파수
케이지 주파수(기본열 주파수) FTF	$f_c = \frac{f_r}{120}(1 - \frac{d}{D})\cos\alpha + \frac{f_{ro}}{120}(1 + \frac{d}{D})\cos\alpha$
내륜주파수(내륜의 볼통과주파수) BPFI	$f_i = \frac{Z}{120}\{(f_r - f_{ro})(1 + \frac{d}{D})\cos\alpha\}$
외륜주파수(외륜의 볼통과주파수) BPFO	$f_o = \frac{Z}{120}\{(f_r - f_{ro})(1 - \frac{d}{D})\cos\alpha\}$
전동체 주파수(전동체 자전주파수) BSF	$f_s = \frac{D}{120d}(f_r - f_{ro})\{1 - (\frac{d}{D}\cos\alpha)^2\}$

주) f_r: 축 회전주파수(Hz), f_{ro}: 외륜 회전주파수(Hz), D: 전동체 중심에 대한 평균직경, d: 전동체 직경, Z: 전동체 수, α: 접촉각

표 20.12 / 기어결함진동의 시간 및 주파수특성

결함 유형	주파수 영역	시간 영역	비고
편심	측대역파 $f_m \pm nf_{ri}$	축 회전주파수에서 변조	신품에서 이러한 변조가 나타남
정렬불량	f_m 과 조화성분의 증가		
Backlash 마멸	기어맞물림주파수의 고차 조화성분, f_m 과 조화성분 및 RMS값의 증가		소음 낮은 진전 결함
스폴링 (spalling)	$af_m \pm nf_{ri}$	f_{ri}에서 반복적인 충격. 결함초기에는 미소한 충격	진폭변조
크랙	$af_m \pm nf_{ri}$	f_{ri}에서 반복적인 충격. 결함초기에는 미소한 충격	급격한 진전 결함. 위상 및 진폭변조
파단(rupture)	$af_m \pm nf_{ri}$, 광대역 스펙트럼	높은 레벨의 반복적인 충격	

주) a: 정수(1, 2, 3, ⋯)

20.3.3 진동전달률의 감소

방진에는 불평형력과 같이 회전체에서 발생하는 가진력을 저감하는 것이 중요하지만, 회전체로부터 발생하는 가진력은 베어링 및 베어링 지지대(pedestal) 등을 통하여 기초나 다른 기계들에 전달되기 때문에, 이들 가진력의 전달 매체 구조물의 강성에 의해 실제로 다른 기계나 구조물에 전달되는 유효가진력이 변화하는 것에 주의할 필요가 있다. 그림 20.2의 계에서 가진진동수 ω의 강제 외력 F가 고유진동수 p의 진동체를 통하여 기초에 전달될 때, 전달되는 힘, 즉 전달력 F_{tr}은 F에 확대계수(magnification factor) M을 곱한 값으로 된다.

$$F_{tr} = MF$$

여기서 $M = 1/\,|\,1 - \omega^2/p^2\,|$, $p = \sqrt{k/m}$ 이다.

전달력을 작도록 하기 위해서는 진동 전달 매체의 강성 k를 낮추어, ω/p의 값을 가능한 크게 하면($\omega/p > 1$) 좋으나, 일반적으로 구조물의 강성을 낮추어 유연하게 하는 대책은 특별한 경우를 제외하고는 실시하기 어렵기 때문에, 강성을 높여서 ω/p의 값을 작게 하여 M을 1에 접근하도록 고려해야만 한다. 그러나 실제 기계에서는 그림 20.2와 같은 단순 계가 아니고, 더욱 복잡한 회전축계의 진동계를 고려할 필요가 있다.

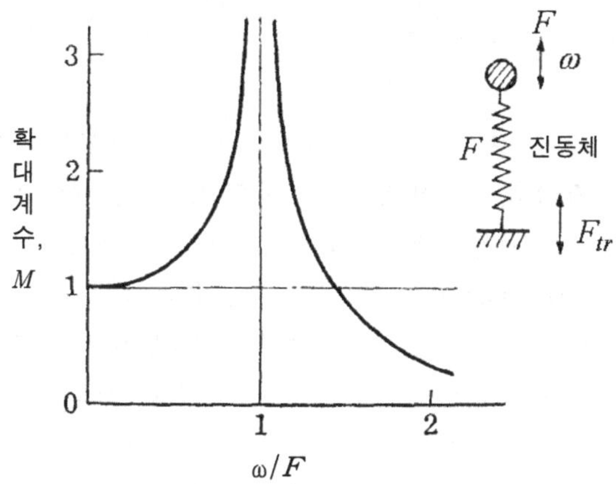

그림 20.2 / 진동 전달률

20.3.4 감쇠 성능의 향상

미끄럼베어링으로 지지되는 회전축계에서는 진동을 억제하기 위해 자려진동에 대한 대책으로 운전영역에서 축계의 감쇠비가 양(+)의 값으로 되도록 하고, 강제진동의 대책으로는 감쇠비가 가능한 크게되도록 최적의 베어링을 선정할 필요가 있다. 여기서 감쇠를 크게 한다고 해도 미끄럼베어링의 특성이 어느 파라미터에 의존하는지를 판단하기가 어렵다. 베어링 형상이나 부하용량, 회전수, 윤활제의 온도 등의 운전조건에 따라 변화하고, 더욱이 강성계수나 감쇠계수도 서로 관련되어 변화한다. 또한 회전축계의 감쇠는 축의 강성과 베어링 강성의 비인 강성비(stiffness ratio)에 좌우되고, 베어링의 강성이나 감쇠가 너무 크게 되면, 단순지지와 같이 되어 회전체만이 진동하고 베어링부분의 진동이 너무 작게되어 베어링 감쇠에 의한 에너지의 소비가 없게되어 계 전체의 감쇠가 오히려 작게되어 버리는 경우도 있다. 특히 디스크와 축의 끼워박음부분, 기어 커플링(gear coupling)이나 스플라인 커플링(spline coupling)부분 등에 존재하는 내부마찰에 기인하는 내부감쇠가 음(-)의 감쇠효과를 가지는 경우가 있으므로, 이러한 경우에는 끼워맞춤(shrinkage fit) 부분의 조정 및 수정, 구조 변경, 바람직한 형식의 채용이나, 베어링과 지지부분의 구조를 개선하여 감쇠를 증가시키는 대책이 필요하다.

굽힘 진동의 경우는 베어링 부분과 실 부분의 감쇠작용이 기대되므로 적절한 베어링이나 실을 선정하면, 공진 영역에서의 진동감소나 불안정 진동의 방지에 효과가 있다. 계에서의 감쇠 성능은 베어링의 감쇠계수를 무조건 크게 한다고 성능이 향상되는 것이 아니고, 모드 감쇠비(modal damping ratio)로 평가할 필요가 있다.

20.4 평형잡기(balancing)

ISO 1925(1990)「평형잡기 용어」에 의하면, 평형잡기(또는 균형잡기)는 「**회전체의 질량분포를 조사하고, 필요하면 이것을 조정하여 저널에 작용하는 회전속도와 동기인 진동이나 힘을 어느 지정 한도 이내로 되도록 하는 작업**」으로 정의하고 있다. 즉, 회전체의 불평형(unbalance)이 작으면 작을수록 외력으로 작용하는 불평형 원심력이 작게되어, 이에 따른 불평형 진동도 작게된다. 따라서, 평형잡기 작업은 이 불평형을 ISO 규격등에서 정의하는 허용잔류불평형 이하로 되도록 평형시험기(또는 평형잡기 기계, balancing machine)를 이용하여 수정하는 작업이다. 불평형의 저감은 분수조화진동(subharmonics vibration)이나 불안정 진동(unstable vibration)의 방지에도 효과가 있는 경우도 있다.

일반적으로 회전기계의 제작 및 조립 시에는 항상 평형잡기 기계를 이용하여 평형잡기를 실시한다. 통상의 시험기는 300～3,000rpm 정도로 운전하므로, 이 운전영역 이상의 위험속도 이상에서 사용되는 기계에 대해서는 저속으로 평형잡기를 해도 운전속도에서는 평형을 잃어버릴 가능성이 있다. 따라서 탄성회전체는 엄밀히는 탄성회전체의 이론에 따라 수정면(correction plane)을 여러 개로 선택하는 다면(multi-plane) 수정을 실시하면 좋으나, 현실적으로는 축, 임펠러, 커플링 등의 구성 요소마다 단독 평형잡기를 실시하고, 이들을 축계에 조립하는 단계에서 다시 전체 축계에 대해 평형잡기를 하는 방법이 채용되고 있다. 평형잡기 방법 및 기준에 대한 ISO 규격으로는 강성회전체에 대한 ISO 1940(1986)과 탄성회전체에 대한 ISO 11342(1998)이 있다.

20.4.1 불평형(unbalance)

회전체의 어느 축 위치에서 무게중심이 편심되어 있을 때, 회전체는 불평형 상태에 있다고 한다. 이러한 회전체는 회전속도가 증가하게 되면, 질량 편심에 의해 회전체에 원심력이 작용하게 된다. 이 원심력은 베어링과 지지부에 전달되어, 구조진동의 원인이 되고, 만일 진동이 충분히 크게되면 기계 또는 근접한 설비의 기능과 수명에 영향을 미치게 된다. 따라서 회전체의 질량 편심이 상대적으로 적은 양이라 하더라도, 이를 바로 잡지 않으면 회전축계에 바람직하지 못하거나 심지어는 위험한 정도의 진동이 발생할 수 있다. 질량 m(kg)인 물체가 반경 r(m)에서 회전각속도 ω(rad/s)로 회전하고 있을 때, 물체에는 질량의 관성력과 크기가 같고 방향이 반대인 원심력(centrifugal force) F를 발생시킨다.

$$F = -ma_r = mr\omega^2 \text{ (N)} \tag{20.1}$$

여기서 a_r은 반경방향의 가속도 성분이다.

ISO의 정의에 의하면, 보상되지 않은 원심력으로 인해 베어링이 진동력 또는 변위를 받게 되면 회전체에는 불평형이 존재한다. 평형잡기에서는 이를 불평형 U라 하고

$$U = m_u r \text{ (g·mm)} \tag{20.2}$$

로 정의한다. 여기서 U는 벡터량인 불평형, m_u는 스칼라량인 불평형 질량(g), r은 벡터량으로 축 중심선으로부터 불평형 질량의 무게중심 거리인 반경(mm)이다. 따라서, 불평형은 벡터량이고, 항상 불평형 질량의 반경 벡터와 같은 방향을 가진다. 일반적으로 불평형은 반경 r이 일정(강성회전체)하다는 가정 하에 회전속도와는 무관하다.

이 불평형에 의해 발생하는 불평형 원심력 F_u는 다음과 같다.

$$F_u = m_u r\omega^2 = U\omega^2 \text{ (N)} \tag{20.3}$$

예제 20.1

불평형의 크기

반경 r = 200mm에 부착된 불평형 질량 m_u = 15g에 의해 발생하는 불평형 U의 크기는?

$$U = m_u r = 200\times15 = 3{,}000 \text{ g·mm}$$

예제 20.2

불평형 원심력에 의한 베어링 전달력의 계산

양단이 단순 지지된 회전축의 중앙에 강체로 가정된 원판이 부착된다. 원판의 무게 4.445kN, 원판의 무게중심이 축 중심으로부터 127μm 만큼 편심져 있다면, 회전속도 1,200rpm에서 각각의 베어링에 전달되는 힘은 얼마인가?

원심력은

$$F_c = (W/g)e\omega^2 = 4445/9.8\times127\times10^{-6}\times(1{,}200/9.55)^2 = 909.5 \text{ N}$$

이므로, 1,200rpm에서 각각의 베어링에 전달된 불평형력은 454.75N이다. 이러한 베어링 진동은 정상운전에서 바람직하지 못하므로, 회전체의 평형잡기가 요구된다. 회전속도가 3,600rpm까지 증가하면, 베어링 1개에 작용하는 힘은 4,093N으로 9배 증가하게 된다.

1) 원판 형상의 회전체의 불평형

가장 단순한 경우는 축에 하나의 원판을 장착한 것이다. 회전체가 진동수 ω로 회전한다면, 그 때 반경 r_i에 대응하는 질점 m_i는 원심력 F_i를 일으킨다.

$$F_i = m_i r_i \omega^2 \tag{20.4}$$

모든 단일 요소에서 발생하는 원심력의 벡터 합은 베어링에 작용하는 원심력의 합과 같다.

$$F = \sum_{i=1}^{n} F_i = \sum_{i=1}^{n} m_i r_i \omega^2 \tag{20.5}$$

이 경우, 다음의 두 가지 가능성이 존재한다.

1) $F = 0$인 경우: 어떠한 원심력도 베어링에 작용하지 않는다. 즉, 회전체는 모든 불평형에 자유롭고, 그러므로 완전하게 평형잡기가 된 회전체를 구성한다.
2) $F \neq 0$인 경우: 회전체는 불평형을 가진다.

어떤 잔류 원심력은 하나의 불평형 U에 의해 생긴 것으로 생각할 수 있을 것이다.

$$F = \sum_{i=1}^{n} m_i r_i \omega^2 = ur\omega^2 = U\omega^2 \tag{20.6}$$

여기서, $U = \sum_{i=1}^{n} m_i r_i = ur$. 따라서, 원판형상을 갖는 강성회전체의 불평형 조건은 하
나의 불평형 벡터로서 완전히 설명될 수 있고, 불평형의 보정은 하나의 평면에서 단지 하나의 수정을 필요로 한다.

2) 일반화된 회전체의 불평형

예를 들어 롤(roll)과 같이 직경에 비해 상당히 긴 길이를 가진 원주형상의 강성회전체는 원판형상의 회전체에서 보다 다른 조건들이 우세할 수도 있다. 그렇지만, 원판형상의 회전체에 대한 기본개념은 아직까지 유용하다. 원주형상의 회전체는 축 중심선과 직각인 많은 얇은 원판요소로 분리될 수 있다고 가정할 수 있고, 각 원판요소에 대한

불평형은 앞의 정의에 의해 결정될 수 있다. 회전체의 전체 불평형은 그 때 많은 각각의 요소에서 단일 불평형에 의해 주어진다. 정역학의 법칙에 의해, 불평형에 의해 발생한 개개의 원심력은 임의로 선택된 두 면 Ⅰ과 Ⅱ(예를 들면, 양단 면)에서 합하여진다. 그리고 이들 면상에서 대응하는 불평형으로 다시 전환된다(그림 20.3). 원주형상의 회전체로 분리된 부분은 양단 면에서 다음과 같이 다시 계산된다. 즉,

$$F_{\mathrm{I}} = \frac{\sum_{i=1}^{n} U_i\, d_i\, \omega^2}{a} = U_{\mathrm{I}}\, \omega^2, \quad F_{\mathrm{II}} = \frac{\sum_{i=1}^{n} U_i\, c_i\, \omega^2}{a} = U_{\mathrm{II}}\, \omega^2 \tag{20.7}$$

여기서 U_{I}과 U_{II}는 수정면 Ⅰ과 Ⅱ의 등가불평형이다.

$$U_{\mathrm{I}} = \frac{\sum_{i=1}^{n} U_i\, d_i}{a}, \quad U_{\mathrm{II}} = \frac{\sum_{i=1}^{n} U_i\, c_i}{a}$$

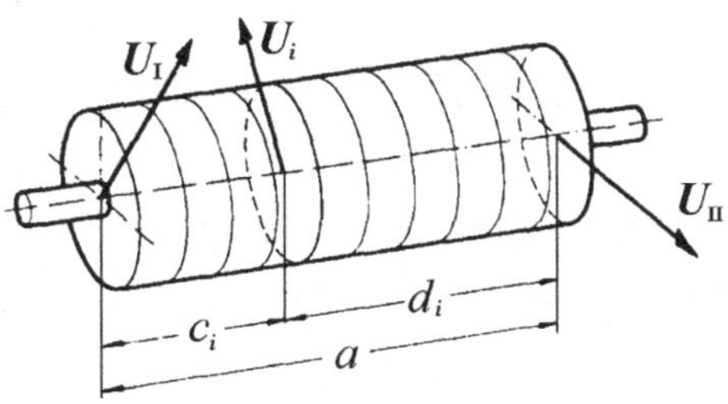

그림 20.3 / 원판요소들의 불평형 U_i

이는 임의 강성회전체에도 동일하게 적용된다. 즉, U_{I}과 U_{II}는 이들이 완전하게 회전체의 불평형 조건을 기술하도록 결합되었기 때문에 상호보완 불평형(complementary unbalance)이라 부른다. 일반적으로, 두 불평형 벡터의 양과 각은 수정면의 위치에 의존된다. 이와 관련하여 한 수정면이 이동되면 두 불평형 벡터가 변화한다는 것이 특히 중요하다. 즉, 어떤 강성회전체의 불평형 조건은 임의로 선정된 두 면에서 2개의 상호보완 불평형에 의해 완전하게 설명될 수 있다. 이러한 회전체의 불평형 수정은 두 면의 각각에 하나의 수정을 필요로 한다.

3) 정적 불평형, U_s

완전히 평형잡기된 회전체의 경우에는 불평형이 그것의 질량중심 S가 위치한 단면에 작용될 때, 그 회전체는 정적 불평형(static unbalance) U_s를 갖는다(그림 20.4).

그림 20.5는 반경 r에 위치한 불평형 질량 m_u때문에, 얼마나 새로운 무게중심 S'가 축 중심선으로부터 편심 e만큼 위치하는가를 보여준다. 이 점에서 회전체를 통한 횡단면(그림 20.5)은 완전히 평형잡기된 회전체의 경우에 중심이 축 중심선에 위치된다는 것을 보여준다. 부가적인 불평형 질량 때문에 무게중심은 축 중심선을 벗어나고, 원심력이 존재하게 된다.

평형 방정식은 다음과 같이 된다.

$$(m + m_u)e = m_u r \text{ 또는 } e = \frac{m_u r}{m + m_u} \fallingdotseq \frac{m_u r}{m}$$

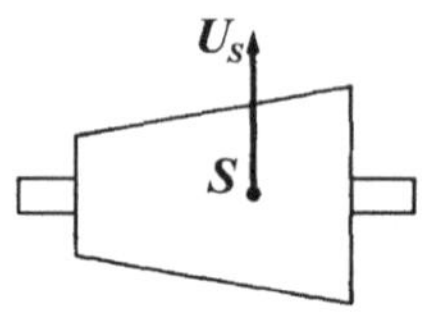

그림 20.4 / 중심 S에 작용하는 불평형 U_s

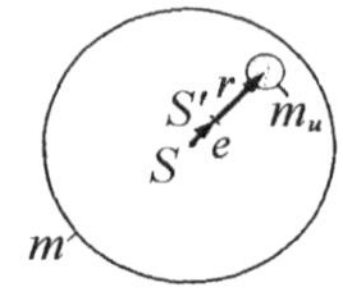

그림 20.5 / 회전체의 횡단면

통상 대부분의 경우, 불평형 질량 m_u는 회전체의 질량 m에 비해 매우 작다 $(m \gg m_u)$. e는 무게중심이 축 중심선으로부터 얼마나 멀리 어떤 방향(각)으로 이동하였는가를 보여준다. 그러므로 e를 질량 편심(mass eccentricity) 또는 무게(질량)중심의 변위라고 부른다. 일반적으로, e는 r보다 매우 작고($e \gg r$), 따라서 가장 적절한 단위는 μm이다. 예를 들면 m_u가 g, m이 kg 그리고 r이 mm로 표현된다면, 그 때 e는 μm로서 얻어질 수 있다. 즉,

$$1 \, \mu m = 1 \, g \cdot mm / kg$$

정적 불평형에 의해 발생되는 원심력은 무게중심이 위치하는 평면에 작용한다. 대칭적인 베어링을 가진 회전체의 경우에 두 베어링에서의 힘의 크기는 같고 같은 방향으로 작용한다. 정적 불평형의 수정을 위해서는 단지 하나의 수정면을 필요하고, 이는 무게중심을 통과하는 수직단면이다. 이 면이 수정면으로 사용될 수 없는 경우에는 수정질량 m_a는 이것이 무게 중심면에서 어떤 하나의 수정질량의 영향과 같게되도록 수정면을 2개로 선택하고, 이 두 수정면 Ⅰ과 Ⅱ에 각각 수정질량 $m_{a\text{I}}$, $m_{a\text{II}}$을 분포시켜야만 한다(그림 20.6). 즉,

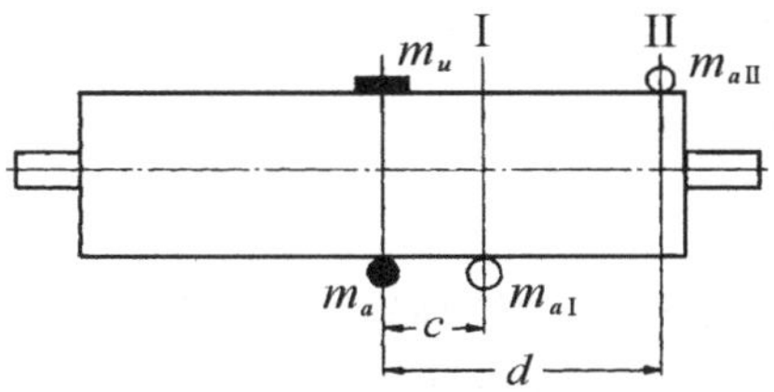

그림 20.6 / 수정질량을 수정면 I, II로 분리

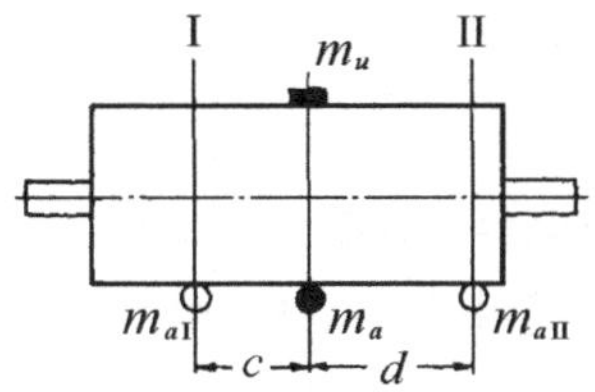

그림 20.7 / 수정질량을 2개 수정면으로 분리

수정면 I과 II가 무게 중심면으로부터 각각 c, d 만큼 떨어져 있다고 하면, 힘과 모멘트의 평형 관계식

$$m_{a\text{I}} + m_{a\text{II}} = m_a\ ,\quad m_{a\text{I}}\,c + m_{a\text{II}}\,d = 0 \tag{20.8}$$

로부터, 수정질량 $m_{a\text{I}}$, $m_{a\text{II}}$은 다음과 같이 구해진다.

$$m_{a\text{I}} = m_a \frac{d}{-c+d},\ m_{a\text{II}} = m_a \frac{-c}{-c+d} \tag{20.9}$$

이 식은 수정면 I과 II를 어떤 위치로 하는 경우에도 유효하다.

예제 20.3

질량중심의 변위

질량 m = 500kg인 회전체가 정적 불평형 U_s = 10,000g·mm를 가진다. 이것의 질량 편심, 즉 무게중심의 변위는 얼마인가?

$$e = \frac{m_u r}{m} = \frac{U_s}{m} = \frac{10,000}{500} = 20\ \mu\text{m}$$

예제 20.4

수정질량의 크기

회전체가 수정질량 m_a = 40g으로 수정되었다. 그림 20.7에 대응하는 무게중심으로부터 수정면 I과 II의 거리는 각각 c = 150mm, d = 250mm이다. 수정면 I과II에서 필요한 수정질량 $m_{a\mathrm{I}}$과 $m_{a\mathrm{II}}$의 크기는 얼마인가?

$$m_{a\mathrm{I}} = m_a \frac{d}{-c+d} = 40 \times \frac{250}{150+250} = 25 \text{ g}$$

$$m_{a\mathrm{II}} = m_a \frac{-c}{-c+d} = 40 \times \frac{150}{150+250} = 15 \text{ g}$$

4) 우력 불평형(couple unbalance), U_c

만일, 완전히 평형을 이룬 회전체에서 2개의 동일한 크기의 불평형이 2개의 다른 반경평면에 서로 정확히 반대방향으로 작용한다면, 2개의 불평형은 우력 불평형을 구성하게 된다. 즉, 우력 불평형은 거리 l만큼 떨어져 있는 크기가 같고 방향이 반대인 2개의 불평형 U와 $-U$에 의해 발생한다. 그림 20.8에서 두 면사이의 거리가 l이고, 두 불평형의 크기가 각각 $U = m_u r$이라면, 우력 불평형의 크기는 다음과 같이 된다.

$$U_c = Ul = m_u r l \ (\text{g} \cdot \text{mm}^2) \tag{20.10}$$

여기서 벡터 곱 $U_c = l \times U$로 쓰여진 벡터 U_c의 방향은 토크(torque) 벡터와 유사하게 두 불평형이 놓여있는 평면과 수직방향이다.

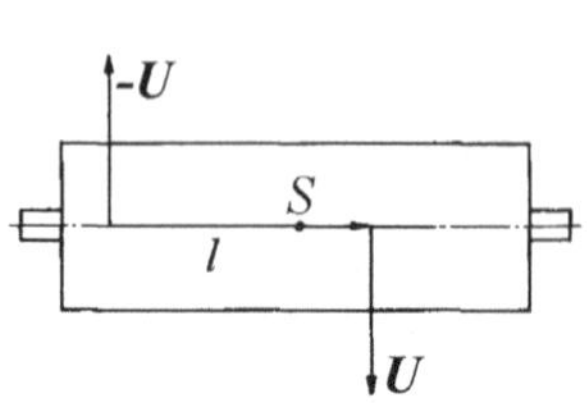

그림 20.8 / 우력 불평형

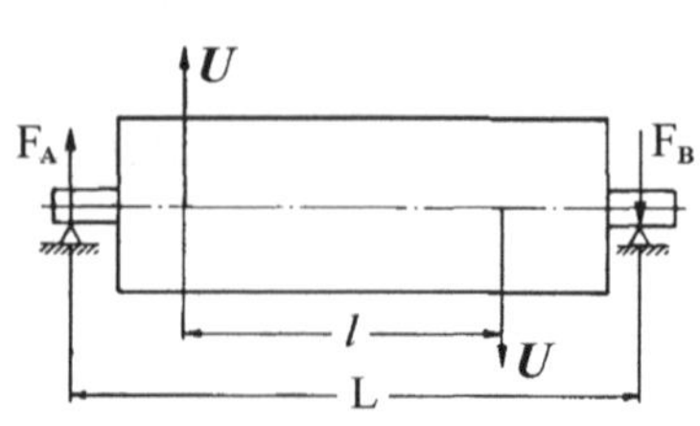

그림 20.9 / 우력 불평형으로 베어링 반력 F_A와 F_B의 발생

우력 불평형에서는 회전체의 무게중심은 축 중심선 위에 남아 있다. 크기가 같은 Ul의 경우에는 불평형이 작용하는 두 평면이 무게중심에 대칭적으로 위치하거나 또는 비대칭적으로 위치하여도 관계가 없다. 그리고 무게중심이 두 불평형 면들 사이에 위치해야만 할 필요는 없다. 우력 불평형은 불평형 모멘트(원심력 모멘트)를 발생시키고, 이것이 두 베어링에 크기가 같고 방향이 반대인 힘을 발생시킨다(그림 20.9). 우력 불평형과 불평형 모멘트 사이의 차이점에 주의해야 한다. 즉, 우력 불평형은 불평형의 특별한 경우이고, 불평형 모멘트는 불평형에 의해 발생하는 원심력 모멘트이다.

예제 20.5

우력 불평형에 의한 베어링 반력 F_A와 F_B의 계산

그림 20.9와 같이 방향이 서로 반대인 2개 불평형의 크기 U = 5,000g·mm, 두 면사이의 거리 l = 600mm, 베어링 사이의 거리 L = 1,000mm이다. 우력 불평형의 크기와 회전속도 n = 1,000rpm일 때, 불평형에 의한 베어링 반력 F_A와 F_B는 얼마인가?

우력 불평형: $U_c = Ul$ = 5,000×600 = 3,000,000 g·mm^2 = 3,000 kg·mm^2

불평형에 의한 원심력: $F_u = U\omega^2$ = 0.005 kg·m×(2×π×1,000/60)^2 = 54.8 N

불평형 모멘트: $M_u = F_u l$ = 54.8 N×0.6 m = 32.9 N·m

따라서, 베어링 반력은

$$F_A = -M_u/L = -32.9/1 = -32.9\ \text{N}\uparrow,\quad F_B = M_u/L = 32.9\ \text{N}\downarrow$$

5) 준정적 불평형(quasi-static unbalance), U_q

만일, 완전히 평형을 이룬 회전체에서 하나의 불평형이 무게중심을 통과하지 않는 한 면에 작용한다면, 이것을 준정적 불평형이라도 한다. 이는 그림 20.10과 같이 동일 축 면에 놓여있는 정적 불평형 U_s와 우력 불평형 U_c의 합성에 해당한다. 불평형 U_q는 무게중심 면에 작용하지 않지만, 해석을 위해 2개의 크기는 같지만 방향이 반대인 벡터가 무게중심에 작용한다고 가정한다. 이 2개의 불평형은 서로 상쇄되고, 원래의 상태에 아무런 변화도 일으키지 않는다. 그러나 이제는 준정적 불평형 U_q와 같은 방향으로 무게 중심면에 작용하는 불평형 벡터가 정적 불평형 U_s라는 것을 쉽게 알 수 있다. 나머지 2개의 불평형은 크기 $U_q l$의 우력 불평형을 형성한다.

만일 그림 20.11의 U_q가 위치한 면과 같이 이러한 수정면이 알맞게 선택된다면, 준정적 불평형은 한 면의 수정에 의해 완전히 보정될 수 있고, 이에 의해 우력 불평형도 또한 수정될 수 있다.

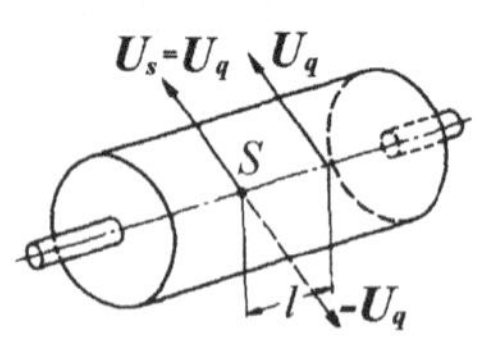

그림 20.10 / 준정적 불평형

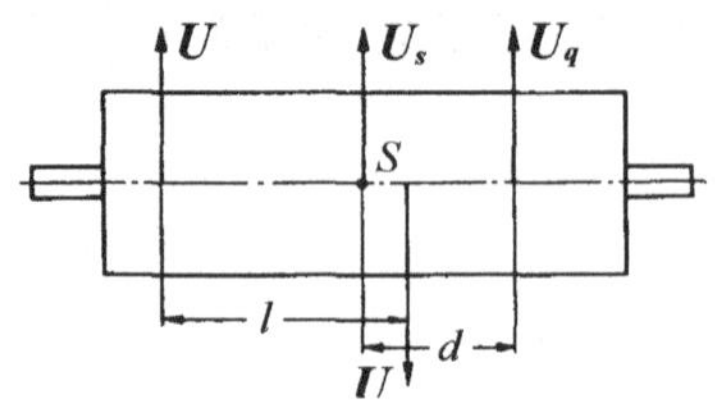

그림 20.11 / 올바른 단일 수정면의 결정

예제 20.6

정적 불평형과 우력 불평형의 크기

준정적 불평형 U_q = 500g·mm가 무게중심 면으로부터 거리 l = 200mm만큼 떨어진 면에 위치한다. 정적 불평형과 우력 불평형의 크기는 얼마인가?

정적 불평형: $U_s = U_q$ = 500 g·mm

우력 불평형: $U_c = U_q l$ = 500×200 = 100,000 g·mm^2

예제 20.7

수정면의 위치 계산

회전체가 정적 불평형 U_s = 500g·mm와 동일한 길이방향의 면에 우력 불평형 $U_c = U_q l$ = 100,000 g·mm^{2}을 가진다. 두 불평형이 하나로 수정될 수 있는 수정면 위치 d의 크기는?

정적 불평형은 $U_s = U_q$ = 500g·mm이고, $-U_q d = U_c$로부터 수정면의 위치 d는

$$d = -U_c / U_q = -100{,}000/500 = -200\ \text{mm}$$

여기서 $-U_q d$의 방향은 우력 불평형 U_c에 의해 발생한 모멘트와 반대방향이기 때문에 반드시 음의 부호를 가져야한다. 따라서 수정면은 무게중심면의 왼쪽으로 200mm에 위치한다.

6) 동적 불평형(dynamic unbalance)

일반적으로 회전체의 불평형 상태는 두 종류의 불평형, 즉 정적 불평형과 우력 불평형의 합성(일반적으로 각위치를 달리하는)으로 구성된다. 그림 20.12 및 20.13과 같이 회전체의 동적 불평형은 보통 임의의 두 면에서의 보완적인 두 불평형을 나타내는 것에 의해 설명되고, 때로는 정적 불평형과 우력 불평형을 언급하는 것으로 설명된다. 정적 불평형, 준정적 불평형 및 우력 불평형은 모두 동적 불평형의 특별한 경우들이다. 그림 20.12는 정적 불평형 U_s와 우력 불평형 U_c를 등가인 불평형 U_{I}과 U_{II}로의 변환을 나타낸다. 또한 그림 20.13은 U_{I}과 U_{II}의 두 불평형을 정적 불평형 U_s와 우력 불평형 U_c의 등가 합성으로의 변환을 보인다. 즉,

$$U_s = U_{\mathrm{I}} + U_{\mathrm{II}},\ \ U_c = c \times U_{\mathrm{I}} + d \times U_{\mathrm{II}}$$

으로, 두 면사이의 거리 l에 대해서 결과적으로 불평형 $-U$는 왼쪽 면에, U는 오른쪽 면에 위치하게 된다.

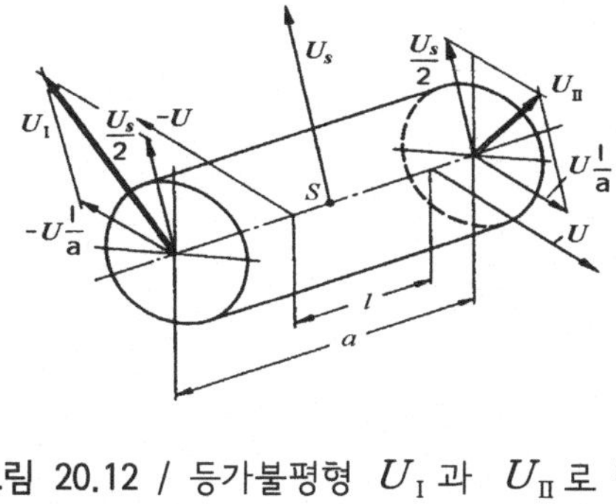

그림 20.12 / 등가불평형 U_{I}과 U_{II}로 변환

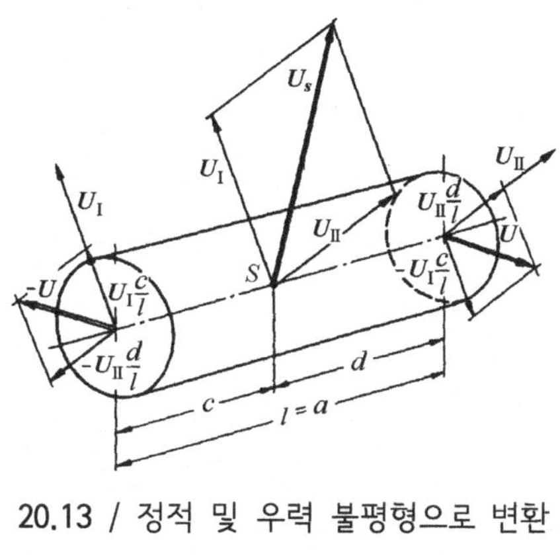

그림 20.13 / 정적 및 우력 불평형으로 변환

20.4.2 불평형의 원인

불평형은 기본적으로 축 중심선에 대해 회전체의 질량분포가 비대칭적일 때, 즉 축의 중심 주관성축들 중의 하나가 축 중심선과 일치하지 않을 때 발생한다. 이 비대칭성은 퀜(fan)과 같이 용접된 회전체에서는 현저하고, 전동기 회전자와 같이 일반 조립 회전체는 약간 작으며, 선반가공 부품에서는 매우 작다. 대표적인 질량불평형의 가장 일반적인 원인은 설계 또는 제도 오차, 재질상의 결함 및 가공 또는 조립오차로서 표 20.13 및 20.14와 같다.

표 20.13 / 불평형의 일반적인 원인

불평형의 원인	대상
원판의 설치상 잘못으로 인한 편심	조립회전체
축 중심에 대한 부품의 질량분포변화에 따른 편심	크랭크축, 키 홈
축에 발생하는 기계적, 열적 굽힘(thermal bent)	변형 축, 급속한 가열, 조립회전체
부품의 조립상태 이완 또는 유체 불평형	원심, 회전체의 부품

표 20.14 / 불평형의 구체적인 원인

설계 또는 제도 오차	재질상 결함	제조와 조립 오차
1) 부품들의 회전 비대칭성 2) 회전체의 가공되지 않는 내부 또는 외부의 표면 3) 불충분한 끼워맞춤에 의한 run-out과 경사(swash)오차 4) 키 홈보다 짧은 키 5) 회전대칭성을 가지지 못한 가동 부품과 작동하지 않는 부품	1) 주조물의 기포집 2) 불균일한 재료밀도 3) 예로 용접조립에서의 불균등한 재료의 두께 4) 볼베어링의 run-out과 틈새	1) 용접, 주조에 의한 형상 오차 2) 가공중의 조임 오차 (clamping error), 예로 · 저널 편심: 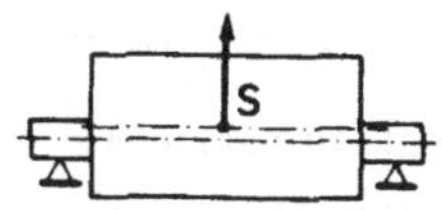 · 기울어짐: 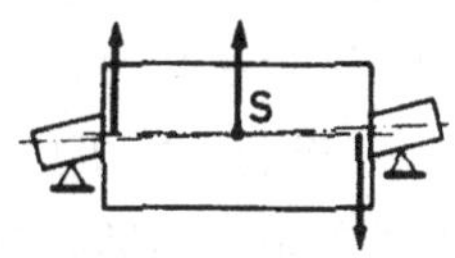 · 축중심선과 직각을 이루지 못한 끝 면: 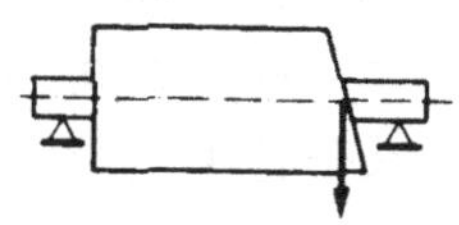 3) 제조과정에서 의해 발생한 영구변형, 예로 잔류응력의 방출, 가공 동안의 비틀림, 땜질, 용접, 수축끼워맞춤에 의한 변형 4) 볼트의 불균등한 조임에 의한 변형 5) 예로 길이가 다른 볼트, 형태가 다른 와셔와 너트 등의 결합요소에서의 변동

20.4.3 평형잡기의 평가기준 및 품질등급

앞에서도 설명하였듯이, 평형잡기는 회전체의 질량분포를 조사하고 필요하다면 저널의 진동과 베어링의 작용력들이 운전속도에 대응하는 주파수에서 특정한 한계 내에 있도록 보증하기 위한 조정을 하는 과정이다.

모든 회전체는 어느 정도의 초기 불평형(initial unbalance)이라 불리는 임의의 불평형을 가지고 있으므로, 제작과정의 하나로 평형잡기가 요구된다. 평형잡기는 회전체의 질량분포를 고르게 하여, 전 질량분포를 회전중심과 일치시켜 주는 작업이다. 평형잡기의 목적은 완벽하게 평형이 잡힌 회전체를 달성하는 것이 아니므로, 임의의 잔류 불평형(residual unbalance)은 항상 허용된다. 경제적인 이유에서도 회전체는 일반적으로 요구되는 적절한 허용치 이상으로 평형잡기를 하지 않는다. 어느 정도의 일치가 요구되는가에 따라 평형잡기의 난이도가 결정된다. 예를 들면, 어느 정도의 운전을 한 총 조립부품의 불평형을 가진 회전체는 저속 평형잡기 기계를 사용하여 불평형을 제거하므로 평형을 잡을 수 있다.

굽힘 위험속도의 70% 이하의 속도에서 운전되는 강성베어링을 사용한 저속 회전체의 경우에는 모든 운전속도에 대하여 초기의 저속 평형잡기를 수행하는 것으로 충분하다. 그러나 3,000rpm 이상의 고속 회전체의 경우, 특히 회전체의 지지조건이 운전속도범위에서 강체 모드의 위험속도를 발생시킬 수 있는 경우에는 운전속도에서 2차 평형잡기가 요구된다. 운전속도범위에 굽힘 위험속도가 포함되는 경우에는 회전체의 큰 굽힘진동이 발생하므로, 탄성회전체로 고려하여 평형잡기를 운전속도는 물론 굽힘 위험속도 부근에서도 수행하여야 한다. 회전체의 평형잡기는 회전축계의 동특성에 의해, 특히 운전범위 내에 굽힘 위험속도의 존재 유무에 따라 그 절차가 결정된 필요한 평형잡기 형태 (강성 또는 탄성회전체)에 따라 평형잡기의 형태 및 실제 현장(site)에서의 현장 평형잡기(field balancing)가 필요한지 여부가 결정된다.

1) 평가기준(evaluation standards)

평형잡기를 수행해야 하는 수많은 회전체들 모두가 알맞은 허용치(허용잔류불평형)를 결정하기 위해 개별적으로 평가될 수는 없다. 따라서 예로 1g 이하의 손목시계용 balance wheel에서 400톤 정도의 원자력 발전소용 저압 터빈까지, 그리고 100rpm의 저속으로 회전하는 공작기계 회전축에서 400,000rpm으로 회전하는 자이로스코프용 회전자까지 효과적으로 평가할 수 있는 적절한 평가기준을 찾는 것이 필요하다. 강성회전체에 대해서는 ISO 1940: 회전 강체의 평형품질(balance quality of rotating rigid bodies)에서 아래의 내용이 언급되어 있다.

(1) 회전체 질량과 허용잔류불평형의 관계

일반적으로 회전체의 질량이 클수록 잔류불평형도 크게 된다. 따라서 회전체의 질량 m에 대한 허용잔류불평형 U_{per}를 기준으로 하는 것이 합리적이다. 잔류불평형이 정적 불평형이라면, 허용비불평형(permissible specific unbalance) e_{per}는 $e_{per} = U_{per}/m$로 정의되고, 이는 질량 편심에 상당한다.

(2) 운전속도와 허용잔류불평형의 관계

실제 고장에 대한 통계적인 평가경험으로부터 비슷한 회전체에 대해 허용잔류비불평형 e_{per}는 회전체의 회전속도 n(rpm) 또는 회전각속도 Ω(rad/s)에 반비례한다는 것이 알려져 있다. 이 관계는 다음과 같이 쓰여질 수 있다.

$$e_{per}n = \text{일정 또는 } e_{per}\Omega = \text{일정} \tag{20.11}$$

$e_{per}\Omega$의 표현은 보통 mm/s의 단위로 표시되는 무게중심의 접선속도이다. 동일한 관계가 유사성의 법칙(laws of similarity)으로부터 유도될 수 있다. 즉, 동일한 원주속도(peripheral velocity)를 가지는 기하학적으로 유사한 회전체(왜냐하면 이것은 재질에 의존하기 때문), 예로 원심 과급기(turbocharger)에서는 만일 강체 베어링으로 간주하여 $e_{per}\Omega$의 값이 일정하게 유지된다면, 회전체에 동일한 응력과 동일한 베어링 비하중이 발생한다. 즉, 기하학적으로 유사한 회전체에서는 접선과 반경방향 응력이 원주속도의 제곱에 비례한다. 그리고 이들의 분포도 또한 유사하다. 만일 원주속도가 일정하게 유지된다면, 비슷한 위치에서 접선과 반경방향 응력은 베어링 비하중을 포함하여 N/mm^2의 단위를 가지는 모든 양과 함께 일정하다. 만일 후자가 일정하게 유지된다면, 유사성의 법칙은 $e_{per}\Omega$도 또한 일정하게 유지되어야 한다는 것을 필요로 한다.

2) 품질등급(quality grades)

(1) 강성회전체

$e_{per}\Omega$는 임의의 값을 가질 수 있으므로, ISO 1940 규격에서는 그림 20.14와 같이 문제를 단순화하기 위해서 G 630부터 G 0.4까지 인수 2.5로 나누어진 9개의 일정한 값, 즉 G 630, G 250, G 100, G 40, G 16, G 2.5, G 1, G 0.4로 설정되어 있다. 몇몇의 경우에 특히 더 높은 평형품질등급에서는 중간 등급을 필요로 할 수도 있다. 각각의 품질등급 G는 0.1부터 $e_{per}\Omega$값에 의해 주어지는 일정한 크기까지의 허용잔류불평형의

범위를 나타낸다. 그림 20.14는 $e_{per}\Omega$의 상한은 cps(cycle per second)와 rpm으로 나타낸 최대운전속도와 연관되어 각각의 품질등급에 대하여 주어진다. 식(20.11)과 같이 허용잔류비불평형 e_{per}는 회전속도(cps, rpm)의 증가에 따라 직선적으로 감소하는 반비례의 형태를 취하고 있다.

강성회전체의 평형은 회전체의 기능, 형태, 회전수 및 회전체의 중량에 따라 결정된다. 표 20.15에는 주어진 강성회전체의 평형품질등급(balance quality grade)과 허용잔류불평형 및 이에 따른 대상 회전체의 분류를 나타내고 있다. 회전체의 기능과 분류에 대한 평형잡기 정도는 G 1로 시작하여, G 10.2, G 6.4등과 같이 표시된다. 주어진 강성회전체의 잔류불평형의 정도를 결정하고, 회전체 형태에 적합한 평형잡기 정도를 표 20.15를 이용하여 결정된다. 그리고 그림 20.14를 이용하여 잔류비불평형(g · mm/kg, μm)의 허용범위를 결정한다. 이 그림은 Muster와 Flores의 연구결과를 바탕으로 작성되어 MIL-STD-167과 ISO 규격 등에서 적용되고 있다.

예제 20.8

허용잔류비불평형의 평가

운전속도 n = 3,000rpm의 원심펌프에서 허용잔류비불평형 e_{per}를 구하시오.

표 20.15에서 원심펌프의 평형품질등급은 G 6.3이다. 허용잔류비불평형을 나타내는 그림 20.14로부터 수평축 상의 3,000rpm에서 수직선을 긋고, G 6.3의 직선과의 교점에서 수평선을 그어 수직축 e_{per}의 좌표값을 읽는다. 즉, e_{per} ≒ 20μm 또는 20g·mm/kg이다. 이는 또한 $e_{per}\Omega$ = 일정의 식으로부터 계산할 수 있다. G 6.3이 무게중심의 허용접선속도가 6.3mm/s인 것을 의미하므로

$$e_{per} = V_{per}/\Omega = 6.3/(2\times\pi\times3{,}000/60) = 0.020\text{mm 또는 }20\mu\text{m}$$

따라서, 이 허용잔류비불평형을 이용하여 필요로 하는 회전체의 평형품질을 파악할 수 있다.

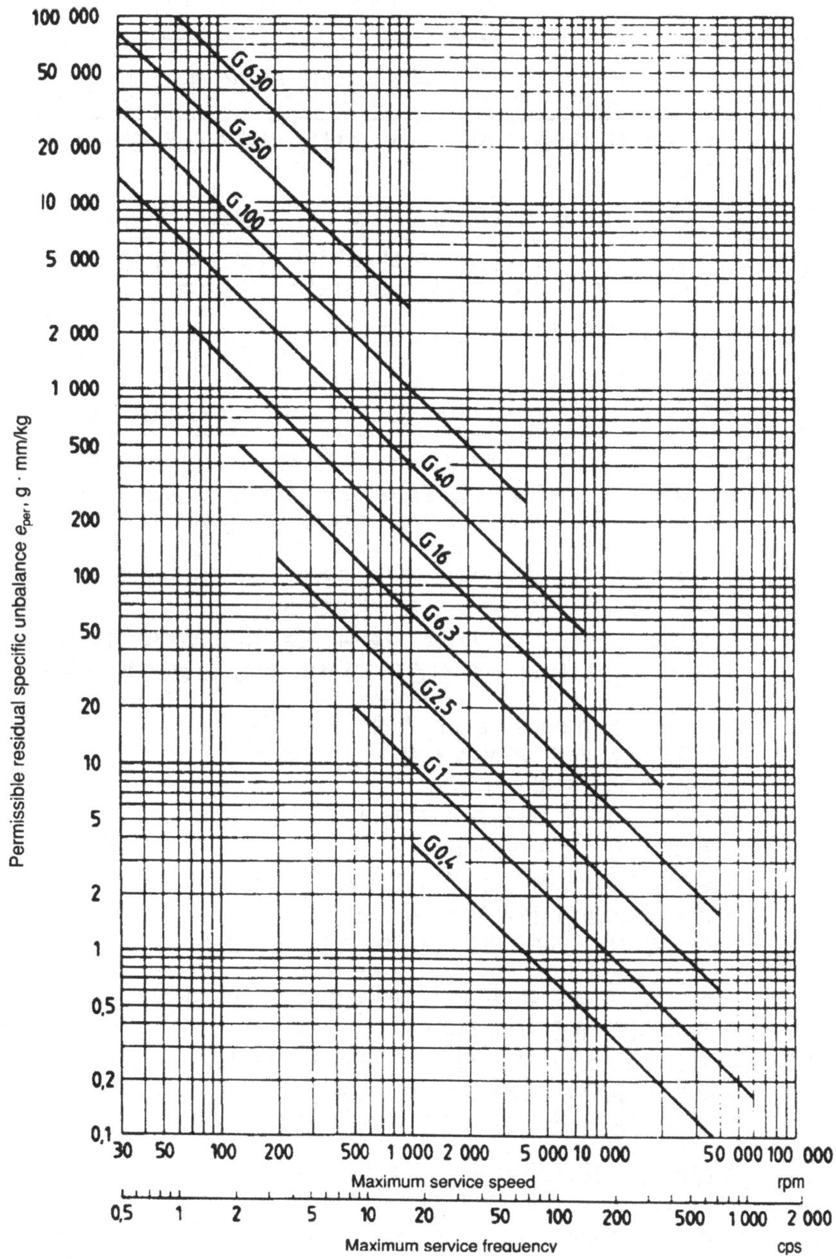

그림 20.14 / 각 품질등급에 대한 허용잔류비불평형(ISO 1940)

표 20.15 / 강성회전체의 평형품질 등급(ISO 1940)

평형품질등급	$e_{per}\Omega$ (mm/s)	회전체 또는 회전기계의 예
(none)	(>1600)	· 다수의 실린더를 가지는 저속 선박용 디젤기관을 단단히 설치된 크랭크축 구동기
G1600	1600	· 대형 2 사이클 기관을 단단히 설치된 크랭크축 구동기
G 630	630	· 대형 4 사이클 기관을 단단히 설치된 크랭크축 구동기 · 선박용 디젤기관을 탄성적으로 설치된 크랭크축 구동기
G 250	250	· 고속 4 실린더 디젤기관을 단단히 설치된 크랭크축 구동기
G 100	100	· 6 실린더 이상의 고속 디젤기관의 크랭크축 구동기 · 자동차, 트럭 및 기관차용 완전한 가솔린 또는 디젤기관
G 40	40	· 차륜, wheel rim, wheel sets, 운전 축, 6 실린더 이상의 고속 4사이클 가솔린 또는 디젤기관을 탄성적으로 설치한 크랭크축 구동기 · 자동차, 트럭, 기관차 엔진용 크랭크축 구동기
G 16	16	· 특별한 요구에 의한 원동 축(프로펠러 축, cardan 축) · 분쇄 기계류의 부품, 농업용 기계의 부품 · 자동차, 트럭 및 기관차용 가솔린 또는 디젤엔진의 개개 구성요소 · 특별한 요구에 의한 6 실린더 이상의 엔진 크랭크축 구동기
G 6.3	6.3	· 부품 또는 process plant 기계 · 선박용 주 터빈 기어(상선용) · 원심분리기 드럼, 휀(fan) · 조립된 항공용 가스터빈 회전체 · 플라이 휠, 펌프 임펠러 · 공작기계와 보편적인 기계류 부품 · 통상의 전동기 전기자(armature) · 특별한 요구 하에 있는 엔진의 개개 구성요소
G 2.5	2.5	· 선박용 주 터빈을 포함한 가스터빈과 증기터빈(상선용) · 강체 터빈 발전기 회전체 · 회전체(rotor) · 터보 압축기 · 공작기계 구동기 · 특별한 필요에 의한 중형 및 대형 전기자 · 소형 전동기 전기자 · 터빈 구동 펌프
G 1	1	· 테이프 녹음기와 축음기 구동기 · 연마용 기계 구동기 · 특별한 요구에 의한 소형 전동기 전기자
G 0.4	0.4	· 정밀 연삭기의 스핀들, 원판(disc), 아마추어 · 자이로스코프

3) 회전체의 분류

회전체의 평형잡기는 모든 종류의 회전체를 표 20.16과 같이 5가지로 분류하여 용어를 정의한다. 이러한 분류는 주어진 회전체의 운전상태나 구성상태에 적합한 평형잡기 기술을 선택하도록 하는데 그 목적이 있다. 예를 들면, 주어진 회전체의 상태를 보고 양면 평형잡기를 할 것인지 다면 평형잡기를 할 것인지를 판단할 수 있다.

최종적으로 회전체의 조립은 잔류불평형 값과 진동의 전달정도에 대한 규격을 만족해야 한다. 대부분의 회전체는 예로, 원심압축기의 회전체와 같이 회전축에 블레이드, 임펠러 등의 원판형상과 같은 부착물이 결합된 형태로 이루어진다. 또한, 제트 엔진의 회전체와 같이 볼트나 용접에 의해 서로 결합된 탄성요소로 구성되어 있다. 일반적으로 개개의 부품을 먼저 평형잡기 한 후, 결합된 조립물에 대해 최종적으로 평형잡기를 한다. 부품의 평형잡기는 조립물의 평형잡기에 도움을 주지만, 최종 조립회전체의 불평형이 허용치 이내에 있다고는 말할 수 없다. 최종 회전체는 표 20.16에서 언급된 분류에 따라 평형잡기가 수행되어야만 한다. 이하에서 분류 1, 2의 강성회전체 및 분류 3, 4, 5의 탄성회전체에 대한 평형잡기 과정과 기준에 대해서 설명한다.

표 20.16 / 평형잡기를 위한 회전체의 분류

분류	회전체의 종류	평형잡기 방법
분류 1	강성회전체 (rigid rotor)	이 분류에 속하는 회전체에 대한 평형잡기는 ISO 1940에 기술
분류 2	준탄성회전체 (quasi-flexible rotor)	이 분류의 회전체는 탄성회전체는 아니지만, 저속 평형잡기 기계에 의해 평형잡기를 수행하는 경우
분류 3	탄성회전체 (flexible rotor)	이 분류의 회전체는 저속 평형잡기 기계에 의해서는 평형잡기를 할 수 없으며, 주어진 회전체의 운전조건 등에 의해 어느 정도 고속에서 평형잡기를 수행
분류 4	탄성 부착물을 가지는 회전체(flexible attach-ment rotor)	이 경우의 회전체는 전술한 분류 1, 2, 3의 회전체로서 분류될 수 있으나, fan blade와 같은 유연한 부품들이 부착되어 있어 탄성회전체와 같이 거동하는 회전체
분류 5	단일 회전수로 운전되는 탄성회전체(single speed flexble rotor)	분류 3의 회전체와 동일하나, 여러 가지 이유로 인해 단일 회전수에서만 평형잡기가 수행되는 경우의 회전체

(1) 강성회전체의 분류

표 20.16에서 대부분의 동일한 형태의 회전체는 집단별로 함께 모아 다양한 품질등급으로 구별되어져 있다. 이 분류는 일상적인 경험에 근거를 둔 권고(recommendation)를 나타낸다. 만일 권고 값들에 만족하다면, 진동에 대해 만족스러운 운전이 이루어질 수 있다는 것을 보증한다.

새로운 회전기계가 제작되거나 회전체의 분류에 영향을 미치는 새로운 인자가 발견된다면, 이 항목에 첨가나 수정이 있을 수 있다. 어떤 회전체는 다양한 적용에 의해 여러 품질등급에 속할 수 있다. 예로, 전동기는 표 20.15에 보이듯이 등급 G 6.3, G 2.5 및 G 1에 속할 수 있다.

그림 20.14를 보면 여러 품질등급에 대한 직선들이 회전속도의 일정한 적용범위에 대해 주어져 있으며, 품질등급이 증가할수록 이 적용범위는 더욱 높은 회전속도 방향으로 이동하고, 적용 운전속도범위가 제한된다. 이는 400rpm 이상에서 운전되는 G 1600에서의 저속운전 선박용 디젤엔진이나, 1,000rpm 이하에서 운전되는 G 0.4의 자이로스코프는 없기 때문이다.

이 분류는 단지 권고사항이지 어길 수 없는 규칙은 아니다. 이는 과장되거나 달성될 수 없는 요구뿐만 아니라, 현저한 평형불량을 회피하도록 도와주고 특정 회전체에 적합한 평형품질을 보다 정확하게 결정하기 위한 기초 자료로 이용될 수 있다.

표 20.17 / 탄성회전체의 분류

분류	회전체의 종류	평형잡기 방법
분류 1	준탄성회전체	양면 평형잡기로 충분
분류 2	탄성회전체	효과적인 탄성 평형잡기 방법으로 평형잡기를 수행
분류 3	탄성부품이 부착된 회전체	분류 1, 2, 3에서 적절한 방법을 사용하여 평형잡기를 수행
분류 4	단일 회전속도로 운전되는 탄성회전체	단일 회전속도에서만 평형잡기를 수행함으로써 적절한 평형이 이루어짐

(2) 탄성회전체의 분류

탄성회전체는 앞에서 설명한 강성회전체의 정의를 만족하지 않는 회전체를 말한다. 표 20.16의 탄성회전체는 다시 표 20.17과 같이 4가지로 분류된다.

표 20.17의 분류를 이용하여 사용자는 적절한 평형잡기 방법을 선택할 수 있으며, 회전체가 원활히 운전될 수 있는 잔류불평형의 한계치를 파악할 수 있다. 표 20.18는

ISO 11342에 기술된 여러 가지 형태의 탄성회전체의 형태 및 이에 따른 권장 평형잡기 방법을 나타내고 있다.

분류 2에 속하는 회전체는 불평형으로 인해 운전 중 회전체의 처짐(flexure)이 발생하더라도 원활한 운전을 위해 2개의 수정면에서 충분히 평형잡기가 될 수 있는 기계를 나타낸다. 이러한 회전체는 운전 중에 강한 굽힘 휘돌림모드(주로 강체 변위)가 발생하지 않으므로, 강성회전체의 평형기준을 적용하여 평형잡기 기계에서 평형잡기가 이루어진다.

분류 3의 회전체는 전형적인 탄성회전체이다. 이러한 회전체는 전술한 2개의 수정면상에서의 불평형의 제거만으로는 평형이 이루어지지 않는다. 따라서 여러 평면상의 평형잡기, 즉 다면(multi-plane) 평형잡기를 수행하여야 한다. 평형잡기 방법으로는 모드 평형잡기법(modal balancing method), 영향계수법(influence coefficient method) 및 분류 3에 속하는 특수한 형태의 회전체를 제작하는 업체에서 개발한 다른 여러 가지 방법이 있다.

분류 4의 회전체는 1개 이상의 탄성 부품이 부착되었거나, 긴 탄성 블레이드(blade)를 가지는 터빈 회전체와 같이 회전체에 부품이 탄성적으로 부착된 회전체로서, 분류 1, 2, 3에 포함될 수 있다.

분류 5의 회전체는 경제적인 이유 등으로 단지 하나의 속도에서 분류 3의 회전체와 같은 방법으로 평형잡기를 하는 경우이다. 이러한 회전체는 보통 1차 굽힘 위험속도를 통과하게 된다. 만약 1차 굽힘모드가 평형이 되고 운전속도가 2차 굽힘모드 부근이 아니라면, 초위험속도의 운전(super-critical operation)은 원활하게 된다. 일반적으로 분류 5의 회전체는 위험속도를 통과할 때, 진폭의 증가가 무시될 수 있을 정도로 회전속도를 급 가속하거나, 스퀴즈막 감쇠기(squeeze film damper)를 가지는 제트엔진과 같이 지지감쇠가 충분히 큰 가에 따라 조정된다.

20.4.4 평형잡기

1) 강성회전체의 평형잡기

강성회전체의 평형잡기는 적절하게 선택된 평형중량(balance weight)을 임의로 선정한 회전체의 2개 수정면(correction plane)에 부가함으로써 이루어진다. 수정이 이루어졌을 때, 최대운전속도까지 임의의 회전속도에서 기계의 평형잡기 허용한계가 지지구조물에서 측정하였을 때 크게 초과해서는 안 된다. 양면 평형잡기에 의해 회전체가 이 범위에 들게되면, 강성회전체의 평형잡기는 완료된 것으로 한다. 전형적인 강성회전체의 예로는 자이로스코프 회전자, 소형 전동기의 전기자, 자동차의 브레이크 드럼, 저속 원심 임펠러의 회전체 및 저속 회전기계 등이 있다. 표 20.15에 대표적인 강성회전체의 분류와 평형잡기 정도를 나타낸다. 강성회전체의 분류는 운전 시 회전체의 동특성에 의해 결정된다. 지지조건하에서 회전체의 1차 굽힘 위험속도보다 충분히 낮은 회전수(보통 1차 위험속도의 70% 이하)에서 운전되는 회전체는 비록 불평형이 매우 큰 경우에도 동적인 영향을 받아 굽힘이 발생하지 않는다.

강성회전체는 보통 회전체의 양끝에 위치하는 수정면에 중량을 부가함으로써 평형잡기를 수행한다. 이들 수정중량의 효과는 그림 20.4와 같이 회전체의 무게중심에 작용하는 정적 불평형에 의한 힘과, 그림 20.8의 우력 불평형에 의한 불평형 모멘트를 무효화하는 것이다. 그림 20.15는 회전체의 강체 모드와 이를 일으키는 불평형 질량의 위치를 나타낸다. 그림 (a)와 같이 중앙에 하나의 정적 불평형을 가지는 회전체는 원통(평행)모드(parallel mode)의 진동을 발생하고, 그림 (b)와 같은 우력 불평형은 원추모드(conical mode)의 진동을 일으킨다. 강성회전체의 평형잡기 기준은 1973년에 발간된 ISO 1940 규격에, 그리고 회전체의 평형잡기에 대한 용어는 ISO 1925 규격으로 표준화되어 있다.

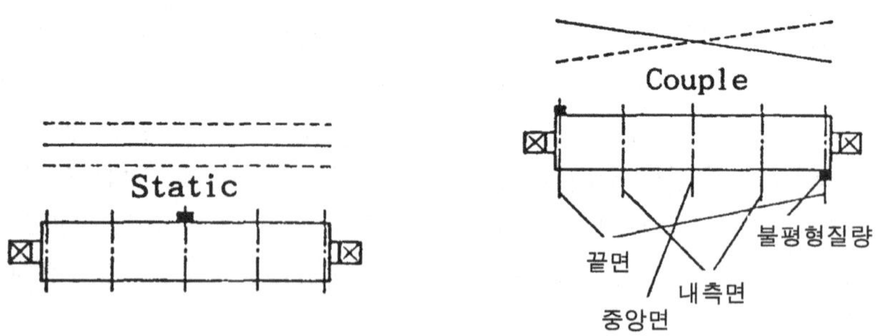

(a) 원통모드 (b) 원추모드

그림 20.15 / 강체 모드와 불평형 질량의 부착위치

지지부가 강체가 아니더라도 회전체가 강체이면, 2개의 수정면상에서의 중량수정 만으로도 평형잡기는 충분하다. 강성회전체의 평형잡기에 대해 한 예를 들어본다. 2개의 힘 벡터 F_{I}, F_{II}가 회전체의 불평형력을 나타내면, 이들 힘은 회전체의 무게중심에 대한 작용력 및 작용우력과 같다. 회전체의 지지점에서 이 힘과 모멘트의 영향을 측정하고, 이 데이터를 이용하여, 측정위치에서 전달력이 0으로 되는 적절한 수정중량의 크

기와 위상을 예측할 필요가 있다. 이렇게 하면 작용력과 우력은 무효화된다. 베어링에 작용하는 반력 R_{I}, R_{II}로부터 힘 F_{I}, F_{II}를 다음 식과 같이 나타낼 수 있다.

$$\begin{Bmatrix} F_{\mathrm{I}} \\ F_{\mathrm{II}} \end{Bmatrix} = \begin{Bmatrix} (a+b)/b & -c/b \\ -a/b & (b+c)/b \end{Bmatrix} \begin{Bmatrix} R_{\mathrm{I}} \\ R_{\mathrm{II}} \end{Bmatrix} \tag{20.12}$$

여기서 a, b, c는 그림 20.15에 나타내듯이 베어링 위치로부터의 거리이다. 힘 F_{I}, F_{II}는 다음과 같은 수정면에서의 힘 C_{I}, C_{II}를 이용하여 구할 수 있다.

$$\begin{Bmatrix} C_{\mathrm{I}} \\ C_{\mathrm{II}} \end{Bmatrix} = \begin{Bmatrix} m_{a\mathrm{I}} r_{\mathrm{I}} \Omega^2 & 0 \\ 0 & m_{a\mathrm{II}} r_{\mathrm{II}} \Omega^2 \end{Bmatrix} \begin{Bmatrix} R_{\mathrm{I}} \\ R_{\mathrm{II}} \end{Bmatrix} \tag{20.13}$$

강성회전체에 대해, R_{I}, R_{II}가 저속 평형잡기 기계로부터 측정된다. 위의 간단한 예를 반경방향의 평면에 위치한 불평형력 F_{I}, F_{II}에 적용하면, 전달력 R_{I}, R_{II}의 값이 0으로 감소되는 효과적인 수정이 되도록 하는 수정면 분리의 원리를 제공하게 된다. 각각의 보정력 C_{I}, C_{II}와 수정질량 $m_{a\mathrm{I}}$, $m_{a\mathrm{II}}$는 다음 식과 같이 표현된다.

$$C_{\mathrm{I}} = m_{a\mathrm{I}} r_1 \Omega^2, \quad C_{\mathrm{II}} = m_{a\mathrm{II}} r_2 \Omega^2 \tag{20.14}$$

$$m_{a\mathrm{I}} = C_{\mathrm{I}}/(r_{\mathrm{I}} \Omega^2), \quad m_{a\mathrm{II}} = C_{\mathrm{II}}/(r_{\mathrm{II}} \Omega^2) \tag{20.15}$$

따라서, a, b, c, r_1, r_2와 평형잡기속도 Ω가 결정되고, 베어링 위치에서 R_{I}, R_{II}가 측정되면, 수정질량 $m_{a\mathrm{I}}$, $m_{a\mathrm{II}}$는 식(20.15)를 이용하여 직접 구할 수 있다. 현재 많은 평형잡기 기계에서는 위의 과정이 자동적으로 수행되며, 이러한 계산은 프로그램을 내장한 소형 계산기로도 가능하다.

예제 20.9

최대 전달력과 저속 평형잡기의 가능성 확인

직경 2.54cm, 길이 15.24cm인 전동기의 최대 회전속도는 2,400rpm이고, 이를 400rpm에서 0.508μm로 평형잡기를 한다.

1) 최대 회전수에서 전달력은 얼마인가?

2) 최대 회전수에 대해 위의 저속 평형잡기 방법은 적절한가?

단, 회전체는 반경방향으로 높은 강성을 가지는 깊은 홈 볼베어링으로 지지되어 있다.

우선 최저차 굽힘 진동모드에서 동적 배율이 작음을 입증할 필요가 있다. 깊은 홈 베어링의 1차 굽힘 고유진동수는 양단 단순지지로 가정하면 근사적으로 다음과 같이 구해진다.

$$f_{c1} = 0.159(\pi/L)^2 \times \sqrt{EI/\rho} \ \text{(Hz)}$$
$$= 0.159\ (\pi/15.24)^2 \times (2.1\times10^7 \times 2.043/7.8359\times10^{-3})^{1/2}$$
$$= 499.95 \text{ Hz } (= 29{,}997 \text{ cpm})$$

여기서, ρ = 7.8359×10^{-3} kg/cm^3, I = π×2.54^4/64 = 2.043 cm^4, A = π×2.54^2/4 = 32.6907cm^{4}이다.

전달력에 대한 동적 배율 D는 고유진동수에 대한 회전수의 비가 Ω/ω_c = 2400/29,997 = 0.08로 되므로, 다음과 같이 얻어진다.

$$D = r/e = (\Omega/\omega_c)^2/\{1-(\Omega/\omega_c)^2\} = 0.00644$$

이는 2,400rpm에서 축의 굽힘에 의해 무게중심의 편심이 0.64%까지 증가함을 나타낸다. 이 속도에서 원심력을 계산하면, 회전체의 무게 W는

$$W = \pi/4\times2.54^2\times15.24\times7.8359\times10^{-3}\times980 = 593 \text{ N}$$

이고, 2,400rpm에서 원심력은

$$F_c = We\omega^2/g = 593\times251.327^2\times0.508\times10^{-6}/9.8 = 1.942 \text{ N}$$

이 된다. 축의 굽힘에 대해 보정하면, F_c^1 = 1.064 F_c = 2.066 N로 되어 2,400rpm에서 베어링에 전달되는 힘은 1.033 N/bearing이 된다. 결론적으로 0.508μm의 저속 평형잡기 방법은 이 전동기의 경우 2,400rpm에서 적절하다.

2) 탄성회전체의 평형잡기

회전기계가 위험속도 부근이나 위험속도 이상에서 운전되는 경우, 굽힘 고유진동을 일으키는 불평형은 그 진동모드에 의존한다. 강성회전체의 평형잡기는 강성회전체의 운동 자유도인 병진운동(translation)과 회전운동(rotation)을 일으키는 불평형 분포를 제거하는 것을 의미한다. 반면, 탄성회전체에서는 더욱이 굽힘 진동을 일으키는 불평형 분포를 제거할 필요가 있다. 회전체의 위험속도는 하나 또는 여러 개의 불평형에 의해

가진된다. 같은 모드형상은 항상 불평형이 존재하는 특정 반경 면에 대해 독립적으로 가진된다. 즉, 굽힘 곡선은 항상 같은 형상이며, 절(node)의 위치는 항상 같다. 모드형상은 단지 회전체와 베어링의 파라미터에 의존한다. 자연히, 굽힘 진동의 진폭은 불평형의 양과 불평형이 놓이는 면에 의존한다. 절(node)을 포함하는 면에서는 불평형은 어떠한 진동도 가진시킬 수 없지만, 절 이외의 다른 위치에서의 불평형 효과는 그 점에서의 굽힘 곡선(bending curve)의 진폭에 비례할 것이다.

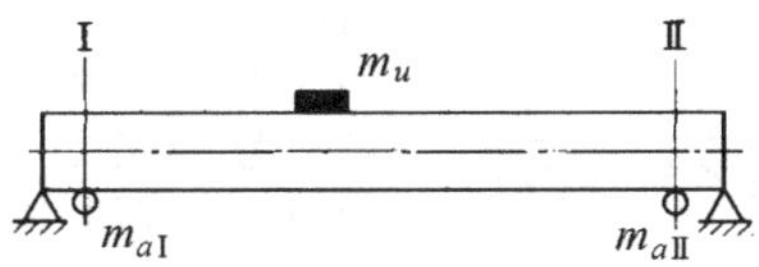

그림 20.16 / 수정면 I 과 II에서 불평형 질량 m_u의 저속 수정

탄성축을 갖는 회전체의 저속 평형잡기, 즉 회전체가 강체 상태인 회전속도의 경우, 불평형은 임의의 두 면 I, II에서 수정되어질 수 있다. 즉, 만약 그림 20.16에서 회전체가 불평형 질량 m_u를 가진다면, 베어링지점의 반력이 0이 되도록 통상 수정면 I 과 II에서 대응하는 수정질량 m_{aI}, m_{aII}에 의해 저속에서 수정될 수 있다. 그러나, 불평형 질량과 수정질량은 탄성축 회전체의 굽힘 모드에 따라서 완전히 다른 영향을 미치므로 굽힘에 대한 영향에 관심을 가지는 한, 이들은 상쇄될 수 없다. 이것은 위험속도에서 굽힘 변형을 요구하는 값까지 줄이기 위해서는 부가적인 수정질량의 적용이 필요하다는 것을 의미한다. 이를 위해서는 2개 이상의 수정면이 필요하다. 왜냐하면, 이들 질량이 강성회전체에서 동적 불평형을 일으키지 않는 낮은 운전속도에서 수정을 하는데 역효과를 주지 않아야만 하기 때문이다. 이는 부가적인 수정질량에 기인하는 정적 불평형(합력)과 우력 불평형(합력 모멘트)이 0이 되어야만 하는 것을 의미한다.

하나의 특정 굽힘 모드에 대한 이러한 수정질량들을 수정질량 집합(weight set)이라고 한다. 개개의 수정질량은 수정면과 수정반경사이의 거리에만 의존하고, 서로에 대해서는 고정된 관계를 가진다. 수정질량은 서로에게 고정된 각에 위치한다. 위험속도나 그 근처에서 이 수정질량들은 굽힘선 상에 작용한다. 이것은 임의의 필요 양과 각 위치를 가지기 때문에 약간의 변형이 발생할 수 있으며 따라서 보상된다. 회전체가 변형하는 각 굽힘 모드에 대해 다른 수정질량들이 필요하다.

표 20.18 / 탄성회전체의 유형 및 권장 평형잡기 방법(계속)

유 형	회전체의 특성	권장 방법
1. **원판**(disk): 불평형이 없는 탄성축, 강체 원판		
	단일 원판 · 회전축중심선에 수직 · 축방향 런아웃 있음	A, C B, C
	2개의 원판 · 회전축 중심선에 수직 · 축방향 런아웃 있음 · 적어도 1개의 탈착식 원판 · 일체형	B, C B+C, E G
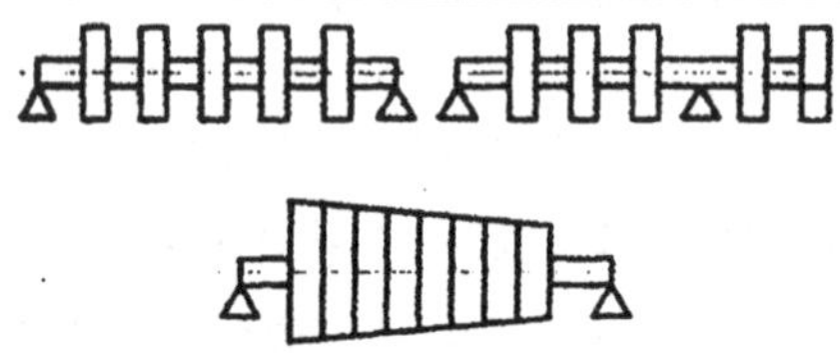	2개 이상의 원판 · 모두 (하나를 제외한) 탈착식 · 일체형	B+C, D, E G
2. **강체 단면**(rigid sections): 불평형이 없는 탄성축, 강체 단면		
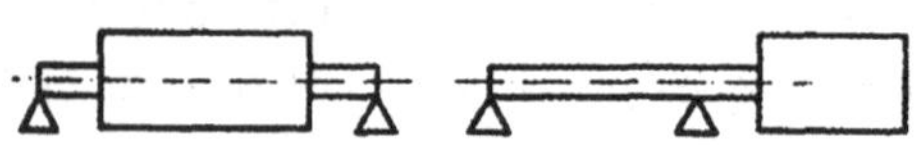	단일 강체 단면 · 탈착식 · 일체형	B: C, E B
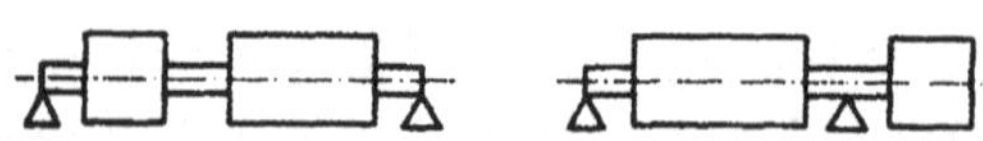	2개의 강체 단면 · 적어도 하나 이상이 탈착식 · 일체형	B+C, E G
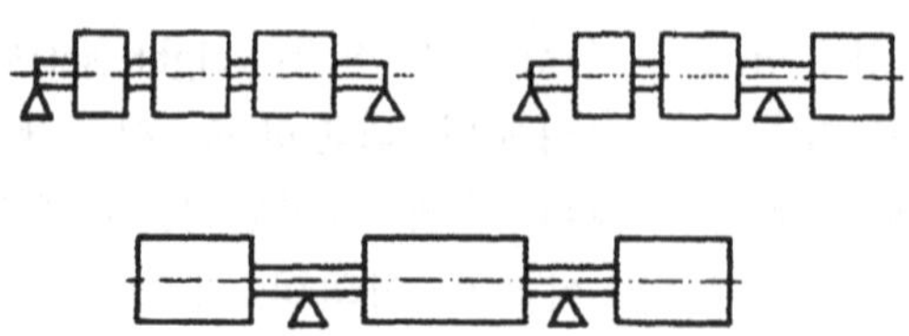	2개 이상 강체 단면 · 모두 (하나를 제외한) 탈착식 · 일체형	B+C, E G

표 20.14 / 탄성회전체의 유형 및 권장 평형잡기 방법

유 형	회전체의 특성	권장 방법
3. **원판과 강체 단면**: 불평형이 없는 탄성축, 강체 원판 및 강체 단면		
	하나의 원판 및 강체 단면 · 하나 이상이 탈착식 · 통합형	 B+C, E G
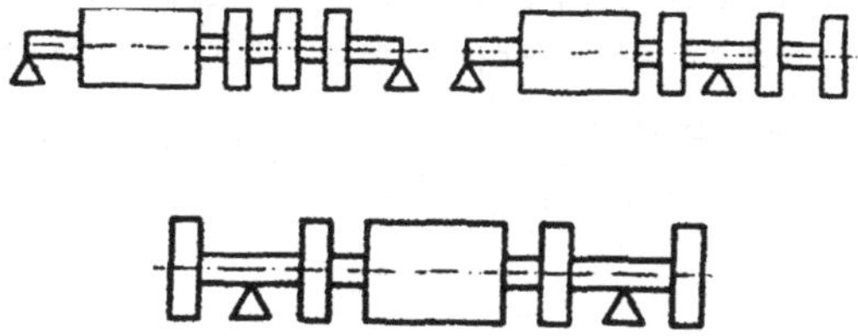	2개 이상 · 모두 (하나를 제외한) 탈착식 · 전체가 하나인 일체형	 B+C, E G
4. **롤**(rolls): 질량, 탄성, 불평형이 회전체를 따라 분포		
	· 특수 조건인 경우 · 일반적인 경우	F G
5. **롤 및 원판/강체 단면**: 유연 롤, 강체 원판, 강체 단면		
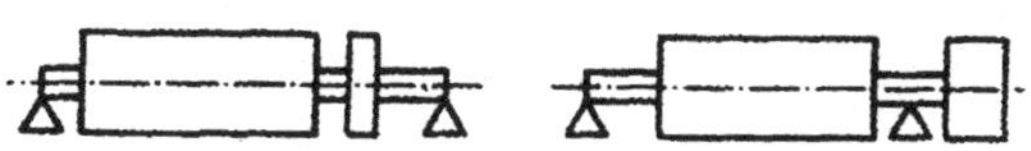	· 원판/강체 단면/탈착식 · 특수 조건인 경우 · 일반적인 경우 · 일체형	 C+F, E+F G G
6. **일체형 회전체**: 질량, 탄성, 불평형이 회전체를 따라 분포		
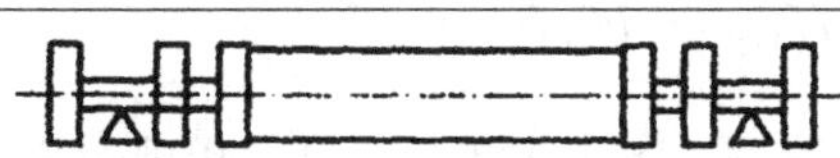	분리할 수 없는 불평형을 가긴 주요 부분	G
A: 단면 평형잡기, B: 양면 평형잡기, C: 조립전 개별 부품의 평형잡기, E: 조립대에서 평형잡기, F: 최적 평면에서 평형잡기, G: 여러 속도에서 평형잡기 주) 특별한 상황에서는 2개의 부가적인 평형잡기 방법(H: 사용운전속도 평형잡기, I: 일정속도 평형잡기)을 사용할 수 있다.		

수정면의 수는 굽힘 모드에 대응하는 절의 수보다 적어도 1이상 커야만 한다. 예로, 그림 20.17 및 20.18과 같은 탄성굽힘 모드에서 1차 모드는 절이 2개이므로 최소 수정면의 수는 3개이고, 2차 및 3차 모드에 대한 최소 수정면의 수는 절의 수가 각각 3개와 4개이므로 4 및 5이다. 따라서 그림 20.17의 회전체가 3개의 굽힘 모드에 대해 수정된다면, 수정면 I 에서 V 까지가 이용될 것이다. 각각의 모드에 대해 수정면은 그 모드에 대한 영향이 가능한 크게 되도록 선택해야 한다. 앞에서 이루어진 평형상태에 대한 효과를 최소화하기 위해, 사용되는 이들 수정질량은 가능한 한 절에 근접하게 위치해야 한다. 강성회전체로 고려되는 충분한 저속에서 회전체의 평형을 잡을 수 없다면, 고속 평형잡기 방법을 이용해야 한다. 일반적으로 측정된 값은 두 굽힘 모드의 일부를 포함하며, 같은 방향과 반대방향에 작용하는 성분으로 분해된다.

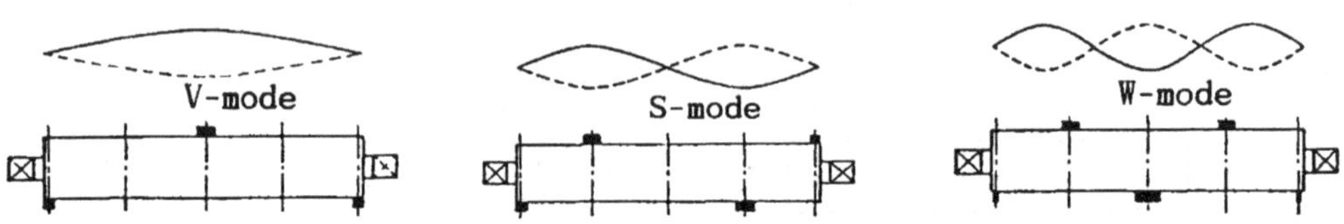

(a) 1차 모드　(b) 2차 모드　(c) 3차 모드

그림 20.17 / 탄성모드와 평형질량 부착위치

(1) 2개의 절을 갖는 굽힘 모드

그림 20.18(a)와 같이 2개의 절을 가지는 굽힘 모드에 대한 수정질량의 결정 식은 다음과 같다

$$U_{\mathrm{I}} - U_{\mathrm{II}} + U_{\mathrm{III}} = 0 \ , \quad U_{\mathrm{I}}\, a - U_{\mathrm{III}}\, b = 0 \tag{20.16}$$

하나의 불평형 U_{II}가 중앙의 면 II에 있는 것으로 가정하면, 면 I, III에서의 대응하는 불평형은 식(20.16)에 의해 다음과 같이 구해진다.

$$U_{\mathrm{I}} = U_{\mathrm{II}} \frac{b}{a+b} \ , \quad U_{\mathrm{III}} = U_{\mathrm{II}} \frac{a}{a+b} \tag{20.17}$$

이 식을 계산하는 대신에 정확한 분포가 또한 측정될 수 있다. 3개의 불평형 중 하나는, 예로 중앙의 질량은 회전체에 부가되고, 부가적인 저속 평형잡기 운전(run)에 의해 다른 면에서 요구되는 수정이 측정되며, 회전체에 부착된다. 이러한 간단한 방법으로 다양한 수정반경을 계산할 수 있다.

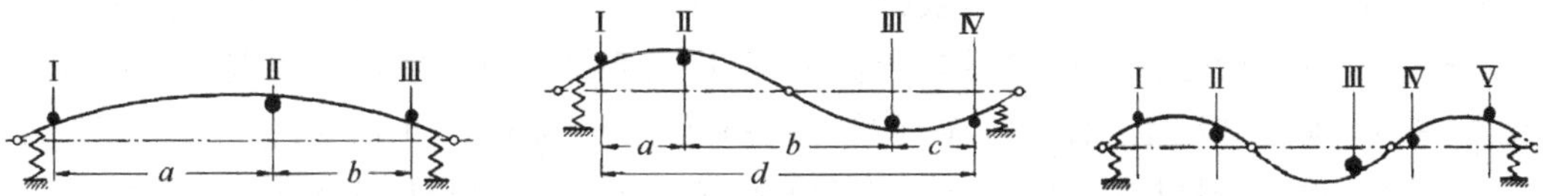

(a) 1차 굽힘모드 (b) 2차 굽힘모드 (c) 3차 굽힘모드

그림 20.18 / 탄성 굽힘모드와 수정질량

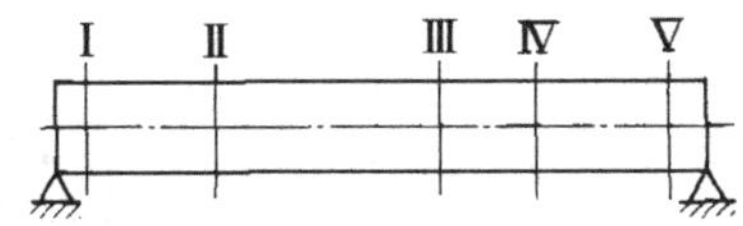

그림 20.19 / 5개의 수정면을 갖는 탄성회전체

(2) 3개의 절을 갖는 굽힘 모드

3개의 절을 갖는 고유모드의 경우, 힘과 모멘트의 평형에 근거한 단지 2개의 방정식이 4개의 불평형에 대해 세워질 수 있으며, 이들 중 하나의 값이 가정된다 하더라도 이 식들은 불평형을 결정하기 위해서는 불충분하다. 그러나, 이러한 경우 부가적인 요구사항은 이 질량들이 2개의 절을 갖는 고유 굽힘 모드에 영향을 미치지 않아야만 한다는 것이다. 일반적인 경우, 그 계산은 상당히 복잡하다. 그러나 만약 수정면이 거의 대칭위치에 놓여있고, 질량과 강성이 거의 일정하게 분포한다면, 2개의 절을 갖는 고유모드에서 회전체의 감도(sensitivity)는 면 I과 IV와 마찬가지로 면 II와 III에 대해 같은 값을 갖게되므로, 다음과 같이 작용하게 된다(그림 20.18(b)).

$$U_{\mathrm{II}} = -U_{\mathrm{III}}\ ,\quad U_{\mathrm{I}} = -U_{\mathrm{IV}} \tag{20.18}$$

$U_{\mathrm{I}}\, d = U_{\mathrm{II}}\, b$ 또는 U_{II}가 주어진다면, 모멘트 식은 다음과 같이 간단히 될 수 있다.

$$U_{\mathrm{I}} = -U_{\mathrm{II}}\frac{b}{d}\ ,\quad U_{\mathrm{III}} = -U_{\mathrm{II}},\quad U_{\mathrm{IV}} = U_{\mathrm{II}}\frac{b}{d} \tag{20.19}$$

만약 일반적인 경우, 고유모드가 정확히 알려져 있지 않거나 또는 계산이 너무 길면, 저속수정이나 2개의 절을 갖는 고유모드에 영향을 미치지 않는 질량들은 그림 3.20에 나타낸 다음과 같은 방법으로 결정될 수 있다.

면 I, II 및 V에서 3질량의 한 set가 적용되어지는데, 이는 강성회전체의 불평형 상태를 깨뜨리지는 않는다. 즉, 2개의 절을 가진 고유모드의 효과는 강성회전체에 다시 영향을 주지 않는 면 I, IV 및 V에서 두 번째 질량 set에 의해 보상된다. 면 I 과 V에서 질량은 각각 하나의 질량으로, 면 II와 IV에서는 질량과 함께 조합되어지고, 강성회전체의 불평형 상태와 2개의 절을 갖는 고유모드를 혼란시키지 않는 4개 질량 set 형태를 띄게 된다. 4개의 질량 set는 3개의 절을 갖는 굽힘 모드가 요구되는 등급까지 줄어드는 그러한 방법에서 양과 각위치로 간주되어질 때 적용되어져야만 한다.

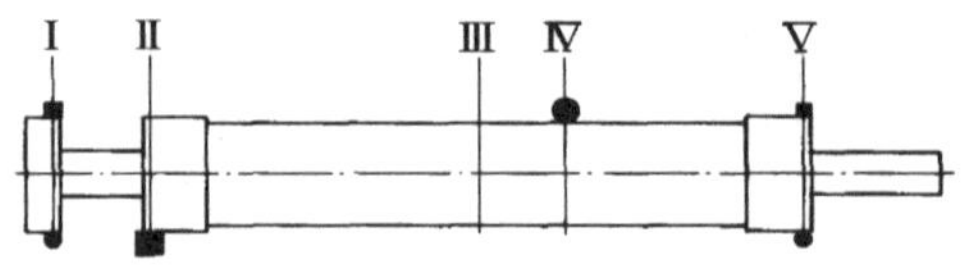

그림 20.20 / 4개 수정질량의 정확한 조합의 결정

그림 20.20에서 기호 ■는 3개 질량의 첫 번째 set이고, 기호 ●는 1차 굽힘 모드에서의 첫 번째 set의 영향을 보상하기 위한 3개 질량의 두 번째 set이다. 3개 질량의 두 set는 저속 수정에 영향을 미치지 않도록 선택된다.

(3) 4개의 절을 갖는 3차 고유모드

4개의 절을 갖는 3차 고유모드를 다루기 위해, 5질량의 한 set는 강성회전체의 불평형 상태와 2개 및 3개의 절을 갖는 1, 2차 고유모드들을 혼란시키지 않는 방법으로 결정되어져야만 한다. 그리고 하나의 불평형이 가정되면, 이 질량 set의 모든 불평형은 이것을 따른다. 그림 20.21에서 처럼 대칭적인 수정면과 일정한 질량 및 강성분포의 경우, 다음과 같은 분포가 요구된다(U_{III}는 가정).

$$U_{\text{I}} = 0.2\,U_{\text{III}},\quad U_{\text{II}} = -0.7\,U_{\text{III}},\quad U_{\text{IV}} = -0.7\,U_{\text{III}},\quad U_{\text{V}} = 0.2\,U_{\text{III}} \tag{20.20}$$

여기서 면 I 과 V에서의 불평형은 고유모드에 영향을 미치지 않으며, 2개의 절을 갖는 고유모드에 면 III에서의 불평형의 영향은 굽힘 곡선을 정현 곡선으로 간주하여 면 II와 IV의 1.4배라고 가정한다. 또한 탄성축을 갖는 회전체의 일반적인 경우, 5 질량 set의 정확한 분포는 측정에 의해 결정될 수 있다(그림 20.21).

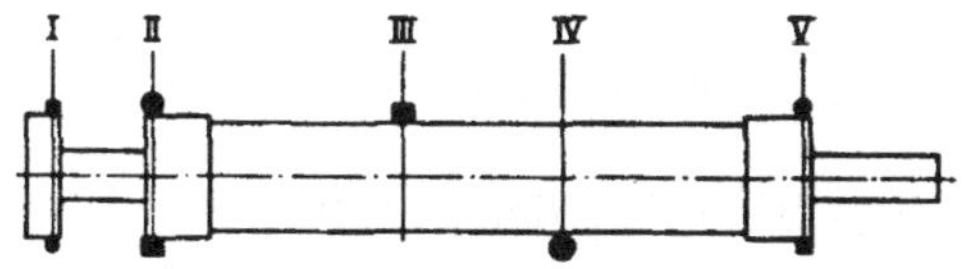

그림 20.21 / 5개 수정질량의 정확한 조합의 결정

그림 20.21에서 기호 ■는 4개의 질량의 첫 번째 set를 나타내고, 기호 ●는 2차 굽힘 모드에서의 첫 번째 set의 영향을 보상하기 위한 4개의 질량의 두 번째 set이다. 4개의 질량의 두 set는 수정과 1차 굽힘 모드의 수정이 혼란되지 않도록 설계된다.

면 I, II, III 및 V에서 3개 절을 갖는 4차 고유모드에 대해 설정된 요구를 만족하는 4개 질량의 set가 적용된다. 3개의 절을 갖는 2차 고유모드에 대한 영향은 같은 방법으로 결정되면, VI, II, IV 및 V에의 두 번째 질량 set에 의해 보상된다. 각각 면 I, II 및 V에서 질량은 이제 단일 질량으로 결합된다. 즉, 면 III과 IV에 있는 질량과 함께 이들 질량은 4개의 절을 갖는 3차 고유모드를 감소시키는 방법으로 그 양과 각위치에 관해서 적합해야 하는 5질량 set가 요구되는 형태를 구성하게 된다.

참고문헌

1) 양보석, 회전기계의 진동평가 및 규격, Vibration119, Vol.1, No.6, pp.11-17, 2000, Vol. 2, No.1~3, pp.10-17, 2001.
2) 양보석, 선박용 회전기계의 진동평가 규격, 한국박용기관학회지, Vol.25, No.3, pp.83-109, 2001.
3) ISO 10816, Mechanical Vibration: Evaluation of Machine Vibration by Measurements on Non-Rotating Parts, 1996.
4) ISO 7919, Mechanical Vibration of Non-Reciprocating Machine: Measurements on Rotating Shafts and Evaluation, 1996.
5) API 610, Centrifugal Pumps for General Refinery Services, 8th Ed., 1995.
6) Shiraki, K. and Kanki, H., A New Vibration Criteria for High Speed/Large Capacity Machinery, Proceedings of 8th Turbomachinery Symposium, 1979.
7) Kawakami, T., 원심펌프의 진동에 관한 연구, 박사학위논문, 오사카대학.
8) Tanaka, 베어링의 동특성과 제진작용, 일본기계학회 제 631회 강습회, p.47-56, 1986.
9) Iwatsubo, T., 회전축의 진동과 유막의 동특성: 불평형 진동, 일본기계학회 제 548회 강습회, p.65-74, 1984.
10) Kirk, R.G., Labyrinth Seal Analysis for Centrifugal Compressor Design: Theory and Practice, Proceeding of International Conference on Rotordynamics, IFToMM, Tokyo, 1986.
11) Balda, Dynamic Properties of Rotors, IUTAM Symposium Proceedings, Springer- Verlag, p.27, 1976.
12) Ehrich, F.F., Handbook of Rotordyanmics, McGraw-Hill, p.1.87, 1992.
13) ISO 1940-1, Mechanical Vibration: Balancing Quality Requirements of Rigid Rotors: Part 1: Determination of Permissible Residual Unbalance, 1986.
14) ISO 1940-2, Mechanical Vibration: Balancing Quality Requirements of Rigid Rotors: Part 2: Balance Error, 1997.
15) ISO 11342, Mechanical Vibration: Methods and Criteria for the Mechanical Balancing of Flexible Rotors, 1998.
16) Frei, A., Advanced Vibration Analysis Applied to Pumps, 16th International Pump Users Symposium and Short Courses, Short Course 6, 1999.
17) B.G. Choi and B.S. Yang, Optimum Shape Design of Rotor Shafts Using Genetic Algorithm, Journal of Vibration and Control, Vol.6, No.2, pp.207-222, 2000.
18) B.G. Choi and B.S. Yang, "Multi-Objective Optimization of Rotor-Bearing System with Dynamic Constraints Using IGA Algorithm", Trans. ASME, Journal of Eng. for Gas Turbines and Power, Vol.123, No.1, pp.78-81, 2001.

19) B.G. Choi and B.S. Yang, "Optimal Design of Rotor-Bearing Systems Using Immune-Genetic Algorithm", Trans. ASME, Journal of Vibration and Acoustics, Vol.123, No.3, pp.398-401, 2001.
20) T.N. Shiau and J.L. Hwang, Optimum Weight Design of a Rotor Bearing System with Dynamic Behavior Constraints, Trans. ASME, Journal of Engineering for Gas Turbines and Power, Vol.112, pp.454-462, 1990.
21) T.N. Shiau and J.R. Chang, Multi-Objective Optimization of Rotor-Bearing System with Critical Speed Constraints, Trans. ASME, Journal of Engineering for Gas Turbines and Power, Vol.115, pp.246-255, 1993.
22) Schneider, H., Balancing Technology, Schenck, 1991
(양보석역, 평형잡이 기술, 세종출판사, 1994).
23) 주호진, 유전알고리즘을 이용한 회전기계의 최적 현장평형잡이 및 Software의 개발, 석사학위논문, 부경대, 1996.
24) Darlow, M.S., Balancing of High-Speed Machinery, Springer-Verlag, 1989.
25) 양보석, 회전기계의 저진동설계 및 진동트러블 대책, 한국소음진동학회 일반기계분과 세미나 교재, 한국기계연구원, 2001. 4. 27.
26) Vance, J.M., Rotordynamics of Turbomachinery, John Wiley & Sons, 1998.

부록1

SI 단위

1. 표준 접두어

배수	명칭	기호
10^{12}	테라(Tera)	T
10^{9}	기가(Giga)	G
10^{6}	메가(Mega)	M
10^{3}	킬로(Kilo)	k
10^{2}	헥토(Hecto)	h
10^{1}	데카(Deca)	da
10^{-1}	데시(Deci)	d
10^{-2}	센티(Centi)	c
10^{-3}	밀리(Milli)	m
10^{-6}	마이크로(Micro)	μ
10^{-9}	나노(Nano)	n
10^{-12}	피코(Pico)	p

2. 단위 환산계수

길이	1 m = 3.28 ft = 39.4 in, 1 ft = 12 in = 0.305 m 1 in = 1000 mils = 25.4 mm = 2.54 cm 1 mils = 1 thou = 0.001 in = 25.4 μm, 1 μin = 0.0254 μm
속도	1 mm/s = 0.03937 in/s (IPS) 1 in/s = 1 IPS = 25.4 mm/s
가속도	1 g = 9806 mm/s^2 = 9.806 m/s^2 1 m/s^2 = 39.37 in/s^2
힘	1 N = 0.2248 lb = 1kg · m/s^2 1 lb = 16 oz = 4.448 N
질량	1 kg = 2.20 lb(파운드 질량) = 3.35 oz(온스 질량) = 0.06854 slug 1 g = 0.0353 oz = 0.564 dram 1 lb =16 oz = 0.454 kg, 1 oz = 16 dram 1 dram = 1.77 g, 1 slug = 14.59 kg
불평형	1 kg·mm = 0.0868 lb·in = 1.39 oz·in, 1 g·mm = 0.0222 dram·in 1 lb·in = 16 oz·in = 11.5 kg·mm 1 oz·in = 16 dram·in = 0.720 kg·mm, 1 dram·in = 45.0 g·mm
토크	1 N·m = 0.738 lb·ft, 1 lb·ft = 1.36 N·m
관성모멘트	1 kg·m^2 = 23.7 lb·ft^2 = 0.738 slug·ft^2 1 lb·ft^2 = 0.0421 kg·m^2, 1 slug·ft^2 = 1.36 kg·m^2
주파수	1 Hz = 1cps(c/s) = 1/60 cpm = $1/2\pi$ rad/s
강성계수	1 N/m = 10^{-3} N/mm = 5.706 lb/in
감쇠계수	1 N·s/m = 10^{-3} N·s/mm = 5.706 lb·s/in

부록2

유용한 공식 및 행렬의 정의

1. 일정단면 축의 굽힘 위험속도와 모드 형상

굽힘 위험속도: $\omega_i = \frac{\lambda_i^2}{L^2}\left(\frac{EI}{\rho}\right)^{1/2}$(rad/s),

$$f_i = \frac{\lambda_i^2}{2\pi L^2}\left(\frac{EI}{\rho}\right)^{1/2} \text{ (Hz)}$$

여기서 E: 종탄성계수($\mathrm{N/m^2}$), ρ: 질량밀도($\mathrm{kg/m^3}$), I: 면적관성모멘트 ($\mathrm{M^4}$)

경계 조건	λ_i, (i=1,2,⋯)	모드 형상	β_i, (i= 1,2,⋯)
1. Pinned-pinned 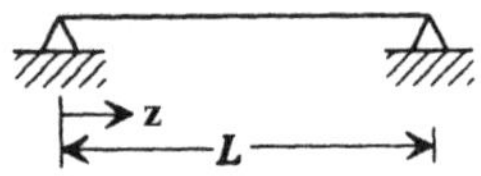	$i\pi$	$\sin \frac{i\pi x}{L}$	
2. Fixed-pinned 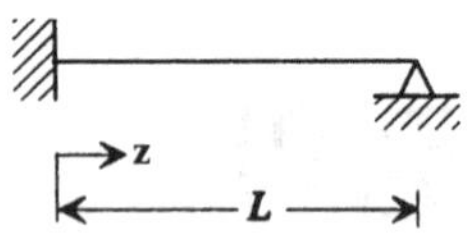	3.92660231 7.06858275 10.21017612 13.35176878 16.49336143 (4i+1) π /4, i >5	$\cosh \frac{\lambda_i x}{L} - \cos \frac{\lambda_i x}{L} - \beta_i \left(\sinh \frac{\lambda_i x}{L} - \sin \frac{\lambda_i x}{L} \right)$	$\frac{\cosh \lambda_i - \cos \lambda_i}{\sinh \lambda_i - \sin \lambda_i}$
3. Fixed-fixed 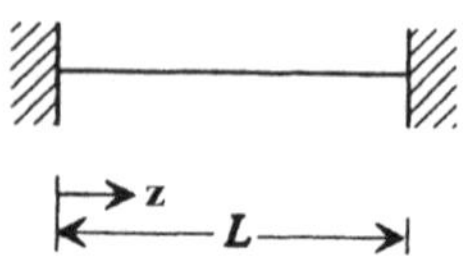	4.73004074 7.85320465 10.99560790 14.13716550 17.27875970 π (2i+1)/2, i >5	$\cosh \frac{\lambda_i x}{L} - \cos \frac{\lambda_i x}{L} - \beta_i \left(\sinh \frac{\lambda_i x}{L} - \sin \frac{\lambda_i x}{L} \right)$	$\frac{\cosh \lambda_i - \cos \lambda_i}{\sinh \lambda_i - \sin \lambda_i}$
4. Free-free 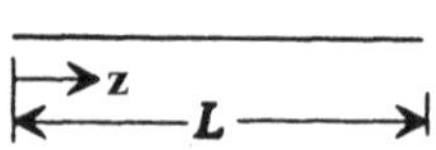	4.73004074 7.85320465 10.99560790 14.13716550 17.27875970 π (2i+1)/2, i >5	$\cosh \frac{\lambda_i x}{L} + \cos \frac{\lambda_i x}{L} - \beta_i \left(\sinh \frac{\lambda_i x}{L} + \sin \frac{\lambda_i x}{L} \right)$	$\frac{\cosh \lambda_i - \cos \lambda_i}{\sinh \lambda_i - \sin \lambda_i}$
5. Free-guided 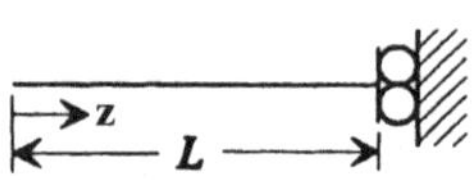	2.36502037 5.49780392 8.63937983 11.78097245 14.92256510 π (4i-1)/4, i >5	$\cosh \frac{\lambda_i x}{L} + \cos \frac{\lambda_i x}{L} - \beta_i \left(\sinh \frac{\lambda_i x}{L} + \sin \frac{\lambda_i x}{L} \right)$	$\frac{\sinh \lambda_i - \sin \lambda_i}{\cosh \lambda_i - \cos \lambda_i}$
6. Fixed-free 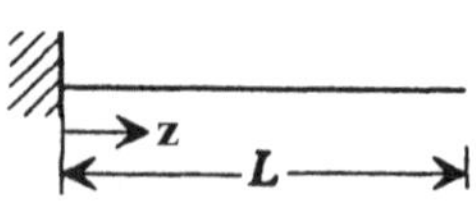	1.87510407 4.69409113 7.85475744 10.99554073 14.13716839 π (2i-1)/2, i >5	$\cosh \frac{\lambda_i x}{L} - \cos \frac{\lambda_i x}{L} - \beta_i \left(\sinh \frac{\lambda_i x}{L} - \sin \frac{\lambda_i x}{L} \right)$	Free-guided와 동일
7. Free-pinned 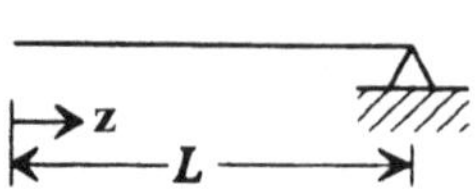	3.92660231 7.06858275 10.21017612 13.35176878 16.49336143 π (4i+1)/4, i >5	$\cosh \frac{\lambda_i x}{L} + \cos \frac{\lambda_i x}{L} - \beta_i \left(\sinh \frac{\lambda_i x}{L} + \sin \frac{\lambda_i x}{L} \right)$	Free-guided와 동일

경계 조건	λ_i, (i =1, 2,⋯)	모드 형상	β_i, (i = 1, 2, ⋯)
8. Fixed-guided 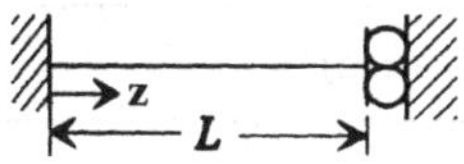	2.36502037 5.49780392 8.63937983 11.78097245 14.92256510 $\pi(4i-1)/4,\ i>5$	$\cosh\frac{\lambda_i x}{L}-\cos\frac{\lambda_i x}{L}-\beta_i\left(\sinh\frac{\lambda_i x}{L}-\sin\frac{\lambda_i x}{L}\right)$	Free-guided와 동일
9. Guided-pinned 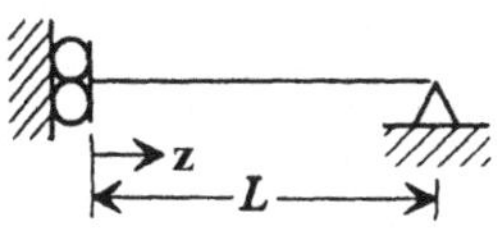	$\pi(2i-1)/2$	$\cos\frac{(2i-1)\pi x}{L}$	
10. Guided-guided 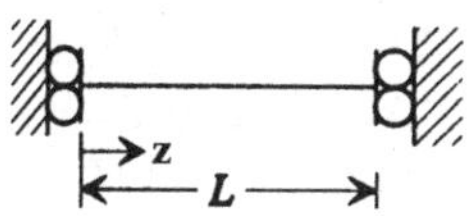	$i\pi$	$\cos\frac{i\pi x}{L}$	

2. 수평 단순회전체의 위험속도

분 류	개략도	위험속도 (rad/s)
1. 중앙 집중질량, 양단 단순지지	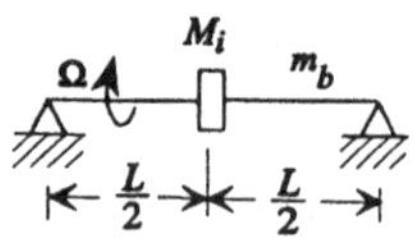	$\omega_{c1}=\left[\frac{48EI}{L^3(M_i+0.49m_b)}\right]^{1/2}$
2. 비중앙 집중질량, 양단 단순지지	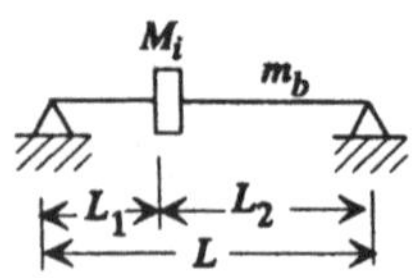	$\omega_{c1}=\left[\frac{3EIL}{L_1^2L_2^2\{M_i+(\alpha+\beta)m_b\}}\right]^{1/2}$ $\alpha=\frac{L_1}{L}\left[\frac{(2L_2+L_1)^2}{12L_2^2}+\frac{L_1^2}{28L_2^2}+\frac{L_1(2L_2+L_1)}{10L_2^2}\right.$ $\beta=\frac{L_2}{L}\left[\frac{(2L_1+L_2)^2}{12L_1^2}+\frac{L_2^2}{28L_1^2}+\frac{L_2(2L_1+L_2}{10L_1^2}\right.$
3. 내다지 회전체 (Overhung rotor)	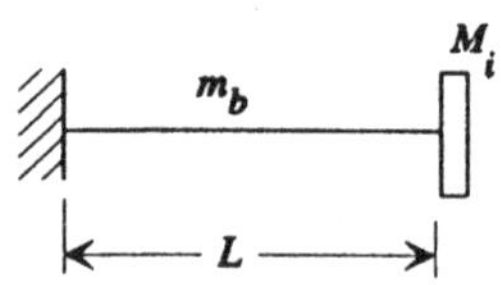	$\omega_{c1}=\left[\frac{3EI}{L^3(M_i+0.24m_b)}\right]^{1/2}$
4. 선형프스링이 부착된 내다지 회전체	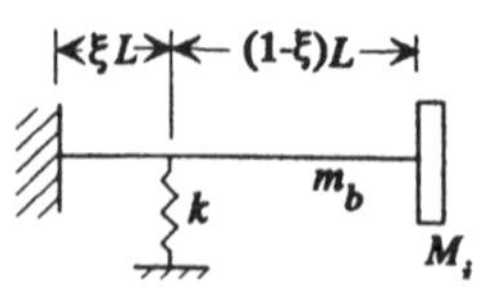	$\omega_{c1}=\left[\frac{3EI/(m_bL^3)}{1/(12.36236+3\xi\bar{k})+\bar{m}/(3+\bar{k})}\right]^{1/2}$ $\bar{m}=\frac{M_i}{m_b}\qquad\bar{k}=\frac{kL^3}{EI}$
5. 중앙 집중질량, 양단고정 지지	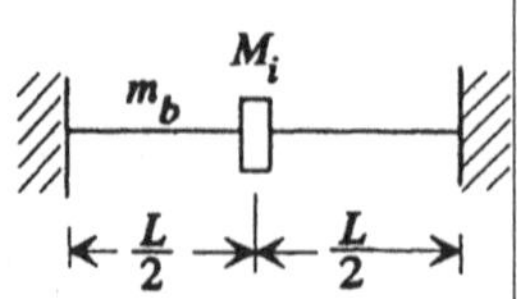	$\omega_{c1}=\left[\frac{192EI}{L^3(M_i+0.37m_b)}\right]^{1/2}$
6. 비중앙 집중질량, 양단고정 지지	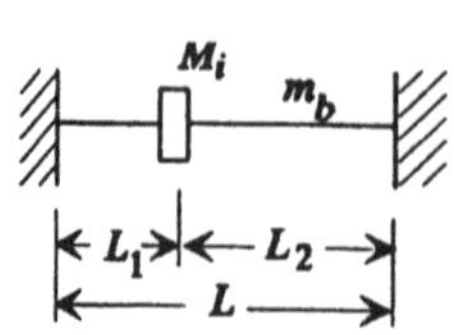	$\omega_{c1}=\left[\frac{3EIL^3}{L_1^3L_2^3\{M_i+(\alpha+\beta)m_b\}}\right]^{1/2}$ $\alpha=\frac{L_1}{L}\left[\frac{(3L_1+L_2)^2}{28L_2^2}+\frac{9L^2}{20L_2^2}+\frac{L(3L_1+L_2)}{4L_2^2}\right.$ $\beta=\frac{L_2}{L}\left[\frac{(3L_2+L_1)^2}{28L_1^2}+\frac{9L^2}{20L_1^2}+\frac{L(3L_2+L_1)}{4L_1^2}\right.$

분 류	개 략 도	위험속도 (rad/s)
7. 강성회전체, 양단 탄성지지	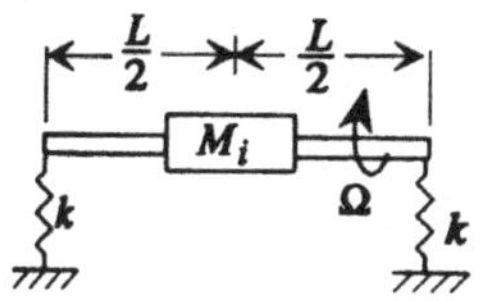	$\omega_{c1}=\omega_{c2}=\sqrt{\frac{2k}{M_i}}$ $\omega_{c3}=\frac{L_{pi}}{2I_{Ti}}\Omega+\sqrt{\frac{kL^2}{2I_{Ti}}+\left(\frac{I_{pi}}{2I_{Ti}}\Omega\right)^2}$ $\omega_{c4}=\frac{L_{pi}}{2I_{Ti}}\Omega-\sqrt{\frac{kL^2}{2I_{Ti}}+\left(\frac{I_{pi}}{2I_{Ti}}\Omega\right)^2}$
8. 강성회전체, 이방성(anisotropic) 베어링 지지	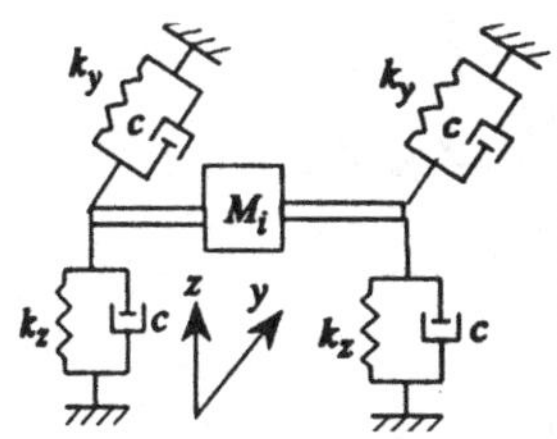	$\omega_{c1}=\left[\frac{2k_y}{M_i}+\frac{k_y}{\Delta k}\left(\frac{2c}{M_i}\right)^2\right]^{1/2}$ $\omega_{c2}=\left[\frac{2k_z}{M_i}+\frac{k_z}{\Delta k}\left(\frac{2c}{M_i}\right)^2\right]^{1/2}$ 여기서, $\Delta k=k_z-k_y$

<기호> ω_{cj} : 위험속도 (rad/s) (j = 1, 2, 3, 4)

M_i : 집중질량 (kg)

m_b : 축 질량 (kg)

I_{Ti} : 집중질량 관성모멘트 (kg · m²)

I_{pi} : 집중질량 극관성모멘트 (kg · m^2)

Ω : 회전 각속도 (rad/s)

I : 단면 관성모멘트 (m^4)

E : 종탄성 계수 (N/m^2)

3. 단순 수직 회전체의 굽힘 위험속도

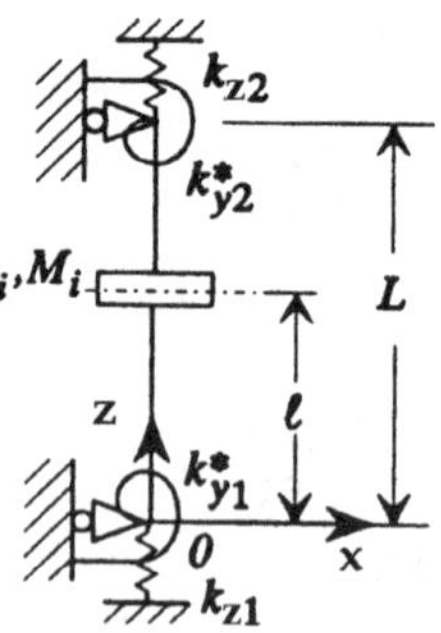

<기호>　A: 단면적, A_s: 등가 전단 면적($A_s = A/\alpha_s$), α_s: 전단 보정 요소, E: 종탄성 계수, G: 전단 탄성계수, g: 중력가속도, I: 축 횡단면적의 관성모멘트, I_{Ti}: 횡 집중질량 관성모멘트, k_{x1}, k_{x2}: 선형 스프링 상수, k^*_{y1}, k^*_{y2}: 회전 스프링 상수, M_i: 집중질량, ω_c: 위험속도, ρ^*: 단위 체적당 축의 질량.

1) 진동수방정식

위험속도는 진동수 방정식인 다음의 행렬식이 0일때의 근이다. 단, 이 식에서는 회전체의 자이로스코프 효과는 고려하지 않았다.

$$
\Delta(\omega) = \begin{vmatrix}
0 & 1 & 0 & 1 & 0 & 0 & 0 & 0 \\
a_{21} & a_{22} & a_{23} & a_{24} & 0 & 0 & 0 & 0 \\
a_{31} & a_{32} & a_{33} & a_{34} & a_{35} & a_{36} & a_{37} & a_{38} \\
a_{41} & a_{42} & a_{43} & a_{44} & a_{45} & a_{46} & a_{47} & a_{48} \\
a_{51} & a_{52} & a_{53} & a_{54} & a_{55} & a_{56} & a_{57} & a_{58} \\
a_{61} & a_{62} & a_{63} & a_{64} & a_{65} & a_{66} & a_{67} & a_{68} \\
0 & 0 & 0 & 0 & a_{75} & a_{76} & a_{77} & a_{78} \\
0 & 0 & 0 & 0 & a_{85} & a_{86} & a_{87} & a_{88}
\end{vmatrix} = 0
$$

이 행렬식 내의 각 요소 $a_{ij}(i, j = 1 \sim 8)$는 다음과 같이 정의된다.

$$a_{21} = \frac{k^*_{y1}L}{EI}\gamma_1,\ a_{22} = \alpha_1\gamma_1,\ a_{23} = \frac{k^*_{y1}L}{EI}\delta_1,\ a_{24} = -\beta_1\delta_1,\ a_{31} = \sin(\alpha_1 l/L),$$

$$a_{32} = \cos(\alpha_1 l/L),\ a_{33} = \sinh(\beta_1 l/L),\ a_{34} = \cosh(\beta_1 l/L),\ a_{35} = -\sin(\alpha_2/L),$$

$$a_{36} = -\cos(\alpha_2/L),\ a_{37} = -\sinh(\beta_2 l/L),\ a_{38} = -\cosh(\beta_2 l/L),\ a_{41} = \gamma_1 a_{32},$$

$$a_{42} = -\gamma_1 a_{31},\ a_{43} = \delta_1 a_{34},\ a_{44} = \delta_1 a_{33},\ a_{45} = \gamma_2 a_{36},\ a_{46} = -\gamma_2 a_{35},\ a_{47} = \delta_2 a_{38},$$

$$a_{48} = \delta_2 a_{37},\ a_{51} = \frac{M_i L}{GA_s}\omega_c^2 a_{31} + \left[\left(1 + \frac{P_1}{GA_s}\right)\gamma_1 - \alpha_1\right] a_{32},$$

$$a_{52} = \frac{M_i L}{GA_s}\omega_c^2 a_{32} - \left[\left(1 + \frac{P_1}{GA_s}\right)\gamma_1 + \alpha_1\right] a_{31},$$

$$a_{53} = \frac{M_i L}{GA_s}\omega_c^2 a_{33} + \left[\left(1 + \frac{P_1}{GA_s}\right)\gamma_1 - \alpha_1\right] a_{34},$$

$$a_{54} = \frac{M_i L}{GA_s}\omega_c^2 a_{34} + \left[\left(1 + \frac{P_1}{GA_s}\right)\gamma_1 - \alpha_1\right] a_{33},\ a_{55} = \left(1 - \frac{P_2}{GA_s}\right)a_{45} - \alpha_2 a_{36},$$

$$a_{56} = \left(1 - \frac{P_2}{GA_s}\right)a_{46} + \alpha_2 a_{35},\quad a_{57} = \left(1 - \frac{P_2}{GA_s}\right)a_{47} - \beta_2 a_{38},$$

$$a_{58} = \left(1 - \frac{P_2}{GA_s}\right)a_{48} - \beta_2 a_{37},$$

$$a_{61} = \frac{I_{Ti}L}{EI}\omega_c^2 a_{41} - \alpha_1 a_{42},\ a_{62} = \frac{I_{Ti}L}{EI}\omega_c^2 a_{42} + \alpha_1 a_{41},\ a_{63} = \frac{I_{Ti}L}{EI}\omega_c^2 a_{43} - \beta_1 a_{44},$$

$$a_{64} = \frac{I_{Ti}L}{EI}\omega_c^2 a_{44} - \beta_1 a_{43},\ a_{65} = -\alpha_2 a_{46},\ a_{66} = \alpha_2 a_{45},\ a_{67} = -\beta_2 a_{48},$$

$$a_{86} = -\beta_2 a_{47},\ a_{75} = \sin\alpha_2,\ a_{76} = \cos\alpha_2,\ a_{77} = \sinh\beta_2,\ a_{78} = \cosh\beta_2,$$

$$a_{88} = \frac{k^*_{y2}L}{EI}\delta_2 a_{77} + \delta_2\beta_2 a_{78},\quad a_{85} = \frac{k_y^{*2}L}{EI}\gamma_2 a_{76} - \gamma_2\alpha_2 a_{75},$$

$$a_{86} = -\frac{k^*_{y2}L}{EI}\gamma_2 a_{75} - \gamma_2\alpha_2 a_{76},$$

$$a_{87} = \frac{k^*_{y2}L}{EI}\delta_2 a_{78} + \delta_2\beta_2 a_{77}$$

여기서, $\gamma_j = \dfrac{\alpha_j^2 - \rho^* AL^2\omega_c^2/GA_s}{(1 + P/GA_s)\alpha_j}$ $(j = 1,\ 2)$, $\delta_j = \dfrac{\beta_j^2 + \rho^* AL^2\omega_c^2/GA_s}{(1 + P/GA_s)\beta_j}$ $(j = 1,\ 2)$,

$$P_1 = M_i g[k_{x1}k_{x2}(L - l) + k_{x1}EA]/[k_{x1}k_{x2}L + (k_{x1} + k_{x2})EA],$$

$$P_2 = M_i g[k_{x1}k_{x2}l + k_{x2}EA]/[k_{x1}k_{x2}L + (k_{x1} + k_{x2})EA],$$

$$P = \begin{cases} P_1 & (j = 1) \\ -P_2 & (j = 2) \end{cases}$$

상수 α_j와 β_j $(j = 1,2)$는 다음 식에 의해 결정된다.

$$\alpha_j^2 - \beta_j^2 = \left(\frac{1}{EA} + \frac{1}{GA_s}\right)\rho^* AL^2\omega_c^2 + \left(1 + \frac{P}{GA_s}\right)\frac{PL^2}{EI}$$

$$\alpha_j^2\beta_j^2 = \frac{\rho^* AL^4}{EI}\omega_c^2\left[\left(1 + \frac{P}{GA_s}\right) - \frac{\rho^* I}{GA_s}\omega_c^2\right]$$

부표 3.1 / 지지조건에 따른 강성계수 $k_{x1}, \cdots, k^*_{y2}$

	Case 1	Case 2	Case 3	Case 4	Case 5	Case 6
	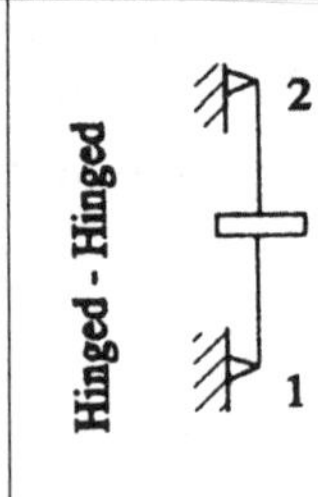	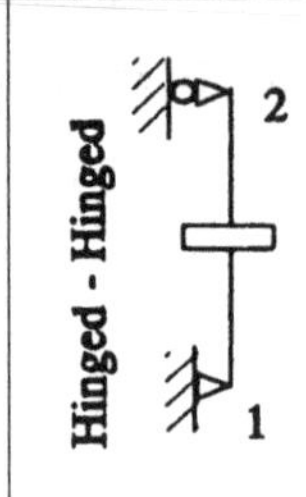	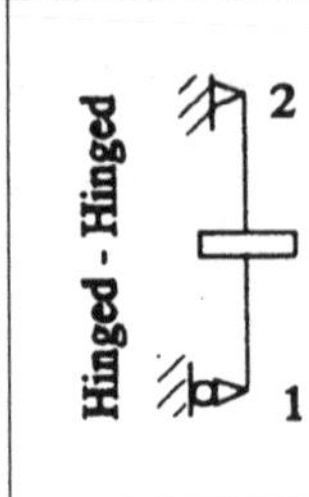	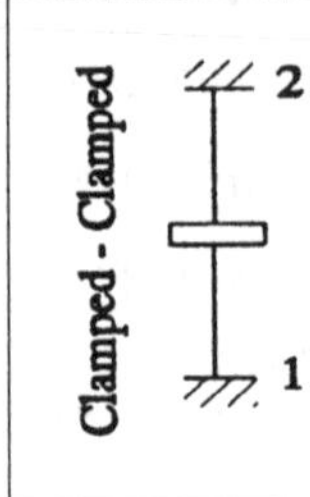	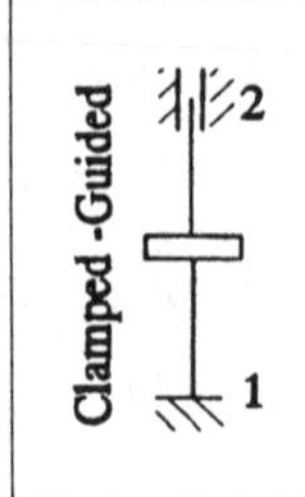	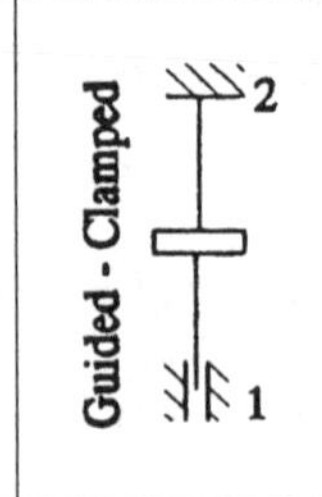
k_{x1}	∞	∞	0	∞	∞	0
k_{x2}	∞	0	∞	∞	0	∞
k^*_{y1}	0	0	0	∞	∞	∞
k^*_{y2}	0	0	0	∞	∞	∞

단, case 2와 3은 수직방향(축방향)의 운동을 허용한다.

4. 베어링계의 전달행렬

1) 상태량벡터 $\boldsymbol{z}$와 전달행렬 $\boldsymbol{T}_i$

$$
\boldsymbol{z} = \begin{bmatrix} W_x^s \\ \Theta_y^s \\ V_x^s \\ M_y^s \\ W_x^c \\ \Theta_y^c \\ V_x^c \\ M_y^c \\ W_y^s \\ \Theta_x^s \\ V_y^s \\ M_x^s \\ W_y^c \\ \Theta_x^c \\ V_y^c \\ M_x^c \\ 1 \end{bmatrix}
\quad
\boldsymbol{T}_i = \left[\begin{array}{cccc:cccc:cccc:cccc:c}
1 &&&&&&&&&&&&&&&& \\
& 1 &&&&&&&&&&&&&&& \\
k'_{xx} && 1 && -\omega c'_{xx} &&&& k'_{xy} &&&& -\omega c'_{xy} &&&& \\
& k^{*\prime}_{xx} && 1 && -\omega c^{*\prime}_{xx} &&&& k^{*\prime}_{xy} &&&& -\omega c^{*\prime}_{xy} &&& \\
\hdashline
&&&& 1 &&&&&&&&&&&& \\
&&&&& 1 &&&&&&&&&&& \\
\omega c'_{xx} &&&& k'_{xx} && 1 && \omega c'_{xy} &&&& k'_{xy} &&&& \\
& \omega c^{*\prime}_{xx} &&&& k^{*\prime}_{xx} && 1 && \omega c^{*\prime}_{xy} &&&& k^{*\prime}_{xy} &&& \\
\hdashline
&&&&&&&& 1 &&&&&&&& \\
&&&&&&&&& 1 &&&&&&& \\
k'_{yx} &&&& -\omega c'_{yx} &&&& k'_{yy} && 1 && -\omega c'_{yy} &&&& \\
& k^{*\prime}_{yx} &&&& -\omega c^{*\prime}_{yx} &&&& k^{*\prime}_{yy} && 1 && -\omega c^{*\prime}_{yy} &&& \\
\hdashline
&&&&&&&&&&&& 1 &&&& \\
&&&&&&&&&&&&& 1 &&& \\
\omega c'_{yx} &&&& k'_{yx} &&&& \omega c'_{yy} &&&& k'_{yy} && 1 && \\
& \omega c^{*\prime}_{yx} &&&& k^{*\prime}_{yx} &&&& \omega c^{*\prime}_{yy} &&&& k^{*\prime}_{yy} && 1 & \\
\hdashline
&&&&&&&&&&&&&&&& 1
\end{array}\right]
$$

주) 어깨글자 s는 sine 항, c는 cosine 항을 의미하고, 모든 공란 부분의 요소 값은 0을 의미한다.

2) 기호 설명

c_{ij} : 베어링의 병진 감쇠계수($i,\ j = y,\ z$), c^*_{ij} : 베어링의 회전 감쇠계수, k_{ij} : 베어링의 병진 강성계수, k^*_{ij} : 베어링의 회전 강성계수, ω : 베어링 저널의 휘돌림주파수.

3) 강성계수와 감쇠계수의 표현

베어링의 감쇠 및 강성계수는 지지 모델에 따라 다음 부표 4.1과 같이 나타낼 수 있다. 전달행렬 $\boldsymbol{T}_i$내의 $k^{*\prime}_{yy}$, $k^{*\prime}_{yx}$, $k^{*\prime}_{xy}$, $k^{*\prime}_{xx}$, $c^{*\prime}_{yy}$, $c^{*\prime}_{yx}$, $c^{*\prime}_{xy}$, $c^{*\prime}_{xx}$의 값은 아래의 식에서 정의하는 병진베어링계수 k_{yy}, k_{yx}, $\cdots$, c_{yy}, c_{yx}, $\cdots$를 대응하는 회전베어링계 k^*_{yy}, k^*_{yx}, $\cdots$, c^*_{yy}, c^*_{yx}, $\cdots$로 각각 대치시키면 얻어진다. 부표 4.1내의 계수의 정의는 다음과 같다.

$$\lambda_{oj} = k_{jj}(\bar{k}_{jj} - M_{ji}\omega^2)/(k_{jj} + \bar{k}_{jj} - M_{ji}\omega^2),$$

$$\lambda_{2j} = (k_{jj} + \bar{k}_{jj} - M_{ji}\omega^2)^2 + \omega^2(\bar{c}_{jj} + c_{jj})^2$$

$$\lambda_{1j} = \lambda_{0j} + \omega^2(k_{jj}\bar{c}_{jj}^2 + \bar{k}_{jj}c_{jj}^2) - \omega^4 c_{jj}^2 M_{ji},$$

$$\lambda_{3j} = c_{jj}(\bar{k}_{jj} - M_{ji}\omega^2) + \omega^2(c^2_{jj}\bar{c}_{jj} + c_{jj}\bar{c}_{jj}^2) + \bar{c}_{jj}k_{jj}^2 \quad (j = x, y)$$

$$k'_{xx} = \frac{1}{d_1^2 + \omega^2 d_2^2}(h_1 d_1 + \omega^2 h_2 d_2), \quad k'_{xy} = \frac{1}{d_1^2 + \omega^2 d_2^2}(h_3 d_1 + \omega^2 h_4 d_2),$$

$$k'_{yx} = \frac{1}{d_1^2 + \omega^2 d_2^2}(h_5 d_1 + \omega^2 h_6 d_2), \quad k'_{yy} = \frac{1}{d_1^2 + \omega^2 d_2^2}(h_7 d_1 + \omega^2 h_8 d_2),$$

$$c'_{xx} = \frac{1}{d_1^2 + \omega^2 d_2^2}(h_2 d_1 - h_1 d_2), \quad c'_{xy} = \frac{1}{d_1^2 + \omega^2 d_2^2}(h_4 d_1 - h_3 d_2),$$

$$c'_{yx} = \frac{1}{d_1^2 + \omega^2 d_2^2}(h_6 d_1 - h_5 d_2), \quad c'_{yy} = \frac{1}{d_1^2 + \omega^2 d_2^2}(h_8 d_1 - h_7 d_2),$$

$$d_1 = (e_1 e_4 - e_3 e_2) - \omega^2(f_1 f_4 - f_3 f_2), \quad d_2 = (e_1 f_4 - e_3 f_2) + (e_4 f_1 - e_2 f_3),$$

$$h_1 = (\bar{k}_x g_1 - \bar{k}_{xy} g_5) - \omega^2(\bar{c}_{xx} g_2 - \bar{c}_{xy} g_6), \quad h_2 = (\bar{k}_x g_2 + \bar{k}_{xy} g_6) + (\bar{c}_{xx} g_1 + \bar{c}_{xy} g_5),$$

$$h_3 = (\bar{k}_x g_3 + \bar{k}_{xy} g_7) - \omega^2(\bar{c}_{xx} g_4 + \bar{c}_{xy} g_8),$$

$$h_4 = (\bar{k}_x g_4 + \bar{k}_{xy} g_8) + (\bar{c}_{xx} g_3 + \bar{c}_{xy} g_7),$$

$$h_5 = (\bar{k}_{yx} g_1 + \bar{k}_y g_5) - \omega^2(\bar{c}_{yx} g_2 + \bar{c}_{yy} g_6),$$

$$h_6 = (\bar{k}_{yx} g_2 + \bar{k}_y g_6) + (\bar{c}_{yx} g_1 + \bar{c}_{yy} g_5),$$

$$h_7 = (\bar{k}_{yx} g_3 + \bar{k}_y g_7) - \omega^2(\bar{c}_{yx} g_4 + \bar{c}_{yy} g_8),$$

$$h_8 = (\bar{k}_{yx} g_4 + \bar{k}_y g_8) + (\bar{c}_{yx} g_3 + \bar{c}_{yy} g_7),$$

$$\bar{k}_x = -\omega^2 M_{xi} + \bar{k}_{xx}, \quad \bar{k}_y = -\omega^2 M_{yi} + \bar{k}_{yy}, \quad g_1 = (e_4 k_{xx} - e_2 k_{yx}) - \omega^2(f_4 c_{xx} - f_2 c_{yx}),$$

$$g_2 = (e_4 c_{xx} - e_2 c_{yx}) + (f_4 k_{xx} - f_2 k_{yx}), \quad g_3 = (e_4 k_{xy} - e_2 k_{yy}) - \omega^2(f_4 c_{xy} - f_2 c_{yy}),$$

$$g_4 = (e_4 c_{xy} - e_2 c_{yy}) + (f_4 k_{xy} - f_2 k_{yy}), \quad g_5 = (-e_3 k_{xx} + e_1 k_{yx}) - \omega^2(-f_3 c_{xx} + f_1 c_{yx}),$$

$$g_6 = (-e_3 c_{xx} + e_1 c_{yx}) + (-f_3 k_{xx} + f_1 k_{yx}), \quad g_7 = (-e_3 k_{xy} + e_1 k_{yy}) - \omega^2(-f_3 c_{xy} + f_1 c_{yy}),$$

$$g_8 = (-e_3 c_{xy} + e_1 c_{yy}) + (-f_3 k_{xy} + f_1 k_{yy}),$$

$$f_1 = \bar{c}_{xx} + c_{xx}, \quad f_2 = \bar{c}_{xy} + c_{xy}, \quad f_3 = \bar{c}_{yx} + c_{yx}, \quad f_4 = \bar{c}_{yy} + c_{yy},$$

$$e_1 = -\omega^2 M_{xi} + \bar{k}_{xx} + k_{xx}, \quad e_2 = \bar{k}_{xy} + k_{xy}, \quad e_3 = \bar{k}_{yx} + k_{yx}, \quad e_4 = -\omega^2 M_{yi} + \bar{k}_{yy} + k_{yy}$$

부표 4.1 / 지지모델에 따른 베어링의 강성 및 감쇠계수의 표현

지지 모델	모델 개략도	k'_{xx}	k'_{xy}	k'_{yx}	k'_{yy}	c'_{xx}	c'_{xy}	c'_{yx}	c'_{yy}
이방성 스프링 지지	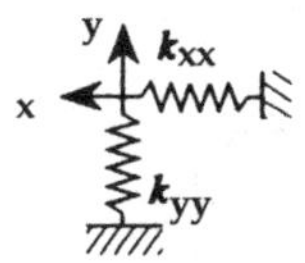	k_{xx}	0	0	k_{yy}	0	0	0	0
이방성 감쇠기 지지	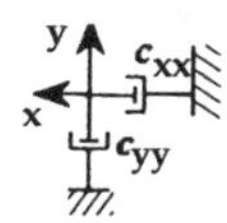	0	0	0	0	c_{xx}	0	0	c_{yy}
이방성 스프링, 감쇠기 지지	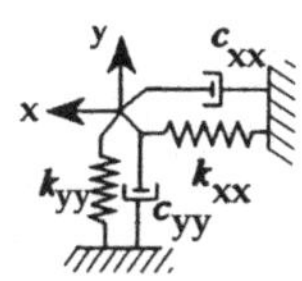	k_{xx}	0	0	k_{yy}	c_{xx}	0	0	c_{yy}
이방성 스프링지지 지지대질량 고려	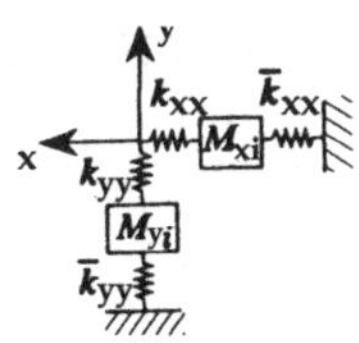	λ_{0x}	0	0	λ_{0y}	0	0	0	0
이방성 스프링, 감쇠기 지지대질량 고려	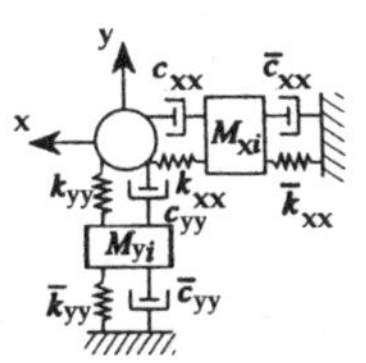	$\frac{\lambda_{1x}}{\lambda_{2x}}$	0	0	$\frac{\lambda_{1y}}{\lambda_{2y}}$	$\frac{\lambda_{3x}}{\lambda_{2x}}$	0	0	$\frac{\lambda_{3y}}{\lambda_{2y}}$
완전 모델	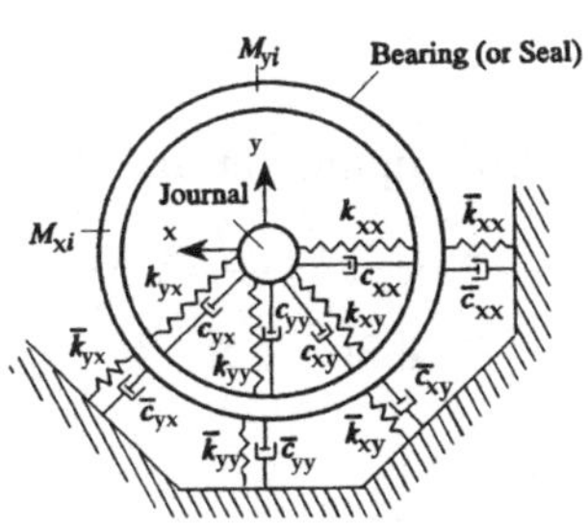	k'_{xx}	k'_{xy}	k'_{yx}	k'_{yy}	c'_{xx}	c'_{xy}	c'_{yx}	c'_{yy}

5. 등방성 베어링계의 전달행렬

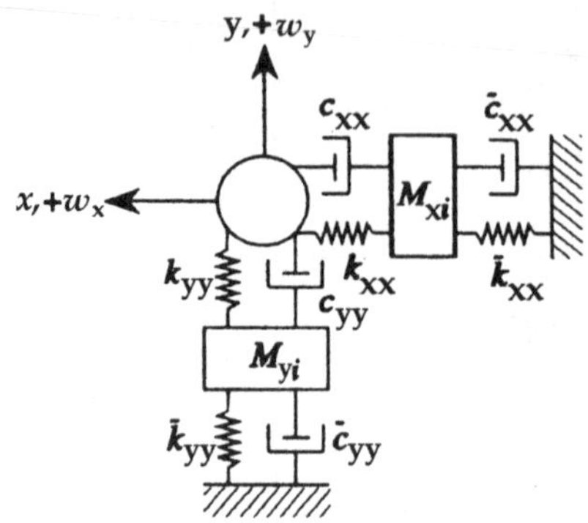

1) 전달방정식: $z_b = T_i z_a$

2) 상태량벡터: $z = [\ w\ \Theta\ \ V\ \ M\ \ 1]^T$

여기서, $w = x + iy$, $\Theta = \Theta_x + i\Theta_y$, $V = V_x + iV_y$, $M = M_y + iM_x$

3) 전달행렬

$$T_i = \begin{bmatrix} 1 & 0 & 0 & 0 & 0 \\ 0 & 1 & 0 & 0 & 0 \\ -z_i & 0 & 1 & 0 & 0 \\ 0 & 0 & 0 & 1 & 0 \\ 0 & 0 & 0 & 0 & 1 \end{bmatrix}$$

여기서, $z_i = \dfrac{(k+sc)(\bar{k}+s\bar{c}+s^2M_i)}{k+sc+\bar{k}+s\bar{c}+s^2M_i}$

$k = k_{xx} = k_{yy}$, $c = c_{xx} = c_{yy}$, $\bar{k} = \bar{k}_{xx} = \bar{k}_{yy}$, $\bar{c} = \bar{c}_{xx} = \bar{c}_{yy}$, $M_i = M_{xi} = M_{yi}$

4) 기호 설명

Ω : 회전체의 회전각속도, λ_n : 감쇠비(damping ratio), M_{xi}, M_{yi} : 베어링 지지대(pedestal)의 질량, ω_n : 비감쇠 위험속도, k_{ij}, $c_{ij}(i, j = x, y)$: 베어링의 강성 및 감쇠계수, $\bar{k}_{ij}$, $\bar{c}_{ij}$ $(i, j = x, y)$: 베어링지지대의 강성 및 감쇠계수, 그리고 s는 다음과 같이 정의된다.

$s = i\Omega$: 불평형응답의 경우
$s = i\omega_n$: 비감쇠위험속도의 경우
$s = \lambda_r + i\lambda_i$: 안정성해석 또는 감쇠자유진동의 경우

6. 원추형 중공축 요소의 질량, 자이로스코프 및 강성행렬

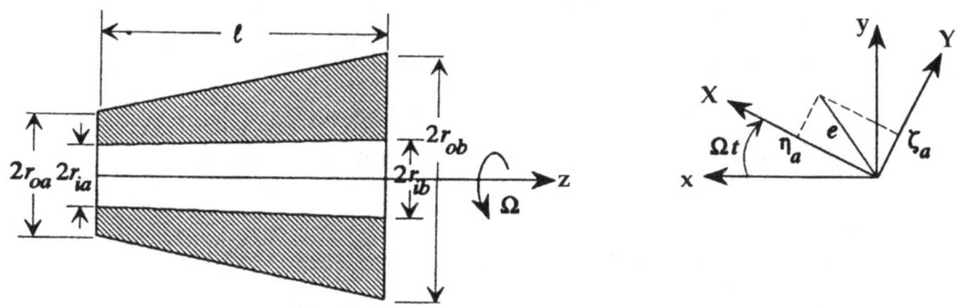

1) 운동방정식: $(M_t + M_r)\ddot{q} - \Omega G\dot{q} + Kq = p_c\cos\Omega t + p_s\sin\Omega t$

$$q = [\, w_{xa} \quad w_{ya} \quad \Theta_{xa} \quad \Theta_{ya} \quad w_{xb} \quad w_{yb} \quad \Theta_{xb} \quad \Theta_{yb}]^T$$

2) 요소 행렬

(1) 병진 질량행렬(대칭행렬): M_t

$m_t(1,1) = m_t(2,2) = a(134,784 + 31,104a_1 + 10,944a_2)$

$m_t(4,1) = -m_t(3,2) = al(19,008 + 6048a_1 + 2448a_2)$

$m_t(5,1) = m_t(6,2) = a(46,656 + 23,328a_1 + 13,248a_2)$

$m_t(7,2) = -m_t(8,1) = al(11,232 + 5184a_1 + 2736a_2)$

$m_t(3,3) = m_t(4,4) = al^2(3456 + 1296a_1 + 576a_2)$

$m_t(6,3) = -m_t(5,4) = -al(11,232 + 6048a_1 + 3600a_2)$

$m_t(7,3) = m_t(8,4) = -al^2(2592 + 1296a_1 + 720a_2)$

$m_t(5,5) = m_t(6,6) = a(134,784 + 103,680a_1 + 83,520a_2)$

$m_t(8,5) = -m_t(7,6) = -al(19,008 + 12,960a_1 + 9360a_2)$

$m_t(7,7) = m_t(8,8) = \alpha l^2(3456 + 2160\alpha_1 + 1440\alpha_2)$

(2) 회전 질량행렬(대칭행렬): M_r

$m_r(1,1) = m_r(2,2) = \beta(435,456 + 217,728\delta_1 + 124,416\delta_2 + 77,760\delta_3 + 51,840\delta_4)$

$m_r(4,1) = -m_r(3,2) = \beta l(36,288 + 36,288\delta_1 + 25,920\delta_2 + 18,144\delta_3 + 12,960\delta_4)$

$m_r(8,1) = -m_r(7,2) = \beta l(36,288 - 10,368\delta_2 - 12,960\delta_3 - 12,960\delta_4)$

$m_r(3,3) = m_r(4,4) = \beta l^2(48,684 + 12,096\delta_1 + 6912\delta_2 + 4752\delta_3 + 3456\delta_4)$

$m_r(7,3) = m_r(4,4) = -\beta l^2(12,096 + 6048\delta_1 + 5184\delta_2 + 4752\delta_3 + 4320\delta_4)$

$m_r(7,7) = m_r(8,8) = \beta l^2(48,384 + 36,288\delta_1 + 31,104\delta_2 + 28,080\delta_3 + 25,920\delta_4)$

$m_r(5,1) = m_r(6,2) = -m_r(5,5) = -m_r(6,6) = -m_r(1,1)$

$m_r(6,3) = -m_r(5,4) = m_r(4,1),\ \ m_r(8,5) = -m_r(7,6) = -m_r(8,1)$

(3) 자이로스코프 행렬(의대칭행렬): G

$g(2,1) = \beta(870,912 + 435,456\delta_1 + 248,832\delta_2 + 155,520\delta_3 + 103,680\delta_4)$

$g(3,1) = -\beta l(72,576 + 72,576\delta_1 + 51,840\delta_2 + 36,288\delta_3 + 25,920\delta_4)$

$g(7,1) = -\beta l(72,576 - 20,736\delta_2 - 25,920\delta_3 - 25,920\delta_4)$

$g(4,3) = \beta l^2(96,768 + 24,192\delta_1 + 13,824\delta_2 + 9504\delta_3 + 6912\delta_4)$

$g(8,3) = -\beta l^2(24,192 + 12,096\delta_1 + 10,368\delta_2 + 9504\delta_3 + 8640\delta_4)$

$g(8,7) = \beta l^2(96,768 + 72,576\delta_1 + 62,208\delta_2 + 56,160\delta_3 + 51,840\delta_4)$

$g(6,1) = -g(5,2) = -g(6,5) = -g(2,1),\ \ g(4,2) = g(5,3) = g(6,4) = g(3,1),$

$g(8,2) = -g(7,5) = -g(8,6) = g(7,1),\ \ g(7,4) = -g(8,3)$

(4) 강성행렬(대칭행렬): K

$k(1,1) = \gamma(60,480 + 30,240\delta_1 + 24,192\delta_2 + 21,168\delta_3 + 19,008\delta_4)$

$k(4,1) = \gamma l(30,240 + 10,080\delta_1 + 7056\delta_2 + 6048\delta_3 + 5472\delta_4)$

$k(8,1) = \gamma l(30,240 + 20,160\delta_1 + 17,136\delta_2 + 15,120\delta_3 + 13,536\delta_4)$

$k(3,3) = k(4,4) = \gamma l^2(20,160 + 5040\delta_1 + 2688\delta_2 + 2016\delta_3 + 1728\delta_4)$

$k(7,3) = k(8,4) = \gamma l^2(10,080 + 5040\delta_1 + 4368\delta_2 + 4032\delta_3 + 3744\delta_4)$

$k(7,7) = k(8,8) = \gamma l^2(20,160 + 15,120\delta_1 + 12,768\delta_2 + 11,088\delta_3 + 9792\delta_4)$

$k(5,1) = k(6,2) = -k(2,2) = -k(5,5) = -k(6,6) = -k(1,1)$

$k(3,2) = k(5,4) = -k(6,3) = -k(4,1),\ k(7,2) = k(8,5) = -k(7,6) = -k(8,1)$

(5) 불평형력 벡터: p_c, p_s

$p_c(1) = m\eta_a(1764 + 420\alpha_1 + 156\alpha_2) + m\eta_b(756 + 336\alpha_1 + 156\alpha_2)$

$p_c(2) = m\zeta_a(1764 + 420\alpha_1 + 156\alpha_2) + m\zeta_b(756 + 336\alpha_1 + 156\alpha_2)$

$p_c(3) = -ml\zeta_a(252 + 84\alpha_1 + 36\alpha_2) - ml\zeta_b(168 + 84\alpha_1 + 48\alpha_2)$

$p_c(4) = ml\eta_a(252 + 84\alpha_1 + 36\alpha_2) + ml\eta_b(168 + 84\alpha_1 + 48\alpha_2)$

$p_c(5) = m\eta_a(756 + 420\alpha_1 + 264\alpha_2) + m\eta_b(1764 + 1344\alpha_1 + 1080\alpha_2)$

$p_c(6) = m\zeta_a(756 + 420\alpha_1 + 264\alpha_2) + m\zeta_b(1764 + 1344\alpha_1 + 1080\alpha_2)$

$p_c(7) = ml\zeta_a(168 + 84\alpha_1 + 48\alpha_2) + ml\zeta_b(252 + 168\alpha_1 + 120\alpha_2)$

$p_c(8) = -ml\eta_a(168 + 84\alpha_1 + 48\alpha_2) - ml\eta_b(252 + 168\alpha_1 + 120\alpha_2)$

$p_s(1) = -p_c(2),\ \ p_s(3) = -p_c(4),\ \ p_s(2) = p_c(1),\ \ p_s(4) = p_c(3),\ \ p_s(5) = -p_c(6),$

$p_s(7) = -p_c(8),\ \ p_s(6) = p_c(5),\ \ p_s(8) = p_c(7)$

여기서,

$A_a\ (=\pi(r_{oa}^2 - r_{ia}^2))$: 요소의 왼쪽 끝부분에서의 단면적(cross-sectional area),

$I_a\ (=\rho^* A_a(\pi/4)(r_{oa}^2 - r_{ia}^2))$: 요소의 왼쪽 끝부분에서의 회전 질량 모멘트,

$r_a^2\ (=I_a/A_a)$: 요소의 왼쪽 끝부분에서의 질량 모멘트의 회전 반경,

$r_i\ (= r_{ia}[1+(\varepsilon-1)\xi])$: 요소의 x방향에서의 내경,

$r_o\ (= r_{oa}[1+(\sigma-1)\xi])$: 요소의 x방향에서의 외경,

ρ^*: 단위 체적당 질량, Ω: 회전각속도, $\xi = x/l$, $\varepsilon = r_{ib}/r_{ia}$, $\sigma = r_{ob}/r_{oa}$, e: 질량 중심의 편심, $(\eta_a, \zeta_a), (\eta_a, \zeta_a)$: $x = a$, $x = b$에서 질량중심의 편심, 각각에서 어깨글자: s는 sine; c는 cosine 요소

$\alpha_1 = 2[r_{oa}^2(\sigma-1) - r_{ia}^2(\varepsilon-1)]/(r_{oa}^2 - r_{ia}^2)$, $\alpha_2 = [r_{oa}^2(\sigma-1)^2 - r_{ia}^2(\varepsilon-1)^2]/(r_{oa}^2 - r_{ia}^2)$,

$\alpha = \rho^* A_a l/362,880$, $\beta = \rho^* I_a/(362,880\,l)$, $\gamma = EI_a/(5040\,l^3)$, $m = \rho^* A_a \Omega^2/5040$,

$\delta_1 = 4[r_{oa}^2(\sigma-1) - r_{ia}^2(\varepsilon-1)]/(r_{oa}^4 - r_{ia}^4)$, $\delta_2 = 6[r_{oa}^4(\sigma-1)^2 - r_{ia}^4(\varepsilon-1)^2]/(r_{oa}^4 - r_{ia}^4)$,

$\delta_3 = 4[r_{oa}^4(\sigma-1)^3 - r_{ia}^4(\varepsilon-1)^3]/(r_{oa}^4 - r_{ia}^4)$, $\delta_4 = [r_{oa}^4(\sigma-1)^4 - r_{ia}^4(\varepsilon-1)^4]/(r_{oa}^4 - r_{ia}^4)$

7. 나선형상 축 요소의 질량, 자이로스코프 및 강성행렬

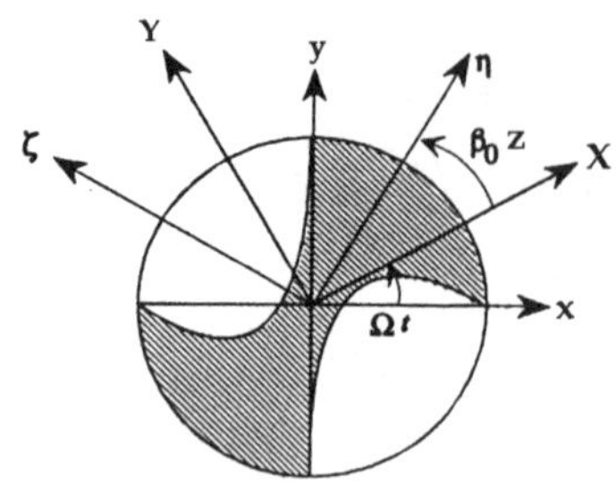

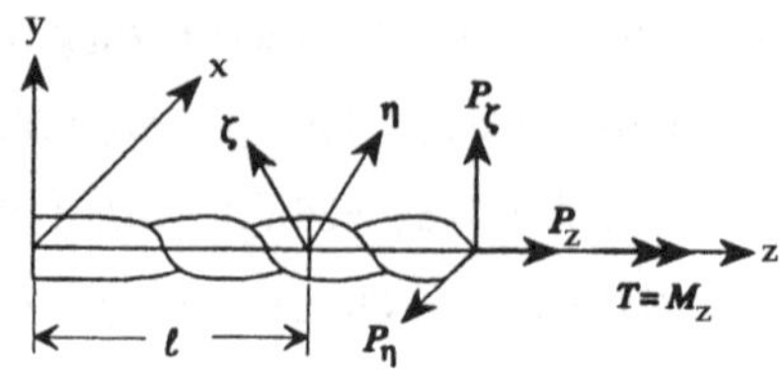

1) 운동 방정식: $(M_t + M_r)\ddot{q} + \Omega G\dot{q} + Kq = 0$

$$q = [\, w_{\eta a} \; w_{\zeta a} \; \Theta_{\eta a} \; \Theta_{\zeta a} \; w_{\eta b} \; w_{\zeta b} \; \Theta_{\eta b} \; \Theta_{\zeta b}]^T$$

2) 요소 행렬

(1) 병진 질량행렬: M_t

$$M_t = \frac{\rho^* A l}{420}\begin{bmatrix} 156 & & & & & \text{대칭} & & \\ 0 & 156 & & & & & & \\ 0 & -22l & 4l^2 & & & & & \\ 22l & 0 & 0 & 4l^2 & & & & \\ 54 & 0 & 0 & 13l & 156 & & & \\ 0 & 54 & -13l & 0 & 0 & 156 & & \\ 0 & 13l & -3l^2 & 0 & 0 & 22l & 4l^2 & \\ -13 & 0 & 0 & -3l^2 & -22l & 0 & 0 & 4l^2 \end{bmatrix}$$

(2) 회전 질량행렬: M_r

$$M_r = \frac{\rho^* A}{30l}\begin{bmatrix} 36r_1^2 & & & & & & \text{대칭} & \\ 0 & 36r_2^2 & & & & & & \\ 0 & -3lr_2^2 & 4l^2r_2^2 & & & & & \\ 3lr_1^2 & 0 & 0 & 4l^2r_1^2 & & & & \\ -36r_1^2 & 0 & 0 & -3lr_1^2 & 36r_1^2 & & & \\ 0 & -36r_2^2 & 3lr_2^2 & 0 & 0 & 36r_2^2 & & \\ 0 & -3lr_2^2 & -l^2r_2 & 0 & 0 & 3lr_2^2 & 4l^2r_2^2 & \\ 3lr_1^2 & 0 & 0 & -l^2r_1^2 & -3lr_1^2 & 0 & 0 & 4l^2r_1^2 \end{bmatrix}$$

(3) 자이로스코픽 행렬: $\boldsymbol{G}$

$$G = \frac{\rho^* A l}{210}\begin{bmatrix} 0 & & & & & & & \\ 156 & 0 & & & & \text{대칭} & & \\ 22l & 0 & 0 & & & & & \\ 0 & -22l & -4l^2 & 0 & & & & \\ 0 & -54 & 13l & 0 & 0 & & & \\ 54 & 0 & 0 & 13l & 156 & 0 & & \\ -13l & 0 & 0 & -3l^2 & -22l & 0 & 0 & \\ 0 & 13l & 3l^2 & 0 & 0 & 22l & -4l^2 & 0 \end{bmatrix}$$

(4) 강성행렬: $\boldsymbol{K}$

$$\boldsymbol{K} = \sum_{i=1}^{7} \boldsymbol{k}_i$$

여기서

$$\boldsymbol{k}_1 = -\Omega^2 \boldsymbol{M}_t$$

$$\boldsymbol{k}_2 = \frac{E}{l^3}\begin{bmatrix} 12I_1 & & & & & & & \\ 0 & 12I_2 & & & & \text{대칭} & & \\ 0 & -6I_2 & 4l^2I_2 & & & & & \\ 6lI_1 & 0 & 0 & 4l^2I_2 & & & & \\ -12I_1 & 0 & 0 & -6lI_1 & 12I_1 & & & \\ 0 & -12I_2 & 6lI_2 & 0 & 0 & 12I_2 & & \\ 0 & -6lI_2 & 2l^2I_2 & 0 & 0 & 6lI_2 & 4l^2I_2 & \\ 6lI_1 & 0 & 0 & 2l^2I_1 & -6lI_1 & 0 & 0 & 4l^2I_1 \end{bmatrix}$$

$$\boldsymbol{k}_3 = \frac{2E\beta_0}{l}\begin{bmatrix} 0 & & & & & & & \\ 0 & 0 & & & & \text{대칭} & & \\ p & 0 & 0 & & & & & \\ 0 & -p & -q & 0 & & & & \\ 0 & 0 & -p & 0 & 0 & & & \\ 0 & 0 & 0 & p & 0 & 0 & & \\ -p & 0 & 0 & \frac{1}{2}pl & p & 0 & 0 & \\ 0 & p & \frac{1}{2}pl & 0 & 0 & -p & q & 0 \end{bmatrix}$$

$$p = \frac{1}{l}(I_1 + I_2), \quad q = \frac{1}{2}(I_2 - I_1)$$

$$k_4 = \begin{bmatrix} 36c & & & & & & & \\ 0 & 36d & & & & \text{대칭} & & \\ 0 & -3dl & 4dl^2 & & & & & \\ 3cl & 0 & 0 & 4cl^2 & & & & \\ -36c & 0 & 0 & -3cl & 36c & & & \\ 0 & -36d & 3dl & 0 & 0 & 36d & & \\ 0 & -3dl & -dl^2 & 0 & 0 & 3dl & 4dl^2 & \\ 3cl & 0 & 0 & -cl^2 & 3cl & 0 & 0 & 4cl^2 \end{bmatrix}$$

$$c = \frac{4EI_2\beta_0^2 + P_z}{30l}, \quad d = \frac{4EI_1\beta_0^2 + P_z}{30l}$$

$$k_5 = \begin{bmatrix} 36I_1 & & & & & & & \\ 0 & 36I_2 & & & & \text{대칭} & & \\ 0 & -18lI_2 & 4l^2I_2 & & & & & \\ 18lI_1 & 0 & 0 & 12l^2I_1 & & & & \\ -36I_1 & 0 & 0 & -3lI_1 & 36I_1 & & & \\ 0 & -36I_2 & 3lI_2 & 0 & 0 & 36I_2 & & \\ 0 & -3lI_2 & -l^2I_2 & 0 & 0 & 18lI_2 & 4l^2I_2 & \\ 3lI_1 & 0 & 0 & -l^2I_1 & -18lI_1 & 0 & 0 & 4l^2I_1 \end{bmatrix}$$

$$k_6 = \frac{1}{60}\begin{bmatrix} 0 & & & & & & & \\ -30p' & 0 & & & & \text{대칭} & & \\ 3q'l & 0 & 0 & & & & & \\ 0 & -6q'l & 0 & 0 & & & & \\ 0 & -30q' & -6q'l & 0 & 0 & & & \\ 30q' & 0 & 0 & 6q'l & 30p' & 0 & & \\ -6q'l & 0 & 0 & -q'l^2 & 6q'l & 0 & 0 & \\ 0 & 6q'l & q'l^2 & 0 & 0 & -6q'l & 0 & 0 \end{bmatrix}$$

$$p' = 2E(I_1 + I_2)\beta_0^3 - P_z\beta_0, \quad q' = 2E(I_1 - I_2)\beta_0^3$$

$$k_7 = \frac{l}{420}\begin{bmatrix} 156c' & & & & & & & \\ 0 & 156d' & & & & \text{대칭} & & \\ 0 & -22ld' & 4l^2d' & & & & & \\ 22lc' & 0 & 0 & 4l^2c' & & & & \\ 54c' & 0 & 0 & 13lc' & 156c' & & & \\ 0 & 54d' & -13ld' & 0 & 0 & 156d' & & \\ 0 & 13ld' & -3ld' & 0 & 0 & 22ld' & 4l^2d' & \\ -13lc' & 0 & 0 & -3l^2c' & -22lc' & 0 & 0 & 4l^2c' \end{bmatrix}$$

$$c' = EI_1\beta_0^4 + P_z\beta_0^2, \quad d' = EI_2\beta_0^4 + P_z\beta_0^2$$

3) 기호 설명

A: 단면의 면적, $r_1 (= \sqrt{I_1/A})$: ζ축에 대한 단면의 회전반경, $r_2 (= \sqrt{I_2/A})$: η축에 대한 단면의 회전반경, ρ^*: 단위 부피당 질량, xyz: 관성좌표계, XYZ: 일정 각속도 Ω의 회

전좌표계, $Z\eta\zeta$: 회전 나선좌표계(η,ζ은 단면의 주 관성축), l: 요소의 길이, Ω : 회전각속도, P_z, P_η, P_ζ, $T = M_z$: $Z\eta\zeta$좌표상의 축 끝에 작용하는 힘과 토크, I_1 : ζ축의 관성모멘트, I_2 : η축의 관성모멘트, β_0 : 단위길이 당의 회전 나선각. η

8. 반경 보(radial beam) 요소의 질량 및 강성행렬

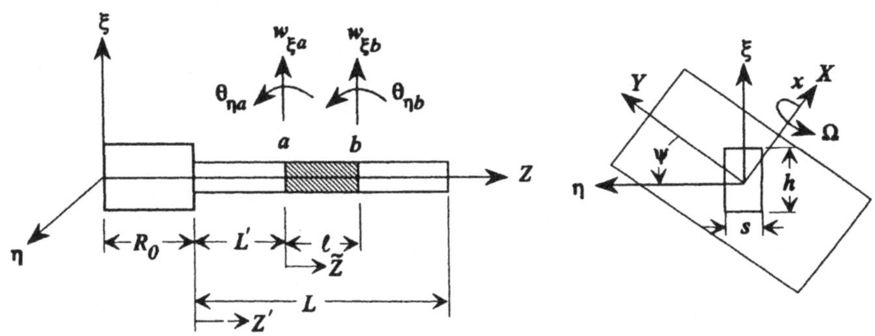

1) 운동 방정식: $(M_t + M_r)\ddot{q} + (K_b + K_c - \Omega^2 \sin\Psi M_t)q = 0$

여기서 $q = [\ \omega_{\xi a}\ \ \Theta_{\eta b}\ \ \omega_{\xi a}\ \ \Theta_{\eta b}]^T$, $\omega_{\xi a}$, $\Theta_{\eta b}$와 $\omega_{\xi a}$, $\Theta_{\eta b}$는 각각의 절점 a, b에서 변위와 기울기.

2) 요소 행렬

(1) 병진 질량행렬: M_t

$$M_t = \frac{\rho^* A l}{420}\begin{bmatrix} 156 & & \text{대칭} & \\ 22l & 4l^2 & & \\ 54 & 13l & 156 & \\ -13l & -3l^2 & -22l & 4l^2 \end{bmatrix}$$

(2) 회전 질량행렬: M_r

$$M_r = \frac{\rho^* A r^2}{120 l}\begin{bmatrix} 36 & & \text{대칭} & \\ 3l & 4l^2 & & \\ -36 & -3l & 36 & \\ 3l & -l^2 & -3l & 4l^2 \end{bmatrix}$$

(3) 굽힘 강성행렬: K_b

$$K_b = \frac{EI}{l^3}\begin{bmatrix} 12 & & & \text{대칭} \\ 6l & 4l^2 & & \\ -12 & -6l & 12 & \\ 6l & 2l^2 & -6l & 4l^2 \end{bmatrix}$$

(4) 원심 강성행렬: K_c

$$K_c = K_{c1} + K_{c2} + K_{c3}$$

여기서

$$K_{c1} = \frac{\rho^* A l \Omega^2}{30} C_1 \begin{bmatrix} 36 & & & \text{대칭} \\ 3l & 4l^2 & & \\ -36 & -3l & 36 & \\ 3l & -l^2 & -3l & 4l^2 \end{bmatrix}$$

$$K_{c2} = \frac{\rho^* A l \Omega^2}{60} C_2 \begin{bmatrix} 36 & & & \text{대칭} \\ 6l & 2l^2 & & \\ -36 & -6l & 36 & \\ 0 & -l^2 & 0 & 6l^2 \end{bmatrix}$$

$$K_{c3} = \frac{\rho^* A l \Omega^2}{210} C_3 \begin{bmatrix} 72 & & & \text{대칭} \\ 15l & 4l^2 & & \\ -72 & -15l & 72 & \\ -6l & -3l^2 & 6l & 18l^2 \end{bmatrix}$$

$$C_1 = \frac{R_0}{l^2}(L - L') + \frac{1}{2l^2}(L^2 - L'^2), \quad C_2 = \frac{1}{l}(R_0 + L'), \quad C_3 = -\frac{1}{2}$$

3) 기호 설명

A : 단면적, ρ^*: 단위부피당 질량, I : η 축에 대한 단면 관성모멘트, E : 종탄성 계수, Ω : 회전각속도, r : 회전반경, $r^2 = I/A$.

9. 반경방향으로 회전하는 보 요소의 축 진동에 관한 행렬

9.1 전달행렬

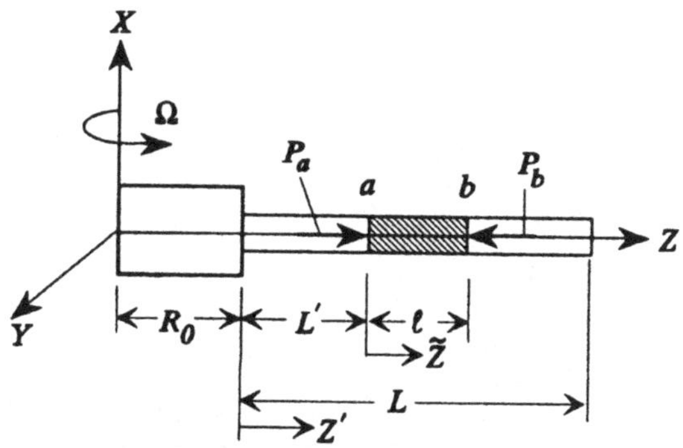

<기호> A: 단면적, Ω: 회전속도, R_o: hub 반경, E: 종탄성 계수, ρ*: 단위 체적당 질량, L: 축 길이, L': 고려되는 요소 이전 요소의 총 길이, ω: 진동수, P: 축 하중, $\beta^2 = \rho^*(\omega^2 + \Omega^2)/E$.

1) 전달방정식: $z_b = T_i\ z_a$

2) 상태량벡터: $z = [\omega_Z \quad P \quad 1]^T$

3) 전달행렬

(1) 엄밀한 전달행렬

$$T_i = \begin{bmatrix} \cos\beta l & \sin\beta l & F_w \\ -AE\beta\sin\beta l & \cos\beta l & F_p \\ 0 & 0 & 1 \end{bmatrix}$$

여기서,

$$F_w = -\frac{\rho^*\Omega^2}{E}\left[(R_0 + L')\frac{l - \cos\beta l}{\beta^2} + \frac{\beta l - \sin\beta l}{\beta^3}\right],$$

$$F_p = -\rho^* A\Omega^2\left[(R_0 + L')\frac{\sin\beta l}{\beta} + \frac{1 - \cos\beta l}{\beta^2}\right]$$

(2) 집중질량 전달행렬(길이 l인 요소의 중간 지점에서의 집중질량으로 가정)

$$T_i = \begin{bmatrix} 1 & l/EA & F_w \\ -\rho^* A(\omega^2+\Omega^2)l & 1 & F_p \\ 0 & 0 & 1 \end{bmatrix}$$

여기서,

$$F_w = 0,\quad F_p = -\rho^* A\Omega^2 (R_0 + L' + \frac{1}{2} l)l$$

9.2 유한요소행렬

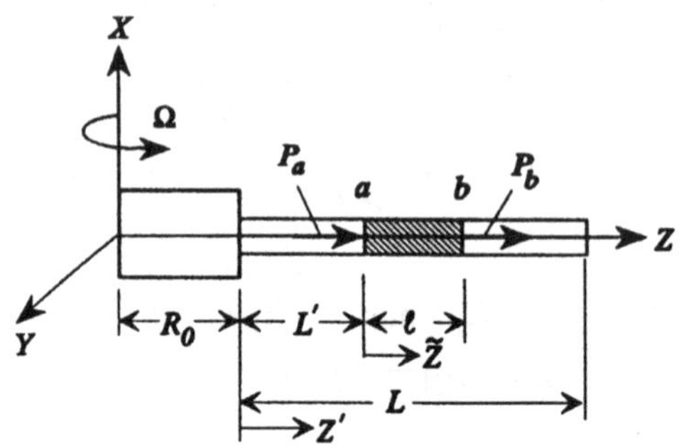

1) 운동방정식: $M\ddot{q} + (K_a + K_c)q = 0$

변위벡터 $q = [w_{Za} \quad w_{Zb}]^T$, 하중벡터 $p = [P_a \quad P_b]^T$

2) 요소 행렬

(1) 병진 질량행렬: M

$$M = \rho^* A \begin{bmatrix} m_{11} & m_{12} \\ m_{21} & m_{22} \end{bmatrix}$$

여기서,

$$m_{11} = \frac{(2\sin^2\alpha - 1)\sin(2\alpha) - 4\cos\alpha\sin^3\alpha + 2\alpha}{4\alpha\sin^2\alpha},\quad m_{22} = \frac{2\alpha - \sin(2\alpha)}{4\alpha\sin^2\alpha}$$

$$m_{12} = m_{21} = \frac{\cos\alpha\sin(2\alpha) + 2\sin^3\alpha - 2\alpha\cos\alpha}{4\alpha\sin^2\alpha},\quad \gamma^2 = \rho^*/E,\quad \alpha = \gamma\Omega l$$

(2) 축방향 강성행렬: K_a

$$K_a = AE\frac{\alpha^2}{l}\begin{bmatrix} k_{a11} & k_{a12} \\ k_{a21} & k_{a22} \end{bmatrix}$$

여기서,

$$k_{a11} = \frac{(1-2\sin^2\alpha)\sin(2\alpha)+4\cos\alpha\sin^3\alpha+2\alpha}{4\alpha\sin^2\alpha}, \quad k_{22} = \frac{2\alpha+\sin 2\alpha}{4\alpha\sin^2\alpha}$$

$$k_{a12} = k_{a21} = -\frac{\cos\alpha\,\sin(2\alpha)+2\sin^3\alpha+2\alpha\cos\alpha}{4\alpha\sin^2\alpha}$$

(3) 원심 강성행렬: K_c

$$K_c = \rho^* A\Omega^2 l^3\left(pM - qD - \frac{1}{2}E\right)$$

여기서 $p = \frac{R_0}{l^2}(L - L') + \frac{1}{2l^2}(L^2 - L'^2)$, $q = \frac{1}{l}(R_0 + L')$, M은 병진 질량행렬이다.

$$D = \begin{bmatrix} d_{11} & d_{12} \\ d_{21} & d_{22} \end{bmatrix}$$

$$d_{11} = \frac{[4\alpha\sin^2\alpha - \sin(2\alpha) - 2\alpha]\sin(2\alpha) + [2\sin^2\alpha - 2\alpha\sin(2\alpha) - 1]\cos(2\alpha) - 2\sin^2\alpha + 2\alpha^2 + 1}{8\alpha^2\sin^2\alpha}$$

$$d_{12} = d_{21} = \frac{(\sin\alpha + 2\alpha\cos\alpha)\sin(2\alpha) + (\cos\alpha - 2\alpha\sin\alpha)\cos(2\alpha) - (1+2\alpha^2)\cos\alpha}{8\alpha^2\sin^2\alpha}$$

$$d_{22} = \frac{-2\alpha\sin(2\alpha) - \cos(2\alpha) + 2\alpha^2 + 1}{8\alpha^2\sin^2\alpha}$$

$$E = \begin{bmatrix} e_{11} & e_{12} \\ e_{21} & e_{22} \end{bmatrix}$$

$$e_{11} = \{[6(2\alpha^2-1)\sin^2\alpha - 6\alpha\sin(2\alpha) - 6\alpha^2 + 3]\sin(2\alpha) + [12\alpha\sin^{2\alpha} + 3(2\alpha^2-1)\sin(2\alpha) - 6\alpha]\cos(2\alpha) + 3\sin(2\alpha) + 4\alpha^3\} / 24\alpha^3\sin^2\alpha$$

$$e_{12} = e_{21} =$$

$$\frac{[6\alpha\sin\alpha + 3(2\alpha^2-1)\cos\alpha]\sin(2\alpha) + [3(1-2\alpha^2)\sin\alpha + 6\alpha\cos\alpha]\cos(2\alpha) - 3\sin\alpha - 4\alpha^3\cos\alpha}{24\alpha^3\sin^2\alpha}$$

$$e_{22} = \frac{3(1-2\alpha^2)\sin(2\alpha) - 6\alpha\cos(2\alpha) + 4\alpha^3}{24\alpha^3\sin^2\alpha}$$

부록3

용어 정의

1. 변위(displacement) *s*; 상대변위(relative displacement):

기준좌표계(reference frame)에 대한 물체 또는 질점의 위치변화를 특정 짓는 벡터 양으로, 일반적으로 변위는 회전벡터(rotation vector), 병진벡터(translation vector) 또는 이들 모두로 표현될 수 있다. 변위는 주어진 경우에 지정된 주 기준좌표와 다른 기준좌표에 대해 측정된다면, 변위는 상대변위를 가리킨다. 두 점 사이의 상대변위는 두 점의 변위 사이의 벡터 차이다.

2. 속도(velocity) *v*; 상대속도(relative velocity):

변위의 시간도함수 벡터(= ds/dt)로서, 일반적으로 속도는 회전벡터, 병진벡터 또는 이들 모두로 표현될 수 있다. 속도는 주어진 경우에 지정된 주 기준좌표와 다른 기준좌표에 대해 측정된다면, 속도는 상대속도를 가리킨다. 두 점 사이의 상대속도는 두 점의 속도 사이의 벡터 차이다.

3. 가속도(acceleration) ***a***; 상대가속도(relative acceleration):

속도의 시간도함수 벡터 (= $d\boldsymbol{v}/dt$)로서, 일반적으로 가속도는 회전벡터, 병진벡터 또는 이들 모두로 표현될 수 있다. 가속도는 주어진 경우에 지정된 주 기준좌표와 다른 기준좌표에 대해 측정된다면, 가속도는 상대가속도를 가리킨다. 두 점 사이의 상대가속도는 두 점의 가속도 사이의 벡터 차이다.

4. 중력가속도(acceleration of gravity):

지구 표면에서 중력에 의해 발생하는 가속도이다. 관측점의 위도(latitude)와 고도(elevation)에 따라 변화하며, 국제적인 합의에 의해 표준중력가속도로 9.80665 m/s^2(= 32.1740 ft/s^2)의 값이 채택되어 사용된다. 가속도의 크기는 g의 배수로 자주 표현된다. (예, 1 g = 9.80665 m/s^2)

5. 저크(jerk):

가속도의 시간도함수 벡터(= $d\boldsymbol{a}/dt$)이다.

6. 무게중심(centre of gravity):

물체가 일정한 중력장에 놓여있을 때, 물체의 모든 방위(orientation)에 대해 계를 구성하는 각 질점들 무게의 합력(resultant)이 통과하는 점으로, 중력장이 일정하다면, 무게중심은 질량중심과 일치한다.

7. 질량중심(centre of mass):

주어진 재료 계(material system)의 질량과 같은 질량을 가지는 이 점에 놓이는 가상의 질점(particle)의 특성을 가지며, 계의 대응하는 1차 모멘트와 같은 어느 면에 관한 1차 모멘트를 가지는 물체에 대응하는 점이다.

8. 관성주축(principal axes of inertia):

주어진 점에서 각각의 관성좌표(Cartesian coordinate)의 경우, 물체의 6개 관성모멘트 I_{ij} (i, j = x, y, z)의 값은 일반적으로 같지 않다. 이 좌표계에서 관성적 I_{ij}($i \neq j$)은 0이 된다. 이 특정 좌표계에서 I_{ij}($i = j$)의 값을 주관성 모멘트(principal moments of inertia)라 부르며, 대응하는 좌표방향을 관성주축이라 한다.

9. 중립면(neutral surface):
보의 단순 휨에서 세로 응력(longitudinal stress)이 없는 면을 말한다.

10. 중립축(neutral axis):
보의 단순 휨에서 보의 임의 단면에서 중립면의 선(trace)을 말한다.

11. 관성기준좌표계(inertial reference system 또는 inertial reference frame):
관성법칙(고전역학)이 유효한 좌표계로서 관성기준좌표계는 공간에 고정된, 즉 가속되지 않는 좌표계를 의미한다.

12. 계(system):
장치(device)의 관련 부분 및 구성 부분 또는 그 어느 한쪽 부분의 집합체이다. 예로, 회전체, 베어링, 지지대, 기초 등으로 구성되어 동적 가진에 복합체로서 반응하는 상호 결합체이다.

13. 선형계(linear system):
응답이 가진(excitation)의 크기에 비례하는 계로서, 이는 계에서 각 요소의 동특성이 정수계수를 가지는 선형 미분방정식의 집합으로 표현될 수 있고, 중첩(superposition)의 원리가 계에 적용될 수 있다는 것을 의미한다.

14. 기계계(mechanical system):
질량(mass), 강성(stiffness) 및 감쇠(damping)의 정의된 구성(configuration)을 포함하는 물체의 집합체이다.

15. 등가계(equivalent system):
해석의 목적을 위해, 다른 계의 대용할 수 있는 계로서, 등가강성, 등가감쇠, 병진계와 등가인 비틀림계, 기계계와 등가인 전기 또는 음향계 등이 있다.

16. 자유도(degree of freedom):
기계계의 자유도 수는 어느 순간에 계의 구성을 완전히 정의하기 위해 필요한 독립된 일반화 좌표의 수와 같다.

17. 1 자유도계(single degree of system):
어느 순간에 계의 구성을 완전하게 정의하기 위해 단지 하나의 독립된 좌표를 필요로 하는 계이다.

18. 다 자유도계(multi-degree of freedom system):
어느 순간에 계의 구성을 완전하게 정의하기 위해 2개 또는 그 이상의 독립된 좌표를 필요로 하는 계이다.

19. 연속계(continuous system); **분포계**(distributed system):
무한 수의 가능한 독립된 구성을 가지는 계이다. 계의 구성을 특정 지우기 위해 단지 유한 수의 좌표를 필요로 하는 이산(집중) 파라미터계와는 대조적으로 연속계의 구성은 연속 공간변수(spatial variable) 또는 변수의 함수로 특정 지운다.

20. 집중질량(lumped mass) m:
관심 주파수영역에서 완전한 강체 질량(rigid mass)의 특성을 가지는 질량.

21. 겉보기 질량(apparent mass); **유효질량**(effective mass):
단순 조화운동 동안, 가속도에 대한 힘의 복소 비이다. 가속도가 중력가속도 g로 주어질 때, 가속도에 대한 힘의 비를 때로는 유효무게(effective weight) 또는 유효하중(effective load)이라 부른다.

22. 강성(stiffness) k:
대응하는 탄성요소의 병진(또는 회전) 변위 x의 변화에 대한 힘(또는 토크) F의 변화의 비($=F/x$)이다.

23. 동강성(dynamic stiffness); **동적 탄성상수**(dynamic elastic constant); **동적 스프링상수** (dynamic spring constant):
동적 조건하에서 변위의 변화에 대한 힘의 변화의 비로써, 단순조화운동을 하는 동안, 변위에 대한 힘의 복소 비이다. 동강성은 변형량(진폭 및 스펙트럼 또는 이들 중 하나), 변형률, 온도 또는 다른 조건들에 종속될 수 있다. 다음 식

$$m\ddot{x} + c\dot{x} + kx = F$$

에 의해 나타내어지는 선형 병진 1자유도계의 동강성은 다음 식과 같다.

$$k_e = F_0 / x_0 = k - m\omega_0^2 + i\omega_0 c$$

여기서 ω_0는 비감쇠 고유진동수, 외력은 $F = F_0 e^{i\omega t}$, 변위는 $x = x_0 e^{i\omega t}$이다.

24. 컴프라이언스(compliance):
강성 k의 역수(= $1/k$).

25. 감쇠(damping):
시간 또는 거리에 따른 에너지의 소산(dissipation)으로, 진동과 충격의 환경에서 감쇠는 시간에 따른 진폭의 점진적인 감소를 나타낸다.

26. 점성감쇠(viscous damping); 선형점성감쇠(linear viscous damping):
진동계의 요소 또는 한 부분이 요소의 속도에 비례하는 크기와 속도의 방향과 반대 방향의 힘에 의해 저항을 받을 때 발생하는 에너지의 소산(dissipation)을 말한다.

27. 등가점성감쇠(equivalent viscous damping):
진동해석을 목적으로, 공진에서 사이클 당 에너지의 소산이 가정된 감쇠력과 실제 감쇠력이 같도록 가정된 선형 점성감쇠의 값이다.

28. 선형점성감쇠계수(linear viscous damping coefficient); 점성감쇠계수(viscous damping coefficient) c:
선형 점성감쇠의 경우, 진동 속도 $\dot{x}$에 대한 감쇠력 F_d의 비($c = F_d/\dot{x}$)이다.

29. 임계감쇠(critical damping); 임계점성감쇠(critical viscous damping):
1자유도계의 경우, 자유진동의 진동적인 과도상태와 비진동적인 과도상태 사이의 제한된 조건에 대응하는 점성감쇠의 양이다. 부표 1에 주어진 식에 의해 표현되는 1자유도계의 경우, 임계선형 점성감쇠계수 c_c는 다음 식과 같다.

$$c_c = 2\sqrt{mk} = 2m\omega_0$$

여기서 ω_0는 비감쇠 고유진동수이다.

30. 감쇠비(damping ratio):

선형 점성감쇠계의 경우, 임계감쇠계수에 대한 실제 감쇠계수의 비($\zeta = c/c_c$)로써, 역시 임계감쇠의 %로도 표현할 수 있다.

31. 대수감쇠율(logarithmic decrement):

단일 주파수로 진동하면서 감소하는 신호와 같이 어느 2개의 연속적인 진폭비의 자연 대수($\delta = \ln(x_i/x_{i+1})$)로서, 감쇠비가 작은 경우, 감쇠비와는 근사적으로 $\delta \fallingdotseq 2\pi\zeta$의 관계가 있다.

32. 비선형 감쇠(non-linear damping):

계의 운동이 상수계수를 가지는 선형 미분, 적분 혹은 미적분 방정식에 의해서 특징지을 수 없는 계의 에너지 손실과 관련된 현상.

33. 진동(vibration 또는 oscillation):

크기(magnitude)가 어떤 평균치보다 교대로 크게되고 작게될 때, 특정 기준에 대한 양(quantity)의 크기의 변화, 통상은 시간에 대한 변화이다. 크기가 어느 평균치(average value) 또는 기준값(reference)보다 번갈아 크거나 작을 때, 그 기계계의 운동이나 위치를 나타내는 양의 크기의 시간에 대한 변화이다.

34. 고유진동수(natural frequency):

계의 진동진폭이 최대로 되는 고유모드에 대응하는 자유진동의 진동수.

35. 비감쇠 고유진동수(undamped natural frequency):

감쇠를 무시하고, 단지 계의 탄성력과 관성력으로부터 발생하는 자유진동의 진동수로, 부표 1에 주어진 운동방정식의 경우의 비감쇠 고유진동수 ω_0는 다음과 같다.

$$\omega_0 = (1/2\pi)\sqrt{k/m}\ \ (\text{Hz}) = \sqrt{k/m}\ (\text{rad/s})$$

36. 감쇠고유진동수(damped natural frequency):

감쇠를 고려한 선형진동계의 자유진동 진동수. (부표 1 참조)

부표 1 / 공진 관계

특성	변위 공진 (Displacement resonance)	속도 공진 (Velocity resonance)	감쇠 고유진동수 (Damped natural frequency)
주파수	$\frac{1}{2\pi}\sqrt{\frac{k}{m}-\frac{c^2}{2m^2}}$	$\frac{1}{2\pi}\sqrt{\frac{k}{m}}$	$\frac{1}{2\pi}\sqrt{\frac{k}{m}-\frac{c^2}{4m^2}}$
변위 진폭	$\frac{A}{c\sqrt{\frac{k}{m}-\frac{c^2}{4m^2}}}$	$\frac{A}{c\sqrt{\frac{k}{m}}}$	$\frac{A}{c\sqrt{\frac{k}{m}-\frac{3c^2}{16m^2}}}$
속도 진폭	$\frac{A}{c\sqrt{1+\frac{c^2}{4mk-2c^2}}}$	$\frac{A}{c}$	$\frac{A}{c\sqrt{1+\frac{c^2}{16mk-4c^2}}}$
가진력에 대한 변위의 위상	$\tan^{-1}\sqrt{\frac{4mk}{c^2}-2}$	$\pi/2$	$\tan^{-1}\sqrt{\frac{16mk}{c^2}-4}$

주) 1. 선형 1자유도계의 경우, 다음과 같은 운동 방정식으로 표현된다.

$$m\frac{d^2x}{dt^2}+c\frac{dx}{dt}+kx=A\cos\omega t$$

여기서, x는 변위, ω는 각진동수, m, c, k는 상수이다. 위 방정식의 상수 요소에서 서로 다른 공진의 특성을 부표 1에 나타내었다.

2. c의 값은 임계감쇠계수 c_c에 비하여 작기 때문에, 3가지 경우에서 조금씩 다르게 된다. 속도공진의 주파수는 계의 비감쇠 고유진동수와 같다. 다른 기호들은 전기적인 공진에 이용된다.

37. 기초(foundation):

기계를 지지하며 강체이거나 질량과 탄성을 가지고 있는 구조물로서, 특정 기준좌표에 고정되거나, 지지된 계에 가진을 제공하는 운동을 수행할 수 있다.

38. 관성력(inertia force):

질량이 가속되고 있을 때, 질량에 의해 미치는 반력.

39. 가진(여진)(excitation):

어떤 방법으로 계에 응답(response)을 일으키도록 계에 작용하는 외력(또는 입력).

40. 복소 가진(complex excitation):

실수와 허수부분을 가지는 가진으로, 복소 가진과 응답의 개념은 역사적으로 계산을 단순화하기 위해 사용되었다. 실제 가진과 응답은 복소 가진과 응답의 실수 부분이다. 만약 계가 선형이라면, 중첩이 이 상황에서 적용되므로 개념은 타당하다. 이 용어는 복소 진동에 의한 가진 또는 복소 파형의 진동과 혼동하지 않아야 한다.

41. 소음(noise):

어떤 불쾌하거나 원하지 않은 소리 또는 명확하게 밝혀진 주파수성분을 나타내지 않는 스펙트럼을 갖는 일반적으로 불규칙한 특성(random nature)의 소리이다.

42. 응답(response):

계의 출력의 정량적인 표시.

43. 전달함수(transfer function):

계의 출력(또는 응답)과 입력(또는 가진) 사이의 수학적인 관계로, 통상은 주파수의 함수로서 주어지고, 복소 함수(complex function)이다.

44. 전달률(transmissibility):

정상상태의 강제진동에서 가진진폭에 대한 응답진폭의 무차원 비.

45. 복소 응답(complex response):

복소 가진에 대한 선형 계의 응답.

46. 임피던스(impedance):

계의 응답에 대한 조화가진(harmonic excitation)의 비로써, 일반적으로 선형계에만 적용한다. 임피던스에 관한 용어 및 정의는 단지 정현진동을 수행하는 계에만 적용한다.

47. 기계적 임피던스(mechanical impedance):

기계계의 한 점에서 속도에 대한 힘의 복소비(complex ratio)로서, 힘과 속도는 단순조화운동 동안에 동일한 계 내의 동일하거나 또는 다른 점에서 취득된다. 비틀림 임피던스에서는 힘과 속도가 토크와 각속도로 대체된다.

48. 주파수응답함수(frequency response function):
가진력에 대한 운동 응답의 주파수 종속인 비.

49. 관심 주파수영역(frequency range of interest):
가장 낮은 주파수에서 가장 높은 주파수까지의 Hz 단위의 구간(span).

50. 기계적 모빌리티(mechanical mobility):
단순 조화운동 동안, 계 내의 동일 또는 다른 점에서 취득된 힘에 대한 기계계 내의 한 점에서 취득한 속도의 복소 비. 기계적 모빌리티는 기계적 임피던스의 역수이다. 모빌리티는 점 j에서의 가진력에 대한 점 i의 속도응답의 비로서 구성되는 주파수응답 함수이다. 이 경우, 의도된 적용에서 구조물의 정상 지지(normal support)를 나타내는 구속 이외 어떤 다른 구속이 없이 구조물의 모든 다른 측정 점들은 자유로운 응답이 허용된다. 속도응답은 병진 또는 회전운동일 수 있고, 가진력은 직선력(rectilinear force)이거나 모멘트일 수 있다. 측정된 속도응답이 병진속도(m/s)이고, 가해진 가진력이 직선력(N)이면, SI 단위계에서 모빌리티의 단위는 m/(N · s)이다.

51. 주기진동(periodic vibration):
독립변수의 어떤 동일한 증가가 반복되는 값을 가지는 주기적인 양으로, 시간 t 의 함수인 주기적인 양 y는 다음과 같이 표현될 수 있다.

$$y = f(t) = f(t \pm n\tau)$$

여기서, n: 정수, τ: 상수, t: 독립변수이다.

52. 단순조화진동(simple harmonic vibration); 정현진동(sinusoidal vibration):
독립변수의 정현 함수인 주기진동으로 다음 식과 같이 표현된다.

$$y = A \sin(\omega t + \Phi)$$

여기서, y: 단순조화진동, A: 진폭, ω: 각진동수(angular frequency), t: 독립변수, Φ: 진동의 위상각(phase angle)이다. 단순조화진동의 최대값은 진폭 A이다. 하나 이상의 정현파의 합으로 구성되고, 각각이 기본진동수(fundamental frequency)의 배수인 진동수를 가지고 있는 조화진동은 종종 합성진동(complex vibration) 또는 복수 정현진동(multi-sinusoidal vibration)으로도 간주된다. 준정현진동(quasi-sinusoidal vibration)은 정현파의 형태를 가지지만, 진동수 및 진폭 또는 어느 한쪽이 상대적으로 느리게 변화하는 진동이다.

53. 자유진동(free vibration):
가진이나 구속이 제거된 후에 발생하는 진동으로, 계는 그 계의 고유진동수로 진동한다.

54. 강제진동(forced vibration):
정상상태 가진에 의해 일어나는 정상상태진동으로, 선형계의 진동은 가진주파수와 같은 주파수를 가진다. 과도진동은 고려되지 않는다.

55. 자려진동(self-induced vibration 또는 self-excited vibration):
계 내에서 비진동적인 에너지가 진동적인 가진으로 변환한 결과로 발생하는 기계계의 진동이다.

56. 자연진동(ambient vibration):
주어진 환경과 관련되어 둘러싼 모든 진동(all-encompassing vibration)으로, 일반적으로 원근의 많은 가진원으로부터의 진동의 합성이다.

57. 무관진동(extraneous vibration):
주 관심의 진동 이외의 전체 진동으로, 자연진동(ambient vibration)은 무관진동의 크기에 기여한다.

58. 과도진동(transient vibration):
계의 과도진동은 정상상태진동 또는 불규칙진동이 아닌 계의 진동 운동.

59. 비주기운동 (aperiodic motion):
주기적이지 않은 진동.

60. 불규칙진동(random vibration):
어느 주어진 시간의 순간에 정확하게 예측할 수 없는 크기를 가진 진동으로, 불규칙진동의 크기는 주어진 영역 내에 있을 확률은 확률분포함수(probability distribution function)에 의해 설명될 수 있다.

61. 협대역 불규칙진동(narrow-band random vibration):
협대역 내에서만 그 주파수성분을 가지는 불규칙진동으로, “협, 좁은(narrow)”이 의미하는 정의는 관련된 문제에 의존하는 상대적인 양이다. 통상 1/3 옥타브와 같거나 보다 작다. 협대역 불규칙진동의 파형은 예측될 수 없는 다양한 진폭과 위상의 정현파의 형태를 가지고 있다.

62. 광대역 불규칙진동(broad-band random vibration):
넓은 주파수 대역에 걸쳐 분포된 그 주파수 성분을 가지는 불규칙진동으로, “광(broad)"이 의미하는 정의는 관련된 문제에 의존하는 상대적인 양이다. 통상 1 옥타브 또는 그 이상이다.

63. 정상상태진동(steady-state vibration):
정상상태진동은 진동이 연속적인 주기진동일 때 나타난다.

64. 비정상 진동(non-stationary vibration):
정상적(stationary)이지 않은 불규칙진동.

65. 사이클(cycle):
주기적인 현상 또는 함수가 동일하게 반복되기 전에 통과하는 상태 혹은 값의 완전한 범위.

66. 기본주기(fundamental period 또는 period):
함수가 반복되는 주기적인 양의 독립변수의 최소 증분으로, 어떤 모호성도 없다면, 기본주기는 단순히 주기(period) T라 부른다.

67. 주파수(frequency) f:
기본주기의 역수 ($f = 1/T$)로, 단위는 herts(Hz)이고, 초당 한 사이클(cps, c/s)에 대응한다.

68. 기본주파수(fundamental frequency):
1) 주기적인 양으로 기본주기(period)의 역수, 2) 진동하는 계의 가장 낮은 고유진동수. 이 진동수에 대응하는 진동의 정규모드(normal mode)가 기본모드로 알려져 있다.

69. 탁월진동수(dominant frequency):
스펙트럼 밀도 곡선에서 최대 값이 발생하는 진동수.

70. 스펙트럼(spectrum):
주파수 또는 파장(wavelength)의 함수로서 물리량을 나타낸 것.

71. 조화성분(harmonics):
기본주파수의 정수 배인 주파수의 정현파(sinusoid). Overtone이라는 용어가 조화성분 대신에 빈번히 사용되고, n차 조화성분은 (n-1)차 overtone으로 불린다. 1차 overtone과 2차 조화성분은 각각 기본주파수의 2배이다. 프랑스어에서 조화성분과 overtone 사이에는 구분이 없고, 2차 조화성분은 기본주파수의 2배이다. 용어 overtone은 주기적인 양의 성분들에 번호를 메기는 것에서의 혼돈을 피하기 위해 현재 사용이 회피된다.

72. 분수조화성분(subharmonics):
관련된 양의 기본주파수 f의 분수 배인 주기의 정현적인 양(sinusoidal quantity).
(예, $1/2f$, $1/3f$ 등)

73. 울림(beats):
매우 근사한 진동수($f_1 \fallingdotseq f_2$)를 가지는 2개 진동의 조합으로 발생하는 진동의 진폭에서의 주기적인 변동으로, 울림은 다른 주파수, 즉 울림진동수로서 변동한다.

74. 울림진동수(beats frequency):
매우 근사한 진동수($f_1 \fallingdotseq f_2$)의 두 진동의 진동수 차이의 절대 값 $|f_1 - f_2|$.

75. 각주파수(angular frequency 또는 circular frequency) $\omega(=2\pi f)$:
정현파의 진동수 f에 2π를 곱한 것으로, 각주파수의 단위는 단위시간당 라디안(rad/s)이다.

76. 위상각, 위상(phase angle, phase):
정현진동에서 한 기준으로 독립변수의 값으로 측정된 것에 대해 정현진동이 앞선 한 주기의 부분(fractional part).

77. 위상차(phase difference); 위상각차(phase angle difference):

같은 진동수의 두 주기진동 사이에 그들의 상대적 위상사이의 차, 혹은 정현진동의 경우에 같은 원점으로부터 측정된 위상각 사이의 차.

78. 진폭(amplitude):

정현진동의 최대치. 이 용어는 때때로 다른 의미에서의 용어 amplitude와 구분하기 위해 벡터진폭(vector amplitude)으로 불리기도 하고, 때때로 양진폭(double amplitude)과 구분하기 위해 단진폭(single amplitude) 또는 피크진폭(peak amplitude)으로 불리기도 한다. 양진폭은 단순조화진동의 경우, 변위 개념으로 총 편위(excursion) 또는 p-p (peak-to-peak)값과 같다. “양진폭”과 “단진폭”이라는 용어는 잘 사용되지 않는다. 진동이론에서 정현파의 최대치를 설명하는 이외의 목적으로 “진폭(amplitude)"은 잘 사용되지 않는다.

79. 피크치(peak value); 피크크기(peak magnitude); 양/음 피크치(positive/negative peak value):

주어진 구간 동안의 진동의 최대치로, 피크치 진동은 일반적으로 평균치로부터 그 진동의 최대 편차로 취해진다. 양 피크치는 최대의 양의 편차, 음 피크치는 최대의 음의 편차이다.

80. p-p치(peak-to-peak value):

진동의 극대치들 사이의 대수적인 차.

81. 파고계수(crest factor); 피크치와 실효치의 비(peak-to-r.m.s. ratio):

실효치(r.m.s. 치)에 대한 피크치의 비로써, 정현파의 파고계수 값은 $\sqrt{2}$이다.

82. 형상계수(form factor):

2개의 연속적으로 제로를 통과하는 점 사이의 반 사이클 동안에 평균치에 대한 실효치의 비로써, 정현파의 형상계수 값은 $\pi/2\sqrt{2}=1.111$ 이다.

83. 순간치(instantaneous value):

주어진 순간에서의 변동하는 물리량의 값.

84. 진동심각도(가혹도)(vibration severity):

최대치, 평균치 혹은 실효치 또는 진동을 설명하는 다른 매개변수들 같은 하나의 값 또는 일련의 값들을 나타내는 일반적 용어이다. 이는 순간치나 평균치로 간주될 수 있다. 기계의 진동심각도는 베어링이나 마운팅(mounting)과 같은 기계의 중요한 부분에서 측정된 진동 속도의 최대 실효치에 의해 정의된다. 진동의 기간(duration)은 때때로 진동심각도를 설명하는 하나의 매개변수로 포함되지만, 잘 사용되지 않는다.

85. 타원진동(elliptical vibration):

진동하는 점의 궤적(locus)이 타원의 형태인 진동.

86. 직선진동(rectilinear vibration):

진동하는 점의 궤적이 직선인 진동.

87. 원형진동(circular vibration):

진동하는 점의 궤적이 원의 형태인 진동. 이것은 타원진동의 특별한 경우이다.

88. 진동모드(mode of vibration):

진동을 하는 계에서, 진동모드는 어떤 특정 진동수에서 모든 질점의 운동이 단순 조화운동(선형계에서)이나 감쇠 형태(decay pattern)에 상응하는 계에 의해서 가정된 절(node)이나 반절(anti-node)의 특성 형태를 가리킨다. 2개 또는 그 이상의 많은 모드들이 다자유도계에서는 동시에 존재할 수 있다.

89. 고유모드(natural mode):

자유롭게 진동을 할 때에 계에 의해서 가정된 진동의 모드이다. 만약 계에 감쇠가 없다면, 고유모드는 정규모드(normal modes)와 같게 된다. 진동의 고유모드는 계의 각각의 자유도에 대해 존재한다.

90. 기본고유모드(fundamental natural mode of vibration):

가장 낮은 고유진동수를 가지는 계의 진동모드.

91. 모드형상(mode shape):
기계계의 주어진 진동모드의 모드형상은 계의 평균치로부터 계의 중립면(또는 중립축) 위치의 최대변화에 의해서 주어진다. 통상 한 특정 점에서 특정 처짐의 크기로 정규화되어 진다. 평균치(mean value)는 단지 주어진 진동 모드의 평균값이다.

92. 모드수(modal number):
계의 정규모드는 일련의 정수에 의해 확인된다. 이들 정수를 모드수라 부른다.

93. 연성모드(coupled mode):
어느 하나의 모드에서 다른 모드로 에너지를 전달하기 때문에, 서로가 독립적이지 않고 서로 영향을 주는 진동의 모드이다.

94. 비연성모드(uncoupled mode):
어느 하나의 모드에서 다른 모드로 에너지가 전달되지 않으므로, 다른 모드들과 동시에 그리고 독립적으로 계 내에 존재할 수 있는 진동의 모드이다.

95. 정규모드(normal mode):
비감쇠 기계계의 고유모드(natural mode). 계의 운동은 관여하는 각각의 정규모드의 기여의 합으로 구성된다. 고유모드(eigen mode), 특성모드(characteristic mode) 및 고유모드(natural mode)의 용어는 비감쇠계의 경우 정규모드와 같은 의미를 가진다.

96. 공진(resonance):
가진주파수와 계의 고유진동수가 일치할 때 발생하고, 강제진동에서 계의 공진은 가진주파수를 비록 작게 변화하더라도 계의 응답이 감소할 때 존재한다.

97. 공진주파수(resonance frequency):
공진이 존재하는 주파수. 공진주파수는 측정되는 변수에 의존한다. 예로 속도 공진은 변위 공진의 주파수와 다른 주파수에서 발생한다. 혼란이 일어날 수 있는 경우에는 공진의 유형은 예로 속도 공진주파수 등으로 나타낼 수 있다. (부표 1 참조)

98. 반공진(anti-resonance):

강제진동에서 계의 반공진은 가진주파수를 비록 작게 변화하더라도 이 점에서의 응답이 증가할 때, 이 점에서 존재한다.

99. 반공진주파수(antiresonance frequency):

반공진이 발생하는 주파수. 반공진주파수는 측정되는 변수에 의존한다. 예로 속도 반공진은 변위 반공진의 그것과는 다른 주파수에서 발생할 수 있다. 혼란이 일어날 수 있는 경우에는 반공진의 유형은 예로 속도 반공진주파수 등으로 나타낼 수 있다.

100. 고정기초 고유진동수(fixed-base natural frequency):

장비가 부착된 기초(foundation)가 강체이고 무한 질량(infinite mass)일 때, 계가 가지는 고유진동수로서, 부표 1에 주어진 식과 고유진동수는 고정 기초조건의 경우이다.

101. 분수조화응답(subharmonic response): 분수조화공진응답(subharmonic resonance response):

가진 주기 T의 정수 배인 주기 $nT(n=1,2,\cdots)$를 가지는 주파수, 즉 가진주파수 f의 분수배 주파수(예로 $1/2f$, $1/3f$, $\cdots$)에서 몇몇의 공진 특성이 나타나는 기계계의 응답.

102. ***Q*** 계수(Q factor):

기계계나 전기계에서 1자유도계를 가지는 공진 진동계의 공진 또는 주파수 선택성(selectivity)의 예리함(sharpness)의 척도인 양으로, Q는 감쇠비 ζ의 역수의 1/2과 같다. ($Q=1/2\zeta$)

103. 진동발생기(기계)(vibration generator 또는 vibration machine):

진동을 발생하고, 다른 구조물 또는 장치에 이들 진동을 가할 수 있도록 특별하게 설계된 기계로 가진기(exciter)로도 불린다. 시험되는 장비는 진동발생기 위의 테이블에 부착되거나, 또는 발생기가 테이블의 사용 없이 볼트(studs) 방법으로 부착되며 장비를 가진하기 위해 사용된다.

104. 전동식 진동발생기(electrodynamic vibration generator):

상수 값의 자기장과 적절한 교류 전류에 의해 가진되는 것에 내부에 포함된 전선 코일의 상호작용으로부터 진동력을 유도하는 진동발생기.

105. 전자기식 진동발생기(electromagnetic vibration generator):
전자석(electromagnets)과 자성 재료(magnetic material)의 상호작용으로부터 진동력을 유도하는 진동발생기.

106. 직접구동 기계식 진동발생기(mechanical direct-drive vibration generator):
하중 또는 운전주파수에 관계없이 일정하게 유지하는 진동의 변위진폭을 받도록 용적식 링크기구(positive linkage)에 의해 진동테이블에 힘을 가하는 진동발생기.

107. 유압식 진동발생기(hydraulic vibration generator):
적당한 구동 배치를 통한 유체압력의 작용으로부터 진동력을 유도하는 진동발생기.

108. 불평형 질량식 진동발생기(unbalanced mass vibration generator):
회전 또는 왕복 불평형 질량들에 의해 발생되는 진동으로 가진력을 발생하는 진동발생기.

109. 공진식 진동발생기(resonance vibration generator):
공진 주파수에서 가진되는 진동계를 포함하는 진동발생기.

110. 압전식 진동발생기(piezoelectric vibration generator):
힘을 발생하는 요소로서 압전식 변환기(piezoelectric transducer)를 가지는 진동발생기.

111. 자기변형식 진동발생기(magnetostrictive vibration generator):
힘을 발생하는 요소로서 자기변형 변환기(magnetostrictive transducer)를 가지는 진동발생기.

112. 절연체, 절연장치(isolator):
지지물, 충격 및 진동 또는 그 중 하나의 전달을 감소시키는 기능의 지지(support)(통상은 탄성체(resilient)). 절연체는 탄성체 부재(resilient member) 대신에 또는 탄성체 부재에 첨가하여 붕괴식 부품(collapsible parts), 서보기구 혹은 다른 장치들을 포함한다.

113. 진동절연체(vibration isolator):
진동수 범위 내의 진동의 전달을 감쇠시키기 위해 설계된 절연체.

114. 충격절연체(shock isolator):

충격운동 또는 충격력의 범위로부터 계를 보호하기 위해 설계된 절연체.

115. 무게중심 설치계(center-of-gravity mounting system):

중심지지 시스템은 설치된 장비가 장비의 중립 위치로부터 병진운동에 의해 변위될 때, 질량 중심을 통과하는 어느 축에 대한 합력(resultant) 모멘트가 없다면 존재한다. 이상적인 경우, 장비가 무게중심 설치계에 의해서 지지되고 있다면, 그것의 지지 마운트 위 장비의 모든 고유진동모드(강체모드)는 연성이 되지 않는다. 병진운동의 가진은 진동의 회전모드를 가진하지 않고, 그 역의 경우도 성립한다. 실제로 이것을 달성하는 것은 매우 어렵다.

116. 충격흡수기(shock absorber):

주어진 충격에 대해 기계계의 응답을 줄이기 위한 에너지의 소산(dissipation)을 위한 장치.

117. 감쇠기(damper); 흡진기(absorber):

진동응용에 있어서, 에너지 소산방법에 의해 충격이나 진동의 크기를 감소시키기 위해 사용되는 장치.

118. 스너버(snubber):

(통상은 돌발적이고 큰 양으로) 변위가 특정 양보다 크게 될 때마다 계의 탄성요소의 강성을 증가시킴으로서 기계계의 상대변위를 구속하기 위해 사용되는 장치.

119. 동흡진기(dynamic vibration absorber):

기본 진동계(primary system)에 작용하는 힘에 대해 보조진동계(auxiliary system)의 가해지는 힘이 반대 위상으로 움직이도록 조정(tuned)하고, 보조진동계를 공진 상태로 만들어 에너지를 전달시킴으로서 요구되는 진동수영역내에서 기본 진동계의 진동을 감소시키기 위한 장치이다. 동흡진기는 감쇠 또는 비감쇠일 수 있지만, 감쇠가 주된 목적은 아니다.

120. 디튜너(detuner):

주 진동계에 부착되어 주 진동계의 진동특성을 수정하는 진폭종속의 주파수 특성을 갖는 보조진동계이다. 예로, 비선형 스프링에 의해 보조질량이 제어된다.

121. 충격 응답스펙트럼(shock response spectrum):

고유진동수의 함수로 규정된 유형의 일련의 계에 충격이 가해질 때의 응답의 표현으로, 기계적인 충격의 영역에서 사용함으로써 고유진동수의 함수로서 선형 1자유도계의 집합체에 충격이 가해질 때 최대응답(변위, 속도나 가속도)을 근사하기 위한 표현이다. 충격 응답스펙트럼은 포괄적인 용어이다. 이것은 예로 가속도나 속도, 변위 충격 응답스펙트럼을 위한 의미를 명확하게 만드는 부가적인 수정자(modifier)를 필요로 한다. 만약 계의 감쇠 양과 유형이 주어지지 않는다면, 그것은 0으로 가정된다. 만약 다른 방법을 나타내지 않으면, 응답은 최대발생의 표시(sign)나 시간을 상관하지 않는 최대 절대치이다. 기준이 다른 유형의 충격응답스펙트럼으로 만들어진다면, 이는 표시되어야 한다. 충격 응답스펙트럼의 개념이 스펙트럼의 정의와 완전하게 일치하지 않는다는 것을 주목하여야 한다.

122. 원판(disk):

통상 축방향으로 얇고 단단한 바퀴(wheel)이며, 기계적인 일이 행해진다.
(예, 터빈 disk, 압축기 wheel)

123. 축(shaft):

원판이 부착되는 보통 축대칭으로 단면이 원형인 보.

124. 베어링지지대(pedestal):

기초 위에 설치된 질량과 탄성을 가지고 있는 베어링 지지대.

125. 회전체(rotor):

저널이 베어링으로 지지되어 있는 회전물체, 지지베어링에 장착된 축과 원판의 조립물 또는 단지 질량을 갖는 축. 회전체란 용어는 종종 저널이 없는 원판형상의 질량(예로, flywheel)에도 사용되는 일이 있다. 그러나 정의에 의하면, 이와 같은 원판형상의 질량은 평형잡기(balancing) 목적에 대해서는 저널을 갖는 축 상에 놓여졌을 때 비로소 회전체가 된다.

126. 강성(강체)회전체(rigid rotor):

대체로 1차 굽힘 위험속도 이하(예로, 1차 위험속도의 약 70% 이하)에서 운전되는 회전체로 2개의 임의로 선택된 수정면에서 평형잡기될 때, 강성회전체는 모든 속도에서 만족하는 평형상태를 유지한다. 최대운전속도 이하의 임의의 속도에서 사용할 때와 가까운 지지조건으로 회전시켜도, 불평형이 허용치(축 중심선에 대해서)를 넘지 않을 때, 회전체는 강성회전체로 고려된다.

127. 탄성회전체(flexible rotor):

1차 굽힘 위험속도 이상 또는 부근에서 운전되는 회전체로, 탄성변형 때문에 강성회전체의 정의를 만족하지 않는 회전체는 모두 탄성회전체로 분류한다.

128. 준 강성회전체(quasi-rigid rotor):

특수한 과정을 이용하여 저속에서 평형잡기가 될 수 있는 탄성회전체.

129. 저널(journal):

회전체의 하중이 베어링 지지대로 전달되는 축 표면의 특정 부분 또는 베어링으로 지지되고, 이것과 접촉하는 회전체의 부분.

130. 저널중심선(journal axis):

저널의 각 단면의 도심을 연결하는 평균적인 직선으로, 각 단면의 도심(centroid)은 단면의 중심(重心)이다.

131. 저널중심(journal centre):

저널중심선과 횡방향의 합성베어링이 작용하는 저널 중앙면과의 교점.

132. 축 중심선(shaft axis):

저널중심 사이를 연결하는 직선.

133. 베어링(bearing):

횡방향 또는 축방향으로 동역학적인 운동을 구속하면서 회전체의 축을 지지하고 회전을 허용하는 마찰이 적은 지지요소로 구름요소베어링과 유막(미끄럼)베어링으로 분류한다.

134. 유막베어링(oil film bearing):

회전체 표면과 베어링 메탈사이의 얇은 유막(oil film)에 의해 마찰을 적게 해 주는 베어링으로, 유막층은 저널의 회전(동압 베어링)에 의해 또는 외부에서 공유압펌프로 가압한 유체를 공급(정압 베어링)하므로 생긴다.

135. 구름요소베어링(rolling element bearing):
한계 윤활과 함께 볼 또는 롤러 요소를 이용한 기계적 구름을 이용하여 마찰을 적게 해 주는 베어링.

136. 베어링중심선(bearing axis):
베어링 각 단면의 도심을 연결하는 평균적인 직선.

137. 베어링지지부(bearing support):
베어링으로부터의 하중을 구조물의 본체(main body)까지 전달하는 부품 또는 일련의 부품들.

138. 완전 평형잡기된 회전체(perfectly balanced rotor):
불평형이 없는 이상적인 회전체. 회전체의 질량에 의한 원심력이 베어링에 어떠한 진동적인 힘이나 운동을 주지 않도록 질량이 분포하여 있을 때 회전체는 완전 평형잡이가 된 상태에 있다. 회전속도가 다르다든지, 다른 베어링 상에 놓여 있다든지 할 때는 회전체는 꼭 완전 평형잡기 상태를 유지한다고는 한정할 수 없다.

139. 양지지 회전체(inboard rotor):
2개의 저널을 가지며, 질량중심이 두 저널사이에 있고 저널 외측에 큰 질량을 가지지 않는 회전체.

140. 편지지 회전체(outboard 또는 overhung rotor):
2개의 저널을 가지며, 큰 질량이 저널의 외측에 있어 질량중심이 저널사이 이외에 있는 회전체.

141. 질량편심(mass eccentricity):
축 중심선으로부터 강성회전체의 질량중심의 거리.

142. 부분질량편심(local mass eccentricity):
분포질량 회전체의 경우, 축 중심선에 수직으로 자른 회전체의 작은 축방향 요소에 있어서, 각 요소 무게중심의 축 중심선으로부터의 거리.

143. 위험속도(critical speed):
최대 휘돌림진폭이 발생하는 회전체의 속도 또는 계의 공진을 일으키는 특징적인 회전속도로서, 회전체에 자이로스코픽의 영향이 없는 경우, 위험속도는 계의 공진주파수에 대응하는 회전속도이다. 즉, 회전기계에서 위험속도는 계의 고유진동수(또는 그 정수 배, 또는 정수 분의 1배의 것도 있다.)에 대응하는 속도를 말한다. 공진주파수는 공진주파수의 배수와 분수성분을 포함할 수 있다. 예로 단위시간당 회전속도(rps)는 단위시간당 사이클(cps)의 공진주파수와 같다. 여러 개의 회전계가 있는 경우에는 전체계의 각각의 모드 당 하나씩 여러 개의 대응하는 위험속도가 있다.

144. 평형잡기 속도(balancing speed):
회전체를 평형잡기 하는 회전속도.

145. 운전속도(service speed):
회전체가 최종 설치나 환경에서 운전되는 회전속도.

146. 불평형(unbalance):
회전축의 축 중심으로부터 회전체 중심의 편심된 정도를 말하며, 회전체의 질량에 편심거리를 곱한 것이다. 불평형이란 용어는 종종 불평형의 크기 또는 불평형 벡터와 동의어로서 이용된다. 불평형은 일반적으로 회전체에 분포하여 존재하지만, 다음과 같이 귀착시키는 것이 가능하다.

1) 적당히 지정한 3면상의 3개의 벡터로서 표시된 정적 불평형과 우력 불평형
2) 지정된 2면상의 2개의 불평형 벡터로서 표시된 동적 불평형

147. 불평형 벡터(unbalance vector):
그 크기가 불평형의 크기이고, 각도가 불평형 각인 벡터.

148. 불평형의 크기(amount of unbalance):
회전체내의 불평형(어느 면에 관한)의 양적인 척도로서 그 각 위치를 고려하지 않은

것. 이것은 불평형 질량과 그 무게중심의 축 중심선으로부터의 거리의 곱으로서 주어진다. 불평형의 단위는 g · mm, oz · in 등이 이용된다.

149. 불평형 각(angle of unbalance):
축 중심선에 수직인 면내에 고정한 극좌표계에 있어서, 기준선에 대해 불평형 질량이 존재하는 장소가 갖는 각을 말한다.

150. 불평형 질량(unbalance mass):
특정의 반경위치에 존재한다고 고려되고, 이것과 구심가속도의 곱이 불평형력과 같게되는 질량. 구심가속도는 축 중심선과 불평형 질량사이의 거리와 회전체 회전속도(rad/s)의 제곱과의 곱이다.

151. 정적 불평형(static unbalance):
중심 관성주축을 축 중심선과 평행으로 되도록 편심지우는 불평형의 상태. 정적 불평형의 양적인 척도는 2개의 동적 불평형 벡터의 합력으로서 주어진다.

152. 준정적 불평형(quasi-static unbalance):
중심관성주축을 무게중심이외의 점에서 축 중심선과 교차시키는 불평형의 상태.

153. 우력 불평형(couple unbalance):
중심관성주축을 무게중심에서 축 중심선과 교차시키는 불평형의 상태. 우력 불평형의 양적인 척도는 무게중심과 축 중심선을 포함하는 평면내의 어느 기준점에 관한 2개의 동적 불평형 벡터의 벡터 합으로서 주어진다. 회전체내의 정적 불평형이 상기 기준점을 포함하는 면 이외의 임의 축 직각면 내에서 수정되었다고 하면 우력 불평형의 값은 변화한다.

154. 동적 불평형(dynamic unbalance):
중심관성주축을 축 중심선과 일치시키지 않도록 하는 불평형 상태. 동적 불평형의 양적인 척도는 2개의 지정된 축 직각면 내에서 대표되는 2개의 상호 보완적인 불평형 벡터로 주어진다. 이들은 회전체내의 전체 불평형을 대표하는 것이다.

155. 잔류 불평형(residual 또는 final unbalance):
그 형태는 불문하고, 평형잡기 후에 회전체내에 잔류하는 어떤 종류의 불평형.

156. 초기 불평형(initial unbalance):
그 형태는 불문하고, 평형잡기 전에 회전체내에 존재하는 불평형.

157. 불평형력(unbalance force):
회전체내의 어느 수정면에 관하여, 그 면내의 불평형에 의한 원심력(축 중심선에 작용).

158. 합성 불평형력(resultant unbalance force):
회전체가 축 중심선 주위로 회전할 때, 축 중심선상의 임의의 점에 관해서 회전체 각부의 질량에 의한 원심력의 계를 합성한 힘. 합성 불평형력은 항상 회전체의 중심과 축 중심선을 포함하는 면내에 있다.

159. 불평형 모멘트(unbalance moment):
회전체의 무게중심과 축 중심선을 포함하는 면내의 어느 기준점에 관해서, 회전체의 어느 임의의 질량부분의 원심력이 갖는 모멘트.

160. 합성 불평형모멘트(resultant unbalance moment):
회전체 무게중심과 축 중심선을 포함하는 면내의 어느 기준점에 관해서, 회전체 각부의 질량에 의한 원심력 모멘트의 계를 합성한 모멘트. 합성모멘트의 크기와 이것을 포함하는 면의 각도는 일반적으로 기준점을 취하는 방법에 따라 다르다. 합성모멘트의 크기를 최소로 하도록 하는 특별한 기준점의 위치가 존재한다. 이것이 불평형의 중앙축(central axis)이다. 합성 불평형력이 0일 때는 합성모멘트의 크기는 기준점의 위치와는 관계없다.

161. 불평형 우력(unbalance couple):
합성 불평형력이 0인 경우의 회전체 각부의 질량에 의한 원심력 우력의 계의 합.

162. 비 불평형(specific unbalance):
정적 불평형의 크기 U_s를 회전체 질량 m으로 나눈 양 U_s/m. 이것은 회전체 무게중심의 축 중심선에서의 편심과 같다. 2개의 수정면을 가지는 회전체의 경우, 때때로

비 불평형은 질량분배에 따라 그 면에 배당된 회전체 질량으로 나눈 한 면의 불평형으로 간주된다.

163. 불평형응답(unbalance response):
계의 회전불평형에 의한 동적인 힘에 의해 발생하는 주어진 속도에서의 최대 휘돌림진폭.

164. 휘돌림(whirl), **휘돌림운동**(whirling motion):
어떤 축 위치에서 정적 평형상태 주위로 회전체가 궤도운동을 하는 것으로, 회전체가 어느 한 단면의 중심이 고정점에 머물지 않고 시간이 경과함에 따라 궤도를 그리며 회전운동을 하는 것을 말한다.

165. 분수위험속도(sub-critical speed):
평평한 축(flat shaft)과 같은 비선형 강성으로부터 발생하는 위험속도 ω_{cr}의 분수에서 발생하는 계의 진동(1/2 ω_{cr}, 1/3 ω_{cr}, 1/4 ω_{cr}, …).

166. 휘돌림 불안정(whirl instability):
휘돌림 반경이 시간과 함께 증가하는 상태를 말하며, 베어링, 축 히스테리시스, 기초, 토크 또는 속도변동에 의해 발생한다. 불안정상태에서 휘돌림 반경은 시간이 지나면 무한히 증가하거나, 새로운 감쇠에 의해 감소한다.

167. 1/2진동수 휘돌림(half frequency whirl):
회전체와 유막의 상호작용으로 발생하며 동압 베어링에서 동역학적으로 강체인 회전체의 불안정이다. 이 불안정은 계의 1차 위험속도의 2배 부근에서 발생하며 회전속도의 1/2보다 작은 진동수를 동반한다.

168. 공진 whip(resonance whip):
유막 베어링에서 발생하는 회전체 굽힘을 포함하는 계의 불안정. 이것은 탄성회전체와 유막과의 상호작용에 의해 발생하며, 회전체 탄성의 영향을 무시하면 1/2 진동수 휘돌림과 특징이 유사하다.

169. 분수조화 휘돌림(subharmonic whirl):
외부에서 가압되는 유막 베어링에 설치된 동력학적으로 강체인 회전체의 불안정으로, 휘돌림 진동수가 (0.25~0.45)ω의 범위로 회전속도의 1/2 이하인 사실을 제외하면, 1/2진동수 휘돌림과 유사하다.

170. 평형잡기/균형잡기(balancing):
회전체의 질량분포를 조사하고, 필요하면 이것을 조정하여, 저널에 작용하는 회전속도와 동기인 진동이나 힘을 어느 지정한도 이내로 되도록 하는 작업.

171. 단면/정적 평형잡기(single-plane 또는 static balancing):
강성회전체에서 하나의 수정면에서 질량분포를 조정하여 잔류정적 불평형을 어느 한계 내에 들도록 하는 작업. 단면 평형잡기는 한 쌍의 나이프 에지를 이용하여 회전체를 회전시키지 않고 실시하는 것도 가능하지만, 보통은 원심력식 평형 시험기에 의해 이루어진다.

172. 양면/동적 평형잡기(two-plane 또는 dynamic balancing):
강성회전체에서 2개의 수정면에서 질량분포를 조정하여 잔류 동적 불평형을 어느 한계 내에 들도록 하는 작업.

173. 다면 평형잡기(multi-plane balancing):
탄성회전체의 평형잡기와 같이, 불평형을 수정하는 데에 축방향으로 떨어진 수정면을 2개 이상 필요로 하는 평형잡기 방법을 총칭한다.

174. 모드 평형잡기(modal balancing):
탄성회전체의 평형잡기 방법으로서 의미 있는 개별 주요 굽힘모드에서 진폭을 명시된 제한치 이내로 줄이기 위한 방법.

175. 저속 평형잡기(low speed balancing):
평형을 잡으려는 회전체가 강체로 간주될 수 있는 속도에서의 평형잡기 방법.

176. 고속 평형잡기(high speed balancing):
평형을 잡으려는 회전체가 강체로 간주될 수 없는 속도에서의 평형잡기 방법.

174. 수정방법(method of correction):

회전체의 질량분포를 조정하여, 불평형 또는 그것에 의한 진동을 어느 허용치까지 줄이는 순서를 말한다. 수정은 통상 물질을 회전체에 부가 또는 제거하는 것에 의해 이루어진다.

175. 수정면/평형잡기면(correction 또는 balancing plane):

회전체의 축 중심선에 수직인 면으로, 이 면내에서 불평형의 수정이 이루어진다.

176. 측정면(measuring plane):

회전체의 축 중심선에 수직인 면으로, 이 면내에서 불평형의 크기와 각이 결정된다.

177. 기준면(reference plane):

회전체의 축 중심선에 수직인 임의의 면으로, 이 면에 관하여 불평형의 크기가 참조된다.

178. 허용한계(acceptability limit):

불평형에 관계 있는 파라미터 값으로 회전체의 불평형 상태에 관하여 허용 가능한 범위의 최대치로서 지정된다.

179. 허용불평형(unbalance tolerance):

강성회전체에서 어느 축 직각면(측정면 또는 수정면)상의 불평형의 크기로서, 회전체의 불평형 상태가 허용 가능한 범위의 최대치로서 지정된다.

찾아보기

※ 이 도서는 故양보석 교수님 유족들의 동의를 받아 재출간되었습니다.

회전기계의 진동

2019년 7월 10일 초판 인쇄

2021년 7월 2일 2 쇄 발행

저 자 양보석

발 행 인 송기수

발 행 처 도서출판 GS인터비전

편 집 처 도서출판 GS인터비전

편 집 인 공예서

표지디자인 김명신

인 쇄 처 트윈벨미디어

등 록 번 호 제 25100-2016-000050호

I S B N 979-11-5576-297-4(93550)

주 소 서울 은평구 증산로 15길 69 2층

전 화 02-976-7898, 02-3272-7898.

팩 스 02-6468-7898

홈페이지 gsintervision.co.kr

E-Mail gsinter7@gmail.com

정 가 50,000원